Springer-Lehrbuch

Experimentalphysik

Band 1

Mechanik und Wärme ISBN 3-540-56543-4

In Vorbereitung:

Band 2
Elektrizität und Optik ISBN 3-540-57095-0

Band 3
Atome, Moleküle und Festkörper ISBN 3-540-57096-9

Band 4
Kern-, Teilchen- und Astrophysik ISBN 3-540-57097-7

Wolfgang Demtröder

Experimentalphysik 1

Mechanik und Wärme

Mit 558, meist zweifarbigen Abbildungen, 9 Farbtafeln, 38 Tabellen, zahlreichen durchgerechneten Beispielen und 159 Übungsaufgaben mit ausführlichen Lösungen

Springer-Verlag
Berlin Heidelberg New York
London Paris Tokyo
Hong Kong Barcelona
Budapest

Professor Dr. Wolfgang Demtröder

Universität Kaiserslautern
Fachbereich Physik
D-67653 Kaiserslautern

ISBN 3-540-56543-4 Springer-Verlag Berlin Heidelberg New York

Die Deutsche Bibliothek - CIP-Einheitsaufnahme
Demtröder, Wolfgang: Experimentalphysik / Wolfgang Demtröder.
- Berlin; Heidelberg; New York; London; Paris; Tokyo; Hong Kong; Barcelona; Budapest: Springer
(Springer-Lehrbuch)
Bd. 1. Mechanik und Wärme: mit 38 Tabellen, 159 Übungsaufgaben und Lösungen. - 1994
ISBN 3-540-56543-4

Herstellung: I. Kaiser, Heidelberg
Satz: Springer-TEX-Haussystem
Layout: Mitterweger, Plankstadt – über das Satzsystem 3B2
Druck und Einband: Universitätsdruckerei Stürtz, Würzburg
SPIN 10061367 56/3140 – 5 4 3 2 1 0 – Gedruckt auf säurefreiem Papier

Vorwort

Dieses vierbändige Lehrbuch der Experimentalphysik, dessen erster Band hiermit vorgestellt wird, ist gedacht zur Begleitung und Vertiefung der Vorlesungen zur Einführung in die Physik, wie sie an den meisten deutschen Universitäten bis zum Vordiplom gehalten werden. Das Buch ist durch eine gründliche Überarbeitung und Erweiterung von Vorlesungsskripten des Autors entstanden, die über viele Jahre hinweg von den Studenten in Kaiserslautern benutzt wurden.

Dieses Lehrbuch soll deutlich machen, daß physikalische Erkenntnisgewinnung auf der Entwicklung und Beschreibung von Modellen der Natur beruht, deren experimentelle Prüfung und sukzessive Verfeinerung zu einem immer detaillierteren Verständnis der uns umgebenden Welt und der in ihr ablaufenden Vorgänge führt.

Deshalb beginnt die Darstellung – nach einem einführenden Kapitel, in dem die historische Entwicklung der Physik und ihre Bedeutung für andere Bereiche von Wissenschaft, Kultur und Technik kurz gestreift werden und die Rolle der Messung für ein quantitatives Verständnis der Natur illustriert wird – mit dem einfachsten Modell des Massenpunktes zur Beschreibung der Bewegung von Körpern unter dem Einfluß von Kräften. Nach einer Diskussion der Darstellung von Vorgängen in bewegten Bezugssystemen und der grundlegenden Ideen der speziellen Relativitätstheorie werden dann im 4. Kapitel Systeme von Massenpunkten und Stöße zwischen zwei Teilchen behandelt.

Räumliche Ausdehnung von Körpern und unterschiedliche Eigenschaften der Aggregatzustände fest, flüssig und gasförmig werden dann in den Kap. 5–7 berücksichtigt. Strömungen von Flüssigkeiten und Gasen und die zu ihrer Beschreibung verwendeten Modelle bilden den Inhalt des 8. Kapitels, während Kap. 9 das technologisch wichtige Gebiet der Vakuumphysik kurz darstellt.

Zu den wichtigsten dynamischen Vorgängen in der Natur gehören Schwingungen und Wellenphänomene, die relativ ausführlich in Kap. 10 behandelt werden. Wärmelehre und Thermodynamik werden hier in nur einem Kapitel relativ knapp dargestellt, weil noch etwas Raum bleiben sollte für das neue und rasch expandierende Gebiet der Physik nichtlinearer Phänomene, das viele überraschende und faszinierende Einsichten in die reale Natur bietet. Im Sinne der verfeinerten Approximation von Modellen stellt die nichtlineare Dynamik einen großen Schritt in der genauen, wenn auch meistens nur numerisch möglichen Beschreibung realer Naturvorgänge dar.

Die in diesem Lehrbuch behandelten grundlegenden Begriffe und ihre Anwendung auf die Lösung von Problemen werden an vielen Beispielen illustriert, und Übungsaufgaben am Ende jedes Kapitels bieten dem Leser die Möglichkeit, sein Verständnis des Stoffes selbst zu prüfen. Dazu kann er seine eigene Lösung mit den im Anhang angegebenen Lösungen vergleichen. Dort sind auch einige Grundbegriffe der Vektorrechnung, der komplexen Zahlen und der Beschreibung von physikalischen Vorgängen in problemangepaßten Koordinatensystemen dargestellt, um den Zugang zur mathematischen Beschreibung in diesem Lehrbuch zu erleichtern.

Jedes Lehrbuch lebt von der kritischen Mitarbeit der Leser. Der Autor freut sich deshalb über Verbesserungsvorschläge und Hinweise auf mögliche Fehler.

Zum Schluß möchte ich allen herzlich danken, die bei der Herstellung dieses Buches geholfen haben. Insbesondere sind hier Herr Dr. Kölsch und Frau Kaiser vom Springer-Verlag zu nennen, die mit viel Geduld und großem Engagement den Autor während der Herstellungsphase unterstützt haben. Frau Wollscheid hat viele der Abbildungen gezeichnet. Frau Weyland und Frau Heider haben Teile des Manuskripts geschrieben, Ihnen sei dafür ganz herzlich gedankt. Ich danke Herrn Imsieke, der das gesamte Manuskript gelesen und durch Hinweise auf Unklarheiten viel zur Verbesserung der Darstellung beigetragen hat. Besonderer Dank gebührt meiner lieben Frau, die viel Verständnis gehabt hat für die zahlreichen Arbeitswochenenden, welche für dieses Buch gebraucht wurden und die mir durch ihre Hilfe die Zeit zum Schreiben ermöglich hat.

Ich hoffe, daß dieses Buch nicht nur für Physikstudenten, sondern auch für Studenten anderer Fachrichtungen, die Einführungsvorlesungen in Physik hören, von Nutzen ist. Wenn es die Begeisterung des Autors für unser schönes Fach auf möglichst viele Studenten übertragen kann, hat es seinen Zweck erfüllt.

Kaiserslautern,
im Mai 1994 *Wolfgang Demtröder*

Inhaltsverzeichnis

1. Einführung und Überblick

2. Mechanik eines Massenpunktes

6. Reale feste und flüssige Körper

7. Gase

10. Mechanische Schwingungen und Wellen

11. Wärmelehre

12. Nichtlineare Dynamik und Chaos

Anhang

1. Einführung und Überblick

Der Name *Physik* stammt aus dem Griechischen ($\varphi\upsilon\sigma\iota\varsigma$ = Ursprung, Naturordnung, das Geschaffene) und umfaßt nach einer Einteilung des *Aristoteles* (384–322 v. Chr.) die Lehre von der körperlichen, materieerfüllten Welt im Gegensatz zur *Metaphysik*, die bei *Aristoteles* in dem auf die Physik folgenden Themenkreis (meta = nach) behandelt wird und sich mit Strukturen der ideellen Welt, ihren Prinzipien und Möglichkeiten auseinandersetzt.

Definition

Physik ist die Naturwissenschaft, die sich mit den Grundbausteinen der uns umgebenden Welt und deren gegenseitigen Wechselwirkungen beschäftigt. Das Ziel physikalischer Forschung ist ein grundlegendes Verständnis auch komplizierter Körper aus ihrem Aufbau aus „elementaren" Teilchen, deren Wechselwirkungen sich auf wenige unterschiedliche Typen reduzieren lassen. Komplexe Naturvorgänge sollen auf einfache Gesetzmäßigkeiten zurückgeführt, quantifiziert und, wenn möglich, voraussagbar werden.
Anders ausgedrückt: Die Physiker versuchen, in der Vielfalt der Naturerscheinungen Gesetzmäßigkeiten und Zusammenhänge aufzufinden und die beobachteten Phänomene durch wenige Grundprinzipien zu erklären.

Es zeigt sich jedoch, daß komplexe Systeme, die aus vielen Teilchen aufgebaut sind, oft neue Eigenschaften haben, die *nicht* auf die der einzelnen Teilchen direkt zurückgeführt werden können. Durch den Zusammenschluß zu einer größeren Einheit entsteht eine neue Qualität, die auf kooperativen Prozessen beruht. Mit anderen Worten: „Das Ganze ist mehr als die Summe seiner Teile" (Heisenberg 1973). Die Behandlung solcher komplexen Systeme erfordert daher neue Methoden, die zur Zeit entwickelt werden.

1.1 Die Bedeutung des Experimentes

Die Physik im heutigen Sinn begann (abgesehen von den mehr astronomisch orientierten Naturbeobachtungen der Babylonier, Ägypter und Araber) mit *Galilei* (1564–1642), Abb. 1.1, der zum ersten Male gezielte Experimente durchführte und damit an Stelle der vom Beobachter unbeeinflußbaren Naturerscheinungen einen kontrollierbaren und beliebig oft unter definierten Bedingungen wiederholbaren Vorgang untersuchte (z.B. die beschleunigte Bewegung).

Die Bedeutung des physikalischen Experimentes besteht gerade darin, daß der Experimentator die Bedingungen, unter denen der zu untersuchende Vorgang abläuft, weitgehend bestimmen kann. Alle störenden Einflüsse, die sich bei der Naturerscheinung dem eigentlich interessierenden Prozeß überlagern (z.B. Luftreibung beim freien Fall) und dadurch die Lösung des Problems erschweren, können im Experiment mehr oder minder vollständig eliminiert werden.

Das Experiment ist eine gezielte Frage an die Natur, auf die bei geeigneter experimenteller Anordnung eine eindeutige Antwort erhalten werden kann.

Ziel aller Experimente ist es, Gesetzmäßigkeiten aufzufinden, die die Fülle der Beobachtungen in einen größeren, überschaubaren Zusammenhang bringen. Der Sinn eines so gefundenen Gesetzes ist aber nicht nur die Zusammenfassung vieler Einzelergebnisse, sondern vor allem die Möglichkeit, physikalische Vorgänge quantitativ vorauszusagen.

a b

Abb. 1.1. (**a**) Galileo Galilei. (**b**) Der Blick der Kardinäle durchs Fernrohr. Mit freundlicher Genehmigung des Deutschen Museums, München

> Ein physikalisches Gesetz verknüpft meßbare Größen und Begriffe miteinander. Seine übersichtliche Schreibweise ist die mathematische Gleichung.

Eine solche mathematische Formelsprache läßt auch am klarsten Zusammenhänge zwischen verschiedenen physikalischen Gesetzen erkennen und erleichtert das Zurückführen vieler, anfänglich verschieden erscheinender Gesetze auf wenige, in der gesamten Physik gültige Prinzipien.

BEISPIELE

1. Aufgrund der zahlreichen sorgfältigen Messungen der Planetenbahnen durch *Tycho Brahe* (1546–1601) und *Kepler* (1571–1630) konnte *Kepler* seine drei berühmten Gesetze aufstellen, die alle Beobachtungen zusammenfaßten (siehe Abschn. 2.9). Aber erst durch *Newtons* Formulierung des allgemeinen Gravitationsgesetzes werden Planetenbahnen *und* freier Fall auf ein gemeinsames Prinzip, nämlich die Gravitation, zurückgeführt. An dem Problem, auch die Gravitation zusammen mit den anderen Wechselwirkungen (elektrische, magnetische, Kern-Kräfte) auf ein gemeinsames Prinzip zurückzuführen, wird zur Zeit intensiv gearbeitet.
2. Ganz ähnlich ist es mit den Erhaltungssätzen (Energiesatz, Impulssatz), die erst nach vielen Beobachtungen formuliert werden konnten, nun aber eine Fülle von Einzeltatsachen erklären und zusammenfassen. Eine solche Zusammenfassung mehrerer physikalischer Gesetze und Prinzipien zu einem geschlossenen und in sich widerspruchsfreien Aufbau nennt man eine physikalische Theorie.

> Der Gültigkeitsbereich einer physikalischen Theorie wird durch Experimente geprüft!

Da die Formulierung der Theorie mathematische Gleichungen und Schlußfolgerungen voraussetzt, *ist eine fundierte mathematische Kenntnis für den Physiker unerläßlich!*

1.2 Der Modellbegriff in der Physik

Den engen Zusammenhang zwischen Experiment und Theorie kann man sich durch folgende Überlegung verdeutlichen: Läßt man einen Körper fallen und mißt den Fallweg in Abhängigkeit von der Fallzeit, so stellt man bald fest, daß das so gefundene Fallgesetz unabhängig ist von der Ausdehnung und Gestalt des Körpers, von der Art des Materials und sogar von seiner Masse, solange man störende Einflüsse, wie z.B. die Luftreibung, vernachlässigen kann. Man darf deshalb zur Beschreibung dieses Experimentes den Körper durch ein ***Modell*** ersetzen (das Modell des Massenpunktes). Anders ausgedrückt: In diesem Experiment verhält sich der Körper wie ein Massenpunkt. Die Theorie kann nun eine vollständige Beschreibung des Verhaltens von Massenpunkten in Schwerefeldern geben, die die Ergebnisse aller solcher Experimente richtig vorhersagen kann (siehe Kap. 2).

Läßt man jetzt denselben Körper im Wasser fallen, so hängen Fallweg und Fallzeit durchaus von Körpermaterial und Gestalt des Körpers ab. Für diesen Versuch genügt daher das Modell des Massenpunktes nicht mehr zur Beschreibung der Versuchsergebnisse. Man muß das Modell erweitern (z.B. zum Modell des starren, ausgedehnten Körpers – siehe Kap. 5). Wiederum kann die so erweiterte Theorie vollständig das Verhalten von starren, ausgedehnten Körpern und ihre Bewegungsgesetze beschreiben.

Läßt man den Körper jetzt auf eine elastische Stahlplatte fallen und mißt, wie hoch er nach dem Aufprall wieder aufsteigt, so genügt zur Beschreibung dieses Versuchsergebnisses auch das Modell des starren Körpers nicht mehr. Man muß jetzt die Verformbarkeit und Elastizität des Körpers berücksichtigen und gelangt zum Modell des deformierbaren Körpers, bei dem die Wechselwirkung der einzelnen Teile des Körpers untereinander in Rechnung gestellt wird (siehe Kap. 6).

> Die theoretische Beschreibung in der Physik ist immer die Beschreibung eines Modells, das man sich von der Natur macht.

Wie das Modell aussieht, hängt von der Fragestellung und der Art des angestellten Experimentes ab. Im allgemeinen prüft *ein* Experiment nicht alle, sondern nur einige Eigenschaften des Modells. Bestätigt dieses Experiment diese Eigenschaften, so sagt man: Die Natur verhält sich bei diesem Experiment wie das entsprechende Modell, gibt also die gleiche Antwort auf das Experiment wie das Modell voraussagt. Neue, detailliertere Experimente zeigen Ergebnisse, die zu einer Erweiterung des Modells zwingen, manchmal sogar das bisher angenommene Modell als falsch erweisen.

Da die Theorie im Prinzip alle Eigenschaften eines angenommenen Modells berechnen kann, gibt sie dem Experimentator häufig Hinweise, welche Experimente am besten die Gültigkeit des Modells

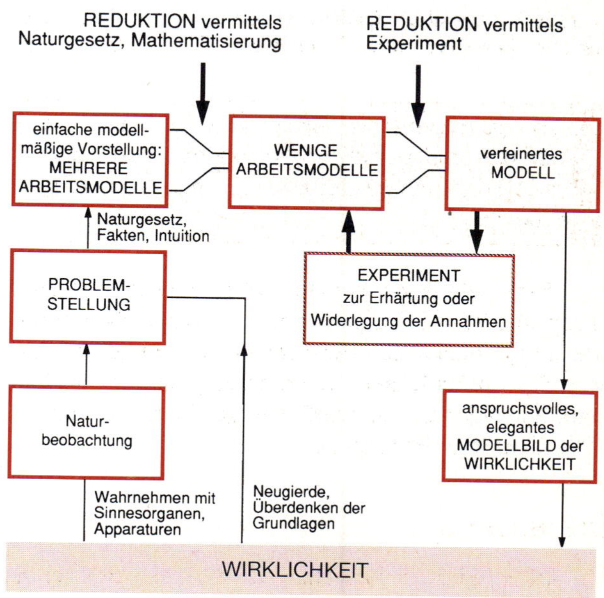

Abb. 1.2. Methode des naturwissenschaftlichen Denkens (nach Fritsch [1.1])

prüfen können. Diese Zusammenarbeit und wechselseitige Inspiration tragen ganz wesentlich zum Fortschritt physikalischer Erkenntnis bei. Dies wurde besonders deutlich bei der Entwicklung der Quantenchromodynamik, einer Theorie, die den Aufbau der bisher als *elementar* angesehenen Teilchen (z.B. Protonen, Neutronen, Mesonen) aus Quarks beschreibt und die Coulomb-Kräfte (elektromagnetische Wechselwirkung), Kernkräfte (starke Wechselwirkung) und Kräfte zwischen Leptonen (schwache Wechselwirkung) auf ein gemeinsames Prinzip zurückzuführen versucht. Durch quantitative Vorhersagen der Theorie wurde die erfolgreiche Suche der Experimentalphysiker nach „neuen Teilchen" wesentlich erleichtert.

Der Modellcharakter physikalischer „Naturbeschreibung" ist besonders ausgeprägt im Bereich der Mikrophysik (Atomphysik, Kernphysik, Elementarteilchen), weil man hier die Objekte nicht direkt anschauen kann und daher oft auf ein *anschauliches* Modell verzichten muß. Der Versuch, anschauliche Modelle der Makrophysik auf die Beschreibung mikrophysikalischer Phänomene zu übertragen, hat daher oft zu Mißverständnissen und Unstimmigkeiten geführt (z.B. Welle-Teilchen-Dualismus, siehe Bd. 3).

Abbildung 1.2 faßt das oben Gesagte zusammen. Man mache sich die Zusammenhänge an einem Beispiel (z.B. Blitz und Donner) klar: ***Arbeitsmodelle*** reichen vom blitzeschleudernden grollenden Zeus bis zur elektrischen Aufladung von Wassertropfen, die im elektrischen Feld der Erde fallen, dadurch eine Ladungstrennung mit nachfolgender Entladung bewirken, die zur plötzlichen lokalen Erwärmung der Luft und zu akustischen Stoßwellen führt. Erst genaue Beobachtung und Experimente im Labor (Reibungselektrizität, Gasentladungen, Hochgeschwindigkeitsfotografie) reduzieren die Zahl der möglichen Modelle, weil falsche Modelle eliminiert werden.

Ziel der Wissenschaft ist es, die *Wirklichkeit*, d.h. die *objektive Natur* (die unabhängig vom subjektiven Betrachter existiert), dem Menschen bewußt zu machen. Dazu sind jedoch durchaus subjektive Eigenschaften des Forschers wichtig, wie z.B. seine Phantasie, Ideenreichtum etc. Viele Ideen sind irreal, sie können bereits durch Vergleich mit schon vorhandenem objektiven Wissen eliminiert werden. Ideen, die im Einklang mit vorhandenem Wissen sind, können zum Aufstellen einer ***Arbeitshypothese*** benutzt werden. Auch diese Hypothese kann noch teilweise oder vollständig falsch sein. Erst durch den Vergleich mit den experimentellen Ergebnissen wird eine *richtige* ***Hypothese*** zur *gesicherten* ***Theorie*** und vermehrt unser Wissen über die Wirklichkeit (siehe Abb. 1.3).

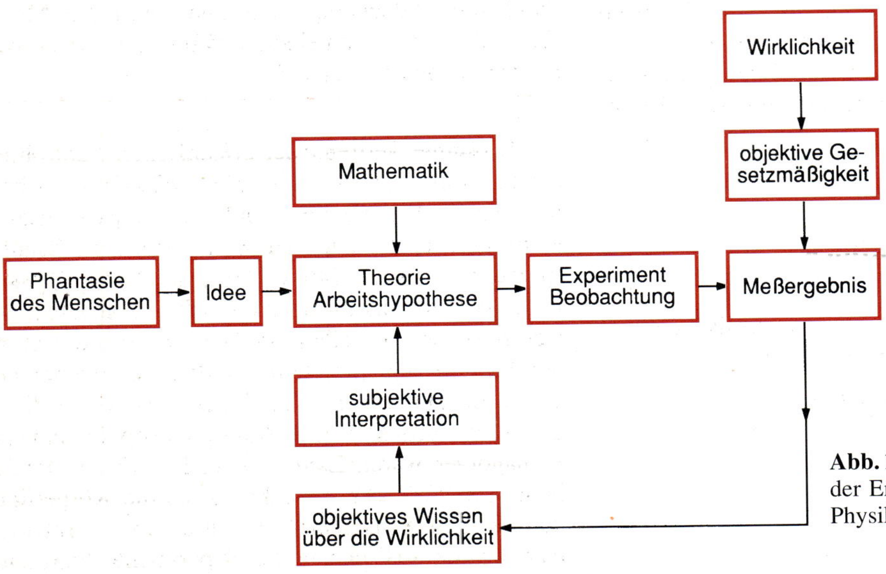

Abb. 1.3. Schematisches Diagramm der Erkenntnisgewinnung in der Physik [1.2]

Man darf dabei folgenden wichtigen Aspekt nicht aus den Augen verlieren: Die Physik beschreibt objektiv und so genau wie möglich die *Wirklichkeit*, soweit sie die *materielle* Welt betrifft. Für uns Menschen ist dies allerdings nur ein kleiner Ausschnitt unserer Welt, wie das folgende Beispiel zeigt: Physikalisch läßt sich ein Gemälde vollständig und objektiv beschreiben, wenn man jedem Punkt (x, y) der Bildfläche ein Reflexionsvermögen $R(\lambda, x, y)$ zuordnet, das noch von der Wellenlänge λ des einfallenden Lichtes abhängt. Wiederholte Messungen verschiedener Beobachter werden immer den gleichen Wert $R(\lambda, x, y)$ innerhalb der Meßgenauigkeit ergeben.

Trotzdem fehlt dieser Beschreibung ein wesentlicher Teil, der mit den Gedanken, Gefühlen, Erinnerungen des Betrachters zusammenhängt und für diesen den eigentlichen Wert des Bildes ausmacht. Diese *Qualität* des Bildes ist jedoch subjektiv, sie wird im allgemeinen für verschiedene Betrachter verschieden sein und ist deshalb *nicht* Gegenstand der Physik, obwohl sie sicherlich ein wesentlicher Teil unserer „Wirklichkeit" ist.

Diese Bemerkung sollte uns Physiker warnen, trotz der Begeisterung für dieses schöne Fach nicht zu vergessen, daß die Physik *nur* die materiellen Grundlagen einer Welt beschreibt, auf denen andere Bereiche der nichtmateriellen Wirklichkeit aufgebaut sind. Die faszinierende Frage, wie sich aus komplexen materiellen Strukturen geistige Strukturen entwickeln (z.B. ob unser Gehirn mehr ist als ein sehr komplexer und raffiniert geschalteter Computer), ist bisher noch nicht gelöst und wird kontrovers diskutiert.

Zum eingehenden Studium der hier angeschnittenen Fragen wird entsprechende Literatur [1.1–6] empfohlen.

1.3 Historischer Rückblick

Die geschichtliche Entwicklung der Physik läßt sich grob in drei große Perioden unterteilen:

- Die antike Naturphilosophie
- Die Entwicklung der klassischen Physik
- Die moderne Physik.

1.3.1 Die antike Naturphilosophie

Die Beschäftigung mit Naturerscheinungen und der Versuch einer rationalen Begründung beobachteter ***Phänomene*** begann bereits im Altertum (Astronomische Beobachtungen der Babylonier und Ägypter, Naturphilosophie der Griechen). Jedoch wurden physikalische Fragen bis zum Beginn der Neuzeit (≈ 1500 n. Chr.) nicht selbständig, sondern im Rahmen einer allgemeinen ***Naturphilosophie*** behandelt. So enthält das „Physiklehrbuch", die *φυσικη ακϱοασiς* (Vorträge über Physik) des *Aristoteles* (384–322 v. Chr.) hauptsächlich philosophische Betrachtungen über Raum und Zeit, Bewegung und Kausalität.

Eine der größten geistigen Leistungen der antiken Naturphilosophen war die Entmythologisierung der Natur. Für sie war die Welt nicht mehr wie für die Menschen vorher Tummelplatz von Göttern, Geistern und Dämonen, die je nach ihren Launen und Stimmungen Gewitter, Stürme oder Sonnenschein „hervorzaubern" (siehe Homers *Odyssee*): Sie glaubten, daß die Natur zwar ein komplizierter Mechanismus sei, der aber nach unveränderlichen Naturgesetzen abläuft, so daß man diese Gesetze mit *menschlicher Vernunft* erschließen kann.

BEISPIEL

Eine Sonnenfinsternis wird nicht mehr *erklärt* durch ein Ungeheuer, das die Sonne verschlingt, sondern durch die Abdeckung der Sonne durch den Mond. Dadurch wird sie von einem zufälligen zu einem vorausberechenbaren *Ereignis*.

Berühmte Vertreter der griechischen Naturphilosophie waren *Thales von Milet* (624–546 v. Chr.), der u.a. Magnetismus und Reibungselektrizität entdeckte, aber nicht richtig erklärte, sein Schüler *Anaximander* (611–546 v. Chr.), der Feuer, Wasser, Luft und Erde als die *vier Grundstoffe* annahm, die sich mischen und teilen konnten, wobei die Summe der Materie konstant bleiben sollte. Den mathematischen Aspekt trugen *Pythagoras* (572–492 v. Chr.) und seine Schule in die Naturphilosophie. Für die Pythagoräer waren Zahl und mathematische Beziehung die Wirklichkeit, während sie die Körperlichkeit der Dinge als reine Illusion ansahen. Trotzdem machten sie z.B. akustische Experimente (harmoni-

Abb. 1.4. Aristoteles. Mit freundlicher Genehmigung des Deutschen Museums, München

sche Töne bei Teilung einer gespannten Saite), deren Ergebnisse sie dann jedoch unberechtigt auf andere Gebiete übertrugen. So glaubten sie, daß die Entfernungen der damals bekannten Planeten im gleichen Verhältnis ständen wie die Saiten einer Lyra.

Anaxagoras (499–428 v. Chr.) stellte als erster die Hypothese auf, daß die Welt aus unendlich vielen, kleinen unterschiedlichen Teilchen bestünde. Die verbindende Kraft sei der *Nus* (Weltgeist, Weltverstand). Dieser Gedanke wurde von *Leukipp* (489–428 v. Chr.) und seinem Schüler *Demokrit* (455–370 v. Chr.) aufgegriffen und erweitert. Demokrit nahm an, daß die Welt aus Atomen ($\alpha\tau o\mu o\varsigma$ = unteilbar), kleinen unteilbaren und wesensgleichen Teilchen bestehe, die sich dauernd im grenzenlosen leeren Raum bewegen. Die verschiedenen Stoffe unterscheiden sich nur durch verschiedene Anzahl und Anordnung von Atomen; eine Vorstellung, die unserem heutigen Modell vom Aufbau der Elemente (siehe Abschn. 1.4) erstaunlich nahe kommt!

Aristoteles (384–322 v. Chr., Abb. 1.4) betrachtete die Natur als das sich Bewegende und sich Entwickelnde, wobei am Anfang jeder Bewegung ein *göttlicher Beweger* stehe. Da die Himmelskörper sich offensichtlich ohne Beweger bewegen, können sie nicht aus den vier irdischen *Elementen* Feuer, Wasser, Luft und Erde bestehen, sondern aus einem fünften, dem *göttlichen Element*, dem Äther. Dieser Äther sollte gewichtslos und elastisch sein und die ganze Welt, auch feste Körper durchdringen. Aristoteles prägte den Begriff *Physik* (siehe Einleitung).

Archimedes (287–212 v. Chr.) studierte in Alexandria, dem damaligen Wissenschaftszentrum, zog dann nach Syrakus auf Sizilien. Er wurde zum größten Mathematiker, Physiker und Techniker seiner Zeit (Berechnung von Kreisumfang und -inhalt, Oberfläche von Kugel, Kegel und Zylinder, auch löste er Gleichungen 3. Grades!). Als Physiker bestimmte er den Schwerpunkt verschiedener Körper, fand die Hebelgesetze, den Auftrieb (*Archimedisches Prinzip*), er baute ein Planetarium, führte Sternmessungen durch und wies die Krümmung der Meeresoberfläche nach. Er war vor allem als Techniker berühmt. Er hat etwa 40 Maschinen erfunden (Hebekräne, die endlose Schraube und Kriegsmaschinen wie Steinschleudern, Schiffshebebalken etc.).

Trotz großer Leistungen auf vielen Teilgebieten konnten die griechischen Naturphilosophen nicht zur Naturwissenschaft im heutigen Sinne vorstoßen, weil sie das *Experiment als Prüfstein jeder Theorie* nicht akzeptierten. Sie glaubten, daß eine Grundbeobachtung genüge und alle weiteren Erkenntnisse der Natur durch reines Nachdenken erhalten werden könnten. Diese mehr spekulative Vorgehensweise hat durch die Lehren des Aristoteles bis ins Mittelalter die Denkweise der Philosophen beeinflußt. Selbst als der italienische Physiker *Galilei* (1564–1642) mit Hilfe eines von ihm gebauten Fernrohres entdeckt hatte, daß der Planet Jupiter von Monden umgeben ist, stritt man ihm diese Beobachtung ab, weil dies dem Denken über die Planetenbewegungen im Sinne von *Aristoteles* widersprach. Aristoteles dachte sich nämlich die Planeten an sich drehenden Kristallschalen befestigt. Der Jupiter konnte dann eben keine Monde haben, weil diese ja bei ihrer Bewegung um ihn seine Kristallschale zerschlagen würden. Die Anhänger des Aristoteles waren nicht bereit, durch Galileis Fernrohr zu schauen, weil sie die Jupitermonde für undenkbar hielten und diese daher einfach nicht vorhanden sein konnten. Weshalb dann durch ein Fernrohr schauen (Abb. 1.1b)? Nun hatte man allerdings schon vor *Galilei* Widersprüche im Gedankengebäude des *Aristoteles* entdeckt. Aber erst *Galilei* brach endgültig mit ihm auf Grund seiner Beobachtungen und experimentellen Ergebnisse [1.7].

1.3.2 Die Entwicklung der klassischen Physik

Man kann *Galilei* als den *ersten Physiker* im heutigen Sinne betrachten. Er versuchte als erster, *physikalische Hypothesen durch gezielte Experimente zu untermauern*. Dabei überlegte er sich auch, welche Genauigkeit seine Messungen haben mußten, um zwischen verschiedenen möglichen Fallgesetzen beim freien Fall von Körpern unterscheiden zu können. (Er wählte deshalb nicht den freien Fall, wie oft behauptet wird, sondern die Bewegung auf einer schiefen Ebene, bei der die Beschleunigung kleiner war und die Geschwindigkeit mit den ihm zur Verfügung stehenden Uhren genauer gemessen werden konnte.) Seine astronomischen Beobachtungen mit von ihm selbst gefertigten Fernrohren (deren Prinzip in Holland entwickelt wurde) verhalfen dem *kopernikanischen Weltbild* (nach langen Kämpfen mit dem kirchlichen System) endgültig zum Durchbruch.

Die Einführung der Mathematik in die Physik und damit die Zusammenfassung vieler Einzelergebnisse in einer Gleichung, die ein verallgemeinertes physikalisches Gesetz beschreibt, beginnt mit *Newton* (1642–1727, Abb. 1.5). In seinem Werk *Philosophiae Naturalis Principia Mathematica* (1687) faßt er die Beobachtungen und Kenntnisse seiner Zeit auf dem Gebiet der Mechanik (einschließlich Himmelsmechanik = Astronomie) zusammen und führt sie zurück auf wenige Grundprinzipien (Trägheitsprinzip, actio = reactio, Kraft = zeitliche Änderung des Impulses). Durch die Entwicklung der Mathematik im 17. Jahrhundert (Buchstabenalgebra, analytische Geometrie, Infinitesimalrechnung) tritt allgemein in der physikalischen Beschreibung der mathematische Charakter mehr in den Vordergrund. Die Physik löst sich mehr und mehr von

Abb. 1.5. Sir Isaac Newton. Mit freundlicher Genehmigung des Deutschen Museums, München

der philosophischen Denkweise. Die klassische Mechanik erfährt durch *Lagrange* (1736–1813) und *Hamilton* (1805–1865) ihre geschlossene, elegante mathematische Darstellung.

Im Gegensatz zur Mechanik, die bereits im 18. Jahrhundert eine geschlossene Theorie darstellte, waren die Kenntnisse über die Struktur der Materie noch sehr unvollkommen und verworren. Nebeneinander existierten die Vorstellungen, daß die Welt aus den vier Elementen Feuer, Wasser, Luft und Erde bestehe (aus der griechischen Naturphilosophie übernommen) oder daß Quecksilber, Schwefel und Salz die eigentlichen Grundstoffe seien (Alchimisten).

Robert Boyle (1627–1691) erkannte nach eingehenden Experimenten, daß es Grundstoffe geben müsse, aus denen alle Stoffe zusammengesetzt sind, die sich selbst aber nicht chemisch weiter zerlegen lassen. Durch chemische Analyse muß man diese

Elemente aus jeder Verbindung, die sie enthalten, wieder separieren können. *Boyle* konnte zeigen, daß die bisherigen Vorstellungen von Elementen falsch waren, konnte aber noch keine konkreten Elemente angeben.

Mit *Lavoisier* und *Dalton* (1766–1844) beginnen die Grundlagen unserer heutigen Atomvorstellungen. Die Metalle werden empirisch als Elemente erkannt. Lavoisier findet, daß eine Substanz beim Verbrennen schwerer wird, wenn man alle Verbrennungsprodukte sammelt, weil bei der Verbrennung Sauerstoff zugeführt wird. Das Prinzip der Gewichtserhaltung bei chemischen Prozessen wird formuliert. Die Atome sind nicht mehr nur *kleinste Teilchen*, sondern haben Eigenschaften, die das chemische Verhalten der aus ihnen gebildeten Stoffe bedingen. Zwei Elemente können sich in verschiedenen Gewichtsverhältnissen zu Verbindungen zusammensetzen, wobei aber die relativen Verhältnisse immer ganze Zahlen ergeben.

BEISPIELE

1. In den Verbindungen CO und CO_2 verhalten sich die Gewichtsmengen des Sauerstoffs, die sich mit der Einheitsgewichtsmenge von Kohlenstoff verbinden, wie $O : O_2 = 1 : 2$.
2. Bei den Gasen N_2O (Lachgas), NO (Stickstoffmonoxid), N_2O_3 (Stickstofftrioxid) und NO_2 (Stickstoffdioxid) verbindet sich Sauerstoff mit der Einheitsgewichtsmenge N_2 in den Verhältnissen 1 : 2 : 3 : 4.

Die Weiterentwicklung dieser Vorstellungen führt schließlich zum Periodensystem der Elemente (*Lothar Meyer* 1830–1895, *D. Mendelejev* 1834–1907), das die bisher bekannten Elemente so in einer Tabelle anordnet, daß alle Elemente in derselben Spalte (z.B. die Alkali-Metalle in der 1. Spalte oder die Edelgase in der 8. Spalte) ähnliche chemische Eigenschaften haben. *Warum* diese Elemente chemisch ähnlich sind, wurde erst später durch die Atomphysik geklärt (siehe Bd. 3).

Einen überzeugenden experimentellen Hinweis auf die Existenz und Bewegung kleinster Teilchen brachte die Beobachtung der *Brownschen Molekularbewegung* (1827). Aufbauend auf den Gasgesetzen von *Boyle-Mariotte* and *Gay-Lussac* konnten *Boltzmann*, *Clausius* und *Maxwell* eine kinetische Gastheorie entwickeln, die alle beobachtbaren makroskopischen Phänomene der Gase und Flüssigkeiten zurückführte auf die Bewegung von Atomen und Molekülen, die aber selbst wie kleine, elastische Kugeln behandelt werden konnten.

Die *Wärmelehre* begann zu einer mehr *quantitativen* Beschreibung überzugehen, als man Thermometer zur Messung der Temperatur entwickelte (Luft-Thermoskope durch Galilei, Alkohol-Thermometer 1641 in Florenz, Quecksilber-Thermometer 1640 in Rom). Die 100teilige Skala zwischen Gefrierpunkt (= 0 °C) und Siedepunkt des Wassers (= 100 °C) führte der schwedische Physiker *Anders Celsius* (1701–1744) ein. *Lord Kelvin* (1824–1907) stellte dann mit Hilfe von *Gasthermometern* die ***absolute Temperaturskala*** auf (Kelvin-Skala). Danach ist $T = 0$ K die tiefste (nie erreichbare) Temperatur ($T = 273{,}15$ K $\hat{=}$ 0 °C, siehe Kap. 11).

Denis Papin (1647–1712) untersuchte den Wasserdampf, den Prozeß des Siedens und der Kondensation (Papinscher Dampfdrucktopf). Er baute die erste Dampfmaschine, die dann von *James Watt* zu technischer Reife entwickelt wurde. Der Begriff der Wärmemenge und Wärmekapazität wurde zuerst von dem englischen Physiker und Chemiker *Joseph Black* (1728–1799) aufgestellt. Er machte viele Mischungsversuche und entdeckte, daß zum Schmelzen Wärme nötig ist, die beim Erstarren wieder frei wird.

Die begriffliche Formulierung der Wärmelehre wurde entscheidend geprägt durch die Aufstellung von „Hauptsätzen". *Julius Robert Mayer* (1814–1878) formulierte den *1. Hauptsatz* (Energieerhaltung). *Carnot* (1831) machte nach anfänglichen Irrtümern Ansätze zu einer Theorie der Umwandlung von Wärme in Arbeit (Carnotscher Kreisprozeß), die dann von *Rudolf Clausius* (1822–1888) im *2. Hauptsatz* formuliert wurde.

Die kinetische Gastheorie (*Clausius, Avogadro, Boltzmann*, Abb. 1.6) bewies dann auf Grund der Annahme, daß Gase aus vielen praktisch freien Atomen bestehen, die Äquivalenz von Wärme mit der kinetischen Energie der Atome. Der österreichische Physiker *Loschmidt* (1821–1895) fand, daß bei Normaldruck etwa 10^{20} Atome in 1 cm^3 eines Gases enthalten sind.

Die *Optik* ist in ihren Anfängen (Abbildung durch Hohlspiegel und Linsen) bis ins Altertum zu

Abb. 1.6. Ludwig Boltzmann. Mit freundlicher Genehmigung von Dr. W. Stiller, Leipzig

verfolgen, wurde aber auch erst im 17. Jahrhundert systematisch durch Experimente erforscht: Meilensteine waren die erste Herstellung von Linsen für Fernrohre 1609 in Holland, das Brechungsgesetz von *Snellius* (1591–1626), die Zerlegung des weißen Lichtes in seine Spektralfarben durch *Newton*. Versuche, die Ausbreitung des Lichtes durch ein mechanisches Modell (Korpuskeltheorie) zu erklären (*Newton*), wurden durch die Entdeckung von Interferenz und Beugung (*Grimaldi* (1618–1663), *Huygens* (1629–1695), *Young* (1773–1829), *Fresnel* (1788–1827)) zugunsten der Wellentheorie aufgegeben. *Melloni* zeigte 1834, daß sich die Gesetze des sichtbaren Lichtes auf den infraroten Spektralbereich übertragen lassen, *Röntgen* (1845–1923) erweiterte den ultravioletten Teil des Spektrums bis zum Röntgengebiet. Die Ausbreitungsgeschwindigkeit des Lichtes wurde von *Olaf Römer* (1644–1710) durch astronomische Beobachtungen bestimmt, durch *Fizeau* (1819–1896) und *Foucault* (1819–1868) auch durch Messungen auf der Erde.

Als „Vater der Elektrizität" wurde *William Gilbert* (1544–1603) bezeichnet. Er untersuchte das magnetische Feld von Permanentmagneten und das der Erde mit Hilfe von Magnetnadeln und stellte als erster künstliche Magnete her. Er machte ausführliche Versuche über Reibungselektrizität bei vielen Stoffen und teilte sie in „elektrische" und „nichtelektrische" ein. Er baute das erste Elektroskop und maß die Kräfte zwischen elektrisch geladenen Körpern. *Stephen Gray* (1670–1736) entdeckte die elektrische Leitung verschiedener Stoffe, untersuchte eingehend Influenzerscheinungen und machte die Elektrizität sehr publik durch spektakuläre Schauversuche.

Charles-Augustin Coulomb (1736–1806) baute das erste Elektrometer, die Drehwaage, und fand das Coulombgesetz. *Benjamin Franklin* (1706–1790) erkannte, daß der Blitz kein Feuer ist, sondern eine elektrische Entladung (Blitzableiter).

Luigi Galvani (1737–1798) entdeckte die Nervenreizung durch elektrischen Strom (Froschschenkel-Versuche), die Kontaktspannung zwischen verschiedenen Stoffen (Galvani-Elemente). *Alessandro Volta* (1745–1827) führte die Versuche Galvanis quantitativ fort, entwickelte das *Volta-Gleichstrom-Element* und stellte eine *Spannungsreihe* der Metalle auf.

Hans Christian Oersted (1777–1851) konnte als erster die magnetische Wirkung des elektrischen Stromes nachweisen. *André Marie Ampère* (1775–1836) prägte die Begriffe *elektrischer Strom* und *elektrische Spannung*. Durch viele systematische Versuche begründete er die moderne Elektrodynamik.

Michael Faraday (1791–1867) hat viele grundlegende Versuche über Magnetfelder gemacht, die durch elektrische Ströme entstehen (*Faradaysches Induktionsgesetz*). Er schuf die Voraussetzungen für die Entwicklung der Wechselstromtechnik.

James Clerk Maxwell (1831–1879) konnte alle bisherigen Erkenntnisse in eine geschlossene mathematische Form bringen (Maxwell-Gleichungen) (siehe Bd. 2). Seine Theorie verbindet Elektrodynamik und Optik und wurde dann 1888 durch *Heinrich Hertz* (1857–1894) glänzend bestätigt, der 1888 bewies, daß elektromagnetische Wellen im Metergebiet erzeugt werden können, daß sie transversal sind und sich mit Lichtgeschwindigkeit ausbreiten.

Abb 1.7. James Clerk Maxwell. Mit freundlicher Genehmigung des American Institute of Physics, Emilio Segrè Visual Archives, College Park, MD

Abb. 1.8. Albert Einstein. Mit freundlicher Genehmigung des Deutschen Museums, München

1.3.3 Die moderne Physik

Gegen Ende des 19. Jahrhunderts schienen alle für die damalige Physik relevanten Probleme gelöst zu sein, und manche Physiker glaubten, bald zu einem *geschlossenen Weltbild* zu gelangen. Diese Ansicht änderte sich jedoch durch verschiedene experimentelle Erfahrungen grundlegend.

- Durch das Michelson-Experiment (1881) (siehe Abschn. 3.3) wurde, entgegen jeder bisherigen Vorstellung, festgestellt, daß die Lichtgeschwindigkeit eine Konstante und unabhängig von Richtung oder Bewegungszustand des Meßgerätes ist. Auf diesem experimentellen Befund baute *Einstein* (1905) seine spezielle Relativitätstheorie auf (Abschn. 3.5).
- Mit neuen experimentellen Hilfsmitteln wurde man in die Lage versetzt, die Struktur der Atome und Moleküle zu untersuchen. Durch die Entwicklung der Spektralanalyse (*Kirchhoff* 1824–1887, *Bunsen* 1811–1899) konnte man die Wellenlängen des von den Atomen ausgesandten Lichtes messen (*Balmer*, *Paschen*, *Kaiser*, *Runge*). Abweichungen der Intensitätsverteilung der von heißen Körpern ausgesandten Wärmestrahlung von theoretischen Berechnungen führten *Max Planck* (1858–1947) 1900 dazu, die ersten Ansätze einer Quantentheorie zu formulieren, die dann durch Einsteins Erklärung des lichtelektrischen Effektes gestützt wurde und von *Bohr*, *Sommerfeld* u.a. weiterentwickelt und von *Schrödinger* und *Heisenberg* zu einer mathematisch fundierten Theorie ausgebaut wurde. Jedes-

Abb. 1.9. Max Planck. Mit freundlicher Genehmigung des Deutschen Museums, München

mal zwangen experimentelle Ergebnisse (Stern-Gerlach-Versuch, anomaler Zeeman-Effekt) zu einer Verfeinerung und Erweiterung des Modells (Einführung des Elektronenspins, Dirac-Theorie). Heute kann die Physik der Atomhüllen durch eine geschlossene Theorie (Quantenelektrodynamik) beschrieben werden (siehe Bd. 3).

- Die Eigenschaften der Atomkerne wurden in den letzten 50 Jahren sehr detailliert untersucht (Streuversuche, Kern-Spektroskopie). Durch den Bau von Teilchenbeschleunigern ist es heute möglich, Elektronen, Protonen und ihre Antiteilchen auf sehr hohe Energien (etwa 10^{12} eV) zu beschleunigen. Untersuchungen der Folgeprodukte beim Zusammenstoß solcher hochenergetischer Teilchen haben viele experimentelle Details über die Struktur von *Elementarteilchen* ergeben (siehe Bd. 4).

Dieser kurze geschichtliche Abriß sollte deutlich machen, daß die uns heute als selbstverständlich erscheinenden Vorstellungen noch gar nicht so alt sind und oft erst nach Irrungen, korrigiert durch experimentelle Erfahrungen, gewonnen wurden. Es lohnt sich für jeden Physiker, sich etwas genauer mit der geschichtlichen Entwicklung seiner Wissenschaft zu befassen. Ausführliche und interessante Darstellungen findet man in [1.7–12].

1.4 Unser heutiges physikalisches Weltbild

Man kann als Ergebnis aller bisherigen physikalischen Forschung folgende kurze Zusammenfassung unserer heutigen Vorstellung vom Aufbau der Materie geben (siehe Abb. 1.10), die in den Bänden 3 und 4 dieses Lehrbuches genauer erläutert wird:

Elementarteilchen

Alle uns bekannte Materie ist aus wenigen Teilchen zusammengesetzt, von denen die drei wichtigsten das ***Elektron*** (e^-), das ***Proton*** (p) und das ***Neutron*** (n) sind. Alle anderen Elementarteilchen existieren, wenn sie erzeugt werden, nur für sehr kurze Zeit ($< 10^{-6}$ s), (Myon, π-Meson, Kaon, Λ-Teilchen etc.), oder sie wandeln sich durch Wechselwirkung mit den stabilen Teilchen p, n oder e^- sofort in andere Teilchen um (wie das Positron e^+ oder das Antiproton p^-), oder sie zeigen eine so schwache Wechselwirkung mit Materie, daß sie nur sehr schwer

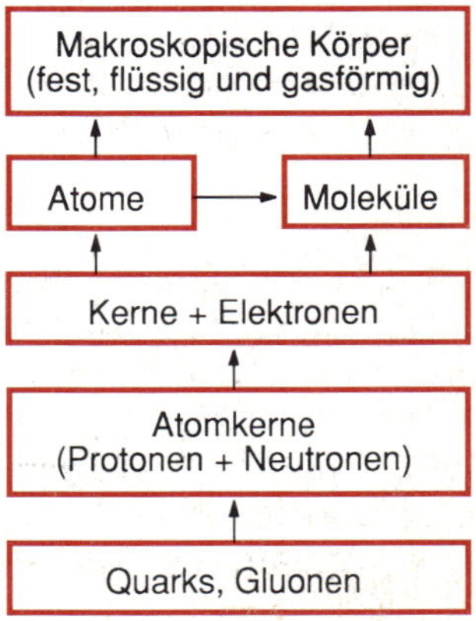

Abb. 1.10. Aufbau unserer Welt (nach Jodl [1.1])

Tabelle 1.1. Die drei Teilchenfamilien, ihre Massen (in MeV/c^2) und Ladungen (in Einheiten der Elementarladung e)

Leptonen				Quarks			
Name	Symbol	Masse	Ladung	Name	Symbol	Masse MeV/c^2	Ladung
Elektron	e^-	0,51	−1	up-quark	u	330	2/3
Elektron–Neutrino	ν_e	$< 10^{-5}$	0	down-quark	d	333	−1/3
Myon	μ^-	105,66	−1	charm-quark	c	1650	2/3
Myon–Neutrino	ν_μ	$< 10^{-4}$	0	strange quark	s	486	1/3
Tau–Lepton	τ	1840	−1	top-quark	t	$1{,}7 \times 10^5$	2/3
Tau–Neutrino	ν_τ	$< 10^{-4}$	0	bottom–quark	b	4500	−1/3

beobachtbar sind (wie die Neutrinos) und daher im praktischen Leben keine Rolle spielen.

Die bisher als *elementar* angesehenen schweren Teilchen (Proton, Neutron, Mesonen, Hyperonen) bestehen jedoch nach unserer heutigen Kenntnis aus *noch elementareren* Bausteinen, den ***Quarks***, von denen es mehrere Arten gibt.

Man kann die Bausteine der Materie in zwei Gruppen einteilen: Die Quarks, welche die *schweren* Teilchen, wie Proton, Neutron, Mesonen und Hyperonen aufbauen, und die *leichten* Teilchen (***Leptonen***), wie Elektron, Myon, Neutrino. Jede Gruppe besteht aus drei *Familien* von Elementarteilchen, die in Tabelle 1.1 zusammengestellt sind (siehe Bd. 4). Zu jedem dieser Teilchen gibt es ein *Anti-Teilchen* mit gleicher Masse, dessen Ladung das entgegengesetzte Vorzeichen hat.

Tabelle 1.2. Die 4 bisher bekannten Wechselwirkungen und ihre Feldquanten. Alle Quarks, Gluonen und Bosonen kommen jeweils in 3 verschiedenen Arten vor, die sich durch ihre „Farbladungen" unterscheiden. Zu jedem Teilchen gibt es ein Antiteilchen

Wechselwirkungen	Feldquanten	Ruhemasse MeV/c^2
Starke W. W.	Gluonen	0
Elektro-Magn. W. W.	Photonen	0
Schwache W. W.	W-Bosonen	81 000
	Z-Bosonen	91 010
Gravitations- W. W.	Gravitonen	0

Zwischen den Elementarteilchen treten Wechselwirkungen auf (Anziehung, Abstoßung) die nach unserem heutigen Verständnis durch den Austausch von anderen Elementarteilchen beschrieben werden können, welche man auch als *Quanten des entsprechenden Kraftfeldes* bezeichnet (Tabelle 1.2). Bisher sind vier verschiedene Wechselwirkungen bekannt. Ob es noch weitere gibt, ist nicht sicher.

Ein wesentliches Ziel aller Forschungen der Elementarteilchen-Physik ist es, die verschiedenen Wechselwirkungen auf möglichst *eine* gemeinsame Ursache zurückzuführen und die große Zahl bisher gefundener Teilchen als Verbindungen aus ganz wenigen wirklich elementaren Teilchen (Quarks, Leptonen) zu verstehen. Dieses Ziel ist zur Zeit noch nicht völlig erreicht, obwohl es bereits Ansätze einer solchen vereinheitlichten Theorie gibt. Die Forschung auf diesem Gebiet ist deshalb so interessant, weil hier wahrscheinlich der Schlüssel zum Verständnis der Materie überhaupt und ihrer verschiedenen Erscheinungsformen zu finden ist. Auch die Entwicklung unseres Kosmos vom Urknall bis zum heutigen Universum läßt sich nur verstehen, wenn man die Wechselwirkung zwischen den früher als elementar angesehenen Teilchen, ihren Aufbau und ihre Umwandlung ineinander besser kennt (siehe Bd. 4).

Atomkerne

Protonen und Neutronen können sich zu größeren stabilen Einheiten, den ***Atomkernen*** zusammenschließen. Der kleinste Atomkern ist der Wasserstoffkern; er ist identisch mit dem Proton. Der größte bisher bekannte Kern, der in der Natur vorkommt, ist der Urankern (Durchmesser etwa 10^{-14} m). Neben den natürlich vorkommenden gibt es eine große Zahl von künstlich erzeugten schweren Kernen, die jedoch im allgemeinen nicht stabil sind, sondern nach einiger Zeit wieder zerfallen in leichtere Bruchstücke. Über die Art der Kräfte, die Protonen und Neutronen im Kern zusammenhalten, haben wir mittlerweile viele Informationen. Es fehlte jedoch lange eine geschlossene Theorie der Kernkräfte. Die um 1970 entwickelte *Quantenchromodynamik* kann diese Lücke schließen, da sie die Kernkräfte zurückführt auf die Wechselwirkungen zwischen Quarks und Gluonen, die als „Kitt" die Kernbausteine (Nukleonen) zusammenhalten.

Atome

Atomkerne können mit Elektronen stabile ***Atome*** bilden, wobei die Zahl der Elektronen gleich der Zahl der Protonen im Kern ist. Ein Wasserstoffatom besteht also aus einem Proton und einem Elektron. Die Durchmesser der Atome liegen bei 10^{-10} m, sind also etwa 10.000mal größer als der Kerndurchmesser. Die elektromagnetische Wechselwirkung zwischen Atomelektronen und Kernen ist sehr eingehend untersucht, und es existiert eine geschlossene Theorie (*Quantenelektrodynamik*).

Die chemischen Eigenschaften der Atome werden vollständig durch den *Schalenaufbau* der ***Elektronenhülle*** bestimmt. Dies wird durch die Anordnung der Atome in einem *Periodensystem der Elemente* (siehe Bd. 3) verdeutlicht, in dem die Atome gemäß ihrer Elektronenzahl so in Reihen und Spalten angeordnet sind, daß Atome mit gleicher Zahl von ***Valenzelektronen*** (d.h. Elektronen in der äußersten Schale) in derselben Spalte untereinander stehen.

Moleküle

Zwei oder mehr Atome können sich auf Grund der elektromagnetischen Wechselwirkung (el. magn. W. W.) zu stabilen ***Molekülen*** verbinden. Die Stärke der Molekülbindung hängt u.a. von der Elektronendichte zwischen den Atomen ab. Biologische Moleküle können aus vielen tausend Atomen bestehen mit Durchmessern bis 0,1 μm. Moleküle bilden die Basis aller chemischen und biologischen Substanzen, deren Eigenschaften durch die Art und Struktur der Moleküle bestimmt sind.

Makrostrukturen, feste und flüssige Körper

Unter geeigneten Bedingungen können sehr viele gleichartige oder verschiedene Atome oder Moleküle einen großen zusammenhängenden Verband bilden, einen festen oder flüssigen Körper. Auch hier ist im Prinzip die Wechselwirkung zwischen den Atomen bekannt, aber sehr schwierig zu berechnen wegen der ungeheuer großen Zahl der beteiligten Atome (10^{22} pro cm^3). Zur theoretischen Behandlung wendet man statistische Methoden an. Man kennt bisher zwar schon viele Einzelheiten des Festkörperaufbaus, aber die mathematischen Schwierigkeiten der theoretischen Behandlung verhinderten bisher ein alle Phänomene beschreibendes exaktes theoretisches Modell. Man macht daher verschiedene angenäherte Modelle, die jeweils einige Teilaspekte gut beschreiben (z.B. Bändermodell, Gittermodell etc., siehe Bd. 3).

Aufbau des Kosmos

Im Universum kommen alle oben behandelten Strukturen vor:

- Freie *Elementarteilchen* (p, n, e^-, Neutrinos, Photonen, auch kurzlebige Mesonen als Sekundärprodukte der Höhenstrahlung)
- Nackte Atomkerne (z.B. im Inneren der Sterne oder in heißen Gaswolken)
- Atome (z.B. in Atmosphären von Planeten, im interstellaren Raum)
- Moleküle (in Kometenschweifen, im interstellaren Raum, in Planetenatmosphären)
- Feste und flüssige Makrokörper (erkaltete Himmelskörper, Meteoriten).

Die Erklärung der Entstehung und des Aufbaus unseres Kosmos setzt deshalb die Kenntnis der Wechselwirkung aller dieser Teilchen voraus. Wegen der ungeheuer großen Massen von Sternen und Galaxien ist jedoch die Gravitationswechselwirkung für viele Probleme der Astrophysik dominierend.

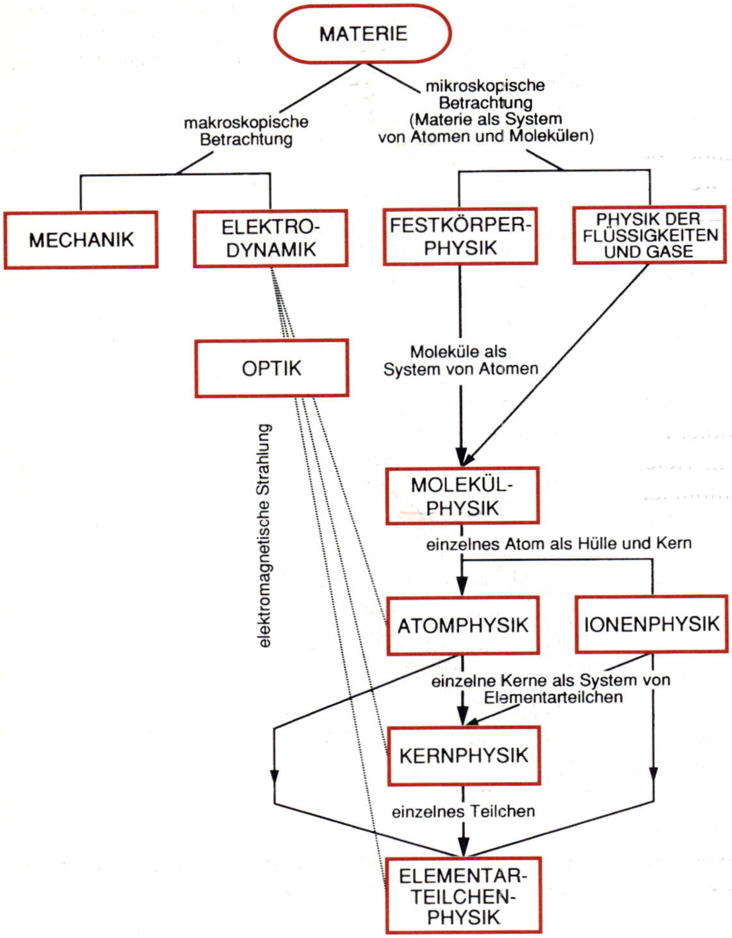

Abb. 1.11. Stammbaum der Physik. Mit freundlicher Genehmigung von Prof. Dr. H. J. Jodl

Man kann aus diesem systematischen Aufbau der Materie einen entsprechenden *Stammbaum der Physik* aufstellen (Abb. 1.11). Von der Systematik her gesehen müßte das Studium der Physik eigentlich mit der Behandlung der Elementarteilchen beginnen, um dann sukzessiv zu größeren Strukturen überzugehen. Da die exakte Behandlung der Kernphysik sehr schwierig ist und mehr physikalisches Wissen voraussetzt, die der Elementarteilchen zur Zeit zudem noch gar nicht möglich ist, beginnt das Studium der Physik aus didaktischen Gründen mit der klassischen Mechanik (oben links in Abb. 1.11) und geht dann nach Behandlung der anderen klassischen Gebiete Wärmelehre, Elektrodynamik und Optik (makroskopische Betrachtung) in Band 1 und 2 zur Struktur der Materie in mikroskopischer Betrachtung über (Bd. 3 und 4).

Es gibt eine Reihe leicht verständlich geschriebener Bücher und Übersichtsartikel [1.13–18], in denen die hier angeschnittenen Themen verdeutlicht werden. Um genauer zu verstehen, wie man zu diesen Erkenntnissen gelangt ist und wie man sie experimentell und theoretisch prüfen kann, ist es notwendig, sich näher mit den Grundlagen der Physik, ihren Gesetzmäßigkeiten und experimentellen Techniken zu befassen. Dies soll im vorliegenden Lehrbuch geschehen.

1.5 Beziehungen zwischen Physik und Nachbarwissenschaften

Da die Physik sich mit den Grundbausteinen der Materie beschäftigt, bildet sie im Grunde das Fundament jeder Naturwissenschaft. Bis vor wenigen Jahrzehnten wurde allerdings in Chemie, Biologie und Medizin wegen der komplexen Struktur der dort untersuchten Objekte eine mehr empirische phänomenologische Arbeitsmethode angewandt. Mit verfeinerter Experimentiertechnik (Elektronenmikroskop (Abb. 1.12), Tunnelmikroskop, Kernresonanz-Spektroskopie, Röntgenstrukturanalyse, Neutronenbeugungsanalyse, Laserspektroskopie, Holographie etc.) gelang es jedoch inzwischen in vielen Fällen, bis auf die atomare Struktur auch komplizierter Verbindungen vorzustoßen (z.B. der DNA, Abb. 1.13). Die Physik half dabei in zweierlei Weise: Einmal entwickelte sie, oft in Zusammenarbeit mit der Technik, die Untersuchungsgeräte, und zum zweiten lieferte sie das theoretische Verständnis für den atomaren Aufbau. Deshalb werden die Unterschiede zwischen den Methoden der Grundlagenforschung in allen Bereichen der Naturwissenschaften immer geringer und die Zusammenarbeit intensiver. So wird z.B. in der Chemie die zentrale Frage der Molekülstruktur und der chemischen Bindung gemeinsam von Physikern und Chemikern untersucht. Man kann überspitzt sagen, daß theoretische Chemie im Prinzip angewandte Quantenmechanik und daher ein Teilgebiet der Physik ist.

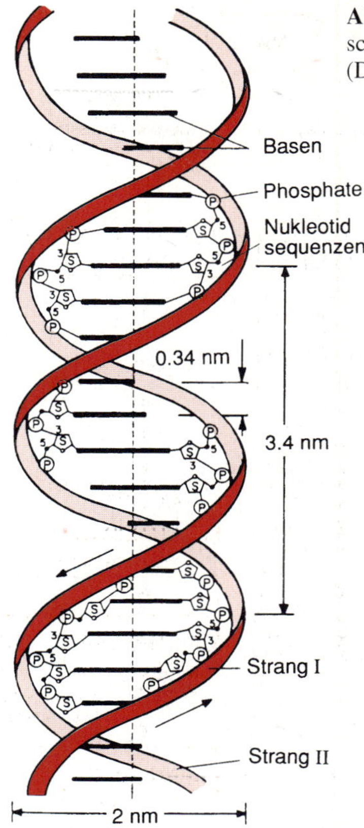

Abb. 1.13. Die Doppelschraube der DNA (Desoxyribonucleinsäure)

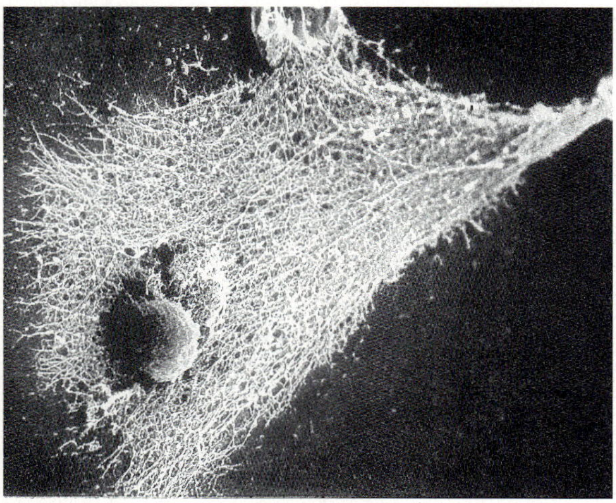

Abb. 1.12. Elektronenmiskroskop-Aufnahme von Freßzellen im Blut, die Colibakterien angreifen

1.5.1 Biophysik und medizinische Physik

Inzwischen hat sich die Biophysik zu einem eigenen Teilgebiet entwickelt. Hier werden physikalische Vorgänge in Zellen untersucht wie z.B. der Energiehaushalt der Zelle, der Ionentransport durch Zellmembranen, die Physik der Photosynthese oder des Sehvorgangs. Die in Physiklabors entwickelten ultrakurzen Lichtpulse spezieller Laser ermöglichten die notwendige Zeitauflösung $\Delta t < 10^{-12}$ s, um die schnellen Vorgänge auf der molekularen Ebene *„sehen“* zu können.

In den letzten Jahren hat sich die medizinische Physik an vielen Universitäten und Forschungsstätten etabliert. Die Entwicklung neuer Diagnosetechniken und auch neuartige Therapieverfahren basieren häufig auf neuen physikalischen Techniken und

Abb. 1.14. Giotto-Sonde zum Halley-Kometen. Mit freundlicher Genehmigung der European Space Agency ESA

auf neuen Erkenntnissen über die Wechselwirkung von Zellgewebe mit Strahlung. Beispiele für solche neuen Diagnoseverfahren sind die Ultraschall-Diagnostik, die Kernspin-Tomographie, Thermographie und Laser-induzierte Zell-Fluoreszenz.

1.5.2 Astrophysik

Die stärkste Verbindung zur Physik hatte seit altersher die *Astronomie* (heute häufig auch *Astrophysik* genannt). Die moderne Astronomie begnügt sich nicht mehr mit der Bahnvermessung von Planeten und der Standortbestimmung der Sterne, sondern sucht nach Informationen über die Zusammensetzung, Entstehung und Entwicklung der Sterne und des Universums. Durch Zusammenarbeit mit Physikern, die im Laboratorium Prozesse untersuchen, welche auch in Sternen oder im interstellaren Raum ablaufen, weiß man inzwischen eine ganze Menge über außerirdische Objekte. Eines der Ergebnisse ist z.B., daß im Kosmos die gleichen Elemente auftreten wie auf der Erde und daß die gleichen physikalischen Gesetze gelten wie hier. Manche Interpretation astronomischer Beobachtung konnte nur gegeben werden, weil Laboratoriumsexperimente gemacht wurden, die eindeutig zwischen verschiedenen möglichen Erklärungen entschieden.

Zum aufsehenerregenden Fortschritt in der Astrophysik haben folgende Faktoren entscheidend beigetragen:

- Entwicklung neuer Geräte und Beobachtungstechniken (Radioteleskope, Satelliten, Raumsonden (Abb. 1.14), empfindliche Detektoren)
- Neue Erkenntnisse auf dem Gebiet der Elementarteilchenphysik, der Plasmaphysik, der Magnetohydrodynamik und der Atom- und Molekülphysik
- Schnellere Computer zur Berechnung komplizierter Stern-Modelle.

1.5.3 Geophysik und Meteorologie

Zu einem eigenen Zweig haben sich die *Geophysik* und die Meteorologie entwickelt. Gerade in der *Meteorologie* zeigt sich, wie wichtig das Verständnis elementarer Prozesse, wie Wechselwirkung von Licht mit Atomen und Molekülen oder Stöße zwischen Elektronen, Atomen, Molekülen und Ionen ist, um die komplexen Verhältnisse in der Atmosphäre einigermaßen zu verstehen. Es stellte sich jedoch heraus, daß es trotz detaillierter Kenntnisse der Elementarprozesse häufig *nicht* möglich ist, zuverlässige Vorhersagen über die Entwicklung lokaler Wetterbedingungen zu machen, weil bereits geringfügige Änderungen des *Ist-Zustandes* zu riesigen Abweichungen der zukünftigen Entwicklung dieses Zustandes führen. Diese Erkenntnis hat zu einem neuen Zweig der Physik, der *Chaosforschung* geführt, deren Grundprinzipien in Kap. 12 behandelt werden.

1.5.4 Physik und Technik

Eine fundamentale Bedeutung für die Entwicklung unserer heutigen Industriegesellschaft hat die Anwen-

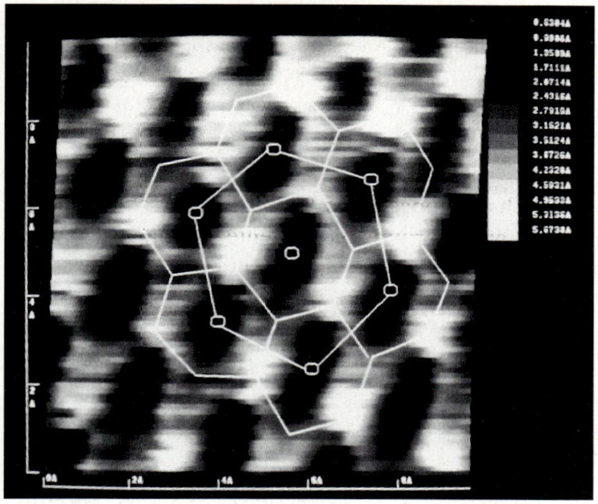

Abb. 1.15. Hexagonale Struktur einer Graphit-Oberfläche, sichtbar gemacht mit Hilfe eines Tunnel-Mikroskops (M. Müller, H. Oechsner, Kaiserslautern)

ung physikalischer Forschung auf technologische Probleme gehabt (Dampfmaschine, Elektromotor, Halbleiterentwicklung, Nachrichtentechnik, Computer, Kernreaktoren, Laser, Meßtechnik). Diese Verbindung zwischen angewandter Physik und Technologie hat gerade in letzter Zeit durch die Energie- und Rohstoff-Krise und die immer akuter werdenden Umweltprobleme neue Impulse erhalten und das Interesse vieler Physiker auf Forschungsgebiete im Bereich der Anwendungen gelenkt. Beispiele sind die *Energieforschung* (neue Technologien zur Energieerzeugung durch Kernfusion, Sonnenzellen, Wasserstofftechnologien, Erhöhung des Wirkungsgrades bei Umwandlung und Transport von Energie, energiesparende Maßnahmen), *Umweltprobleme* (Luftverschmutzung, Lösung der Kühlprobleme bei Kraftwerken), *Verkehrsprobleme* (Entwicklung neuer Antriebe wie Linearmotor, Magnetkissenbahn, schadstoffarme Motoren, Abgasverminderung), *Nachrichtenübertragung (Laser, Lichtleiter, Modulationsverfahren).*

Von besonderem Interesse ist die Anwendung von Forschungsergebnissen aus Festkörper- und Oberflächenphysik auf die Entwicklung neuer Materialien (amorphe Festkörper, metallische Gläser, Verbundwerkstoffe) und auf die Erzeugung von Oberflächenschichten (Abb. 1.15) mit für die Technik attraktiven Eigenschaften, wie besonders große Härte (Werkzeuge) oder Korrosionsbeständigkeit (Kessel für chemische Prozesse).

Insgesamt muß man erkennen, daß für ein dichtbesiedeltes, aber rohstoffarmes Land wie Deutschland technologische Innovation bei gleichzeitiger Verbesserung des Umweltschutzes unverzichtbar für eine gesicherte und lebenswerte Zukunft ist. Die Angewandte Physik steht hier vor großen Aufgaben, zu deren Bewältigung engagierte Wissenschaftler mit Ideenreichtum und kritischem Denken gefragt sind, beides Eigenschaften, die durch ein Physikstudium gefördert werden sollen.

1.5.5 Physik und Philosophie

Die Physik hat eine besondere Beziehung zu vielen Bereichen der Philosophie. Schon bei den griechischen Philosophen waren naturwissenschaftliche Erkenntnisse und philosophische Denkansätze eng miteinander verknüpft. Ein wesentliches Ziel auch der heutigen Grundlagenforschung in der Physik ist die Entwicklung und Vervollständigung eines Weltbildes, das sowohl den Aufbau komplizierter Strukturen aus einfachen Einheiten erklärt, als auch die Entstehung unseres Universums aus einem *Urzustand* (Feuerball). Der entscheidende Aspekt ist dabei, daß das Bewußtsein des Menschen und seine Einstellung zu seiner Umwelt wesentlich durch solche Erkenntnisse geprägt werden. Die faszinierende Frage, wie Erkenntnisgewinnung durch Kommunikation des Menschen mit der Außenwelt und ihre Verarbeitung innerhalb der Denkstrukturen des menschlichen Gehirns überhaupt möglich sind, wurde bereits von *Kant* in seiner *Kritik der reinen Vernunft* diskutiert. Eine intensivere Diskussion zwischen Philosophen und Physikern über die neueren Ergebnisse der Physik wäre sicher sehr wünschenswert und würde zu einem tieferen Verständnis der Wissenschaftstheorie beitragen.

In diesen Themenkreis gehören auch ethische Fragen naturwissenschaftlicher Forschung, die in letzter Zeit in der Öffentlichkeit diskutiert werden. Da die physikalischen Entwicklungen und ihre technischen Anwendungen immer mehr das Leben unserer Gesellschaft beeinflussen, müssen sich die Physiker selbstverständlich auch Gedanken darüber machen, welche Bedeutung ihre Forschungsarbeiten für unsere Gesellschaft haben. Dabei sollte man jedoch nicht übersehen, daß die Erkenntnisgewinnung an sich wertfrei ist. Die ethische Frage stellt sich bei der *Anwendung* naturwissenschaftlicher Ergebnisse auf spezielle Probleme. Obwohl immer wieder die *gesellschaftliche Relevanz der Forschung* gefordert wird, die ja in vielen Bereichen der Physik durchaus vorhanden ist, muß doch vor einer allzu oberflächlichen und kurzsichtigen Beurteilung solcher *Relevanz* gewarnt werden. Es gibt viele Beispiele von Entdeckungen und Entwicklungen in der Physik (Anfänge der Festkörperphysik, Tieftemperaturforschung, Kernphysik, Atom- und Molekül-Physik etc.) bei denen anfangs überhaupt keine relevanten Anwendungen gesehen wurden und die aus purer Neugier, zur Erkenntnisgewinnung begonnen wurden, sich aber später als besonders wichtig für „gesellschaftsrelevante Anwendungen" erwiesen haben.

Besondere Beachtung sollten Versuche finden, physikalische Denkmodelle und Schlußweisen auf gesellschaftliche Probleme anzuwenden. Hier können sicherlich die Vertreter beider Fachrichtungen Physik und Gesellschaftswissenschaft viel voneinander lernen. Jedoch solte man nicht vergessen, daß jemand, der sich erfolgreich um solche Probleme bemühen will, von beiden Gebieten viel verstehen muß. Das heißt, eine fruchtbare Diskussion kann erst nach intensivem Studium der Probleme erfolgen. Dies wird häufig übersehen und führt dann zu nutzlosem Geschwätz statt zu konkreten Resultaten.

Über den hier diskutierten Themenkreis gibt es eine umfangreiche Literatur, siehe z.B. [1.19–28].

1.6 Die Grundgrößen in der Physik, ihre Normale und Meßverfahren

Da eine objektive Naturbeschreibung quantitative, d.h. zahlenmäßig erfaßbare Zusammenhänge in der Natur auffinden will, muß man sich darüber einigen, in welchen ***Maßeinheiten*** man ein ***Meßergebnis*** angeben will. Man muß einen *Maßstab* haben, mit dem die zu messende Größe verglichen werden kann.

> Messen heißt immer: zwei Größen miteinander vergleichen!

Als Maßeinheiten kann man entweder Größen verwenden, die in der Natur vorkommen (z.B. Elle, Fuß, Atomabstand in einem Kristall als Längeneinheit; den Pulsschlag oder einen Sonnentag als Zeiteinheit) oder willkürliche, aus Gründen der Zweckmäßigkeit festgelegte Größen.

In der Physik hat man den zweiten Weg gewählt und Einheiten geschaffen, die dem täglichen Leben und den technischen Bedürfnissen besser angepaßt sind. Diese Einheiten müssen durch sogenannte *Normale* oder *Standards* festgelegt werden, mit denen sie jederzeit verglichen werden können (Eichung).

> Folgende Forderungen müssen an ein Normal gestellt werden:
>
> - Es muß mit *genügender Genauigkeit* mit den zu messenden Größen verglichen werden können.
> - Es muß immer mit der geforderten Genauigkeit *reproduzierbar* sein.
> - Die Herstellung und Aufbewahrung des Normals und die Reproduzierbarkeit der Vergleichsmessungen müssen unter *technisch vertretbarem* Aufwand möglich sein.

Elle, Fuß und Pulsschlag sind also nach diesen Forderungen schlechte Normale!

> Die *Güte einer Messung* wird nach folgenden Gesichtspunkten beurteilt:
>
> - Wie *zuverlässig* ist die Messung? Hier geht die Anlage der Meßapparatur, die Interpretation der Meßdaten durch den Experimentator, seine Beobachtungsgabe und seine Erfahrung ein (siehe z.B. optische Täuschung).
> - Wie *genau* ist die Messung?, d.h. wie groß ist der maximal mögliche Meßfehler?
> - Ist die Messung unter verschiedenartigen Meßbedingungen *reproduzierbar*?

Jede physikalische Größe kann natürlich prinzipiell nicht genauer gemessen werden, als das entsprechende Normal definiert werden kann. Das Eichnormal sollte deshalb so gewählt werden, daß es in der Praxis keine Begrenzung der Meßgenauigkeit beim Vergleich mit zu messenden Größen darstellt. Für viele Messungen sind z.B. Stoppuhr oder Mikrometerschraube als Normale nicht genau genug!

Es erhebt sich jetzt die Frage, wieviele solcher Grundgrößen man denn in der Physik überhaupt braucht. Da alle Vorgänge in der Natur in Raum und Zeit ablaufen, braucht man zu ihrer quantitativen Beschreibung auf jeden Fall Längen- und Zeiteinheiten.

Wir werden sehen, daß *alle physikalischen Größen auf drei Grundgrößen für Länge, Zeit und Masse zurückgeführt werden können.* Im Prinzip brauchte man deshalb nur diese drei Grundgrößen. Es ist jedoch zweckmäßig, noch die Temperatur und die elektrische Stromstärke als weitere Grundgrößen einzuführen, da dann viele daraus abgeleitete Größen einfacher geschrieben werden können [1.29–31].

Wir wollen im folgenden die verschiedenen Maßeinheiten behandeln und dabei auch kurz auf die historische Entwicklung der Normale eingehen, weil sie deutlich macht, wie durch verbesserte Meßtechniken die Anforderungen an die Genauigkeit steigen und damit die Wahl eines geeigneten Normals bestimmen.

1.6.1 Längeneinheiten

Als Längeneinheit wurde 1875 das Meter gewählt, dessen internationaler Prototyp als Normal in Paris aufbewahrt wird. Um das Normal möglichst reproduzierbar zu halten, wurde ein Stab aus einer Platin-Iridium-Legierung gewählt, auf dem 2 Marken eingeritzt sind, die bei 0 °C den Abstand 1 m haben sollen. Genauere Messungen zeigten, daß dieses Meternormal nicht exakt gleich 1/10 000 000 eines Erdquadranten war, wie ursprünglich gedacht, sondern um 0,02 % davon abweicht. Der Vergleich von Längen mit diesem Normal ist nur mit einer Genauigkeit von etwa 10^{-6} möglich, d.h. man kann nur eine Abweichung feststellen, die größer als 1/1000 mm ist. Das genügt den heutigen Anforderungen nicht mehr.

Deshalb wurde 1960 als neues Längennormal die Wellenlänge der orangen Fluoreszenzlinie des Krypton-Isotops 86 gewählt, wobei die Bedingungen in der Kryptonlampe (Druck, Entladungsstrom und Temperatur) vorgeschrieben werden. Die Wellenlänge einer solchen Spektrallinie läßt sich mit einer Genauigkeit von etwa $3 \cdot 10^{-8}$ messen (siehe Bd. 2).

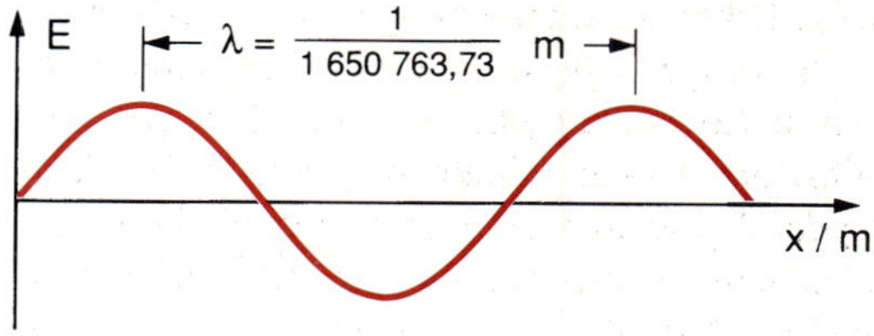

Abb. 1.16. Zur Definition der Längeneinheit basierend auf der Kryptonwellenlänge

Mit zunehmender Meßgenauigkeit genügte auch dieses Normal nicht mehr. Da man Zeiten wesentlich genauer messen kann als Längen (siehe unten), wurde die Längenmessung auf eine Zeitmessung zurückgeführt dadurch, daß man den gewichteten Mittelwert der bisher genauesten Messungen der Lichtgeschwindigkeit im Vakuum

$$c_0 = 299\,792\,458 \text{ m/s}$$

als Definitionswert festlegte. Die Definition des Meters [1.32] heißt nun seit 1983:

Definition

1 m ist die Länge der Strecke, die Licht im Vakuum während des Zeitintervalls (1/299 792 458)s durchläuft.

Aus der Beziehung $c_0 = \nu \cdot \lambda_0$ zwischen Lichtgeschwindigkeit c_0, Frequenz ν und Wellenlänge λ_0 einer el. magn. Welle im Vakuum (siehe Bd. 2) läßt sich dann aus der Messung der Frequenz ν die entsprechende Wellenlänge λ_0 mit Hilfe der Definition für c_0 bestimmen (Abschn. 1.6.2 und 1.6.4).

Da der Größenbereich in der Physik von 10^{-18} m (Elementarteilchen) bis 10^{+25} m (Kosmos) überdeckt, also 43 Größenordnungen umfaßt (Tabelle 1.3), ist es zweckmäßig, die Längen in Zehnerpotenzen des Meters anzugeben. Für bestimmte Zahlenpotenzen wurden Abkürzungen festgelegt (Tabelle 1.4).

Eine Astronomische Einheit (AE) ist die große Halbachse der elliptischen Erdbahn um die Sonne, also der Mittelwert zwischen kleinstem und größtem Abstand Erde–Sonne. Ein *Lichtjahr* ist die Entfernung, die das Licht in einem Jahr zurücklegt. Ein *Parsec* ist die Entfernung eines Punktes P vom Mittelpunkt M der Ellipse, von dem aus der mittlere

Tabelle 1.3. Bekannter Längenbereich in der Physik

Objekt	Länge in m
Radius des Elektrons	$< 10^{-18}$
Radius des Protons	10^{-15}
Atomabstand im Festkörper	10^{-10}
Dicke der Haut einer Seifenblase	10^{-7}
Mittlerer Abstand von Luftmolekülen bei 10^5Pa	10^{-6}
Erdradius	$6 \cdot 10^{+6}$
Entfernung Erde-Mond	$4 \cdot 10^8$
Entfernung Erde-Sonne	$1{,}5 \cdot 10^{11}$
Durchmesser des Sonnensystems	10^{14}
Entfernung zum nächsten Stern	$4 \cdot 10^{16}$
Durchmesser unserer Milchstraße	$3 \cdot 10^{20}$
Ausdehnung des Weltalls	$5 \cdot 10^{25}$

Tabelle 1.4. Bezeichnungen verschiedener Größenordnungen des Meters nach S. I. und noch in Gebrauch befindliche Längeneinheiten der Kern-, Atom- und Astrophysik

1 Attometer	= 1 am	$= 10^{-18}$ m
1 Femtometer	= 1 fm	$= 10^{-15}$ m
1 Picometer	= 1 pm	$= 10^{-12}$ m
1 Nanometer	= 1 nm	$= 10^{-9}$ m
1 Mikrometer	= 1 µm	$= 10^{-6}$ m
1 Millimeter	= 1 mm	$= 10^{-3}$ m
1 Centimeter	= 1 cm	$= 10^{-2}$ m
1 Decimeter	= 1 dm	$= 10^{-1}$ m
1 Kilometer	= 1 km	$= 10^{3}$ m
Daneben werden häufig gebraucht:		
– in der Kern- und Atomphysik:		
1 Fermi	$= 10^{-14}$ m	
1 x-Einheit	$= 10^{-13}$ m	
1 Ångström	$= 1$ Å $= 10^{-10}$ m	
– in der Astronomie:		
1 Astronomische Einheit = 1AE = mittlerer Abstand Erde-Sonne $= 1{,}49 \cdot 10^{11}$m		
1 Lichtjahr	$= 1$ LJ $= 9{,}5 \cdot 10^{15}$ m	
1 Parsec	$= 1$ pc $= 3 \cdot 10^{16}$ m $= 3{,}2$ LJ	

Radius der Erdumlaufbahn um die Sonne unter einem Winkel α von 1 Bogensekunde erscheint (Abb. 1.17). Die Entfernung d eines Sterns, angegeben in Parsec, ist dann 1 AE/tg α.
Wegen tg $1'' = 4{,}85 \cdot 10^{-6}$ gilt:

$$1 \text{ Parsec} \mathrel{\hat{=}} 2 \cdot 10^5 \text{ AE} .$$

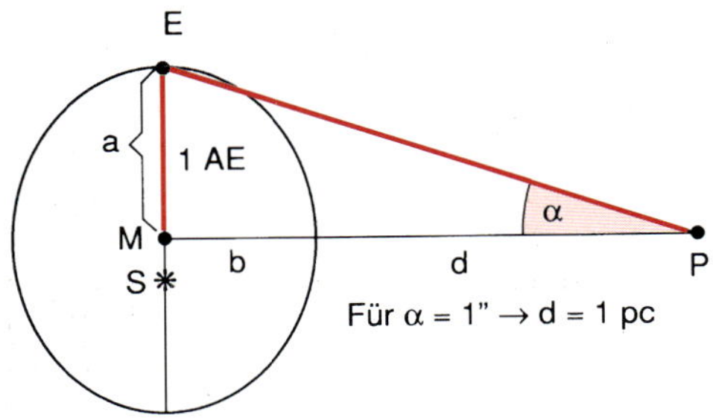

Abb. 1.17. Zur Definition der astronomischen Entfernungseinheiten 1 AE und 1 Parsec

1.6.2 Meßverfahren für Längen

Für Längenmessungen im täglichen Leben wurden praktische Sekundärnormale geschaffen, d.h. geeichte Meßwerkzeuge, deren Genauigkeit an den Verwendungszweck angepaßt ist. Ein Beispiel ist die ***Schieblehre***, deren Ablesegenauigkeit auf dem Noniusprinzip beruht (Abb. 1.18). Die obere Skala ist in mm eingeteilt. Die untere Skala hat 10 Skalenteile auf 9 mm, jeder Skalenteil entspricht 9/10 mm.

Bei der Einstellung b fallen Teilstrich 9 mm der oberen Skala mit Teilstrich 4 der unteren zusammen. Die Entfernung zwischen den Backen der Schieblehre ist der Abstand zwischen den Nullmarken beider Skalen, hier also

$$L = 9 - 4 \cdot 9/10 = 5{,}4 \text{ mm} .$$

Die Genauigkeit der Messung ist etwa 1/10 mm.

Größere Ablesegenauigkeiten erreicht man mit der Mikrometerschraube (Abb. 1.19), bei der eine Umdrehung der Trommel eine Verschiebung von 1 mm bewirkt. Teilt man den Trommelumfang in 100 Skalenteile ein, so entspricht 1 Skalenteil einer Längenänderung von 0,01 mm = 10 µm. Mit Differential-Mikrometerschrauben, die aus zwei koaxialen, sich gegensinnig drehenden Trommeln bestehen, von denen eine Trommel einen Vorschub

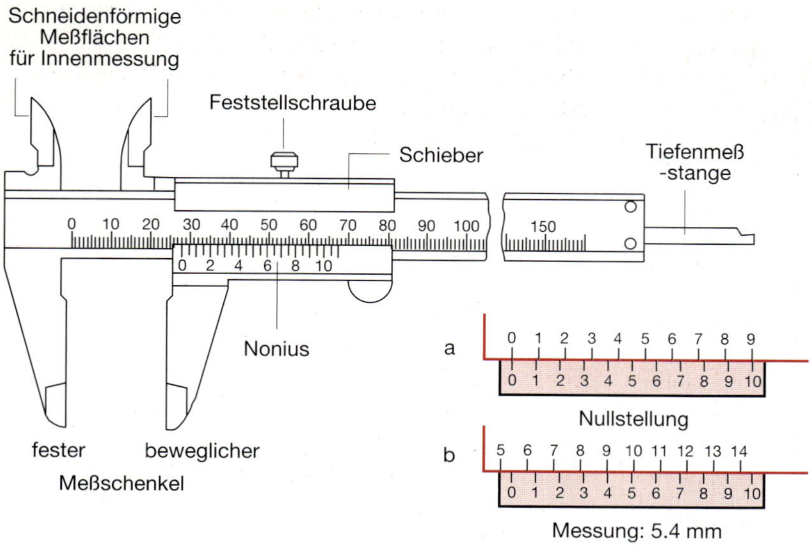

Abb. 1.18. Schieblehre mit Nonius

von 1 mm pro Umdrehung, die andere einen gleichzeitigen Rückschub von 0,9 mm/Umdrehung bewirkt, erreicht man daher eine Längenänderung von 0,1 mm pro Umdrehung und damit eine Ablesegenauigkeit von 1 µm/Skalenteil. Dies stellt etwa die Grenze der rein mechanischen Längenmessung dar.

Genauere Verfahren beruhen auf optischen Messungen von Längen. Diese optischen Verfahren benutzen für Längen unter 1 m ein interferometrisches Prinzip (siehe Bd. 2), mit Lasern als Lichtquellen (siehe Bd. 3), bei denen Längen in Einheiten einer bekannten Lichtwellenlänge λ gemessen werden. Moderne Interferometer gestatten eine Meßgenauigkeit von $\lambda/100$, was für $\lambda = 0{,}5\,\mu$m einer Genauigkeit von 5 nm $= 5 \cdot 10^{-9}$ m entspricht!

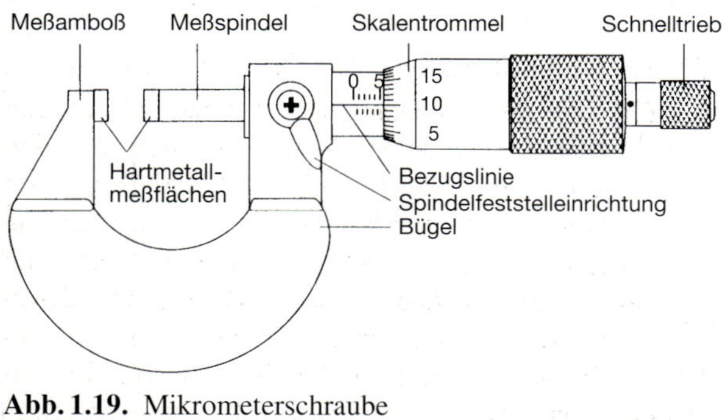

Abb. 1.19. Mikrometerschraube

Größere Entfernungen mißt man z.B. über die Laufzeit des Lichtes. So kann man die Entfernung des von Astronauten aufgestellten Retroreflektors auf dem Mond von einem Punkt P_E auf der Erde ($\approx 3 \cdot 10^8$ km) über die Laufzeit eines kurzen Laserpulses (Pulsdauer 10^{-12} s) auf wenige cm (!) genau vermessen (Abb. 1.20).

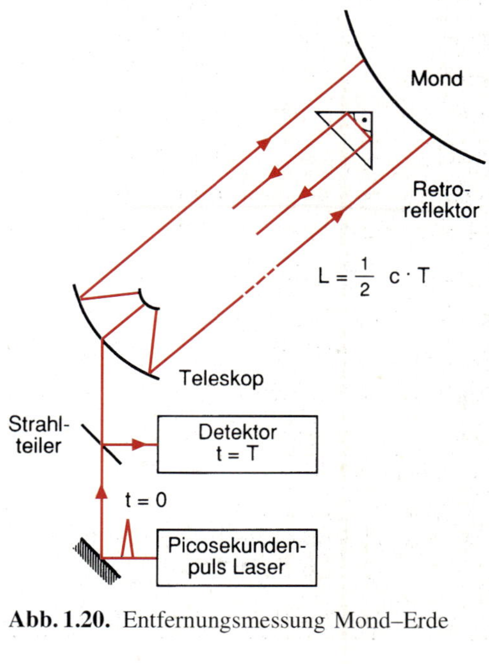

Abb. 1.20. Entfernungsmessung Mond–Erde

Führt man solche Messungen gleichzeitig von zwei Punkten P_1 und P_2 auf der Erde aus durch, so lassen sich aus der zeitlichen Verschiebung der Differenz $\Delta L(t) = \overline{P_1 P_M}(t) - \overline{P_2 P_M}(t)$ Kontinentaldrifts bestimmen [1.33]. Heute werden solche Messungen überwiegend mit Hilfe kurzer Radarpulse durchgeführt, die von einem Satelliten zur Zeit t_0 ausgesandt und von zwei verschiedenen Erdstationen P_1 und P_2 zu den Zeiten t_1 und t_2 empfangen werden. Aus der Zeitdifferenz $t_2 - t_1$ kann die Entfernung der beiden Punkte P_1, P_2 bestimmt werden.

Auch die für die Astronomie wichtige Basiseinheit 1 AE läßt sich mit Hilfe solcher Laufzeitverfahren am genauesten messen. So wird z.B. die absolute Entfernung Erde–Venus oder Erde–Mars durch die Laufzeit eines Radarsignals von und zur Erde gemessen und daraus auf Grund der Kepler-Gesetze (siehe Abschn. 2.9) die Entfernung der Erde zur Sonne bestimmt.

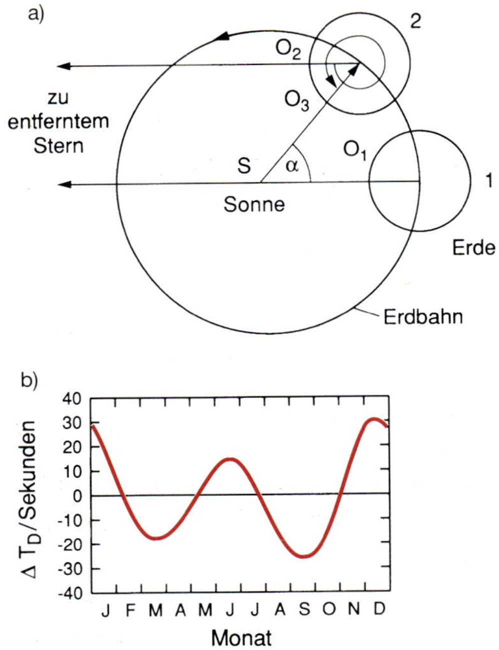

Abb. 1.21. (**a**) Unterschied zwischen Sonnentag und Sterntag (**b**) Schwankung der Länge des wahren Sonnentages während eines Jahres

1.6.3 Zeiteinheiten

Als Maßeinheit der Zeit hat sich die Sekunde (1 s) eingebürgert. Ihre ursprüngliche Definiton war

$$\begin{aligned} 1\ \text{s} &= 1/(60 \cdot 60 \cdot 24) \\ &= 1/86\,400 \text{ eines Sonnentages}\,, \end{aligned}$$

wobei ein Sonnentag die Zeit zwischen zwei aufeinanderfolgenden Kulminationen (Scheitelpunkten) der Sonne ist.

Wenn die Erde mit der Winkelgeschwindigkeit ω um ihre Achse rotiert, so ist ein Sonnentag $d_\odot = (2\pi + \alpha)/\omega$, wobei der Winkel $\alpha \approx 2\pi/365$ durch den Umlauf der Erde um die Sonne bewirkt wird. Demgegenüber dauert ein Sterntag d_S (Zeit zwischen zwei aufeinanderfolgenden Kulminationen eines weit entfernten Sternes: $d_S = 2\ \pi/\omega$) etwas kürzer (Abb. 1.21a). 365,25 Sonnentage entsprechen 366,25 Sterntagen.

Man stellte jedoch bald fest, daß die Länge des Sonnentages im Laufe des Jahres periodische Schwankungen erfährt. Diese betragen bis zu 30 s pro Tag (Abb. 1.21b) und haben folgende Ursachen:

- Eine ganzjährige Periode wegen der ungleichmäßigen Bahn-Geschwindigkeit der Erde auf ihrer Ellipsenbahn um die Sonne (Abb. 1.22 und Abschn. 2.9). Die Geschwindigkeit v_2 ist größer als v_1, deshalb ändert sich der Winkel α zwischen dem Kulminationspunkt eines Sterns und dem der Sonne pro Tag nicht um den gleichen Betrag.
- Eine halbjährige Periode wegen der Neigung der Erdrotationsachse gegen die Ekliptik (das ist die Ebene der Umlaufbahn), die bewirkt, daß für einen Punkt P auf der Erde der Kulminationszeitpunkt der Sonne mit einer halbjährigen Periode variiert (Abb. 1.23).

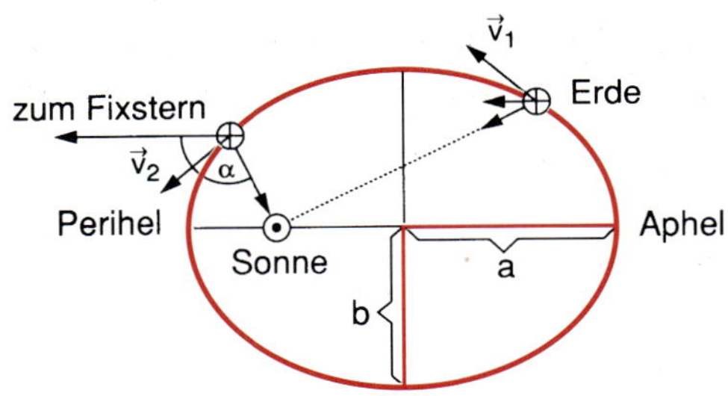

Abb. 1.22. Elliptische Umlaufbahn der Erde um die Sonne. Große Halbachse $a \approx 149{,}6 \cdot 10^6$ km, $a - b = 2 \cdot 10^{-4} \cdot a$, $e = \sqrt{1 - b^2/a^2} = 0{,}02$

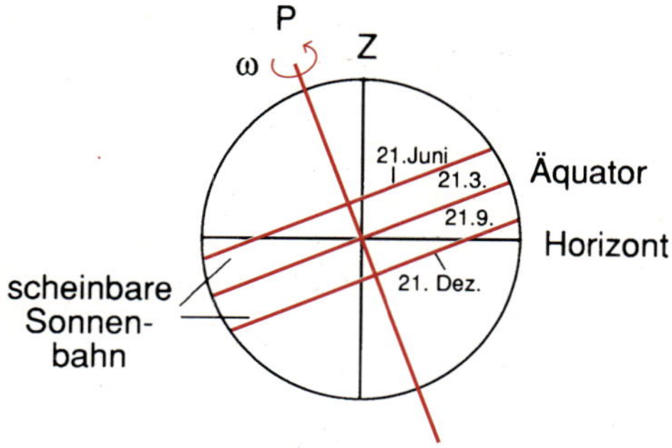

Abb. 1.23. Halbjährige Variation des Kulminationspunktes der Sonne auf Grund der Neigung der Erdachse

Man definiert daher eine „mittlere Sonne", die (vom Erdbeobachter aus gesehen) mit konstanter Geschwindigkeit auf dem Äquator umläuft und gelangt zum mittleren Sonnentag. Die mittlere Sonnensekunde ist dann

$$1 \text{ s} = 1/86\,400 \text{ eines mittleren Sonnentages} .$$

Mit der Entwicklung moderner Quarzuhren stellte man fest, daß auch der mittlere Sonnentag periodisch und statistisch schwankt. Ursachen sind jahreszeitliche meteorologische Einflüsse (Schmelzen der Gletscher und Polkappen, Laubfall der Wälder) sowie Erdbeben, die das Trägheitsmoment der Erde ändern, so daß die Rotationsperiode der Erde schwankt (siehe Abschn. 5.5). Diese Abweichungen liegen bei einigen

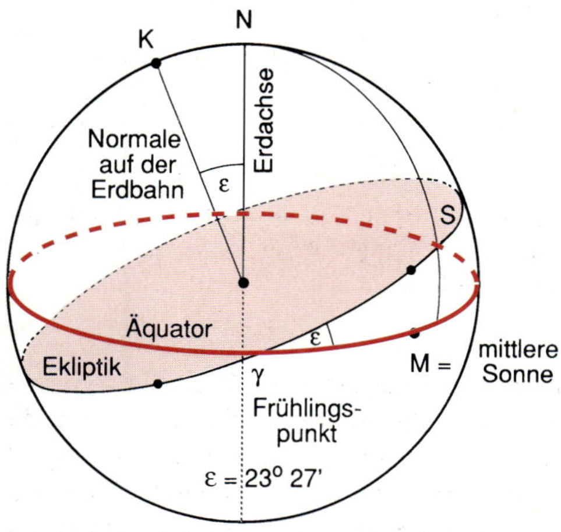

Abb. 1.24. Zur Definition des tropischen Jahres und der in der Astronomie verwendeten Ephemeridensekunde. K = Pol der Ekliptik, N = Himmelsnordpol, S = Sommer-Sonnenwende am 21. Juni, γ = Frühlingspunkt im Sternbild des Widders

Millisekunden pro Tag, verursachen also einen relativen Fehler von $10^{-2}/86400 \approx 10^{-7}$. Deshalb wird in der Astronomie nicht mehr die Erdrotation als Uhr verwendet, sondern die Länge eines tropischen Jahres (Umlaufzeit der Erde um die Sonne von einem Frühlingspunkt (Schnittpunkt der Ekliptik mit der Äquatorebene) bis zum nächsten (Abb. 1.24). Die in der Astronomie gebräuchliche *Ephemeridenzeit* [1.34] benutzt die Definition

$$1 \text{ s} = 1/31\,556\,925{,}975 \cdot \text{Dauer des tropischen Jahres 1900} .$$

Für den täglichen Gebrauch sind Quarzuhren ein besseres Zeitnormal. Eine Quarzuhr besteht im wesentlichen aus einem Quarzstab definierter Länge, der durch Anlegen eines äußeren elektrischen HF-Feldes zu Längsschwingungen angeregt wird (siehe Bd. 2). Stimmt die Anregungsfrequenz genau mit der Resonanzfrequenz des Quarzes überein, so wird die Amplitude maximal. Durch geeignete Rückkopplung kann das System zum Oszillator werden, d.h. man braucht keine von außen angelegte Hochfrequenz mehr. Die Frequenzabweichung guter Quarzuhren ist $\Delta\nu/\nu \leq 10^{-9}$. Die Sekunde wird dann durch die Zahl N der Schwingungen pro s gezählt.

Ein noch genaueres Zeitnormal läßt sich mit Atomuhren realisieren, wobei die Cäsium-Uhr heute als Weltzeitstandard benutzt wird. Ihr Prinzip wird in Abb. 1.25 verdeutlicht.

Die heute festgelegte *Definition der Sekunde* lautet: Eine Sekunde ist das Zeitintervall, während dessen die Cäsiumuhr 9 192 631 770,0 Schwingungen macht.

Cs-Atome verdampfen aus einem Ofen im Vakuum und werden durch Blenden zu einem Atomstrahl kollimiert, der durch einen Mikrowellen-Resonator M zwischen zwei Sechspolmagneten A und B fliegt, welche auf Atome mit einem magnetischen Moment wie eine optische Linse wirken. Legt man an den Resonator die Frequenz $\nu \cong (E_2 - E_1)/h$, die einem Übergang zwischen zwei Hyperfein-Niveaus $F = 3 \rightarrow F = 4$ im $S_{1/2}$-Zustand des Cs-Atoms entspricht (siehe Bd. 3), so absorbieren die Atome die Mikrowelle und werden dadurch in den energetisch höheren

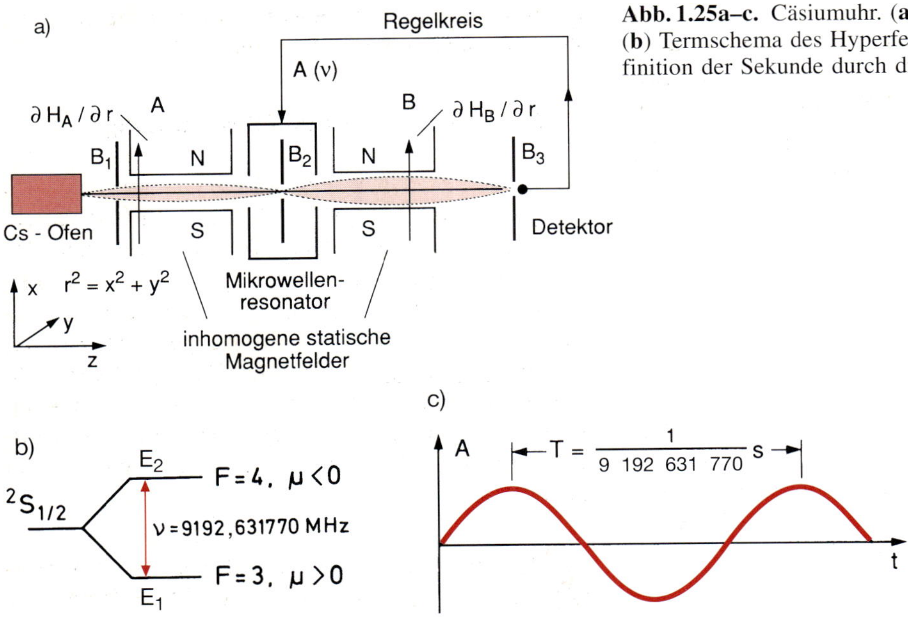

Abb. 1.25a–c. Cäsiumuhr. (**a**) Experimentelle Anordnung; (**b**) Termschema des Hyperfein-Überganges im Cs; (**c**) Definition der Sekunde durch die Periode T

Zustand $F = 4$ angeregt. In diesem Zustand besitzen sie ein anderes magnetisches Moment als im Zustand $F = 3$. Sie werden deshalb im Magnetfeld B defokussiert und erreichen den Detektor D nicht mehr. Diese Signalabnahme steuert über einen Regelkreis die Frequenz ν und hält sie exakt auf der Resonanzfrequenz $\nu_R = (E_2 - E_1)/h$. Erreichbare Frequenzstabilität: $\Delta\nu/\nu \leq 10^{-14}$! [1.35]

Tabelle 1.5. Bezeichnungen verschiedener Größenordnungen der Sekunde nach S. I. und noch im Gebrauch befindliche Zeiteinheiten

Unterteilung der Sekunde		
1 Millisekunde	= 1 ms	$= 10^{-3}$ s
1 Mikrosekunde	= 1 μm	$= 10^{-6}$ s
1 Nanosekunde	= 1 ns	$= 10^{-9}$ s
1 Picosekunde	= 1 ps	$= 10^{-12}$ s
1 Femtosekunde	= 1 fs	$= 10^{-15}$ s
1 Attosekunde	= 1 as	$= 10^{-18}$ s
Größere Zeiteinheiten		
1 Stunde	= 1 h	$= 3{,}6 \cdot 10^3$ s
1 Tag	= 1 d	$= 8{,}64 \cdot 10^4$ s
1 Jahr	= 1 a	$= 3{,}15 \cdot 10^7$ s

Die Schwingungsdauer T der Cs-Uhr ist also: $T = 1/9\,192\,631\,770$ s (Abb. 1.25c).

Tabelle 1.5 gibt eine Übersicht über die Größenordnungen von Zeiten einiger Naturvorgänge, die von 10^{-23} s bis 10^{+18} s reichen!

Tabelle 1.6. Zeitbereich in der Physik

Naturvorgang	Zeitdauer/s
Lichtlaufzeit über den Durchmesser eines Atomkerns	10^{-23}
Umlaufzeit eines Elektrons im Wasserstoffatom	10^{-15}
Laufzeit der Elektronen in der Fernsehröhre	10^{-7}
Schwingungsdauer einer Stimmgabel	$2{,}5 \cdot 10^{-3}$
Lichtlaufzeit Sonne-Erde	$5 \cdot 10^2$
1 Tag	$8{,}64 \cdot 10^4$
1 Jahr	$3{,}15 \cdot 10^7$
Zeit seit Entwicklung der ersten Menschen	$2 \cdot 10^{13}$
Rotationsperiode unserer Milchstraße	10^{16}
Alter unserer Erde	$\sim 10^{17}$
Alter des Universums	$5 \cdot 10^{17}$

Man sieht aus der Definition der Sekunde, daß die Zeitmessung zurückgeführt wird auf eine *Frequenzmessung*. Die Frequenz eines periodisch schwingenden Systems ist die Zahl der Schwingungen pro Sekunde. Sie hat daher die Dimension $[\nu] = 1\ \mathrm{s}^{-1}$ mit der Einheit 1 Hertz = 1 Hz. Größere Einheiten sind:

- 1 Kilohertz (kHz) $= 10^3\,\mathrm{s}^{-1}$
- 1 Megahertz (MHz) $= 10^6\ \mathrm{s}^{-1}$
- 1 Gigahertz (GHz) $= 10^9\ \mathrm{s}^{-1}$
- 1 Terahertz (THz) $= 10^{12}\ \mathrm{s}^{-1}$.

1.6.4 Zeitmessungen

Zur Zeitmessung werden periodische Vorgänge benutzt, deren Periodendauer möglichst konstant ist. Man zählt die Zahl der Perioden zwischen zwei Ereignissen, deren Zeitabstand man bestimmen will. Geräte zur Zeitmessung heißen *Uhren*. Heutzutage verwendete Präzisionsuhren sind: ***Quarzuhren*** mit einer Frequenzkonstanz bis $\Delta\nu/\nu \geq 10^{-9}$, d.h. eine gute Quarzuhr geht pro Tag weniger als 10^{-4} s falsch. ***Atomuhren***, die sowohl in tragbarer Form (Rubidium-Uhren mit $\Delta\nu/\nu \geq 10^{-11}$) als auch als große Apparaturen im Labor existieren.

Als Weltzeitstandard wird eine Cäsium-Atomuhr ($\Delta\nu/\nu \approx 10^{-14}$) in der Physikalisch-Technischen Bundesanstalt in Braunschweig verwendet, die über Funk mit Vergleichsnormalen an anderen Orten der Erde (z.B. National Institut of Standards and Technology (NIST), Boulder, Colorado oder National Physics Laboratory (NPL), Teddington, England) verbunden ist. Zwei solcher Cs-Atomuhren differieren in 1000 Jahren um weniger als 1 Millisekunde(!).

Frequenzstabile Laser: Ein Helium-Neon-Laser, dessen Frequenz von 10^{14} Hz an eine Schwingungsfrequenz des CH_4-Moleküls gekoppelt wird, kann bis auf 0,1 Hz pro Sekunde konstant gehalten werden [1.36]. Das entspricht einer Zeitgenauigkeit von 10^{-15}, d.h. eine solche „Uhr" ginge in 1 Million Jahren höchstens um 0,1 s falsch!

Das zeitliche Auflösungsvermögen des menschlichen Auges beträgt etwa 1/20 s. Zur Auflösung schnellerer periodischer Vorgänge kann man *Stroboskope* verwenden. Schnelle, auch nicht-periodische Vorgänge lassen sich mit Hochgeschwindigkeitskameras oder anderen schnellen Detektoren verfolgen. Die erreichbare zeitliche Auflösung liegt zur Zeit etwa bei 10^{-12} s. Mit speziellen Lasertechniken (Femtosekunden-Laserpulse) kann man bereits eine Zeitauflösung von 10^{-14} s erreichen!

1.6.5 Masseneinheiten und ihre Messung

Als dritte Grundgröße wird die Masse eines Körpers gewählt. Sie hat für jeden Körper einen bestimmten Wert, der sich nicht ändert, wenn man Form und Gestalt des Körpers oder seinen Aggregatzustand (fest, flüssig oder gasförmig) ändert. Die Masse ist die Ursache für die Schwere und die Trägheit der Körper, d.h. für die Tatsache, daß alle Körper auf der Erde ein *Gewicht* haben und daß sie Größe und Richtung ihrer Geschwindigkeit nie von selbst ändern, sondern dazu einer äußeren Kraft bedürfen (siehe Abschn. 2.6).

> Als Einheit der Masse wird das Kilogramm gewählt: 1 kg ist die Masse eines Platin-Iridium-Zylinders, der als Massennormal in Paris aufbewahrt wird.

Ursprünglich sollte dies gleich der Masse eines Kubikdecimeters (Liter) Wasser bei 4 °C sein (bei 4 °C hat Wasser seine größte Dichte). Spätere genauere Messungen ergaben jedoch, daß 1 Liter Wasser 0,028 g weniger als das so definierte kg wiegt.

Es gibt Bemühungen, ein genaueres Massennormal zu definieren durch einen Silizium-Einkristall, dessen Atomabstände mit Hilfe der Röntgen- oder Neutronen-Beugung genau bestimmt werden kön-

Tabelle 1.7. Abgeleitete Masseneinheiten nach S. I. und weitere gebräuchliche Einheiten

Bezeichnung	Masse/kg
1 Gramm = 1 g	10^{-3} kg
1 Milligramm = 1 mg	10^{-6} kg
1 Mikrogramm = 1 μg	10^{-9} kg
1 Nanogramm = 1 ng	10^{-12} kg
1 Pikogramm = 1 pg	10^{-15} kg
1 Tonne	10^3 kg
1 Megatonne	10^9 kg
1 atomare Masseneinheit = 1 AME	$1{,}6605402 \cdot 10^{-27}$ kg

Tabelle 1.8. Massen von Körpern in der Natur

Körper	Masse/kg
Elektron	10^{-30}
Proton	$1{,}7 \cdot 10^{-27}$
Urankern	$4 \cdot 10^{-25}$
Eiweißmolekül	10^{-22}
Bakterie	10^{-11}
Fliege	10^{-3}
Mensch	10^{2}
Erde	$6 \cdot 10^{24}$
Sonne	$2 \cdot 10^{30}$
Milchstaße	$\sim 10^{42}$

nen. Dadurch läßt sich die Gesamtzahl der Si-Atome im Kristall bestimmen, und seine Masse kann auf atomare Masseneinheiten zurückgeführt werden. Dies ist aber bisher noch nicht international als Masseneinheit anerkannt.

Tabelle 1.7 faßt die heute üblichen Unterteilungen des kg sowie größere gebräuchliche Einheiten zusammen. Zur Illustration gibt Tabelle 1.8 einige Beispiele für die Massen von in der Natur vorkommenden Körpern an.

Massen werden entweder durch ihre *Trägheit* oder ihr *Gewicht* gemessen, da beide Eigenschaften ein Maß für die Masse sind (siehe Abschn. 2.6). Bei der Trägheitsmessung nutzt man z.B. aus, daß die Schwingungsdauer eines Federpendels von der Masse abhängt. Die Massenmessung wird damit auf eine Zeitmessung zurückgeführt. Bei der Gewichtsmessung wird der Vergleich mit einem Massennormal durch Wiegen (Federwaage oder Balkenwaage) durchgeführt, also auf eine Längenmessung zurückgeführt. Es gibt heute Waagen mit einer Ablesegenauigkeit von 10^{-10} kg oder besser (Quarzfadenwaage, elektromagnetische Waagen, magnetische Waagen).

1.6.6 Temperatureinheit

Als vierte Grundgröße wird die Temperatur eingeführt und als Einheit 1 Kelvin (1 K) gewählt, da diese Einheit durch die thermodynamische Temperaturskala definiert werden kann und auf die kinetische Energie der Moleküle, also auf *mechanische* Größen zurückgeführt werden kann (siehe Kap. 11). Aus meßtechnischen und prinzipiellen Erwägungen, die im Kap. 11 erkärt werden, wird folgende Definition für die Temperatureinheit gewählt:

> **Definition**
>
> 1 Kelvin ist der 273,16te Teil der thermodynamischen Temperatur des Tripelpunktes von Wasser.

wobei der Tripelpunkt T_p diejenige Temperatur ist, bei der alle drei Phasen des Wassers (gasförmig, flüssig, fest) gleichzeitig existieren können (Abb. 1.26).

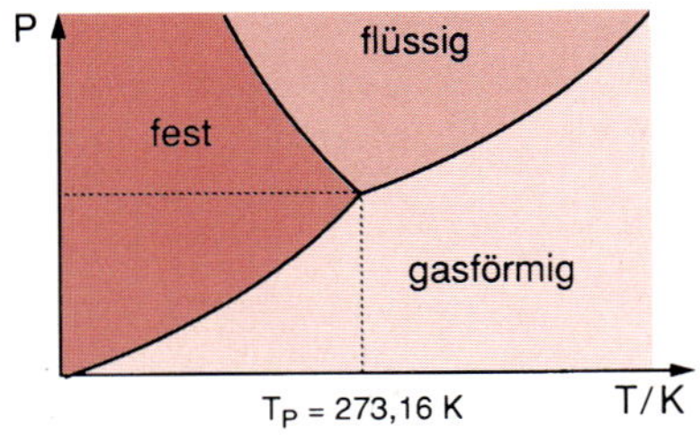

Abb. 1.26. Phasendiagramm und Tripelpunkt des Wassers

1.6.7 Einheit der elektrischen Stromstärke

Als Einheit der elektrischen Stromstärke wird das *Ampere* durch folgende Definition eingeführt:

> **Definition**
>
> 1 Ampere = 1 A ist die Stärke eines zeitlich konstanten elektrischen Stromes, der durch zwei im Vakuum parallel im Abstand von 1 m voneinander angeordnete unendlich lange, dünne Leiter fließt und zwischen diesen Leitern eine Kraft von $2 \cdot 10^{-7}$ N je m Leitungslänge hervorruft.

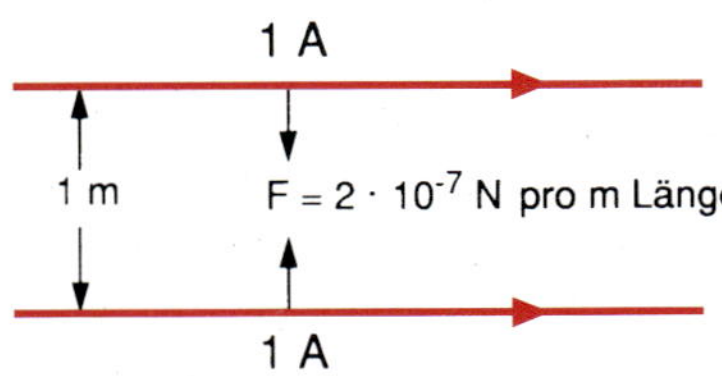

Abb. 1.27. Zur Definition der Stromstärkeeinheit 1 A

Die Definition der elektrischen Stromstärke wird also auch auf *mechanische Größen* aufgebaut! (siehe Bd. 2).

1.6.8 Winkeleinheiten

Winkel werden meistens in Grad gemessen, wobei der volle Umfangswinkel eines Kreises 360° ist. Die weitere Unterteilung geschieht in Minuten ($1° = 60'$) und Sekunden ($1' = 60''$). Oft ist es jedoch zweckmäßig, dimensionslose Einheiten einzuführen, indem man Winkelmessungen auf Längenmessungen des zum Winkel α gehörenden Kreisbogens zurückführt (Abb. 1.28).

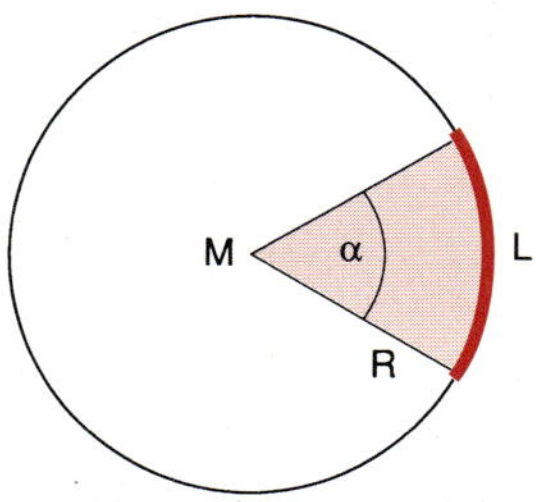

Abb. 1.28. Zur Definition des Bogenmaßes

Das *Bogenmaß* eines Winkels α ist definiert als Quotient $\alpha = L/R$ aus Länge L des Kreisbogens und Radius R des Kreises. Die Einheit dieser dimensionslosen Größe wird 1 Radiant = Rad genannt, um sie vom Gradmaß zu unterscheiden. 1 Radiant ist also der ebene Winkel zwischen zwei Radien eines Kreises, die aus dem Kreisumfang einen Bogen von der Länge des Radius ausschneiden. Da der Kreisumfang $2\pi R$ ist, gehört zum Winkel 360° (im Gradmaß) der Winkel $\alpha = 2\pi R/R = 2\pi$ Rad im Bogenmaß.

Die Umrechnung vom Bogenmaß ins Gradmaß ist:

$$1 \text{ Rad} \mathrel{\hat{=}} \frac{360°}{2\pi} = 57°17'45'' .$$

Während der *ebene Winkel* $\alpha = L/R$ aus einem Kreis mit Radius R die Bogenlänge L ausschneidet, versteht man unter dem *Raumwinkel* Ω das Verhältnis $\Omega = S/R^2$, wobei S die Kugelfläche ist, die von einem Kegel mit Spitze im Mittelpunkt aus einer Kugel mit dem Radius R ausgeschnitten wird (Abb. 1.29).

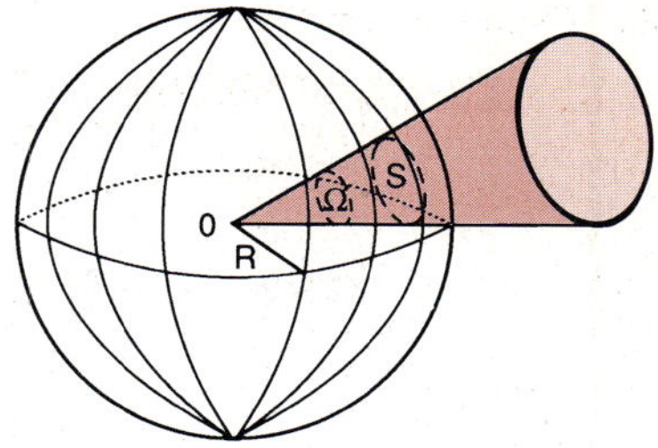

Abb. 1.29. Zur Definition der Raumwinkeleinheit 1 Sterad

Die dimensionslose Raumwinkeleinheit heißt 1 Steradiant = 1 Sterad.

> **Definition**
>
> 1 Sterad ist der Raumwinkel, unter dem 1 m^2 der Oberfläche der Einheitskugel ($R = 1$) vom Kugelmittelpunkt M aus erscheint.

Da die Oberfläche einer Kugel $S = 4\pi R^2$ ist, wird der gesamte Raumwinkel um einen Punkt herum $\Omega = 4\pi$. Die drei positiven Koordinaten $+x, +y, +z$ schneiden aus einer Kugel um den Ursprung **0** einen Oktanten aus (Abb. 1.30). Sein Raumwinkel ist

$$\Omega = \tfrac{1}{8} \cdot 4\pi = \pi/2 \text{ Sterad} .$$

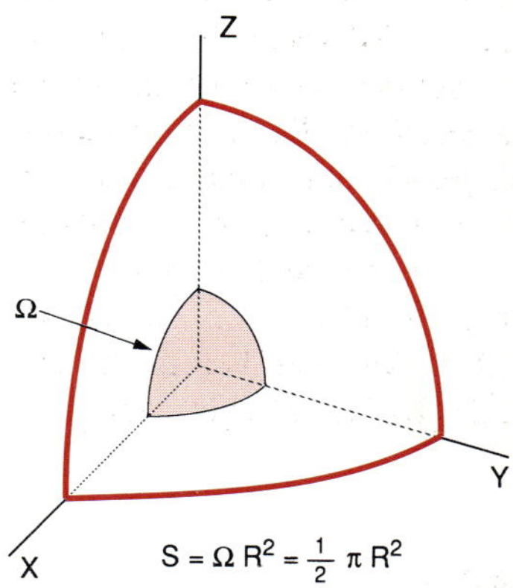

Abb. 1.30. Raumwinkel $\Omega = \pi/2$ eines Oktanten

Nähere Informationen über das Thema dieses Abschnittes findet man in [1.29–37].

1.7 Maßsysteme

Wie in Abschn. 1.6 gezeigt wurde, sind die drei Grundgrößen in der Physik und ihre Einheiten:

- *Länge* mit der Einheit 1 Meter = 1 m
- *Zeit* mit der Einheit 1 Sekunde = 1 s
- *Masse* mit der Einheit 1 Kilogramm = 1 kg, wozu noch die beiden Größen
- *Temperatur* mit der Einheit Kelvin = 1 K
- *elektrische Stromstärke* mit der Einheit Ampere = 1 A

kommen, die jedoch im Prinzip durch die anderen drei Grundgrößen ausgedrückt werden können.

Alle anderen Größen, die in der Physik verwendet werden, können auf diese Grundgrößen zurückgeführt werden, wie jeweils bei ihrer Einführung gezeigt werden wird.

Jede physikalische Größe wird durch eine *Meßzahl* und ihre *Dimension* bestimmt (so ist z.B. die Lichtgeschwindigkeit $c = 2{,}9979 \cdot 10^8$ m/s oder die Erdbeschleunigung $g = 9{,}81$ m/s^2 usw.).

In einer physikalischen Gleichung müssen alle Summanden die gleiche Dimension haben. Deshalb ist eine *Dimensionsanalyse* oft sehr nützlich, um Fehler aufzufinden.

Eine und dieselbe Größe könnte man in verschiedenen Einheiten derselben Art messen (z.B. Zeiten in s, min, Stunden usw.), zwischen denen dann Einheitengleichungen bestehen: z.B. 1 h = 3 600 s.

Will man solche Umrechnungen vermeiden, so einigt man sich zweckmäßig auf ein *Maßsystem.* Wählt man als Maßeinheiten

- 1 m als Längeneinheit
- 1 kg als Masseneinheit
- 1 s als Zeiteinheit,

so nennt man dieses Maßsystem das mks-*System*, das häufig auch unter Hinzunahme der elektrischen Maßeinheit 1 Ampere als mksA-*System* oder neuerdings als SI (nach dem Französischen: Système International d'Unités) bezeichnet wird. Es hat den großen praktischen Vorteil, daß bei der Umrechnung von mechanischen in elektrische oder magnetische Einheiten die Umrechnungsfaktoren immer gleich 1 sind [1.30].

In der theoretischen Physik wird häufig noch das cgs-*System* benutzt, das als Maßeinheiten 1 cm, 1 g und 1 s hat. Obwohl dieses System oft einfachere Gleichungen erlaubt, muß man bei Umrechnungen immer die entsprechenden Umrechnungsfaktoren kennen. Nach internationaler Vereinbarung soll ab 1972 jedoch nur noch das mksA-System verwendet werden. Die darin benutzten Grundeinheiten und abgeleiteten Einheiten (z.B. Geschwindigkeit in m/s) heißen SI-Einheiten. In diesem Buch werden durchweg SI-Einheiten verwendet!

Für eine detaillierte Behandlung der Grundgrößen und Maßsysteme wird auf die Literatur [1.29–31, 38–40] verwiesen, insbesondere auf das sehr gute Buch von Kamke.

1.8 Meßgenauigkeit und Meßfehler

Jede Messung ist mit Fehlern behaftet, die zwar durch eine gute Meßapparatur und sorgfältige Messungen klein gehalten, aber nicht ganz eliminiert werden können. Der endgültige Meßwert muß daher immer mit einer Fehlerangabe versehen werden, um seine Genauigkeit erkennen zu können. Man unterscheidet systematische und statistische (zufällige) Fehler.

1.8.1 Systematische Fehler

Systematische Fehler sind meistens bedingt durch die Meßapparatur, z.B. durch falsche Eichung eines Instrumentes, Nichtberücksichtigung von äußeren Einflüssen, die den Meßwert ändern können (z.B. Temperaturänderung bei der Längenmessung, Verlängerung des Pendelfadens durch das Pendelgewicht usw.). Das Erkennen und die weitgehende Ausschaltung solcher systematischen Fehler bei Präzisionsmessungen ist oft schwierig und hängt von der Sorgfalt und der Erfahrung des Experimentators ab. Häufig wird der Einfluß der systematischen Fehler auf das Meßergebnis unterschätzt! Zur Illustration zeigt Abb. 1.31 die verschiedenen Meßwerte für die Elektronenmasse mit den von den einzelnen Autoren angegebenen Fehlergrenzen. Man sieht, daß die Meßgenauigkeit im Laufe der Jahre immer besser wird, daß aber die Abweichungen zwischen den verschiedenen Meßwerten oft größer als diese Fehlergrenzen sind, ein Zeichen für die Unterschätzung systematischer Fehler.

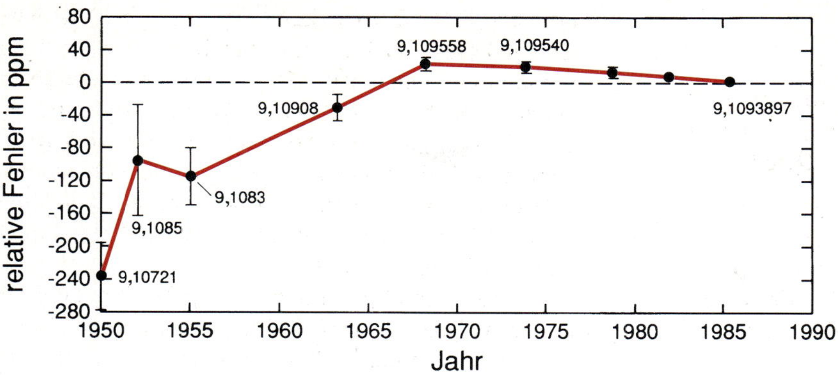

Abb. 1.31. Historische Meßwerte für die Elektronenmasse in Einheiten von 10^{-31} kg . Dargestellt sind die relativen Abweichungen $\Delta m/m$ vom heutigen Bestwert in Einheiten von 10^{-6}(parts per million *ppm*).

1.8.2 Statistische Fehler. Meßwertverteilung und Mittelwert

Hat man systematische Fehler ausgeschaltet, so ergeben verschiedene Messungen derselben Größe (z.B. der Fallzeit einer Kugel bei konstanter Fallstrecke) trotzdem nicht bei jeder Messung den gleichen Wert. Dies liegt an ungenauer Ablesung eines Zeigers, an Vibrationen des Meßinstrumentes, oder auch an Schwankungen der zu messenden Größe selbst. Die Meßwerte schwanken um einen Mittelwert, wobei die Breite der Verteilung ein Maß für die Güte der Messungen ist. Man kann eine solche Verteilung der Meßwerte durch ein Histogramm darstellen, in dem die Ordinate jeweils die Zahl n_i der Messungen angibt, die einen Meßwert im Intervall $x_i - \Delta x/2$ bis $x_i + \Delta x/2$ ergeben (Abb. 1.32).

Der Mittelwert $\bar{x}$ von n Messungen x_i wird nun so gewählt, daß die Summe der Quadrate aller Abweichungen $(\bar{x} - x_i)$ minimal wird, daß also gilt:

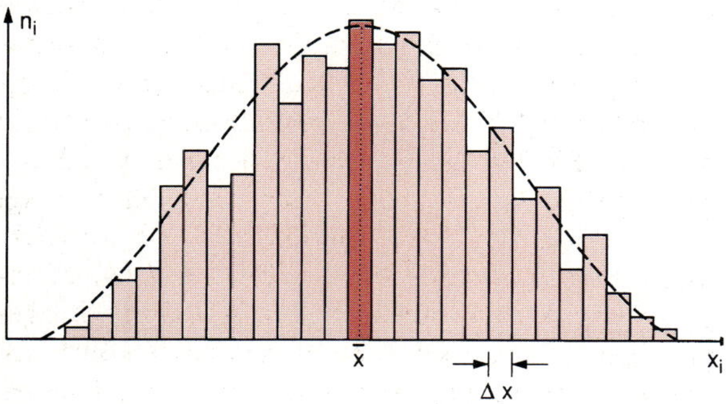

Abb. 1.32. Typisches Histogramm einer Verteilung von Meßwerten x_i um den Mittelwert $\bar{x}$ bei statistischer Fehlerverteilung

$$S = \sum_{i=1}^{n} (\bar{x} - x_i)^2 = \text{Minimum} . \quad (1.1)$$

Für die Ableitung $\mathrm{d}S/\mathrm{d}\bar{x}$ muß dann

$$\frac{\mathrm{d}S}{\mathrm{d}\bar{x}} = 2 \cdot \sum_{i=1}^{n} (\bar{x} - x_i) = 0$$

gelten. Hieraus erhält man als Mittelwert

$$\bar{x} = \frac{1}{n} \sum_{i=1}^{n} x_i \quad (1.2)$$

das ***arithmetische Mittel*** aller Messungen. Wegen $\sum(\bar{x} - x_i) = 0$ liegt das arithmetische Mittel $\bar{x}$ *symmetrisch* in der Mitte der Verteilung der Meßwerte x_i in dem Sinne, daß die Summe der positiven Abweichungen von $\bar{x}$ gleich der Summe der negativen Abweichungen ist.

Die Frage ist, inwieweit das arithmetische Mittel $\bar{x}$ von dem im allgemeinen unbekannten wahren Wert x_w der Meßgröße abweicht. Wir wollen nun zeigen, daß *bei Ausschalten aller systematischen Fehler* das arithmetische Mittel $\bar{x}$ mit wachsender Zahl n der Messungen dem wahren Wert x_w immer näher kommt, daß also gilt:

$$x_\mathrm{w} = \lim_{n \to \infty} \frac{1}{n} \sum_{i=1}^{n} x_i \quad (1.3)$$

Da man nicht unendlich viele Messungen machen kann, bleibt der wahre Wert im allgemeinen unbekannt!

Wir definierten als ***absoluten Fehler*** der Messung x_i die Differenz

$$e_i = x_\mathrm{w} - x_i \tag{1.4}$$

und als absoluten Fehler des arithmetischen Mittels

$$\varepsilon = x_\mathrm{w} - \overline{x} \tag{1.5}$$

Aus (1.2) folgt dann:

$$\varepsilon = x_\mathrm{w} - \overline{x} = \frac{1}{n}\sum_{i=1}^{n}(x_\mathrm{w} - x_i) = \frac{1}{n}\sum_i e_i \,. \tag{1.6}$$

> Der Fehler ε des arithmetischen Mittels ist also gleich dem arithmetischen Mittel der Fehler e_i der Einzelmessungen.

Aus (1.6) folgt durch Quadrieren:

$$\varepsilon^2 = \frac{1}{n^2}\left(\sum_i e_i\right)^2 = \frac{1}{n^2}\sum_i e_i^2 + \frac{1}{n^2}\sum_i\sum_{j\neq i} e_i e_j \approx \frac{1}{n^2}\sum_i e_i^2 \,. \tag{1.7}$$

Die Doppelsumme strebt mit wachsendem n gegen Null, da für jeden festen Wert j gemäß (1.3) gilt:

$$\lim_{n\to\infty}\sum_i^n e_i = x_\mathrm{w} - x_\mathrm{w} = 0 \,.$$

Machen wir nun k Meßreihen von je n Einzelmessungen x_{ij}, so erhalten wir für jede dieser Meßreihen einen (im allgemeinen etwas verschiedenen) Mittelwert $\overline{x}_j$ und damit werden auch ε_j und ε_j^2 etwas verschiedene Werte haben. Bilden wir den Mittelwert $\langle\varepsilon^2\rangle$ aus den k Werten ε_j^2, so folgt aus (1.7) mit der Abkürzung $\langle e_j^2\rangle = (1/n)\sum_{i=1}^n e_{ij}^2$ für den Mittelwert der Fehlerquadrate e_{ij}^2 aus der j-ten Meßreihe

$$\langle\varepsilon^2\rangle = \frac{1}{k}\sum_1^k \varepsilon_j^2 = \frac{1}{k}\sum_1^k\left(\frac{1}{n^2}\sum_1^n e_{ij}^2\right) = \frac{1}{k}\sum_1^k \frac{1}{n}\langle e_j^2\rangle = \frac{1}{n}\langle e^2\rangle \,.$$

Man nennt die Größe

$$\boxed{\sigma_\mathrm{m} = \sqrt{\langle\varepsilon^2\rangle} = \frac{1}{n}\sqrt{\sum(x_\mathrm{w} - x_i)^2}} \tag{1.8a}$$

den ***mittleren Fehler des arithmetischen Mittels***, während

$$\sigma = \sqrt{\langle e^2\rangle} = \sqrt{\frac{\sum(x_\mathrm{w} - x_i)^2}{n}} \tag{1.8b}$$

der ***mittlere Fehler der Einzelmessung*** ist, der auch ***Standardabweichung*** genannt wird. Damit lautet (1.8)

$$\sigma_\mathrm{m} = \frac{\sigma}{\sqrt{n}} \,, \tag{1.9}$$

und man sieht, daß für $n \to \infty$ der mittlere Fehler der Einzelmessung gegen einen konstanten Wert $\neq 0$ strebt, während der mittlere Fehler des arithmetischen Mittels $\sigma_\mathrm{m} \to 0$ geht, d.h. daß $\overline{x} \to x_\mathrm{w}$, was durch (1.3) ausgedrückt wird.

1.8.3 Streuungsmaße

Da der ***wahre Wert*** x_w einer Meßgröße bei nur endlich vielen Messungen im allgemeinen unbekannt bleibt, können auch die absoluten Fehler e_i und die mittleren Fehler σ, bzw. σ_m, bisher noch nicht bestimmt werden. Wir wollen nun zeigen, wie σ und σ_m mit direkt aus den Messungen erhaltenen Größen zusammenhängen. Dazu führen wir statt der Abweichung $e_i = x_\mathrm{w} - x_i$ die Abweichung $v_i = \overline{x} - x_i$ der Messung x_i *vom Mittelwert* $\overline{x}$ ein, die, im Gegensatz zum unbekannten Fehler $e_i = x_\mathrm{w} - x_i$ eine *bekannte Größe* ist. Wir können v_i gemäß (1.4) und (1.5) durch e_i und ε ausdrücken:

$$v_i = \overline{x} - x_i = x_\mathrm{w} - x_i - (x_\mathrm{w} - \overline{x}) = e_i - \varepsilon . \tag{1.10}$$

Die mittlere quadratische Abweichung vom Mittelwert ist dann:

$$s^2 = \frac{1}{n}\sum v_i^2 = \frac{1}{n}\sum_i(e_i - \varepsilon)^2 = \frac{1}{n}\sum e_i^2 - \frac{2\varepsilon}{n}\sum e_i + \varepsilon^2 = \frac{1}{n}\sum e_i^2 - \varepsilon^2 \,, \tag{1.11}$$

weil nach (1.6) $\varepsilon = (1/n)\sum e_i$ ist. Machen wir wieder viele Meßreihen zu je n Messungen, so erhalten wir für die Mittelwerte die Relation

$$\langle s^2\rangle = \frac{1}{n}\left\langle \sum e_i^2 \right\rangle - \langle\varepsilon^2\rangle = \sigma^2 - \sigma_\mathrm{m}^2 \,. \tag{1.12}$$

Aus (1.8b), (1.9) und (1.12) folgt dann

$$\begin{aligned}\langle s^2\rangle &= \left(\frac{1}{n}-\frac{1}{n^2}\right)\sum_i (x_\mathrm{w}-x_i)^2\\ &= \frac{n-1}{n^2}\sum_i (x_\mathrm{w}-x_i)^2\\ &= (n-1)\sigma_\mathrm{m}^2 = \frac{n-1}{n}\sigma^2\,.\end{aligned}$$

Für die Standardabweichung ergibt sich dann der aus Messungen ermittelbare Wert:

$$\begin{aligned}\sigma^2 &= \frac{n}{n-1}\langle s^2\rangle\\ \rightarrow \sigma &= \sqrt{\frac{\sum(\bar{x}-x_i)^2}{n-1}}\end{aligned} \tag{1.13}$$

und für den mittleren Fehler des arithmetischen Mittels $\bar{x}$ (oft auch Standardabweichung des Mittelwertes genannt):

$$\begin{aligned}\sigma_\mathrm{m}^2 &= \frac{1}{n-1}\langle s^2\rangle\\ \rightarrow \sigma_\mathrm{m} &= \sqrt{\frac{\sum(\bar{x}-x_i)^2}{n(n-1)}}\end{aligned} \tag{1.14}$$

1.8.4 Fehlerverteilungsgesetz

In dem Histogramm Abb. 1.32 ist die Auflösung verschiedener Meßwerte x_i durch die Breite Δx_i der Balken gegeben: Alle Meßwerte im gleichen Intervall Δx_i werden als gleich angesehen. Ist n_i die Zahl der Meßwerte im Intervall Δx_i und die Zahl der Intervalle gleich k, so kann man (1.2) auch schreiben als:

$$\bar{x} = \frac{1}{n}\sum_{i=1}^{k} n_i \cdot x_i \quad \text{mit} \quad \sum n_i = n\,. \tag{1.15}$$

Mit wachsender Zahl der Messungen können wir die Intervalle Δx_i des Histogrammes Abb. 1.32 immer kleiner wählen und gelangen für den Grenzfall $\Delta x \rightarrow 0$ zu einer kontinuierlichen Verteilung $F(x)$ der Meßwerte, die in Abb. 1.32 als gestrichelte Kurve eingezeichnet ist. Anstelle von (1.15) erhält man dann für das arithmetische Mittel

$$\bar{x} = \frac{1}{n}\int x \cdot F(x)\,\mathrm{d}x \quad \text{mit} \quad \int F(x)\,\mathrm{d}x = n, \tag{1.16}$$

wobei $F(x)\mathrm{d}x$ die Zahl der Messungen angibt, die einen Meßwert im Intervall x bis $x+\mathrm{d}x$ ergeben. Mit der normierten Funktion

$$f(x) = \frac{1}{n}F(x) \quad \text{und} \quad \int f(x)\,\mathrm{d}x = 1 \tag{1.16a}$$

gibt dann $f(x)\mathrm{d}x$ die ***Wahrscheinlichkeit*** dafür an, daß ein Meßwert im Intervall x bis $x+\mathrm{d}x$ liegt.

Die Standardabweichung σ ist ein Maß für die Breite der Verteilung und ist analog zu der diskreten Verteilung (1.8b) definiert durch

$$\sigma^2 = \langle e^2\rangle = \int_{-\infty}^{+\infty} (x_\mathrm{w}-x)^2 f(x)\,\mathrm{d}x\,. \tag{1.17}$$

Die Größe σ^2 heißt auch ***Varianz***.

Liegen *nur* statistische Fehler vor, so erhält man für die Verteilung der Meßwerte eine ***Normalverteilung***, die durch die *normierte Gaußfunktion*

$$f(x) = \frac{1}{\sqrt{2\pi\sigma^2}}\mathrm{e}^{-(x-x_\mathrm{w})^2/2\sigma^2} \tag{1.18}$$

beschrieben wird (siehe z.B. [1.41]). Sie hat für $x = x_\mathrm{w}$ ihr Maximum und bei $(x-x_\mathrm{w}) = \pm\sigma$ ihre Wendepunkte und ist symmetrisch zum wahren Wert x_w (Abb. 1.33). Hat man aus n Messungen σ bestimmt, so ist die Wahrscheinlichkeit $P(|e_i| \le \sigma)$, daß ein weiterer Meßwert x_i im Intervall $x_\mathrm{w} \pm \sigma$, also innerhalb einer Standardabweichung σ, liegt, durch das Integral

$$P(|x_\mathrm{w}-x_i| \le \sigma) = \int_{-\sigma}^{+\sigma} f(x)\,\mathrm{d}x \tag{1.19}$$

gegeben.

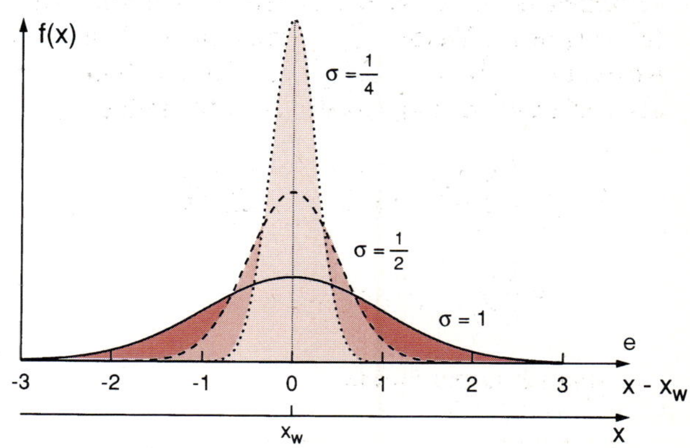

Abb. 1.33. Fehlerverteilungskurven für verschiedene Werte der Standardabweichung σ um den wahren Wert x_w

Einsetzen von (1.18) ergibt nach Berechnung des bestimmten Integrals:

$$P(e_i \leq \sigma) \;= 0{,}683 \quad (68\ \%\ \text{Vertrauensbereich})$$

$$P(e_i \leq 2\sigma) = 0{,}954 \quad (95\ \%\ \text{Vertrauensbereich})$$

$$P(e_i \leq 3\sigma) = 0{,}997 \quad (99{,}7\ \%\ \text{Vertrauensbereich})$$

Man gibt das Ergebnis einer Meßreihe meistens mit einem ***Vertrauensbereich*** von $\pm\sigma$ an und schreibt:

$$x_\mathrm{w} = \overline{x} \pm \sigma\,. \tag{1.20}$$

Dies bedeutet: Bei Ausschaltung aller systematischen Fehler ist die Wahrscheinlichkeit dafür, daß der wahre Wert x_w vom angegebenen Mittelwert $\overline{x}$ um nicht mehr als σ abweicht, $P = 0{,}68$.

Da man mit einer Wahrscheinlichkeit von 0,997, d.h. praktisch mit Sicherheit, annehmen kann, daß bei Wiederholung des Versuches das Meßergebnis innerhalb der dreifachen Standardabweichung liegt, geben vorsichtige Experimentatoren das Resultat vieler Messungen an als Mittelwert mit der dreifachen Standardabweichung:

$$x_\mathrm{w} = \overline{x} \pm 3\sigma = \overline{x} \pm 3 \cdot \sqrt{\frac{\sum (x_i - \overline{x})^2}{n-1}}\,. \tag{1.21}$$

Da das arithmetische Mittel $\overline{x}$ genauer als eine einzelne Messung x_i ist, wird oft als statistische Fehlerangabe die Standardabweichung σ_m des arithmetischen Mittels verwendet:

$$x_\mathrm{w} = \overline{x} \pm \sigma_\mathrm{m} = \overline{x} \pm \sqrt{\frac{\sum (x_i - \overline{x})^2}{n(n-1)}}\,. \tag{1.22}$$

Anmerkung

Bei statistischen Vorgängen, bei denen die Meßgröße x nur ganzzahlig sein kann (z.B. die Zahl der pro Sekunde aus einer Kathode emittierten Elektronen) erhält man statt der Gaußfunktion (1.18) eine ***Poisson-Verteilung***

$$f(x) = \frac{\overline{x}^x}{x!}\mathrm{e}^{-\overline{x}} \qquad x = \text{ ganzzahlig} \tag{1.23}$$

1.8.5 Fehlerfortpflanzung

Oft möchte man die Genauigkeit der Bestimmung einer physikalischen Größe wissen, die einer unmittelbaren Messung nicht zugänglich ist. Beispiele sind die Dichte eines Stoffes, die als Quotient der beiden Meßgrößen Masse und Volumen bestimmt wird, oder die Beschleunigung, die aus der Messung von Strecken und Zeiten errechnet wird. Wir fragen also nach der Genauigkeit einer Größe $f(x,y)$, wenn die Fehler bei der Messung von x und y bekannt sind.

Hat man aus n Beobachtungen x_i den Mittelwert

$$\overline{x} \pm \sigma_x = \overline{x} \pm \sqrt{\frac{\sum v_i^2}{n-1}} \quad \text{mit} \quad v_i = x_i - \overline{x}$$

erhalten und aus m Beobachtungen y_i den Mittelwert

$$\overline{y} \pm \sigma_y = \overline{x} \pm \sqrt{\frac{\sum u_k^2}{m-1}} \quad \text{mit} \quad u_k = y_k - \overline{y}\,,$$

so ergibt sich aus den Meßwerten x_i und y_k die Größe

$$\begin{aligned} f_{ik} &= f(x_i, y_k) = f(\overline{x} + v_i, \overline{y} + u_k) \\ &= f(\overline{x},\overline{y}) + v_i \left(\frac{\partial f(x,y)}{\partial x}\right)_0 \\ &\quad + u_k \left(\frac{\partial f(x,y)}{\partial y}\right)_0 + \ldots \end{aligned} \tag{1.24}$$

durch eine *Taylorentwicklung*, wobei $(\partial f/\partial x)_0$ die *partielle Ableitung* an der Stelle $\overline{x},\overline{y}$ ist. Häufig sind die Abweichungen v_i, u_k so klein, daß man in der Taylor-Reihe die höheren Glieder vernachlässigen kann. Bilden wir den Mittelwert aller Größen f_{ik}, so erhalten wir:

$$\begin{aligned} \overline{f} &= \frac{1}{n\cdot m}\sum_i\sum_k f_{ik} = \frac{1}{n\cdot m}\sum_{i=1}^{n}\sum_{k=1}^{m}\Big[f(\overline{x},\overline{y}) \\ &\quad + v_i\frac{\partial f}{\partial x}(\overline{x},\overline{y}) + u_k\frac{\partial f}{\partial y}(\overline{x},\overline{y})\Big] \\ &= \frac{1}{n\cdot m}\Big[n\cdot m\cdot f(\overline{x},\overline{y}) + m\sum_i v_i\frac{\partial f}{\partial x} \\ &\quad + n\sum u_k\frac{\partial f}{\partial y}\Big] = f(\overline{x},\overline{y})\,, \end{aligned} \tag{1.25}$$

weil $\sum v_i = \sum u_k = 0$.

> Das arithmetische Mittel $\overline{f}$ aller Funktionswerte f_{ik} ist also gleich dem Funktionswert $f(\overline{x},\overline{y})$ gebildet mit den arithmetischen Mitteln $\overline{x},\overline{y}$ der Meßgrößen!

Wie in Büchern über Fehlerrechnung gezeigt wird [1.41–43], erhält man die Standardabweichung der Größe f

$$\sigma_f = \sqrt{\sigma_x^2\left(\frac{\partial f}{\partial x}\right)^2 + \sigma_y^2\left(\frac{\partial f}{\partial y}\right)^2}\,, \qquad (1.26)$$

aus den Standardabweichungen σ_x, σ_y der Meßgrößen x und y.

Die mittleren Fehler σ_x, σ_y der Meßgrößen x und y pflanzen sich also in den Fehler des Endergebnisses $f(\bar{x}, \bar{y})$ fort, und man erhält für den 68 %-Vertrauensbereich des wahren Wertes $f_\mathrm{w}(x, y)$:

$$f_\mathrm{w}(x, y) = f(\bar{x}, \bar{y}) \pm \sqrt{\sigma_x^2\left(\frac{\partial f}{\partial x}\right)^2 + \sigma_y^2\left(\frac{\partial f}{\partial y}\right)^2}\,. \qquad (1.27)$$

Aufgrund der Ungleichung $\sqrt{a^2 + b^2} \le |a| + |b|$ läßt sich der Fehler der Größe f auch schreiben als

$$\Delta f = f_\mathrm{w} - f(\bar{x}, \bar{y}) \le \left|\sigma_x \frac{\partial f}{\partial x}\right| + \left|\sigma_y \frac{\partial f}{\partial y}\right|\,. \qquad (1.28)$$

BEISPIELE

1. Eine Strecke L wird in zwei Teilabschnitten x und y vermessen, so daß $L = x + y$ (Abb. 1.34). Das Endresultat der Bestimmung von L ist dann nach (1.25) und (1.26) mit $\partial f/\partial x = \partial f/\partial y = 1$

   $$\bar{L} = \bar{x} + \bar{y} \pm \sqrt{\sigma_x^2 + \sigma_y^2}\,.$$

   Der mittlere Fehler einer Summe (oder einer Differenz) ist also gleich der Wurzel aus der Quadratsumme der Fehler der Summanden.

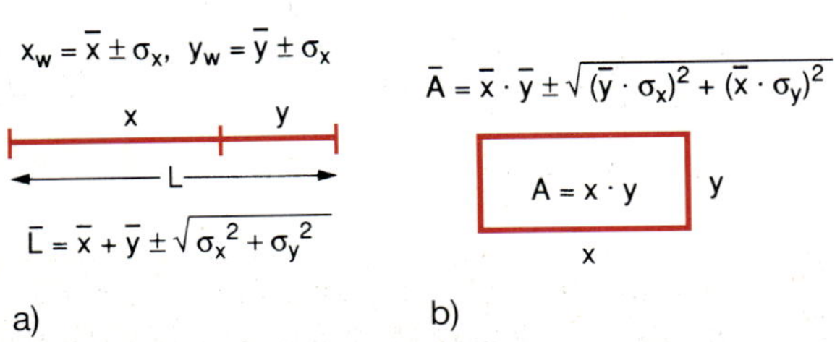

Abb. 1.34. (**a**) Zum mittleren Fehler einer Längenmessung, die aus 2 Teillängenmessungen besteht; (**b**) Fehlerfortpflanzung bei einer Flächenmessung

2. Gesucht wird die Rechteckfläche $A = x \cdot y$ aus der Messung der Kantenlängen x und y

   $$x = \bar{x} \pm \sigma_x\,, \quad y = \bar{y} \pm \sigma_y\,,$$
   $$\frac{\partial f}{\partial x}(\bar{x}, \bar{y}) = \bar{y}\,, \quad \frac{\partial f}{\partial y}(\bar{x}, \bar{y}) = \bar{x}$$

   $$\bar{A} = \bar{x} \cdot \bar{y} \pm \sigma_{xy} = \bar{x} \cdot \bar{y} \pm \sqrt{(\bar{y} \cdot \sigma_x)^2 + (\bar{x} \cdot \sigma_y)^2}$$

   Der relative Fehler des Produktes $A = x \cdot y$

   $$\frac{\sigma_{xy}}{A} = \sqrt{\left(\frac{\sigma_x}{\bar{x}}\right)^2 + \left(\frac{\sigma_y}{\bar{y}}\right)^2}$$

   ist damit gleich der pythagoreischen Summe der relativen Fehler der Faktoren.
3. $y = \ln x\,; \quad x = \bar{x} \pm \sigma_x \Rightarrow \partial y/\partial x = 1/x$
   $\bar{y} = \ln \bar{x} \pm \sigma_x/\bar{x}\,,$
   d.h. der mittlere absolute Fehler des Logarithmus einer Meßgröße x ist gleich dem relativen mittleren Fehler von x.

1.8.6 Ausgleichsrechnung

Bisher haben wir nur den Fall betrachtet, daß dieselbe physikalische Größe x wiederholt gemessen wird und aus den einzelnen Meßwerten x_i der Mittelwert $\bar{x}$ bestimmt wird. Häufig stellt sich jedoch das Problem, daß eine Meßgröße $y(x)$, die von einer anderen variablen Größe x abhängt, bei verschiedenen Werten von x gemessen werden soll:

BEISPIELE

1. Der Weg $s = 1/2(gt^2)$, den ein frei fallender Körper während der Zeit t zurücklegt, oder die Geschwindigkeit $v = g \cdot t$, die er dabei t Sekunden nach dem Loslassen erreicht hat.
2. Die Längenänderung $\Delta L = L_0 \cdot \alpha \cdot \Delta T$, die ein dünner Stab der Länge L_0 bei einer Temperaturänderung ΔT erfährt.

Obwohl in unserem 1. Beispiel Wegstrecken s und Geschwindigkeiten v zu verschiedenen Zeiten t gemessen werden, ist die eigentlich interessierende physikalische Größe die Erdbeschleunigung g, deren

Wert durch die Experimente möglichst genau bestimmt werden soll. Im 2. Beispiel werden Längen und Temperaturen gemessen, um die für alle Körper desselben Materials gültige Wärmeausdehnungskonstante α zu ermitteln.

Der Zusammenhang zwischen den Meßgrößen $y(x)$ und x kann linear sein (wie z.B. $v = g \cdot t$), kann aber auch durch nichtlineare Funktionen (z.B. Exponentialfunktionen für viele Probleme in der Physik) gegeben sein. Wir wollen uns hier auf den mathematisch einfachsten Fall einer linearen Funktion beschränken, der für die Lösung praktischer Aufgaben von besonderer Bedeutung ist.

Wir wenden uns daher folgendem Problem zu:

BEISPIEL

Zwischen zwei physikalischen Größen y und x bestehe ein linearer Zusammenhang

$$y = ax + b\ .$$

Wie genau lassen sich aus Messungen von y bei verschiedenen Werten von x die Konstanten a und b bestimmen?

LÖSUNG

Es kommt häufig vor, daß die Größe x genauer gemessen werden kann als y. So lassen sich z.B. beim freien Fall die Zeiten t durch elektronisch gesteuerte Uhren wesentlich genauer messen als die Wegstrecken oder die Geschwindigkeiten. In solchen Fällen kann man die Fehler der Meßgröße x *vernachlässigen* gegenüber denen der Größe y und reduziert dadurch das Problem auf den in Abb. 1.35 dargestellten Sachverhalt. Man hat eine Reihe von Meßwerten $y_i(x_i)$, die durch Punkte gekennzeichnet sind und deren

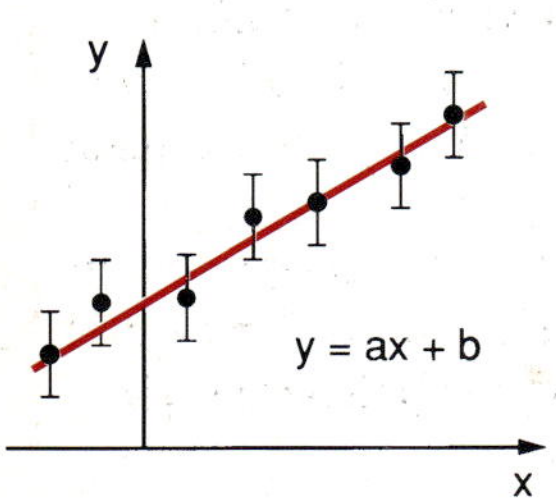

Abb. 1.35. Ausgleichsgerade für die Funktion $y = ax + b$, wenn die Größe x viel genauer gemessen werden kann als y

Standardabweichung σ durch die Länge der Balken angegeben wird. Wie läßt sich durch diese Meßpunkte eine Gerade $y = ax + b$ legen, so daß die Fehler von a und b minimal werden?

Wenn jeder Meßwert $y_i(x_i)$ bei festem Wert von x_i mehrfach gemessen würde, kann σ durch (1.13) bestimmt werden. Wir nehmen an, daß die Meßreihen für die Werte von y_i bei verschiedenen x_i alle die gleiche Standardabweichung haben.

Die *richtigen* Konstanten a und b ergeben den wahren Wert $y_\mathrm{w}(x_i) = ax_i + b$, der mit 68%iger Wahrscheinlichkeit innerhalb des Intervalls σ um den Meßwert y_i liegt. Aus (1.18) und (1.19) ergibt sich mit $y_i - y_\mathrm{w}(x_i) = y_i - ax_i - b$ die Wahrscheinlichkeit, den Meßwert y_i zu erhalten, zu

$$P(y_i) \propto \frac{1}{\sigma_y} \mathrm{e}^{-(y_i - ax_i - b)^2/2\sigma_y^2}\ . \tag{1.29a}$$

Die Wahrscheinlichkeit, bei n Meßreihen für n verschiedene Werte x_i die Meßwerte $y_i(x_i)$ zu erhalten, ist dann durch das Produkt der Wahrscheinlichkeiten $P(y_i)$

$$\prod_i^n P(y_i) \propto \frac{1}{\sigma_y^n} \mathrm{e}^{-\chi^2/2} \tag{1.29b}$$

gegeben, wobei die Größe χ^2 eine Abkürzung ist für

$$\chi^2 = \sum_{i=1}^n \frac{(y_i - ax_i - b)^2}{\sigma_y^2}\ . \tag{1.29c}$$

Die optimalen Werte der gesuchten Konstanten a und b sind diejenigen, für die χ^2 minimal wird, weil dann die Wahrscheinlichkeit (1.28), daß alle Meßwerte y_i im Intervall $\pm\sigma$ liegen, maximal wird.

Diese Werte erhält man, wenn χ^2 nach a und b differenziert und die 1. Ableitung gleich null gesetzt wird:

$$\begin{aligned} \frac{\partial \chi^2}{\partial a} &= -\frac{2}{\sigma_y^2} \sum_{i=1}^n x_i(y_i - ax_i - b) = 0\ , \\ \frac{\partial \chi^2}{\partial b} &= -\frac{2}{\sigma_y^2} \sum_{i=1}^n (y_i - ax_i - b) = 0\ . \end{aligned} \tag{1.30}$$

Die Lösungen a und b dieses Gleichungssystems sind mit der Abkürzung $d = n \cdot \left(\sum x_i^2\right) - \left(\sum x_j\right)^2$ gegeben durch

$$a = \frac{n(\sum x_i y_i) - (\sum x_i)(\sum y_i)}{d} ,$$
$$b = \frac{(\sum x_i^2)(\sum y_i) - (\sum x_i)(\sum x_i y_i)}{d} . \qquad (1.31)$$

Die Unsicherheit der gesuchten Konstanten a und b lassen sich mit Hilfe des Fehlerfortpflanzungsgesetzes aus den Unsicherheiten σ_y der Meßwerte y_i bestimmen. Man erhält:

$$\sigma_a^2 = \frac{n \cdot \sigma_y^2}{d} ,$$
$$\sigma_b^2 = \frac{\sigma_y^2 \sum x_i^2}{d} . \qquad (1.32)$$

(Ausführliche Darstellungen über Fehler- und Ausgleichsrechnung findet man in [1.41–44].)

ÜBUNGSAUFGABEN

1. Die Geschwindigkeitsbegrenzung auf einem bestimmten Stück einer Autobahn beträgt 120 km/h. Eine internationale Kommission beschließt, daß die Stunde neu definiert werden soll, so daß die Erde nur 16 Stunden für eine Umdrehung um ihre Achse benötigt. Wie müßte die neue Geschwindigkeitsbegrenzung lauten, wenn die gleichen Sicherheitsüberlegungen gelten sollen?
2. Angenommen, exakte Messungen ergäben, daß der Durchmesser der Erde allmählich abnimmt. Wie könnten wir sicher sein, daß dies nicht in Wirklichkeit eine Folge eines allmählichen Anwachsens der Länge des Meterstandards ist?
3. Diskutieren Sie die folgende Aussage: „Die Hauptanforderung an einen Längenstandard ist die, daß die Schwankungen seiner Länge viel kleiner als die Längenänderungen bei den zu messenden Längen sein sollen.“
4. Angenommen, die Länge eines mittleren Sonnentages nähme pro 100 Jahre um 10 ms zu infolge der Abbremsung der Erdrotation. a) Nach welcher Zeit würde der Tag 30 Stunden haben? b) Wie oft müßte man eine Schaltsekunde einlegen, um die mittlere Sonnenzeit im Einklang zu halten mit der Atomuhrzeit?
5. Die Entfernung zum nächsten Fixstern (Alpha Centauri) ist $d = 4{,}3 \cdot 10^{16}$ m. Wie lange benötigt ein Lichtsignal vom Stern bis zur Erde? Unter welchem Winkel erscheint der mittlere Erdbahnradius von dort aus?
6. Eine Strecke L wird von einem Punkt P in einer Entfernung 1 km vom Mittelpunkt M der Strecke unter einem Winkel von 1° gesehen. Wie genau kann die Länge L gemessen werden, wenn die Winkelmessung einen mittleren Fehler von 1′ hat?
7. Warum verursacht das Abweichen der Umlaufbahn der Erde um die Sonne von einer vollkommenen Kreisbahn eine Änderung bei der Länge des Sonnentages im Laufe des Jahres? Schlagen Sie Gründe dafür vor, warum die Dauer des mittleren Sonnentages von Jahr zu Jahr schwanken könnte.
8. Wieviele Wasserstoffatome sind in 1 kg Wasserstoffgas? (Wasserstoff hat die atomare Massenzahl 1)
9. Wieviele Wassermoleküle (H_2O) befinden sich in 1 Liter Wasser?
10. Der Radius eines Urankerns (AME = 238) ist $8{,}68 \cdot 10^{-15}$ m. Wie groß ist seine Dichte?
11. Die Fallzeit einer Kugel wird 40mal gemessen, wobei die Ungenauigkeit jeder Messung 0,1 s beträgt. Wie groß ist die Genauigkeit des Mittelwertes?
12. Bei welchem Wert von x ist die Fehlerverteilungsfunktion $\exp(-x^2/2)$ auf 0,5 des maximalen Wertes 1 abgefallen, bei welchem auf 0,1?
13. Man habe die Größe $x = (1000 \pm 1)$ auf 10^{-3} genau gemessen und die Größe $y = (30{,}0 \pm 0{,}1)$ auf $3 \cdot 10^{-3}$. Wie groß ist dann der Fehler von $A = (x - y^2)$?
14. Um welche Zeit geht eine gute Quarzuhr mit einer relativen Genauigkeit von 10^{-9} maximal in einem Jahr falsch? Man vergleiche mit einer Atomuhr ($\Delta\nu/\nu = 10^{-14}$).

2. Mechanik eines Massenpunktes

Wie im Abschn. 1.2 diskutiert wurde, geschieht die theoretische Erfassung der *physikalischen* Wirklichkeit oft durch die Beschreibung sukzessiv verfeinerter Modelle. Wir wollen in diesem Kapitel die Bewegung von Körpern in Kraftfeldern am Modell des Massenpunktes diskutieren und erst im Kap. 5 die räumliche Ausdehnung und ihren Einfluß auf die Bewegung behandeln.

2.1 Das Modell des Massenpunktes. Bahnkurve

Bei vielen Problemen in der Physik kann man von der räumlichen Ausdehnung der Körper absehen und die Körper wie punktförmige Gebilde mit der Masse m behandeln, die wir ***Massenpunkte*** nennen. Beispiele sind die Bahnbewegungen von Planeten, deren Ausdehnungen sehr klein gegen ihre mittleren Abstände sind.

Die ***Lage des Massenpunktes*** im Raum beschreiben wir in einem geeigneten Koordinatensystem durch seine Koordinaten (x, y, z in ***kartesischen Koordinaten***, r, θ, φ in ***Kugelkoordinaten***, r, φ, z in ***Zylinderkoordinaten*** (siehe Anhang A.2)).

Die ***Bewegung des Massenpunktes*** wird dann beschrieben durch die Abhängigkeit seiner Koordinaten von der Zeit t, z.B. in kartesischen Koordinaten durch:

$$\left.\begin{aligned} x &= x(t) \\ y &= y(t) \\ z &= z(t) \end{aligned}\right\} \equiv \boldsymbol{r} = \boldsymbol{r}(t)$$

wobei der ***Ortsvektor*** $\boldsymbol{r} = \{x, y, z\}$ die drei Koordinaten zusammenfaßt (Anhang A.1).

Die Funktion $\boldsymbol{r} = \boldsymbol{r}(t)$ stellt eine Kurve im Raum dar, die der Massenpunkt im Laufe der Zeit durchläuft (Abb. 2.1). Man nennt sie ***Bahnkurve***. Die Darstellung $\boldsymbol{r} = \boldsymbol{r}(t)$ heißt Parameter-Darstellung, da die Koordinaten des Massenpunktes $P(t)$ von dem Parameter t abhängen.

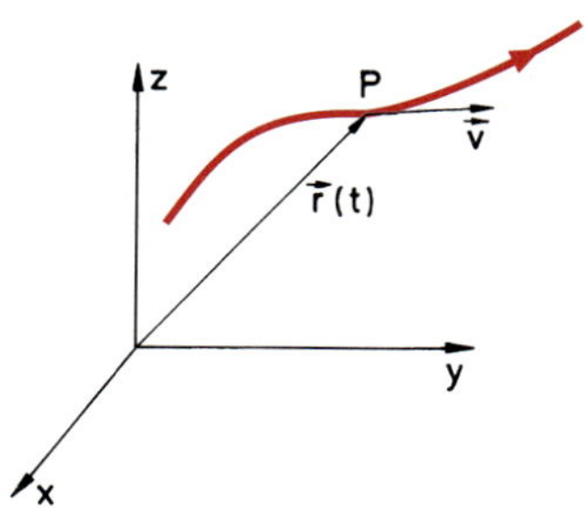

Abb. 2.1. Bahnkurve

Die Bewegung, die der Massenpunkt beim Durchlaufen der Bahnkurve vollführt, heißt ***Translation***. Rotation und Schwingung können mit dem Modell des Massenpunktes nicht beschrieben werden, da ja die Ausdehnung des Körpers und damit auch die Bewegung einzelner Teile des Körpers gegeneinander in diesem Modell vernachlässigt werden.

> Das Modell des Massenpunktes auf einer definierten Bahnkurve versagt in der Mikrophysik bei der Beschreibung der Bewegung von Atomen oder Elementarteilchen. Im 3. Band, Kap. 3 wird gezeigt, daß hier *Ort und Geschwindigkeit nicht gleichzeitig beliebig genau angegeben werden können*. Es gibt dann streng genommen keine geometrisch exakte Bahnkurve, sondern nur die Angabe einer Wahrscheinlichkeit $W(x, y, z)$, daß sich ein Teilchen am Ort (x, y, z) befindet.

BEISPIELE Bahnkurven

1. $x = at$
   $y = bt$
   $z = 0$.

   Eliminierung von t liefert die normale Kurvendarstellung $y = (b/a)x$. Der Massenpunkt bewegt sich also auf einer Geraden $y = (b/a)x$ (Abb. 2.2).

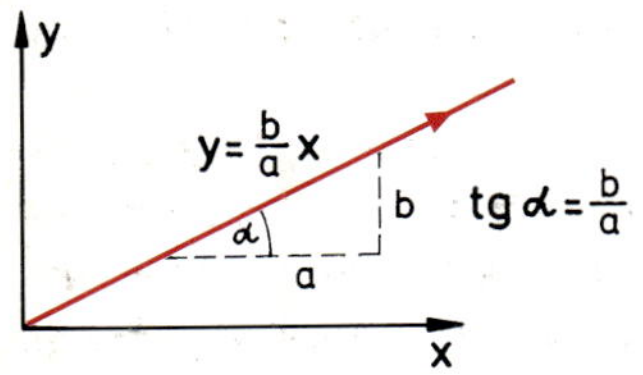

Abb. 2.2. Geradlinige Bewegung in der x-y-Ebene

Bewegungen, für die eine der drei Koordinaten zeitlich konstant ist, heißen ***ebene Bewegungen***, da sie in einer Ebene verlaufen (der x-y-Ebene in diesem Beispiel).

2 $x = R \cdot \cos \omega t \quad R = \text{const}$
  $y = R \cdot \sin \omega t \quad \omega = \mathrm{d}\varphi/\mathrm{d}t$.

  Quadrieren und Addieren liefert:

  $$x^2 + y^2 = R^2(\cos^2 \omega t + \sin^2 \omega t) = R^2 ,$$

  also die Gleichung eines Kreises mit dem Radius R (Abb. 2.3). Der Massenpunkt mit den Koordinaten $(x, y, 0)$ bewegt sich mit konstanter Winkelgeschwindigkeit ω auf einem Kreis in der x-y-Ebene.

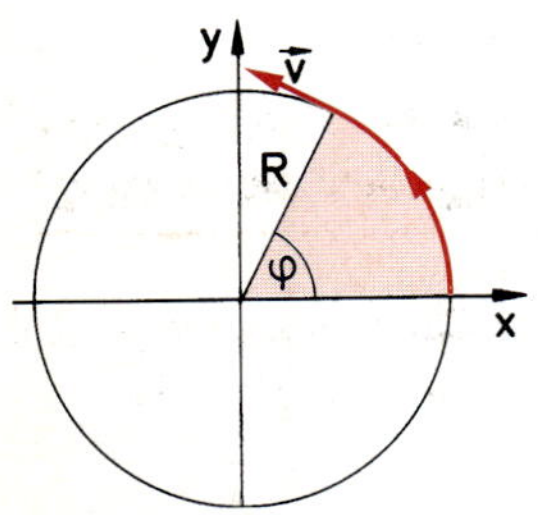

Abb. 2.3. Kreisbewegung

Der Massenpunkt bewegt sich *relativ* zu einem Bezugspunkt (dem Nullpunkt unseres Koordinatensystems), der sich selbst auch bewegen kann. Die Form der Bahnkurve hängt deshalb von der Wahl dieses Koordinatensystems ab (siehe Kap. 3).

BEISPIEL

Die Bahnkurve des Mondes ist annähernd eine Ellipse, wenn $\boldsymbol{r}(t)$ auf den Schwerpunkt S des Systems Mond–Erde bezogen ist, jedoch eine viel kompliziertere Kurve, wenn $\boldsymbol{r}(t)$ z.B. in einem Koordinatensystem mit seinem Nullpunkt im Mittelpunkt der Sonne angegeben wird (Abb. 2.4).

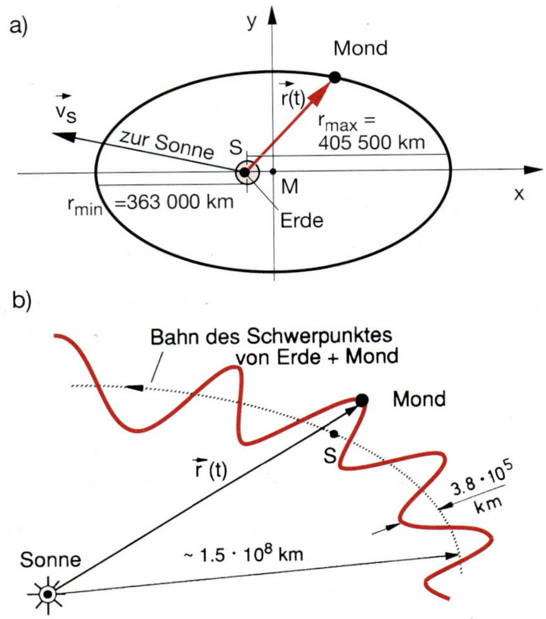

Abb. 2.4a,b. Bahnkurve des Erdmondes, beschrieben in zwei verschiedenen Koordinatensystemen. (**a**) Ursprung im Schwerpunkt Erde–Mond, der im Brennpunkt der Ellipse liegt (**b**) Ursprung im Mittelpunkt der Sonne. Die Abweichungen von der elliptischen Bahn des Schwerpunktes sind hier übertrieben. In Wirklichkeit ist die Mondbahn immer konkav. Sie ist jedoch gegen die Fläche der Schwerpunktbahn (Ekliptik) etwas geneigt

2.2 Geschwindigkeit und Beschleunigung

Gilt für die Bewegung des Massenpunktes

$$\boldsymbol{r} = \boldsymbol{v} \cdot t \quad \text{mit} \quad \boldsymbol{v} = \{v_x, v_y, v_z\} = \textbf{const} , \quad (2.1)$$

so wächst der zurückgelegte Weg proportional zur Zeit t, d.h. in gleichen Zeitintervallen Δt werden gleiche Wegstrecken $\Delta \boldsymbol{r}$ zurückgelegt.

Den Quotienten $\Delta \boldsymbol{r}/\Delta t$ nennen wir die ***Geschwindigkeit***. Sie ist wie der Ortsvektor $\boldsymbol{r}$ ein Vektor! Die Dimension der Geschwindigkeit ist $[v] = \mathrm{m/s}$.

Eine Bewegung, bei der die Geschwindigkeit nach *Betrag und Richtung* konstant bleibt, heißt ***gleichförmig-geradlinige Bewegung*** (Abb. 2.5). Im kartesischen Koordinatensystem mit den Einheitsvektoren $\boldsymbol{e}_x, \boldsymbol{e}_y, \boldsymbol{e}_z$ kann der Geschwindigkeitsvektor als

$$\boldsymbol{v} = v_x \boldsymbol{e}_x + v_y \boldsymbol{e}_y + v_z \boldsymbol{e}_z \quad \text{oder} \quad \{v_x, v_y, v_z\}$$

geschrieben werden. Gleichung (2.1) heißt dann in Komponentenschreibweise

$$x = v_x \cdot t; \quad y = v_y \cdot t; \quad z = v_z \cdot t\,. \tag{2.1a}$$

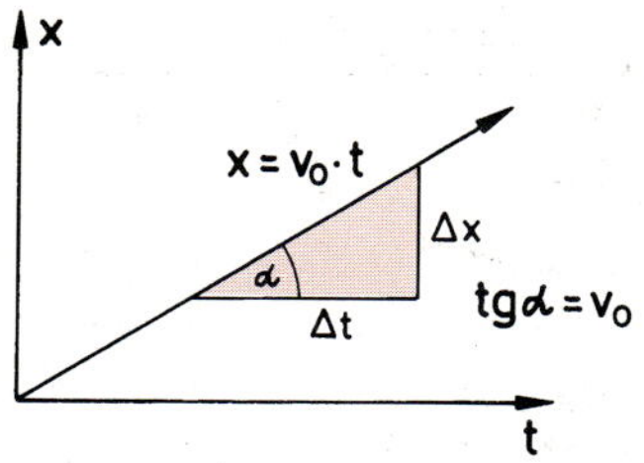

Abb. 2.5. Gleichförmige geradlinige Bewegung

BEISPIEL

Gleichförmige Bewegung entlang der x-Achse

$$v_x = v_0 = \text{const}; \quad v_y = v_z = 0 \rightarrow \boldsymbol{v} = \{v_0, 0, 0\}\,;$$

Bahnkurve: $x = v_0 \cdot t$.

Im allgemeinen Fall wird $\boldsymbol{v}$ nicht konstant, sondern eine Funktion der Zeit sein. Betrachten wir einen Massenpunkt, der sich zur Zeit t im Punkte P_1 der Bahnkurve befindet (Abb. 2.6). Zu einem späteren Zeitpunkt $t + \Delta t$ ist er bis P_2 vorgerückt. Den Quotienten

$$\frac{\overline{P_2 - P_1}}{(t + \Delta t - t)} = \frac{\boldsymbol{r}(t + \Delta t) - \boldsymbol{r}(t)}{\Delta t} = \frac{\Delta \boldsymbol{r}}{\Delta t} = \overline{\boldsymbol{v}}$$

bezeichnen wir als ***mittlere Geschwindigkeit*** $\overline{\boldsymbol{v}}$ auf der Strecke $\overline{P_1 - P_2}$.

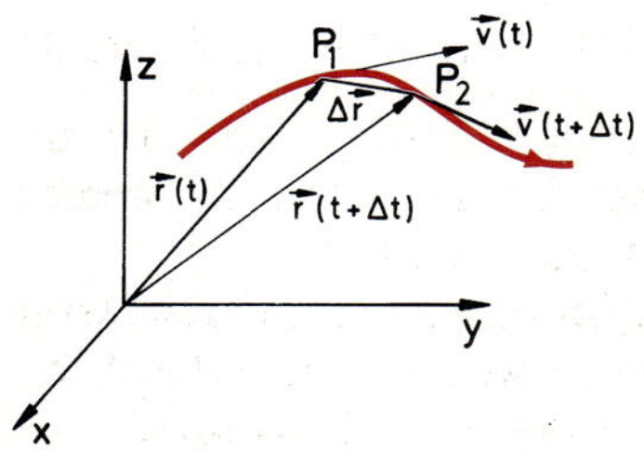

Abb 2.6. Beschleunigte Bewegung auf einer beliebigen Bahnkurve

Lassen wir nun $\Delta t \rightarrow 0$ gehen, so rückt P_2 gegen P_1 und wir definieren als die ***Momentangeschwindigkeit*** des Massenpunktes zur Zeit t im Punkte P_1 den Grenzwert

$$\boldsymbol{v}(t) = \lim_{\Delta t \rightarrow 0} \frac{\boldsymbol{r}(t + \Delta t) - \boldsymbol{r}(t)}{\Delta t} = \frac{\mathrm{d}\boldsymbol{r}}{\mathrm{d}t} = \dot{\boldsymbol{r}}\,,$$

der gleich der zeitlichen Ableitung der Funktion $\boldsymbol{r}(t)$ ist. Zur Unterscheidung von der räumlichen Ableitung $y' = \mathrm{d}y/\mathrm{d}x$ einer Funktion $y = f(x)$ bezeichnen wir die zeitliche Ableitung der Funktion $\boldsymbol{r} = \boldsymbol{r}(t)$ mit einem Punkt: $\dot{\boldsymbol{r}} = \mathrm{d}\boldsymbol{r}/\mathrm{d}t$.

Da die Ableitung $\dot{f}(t = t_1)$ einer Funktion die Steigung der Kurve $f(t)$ im Punkte P_1 angibt, *hat die Geschwindigkeit* $\dot{\boldsymbol{r}}(t)$ *in jedem Punkte der Bahnkurve* $\boldsymbol{r}(t)$ *die Richtung der Tangente in diesem Punkte* (Abb. 2.6)! In kartesischen Koordinaten ist ihr Betrag

$$v = |\boldsymbol{v}| = \sqrt{v_x^2 + v_y^2 + v_z^2} = \sqrt{\dot{x}^2 + \dot{y}^2 + \dot{z}^2}\,. \tag{2.2}$$

BEISPIELE

1. $z = at^2 \rightarrow v_z = \dot{z} = 2at$.

   Für $a = \text{const}$ nimmt die Geschwindigkeit linear mit der Zeit zu. Für $a = -g/2$ beschreibt dies den freien Fall mit der Anfangsgeschwindigkeit $v_z(t = 0) = 0$. Hier ändert sich der *Betrag* von $\boldsymbol{v}$, nicht die Richtung.

2. $$\left.\begin{array}{lll} x = a \cdot \cos \omega t & \Rightarrow & \dot{x} = -a \cdot \omega \cdot \sin \omega t \\ y = a \cdot \sin \omega t & \Rightarrow & \dot{y} = a \cdot \omega \cdot \cos \omega t \\ z = 0 & \Rightarrow & \dot{z} = 0 \end{array}\right\}$$

   $$\rightarrow |\boldsymbol{v}| = \sqrt{\dot{x}^2 + \dot{y}^2 + \dot{z}^2} = a \cdot \omega\,.$$

   Für $\omega = \text{const}$ ändert sich nur die *Richtung* von $\boldsymbol{v}$, nicht der *Betrag* (***Gleichförmige Kreisbewegung***)!

Wir wollen jetzt die zeitliche Änderung der Geschwindigkeit quantitativ erfassen (Abb. 2.7).

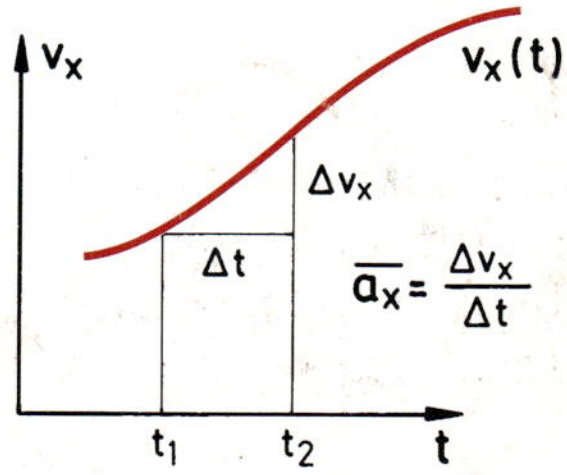

Abb 2.7. Zur Definition der Beschleunigung

Dazu betrachten wir wieder einen Massenpunkt, der im Punkte P_1 seiner Bahnkurve die Geschwindigkeit $\boldsymbol{v}(t)$ habe, zu einem späteren Zeitpunkt $t + \Delta t$ im Punkte P_2 angelangt ist und dort die (im allgemeinen von $\boldsymbol{v}(t)$ verschiedene) Geschwindigkeit $\boldsymbol{v}(t + \Delta t)$ hat. Die Änderung der Geschwindigkeit pro Zeitintervall nennen wir die mittlere Beschleunigung

$$\bar{\boldsymbol{a}} = \frac{\boldsymbol{v}(t + \Delta t) - \boldsymbol{v}(t)}{\Delta t} .$$

Analog zur Herleitung der momentanen Geschwindigkeit können wir jetzt die momentane Beschleunigung als den Grenzwert definieren:

$$\begin{aligned} \boldsymbol{a}(t) &= \lim_{\Delta t \to 0} \frac{\boldsymbol{v}(t + \Delta t) - \boldsymbol{v}(t)}{\Delta t} \\ &= \frac{\mathrm{d}\boldsymbol{v}}{\mathrm{d}t} = \dot{\boldsymbol{v}}(t) = \ddot{\boldsymbol{r}}(t) \end{aligned}$$

$$\boldsymbol{a}(t) = \dot{\boldsymbol{v}}(t) = \ddot{\boldsymbol{r}}(t) . \tag{2.3}$$

Die Beschleunigung ist also gleich der 1. zeitlichen Ableitung der Geschwindigkeit und gleich der 2. Ableitung der Weg-Zeit-Funktion!

$\boldsymbol{a} = \{a_x, a_y, a_z\}$ ist ein Vektor und hat die Dimension $[\boldsymbol{a}] = \mathrm{m/s^2}$. Eine Bewegung, bei der $\boldsymbol{a} = \mathbf{const}$ gilt (bei der also Betrag *und* Richtung von $\boldsymbol{a}$ konstant bleiben), heißt ***gleichförmig beschleunigte Bewegung***.

2.3 Bewegungsgleichung der gleichförmig beschleunigten Bewegung

Die Gleichung einer Bewegung mit konstanter Beschleunigung heißt:

$$\ddot{\boldsymbol{r}}(t) = \boldsymbol{a} = \mathbf{const} . \tag{2.4}$$

Gleichung (2.4) nennt man eine Differentialgleichung, da sie eine Gleichung zwischen der Ableitung einer Funktion $\boldsymbol{r}(t)$ und anderen Größen (hier dem konstanten Vektor $\boldsymbol{a}$) ist. Gleichung (2.4) ist eine Vektorgleichung, die man auch als drei Komponentengleichungen schreiben kann. In kartesischen Koordinaten heißen diese:

$$\begin{aligned} \ddot{x}(t) &= a_x \\ \ddot{y}(t) &= a_y \\ \ddot{z}(t) &= a_z . \end{aligned}$$

Alle Bewegungen mit $\boldsymbol{a} = \mathbf{const}$ heißen ***gleichförmig beschleunigt***. Ihre Bewegungsgleichung (2.4) läßt sich elementar lösen.

Die Geschwindigkeit erhält man aus (2.4) durch Integration

$$\boldsymbol{v}(t) = \dot{\boldsymbol{r}}(t) = \int \boldsymbol{a} \, \mathrm{d}t = \boldsymbol{a} \cdot t + \boldsymbol{b} . \tag{2.5}$$

Die Integrationskonstante $\boldsymbol{b}$ ($\boldsymbol{b}$ ist ein Vektor mit konstanten Komponenten) muß durch die Anfangsbedingungen festgelegt werden. Für $t = 0$ gilt: $\dot{\boldsymbol{r}}(0) = \boldsymbol{v}(0) = \boldsymbol{b}$, d.h. $\boldsymbol{b}$ gibt die Geschwindigkeit zur Zeit $t = 0$ an. Wir nennen sie $\boldsymbol{v}_0$.

Weitere Integration der Gleichung (2.5) liefert die ***Bahnkurve***:

$$\boldsymbol{r}(t) = \tfrac{1}{2}\boldsymbol{a}t^2 + \boldsymbol{v}_0 t + \boldsymbol{c} \quad \text{mit } \boldsymbol{c} = \boldsymbol{r}(0) = \boldsymbol{r}_0 . \tag{2.6}$$

Gleichung (2.6) ist als Vektorgleichung eine Abkürzung für die drei Gleichungen:

$$\left| \begin{aligned} x(t) &= \tfrac{1}{2} a_x \cdot t^2 + v_{0x} t + x_0 \\ y(t) &= \tfrac{1}{2} a_y \cdot t^2 + v_{0y} t + y_0 \\ z(t) &= \tfrac{1}{2} a_z \cdot t^2 + v_{0z} t + z_0 \end{aligned} \right| . \tag{2.6a}$$

Man mache sich folgendes klar:

Alle Kurven $y = f(x) + c$ mit beliebiger Konstante c haben dieselbe Ableitung $y' = f'(x)$, da die Ableitung einer Konstanten Null ergibt.

Umgekehrt heißt das: Alle Funktionen $y = f(x) + c$ (man nennt sie eine ***einparametrige unendliche Kurvenschar***) sind Lösungen der Differentialgleichung $y' = f'(x)$.

Durch die sogenannten Anfangs- oder Randwertbedingungen wird aus diesen unendlich vielen Lösungen *eine* ausgesucht. Wir wollen dies an einigen Beispielen verdeutlichen.

2.3.1 Der freie Fall

Die Vertikalrichtung sei die z-Richtung. Dann ergibt das Experiment auf der Erdoberfläche (siehe Abschn. 2.9.7):

$$a_z = -g = -9{,}81 \text{ m/s}^2$$
$$a_x = a_y = 0 .$$

Wählt man die Anfangsbedingungen so, daß zur Zeit $t = 0$ der Körper aus der Höhe $z(0) = h$, also vom Punkte $(0, 0, h)$ zu fallen beginnt (Abb. 2.8), so ist $v_{0x} = v_{0y} = v_{0z} = 0$, $x_0 = y_0 = 0$, $z_0 = h$ und das Gleichungssystem (2.6a) reduziert sich auf die Gleichung:

$$z(t) = -\tfrac{1}{2}gt^2 + h; \quad v_z(t) = -gt . \tag{2.7}$$

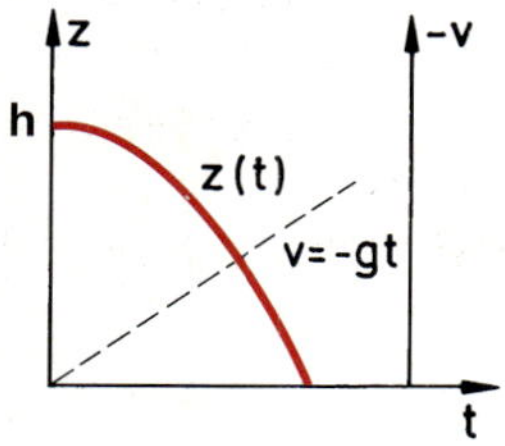

Abb. 2.8. Weg-Zeit-Funktion und Geschwindigkeits-Zeit-Funktion (*gestrichelte Gerade*) beim freien Fall

Für $t = \sqrt{2h/g}$ wird $z = 0$, d.h. die Fallzeit für die Strecke h beträgt

$$t_{\text{Fall}} = \sqrt{2h/g} \tag{2.8}$$

und die Endgeschwindigkeit $v_{\max} = \sqrt{2h \cdot g}$.

2.3.2 Der schräge Wurf

Als Startpunkt wählen wir: $x(0) = y(0) = 0$, $z(0) = h$, und legen die x-Achse so, daß die Wurfbahn in die x-z-Ebene fällt (Abb. 2.9). Die Anfangsgeschwindigkeit sei $\boldsymbol{v}_0 = \{v_{0x}, 0, v_{0z}\}$.

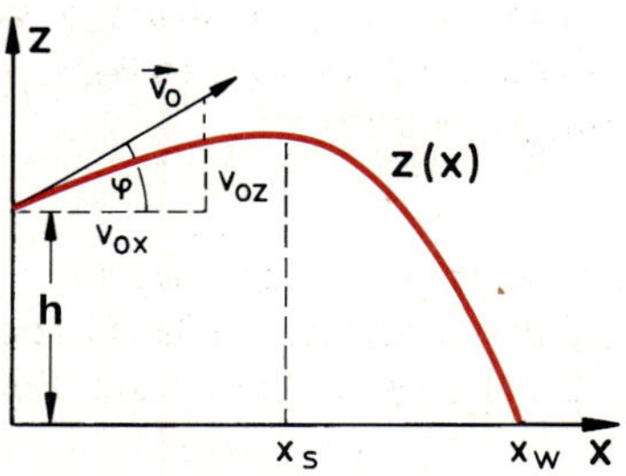

Abb. 2.9. Schräger Wurf

Gleichung (2.6a) heißt dann:

$$x(t) = v_{0x}\mathrm{t}$$
$$y(t) = 0$$
$$z(t) = -\tfrac{1}{2}gt^2 + v_{0z}\mathrm{t} + \mathrm{h} .$$

Die Bewegung ist also eine Überlagerung einer gleichförmig gradlinigen Bewegung in x-Richtung und einer gleichmäßig beschleunigten Bewegung in z-Richtung. Für $v_{0z} = 0$ ergibt sich der waagerechte Wurf und für $v_{0x} = 0$ der senkrechte Wurf.

Eliminieren von $t = x/v_{0x}$ gibt die Wurfparabel (Abb. 2.9)

$$z(x) = -\frac{1}{2}\frac{g}{v_{0x}^2}x^2 + \frac{v_{0z}}{v_{0x}}x + h . \tag{2.9}$$

Ihr Scheitel liegt bei dem x-Wert, für den $\mathrm{d}z/\mathrm{d}x = 0$ ist:

$$x_S = \frac{v_{0x} \cdot v_{0z}}{g} = \frac{v_0^2 \cdot \sin\varphi \cdot \cos\varphi}{g} = \frac{v_0^2}{2g} \cdot \sin 2\varphi . \tag{2.10}$$

x_S hat also bei vorgegebenem v_0 seinen größten Wert für $\varphi = 45°$. Um die Wurfweite beim schrägen Wurf zu berechnen, setzen wir in (2.9) $z(x_W) = 0$. Dann folgt:

$$x_W = \frac{v_{0x} \cdot v_{0z}}{g} \pm \left[\left(\frac{v_{0x} \cdot v_{0z}}{g}\right)^2 + \frac{2v_{0x}^2}{g} \cdot h\right]^{1/2} . \tag{2.11}$$

Da $x_W > 0$ sein muß, kommt nur das positive Vorzeichen in Frage. Wegen $v_{z_0} \cdot v_{x_0} = \frac{1}{2}v_0^2 \cdot \sin 2\varphi$ läßt sich (2.11) umformen in

$$x_W = \frac{v_0^2}{2g}\sin 2\varphi\left[1 + \left(1 + \frac{2gh}{v_0^2 \sin^2\varphi}\right)^{1/2}\right] . \tag{2.12}$$

Will man wissen, für welchen Winkel φ bei festem Betrag v_0 der Anfangsgeschwindigkeit die größte Wurfweite erzielt wird, muß man $\mathrm{d}x_W/\mathrm{d}\varphi = 0$ setzen. Das Ergebnis für $\varphi(x_{W\,\max})$ lautet:

$$\varphi_{\text{opt}} = \arcsin\left(\frac{1}{\sqrt{2 + 2gh/v_0^2}}\right) , \tag{2.13}$$

was für $h = 0$ wegen $\arcsin(\sqrt{2}/2) = \pi/4$ in $\varphi_{\text{opt}} = 45°$ übergeht.

2.4 Bewegungen mit nicht-konstanter Beschleunigung

Während die Differentialgleichung für Bewegungen mit konstanter Beschleunigung immer elementar integrierbar ist, braucht dies für zeitlich beliebig veränderliche Beschleunigungen nicht mehr unbedingt zu gelten. Wir wollen zuerst das einfache Beispiel der gleichförmigen Kreisbewegung behandeln, wo sich nur die Richtung, aber nicht der Betrag des Beschleunigungsvektors $\boldsymbol{a}$ ändert.

2.4.1 Die gleichförmige Kreisbewegung

Bei dieser Bewegung werden in gleichen Zeiten gleiche Strecken auf dem Kreis zurückgelegt. Der *Betrag* v der Geschwindigkeit bleibt deshalb konstant, aber ihre *Richtung* ändert sich dauernd, da $\boldsymbol{v} = v \cdot \hat{\boldsymbol{e}}_t$ ja immer in Richtung des Tangenteneinheitsvektors $\hat{\boldsymbol{e}}_t$ an die Bahnkurve zeigt.

Wir können den Weg Δs auf dem Kreisbogen ausdrücken durch $\Delta s = R\Delta\varphi$ (Abb. 2.10), und der Geschwindigkeitsbetrag v wird dann wegen $R = \text{const}$

$$v = \frac{\mathrm{d}s}{\mathrm{d}t} = R\frac{\mathrm{d}\varphi}{\mathrm{d}t} = R \cdot \omega ;$$

$\omega = \dfrac{\mathrm{d}\varphi}{\mathrm{d}t}$ heißt ***Winkelgeschwindigkeit***: $[\omega] = \text{rad/s}$.

Die Beschleunigung $\boldsymbol{a}$ ist dann

$$\boldsymbol{a} = \frac{\mathrm{d}\boldsymbol{v}}{\mathrm{d}t} = \frac{\mathrm{d}}{\mathrm{d}t}(v\hat{\boldsymbol{e}}_t) = \frac{\mathrm{d}v}{\mathrm{d}t}\hat{\boldsymbol{e}}_t + v\frac{\mathrm{d}\hat{\boldsymbol{e}}_t}{\mathrm{d}t}$$
$$= v\frac{\mathrm{d}\hat{\boldsymbol{e}}_t}{\mathrm{d}t} \quad \text{weil} \quad v = \text{const} .$$

Aus

$$\hat{\boldsymbol{e}}_t^2 = 1 \Rightarrow 2\hat{\boldsymbol{e}}_t\frac{\mathrm{d}\hat{\boldsymbol{e}}_t}{\mathrm{d}t} = 0 \Rightarrow \frac{\mathrm{d}\hat{\boldsymbol{e}}_t}{\mathrm{d}t} \perp \hat{\boldsymbol{e}}_t ,$$

d.h. die Beschleunigung $\boldsymbol{a}$ steht senkrecht auf der Geschwindigkeit $\boldsymbol{v}$. Der Vektor $\mathrm{d}\hat{\boldsymbol{e}}_t/\mathrm{d}t$ gibt an, mit welcher Winkelgeschwindigkeit sich die Tangente dreht. Da $\hat{\boldsymbol{e}}_t$ immer senkrecht auf dem Radiusvektor steht, drehen sich beide Vektoren mit der gleichen Winkel-

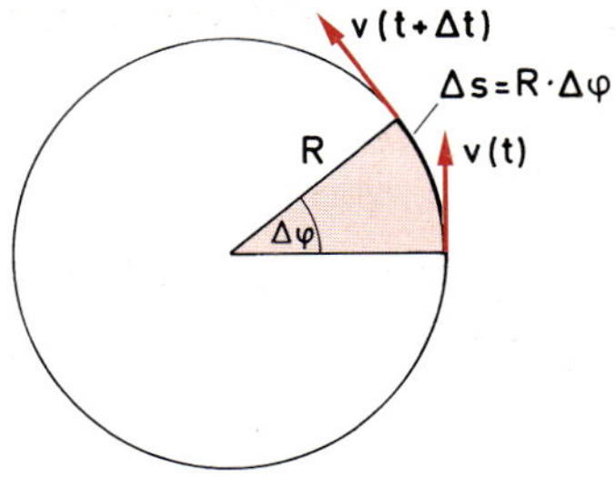

Abb 2.10. Gleichförmige Kreisbewegung

geschwindigkeit $\omega = \mathrm{d}\varphi/\mathrm{d}t$, d.h. für den Betrag gilt: $|\mathrm{d}\hat{\boldsymbol{e}}_t/\mathrm{d}t| = \omega$. Deshalb erhalten wir für die Beschleunigung

$$\boldsymbol{a} = v \cdot \frac{\mathrm{d}\hat{\boldsymbol{e}}_t}{\mathrm{d}t} = R \cdot \omega^2\hat{\boldsymbol{e}}_a = -R\omega^2\hat{\boldsymbol{r}} , \qquad (2.14)$$

wobei der Einheitsvektor $\hat{\boldsymbol{e}}_a = -\hat{\boldsymbol{r}}$ immer zum Mittelpunkt des Kreises, also in Richtung von $-\boldsymbol{R}$ zeigt.

BEWEIS

$$\boldsymbol{r} = \begin{Bmatrix} R \cdot \cos\omega t \\ R \cdot \sin\omega t \end{Bmatrix}, \quad \boldsymbol{v} = \begin{Bmatrix} -R \cdot \omega \cdot \sin\omega t \\ R \cdot \omega \cdot \cos\omega t \end{Bmatrix},$$
$$\boldsymbol{a} = \begin{Bmatrix} -R\omega^2\cos\omega t \\ -R\omega^2\sin\omega t \end{Bmatrix} = -\omega^2 \cdot \boldsymbol{r} = -R\omega^2 \cdot \hat{\boldsymbol{r}} .$$

Der Beschleunigungsvektor ist also

$$\boldsymbol{a} = -R\omega^2\hat{\boldsymbol{r}} \quad \text{mit} \quad |\boldsymbol{a}| = R \cdot \omega^2$$

und heißt ***Zentripetalbeschleunigung***, weil $\boldsymbol{a}$ zum Kreiszentrum zeigt.

Will man auch die räumliche Lage der Ebene angeben, in der die Bewegung abläuft, so ist es zweckmäßig, einen *Vektor der Winkelgeschwindigkeit* $\boldsymbol{\omega}$ anzugeben, der senkrecht auf der Bewegungsebene steht (Normalvektor) und dessen Betrag $\omega = \mathrm{d}\varphi/\mathrm{d}t = v/R$

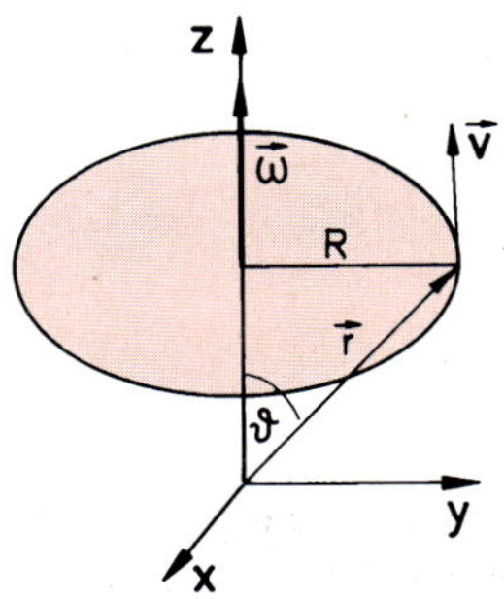

Abb. 2.11. Zur Definition der Winkelgeschwindigkeit

ist. Mit R = Kreisradius und $\boldsymbol{r}$ = Ortsvektor gilt (Abb. 2.11):

$$R = r \cdot \sin\vartheta \quad \text{und} \quad \boldsymbol{\omega} = \hat{\boldsymbol{e}}_z \cdot \frac{v}{R} ,$$

so daß man schreiben kann: $|v| = r \cdot \omega \cdot \sin\vartheta$ oder vektoriell (siehe Anhang A.2):

$$\boxed{\boldsymbol{v} = (\boldsymbol{\omega} \times \boldsymbol{r}) \quad \rightarrow \quad \boldsymbol{\omega} = \frac{1}{r^2}(\boldsymbol{r} \times \boldsymbol{v})} \ . \qquad (2.15)$$

2.4.2 Die allgemeine krummlinige Bewegung

Im allgemeinen Fall wird $\boldsymbol{v}$ sich nach *Betrag und Richtung* ändern. Immer ist aber $\boldsymbol{v}$ in jedem Bahnpunkt P Tangente an die Bahnkurve. Die Beschleunigung $\boldsymbol{a}$ kann allerdings eine beliebige Richtung haben. Sie läßt sich jedoch immer zerlegen in eine Komponente tangential zur Bahnkurve und eine Komponente normal zur Bahn (d.h. senkrecht auf der Bahntangente (Abb. 2.12)).

Sei $\boldsymbol{v} = v \cdot \hat{\boldsymbol{e}}_t$, wobei $\hat{\boldsymbol{e}}_t$ der Einheitsvektor in Tangentenrichtung ist. Dann gilt für die Beschleunigung

$$\boldsymbol{a} = \frac{d\boldsymbol{v}}{dt} = \frac{dv}{dt} \cdot \hat{\boldsymbol{e}}_t + v\frac{d\hat{\boldsymbol{e}}_t}{dt} = \boldsymbol{a}_t + \boldsymbol{a}_n \ .$$

Die ***Tangentialbeschleunigung*** $\boldsymbol{a}_t = dv/dt \cdot \hat{\boldsymbol{e}}_t$ ist ein Vektor in Tangentialrichtung, also parallel zu $\boldsymbol{v}$. Die Änderung des *Betrages* der Geschwindigkeit wird durch $|\boldsymbol{a}_t| = dv/dt$ beschrieben.

Die ***Normalbeschleunigung*** $\boldsymbol{a}_n = v \cdot d\hat{\boldsymbol{e}}_t/dt$ ist gemäß (2.14) ein Vektor senkrecht auf der Tangente, also in Normalenrichtung. Er beschreibt die Änderung der *Richtung* der Geschwindigkeit.

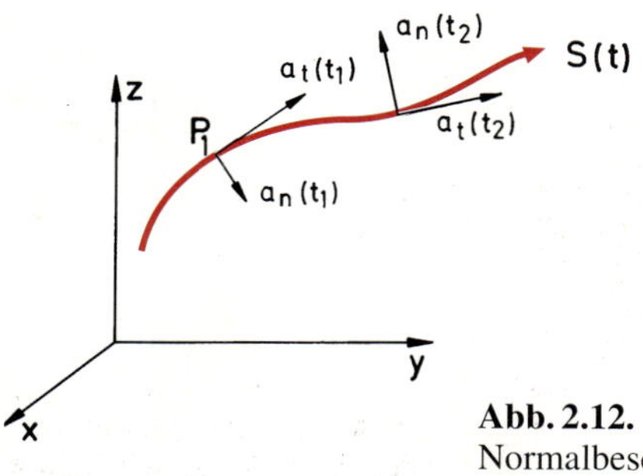

Abb. 2.12. Tangential- und Normalbeschleunigung

Ist $a_n = 0$, so durchläuft der Massenpunkt eine Gerade. Für eine gekrümmte Bahn muß $a_n \neq 0$ sein. Für $\boldsymbol{a}_t = \boldsymbol{0}$ läuft der Massenpunkt mit konstantem Betrag der Geschwindigkeit auf einer Kurve, deren Verlauf durch $\boldsymbol{a}_n$ bestimmt wird. Im Beispiel des freien Falles war $a_n \equiv 0$, und $a_t = \text{const}$, während bei der gleichförmigen Kreisbewegung $a_t \equiv 0$ und $a_n = \text{const} \neq 0$ galt.

Wir wollen jetzt die Beschleunigung für *beliebige krummlinige Bewegungen* berechnen: Wir legen die x-y-Ebene in die Ebene der beiden Vektoren $\boldsymbol{a}$ und $\boldsymbol{v}$, d.h. alle Vektoren haben die z-Komponente Null. Nach Abb. 2.13 mit $\hat{\boldsymbol{e}}_t = \{\cos\varphi, \sin\varphi, 0\}$ gilt für die beiden zueinander senkrechten Einheitsvektoren $\hat{\boldsymbol{e}}_t$ und $\hat{\boldsymbol{e}}_n$:

$$\hat{\boldsymbol{e}}_t = \cos\varphi \hat{\boldsymbol{e}}_x + \sin\varphi \hat{\boldsymbol{e}}_y$$

$$\begin{aligned}\hat{\boldsymbol{e}}_n &= \boldsymbol{e}_{tx} \cdot \cos(\varphi + \tfrac{\pi}{2})\hat{\boldsymbol{e}}_x + \sin(\varphi + \tfrac{\pi}{2})\hat{\boldsymbol{e}}_y \\ &= -\sin\varphi \hat{\boldsymbol{e}}_x + \cos\varphi \hat{\boldsymbol{e}}_y\end{aligned}$$

Also ist:

$$\begin{aligned}\frac{d\hat{\boldsymbol{e}}_t}{dt} &= -\sin\varphi \frac{d\varphi}{dt}\hat{\boldsymbol{e}}_x + \cos\varphi \frac{d\varphi}{dt}\hat{\boldsymbol{e}}_y \\ &= \frac{d\varphi}{dt}\hat{\boldsymbol{e}}_n \ .\end{aligned}$$

Die Normalbeschleunigung ist daher

$$\boldsymbol{a}_n = v \cdot \frac{d\varphi}{dt}\hat{\boldsymbol{e}}_n \ .$$

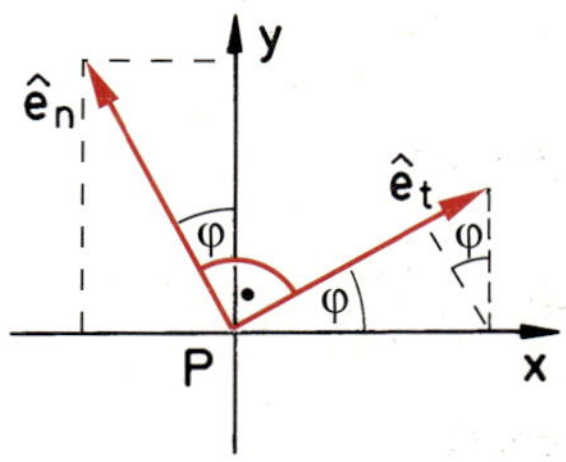

Abb. 2.13. Zur Herleitung der Normalbeschleunigung

Wir betrachten nun ein infinitesimal kleines Kurvenstück zwischen den Punkten A und A' in Abb. 2.14 und nähern dieses Kurvenstück durch den Kreisbogen $\widehat{AA'}$ mit dem Mittelpunkt M an. (In der Differentialgeometrie wird gezeigt, daß dies bei beliebigen, zweimal stetig differenzierbaren ebenen Kurven immer möglich ist.) Macht man das Kurvenstück $\widehat{AA'}$ immer kürzer, d.h. läßt man A und A' gegen den Punkt P_1

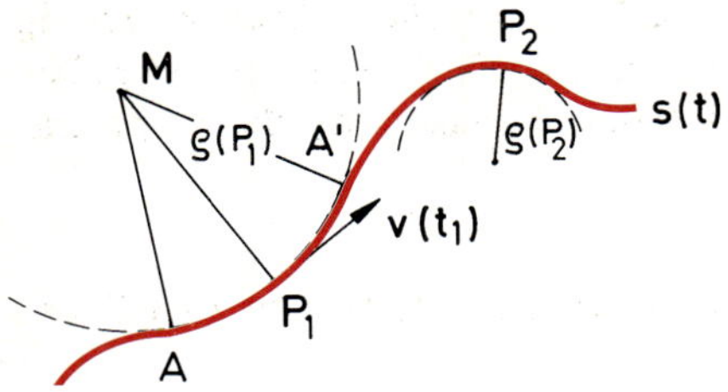

Abb. 2.14. Lokaler Krümmungsradius einer beliebigen krummlinigen Bahnkurve

streben, so wird sich die Kurve im Bereich $\widehat{AA'}$ immer mehr an einen Kreisbogen mit Radius $\overline{MP_1}$ annähern; $\varrho = \overline{MP}$ heißt der Krümmungsradius der Kurve im Punkte P. Dann gilt

$$\mathrm{d}s = \varrho \mathrm{d}\varphi$$

$$\frac{\mathrm{d}\varphi}{\mathrm{d}t} = \frac{\mathrm{d}\varphi}{\mathrm{d}s}\frac{\mathrm{d}s}{\mathrm{d}t} = \frac{\mathrm{d}\varphi}{\mathrm{d}s} \cdot v = \frac{1}{\varrho} v \, .$$

Deshalb erhält man für den ***Beschleunigungsvektor***

$$\boldsymbol{a} = \frac{\mathrm{d}v}{\mathrm{d}t}\hat{\boldsymbol{e}}_\mathrm{t} + \frac{v^2}{\varrho}\hat{\boldsymbol{e}}_\mathrm{n} \tag{2.16}$$

und für den Betrag der Gesamtbeschleunigung:

$$|\boldsymbol{a}| = a = \sqrt{\left(\frac{\mathrm{d}v}{\mathrm{d}t}\right)^2 + \frac{v^4}{\varrho^2}} \, . \tag{2.17}$$

Die Normalbeschleunigung ist also proportional zum Quadrat der Geschwindigkeit und umgekehrt proportional zum Krümmungsradius ϱ der Bahnkurve. Bei der gleichförmigen Kreisbewegung ist $\mathrm{d}v/\mathrm{d}t = 0$, und man erhält $|\boldsymbol{a}| = v^2/R = \omega^2 \cdot R$.

BEISPIELE

1. Die Beschleunigung $a(x) = b \cdot x^4$ einer geradlinigen Bewegung sei als Funktion des Ortes bekannt. Man berechne $v(x)$ für die Anfangsbedingung $v(x_0) = v_0$.

LÖSUNG

$$a = \frac{\mathrm{d}v}{\mathrm{d}t} = \frac{\mathrm{d}v}{\mathrm{d}x} \cdot \frac{\mathrm{d}x}{\mathrm{d}t} = \frac{\mathrm{d}v}{\mathrm{d}x} \cdot v \, ,$$

$$\int_{x_0}^{x} a \, \mathrm{d}x = \int_{v_0}^{v} v \, \mathrm{d}v \, .$$

Einsetzen von a und Integration ergibt

$$\tfrac{1}{5} b(x^5 - x_0^5) = \tfrac{1}{2}(v^2(x) - v_0^2) \, ,$$

woraus folgt

$$v(x) = \sqrt{\tfrac{2}{5} b(x^5 - x_0^5) + v_0^2} \, .$$

2. Auf den geöffneten Fallschirm eines Fallschirmspringers wirkt infolge der Luftreibung die Bremsbeschleunigung $a = -bv^2$ mit der Konstanten $b = 0{,}3\ \mathrm{m}^{-1}$.
   a) Wie groß ist die konstante Endgeschwindigkeit v_e des Springers?
   b) Wie sieht $v(t)$ aus, wenn der Springer im freien Fall (Reibung vernachlässigt) bei $t = t_0 = 10$ s und der Geschwindigkeit v_0 plötzlich seinen Schirm öffnet?

LÖSUNG

a) Konstante Endgeschwindigkeit ist erreicht, wenn die Gesamtbeschleunigung Null wird:

$$g - bv_\mathrm{e}^2 = 0, \quad v_\mathrm{e} = \sqrt{g/b} = 5{,}7\ \mathrm{m/s} \, .$$

b) Bewegungsgleichung (z-Achse in Fallrichtung):

$$\ddot{z} = g - b\dot{z}^2 \, .$$

Wegen

$$v = \dot{z} \quad \text{und} \quad \dot{v} = \ddot{z} \quad \text{ist} \quad \dot{v} = g - bv^2 \, ,$$

und es folgt

$$\int_{v_0}^{v} \frac{\mathrm{d}v}{g - bv^2} = \frac{1}{g}\int_{v_0}^{v} \frac{\mathrm{d}v}{1 - v^2/v_\mathrm{e}^2} = \int_{t_0}^{t} \mathrm{d}t' = t - t_0 \, .$$

Für $x > 1$ ($\hat{=}\ v/v_\mathrm{e} > 1$) gilt:

$$\int \frac{\mathrm{d}x}{1 - x^2} = \frac{1}{2} \ln \frac{1 + x}{1 - x}$$

$$\rightarrow t - t_0 = \frac{1}{2}\frac{v_\mathrm{e}}{g} \ln \frac{v + v_\mathrm{e}}{v - v_\mathrm{e}} + C \, .$$

Für $t = t_0$ soll $v = v_0$ sein; daraus folgt:

$$C = -\frac{1}{2}\frac{v_\mathrm{e}}{g} \ln \frac{v_0 + ve}{v_0 - ve}$$

$$\rightarrow t - t_0 = \frac{1}{2}\frac{v_\mathrm{e}}{g} \ln \left[\frac{v + v_\mathrm{e}}{v - v_\mathrm{e}} \frac{v_0 - ve}{v_0 + ve}\right] \, .$$

Auflösung nach v liefert:

$$v(t) = v_e \frac{d \cdot e^{c(t-t_0)} + 1}{d \cdot e^{c(t-t_0)} - 1} \quad \text{mit}$$

$$d = \frac{v_0 + v_e}{v_0 - v_e} \quad \text{und} \quad c = 2g/v_e \,.$$

Die Geschwindigkeit sinkt daher von $v(t_0) = v_0$ auf v_e für $t \to \infty$. Allerdings ist bereits für $t - t_0 = 2v_e/g \approx 1{,}16$ s die Endgeschwindigkeit v_e bis auf 3,3 % erreicht.

2.5 Kräfte

Wir wollen jetzt die Frage untersuchen, *warum* ein Körper gerade die Bewegung ausführt, die wir beobachten; warum z.B. die Erde um die Sonne kreist oder ein Stein geradlinig beschleunigt zu Boden fällt.

Newton erkannte, daß die Ursache für Änderungen des Bewegungszustandes eines Körpers Wechselwirkungen dieses Körpers mit seiner Umgebung sein müssen. Die Wechselwirkungen können langreichweitig sein, wie z.B. die Gravitationswechselwirkung zwischen Sonne und Erde, oder kurzreichweitig, wie z.B. zwischen zwei stoßenden Billardkugeln, oder über noch kürzere Entfernung wirkend, wie z.B. die starke Wechselwirkung, die die Protonen und Neutronen im Kern zusammenhält.

Man beschreibt alle diese Wechselwirkungen durch das Konzept der ***Kräfte***. Wenn ein Körper seinen Bewegungszustand ändert, so sagen wir, daß Kräfte an ihm angreifen. Stoßen z.B. zwei Kugeln zusammen, so sagen wir: Jede der beiden Kugeln hat beim Stoß eine Kraft auf die andere ausgeübt, so daß sich der Bewegungszustand jeder Kugel geändert hat.

Einen Körper, der überhaupt keine Wechselwirkung mit seiner Umgebung erfährt oder für den die Vektorsumme aller Kräfte Null ist, nennen wir *frei. Ein freies Teilchen ändert seinen Bewegungszustand nicht.* Streng genommen gibt es natürlich in Wirklichkeit keine Körper, die *überhaupt keine* Wechselwirkung mit ihrer Umgebung haben (sie wären dann ja auch nicht beobachtbar). In vielen Fällen ist jedoch diese Wechselwirkung so klein, daß sie vernachlässigbar ist (z.B. einzelne Atome in einem großen Behälter, in dem gutes Vakuum erzeugt wurde, oder ein Schlitten auf der waagerechten Luftkissenbahn), so daß sich solche Körper geradlinig gleichförmig bewegen. Deshalb ist in diesen Fällen das Modell des freien Teilchens durchaus gerechtfertigt.

2.5.1 Kräfte als Vektoren. Addition von Kräften

Da Geschwindigkeitsänderungen Vektoren sind, müssen auch Kräfte durch Vektoren beschrieben werden, d.h. sie sind erst durch Angabe von *Größe (Betrag) und Richtung* eindeutig festgelegt.

Als Vektoren können Kräfte in Komponenten zerlegt werden, deren Größe vom gewählten Koordinatensystem abhängt. Im kartesischen Koordinatensystem sei z.B. $\boldsymbol{F} = \{F_x, F_y, F_z\}$. Wählen wir jetzt die Richtung unserer Koordinatenachsen so, daß die z-Richtung in die Richtung von $\boldsymbol{F}$ zeigt, so wird in diesem System $\boldsymbol{F} = \{0, 0, F_z = |\boldsymbol{F}|\}$. Oft läßt sich die Lösung eines Bewegungsproblems wesentlich vereinfachen durch geschickte Wahl des Koordinatensystems (siehe Beispiel in Abschn. 2.3.2).

Greifen an einem Punkte mehrere Kräfte an, so ist die Gesamtkraft (resultierende Kraft) die Vektorsumme der Einzelkräfte (Abb. 2.15)

$$\boldsymbol{F} = \sum_i \boldsymbol{F}_i \,.$$

Für jede der Komponenten F_x, F_y, F_z gilt dann eine entsprechende Relation

$$F_x = \sum_i F_{ix} \quad F_y = \sum_i F_{iy} \quad F_z = \sum_i F_{iz} \,.$$

Gilt $\sum \boldsymbol{F}_i = \boldsymbol{0}$, so ist die Gesamtkraft Null, und ein anfangs ruhender Körper bleibt ruhen. Man sagt, die Kräfte sind im Gleichgewicht.

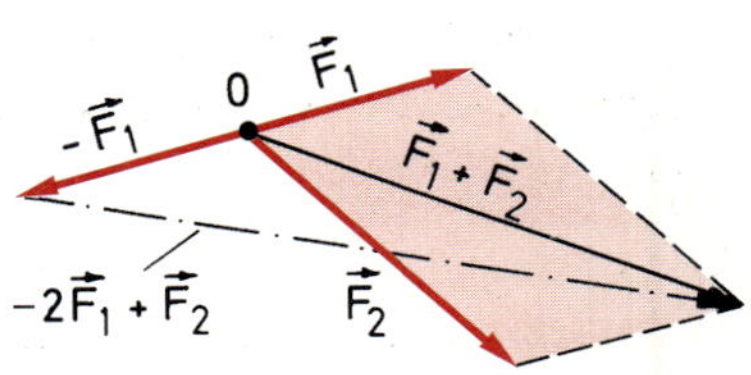

Abb. 2.15. Vektoraddition von Kräften

BEISPIEL

Ein Körper liegt auf einer reibungsfreien schiefen Ebene. Man kann die Schwerkraft $m \cdot \boldsymbol{g}$ in eine Komponente $\boldsymbol{F}_{\perp}$ senkrecht und in eine Komponente $\boldsymbol{F}_{\parallel}$ parallel zur schiefen Ebene zerlegen (Abb. 2.16). $\boldsymbol{F}_{\perp}$ wirkt senkrecht auf die Unterlage und ruft in dieser durch die elastische Verformung der Unterlage eine gleich große, aber entgegengesetzte Kraft $\boldsymbol{N}$ (Zwangskraft) hervor, die $\boldsymbol{F}_{\perp}$ genau kompensiert. Zur Beschleunigung bleibt also nur $\boldsymbol{F}_{\parallel}$. Zieht man daher mit einer Kraft $\boldsymbol{Z} = -\boldsymbol{F}_{\parallel} = -m \cdot \boldsymbol{g} \cdot \sin\alpha$, so ist $\sum \boldsymbol{F}_{\mathrm{i}} = 0$, und der Körper bleibt in Ruhe.

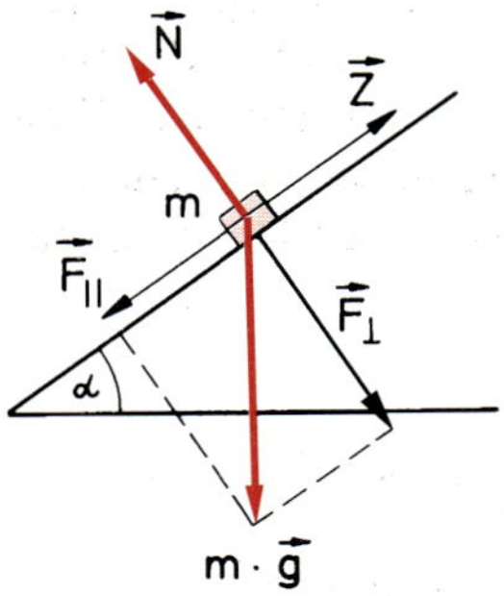

Abb. 2.16. Kräftegleichgewicht bei einem Körper

2.5.2 Kraftfelder

In vielen Fällen hängt die auf einen Körper wirkende Kraft vom Ort ab. Kann man jedem Raumpunkt eindeutig eine Kraft (nach Größe *und* Richtung) zuordnen, so spricht man von einem ***Kraftfeld***

$$\boldsymbol{F} = \boldsymbol{F}(\boldsymbol{r}) = \boldsymbol{F}(x, y, z) \quad \text{bzw.} \quad \boldsymbol{F}(r, \vartheta, \varphi) .$$

Die Richtung der Kraft wird durch „Kraftlinien" zeichnerisch deutlich gemacht, die so verlaufen, daß in jedem Punkt $P(x, y, z)$ die Kraft $\boldsymbol{F}(x, y, z)$ Tangente an die Kraftlinie ist.

Hat die Kraft in jedem Raumpunkt nur eine Radialkomponente, deren Betrag nur vom Abstand r vom Nullpunkt (Zentrum) abhängt, so bildet $\boldsymbol{F}(r)$ ein Zentral-Kraftfeld. Für Zentralkräfte gilt:

$$\boldsymbol{F} = \mathrm{f}(r) \cdot \hat{\boldsymbol{r}} .$$

Zentralkraftfelder sind kugelsymmetrisch.

BEISPIELE

1. Zentralkraftfelder

a) ***Schwerefeld der Erde*** (Abb. 2.17a)
$\boldsymbol{F}$ hängt ab vom Abstand r zum Erdmittelpunkt. Es gilt im idealisierten Fall, in dem die Erde durch eine Kugel mit kugelsymmetrischer Massenverteilung angenähert werden kann (siehe auch Abschn. 2.9) für $r > R =$ Erdradius:

$$\boldsymbol{F} = -G \frac{m \cdot M}{r^2} \hat{\boldsymbol{r}}$$

($M =$ Masse der Erde, $m =$ Masse des Körpers, $G =$ Gravitationskonstante, $\hat{\boldsymbol{r}} = \boldsymbol{r}/r$).

b) ***Kraftfeld einer elektrischen Ladung*** (Abb. 2.17b)
Im elektrischen Kraftfeld einer Ladung Q wirkt auf eine Probeladung q im Abstand r die Kraft

$$\boldsymbol{F} = \frac{1}{4\pi\varepsilon_0} \frac{q \cdot Q}{r^2} \hat{\boldsymbol{r}} ;$$

($\varepsilon_0 =$ Dielektrizitätskonstante, siehe Bd. 2). Man erhält also ein Kraftfeld (Coulombfeld), das dieselbe räumliche Abhängigkeit wie das Schwerefeld außerhalb einer kugelförmigen Masse hat.

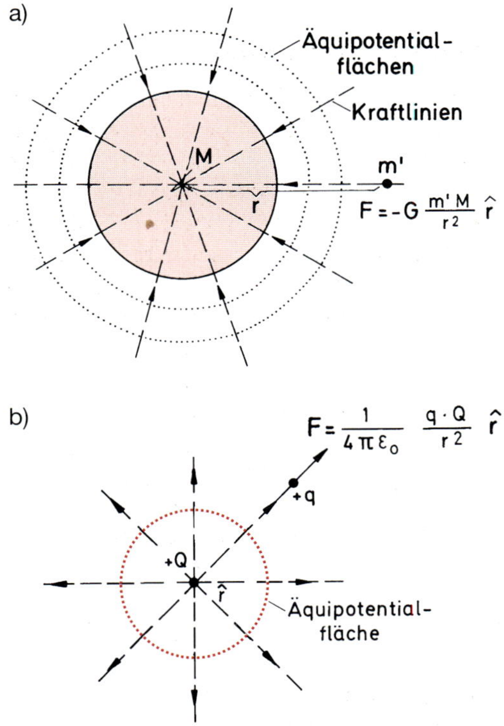

Abb. 2.17. Kugelsymmetrisches Kraftfeld, (**a**) Gravitationsfeld einer Massenkugel mit Masse M, (**b**) elektrisches Feld einer Ladung Q

2. **Dipolkraftfeld**

Das Kraftfeld zwischen zwei entgegengesetzt gleichen Ladungen im Abstand d (Dipolfeld) ist nicht mehr kugelsymmetrisch. Es hängt außer vom Abstand d auch vom Winkel ϑ gegen die Verbindungslinie der beiden Ladungen ab (Abb. 2.18). Man erhält (siehe Bd. 2, Kap. 1):

$$\boldsymbol{F} = \boldsymbol{F}_1 + \boldsymbol{F}_2 = \frac{q \cdot Q}{4\pi\varepsilon_0}\left[\frac{1}{r_1^2}\hat{\boldsymbol{r}}_1 - \frac{1}{r_2^2}\hat{\boldsymbol{r}}_2\right] .$$

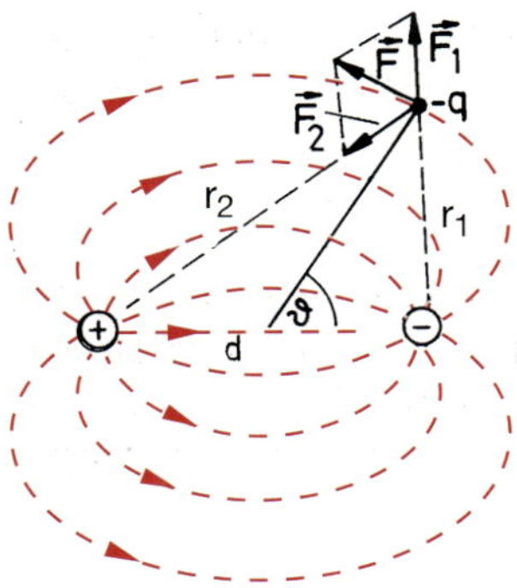

Abb. 2.18. Kraftfeld eines elektrischen Dipols

3. **Kraftfeld im Planetensystem**

In jedem Raumpunkt $\boldsymbol{r}$ überlagern sich die Gravitationskräfte der Sonne und der einzelnen Planeten und ihrer Monde, so daß das Kraftfeld $\boldsymbol{F}(\boldsymbol{r}) = \sum \boldsymbol{F}_\mathrm{i}$ sehr kompliziert wird.
$\boldsymbol{F}(\boldsymbol{r})$ kann für bestimmte Punkte auch Null werden, z.B. an einem Punkt N zwischen Erde und Mond (neutraler Punkt), wo sich die entgegengerichteten Anziehungskräfte gerade kompensieren (Abb. 2.19).

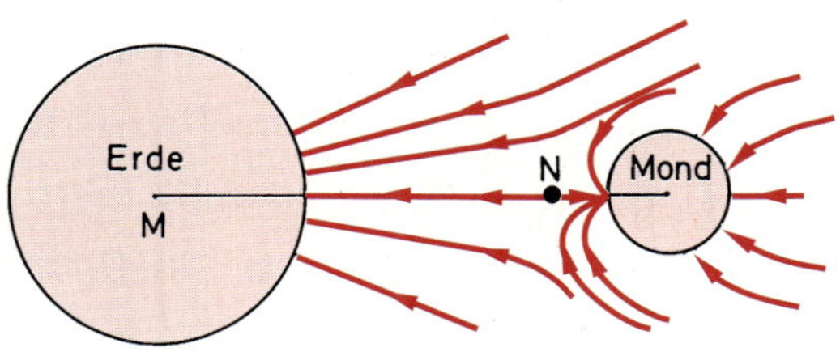

Abb. 2.19. Gravitations-Kraftfeld zwischen Erde und Mond

4. **Homogenes Kraftfeld eines Plattenkondensators**

Bei einem Plattenabstand d und einer Spannung U wirkt auf eine elektrische Ladung q die Kraft

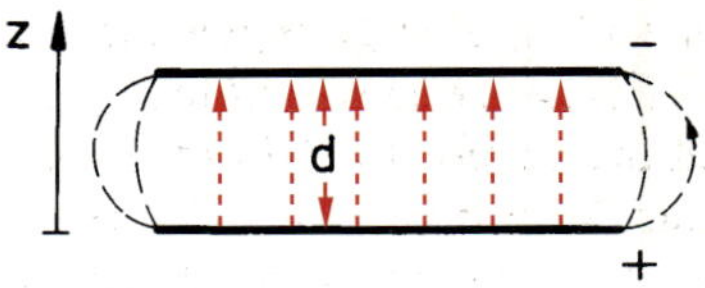

Abb. 2.20. Homogenes Kraftfeld für Ladungen innerhalb eines Plattenkondensators

$\boldsymbol{F} = U(q/d) \cdot \hat{\boldsymbol{e}}_z$, wenn der Einheitsvektor $\hat{\boldsymbol{e}}_z$ senkrecht zu den Platten in Richtung von der positiv zur negativ geladenen Platte ist (Abb. 2.20). Hier hat $\boldsymbol{F}$ an jedem Punkte P innerhalb des Kondensators gleichen Betrag und gleiche Richtung. Man nennt ein solches Kraftfeld *homogen*. Auch das Gravitationsfeld der Erde kann innerhalb eines genügend kleinen Raumbereiches (Ausdehnung $\Delta x \ll R$) als homogen betrachtet werden (Abb. 2.21).

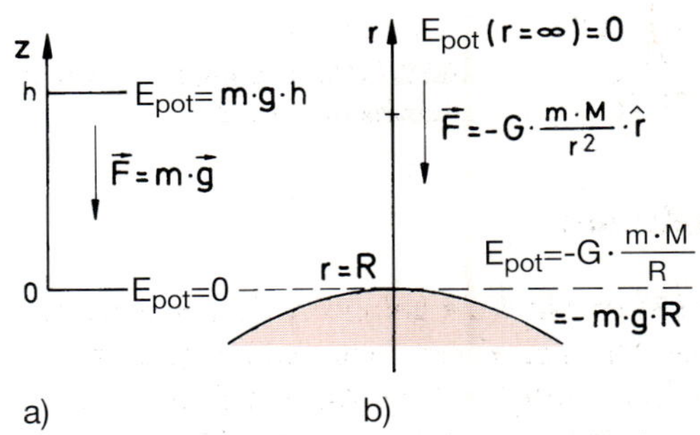

Abb. 2.21. (**a**) Praktisch homogenes Schwerefeld auf der Erdoberfläche als kleiner Ausschnitt aus dem (**b**) kugelsymmetrischen Gravitationsfeld der Erdoberfläche

2.5.3 Messung von Kräften. Diskussion des Kraftbegriffes

Zur Messung von Kräften läßt sich die durch sie bewirkte Verformung elastischer Körper ausnutzen (siehe Kap. 6). Bei der ***Federwaage*** (Abb. 2.22) wird die Verlängerung einer Zugfeder gemessen, deren Auslenkung $(x - x_0)$ aus der Ruhelage x_0 proportional zu der an ihrem Ende angreifenden Kraft in x-Richtung ist:

$$F_\mathrm{x} = D(x - x_0) . \tag{2.18}$$

Bei Kenntnis der ***Federkonstanten*** D (Eichung der Federwaage) läßt sich daher die Bestimmung der Kraft $\boldsymbol{F}$ auf eine Längenmessung $(x - x_0)$ zurückführen. Die Federkonstante D kann man z.B. aus der

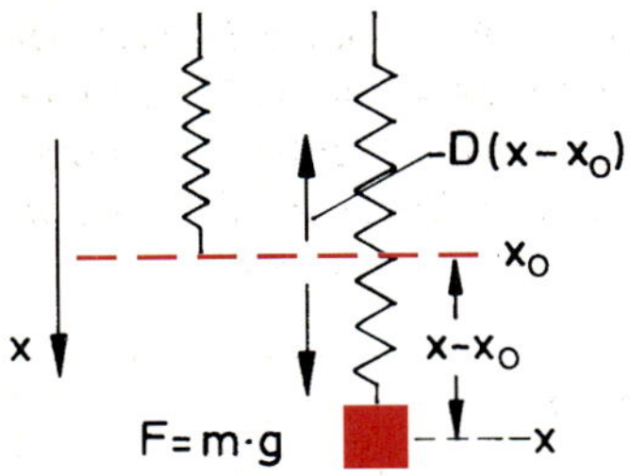

Abb. 2.22. Federwaage zur Messung von Kräften

Schwingungsdauer des Federpendels (Masse m, die in x-Richtung um die Ruhelage x_0 Schwingungen ausführt) bestimmen (siehe Abschn. 2.9.7).

Nicht immer werden Kräfte zwischen zwei Körpern, wie bei der Federkraft, durch materiellen Kontakt zwischen den Körpern übertragen. Häufig sind die miteinander wechselwirkenden Körper weit voneinander getrennt, z.B. Sonne und Komet (Abb. 2.23), wobei der Komet durch die Gravitationskraft von der Sonne angezogen, sein Schweif (Gas- und Staubteilchen) aber durch den Lichtdruck und den *Sonnenwind* abgestoßen wird. Trotzdem sagen wir, daß eine Kraft zwischen ihnen wirkt, welche die zeitliche Änderung des Bewegungszustandes (d.h. der Geschwindigkeit) bewirkt. Auch bei der Untersuchung atomarer Stoßprozesse schließt man aus der beobachteten Änderung von Geschwindigkeiten der Stoßpartner auf die zwischen den Atomen wirkenden Kräfte (siehe Abschn. 4.3). Hier wird also die zeitliche Impulsänderung $d\boldsymbol{p}/dt$ zur *Messung* der Kraft benutzt. Dieser verallgemeinerte Kraftbegriff geht über die anschauliche Bedeutung des Wortes *Kraft* als unmittelbare *spürbare* Größe (wie der Muskelkraft) hinaus.

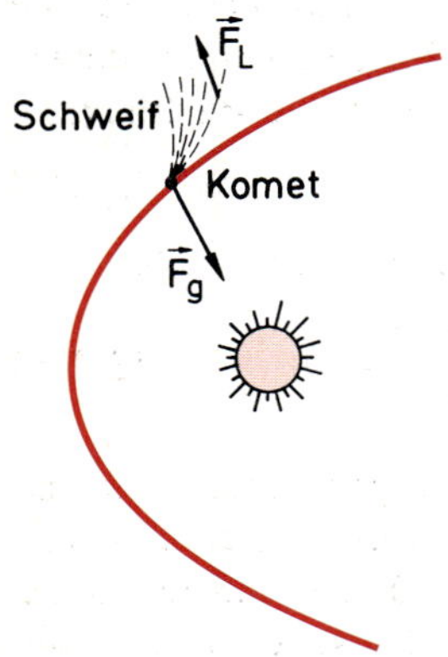

Abb. 2.23. Fernwirkung von Kräften am Beispiel der Wechselwirkung zwischen Sonne und Komet

In allen Fällen ist die Kraft jedoch Ausdruck für eine Wechselwirkung zwischen Körpern. Die Reichweite dieser Wechselwirkung kann völlig verschieden groß sein. Die Frage, wodurch denn diese Wechselwirkung zwischen zwei Körpern in endlichem Abstand übertragen wird, soll erst später behandelt werden, soweit man überhaupt etwas darüber weiß. Es wird sich zeigen, daß diese Übertragung nicht *momentan* erfolgt, sondern mit einer endlichen Geschwindigkeit, so daß bei Stoßprozessen zwischen sehr schnellen Teilchen die endliche Übertragungszeit berücksichtigt werden muß (*Retardierung*, siehe Abschn. 3.5). Bei Geschwindigkeiten v, die sehr klein gegen die Lichtgeschwindigkeit c sind (Bereich der nichtrelativistischen Physik), ist dieser Effekt jedoch vernachlässigbar.

Wir wollen jetzt für diesen verallgemeinerten Kraftbegriff einen quantitativen Zusammenhang zwischen Kräften und den Änderungen des Bewegungszustandes von Körpern herstellen.

2.6 Die Grundgleichungen der Mechanik

Man kann die mathematische Beschreibung der Bewegung von Körpern unter dem Einfluß von Kräften auf wenige Grundgleichungen zurückführen, die auf Annahmen (Axiomen) basieren, welche durch Experimente nahegelegt werden. Sie wurden erstmals 1687–1726 von Newton in seinem mehrbändigen Werk *Philosophiae naturalis principia mathematica* formuliert [2.1].

2.6.1 Die Newtonschen Axiome

Newton ist bei der quantitativen Einführung des Kraftbegriffes und seines Zusammenhanges mit der Bewegung eines Körpers von drei aus der Erfahrung gewonnenen Grundannahmen ausgegangen, den sogenannten *Newtonschen Axiomen*:

1. Newtonsches Axiom

Jeder Körper verharrt im Zustand der Ruhe oder der gleichförmigen geradlinigen Bewegung, solange keine Kraft auf ihn wirkt.

Als Maß für den Bewegungszustand eines Körpers führen wir den ***Impuls***

$$\boldsymbol{p} = m \cdot \boldsymbol{v} \tag{2.19}$$

ein. Der Impuls ist ein Vektor parallel zur Geschwindigkeit und hat die Dimension $[p] = \mathrm{kg\,m\,s^{-1}}$. Newtons 1. Axiom heißt dann: *Der Impuls eines freien Teilchens ist zeitlich konstant.* Das bedeutet: Immer wenn man eine Impulsänderung eines Teilchens beobachtet, weiß man, daß eine Wechselwirkung zwischen dem Teilchen und anderen Körpern bzw. einem Kraftfeld stattgefunden hat (Abb. 2.24).

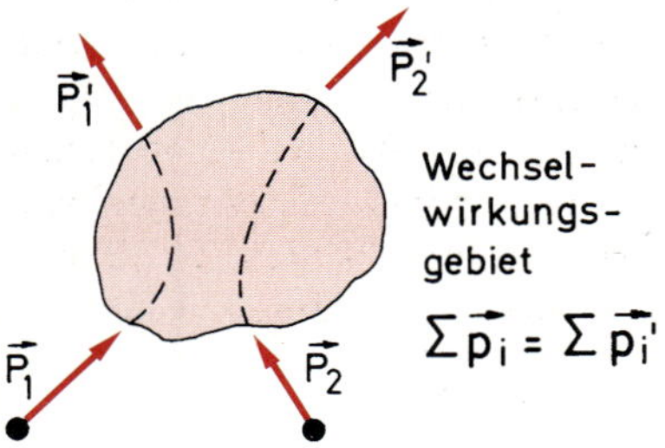

Abb. 2.24. Kraft als Ursache für eine Impulsänderung

2. Newtonsches Axiom

Da wir die Ursache der Impulsänderung in der auf das Teilchen wirkenden Kraft sehen, definieren wir diese Kraft als

$$\boldsymbol{F} = \frac{\mathrm{d}\boldsymbol{p}}{\mathrm{d}t} \,. \tag{2.20}$$

Wegen $\boldsymbol{p} = m \cdot \boldsymbol{v}$ wird (2.20) zu

$$\boldsymbol{F} = m \cdot \frac{\mathrm{d}\boldsymbol{v}}{\mathrm{d}t} + \frac{\mathrm{d}m}{\mathrm{d}t} \cdot \boldsymbol{v} \,. \tag{2.20a}$$

Ist die Masse zeitlich konstant ($\mathrm{d}m/\mathrm{d}t = 0$), so erhält man

$$\boldsymbol{F} = m \cdot \boldsymbol{a} \,. \tag{2.20b}$$

Die Maßeinheit der Kraft ist: $[F] = 1\,\mathrm{kg \cdot m \cdot s^{-2}}$ $= 1$ Newton $= 1$ N.[1)]

Anmerkung

In manchen Fällen ändert sich die Masse im Laufe der Zeit, z.B. bei der Beschleunigung einer Rakete durch den Treibstoffausstoß (siehe Abschn. 2.6.3) oder bei der Beschleunigung von Teilchen, deren Geschwindigkeit nicht mehr klein gegen die Lichtgeschwindigkeit c ist. In diesen Fällen muß der Term $(\mathrm{d}m/\mathrm{d}t)v$ in (2.23) berücksichtigt werden (siehe Kap. 4).

3. Newtonsches Axiom

Bei zwei Körpern, die nur miteinander, aber nicht mit anderen Körpern wechselwirken, ist die Kraft $\boldsymbol{F}_1$ auf den einen Körper entgegengesetzt gleich der Kraft $\boldsymbol{F}_2$ auf den anderen Körper. Newton formulierte dieses Gesetz als

Actio = Reactio

$$\boldsymbol{F}_1 = -\boldsymbol{F}_2 \,.$$

Wir wollen die Newtonschen Axiome anwenden auf ein System von zwei Teilchen mit den Massen m_1, m_2, die miteinander wechselwirken, z.B. gegeneinander stoßen, aber sonst von ihrer Umgebung völlig isoliert sind, d.h. keine Wechselwirkung nach außen haben (Abb. 2.25). Man nennt ein solches isoliertes System auch *abgeschlossen*.

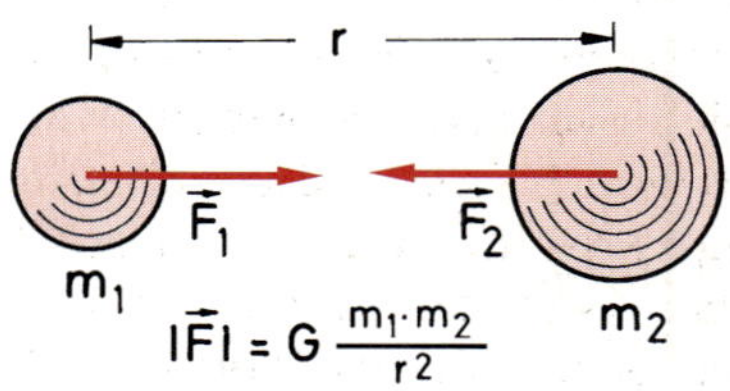

Abb. 2.25. Actio = Reactio: Gravitationskräfte $\boldsymbol{F}_1 = -\boldsymbol{F}_2$ zwischen zwei Massen

Da auf ein ***abgeschlossenes System*** keine äußeren Kräfte wirken, schließen wir wie beim freien Teilchen, daß der Gesamtimpuls des Systems erhalten bleibt:

$$\boldsymbol{p}_1 + \boldsymbol{p}_2 = \mathbf{const} \,. \tag{2.21a}$$

Daraus folgt durch Differentation nach der Zeit:

$$\frac{\mathrm{d}\boldsymbol{p}_1}{\mathrm{d}t} + \frac{\mathrm{d}\boldsymbol{p}_2}{\mathrm{d}t} = \mathbf{0} \Rightarrow \boxed{\boldsymbol{F}_1 = -\boldsymbol{F}_2} \,. \tag{2.21b}$$

Man kann dieses Axiom experimentell z.B. mit zwei gleichen Federwaagen prüfen, die an einem Ende zusammenhängen und deren andere Enden man auseinanderzieht (Abb. 2.26a) oder an zwei

1) Im cgs-System $1\,\mathrm{g \cdot cm \cdot s^{-2}} \overset{\mathrm{Def.}}{=} 1\,\mathrm{dyn} = 10^{-5}\,\mathrm{N}$.

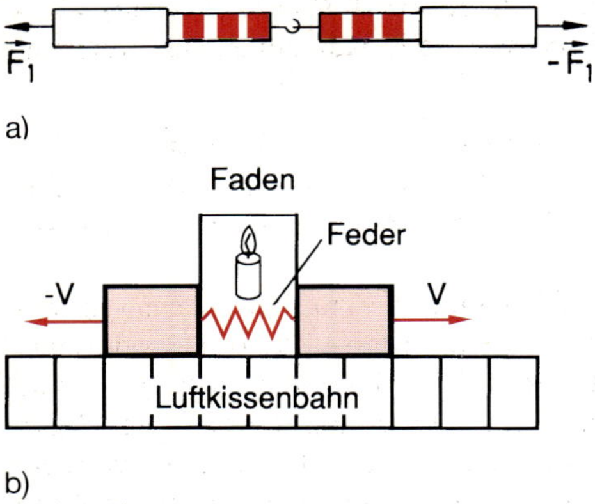

Abb. 2.26 a,b. Experimente zur Prüfung des 3. Newtonschen Axioms: (**a**) mit zwei gleichen Federwaagen, (**b**) mit zwei Gleitern gleicher Masse auf einer Luftkissenbahn

ruhenden Gleitern auf einer Luftkissenfahrbahn, die durch einen Faden und eine gespannte Druckfeder miteinander verbunden sind (Abb. 2.26b). Brennt man den Faden durch, so erhalten beide Gleiter durch die Ausdehnung der Feder entgegengesetzt gleiche Impulse. Dies führt bei gleichen Massen zu entgegengesetzt gleichen Geschwindigkeiten, die man über Lichtschranken sehr genau messen kann.

Ein Körper, der auf einer festen Fläche liegt (Abb. 2.27), übt durch sein Gewicht die Kraft $\boldsymbol{F}_{\mathrm{g}} = m \cdot \boldsymbol{g}$ auf die Unterlage aus. Diese wird elastisch verformt, wodurch eine Gegenkraft $\boldsymbol{F}_{\mathrm{el}} = -\boldsymbol{F}_{\mathrm{g}}$ erzeugt wird, so daß die Gesamtkraft auf den ruhenden Körper Null ist.

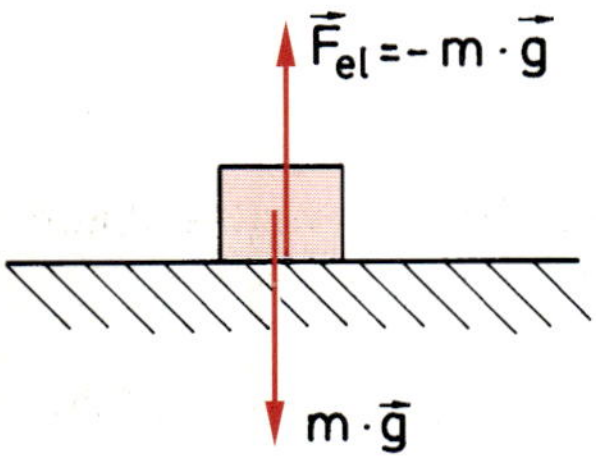

Abb. 2.27. Die Gewichtskraft $\boldsymbol{F}_{\mathrm{g}} = m \cdot \boldsymbol{g}$ eines Körpers auf einer Unterlage ruft eine entgegengesetzte gleiche Kraft der elastischen Verformung hervor

2.6.2 Träge und schwere Masse

Die Eigenschaft der Körper, in ihrem Bewegungszustand zu verharren, wenn keine Kraft auf sie wirkt, nennt man ***Trägheit***. Da die für eine Änderung des Bewegungszustandes nötige Kraft proportional zur Masse des Körpers ist, kann die Masse als Grund für die Trägheit angesehen werden. Man spricht deshalb von ***träger Masse***.

Außer der Trägheit zeigt jede Masse infolge der Gravitationsanziehung durch die Erde ein Gewicht

$$\boldsymbol{F}_{\mathrm{G}} = m \cdot \boldsymbol{g} \,. \tag{2.22}$$

Man findet experimentell (siehe Abschn. 2.9.7) $g = 9{,}81\ \mathrm{m/s^2}$.

Das Gewicht eines Körpers mit der Masse von 1 kg beträgt dann

$$\boldsymbol{F}_{\mathrm{G}} = 1\ \mathrm{kg} \cdot 9{,}81\ \mathrm{m/s^2} = 9{,}81\ \mathrm{N}\ ^{2)} \,.$$

Durch sehr genaue Experimente wurde für verschiedene Elemente gemessen, daß schwere und träge Masse eines Körpers innerhalb der Meßgenauigkeit von 10^{-10} übereinstimmen [2.2].

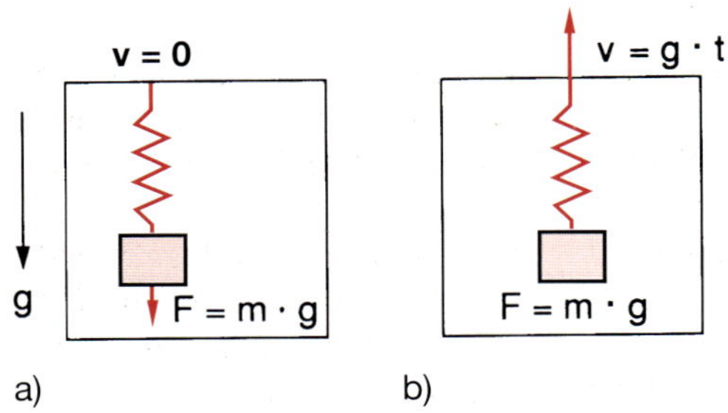

Abb. 2.28 a,b. Einsteins Gedankenexperiment zur Äquivalenz von träger und schwerer Masse: (**a**) im homogenen Gravitationsfeld ruhender, (**b**) mit $-g$ im gravitationsfreien Raum beschleunigter Fahrstuhl

Einstein hat diese Übereinstimmung als Ausgangspunkt der allgemeinen Relativitätstheorie benutzt (*Äquivalenzprinzip*) und durch das folgende *Gedankenexperiment* gezeigt, daß *schwere* und *träge* Masse eines Körpers nicht unterscheidbar sind (Abb. 2.28). In einem geschlossenen Fahrstuhl kann ein Experimentator grundsätzlich nicht entscheiden, ob der Fahrstuhl in einem homogenen Gravitationsfeld mit der Schwerebeschleunigung $\boldsymbol{g}$ ruht (Abb. 2.28a) oder ob er sich mit der Beschleunigung $\boldsymbol{a} = -\boldsymbol{g}$ in einem gravitationsfreien Raum bewegt (Abb. 2.28b). Alle Experimente innerhalb des Fahrstuhls führen in beiden Fällen zu gleichen Resultaten [2.3].

---

[2] Dies wird auch 1 kp (Kilopond) genannt.

Man unterscheidet daher nicht mehr *träge Masse* oder *schwere Masse*, sondern spricht einfach von der *Masse eines Körpers*, die die beiden Eigenschaften der Trägheit bei Beschleunigungen und der Schwere in Gravitationsfeldern hat.

2.6.3 Die Bewegungsgleichung eines Teilchens in einem beliebigen Kraftfeld

Aus der Newtonschen Bewegungsgleichung $\boldsymbol{F} = m \cdot \mathrm{d}\boldsymbol{v}/\mathrm{d}t$ folgen durch Integration die Gleichungen

$$\boldsymbol{v}(t) = \frac{1}{m}\int \boldsymbol{F}\,\mathrm{d}t + \boldsymbol{C}_1 \tag{2.23a}$$

$$\begin{aligned}\boldsymbol{r}(t) &= \int \boldsymbol{v}(t)\,\mathrm{d}t + \boldsymbol{C}_2\\ &= \frac{1}{m}\int\left[\int \boldsymbol{F}\,\mathrm{d}t\right]\mathrm{d}t + \int \boldsymbol{C}_1\,\mathrm{d}t + \boldsymbol{C}_2\end{aligned} \tag{2.23b}$$

für Geschwindigkeit $\boldsymbol{v}(t)$ und Ortsvektor $\boldsymbol{r}(t)$, wobei $\boldsymbol{C}_1$ und $\boldsymbol{C}_2$ Integrationskonstanten sind, die durch die Anfangsbedingungen (z.B. Angabe von $\boldsymbol{v}(t=0)$ und $\boldsymbol{r}(t=0)$) festgelegt werden.

Ob die Integrale in (2.23) analytisch lösbar sind, hängt von der Kraft $\boldsymbol{F}$ ab, die eine Funktion von Ort, Zeit und Geschwindigkeit sein kann. Wir wollen uns dies an einigen Beispielen klarmachen:

Konstante Kräfte

Im einfachsten Fall konstanter Kräfte $\boldsymbol{F} = \mathbf{const}$, die also weder vom Ort noch von der Zeit abhängen (Abschn. 2.3), erhält man aus (2.23) sofort:

$$\boldsymbol{F} = m \cdot \boldsymbol{a} = \mathbf{const}\,.$$

$$\begin{aligned}\boldsymbol{v}(t) &= \boldsymbol{a}t + \boldsymbol{C}_1 \quad \text{mit} \quad \boldsymbol{C}_1 = \boldsymbol{v}_0 = \boldsymbol{v}(t=0)\\ \boldsymbol{r}(t) &= \frac{1}{2}\boldsymbol{a}t^2 + \boldsymbol{v}_0 t + \boldsymbol{r}_0 \quad \text{mit} \quad \boldsymbol{r}_0 = \boldsymbol{r}(t=0)\,.\end{aligned} \tag{2.24}$$

Man kann also die Bahnkurve direkt bestimmen, wenn man die Anfangsbedingungen, z.B. $\boldsymbol{v}_0 = \boldsymbol{v}(t=0)$ und $\boldsymbol{r}_0 = \boldsymbol{r}(t=0)$, vorgibt. Zweckmäßigerweise legt man das Koordinatensystem so, daß die Richtung der Kraft mit einer der Koordinatenachsen zusammenfällt.

BEISPIEL

Bewegung unter dem Einfluß einer konstanten Schwerkraft. Die $-z$-Richtung wird in Richtung der Kraft $\boldsymbol{F} = m \cdot \boldsymbol{g}$ gelegt, so daß $\boldsymbol{F} = \{0, 0, -mg\}$. Gleichung (2.24) heißt dann in Komponentenschreibweise:

$$\begin{aligned}\ddot{x} &= 0 & \dot{x} &= A_x & x &= A_x t + B_x\\ \ddot{y} &= 0 & \dot{y} &= A_y & y &= A_y t + B_y\\ \ddot{z} &= -g & \dot{z} &= -gt + A_z & z &= -\tfrac{1}{2}gt^2 + A_z t + B_z\,.\end{aligned} \tag{2.25}$$

Durch diese Gleichungen wird *jede* Bewegung beschrieben, bei der als einzige Kraft die konstante Schwerkraft wirkt. Die Bewegung muß sich also auf ein Raumgebiet beschränken, das sehr klein gegen die Dimensionen der Erde ist. Eine *spezielle* Bewegung wird durch die Anfangsbedingungen, die die Konstanten A und B festlegen, ausgewählt (siehe Beispiele in Abschn. 2.3).

Ortsabhängige Kräfte

Als Beispiel wählen wir das Gravitationsfeld der Erde in einem größeren Bereich, in dem die Gravitationskraft nicht als Konstante $m \cdot g$ angenähert werden kann (siehe Abschn. 2.9.2 und 2.9.5).

$$\boldsymbol{F}(\boldsymbol{r}) = -G\frac{mM}{r^2}\hat{\boldsymbol{r}}\,.$$

(Minuszeichen, weil anziehende Kraft in Richtung $-\hat{\boldsymbol{r}}$ weist.)

Die Beschleunigung $\boldsymbol{a} = \boldsymbol{F}/m$ für einen Körper der Masse m hat in diesem Zentralkraftfeld nur eine radiale Komponente $a_r = a = -GM/r^2$. Für vertikale Bewegungen wird $\boldsymbol{v} = (v_r, 0, 0)$ und damit $|\boldsymbol{v}| = v = v_r$, und unser Problem wird eindimensional.

Aus der Beziehung

$$a = \frac{\mathrm{d}v}{\mathrm{d}t} = \frac{\mathrm{d}v}{\mathrm{d}r}\cdot\frac{\mathrm{d}r}{\mathrm{d}t} = \frac{\mathrm{d}v}{\mathrm{d}r}\cdot v$$

erhält man: $v \cdot \mathrm{d}v = -(G \cdot M/r^2)\mathrm{d}r$, woraus durch Integration folgt:

$$\frac{1}{2}v^2 = \frac{GM}{r} + C_1\,. \tag{2.26}$$

Wir wollen den Fall betrachten, daß ein Geschoß mit der Anfangsgeschwindigkeit v_0 von der Erdoberfläche $(r = R)$ senkrecht nach oben geschossen wird (Abb. 2.29). Dann gilt für die Integrationskonstante C_1:

$$C_1 = \frac{1}{2}v_0^2 - \frac{GM}{R} = \frac{1}{2}v_0^2 - g \cdot R\,,$$

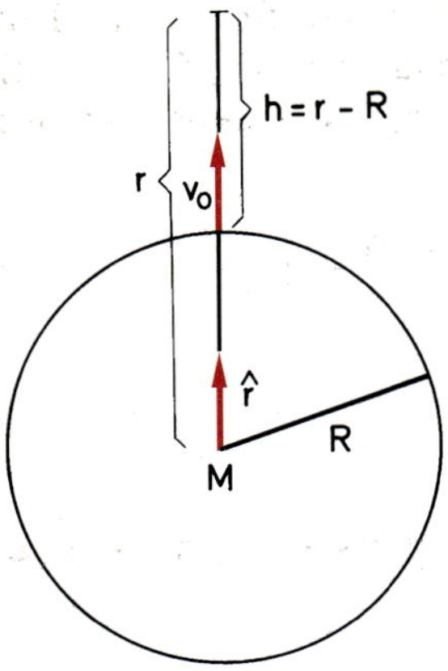

Abb. 2.29. Abschuß eines Körpers von der Erdoberfläche

weil $a(R) = -g = -G(M/R^2)$, und man erhält aus (2.26):

$$\frac{1}{2}v^2 = \frac{gR^2}{r} + \frac{1}{2}v_0^2 - g \cdot R\,. \tag{2.27}$$

Bei der maximalen Steighöhe $r = r_{max}$ wird $v = 0$ und aus (2.27) ergibt sich damit

$$r_{max} = \frac{R}{1 - (v_0^2/2Rg)}\,. \tag{2.28}$$

Für $v_0 \to \sqrt{2Rg}$ wird $r_{max} \to \infty$, d.h. für

$$v_0 \geq v_2 = \sqrt{2Rg} = 11{,}2\ \mathrm{km/s} \tag{2.29a}$$

(Fluchtgeschwindigkeit)

kann das Geschoß die Erde verlassen. Man nennt v_2 auch die ***Zweite kosmische Geschwindigkeit***, während ein Körper, der mit der ***Ersten kosmischen Geschwindigkeit*** v_1 tangential von der Erdoberfläche abgeschossen wird, gerade die Erde umkreisen, sie aber nicht verlassen kann.

Aus

$$\frac{v_1^2}{R} = \frac{GM}{R^2} \to v_1 = \sqrt{\frac{GM}{R}} = \sqrt{g \cdot R} \tag{2.29b}$$

folgt bei Vernachlässigung der Erdrotation, daß $v_1 = v_2/\sqrt{2} \approx 7{,}9$ km/s.

Der allgemeine Fall der Bewegung in einem Zentralkraftfeld, bei der $\boldsymbol{v}$ nicht nur eine Radialkomponente v_r hat, wird in Abschn. 2.9 behandelt.

BEISPIELE Zeitabhängige Kräfte

1. Ein Körper ($m = 10$ kg) erfährt eine Kraft $F_x(t) = (120t/\mathrm{s} + 40)$ N, die in Richtung der x-Achse zeigt (geradlinige Bewegung). Zur Zeit $t = 0$ ist der Körper bei $x(0) = 5$ m und hat eine Geschwindigkeit $v_{0x} = 6$ m/s. Wie sieht die Weg-Zeitfunktion aus?

LÖSUNG

Aus $a_x = F_x/m$ folgt

$$v_x = v = \frac{1}{m}\int_0^t F_x(\tau)\mathrm{d}\tau = 6\frac{\mathrm{m}}{\mathrm{s}^3}t^2 + 4\frac{\mathrm{m}}{\mathrm{s}^2}t + v_0\,;$$

$$x(t) = \int_0^t v_x\,\mathrm{d}\tau = 2\frac{\mathrm{m}}{\mathrm{s}^3}t^3 + 2\frac{\mathrm{m}}{\mathrm{s}^2}t^2 + 6\frac{\mathrm{m}}{\mathrm{s}}t + x_0\,.$$

2. Welche Endgeschwindigkeit erhält eine ursprünglich ruhende Masse m durch eine Kraft, deren zeitlicher Verlauf durch $F(t) = A\mathrm{e}^{-a^2t^2}$ $(t > 0)$ gegeben ist?

LÖSUNG

$$mv = \int_0^\infty F\,\mathrm{d}t = A\int_0^\infty \mathrm{e}^{-a^2t^2}\,\mathrm{d}t = \frac{A\sqrt{\pi}}{2a}\,;$$

$$v = \frac{A}{2}\frac{\sqrt{\pi}}{am}\,.$$

Beschleunigung einer Rakete

Im Beispiel zu den ortsabhängigen Kräften hatten wir angenommen, daß das Geschoß mit der Anfangsgeschwindigkeit $v_0 > 0$ startet. In Wirklichkeit beginnt der Start natürlich mit $v_0 = 0$, aber $v_0 > 0$ wird auf einer Strecke erreicht, die klein gegen den Erdradius ist. Wir wollen jetzt diese Beschleunigung beim Start einer Rakete etwas näher studieren, wobei wir die Gravitationskraft während des Beschleunigungsvorganges als konstant annehmen.

Die Rakete wird kontinuierlich durch den Rückstoß der ausströmenden Treibgase beschleunigt (Abb. 2.30). Sei $\boldsymbol{v}'$ die Ausströmgeschwindigkeit der Gase relativ zur Erdoberfläche, die unser Bezugssystem darstellt, und $\boldsymbol{v}$ die Geschwindigkeit der Rakete in diesem System. Dann ist $\boldsymbol{v}_e = \boldsymbol{v}' - \boldsymbol{v}$ die Gasausströmgeschwindigkeit relativ zur Rakete. Die

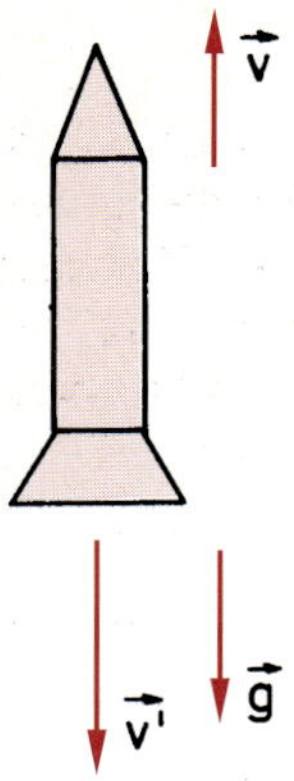

Abb. 2.30. Beschleunigung einer Rakete

pro Sekunde ausströmende Gasmasse sei $\Delta m/\Delta t$. Zur Zeit t sei der Impuls der Rakete $\boldsymbol{p}(t) = m \cdot \boldsymbol{v}$. Zur Zeit $t + \Delta t$ hat sich die Masse der Rakete um Δm verringert, ihre Geschwindigkeit um $\Delta \boldsymbol{v}$ erhöht und die Gase haben den Impuls $\Delta m \cdot \boldsymbol{v}'$ nach unten mitgenommen. Der Gesamtimpuls (Rakete + Gase) ist dann:

$$\boldsymbol{p}(t + \Delta t) = (m - \Delta m)(\boldsymbol{v} + \Delta \boldsymbol{v}) + \Delta m \cdot \boldsymbol{v}' \ .$$

In der Zeit Δt hat sich der Impuls also um $\Delta \boldsymbol{p} = \boldsymbol{p}(t + \Delta t) - \boldsymbol{p}(t) = m \cdot \Delta \boldsymbol{v} + \Delta m \cdot \boldsymbol{v}_\mathrm{e} - \Delta m \cdot \Delta \boldsymbol{v}$ verändert. Im Grenzwert $\Delta t \to 0$ erhält man, da $\lim_{\Delta t \to 0}(\Delta m \cdot \Delta v/\Delta t) = 0$:

$$\frac{\mathrm{d}\boldsymbol{p}}{\mathrm{d}t} = m\frac{\mathrm{d}\boldsymbol{v}}{\mathrm{d}t} + \frac{\mathrm{d}m}{\mathrm{d}t}\boldsymbol{v}_\mathrm{e} = m \cdot \boldsymbol{g} \ . \tag{2.30}$$

Da $\boldsymbol{v}$ entgegengesetzt zu $\boldsymbol{g}$ ist, heißt diese Gleichung in Komponentenschreibweise nach Division durch m und Multiplikation mit dt:

$$\mathrm{d}v = -v_\mathrm{e}\frac{\mathrm{d}m}{m} - g\,\mathrm{d}t \ ,$$

woraus man durch Integration von $t = 0$ bis $t = T$ (Brenndauer) erhält:

$$v = v_0 + v_\mathrm{e} \ln\frac{m_0}{m} - gT \ . \tag{2.31}$$

ZAHLENBEISPIEL

Start einer Saturnrakete: $m_0 = 3 \cdot 10^6$ kg, $v_\mathrm{e} = 4$ km/s, Brenndauer $T = 100$ s, $v_0 = 0$. Endmasse: 10^6 kg, d.h. $2 \cdot 10^6$ kg Treibstoff.

$$\begin{aligned} v &= 0 + 4\,000 \text{ m/s} \cdot \ln\tfrac{3}{1} - 9{,}81 \text{ m/s}^2 \cdot 100 \text{ s} \\ &= 3\,413{,}5 \text{ m/s} \ . \end{aligned}$$

Die Steighöhe $z(t)$ während der Brenndauer läßt sich bei konstantem Abbrand ($q = \mathrm{d}m/\mathrm{d}t = \text{const}$) leicht berechnen. Mit $m = m_0 - qt$ erhält man aus (2.31)

$$v(t) = v_0 - v_\mathrm{e} \ln\left(1 - \frac{q}{m_0}t\right) - gt \ ;$$

$$z(t) = v_0 t - v_\mathrm{e} \int \ln\left((1 - \frac{q}{m_0}t\right)\mathrm{d}t - \frac{1}{2}gt^2 + C_0 \ .$$

Die Integration ergibt wegen $\int \ln x\,\mathrm{d}x = x \ln x - x$ für $z(0) = 0$:

$$z(t) = (v_0 + v_\mathrm{e})t + v_\mathrm{e}\left[\frac{m_0}{q} - t\right] \ln\left(1 - \frac{q}{m_0}t\right) - \frac{1}{2}gt^2 \ . \tag{2.32}$$

ZAHLENBEISPIEL

Für unser obiges Beispiel würde sich mit $v_0 = 0$ für $t = 100$ s, d.h. am Ende der Brenndauer $z = (400 - 219{,}7 - 49{,}05)10^3$ m $= 131$ km, ergeben.

Man sieht daraus, daß wegen $z \ll R$ die Erdbeschleunigung sich noch nicht merklich ändert. Wie dieses Beispiel zeigt, läßt sich mit einstufigen Raketen bei vernünftigem Verhältnis von Nutzlast m zu Anfangsmasse m_0 die Fluchtgeschwindigkeit $v = 11{,}2$ km/s nicht erreichen. Man benutzt daher mehrstufige Raketen.

ZAHLENBEISPIEL

Für die zweite Stufe sei $v_0 = 3400$ m/s, $m_0 = 9 \cdot 10^5$ kg (der Treibstofftank mit 10^5 kg wurde abgesprengt), $m = 2 \cdot 10^5$ kg. Die Brenndauer sei wieder 100 s. Dann erhält man aus (2.31)

$$\begin{aligned} v &= (3400 + 4000 \ln\tfrac{9}{2} - 9{,}81 \cdot 100) \text{ m/s} \\ &= 8435 \text{ m/s} \ . \end{aligned}$$

Die dritte Stufe startet daher mit $v_0 \approx 8400$ m/s; $m_0 = 1{,}8 \cdot 10^5$ kg, $m = 2{,}5 \cdot 10^4$ kg, $T = 100$ s.

$$\begin{aligned} v &= (8400 + 4000 \ln 7{,}2 - 981) \text{ m/s} \\ &= 15 \text{ km/s} > v_\mathrm{Flucht} \ . \end{aligned}$$

Für die zweite und dritte Stufe muß man eigentlich berücksichtigen, daß die Erdanziehung mit wachsender Höhe z abnimmt. Statt g muß man dann in (2.30) die Gravitationsbeschleunigung $g(z) = GM/r^2$ mit $r = (R + z)$ einsetzen und erhält in der Näherung $(1 + z/R)^{-2} \approx 1 - 2z/R$

$$\mathrm{d}v = -v_\mathrm{e}\frac{\mathrm{d}m}{\mathrm{d}t} - g(1 - 2z/R)\mathrm{d}t\,. \qquad (2.33)$$

Aus (2.33) sieht man allerdings, daß für $z = 100$ km der Korrekturterm $2z/R$ für g erst 3% ausmacht, d.h. für die Berechnung der Geschwindigkeit aus (2.31) nur 1%, da der Term gT nur etwa $v/3$ ausmacht. Die Integration von (2.33) ist etwas umständlicher, aber näherungsweise möglich, wenn für $z(t)$ die Funktion (2.32) eingesetzt wird.

2.7 Der Energiesatz der Mechanik

Wir wollen uns in diesem Abschnitt mit den wichtigen Begriffen *Arbeit*, *Leistung*, *kinetische* und *potentielle Energie* vertraut machen, um dann den *Energiesatz der Mechanik* formulieren zu können.

2.7.1 Arbeit und Leistung

Legt ein Massenpunkt in einem Kraftfeld $\boldsymbol{F}(\boldsymbol{r})$ das Wegelement $\Delta\boldsymbol{r}$ zurück (Abb. 2.31), so nennen wir das Skalarprodukt

$$\Delta W = \boldsymbol{F}(\boldsymbol{r}) \cdot \Delta\boldsymbol{r} \qquad (2.34)$$

die mechanische ***Arbeit*** (*work*), die von der Kraft $\boldsymbol{F}$ am Massenpunkt entlang des Weges $\Delta\boldsymbol{r}$ geleistet wird.

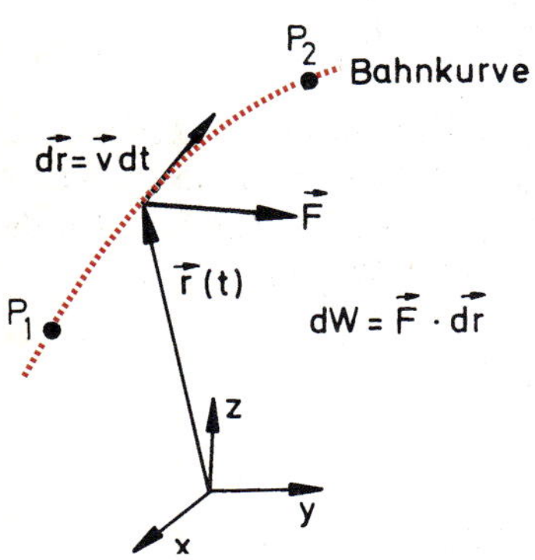

Abb. 2.31. Zur Definition der Arbeit

Die Arbeit ist ein Skalar.

Gleichung (2.34) heißt, ausführlich in kartesischen Koordinaten geschrieben

$$\Delta W = F_\mathrm{x}\Delta x + F_\mathrm{y}\Delta y + F_\mathrm{z}\Delta z\,.$$

Die Dimension der Arbeit ist: [Arbeit] = [Kraft · Länge] = N · m = Joule = J [3].

Bewegt sich der Massenpunkt unter dem Einfluß der Kraft $\boldsymbol{F}(\boldsymbol{r})$ vom Punkte P_1 nach P_2, so wird die gesamte Arbeit die Summe der Einzelbeträge $W = \sum W_\mathrm{i} = \sum \boldsymbol{F}(\boldsymbol{r}_\mathrm{i}) \cdot \Delta\boldsymbol{r}_\mathrm{i}$, die im Grenzwert $\Delta\boldsymbol{r} \to 0$ in das Wegintegral

$$W = \int_{P_1}^{P_2} \boldsymbol{F} \cdot \mathrm{d}\boldsymbol{r} \qquad (2.35)$$

übergeht.

Anmerkung

Das Integral $\int_{P_1}^{P_2} \boldsymbol{F}\,\mathrm{d}\boldsymbol{r}$ heißt ***Linienintegral*** (siehe Anhang A.5). Es läßt sich wegen $\boldsymbol{F}\,\mathrm{d}\boldsymbol{r} = F_\mathrm{x}\mathrm{d}x + F_\mathrm{y}\mathrm{d}y + F_\mathrm{z}\mathrm{d}z$ auf die Summe von einfachen Riemannschen Integralen zurückführen:

$$\int_{P_1}^{P_2} \boldsymbol{F}\,\mathrm{d}\boldsymbol{r} = \int_{x_1}^{x_2} F_x\mathrm{d}x + \int_{y_1}^{y_2} F_y\mathrm{d}y + \int_{z_1}^{z_2} F_z\mathrm{d}z\,,$$

die bei bekannten Komponenten $F_\mathrm{x}, F_\mathrm{y}, F_\mathrm{z}$ berechnet werden können (siehe die folgenden Beispiele).

Stehen $\boldsymbol{F}$ und $\mathrm{d}\boldsymbol{r}$ senkrecht aufeinander (d.h. auch $\boldsymbol{F}\perp\boldsymbol{v}$), so ist $W = 0$, da dann das Skalarprodukt Null ist!

Die Arbeit pro Zeiteinheit nennt man die ***Leistung*** P (*Power*)

$$P = \frac{\mathrm{d}W}{\mathrm{d}t} \qquad (2.36\mathrm{a})$$

Dimension: $[P] = \mathrm{J/s} = \mathrm{Watt} = \mathrm{W}$

$$P = \frac{\mathrm{d}}{\mathrm{d}t}\int_{t_0}^{t} \boldsymbol{F}(\boldsymbol{r}(t'), t') \cdot \dot{\boldsymbol{r}}(t')\mathrm{d}t' = \boldsymbol{F}(\boldsymbol{r}(t), t) \cdot \boldsymbol{v}(t) = \boldsymbol{F} \cdot \boldsymbol{v}\,. \qquad (2.36\mathrm{b})$$

[3] Im cgs-System: $[W] = \mathrm{dyn} \cdot \mathrm{cm} = \mathrm{erg}$; $10^7\,\mathrm{erg} = 1$ J.

BEISPIELE

1. Gleichförmige Kreisbewegung: $\boldsymbol{v}$ ist immer tangential, $\boldsymbol{F}$ immer radial,

$$\boldsymbol{F} \cdot \mathrm{d}\boldsymbol{r} = 0; \quad \text{d.h. } W = 0 .$$

2. Gleichförmig-gradlinige Bewegung: Eine Masse wird reibungsfrei auf einer Horizontalen bewegt. Die Schwerkraft ist immer vertikal: $\boldsymbol{F} \cdot \mathrm{d}\boldsymbol{r} = 0$.
3. Die physikalische Arbeit eines Bergsteigers (Mann + Gepäck = 100 kg), der den Aufstieg zum Matterhorn gegen die Schwerkraft F schafft ($\Delta h = 1800$ m), ist: $W = \int \boldsymbol{F} \cdot \mathrm{d}\boldsymbol{r} = -m \cdot g \cdot \Delta h = -1{,}8 \cdot 9{,}81 \cdot 10^5 \text{ kg m}^2/\text{s}^2 = -17{,}6 \cdot 10^5$ J [4]. Diese Arbeit wird nach der Definition (2.35) negativ. Vom Standpunkt des Bergsteigers aus betrachtet kann man sie aber auch positiv rechnen. Er muß nämlich die Muskelkraft $\boldsymbol{F} = mg\hat{z}$ gegen die Gewichtskraft $\mathcal{G} = -mg\hat{z}$ aufwenden, um eine unbeschleunigte Bewegung zu erreichen.
4. Bei der Ausdehnung einer Spiralfeder muß die Kraft $\boldsymbol{F} = -\boldsymbol{F}_r$ gegen die rücktreibende Kraft $\boldsymbol{F}_r = -D(\boldsymbol{x} - \boldsymbol{x}_0)$, die proportional zur Auslenkung $(x - x_0)$ aus der Ruhelage x_0 ist, aufgewendet werden. Die Arbeit, die man bei der Ausdehnung aufbringen muß, ist

$$W = \int F_x \mathrm{d}x = D \int_{x_0}^{x} (x - x_0)\mathrm{d}x = \tfrac{1}{2} D (x - x_0)^2 .$$

5. Ein Auto ($m = 1000$ kg) fährt eine Steigung von 5° mit der konstanten Geschwindigkeit von 48 km/h hinauf (Abb. 2.32). Wie groß ist die Arbeit, die der Motor in 5 min zu leisten hat, wenn *alle* Reibungseffekte vernachlässigbar werden?
Die Motorkraft in Richtung des Weges $\boldsymbol{s}$ ist:

$$\boldsymbol{F} = m \cdot \boldsymbol{g} \cdot \sin\alpha .$$

Der Weg in 5 min ist:

$$s = 48 \text{ km} \cdot \tfrac{5}{60} = 4 \text{ km} = 4000 \text{ m} .$$

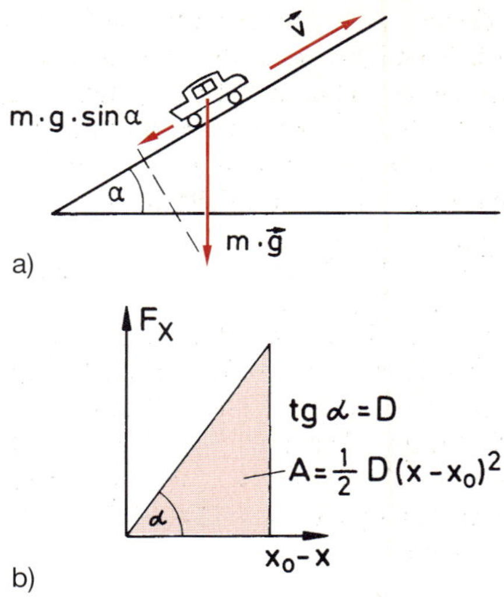

Abb. 2.32. (**a**) Arbeit eines Autos bei der Bergfahrt; (**b**) Arbeit bei der Ausdehnung einer Feder

Die Arbeit ist also $W = m \cdot g \cdot s \cdot \sin 5°$.

$$W = 4 \cdot 10^3 \cdot 9{,}81 \cdot \sin 5° \cdot 10^3 \text{ N} \cdot \text{m} = 3{,}4 \cdot 10^6 \text{ J} .$$ [5]

Die Leistung ist:

$$P = \frac{\mathrm{d}W}{\mathrm{d}t} = \frac{3{,}4 \cdot 10^6 \text{ J}}{3\,000 \text{ s}} \approx 1{,}16 \cdot 10^4 \text{ W} = 11{,}3 \text{ kW} .$$

Man hätte natürlich auch rechnen können:

$$\int \boldsymbol{F} \mathrm{d}\boldsymbol{r} = \int m \cdot \boldsymbol{g} \cdot \mathrm{d}\boldsymbol{r} = m \cdot g \cdot s \cdot \cos 85° = m \cdot g \cdot s \cdot \sin 5° .$$

2.7.2 Wegunabhängige Arbeit. Konservative Kraftfelder

Gegeben sei ein Kraftfeld $\boldsymbol{F}(\boldsymbol{r})$, das nur vom Ort (also *nicht* von der Zeit) abhängt. Die Arbeit, die geleistet wird, wenn ein Massenpunkt von P_1 nach P_2 gebracht wird (Abb. 2.33), ist auf dem Wege I:

$$W_{\mathrm{I}} = I \int_{P_1}^{P_2} \boldsymbol{F} \,\mathrm{d}\boldsymbol{r} ,$$

[4] Im Alltag drückt man elektrisch geleistete Arbeit in kWh aus. Da 1 J = 1 Ws ergibt sich: $17{,}6 \cdot 10^5$ Ws ≈ 0,5 kWh.

[5] Das entspricht etwa 1 kWh.

auf dem Wege *II*:

$$W_{\mathrm{II}} = II \int_{P_1}^{P_2} \boldsymbol{F}\,\mathrm{d}\boldsymbol{r} \,.$$

Wenn $W_{\mathrm{I}} \equiv W_{\mathrm{II}}$ gilt, für beliebige Wege I und II zwischen P_1 und P_2, so nennen wir das ***Integral wegunabhängig*** und das ***Kraftfeld $\boldsymbol{F}(\boldsymbol{r})$ konservativ***.

Man kann das auch so ausdrücken: In konservativen Kraftfeldern ist die Arbeit bei der Bewegung eines Massenpunktes auf einem geschlossenen Weg Null!

$$W_{\mathrm{I}} - W_{\mathrm{II}} = I\int_{P_1}^{P_2} \boldsymbol{F}\,\mathrm{d}\boldsymbol{r} - II\int_{P_1}^{P_2} \boldsymbol{F}\,\mathrm{d}\boldsymbol{r}$$

$$= I\int_{P_1}^{P_2} \boldsymbol{F}\,\mathrm{d}\boldsymbol{r} + II\int_{P_2}^{P_1} \boldsymbol{F}\,\mathrm{d}\boldsymbol{r} = \oint \boldsymbol{F}\,\mathrm{d}\boldsymbol{r} = 0 \qquad (2.37)$$

oder: Die Arbeit hängt *nur von Anfangs- und Endpunkt* ab, *nicht vom Wege* zwischen P_1 und P_2.

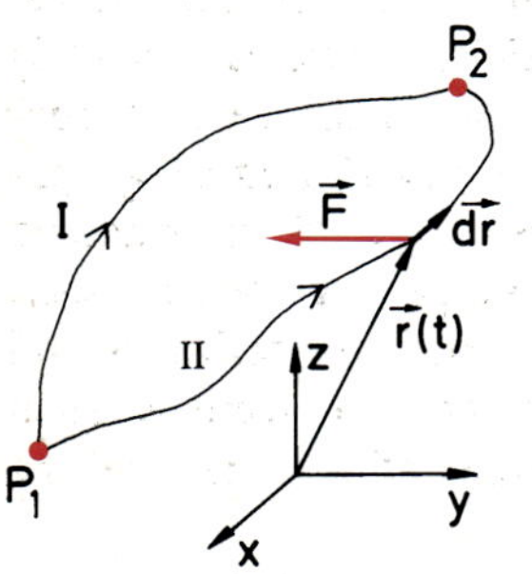

Abb. 2.33. Zur Wegunabhängigkeit der Arbeit in konservativen Kraftfeldern

Konservative Kraftfelder sind ein Spezialfall der nur vom Ort abhängigen Kraftfelder $\boldsymbol{F}(\boldsymbol{r})$. *Aber*: Nicht jedes Kraftfeld $\boldsymbol{F}(\boldsymbol{r})$ ist konservativ (siehe Beispiel 3).

BEISPIELE Konservative Kraftfelder

1. Ein ***homogenes Kraftfeld*** $\boldsymbol{F}(\boldsymbol{r}) = \{0, 0, F_z\}$ mit $F_z = \mathrm{const}$ (Abb. 2.34a) ist konservativ, weil

$$\boldsymbol{F}\cdot\mathrm{d}\boldsymbol{r} = F_z\mathrm{d}z \Rightarrow W = \int_{P_1}^{P_2} \boldsymbol{F}\,\mathrm{d}\boldsymbol{r} = \int_{z_1}^{z_2} F_z\mathrm{d}z$$

$$= -\int_{z_2}^{z_1} F_z\mathrm{d}z \Rightarrow \oint \boldsymbol{F}\,\mathrm{d}\boldsymbol{r} \equiv 0 \,.$$

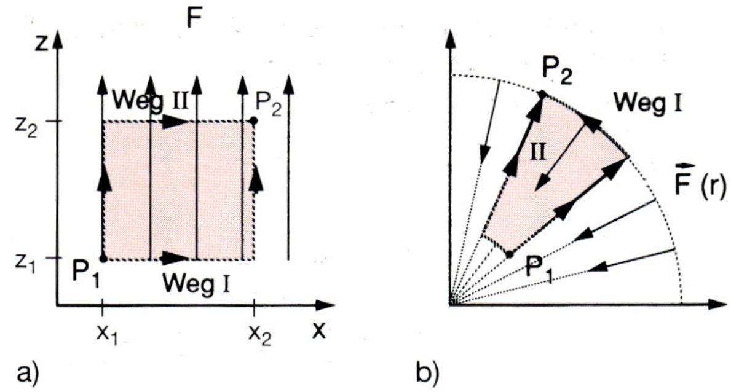

Abb. 2.34 a,b. Beispiele für konservative Kraftfelder: (**a**) homogenes Kraftfeld, (**b**) Zentralkraftfeld

2. Jedes zeitunabhängige Zentralkraftfeld $\boldsymbol{F} = f(r) \cdot \hat{\boldsymbol{r}} = \{F_r, F_\vartheta = F_\varphi \equiv 0\}$ ist konservativ, weil nach Abb. 2.34b

$$\int_{P_1}^{P_2} \boldsymbol{F}\cdot\mathrm{d}\boldsymbol{r} = \int_{r_1}^{r_2} F_r\mathrm{d}r$$

$$= -\int_{r_2}^{r_1} F_r\mathrm{d}r \Rightarrow \oint \boldsymbol{F}\,\mathrm{d}\boldsymbol{r} = 0 \,.$$

BEISPIELE Nicht-konservative Kraftfelder

3. ***Ortsabhängiges Kraftfeld***: $\boldsymbol{F}(\boldsymbol{r}) = y\hat{\boldsymbol{e}}_x + x^2\hat{\boldsymbol{e}}_y$. Die Arbeit W, die man aufwenden muß, um einen Körper vom Punkte $(0,0,0)$ zum Punkte $P = (2,4,0)$ zu bringen, ist:

$$W = \int_0^P \boldsymbol{F}\,\mathrm{d}\boldsymbol{r} = \int_{x=0}^{2} F_x\mathrm{d}x + \int_{y=0}^{4} F_y\mathrm{d}y$$

$$= \int_{x=0}^{2} y\,\mathrm{d}x + \int_{y=0}^{4} x^2\mathrm{d}y \,.$$

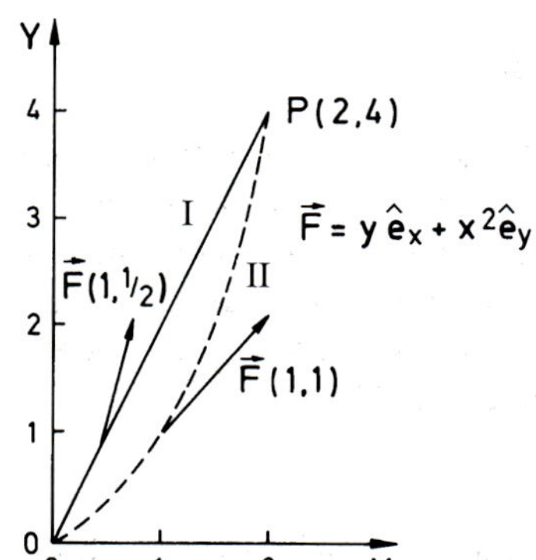

Abb. 2.35. Beispiel für ein nicht konservatives Kraftfeld $\boldsymbol{F}(\boldsymbol{r}) = y\cdot\hat{\boldsymbol{e}}_x + x^2\hat{\boldsymbol{e}}_y$

Wir wählen zwei verschiedene Wege (Abb. 2.35)
I: entlang der Geraden $y = 2x$
II: entlang der Parabel $y = x^2$

Auf dem Wege I gilt: $y = 2x$

$$\text{I}: \int_0^P \boldsymbol{F}\,\mathrm{d}\boldsymbol{r} = \int_0^2 2x\,\mathrm{d}x + \int_0^4 \left(\frac{y}{2}\right)^2 \mathrm{d}y$$
$$= x^2\Big|_0^2 + \frac{y^3}{12}\Big|_0^4 = 4 + \frac{16}{3} = 28/3$$

auf dem Wege II gilt: $y = x^2$

$$\text{II}: \int \boldsymbol{F}\,\mathrm{d}\boldsymbol{r} = \int_0^2 x^2\mathrm{d}x + \int_0^4 y\,\mathrm{d}y$$
$$= \frac{1}{3}x^3\Big|_0^2 + \frac{1}{2}y^2\Big|_0^4 = \frac{8}{3} + 8 = \frac{32}{3}$$

$\oint \boldsymbol{F}\,\mathrm{d}\boldsymbol{r} \neq 0$. $\boldsymbol{F}(\boldsymbol{r})$ ist daher nicht konservativ!

4. Bei ***zeitabhängigen Kraftfeldern*** kann das Integral nicht wegunabhängig sein, da die Durchlaufzeit des Körpers vom Wege abhängt und das Kraftfeld sich während der Durchlaufzeit ändert.
5. Hängen die Kräfte von der Geschwindigkeit ab (z.B. Kräfte auf eine Ladung im Magnetfeld, oder Reibungskräfte), so ist das Kraftfeld im allgemeinen auch nicht konservativ, denn die Geschwindigkeit kann auf verschiedenen Wegen durchaus verschieden sein. Bei Reibungskräften ist $\boldsymbol{F} \propto \boldsymbol{v}$ (z.B. bei langsamer Bewegung eines Körpers in einer Flüssigkeit) oder sogar $\propto v^2$ (z.B. bei Bewegungen in turbulenter Luft), d.h. auf dem ganzen Wege wird Reibungsarbeit geleistet. Daher kann $\oint \boldsymbol{F}\,\mathrm{d}\boldsymbol{r}$ nicht Null sein (siehe auch Abschn. 6.5).

2.7.3 Potentielle Energie

Bringen wir in einem konservativen Kraftfeld einen ruhenden Körper von einem festen Ortspunkt P_0 zu einem anderen Punkt P, so hängt die dabei aufgewendete (oder gewonnene) Arbeit nur ab von P, sie ist also eine Funktion von P. Wir nennen diese Funktion die ***potentielle Energie*** $E_\mathrm{p}(P)$.

Die Arbeit

$$W = \int_{P_1}^{P_2} \boldsymbol{F}\,\mathrm{d}\boldsymbol{r} \stackrel{\text{Def}}{=} E_\mathrm{p}(P_1) - E_\mathrm{p}(P_2)\,, \qquad (2.38)$$

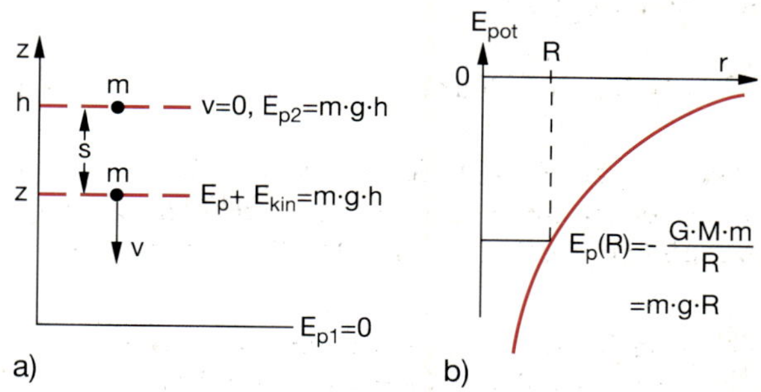

Abb. 2.36 a,b. Verschiedene Möglichkeiten zur Wahl des Nullpunktes der potentiellen Energie: (**a**) $E_\mathrm{p}(z=0) = 0$, (**b**) $E_\mathrm{p}(r=\infty) = 0$

welche die Kraft $\boldsymbol{F}$ am Massenpunkt leistet, um ihn von P_1 nach P_2 zu bringen, ist gleich der Differenz der potentiellen Energie in P_1 bzw. P_2 (Abb. 2.36a). Ein Körper mit der potentiellen Energie E_pot hat also die Möglichkeit, diese Energie wieder in Arbeit zu verwandeln.

Man beachte:

1. Das Vorzeichen bei der Definition $W = \Delta E_\mathrm{p}$ in (2.38) ist so gewählt, daß Arbeit, die bei einer Bewegung gegen die Kraft $\boldsymbol{F}$ geleistet wird ($\boldsymbol{F}\cdot\mathrm{d}\boldsymbol{r} < 0$) negativ gerechnet wird. Man muß dem Körper Energie zuführen, was zu einer Erhöhung seiner potentiellen Energie ($E(P_2) > E(P_1)$) führt, während die Arbeit, die *vom* Körper geleistet wird ($\boldsymbol{F}\,\mathrm{d}\boldsymbol{r} > 0$), seine potentielle Energie verringert und damit für andere Systeme genutzt werden kann (z.B. Wasser, das beim Herabfallen eine Turbine antreibt).

2. Der Nullpunkt der potentiellen Energie ist durch die Def. (2.38) nicht festgelegt, weil nur die Differenz ΔE_p definiert wird. Zweckmäßig wählt man $E_\mathrm{pot} = 0$ entweder a) für den Nullpunkt des Koordinatensystems (Abb. 2.36a); z.B. wählt man für Experimente im Labor, bei denen die Schwerkraft eine Rolle spielt $\boldsymbol{F} = \{0, 0, -mg\}$ $E_\mathrm{p} = 0$ für $z = 0$, oder b) bei Problemen, bei denen der Körper ins Unendliche gelangen kann, wird $E_\mathrm{p}(\infty) = 0$ gesetzt (Abb. 2.36b). Damit wird

$$\int_P^\infty \boldsymbol{F}\,\mathrm{d}\boldsymbol{r} = E_\mathrm{p}(P) - E_\mathrm{p}(\infty) = E_\mathrm{p}(P)\,, \qquad (2.38\text{a})$$

d.h. die potentielle Energie im Punkte P ist dann gleich der Arbeit, die man aufwenden muß (für

$\boldsymbol{F}\,\mathrm{d}\boldsymbol{r} < 0$) *bzw. gewinnt* (für $\boldsymbol{F} \cdot \mathrm{d}\boldsymbol{r} > 0$), *wenn man den Massenpunkt von P ins Unendliche bringt.*

3. Die Arbeit, die man aufwenden muß, ist natürlich von der Wahl des Nullpunktes der potentiellen Energie unabhängig, da sie nur durch die Differenz $\Delta E_\mathrm{p} = E_\mathrm{p}(P_1) - E_\mathrm{p}(P_2)$ bestimmt wird.

BEISPIELE

1. Wird ein Körper mit der Masse m im konstanten Gravitationsfeld $\boldsymbol{F} = \{0, 0, -mg\}$ auf die Höhe $h \ll R$ gehoben, (R = Erdradius), so ist die dazu erforderliche Arbeit (s. Beispiel 3, Abschn. 2.7.1)

$$W = \int \boldsymbol{F}\,\mathrm{d}\boldsymbol{r} = -\int_0^h m \cdot g\,\mathrm{d}z$$
$$= -m \cdot g \cdot h = E_\mathrm{pot}(0) - E_\mathrm{pot}(h)\ .$$

Setzt man $E_\mathrm{pot}(0) = 0 \rightarrow E_\mathrm{pot}(h) = +m \cdot g \cdot h$, d.h. die am Körper geleistete Arbeit hat zu einer Zunahme seiner potentiellen Energie geführt (Abb. 2.36a).

2. In einem anziehenden Kraftfeld (z.B. Gravitationskraft) sind $\boldsymbol{F}$ und $\mathrm{d}\boldsymbol{r}$ entgegengesetzt gerichtet, wenn man vom Punkt P radial gegen $r = \infty$ geht.

$$W = -\int_r^\infty \frac{GMm}{r^2}\hat{\boldsymbol{r}}\,\mathrm{d}\boldsymbol{r} = -\int_r^\infty \frac{GMm}{r^2}\,\mathrm{d}r$$
$$= -\frac{GMm}{r} = E_\mathrm{pot}(r) \qquad (2.38\mathrm{b})$$

$E_\mathrm{pot}(r)$ ist dann *negativ*! Man muß Arbeit aufwenden, um den Körper von P nach ∞ zu bringen. Dadurch *erhöht* man seine potentielle Energie von $-GmM/r$ auf 0. Bei abstoßenden Kräften (z.B. Coulombkraft zwischen zwei gleichen Ladungen) gewinnt man Arbeit. $E_\mathrm{pot}(P)$ ist dann positiv.

Will man einen Körper der Masse m von der Erdoberfläche aus in den Weltraum bringen, so muß man daher die Arbeit $W = -GmM/R$ aufwenden. Wegen $g = GM/R^2$ kann man dies auch schreiben als $W = -m \cdot g \cdot R$ (Abb. 2.36b).

2.7.4 Der Energiesatz der Mechanik

Aus der Newtonschen Gleichung

$$\boldsymbol{F} = m\frac{\mathrm{d}\boldsymbol{v}}{\mathrm{d}t}$$

erhält man durch skalare Multiplikation mit $\boldsymbol{v}$ und anschließender Integration über die Zeit:

$$\int_{t_0}^t \boldsymbol{F} \cdot \boldsymbol{v} \cdot \mathrm{d}t = m\int_{t_0}^t \frac{\mathrm{d}\boldsymbol{v}}{\mathrm{d}t}\boldsymbol{v}\,\mathrm{d}t\ . \qquad (2.39)$$

Das linke Integral ergibt wegen $\boldsymbol{v} = \mathrm{d}\boldsymbol{r}/\mathrm{d}t$

$$\int_{t=0}^t \boldsymbol{F} \cdot \boldsymbol{v} \cdot \mathrm{d}t = \int_{P_0}^P \boldsymbol{F} \cdot \mathrm{d}\boldsymbol{r} = E_\mathrm{pot}(P_0) - E_\mathrm{pot}(\mathrm{P})\ ,$$

wobei das letzte Gleichheitszeichen für konservative Kraftfelder gilt.

Die rechte Seite von (2.39) ergibt:

$$m \cdot \int_{t_0}^t \frac{\mathrm{d}\boldsymbol{v}}{\mathrm{d}t}\boldsymbol{v}\,\mathrm{d}t = m \cdot \int_{v_0}^{v_1} \boldsymbol{v}\,\mathrm{d}\boldsymbol{v} = \frac{m}{2}v^2 - \frac{m}{2}v_0^2\ .$$

Wir nennen den Ausdruck

$$E_\mathrm{kin} = \frac{m}{2}v^2 \qquad (2.40)$$

die ***kinetische Energie*** (Bewegungsenergie) des Körpers mit der Masse m und der Geschwindigkeit $v = |\boldsymbol{v}|$.

Aus (2.39) folgt daher für die Bewegung eines Körpers vom Punkte $P_0(\boldsymbol{r}_0, v_0, t_0)$ bis $P(\boldsymbol{r}, \boldsymbol{v}, t)$ in einem konservativen Kraftfeld $\boldsymbol{F}(\boldsymbol{r})$ der

Energiesatz der Mechanik

$$E_\mathrm{pot}(P_0) + E_\mathrm{kin}(P_0)$$
$$= E_\mathrm{pot}(P) + E_\mathrm{kin}(P) = E\ . \qquad (2.41)$$

In einem konservativen Kraftfeld ist in jedem Raumpunkt die Summe aus potentieller und kinetischer Energie eines Massenpunktes konstant. Diese Konstante heißt die ***mechanische Gesamtenergie*** E.

Die Gesamtenergie E bleibt bei konservativen Kräften erhalten (konserviert).

BEISPIELE

1. Beim freien Fall aus der Höhe $z = h$ wählen wir $v(h) = 0$ und $E_\mathrm{pot}(0) = 0$. Dann gilt für beliebiges $z \leq h$:

$$E_\mathrm{pot}(z) = -\int_0^z -m \cdot g\,\mathrm{d}z = m \cdot g \cdot z\ ;$$

$$E_\mathrm{kin} = \frac{m}{2}v^2 = m \cdot g(h - z)\ ,$$

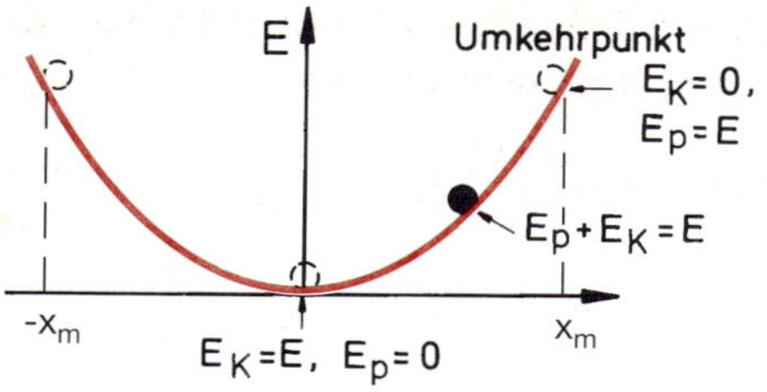

Abb. 2.37. Beispiel der Energieerhaltung bei einer harmonischen Bewegung

weil $v = g \cdot t$ und $s = h - z = \frac{1}{2}gt^2$ (siehe Abschn. 2.3). Die Summe $E_{pot}(z) + E_{kin}(z) = E_p(z) + E_k(z) = m \cdot g \cdot h$ ist also unabhängig von z und gleich der Gesamtenergie $m \cdot g \cdot h$.

2. Ein Körper der Masse m schwingt in x-Richtung unter dem Einfluß einer Kraft $\boldsymbol{F} = -D \cdot \boldsymbol{x}$. In jedem Punkt x seiner Bahn ist die Gesamtenergie $E = E_p + E_k = E_p(x = x_m) = E_k(x = 0) =$ konstant (Abb. 2.37).

2.7.5 Zusammenhang zwischen Kraftfeld und Potential

Geht man in einem konservativen Kraftfeld vom Punkte P um die infinitesimal kleine Strecke $\Delta \boldsymbol{r}$ zum Punkte P' (Abb. 2.38), so ändert sich die potentielle Energie $E_{pot}(x, y, z) = E_{pot}\ (P)$ um den Betrag

$$\Delta E_{pot} = \frac{\partial E_p}{\partial x}\Delta x + \frac{\partial E_p}{\partial y}\Delta y + \frac{\partial E_p p}{\partial z}\Delta z\,, \qquad (2.42)$$

wobei die ***partielle Ableitung*** $\partial E/\partial x$ bedeutet, daß bei der Differentiation der Funktion $E_p(x, y, z)$ nach x die beiden anderen Variablen y und x konstant gehalten

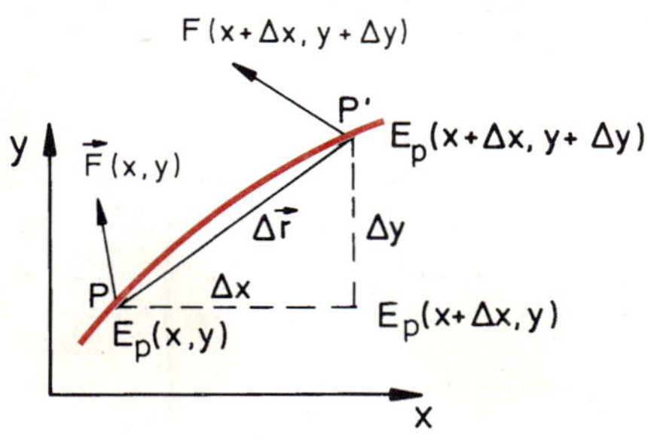

Abb. 2.38. Zum Zusammenhang zwischen Kraft und Potential

werden (siehe Anhang A.1.6). Andererseits wird für die Bewegung vom Punkt P nach P' die Arbeit geleistet

$$\Delta W = \boldsymbol{F}\Delta \boldsymbol{r} = -\Delta E_{pot}\,. \qquad (2.43)$$

Vergleich von (2.42) und (2.43) liefert:

$$F_x \Delta x + F_y \Delta y + F_z \Delta z = -\frac{\partial E_{pot}}{\partial x}\Delta x - \frac{\partial E_{pot}}{\partial y}\Delta y - \frac{\partial E_{pot}}{\partial z}\Delta z\,;$$

da diese Gleichungen für beliebige Wege, also beliebige Δx, Δy und Δz gelten müssen, folgt:

$$F_x = -\frac{\partial E_p}{\partial x}\,; \quad F_y = -\frac{\partial E_p}{\partial y}\,; \quad F_z = -\frac{\partial E_p}{\partial z}\,. \qquad (2.44)$$

Man kann (2.44) zusammenfassen in eine Vektorgleichung durch die Definition des Gradienten-Vektors:

$$\textbf{grad}\, E_p \overset{\text{Def}}{=} \left\{\frac{\partial E_p}{\partial x}, \frac{\partial E_p}{\partial y}, \frac{\partial E_p}{\partial x}\right\}, \qquad (2.45)$$

so daß (2.44) heißt:

$$\boxed{\boldsymbol{F} = -\textbf{grad}\, E_p = -\nabla E_p}\,, \qquad (2.44a)$$

wobei zur Vereinfachung der Schreibweise das Symbol ***Nabla*** (Nabla ist ein ägyptisches Saiteninstrument der Form ∇) eingeführt wurde.

Die potentielle Energie E_{pot} eines Körpers m im Gravitationsfeld der Masse M hängt von beiden Massen M und m ab. Häufig hat man den Fall, daß $m \ll M$, z.B. ein irdischer Körper (Bleiklotz) im Gravitationsfeld der Erde. Das Gravitationsfeld wird praktisch *nur* von der Erde erzeugt (der kleine Beitrag von dem Bleiklotz ist völlig vernachlässigbar).

Man kann nun jedem Punkt P des Gravitationsfeldes eine Funktion $V(P)$ zuordnen, die die potentielle Energie pro Einheitsmasse darstellt und die man ***Gravitationspotential*** nennt:

$$V(P) \overset{\text{Def}}{=} \lim_{m\to 0}\left(\frac{1}{m}E_p(P)\right)\,; \qquad (2.45a)$$

V ist eine skalare Funktion, die nur vom Ort P und von der Masse M des das Gravitationsfeld erzeugenden Körpers abhängt. Für das Gravitationspotential der

Erde ergibt sich mit der Gravitationskonstanten G

$$V(r) = -G\frac{M_E}{r} .$$

Durch diese Festsetzung wird eine völlige Analogie zum elektrischen Potential gegeben (siehe Bd. 2). Als ***Gravitationsfeldstärke*** definiert man:

$$\mathcal{G} = -\mathbf{grad}\, V . \qquad (2.46)$$

Die Kraft auf eine Masse m ist dann

$$\boldsymbol{F} = -m \cdot \mathcal{G} . \qquad (2.47)$$

Für das Gravitationsfeld eines kugelsymmetrischen Körpers der Masse M erhält man für die Feldstärke

$$\mathcal{G} = G\frac{M}{r^2}\hat{\boldsymbol{r}} \qquad (2.46a)$$

und für die Kraft auf einen Körper der Masse m das Newtonsche Gravitationsgesetz

$$\boldsymbol{F} = -G\frac{m \cdot M}{r^2}\hat{\boldsymbol{r}} . \qquad (2.47a)$$

2.8 Drehimpuls und Drehmoment

Ein Massenpunkt bewege sich mit dem Impuls $\boldsymbol{p} = m \cdot \boldsymbol{v}$ auf einer beliebigen Bahn $\boldsymbol{r} = \boldsymbol{r}(t)$ (Abb. 2.39). Wir definieren dann das ***Vektorprodukt***

$$\boldsymbol{L} = (\boldsymbol{r} \times \boldsymbol{p}) = m(\boldsymbol{r} \times \boldsymbol{v}) \qquad (2.48)$$

als den ***Drehimpuls*** (*angular momentum*) des Teilchens in bezug auf den Koordinatenursprung O.

$\boldsymbol{L}$ steht also senkrecht auf $\boldsymbol{r}$ und $\boldsymbol{v}$.

In kartesischen Koordinaten hat $\boldsymbol{L}$ die Komponenten:

$$L_x = yp_z - z \cdot p_y; \quad L_y = z \cdot p_x - x \cdot p_z; \quad L_z = x \cdot p_y - yp_x . \qquad (2.49)$$

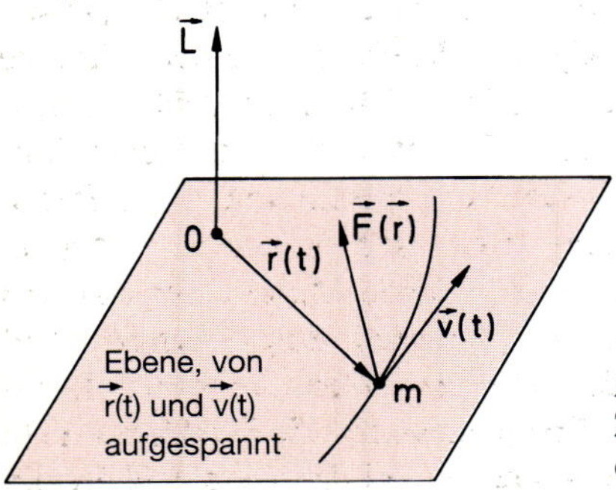

Abb. 2.39. Zur Definition des Drehimpulses

Verläuft die Bewegung in einer ebenen, aber beliebig gekrümmten Bahn, so können wir die Geschwindigkeit in jedem Bahnpunkt zerlegen in eine Komponente $v_r \parallel \boldsymbol{r}$ und $v_\varphi \perp \boldsymbol{r}$ (***Polarkoordinaten***).

Dann gilt:

$$\begin{aligned} \boldsymbol{L} &= m[\boldsymbol{r} \times (\boldsymbol{v}_r + \boldsymbol{v}_\varphi)] \\ &= m(\boldsymbol{r} \times \boldsymbol{v}_\varphi), \quad \text{weil} \quad \boldsymbol{r} \times \boldsymbol{v}_r \equiv \mathbf{0} . \qquad (2.50) \\ |\boldsymbol{L}| &= m \cdot r^2\dot{\varphi}, \quad \text{weil} \quad |\boldsymbol{r} \times \boldsymbol{v}_\varphi| = r^2 \cdot \dot{\varphi} . \end{aligned}$$

Das heißt:

Bei einer Bewegung in einer Ebene zeigt der Drehimpuls $\boldsymbol{L}$ immer in die Normalenrichtung senkrecht zur Ebene (Abb. 2.40).

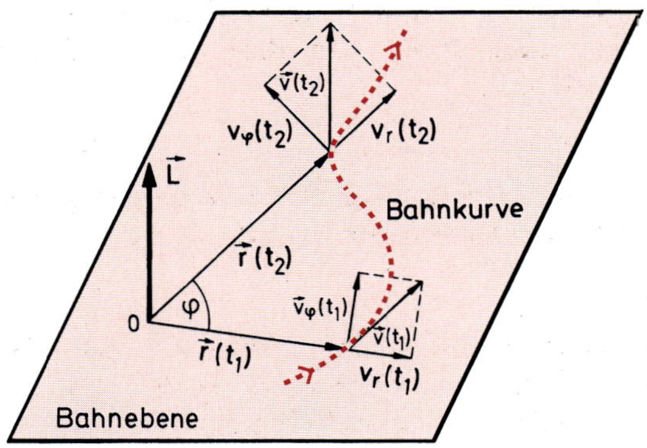

Abb. 2.40. Bei konstanter Richtung des Drehimpulses verläuft die Bahnkurve in einer Ebene

BEISPIEL

Gleichförmige Kreisbewegung: $\boldsymbol{L}$ zeigt in Richtung der Achse durch den Kreismittelpunkt senkrecht zur Kreisfläche, also in Richtung des Vektors $\boldsymbol{\omega}$ der Winkelgeschwindigkeit (Abb. 2.41).

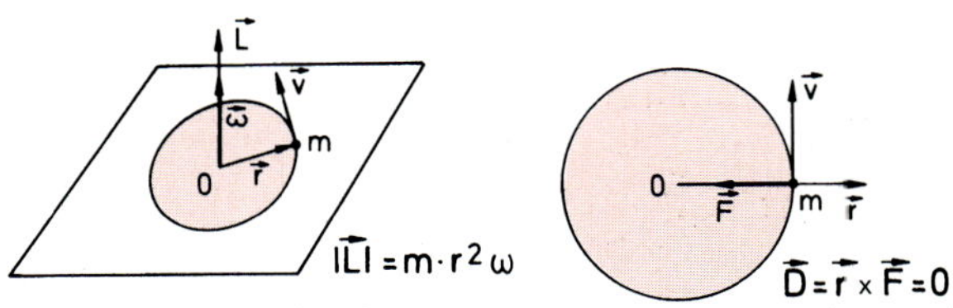

Abb. 2.41. Konstanter Drehimpuls bei der gleichförmigen Kreisbewegung

$|\boldsymbol{L}| = L = m \cdot r \cdot v \cdot \sin(\boldsymbol{r}, \boldsymbol{v}) = m \cdot r \cdot v$, weil $\boldsymbol{r} \perp \boldsymbol{v}$.

Wegen $r = \text{const}$, $v = \text{const} \rightarrow \boldsymbol{L} = \textbf{const}$ und

$$|\boldsymbol{L}| = m \cdot r^2 \cdot \omega \,. \tag{2.51}$$

Differenziert man (2.48) nach der Zeit, so erhält man

$$\frac{\mathrm{d}\boldsymbol{L}}{\mathrm{d}t} = \left[\frac{\mathrm{d}\boldsymbol{r}}{\mathrm{d}t} \times \boldsymbol{p}\right] + \left[\boldsymbol{r} \times \frac{\mathrm{d}\boldsymbol{p}}{\mathrm{d}t}\right] = (\boldsymbol{v} \times \boldsymbol{p}) + (\boldsymbol{r} \times \dot{\boldsymbol{p}}) = (\boldsymbol{r} \times \dot{\boldsymbol{p}}), \quad \text{weil} \quad \boldsymbol{v} \parallel \boldsymbol{p}$$

$$\frac{\mathrm{d}\boldsymbol{L}}{\mathrm{d}t} = (\boldsymbol{r} \times \boldsymbol{F}), \quad \text{weil} \quad \boldsymbol{F} = \frac{\mathrm{d}\boldsymbol{p}}{\mathrm{d}t} \,. \tag{2.52}$$

Man nennt das Vektorprodukt

$$\boldsymbol{D} = (\boldsymbol{r} \times \boldsymbol{F}) \tag{2.53}$$

das ***Drehmoment*** (*torque*) der am Teilchen m angreifenden Kraft $\boldsymbol{F}$ um den Punkt O. Gleichung (2.52) heißt dann:

$$\mathrm{d}\boldsymbol{L}/\mathrm{d}t = \boldsymbol{D} \,. \tag{2.52a}$$

Die zeitliche Änderung des Drehimpulses ist gleich dem wirkenden Drehmoment.

Oder:

Immer wenn das Gesamtdrehmoment Null ist (z.B. wenn $\boldsymbol{F} \parallel \boldsymbol{r}$), ist der Drehimpuls konstant.

Man merke sich die analoge Schreibweise:

$$\boxed{\frac{\mathrm{d}\boldsymbol{p}}{\mathrm{d}t} = \boldsymbol{F}, \quad \frac{\mathrm{d}\boldsymbol{L}}{\mathrm{d}t} = \boldsymbol{D}} \tag{2.54}$$

$\boldsymbol{p} = \textbf{const}$ für $\boldsymbol{F} = \boldsymbol{0}$, $\boldsymbol{L} = \textbf{const}$ für $\boldsymbol{D} = \boldsymbol{0}$.

In Zentralkraftfeldern

$$\boldsymbol{F} = \mathrm{f}(r) \cdot \hat{\boldsymbol{r}}$$

ist das Drehmoment $\boldsymbol{D} = \boldsymbol{r} \times \boldsymbol{F} = \boldsymbol{0}$, und daher ist der Drehimpuls $\boldsymbol{L} = \boldsymbol{r} \times \boldsymbol{p}$ bezogen auf das Kraftzentrum O *bei allen Bewegungen in Zentralkraftfeldern zeitlich konstant.*

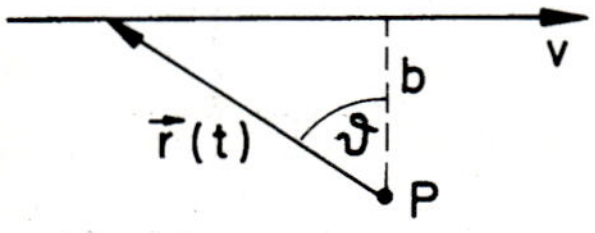

Abb. 2.42. Zum Drehimpuls eines Teilchens auf einer geraden Bahn bezüglich eines Punktes P, der nicht auf der Geraden liegt

Drehimpuls und Drehmoment sind immer in bezug auf einen festgelegten Punkt (z.B. den Ursprung des Koordinatensystems) definiert. Auch ein Körper, der sich mit konstanter Geschwindigkeit auf einer geradlinigen Bahn bewegt, hat einen Drehimpuls, bezogen auf einen Punkt P, der nicht auf der Geraden liegt. So steht z.B. der Drehimpuls $\boldsymbol{L} = m \cdot \boldsymbol{r} \times \boldsymbol{v}$ der Masse m in Abb. 2.42, die sich mit $\boldsymbol{v}$ entlang einer Geraden bewegt, senkrecht auf der Ebene durch P und diese Gerade. Sein Betrag ist:

$$|\boldsymbol{L}| = m \cdot r \cdot v \cdot \sin\vartheta = m \cdot v \cdot b \,,$$

wobei der *Stoßparameter* b das Lot von P auf die Gerade ist.

2.9 Gravitation und Planetenbewegungen

Im vorigen Abschnitt hatten wir gesehen, daß in Zentralkraftfeldern der Bahndrehimpuls $\boldsymbol{L} = \boldsymbol{r} \times \boldsymbol{p}$ zeitlich konstant bleibt. Die Bewegung eines Körpers verläuft daher in einer Ebene senkrecht zu $\boldsymbol{L}$, deren Lage im Raum durch die Anfangsbedingungen bei Beginn der Bewegung (z.B. durch die Anfangsgeschwindigkeit $\boldsymbol{v}_0$) ein für alle Mal festgelegt ist. Das berühmteste Beispiel sind die Bewegungen der Planeten im Gravitationsfeld der Sonne, die wir jetzt genauer behandeln wollen.

2.9.1 Die Keplerschen Gesetze

Aufgrund der genauen Messungen der Planetenbewegungen, die vor allem von *Tycho Brahe* (1546–1601) (Abb. 2.43) durchgeführt wurden, konnte *Johannes Kepler* (1571–1630) (Abb. 2.44) zeigen, daß das heliozentrische Modell von Kopernikus eine wesentlich einfachere Beschreibung der Beobachtungen erlaubte als das Ptolemäische Modell, bei dem die Erde der ruhende Mittelpunkt war und die Planeten in komplizierten Bahnen (*Epizyklen*) sich um die Erde bewegen sollten. Allerdings konnten kreisförmige Planetenbahnen die Meßdaten nicht innerhalb der Fehlergrenzen erklären. Obwohl Kepler

Abb. 2.43. Tycho Brahe. Mit freundlicher Genehmigung des Deutschen Museums

Abb. 2.44. Johannes Kepler. Mit freundlicher Genehmigung des Deutschen Museums

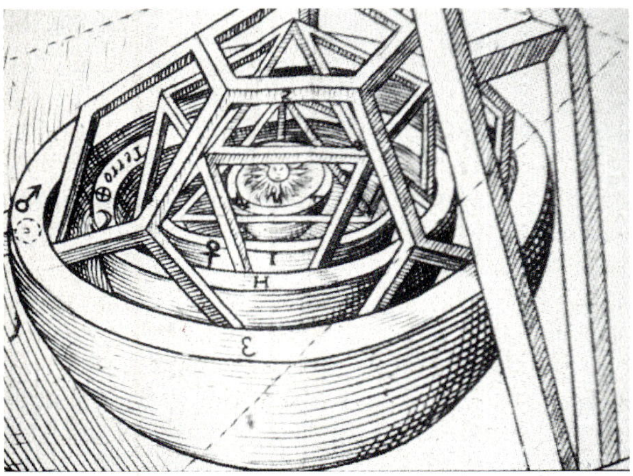

Abb. 2.45. Anfängliches Modell Keplers für die Anordnung der Planeten in den Ecken regelmäßiger Körper. Mit freundlicher Genehmigung von Dr. R. Bienek

anfangs solche Kreisbahnen angenommen hatte, weil sie ihm *vollkommen* und in größerer Harmonie mit der Schöpfung erschienen, kam er schließlich nach langem Bemühen, andere Modelle zu entwerfen (bei denen die Planeten auf den Ecken symmetrischer Körper saßen, die sich um einen Mittelpunkt drehen (Abb. 2.45)) zu den berühmten drei Keplerschen

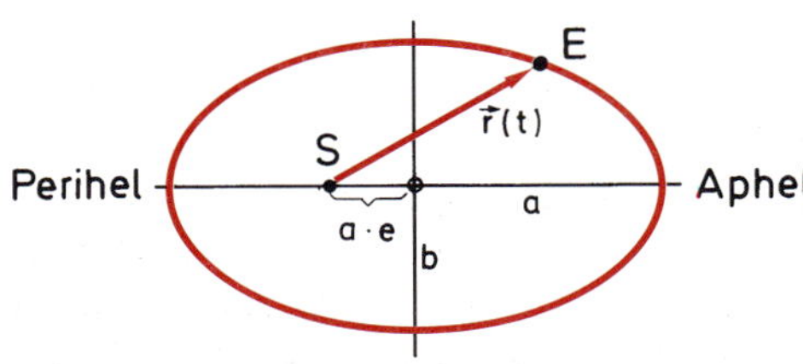

Abb. 2.46. 1. Keplersches Gesetz

Gesetzen, die in seinen Büchern *Astronomia Nova* (1609) und *Harmonice Mundi Libri V* (1619) erstmals veröffentlicht wurden [2.4]:

1. Keplersches Gesetz

Die Planeten bewegen sich auf Ellipsen, in deren einem Brennpunkt die Sonne steht (Abb. 2.46).

2. Keplersches Gesetz

Der Radiusvektor (Fahrstrahl) von der Sonne zum Planeten überstreicht in gleichen Zeiten gleiche Flächen (Abb. 2.47).

3. Keplersches Gesetz

Die Quadrate der Umlaufzeiten der Planeten verhalten sich wie die dritten Potenzen ihrer großen Halbachsen:

$$\frac{T_1^2}{T_2^2} = \frac{a_1^3}{a_2^3} \quad \text{oder}$$

$$\frac{T_i^2}{a_i^3} = \text{const für alle Planeten} \,. \tag{2.55}$$

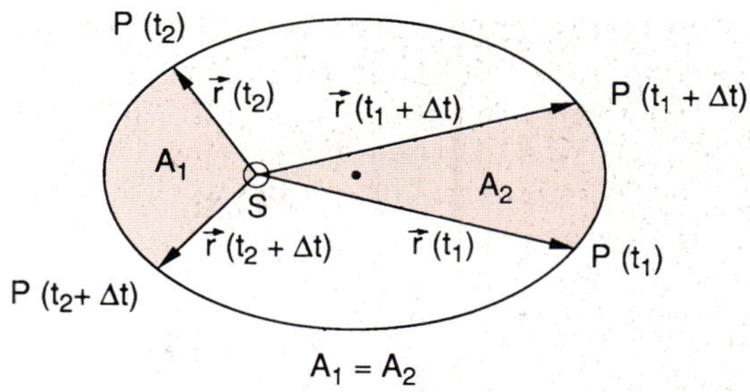

Abb. 2.47. 2. Keplersches Gesetz

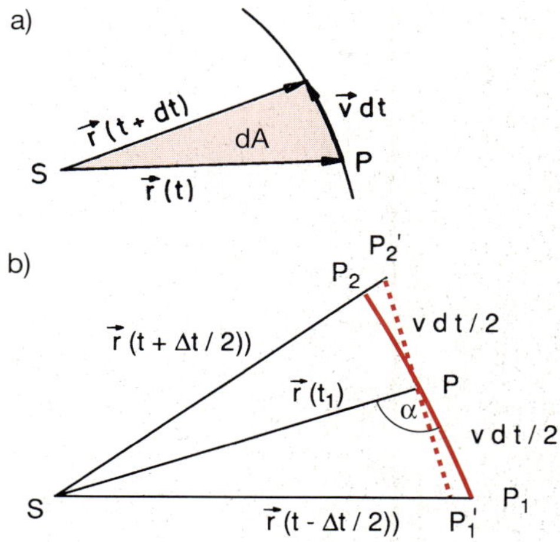

Abb. 2.48 a,b. 2. Keplersches Gesetz der Drehimpulserhaltung: (**a**) schematische Darstellung des Flächensatzes, (**b**) zur Berechnung der während der Zeit dt überstrichenen Fläche dA

Aus dem 2. Keplerschen Gesetz folgt, daß für gleiche Zeiten der Flächeninhalt dA des Ellipsensektors SP_1P_2 konstant ist (Abb. 2.48). Für genügend kleine Zeitintervalle dt können wir das Ellipsenbogenelement $\mathrm{d}s = \widehat{P_1P_2} = v\,\mathrm{d}t$ durch eine Gerade $\overline{P_1'PP_2'}$ annähern, so daß $SP_1'P_2'$ ein Dreieck wird mit der Fläche

$$\mathrm{d}A = \tfrac{1}{2}|\boldsymbol{r}| \cdot |\boldsymbol{v}\,\mathrm{d}t| \cdot \sin\alpha \,.$$

Für $\Delta t \to 0$ geht die Differenz der Ellipsenfläche minus Dreiecksfläche gegen Null und wir erhalten daher

$$\begin{aligned}\frac{\mathrm{d}A}{\mathrm{d}t} &= \frac{1}{2}|\boldsymbol{r}| \cdot |\boldsymbol{v}| \cdot \sin\alpha \\ &= \frac{1}{2m}|\boldsymbol{r} \times \boldsymbol{p}| = \frac{1}{2m}|\boldsymbol{L}| \,. \end{aligned} \tag{2.56}$$

Das 2. Keplersche Gesetz sagt daher aus, daß der Drehimpulsbetrag zeitlich konstant ist. Aus dem 1. Keplerschen Gesetz folgt, daß auch seine Richtung konstant ist, weil sie immer senkrecht auf der Bahnebene steht.

2.9.2 Newtons Gravitationsgesetz

Newton erkannte, daß sowohl der freie Fall eines Körpers auf der Erde als auch die Bewegung der Planeten eine gemeinsame Ursache haben, nämlich die *Gravitationsanziehung zwischen zwei Massen*. Um eine quantitative Formulierung des Gravitationsgesetzes zu finden, ging Newton von den Keplergesetzen aus. Da aus dem 1. und 2. Gesetz folgt, daß der Drehimpuls eines Planeten in bezug auf das Gravitationszentrum konstant ist, muß das Gravitationsfeld ein Zentralkraftfeld sein, d.h.

$$\boldsymbol{F}(\boldsymbol{r}) = \mathrm{f}(r) \cdot \hat{\boldsymbol{r}} \,.$$

Die Gravitationskraft, die von der Erde auf einen Körper ausgeübt wird (= Gewicht des Körpers), ist proportional zu seiner Masse. Nach dem Prinzip *actio = reactio* und aus Symmetriegründen sollte die gleich große Gegenkraft auch proportional zur Masse der Erde sein (Abb. 2.25). Daher ist es vernünftig, die Gravitationskraft zwischen zwei Körpern als proportional zum Produkt $m_1 \cdot m_2$ ihrer Massen anzusetzen:

$$\boldsymbol{F}_G = G \cdot m_1 \cdot m_2 \cdot f(r) \cdot \hat{\boldsymbol{r}} \,.$$

Der Proportionalitätsfaktor G heißt ***Gravitationskonstante***. Die Funktion f(r) läßt sich aus dem 3. Keplerschen Gesetz bestimmen. Wenn wir die nur sehr wenig von einem Kreis abweichenden Ellipsenbahnen der Planeten durch Kreise mit Radien r_i annähern, folgt für die Gravitationskraft zwischen Sonne (Masse $M_\odot$) und Planeten (Masse m)

$$m_i \omega_i^2 r_i = G \cdot m_i \cdot M_\odot f(r_i) \,,$$

weil die Gravitationskraft als Zentripetalkraft wirkt. Wegen $\omega^2 \propto T^{-2} \propto r^{-3}$, vgl. (2.55), folgt: $f(r) \propto r^{-2}$! Dies ergibt für die Gravitationskraft zwischen Sonne und Planet:

Newtonsches Gravitationsgesetz

$$\boldsymbol{F}(\boldsymbol{r}) = -G \cdot \frac{m \cdot M_\odot}{r^2} \hat{\boldsymbol{r}} \tag{2.57}$$

Die Gravitationskonstante $G = 6{,}67 \cdot 10^{-11}$ $\mathrm{N \cdot m^2 \cdot kg^{-2}}$ läßt sich durch Experimente bestimmen (siehe Abschn. 2.9.6).

2.9.3 Planetenbahnen

Um die Bahnkurve eines Planeten zu berechnen, nutzen wir aus, daß im Gravitationsfeld die Gesamtenergie $E = E_{pot} + E_{kin}$ und der Drehimpuls $\boldsymbol{L} = \boldsymbol{r} \times \boldsymbol{p}$ eines Planeten zeitlich konstant sind. Da die Bewegung in einer Ebene verläuft, benutzen wir ebene Polarkoordinaten r, φ mit dem Koordinatenursprung im Mittelpunkt der Sonne. Die kinetische Energie ist in diesen Koordinaten

$$\begin{aligned} E_{kin} &= \frac{m}{2} v^2 = \frac{m}{2}(v_r^2 + v_\varphi^2) \\ &= \frac{m}{2}(\dot{r}^2 + r^2 \dot{\varphi}^2) \,. \end{aligned} \tag{2.58}$$

Der Betrag des Drehimpulses ist

$$L = mr^2 \dot{\varphi} = \text{const} \,. \tag{2.59}$$

Damit heißt der Energiesatz:

$$E_{pot} + \frac{m}{2}\dot{r}^2 + \frac{L^2}{2mr^2} = E = \text{const} \,, \tag{2.60}$$

wobei E und L^2 zeitlich konstant sind. Löst man (2.60) auf nach $\dot{r} = \mathrm{d}r/\mathrm{d}t$, so ergibt sich:

$$\frac{\mathrm{d}r}{\mathrm{d}t} = \sqrt{\frac{2}{m}\left(E - E_{pot} - \frac{L^2}{2mr^2}\right)} \,. \tag{2.61}$$

Für die Winkelvariable $\varphi(t)$ erhält man aus (2.59)

$$\frac{\mathrm{d}\varphi}{\mathrm{d}t} = \frac{L}{mr^2} \,. \tag{2.62}$$

Division von (2.62) durch (2.61) ergibt

$$\frac{\mathrm{d}\varphi}{\mathrm{d}r} = \frac{L}{mr^2}\left[\frac{2}{m}\left(E - E_{pot} - \frac{L^2}{2mr^2}\right)\right]^{-1/2} ,$$

woraus man durch Integration

$$\begin{aligned} \int_{\varphi_0}^{\varphi} \mathrm{d}\varphi &= \varphi - \varphi_0 \\ &= \frac{L}{m} \int \frac{\mathrm{d}r}{r^2 \sqrt{\frac{2}{m}(E - E_{pot} - L^2/(2mr^2))}} \end{aligned} \tag{2.63}$$

die Polardarstellung $r = r(\varphi)$ der Bahnkurve auf folgende Weise erhält: Für $E_{pot} = -G \cdot M \cdot m/r$ gehört das Integral in (2.63) zum Typ der *elliptischen Integrale*. Die Lösung (siehe Integraltafel [2.5]) ist bei den Anfangsbedingungen $\varphi_0 = 0$:

$$\varphi = \arccos\left(\frac{L^2/r - Gm^2M}{\sqrt{(Gm^2M)^2 + 2mE \cdot L^2}}\right) . \tag{2.64}$$

Mit den Abkürzungen

$$a = -\frac{GmM}{2E} \quad \text{und} \quad \varepsilon = \sqrt{1 + \frac{2EL^2}{G^2m^3M^2}}$$

wird aus (2.64)

$$\varphi = \arccos\left(\frac{a(1-\varepsilon^2) - r}{\varepsilon \cdot r}\right) .$$

Auflösung nach r liefert:

$$\frac{1}{r} = \frac{1 + \varepsilon \cdot \cos\varphi}{a(1 - \varepsilon^2)} \,. \tag{2.65}$$

Dies ist die *Gleichung eines Kegelschnittes* (Ellipse, Hyperbel oder Parabel) *in Polarkoordinaten* [2.5]

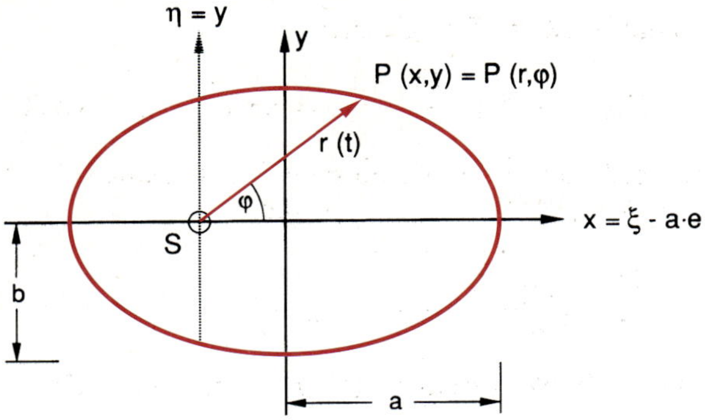

Abb. 2.49. Keplerbahnen in Parameterdarstellung

mit dem Koordinatenursprung in einem Brennpunkt S (Abb. 2.49). Man kann dies leicht sehen durch die Transformation $\xi = r \cdot \cos\varphi$, $\eta = r \sin\varphi$ auf kartesische Koordinaten mit dem Ursprung im Brennpunkt S, die aus (2.65) die Gleichung

$$a(1-\varepsilon^2) - \varepsilon\xi = \sqrt{\xi^2 + \eta^2} \tag{2.65a}$$

ergibt. Um den Ursprung $(0,0)$ unseres Koordinatensystems vom Brennpunkt in den Mittelpunkt des Kegelschnittes zu verschieben, machen wir die Transformation: $\xi = x + a\varepsilon$; $\eta = y$ und erhalten aus (2.65a) die bekannte Kegelschnittgleichung:

$$\frac{x^2}{a^2} + \frac{y^2}{b^2} = 1 \quad \text{mit} \quad b^2 = a^2(1-\varepsilon^2)\,. \tag{2.65b}$$

Für $\varepsilon < 1$, d.h. $E < 0$ ist dies die Gleichung einer Ellipse, für $\varepsilon > 1$, d.h. $E > 0$ die einer Hyperbel.

Bei negativer Gesamtenergie E durchläuft der Körper eine elliptische Bahn (1. Keplersches Gesetz), bei positiver Gesamtenergie verläßt er nach einmaligem Durchlaufen das Sonnensystem auf Nimmerwiedersehen (nicht wiederkehrende Kometen).

Für $\varepsilon = 1$, d.h. $E = 0$ erhält man aus (2.64) direkt:

$$r = \frac{L^2}{Gm^2M(1+\cos\varphi)}\,. \tag{2.66}$$

Dies ist die Gleichung einer Parabel [2.5] mit dem kleinsten Abstand $r_{\text{min}} = L^2/(2Gm^2M)$ vom Brennpunkt.

Man kann den größten und kleinsten Abstand des Planeten von der Sonne sofort aus (2.61) bestimmen, da für r_{max} und r_{min} die Ableitung $\mathrm{d}r/\mathrm{d}t = 0$ wird. Die Lösung der quadratischen Gleichung $E + GmM/r - L^2/(2mr^2) = 0$ ergibt die beiden Extrema:

$$r_{\text{max,min}} = -\frac{G \cdot m \cdot M}{2E} \pm \sqrt{\frac{m^2G^2M^2}{4E^2} + \frac{L^2}{2mE}} \tag{2.67}$$

Da $r \geq 0$ sein muß folgt:

- Für $E > 0$ kommt nur das positive Zeichen in Frage, d.h. es gibt nur ein r_{min}; die Bahn verläuft bis ins Unendliche (Hyperbel).
- Für $E < 0$ bleiben r_{max} und r_{min} beide endlich, die Bahn ist eine Ellipse.
- Für $E = 0$ ergibt (2.61) nur eine Lösung

$$r_{\text{min}} = \frac{L^2}{2Gm^2M}\,, \tag{2.68}$$

was man auch aus der Polardarstellung (2.66) der Parabel für $\varphi = 0$ sofort sieht.

In Tabelle 2.1 sind die Bahndaten der neun großen Planeten unseres Sonnensystems zusammengestellt.

Man beachte:

1. Die Lage der Bahnebene eines Planeten hängt ab von den Anfangsbedingungen bei der Bildung des Sonnensystems aus einer kollabierenden rotierenden Gaswolke [2.6]. Da diese Anfangsbedingungen für die einzelnen Planeten unterschiedlich waren, sind die Bahnebenen der verschiedenen Planeten etwas gegeneinander geneigt (Abb. 2.50). Außerdem ist die Gesamtkraft auf einen Planeten wegen der Wechselwirkungen mit den anderen Planeten keine Zentralkraft mehr, so daß sich die Bahnebene im Laufe der Zeit etwas verändern kann.

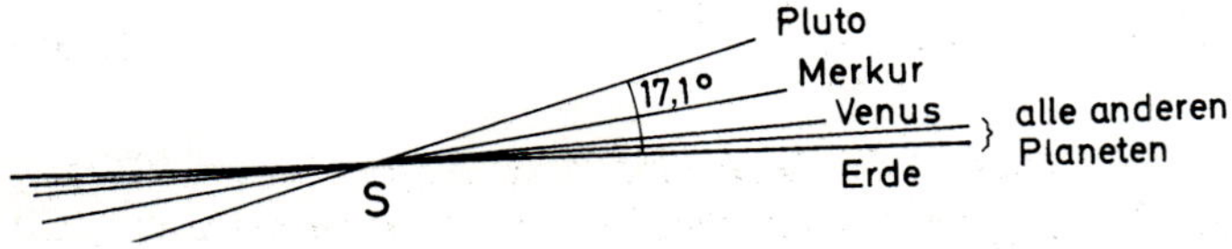

Abb. 2.50. Bahnebenen der Planeten

Tabelle 2.1. Bahndaten der neun großen Planeten (mit dem Erdmond zum Vergleich)

Name	Symbol	Große Halbachse der Bahn a			Umlaufdauer T	mittlere Umlaufgeschwindigkeit in $\mathrm{km\,s^{-1}}$	numerische Exzentrizität e	Bahnneigung i	kleinste Entfernung von der Erde	größte Entfernung von der Erde
		in *AE*	in 10^6 km	in Lichtzeit t					in *AE*	in *AE*
Merkur	☿	0,39	57,9	3,2 min	88 d	47,9	0,206	7,0°	0,53	1,47
Venus	♀	0,72	108,2	6,0 min	225 d	35,0	0,007	3,4°	0,27	1,73
Erde	♁	1,00	149,6	8,3 min	1,00 a	29,8	0,017	–	–	–
Mars	♂	1,52	227,9	12,7 min	1,9 a	24,1	0,093	1,8°	0,38	2,67
Jupiter	♃	5,20	778,3	43,2 min	11,9 a	13,1	0,048	1,3°	3,95	6,45
Saturn	♄	9,54	1427	1,3 h	11,9 a	9,6	0,056	2,5°	8,01	11.07
Uranus	♅	19,18	2870	2,7 h	84 a	6,8	0,047	0,8°	17,29	21.07
Neptun	♆	30,06	4496	4,2 h	165 a	5,4	0,009	1,8°	28,80	31.33
Pluto	♇	39,46	5900	5,5 h	248 a	4,7	0,25	17,1°	28,7	50.3
Erdmond	☾	0,00257	0,384	1,3 s	27,32 d	1,02	0,055	5,1°	356410 km	406740 km

2. Bei genauerer Betrachtung muß man berücksichtigen, daß die Sonne nicht in einem Brennpunkt ruht, da ihre Masse nicht unendlich groß ist, sondern daß Sonne und Planeten sich um einen gemeinsamen Schwerpunkt bewegen, der aber wegen $M_\odot \gg m$ nicht weit vom Mittelpunkt der Sonne entfernt ist [2.7]. Für genauere Rechnungen muß man die Masse m des Planeten durch die *reduzierte Masse* $\mu = mM/(m+M)$ ersetzen (siehe Abschn. 4.1), wobei $M > 100 \cdot \sum m_\mathrm{i}$ ist.

3. Die meisten Kometen unseres Sonnensystems sind innerhalb des Sonnensystems entstanden. Sie haben eine Gesamtenergie $E < 0$ und bewegen sich auf langgestreckten Ellipsen $(a \gg b)$.

2.9.4 Das effektive Potential

Man kann sich die Radialbewegung eines Körpers im Zentralkraftfeld, also die Lösung von (2.61) mit Hilfe des ***effektiven Potentials*** anschaulich klarmachen: Dazu zerlegen wir wie in (2.58) die kinetische Energie in einen Radialteil $(m/2)\cdot\dot{r}^2$, der die kinetische Energie der Radialbewegung angibt, und in einen Winkelanteil $(m/2)r^2\dot{\varphi}^2$, der bei festem Abstand r die kinetische Energie der Tangentialbewegung beschreibt. Dieser Tangentialanteil

$$E_\mathrm{kin}^\mathrm{tang} = \frac{1}{2}mr^2\dot{\varphi}^2 = \frac{L^2}{2mr^2} \tag{2.69}$$

läßt sich durch den konstanten Drehimpuls L ausdrücken (siehe (2.60)). Da bei vorgegebenem Drehimpuls L dieser Anteil nur von r abhängt, aber unabhängig ist vom jeweiligen Winkel φ oder der Radialgeschwindigkeit $\dot{r}$, schlägt man ihn zur potentiellen Energie E_pot (die ja auch nur von r abhängt) und nennt die Summe

$$E_\mathrm{pot}^\mathrm{eff} = E_\mathrm{pot}(r) + \frac{L^2}{2mr^2} \tag{2.70}$$

die ***effektive potentielle Energie*** bzw. $E_\mathrm{pot}^\mathrm{eff}/m$ das ***effektive Potential*** (Abb. 2.51). Der Anteil $L^2/(2m^2r^2)$ wird häufig auch ***Zentrifugalpotential*** genannt, im Gegensatz zum Radialpotential $E_\mathrm{pot}(r)/m$. Die kinetische Energie der Radialbewegung ist dann

$$E_\mathrm{kin}^\mathrm{rad} = \tfrac{1}{2}m\dot{r}^2 = E - E_\mathrm{pot}^\mathrm{eff}\,, \tag{2.71}$$

wobei E die konstante Gesamtenergie ist.

Im Gravitationsfeld ist

$$E_\mathrm{pot}^\mathrm{eff} = -G\cdot\frac{mM}{r} + \frac{L^2}{2mr^2}\,. \tag{2.72}$$

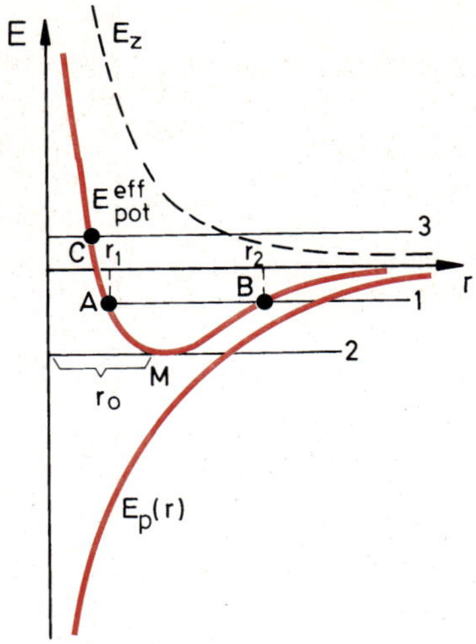

Abb. 2.51. Effektives Potential als Summe aus potentieller und Zentrifugalenergie und Radialteil der Bewegung eines Körpers im effektiven Potential für verschiedene Werte der Gesamtenergie E

Beide Anteile sind in Abb. 2.51 dargestellt. Der Zentrifugalanteil ist für große Werte von r sehr klein, kann aber bei kleinem r den negativen Anziehungsterm überwiegen.

Das Minimum von E_{pot}^{eff} erhält man aus $dE_{pot}^{eff}/dr = 0$ bei

$$r_0 = \frac{L^2}{Gm^2M} \,. \tag{2.73}$$

Die kinetische Energie der Radialbewegung beim Abstand r ergibt sich in Abb. 2.51 aus dem senkrechten Abstand $E - E_{pot}^{eff}(r)$ zwischen der horizontalen Gerade $E = \text{const}$ und der effektiven potentiellen Energie. Der Körper kann nur in solche r-Bereiche gelangen, für die $E - E_{pot}^{eff} > 0$ ist.

Diese Bereiche hängen also vom Wert der Gesamtenergie E ab:

- $E < 0$ aber $E_{kin}^{rad} > 0$ (Gerade 1 in Abb. 2.51). Der Körper bewegt sich zwischen den Radien r_1 und r_2, die den Abständen $a(1 \pm \varepsilon)$ zwischen Sonne und Planet bei der Ellipsenbewegung entsprechen.
- $E < 0$ aber $E_{kin}^{rad} = 0$ (Gerade 2 in Abb. 2.51). Die Bahnkurve hat einen festen Radius $r = r_0$ und ist daher ein Kreis. Im Diagramm des effektiven Potentials bleibt der Körper immer im Punkt M (Minimum von E_{pot}^{eff}).
- $E > 0$ und $E_{kin}^{rad} > |E_{pot}^{eff}|$ (Gerade 3 in Abb. 2.51). Der Körper hat den kleinsten Radialabstand im Punkt C, kann aber bis ins Unendliche kommen, d.h. $r_{max} = \infty$.

2.9.5 Gravitationsfeld ausgedehnter Körper

Bisher haben wir das Gravitationsfeld so berechnet, als ob der Zentralkörper, der dieses Feld erzeugt, ein Massenpunkt der Gesamtmasse M im Mittelpunkt sei. Wir wollen jetzt untersuchen, welchen Einfluß die räumliche Massenverteilung auf das Gravitationsfeld hat. Dazu berechnen wir zuerst das Gravitationsfeld einer Hohlkugel für einen Beobachter im Punkte P außerhalb der Kugel (Abb. 2.52). Die Hohlkugel möge den Radius a und die Wanddicke $da \ll a$ haben.

Eine Kreisscheibe der Dicke dx schneidet aus der Kugelschale einen Kreisring der Breite $ds = dx/\sin\vartheta$ mit dem Durchmesser $2y$ aus. Die Masse dieses Streifens (Breite ds, Dicke da) ist bei homogener Dichte ϱ

$$\begin{aligned} dm &= 2\pi y \varrho \cdot ds \cdot da \\ &= 2\pi a \cdot \varrho \cdot dx \cdot da, \quad \text{weil} \quad y = a \sin\vartheta \,. \end{aligned}$$

Alle Massenelemente dm dieses Streifens haben den gleichen Abstand r vom Punkte P, also ist die potentielle Energie einer kleinen Probemasse m' in P im Gravitationsfeld, das durch dm erzeugt wird:

$$dE_{pot} = -G \cdot \frac{m' dm}{r} \,.$$

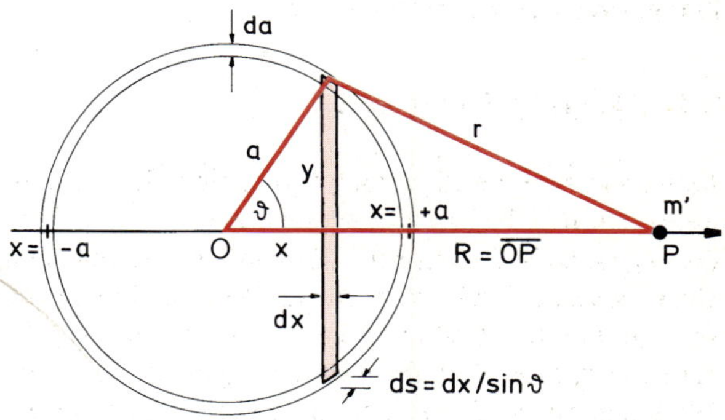

Abb. 2.52. Zur Herleitung von Potential und Feldstärke einer Hohlkugel

Den Beitrag der gesamten Kugelschale zum Gravitationsfeld in P erhält man durch Integration über alle $\mathrm{d}m$, d.h. über alle Streifen $\mathrm{d}x$ von $x = -a$ bis $x = +a$:

$$E_{\mathrm{pot}} = -2\pi\varrho m' a \cdot \mathrm{d}a \int_{x=-a}^{+a} \frac{\mathrm{d}x}{\mathrm{r}} . \tag{2.74}$$

Aus Abb. 2.52 entnimmt man die Relation

$$\begin{aligned} r^2 &= y^2 + (R-x)^2 = y^2 + x^2 + R^2 - 2Rx \\ &= a^2 + R^2 - 2Rx; \quad r\,\mathrm{d}r = -R\,\mathrm{d}x . \end{aligned}$$

Daraus ergibt sich dann:

$$\begin{aligned} E_{\mathrm{pot}} &= \frac{2\pi\varrho a\,\mathrm{d}a \cdot m'}{R} \int_{r=R+a}^{R-a} \mathrm{d}r \\ &= -G \cdot \frac{m' \cdot m}{R} , \end{aligned} \tag{2.75}$$

weil $m = 4\pi a^2 \varrho\,\mathrm{d}a$ die Masse der Kugelschale ist.

Die Gravitationskraft erhält man aus

$$\begin{aligned} \boldsymbol{F}_{\mathrm{G}} &= -\mathbf{grad}\, E_{\mathrm{pot}} \\ &= -\frac{\mathrm{d}E_{\mathrm{pot}}}{\mathrm{d}R} = -G \cdot \frac{m' \cdot m}{R^2} \cdot \hat{\boldsymbol{r}} . \end{aligned} \tag{2.76}$$

Gravitationskraft und potentielle Energie im Gravitationsfeld außerhalb einer homogenen Kugelschale der Masse m sind also exakt dieselben wie im Fall, daß die Masse m im Mittelpunkt der Hohlkugel vereinigt wäre (Abb. 2.53).

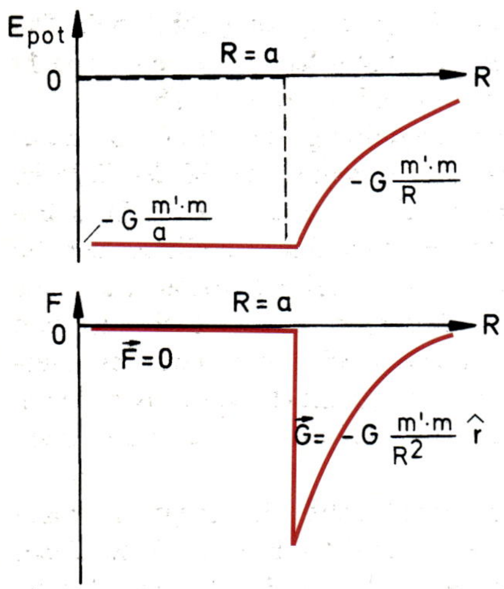

Abb. 2.53. Potentielle Energie einer Probemasse m' und Gravitationskraft $\boldsymbol{F}$ im Gravitationskraftfeld einer Hohlkugel mit Masse m

Für $R < a$ bleibt die Herleitung die gleiche, aber in (2.75) ändert sich die obere Integrationsgrenze. Für $x = +a$ ergibt sich $r = a - R$, wie man aus Abb. 2.52 sieht. Mit

$$\int_{r=a+R}^{r=a-R} \mathrm{d}r = -2R$$

wird jetzt die potentielle Energie

$$E_{\mathrm{pot}} = -G\frac{m'm}{a} = \text{const} \quad \text{für } R \le a . \tag{2.77}$$

Die Gravitationskraft ist daher im Inneren der homogenen Hohlkugel überall Null!

$$\boldsymbol{F} = -\mathbf{grad}\, E_{\mathrm{pot}} = \mathbf{0} \quad \text{für } R < a . \tag{2.78}$$

Im Inneren der Kugelschale herrscht kein Gravitationsfeld! Die Beiträge der einzelnen Oberflächenelemente, die ja in verschiedenen Richtungen wirken, heben sich exakt auf.

In Abb. 2.53 ist der Verlauf von $E_{\mathrm{pot}}(R)$ und $\boldsymbol{F}(R)$ dargestellt.

Eine *homogene Vollkugel* mit dem Radius R_0 können wir aus lauter konzentrischen Kugelschalen zusammensetzen. Ihre Masse ist

$$M = \int_{a=0}^{R_0} \varrho \cdot 4\pi a^2\,\mathrm{d}a .$$

Aus (2.75) ergibt sich für eine Masse m' *außerhalb* der Kugel (d.h. $R > R_0$) (Abb. 2.54 oben)

$$\begin{aligned} E_{\mathrm{pot}} &= -G\frac{4\pi}{R}\varrho m' \int_0^{R_0} a^2\,\mathrm{d}a = -G\frac{4\pi}{3R}R_0^3 \varrho m' \\ &= -G\frac{m' \cdot M}{R} . \end{aligned} \tag{2.77a}$$

Für einen Aufpunkt *innerhalb* der Kugel ($R < R_0$) teilen wir die Integration über a in zwei Schritte auf:

$$0 \le a \le R \quad \text{und} \quad R \le a \le R_0 .$$

Aus den Gleichungen (2.77) und (2.77a) erhält man dann

$$\begin{aligned} E_{\mathrm{pot}} - 4\pi\varrho G m' &\left[\int_{a=0}^{R} \frac{a^2\,\mathrm{d}a}{R} + \int_{a=R}^{R_0} a\,\mathrm{d}a\right] \\ = -4\pi\varrho G m' &\left[\frac{R^2}{3} + \frac{1}{2}R_0^2 - \frac{1}{2}R^2\right] ; \end{aligned} \tag{2.79}$$

wegen $M = 4/3\varrho\pi R_0^3$ wird dies zu

$$E_{pot} = \frac{GMm'}{2R_0^3}(R^2 - 3R_0^2) . \tag{2.80}$$

Physikalisch bedeutet diese Aufteilung der Integration, daß für einen Punkt $P(R)$ nur die Massenelemente mit $r \leq R$ zur Gravitationskraft beitragen, während der Beitrag aller Massenelemente mit $r \geq R$ sich genau aufhebt. Deshalb liefert der zweite Term in (2.79) zum Potential nur einen konstanten Anteil. Aus (2.77a) und (2.80) ergibt sich dann (siehe Abb. 2.54 unten)

$$\begin{aligned} \boldsymbol{F} &= -G\frac{Mm'}{R^2}\hat{\boldsymbol{r}} \quad \text{für} \quad R \geq R_0 \\ \boldsymbol{F} &= -\frac{GMm'}{R_0^3}R\hat{\boldsymbol{r}} \quad \text{für} \quad R \leq R_0 \end{aligned} \tag{2.81}$$

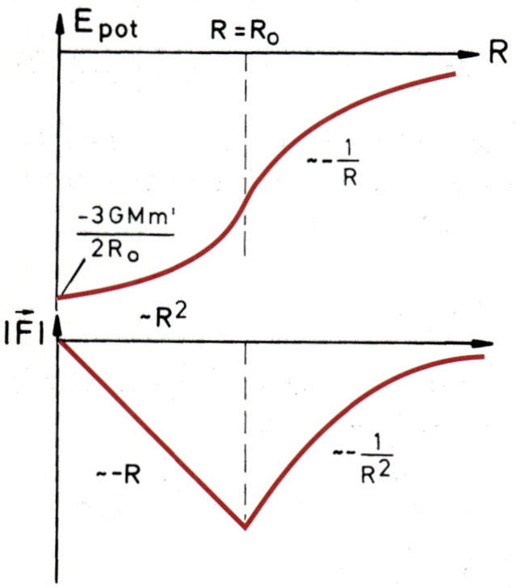

Abb. 2.54. Potentielle Energie und Schwerkraft $\boldsymbol{F}$ auf eine Probemasse m' im Schwerefeld einer homogenen Kugel mit Radius R_0 und Masse M

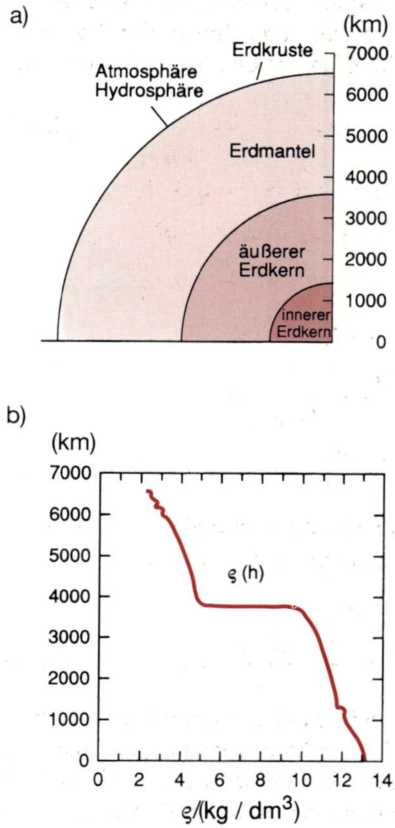

Abb. 2.55. (**a**) Aufbau der Erde, (**b**) radialer Dichteverlauf

Man beachte:

Die Erde ist *keine* Kugel mit homogener Dichte:

1. Weil ihre Form infolge der durch die Rotation bewirkten Deformation ein *abgeplattetes Rotationsellipsoid* ist (siehe Abschn. 6.6).

2. Weil die Dichte ϱ zum Mittelpunkt hin zunimmt. Deshalb nimmt die Masse $M(R)$ innerhalb einer Kugel mit Radius $R < R_0$ in den oberen Erdschichten nur mit R^n $(n < 3)$ zu (Abb. 2.55). Die Erdbeschleunigung g nimmt daher in einem Schacht mit zunehmender Tiefe mit $r^n, (n < 1)$ ab.

3. Die Massenverteilung der Erde ist *nicht kugelsymmetrisch*. Das Gravitationsfeld der Erde ist deshalb nicht genau ein Zentralkraftfeld. Dies bedeutet, daß der Drehimpuls eines Satelliten, der die Erde umkreist, nicht völlig zeitlich konstant ist. Aus der zeitlichen Veränderung der Bahnebenen von Satelliten, deren Position $\boldsymbol{r}(t)$ man mit Radarverfahren auf wenige cm genau(!) vermessen kann, läßt sich die Massenverteilung $\varrho(\vartheta, \varphi)$ bestimmen [2.8].

4. Die Äquipotentialflächen des Erdgravitationspotentials bilden ein Geoid (Abb. 2.56). Eine dieser Flächen, die mit der mittleren Fläche der Ozeane übereinstimmt, wird als ***Normal-Null-Fläche*** (N.N.) definiert, von der aus alle Höhen auf der Erdoberfläche gemessen werden [2.9].

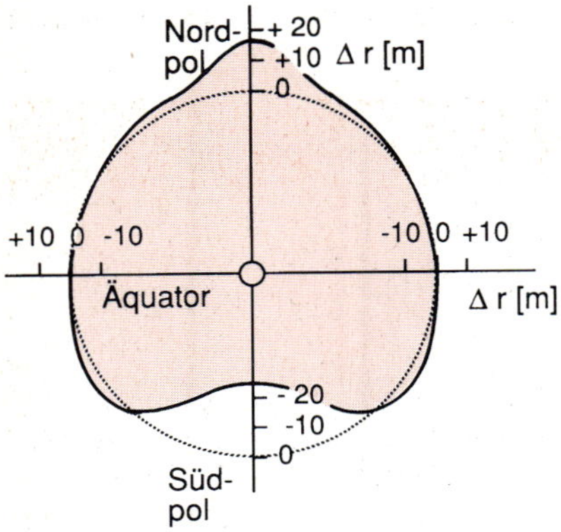

Abb. 2.56. Die Erde als Geoid. Aufgetragen ist in einem 80 000fach vergrößerten Maßstab die Abweichung der Erdoberfläche von einem abgeplatteten Rotationsellipsoid mit $(a-b)/b = 1/298{,}25$ (*gestrichelte Kurve*), wobei a die große, b die kleine Achse des Ellipsoids ist

2.9.6 Experimentelle Prüfung des Gravitationsgesetzes

Aus den Planetenbewegungen läßt sich nur das Produkt $G \cdot M_{\odot}$ aus Gravitationskonstante G und Sonnenmasse $M_{\odot}$ bestimmen. Den absoluten Wert von G muß man durch Laborexperimente ermitteln. Solche Experimente wurden zuerst 1798 von *Cavendish* durchgeführt und später mit verbesserter experimenteller Ausrüstung von zahlreichen Experimentatoren wiederholt [2.10], von denen *Eötvös* 1896 durch seine ausführlichen Präzisionsmessungen besonders bekannt wurde [2.2].

Die meisten dieser Experimente basieren auf dem Prinzip der Drehwaage (Abb. 2.57): An einem dünnen Faden hängt ein leichter Balken der Länge $2L$ mit zwei kleinen gleichen Massen $m_1 = m$. Auf einem drehbaren Bügel liegen zwei große, einander gleiche Massen $m_2 = M$, die man in die Stellungen a oder b drehen kann, so daß der Balken mit den Massen m durch die Gravitationskraft zwischen m und M im Uhrzeigersinn (Stellung b) bzw. im Gegenuhrzeigersinn (Stellung a) gedreht wird. Durch die Drehung verdrillt sich der Faden der Länge l und es entsteht ein rücktreibendes Drehmoment, das bei einem Drehwinkel φ durch

$$D_{\mathrm{r}} = \frac{\pi}{2} G^* \frac{d^4}{16\,l} \cdot \varphi \tag{2.82}$$

gegeben ist, wobei G^* der ***Torsionsmodul*** und d der Durchmesser des Fadens ist (siehe Abschn. 6.2.3). Der Drehwinkel φ gegenüber der Gleichgewichtslage $\varphi = 0$ ohne die großen Massen M ist festgelegt durch die Gleichheit der rücktreibenden Drehmomente D_{r} des verdrillten Fadens und des Drehmomentes $2 \cdot L \cdot F_{\mathrm{G}}$, das die Gravitationskraft

$$F_{\mathrm{G}} = G \cdot \frac{m \cdot M}{r^2} = G \cdot \frac{16\pi^2}{9r^2} \varrho^2 R_1^3 R_2^3 \tag{2.83}$$

auf die kleinen Massen ausübt, wobei ϱ die Massendichte und R_1, R_2 die Radien der kleinen bzw. großen Massenkugeln sind. Um F_{G} möglichst groß zu machen, muß die Dichte ϱ groß sein, da der Abstand r eine untere Grenze $r \geq R_1 + R_2$ hat. Die Gravitationskonstante G ergibt sich dann aus

$$G = \frac{9G^*}{64\pi} \frac{r^2 (d/2)^4}{l \cdot L \cdot \varrho^2 R_1^3 R_2^3} \cdot \varphi\,. \tag{2.84}$$

Um auch kleine Drehwinkel φ messen zu können, wird am Faden ein kleiner Spiegel befestigt, dessen Drehung mit einem Lichtzeiger (Laserstrahl) auf einer weit entfernten Skala angezeigt wird. Die genaueste Methode zur Messung von φ ist die folgende: Man dreht die Massen in die Position a. Dadurch werden die Massen m_1 beschleunigt und die Waage führt Drehschwingungen um die neue Gleichgewichtslage φ_1 aus (siehe Abschn. 6.2.3), die als

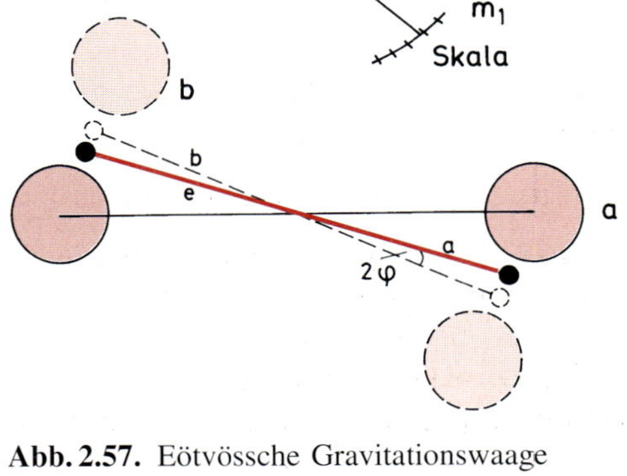

Abb. 2.57. Eötvössche Gravitationswaage

Mittelwert der Schwingungsumkehrpunkte bestimmt werden kann. Dann dreht man die Massen m_2 in die Stellung b und wiederholt die Messung. Der Unterschied $\varphi_1 - \varphi_2 = 2\varphi$ der beiden Gleichgewichtslagen ergibt dann mit (2.84) die Gravitationskonstante G.

Man sieht aus (2.84), daß man zur Erhöhung der Empfindlichkeit den Fadendurchmesser d möglichst klein und die Dichte ϱ der Kugeln möglichst groß machen muß. Neue Materialien, wie glasfaserverstärkte Metalldrähte können bei kleinem Radius r genügend große Massen m_1 tragen. Der heute als Bestwert akzeptierte Wert der Gravitationskonstanten ist [2.11]

$$G = 6{,}67259(85) \cdot 10^{-11}\ \mathrm{m^3 kg^{-1} s^{-2}}\ .$$

Um die Gültigkeit der $1/r^2$ Abhängigkeit im Gravitationsgesetz (2.57) zu prüfen, wurden eine Reihe von Präzisionsexperimenten durchgeführt [2.12]. Ein interessanter Vorschlag von *Stacey* [2.13] basiert auf folgendem Prinzip: In dem Turmschacht einer Talsperre wird eine empfindliche Gravitationswaage in einem evakuierten Behälter senkrecht aufgehängt (Abb. 2.58). Eine Masse hängt oberhalb des Wasserspiegels, die andere unterhalb. Wird jetzt der Wasserspiegel um die Höhe Δh abgesenkt, so ändert sich die Gravitationskraft auf die beiden Massen unterschiedlich. Für die tiefere wird sie um

$$\Delta F_G = m \cdot 4\pi G \cdot \varrho \Delta h$$

größer, für die obere entsprechend kleiner.

Solche sehr schwierigen Experimente haben eine große Bedeutung als experimentelle Prüfung neuer Theorien, die versuchen, die Gravitation und die anderen drei Wechselwirkungen auf eine gemein-

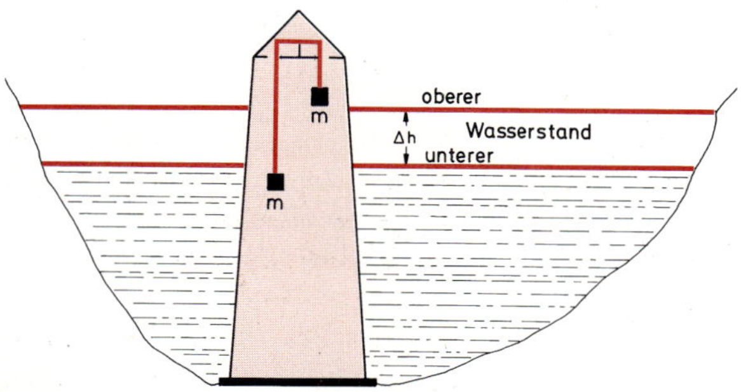

Abb. 2.58. Neuere Experimente zur Prüfung der $1/r^2$-Abhängigkeit des Gravitationsgesetzes

Tabelle 2.2. Masse und mittlere Dichte von Sonne, Planeten und Erdmond

Planet	Symbol	Masse in Erdmassen	mittlerere Dichte $\bar{\varrho}$ in 10^3 kg/m^3
Sonne	☉	$3{,}33 \cdot 10^5$	1,41
Merkur	☿	0,0558	5,42
Venus	♀	0,8150	5,25
Erde	♁	1,0	5,25
Mars	♂	0,1074	3,94
Jupiter	♃	317,893	1,314
Saturn	♄	95,147	0,69
Uranus	⛢	14,54	1,19
Neptun	♆	17,23	1,66
Pluto	♇	$2{,}2 \cdot 10^{-3}$	0,9
Erdmond	☾	0,0123	3,34

same Grundlage zurückzuführen. Dazu gehören auch Experimente, die die Gleichheit von träger und schwerer Masse prüfen, wie sie von *Eötvös* 1922, *Dicke* 1960 und vielen anderen durchgeführt wurden. Hier wird die träge Masse für verschiedene Materialien aus der Schwingungsdauer der Gravitationswaage bestimmt (siehe Abschn. 2.10). Die bisherigen Ergebnisse zeigen, daß der Quotient $m_\mathrm{t}/m_\mathrm{s}$ von träger und schwerer Masse gleich 1 ist und daß für zwei Materialien A und B die Differenz

$$\eta(\mathrm{A},\mathrm{B}) = \left[\frac{m_\mathrm{t}}{m_\mathrm{s}}\right]_\mathrm{A} - \left[\frac{m_\mathrm{t}}{m_\mathrm{s}}\right]_\mathrm{B} < 10^{-12}$$

ist [2.14].

Aus der Umlaufzeit $T = 2\pi/\omega$ eines Satelliten (z.B. des Mondes), der mit der Winkelgeschwindigkeit ω um die Erde kreist, läßt sich wegen

$$m \cdot \omega^2 \cdot r = G \cdot m \cdot \frac{M}{r^2}$$

bei Kenntnis der Gravitationskonstanten G die Masse M der Erde bestimmen. Der experimentelle Wert ist

$$M = 5{,}974 \cdot 10^{24}\ \mathrm{kg}\ .$$

Bei Kenntnis der Fallbeschleunigung g auf der Erdoberfläche kann man dann aus

$$m \cdot g = G \cdot \frac{M \cdot m}{R^2}$$

den Erdradius und daraus die mittlere Dichte $\bar{\varrho} = 3M/(4\pi R^3)$ ermitteln.

Vergleicht man die mittleren Dichten der einzelnen Planeten (Tabelle 2.2), so fällt auf, daß die *inneren Planeten* Merkur, Venus, Erde und Mars vergleichbare Dichten um $\bar{\varrho} = 5\ \mathrm{g/cm^3}$ haben, während die äußeren Planeten und die Sonne wesentlich kleinere Dichten zeigen. Diese experimentelle Tatsache läßt sich inzwischen durch ein Modell der Entstehung unseres Sonnensystems verstehen [2.6] (siehe Bd. 4).

2.9.7 Experimentelle Bestimmung der Erdbeschleunigung

Die genaueste Bestimmung der Erdbeschleunigung ist durch die Messung der Schwingungsdauer T eines Pendels möglich. Dieses besteht aus einer Kugel der Masse m, die an einem Faden der Länge L (gemessen zwischen Aufhängepunkt A und Mittelpunkt M der Kugel) hängt. Wenn die Masse des Fadens vernachlässigbar ist gegen m und der Durchmesser d der Kugel sehr klein gegen L ist, heißt die Anordnung ***mathematisches Pendel***, weil m als Punktmasse behandelt werden kann. Die Bewegung des Pendels unter dem Einfluß der Schwerkraft kann man sich wie folgt klarmachen: Die Kraft $\boldsymbol{F} = m \cdot g$ wird in zwei Komponenten zerlegt (Abb. 2.59).

- Eine radiale Komponente F_r, die im gespannten Faden eine gleich große, entgegengerichtete Kraft hervorruft und deshalb nichts zur Beschleunigung beiträgt.

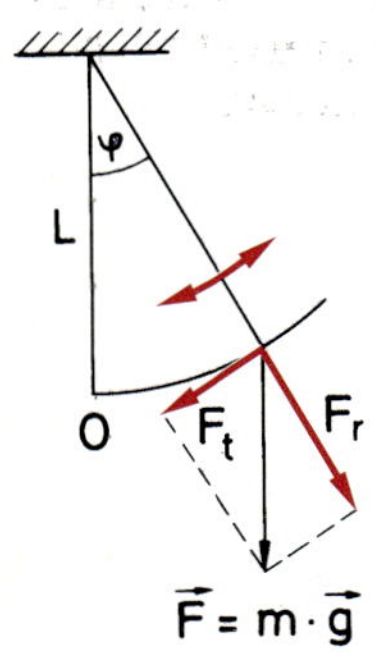

Abb. 2.59. Zur Messung der Erdbeschleunigung mit dem mathematischen Pendel

- Eine tangentiale Komponente $F_t = -m \cdot g \cdot \sin\varphi$, die eine Tangentialbeschleunigung $a_t = -g \cdot \sin\varphi$ bewirkt.

Dieses Beispiel beschreibt die Bewegung der Masse m unter dem Einfluß einer ortsabhängigen Kraft $\boldsymbol{F}_t$, die *keine* Zentralkraft ist. Der Drehimpuls bleibt daher *nicht* erhalten. Liegt die Anfangsgeschwindigkeit beim Loslassen des Pendels beim Winkel $\varphi \neq 0$ jedoch in der Ebene von $\boldsymbol{F}_r$ und $\boldsymbol{F}_t$, so verläuft die Bewegung in dieser Ebene.

In ebenen Polarkoordinaten lautet die Bewegungsgleichung:

$$m \cdot g \cdot \sin\varphi = -m \cdot L \cdot \ddot{\varphi} \,. \tag{2.85a}$$

Entwickelt man $\sin\varphi$ in die Potenzreihe

$$\sin\varphi = \varphi - \frac{\varphi^3}{3!} + \frac{\varphi^5}{5!} - \frac{\varphi^7}{7!} + \cdots,$$

so kann man für genügend kleine Werte von φ die höheren Glieder vernachlässigen. So ist z.B. für $\varphi = 10° \approx 0{,}17\,\mathrm{rad}$ der Wert $\varphi^3/3! = 8{,}2 \cdot 10^{-4}$, d.h. das zweite Glied ist bereits um den Faktor 208 kleiner als das erste Glied. Man macht also in der Näherung $\sin\varphi \approx \varphi$ nur einen Fehler von $< 0{,}5\%$ für $\varphi = 10°$.

Die Bewegungsgleichung (2.85a) wird in der Näherung $\sin\varphi \approx \varphi$ zu

$$\ddot{\varphi} = -\frac{g}{L} \cdot \varphi \tag{2.85b}$$

und hat bei der Anfangsbedingung $\varphi(0) = 0$ die Lösung:

$$\varphi(t) = A \cdot \sin\left(\sqrt{g/L} \cdot t\right) \,. \tag{2.86}$$

Das Pendel führt eine periodische Bewegung durch mit der Schwingungsdauer

$$T = 2\pi \cdot \sqrt{L/g} \,. \tag{2.87}$$

Bei Messung von 100 Schwingungsperioden läßt sich bei einer Meßungenauigkeit von 0,1 s ein T von 1 s auf 10^{-3} s genau bestimmen. Die größte Ungenauigkeit für g kommt von der Messung der Pendellänge L.

Zur genaueren Lösung der Gleichung (2.85a) auch für größere Auslenkungen benutzen wir den Energiesatz (siehe Abschn. 2.7), der uns bereits eine Integration erspart. Man entnimmt Abb. 2.60

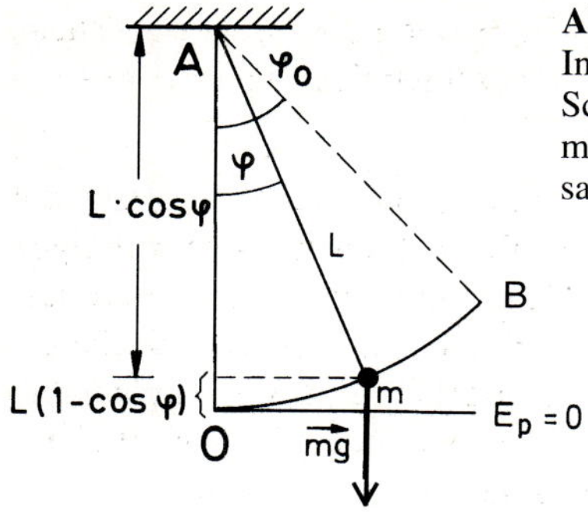

Abb. 2.60. Zur Integration der Schwingungsgleichung mit Hilfe des Energiesatzes

$$E_{pot} = m \cdot g \cdot L(1 - \cos\varphi)$$

$$E_{kin} = \frac{m}{2}v^2 = \frac{m}{2}L^2\dot{\varphi}^2 .$$

Die konstante Gesamtenergie ist

$$E = E_{kin} + E_{pot} = \frac{m}{2}L^2\dot{\varphi}^2 + mgL(1 - \cos\varphi)$$
$$= mgL(1 - \cos\varphi_0) ,$$

wobei φ_0 der Winkel beim Umkehrpunkt B ist.

$$\frac{d\varphi}{dt} = \sqrt{\frac{2g(\cos\varphi - \cos\varphi_0)}{L}} ,$$

woraus man durch Integration

$$\sqrt{\frac{L}{2g}} \int_{\varphi=0}^{\varphi_0} \frac{d\varphi}{\sqrt{\cos\varphi - \cos\varphi_0}} = \int_{t=0}^{T/4} dt$$
$$= T/4 \qquad (2.88)$$

erhält. Durch die Substitution $\sin\xi = \sin(\varphi/2)/\sin(\varphi_0/2)$ läßt sich das Integral auf ein elliptisches Integral

$$T = \sqrt{8L/g} \int_0^{\pi/2} \frac{d\xi}{\sqrt{1 - K^2 \sin^2\xi}}$$
$$\text{mit} \quad K = \sin\varphi_0/2$$

zurückführen, das durch Reihenentwicklung gelöst werden kann [2.15]. Das Ergebnis ist

$$T(\varphi_0) = 2\pi\sqrt{\frac{L}{g}}\left(1 + \frac{1}{16}\varphi_0^2 + \cdots\right) . \qquad (2.89)$$

Um g genau zu bestimmen, mißt man $T(\varphi_0)$ für verschiedene Auslenkungen φ_0 und extrapoliert die Meßwerte gegen $\varphi_0 \to 0$ (Abb. 2.61).

Wenn die Erde durch ein Rotationsellipsoid angenähert wird, kann die Abhängigkeit der Erdbeschleunigung g von der geographischen Breite $\beta = 90° - \vartheta$ durch die Formel

$$g(\beta) \approx g_e(1 + 0{,}0053024 \sin^2\beta.$$
$$- 5{,}8 \cdot 10^{-6} \sin^2 2\beta) \qquad (2.90)$$

angenähert werden, wobei $g_e = g(\beta = 0) = 9{,}780327$ m/s^2 die Erdbeschleunigung am Äquator angibt. Hierbei ist berücksichtigt, daß g durch die von β abhängige Zentrifugalbeschleunigung vermindert wird (siehe Abschn. 3.2). Infolge der inhomogenen Massenverteilung in der Erde treten zusätzlich lokale Schwankungen von g auf.

Statt des Pendels verwendet man heutzutage überwiegend *Gravimeter* zur Bestimmung der Fallbeschleunigung g. Dies sind empfindliche, mit Hilfe eines Fadenpendels geeichte Federwaagen, mit denen man die Auslenkung $(x - x_0)$ aus der Ruhelage x_0 mit einer geeichten Masse m mißt und daraus gemäß

$$m \cdot g = -D(x - x_0)$$

die lokale Variation von g bestimmt [2.16].

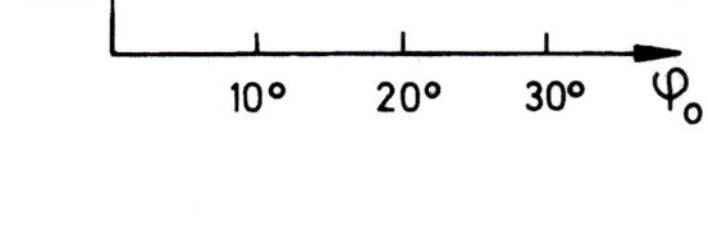

Abb. 2.61. Abhängigkeit der Schwingungsdauer des mathematischen Pendels von der Auslenkung

ÜBUNGSAUFGABEN

1. Ein Pkw fährt auf einer Bundesstraße mit konstantem Sicherheitsabstand von 40 m hinter einem Lkw (25 m Länge) mit der konstanten Geschwindigkeit von 80 km/h her. Als der Fahrer eine 300 m lange freie Strecke einsehen kann, setzt er zum Überholen an. Dabei beschleunigt er mit $a = 1{,}3\ \mathrm{m/s^2}$ bis auf $v = 100$ km/h. Schafft er das Überholen gefahrlos? Wie lang sind Überholzeit und Überholweg, wenn auch beim Wiedereinscheren der Sicherheitsabstand von 40 m beachtet wird? Zeichnen Sie das $s(t)$- und $v(t)$-Diagramm.
2. Ein Auto fährt die Hälfte einer Strecke x mit der Geschwindigkeit $v_1 = 80$ km/h, die andere Hälfte mit $v_2 = 40$ km/h. Man schätze und berechne die Durchschnittsgeschwindigkeit $\overline{v}$ als Funktion von v_1 und v_2.
3. Ein Körper, der sich unter konstanter Beschleunigung die x-Achse entlang bewegt, passiert den Ursprung mit einer Geschwindigkeit von 6 cm/s. Zwei Sekunden später ist seine x-Koordinate 10 cm. Berechnen Sie den Betrag der Beschleunigung und geben Sie ihre Richtung an.
4. Ein Elektron tritt mit der Geschwindigkeit v_0 aus einer Glühkathode aus und erfährt dann in einem elektrischen Feld über 4 cm lang eine konstante Beschleunigung $a = 3 \cdot 10^{14}\mathrm{m/s^2}$. Danach mißt man seine Geschwindigkeit zu $v = 7 \cdot 10^6$ m/s. Wie groß war v_0?
5. Ein Körper wird aus einer Höhe von 15 m mit der Anfangsgeschwindigkeit $v_0 = 5$ m/s a) nach oben, b) nach unten geworfen. Man berechne für beide Fälle die Zeit bis zum Auftreffen auf den Boden.
6. Man überlege sich Beispiele, bei denen ein Körper bei konstantem Betrag und konstanter Richtung der Beschleunigung $\boldsymbol{a}$ *keine* gerade Bahn durchläuft. Welche Bedingung ergibt sich für gerade Bahnen?
7. Ein Auto fährt mit 100 km/h gegen einen großen Baum. Aus welcher Höhe müßte es fallen, um mit derselben Geschwindigkeit auf dem Boden aufzuschlagen?
8. a) Ein Körper bewegt sich mit *konstanter Winkelgeschwindigkeit* $\omega = 3$ rad/s auf einem Kreis in der x-z-Ebene mit Radius $R = 1$ m im Schwerefeld der Erde mit $\boldsymbol{g} = \{0, 0, -g\}$. Wie groß ist seine Beschleunigung an der *höchsten* und tiefsten Stelle der Kreisbahn? Wie groß ist der Unterschied zwischen beiden Werten?
   b) Ein Körper startet mit $v_0 = 0$ vom Punkte A ($z = h$) auf der in Abb. 2.15 gezeigten reibungsfreien Looping-Gleitbahn. Wie groß sind Geschwindigkeit und Beschleunigung in den Punkten B und C der Kreisbahn mit Radius R? Wie groß darf das Verhältnis R/h höchstens werden, damit der Körper in B nicht herunterfällt? Wie groß ist dann die Geschwindigkeit $v_{\min}(B)$?

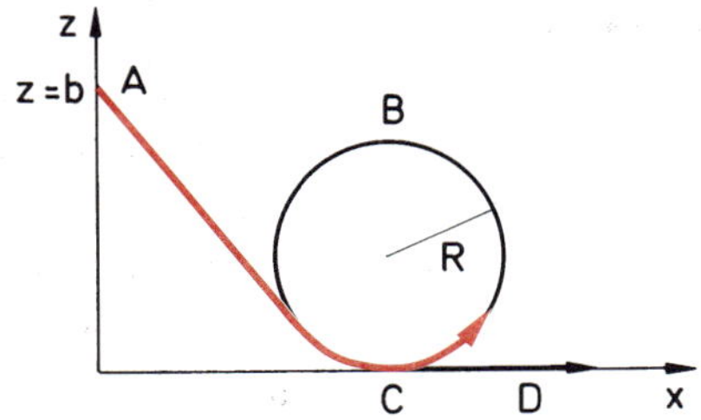

Abb. 2.62. Loopingbahn (zur Aufgabe 8b)

9. Wie groß ist die Fluchtgeschwindigkeit a) des Mondes aus dem Gravitationsfeld der Erde, b) eines Körpers auf der Mondoberfläche aus dem Gravitationsfeld des Mondes?
10. Wie groß muß die Treibstoffmasse einer einstufigen Rakete sein, um eine Nutzlast von 500 kg bei waagerechtem Abschuß am Äquator a) in Ostrichtung b) in Westrichtung bis auf die Erste kosmische Geschwindigkeit $v_1 = 7{,}9$ km/s zu beschleunigen, wenn die Ausströmgeschwindigkeit des Treibgases relativ zur Rakete $v_e = 4,5$ km/s ist?
11. Man prüfe für die anderen bisherigen Beispiele den Energiesatz. Zeigen Sie, daß (2.29a) sofort aus dem Energiesatz $E_{\text{kin}} > E_{\text{pot}}$, d.h. $(m/2)v_0^2 > m \cdot R \cdot g$ erhalten werden kann.
12. Von einem Ort am Äquator soll eine Rakete zum Mond abgeschossen werden. Wieviel Energie spart man gegenüber dem senkrechten Abschuß, wenn man in östlicher Richtung unter 30° gegen die Horizontale abschießt?
13. Ein hölzerner Zylinder ist im Gleichgewicht zu 2/3 seiner Länge in Wasser untergetaucht. Welche Arbeit muß zum Herausziehen des Zylin-

ders aus dem Wasser verrichtet werden, wenn sein Radius $r = 0{,}1$ m und seine Länge $h = 0{,}6$ m ist?

14. Ein Körper der Masse $m = 0{,}8$ kg wird senkrecht nach oben geworfen. In der Höhe $h = 10$ m hat er noch eine kinetische Energie von $W_k = 200$ J. Welche Maximalhöhe kann der Körper erreichen?
15. Eine stählerne Spiralfeder der Länge $l_0 = 0{,}8$ m wird unter Einwirkung der Kraft $F_1 = 20$ N um die Länge $x_1 = 0{,}05$ m gedehnt. Welche Arbeit wird bei einer Dehnung der Spiralfeder auf das Zweifache ihrer ursprünglichen Länge benötigt, wenn die Kraft, die diese Arbeit verrichtet, proportional zur Ausdehnung der Feder ist?
16. Wie groß ist die Mindestgeschwindigkeit, die ein Körper beim Abschuß von der Erde haben muß, damit er den Mond erreicht?
17. Wie groß ist die Entfernung eines geostationären Satelliten vom Erdmittelpunkt? Welche Energie braucht man bei seinem Start? Wie genau muß sein Abstand r vom Erdmittelpunkt eingehalten werden, damit sich seine Lage relativ zu einem Punkt P auf der Erdoberfläche um weniger als 0,1 km/Tag ändert?
18. Wie ändern sich potentielle, kinetische und Gesamtenergie mit dem Radius r eines Satelliten auf einer stabilen Kreisbahn um den Erdmittelpunkt? Wie groß ist das Verhältnis E_{kin}/E_{pot}? Hängt es von r ab? Drücken Sie E aus durch M_E, m, g und r. Braucht man noch andere Größen?
19. Man zeige, daß die beschleunigende Kraft $\boldsymbol{F}_t = m \cdot g \cdot \sin\varphi \cdot \hat{\boldsymbol{e}}_t$ beim mathematischen Pendel konservativ ist und daß für jede beliebige Auslenkung φ gilt: $E_{kin} + E_{pot} = \text{const}$
20. Angenommen, man könnte die Fadenlänge $L = 10$ m eines Pendels auf 0,1 mm genau messen und die Zeit auf 10 ms genau. Wieviele Schwingungsperioden muß man messen, damit der Einfluß der Zeitungenauigkeit auf die Bestimmung von g genau so groß wird wie der der Längenungenauigkeit? Wie genau ist dann g bestimmt?
21. Wieviel gewinnt man bei der Gravitationswaage an Genauigkeit, wenn man die großen Massen verzehnfacht? Wie genau muß der Ablenkwinkel φ gemessen werden, damit die Gravitationskonstante G bis auf 10^{-4} bestimmt werden kann? Geben Sie physikalische Gründe für die Begrenzung der Genauigkeit der φ-Messung an.
22. Der Komet Halley hat eine Umlaufzeit von 76 Jahren. Seine kleinste Entfernung zur Sonne ist 0,59 AE. Wie weit entfernt er sich maximal von der Sonne und wie groß ist die Exzentrität seiner elliptischen Bahn? Hinweis: Suchen Sie eine Relation zwischen T und $(a\text{-}e)$
23. Die Schwerebeschleunigung am Äquator eines Planeten beträgt 11,6 m/s^2, die Zentripetalbeschleunigung $a = 0{,}3$ m/s^2 und die Fluchtgeschwindigkeit bei senkrechtem Abschuß 23,6 km/s. In einer Höhe von 5000 km über der Oberfläche ist $g = 8{,}0$ m/s^2. Wie groß sind Radius und Masse des Planeten? Wie schnell rotiert er? Um welchen Planeten handelt es sich?
24. Die Gravitationskraft, die die Sonne auf den Mond ausübt, ist etwa zweimal so groß wie diejenige, welche die Erde auf ihn ausübt. Warum kreist er trotzdem um die Erde und fliegt nicht fort?
25. Welche Schwingungsdauer T hätte ein Pendel auf dem Mond, das auf der Erde $T = 1$ s hat?
26. Ein gerader Tunnel wird von A nach B durch die Erde gebohrt. Man zeige, daß ein Körper ohne Reibung, der in A losgelassen wird, eine harmonische Schwingung ausführt.
    a) Man berechne die *Reisezeit A–B*.
    b) Man vergleiche sie mit der Umlaufzeit eines Satelliten, der die Erde dicht oberhalb der Erdoberfläche umkreist.
27. Man berechne aus der Mondumlaufzeit $T = 27$ d und der Relation $GM = gR^2$ (R = Erdradius) die Entfernung Erde–Mond.
28. Der Saturn besitzt eine Gesamtmasse von $5{,}7 \cdot 10^{26}$ kg und eine mittlere Dichte von 0,71 g/cm^3. Wie groß ist die Gravitationsbeschleunigung auf seiner Oberfläche?
29. Wie groß ist die prozentuale Änderung von g zwischen der Erdoberfläche und einem Punkt in 160 km Höhe über dem Erdboden?
30. Wie groß ist die Änderung der Gravitationsbeschleunigung der Erde aufgrund der Anziehungskraft (a) des Mondes und (b) der Sonne? Vergleichen Sie beide miteinander und mit der Erdbeschleunigung g an der Erdoberfläche.

31. Zwei Kugeln aus Blei mit den Massen $m_1 = m_2 = 20$ kg hängen in einem Schacht an zwei dünnen Drähten der Länge $L = 100$ m, deren gleich hohe Aufhängepunkte auf der Erdoberfläche den Abstand $d = 0,2$ m haben. Wie weit sind die Mittelpunkte der beiden Kugeln voneinander entfernt, wenn wir das Gravitationsfeld der Erde als kugelsymetrisch annehmen a) ohne b) mit Berücksichtigung der Gravitationswechselwirkung zwischen den beiden Kugeln?

32. Bestimmen Sie aus dem Energiesatz die Geschwindigkeit der Erde aus ihrer Bahn um die Sonne im sonnennächsten (Perihel) und im sonnenfernsten Punkt (Aphel). Wie groß ist die relative Abweichung von der mittleren Umlaufgeschwindigkeit? Wie hängt sie mit der Exzentrizität der Ellipsenbahn zusammen?

33. Ein Satellit hat im Aphel die Geschwindigkeit $v_A = 5$ km/s, im Perihel $v_p = 7$ km/s. Wie groß sind kleine und große Halbachse seiner elliptischen Bahn? Welche Zeit benötigt er für einen Umlauf?

3. Bewegte Bezugssysteme und spezielle Relativitätstheorie

Zur Beschreibung von Ort und Bewegung eines Teilchens im Raum braucht man ein Koordinatensystem, in dem der Ortsvektor $\boldsymbol{r}(t)$ und seine zeitliche Änderung angegeben werden. Natürlich sind alle physikalischen Vorgänge *unabhängig* von dem gewählten Bezugssystem. Ihre mathematische Formulierung kann jedoch oft in einem speziell gewählten Koordinatensystem wesentlich einfacher sein als in einem anderen. Es kommt deshalb darauf an, das für die Beschreibung eines physikalischen Vorganges optimale Koordinatensystem auszuwählen und die Transformationsgleichungen beim Übergang zwischen verschiedenen Koordinatensystemen zu finden.

So wird z.B. für Messungen auf der Erde normalerweise ein Koordinatensystem benutzt, das mit der sich im Raum bewegenden Erde fest verbunden ist. Für die Auswertung astronomischer Beobachtungen müssen die im Koordinatensystem „Erde" durchgeführten Messungen dann auf ein galaktisches Koordinatensystem, dessen Ursprung sich im Zentrum unserer Milchstraße befindet und das mit der Milchstraße rotiert, umgerechnet werden.

In diesem Kapitel wollen wir uns mit solchen Fragen der Beschreibung physikalischer Vorgänge in bewegten Bezugssystemen befassen. Dabei stellt sich heraus, daß manche aus der täglichen Erfahrung gewonnenen und bisher als selbstverständlich angenommenen Vorstellungen einer kritischen Revision bedürfen. Dies wird durch die Relativitätstheorie deutlich gemacht, deren Grundlagen wir kurz in diesem Kapitel behandeln.

3.1 Relativbewegung

Ein Beobachter, der im Nullpunkt O eines Koordinatensystems sitzt, betrachtet zwei Objekte A und B mit den Ortsvektoren $\boldsymbol{r}_A$ und $\boldsymbol{r}_B$ und dem Relativabstand

$$\boldsymbol{r}_{AB} = \boldsymbol{r}_A - \boldsymbol{r}_B \,, \tag{3.1}$$

die die Geschwindigkeiten

$$\boldsymbol{v}_A = \frac{d\boldsymbol{r}_A}{dt} \,; \qquad \boldsymbol{v}_B = \frac{d\boldsymbol{r}_B}{dt}$$

relativ zum Koordinatenursprung O haben (Abb. 3.1).

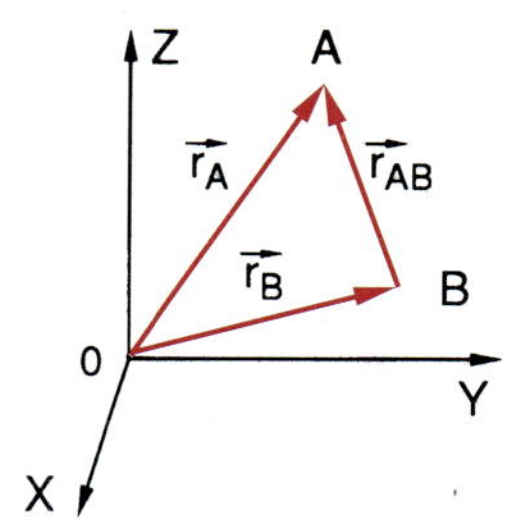

Abb. 3.1. Zur Definition des Relativabstandes

Die Geschwindigkeit von A relativ zu B ist dann

$$\boldsymbol{v}_{AB} = \frac{d\boldsymbol{r}_{AB}}{dt} = \boldsymbol{v}_A - \boldsymbol{v}_B \,. \tag{3.2a}$$

Entsprechend ist die Geschwindigkeit von B relativ zu A:

$$\boldsymbol{v}_{BA} = \boldsymbol{v}_B - \boldsymbol{v}_A = -\boldsymbol{v}_{AB} \,. \tag{3.2b}$$

Man sieht, daß Ortsvektor und Geschwindigkeit eines Objektes durchaus davon abhängen, auf welchen Punkt man $\boldsymbol{r}$ und $\boldsymbol{v}$ bezieht.

3.2 Inertialsysteme und Galilei-Transformation

Zwei Beobachter B und B′, die in den Nullpunkten O und O' zweier gegeneinander bewegter Koordinatensysteme (x, y, z) bzw. (x', y', z') sitzen, betrachten die

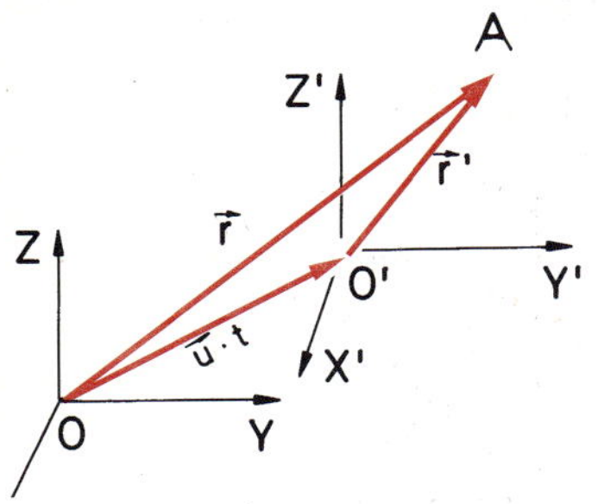

Abb. 3.2. Beschreibung der Koordinaten eines Punktes A in zwei sich mit der konstanten Geschwindigkeit $\boldsymbol{u}$ gegeneinander bewegenden Systemen O und O'

Bewegung eines Objektes A. Die beiden Koordinatensysteme mögen sich mit konstanter Geschwindigkeit $\boldsymbol{u}$ gegeneinander bewegen. (Sie sollen also z.B. *nicht* gegeneinander rotieren.) Ein Punkt A, der im System (x, y, z) den Ortsvektor $\boldsymbol{r} = \{x, y, z\}$ hat, wird im System (x', y', z') beschrieben durch $\boldsymbol{r}' = \{x', y', z'\}$.

Wie man aus Abb. 3.2 sieht, gilt:

$$\boldsymbol{r}' = \boldsymbol{r} - \boldsymbol{u} \cdot t \tag{3.3}$$

oder in Koordinatenschreibweise:

$$\left\{\begin{aligned} x'(t) &= x(t) - u_x \cdot t \\ y'(t) &= y(t) - u_y \cdot t \\ z'(t) &= z(t) - y_z \cdot t \\ t' &= t \end{aligned}\right\} \tag{3.3a}$$

Dabei soll $t' = t$ bedeuten, daß beide Beobachter zur Zeitmessung gleichgehende Uhren benutzen. Dies ist *nicht* selbstverständlich und gilt auch im allgemeinen nicht mehr, wenn u in die Größenordnung der Lichtgeschwindigkeit c kommt (siehe Abschn. 3.4).

Für die Geschwindigkeit des Körpers A, gemessen in den Systemen O und O' gilt:

$$\boldsymbol{v} = \frac{\mathrm{d}\boldsymbol{r}}{\mathrm{d}t} \quad \text{und} \quad \boldsymbol{v}' = \frac{\mathrm{d}\boldsymbol{r}'}{\mathrm{d}t} . \tag{3.4}$$

Aus (3.3) erhält man dann

$$\boldsymbol{v}' = \boldsymbol{v} - \boldsymbol{u} . \tag{3.5}$$

Für die Beschleunigungen ergibt sich aus (3.5) bei konstanter Geschwindigkeit $\boldsymbol{u}$

$$\boldsymbol{a}' = \frac{\mathrm{d}\boldsymbol{v}'}{\mathrm{d}t} = \frac{\mathrm{d}\boldsymbol{v}}{\mathrm{d}t} = \boldsymbol{a} . \tag{3.6}$$

Für die Beschleunigung $\boldsymbol{a}$ eines Körpers wird von zwei Beobachtern in zwei Systemen, die sich mit *konstanter* Geschwindigkeit gegeneinander bewegen, der gleiche Wert gemessen, und daher wegen $\boldsymbol{F} = m \cdot \boldsymbol{a}$ auch auf die gleichen Kräfte geschlossen.

Solche gegeneinander mit konstanter Geschwindigkeit $\boldsymbol{u}$ bewegte Bezugssysteme heißen ***Inertialsysteme***.

Zwischen den in zwei Intertialsystemen $O(x, y, z)$ und $O'(x', y', z')$ gemessenen Größen für die Bewegung eines Massenpunktes A gelten die ***Galilei-Transformationen***

$$\begin{aligned} &\boldsymbol{r} = \boldsymbol{r}' + \boldsymbol{u}t \\ &\boldsymbol{v} = \boldsymbol{v}' + \boldsymbol{u} \Rightarrow \boldsymbol{a} = \boldsymbol{a}' \quad \text{und} \quad \boldsymbol{F} = \boldsymbol{F}' \\ &t = t' \end{aligned} \tag{3.7}$$

wenn $u \ll c$ die Geschwindigkeit von O' relativ zu O ist.

Wegen $\boldsymbol{F} = \boldsymbol{F}'$ messen beide Beobachter die gleichen Kräfte und kommen zu gleichen physikalischen Gesetzen. Man kann sich dies z.B. am freien Fall in beiden Systemen klarmachen (Abb. 3.3).

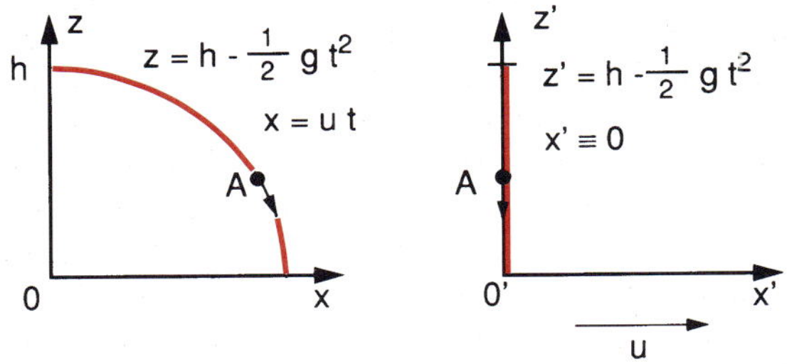

Abb. 3.3. Beschreibung des freien Falls in zwei verschiedenen Inertialsystemen

Ein Körper A, der im System O' aus der Höhe $z = h$ fallengelassen wird, fällt entlang der z'-Achse $(x' = y' = 0)$, die sich gegen O mit der Geschwindigkeit u bewegt. Für O startet er von $z' = h$ mit der Geschwindigkeit u in x-Richtung. Seine Bahn ist für O eine Parabel (waagerechter Wurf). Beide Beobachter messen jedoch dieselbe Beschleunigung $\boldsymbol{g} = \{0, 0, -g\}$ und gleiche Fallzeiten. Sie kommen zu gleichen Fallgesetzen.

Inertialsysteme sind für die Beschreibung physikalischer Gesetze äquivalent!

Anders ausgedrückt: Ein Beobachter, der „nicht aus dem Fenster schaut", kann durch Experimente in seinem System nicht entscheiden, ob sein System ruht oder sich (relativ zu einem äußeren Bezugssystem) mit konstanter Geschwindigkeit $\boldsymbol{u}$ bewegt.

3.3 Beschleunigte Bezugssysteme, Trägheitskräfte

Sitzen die beiden Beobachter in den Koordinatenursprüngen O und O' zweier Bezugssysteme, die sich mit *zeitlich veränderlicher Geschwindigkeit* $\boldsymbol{u}(t)$ gegeneinander bewegen, so messen sie für die Bewegung eines Punktes A relativ zu ihrem Bezugssystem unterschiedliche Beschleunigungen und deshalb auch unterschiedliche Kräfte. Wir wollen die beiden Beobachter im folgenden mit O und O' bezeichnen. Der Beobachter O' in einem beschleunigten Bezugssystem kann jedoch feststellen, daß sich sein Bezugssystem beschleunigt bewegt, und kommt bei Berücksichtigung dieser Beschleunigung zu gleichen physikalischen Gesetzen für die beobachtete Bewegung eines Punktes A wie der Beobachter O in einem Inertialsystem.

Wir wollen uns dies an zwei Spezialfällen beschleunigt bewegter Bezugssysteme klarmachen. Im ersten Fall ist die Bewegung geradlinig beschleunigt, im zweiten Fall rotiert das System (x', y', z') gegen (x, y, z) um den gemeinsamen Ursprung $O = O'$ beider Systeme.

Anmerkung

Im System (x, y, z) wird hier der Beobachter, der Koordinatenursprung und manchmal auch das ganze System mit dem Buchstaben O bezeichnet, was aber niemals Verwirrung stiften dürfte (Analoges gilt für (x', y', z').

3.3.1 Geradlinig beschleunigte Bezugssysteme

Bewegt sich der Ursprung O' des Systems (x', y', z') gegenüber einem ruhenden System O entlang der x-Achse mit der zeitlich veränderlichen Geschwindigkeit $\boldsymbol{u}(t)$, aber konstanter Beschleunigung $\boldsymbol{a} = a_x \hat{\boldsymbol{e}}_x$,

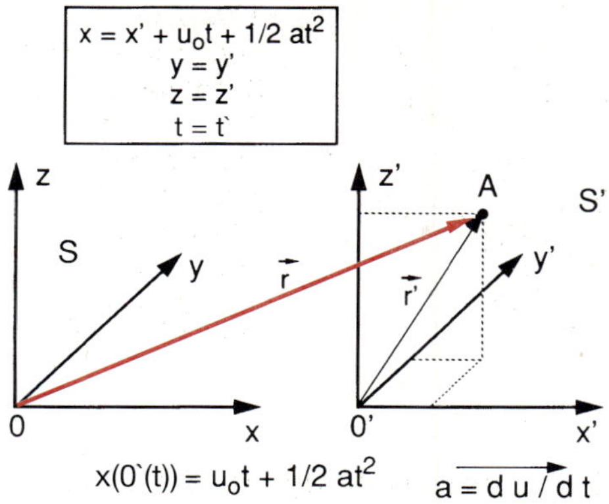

Abb. 3.4. Beschreibung eines Ereignisses A im Ruhesystem O und einem beschleunigt bewegten System O' mit den Koordinatenursprüngen O und O'

$a_x = \mathrm{d}u/\mathrm{d}t = \mathrm{d}^2x/\mathrm{d}t^2$, so ändert sich nur der *Betrag* der Geschwindigkeit $\boldsymbol{u}$, jedoch nicht ihre *Richtung* (Abb. 3.4). Ein Beispiel wäre ein Beobachter in einem auf gerader Strecke anfahrenden Zug.

Für einen Punkt A, der im System O' die Koordinaten $\{x', y', z'\}$ hat, mißt ein Beobachter im System O die Koordinaten $\{x = u_0t + \frac{1}{2}at^2 + x', y = y', z = z'\}$, wenn zur Zeit $t = 0$ die beiden Koordinaten-Ursprünge O und O' zusammenfielen und die Anfangsgeschwindigkeit $u(t = 0) = u_0$ war. Die Geschwindigkeiten von A sind dann $\{v'_x, v'_y, v'_z\}$ für O' und $\{v_x = u_0 + v'_x + at, v_y = v'_y, v_z = v'_z\}$ für O.

An drei Beispielen soll die jeweilige Beschreibung physikalischer Vorgänge in solchen Systemen dargestellt werden, wie sie von einem *ruhenden* Beobachter O und von einem im Nullpunkt O' des sich beschleunigt bewegenden Systems befindlichen Beobachter gegeben werden [3.1]. *Man beachte, daß O' kein Inertialsystem ist*!

BEISPIELE

1. Der Beobachter O' sitzt auf einem Wagen, auf dem ein Tisch mit ebener Tischplatte befestigt ist. Auf der Platte ruht reibungsfrei eine Kugel (Abb. 3.5a). Wenn das System O' mit dem Tisch nach links, d.h. in $-x$-Richtung beschleunigt wird, beobachten O' und der im ruhenden Laborsystem sitzende Beobachter O, daß die Kugel sich beschleunigt auf O' zubewegt. Die beiden interpretieren *die gleiche Beobachtung* wie folgt:

O' sagt: Die Kugel bewegt sich beschleunigt nach rechts (d.h. auf mich zu). Also wirkt eine Kraft $\boldsymbol{F} = +m \cdot \boldsymbol{a}$ auf sie.

O sagt: Das System O' wird mit der Beschleunigung $-\boldsymbol{a}$ nach links beschleunigt, während die Kugel, die an dieser Beschleunigung nicht teilnimmt, in Ruhe bleibt. Die Beschleunigung der Kugel ist Null, folglich wirkt keine Kraft auf sie.

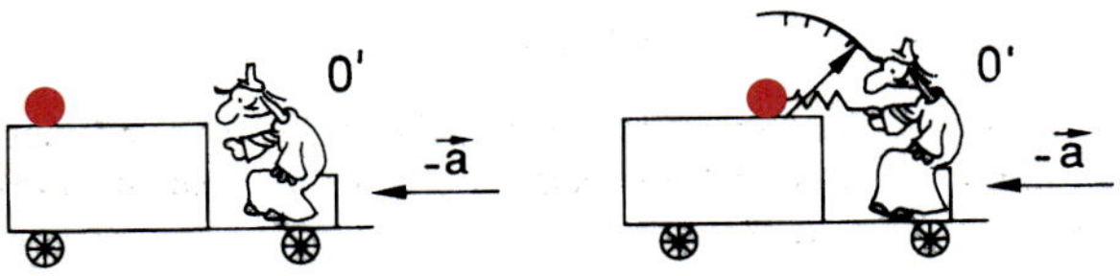

a) b)

Abb. 3.5. (**a**) Eine frei bewegliche, (**b**) eine an einer Federwaage befestigte Kugel auf einem in $-x$-Richtung beschleunigten Tisch

Man beachte:

Wenn der Beobachter O' weiß, daß sein System beschleunigt wird, weiß er auch, daß die Kugel infolge ihrer Trägheit in Ruhe bleibt, weil sie nicht mit dem Tisch verbunden ist. Er muß aber, um die Beobachtung in seinem beschleunigten System zu beschreiben, eine Kraft $\boldsymbol{F} = m \cdot \boldsymbol{a}$ einführen, die er ***Scheinkraft*** nennt, weil er weiß, daß dies keine „echte" Kraft ist, sondern nur die Beschreibung einer scheinbaren Beschleunigung $\boldsymbol{a}$ der Kugel, bezogen auf sein mit $-\boldsymbol{a}$ beschleunigtes Bezugssystem. Oft wird auch die Bezeichnung ***Trägheitskraft*** verwendet, weil die Kugel aufgrund ihrer trägen Masse nicht an der Beschleunigung des Systems teilnimmt, aber O' zur Erklärung der von ihm gemessenen Beschleunigung eine Kraft einführen muß.

2. Der Beobachter O' befestigt zwischen sich und der Kugel eine Spiralfeder (Kraftmesser) und hält deren rechtes Ende fest (Abb. 3.5b). Wenn jetzt das System O' nach links mit $-\boldsymbol{a}$ beschleunigt wird, mißt O' am Kraftmesser die Kraft $\boldsymbol{F}_1 = m \cdot \boldsymbol{a}$. Er muß mit seiner Hand eine gleich große entgegengesetzte Kraft $\boldsymbol{F}_2 = -m \cdot \boldsymbol{a}$ aufwenden, um die Kugel relativ zu sich in Ruhe zu halten.

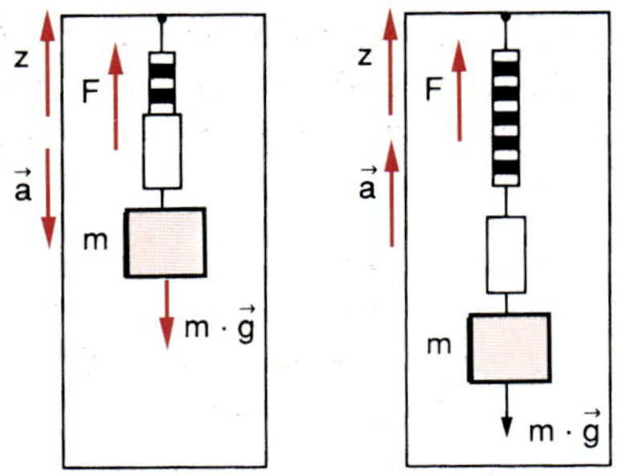

(a) (b)

O'		O	
$\vec{F}_1 = m \cdot \vec{g}$	$\vec{F}_2 = -m(\vec{g} - \vec{a})$ $\vec{F}_3 = -m \cdot \vec{a}$	$\vec{F}_1 = m \cdot \vec{g}$	$\vec{F}_2 = -m(\vec{g} - \vec{a})$
$\Sigma \vec{F}_i = 0$		$\Sigma \vec{F}_i = m \cdot \vec{a}$	

(c)

Abb. 3.6a–c. Fahrstuhlexperiment: Die Beschreibung der Kräfte auf eine Masse m, die an einer Federwaage hängt, welche an der Decke eines (**a**) nach unten, (**b**) nach oben beschleunigt sich bewegenden Fahrstuhls befestigt ist. Für den Fall der Abwärtsbewegung gibt (**c**) die Kräfte an aus der Sicht des mitbewegten Beobachters (linke Spalte) und aus der Sicht des ruhenden Beobachters (rechte Spalte)

Er sagt: Die Gesamtkraft ist $\boldsymbol{F} = \boldsymbol{F}_1 + \boldsymbol{F}_2 = \boldsymbol{0}$, folglich bleibt die Kugel in Ruhe, im Einklang mit meiner Beobachtung.

Der ruhende Beobachter O sagt: Da jetzt die Kugel über den Kraftmesser mit dem System O' verbunden ist, nimmt sie an der Beschleunigung $-\boldsymbol{a}$ dieses Systems teil. Dazu muß die Hand von O' die Kraft $\boldsymbol{F}_2 = -m \cdot \boldsymbol{a}$ aufbringen, damit die Kugel die gleiche Beschleunigung $-\boldsymbol{a}$ erhält wie das System O' und deshalb relativ zu O' ihre Lage nicht ändert.

3. In einem Fahrstuhl hängt eine Masse an einer Federwaage (Abb. 3.6). Wenn sich der Fahrstuhl mit der Beschleunigung $\boldsymbol{a} = \{0, 0, -a\}$ nach unten bewegt (Abb. 3.6a), mißt die Federwaage die Kraft $\boldsymbol{F} = m(\boldsymbol{g} - \boldsymbol{a})$, bewegt er sich beschleunigt nach oben (Abb. 3.6b), so mißt sie $\boldsymbol{F} = m(\boldsymbol{g} + \boldsymbol{a})$, wobei $\boldsymbol{g} = \{0, 0, -g\}$ – wie immer – die Erdbeschleunigung ist.

Der im Fahrstuhl sitzende Beobachter O' sagt: Der Körper ist in Ruhe. Also muß die Gesamtkraft Null sein. Diese setzt sich zusammen (Abb. 3.6c) aus

$$\left.\begin{array}{l} \boldsymbol{F} = \boldsymbol{F}_1 + \boldsymbol{F}_2 + \boldsymbol{F}_3 \text{ wobei} \\ \boldsymbol{F}_1 = m \cdot \boldsymbol{g} = \text{Gewicht;} \\ \boldsymbol{F}_2 = -m(\boldsymbol{g} - \boldsymbol{a}) = \text{Gegenkraft der Federwaage} \\ \boldsymbol{F}_3 = -m \cdot \boldsymbol{a} = \text{Trägheitskraft.} \end{array}\right\}$$

$$\longrightarrow \sum \boldsymbol{F}_i = \boldsymbol{0}$$

Der ruhende Beobachter O sagt: Die Masse m wird zusammen mit dem Fahrstuhl beschleunigt. Dazu muß die Kraft $\boldsymbol{F} = m \cdot \boldsymbol{a}$ aufgewendet werden. Die Gesamtkraft

$$\boldsymbol{F} = \boldsymbol{F}_1 + \boldsymbol{F}_2 = m \cdot \boldsymbol{g} - m(\boldsymbol{g} - \boldsymbol{a}) = m \cdot \boldsymbol{a}$$

ist die Vektorsumme aus Gewichtskraft $\boldsymbol{F}_1 = m \cdot \boldsymbol{g}$ und Rückstellkraft $\boldsymbol{F}_2 = -m(\boldsymbol{g} - \boldsymbol{a})$ der Feder.

Beim freien Fall des Fahrstuhles wird $\boldsymbol{a} = \boldsymbol{g}$. Für O' bleibt $\sum \boldsymbol{F}_i = 0$, während für O die Gesamtkraft $\boldsymbol{F} = m \cdot \boldsymbol{g}$ wird.

Man sieht an diesen Beispielen, daß die Trägheitskräfte nur eingeführt werden müssen, wenn die Messung in einem beschleunigten Bezugssystem durchgeführt wird und man dabei die Beschleunigung des Systems *nicht berücksichtigt* (Beobachter O'). Durch eine Transformation auf ein Inertialsystem werden alle Scheinkräfte Null, d.h. der Beobachter O braucht sie nicht zur Beschreibung der Bewegung eines Körpers A in seinem Inertialsystem.

3.3.2 Rotierende Bezugssysteme

Wir betrachten jetzt zwei Koordinatensysteme (x, y, z) und (x', y', z') mit den Einheitsvektoren $\hat{\boldsymbol{e}}_x, \hat{\boldsymbol{e}}_y, \hat{\boldsymbol{e}}_z$ bzw. $\hat{\boldsymbol{e}}'_x, \hat{\boldsymbol{e}}'_y, \hat{\boldsymbol{e}}'_z$ der Koordinatenachsen, deren Nullpunkt $O = O'$ für alle Zeiten zusammenfallen. Das System O' soll jedoch mit der konstanten Winkelgeschwindigkeit $\boldsymbol{\omega} = \{\omega_x, \omega_y, \omega_z\}$ gegen das System O rotieren (Abb. 3.7). O' ist also *kein* Inertialsystem.

Ein Punkt A habe zur Zeit t im System O den Ortsvektor

$$\boldsymbol{r}(t) = x(t) \cdot \hat{\boldsymbol{e}}_x + y(t) \cdot \hat{\boldsymbol{e}}_y + z(t) \cdot \hat{\boldsymbol{e}}_z \qquad (3.8)$$

und die Geschwindigkeit

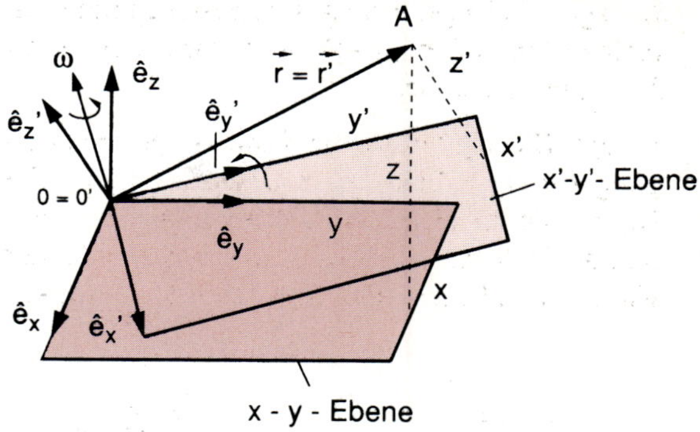

Abb. 3.7. Zwei gegeneinander um die Achse $\boldsymbol{\omega}$ durch den Ursprung $O = O'$ mit der Winkelgeschwindigkeit ω rotierende Koordinatensysteme

$$\boldsymbol{v}(t) = \frac{\mathrm{d}x}{\mathrm{d}t}\hat{\boldsymbol{e}}_x + \frac{\mathrm{d}y}{\mathrm{d}t}\hat{\boldsymbol{e}}_y + \frac{\mathrm{d}z}{\mathrm{d}t}\hat{\boldsymbol{e}}_z . \qquad (3.9)$$

Im System O' hat derselbe Punkt A zur Zeit $t' = t$ den Ortsvektor

$$\boldsymbol{r}'(t) = \boldsymbol{r}(t) = x'\hat{\boldsymbol{e}}'_x + y'\hat{\boldsymbol{e}}'_y + z'\hat{\boldsymbol{e}}'_z . \qquad (3.10)$$

Anmerkung

$\boldsymbol{r} = \boldsymbol{r}'$ bedeutet, daß wir ein und denselben Vektor betrachten, dessen Komponenten aber – je nach Koordinatensystem – sehr wohl verschiedene Zahlenwerte aufweisen können.

Wenn der Beobachter in O' nicht berücksichtigt, daß sich sein System dreht, wird er als Geschwindigkeit definieren

$$\boldsymbol{v}'(t) = \frac{\mathrm{d}\boldsymbol{r}'}{\mathrm{d}t} = \frac{\mathrm{d}x'}{\mathrm{d}t}\hat{\boldsymbol{e}}'_x + \frac{\mathrm{d}y'}{\mathrm{d}t}\hat{\boldsymbol{e}}'_y + \frac{\mathrm{d}z'}{\mathrm{d}t}\hat{\boldsymbol{e}}'_z . \qquad (3.11)$$

Wenn jedoch der Beobachter O die von ihm gemessene Geschwindigkeit des Punktes A *in den Koordinaten von* O' ausdrücken will, so weiß er, daß die Achsen von O' sich gegen ihn drehen und daher die Einheitsvektoren $\hat{\boldsymbol{e}}'_x, \hat{\boldsymbol{e}}'_y, \hat{\boldsymbol{e}}'_z$ nicht zeitlich konstant sind. Er muß deshalb schreiben:

$$\begin{aligned} \boldsymbol{v}'(x', y', z') &= \left(\frac{\mathrm{d}x'}{\mathrm{d}t}\hat{\boldsymbol{e}}'_x + \frac{\mathrm{d}y'}{\mathrm{d}t}\hat{\boldsymbol{e}}'_y + \frac{\mathrm{d}z'}{\mathrm{d}t}\hat{\boldsymbol{e}}'_z\right) \\ &\quad + \left(x'\frac{\mathrm{d}\hat{\boldsymbol{e}}'_x}{\mathrm{d}t} + y'\frac{\mathrm{d}\hat{\boldsymbol{e}}'_y}{\mathrm{d}t} + z'\frac{\mathrm{d}\hat{\boldsymbol{e}}'_z}{\mathrm{d}t}\right) \\ &= \boldsymbol{v}' + \boldsymbol{u} . \end{aligned} \qquad (3.12)$$

Die Endpunkte der Einheitsvektoren $\hat{e}'_x, \hat{e}'_y, \hat{e}'_z$ machen eine Kreisbewegung mit der konstanten Winkelgeschwindigkeit ω um $O = O'$. Für ihre Geschwindigkeit gilt daher (siehe (2.15))

$$\frac{d\hat{e}'_x}{dt} = \omega \times \hat{e}'_x; \quad \frac{d\hat{e}'_y}{dt} = \omega \times \hat{e}'_y; \quad \frac{d\hat{e}'_z}{dt} = \omega \times \hat{e}'_z . \tag{3.13}$$

Für den 2. Term in (3.12) ergibt das:

$$\begin{aligned} u &= (\omega \times \hat{e}'_x)x' + (\omega \times \hat{e}'_y)y' + (\omega \times \hat{e}'_z)z' \\ &= \omega \times (\hat{e}'_x x' + \hat{e}'_y y' + \hat{e}'_z z') \\ &= \omega \times r' = \omega' \times r, \\ &\quad \text{weil } r \equiv r', \text{ und } \omega \equiv \omega' . \end{aligned}$$

Wir erhalten für die Transformation der Geschwindigkeit des Punktes A, gemessen als v im System O und als v' im System O':

$$v = v' + (\omega \times r) . \tag{3.14}$$

> v' ist die Geschwindigkeit (3.11), die O' in seinem System mißt, wenn er die Rotation seines Systems *nicht* berücksichtigt, während v die Geschwindigkeit im *ruhenden* System ist, die entweder durch (3.9) oder äquivalent durch (3.12) ausgedrückt werden kann. Für $\omega = 0$ wird $v = v'$.

Die Beschleunigung a erhalten wir aus (3.14) durch Differentiation zu

$$a = \frac{dv}{dt} = \frac{dv'}{dt} + \left(\omega \times \frac{dr}{dt}\right) , \tag{3.15}$$

weil $\omega = \text{const}$ vorausgesetzt war. Der Beobachter in O erhält, in den Koordinaten von O' ausgedrückt, für dv'/dt analog zu (3.12):

$$\begin{aligned} \frac{dv'}{dt} &= \left(\hat{e}'_x \frac{dv'_x}{dt} + \hat{e}'_y \frac{dv'_y}{dt} + \hat{e}'_z \frac{dv'_z}{dt}\right) \\ &\quad + \left(\frac{d\hat{e}'_x}{dt} v'_x + \frac{d\hat{e}'_y}{dt} v'_y + \frac{d\hat{e}'_z}{dt} v'_z\right) \\ &= a' + (\omega \times v') . \end{aligned} \tag{3.16}$$

wobei a' wieder die Beschleunigung ist, die O' relativ zu seinem System mißt. Man erhält daher aus (3.15)

$$a = \frac{dv}{dt} = a' + (\omega \times v') + (\omega \times v) .$$

Setzen wir für v den Ausdruck (3.14) ein, so erhalten wir schließlich aus (3.15)

$$a = a' + 2(\omega \times v') + \omega \times (\omega \times r) , \tag{3.17}$$

oder nach a' aufgelöst:

$$\begin{aligned} a' &= a + 2(v' \times \omega) + \omega \times (r \times \omega) \\ &= a + a_c + a_{zf} . \end{aligned} \tag{3.18}$$

Während der Beobachter O in seinem ruhenden Bezugssystem die Beschleunigung $a = dv/dt$ mißt, muß der Beobachter O' in seinem rotierenden Bezugssystem für die *gleiche* Bewegung des Massenpunktes A *zusätzliche* Terme für die Beschleunigung einführen:

> **Coriolisbeschleunigung**
> $$a_c = 2(v' \times \omega) \tag{3.19a}$$
> **Zentrifugalbeschleunigung**
> $$a_{zf} = \omega \times (r \times \omega) \tag{3.20a}$$

Bei einer Bewegung parallel zur Drehachse ist $v' \parallel \omega$, so daß die Coriolisbeschleunigung $a_c \equiv 0$ wird. Die Coriolisbeschleunigung tritt also nur auf, wenn v' eine Komponente senkrecht zur Drehachse des rotierenden Systems hat. Wenn wir die Drehachse und damit ω in die $+z$-Richtung legen (Abb. 3.8), so

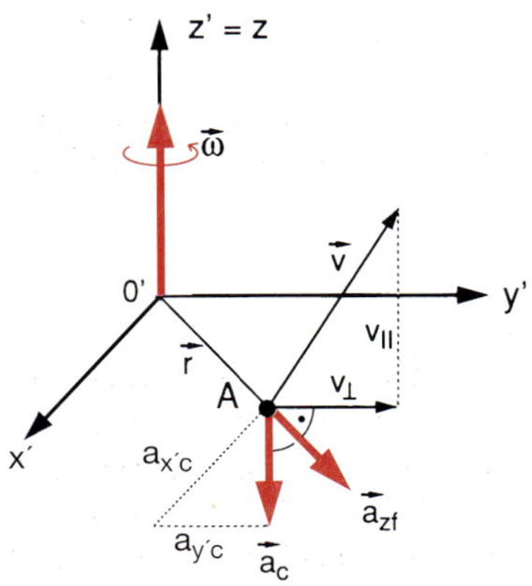

Abb. 3.8. Zentrifugal- und Coriolisbeschleunigung eines sich bewegenden Punktes A in einem sich mit konstanter Winkelgeschwindigkeit ω um die z-Achse drehenden Bezugssystems

liegen sowohl $\boldsymbol{a}_c$ als auch $\boldsymbol{a}_{zf}$ in der x-y-Ebene. Die Zentrifugalbeschleunigung zeigt radial nach außen, die Richtung der Coriolisbeschleunigung in der x-y-Ebene hängt von der Richtung der Geschwindigkeit $\boldsymbol{v}$ des Körpers im System (x', y', z') ab. Da die v_z-Komponente nicht zu $\boldsymbol{a}_c$ beiträgt, ist für die Bestimmung von $\boldsymbol{a}_c$ nur die Projektion $v_\perp = \{v_x, v_y\}$ von $\boldsymbol{v}$ in die x-y-Ebene verantwortlich. Der Vektor $\boldsymbol{a}_c$ steht dann senkrecht auf $\boldsymbol{v}_\perp$.

3.3.3 Zentrifugal- und Corioliskräfte

Da nach den Newtonschen Axiomen Beschleunigungen durch Kräfte verursacht werden, muß der Beobachter O' zusätzliche Kräfte einführen, um die Bewegung des Massenpunktes A in seinem rotierenden Bezugssystem O' zu beschreiben. Dies sind:

Corioliskraft

$$\boldsymbol{F}_c = 2m(\boldsymbol{v}' \times \boldsymbol{\omega}) \quad \text{und} \tag{3.19b}$$

Zentrifugalkraft

$$\boldsymbol{F}_{zf} = m \cdot \boldsymbol{\omega} \times (\boldsymbol{r} \times \boldsymbol{\omega}) \tag{3.20b}$$

Diese Kräfte heißen *Scheinkräfte*, weil sie nur dann eingeführt werden müssen, wenn die Rotation der Koordinatenachsen des Systems O' nicht berücksichtigt wurde. Wird dieselbe Bewegung des Massenpunktes A mit der Masse m in einem Inertialsystem beschrieben oder in einem rotierenden System unter Berücksichtigung der Achsenrotation, dann treten diese Kräfte nicht auf.

Wir wollen uns diese gedanklich sehr wichtigen Zusammenhänge an einigen Beispielen klar machen.

BEISPIELE

1. Eine Masse m hängt an einem Faden der Länge L, dessen Aufhängepunkt B mit der Winkelgeschwindigkeit ω im Abstand d um die Achse A rotiert (Abb. 3.9). Der Faden stellt sich schräg gegen die Vertikale, wobei der Winkel α von ω, d und L abhängt. Diese Tatsache wird von beiden Beobachtern O im Ruhesystem und O' im mit dem Drehtisch rotierenden System folgendermaßen beschrieben:

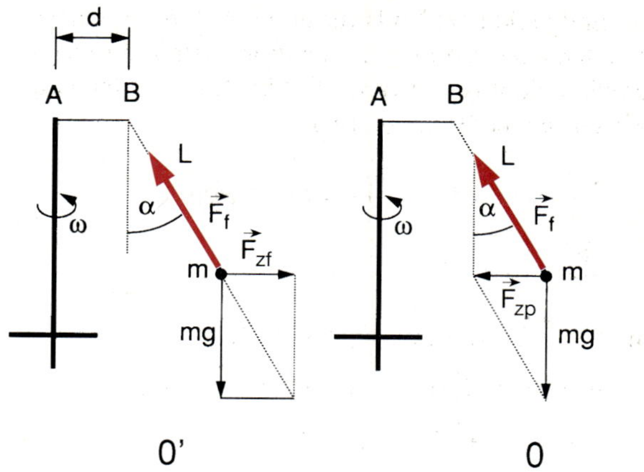

Abb. 3.9. Beschreibung der Kräfte auf ein rotierendes Fadenpendel vom Standpunkt des mitbewegten Beobachters O' und des ruhenden Beobachters O

O sagt: Da m eine Kreisbahn mit Radius $r = d + L \cdot \sin\alpha$ mit konstanter Winkelgeschwindigkeit ω durchläuft, muß eine Zentripetalkraft $\boldsymbol{F}_{zp} = -m \cdot \omega^2 \cdot \boldsymbol{r}$ wirken. Diese entsteht als Vektorsumme aus Gewicht $m \cdot \boldsymbol{g}$ und Fadenspannkraft $\boldsymbol{F}_f$.
O' sagt: Da m in meinem System ruht, muß $\sum \boldsymbol{F}_i = 0$ gelten. Die Vektorsumme aus $m \cdot \boldsymbol{g} + \boldsymbol{F}_f$ muß gerade kompensiert werden durch die Zentrifugalkraft $\boldsymbol{F}_{zf}$.

Man sieht also, daß O' die zusätzliche Zentrifugalkraft $\boldsymbol{F}_{zf} = m\omega^2\boldsymbol{r}$ einführen muß, wenn er die Rotation seiner Koordinatenachsen nicht berücksichtigt.

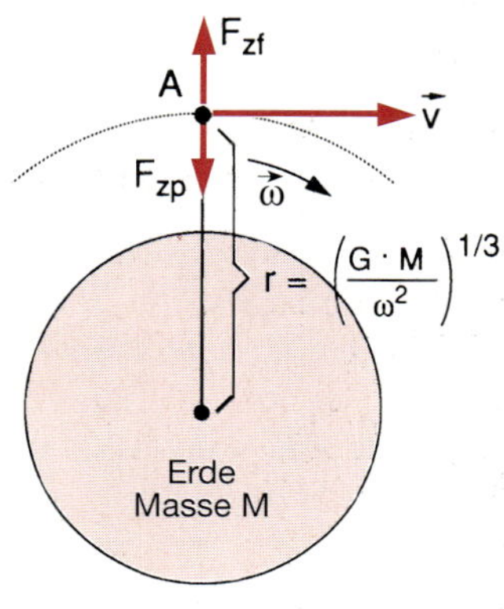

Abb. 3.10. Kräftefreiheit in einem um die Erde kreisenden Satelliten A

2. In einem Satelliten A, der mit konstanter Winkelgeschwindigkeit $\boldsymbol{\omega}$ auf einer Kreisbahn um die Erde fliegt (Abb. 3.10), werden Experimente zum Einfluß der „Schwerelosigkeit" gemacht. So kann z.B. ein Astronaut im Raumschiff schweben, ohne die Wände zu berühren.

   Der Beobachter O', d.h. der Astronaut, sagt: Auf mich wirkt die Schwerkraft

$$\boldsymbol{F}_g = -G\frac{m \cdot M}{r^2} \cdot \hat{\boldsymbol{e}}_r ,$$

   welche durch die entgegengesetzt gleiche Zentrifugalkraft

$$\boldsymbol{F}_{zf} = +m\omega^2 \cdot r \cdot \hat{\boldsymbol{e}}$$

   gerade kompensiert wird, was bei einer Entfernung $r = (G \cdot M/\omega^2)^{1/3}$ des Satelliten vom Erdmittelpunkt genau geschieht. Insgesamt wirkt also die Kraft $\boldsymbol{F} = \boldsymbol{0}$ (was oft ungenau als „Schwerelosigkeit" bezeichnet wird, exakter jedoch „kräftefrei" im System O' genannt werden sollte).

   Der Beobachter O in einem ruhenden System (z.B. in einem galaktischen Koordinatensystem) sagt: Auf den Satelliten und auf seine Mannschaft wirkt die gleiche Gravitationsbeschleunigung $\boldsymbol{a} = -(G \cdot M/r^2) \cdot \hat{\boldsymbol{e}}$ als Zentripetalkraft auf Grund der Erdanziehung. Deshalb bewegen sich Satellit und Astronaut auf einer Kreisbahn mit Radius $r = (G \cdot M/\omega^2)^{1/3}$. Da auf Satellit und Astronaut die gleiche Beschleunigung wirkt, ist die Relativbeschleunigung zwischen Astronaut und der Wand seines Raumschiffes Null, und der Astronaut bleibt in einer einmal eingenommenen Schwebeposition in seinem Raumschiff.

3. Ein Schlitten fährt geradlinig auf einer Führungsschiene mit konstanter Geschwindigkeit $\boldsymbol{v}$ und markiert dabei mit einem Stift seine Bahn auf einer rotierenden Scheibe. Die markierte Bahn erscheint gekrümmt, wobei die Kurvenform von der Geschwindigkeit $|\boldsymbol{v}|$, von der Winkelgeschwindigkeit $\boldsymbol{\omega}$ der Scheibe und vom Abstand r des Schlittens vom Zentrum M der Scheibe abhängt (Abb. 3.11).

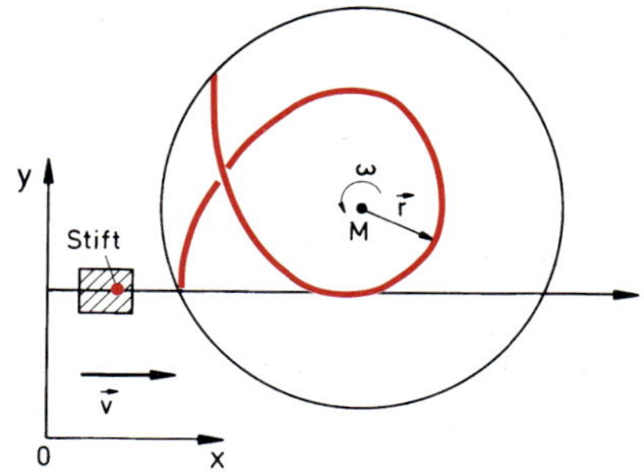

Abb. 3.11. Illustration der Scheinkräfte durch einen Schlitten mit Schreibstift, der auf einer Schiene mit konstanter Geschwindigkeit $\boldsymbol{v}$ über eine rotierende Scheibe gleitet und dort die gezeigte Kurve zeichnet

   O sagt: Der Schlitten durchläuft mit konstanter Geschwindigkeit $\boldsymbol{v}$ eine Gerade, wie man aus dem Teil der Bahn außerhalb der rotierenden Scheibe sieht. Folglich wirkt keine Kraft auf ihn, d.h. $\boldsymbol{a} = \boldsymbol{0}$. Daß die auf der Scheibe aufgezeichnete Bahn gekrümmt ist, liegt nur daran, daß sich die Scheibe unter dem Schlitten während der Überfahrzeit ständig gedreht hat.

   O' sagt: Ich messe in meinem System eine gekrümmte Bahn. Folglich wirkt eine Beschleunigung auf den Schlitten. Durch Versuche mit verschiedenen Werten von $|\boldsymbol{v}|$, $\boldsymbol{\omega}$ und r findet er:

   Für $r = 0$ ist $|\boldsymbol{a}| \propto v' \cdot \omega$, $\quad \boldsymbol{a} \perp \boldsymbol{v}'$ und $\boldsymbol{a} \perp \boldsymbol{\omega}$,

   für $r \neq 0$ ist $|\boldsymbol{a}| = c_1\omega + c_2\omega^2$,

   mit $c_1 \propto v$ und $c_2 \propto r$,

   und gelangt durch quantitative Auswertung seiner Messung zu dem Ergebnis:

$$\boldsymbol{a}' = 2(\boldsymbol{v}' \times \boldsymbol{\omega}) + \boldsymbol{\omega} \times (\boldsymbol{r} \times \boldsymbol{\omega}) ,$$

   was mit (3.18) übereinstimmt.

4. Eine mit Streusand gefüllte Hohlkugel hängt an einem Faden mit festem Aufhängepunkt und schwingt in einer raumfesten x-z-Ebene unter dem Einfluß der Schwerkraft $m \cdot \boldsymbol{g}$ mit $\boldsymbol{g} = \{0, 0, -g\}$. Unter diesem Pendel befindet sich ein Drehtisch in der x-y-Ebene, der sich mit der Winkelgeschwindigkeit $\boldsymbol{\omega}$ um die z-Achse dreht. Wenn man den Sand aus einer kleinen unteren Öffnung der Hohlkugel austreten läßt, zeichnet er für $\omega = 0$ eine gerade Linie auf den Drehtisch, für $\omega \neq 0$ jedoch gekrümmte rosettenartige Bahnen, deren Krümmung vom Verhältnis

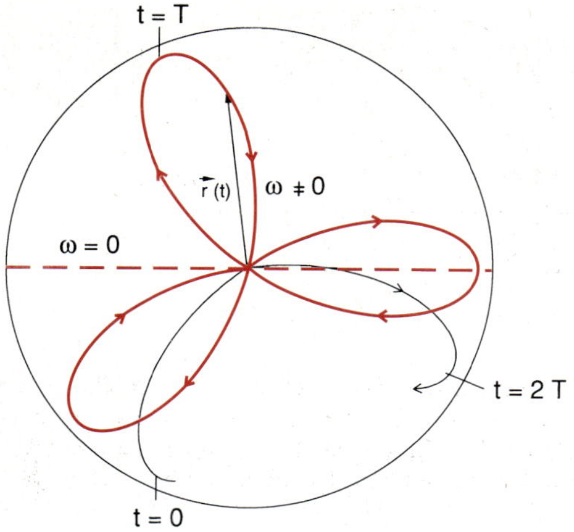

Abb. 3.12. Sandbahn eines in einer festen Schwingungsebene schwingenden Sandpendels auf einer unter dem Pendel rotierenden Scheibe

Schwingungsdauer T_1 zu Umdrehungszeit T_2 abhängt (Abb. 3.12).

O sagt: Die Schwingungsebene bleibt raumfest, weil die für die Beschleunigung wirkende Kraft $m \cdot \boldsymbol{g} \sin\alpha$ (siehe Abschn. 2.9.7) immer in der x-z-Ebene liegt, die Bewegung also nur in der x-z-Ebene verlaufen kann, ihre Projektion auf die x-y-Ebene daher eine Gerade in der x-Richtung gibt. Die Krümmung der Bahn kommt durch die Rotation der Scheibe zustande.

O' sagt: Die Bahn ist gekrümmt. Die Krümmung hängt von v' und r ab. Dies kann durch die Gesamtbeschleunigung $\boldsymbol{a} = \boldsymbol{a}_c + \boldsymbol{a}_{zf}$ erklärt werden. Ausmessen der Bahnkurve gibt bei Kenntnis von $\boldsymbol{\omega}$ den richtigen Ausdruck (3.18).

5. ***Foucault-Pendel***. Da unsere Erde selbst ein rotierendes Bezugssystem ist, muß ein Pendel relativ zum Erdboden auch gekrümmte Bahnkurven beschreiben. Die Krümmung ist wegen der langsamen Erdrotation ($\omega = 7{,}3 \cdot 10^{-5}/\mathrm{s}$) jedoch sehr klein. Mit einem Pendel genügend langer Schwingungsdauer läßt sich aber die Drehung des Erdbodens unter der Schwingungsebene des Pendels bereits über einen Zeitraum von wenigen Minuten deutlich zeigen. Dies wurde erstmals von *Foucault* 1850 in Paris demonstriert, der eine Kupferkugel mit $m = 28\,\mathrm{kg}$ an einem 67 m langen Draht schwingen ließ ($T = 16{,}4$ s). Die Drehung der Schwingungsebene relativ zum rotierenden Erdboden geschieht mit der Winkelgeschwindigkeit $\omega_s = \omega \cdot \sin\varphi$, wobei φ die geographische Breite des Beobachtungsortes ist (Abb. 3.13). Sie dreht sich in Kaiserslautern ($\varphi = 49°$) in einer Stunde um $11°\,32'$. Durch Schattenprojektion der Schwingungsebene (Ebene des Aufhängedrahtes) an die Hörsaalwand läßt sich eine Drehung um 2° (≈ 11 min) deutlich nachweisen.

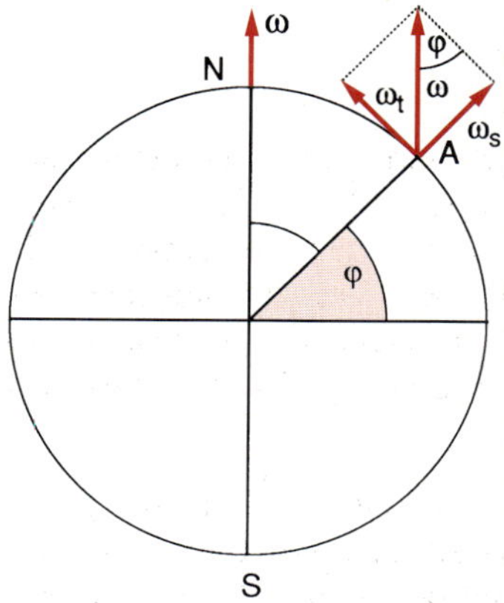

Abb. 3.13. Zur Drehung der Schwingungsebene des Foucault-Pendels infolge der Erdrotation an einem Ort A mit der geographischen Breite φ

6. Ein besonders imposantes Beispiel für die Corioliskräfte bieten die sich bei ***Tiefdruckgebieten*** bildenden Wolkenformationen. Der Wind strömt (in unserem rotierenden Erdsystem beobachtet!) nicht radial zum Punkte des tiefsten Druckes, sondern er wird tangential abgelenkt und spiralt daher auf der Nordhalbkugel im Gegenuhrzeigersinn, auf der Südhalbkugel im Uhrzeigersinn in das Tief hinein (Abb. 3.14).

Man beachte jedoch: Würde man z.B. einen kleinen Luftballon, der von der strömenden Luft mitgenommen wird, beobachten, so ergäbe seine Bahn, im rotierenden Erdsystem gemessen, eine der Kurven in Abb. 3.14, aber von einem ruhenden Beobachter außerhalb der Erde aus gemessen, eine *gerade* Bahn, radial ins Zentrum des Tiefs, das selbst mit der Erde rotiert.

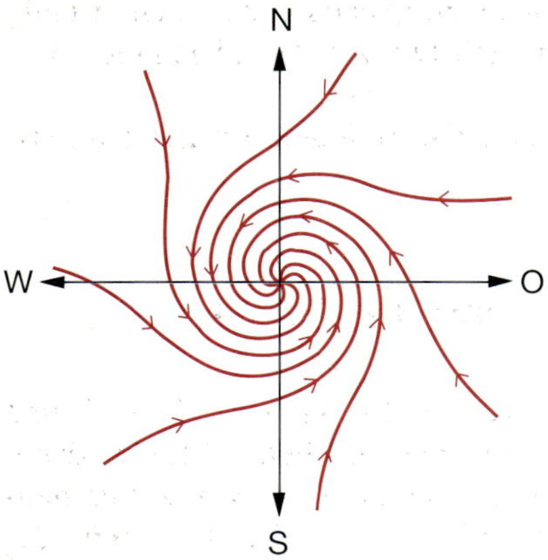

a) Nordhalbkugel

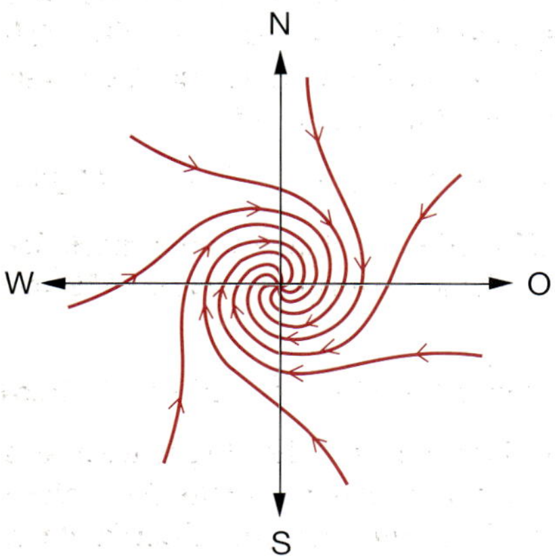

b) Südhalbkugel

c

Abb. 3.14a–c. Strömungslinien der Luft um ein Tief: (**a**) auf der Nordhalbkugel (Coriolis-Ablenkung in Windrichtung nach rechts, so daß die Resultierende aus Coriolis-Kraft und Druckgradient zu einer Spiralbewegung im Gegenuhrzeigersinn führt), (**b**) der Südhalbkugel der rotierenden Erde (Coriolis-Ablenkung nach links), (**c**) Satellitenaufnahme „Todessturm" nördlich von Hawaii. Mit freundlicher Genehmigung der NASA (Foto HP 133)

3.3.4 Zusammenfassung

Trägheitskräfte (Scheinkräfte) müssen zur Beschreibung der Bewegung von Massenpunkten eingeführt werden, wenn diese Bewegungen in einem beschleunigt bewegten Bezugssystem dargestellt werden. Diese Trägheitskräfte spiegeln eigentlich nur die Beschleunigung des Bezugssystems wider. Sie treten nicht auf, wenn dieselben Vorgänge in einem Inertialsystem beschrieben werden.

In rotierenden Bezugssystemen mit ruhendem Nullpunkt sind die Trägheitskräfte Zentrifugalkraft und Corioliskraft, in Systemen mit zeitlich veränderlicher Geschwindigkeit des Koordinaten-Nullpunktes treten weitere Trägheitskräfte auf.

3.4 Die Konstanz der Lichtgeschwindigkeit

Nach den Galilei-Transformationen (3.7) wird die Geschwindigkeit eines Körpers A, der sich mit der Geschwindigkeit $\boldsymbol{v}'$ relativ zum Ursprung O' eines Systems S' bewegt, das selbst die Geschwindigkeit $\boldsymbol{u}$ gegen S hat, im System S als Vektorsumme

$$\boldsymbol{v} = \boldsymbol{v}' + \boldsymbol{u} \tag{3.21a}$$

gemessen (Abb. 3.15). Deshalb sollte auch die Geschwindigkeit von Licht, das von einer Quelle Q aus-

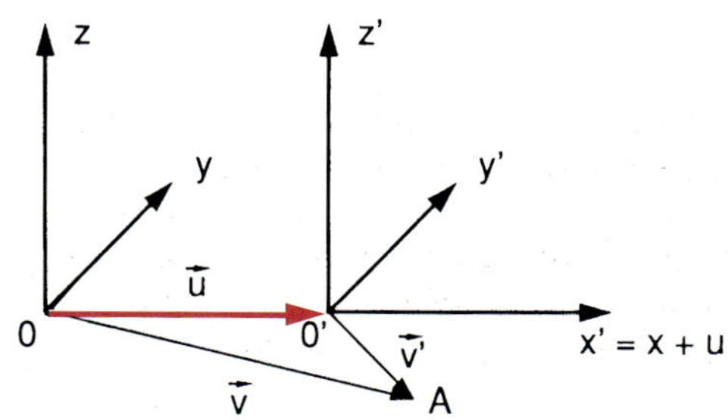

Abb. 3.15. Galilei-Transformation von Geschwindigkeiten für zwei Inertialsysteme

gesandt wird, die im System S' ruht, vom Beobachter O als

$$\boldsymbol{c} = \boldsymbol{c}' + \boldsymbol{u} \tag{3.21b}$$

gemessen werden, wobei c' die Lichtgeschwindigkeit ist, die O' in seinem System S' mißt. Das heißt: Der Beobachter O müßte einen Wert $c_1 = c' + u$ für die Lichtgeschwindigkeit messen, wenn $\boldsymbol{c}'$ und $\boldsymbol{u}$ gleiche Richtungen haben, und $c_2 = c' - u$, wenn die Richtungen entgegengesetzt sind.

Sehr sorgfältige Messungen von *Michelson* und *Morley* 1881 [3.2, 3] und von vielen Experimentatoren danach [3.4] brachten jedoch das überraschende Ergebnis, daß die Lichtgeschwindigkeit c unabhängig ist von der Relativgeschwindigkeit $\boldsymbol{u}$ zwischen Lichtquelle und Beobachter.

So ergibt die Messung der Lichtgeschwindigkeit c für Licht eines Sternes, auf den die Erde sich auf ihrer Bahn um die Sonne mit $u = 30$ km/s zubewegt (Abb. 3.16) exakt denselben Wert wie ein halbes Jahr später, wenn die Erde sich von ihm mit $u = 30$ km/s wegbewegt.

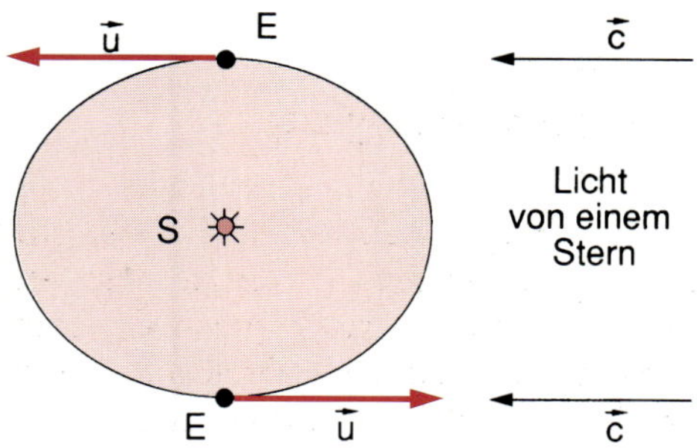

Abb. 3.16. Experimentelle Möglichkeit zur Messung der Lichtgeschwindigkeit $\boldsymbol{c}$ an 2 verschiedenen Tagen im Abstand eines halben Jahres, an denen die Relativgeschwindigkeit $\boldsymbol{u}$ der Erde gegen die Lichtquelle umgekehrtes Vorzeichen hat

Nach diesen immer wieder bestätigten experimentellen Ergebnissen müssen wir schließen:

> Die Lichtgeschwindigkeit ist in allen Bezugssystemen konstant, unabhängig von deren Relativgeschwindigkeit zur Lichtquelle.

Die Galilei-Transformationen (3.7), die eigentlich sehr plausibel erscheinen, können also bei der Messung großer Geschwindigkeiten nicht mehr richtig sein. Insbesondere müssen wir die Gleichung $t = t'$ kritisch prüfen.

Wie sehen dann die richtigen Transformationsgleichungen aus?

3.5 Lorentz-Transformationen

Wir betrachten zwei Inertialsysteme $S(x, y, z)$ und $S'(x', y', z')$ mit zueinander parallelen Achsen, deren Nullpunkte O und O', die zur Zeit $t = 0$ zusammenfallen, d.h. $O(t = 0) = O'(t' = 0)$, sich mit der konstanten Geschwindigkeit $v = \{v_x, 0, 0\}$ gegeneinander in x-Richtung bewegen (Abb. 3.17). Angenommen, ein kurzer Lichtblitz würde zur Zeit $t = t' = 0$ von $O = O'$ ausgesandt. Ein Beobachter mißt, daß das Licht nach einer Zeit t den Raumpunkt A erreicht hat. Er stellt daher die Gleichung auf

$$\boldsymbol{r} = \boldsymbol{c} \cdot t \quad \text{oder: } x^2 + y^2 + z^2 = c^2 \cdot t^2 \,. \tag{3.22a}$$

Der Beobachter O' in S' mißt, daß das Licht nach der Zeit t' im gleichen Punkt A angekommen ist. Für ihn gilt:

$$\boldsymbol{r}' = \boldsymbol{c} \cdot t' \quad \text{oder: } x'^2 + y'^2 + z'^2 = c^2 \cdot t'^2 \,. \tag{3.22b}$$

Beide Beobachter kennen die Ergebnisse des Michelson-Versuches und setzen deshalb *die gleiche* Lichtgeschwindigkeit c ein. Für die Koordinate x des Punktes O', gemessen im System S, gilt:

$$x(O') = v \cdot t \quad \text{für } x' = 0 \,.$$

Da alle Werte von x' auf O' bezogen sind, muß die Koordinate x' eines beliebigen Punktes im System S', ausgedrückt in Koordinaten des Systems S, von

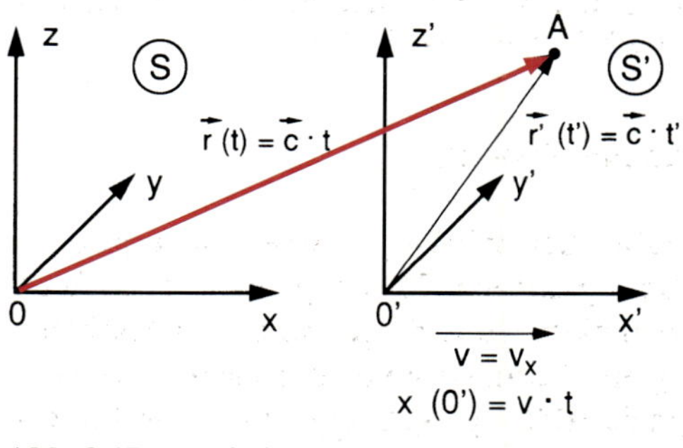

Abb. 3.17. Zur Herleitung der Lorentz-Transformationen

der Größe $(x - vt)$ abhängen. Der einfachste Zusammenhang ist die lineare Relation

$$x' = k(x - v \cdot t) , \tag{3.23}$$

die wir als Ansatz versuchen, wobei die Konstante k zu bestimmen ist.

Zur Zeit $t = 0$ waren die Beobachter O und O' am selben Ort $x(0) = x'(0) = 0$. Sie haben dort ihre Uhren gleichzeitig gestartet, so daß zur Zeit $t = 0$ in $x = 0$ auch gelten muß: $t' = 0$. Die beiden Zeitmessungen brauchen aber *nicht mehr* für $t > 0$ übereinzustimmen, weil beide Beobachter dann nicht mehr am gleichen Ort sind, sondern sich mit konstanter Geschwindigkeit v gegeneinander bewegen. Die einfachste Relation zwischen t und t' ist eine *lineare* Transformation, und wir machen deshalb versuchsweise den Ansatz

$$t' = a(t - bx) , \tag{3.24}$$

wobei wir wieder die Konstanten a und b bestimmen müssen.

Einsetzen von (3.23) und (3.24) in (3.22b) liefert wegen $y = y'$ und $z = z'$:

$$\begin{aligned} &k^2(x^2 - 2vxt + v^2t^2) + y^2 + z^2 \\ &\quad = c^2a^2(t^2 - 2bxt + b^2x^2) . \end{aligned}$$

Umformung ergibt:

$$\begin{aligned} &(k^2 - b^2a^2c^2)x^2 - 2(k^2v - ba^2c^2)xt + y^2 + z^2 \\ &\quad = (a^2 - k^2v^2/c^2)c^2t^2 . \end{aligned}$$

Dies muß aber für alle Orte x und alle Zeiten t identisch sein mit (3.22a). Deshalb müssen die Koeffizienten übereinstimmen. Dies liefert die Bestimmungsgleichungen für die Konstanten k, a und b:

$$\left.\begin{aligned} k^2 - b^2a^2c^2 &= 1 \\ k^2v - ba^2c^2 &= 0 \\ a^2 - k^2v^2/c^2 &= 1 \end{aligned}\right\} \Rightarrow \begin{aligned} a = k &= \frac{1}{\sqrt{1 - v^2/c^2}} \\ b &= v/c^2 . \end{aligned} \tag{3.25}$$

Einsetzen dieser Werte in (3.23, 24) ergibt die ***Lorentz-Transformationen***

$$\boxed{\begin{aligned} x' &= \frac{x - vt}{\sqrt{1 - v^2/c^2}} \\ y' &= y, \quad z' = z \\ t' &= \frac{t - vx/c^2}{\sqrt{1 - v^2/c^2}} \end{aligned}} \tag{3.26}$$

zwischen den Koordinaten (x, y, z, t) und (x', y', z', t') zweier Inertialsysteme, die sich mit der Geschwindigkeit $\boldsymbol{v} = \{v, 0, 0\}$ gegeneinander bewegen. Sie wurden erstmals 1890 von Hendrik *Lorentz* aufgestellt [3.5].

Man sieht, daß für $v \ll c$ die Lorentz-Transformationen in die Galilei-Transformationen übergehen. Die unserer täglichen Erfahrung vertrauten Galilei-Transformationen sind also Grenzfälle der allgemeinen Lorentz-Transformationen, welche nur bei kleinen Relativgeschwindigkeiten $v \ll c$ der beiden Bezugssysteme gelten.

BEISPIEL

Für $v = 10$ km/s (36 000 km/h) ist $v/c \approx 3 \cdot 10^{-5}$ und $(1 - v^2/c^2)^{-1/2} \approx 1 + \frac{1}{2}v^2/c^2 \approx 1 + 5 \cdot 10^{-10}$.

Der Unterschied zwischen Galilei- und Lorentz-Transformation ist dann nur $5 \cdot 10^{-10}$ und im allgemeinen kleiner als die Meßungenauigkeit.

Mit der Abkürzung

$$\gamma = (1 - v^2/c^2)^{-1/2}$$

können die Lorentz-Transformationen zwischen zwei achsenparallelen Systemen, die sich mit der Geschwindigkeit v in x-Richtung gegeneinander bewegen, übersichtlich geschrieben werden als:

$$\boxed{\begin{aligned} x' &= \gamma(x - vt) \\ y' &= y \\ z' &= z \\ t' &= \gamma(t - vx/c^2) \end{aligned} \quad\Bigg|\quad \begin{aligned} x &= \gamma(x' + vt') \\ y &= y' \\ z &= z' \\ t &= \gamma(t' + vx'/c^2) \end{aligned}} \tag{3.26a}$$

Die Lorentz-Transformationen haben gegenüber den Galilei-Transformationen als einzige zusätzliche Annahme die experimentell gefundene Unabhängigkeit der Lichtgeschwindigkeit vom Bezugssystem, die ja in (3.22a,b) verwendet wurde, da beide Beobachter den gleichen Wert für c voraussetzen.

Wir wollen uns noch ansehen, wie die Geschwindigkeit $\boldsymbol{u}$ eines Körpers A, gemessen im System S, in die Geschwindigkeit $\boldsymbol{u}'$ desselben Körpers A, gemessen im System S', gemäß (3.26) transformiert werden:

Für S gilt $\boldsymbol{u} = \{u_x, u_y, u_z\}$;

$$u_x = \frac{\mathrm{d}x}{\mathrm{d}t}; \quad u_y = \frac{\mathrm{d}y}{\mathrm{d}t}; \quad u_z = \frac{\mathrm{d}z}{\mathrm{d}t}. \tag{3.27}$$

Für S' gilt:

$$\boldsymbol{u}' = \{u'_x, u'_y, u'_z\} = \left\{\frac{\mathrm{d}x'}{\mathrm{d}t'}, \frac{\mathrm{d}y'}{\mathrm{d}t'}, \frac{\mathrm{d}z'}{\mathrm{d}t'}\right\}.$$

Unter Verwendung von (3.26a) ergibt sich:

$$u'_x = \frac{\mathrm{d}x'}{\mathrm{d}t'} = \frac{\mathrm{d}x'}{\mathrm{d}t} \cdot \frac{\mathrm{d}t}{\mathrm{d}t'}$$
$$= \gamma\left(\frac{\mathrm{d}x}{\mathrm{d}t} - v\right)\gamma\left(1 + \frac{vu'_x}{c^2}\right).$$

Auflösen nach u'_x gibt:

$$u'_x = \frac{u_x - v}{1 - \frac{u_x\, v}{c^2}}; \quad u_x = \frac{u'_x + v}{1 + \frac{u_x\, v}{c^2}}. \tag{3.28a}$$

Ebenso erhält man:

$$u'_y = \frac{u_y}{\gamma\left(1 - \frac{vu_x}{c^2}\right)}; \quad u_y = \frac{u'_y}{\gamma\left(1 + \frac{vu'_x}{c^2}\right)}, \tag{3.28b}$$

$$u'_z = \frac{u_z}{\gamma\left(1 - \frac{vu_x}{c^2}\right)}; \quad u_z = \frac{u'_z}{\gamma\left(1 + \frac{vu'_x}{c^2}\right)}. \tag{3.28c}$$

Man sieht aus (3.28), daß sich die Geschwindigkeitskomponenten u_y, u_z eines Körpers senkrecht zur Relativgeschwindigkeit $\boldsymbol{v} = \{v, 0, 0\}$ der beiden Systeme S und S' anders transformieren als die Parallel-Komponente u_x. Für $v \cdot u_x \ll c^2$ ergeben sich wieder die Galilei-Transformationen (3.7).

Bewegt sich der Körper A parallel zur x-Achse (und damit auch parallel zur x'-Achse), so ist $u_y = u_z = 0 \Rightarrow u = u_x$, und wir erhalten:

$$u' = \frac{u - v}{1 - vu/c^2}. \tag{3.28d}$$

Für $u = c$ wird

$$u' = \frac{c - v}{1 - v/c} \equiv c, \tag{3.28e}$$

d.h. O und O' messen denselben Wert c für die Lichtgeschwindigkeit.

3.6 Spezielle Relativitätstheorie

Ausgehend von dem Ergebnis des Michelson-Experimentes und den Lorentz-Transformationen, entwickelte *Einstein* 1905 seine ***spezielle Relativitätstheorie*** [3.5, 6], die auf den beiden folgenden Postulaten basiert:

- Alle Inertialsysteme sind gleichberechtigt für alle physikalischen Gesetze.
- Die Lichtgeschwindigkeit im Vakuum hat in allen Inertialsystemen den gleichen Wert c, unabhängig von der Bewegung des Beobachters.

Beim Vergleich von Messungen desselben Ereignisses durch zwei Beobachter O und O' in zwei sich gegeneinander bewegenden Systemen S und S' spielt die Zeitmessung eine entscheidende Rolle. Wie die Lorentz-Transformationen zeigen, muß auch die Zeit beim Übergang S auf S' gemäß (3.26) transformiert werden. Wir wollen uns deshalb zuerst die Relativität der Gleichzeitigkeit klarmachen.

Die Darstellung des Abschnitts 3.6 folgt dabei dem sehr empfehlenswerten Buch von French [3.7].

3.6.1 Das Problem der Gleichzeitigkeit

Wir betrachten drei Raumpunkte A, B, C mit gleichen Abständen $\overline{AB} = \overline{BC} = \Delta x$, die im System S ruhen. In einem rechtwinkligen x-t-Diagramm liegen die Punkte auf der x-Achse $t = 0$ (Abb. 3.18). Wird zur

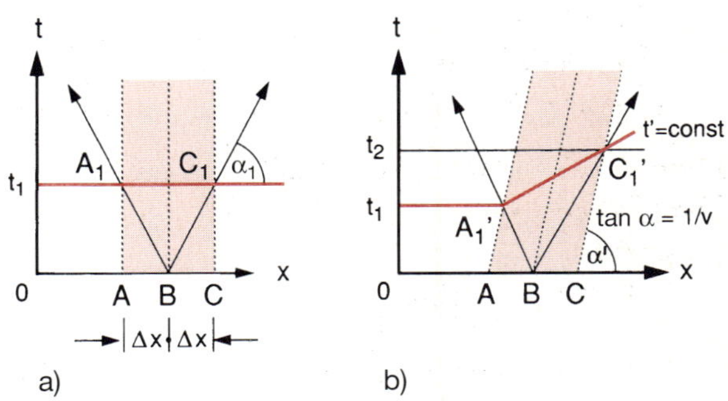

Abb. 3.18. Illustration der Gleichzeitigkeit für zwei gegeneinander sich bewegende Beobachter mit Hilfe von Raum-Zeit-Diagrammen

Zeit $t = 0$ von B aus ein Lichtsignal ausgesandt, so breitet sich das Licht in alle Richtungen mit gleicher Geschwindigkeit aus, erreicht also beide Punkte A und C gleichzeitig, zur Zeit $t_1 = \Delta x/c$.

Im x-t-Diagramm durchlaufen die ruhenden Punkte A, B, C vertikale Geraden, der Lichtblitz jedoch geneigte Geraden mit der Steigung $\tan \alpha_1 = 1/c$, welche die senkrechten Geraden in den Punkten A_1 und C_1 schneiden. Die Verbindungsstrecke $\overline{A_1 C_1}$ liegt auf der horizontalen Geraden $t = t_1$.

Nun betrachten wir die Situation in einem System S', das sich mit der Geschwindigkeit $v = v_x$ gegen S bewegt (Abb. 3.18b). Die drei Punkte A, B, C mögen nun im System S' ruhen, sie bewegen sich also gegen das System S mit der Geschwindigkeit v, und im x-t-Diagramm des Systems S durchlaufen sie die geneigte Geraden mit der Steigung $\tan \alpha = 1/v$. Zur Zeit $t = 0$ sollen beide Systeme zusammenfallen. Der von B zur Zeit $t = 0$ ausgesandte Lichtblitz erreicht jetzt die Punkte A und C im System S *nicht* gleichzeitig, sondern zu den Zeiten t_1 und t_2, die den Schnittpunkten A_1' und C_1' in Abb. 3.18b entsprechen. Anschaulich ist dies klar, da der Punkt A dem Licht entgegenläuft, der Punkt C aber in dieselbe Richtung wie der Lichtpuls läuft.

Da aber für einen Beobachter O' in S' die Punkte A, B, C *ruhen* und weil alle Inertialsysteme für die Beschreibung physikalischer Vorgänge äquivalent sein sollen, müssen die Ereignisse A_1' und C_1' für O' *gleichzeitig* erscheinen, genau wie in Abb. 3.18a A_1 und C_1 für O in S gleichzeitig sind. In unserem Weg-Zeit-Diagramm muß die Gerade durch A_1' und C_1' also eine Gerade $t' = \text{const}$ parallel zur x'-Achse sein. Man muß also für S' eine andere t'-Achse und x'-Achse wählen, die nicht parallel zu den Achsen des Systems S sind. Die t'-Achse erhält man folgendermaßen: Bewegt sich O' mit der Geschwindigkeit $v = v_x$ gegen O, so durchläuft seine Bahn $x' = 0$ (dies ist die t'-Achse!) im System S eine geneigte Gerade $x = vt$. Sie bildet also einen Winkel α mit der t-Achse, für den $\tan \alpha \propto v$ gilt. Die Achsen des x'-t'-Diagramms (x'-Achse $\hat{=}\ t' = 0$ und die t'-Achse $\hat{=}\ x' = 0$) sind also geneigt gegen die des x-t-Diagramms, und im allgemeinen ist die t'-Achse auch *nicht orthogonal* zur x'-Achse! (Abb. 3.19).

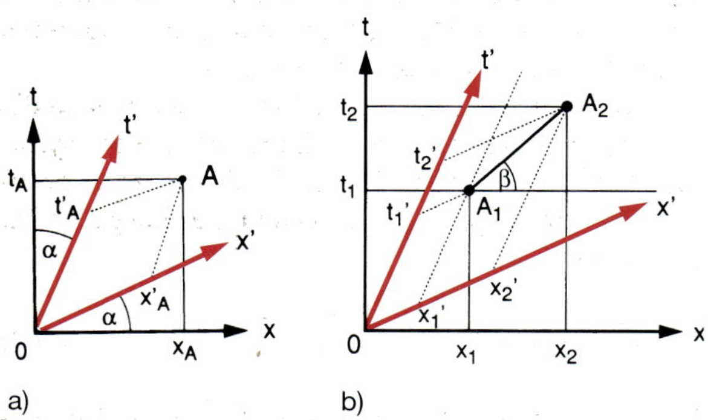

Abb. 3.19. (**a**) Raum- und Zeitachse eines sich bewegenden Inertialsystems sind um den Winkel α gegen die Achsen des ruhenden Systems geneigt. (**b**) Zur Definition der Geschwindigkeit u eines Punktes A im Ruhesystem S und im bewegten System S'

Ein ***Ereignis*** A ist vollkommen bestimmt durch seine Raum-Zeit-Korrdinaten (x, t) bzw. (x', t') in dem Bezugssystem des Beobachters. Man beachte aber, daß für dasselbe Ereignis A Raum- und Zeitkoordinaten (x_A, t_A) für den Beobachter O im allgemeinen *verschieden* sind von (x_A', t_A') für O' (Abb. 3.19).

> Für jeden Beobachter ist die Gleichzeitigkeit zweier Ereignisse an verschiedenen Raumpunkten abhängig vom verwendeten Bezugssystem!

Betrachten wir einen Punkt A, der sich relativ zu O und O' mit konstanter Geschwindigkeit u bzw. u' in x-Richtung bewegt. Seine Geschwindigkeit wird von den Beobachtern O und O' bestimmt, indem seine Koordinaten x_1, x_2 zu verschiedenen Zeiten t_1, t_2 gemessen werden (Abb. 3.19b).

$$O \text{ erhält: } u_x = \frac{x_2 - x_1}{t_2 - t_1} ,$$

$$O' \text{ erhält: } u_x' = \frac{x_2' - x_1'}{t_2' - t_1'} .$$

Die Geschwindigkeit u wird im System S durch die reziproke Steigung $\operatorname{cotg} \beta = \Delta x / \Delta t = u$ der Geraden $\overline{A_1 A_2}$ angegeben, im System S' jedoch durch $u' = \Delta x' / \Delta t'$. Man sieht schon in Abb. 3.19b, daß $u_x \neq u_x'$ ist, was quantitativ durch (3.28) beschrieben wird.

3.6.2 Minkowski-Diagramme

Man kann sich, wie schon in Abb. 3.19 gezeigt, die Relativität von Beobachtungen mit Hilfe von Raum-

Zeit-Diagrammen klarmachen. Jedes physikalische Ereignis, das an einem Ort $\boldsymbol{r} = \{x, y, z\}$ zur Zeit t stattfindet, läßt sich durch einen Punkt in einem vierdimensionalen Raum (x, y, z, t) darstellen. Wir wollen hier der Einfachheit halber als Raumkoordinate nur die x-Koordinate verwenden (weil auch die hier betrachteten Bezugssysteme sich immer in x-Richtung bewegen), so daß die vierdimensionale Darstellung auf ein zweidimensionales Diagramm reduziert wird. Außerdem wird die Zeitachse durch $c \cdot t$ ersetzt, um für beide Achsen dieselbe Dimension einer Länge zu erhalten. Eine solche Darstellung heißt ***Minkowski-Diagramm***.

Ein ruhender Punkt A durchläuft in einem orthogonalen (x, ct)-Diagramm eine vertikale Gerade, während ein mit der konstanten Geschwindigkeit v gegen O sich bewegender Punkt B eine Gerade mit der Steigung $\tan\alpha = c/v$ durchläuft (Abb. 3.20). Ein Lichtblitz, der zur Zeit $t = 0$ in $x = 0$ startet und sich mit der Geschwindigkeit c in x-Richtung ausbreitet, durchläuft also eine Gerade mit der Steigung $\alpha = 45°$, d.h., er wird durch die Diagonale im (x, ct)-Diagramm dargestellt. Solche Geraden oder auch beliebige Kurven im Minkowski-Diagramm heißen ***Weltlinien***. Sie beschreiben die zeitliche Ausbreitung von Ereignissen, bzw. von Teilchen.

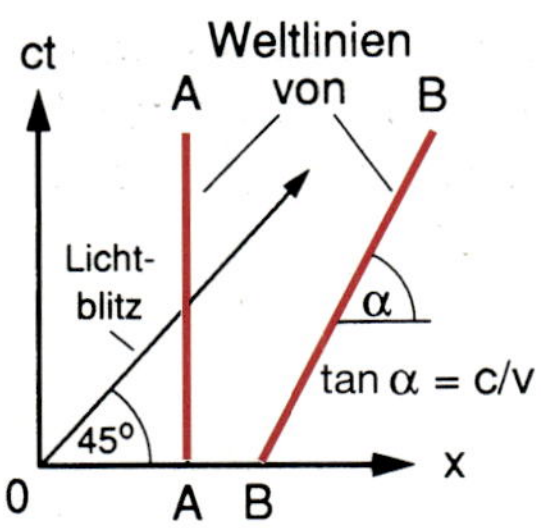

Abb. 3.20. Minkowski-Diagramm mit den Weltlinien eines im System ruhenden Punktes A, eines mit der Geschwindigkeit v sich bewegenden Punktes B und eines zum Zeitpunkt $t = 0$ von O ausgesandten Lichtblitzes

Zwei Ereignisse A und B sind im Bezugssystem S gleichzeitig, wenn sie auf einer Geraden $t = t_1$ parallel zur x-Achse liegen (Abb. 3.18).

Wir hatten schon im vorigen Abschnitt gesehen, daß die Achsen zweier Raum-Zeit-Diagramme für zwei Inertialsysteme S und S', die sich mit der Geschwindigkeit $v = v_x$ gegeneinander bewegen, gegeneinander geneigt sind. Bilden x- und ct-Achsen im System S ein orthogonales System, so ist die ct'-Achse die Weltlinie des Punktes O' im System S, d.h. sie hat die Neigung $\tan\alpha = c/v$ gegen die x-Achse. Auch die x'-Achse ist gegen die x-Achse geneigt. Gemäß den Lorentz-Transformationen muß die Gleichung $t' = 0 \Rightarrow t = vx/c^2$ erfüllen (Abb. 3.21). Ihre Steigung im (x, ct)-Diagramm ist daher $\tan\beta' = v/c$. Der Winkel zwischen der x'-Achse und der ct'-Achse des Systems S' ist daher $\alpha - \beta' = \arctan(c/v) - \arctan(v/c)$.

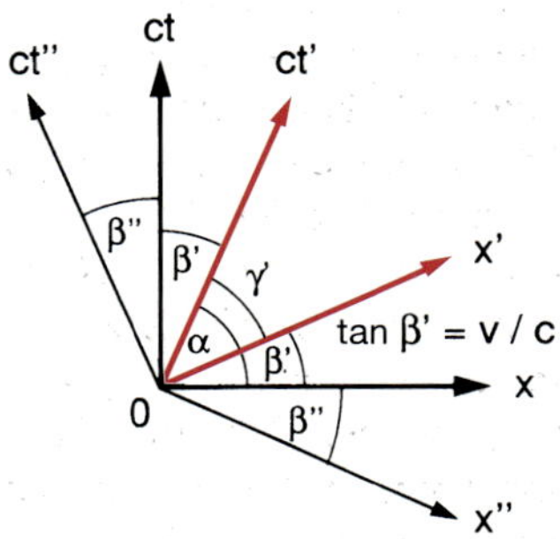

Abb. 3.21. Minkowski-Diagramme für die Achsen (x, t) eines ruhenden Systems, (x', t') eines sich mit v gegen S bewegenden Systems S' und (x'', t'') eines sich mit $-v$ gegen S bewegenden Systems S'

Zur Illustration ist in Abb. 3.21 auch ein System S'' eingezeichnet, das sich mit der Geschwindigkeit $v = -v_x$ gegen S bewegt. Die Steigung der x''-Achse im (x, ct)-System ist $\tan\beta'' = -v/c = -v_x/c$, der Winkel zwischen ct'' und ct-Achse ist ebenfalls β''. Die ct''-Achse bildet jedoch nun einen stumpfen Winkel $> 90°$ gegen die x''-Achse.

Nicht nur die Lage der Achsen, sondern auch die Skalengröße des Achsenabschnitts ist in den Systemen S, S' oder S'' verschieden. Da die Lichtgeschwindigkeit unabhängig vom gewählten Inertialsystem ist, muß die Größe

$$x^2 - (ct)^2 = x'^2 - (ct')^2 = s^2 \tag{3.29}$$

in allen Systemen gleich bleiben (wie man übrigens auch durch Einsetzen in die Lorentz-Gleichungen (3.26) sofort sieht). Die Größe s^2 ist daher eine Invariante bei der Transformation von einem Inertialsystem S auf ein anderes S'.

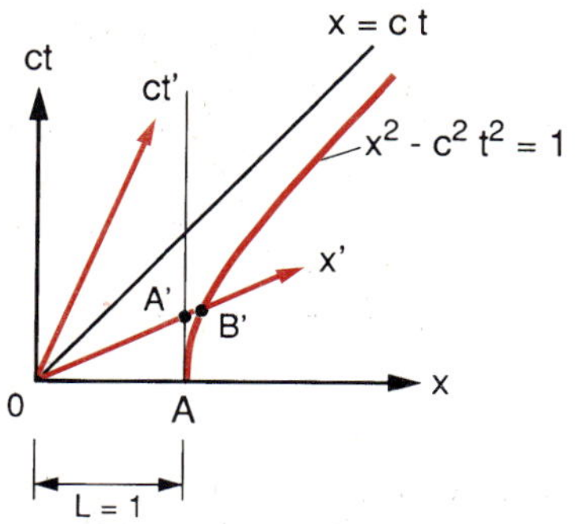

Abb. 3.22. Ein Maßstab mit der Länge $\overline{OA}$, der in S ruht, erscheint in S' kürzer

Wählen wir $s^2 = +1$ als Skaleneinheit, so erhalten wir im Minkowski-Diagramm des Systems S die gleichseitige Hyperbel $x^2 - (ct)^2 = 1$ (Abb. 3.22), welche die x-Achse im Punkte A schneidet. Nach unserer Normierung ist die Strecke $\overline{OA} = 1$ und kann zur Skalierung der x-Achse benutzt werden.

Die gleiche Hyperbel schneidet die x'-Achse $t' = 0$ im Punkt B. Da im System S' gilt:

$$x'^2 - (ct')^2 = 1 ,$$

muß für den Beobachter O' in seinem System S' die Entfernung $\overline{OB} = x' = 1$ sein. Vom System S aus gemessen ist aber, wie Abb. 3.20 zeigt, $\overline{OB} > 1$, wenn $\overline{OA} = 1$ gelten soll.

Wir sehen daraus bereits, daß Längenmaßstäbe in verschiedenen Inertialsystemen durchaus verschieden sein können. Wenn O Messungen im bewegten System S', d.h. nicht in „seinem“ System S, durchführt, benutzt er einen größeren Maßstab, d.h. Längen von Körpern erscheinen ihm kleiner zu sein.

3.6.3 Lorentz-Kontraktion von Längen

Eine der auf den ersten Blick sehr merkwürdig erscheinenden Folgerungen aus den Lorentz-Transformationen ist die Verkürzung der Länge bewegter Körper in Bewegungsrichtung. Im vorigen Abschnitt wurde bereits angedeutet, daß dies mit der Veränderung des Maßstabes zu tun hat, und wir werden gleich sehen, daß diese „Verkürzung“ mit dem im Abschn. 3.6.1 diskutierten Problem der Gleichzeitigkeit zusammenhängt.

Angenommen, ein Stab mit den Endpunkten P'_1 und P'_2 ruhe im System S'. Die Koordinaten x'_1 und x'_2 seines Anfangs- und Endpunktes durchlaufen dann im Laufe der Zeit t' im (x', ct')-Diagramm Weltlinien, welche Geraden parallel zur ct'-Achse sind (Abb. 3.23). Der Beobachter O' mißt zur Zeit t'_1 die Länge

$$L' = \overline{P'_1 P'_2} = x'_2 - x'_1 .$$

Für den Beobachter O hingegen bewegt sich der Stab, verbunden mit dem System S', mit der Geschwindigkeit v in x-Richtung. Um die Stablänge L zu bestimmen, muß O die Endpunkte x_a und x_e *gleichzeitig*, d.h. bei gleichem $t = t_1$ messen. Diese Endpunkte sind die Schnittpunkte $P_1 = P'_1$ und $P_2 \neq P'_2$ der beiden Weltlinien $x'_1(t)$ und $x'_2(t)$ mit der Horizontalen $t = t_1$. Für O ist deshalb die Länge

$$L = \overline{P_1 P_2} = x_2 - x_1 ,$$

wobei x_2 und x_1 durch die senkrechte Projektion von P_2, P_1 auf die x-Achse $t = 0$ erhalten werden (Abb. 3.23).

Man sieht, daß die beiden Längen L und L' unterschiedlich sind. Man beachte jedoch, daß die Skalenlänge in beiden Systemen verschieden ist (Abb. 3.22). Deshalb muß man die Längenänderung berechnen. Aus den Lorentz-Transformationen ergibt sich:

$$\begin{aligned} & x_1 = \gamma(x'_1 + vt'); \quad x_2 = \gamma(x'_2 + vt') \\ & \Rightarrow x_2 - x_1 = \gamma(x'_2 - x'_1) \\ & \Rightarrow L' = L/\gamma . \end{aligned} \tag{3.30}$$

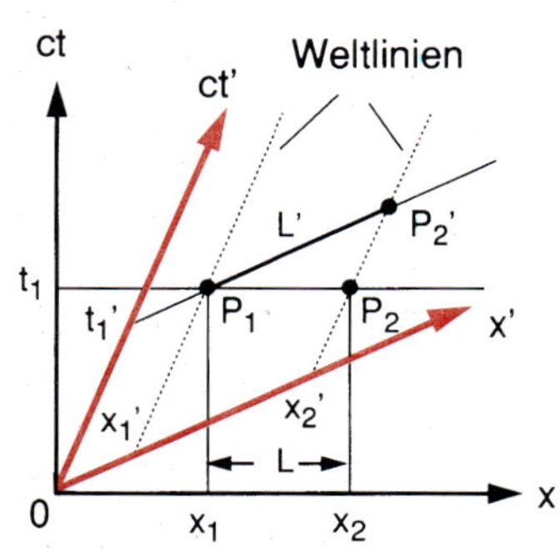

Abb. 3.23. Graphische Darstellung der Lorentz-Kontraktion im Minkowski-Diagramm für einen im bewegten System S' ruhenden Längenmaßstab L'

Die Länge eines bewegten Maßstabes erscheint dem ruhenden Beobachter kürzer zu sein, als wenn derselbe Maßstab relativ zu ihm ruhte.

- Die Verkürzung hängt nicht vom Vorzeichen der Geschwindigkeit $v = \pm v_x$ ab.
- Diese Längenverkürzung ist wirklich relativ, wie man aus folgendem Beispiel sieht:
  Von zwei Maßstäben L_1, L_2, die gleich lang sind, wenn sie im gleichen System S ruhen, wird L_2 in das bewegte System S' gebracht, in dem er ebenfalls relativ zu O' ruhen soll. Für O erscheint L_2 kürzer als L_1 zu sein, für O' hingegen erscheint L_1 kürzer als L_2, d.h., die Lorentz-Kontraktion ist symmetrisch. Dies ist kein Widerspruch, da die Längenmessungen auf der für die beiden Beobachter verschiedenen Gleichzeitigkeit von Ereignissen beruhen.
  Jeder Beobachter kann jeweils nur Aussagen in bezug auf *sein* System machen. Will er diese Aussagen transformieren auf ein *anderes* Inertialsystem, muß er dazu (3.26) bzw. (3.30) verwenden, welche dann auch die richtigen Ergebnisse bringen.

Man kann diese Relativität der Längenmessung wieder anschaulich im Minkowski-Diagramm darstellen: Wir betrachten zwei identische Längenmaßstäbe. Einer ruhe im System S und habe dort die Endpunkte O und A (Abb. 3.24a), deren Weltlinien für O die ct-Achse $x = 0$ und für A die senkrechte Gerade $x = 1$ durch A sind. Im Diagramm sind auch die Weltlinie $x = ct$ eines Lichtsignals und die Hyperbel $x^2 - c^2t^2 = 1$ eingezeichnet, deren Schnittpunkt A bei $t = 0$ die Längeneinheit $x = 1$ des Maßstabes S festlegt.

Die Weltlinie von A schneidet die x'-Achse $ct' = 0$ im Punkte A'. Deshalb ist $\overline{OA'}$ die vom Beobachter O' gemessene Länge des Maßstabes. In seinem System ist die Längeneinheit $x' = 1$ durch die Strecke $\overline{OB'}$ gegeben, wo B' der Schnittpunkt der Hyperbel $x'^2 - (ct')^2 = 1$ (die identisch mit der Hyperbel $x^2 - (ct)^2 = 1$ ist) mit der x'-Achse ist. Für O' ist der Maßstab des Beobachters O, den er als $\overline{OA'}$ mißt, kleiner als $\overline{OB'} = 1$, d.h., er erscheint für ihn *kürzer* als für O.

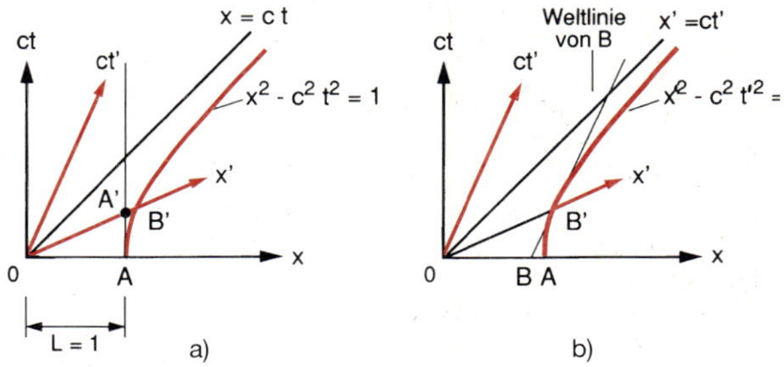

Abb. 3.24 a,b. Relativität der Lorentz-Kontraktion: (**a**) Der Maßstab $\overline{AO} = 1$ ruht im System S; (**b**) der Maßstab $\overline{OB'} = 1$ ruht in S'

Nun nehmen wir einen Maßstab $\overline{OB'}$, der im System S' ruht und dort die Länge $x' = 1$ hat, weil B' Schnittpunkt der Hyperbel $x'^2 - (ct')^2 = 1$ mit der x'-Achse ist (Abb. 3.24b). Die Weltlinien des Punktes O' ist die ct'-Achse $x' = 0$ und die des Punktes B' die dazu parallele Gerade durch B'. Diese Gerade schneidet die x-Achse im Punkte B. Der Beobachter O mißt die Länge des Maßstabes $x' = 1$ als Stecke $\overline{OB}$. Die Strecke $\overline{OB}$ ist kürzer als die Einheitsstrecke $\overline{OA}$, für die $x = 1$ gilt. Jetzt scheint der Maßstab $x' = 1$ des Beobachters O' für O verkürzt zu sein.

Man sieht daraus, daß die Lorentz-Kontraktion an der Vergrößerung des Maßstabes liegt, die durch die für O und O' unterschiedliche „Gleichzeitigkeit" für die Messung der beiden Endpunkte bedingt ist.

Man beachte, daß beide Beobachter für Messungen in *ihrem* System und im *anderen* Inertialsystem jeweils zu widerspruchsfreien Aussagen kommen, wenn sie die Lorentz-Transformationen konsequent verwenden.

3.6.4 Zeitdilatation

Wir betrachten eine Uhr, die im System S im Ursprung O ruht. Die Uhr möge im Zeitabstand Δt zwei Lichtsignale aussenden. Den Beobachter am Orte x_0 im ruhenden System S (Abb. 3.25) erreichen die Signale zu den Zeiten t_1 und t_2 in den Ereignispunkten A und B seiner Weltlinie $x_0 = \text{const}$. Für ihn ist die Zeitspanne zwischen den Signalen gegeben durch

$$\Delta t = \overline{AB} = t_2 - t_1 \ .$$

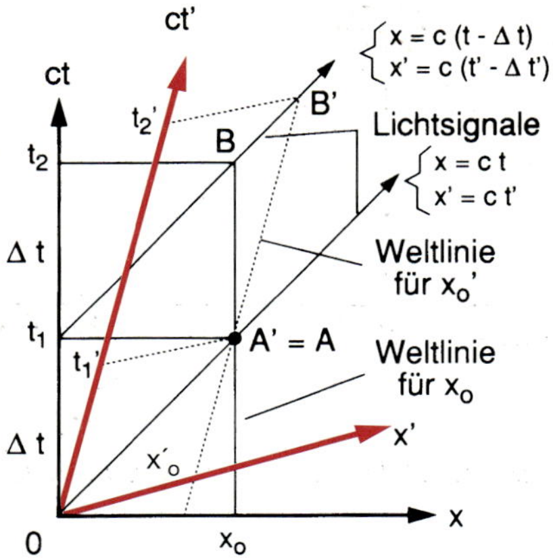

Abb. 3.25. Minkowski-Diagramm für die Zeitdilatation. Zwei Signale mit dem Zeitabstand $\Delta t = t_2 - t_1$ im ruhenden System S erreichen den bewegten Beobachter mit einem Zeitabstand $\Delta t' = \gamma \cdot \Delta t$

Ein Beobachter am Orte x'_0 in einem System S', das sich gegen S mit der Geschwindigkeit $v = v_x$ bewegt, bleibt immer auf der Weltlinie von x'_0. Die Signale erreichen ihn in den Schnittpunkten A' und B' seiner Weltlinie mit den Geraden $x' = ct'$ und $x' = c(t' + \Delta t')$. Er mißt die Signale gemäß den Lorentz-Transformationen zu den Zeitpunkten:

$$t'_1 = \gamma(t_1 - v \cdot x_0/c^2) \qquad t'_2 = \gamma(t_2 - v \cdot x_0/c^2)$$
$$\Rightarrow \Delta t' = t'_2 - t'_1 = \gamma \cdot \Delta t \,. \tag{3.31}$$

Da $\gamma = (1 - v^2/c^2)^{-1/2} > 1$, mißt der bewegte Beobachter O' eine längere Zeit zwischen den Signalen als der ruhende Beobachter O. Da sich für O' die in O ruhende Uhr bewegt, kann man dies auch so ausdrükken: *Bewegte Uhren laufen langsamer.*

Diese Zeitdilatation läßt sich mit sehr genauen Uhren messen. Synchronisiert man zwei Uhren in Paris, nimmt dann eine der beiden Uhren in einer Concorde mit nach New York und zurück, so stellt man fest, daß diese nachgeht um eine kleine Zeitspanne $\delta t = (\gamma - 1) \cdot T_{\text{Flug}}$, die (3.31) entspricht.

Anmerkung

Wegen der kleinen Concorde-Geschwindigkeit $u \approx 1$ km/s $\ll c$ ist der Effekt sehr klein, aber mit genauen Atomuhren meßbar. Man hat hier jedoch nicht genau die Verhältnisse (3.31), weil man zwischen Hin- und Rückflug das Inertialsystem gewechselt hat (siehe Abschn. 3.6.5).

Einen wesentlich größeren Effekt erhält man bei Uhren, die sich mit Geschwindigkeiten $v \approx c$ bewegen. Als solche Uhren können z.B. schnelle instabile Elementarteilchen dienen, deren Zerfallszeit als Zeitmaßstab verwendet werden kann. Durch die Höhenstrahlung (schnelle Protonen und Elektronen aus dem Weltall) werden in der oberen Erdatmosphäre bei Stößen mit den Atomkernen der Luftmoleküle Myonen μ^- erzeugt, die fast Lichtgeschwindigkeit haben und auf die Erdoberfläche treffen oder zum Teil während ihres Fluges zerfallen gemäß dem Schema

$$\mu^- \xrightarrow{\tau} \mathrm{e}^- + \nu_\mu + \bar{\nu}_\mathrm{e} \tag{3.32}$$

in ein Elektron e^- und zwei Neutrinos (siehe Bd. 4). Man kann die mittlere Lebensdauer τ abgebremster ruhender Myonen sehr genau messen und erhält $\tau \approx 5 \cdot 10^{-6}$ s [3.8].

Um die Lebensdauer τ' schnell bewegter Myonen zu bestimmen, wird die auf einen Detektor pro Sekunde fallende Myonenzahl einmal auf dem Gipfel eines Berges der Höhe h_1 und einmal am Fuß des Berges bei $h = h_2$ gemessen (Abb. 3.26). Bei einer mittleren Zerfallszeit τ' der bewegten Myonen zerfällt während der Flugzeit $\mathrm{d}t = \mathrm{d}h/v$ der Bruchteil $\mathrm{d}N/N = -\mathrm{d}t/\tau'$. Integration dieser Gleichung ergibt $N(t) = N(0) \cdot \mathrm{e}^{-t/\tau'}$. Die beiden Meßraten sind daher miteinander verknüpft durch

$$N(h_2) = a \cdot N(h_1) \cdot \mathrm{e}^{-\Delta t/\tau'}$$
$$\text{mit } \Delta t = (h_1 - h_2)/v \,,$$

wobei der Faktor $a < 1$ die Streuung der Myonen durch die Luftmoleküle auf dem Wege $\Delta h =$

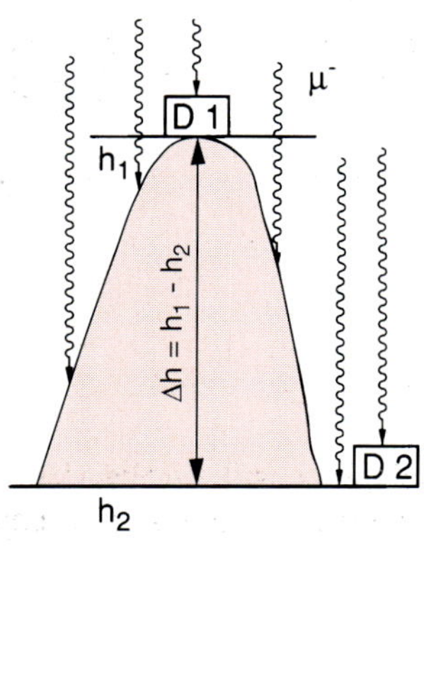

Abb. 3.26. Messung der Lebensdauern relativistischer Myonen mit Hilfe zweier Detektoren in den Höhen h_1 und h_2 über Normalnull

$h_1 - h_2$ berücksichtigt, den man aus bekannten Streudaten berechnen kann.
Die wiederholt durchgeführten sorgfältigen Messungen [3.8] ergaben eine wesentlich höhere Lebensdauer $\tau' = 45 \cdot 10^{-6}$ s der bewegten Myonen als $\tau = 5 \cdot 10^{-6}$ s für ruhende Myonen. Aus $\tau' = \gamma \cdot \tau$ folgt dann $\gamma = 9 \Rightarrow v = 0{,}994c$, d.h. die Myonen hatten eine Geschwindigkeit v, die nur um 6‰ kleiner als die Lichtgeschwindigkeit war.

Inzwischen kann man viele kurzlebige Elementarteilchen erzeugen und auf große Geschwindigkeiten $v \approx c$ beschleunigen (siehe Bd. 4). Der Vergleich ihrer mittleren Lebensdauer τ in Ruhe und τ' in Bewegung bestätigt immer wieder mit großer Genauigkeit die Richtigkeit der Gleichung (3.31).

Man kann sich die relativistische Zeitdilatation mit Hilfe eines Gedankenexperimentes von Einstein klarmachen, das eine *Lichtimpulsuhr* verwendet (Abb. 3.27). Diese besteht aus einem Kasten mit der Länge L, an dessen Ende ein Spiegel S angebracht ist. Eine Blitzlampe A sendet einen kurzen Lichtpuls aus und startet eine Uhr. Nach Reflexion am Spiegel S erreicht der Lichtpuls den Detektor, der die Uhr stoppt. Die Zeit $\Delta t_0 = 2L/c$ wird im System S, in dem die Lichtuhr ruht, als Zeiteinheit benutzt.

Wir setzen die Uhr jetzt in ein System S', das sich senkrecht zur Länge L mit der Geschwindigkeit v relativ zum Ruhesystem S bewegt. Für den Beobachter O in S durchläuft der Lichtpuls jetzt die Strecke $\overline{ABC}$. Mit $\overline{AN} = \overline{NC} = v \cdot \Delta t/2$ folgt aus Abb. 3.27:

$$\overline{AB} + \overline{BC} = 2 \cdot \left[L^2 + \left(v\frac{\Delta t}{2}\right)^2\right]^{1/2} = c \cdot \Delta t$$

$$\Rightarrow \Delta t = \frac{2L}{(c^2 - v^2)^{1/2}} \,. \qquad (3.33)$$

Der Beobachter O', in dessen System die Uhr ruhr, mißt aber $\Delta t' = 2L/c$. Ein Vergleich mit (3.33) zeigt:

$$\Delta t = \frac{\Delta t'}{(1 - v^2/c^2)^{1/2}} = \gamma \cdot \Delta t' \,, \qquad (3.34)$$

was identisch ist mit (3.31).

3.6.5 Zwillings-Paradoxon

Wohl kaum ein anderes Beispiel aus der Relativitätstheorie hat soviele Kontroversen ausgelöst wie das

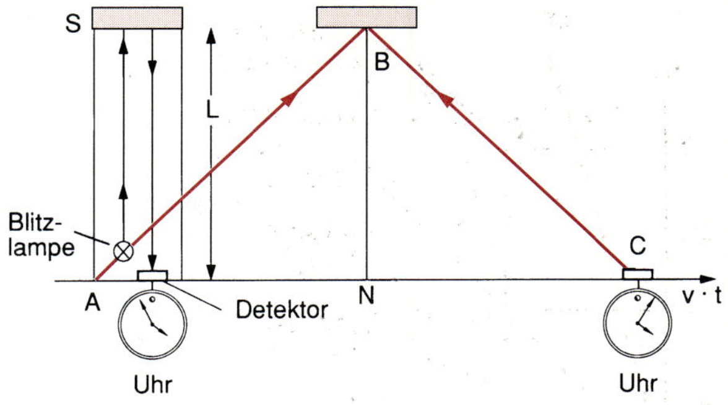

Abb. 3.27. Einsteins „Lichtuhr" zur Illustration der Zeitdilatation

von Einstein in seiner ersten Arbeit über Relativität 1905 angeführte ***Zwillings-*** und ***Uhren-Paradoxon***, das folgendes aussagt: Von zwei im gleichen System gleich gehenden Uhren bleibt eine in Ruhe, die andere wird auf eine Reise mitgenommen und schließlich wieder zum Ausgangspunkt zurückgebracht. Ein Vergleich beider Uhren zeigt, daß die bewegte Uhr nachgeht, d.h. eine kleinere Zeitspanne zwischen Abreise und Ankunft anzeigt als die ruhende Uhr [3.9].

Dieses Gedankenexperiment ist inzwischen als reales Experiment durchgeführt und voll bestätigt worden (siehe vorigen Abschnitt). Für die bemannte Raumfahrt bedeutet dies, daß ein Astronaut A nach seiner Rückkehr jünger ist als sein Zwillingsbruder B, der daheim geblieben ist. Die „gewonnene" Zeitspanne ist aber für heute mögliche bemannte Raumfahrtunternehmen kleiner als eine Sekunde und daher praktisch bedeutungslos. Trotzdem ist das Verständnis des Zwillings-Paradoxons von prinzipiellem Interesse, da es den Begriff der Relativität illustriert.

Wir hatten im vorigen Abschnitt diskutiert, daß die Zeitdilatation relativ ist, d.h., für zwei Beobachter O und O' erscheint *jedem* der beiden Beobachter der Zeitmaßstab des anderen verlängert zu sein. Warum kann man dann beim Zwillings-Paradoxon eindeutig sagen, daß A nach seiner Rückkehr jünger ist als B?

Der entscheidende Punkt ist, daß A nicht in einem *Inertialsystem* sitzt. Selbst wenn er sich mit konstanter Geschwindigkeit von B fortbewegt, er also anfangs ein Inertialsystem benutzt, muß er bei Beginn der Rückreise auf ein *anderes* Inertialsystem umsteigen, das sich mit $-v$ gegen B hin bewegt. Dies zeigt, daß die Messungen von A und B *nicht* äquivalent sind.

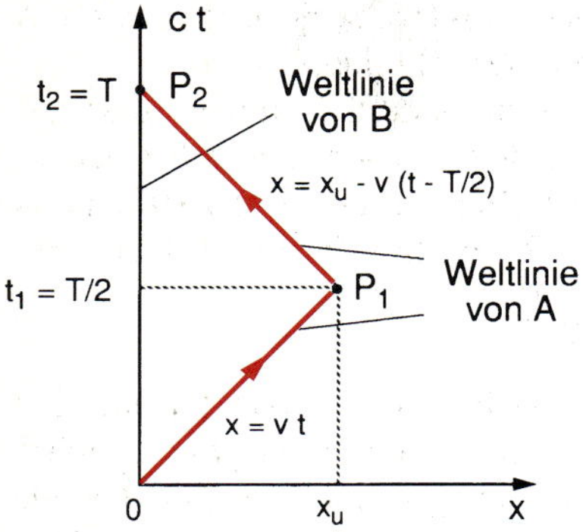

Abb. 3.28. Minkowski-Diagramm des Zwillingsparadoxons

Zur Vereinfachung der Diskussion wollen wir die Reise von A in drei Abschnitte einteilen, die wir im Minkowski-Diagramm des Systems S von B darstellen (Abb. 3.28).

- A fliegt los von $x = 0$ zur Zeit $t = t' = 0$, erreicht in vernachlässigbar kurzer Zeit seine Reisegeschwindigkeit v, bis er zur Zeit $t_1 = T/2$ den Umkehrpunkt $P_1 = (x_u, T/2)$ erreicht.
- Zur Zeit $t_1 = T/2$ bremst er ab, wendet und beschleunigt wieder auf die Geschwindigkeit $v_2 = -v$. Dies soll alles in einer Zeit geschehen, die vernachlässigbar kurz gegen die Reisezeit T ist.
- A fliegt mit $v_2 = -v$ zurück und erreicht B in $x = 0$ nach dessen Uhr zur Zeit $t_2 = T$.

Während die Weltlinie von B in Abb. 3.28 die vertikale Gerade $x = 0$ ist, folgt A der Geraden $x = vt$, d.h. $ct = (c/v)x$ bis zum Umkehrpunkt $P_1(x_u, T/2)$ und von dort auf der Geraden $x = x_u - v(t - T/2)$ bis zum Treffpunkt $P_2(0, T)$ mit B.

Aus (3.29) folgt für das invariante Wegelement ds:

$$ds^2 = c^2 dt^2 - dx^2 = c^2 dt'^2 - dx'^2 .$$

Damit erhalten wir aus Abb. 3.28 sofort die beiden unterschiedlichen Reisezeiten:

Für B ist immer d$x = 0$, so daß gilt:

$$\int_0^{P_2} ds = c \int_0^T dt = c \cdot T .$$

Für A mißt der ruhende Beobachter B auf dem Wege $\overline{OP_1}$: $dx = v \cdot dt$ und daher

$$\int_0^{P_1} ds = \sqrt{c^2 - v^2} \int_0^{T/2} dt = \frac{c \cdot T}{2\gamma} = \frac{cT'}{2}$$

und auf dem Wege $\overline{P_1 P_2}$: $dx = -v dt$; woraus wiederum folgt:

$$\int_{P_1}^{P_2} ds = \sqrt{c^2 - v^2} \int_{T/2}^{T} dt = \frac{c \cdot T}{2\gamma} = \frac{cT'}{2} ,$$

also insgesamt die Reisezeit $T' = T/\gamma < T$.

Dieses Ergebnis läßt sich auch mit Hilfe der Lorentz-Kontraktion erklären: Für A ist die Strecke L um den Faktor γ verkürzt, deswegen wird für ihn bei gleichen von A und B gemessenen Geschwindigkeiten von A die Reisezeit um den Faktor γ kürzer.

Man kann sich die Asymmetrie des Problems, aber auch die Konsistenz der Beschreibungen von A bzw. B mit Hilfe von Lichtsignalen klarmachen, die sowohl A als auch B nach ihren Uhren f_0-mal pro Sekunde aussenden. Die Summe der ausgesendeten Lichtpulse bis zur Rückkehr von A nach $x = 0$ gibt dann für $f_0 = 1$ Hz die von A bzw. B gemessene Reisezeit in Sekunden an.

Während sich A mit der Geschwindigkeit v von B fortbewegt, empfangen sowohl A als auch B die Signale des anderen mit einer kleineren Frequenz f_1, weil ja jedes nachfolgende Signal einen etwas längeren Weg zum Empfänger zurücklegen muß als das vorhergehende Signal.

Beim Umkehrpunkt P_1 tritt die Asymmetrie auf: Während A direkt nach seiner Umkehr jetzt die Signale von B mit höherer Frequenz f_2 empfängt

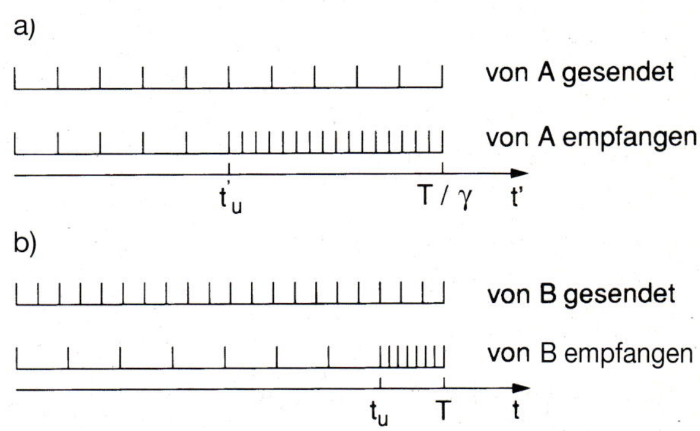

Abb. 3.29 a,b. Illustration des Zwillingsparadoxons mit Hilfe der Zahl der jeweils gesendeten und empfangenen Signale: (**a**) gemessen im System A, (**b**) gemessen von B

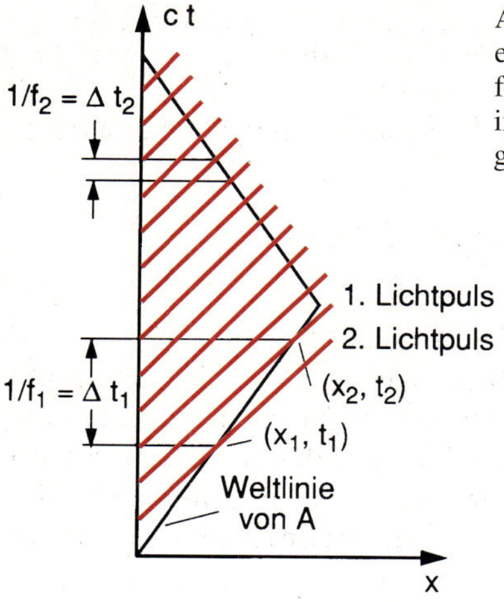

Abb. 3.30. Dopplereffekt der Signalfrequenz, illustriert im Minkowski-Diagramm

(er fliegt ihnen entgegen!), dauert es für B noch eine Zeit $\Delta t = x_u/c$, bis das erste Signal nach der Umkehr von A ihn erreicht (Abb. 3.29). Er empfängt daher über eine längere Zeit als A die Signale mit kleinerer Frequenz, und deshalb mißt er für die Reisezeit von A auch einen größeren Wert als A selbst.

Dies kann man sich quantitativ am Minkowski-Diagramm der Abb. 3.30 klarmachen, welches den relativistischen Dopplereffekt erklärt: Der Astronaut A bewegt sich für den Beobachter B auf der Geraden

$$x = vt \Rightarrow c \cdot t = \frac{c}{v}x\,.$$

Zur Zeit t_0 befinde sich A im Punkte (x_0, t_0). Ein Lichtpuls, der zur Zeit t_0 von B ausgesandt wird, beschreibt im (x, ct)-Diagramm eine 45°-Gerade und erreicht A im Punkte (x_1, t_1). Der nächste Puls wird von B zur Zeit $t_0 + \tau = t_0 + 1/f_0$ ausgesandt und erreicht A im Punkt (x_2, t_2). Es gilt nach Abb. 3.29:

$$x_1 = c(t_1 - t_0) = x_0 + v \cdot t_1$$
$$x_2 = c(t_2 - t_0 - \tau) = x_0 + vt_2\,.$$

Subtraktion der 1. von der 2. Gleichung liefert:

$$t_2 - t_1 = \frac{c \cdot \tau}{c - v}; \qquad x_2 - x_1 = \frac{v \cdot c \cdot \tau}{c - v}\,.$$

Tabelle 3.1. Messsung verschiedener physikalischer Größen für den Daheimgebliebenen und den Reisenden (nach [3.7])

Physikalische Größe	Messung von B (Daheimgebliebener)	Mesung von A (Reisender)
Gesamtreisezeit	$T = \frac{2L}{v}$	$T' = \frac{2L}{\gamma v}$
Gesamtzahl der ausgesandten Signale	$fT = \frac{2fL}{v}$	$fT' = \frac{2fL}{\gamma v}$
Zeitpunkt von A's Umkehr	$t_1 = \frac{L}{v} + \frac{L}{c} = \frac{L}{v}(1+\beta)$	$t_1' = \frac{L}{\gamma v}$
Anzahl der empfangenen Signale mit der Frequenz f′	$f't_1 = \frac{fL}{v}(1+\beta)\left(\frac{1-\beta}{1+\beta}\right)^{1/2} = \frac{fL}{v}(1-\beta^2)^{1/2}$	$f't_1' = \frac{fL}{v}(1-\beta)^{1/2}\left(\frac{1-\beta}{1+\beta}\right)^{1/2} = \frac{fL}{v}(1-\beta)$
Zeitdauer der restlichen Reise	$t_2 = \frac{L}{v} - \frac{L}{c}$	$t_2' = \frac{L}{\gamma v}$
Anzahl der empfangenen Signale mit der Frequenz f″	$f''t_2 = \frac{fL}{v}(1-\beta)\left(\frac{1+\beta}{1-\beta}\right)^{1/2} = \frac{fL}{v}(1-\beta^2)^{1/2}$	$f''t_2' = \frac{fL}{v}(1-\beta^2)^{1/2}\left(\frac{1+\beta}{1-\beta}\right)^{1/2} = \frac{fL}{v}(1+\beta)$
Gesamtzahl der empfangenen Signale	$\frac{2fL}{v}(1-\beta^2)^{1/2} = \frac{2fL}{\gamma v}$	$\frac{2fL}{v}$
Schluß auf die vom anderen gemessene Zeit	$T' = \frac{2L}{\gamma v}$	$T = \frac{2L}{v}$

Astronaut A mißt jedoch in seinem System gemäß den Lorentz-Transformationen:

$$\tau' = t_2' - t_1' = \gamma \cdot \left[(t_2 - t_1) - \frac{v}{c^2}(x_2 - x_1) \right]$$
$$= \gamma \cdot (1 + \beta) \cdot \tau, \quad \text{mit } \beta = v/c\,.$$

Wegen $\gamma = (1 - \beta^2)^{-1/2}$ wird dies

$$\tau' = \tau \left(\frac{1+\beta}{1-\beta} \right)^{1/2} \Rightarrow f' = \frac{1}{\tau'} = f_0 \left(\frac{1-\beta}{1+\beta} \right)^{1/2}.$$

A mißt also bei der Hinreise eine um den Faktor $[(1-\beta)/(1+\beta)]^{1/2}$ kleinere Frequenz f' der von B mit der Frequenz f_0 ausgesandten Signale, auf der Rückreise (v geht in $-v$ über) eine größere Frequenz $f'' = [(1+\beta)/(1-\beta)]^{1/2} f_0$.

In Tabelle 3.1 sind die verschiedenen von A bzw. B gemessenen Größen ihrer ausgesandten und empfangenen Signale zusammengestellt. In der letzten Zeile wird nochmals deutlich, daß B aus den von A empfangenen Signalen auf die von A gemessene Zeit schließen kann, und umgekehrt kann auch A auf die von B gemessene Zeit schließen. Beide Beobachter sind sich deshalb völlig einig, trotz der von ihnen im jeweils eigenen System gemessenen unterschiedlichen Zeiten.

3.6.6 Raumzeit-Ereignisse und Kausalität

Da die Lichtgeschwindigkeit c eine obere Grenze für alle Geschwindigkeiten ist, mit denen Signale von einem Raumzeitpunkt zu einem anderen übertragen werden können, lassen sich alle Raumzeit-Ereignisse danach einteilen, ob sie ursächlich miteinander verknüpft sein können oder nicht.

In einem Minkowski-Diagramm (Abb. 3.31) sind die beiden Diagonalen $x = \pm c \cdot t$ die Weltlinien von Lichtsignalen, die durch den Punkt $(x = 0, t = 0)$ gehen.

Diese Geraden teilen den Raum in verschiedene Gebiete ein: Alle Raumzeitpunkte $x, t > 0)$ mit $|x| \leq ct$ bilden von $(x = 0, t = 0)$ aus gesehen die *Zukunft*, d.h. sie können durch Signale von $(x = 0, t = 0)$ aus erreicht werden, während die Raumzeitpunkte $(x, t < 0)$ mit $|x| \leq |ct|$ die *Vergangenheit* bilden.

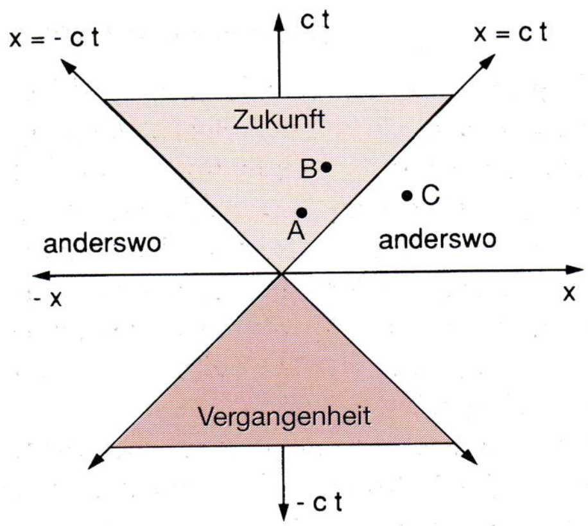

Abb. 3.31. Zweidimensionales Minkowski-Diagramm mit den schraffierten Bereichen für Vergangenheit und Zukunft und den weißen Bereichen für *nicht erreichbare* Raum-Zeit-Punkte

Man kann dies auch so ausdrücken: Alle Ereignisse in Raumpunkten (x, t) mit $|x| \leq |ct|$ können ursächlich miteinander verknüpft sein, weil zwischen ihnen Signale (d.h. Wirkungen) übertragen werden können mit Geschwindigkeiten $v \leq c$. So kann z.B. das Ereignis A in Abb. 3.31 das spätere Ereignis B verursachen, jedoch nicht das Ereignis C.

Ein Beobachter in einem Raumzeitpunkt (x, t) mit $|x| \leq |ct|$ kann *prinzipiell kein Signal empfangen* von Raumzeitpunkten in den in Abb. 3.31 weißen Gebieten mit $|x| > |ct|$. Wir nennen diese Gebiete daher „anderswo".

In einem dreidimensionalen Raumzeit-Diagramm (x, y, ct) bilden die Flächen $x^2 + y^2 = c^2 t^2$ einen Kegelmantel, den sogenannten ***Lichtkegel***. Vergangenheit und Zukunft liegen innerhalb, „anderswo" liegt außerhalb des Lichtkegels. Im vierdimensionalen Raum (x, y, z, ct) wird dieser Lichtkegel zu einer dreidimensionalen Hyperfläche.

Sehr gut geschriebene Einführungen in die spezielle Relativitätstheorie, die auch für Erstsemester verständlich sind, findet man in [3.7, 9–11].

ÜBUNGSAUFGABEN

1. Ein Aufzug mit einer Kabinenhöhe von 2,50 m wird von $t = 0$ an mit konstanter Beschleunigung $a = 1\ \mathrm{m/s^2}$ nach unten beschleunigt. Nach 3 s wird von der Decke eine Kugel fallengelassen. a) Wann erreicht sie den Boden? b) Welche Fallstrecke hat sie dann im Ruhesystem des Aufzugschachtes zurückgelegt? c) Welche Geschwindigkeit hat sie beim Aufprall im Ruhesystem und relativ zum Fahrstuhlsystem?
2. Vom Punkt A auf dem Äquator wird eine Kugel mit der gleichförmigen Geschwindigkeit $v = 200\ \mathrm{m/s}$ in horizontaler Richtung abgeschossen: a) in Nordrichtung, b) in Nord-Ost-Richtung (45° gegen den Äquator), c) in Nord-West-Richtung. Wie sieht ihre Bahn jeweils im System der rotierenden Erde aus?
3. Eine Kugel hängt an einem 10 m langen Faden und rotiert um die vertikale Achse durch den Aufhängepunkt mit der Winkelgeschwindigkeit $\omega = 2\pi \cdot 0{,}2\ \mathrm{s^{-1}}$. Wie groß ist der Winkel, den der Faden mit der Vertikalen bildet, und wie groß ist die Geschwindigkeit v der Kugel?
4. In der Randzone eines Taifuns über Japan (geographische Breite $\varphi = 40°$) hat die horizontal zirkulierende Luft eine Geschwindigkeit von 120 km/h. Wie groß ist der Krümmungsradius r der Bahn dieser Luftzone?
5. Ein ICE (Masse $3 \cdot 10^6$ kg) fährt auf der Rheintalstrecke von Karlsruhe nach Basel mit $v = 200$ km/h genau von Nord nach Süd über den 48. Breitengrad. Wie groß ist die Corioliskraft auf die Schienen? In welcher Richtung wirkt sie?
6. Ein Körper der Masse $m = 5$ kg rotiert an einem Faden der Länge $L = 1$ m um eine horizontale Achse. Bei welcher Winkelgeschwindigkeit ω reißt der Faden, wenn seine maximale Zugkraft 100 N ist?
7. Eine ebene Scheibe mit dem Radius $R = 0{,}2$ m dreht sich mit konstanter Winkelgeschwindigkeit $\omega = 2\pi \cdot 10\ \mathrm{s^{-1}}$ um eine Achse durch den Mittelpunkt O. Vom Punkte A mit den Koordinaten $(r = 0{,}1\ \mathrm{m}, \varphi = 0°)$ wird eine Kugel mit der Geschwindigkeit $\boldsymbol{v} = \{v_r, v_\varphi\}$ mit $v_r = 10\ \mathrm{m/s}$, $v_\varphi = 5\ \mathrm{m/s}$, gemessen im System der rotierenden Scheibe, abgeschossen. An welchem Punkt (r, φ) erreicht sie den Rand der Scheibe? Skizzieren Sie ihre Bahn!
8. Ein Geschoß wird von einem Ort A auf der Erdoberfläche mit der geographischen Breite $\varphi = 45°$ genau in Ostrichtung mit der Geschwindigkeit $v_0 = 7\ \mathrm{km/s}$ abgeschossen. Wie groß sind Zentrifugal- und Coriolisbeschleunigung direkt nach dem Abschuß?
9. Zwei Inertialsysteme S und S' bewegen sich mit der Geschwindigkeit $v_x = c/3$ gegeneinander. Ein Körper A bewegt sich im System S mit der Geschwindigkeit $\boldsymbol{u} = \{u_x = 0{,}5\ c, u_y = 0{,}1\ c, u_z = 0\}$. Wie sieht der Geschwindigkeitsvektor von A im System S' aus: wenn man a) die Galilei-Transformationen, b) die Lorentz-Transformationen verwendet? Wie groß ist der Fehler in a) gegenüber b)?
10. Ein Metermaßstab bewegt sich mit der Geschwindigkeit $v = 2{,}8 \cdot 10^8\ \mathrm{m/s}$ an einem ruhenden Beobachter B vorbei. Welche Länge hat er für B?
11. Ein Raumschiff fliegt mit konstanter Geschwindigkeit v von der Erde zum Neptun und erreicht ihn bei seiner erdnächsten Position. Wie groß müßte v sein, damit die Reise nach Messung des Piloten 1 Tag dauert? Wie lange dauert sie dann nach Messung des Beobachters auf der Erde?
12. Von den Endpunkten A und B einer ruhenden Strecke L werden gleichzeitig Lichtsignale ausgesandt. Wo muß sich ein Beobachter O befinden, um die Signale von A und B gleichzeitig zu messen? Ändert sich die Antwort, wenn A, B und O sich mit gleicher, konstanter Geschwindigkeit bewegen? An welchem Punkt im System S von O mißt ein mit der Geschwindigkeit $v = v_x$ gegen O bewegter Beobachter O' das gleichzeitige Eintreffen der Lichtsignale, wenn er weiß, daß im System S die Signale gleichzeitig von A und B abgeschickt wurden?
13. Am 1.1.2010 startet der Raumfahrer A von der Erde und fliegt mit der konstanten Geschwindigkeit $v = 0{,}8\ c$ zu unserem nächsten Stern α-Centauri, der, von der Erde aus gemessen, 4 Lichtjahre entfernt ist. Am Stern angelangt, kehrt A sofort um und fliegt wieder mit ▶

$v = 0{,}8\ c$ zur Erde zurück, die er nach Messung des Daheimgebliebenen am 1. 1. 2020 erreicht. A und B hatten vereinbart, einander an jedem Neujahrstag eine Grußbotschaft durch Lichtsignal zu schicken. Zeigen Sie, daß A nur 6mal, B aber 10mal eine Botschaft sendet. Wieviele Signale empfängt A auf der Hinreise, wieviele auf der Rückreise?

4. Systeme von Massenpunkten. Stöße

Bisher haben wir nur die Bewegung eines einzigen Teilchens betrachtet und dessen Bahn unter dem Einfluß äußerer Kräfte berechnet. Wir wollen uns in diesem Kapitel etwas näher mit der Beschreibung von Systemen *mehrerer* Teilchen befassen, wo außer den äußeren Kräften, die auf das ganze System wirken, auch die inneren Wechselwirkungen zwischen den Teilchen des Systems eine entscheidende Rolle spielen.

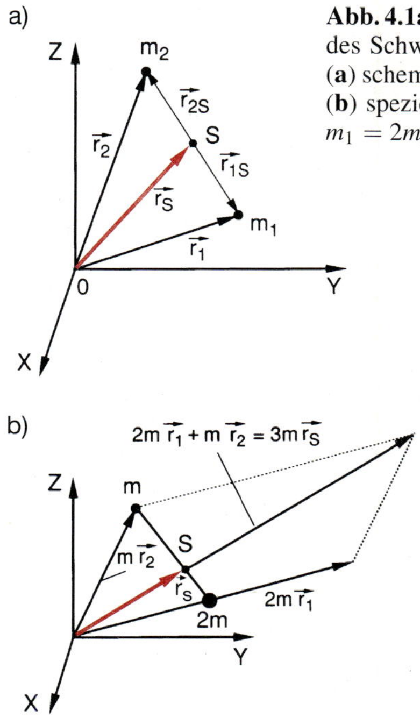

Abb. 4.1a,b. Zur Definition des Schwerpunktes: (**a**) schematische Darstellung, (**b**) spezielles Beispiel mit $m_1 = 2m_2$

4.1 Grundbegriffe

Zuerst sollen einige Grundbegriffe für die Beschreibung von Mehrteilchen-Systemen geklärt werden.

4.1.1 Schwerpunkt

Gegeben seien N Massenpunkte, deren Lage durch die Ortsvektoren $\boldsymbol{r}_i$ beschrieben wird. Wir definieren dann als ***Schwerpunkt*** S des ganzen Systems den Punkt mit dem Ortsvektor

$$\boldsymbol{r}_S = \frac{\sum_i m_i \boldsymbol{r}_i}{\sum_i m_i} = \frac{1}{M}\sum_i m_i \boldsymbol{r}_i \,, \tag{4.1}$$

wenn $M = \sum m_i$ die Gesamtmasse des Systems ist (Abb. 4.1).

Bewegen sich die einzelnen Massen mit den Geschwindigkeiten $\boldsymbol{v}_i = \mathrm{d}\boldsymbol{r}_i/\mathrm{d}t$, so definieren wir als Schwerpunktsgeschwindigkeit

$$\boldsymbol{v}_S = \frac{\mathrm{d}\boldsymbol{r}_S}{\mathrm{d}t} = \frac{1}{M}\sum_i m_i \boldsymbol{v}_i \,. \tag{4.2a}$$

Mit $\boldsymbol{p}_i = m_i \boldsymbol{v}_i$ kann man (4.2a) auch durch den Gesamtimpuls $\boldsymbol{P} = \sum \boldsymbol{p}_i$ aller Teilchen ausdrücken:

$$\boldsymbol{P} = M\boldsymbol{v}_S \,. \tag{4.2b}$$

Wirken keine äußeren Kräfte auf das System, so treten nur Wechselwirkungen der einzelnen Teilchen untereinander auf. Ein solches System nennen wir „abgeschlossen“. Aus dem Newtonschen Axiom $\boldsymbol{F}_{ik} = -\boldsymbol{F}_{ki}$ folgt dann: $\sum_i \sum_{k \neq i} \boldsymbol{F}_{ik} = \boldsymbol{0}$ und wegen $\boldsymbol{F}_i = \mathrm{d}\boldsymbol{p}_i/\mathrm{d}t$ mit $\boldsymbol{F}_i = \sum_k \boldsymbol{F}_{ik}$ für die Summe der Impulse aller N Teilchen:

$$\boldsymbol{P} = \sum \boldsymbol{p}_i = \text{const} \,. \tag{4.3}$$

Der Schwerpunkt eines abgeschlossenen Systems hat einen zeitlich konstanten Impuls, d.h. seine Geschwindigkeit ändert sich nicht.

Wirkt eine äußere Gesamtkraft $\boldsymbol{F} \neq \mathbf{0}$ auf das System, so folgt

$$\boldsymbol{F} = \frac{\mathrm{d}}{\mathrm{d}t}\sum \boldsymbol{p}_i = \frac{\mathrm{d}\boldsymbol{P}}{\mathrm{d}t}\,, \tag{4.4}$$

woraus mit (4.2b) und der Schwerpunktbeschleunigung $\boldsymbol{a}_\mathrm{S} = \mathrm{d}\boldsymbol{v}_\mathrm{S}/\mathrm{d}t$ folgt:

$$\boxed{\boldsymbol{F} = M\boldsymbol{a}_\mathrm{S}} \tag{4.5}$$

> Der Schwerpunkt eines beliebigen Systems von Massenpunkten bewegt sich so, als ob er ein Körper mit der Gesamtmasse M wäre und auf ihn die gesamte äußere Kraft wirkte.

Oft ist es zweckmäßig, ein Koordinatensystem zu wählen, das den Schwerpunkt als Nullpunkt hat und sich mit der Schwerpunktsgeschwindigkeit $\boldsymbol{v}_\mathrm{S}$ gegen das ortsfeste Laborsystem bewegt. Dieses System heißt ***Schwerpunktsystem***.

Zwischen den Ortsvektoren $\boldsymbol{r}_i$ im Laborsystem und $\boldsymbol{r}_{i\mathrm{S}}$ im Schwerpunktsystem gelten nach Abb. 4.1a die Relationen:

$$\boldsymbol{r}_i = \boldsymbol{r}_{i\mathrm{S}} + \boldsymbol{r}_\mathrm{S} \tag{4.6a}$$

Durch Einsetzen in (4.1) erhält man:

$$\begin{aligned}\sum m_i\boldsymbol{r}_{i\mathrm{S}} &= \sum m_i(\boldsymbol{r}_i - \boldsymbol{r}_\mathrm{S})\\ &= \sum m_i\boldsymbol{r}_i - \sum m_i\,\boldsymbol{r}_\mathrm{S} = \mathbf{0}\end{aligned}$$

$$\Rightarrow \boxed{\sum m_i\boldsymbol{r}_{i\mathrm{S}} = \mathbf{0}} \tag{4.6b}$$

Die Geschwindigkeit eines Körpers sei $\boldsymbol{v}_i$ im Laborsystem und $\boldsymbol{v}_{i\mathrm{S}}$ im Schwerpunktsystem. Der Impuls eines Körpers im Schwerpunktsystem sei $\boldsymbol{p}_{i\mathrm{S}}$. Dann gilt:

$$\boldsymbol{v}_i = \boldsymbol{v}_{i\mathrm{S}} + \boldsymbol{v}_\mathrm{S} \quad \text{bzw.} \tag{4.6c}$$

$$\boxed{\sum m_i\boldsymbol{v}_{i\mathrm{S}} = \sum \boldsymbol{p}_{i\mathrm{S}} = \mathbf{0}} \tag{4.6d}$$

wie durch Differentiation von (4.6a) bzw. (4.6b) folgt.

> Die Summe aller Impulse im Schwerpunktsystem ist immer Null.

Für ein abgeschlossenes System aus nur zwei Massen m_1, m_2 ergibt sich damit für die kinetische Energie im Laborsystem:

$$\begin{aligned}E_\mathrm{kin} &= \tfrac{1}{2}m_1v_1^2 + \tfrac{1}{2}m_2v_2^2\\ &= \tfrac{1}{2}(m_1v_{1\mathrm{S}}^2 + m_2v_{2\mathrm{S}}^2) + \tfrac{1}{2}(m_1 + m_2)v_\mathrm{S}^2\\ &\quad + (m_1\boldsymbol{v}_{1\mathrm{S}} + m_2\boldsymbol{v}_{2\mathrm{S}})\boldsymbol{v}_\mathrm{S}\,.\end{aligned}$$

Der letzte Term ist Null wegen $\boldsymbol{p}_{1\mathrm{S}} + \boldsymbol{p}_{2\mathrm{S}} = \mathbf{0}$, und wir erhalten

$$\boxed{E_\mathrm{kin} = E_\mathrm{kin}^{(\mathrm{S})} + \tfrac{1}{2}M\,v_\mathrm{S}^2} \tag{4.7}$$

> Die kinetische Energie E_kin, gemessen im Laborsystem, läßt sich schreiben als Summe aus $E_\mathrm{kin}^{(\mathrm{S})}$ im Schwerpunktsystem und der kinetischen Energie der im Schwerpunkt vereinigten Gesamtmasse (Translationsenergie des Systems).

Die Gesamtbewegung des abgeschlossenen Systems wird dabei gemäß (4.6c) aufgeteilt in eine gleichförmige Bewegung des Schwerpunktes mit der konstanten Geschwindigkeit $\boldsymbol{v}_\mathrm{S}$ und eine Relativbewegung beider Teilchen um den Schwerpunkt.

4.1.2 Reduzierte Masse

Zwei Teilchen m_1 und m_2 mögen aufeinander mit der Kraft $\boldsymbol{F}_{12} = -\boldsymbol{F}_{21}$ wirken. Jede weitere Wechselwirkung mit äußeren Feldern sei vernachlässigbar. Die Bewegungsgleichung lautet dann:

$$\frac{\mathrm{d}\boldsymbol{v}_1}{\mathrm{d}t} = \frac{\boldsymbol{F}_{12}}{m_1}\,; \quad \frac{\mathrm{d}\boldsymbol{v}_2}{\mathrm{d}t} = \frac{\boldsymbol{F}_{21}}{m_2}\,. \tag{4.8a}$$

Subtraktion liefert bei Berücksichtigung von $\boldsymbol{F}_{12} = -\boldsymbol{F}_{21}$

$$\frac{\mathrm{d}}{\mathrm{d}t}(\boldsymbol{v}_1 - \boldsymbol{v}_2) = \left(\frac{1}{m_1} + \frac{1}{m_2}\right)\boldsymbol{F}_{12}\,. \tag{4.8b}$$

Dabei ist $\boldsymbol{v}_1 - \boldsymbol{v}_2 = \boldsymbol{v}_{12}$ die Relativgeschwindigkeit der beiden Teilchen.

Führt man die ***reduzierte Masse***

$$\mu = \frac{m_1m_2}{m_1 + m_2} \tag{4.9}$$

ein, so lautet (4.8b)

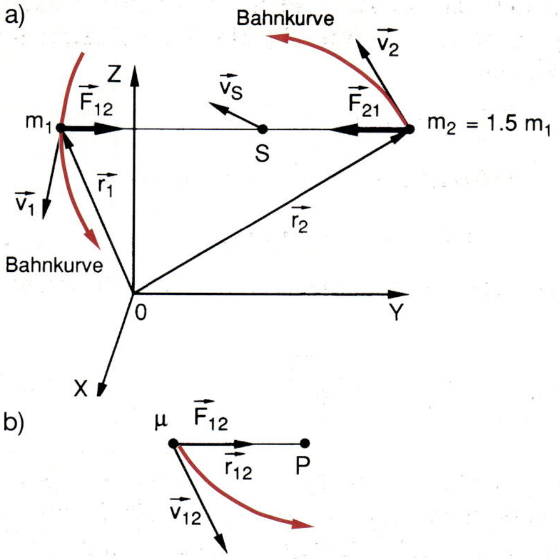

Abb. 4.2. (**a**) Schwerpunktsgeschwindigkeit $\boldsymbol{v}_S$ eines Systems aus zwei sich bewegenden Massen m_1, m_2; (**b**) Reduktion der Relativbewegung auf die Bewegung *eines* Teilchens mit der reduzierten Masse μ und dem Abstand r_{12} vom Bezugspunkt P

$$\boxed{\boldsymbol{F}_{12} = \mu \frac{\mathrm{d}\boldsymbol{v}_{12}}{\mathrm{d}t}} \,. \tag{4.10}$$

Für die Relativbewegung der beiden Teilchen gilt also eine Bewegungsgleichung, die völlig analog zur Newton-Gleichung (2.20a) eines einzigen Teilchens der Masse μ ist.

Durch Einsetzen von $\boldsymbol{v}_{iS} = \boldsymbol{v}_i - \boldsymbol{v}_S$ erhält man die kinetische Energie $E_{\text{kin}}^{(S)}$ beider Teilchen im Schwerpunktsystem (4.7)

$$E_{\text{kin}}^{(S)} = \sum \frac{m_i}{2} v_{iS}^2 = \frac{1}{2} \mu v_{12}^2 \,. \tag{4.11}$$

Die kinetische Energie eines abgeschlossenen Systems zweier Teilchen im Schwerpunktsystem ist gleich der kinetischen Energie *eines* Teilchens mit der *reduzierten Masse* μ, das sich mit der *Relativgeschwindigkeit* $\boldsymbol{v}_{12}$ bewegt.

Diese wichtigen Relationen besagen:

> Die Relativbewegung zweier Teilchen unter dem Einfluß ihrer gegenseitigen Wechselwirkung $\boldsymbol{F}_{12} = -\boldsymbol{F}_{21}$ kann auf die Bewegung eines Teilchens mit der reduzierten Masse μ unter dem Einfluß der Kraft $\boldsymbol{F}_{12}$ reduziert werden.

Dies wird in Abb. 4.2 an der Bewegung zweier Körper mit den Massen $m_1 = m$ und $m_2 = 1{,}5 \cdot m$ um ihren gemeinsamen Schwerpunkt S illustriert, der sich mit der Geschwindigkeit $\boldsymbol{v}_S$ bewegen möge. Ein Beispiel aus der Astronomie wäre ein Doppelsternsystem (siehe Bd. 4).

4.1.3 Drehimpuls eines Teilchensystems

Wir betrachten zwei Massenpunkte m_1 und m_2. Außer der gegenseitigen Wechselwirkungskraft

$$\boldsymbol{F}_{12} = -\boldsymbol{F}_{21}$$

möge auf m_1 die äußere Kraft $\boldsymbol{F}_1$ und auf m_2 die äußere Kraft $\boldsymbol{F}_2$ einwirken (Abb. 4.3). Das Drehmoment der beiden Teilchen, bezogen auf den Nullpunkt 0 des Koordinatensystems, ist dann

$$\boldsymbol{D}_1 = \boldsymbol{r}_1 \times (\boldsymbol{F}_1 + \boldsymbol{F}_{12})$$
$$\boldsymbol{D}_2 = \boldsymbol{r}_2 \times (\boldsymbol{F}_2 + \boldsymbol{F}_{21}) \,,$$

so daß das gesamte Drehmoment des Systems

$$\boldsymbol{D} = (\boldsymbol{r}_1 \times \boldsymbol{F}_1) + (\boldsymbol{r}_2 \times \boldsymbol{F}_2) + (\boldsymbol{r}_1 - \boldsymbol{r}_2) \times \boldsymbol{F}_{12}$$

wird. Weil die inneren Kräfte $\boldsymbol{F}_{12} = -\boldsymbol{F}_{21}$ in Richtung der Verbindungslinie $\boldsymbol{r}_{12} = (\boldsymbol{r}_2 - \boldsymbol{r}_1)$ liegen, ist der letzte Term Null und das gesamte Drehmoment

$$\boldsymbol{D} = (\boldsymbol{r}_1 \times \boldsymbol{F}_1) + (\boldsymbol{r}_2 \times \boldsymbol{F}_2) \tag{4.12}$$

wird gleich der Vektorsumme der Einzeldrehmomente. Wirken keine äußeren Kräfte, so ist das Drehmoment des Systems Null!

Der gesamte Drehimpuls $\boldsymbol{L}$ des Systems, bezogen auf den Nullpunkt, ist

$$\boldsymbol{L} = (\boldsymbol{r}_1 \times \boldsymbol{p}_1) + (\boldsymbol{r}_2 \times \boldsymbol{p}_2) \,, \tag{4.13}$$

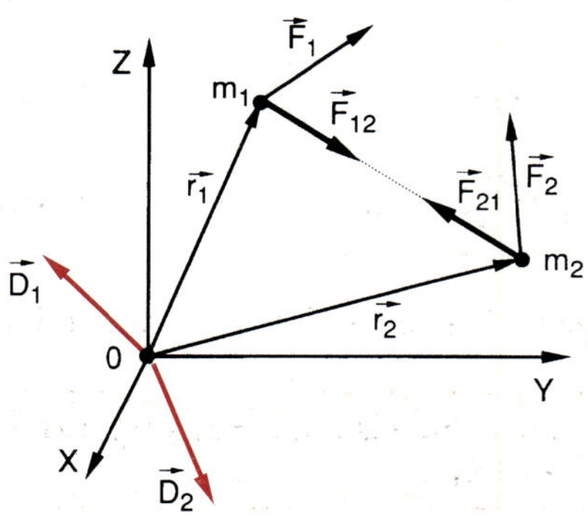

Abb. 4.3. Drehmomente zweier Massen unter der Einwirkung äußerer Kräfte

und wir erhalten analog zu der Beziehung (2.52) für einen Massenpunkt

$$\frac{d\boldsymbol{L}}{dt} = (\boldsymbol{r}_1 \times \boldsymbol{F}_1) + (\boldsymbol{r}_2 \times \boldsymbol{F}_2) = \boldsymbol{D} \,. \tag{4.14}$$

Gleichung (4.14) beschreibt den wichtigen Sachverhalt:

> Die zeitliche Änderung des Gesamtdrehimpulses eines Systems von Teilchen, bezogen auf einen beliebigen Punkt, ist gleich dem Gesamtdrehmoment aller äußeren Kräfte, bezogen auf den gleichen Punkt.

Für den Spezialfall, daß keine äußeren Kräfte, d.h. auch keine Drehmomente wirken, folgt: $\boldsymbol{L} = \text{const}$

> Der Gesamtdrehimpuls eines abgeschlossenen Systems ist nach Größe und Richtung zeitlich konstant.

Mit den Schwerpunktkoordinaten (4.1) können wir den Drehimpuls (4.13) zerlegen:

$$\boldsymbol{L} = m_1(\boldsymbol{r}_{1\text{S}} + \boldsymbol{r}_\text{S}) \times (\boldsymbol{v}_{1\text{S}} + \boldsymbol{v}_\text{S}) + m_2(\boldsymbol{r}_{2\text{S}} + \boldsymbol{r}_\text{S}) \times (\boldsymbol{v}_{2\text{S}} + \boldsymbol{v}_\text{S})$$

Allgemein gilt:

$$\begin{aligned}\boldsymbol{L} &= \sum m_i(\boldsymbol{r}_{i\text{S}} + \boldsymbol{r}_\text{S}) \times (\boldsymbol{v}_{i\text{S}} + \boldsymbol{v}_\text{S}) \\ &= M(\boldsymbol{r}_\text{S} \times \boldsymbol{v}_\text{S}) + \sum m_i(\boldsymbol{r}_{i\text{S}} \times \boldsymbol{v}_{i\text{S}}) \\ &\quad + \sum m_i(\boldsymbol{r}_\text{S} \times \boldsymbol{v}_{i\text{S}}) + \sum m_i(\boldsymbol{r}_{i\text{S}} \times \boldsymbol{v}_\text{S})\end{aligned}$$

Die Terme $\sum m_i(\boldsymbol{r}_\text{S} \times \boldsymbol{v}_{i\text{S}})$ und $\sum m_i(\boldsymbol{r}_{i\text{S}} \times \boldsymbol{v}_\text{S})$ sind wegen (4.6b) und (4.6d) gleich Null, und es folgt:

$$\boxed{\boldsymbol{L} = M(\boldsymbol{r}_\text{S} \times \boldsymbol{v}_\text{S}) + \sum_i m_i(\boldsymbol{r}_{i\text{S}} \times \boldsymbol{v}_{i\text{S}})} \tag{4.14a}$$

Der erste Anteil

$$\boldsymbol{L}_{\text{S}0} = M(\boldsymbol{r}_\text{S} \times \boldsymbol{v}_\text{S}) \tag{4.15a}$$

ist der Drehimpuls der im Schwerpunkt vereinigten Gesamtmasse M, bezogen auf den Koordinatenursprung. Den zweiten Anteil, der den Gesamtdrehimpuls des Systems, bezogen auf den Schwerpunkt angibt, können wir wegen $\sum m_i \boldsymbol{v}_{i\text{S}} = \boldsymbol{0}$ umformen in:

$$\begin{aligned}\boldsymbol{L}_\text{S} &= \sum \boldsymbol{L}_{i\text{S}} = (\boldsymbol{r}_{1\text{S}} \times \boldsymbol{p}_{1\text{S}}) + (\boldsymbol{r}_{2\text{S}} \times \boldsymbol{p}_{2\text{S}}) \\ &= (\boldsymbol{r}_1 - \boldsymbol{r}_2) \times \boldsymbol{p}_{1\text{S}} = \boldsymbol{r}_{12} \times \mu \boldsymbol{v}_{12} \,.\end{aligned} \tag{4.15b}$$

weil $\boldsymbol{p}_{1\text{S}} = \mu \boldsymbol{v}_{12}$, wie aus (4.6d) und (4.10) folgt.

Der Drehimpuls des Gesamtsystems, bezogen auf den Schwerpunkt, ist also genau so groß wie der Drehimpuls eines Teilchens mit dem Impuls $\mu \boldsymbol{v}_{12}$ und dem Ortsvektor $\boldsymbol{r}_{12}$.

BEISPIELE

1. Die *Relativbewegung Mond–Erde* (Abb. 4.4) läßt sich auf ein Einteilchenproblem reduzieren, nämlich die Bewegung eines Körpers mit der reduzierten Masse $\mu = m_\text{E} \cdot m_\text{Mo}/(m_\text{E} + m_\text{Mo}) \approx 0{,}99\, m_\text{Mo}$ im Zentralkraftfeld der Gravitation Erde–Mond mit Zentrum im Mittelpunkt M der Erde.
   Der Schwerpunkt des Erde–Mond-Systems liegt wegen $m_\text{Mo} \approx 0{,}01 m_\text{E}$ 4552 km vom Mittelpunkt der Erde entfernt, also noch im Inneren der Erde (Abb. 4.4). In diesem System beschreiben Mond und Erde fast kreisförmige elliptische Bahnen um den gemeinsamen Schwerpunkt S mit den Radien

   $$r_\text{E} = (m_\text{Mo}/(m_\text{E} + m_\text{Mo}))r_\text{EMo} \approx 0{,}01 r_\text{EMo}$$

   und

   $$r_\text{Mo} = (m_\text{E}/(m_\text{E} + m_\text{Mo}))r_\text{EMo} \approx 0{,}99 r_\text{EMo} \,,$$

   wobei r_EMo der Abstand Erde–Mond ist.
   In einem Koordinatensystem, das im Schwerpunkt unserer Milchstraße ruht, beschreibt die Mondbahn eine komplizierte Kurve (Abb. 2.4). Man kann diese jedoch zusammensetzen aus

   a) der Bewegung des Mondes um den Schwerpunkt Erde–Mond;

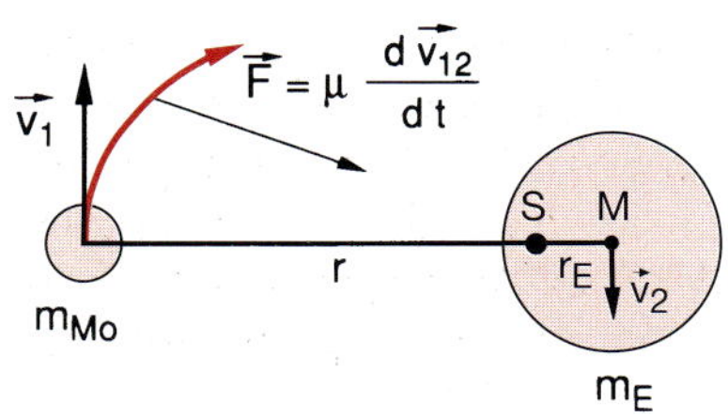

Abb. 4.4. Bahnbewegung des Mondes im Schwerpunktsystem Erde–Mond

b) der Bewegung des Schwerpunktes um den Schwerpunkt des Sonnensystems, der praktisch im Zentrum der Sonne liegt, weil $M_{\mathrm{So}} > 10^3 \cdot (\sum m_{\mathrm{Planeten}})$;
c) aus der Bewegung des Schwerpunktes des Sonnensystems um das Zentrum unserer Milchstraße.

Die exakte Berechnung der Mondbahn muß die gleichzeitige Gravitationsanziehung durch Erde und Sonne mit zeitabhängigen Positionen berücksichtigen (Dreikörperproblem). Wegen dieser „Störung" ist die Mondbahn nicht genau eine Ellipse um den Schwerpunkt S. Es gibt zwar keine analytische Lösung dieses Problems, wohl aber sehr gute numerische Näherungslösungen [4.1].

2. Das *Wasserstoffatom* ist ein System aus Proton (Masse m_p) und Elektron (Masse m_e). Aus $m_\mathrm{p} = 1836 \cdot m_\mathrm{e}$ folgt: $\mu = 0,99946 \cdot m_\mathrm{e} \approx m_\mathrm{e}$.
Der Schwerpunkt S liegt $(1/1837) \cdot r_{12}$ vom Mittelpunkt des Protons entfernt, wenn r_{12} der Abstand Proton–Elektron ist.
Die Bewegung der beiden Teilchen im Wasserstoffatom kann aufgeteilt werden in eine Translation des Schwerpunktes S mit der Geschwindigkeit $\boldsymbol{v}_\mathrm{S}$ und die Bewegung eines Teilchens der Masse $\mu \approx m_\mathrm{e}$ mit der Relativgeschwindigkeit $\boldsymbol{v}_{12}$ um den Schwerpunkt. Die gesamte kinetische Energie des H-Atoms ist dann:
$$E_{\mathrm{kin}} = \tfrac{1}{2}(m_\mathrm{p} + m_\mathrm{e})v_\mathrm{S}^2 + \tfrac{1}{2}\mu v_{12}^2 .$$
Bei thermischen Geschwindigkeiten des H-Atoms ist der erste Term der Translationsenergie ($\approx 0,03$ eV) sehr klein gegen den zweiten Term der „inneren" kinetischen Energie (≈ 10 eV).

4.2 Stöße zwischen zwei Teilchen

Dieses Kapitel ist für die gesamte Atom- und Kernphysik von großer Wichtigkeit, da ein wesentlicher Teil der Kenntnisse, die wir über die Wechselwirkungen zwischen Atomen, Kernen und Elementarteilchen sowie über die Struktur von Atomkernen und Atomhüllen besitzen, aus der Untersuchung von Stoßprozessen stammt.

Wenn sich zwei Teilchen einander nähern, werden durch die gegenseitige Wechselwirkung beide Teilchen abgelenkt, und zwar im gesamten Bereich, in dem diese Wechselwirkung merklich ist (Abb. 4.5). Dadurch ändern beide Teilchen ihren Impuls, oft auch ihre kinetische Energie.

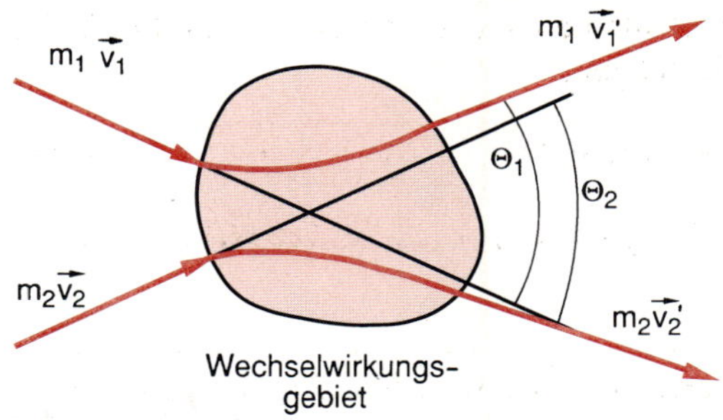

Abb. 4.5. Schematische Darstellung eines Stoßes mit den asymptotischen Streuwinkeln θ_1 und θ_2

> Aber: Solange keine äußeren Kräfte wirken, bleiben Energie und Impuls des Gesamtsystems immer erhalten!

Die Form der Bahnkurve innerhalb der Wechselwirkungszone läßt sich nur dann berechnen, wenn das genaue Wechselwirkungspotential bekannt ist. Man kann jedoch über die Größe und Richtung der Impulse nach dem Stoß in großer Entfernung von der Wechselwirkungszone definierte Aussagen machen, die sich lediglich auf die beiden Erhaltungssätze von Energie und Impuls stützen. Wir wollen dies jetzt etwas eingehender studieren.

4.2.1 Grundgleichungen

Obwohl die *Gesamtenergie* der beiden Stoßpartner immer *erhalten* bleibt, kann häufig ein Teil der *kinetischen Energie* beim Stoß in andere Energieformen, z.B. in potentielle Energie oder in Wärmeenergie umgewandelt werden. Wie aus (4.3) folgt, bleibt jedoch der *Gesamtimpuls* der Stoßpartner *immer erhalten*!

Die Grundgleichungen für Stoßprozesse zwischen zwei Stoßpartnern, bei denen die Geschwindigkeiten $|\boldsymbol{v}_i|$ der Stoßpartner klein sind gegen die Lichtgeschwindigkeit c (nichtrelativistische Mechanik), lassen sich also schreiben als:

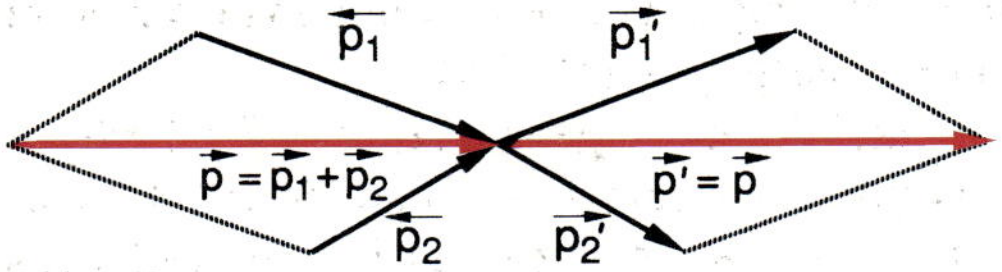

Abb. 4.6. Erhaltung des Gesamtimpulses beim Stoß zwischen zwei Teilchen

$$\boldsymbol{p}_1' + \boldsymbol{p}_2' = \boldsymbol{p}_1 + \boldsymbol{p}_2 \quad \textbf{\textit{Impulssatz}} \tag{4.16}$$

$$\frac{p_1'^2}{2m_1'} + \frac{p_2'^2}{2m_2'} = \frac{p_1^2}{2m_1} + \frac{p_2^2}{2m_1} + Q \quad \textbf{\textit{Energiesatz}} \tag{4.17}$$

wobei $\boldsymbol{p}_i'$ der Impuls des Teilchens i nach dem Stoß ist (Abb. 4.6) und Q die beim Stoß in „innere Energie" der Stoßpartner umgewandelte kinetische Energie.

Die Gleichungen (4.16) und (4.17) beschreiben den Stoßprozeß insofern vollständig, daß man aus ihnen Relationen zwischen Richtung und Größe der Impulse nach dem Stoß bestimmen kann, wenn sie vor dem Stoß bekannt waren (siehe unten).

Je nach der Größe von Q unterscheidet man drei Fälle:

- $Q = 0$, ***elastische Stöße***. Die gesamte kinetische Energie bleibt erhalten, wobei sich die kinetische Energie jedes einzelnen Teilchens im allgemeinen ändert!
- $Q < 0$, ***unelastische Stöße***. Die gesamte kinetische Energie nach dem Stoß ist *kleiner* als vorher. Ein Teil der kinetischen Energie ist in „innere Energie" verwandelt worden.
- $Q > 0$, ***superelastische Stöße***, auch „Stöße zweiter Art" genannt. Mindestens einer der Stoßpartner besaß vor dem Stoß innere Energie, die er ganz oder teilweise beim Stoß abgibt. Die kinetische Energie nach dem Stoß ist *größer* als vor dem Stoß.

Bei reaktiven Stößen (z.B. chemischen Reaktionen oder bei Stößen hochenergetischer Teilchen, bei denen neue Teilchen erzeugt werden) können sich auch die Massen der Stoßpartner ändern. Ein Beispiel wäre die Reaktion

$$H_2 + Cl_2 \longrightarrow HCl + HCl\,.$$

Diese reaktiven Stöße werden später gesondert behandelt.

Man beachte:

> Inelastische, superelastische oder reaktive Stöße können nur vorkommen, wenn mindestens einer der Stoßpartner eine innere Struktur hat, also aus kleineren Bausteinen zusammengesetzt ist (z.B. Atomkerne, Atome, Moleküle oder makroskopische Körper, siehe Abschn. 1.4). Ein Teil der kinetischen Energie kann dann in die „innere Energie" dieses zusammengesetzten Systems umgewandelt werden. Bei einem System aus vielen Teilchen (z.B. ein Festkörper) kann man dieser „inneren Energie" eine Temperatur zuordnen (siehe Abschn. 7.3) und nennt sie dann Wärmeenergie (Abschn. 11.1).

4.2.2 Elastische Stöße im Laborsystem

Man kann die Beschreibung der Stoßprozesse wesentlich vereinfachen durch geeignete Wahl des Koordinatensystems. Bei vielen Streuexperimenten ruht einer der Stoßpartner vor dem Stoß. Wir wählen seinen Ort als Nullpunkt unseres relativ zum Labor feststehenden Koordinatensystems (Laborsystem). In diesem System ist also $\boldsymbol{p}_2 = \boldsymbol{0}$ (Abb. 4.7). Weiterhin sollen die Massen unverändert bleiben, d.h. $m_1' = m_1$ und $m_2' = m_2$. Mit $Q = 0$ für den elastischen Stoß erhalten wir aus (4.16) und (4.17):

$$\boldsymbol{p}_1 = \boldsymbol{p}_1' + \boldsymbol{p}_2' \tag{4.16a}$$

$$\frac{p_1^2}{2m_1} = \frac{p_1'^2}{2m_1} + \frac{p_2'^2}{2m_2}\,. \tag{4.17a}$$

Wir legen die x-Achse unseres Laborsystems in Richtung des Anfangsimpulses $\boldsymbol{p}_1$ (Abb. 4.8), so

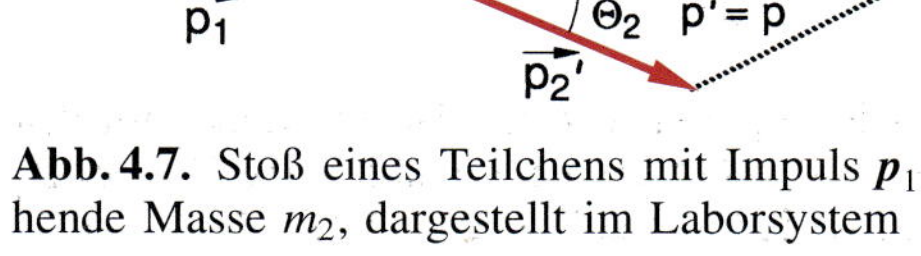

Abb. 4.7. Stoß eines Teilchens mit Impuls $\boldsymbol{p}_1$ auf eine ruhende Masse m_2, dargestellt im Laborsystem

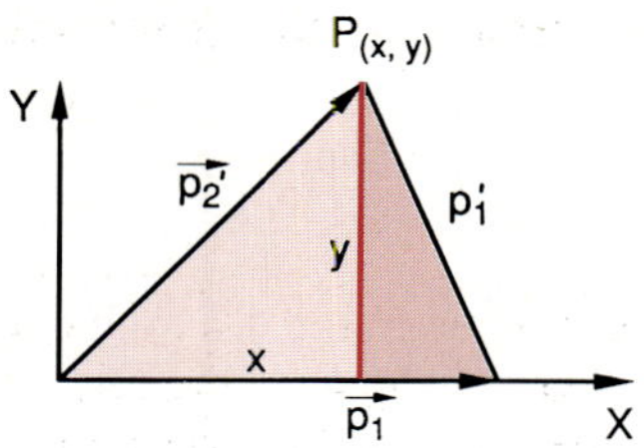

Abb. 4.8. Zur Herleitung von (4.18)

daß gilt: $\boldsymbol{p}_1 = \{p_1, 0, 0\}$. Die Richtung des Bahndrehimpulses $\boldsymbol{L} = \boldsymbol{r} \times \boldsymbol{p}_1$ wählen wir als z-Achse, so daß wegen der Erhaltung des Drehimpulses die Bewegung beider Stoßpartner in der x-y-Ebene verläuft. Die Spitze des Vektors $\boldsymbol{p}'_2$ wird durch den Punkt $P(x,y)$ definiert. Aus Abb. 4.8 ergeben sich die Relationen:

$$x^2 + y^2 = p_2'^2 \quad \text{und}$$

$$(p_1 - x)^2 + y^2 = p_1'^2 \,.$$

Einsetzen in (4.17a) liefert:

$$\frac{p_1^2}{2m_1} = \frac{(p_1 - x)^2 + y^2}{2m_1} + \frac{x^2 + y^2}{2m_2} \,.$$

Ordnen nach x^2 und y^2 ergibt mit der reduzierten Masse $\mu = m_1 m_2/(m_1 + m_2)$ die Gleichung des Kreises:

$$(x - \mu v_1)^2 + y^2 = (\mu v_1)^2 \,, \tag{4.18}$$

in der x-y-Ebene, mit dem Radius $r = \mu v_1$ und dem Mittelpunkt $M = \{\mu v_1, 0\}$. Dies bedeutet, daß die Spitzen aller nach Energie- und Impulssatz möglichen Vektoren $\boldsymbol{p}'_2$ auf diesem Kreis um M durch den Nullpunkt liegen müssen, wenn man sie vom Nullpunkt aus aufträgt (Abb. 4.9).

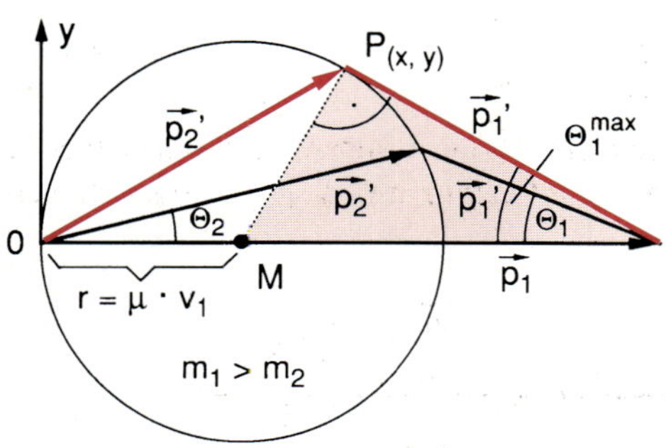

Abb. 4.9. Impulsdiagramm von elastischen Stößen für den Fall $m_1 > m_2$. Alle möglichen Endpunkte des Vektors $\boldsymbol{p}_2$ liegen auf dem Kreis mit Radius μv_1 um M

Die Winkel θ_1 und θ_2 geben die beim Stoß erfolgten Ablenkungen der beiden Stoßpartner an. Der maximale Ablenkwinkel $\theta_1^{\max}$ des stoßenden Teilchens wird erreicht, wenn $\boldsymbol{p}'_1$ Tangente an den Kreis wird. Nach Abb. 4.9 gilt für $m_1 > m_2$ die Beziehung:

$$\sin\theta_1^{\max} = \frac{\mu v_1}{(m_1 - \mu)v_1} = \frac{\mu}{m_1 - \mu} = \frac{m_2}{m_1} \,. \tag{4.19}$$

BEISPIELE

1. $m_1 = 1{,}1 m_2 \Rightarrow \mu = 0{,}48 m_2 \Rightarrow \sin\theta_1^{\max} = 0{,}91$
   $\Rightarrow \theta_1^{\max} = 65°$

2. $m_1 = 2m_2 \Rightarrow \mu = 0{,}3 m_2 \Rightarrow \sin\theta_1^{\max} = 0{,}5$
   $\Rightarrow \theta_1^{\max} = 30°$

3. $m_1 = 100 m_2 \Rightarrow \mu = (0{,}99/100) m_2$
   $\Rightarrow \theta_1^{\max} = 0{,}6°$

Spezialfall: Zentrale Stöße

Fällt $\boldsymbol{p}'_2$ in die Richtung von $\boldsymbol{p}_1$, so wird $\theta_2 = 0$ (***zentraler*** oder ***kollinearer Stoß***). Alle Vektoren $\boldsymbol{p}_1$, $\boldsymbol{p}'_1$ und $\boldsymbol{p}'_2$ sind kollinear und liegen auf der x-Achse. Aus (4.16a) und Abb. 4.9 erhält man:

$$v'_1 = \frac{m_1 - m_2}{m_1 + m_2} v_1 \,;$$
$$v'_2 = 2\frac{\mu}{m_2} v_1 = \frac{2m_1}{m_1 + m_2} v_1 \tag{4.20}$$

Der Impuls des gestoßenen Teilchens nimmt seinen maximal möglichen Wert $p'_2 = 2\mu v_1$ für kollineare Stöße an.

Auch die beim elastischen Stoß von m_1 auf m_2 übertragene kinetische Energie

$$\Delta E_{\text{kin}} = \frac{p_2'^2}{2m_2} \le \Delta E_{\text{kin}}^{\max} = \frac{2m_1^2 m_2}{(m_1 + m_2)^2} v_1^2$$
$$= 4\frac{m_1 m_2}{M^2} E_1 = \frac{4\mu^2}{m_1 m_2} E_1 \tag{4.21}$$

erreicht deshalb beim kollinearen Stoß den maximalen Wert, der gleich dem Bruchteil $(4\mu^2/m_1 m_2)$ der Anfangsenergie E_1 des stoßenden Teilchens ist.

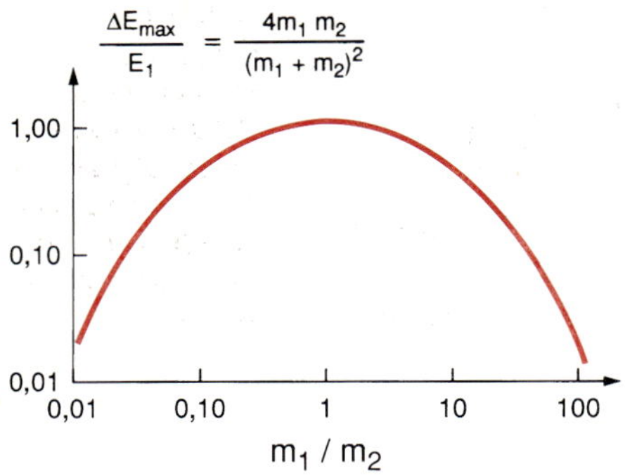

Abb. 4.10. Maximaler Energieübertrag $\Delta E = E_1 - E_1'$ beim kollinearen elastischen Stoß eines Teilchens der Masse m_1 auf ein ruhendes Teilchen der Masse m_2 als Funktion des Massenverhältnisses m_1/m_2

In Abb. 4.10 ist dieser maximal übertragbare Bruchteil als Funktion des Massenverhältnisses m_1/m_2 der Stoßpartner aufgetragen.

Für $m_1 = m_2$ wird $v_1' = 0$ und $v_2' = v_1$. Die beiden Massen tauschen dann beim Stoß ihren Impuls aus, d.h., nach dem Stoß bleibt m_1 in Ruhe, und m_2 fliegt mit dem Impuls $\boldsymbol{p}_2 = \boldsymbol{p}_1$ weiter. Die gesamte Energie der stoßenden Masse wird auf die gestoßene übertragen.

Spezialfälle nichtzentraler Stöße

Wir wollen jetzt noch den allgemeinen, nicht unbedingt kollinearen elastischen Stoß für einige wichtige Spezialfälle des Massenverhältnisses m_1/m_2 diskutieren:

- $m_1 = m_2 = m \quad \Rightarrow \quad \mu = \frac{1}{2}m$

Aus (4.18) ergibt sich dann der Radius des Kreises in Abb. 4.9 zu: $r = \frac{1}{2}mv_1$, d.h. der Anfangsimpuls $p_1 = mv_1$ ist Durchmesser des Kreises (Abb. 4.11).

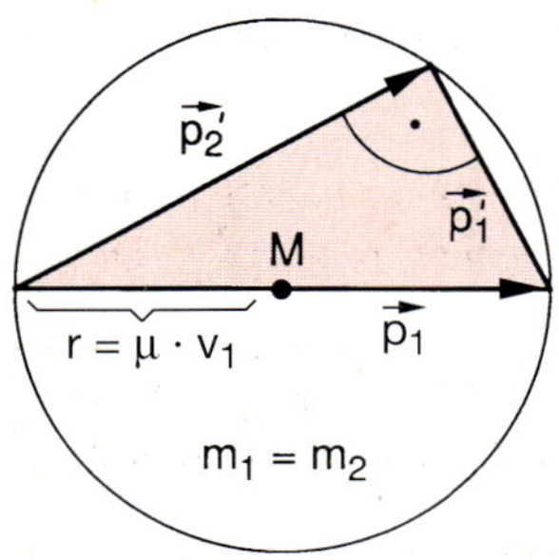

Abb. 4.11. Elastischer Stoß zwischen Teilchen gleicher Masse

Beim nichtzentralen Stoß stehen dann (nach dem Satz von Thales) die Impulse $\boldsymbol{p}_1'$ und $\boldsymbol{p}_2'$ senkrecht aufeinander, d.h. $\theta_1 + \theta_2 = \pi/2$. Die beiden Teilchen fliegen nach dem Stoß senkrecht auseinander.

BEISPIEL

Für die Abbremsung von Neutronen im Kernreaktor sind Stoffe, die viele Wasserstoffatome enthalten, am effektivsten, weil Wasserstoffkerne (Protonen) fast die gleiche Masse wie Neutronen haben.

- $m_1 \ll m_2 \quad \Rightarrow \quad \mu \approx m_1$

Der Radius unseres Kreises in Abb. 4.9 wird für den Grenzfall $m_1/m_2 \to 0$ gleich dem Anfangsimpuls $p_1 = m_1 v_1$ (Abb. 4.12a). Der Betrag von $\boldsymbol{p}_1$ bleibt beim Stoß erhalten, d.h. $|\boldsymbol{p}_1| = |\boldsymbol{p}_1'|$, aber alle Richtungen von $\boldsymbol{p}_1$ sind möglich, d.h. der Streuwinkel θ_1 kann im Bereich $-\pi \leq \theta_1 \leq +\pi$ liegen.

Der maximale Impulsbetrag des gestoßenen Teilchens ist

$$|\boldsymbol{p}_2'|_{\max} = 2r = 2p_1 \; .$$

Die maximal übertragene kinetische Energie ist

$$E_{\text{kin}}^{\max} = \frac{(2p_1)^2}{2m_2} = 4\frac{m_1}{m_2}E_1 \; . \tag{4.22}$$

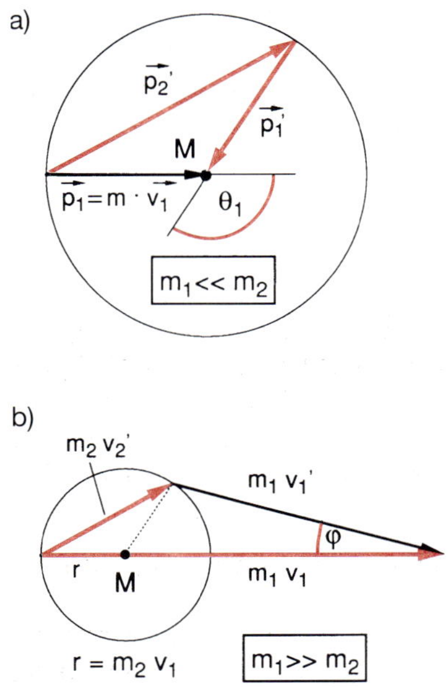

Abb. 4.12. (**a**) Elastischer Stoß für $m_1 \ll m_2$, (**b**) $m_1 \gg m_2$

Beim Stoß einer leichten gegen eine schwere Masse kann also höchstens der Bruchteil $4(m_1/m_2)$ der Anfangsenergie übertragen werden.

BEISPIELE

1. *Stoß eines Teilchens gegen eine feste Wand*

$$m_2 = \infty \Rightarrow \Delta E'_{max} = 0\,! \quad \text{aber}: \ \boldsymbol{p}'_2 = 2\boldsymbol{p}_1 \ .$$

Beim *elastischen* Stoß eines Teilchens gegen eine feste Wand wird das Teilchen elastisch reflektiert, $\boldsymbol{p}'_1 = -\boldsymbol{p}_1$, seine Energie bleibt dabei erhalten, so daß zwar der doppelte Impuls $\boldsymbol{p}'_2 = 2\boldsymbol{p}_1$ des stoßenden Teilchens, aber *keine Energie* auf die Wand übertragen wird.

2. *Stoß eines Elektrons gegen ein ruhendes Proton* $m_1 = m_2/1836$. Der maximale Energieübertrag wird beim zentralen Stoß erreicht und ist $E'_{max} = 4(m_1/m_2)E_1 = 0{,}00218\,E_1$.

- $m_1 \gg m_2 \quad \Rightarrow \quad \mu \approx m_2$.

In diesem Falle ist der Radius des Kreises $r = m_2 v_1$ (Abb. 4.12b). Beim zentralen Stoß wird

$$m_2 v'_2 = 2r = 2m_2 v_1 \Rightarrow v'_2 = 2v_1 \ .$$

Die in diesem Fall übertragene Energie ist

$$\Delta E_{kin} = \frac{m_2}{2} v'^2_2 = 4\frac{m_2}{m_1} E_1 \ . \qquad (4.23)$$

Für nichtkollineare Stöße ist die auf m_2 übertragene Energie kleiner als dieser Grenzwert. Für den maximalen Ablenkwinkel $\varphi = \theta_1^{max}$ des stoßenden Teilchens m_1 gilt nach (4.19):

$$\sin\varphi = \frac{m_2}{m_1} \ .$$

BEISPIEL

Beim Stoß von α-Teilchen (Heliumkerne) auf Elektronen kann höchstens der Bruchteil $E_2 = 0{,}00054 E_1$ der kinetischen Energie E_1 des α-Teilchens auf ein Elektron übertragen werden. Der maximale Ablenkwinkel der α-Teilchen ist $\varphi \approx \sin\varphi = 1{,}36 \cdot 10^{-4}\,\text{rad} = 0{,}48'$.

4.2.3 Elastische Stöße im Schwerpunktsystem

Wenn keiner der Stoßpartner vor dem Stoß ruht, ist die Beschreibung von Stoßprozessen im allgemeinen

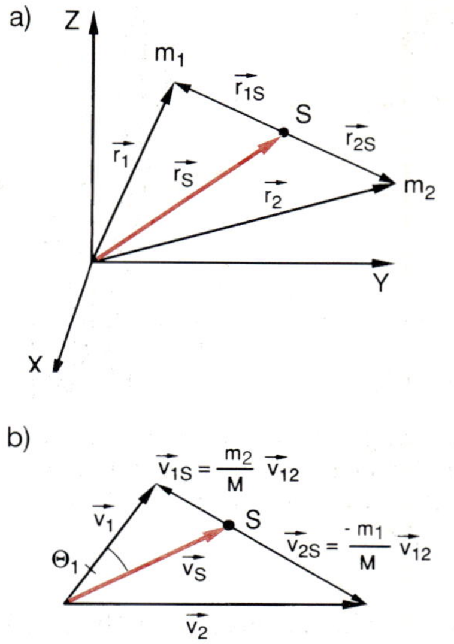

Abb. 4.13. Graphische Darstellung der Relationen zwischen (**a**) Labor- und Schwerpunktkoordinaten und (**b**) -geschwindigkeiten

im Schwerpunktsystem einfacher als im Laborsystem. Da jedoch die Beobachtung immer im Laborsystem erfolgt, muß man die beobachteten Größen ins Schwerpunktsystem transformieren. Der Zusammenhang zwischen den Koordinaten und Geschwindigkeiten der Teilchen im Labor- bzw. im Schwerpunktsystem ist in Abb. 4.13 illustriert, und die verwendeten Größen sind in Tabelle 4.1 zusammengefaßt.

Da der Gesamtimpuls im Schwerpunktsystem immer Null ist, gilt:

$$\boldsymbol{p}_{1S} = -\boldsymbol{p}_{2S} \quad \text{und} \quad \boldsymbol{p}'_{1S} = -\boldsymbol{p}'_{2S} \ .$$

Aus dem Energiesatz (4.17) folgt daher:

$$\frac{1}{2}\left(\frac{1}{m_1} + \frac{1}{m_2}\right) p'^2_{1S} = \frac{1}{2}\left(\frac{1}{m_1} + \frac{1}{m_2}\right) p^2_{1S} + Q \ ,$$

was bei Verwendung der reduzierten Masse μ übergeht in

$$\boxed{\frac{p'^2_{1S}}{2\mu} = \frac{p^2_{1S}}{2\mu} + Q \quad \text{(Energiesatz im Schwerpunktsystem)}} \ . \qquad (4.24)$$

Für elastische Stöße ($Q = 0$) ist im Schwerpunktsystem $p'^2_{1S} = p^2_{1S}$ und daher auch $p'^2_{2S} = p^2_{2S}$, d.h.:

> Im Schwerpunktsystem behält jeder Stoßpartner beim elastischen Stoß seine kinetische Energie.

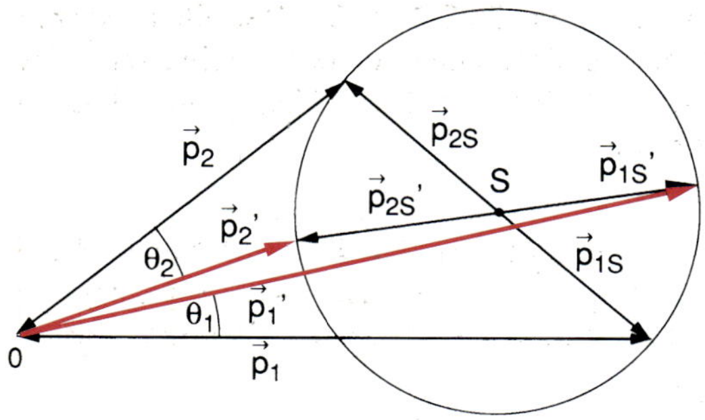

Abb. 4.14. Im Schwerpunktsystem wird ein elastischer Stoß durch reine Drehung der Impulsvektoren dargestellt

Das Ergebnis eines elastischen Stoßes besteht also im Schwerpunktsystem in einer bloßen Drehung der Impulsvektoren (Abb. 4.14), wobei die Impulse der beiden Teilchen immer entgegengesetzt gleich sind, da der Gesamtimpuls Null ist.

BEISPIEL

Abbremsung von Neutronen (Masse m_1, Geschwindigkeit $\boldsymbol{v}_1$) durch elastische Stöße mit ruhenden Atomkernen der Masse m_2.

Für die Schwerpunktgeschwindigkeit gilt:

$$v_S = v_S' = \frac{m_1 v_1}{m_1 + m_2} = \frac{v_1}{1 + A} \quad \text{mit } A = m_2/m_1 \; .$$

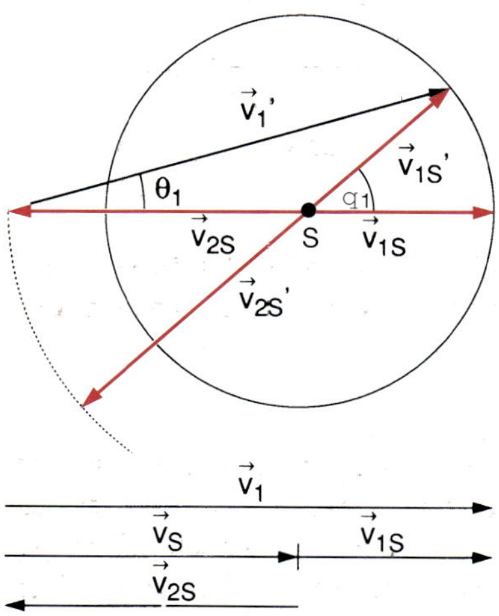

Abb. 4.15. Zur Bestimmung des Energieübertrages beim elastischen Stoß

Tabelle 4.1 Zusammenfassung der bei Stößen relevanten Größen im Labor- und Schwerpunkt-System

$M = m_1 + m_2$	= Gesamtmasse
$\mu = \dfrac{m_1 \cdot m_2}{m_1 + m_2}$	= reduzierte Masse
$\boldsymbol{r}_s = \dfrac{1}{M}(m_1\boldsymbol{r}_1 + m_2\boldsymbol{r}_2)$	= Ortsvektor des Schwerpunktes
$\boldsymbol{v}_s = \dfrac{1}{M}(m_1\boldsymbol{v}_1 + m_2\boldsymbol{v}_2)$	= Schwerpunktgeschwindigkeit
$\boldsymbol{r}_{12} = \boldsymbol{r}_1 - \boldsymbol{r}_2$	= Relativabstand
$\boldsymbol{v}_{12} = \boldsymbol{v}_1 - \boldsymbol{v}_2$	= Relativgeschwindigkeit
$\boldsymbol{r}_{is} = \boldsymbol{r}_i - \boldsymbol{r}_s$	= Koordinate des i-ten Teilchens im Schwerpunktsystem
$\boldsymbol{v}_{is} = \boldsymbol{v}_i - \boldsymbol{v}_s$	= Geschwindigkeit des i-ten Teilchens im Schwerpunktsystem
$\boldsymbol{p}_{is} = m_i\boldsymbol{v}_{is}$	= Impuls des i-ten Teilchens im Schwerpunktsystem
$\sum \boldsymbol{p}_{is} = 0$	

Die Geschwindigkeit der beiden Teilchen im Schwerpunktsystem ist nach Abb. 4.15:

$$\boldsymbol{v}_{1S} = \boldsymbol{v}_1 - \boldsymbol{v}_S = \frac{A\boldsymbol{v}_1}{1+A} \; ;$$

$$\boldsymbol{v}_{2S} = \boldsymbol{0} - \boldsymbol{v}_S = -\frac{\boldsymbol{v}_1}{1+A} \; ;$$

$$\boldsymbol{v}_{1S}' = \boldsymbol{v}_1' - \boldsymbol{v}_S \; .$$

Durch Quadrieren erhält man daraus:

$$v_1'^2 = v_{1S}^2 + v_S^2 + 2v_{1S}v_S\cos\vartheta_1 \; .$$

Setzt man die obigen Relationen für $\boldsymbol{v}_S$ ein, so ergibt sich:

$$v_1'^2 = v_1^2 \frac{A^2 + 2A\cos\vartheta_1 + 1}{(1+A)^2} \; .$$

Das Verhältnis von kinetischer Energie des Neutrons nach und vor dem Stoß ist also:

$$\left(\frac{E_{\text{kin}}'}{E_{\text{kin}}}\right) = \frac{v_1'^2}{v_1^2} = \frac{A^2 + 2A\cos\vartheta_1 + 1}{(1+A)^2} \; .$$

Für zentrale Stöße geht dies wegen $\vartheta_1 = \pi$ über in

$$\left(\frac{E'_{\text{kin}}}{E_{\text{kin}}}\right)^{\text{zentral}} = \left(\frac{A-1}{A+1}\right)^2 .$$

Daraus folgt für die übertragene Energie $\Delta E = E_{\text{kin}} - E'_{\text{kin}}$ pro Stoß

$$\frac{\Delta E}{E_{\text{kin}}} = \frac{4A}{(A+1)^2} = \frac{4m_1m_2}{(m_1+m_2)^2} .$$

Für $m_1 = m_2 = m$ nimmt $\Delta E/E$ den maximalen Wert 1 an (Abb. 4.10), d.h. ein Neutron kann in nur einem zentralen Stoß seine gesamte kinetische Energie auf ein Proton übertragen.

4.2.4 Inelastische Stöße

Für inelastische Stöße gelten Energie- und Impulssatz (4.16) und (4.17) mit $Q < 0$. Im Grenzfall des ***maximal inelastischen Stoßes*** bleiben beide Stoßpartner nach dem Stoß zusammen und bewegen sich mit der Schwerpunktgeschwindigkeit

$$\boldsymbol{v}_S = \frac{m_1\boldsymbol{v}_1 + m_2\boldsymbol{v}_2}{m_1+m_2} . \tag{4.25}$$

Aus (4.17) und (4.25) ergibt sich beim maximal inelastischen Stoß für den in innere Energie umgesetzten Anteil der kinetischen Energie

$$\begin{aligned} Q &= \frac{1}{2}(m_1+m_2)v_S^2 - \frac{1}{2}(m_1v_1^2 + m_2v_2^2) \\ &= -\frac{1}{2}\frac{m_1m_2}{m_1+m_2}(\boldsymbol{v}_1 - \boldsymbol{v}_2)^2 = -\frac{1}{2}\mu v_{12}^2 , \end{aligned} \tag{4.26}$$

was sich als (bis aufs Vorzeichen) identisch erweist mit der inneren Energie der beiden Teilchen im Schwerpunktsystem (siehe (4.11)).

> Bei einem vollkommen inelastischen Stoß, bei dem beide Körper nach dem Stoß zusammenbleiben, wird genau die kinetische Energie der Relativbewegung beider Partner in Anregungsenergie eines der beiden oder beider Stoßpartner umgewandelt.

Man sieht aus (4.26), daß nur beim vollkommen inelastischen Stoß mit $m_1\boldsymbol{v}_1 = -m_2\boldsymbol{v}_2$, d.h. $\boldsymbol{v}_S = \boldsymbol{0}$, die gesamte kinetische Energie in innere Energie umgewandelt werden kann, weil hier der Gesamtimpuls vor und nach dem Stoß Null ist. Bei allen anderen vollkommen inelastischen sowie bei allen teilweise inelastischen Stößen ist $|Q| < |Q|_{\max}$ und deshalb gilt allgemein:

> Bei inelastischen Stößen kann höchstens die Energie $\frac{1}{2}\mu v_{12}^2$ in Wärme oder Anregungsenergie umgewandelt werden. Mindestens der Anteil
>
> $$\tfrac{1}{2}(m_1+m_2)v_S^2 = \tfrac{1}{2}Mv_S^2 \tag{4.27}$$
>
> der Schwerpunktsbewegung bleibt als kinetische Energie der Stoßpartner erhalten.

BEISPIELE

1. Ein Schlitten auf der Luftkissenbahn stößt auf einen zweiten ruhenden Schlitten, d.h. $\boldsymbol{v}_2 = \boldsymbol{0}$. Die beiden Stoßflächen sind mit plastischer Knete bedeckt, so daß die beiden Schlitten beim Stoß aneinander haften bleiben und mit der Schwerpunktsgeschwindigkeit

   $$\boldsymbol{v}_S = \frac{m_1}{m_1+m_2}\boldsymbol{v}_1$$

   gemeinsam weiterfahren. Die kinetische Energie des Systems nach dem Stoß ist

   $$E'_{\text{kin}} = \frac{m_1+m_2}{2}v_S^2 = \frac{m_1^2}{2(m_1+m_2)}v_1^2$$

   und die in Wärme umgesetzte Energie

   $$Q = E'_{\text{kin}} - E_{\text{kin}} = -\frac{m_2}{m_1+m_2}E_{\text{kin}} .$$

   Für $m_1 = m_2$ ergibt sich damit:

   $$Q = -\tfrac{1}{2}E_{\text{kin}} .$$

2. Ein Neutron trifft auf ein ruhendes Proton und wird von ihm eingefangen. Es entsteht ein Deuteron d = np

   $$\mathrm{n} + \mathrm{p} \longrightarrow \mathrm{d} .$$

   Das Deuteron fliegt wegen $m_1 \approx m_2$ mit der Schwerpunktsgeschwindigkeit $v_S = \frac{1}{2}v_1$ weiter und hat dabei die halbe kinetische Energie $E'_{\text{kin}} = \frac{1}{2}E_{\text{kin}}$ des einfallenden Neutrons. Der Rest der Energie ist innere Energie des Deuterons und wird teilweise als γ-Strahlung abgestrahlt.

Es gilt also: Für gleiche Massen $m_1 = m_2 = m$ wird beim inelastischen Stoß eines Teilchens auf eine ruhende Masse ($v_2 = 0$):

$$|Q| \leq |Q|_{\max} = \frac{1}{2}\frac{m}{2}v_1^2 \,. \tag{4.26a}$$

Höchstens die halbe kinetische Energie des stoßenden Teilchens kann in innere Energie der Stoßpartner umgewandelt werden. Der Betrag $|Q|_{\max} - |Q|$ bleibt als kinetische Energie der Stoßpartner zusätzlich zu der kinetischen Energie $\frac{1}{2}Mv_S^2$ der Schwerpunktbewegung nach dem Stoß erhalten.

Spezialfälle

- Wenn ein Teilchen der Masse m_1 einen vollkommen inelastischen Stoß mit einer Wand ($m_2 \gg m_1$, d.h. $\mu = m_1$) macht, so bleibt es in der Wand stecken und gibt seine gesamte kinetische Energie ab, die in Wärme übergeht, d.h. $Q = -E_{\text{kin}}$; $E'_{\text{kin}} = 0$.
- Läßt man zwei gleiche Massen mit $\boldsymbol{p}_1 = -\boldsymbol{p}_2$ frontal aufeinanderstoßen, so muß der Gesamtimpuls nach dem Stoß Null sein. Wegen $v_1^2 = v_2^2 = v^2$ erhält man aus (4.26):

$$Q = \tfrac{1}{2}(m_1 + m_2)v^2 \,,$$

d.h. wie im Fall a) wird hier die gesamte kinetische Energie in Wärme umgewandelt. Diese beiden Spezialfälle sind in Abb. 4.16 illustriert und mit den entsprechenden elastischen Stößen verglichen.

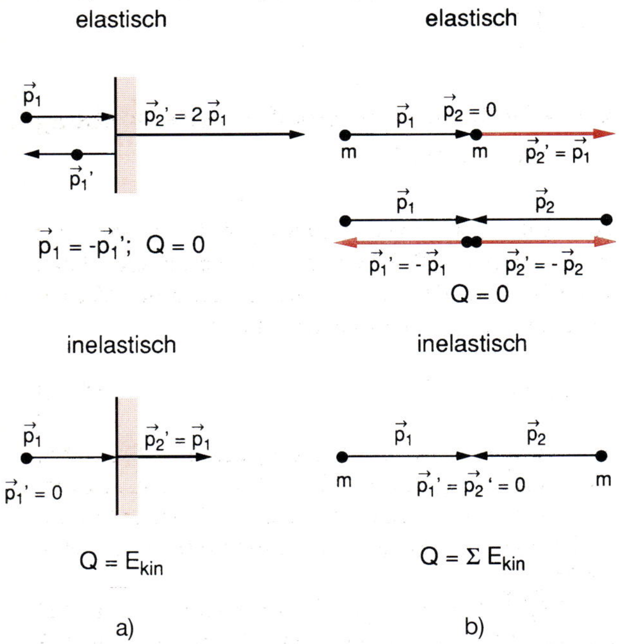

Abb. 4.16a,b. Vergleich von elastischen und vollkommen inelastischen Stößen: (**a**) Teilchen gegen Wand, (**b**) Stoß gleicher Massen

BEISPIELE

1. Stoßanregung von Quecksilberatomen durch Elektronen (Franck-Hertz-Versuch). Auch hier gilt: Wegen $m_{\text{Hg}} \gg m_e$ wird $\mu \approx m_e$. Aus (4.26) folgt dann, daß praktisch die gesamte kinetische Energie des Elektrons in Anregungsenergie der Hg-Atome umgewandelt werden kann.
2. Ein schweres Teilchen der Masse $m_1 = 100m_2$ stößt auf ein ruhendes Teilchen der Masse m_2. Jetzt wird $\mu = 0{,}99m_2$ und $Q = \frac{0{,}99}{100}\frac{m_1}{2}v_1^2$; d.h. nur etwa 1 % der kinetischen Energie wird in Anregungsenergie umgewandelt; der Stoß ist praktisch elastisch.

4.2.5 Newton-Diagramme

Die Messung der Ablenkwinkel beim Stoß zwischen Atomen oder Molekülen geschieht im Laborsystem. Die Bestimmung der Wechselwirkungspotentiale aus den Ablenkwinkeln (siehe Abschn. 4.3) ist jedoch

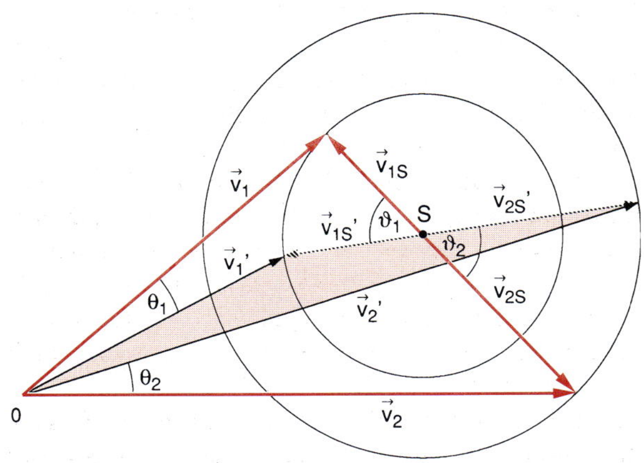

Abb. 4.17. Newton-Diagramm für den elastischen Stoß zweier Teilchen

viel leichter im Schwerpunktsystem durchzuführen, weil dort die Impulse der beiden Stoßpartner entgegengesetzt gleich sind. Man kann sich den Zusammenhang zwischen den relevanten Größen im Labor- und Schwerpunktsystem (Geschwindigkeiten, Ablenkwinkel, beim Stoß übertragene Energie) für beliebige elastische und inelastische Stoßprozesse klarmachen mit Hilfe des sogenannten ***Newton-Diagramms***, welches die Geschwindigkeiten im Laborsystem verknüpft mit denen im Schwerpunktsystem (Abb. 4.17). Die im folgenden verwendeten Größen sind zur Übersicht in Tabelle 4.1 zusammengefaßt.

Mit den Relationen

$$\begin{aligned} \boldsymbol{r}_1 &= \boldsymbol{r}_S + (m_2/M)\boldsymbol{r}_{12} \quad \text{und} \\ \boldsymbol{r}_2 &= \boldsymbol{r}_S - (m_1/M)\boldsymbol{r}_{12} , \end{aligned} \tag{4.28}$$

$$\begin{aligned} \boldsymbol{v}_1 &= \boldsymbol{v}_S + (m_2/M)\boldsymbol{v}_{12} \quad \text{und} \\ \boldsymbol{v}_2 &= \boldsymbol{v}_S - (m_1/M)\boldsymbol{v}_{12} , \end{aligned} \tag{4.29}$$

die aus Abb. 4.13 ersichtlich sind, läßt sich die kinetische Energie aufteilen in die beiden Anteile

$$\begin{aligned} E_{\text{kin}} &= \underbrace{\tfrac{1}{2}m_1 v_1^2 + \tfrac{1}{2}m_2 v_2^2}_{E_{\text{kin}} \text{ im Laborsystem}} \\ &= \underbrace{\tfrac{1}{2}M v_S^2}_{E_{\text{kin}} \text{ der Schwerpunktbewegung}} + \underbrace{\tfrac{1}{2}\mu v_{12}^2}_{E_{\text{kin}} \text{ im Schwerpunktsystem}} \end{aligned} \tag{4.30}$$

Da bei elastischen Stößen die kinetische Energie jedes der beiden Partner im Schwerpunktsystem erhalten bleibt, dreht sich bei solchen Stößen der Vektor der Relativgeschwindigkeit $\boldsymbol{v}_{12}$ um den Schwerpunkt S, mit den Radien $v_{1S} = (m_2/M)v_{12}$ bzw. $v_{2S} = (m_1/M)v_{12}$. Die Ablenkwinkel ϑ_i im Schwerpunktsystem lassen sich dann graphisch aus den Ablenkwinkeln θ_i im Laborsystem ermitteln.

Insbesondere läßt sich aus Abb. 4.17 sofort der maximale Ablenkwinkel $\theta_1^{\max}$ bestimmen, der auftritt, wenn $\boldsymbol{v}'_1$ Tangente an den Newton-Kreis wird.

Beim *inelastischen* Stoß wird ein Teil der kinetischen Energie $\frac{1}{2}\mu v_{12}^2$ in Anregungsenergie umgewandelt, d.h. v'^2_{12} wird kleiner. Nach wie vor teilt jedoch der Schwerpunkt S die Verbindungslinie zwischen den Endpunkten der Vektoren $\boldsymbol{v}_1$ und $\boldsymbol{v}_2$ im Verhältnis m_1/m_2 der beiden Massen. Die Endpunkte der Strecke v'_{12} liegen nun nach dem Stoß auf einem Kreis mit kleinerem Radius (Abb. 4.18).

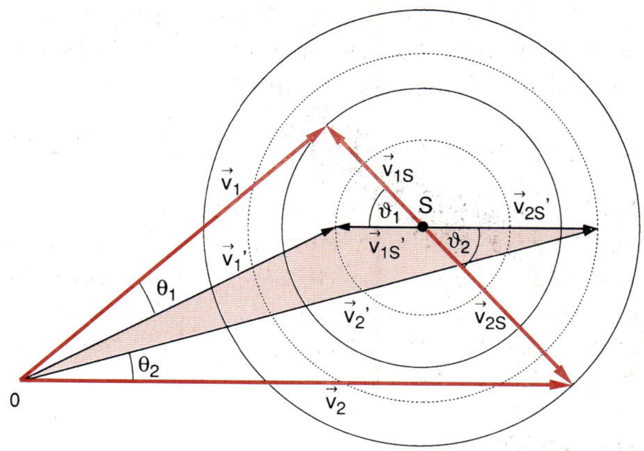

Abb. 4.18. Darstellung des inelastischen Stoßes zweier Teilchen im Newton-Diagramm

Aus den Newton-Diagrammen kann man in beiden Fällen den möglichen Bereich der Ablenkwinkel θ_i im Laborsystem ermitteln. Deshalb sind solche Diagramme für die Planung eines Experimentes sehr nützlich, weil man sich daran sofort klarmachen kann, in welchem Winkelbereich man bei gegebenen Anfangsparametern nach gestreuten Teilchen suchen muß [4.2].

4.3 Was lernt man aus der Untersuchung von Stößen?

Die Ablenkung eines Teilchens A beim Stoß mit einem anderen Teilchen B wird verursacht durch seine Impulsänderung Δp. Der während des Vorbeiflugs an B auf A übertragene Impuls

$$\Delta \boldsymbol{p} = \int_{-\infty}^{+\infty} \boldsymbol{F} \, \mathrm{d}t \tag{4.31}$$

ist bestimmt durch die Kraft $\boldsymbol{F}$, die A während der Wechselwirkung mit B erfährt. Die Impulsänderung, die B durch die Wechselwirkung mit A erfährt, ist natürlich gleich $-\Delta \boldsymbol{p}$, weil der Gesamtimpuls erhalten bleibt.

Wegen $\boldsymbol{F}(r) = -\nabla V(r)$ ist die Kraft $\boldsymbol{F}$ ein Maß für das Wechselwirkungspotential $V(r)$ zwischen A und B, das im allgemeinen vom Abstand r zwischen A und B abhängt. Die Ablenkung von A hängt daher davon ab, wie nahe A seinem Stoßpartner kommt

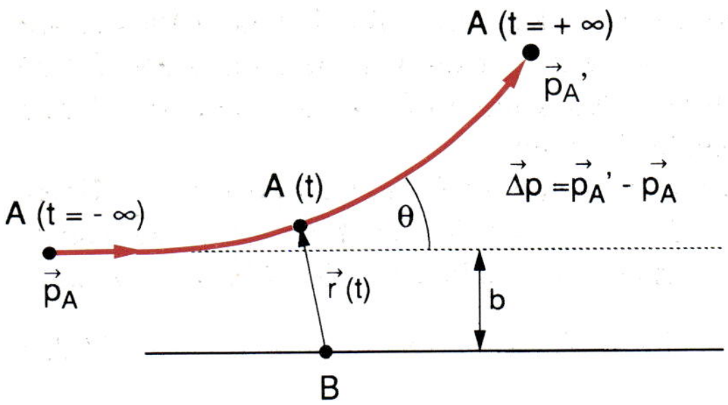

Abb. 4.19. Zur Definition des Stoßparameters

(Abb. 4.19). Für genügend große Werte von r wird die Ablenkung vernachlässigbar klein. Die Bahn von A ist deshalb in großer Entfernung von B ohne sonstige Krafteinwirkungen eine Gerade. Legt man zu dieser Geraden eine Parallele durch den Mittelpunkt von B, so heißt der Abstand b der beiden Geraden der ***Stoßparameter***. Wenn es keine Wechselwirkung zwischen A und B gäbe, würde A in diesem Abstand an B geradeaus vorbeifliegen. Zu jedem Stoßparameter b gibt es einen bestimmten Ablenkwinkel θ im Laborsystem bzw. ϑ im Schwerpunktsystem, der vom Potential $V(r)$ zwischen A und B abhängt.

4.3.1 Streuung in einem Potential

Im Abschn. 4.1.3 wurde gezeigt, daß die Relativbewegung zweier Teilchen unter dem Einfluß ihrer gegenseitigen Wechselwirkungskraft $\boldsymbol{F}(r)$, die nur vom Abstand r_{AB} abhängen soll, beschrieben werden kann durch die Bewegung *eines* Teilchens mit der reduzierten Masse μ im Zentralkraftfeld $\boldsymbol{F}(r)$ mit Zentrum am Ort eines der beiden Teilchen. Kennt man die Kraft $\boldsymbol{F}(r)$, so läßt sich der Ablenkwinkel ϑ im Schwerpunktsystem mit Hilfe von (4.31) aus $\sin(\vartheta/2) \approx \frac{1}{2}\Delta p/p_0$ (Abb. 4.20) berechnen. Wie im Abschn. 4.2.5 gezeigt wurde, kann ϑ in den im Laborsystem gemessenen Ablenkwinkel θ umgerechnet und mit dem experimentellen Wert verglichen werden.

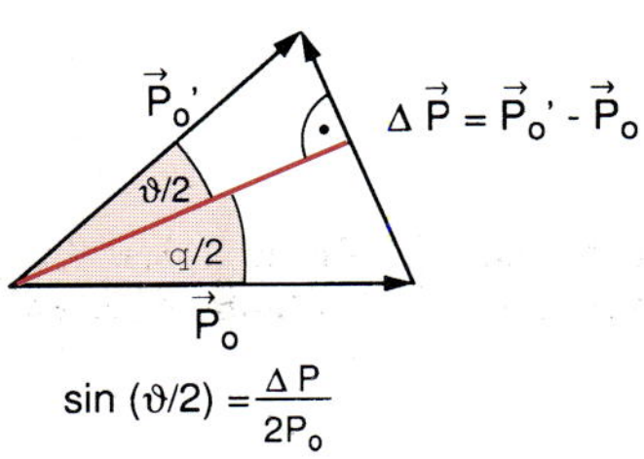

Abb. 4.20. Zusammenhang zwischen Impulsänderung $\boldsymbol{\Delta p}$ und Ablenkwinkel ϑ im Schwerpunktsystem

Man nennt diese Ablenkung von Teilchen in einem Potential ***Potentialstreuung*** Wir wollen die Potentialstreuung an zwei Beispielen illustrieren:

BEISPIELE

1. *Stoß zweier Kugeln mit den Radien* r_1 *und* r_2 (Abb. 4.21). Wenn der Stoßparameter $b > r_1 + r_2$ ist, findet kein Stoß statt, die Kugel A fliegt geradeaus weiter. Für $b \le r_1 + r_2$ wird die stoßende Kugel A an der Oberfläche der gestoßenen Kugel B reflektiert (Abb. 4.21a). Um den Ablenkwinkel θ der Kugel A zu bestimmen, zerlegen wir ihren Impuls $\boldsymbol{p}_1$ in eine Komponente p_r parallel zur Verbindungsgerade M_1M_2 bei der Berührung beider Kugeln und eine dazu senkrechte Komponente $\boldsymbol{p}_t$, die in Richtung der Tangente durch den Berührungspunkt zeigt (Abb. 4.21b).
   Wir nehmen die Oberflächen als reibungsfrei an, so daß keine Drehung von A erfolgt oder B beim Stoß angeregt wird; d.h. die Komponente $\boldsymbol{p}_t$ des Impulses von A ändert sich nicht beim Stoß.

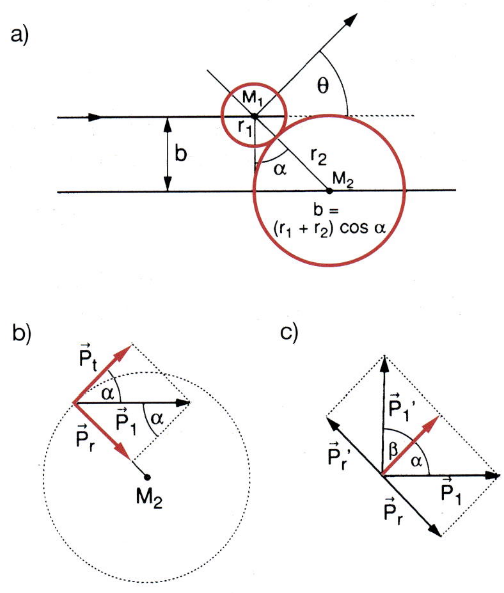

Abb. 4.21a–c. Zur Bestimmung der Ablenkfunktion beim Stoß zweier harter Kugeln. (**a**) Definition von Stoßparameter b und Ablenkwinkel θ; (**b**) Zerlegung des Anfangsimpulses $\boldsymbol{p}_1$; (**c**) Impulsbilanz für $m_2 \gg m_1$

Dann folgt für die Änderung der Komponente $\boldsymbol{p}_r$ aus (4.20) für zentrale Stöße:

$$\boldsymbol{p}'_r = \frac{m_1 - m_2}{m_1 + m_2}\boldsymbol{p}_r \,. \tag{4.32a}$$

Für $m_2 \gg m_1$ folgt dann: $\boldsymbol{p}'_r \approx -\boldsymbol{p}_r$. Für diesen Fall wird $\beta = \alpha$ (Abb. 4.21c) und der Ablenkwinkel $\theta = 2\alpha$.

Aus Abb. 4.21b findet man aus $b = (r_1 + r_2) \cos\alpha$ für den Ablenkwinkel $\theta = 2\alpha$

$$\theta(b) = 2 \arccos \frac{b}{r_1 + r_2} \,. \tag{4.32b}$$

Für $b = 0$ wird $\theta = \pi$, für $b \geq r_1 + r_2$ wird $\theta = 0$. Die Größe $\theta(b)$, welche den Ablenkwinkel θ als Funktion des Stoßparameters b angibt, heißt ***Ablenkfunktion***. Ihre Form hängt vom Potential $V(r)$ ab. Für den Stoß zweier „harter" Kugeln ist das Potential eine Sprungfunktion (Abb. 4.22). Für $r \leq r_1 + r_2$ ist $V(r) = \infty$, für $r > r_1 + r_2$ ist $V(r) = 0$. In Abb. 4.22b ist die Ablenkfunktion $\theta(b)$ für $m_2 \gg m_1$ dargestellt.

Für den allgemeinen Fall eines beliebigen Massenverhältnisses m_1/m_2 folgt aus Abb. 4.21c

$$\theta = \alpha + \beta \,,$$

wobei wegen $p_r/p_t = \tan\alpha$ gilt:

$$\tan\beta = \frac{p'_r}{p_t} = -\frac{m_1 - m_2}{m_1 + m_2} \tan\alpha \,.$$

Für den Ablenkwinkel ϑ im Schwerpunktsystem gilt auch für beliebige Massenverhältnisse m_1/m_2

$$\vartheta(b) = \arccos \frac{b}{r_1 + r_2} \,. \tag{4.32c}$$

2. *Streuung eines Teilchens in einem Potential* $V \propto 1/r$. Dieser sehr wichtige Fall trifft z.B. zu auf die Streuung von α-Teilchen oder Elektronen an Atomkernen (Coulombstreuung, siehe Bd. 3) oder von Kometen im Gravitationsfeld der Sonne (Kepler-Bahnen).

In einem Potential $V(r)$ mit der potentiellen Energie $E_{\text{pot}} = a/r$ ist die Kraft zwischen den wechselwirkenden Teilchen mit den Massen m_1, m_2:

$$\boldsymbol{F} = -\nabla E_{\text{pot}} = \frac{a}{r^2}\hat{\boldsymbol{r}} \,. \tag{4.33}$$

Für $a > 0$ tritt eine Abstoßung, für $a < 0$ eine Anziehung zwischen den Teilchen auf. Der Drehimpuls im Schwerpunktsystem ist gemäß (4.15)

$$\boldsymbol{L} = \boldsymbol{r} \times \mu\boldsymbol{v} \quad \text{mit} \quad \mu = \frac{m_1 m_2}{m_1 + m_2} \,,$$

wobei r der Relativabstand $\overline{AB}$ und v die Relativgeschwindigkeit ist.

Da der Drehimpuls im Zentralpotential $V(r)$ zeitlich konstant ist, verläuft die Bahn des gestreuten Teilchens in einer Ebene $\perp \boldsymbol{L}$, die wir als x-y-Ebene wählen (Abb. 4.23). Wir lassen das Teilchen parallel zur x-Achse im Abstand b (Stoßparameter) einfallen. Es ist zweckmäßig, zur Beschreibung seiner Bahn Polarkoordinaten (r, φ) zu verwenden. Der Betrag des Drehimpulses ist dann:

$$L = |\boldsymbol{r} \times \mu\boldsymbol{v}| = \mu r^2 \frac{\mathrm{d}\varphi}{\mathrm{d}t} = \mu v_0 b \,, \tag{4.34}$$

wobei der letzte Term den Drehimpuls des Teilchensystems bei großem Abstand $(r \to \infty)$ angibt, bezogen auf den Ort des Teilchens B. Es soll nochmals betont werden, daß die Beschreibung im *Schwerpunktsystem* erfolgt. Das Teilchen B bleibt während des Streuvorganges im *Laborsystem* nicht an einem festen Ort, außer, wenn seine Masse unendlich groß ist.

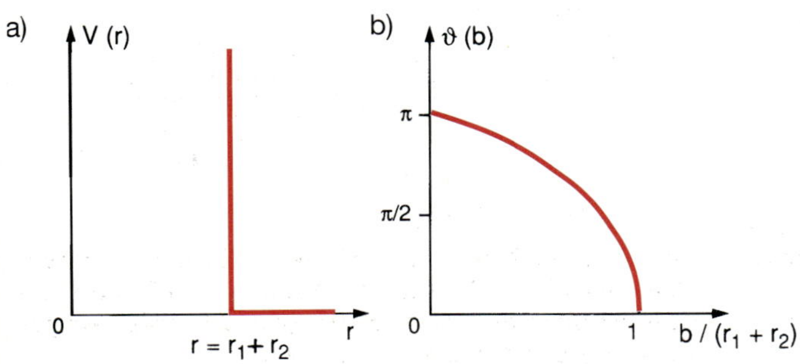

Abb. 4.22. (**a**) Potential $V(r)$ für harte Kugeln; (**b**) Ablenkfunktion $\theta(b)$ für den Stoß zwischen harten Kugeln

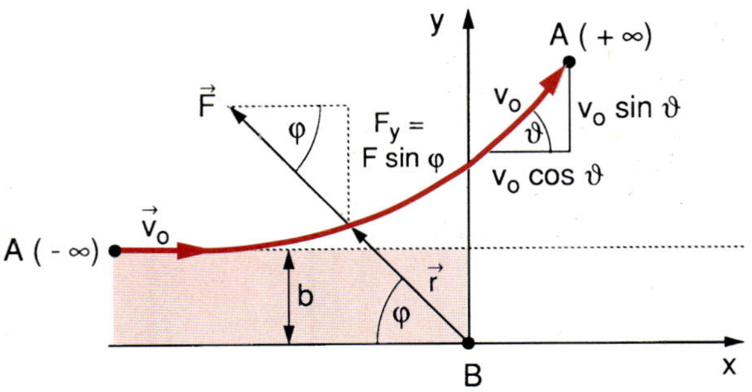

Abb. 4.23. Streuung eines Teilchens im Potential $V(r) \propto 1/r$, wobei r der Relativabstand $\overline{AB}$ ist

Für die Ablenkung von A ist die y-Komponente der Kraft verantwortlich. Aus Abb. 4.23 liest man dann ab:

$$F_y = \frac{a \sin\varphi}{r^2} = \mu \frac{\mathrm{d}v_y}{\mathrm{d}t} . \qquad (4.35)$$

Aus (4.34) und (4.35) ergibt sich:

$$\frac{\mathrm{d}v_y}{\mathrm{d}t} = \frac{a \sin\varphi}{\mu v_0 b} \frac{\mathrm{d}\varphi}{\mathrm{d}t} . \qquad (4.36)$$

Um die totale Ablenkung ϑ des Teilchens während seiner Bahn durch das Ablenkpotential zu erhalten, müssen wir (4.36) integrieren vom Punkt $A(t \to -\infty)$ bis $B(t \to +\infty)$.

In A gilt: $v_y = 0 , \quad \varphi = 0$.

In B gilt: $v_y = v_0 \sin\vartheta ; \quad \vartheta = \pi - \varphi_{\max}$.

Da bei der Potentialstreuung (elastischer Stoß!) der Betrag v_0 erhalten bleibt, ergibt die Integration von (4.36):

$$\int_0^{v_0 \sin\vartheta} \mathrm{d}v_y = \frac{a}{\mu v_0 b} \int_0^{\pi-\vartheta} \sin\varphi \, \mathrm{d}\varphi$$

$$v_0 \sin\vartheta = \frac{a}{\mu v_0 b}(1 + \cos\vartheta) .$$

Wegen $(1 + \cos\vartheta)/\sin\vartheta = \cot\mathrm{an}\,\vartheta/2$ lautet der Zusammenhang zwischen Ablenkwinkel ϑ und Stoßparameter b:

$$\operatorname{cotan}\left(\frac{\vartheta}{2}\right) = \frac{\mu v_0^2}{a} b = \frac{2E_{\mathrm{kin}}}{a} b . \qquad (4.37\mathrm{a})$$

Die Größe a/b gibt die potentielle Energie der Wechselwirkung $V(r)$ im Abstand $r = b$ an. Setzen wir dies in (4.37a) ein, so erkennen wir aus

$$\operatorname{cotan}\left(\frac{\vartheta}{2}\right) = \frac{2E_{\mathrm{kin}}}{E_{\mathrm{pot}}(b)} , \qquad (4.37\mathrm{b})$$

daß der Ablenkwinkel durch das Verhältnis von doppelter kinetischer Anfangsenergie μv_0^2 zu potentieller Energie $E_{\mathrm{pot}}(b)$ des Wechselwirkungspotentials beim Abstand b zwischen den wechselwirkenden Teilchen bestimmt wird.

Die Ablenkfunktion $\vartheta(b)$ ist in Abb. 4.24a dargestellt. Für das Gravitationspotential ist $a = -Gm_1m_2$ (siehe (2.57)) und wir erhalten aus (4.37) mit $M = m_1 + m_2$

$$\operatorname{cotan}\left(\frac{\vartheta}{2}\right) = -\frac{v_0^2}{GM} b . \qquad (4.37\mathrm{c})$$

Der Ablenkwinkel ϑ hängt außer von den Massen nur von Anfangsgeschwindigkeit v_0 und Stoßparameter b ab. Für einen Kometen ist z.B. $m_1 \ll m_2 = M_\odot$, so daß $M \approx M_\odot$. Die Masse m_1 des Kometen beeinflußt daher die Ablenkung *nicht*.

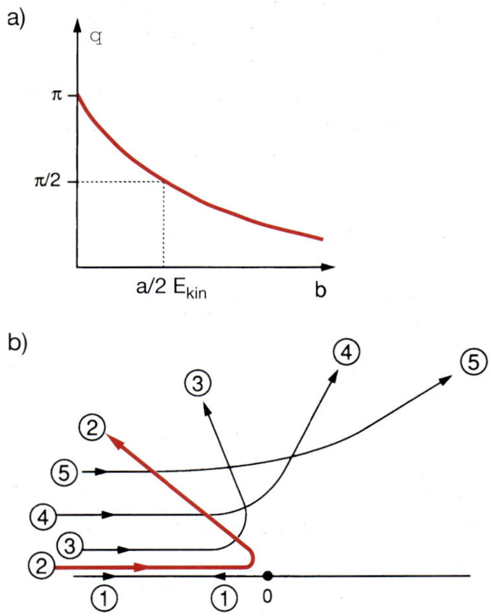

Abb. 4.24. (**a**) Ablenkfunktion $\vartheta(b)$ und (**b**) Bahnkurven eines Teilchens im Potential $V(r) \propto 1/r$ bei fester Anfangsgeschwindigkeit v_0 aber verschiedenen Stoßparametern b. Zu den verschiedenen Ablenkwinkeln ϑ gehören verschiedene Verhältnisse $f = 2E_{\mathrm{kin}}(v_0)/E_{\mathrm{pot}}(b)$.
1): $\vartheta = \pi$; *2)*: $\vartheta = \frac{3}{4}\pi \Rightarrow f = 0{,}4$; *3)*: $\vartheta = 105° \Rightarrow f = 0{,}76$; *4)*: $\vartheta = 60° \Rightarrow f = 1{,}7$; *5)*: $\vartheta = 30° \Rightarrow f = 3{,}7$

Nach (2.65) sind die Bahnen des Teilchens m_1 für $E > 0$ Hyperbeln, wobei E die Summe aus potentieller und kinetischer Energie ist. In Abb. 4.24b sind einige dieser Hyperbeln gezeichnet für verschiedene Stoßparameter b und ein abstoßendes Potential ($a > 0$), wie es z.B. zwischen zwei positiv geladenen Teilchen mit den Ladungen q_1, q_2 auftritt, wo $a = q_1 q_2/(4\pi\varepsilon_0)$ ist (siehe Bd. 2). Der angegebene Parameter $f = 2E_{\text{kin}}/E_{\text{pot}}(b)$ gibt nach (4.37b) Auskunft über den asymptotischen Ablenkwinkel ϑ.

4.4 Stöße bei relativistischen Energien

Bisher haben wir in diesem Kapitel zur Beschreibung von Stößen die Gesetze der Newtonschen Mechanik (Energie- und Impulssatz) verwendet. Dies ist richtig, solange die Geschwindigkeit v der Teilchen klein ist gegen die Lichtgeschwindigkeit c (siehe Kap. 3). Zur Erforschung der Wechselwirkungen zwischen Elementarteilchen und Atomkernen werden jedoch Stoßprozesse bei sehr hohen kinetischen Energien untersucht, bei denen die Geschwindigkeiten der Teilchen fast die Lichtgeschwindigkeit erreichen.

Wir müssen deshalb diskutieren, wie sich in diesem relativistischen Energiebereich der *Hochenergie-Physik* (Bd. 4) die Stoßgesetze beschreiben lassen.

4.4.1 Relativistische Massenzunahme

Wir betrachten zwei Teilchen A und B, die im Ruhezustand gleiche Massen $m_1 = m_2 = m$ haben und die sich in einem Koordinatensystem S mit den Geschwindigkeiten

$$\boldsymbol{v}_1 = \{v_{x1}, v_{y_1}\}\,, \qquad \boldsymbol{v}_2 = \{0, v_{y2}\}$$

aufeinander zu bewegen (Abb. 4.25a). Das Teilchen A möge elastisch streifend mit B stoßen, so daß nach dem Stoß die x-Komponente v_{x1} seiner Geschwindigkeit erhalten bleibt und die y-Komponente sich umkehrt, d.h. $\boldsymbol{v}_1' = \{v_{x1}; -v_{y1}\}$. Der Betrag seiner Geschwindigkeit $v_1' = v_1 = (v_{x1}^2 + v_{y1}^2)^{1/2}$ bleibt also ebenfalls erhalten. Wegen der Impulserhaltung muß dann für die Geschwindigkeit von B nach dem Stoß gelten:

$$\boldsymbol{v}_2' = \{0, -v_{y2}\}\,.$$

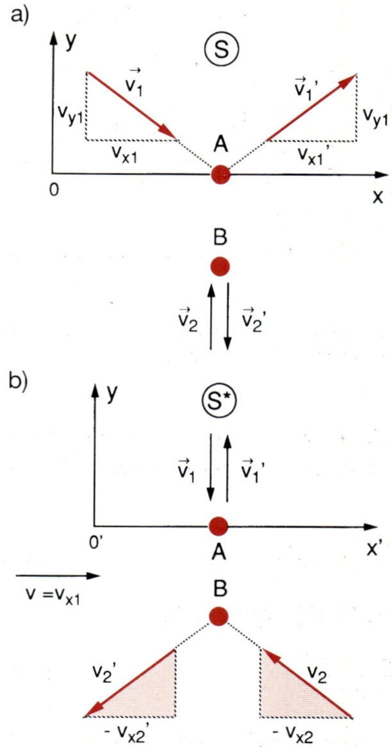

Abb. 4.25a,b. Streifender elastischer Stoß zwischen A und B bei relativistischen Geschwindigkeiten. (**a**) Im System S hat A große und B kleine Geschwindigkeit, weil $v_y \ll v_x$. (**b**) Im relativ zu S bewegten System S^* ist es umgekehrt

Wir wollen annehmen, daß $v_y \ll v_x$ ist, so daß für die Geschwindigkeitsbeträge gilt:

$$v_1 = (v_{x1}^2 + v_{y1}^2)^{1/2} \approx v_{x1} \quad \text{und} \quad v_2 \ll v_1\,.$$

Nun beschreiben wir diesen Stoß von A mit B in einem System S^*, das sich mit der Geschwindigkeit $v = v_{x1}$ entlang der x-Achse gegen S bewegt (Abb. 4.25b). In diesem System gilt daher für A:

$$v_{x1}^* = 0\,, \quad \text{aber} \quad v_{x2}^* = -v_{x1}\,,$$

d.h., die Rollen von A und B sind gerade vertauscht.

Gemäß den Transformationsgleichungen (3.28) für Geschwindigkeiten beim Übergang von S auf S^* gilt für den Beobachter O^* in S^*:

$$v_y^* = \frac{v_y/\gamma}{1 - v_x v/c^2}\,. \tag{4.38}$$

Da im System S für das Teilchen A gilt: $v_{x1} = v_{x1}' \neq 0$, für das Teilchen B jedoch $v_{x2} = v_{x2}' = 0$, erhält der

Beobachter O^* für beide Teilchen unterschiedliche Beträge der v_y-Komponenten der Geschwindigkeiten

$$v_{y1}^* = \frac{v_{y1}/}{1 - v_{x1}v/c^2} = \frac{v_{y1}/\gamma}{1 - v^2/c^2} = \gamma v_{y1} \,, \quad \text{da} \quad v = v_{x1} \,, \tag{4.39a}$$

$$v_{y2}^* = \frac{v_{y2}/\gamma}{1 - v_{x2}v/c^2} = v_{y2}/\gamma \,, \quad \text{weil} \quad v_{x2} = 0 \,, \tag{4.39b}$$

während für den Beobachter O in seinem System S die Komponenten $|v_{y1}|$ bzw. $|v_{y2}|$ sind.

In beiden Inertialsystemen soll der Impulssatz gelten, da die physikalischen Gesetze unabhängig vom gewählten Inertialsystem sein müssen (siehe Abschn. 3.2). Dies liefert für die y-Komponente des Gesamtimpulses die Bedingung:

$$m_A v_{y1} + m_B v_{y2} = m_A^* v_{y1}^* + m_B^* v_{y2}^* = 0 \,. \tag{4.40}$$

Für $m_A = m_A^*$ bzw. $m_B = m_B^*$ läßt sich der Impulssatz (4.40) nicht erfüllen, da nach (4.39) v_{y1}/v_{y1}^* und v_{y2}/v_{y2}^* verschieden sind.

Der Unterschied in den Massen m_A bzw. m_A^* muß von ihrer unterschiedlichen Geschwindigkeit herrühren. Für den Grenzfall $v_{x1} \gg v_{y1} \approx 0$ gilt:

$$v_A \approx v_{x1} = v \,, \quad v_A^* \approx 0 \quad \text{und}$$

$$v_B \approx 0 \,, \quad v_B^* \approx v_{x1} = v \,,$$

so daß wir mit $m(v = 0) = m_0$ (4.40) auch schreiben können als:

$$m(v)v_{y1} + m_0 v_{y2} = 0 \,, \tag{4.41a}$$

$$m_0 v_{y1}^* + m(v) v_{y2}^* = 0 \,, \tag{4.41b}$$

woraus mit (4.39) folgt:

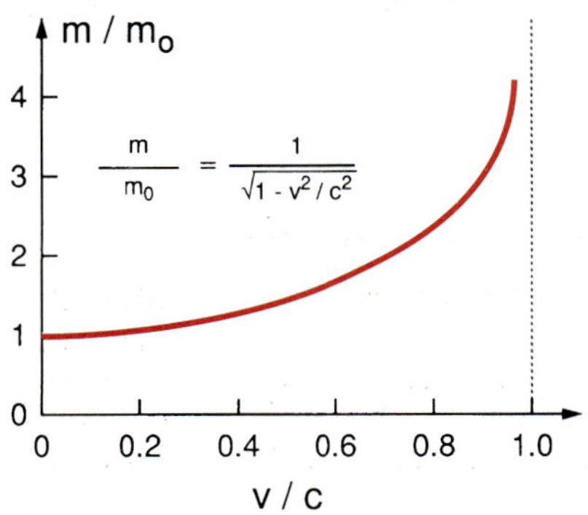

Abb. 4.26. Abhängigkeit der Masse m vom Verhältnis v/c

$$\frac{(m(v))^2}{m_0^2} = \frac{v_{y2}}{v_{y2}^*} \cdot \frac{v_{y1}^*}{v_{y1}} = \gamma^2$$

$$\Rightarrow m(v) = \gamma m_0 = \frac{m_0}{\sqrt{1 - v^2/c^2}} \,. \tag{4.42}$$

Die Masse eines bewegten Teilchens nimmt daher mit seiner Geschwindigkeit v zu. Man nennt $m_0 = m$ $(v = 0)$ die ***Ruhemasse*** des Teilchens. Die Massenzunahme macht sich allerdings erst bei sehr großen Geschwindigkeiten bemerkbar [4.3].

BEISPIELE

1. Für $v = 0{,}01c \Rightarrow m = 1{,}00005 m_0$, d.h. die relative Massenzunahme $\Delta m/m_0 = (m - m_0)/m_0 \approx 5 \cdot 10^{-5}$.
2. Für $v = 0{,}9c \Rightarrow m \approx 2{,}2 m_0$.
3. Für $v = 0{,}99c \Rightarrow m \approx 7 m_0$.

In Abb. 4.26 ist die Abhängigkeit der Masse $m(v)$ als Funktion des Verhältnisses v/c aufgetragen. Man sieht hieraus auch, daß die maximal mögliche Geschwindigkeit v für Teilchen mit endlicher Ruhemasse $(m_0 \neq 0)$ immer kleiner als die Lichtgeschwindigkeit c sein muß, da für $v \to c$ gilt: $m(v) \to \infty$!

4.4.2 Kraft und relativistischer Impuls

Die Arbeit, die zur Beschleunigung einer Masse m aufgewendet werden muß, wird also mit wachsender Geschwindigkeit immer weniger zur Erhöhung der Geschwindigkeit v, sondern immer mehr zur Vergrößerung der Masse benötigt.
Die Newton-Gleichung (2.20) für die beschleunigende Kraft F lautet:

$$\boldsymbol{F} = \frac{\mathrm{d}\boldsymbol{p}}{\mathrm{d}t} = \frac{\mathrm{d}}{\mathrm{d}t}(m\boldsymbol{v}) = \frac{\mathrm{d}}{\mathrm{d}t}\left(\frac{\boldsymbol{v}m_0}{\sqrt{1 - v^2/c^2}}\right)$$

$$= \left(\frac{\mathrm{d}}{\mathrm{d}t}\frac{m_0}{\sqrt{1 - v^2/c^2}}\right)\boldsymbol{v} + m\boldsymbol{a} \,. \tag{4.43a}$$

Dies ergibt mit $\mathrm{d}/\mathrm{d}t = (\mathrm{d}v/\mathrm{d}t)(\mathrm{d}/\mathrm{d}v)$

$$\boldsymbol{F} = \frac{m_0(v/c^2)a}{(1 - v^2/c^2)^{3/2}}\boldsymbol{v} + m\boldsymbol{a}$$

$$= \gamma^3 m_0 a \left[\frac{v^2}{c^2}\hat{\boldsymbol{e}}_v + \left(1 - \frac{v^2}{c^2}\right)\hat{\boldsymbol{e}}_a\right] \,, \tag{4.43b}$$

wobei $\hat{\boldsymbol{e}}_v$ und $\hat{\boldsymbol{e}}_a$ Einheitsvektoren in Richtung von $\boldsymbol{v}$ bzw. $\boldsymbol{a}$ sind.

Man sieht aus (4.43), daß bei großen Geschwindigkeiten v die Kraft $\boldsymbol{F}$ nicht mehr parallel zur Beschleunigung $\boldsymbol{a}$ ist, sondern eine Komponente in Richtung der Geschwindigkeit $\boldsymbol{v}$ erhält. Für $v \ll c$ kann der erste Term vernachlässigt werden und wir erhalten die klassische, nichtrelativistische Näherung: $\boldsymbol{F} = m\boldsymbol{a}$.

Will man die Newtonsche Gleichung $\boldsymbol{F} = \mathrm{d}\boldsymbol{p}/\mathrm{d}t$ beibehalten, so muß der relativistische Impuls dann nach (4.43b) definiert werden als

$$\boldsymbol{p}(v) = m(v)\boldsymbol{v} = \gamma m_0 \boldsymbol{v} \tag{4.44a}$$

mit dem Betrag

$$p = \beta\gamma m_0 c \; ; \quad (\beta = v/c) \; , \tag{4.44b}$$

für den dann der Erhaltungssatz (4.40) gilt.

Wir wollen uns noch überlegen, wie sich die Komponenten der Kraft transformieren lassen beim Übergang von einem Bezugssystem S, in dem ein Teilchen die Geschwindigkeit $\boldsymbol{v}$ hat und die Masse $m = m_0 \cdot \gamma$, zu einem System S^*, das sich mit der Geschwindigkeit $\boldsymbol{u} = +\boldsymbol{v}$ gegen S bewegt, in dem daher gilt: $v^* = 0$, $m^* = m_0$. Wir legen die Achsen von S so, daß $\boldsymbol{v} = \{v_x, 0, 0\}$. Dann gilt im System S gemäß (4.43b) wegen $\hat{\boldsymbol{e}}_v = \hat{\boldsymbol{e}}_a$:

$$F_x = \frac{\mathrm{d}p_x}{\mathrm{d}t} = \gamma^3 m_0 a_x \; . \tag{4.44c}$$

Im System S^* wird die x-Komponente der Beschleunigung:

$$a_x^* = \gamma^3 \cdot a_x \; ,$$

wie man mit Hilfe von (3.26) und (3.28) nachprüfen kann. Deshalb kann die Kraftkomponente im System S^* ($v^* = 0$, $m^* = m_0$) geschrieben werden als:

$$F_x^* = m_0 \cdot a_x^* = \gamma^3 m_0 \cdot a_x \equiv F_x \; . \tag{4.44d}$$

Wir erhalten also das bemerkenswerte Ergebnis, daß die Kraftkomponenten für die x-Richtung, in der sich die beiden Systeme gegeneinander bewegen, gleich sind!

Dies gilt nicht für die dazu senkrechten Kraftkomponenten. Es gilt für $v_y \ll v_x$:

$$F_y = \frac{\mathrm{d}p_y}{\mathrm{d}t} = m \cdot \frac{\mathrm{d}v_y}{\mathrm{d}t} = \gamma m_0 a_y \; .$$

Aus (3.26) und (3.28) folgt: $a_y^* = \gamma^2 a_y$ und deshalb gilt:

$$F_y^* = m_0 \cdot a_y^* = \gamma^2 m_0 a_y = \gamma \cdot F_y \; . \tag{4.44e}$$

Wir erhalten also:

$$\frac{F_x}{F_y} = \gamma^2 \cdot \frac{a_x}{a_y} \; , \tag{4.44f}$$

was uns wiederum, wie schon (4.43b) zeigt, daß die Kraft für $\gamma \neq 1$ nicht parallel zur Beschleunigung $\boldsymbol{a}$ ist.

4.4.3 Die relativistische Energie

Die klassische kinetische Energie

$$E_{\mathrm{kin}} = \frac{m}{2} v^2$$

eines Teilchens ändert sich, wenn man seine Bewegung in verschiedenen Inertialsystemen beschreibt, da sich sowohl m als auch v ändert.

Damit der Erhaltungssatz der Energie unabhängig vom gewählten Bezugssystem gültig bleibt, muß die Gesamtenergie eines Teilchens so definiert werden, daß sie *Lorentz-invariant* wird, d.h. daß sie bei einer Lorentz-Transformation erhalten bleibt (siehe Abschn. 3.3).

Wir wollen zuerst eine „anschauliche" Herleitung vorstellen, die auf einem Gedankenexperiment Einsteins basiert: Wir betrachten in Abb. 4.27 einen Kasten der Länge L und der Masse M.

Von der linken Wand soll zur Zeit $t = 0$ ein Lichtblitz mit der Lichtenergie E ausgesandt werden, der sich mit der Lichtgeschwindigkeit c nach rechts bewegt. Dieser Lichtblitz hat nach experimentellen Ergebnissen der klassischen Physik (siehe Bd. 2) den Impuls $p = E/c$. Wegen der Impulserhaltung erhält die linke Wand, und damit der ganze Kasten, zur Zeit $t = 0$ den Rückstoßimpuls $p = -E/c$, der zur Be-

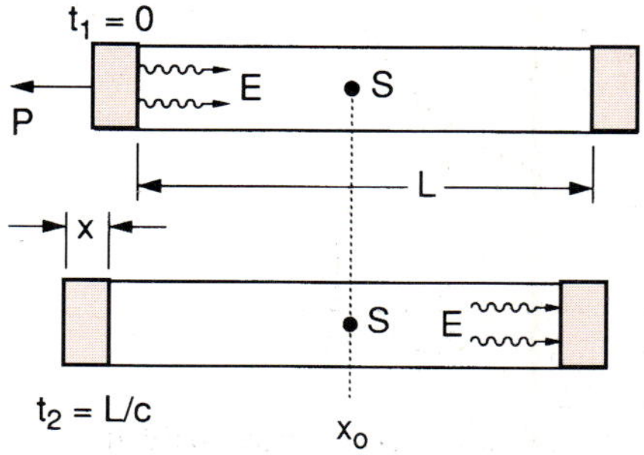

Abb. 4.27. Einsteins Gedankenexperiment zur Herleitung von $E = m \cdot c^2$

wegung des Kastens nach links mit der Geschwindigkeit

$$v = -\frac{p}{M} = -\frac{E}{Mc}$$

führt. Für $v \ll c$ erreicht der Lichtblitz die rechte Wand des Kastens nach der Zeit $t = L/c$, wird dort absorbiert und überträgt dabei den Impuls $p = +E/c$ auf den Kasten, der dadurch wieder zur Ruhe kommt. Während dieser Zeit hat sich der Kasten nach links um die Strecke x bewegt, wobei

$$x = -vt = \frac{EL}{Mc^2} . \tag{4.45}$$

Da aber der Schwerpunkt unseres abgeschlossenen Systems, der vor der Emission des Lichtblitzes in Ruhe war, immer in Ruhe bleiben muß (es wirken keine äußeren Kräfte!), muß durch den Transport der Lichtenergie E auch ein Massentransport stattgefunden haben, der dafür sorgt, daß der Schwerpunkt des Systems sich nicht verändert. Schreiben wir der Lichtenergie E die Masse m zu, so ergibt sich

$$mL + Mx = 0 , \tag{4.46}$$

woraus mit (4.45) folgt:

$$m = E/c^2 \Rightarrow E = mc^2 . \tag{4.47a}$$

Nach dieser Überlegung entspricht jeder Masse m die Energie $E = mc^2$. Energie und Masse sind einander proportional!

Setzen wir aus (4.42) die Ruhemasse m_0 ein, so ergibt (4.47a) für die Energie einer Masse, die sich mit der Geschwindigkeit v bewegt:

$$E = \frac{m_0 c^2}{\sqrt{1 - v^2/c^2}} = m_0 c^2 + (m - m_0)c^2 . \tag{4.47b}$$

Die Gesamtenergie E läßt sich in zwei Anteile aufspalten: In die sogenannte ***Ruheenergie*** $m_0 c^2$, die das Teilchen auch für $v = 0$ auf Grund seiner Masse hat, plus die Bewegungsenergie E_{kin} mit

$$E_{\text{kin}} = (m - m_0)c^2 , \tag{4.48a}$$

die hier als Zunahme seiner Massenenergie auf Grund der relativistischen Massenzunahme erklärt wird. Entwickeln wir die Wurzel in (4.47b) gemäß:

$$\frac{1}{\sqrt{1 - v^2/c^2}} = 1 + \frac{1}{2}\frac{v^2}{c^2} + \frac{3}{8}\frac{v^4}{c^4} + \cdots ,$$

so wird die kinetische Energie (4.48a)

$$E_{\text{kin}} = \frac{1}{2} m_0 v^2 + \frac{3}{8} m_0 \frac{v^4}{c^2} + \cdots . \tag{4.48b}$$

Nur für den Grenzfall $v \ll c$ kann man die höheren Terme der Potenzen (v/c) in (4.48b) vernachlässigen, und wir erhalten dann den klassischen Ausdruck

$$E_{\text{kin}} = \tfrac{1}{2} m v^2 .$$

Durch Quadrieren von (4.47b) und Erweitern mit c^2 erhalten wir:

$$E^2 = \frac{m_0^2 c^6}{c^2 - v^2} = m_0^2 c^4 + m^2 c^2 v^2 . \tag{4.49}$$

Einsetzen von (4.44a) für den relativistischen Impuls liefert:

$$E^2 = m_0^2 c^4 + p^2 c^2 ,$$

und wir erhalten den Zusammenhang zwischen Gesamtenergie E und Impuls p:

$$\boxed{E = c\sqrt{m_0^2 c^2 + p^2}} . \tag{4.50}$$

Für $v \ll c$ läßt sich die kinetische Energie

$$E_{\text{kin}} = (m - m_0)c^2 \approx \frac{p^2}{2m_0} = \frac{1}{2} m_0 v^2$$

wieder in der gewohnten klassischen Form durch den klassischen Impuls $p = m_0 v$ ausdrücken.

4.4.4 Unelastische Stöße bei relativistischen Energien

Man kann sich den relativistischen Energiesatz am Beispiel des kollinearen, vollkommen unelastischen Stoßes klarmachen (Abb. 4.28). Wir betrachten zwei Teilchen A und B mit gleicher Masse m, die im System S mit den Geschwindigkeiten $\boldsymbol{v}_1 = \{v_1, 0, 0\}$ und $\boldsymbol{v}_2 = \{-v_1, 0, 0\}$ aufeinander zufliegen. Im vollkommen unelastischen zentralen Stoß wandeln die beiden Teilchen ihre gesamte kinetische Energie um in innere Energie (siehe Abschn. 4.2.4), so daß sie nach dem Stoß ein zusammengesetztes Teilchen mit der Geschwindigkeit Null bilden (Abb. 4.28 oben).

In einem Bezugssystem S^*, das sich mit der Geschwindigkeit $\boldsymbol{v} = \boldsymbol{v}_1$ gegen S bewegt, hat A die Geschwindigkeit $\boldsymbol{v}_1^* = 0$, das Stoßprodukt AB, das ja in S ruht, hat in S^* die Geschwindigkeit $u = -v_1$ und B hat

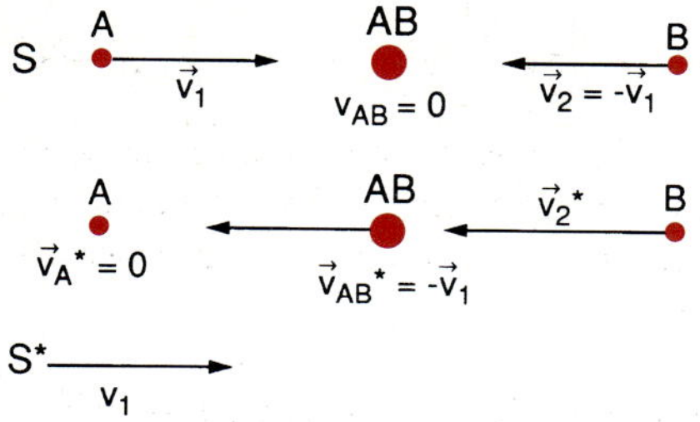

Abb. 4.28. Beschreibung eines kollinearen vollkommen unelastischen Stoßes in zwei verschiedenen Inertialsystemen S und S^*

nach dem Additionstheorem für Geschwindigkeiten (3.28) mit $v_2 = -v_1$ die Geschwindigkeit

$$v_2^* = \frac{v_2 - v}{1 - v_2 v/c^2} = \frac{-2v}{1 + v^2/c^2} . \tag{4.51}$$

Die Erhaltung des Impulses bei der Beschreibung des Stoßes S^* verlangt:

$$m(v_2^*)v_2^* = Mu = -Mv , \tag{4.52}$$

wobei M die Masse des Stoßproduktes AB in S^* ist.

Die Energieerhaltung ergibt:

$$m(v_2^*) + m_0 = M . \tag{4.53}$$

Setzen wir aus (4.52) die Beziehung

$$-M = m(v_2^*)v_2^*/v$$

in (4.53) ein, so ergibt sich

$$\frac{m(v_2^*)}{m_0} = -\frac{v}{v_2^* + v} . \tag{4.54}$$

Aus (4.51) erhalten wir den Zusammenhang zwischen v und v_2^*:

$$v = -\frac{c^2}{v_2^*}\left[1 + \left(1 - \frac{v_2^{*2}}{c^2}\right)^{1/2}\right] ; \tag{4.55}$$

setzen wir dies in (4.54) ein, so ergibt sich das Massenverhältnis

$$\frac{m(v_2^*)}{m_0} = \left(1 - \frac{v_2^{*2}}{c^2}\right)^{-1/2} = \gamma(v_2^*) \tag{4.56}$$

und damit wieder die allgemeine Relation:

$$\boxed{m(v) = \frac{m_0}{\sqrt{1 - v^2/c^2}} = \gamma(v)m_0} . \tag{4.57}$$

4.4.5 Relativistischer Energiesatz

Um zu zeigen, daß die relativistische Energie $E = mc^2$ eine Erhaltungsgröße ist, müssen wir die relativistische Formulierung der Newton-Gleichung $F = \mathrm{d}p/\mathrm{d}t$ aufstellen. Dazu führen wir statt des Ortsvektors $\boldsymbol{r}$ den Vierervektor

$$\mathcal{R} = x\hat{\boldsymbol{e}}_x + y\hat{\boldsymbol{e}}_y + z\hat{\boldsymbol{e}}_z + ict\hat{\boldsymbol{e}}_t = \boldsymbol{r} + ict\hat{\boldsymbol{e}}_t \tag{4.58}$$

im vierdimensionalen Minkowski-Raum (x, y, z, t) ein, dessen vierte Komponente $ict\hat{\boldsymbol{e}}_t$ die Zeitdimension t angibt, wobei der Einheitsvektor $\hat{\boldsymbol{e}}_t$ senkrecht auf den drei räumlichen Einheitsvektoren $\hat{\boldsymbol{e}}_x, \hat{\boldsymbol{e}}_y, \hat{\boldsymbol{e}}_z$ steht (Abschn. 3.6). Man sieht aus (4.58), daß $\mathcal{R}^2 = \boldsymbol{r}^2 - c^2t^2$.

Daraus ergibt sich das totale Differential

$$(\mathrm{d}\mathcal{R}^2) = \mathrm{d}x^2 + \mathrm{d}y^2 + \mathrm{d}z^2 - c^2\mathrm{d}t^2 = -c^2\mathrm{d}\tau^2, \tag{4.59}$$

wobei wir als Abkürzung das Differential

$$\mathrm{d}\tau = \sqrt{\mathrm{d}t^2 - \frac{1}{c^2}(\mathrm{d}x^2 + \mathrm{d}y^2 + \mathrm{d}z^2)} = \mathrm{d}t\sqrt{1 - \frac{v^2}{c^2}} = \mathrm{d}t/\gamma \tag{4.60}$$

der „Eigenzeit τ" verwendet haben, das für $v \ll c$ wieder in das normale Zeitdifferential $\mathrm{d}t$ übergeht.

Durch Differentiation von (4.58) nach τ erhalten wir den Vierervektor der Geschwindigkeit

$$\frac{\mathrm{d}\mathcal{R}}{\mathrm{d}\tau} = \frac{\mathrm{d}x}{\mathrm{d}\tau}\hat{\boldsymbol{e}}_x + \frac{\mathrm{d}y}{\mathrm{d}\tau}\hat{\boldsymbol{e}}_y + \frac{\mathrm{d}z}{\mathrm{d}\tau}\hat{\boldsymbol{e}}_z + ic\frac{\mathrm{d}t}{\mathrm{d}\tau}\hat{\boldsymbol{e}}_t = \frac{\boldsymbol{v} + ic\hat{\boldsymbol{e}}_t}{\sqrt{1 - v^2/c^2}} . \tag{4.61}$$

Der Vierer-Impuls wird definiert als

$$\mathcal{P} = m_0\frac{\mathrm{d}\mathcal{R}}{\mathrm{d}\tau} = m_0\frac{\boldsymbol{v} + ic\hat{\boldsymbol{e}}_t}{\sqrt{1 - v^2/c^2}} . \tag{4.62}$$

Analog zur Newton-Gleichung $\boldsymbol{F} = \mathrm{d}\boldsymbol{p}/\mathrm{d}t$ definieren wir die Vierer-Kraft (auch Minkowski-Kraft genannt)

$$\mathcal{F} = \frac{\mathrm{d}\mathcal{P}}{\mathrm{d}\tau} = m_0\frac{\mathrm{d}^2\mathcal{R}}{\mathrm{d}\tau^2} = \gamma\left[\frac{\mathrm{d}}{\mathrm{d}t}(m\cdot\boldsymbol{v}) + ic\frac{\mathrm{d}}{\mathrm{d}t}(m\hat{\boldsymbol{e}}_t)\right] = \gamma\left[\boldsymbol{F} + i\frac{\mathrm{d}}{\mathrm{d}t}(mc\hat{\boldsymbol{e}}_t)\right] . \tag{4.63}$$

Mit diesen hier eingeführten Größen läßt sich der Energiesatz herleiten. Wir multiplizieren (4.63) mit $(\mathrm{d}\mathscr{R}/\mathrm{d}\tau)$:

$$\left(\mathscr{F}\frac{\mathrm{d}\mathscr{R}}{\mathrm{d}\tau}\right) = m_0\left(\frac{\mathrm{d}^2\mathscr{R}}{\mathrm{d}\tau^2}\right)\cdot\frac{\mathrm{d}\mathscr{R}}{\mathrm{d}\tau} = \frac{m_0}{2}\frac{\mathrm{d}}{\mathrm{d}\tau}\left(\frac{\mathrm{d}\mathscr{R}}{\mathrm{d}\tau}\right)^2 . \qquad (4.64)$$

Nun ist aber gemäß (4.59) $(\mathrm{d}\mathscr{R}/\mathrm{d}\tau)^2 = -c^2 = \mathrm{const}$, so daß die rechte Seite von (4.64) Null ist:

$$\mathscr{F}\frac{\mathrm{d}\mathscr{R}}{\mathrm{d}\tau} = 0 . \qquad (4.65)$$

Dies läßt sich mit (4.58, 61) in die räumlichen und zeitlichen Anteile trennen und man erhält

$$\frac{1}{1 - v^2/c^2}\left(\boldsymbol{F}\cdot\frac{\mathrm{d}\boldsymbol{r}}{\mathrm{d}t} - \frac{\mathrm{d}}{\mathrm{d}t}(mc^2)\right) = 0 . \qquad (4.66)$$

$\boldsymbol{F}\,\mathrm{d}\boldsymbol{r}$ gibt die Arbeit an, die an dem Teilchen mit der Masse m geleistet wird. Für konservative Kräfte $\boldsymbol{F} = -\nabla V$, die ein Potential besitzen, wird dies gleich der Änderung der potentiellen Energie E_p und (4.66) wird dann durch Integration über die Zeit zu

$$E_p + mc^2 = \mathrm{const} = E , \qquad (4.67)$$

was dem Energiesatz (2.41) der klassischen Mechanik entspricht, wenn E_{kin} durch mc^2 ersetzt wird.

Eine detailliertere Darstellung findet man z.B. in [4.4].

ÜBUNGSAUFGABEN

1. Zwei Teilchen mit den Massen $m_1 = m$ und $m_2 = 3m$ stoßen zentral zusammen. Wie groß sind ihre Geschwindigkeiten v_1' und v_2' a) nach einem vollkommen elastischen, b) nach einem vollkommen unelastischen Stoß, wenn beide Teilchen vor dem Stoß eine entgegengesetzt gleiche Geschwindigkeit $v_1 = -v_2 = v$ hatten?
2. An einem Faden der Länge $L = 1$ m hängt ein Holzklotz mit der Masse $m_1 = 1$ kg. Eine Kugel ($m_2 = 20$ g) wird mit der Geschwindigkeit $v = 100$ m/s in den Klotz geschossen und bleibt dort stecken. Wie groß ist der maximale Auslenkwinkel des Klotzes?
3. Ein Proton bewegt sich mit der Geschwindigkeit $\boldsymbol{v}_1$ und stößt völlig elastisch mit einem ruhenden Deuteron (= Kern aus Proton + Neutron) zusammen. Nach dem Stoß fliegt das Deuteron unter einem Winkel von 45° gegen $\boldsymbol{v}_1$. Bestimmen Sie
   a) den Ablenkwinkel θ_1 des Protons,
   b) die Geschwindigkeit des Schwerpunktes,
   c) die Endgeschwindigkeiten $\boldsymbol{v}_1'$ und $\boldsymbol{v}_2'$ von Proton und Deuteron.
4. Ein Teilchen der Masse $m_1 = 2$ kg hat die Geschwindigkeit $\boldsymbol{v}_1 = (3\hat{\boldsymbol{e}}_x + 2\hat{\boldsymbol{e}}_y - \hat{\boldsymbol{e}}_z)$ m/s und stößt vollkommen inelastisch mit einem Teilchen der Masse $m_2 = 3$ kg zusammen, dessen Geschwindigkeit $\boldsymbol{v}_2 = (-2\hat{\boldsymbol{e}}_x + 2\hat{\boldsymbol{e}}_y + 4\hat{\boldsymbol{e}}_z)$ m/s war. Wie groß sind
   a) die kinetischen Energien der beiden Teilchen vor dem Stoß im Labor- und Schwerpunktsystem?
   b) Geschwindigkeit und kinetische Energie des zusammengesetzten Teilchens $m_1 + m_2$?
   c) Welcher Bruchteil der Anfangsenergie ist in innere Energie umgewandelt worden? Geben Sie diesen Bruchteil im Schwerpunkt- und im Laborsystem an.
5. Eine Masse $m_1 = 1$ kg mit der Geschwindigkeit $v_1 = 4$ m/s stößt mit einer Masse $m_2 = 2$ kg zusammen. Nach dem Stoß bewegt sich m_1 mit $v_1' = 2\sqrt{2}$ m/s unter einem Winkel von 45° gegen $\boldsymbol{v}_1$, m_2 mit $\boldsymbol{v}_2' = 1\cdot\sqrt{2}$ m/s unter $\theta_2 = -45°$ gegen $\boldsymbol{v}_1$.
   a) Wie groß ist $\boldsymbol{v}_2$?
   b) Wie groß ist der Bruchteil der Anfangsenergie im Schwerpunkt- und im Laborsystem, der in innere Energie umgewandelt wurde?
   c) Wie sehen die Ablenkwinkel ϑ_1 und ϑ_2 im Schwerpunktsystem aus?
6. Zwei Quader mit den Massen m_1 und m_2 ($m_1 = 1\ \mathrm{kg} > m_2$) gleiten reibungsfrei auf einer Luftkissenbahn, die an beiden Enden durch eine senkrechte Barriere abgeschlossen ist. Anfangs möge m_1 ruhen und m_2 mit konstanter Geschwindigkeit $v_2 = 0{,}5$ m/s nach links gleiten (Abb. 4.29). Nach dem Stoß mit m_1 wird m_2 nach rechts reflektiert, stößt gegen die Barriere ($m_3 = \infty$) und gleitet wieder

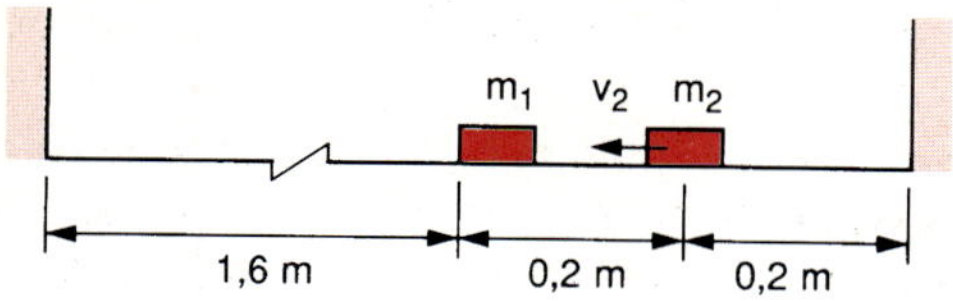

Abb. 4.29. Zu Aufgabe 6

nach links. Alle Stöße sollen völlig elastisch verlaufen.

a) Wie groß muß das Verhältnis m_1/m_2 sein, damit beide Massen schließlich mit gleicher Geschwindigkeit nach links gleiten?

b) Wie groß muß m_2 sein, damit m_1 noch vor der linken Barriere von m_2 eingeholt wird? (Die Ausdehnung der Quader soll vernachlässigt werden.)

c) Wo treffen sich m_1 und m_2 bei ihrem zweiten Stoß für $m_2 = 0{,}5$ kg?

7. Eine Stahlkugel der Masse $m_1 = 1$ kg hängt an einem 1 m langen Faden direkt über der linken Kante einer ruhenden Masse $m_2 = 5$ kg, die reibungsfrei auf einer Luftkissenbahn gleiten kann. Die Kugel wird um $\varphi = 90°$ ausgelenkt (Abb. 4.30) und dann fallengelassen. Sie stößt elastisch mit m_2 zusammen. Welchen maximalen Winkel φ' erreicht m_1 nach dem Stoß?

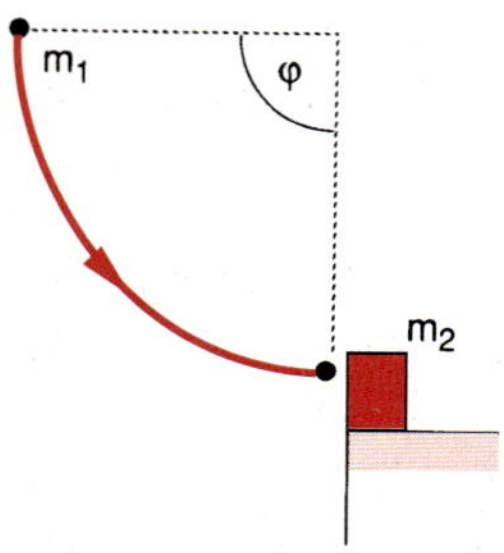

Abb. 4.30. Zu Aufgabe 7

8. Ein Aufzug steigt mit konstanter Geschwindigkeit $v = 2$ m/s. Wenn seine Decke noch 30 m vom oberen Punkt A des Aufzugsschachtes entfernt ist, wird von einem Punkt B 10 m unterhalb A aus ein Ball fallengelassen, der elastisch auf die Aufzugsdecke trifft und dort wieder nach oben reflektiert wird.

   a) Wo trifft er die Aufzugsdecke?

   b) Wie hoch steigt er danach wieder?

   c) Wo trifft er die Aufzugsdecke ein zweites Mal?

9. Ein α-Teilchen (He-Kern) stößt mit der Geschwindigkeit $\boldsymbol{v}_1$ elastisch auf einen ruhenden Sauerstoffkern ($m_2 = 4m_1$). Das α-Teilchen wird um 64° abgelenkt, der Sauerstoffkern um −51° gegen $\boldsymbol{v}_1$.

   a) Wie groß ist das Geschwindigkeitsverhältnis der beiden Teilchen nach dem Stoß?

   b) Wie teilen sich ihre kinetischen Energien auf?

10. Ein Teilchen hat in einem Bezugssystem S die Gesamtenergie 6 GeV und den Impuls 4 GeV/c. Wie groß ist seine Energie in einem System S', in dem sein Impuls zu 5 GeV/c gemessen wird? Wie groß ist die Relativgeschwindigkeit von S' gegen S?

5. Dynamik starrer ausgedehnter Körper

Bisher haben wir *idealisierte* Körper behandelt, die durch das Modell des Massenpunktes beschrieben wurden, bei denen also die räumliche Ausdehnung eines Körpers ignoriert wurde. Wir haben ihre Bewegungen unter dem Einfluß von Kräften untersucht und dabei außer den Newtonschen Axiomen fundamentale *Erhaltungssätze* für Energie, Impuls und Drehimpuls gefunden.

Alle Phänomene jedoch, die mit der räumlichen Gestalt eines Körpers zusammenhängen, erfordern zu ihrer Erklärung und Beschreibung eine Erweiterung unseres Modells. Neben der bisher behandelten Translation einzelner Massenpunkte wollen wir jetzt zusätzlich berücksichtigen, daß ausgedehnte Körper auch um einen Punkt oder um feste und freie Achsen rotieren können.

Wir wollen zuerst nur solche Bewegungen behandeln, die ein ausgedehnter Körper als *freier Körper* oder unter dem Einfluß *äußerer* Kräfte ausführt. Bewegungen einzelner Teile des Körpers gegeneinander, wie z.B. Deformationen (Gestaltsänderungen) und Schwingungen, werden dann im nächsten Kapitel diskutiert. Solche immer noch idealisierten Körper, die ihre Gestalt nicht ändern, deren Ausdehnung aber bereits berücksichtigt wird, heißen ***starre Körper***.

5.1 Das Modell des starren Körpers

Einen räumlich ausgedehnten starren Körper mit der Gesamtmasse M und dem Volumen V können wir in viele kleine Volumeneinheiten ΔV_i mit der Masse Δm_i zerlegen, die miteinander starr verbunden sind und die man nach den Methoden der vorigen Kapitel wie Massenpunkte behandeln kann (Abb. 5.1).

Der ganze Körper setzt sich dann aus der Summe aller dieser Volumenelemente ΔV_i zusammen:

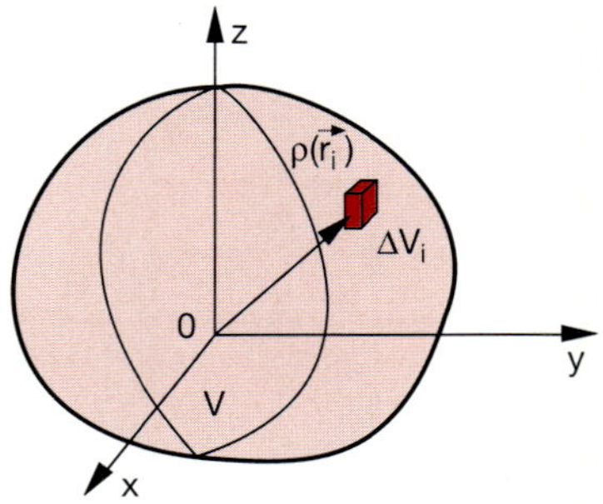

Abb. 5.1. Zerlegung eines ausgedehnten Körpers in kleine Volumenelemente ΔV_i

$$V = \sum_{i=1}^{N} \Delta V_i \,, \qquad M = \sum_{i=1}^{N} \Delta m_i \,.$$

Den Quotienten

$$\varrho = \frac{\Delta m}{\Delta V} \,; \qquad [\varrho] = \mathrm{kg/m^3} \tag{5.1}$$

nennen wir die Dichte des Volumenelementes ΔV. Die Gesamtmasse M läßt sich dann schreiben als

$$M = \sum_{i=1}^{N} \varrho_i \Delta V_i \,. \tag{5.2}$$

Macht man die Volumenelemente immer kleiner, ihre Anzahl N also immer größer, so gehen die Summen im Grenzprozeß $\Delta V \to 0$ in Volumenintegrale über:

$$\begin{aligned} V &= \lim_{\substack{\Delta V_i \to 0 \\ N \to \infty}} \sum_{i=1}^{N} \Delta V_i = \int_V \mathrm{d}V \,; \\ M &= \int_V \varrho \, \mathrm{d}V \,, \end{aligned} \tag{5.3}$$

wobei das *Volumenintegral* eine Abkürzung für ein dreifaches Integral ist (siehe [5.2]). Für einen Quader ergibt sich z.B.

$$V = \int_{z_1}^{z_2} \left[\int_{y_1}^{y_2} \left(\int_{x_1}^{x_2} \mathrm{d}x \right) \mathrm{d}y \right] \mathrm{d}z \tag{5.4}$$

und für eine Kugel mit Radius R wegen $\mathrm{d}V = r^2 \sin\vartheta\,\mathrm{d}r\,\mathrm{d}\vartheta\mathrm{d}\varphi$

$$V = \int_{r=0}^{R} \int_{\vartheta=0}^{\pi} \int_{\varphi=0}^{2\pi} r^2 \sin\vartheta\,\mathrm{d}r\,\mathrm{d}\vartheta\,\mathrm{d}\varphi \,. \tag{5.5}$$

Die Dichte $\varrho(x, y, z)$ kann im allgemeinen ortsabhängig sein.

Bei homogenen Körpern ist ϱ räumlich konstant über das ganze Körpervolumen und kann deshalb vor das Integral gezogen werden:

$$M = \varrho \int_V \mathrm{d}V = \varrho V \,. \tag{5.6}$$

5.2 Massenschwerpunkt

Wie im vorigen Kapitel gezeigt wurde, sind die Koordinaten $\boldsymbol{r}_S$ des Massenschwerpunktes S eines Systems von Massen Δm_i mit den Ortsvektoren $\boldsymbol{r}_i$ (Abb. 5.2) definiert durch den Ortsvektor

$$\boldsymbol{r}_S = \frac{\sum_{i=1}^{N} \boldsymbol{r}_i \Delta m_i}{\sum_{i=1}^{N} \Delta m_i} = \frac{1}{M} \sum_{i=1}^{N} \boldsymbol{r}_i \varrho(\boldsymbol{r}_i) \Delta V_i \,. \tag{5.7}$$

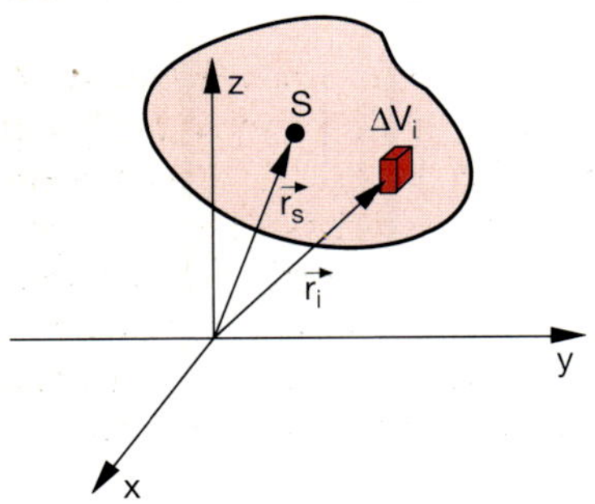

Abb. 5.2. Zur Definition des Schwerpunktes eines ausgedehnten Körpers

Beim Grenzübergang $N \to \infty$; $\Delta V \to 0$ geht (5.7) über in

$$\boldsymbol{r}_S = \frac{1}{M} \int_V \boldsymbol{r}\,\mathrm{d}m = \frac{1}{M} \int_V \boldsymbol{r} \varrho(\boldsymbol{r})\,\mathrm{d}V \,. \tag{5.8a}$$

Dies entspricht den drei Komponentengleichungen:

$$x_S = \frac{1}{M} \int_V x \varrho(x, y, z)\,\mathrm{d}V \,,$$

$$y_S = \frac{1}{M} \int_V y \varrho(x, y, z)\,\mathrm{d}V \,,$$

$$z_S = \frac{1}{M} \int_V z \varrho(x, y, z)\,\mathrm{d}V \,.$$

Für homogene Körper ($\varrho = \text{const}$) folgt daraus:

$$\boldsymbol{r}_S = \frac{1}{V} \int_V \boldsymbol{r}\,\mathrm{d}V \,. \tag{5.8b}$$

BEISPIEL

Schwerpunkt einer homogenen Halbkugel. Wenn der Mittelpunkt der Kugel im Nullpunkt ($x = y = z = 0$) liegt (Abb. 5.3), folgt aus Symmetriegründen: $x_S = y_S = 0$. Bei homogener Dichte ϱ erhält man aus (5.8b) für z_S:

$$z_S = \frac{1}{M} \int_V z \varrho\,\mathrm{d}V = \frac{1}{V} \int_V z\,\mathrm{d}V \,.$$

Mit $z = r\cos\vartheta$ und $\mathrm{d}V = r^2\,\mathrm{d}r \sin\vartheta\,\mathrm{d}\vartheta\,\mathrm{d}\varphi$ wird dies zu

$$z_S = \frac{1}{V} \int_{r=0}^{R} \int_{\vartheta=0}^{\pi/2} \int_{\varphi=0}^{2\pi} r^3 \cos\vartheta \sin\vartheta\,\mathrm{d}r\,\mathrm{d}\vartheta\,\mathrm{d}\varphi$$
$$= \frac{3}{8} R \,. \tag{5.9}$$

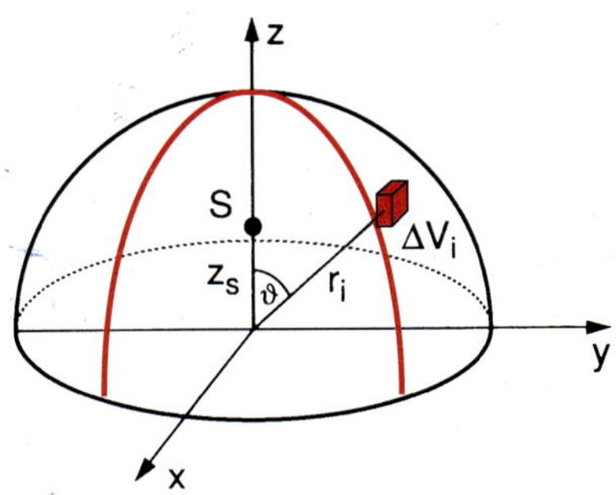

Abb. 5.3. Schwerpunkt einer Halbkugel

5.3 Die Bewegung eines starren Körpers

Die Mittelpunkte P_i der Volumenelemente dV_i seien durch ihre Ortsvektoren $\boldsymbol{r}_i$ beschrieben, der Schwerpunkt S durch $\boldsymbol{r}_S$. Der Vektor

$$\boldsymbol{r}_{iS} = \boldsymbol{r}_i - \boldsymbol{r}_S$$

zeigt dann vom Schwerpunkt S zum Punkt P_i (Abb. 5.4). Der Vektor

$$\frac{d\boldsymbol{r}_{iS}}{dt} = \boldsymbol{v}_{iS} = \boldsymbol{v}_i - \boldsymbol{v}_S \qquad (5.10)$$

gibt die Relativgeschwindigkeit des Punktes P_i relativ zum Schwerpunkt S an.

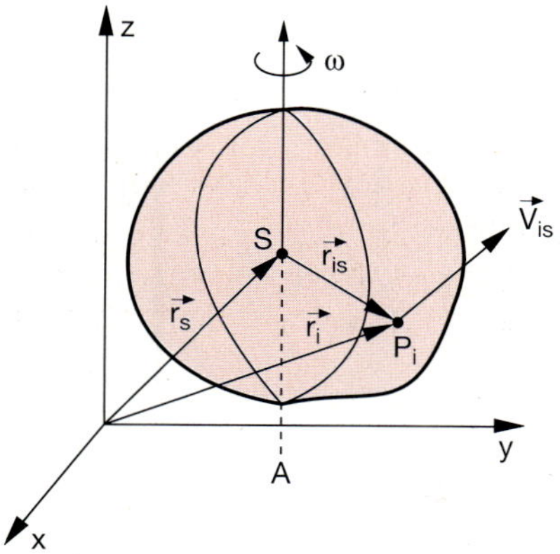

Abb. 5.4. Zur Bewegung eines starren Körpers

In einem starren Körper sind alle Abstände fest, d.h. $|\boldsymbol{r}_{iS}| = \text{const}$. Differentiation von $\boldsymbol{r}_{iS}^2 = \text{const}$ nach der Zeit t ergibt daher

$$2\boldsymbol{r}_{iS} \cdot \boldsymbol{v}_{iS} = 0 ,$$

d.h., die Relativgeschwindigkeit $\boldsymbol{v}_{iS}$ steht senkrecht auf der Verbindungslinie $\overline{SP_i}$. Man kann $\boldsymbol{v}_{iS}$ daher schreiben als (siehe Abschn. 2.4)

$$\boldsymbol{v}_{iS} = (\boldsymbol{\omega} \times \boldsymbol{r}_{iS}) , \qquad (5.11)$$

wobei $\boldsymbol{\omega}$ die Winkelgeschwindigkeit ist, mit der sich P_i um die Achse A durch S senkrecht zu $\boldsymbol{v}_{iS}$ dreht.

Die Bewegung des Punktes P_i relativ zum Nullpunkt des Koordinatensystems ist dann nach (5.10) und (5.11)

$$\boxed{\boldsymbol{v}_i = \boldsymbol{v}_S + (\boldsymbol{\omega} \times \boldsymbol{r}_{iS})} , \qquad (5.12)$$

d.h., sie läßt sich beschreiben als Überlagerung der Translationsgeschwindigkeit $\boldsymbol{v}_S$ des Schwerpunktes S und einer Rotation $(\boldsymbol{\omega} \times \boldsymbol{r}_{iS})$ um den Schwerpunkt.

Da die obige Herleitung für einen beliebigen Punkt P_i gilt, folgt:

> Die Bewegung eines ausgedehnten starren Körpers läßt sich immer zusammensetzen aus der Translation des Schwerpunktes plus der Rotation des Körpers um den Schwerpunkt.

Die Rotationsachse $\boldsymbol{\omega}$ braucht dabei allerdings nicht raumfest zu sein, sondern kann ihre Richtung im Laufe der Zeit ändern, auch wenn keine Kräfte auf den Körper wirken (siehe Abschn. 5.7).

Die Gleichungen (5.10) und (5.11) basieren auf $r_{ik}^2 = \text{const}$, sie gelten also nicht mehr, wenn der Körper deformiert wird. Dann können als zusätzliche Bewegungen Schwingungen von P_i gegen S auftreten.

Ist der starre Körper völlig frei bewegbar, so braucht man zur vollständigen Beschreibung seiner Bewegung sechs Koordinatenangaben: Drei Ortskoordinaten $\boldsymbol{r}_S(t) = \{x_S(t), y_S(t), z_S(t)\}$ zur Beschreibung der Translation des Schwerpunktes und drei Winkelkoordinaten zur Beschreibung der Rotation des Körpers um seinen Schwerpunkt.

> Der freie starre Körper hat sechs Freiheitsgrade der Bewegung.

Wird ein Punkt des Körpers (z.B. der Schwerpunkt) festgehalten, so kann der Körper noch um diesen Punkt rotieren, aber keine Translation mehr ausführen. Die Zahl der Freiheitsgrade reduziert sich dann auf drei (nämlich die drei Rotationsfreiheitsgrade). Läßt man den Körper um eine raumfeste Achse rotieren, so bleibt nur noch *ein* Freiheitsgrad, nämlich der Rotationswinkel φ bei Rotation um diese Achse.

5.4 Kräfte und Kräftepaare

Während für einen Massenpunkt die an ihm angreifende Kraft $\boldsymbol{F}$ eindeutig durch Größe und Richtung von $\boldsymbol{F}$ definiert ist, muß bei Kräften, die an einem ausgedehnten Körper angreifen, zusätzlich noch der An-

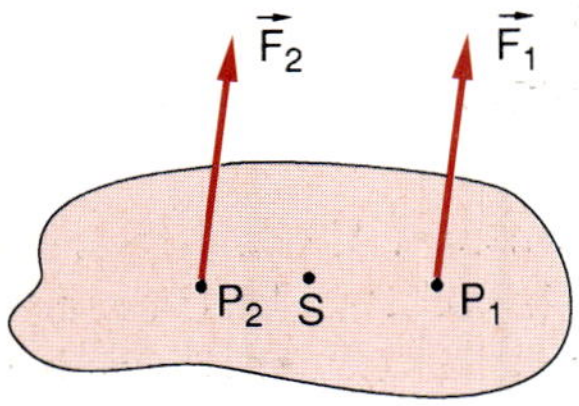

Abb. 5.5. Die beiden Kräfte $\boldsymbol{F}_1$ und $\boldsymbol{F}_2$ sind gleich groß, haben aber verschiedene Angriffspunkte P_1 und P_2 und bewirken daher eine unterschiedliche Bewegung des Körpers

griffspunkt P dieser Kräfte angegeben werden (Abb. 5.5).

Um nun die Bewegungsänderung zu untersuchen, die der Körper unter dem Einfluß der im Punkt P_i angreifenden Kraft $\boldsymbol{F}(P_i)$ erfährt, machen wir einen Kunstgriff: Wir addieren zwei gleichgroße, antiparallele Kräfte $\boldsymbol{F}_2(S)$ und $\boldsymbol{F}_3(S) = -\boldsymbol{F}_2(S)$, die beide am Schwerpunkt S angreifen mit $\boldsymbol{F}_1 = \boldsymbol{F}_2 = -\boldsymbol{F}_3$ (Abb. 5.6). Diese beiden Kräfte ändern den Bewegungszustand nicht, da beide am gleichen Punkt S angreifen und $\boldsymbol{F}_2 + \boldsymbol{F}_3 = \boldsymbol{0}$. Nun fassen wir die drei Kräfte zusammen in $(\boldsymbol{F}_1 + \boldsymbol{F}_3)$ und in $\boldsymbol{F}_2$.

Die beiden gleichgroßen antiparallelen Kräfte $\boldsymbol{F}_1$ und $\boldsymbol{F}_3$, die an zwei *verschiedenen* Punkten P_i und S angreifen, nennt man ein ***Kräftepaar***. Ein solches Kräftepaar bewirkt ein Drehmoment

$$\boldsymbol{D}_S = (\boldsymbol{r}_{iS} \times \boldsymbol{F}_i) , \tag{5.13a}$$

bezogen auf den Schwerpunkt. Da $\boldsymbol{F}_1 + \boldsymbol{F}_3 = \boldsymbol{0}$, bewirkt das Kräftepaar *keine* Beschleunigung des Schwerpunktes. Eine solche Schwerpunktbeschleunigung wird jedoch durch die Kraft $\boldsymbol{F}_2$ bewirkt.

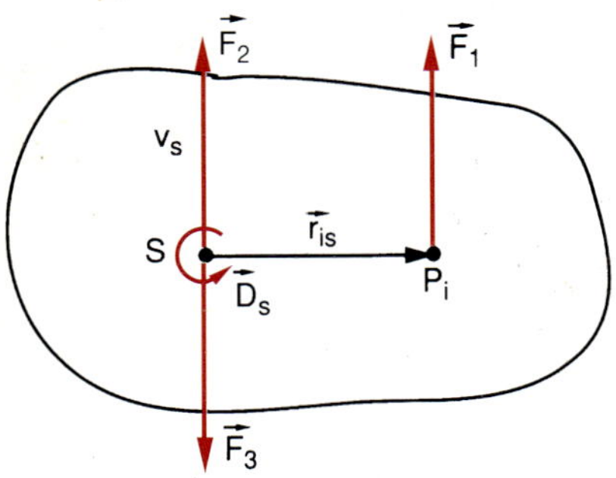

Abb. 5.6. Zerlegung einer im Punkt P_i des Körpers angreifenden Kraft $\boldsymbol{F}_1$ in ein Kräftepaar $\boldsymbol{F}_1\boldsymbol{F}_3$ und eine am Schwerpunkt angreifende Kraft $\boldsymbol{F}_2$

Insgesamt sieht man daraus:

> Eine nicht im Schwerpunkt S angreifende Kraft $\boldsymbol{F}(P_i \neq S)$ bewirkt ein Drehmoment, bezogen auf den Schwerpunkt S, und eine Beschleunigung des Schwerpunktes. Ein ursprünglich ruhender Körper erfährt also durch diese Kraft eine Translation seines Schwerpunktes S und eine Rotation um S.

Wir wollen solche Bewegungen in diesem Kapitel genauer untersuchen, zuerst aber den Spezialfall behandeln, daß der Körper um eine durch äußere Lager festgehaltene *raumfeste* Achse rotieren kann. Die Bewegung hat dann nur einen Freiheitsgrad. Wir legen die z-Achse unseres Koordinatensystems in die Drehachse $\boldsymbol{A}$ und die x-y-Ebene durch den Punkt P, an dem die Kraft $\boldsymbol{F}$ angreift (Abb. 5.7). Dann können wir $\boldsymbol{F}$ in die drei Anteile $\boldsymbol{F}_z \| \boldsymbol{A}$; $\boldsymbol{F}_n \| \boldsymbol{r}$ und $\boldsymbol{F}_t \perp \boldsymbol{r}$ und $\perp \boldsymbol{A}$ zerlegen.

Das Drehmoment, das durch $\boldsymbol{F}$ auf den Körper ausgeübt wird, ist dann

$$\boldsymbol{D} = (\boldsymbol{r} \times \boldsymbol{F}) = \boldsymbol{r} \times \boldsymbol{F}_t + \boldsymbol{r} \times \boldsymbol{F}_z ,$$

da $\boldsymbol{r} \times \boldsymbol{F}_n \equiv \boldsymbol{0}$ ist.

Der erste Term bewirkt ein Drehmoment um die Achse $\boldsymbol{A}$ und damit eine Änderung der Rotationsgeschwindigkeit des Körpers um diese Achse. Der zweite Term würde die Richtung der Drehachse verändern. Bei fest gelagerter Drehachse wird dieses Drehmo-

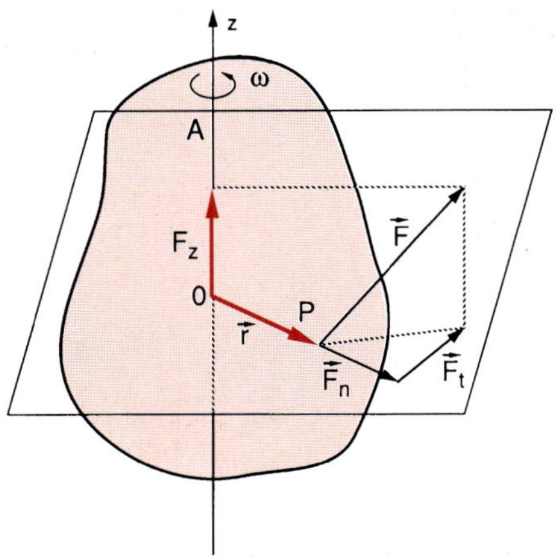

Abb. 5.7. Rotation eines Körpers um eine starre Achse A unter dem Einfluß einer im Punkt P angreifenden Kraft $\boldsymbol{F}$. Zerlegung der Projektion von $\boldsymbol{F}$ auf die x-y-Ebene in eine Normal- und eine Tangentialkomponente

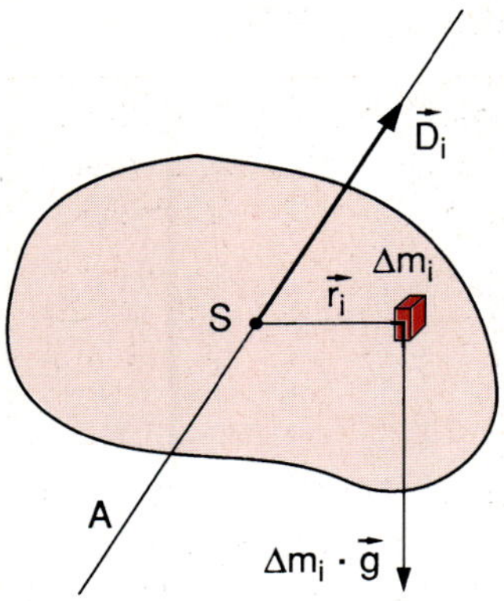

Abb. 5.8. Beitrag des Massenelementes Δm_i zum Drehmoment um eine Achse durch den Schwerpunkt auf Grund der Gewichtskraft

ment von den Achsenlagern aufgefangen und führt daher nicht zu einer Bewegungsänderung des Körpers.

Geht die Drehachse durch den Schwerpunkt S (Abb. 5.8), so ist das durch die Gewichtskraft auf ein Massenelement Δm_i bewirkte Drehmoment bezüglich dieser Achse $\boldsymbol{D}_i = \boldsymbol{r}_i \times \boldsymbol{g}\Delta m_i$. Auf den ganzen Körper wirkt dann das gesamte Drehmoment

$$\begin{aligned} D &= \int_V (\boldsymbol{r} \times \boldsymbol{g})\mathrm{d}m = -\boldsymbol{g} \times \int_V \boldsymbol{r}\,\mathrm{d}m \\ &= -(\boldsymbol{g} \times M\boldsymbol{r}_S) = \boldsymbol{0}\,, \end{aligned} \tag{5.13b}$$

weil der Schwerpunkt der Nullpunkt unseres Koordinatensystems ist und daher $\boldsymbol{r}_S = \boldsymbol{0}$.

> Wenn ein Körper also um eine Achse durch den Schwerpunkt S drehbar aufgehängt ist, bleibt er in jeder Lage stabil, da das gesamte Drehmoment, das durch sein Gewicht ausgeübt wird, Null ist.

Alle Balkenwaagen beruhen auf diesem Prinzip (Abb. 5.9). Die Waage ist im Gleichgewicht, wenn $\sum \boldsymbol{D}_i = \boldsymbol{0}$, wenn also gilt

$$\boxed{\boldsymbol{r}_1 \times \boldsymbol{F}_1 + \boldsymbol{r}_2 \times \boldsymbol{F}_2 = \boldsymbol{0}}$$

Gleichgewichtsbedingung eines zweiarmigen Hebels.

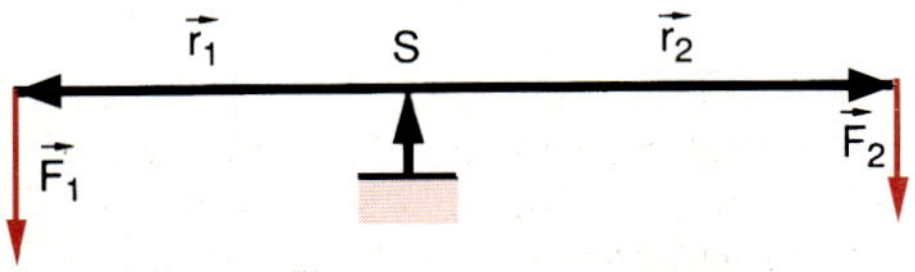

Abb. 5.9. Prinzip der Balkenwaage

5.5 Trägheitsmoment und Rotationsenergie

Wir betrachten einen ausgedehnten Körper, der sich um eine feste Achse A dreht (Abb. 5.10). Das Massenelement Δm_i habe den Abstand r_i von der Drehachse und die Geschwindigkeit v_i. Seine kinetische Energie bei der Rotation des Körpers mit der Winkelgeschwindigkeit ω um die Achse A ist dann wegen $\boldsymbol{v}_i \perp \boldsymbol{r}_i$

$$E_{\text{kin}} = \tfrac{1}{2}\Delta m_i v_i^2 = \tfrac{1}{2}\Delta m_i r_1^2 \omega^2\,.$$

Summation über alle Massenelemente Δm_i ergibt für die gesamte Rotationsenergie des Körpers

$$\begin{aligned} E_{\text{rot}} &= \lim_{\substack{N\to\infty \\ \Delta m_i \to 0}} \left(\frac{1}{2} \sum_{i=1}^{N} \Delta m_i r_i^2 \omega^2 \right) \\ &= \frac{1}{2}\omega^2 \int r^2\,\mathrm{d}m\,, \end{aligned} \tag{5.14}$$

Man nennt den Ausdruck

$$I \stackrel{\text{Def}}{=} \int_V r^2\,\mathrm{d}m = \int_V r^2 \varrho\,\mathrm{d}V \tag{5.15}$$

das ***Trägheitsmoment*** des Körpers bezüglich der Achse A, wobei r der Abstand des Massenelementes $\mathrm{d}m$ von der Drehachse A ist.

Mit dieser Definition erhält man für die Rotationsenergie

$$\boxed{E_{\text{rot}} = \tfrac{1}{2} I \omega^2}\,. \tag{5.16a}$$

Der Drehimpuls des Massenelementes Δm_i bezüglich der Rotationsachse ist

$$\boldsymbol{L} = \boldsymbol{r}_i \times (\Delta m_i \boldsymbol{v}_i) = r_i^2 \Delta m_i \boldsymbol{\omega}\,, \tag{5.17a}$$

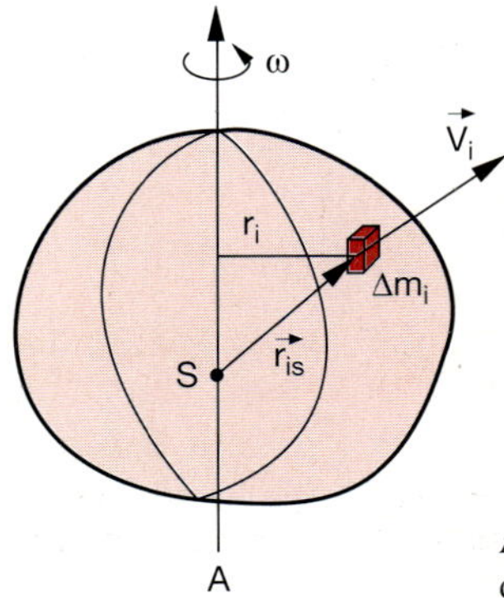

Abb. 5.10. Zur Definition des Trägheitsmomentes

so daß der Drehimpuls des ganzen Körpers

$$\boxed{\boldsymbol{L} = I\boldsymbol{\omega}} \tag{5.17b}$$

wird.

Ersetzt man in (5.16a) ω^2 durch L^2/I^2, so läßt sich die Rotationsenergie durch Drehimpuls L und Trägheitsmoment I ausdrücken:

$$E_{\mathrm{rot}} = \tfrac{1}{2} I\omega^2 = \frac{L^2}{2I} \,. \tag{5.16b}$$

Das Trägheitsmoment ist ein Maß für die Massenverteilung in einem ausgedehnten Körper bezüglich einer Rotationsachse. Für geometrisch einfache Körper kann man I leicht ausrechnen, wie die folgenden Beispiele zeigen. Für Körper mit komplizierten Formen muß man I messen (siehe unten).

> Das Trägheitsmoment eines Körpers ist immer auf eine bestimmte Drehachse bezogen und hängt ab von der Lage dieser Achse im Körper.

5.5.1 Steinerscher Satz

Wenn sich ein Körper um eine Achse $\boldsymbol{B}$ dreht, die nicht durch den Schwerpunkt S geht, so kann man sein Trägheitsmoment I bezüglich dieser Achse leicht berechnen, wenn man sein Trägheitsmoment I_S bezüglich einer zu $\boldsymbol{B}$ parallelen Achse $\boldsymbol{A}$ durch den Schwerpunkt S kennt. Es gilt nämlich (Abb. 5.11):

$$\begin{aligned} I_B &= \int_V R^2\,\mathrm{d}m = \int_V (\boldsymbol{r}+\boldsymbol{a})^2\,\mathrm{d}m \\ &= \int_V r^2\,\mathrm{d}m + 2\boldsymbol{a}\int_V \boldsymbol{r}\,\mathrm{d}m + a^2\int_V \mathrm{d}m \,, \end{aligned}$$

$$\boxed{I_B = I_S + a^2 M} \,, \tag{5.18}$$

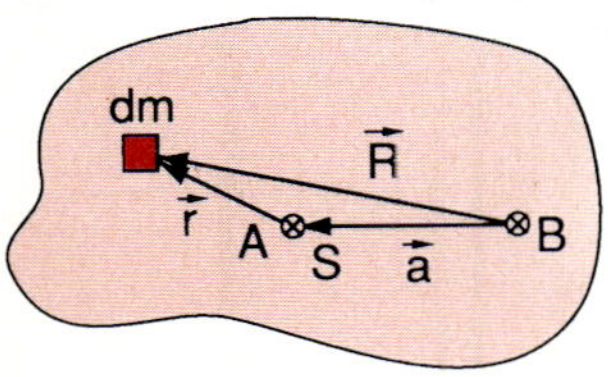

Abb. 5.11. Zum Steinerschen Satz. Gezeichnet ist die Schnittebene durch dm, senkrecht zu A

weil $\int_V \boldsymbol{r}\,\mathrm{d}m = \boldsymbol{r}_S M = \boldsymbol{0}$, da der Vektor $\boldsymbol{r}$ vom Schwerpunkt S ausgeht, d.h., der Schwerpunkt ist Nullpunkt des Koordinatensystems. Gleichung (5.18) heißt ***Steinerscher Satz*** und besagt:

> Das Trägheitsmoment I_B eines Körpers bei Rotation um eine beliebige Achse B ist gleich dem Trägheitsmoment I_S um eine zu B parallele Achse durch den Schwerpunkt S plus dem Trägheitsmoment der in S vereinigten Gesamtmasse M bezüglich B.

Man braucht daher nur das Trägheitsmoment I_S bei Rotation um Achsen entsprechender Richtung durch den Schwerpunkt zu bestimmen. Bevor wir dieses Problem allgemein behandeln, wollen wir die Berechnung von I_S an einigen Beispielen verdeutlichen, die alle *homogene* Körper mit $\varrho = \mathrm{const}$ sind, bei denen das Trägheitsmoment I für Rotationsachsen durch den Schwerpunkt S also geschrieben werden kann als

$$I = I_S = \varrho \int_V r^2\,\mathrm{d}V \,.$$

BEISPIELE Berechenbare Trägheitsmomente I_S

1. *Dünne Scheibe.* Wir nehmen an, daß die Höhe h in z-Richtung klein gegen die Ausdehnung in x- und y-Richtung sei (Abb. 5.12).

   a) Rotationsachse in z-Richtung:

   $$I_z = \varrho \int_V (x^2+y^2)\,\mathrm{d}V \,.$$

   b) Rotationsachse in x-Richtung:

   $$I_x = \varrho \int_V (y^2+z^2)\,\mathrm{d}V \approx \varrho \int_V y^2\,\mathrm{d}V \,,$$

   $$\text{weil } |z| \le h/2 \ll y_{\max} \,.$$

   c) Rotationsachse in y-Richtung:

   $$I_y = \varrho \int_V (x^2+z^2)\,\mathrm{d}V \approx \varrho \int_V x^2\,\mathrm{d}V \,.$$

   Man sieht daraus, daß in der Näherung $z \ll x, y$ gilt:

   $$I_z \approx I_x + I_y \,. \tag{5.19}$$

   Für flächenhafte Körper (z.B. ein dreiatomiges Molekül) ist das Trägheitsmoment bei Rotation

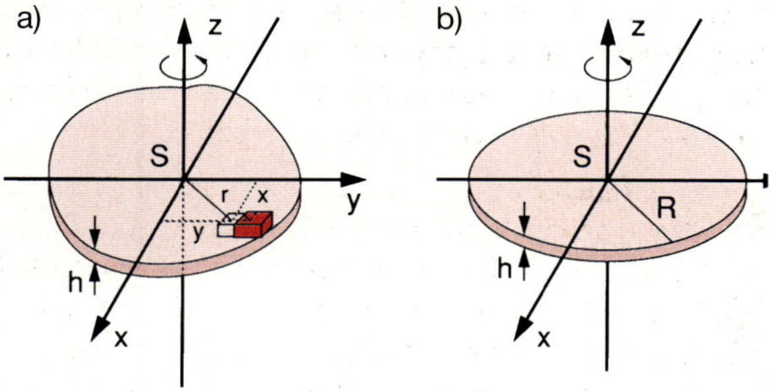

Abb. 5.12a,b. Trägheitsmomente einer dünnen Scheibe (**a**) mit beliebiger Flächenform, (**b**) Kreisscheibe

um die Flächennormale durch den Schwerpunkt gleich der Summe der beiden anderen Trägheitsmomente.

Wenn der Körper keine Rotationssymmetrie um die z-Achse hat, ist im allgemeinen $I_x \neq I_y$, d.h. alle drei Trägheitsmomente sind verschieden. Im Falle einer dünnen Kreisscheibe folgt jedoch aus (5.19) wegen der Rotationssymmetrie (Abb. 5.12b)

$$I_x = I_y \approx \tfrac{1}{2} I_z \, .$$

Wir können I_z für die Kreisscheibe berechnen:

$$I_z = \varrho \int r^2 \, \mathrm{d}V = 2\pi h \varrho \int_0^R r^3 \, \mathrm{d}r = \varrho h \pi R^4/2,$$
$$\text{weil} \;\; \mathrm{d}V = 2\pi r h \, \mathrm{d}r \, .$$

Mit $M = \pi R^2 h \varrho$ wird daraus

$$\boxed{I_z = \tfrac{1}{2} M R^2} \, . \qquad (5.20\text{a})$$

2. *Hohlzylinder* mit Höhe h, Außenradius R und Wanddicke $d \ll R$ (Abb. 5.13)
Rotation um die z-Achse als Symmetrieachse.

$$I_z = \varrho \int_V r^2 \, \mathrm{d}V = 2\pi h \varrho \int_{R-d}^R r^3 \, \mathrm{d}r$$
$$\text{mit} \;\; \mathrm{d}V = 2\pi r h \, \mathrm{d}r$$
$$= h \frac{\pi}{2} \varrho [R^4 - (R-d)^4] \approx 2\pi \varrho h R^3 d$$
$$\text{weil} \;\; d \ll R \, .$$

Dies ergibt mit $M = 2\pi R d h \varrho$

$$\boxed{I_z = M R^2} \, . \qquad (5.20\text{b})$$

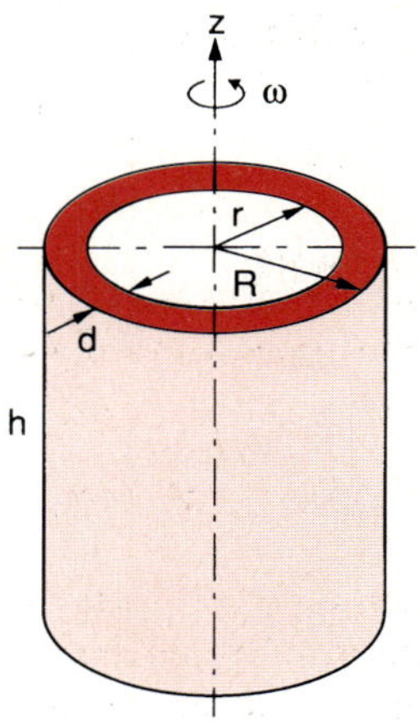

Abb. 5.13. Trägheitsmoment eines Hohlzylinders

3. *Vollzylinder* mit Radius R und Höhe h

$$I_z = 2\pi \varrho h \int_0^R r^3 \, \mathrm{d}r = \frac{\pi}{2} h \varrho R^4$$
$$= \frac{M}{2} R^2 \, , \qquad (5.20\text{c})$$

was natürlich mit (5.20a) übereinstimmen muß.

4. *Dünner Stab* (Länge $L \gg$ Durchmesser), Querschnittsfläche F (Abb. 5.14)
a) Rotation um senkrechte Achse A durch S.

$$I_\mathrm{S} = \varrho \int x^2 \, \mathrm{d}V = \varrho F \int_{-L/2}^{+L/2} x^2 \, \mathrm{d}x$$
$$= \frac{1}{12} \varrho F L^3 = \frac{1}{12} M L^2 \, . \qquad (5.21\text{a})$$

b) Rotation um eine senkrechte Achse B am Ende des Stabes.
Nach dem Steinerschen Satz gilt:

$$I_B = I_\mathrm{S} + M \left(\frac{L}{2} \right)^2$$
$$= \frac{1}{12} M L^2 + \frac{1}{4} M L^2 = \frac{1}{3} M L^2 \, . \qquad (5.21\text{b})$$

Dieses Ergebnis hätte man natürlich auch direkt aus

$$I_B = \varrho F \int_0^L x^2 \, \mathrm{d}x = \frac{1}{3} \varrho F L^3 = \frac{1}{3} M L^3$$

gewinnen können.

5. *Zweiatomiges Molekül.* Wegen der kleinen Elektronenmassen ($m_\mathrm{e} \approx 1/1836 \, m_\mathrm{p}$) kann ihr Beitrag

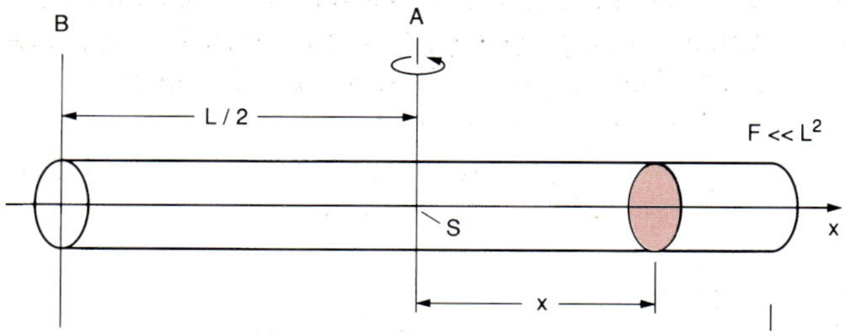

Abb. 5.14. Rotation eines dünnen Stabes mit beliebigem Querschnitt um eine Achse A durch den Schwerpunkt S oder um eine Achse B an einem Ende des Stabes

zum Trägheitsmoment bei Rotation um die Achse A durch den Schwerpunkt S senkrecht zur Kernverbindungsachse vernachlässigt werden. Weil der Kerndurchmesser ($d \approx 10^{-12}$cm) klein ist gegen den Kernabstand R ($R \approx 10^{-8}$cm), können die Kerne als Massenpunkte behandelt werden (Abb. 5.15), und wir erhalten

$$I_{SA} = m_1 r_1^2 + m_2 r_2^2 \,. \tag{5.22a}$$

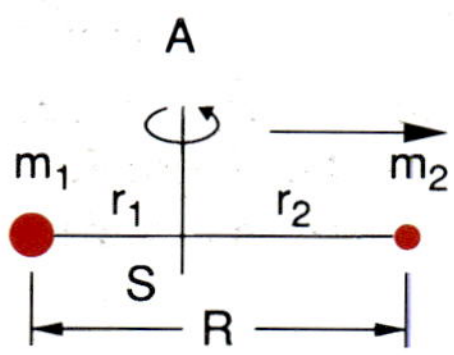

Abb. 5.15. Rotation eines zweiatomigen Moleküls um eine Achse A durch S senkrecht zur Kernverbindungsachse

Führt man den Kernabstand $R = r_1 + r_2$ ein und die reduzierte Masse $\mu = m_1 m_2/(m_1 + m_2)$, so wird aus (5.22a) mit $r_1/r_2 = m_2/m_1$

$$\boxed{I_{SA} = \mu R^2} \,. \tag{5.22b}$$

Bei Rotation um die Kernverbindungsachse B ist hingegen der Anteil der Elektronen zum Trägheitsmoment der dominante Beitrag I_B, da die Kerne auf der Rotationsachse liegen und bei Vernachlässigung des kleinen Kerndurchmessers als Punktmassen behandelt werden können. Da I_B sehr klein ist, gilt bei festem Drehimpulsbetrag $|\boldsymbol{L}|$, daß die Rotationsenergie der Elektronen $E_{rot} = L^2/(2I_B)$ bei Rotation um die Kernverbindungsachse B sehr viel größer ist als die des Moleküls bei Rotation um die Achse A (siehe Kap. 11 und Bd. 3).

6. *Trägheitsmoment einer homogenen Kugel mit Radius R.* Wegen der Kugelsymmetrie sind die Trägheitsmomente für alle Rotationsachsen durch den Schwerpunkt gleich. Man erhält nach Abb. 5.16:

$$I_S = \varrho \int a^2 \,\mathrm{d}V$$

mit $\mathrm{d}V = r^2 \sin\vartheta \,\mathrm{d}\vartheta \,\mathrm{d}\varphi$ und $a = r \sin\vartheta$

$$\begin{aligned} I_S &= \varrho \int_{r=0}^{R} \int_{\vartheta=0}^{\pi} \int_{\varphi=0}^{2\pi} r^4 \sin^3\vartheta \,\mathrm{d}r \,\mathrm{d}\vartheta \,\mathrm{d}\varphi \\ &= \frac{1}{5}\varrho R^5 2\pi \int_{\vartheta=0}^{\pi} \sin^3\vartheta \,\mathrm{d}\vartheta \\ &= \frac{2}{5}\varrho R^2 \frac{4}{3}\pi R^3 = \frac{2}{5} M R^2 \,. \end{aligned} \tag{5.23}$$

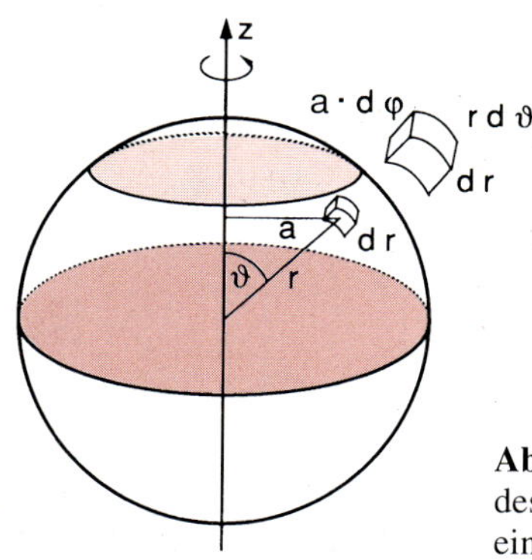

Abb. 5.16. Zur Herleitung des Trägheitsmomentes einer Kugel

5.6 Bewegungsgleichung der Rotation eines starren Körpers

Bei der Rotation eines Körpers um eine raumfeste Achse A gilt für den Drehimpuls eines Massenelementes Δm:

$$\boldsymbol{L} = (\boldsymbol{r}_\perp \times \boldsymbol{p}) = \Delta m(\boldsymbol{r}_\perp \times \boldsymbol{v}) = \Delta m r_\perp^2 \boldsymbol{\omega} \,, \tag{5.24}$$

wobei die Geschwindigkeit $\boldsymbol{v}$ senkrecht zu $\boldsymbol{r}$ und zur Drehachse ist, die in Richtung von $\boldsymbol{\omega}$ zeigt. Die zeitliche Ableitung von (5.24) ist dann

$$\frac{\mathrm{d}\boldsymbol{L}}{\mathrm{d}t} = \Delta m\left(\boldsymbol{r}_\perp \times \frac{\mathrm{d}\boldsymbol{v}}{\mathrm{d}t}\right) = (\boldsymbol{r}_\perp \times \boldsymbol{F}_t) = \boldsymbol{D}_\parallel , \quad (5.25)$$

wobei $|\boldsymbol{D}_\parallel| = r_\perp F_\mathrm{t}$ die Komponente des Drehmoments $\boldsymbol{D}$ parallel zur Drehachse A ist. Die anderen Kraftkomponenten F_z und F_r werden von den Lagern der festen Drehachse A aufgefangen und daher kompensiert (Abb. 5.17). Für den Betrag $D_\parallel$ ergibt sich aus (5.24–25):

$$D_\parallel = \Delta m r_\perp^2 \frac{\mathrm{d}\omega}{\mathrm{d}t} \,. \quad (5.26)$$

Durch Integration über aller Massenelemente erhält man dann:

$$D_\parallel = I\frac{\mathrm{d}\omega}{dt} = I\frac{\mathrm{d}^2\varphi}{\mathrm{d}t^2} \,. \quad (5.27)$$

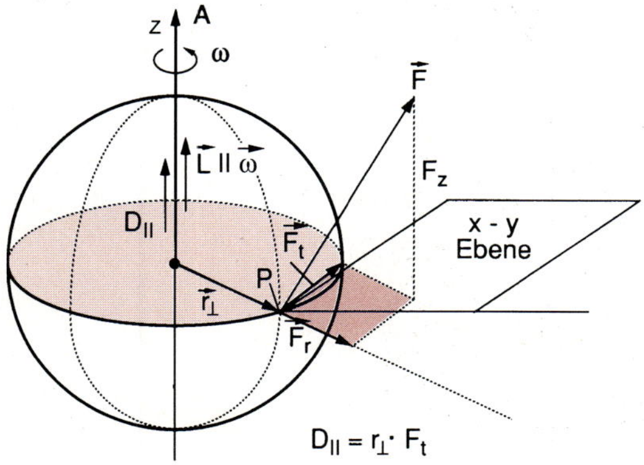

Abb. 5.17. Für die Drehung um die starre Achse wirksames Drehmoment einer beliebigen im Punkt P angreifenden Kraft

5.6.1 Rotation um eine Achse bei konstantem Drehmoment

Bei zeitlich konstantem Drehmoment $D_\parallel = D$ ergibt die zeitliche Integration von (5.27) analog zur Bewegungsgleichung der Translation (siehe (2.6))

$$\varphi = \frac{D}{2I}t^2 + At + B \,. \quad (5.28a)$$

Die Integrationskonstanten A und B werden durch die Anfangsbedingungen $\varphi(0) = \varphi_0$ und $\dot{\varphi}(0) = \omega_0$ festgelegt. Dies ergibt die Bewegungsgleichung:

$$\boxed{\varphi = \frac{1}{2}\frac{D}{I}t^2 + \omega_0 t + \varphi_0} \,. \quad (5.28b)$$

BEISPIELE

1. Ein Vollzylinder, ein Hohlzylinder und eine Kugel mit gleichen Massen M und gleichen Radien r rollen eine schiefe Ebene hinab. Welcher der drei Körper kommt bei gleichzeitigem Start als erster unten an?
Die Drehung erfolgt um die jeweilige Berührungslinie A mit der schiefen Ebene (Abb. 5.18). Das wirkende Drehmoment ist: $D_\omega = Mgr\sin\alpha$. Das Trägheitsmoment ist nach dem Steinerschen Satz: $I = I_\mathrm{S} + Mr^2$. Nach (5.27) ergibt sich dann:

$$Mgr\sin\alpha = (I_\mathrm{S} + Mr^2)\dot{\omega} \,. \quad (5.29)$$

Die Translationsbeschleunigung $a = \mathrm{d}^2s/\mathrm{d}t^2$ des Schwerpunktes S ist gleich der Umfangsbeschleunigung $r\,\mathrm{d}\omega/\mathrm{d}t$, mit der der Körper die schiefe Ebene herabrollt.

$$\frac{\mathrm{d}^2s}{\mathrm{d}t^2} = r\dot{\omega} = r\frac{Mgr\sin\alpha}{I_\mathrm{S} + Mr^2} = \frac{g\sin\alpha}{1 + I_\mathrm{S}/Mr^2} = a \,. \quad (5.30)$$

Ein reibungsfrei rutschender Körper (reine Translation) hätte die Beschleunigung $F_\alpha/M = g\sin\alpha$. Dadurch, daß ein Teil der Energie in Rotationsenergie übergeht, bleibt nur der Rest für die Translation übrig. Die Translationsbeschleunigung a wird um den Faktor $b = 1 + I_\mathrm{S}/Mr^2$ reduziert.

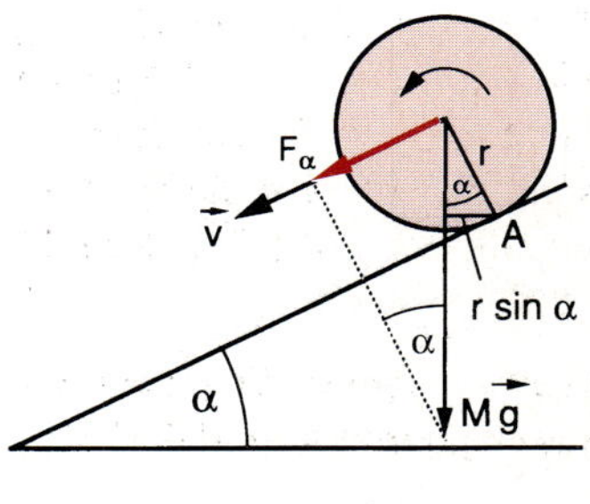

Abb. 5.18. Rollender Zylinder auf einer schiefen Ebene

Dieser Faktor hängt vom Trägheitsmoment I_S ab und ist daher für die einzelnen Körper verschieden (siehe Beispiele im Abschn. 5.5):

$$\begin{aligned} &\text{Vollzylinder:} && b = \tfrac{3}{2} \Rightarrow a = \tfrac{2}{3} g \sin\alpha \,, \\ &\text{Hohlzylinder:} && b = 2 \Rightarrow a = \tfrac{1}{2} g \sin\alpha \,, \\ &\text{Kugel:} && b = \tfrac{7}{5} \Rightarrow a = \tfrac{5}{7} g \sin\alpha \,. \end{aligned}$$

Die Kugel gewinnt also das Rennen knapp vor dem Vollzylinder.

Es ist instruktiv, sich den gleichen Sachverhalt noch auf folgende Weise klarzumachen: Hat der Körper die Strecke s auf der schiefen Ebene zurückgelegt, wurde potentielle Energie vom Betrage $E_{pot} = Mgh = Mgs \sin\alpha$ in kinetische Energie $E_{kin} = E_{trans} + E_{rot} = \frac{1}{2}(Mv^2 + \omega^2 I_S) = (M/2)v^2(1 + I_S/(Mr^2))$ umgewandelt. Dies ergibt:

$$v^2 = \frac{2gs\sin\alpha}{1 + I_S/Mr^2} \,,$$

woraus durch Differentation wegen $d/dt(v^2) = 2v\dot{v} = 2va$ für die Beschleunigung a das Ergebnis (5.30) folgt.

2. ***Maxwellsches Rad.*** Eine zylindrische Scheibe (Radius R, Masse M und Trägheitsmoment $I_S = \frac{1}{2}MR^2$) ist auf einer dünnen hohlen Achse (Radius $r \ll R$) zentriert, um die ein Faden aufgewikkelt ist, an dem das Rad hängt (Abb. 5.19). Die

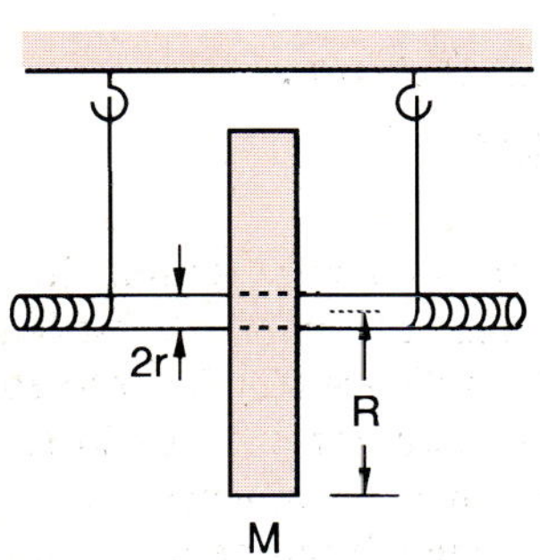

Abb. 5.19. Maxwell-Rad

Masse der Achse sei vernachlässigbar gegen die der Scheibe. Läßt man das Rad los, so wird es unter dem Einfluß des Drehmomentes $\boldsymbol{D} = \boldsymbol{r} \times M\boldsymbol{g}$ zu rotieren beginnen und sich beschleunigt nach unten bewegen. Wie groß ist seine Translationsbeschleunigung?

Gemäß (5.27) und nach dem Steinerschen Satz erhalten wir:

$$a = r\frac{d^2\varphi}{dt^2} = \frac{rD}{I} = \frac{r^2 Mg}{\frac{1}{2}MR^2 + Mr^2} = \frac{g}{1 + R^2/2r^2} \,.$$

Die Fallbeschleunigung g wird also um den Faktor $(1 + \frac{1}{2}R^2/r^2)$ herabgesetzt, so daß man die Beschleunigung a im Experiment gut beobachten kann. Am Ende der Fallstrecke h teilt sich die gesamte kinetische Energie $E_{kin} = E_{pot} = Mhg$ auf in $E_{kin} = E_{trans} + E_{rot}$, wobei

$$E_{trans} = \frac{1}{2}Mr^2\omega^2 = Mgh\frac{2r^2}{R^2 + 2r^2} \quad \text{und}$$

$$E_{rot} = \frac{1}{2}I\omega^2 = Mgh\frac{R^2}{R^2 + 2r^2} \,.$$

Hinweis: Das Ergebnis erhält man aus $r^2\omega^2 = v_t^2$ und $v_t^2 = g^2T^2/(1 + R^2/2r^2)^2$ mit der Fallzeit $T = [(2h/g)(1 + R^2/2r^2)]^{1/2}$. Der größte Teil der potentiellen Energie, nämlich der Bruchteil $1/(1 + 2r^2/R^2)$, wird in Rotationsenergie umgewandelt. Am unteren Umkehrpunkt rotiert das Rad im gleichen Drehsinn weiter (warum?), wickelt sich auf und steigt deshalb fast bis zur Anfangshöhe wieder auf, die wegen Reibungsverlusten nicht ganz erreicht wird.

5.6.2 Drehschwingungen um eine feste Achse

Zur experimentellen Bestimmung des Trägheitsmomentes eines Körpers wird ein Drehtisch verwendet. Dieser besteht aus einer Kreisscheibe, die um eine konzentrische Achse drehbar ist (Abb. 5.20). Eine Schneckenfeder, deren eines Ende an der Achse befestigt ist, wird durch die Drehung gespannt und erzeugt bei einer Drehung um den Winkel φ gegen die Ruhelage ein rücktreibendes Drehmoment (siehe Abschn. 6.2)

$$D = -D_r\varphi \,. \tag{5.31}$$

Die Größe D_r heißt ***Richtmoment***. Ihr Wert hängt von der Stärke der Feder ab. Die Bewegungsgleichung (5.27) heißt dann für diesen Fall

$$I_0\ddot{\varphi} = -D_r\varphi \,, \tag{5.32a}$$

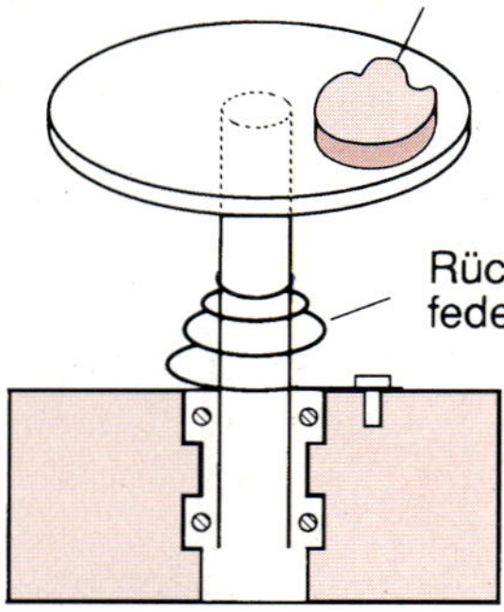

Abb. 5.20. Drehtisch

wenn I_0 das Trägheitsmoment des Drehtisches ist und Reibung vernachlässigt wird. Die Lösung von (5.32a) heißt mit der Anfangsbedingung $\varphi(0) = 0$:

$$\varphi = a \sin\left(\sqrt{D_r/I_0}\, t\right) . \tag{5.32b}$$

Der Drehtisch führt also eine harmonische Schwingung aus mit der Schwingungsdauer

$$T_0 = 2\pi\sqrt{I_0/D_r} . \tag{5.32c}$$

Legt man jetzt eine Kreisscheibe bekannter Masse M mit Radius R konzentrisch auf den Drehtisch, so vergrößert sich das Trägheitsmoment auf $I = I_0 + \frac{1}{2}MR^2$ und die Schwingungsdauer wird

$$T_1 = 2\pi\sqrt{(I_0 + \tfrac{1}{2}MR^2)/D_r} . \tag{5.32d}$$

Aus der Differenz

$$T_1^2 - T_0^2 = 2\pi^2 \frac{MR^2}{D_r}$$

läßt sich das Richtmoment D_r des Drehtisches bestimmen. Legt man jetzt einen beliebigen Körper auf den Drehtisch, so kann man sein Trägheitsmoment I_A bezüglich der Rotationsachse (das natürlich davon abhängt, wo und wie der Körper auf dem Drehtisch liegt) aus der gemessenen Schwingungsdauer

$$T = 2\pi\sqrt{(I_0 + I_A)/D_r} \tag{5.32e}$$

bestimmen. Mit Hilfe des Steinerschen Satzes läßt sich daraus das Trägheitsmoment I_S des Körpers als $I_S = I_A - Ma^2$ berechnen, wenn a der Abstand zwischen Schwerpunkt S und Drehachse ist (siehe (5.18), [5.1]).

5.6.3 Vergleich von Translation und Rotation

Zum Schluß zeigt Tabelle 5.1 noch einen Vergleich zwischen den entsprechenden Größen bei der Translation eines Massenpunktes und der Rotation eines ausgedehnten Körpers. Man beachte die analoge Schreibweise für Impuls, Drehimpuls, Energie und Leistung, wenn man Masse durch Trägheitsmoment und Geschwindigkeit durch Winkelgeschwindigkeit ersetzt.

Tabelle 5.1. Vergleich entsprechender Größen bei Translation und Rotation

Translation	Rotation
Länge L	Winkel φ
Masse m	Trägheitsmoment I
Geschwindigkeit $\boldsymbol{v}$	Winkelgeschwindigkeit $\boldsymbol{\omega}$
Impuls $\boldsymbol{p} = m \cdot \boldsymbol{v}$	Drehimpuls $\boldsymbol{L} = I\boldsymbol{\omega}$
Kraft $\boldsymbol{F}$	Drehmoment $\boldsymbol{D} = \boldsymbol{r} \times \boldsymbol{F}$
$\boldsymbol{F} = \frac{\mathrm{d}\boldsymbol{p}}{\mathrm{d}t}$	$\boldsymbol{D} = \frac{\mathrm{d}\boldsymbol{L}}{\mathrm{d}t}$
$E_{kin} = \frac{m}{2}v^2$	$E_{kin} = \frac{I}{2}\omega^2$
Rückstellkraft	Rückstell-Drehmoment
$\boldsymbol{F} = -D \cdot \boldsymbol{x}$	$\boldsymbol{D} = -D^* \cdot \varphi$
Schwingungsdauer einer linearen Schwingung	Schwingungsdauer einer Torsionsschwingung
$T = 2\pi\sqrt{m/D}$	$T = 2\pi\sqrt{I/D^*}$

5.7 Rotation um freie Achsen. Kreiselbewegungen

Bisher haben wir nur die Rotation eines starren Körpers um eine *raumfeste* Achse behandelt. Selbst bei dem die schiefe Ebene herabrollenden Zylinder blieb die Richtung der Rotationsachse konstant, wenn sie auch selbst eine Translationsbewegung machte.

In diesem Abschnitt wollen wir uns dem komplizierteren Problem zuwenden, welche Bewegungen ein starrer Körper sowohl ohne äußere Kräfte als auch unter dem Einfluß von Drehmomenten ausführt, wenn er nicht durch eine festgehaltene Achse in seinen Freiheitsgraden eingeschränkt wird. Man nennt einen solchen um „freie Achsen" rotierenden starren Körper einen ***Kreisel***.

Die Translation des Schwerpunktes läßt sich immer separat behandeln. Man kann z.B. die Bewegung des Körpers im Schwerpunktsystem beschreiben, in dem der Schwerpunkt ruht, so daß wir uns nur um die Rotation um den Schwerpunkt zu kümmern brauchen. Wir werden sehen, daß bei der Rotation eines Körpers um sogenannte *freie Achsen* die Rotationsachse selbst ihre Richtung im Raum im Laufe der Zeit ändern kann, so daß die Bewegung eines beliebigen Punktes des starren Körpers im allgemeinen eine komplizierte Bahnkurve durchläuft.

Um die Kreisbewegung um zeitlich sich ändernde Rotationsrichtungen quantitativ beschreiben zu können, wollen wir zuerst die Abhängigkeit des Trägheitsmomentes von der Richtung der Rotationsachse (die immer durch den Schwerpunkt gehen soll) untersuchen.

5.7.1 Trägheitstensor und Trägheitsellipsoid

Wenn ein starrer Körper mit der Winkelgeschwindigkeit $\boldsymbol{\omega}$ um eine beliebige Achse durch seinen Schwerpunkt S rotiert (Abb. 5.21), so hat ein Massenelement Δm_i, das sich mit der Geschwindigkeit $\boldsymbol{v}_i = \boldsymbol{\omega} \times \boldsymbol{r}_i$ bewegt, den Drehimpuls

$$\boldsymbol{L}_i = \Delta m_i(\boldsymbol{r}_i \times \boldsymbol{v}_i) = \Delta m_i(\boldsymbol{r}_i \times (\boldsymbol{\omega} \times \boldsymbol{r}_i)) \tag{5.33a}$$

Dies läßt sich mit Hilfe der Vektorrelation (siehe Anhang A.1.5.4)

$$\boldsymbol{A} \times (\boldsymbol{B} \times \boldsymbol{C}) = (\boldsymbol{A} \cdot \boldsymbol{C})\boldsymbol{B} - (\boldsymbol{A} \cdot \boldsymbol{B})\boldsymbol{C}$$

umformen in

$$\boldsymbol{L}_i = \Delta m_i[(\boldsymbol{r}_i^2 \cdot \boldsymbol{\omega}) - (\boldsymbol{r}_i \cdot \boldsymbol{\omega})\boldsymbol{r}_i] \,. \tag{5.33b}$$

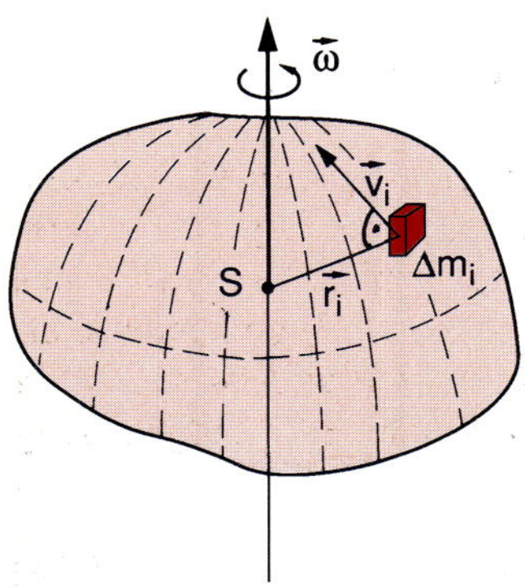

Abb. 5.21. Rotation eines Körpers um eine beliebige Achse durch den Schwerpunkt

Den Gesamtdrehimpuls $\boldsymbol{L}$ des Körpers erhält man durch Integration über alle Massenelemente

$$\boldsymbol{L} = \int (\boldsymbol{r}^2\boldsymbol{\omega} - (\boldsymbol{r} \cdot \boldsymbol{\omega})\boldsymbol{r})\mathrm{d}m \,. \tag{5.34a}$$

Diese Vektorgleichung entspricht den drei Komponentengleichungen:

$$\begin{aligned} L_x &= I_{xx}\omega_x + I_{xy}\omega_y + I_{xz}\omega_z \\ L_y &= I_{yx}\omega_x + I_{yy}\omega_y + I_{yz}\omega_z \\ L_z &= I_{zx}\omega_x + I_{zy}\omega_y + I_{zz}\omega_z \,, \end{aligned} \tag{5.34b}$$

wobei die Koeffizienten I_{ik} Abkürzungen für folgende Ausdrücke sind:

$$\begin{aligned} I_{xx} &= \int (r^2 - x^2)\mathrm{d}m \quad & I_{xy} = I_{yx} &= -\int xy\,\mathrm{d}m \\ I_{yy} &= \int (r^2 - y^2)\mathrm{d}m \quad & I_{yz} = I_{zy} &= -\int yz\,\mathrm{d}m \\ I_{zz} &= \int (r^2 - z^2)\mathrm{d}m \quad & I_{xz} = I_{zx} &= -\int xz\,\mathrm{d}m \,. \end{aligned} \tag{5.35a}$$

Man prüft (5.34b) leicht nach, indem man in (5.34a) die Relationen $r^2 = x^2 + y^2 + z^2$ und $\boldsymbol{r} \cdot \boldsymbol{\omega} = x\omega_x + y\omega_y + z\omega_z$ einsetzt und (5.35a) verwendet.

Man kann die Größen I_{ik} in Form einer Matrix

$$\tilde{\boldsymbol{I}} = \begin{pmatrix} I_{xx} & I_{xy} & I_{xz} \\ I_{yx} & I_{yy} & I_{yz} \\ I_{zx} & I_{zy} & I_{zz} \end{pmatrix} \tag{5.35b}$$

zusammenfassen und dadurch (5.34b) in vektorieller Form schreiben als

$$\begin{pmatrix} L_x \\ L_y \\ L_z \end{pmatrix} = \begin{pmatrix} I_{xx} & I_{xy} & I_{xz} \\ I_{yx} & I_{yy} & I_{yz} \\ I_{zx} & I_{zy} & I_{zz} \end{pmatrix} \begin{pmatrix} \omega_x \\ \omega_y \\ \omega_z \end{pmatrix} , \tag{5.34c}$$

was oft auch abkürzt als

$$\boxed{\boldsymbol{L} = \tilde{\boldsymbol{I}} \cdot \boldsymbol{\omega}} \tag{5.34d}$$

geschrieben wird. Mathematisch ist $\tilde{\boldsymbol{I}}$ ein Tensor 2. Stufe, der ***Trägheitstensor*** heißt. Die Diagonalelemente $\tilde{\boldsymbol{I}}$ geben die Trägheitsmomente des Körpers bei Rotation um die Koordinatenachsen (Nullpunkt in S) an. So ist z.B.

$$I_{xx} = \varrho \int (r^2 - x^2)\mathrm{d}V = \varrho \int (y^2 + z^2)\mathrm{d}V$$

das Trägheitsmoment eines homogenen Körpers bei Rotation um die x-Achse.

Um uns den Trägheitstensor anschaulich zu machen, wollen wir zuerst die Rotationsenergie bei Rotation um eine beliebige Drehachse $\boldsymbol{\omega}$ berechnen: Für ein Massenelement Δm_i gilt (Abb. 5.21):

$$\begin{aligned}\tfrac{1}{2}\Delta m_i v_i^2 &= \tfrac{1}{2}\Delta m_i(\boldsymbol{\omega}\times\boldsymbol{r}_i)(\boldsymbol{\omega}\times\boldsymbol{r}_i)\\ &= \tfrac{1}{2}\Delta m_i\left[\boldsymbol{\omega}^2\boldsymbol{r}_i^2-(\boldsymbol{\omega}\cdot\boldsymbol{r}_i)^2\right] ,\end{aligned}$$

wobei die rechte Seite aus der Vektorrelation $(\boldsymbol{A}\times\boldsymbol{B})\cdot(\boldsymbol{A}\times\boldsymbol{B}) = \boldsymbol{A}^2\boldsymbol{B}^2-(\boldsymbol{A}\cdot\boldsymbol{B})^2$ folgt. Die räumliche Integration ergibt die Rotationsenergie des ganzen Körpers:

$$\begin{aligned}E_{\text{rot}} &= \frac{\omega^2}{2}\int r^2\,\mathrm{d}m-\frac{1}{2}\int(\boldsymbol{\omega}\cdot\boldsymbol{r})^2\mathrm{d}m\\ &= \frac{\omega_x^2+\omega_y^2+\omega_z^2}{2}\int(x^2+y^2+z^2)\mathrm{d}m\\ &\quad-\frac{1}{2}\int[\omega_x x+\omega_y y+\omega_z z]^2\mathrm{d}m\\ &= \frac{1}{2}[\omega_x^2 I_{xx}+\omega_y^2 I_{yy}+\omega_z^2 I_{zz}]\\ &\quad+\omega_x\omega_y I_{xy}+\omega_x\omega_z I_{xz}+\omega_y\omega_z I_{yz} ,\end{aligned} \quad (5.36)$$

wobei die Definitionen (5.35a) verwendet wurden.

> Man sieht, daß bei beliebiger Drehachse $\boldsymbol{\omega}$ alle Elemente des Trägheitstensors zur Rotationsenergie beitragen.

Bildet die Drehachse $\boldsymbol{\omega}$ die Winkel α, β, γ mit den drei Koordinatenachsen, so gilt:

$$\omega_x = \omega\cos\alpha , \quad \omega_y = \omega\cos\beta , \quad \omega_z = \omega\cos\gamma .$$

Schreibt man die Rotationsenergie wie in (5.16a) als

$$E_{\text{rot}} = \tfrac{1}{2}I\omega^2 ,$$

so ergibt ein Vergleich mit (5.36) für das skalare Trägheitsmoment I bei Rotation um die Achse $\boldsymbol{\omega}$

$$\begin{aligned}I = {}&\cos^2\alpha\, I_{xx}+\cos^2\beta\, I_{yy}+\cos^2\gamma\, I_{zz}\\ &+2\cos\alpha\cos\beta\, I_{xy}+2\cos\alpha\cos\gamma\, I_{xz}\\ &+2\cos\beta\cos\gamma\, I_{yz} .\end{aligned} \quad (5.37a)$$

Führen wir einen Vektor $\boldsymbol{R}$ in Richtung der Drehachse $\boldsymbol{\omega}$ ein mit den Komponenten: $x = R\cos\alpha$, $y = R\cos\beta$, $z = R\cos\gamma$, so läßt sich (5.37a) schreiben als:

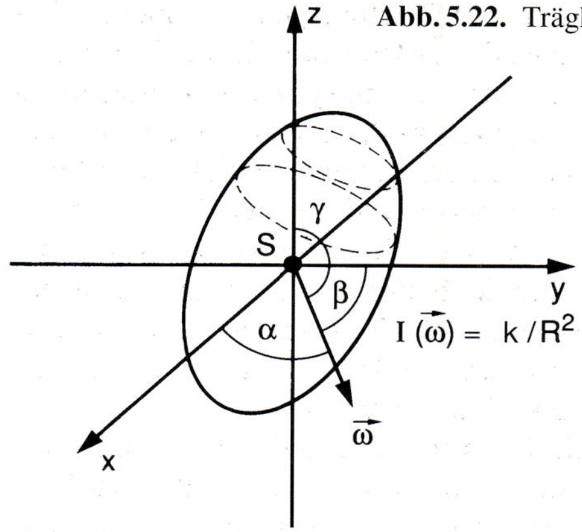

Abb. 5.22. Trägheitsellipsoid

$$\begin{aligned}R^2 I = {}&x^2 I_{xx}+y^2 I_{yy}+z^2 I_{zz}\\ &+2xyI_{xy}+2xzI_{xz}+2yzI_{yz} .\end{aligned} \quad (5.37b)$$

Alle Raumpunkte (x,y,z) für die $R^2 I = k = \text{const}$ gilt, liegen auf einem Ellipsoid, da (5.37b) für $R^2 I = \text{const}$ die Gleichung eines Ellipsoids darstellt. Die Konstante $k = MR_{\text{m}}^4$ hat die Dimension: $[k] = \text{kg}\cdot\text{m}^4$. Ihr Wert hängt von der Masse M des Körpers und von seiner Massenverteilung relativ zum Schwerpunkt ab, was durch einen mittleren Abstand R_{m} angegeben wird.

Das Trägheitsmoment $I = k/R^2$ bei Rotation um eine beliebige Achse $\boldsymbol{\omega} = \{\omega_x, \omega_y, \omega_z\}$ ist dann proportional zum reziproken Quadrat $1/R^2$ der Entfernung vom Mittelpunkt des Ellipsoids bis zur Ellipsoidfläche in der Richtung von $\boldsymbol{\omega}$. In diesem Sinne sagt man: Der skalare Wert I des Trägheitsmoments als Funktion der Raumrichtung (α,β,γ) der Drehachse $\boldsymbol{\omega}$ bildet ein ***Trägheitsellipsoid*** (Abb. 5.22).

5.7.2 Hauptträgheitsmomente

Führt man jetzt ein Koordinatensystem (ξ,η,ζ) ein, das von drei orthogonalen Vektoren $\boldsymbol{\xi}$, $\boldsymbol{\eta}$ und $\boldsymbol{\zeta}$ aufgespannt wird, die in die drei Hauptachsen $\boldsymbol{a}, \boldsymbol{b}, \boldsymbol{c}$ des Trägheitsellipsoids fallen (Abb. 5.23) und deren Länge durch Division mit $\sqrt{k}$ normiert werden, so wird in diesem Koordinatensystem die Ellipsoidgleichung (5.37b) mit $R^2 I = 1$

$$\xi^2 I_a+\eta I_b+\zeta^2 I_c = 1 . \quad (5.38)$$

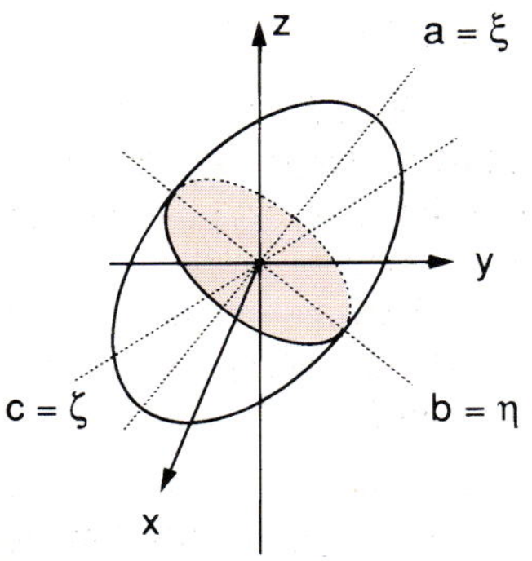

Abb. 5.23. Zur Definition der Hauptträgheitsachsen

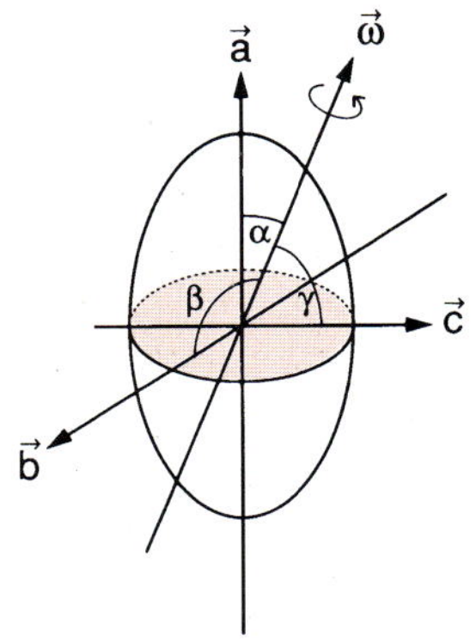

Abb. 5.24. Trägheitsmoment um eine beliebige Achse

Alle Nichtdiagonalglieder I_{ik} $(i \neq k)$ werden in diesem „Hauptachsensystem" Null und der Trägheitstensor hat Diagonalform

$$\tilde{\boldsymbol{I}} = \begin{bmatrix} I_a & 0 & 0 \\ 0 & I_b & 0 \\ 0 & 0 & I_c \end{bmatrix} . \tag{5.39}$$

Mathematisch läßt sich eine solche ***Hauptachsentransformation*** durch Diagonalisierung der entsprechenden Matrix I_{ik} durchführen [5.2]. Die Hauptträgheitsmomente I_a, I_b, I_c (d.h. die Trägheitsmomente bei Rotation um die Hauptachsen) sind dann die Lösungen der Determinantengleichung

$$\begin{vmatrix} I_{xx} - I & I_{xy} & I_{xz} \\ I_{yx} & I_{yy} - I & I_{yz} \\ I_{zx} & I_{zy} & I_{zz} - I \end{vmatrix} = 0 . \tag{5.40}$$

Man beachte, daß im allgemeinen die Hauptträgheitsmomente I_a, I_b, I_c *nicht* mit I_{xx}, I_{yy}, I_{zz} übereinstimmen.

Die Bezeichnung der Hauptträgheitsachsen wird nach internationaler Vereinbarung so gewählt, daß

$$I_a \leq I_b \leq I_c$$

gilt. Das Trägheitsmoment I um eine beliebige Achse durch den Schwerpunkt, die die Winkel α, β, γ mit den drei Hauptachsen $\boldsymbol{a}$, $\boldsymbol{b}$ und $\boldsymbol{c}$ bildet (Abb. 5.24) ist dann:

$$I = I_a \cos^2\alpha + I_b \cos^2\beta + I_c \cos^2\gamma . \tag{5.41}$$

Diese Gleichung entspricht (5.37a), da jetzt alle Nichtdiagonalelemente von $\tilde{\boldsymbol{I}}$ Null sind. Durch die Hauptachsentransformation ist der Ausdruck für I einfacher geworden. Mit Hilfe der Hauptträgheitsmomente lassen sich Drehimpuls $\boldsymbol{L}$ und Rotationsenergie schreiben als:

$$\boldsymbol{L} = \{L_a, L_b, L_c\} = \{\omega_a I_a, \omega_b I_b, \omega_c I_c\} , \tag{5.42}$$

$$E_{\text{rot}} = \frac{1}{2}(\omega_a^2 I_a + \omega_b^2 I_b + \omega_c^2 I_c) = \frac{L_a^2}{2I_a} + \frac{L_b^2}{2I_b} + \frac{L_c^2}{2I_c} . \tag{5.43}$$

Sind alle drei Hauptträgheitsmomente verschieden $(I_a \neq I_b \neq I_c \neq I_a)$, so heißt der Körper ein ***asymmetrischer Kreisel***.

Beispiel: Quader mit drei ungleichen Seiten a, b, c (Abb. 5.25b) oder das gewinkelte NO_2-Molekül (Abb. 5.25a).

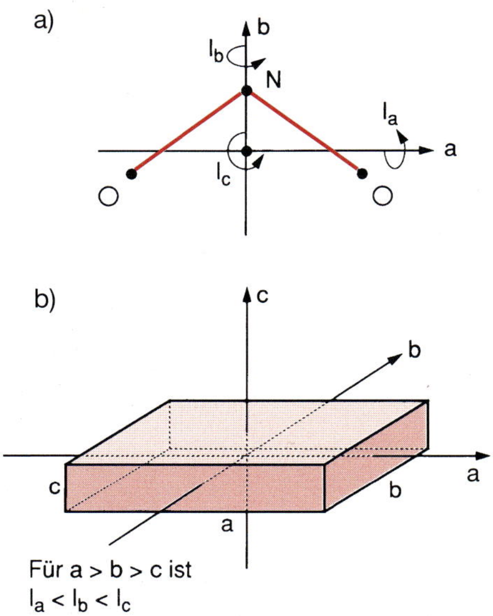

Abb. 5.25. Beispiele für asymmetrische Kreisel

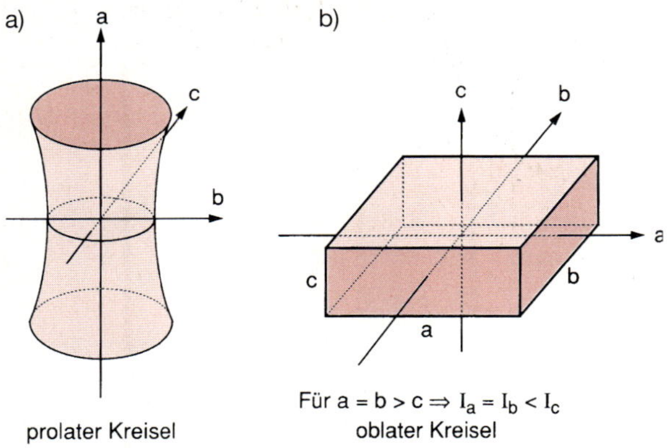

Abb. 5.26a,b. Beispiele für symmetrische Kreisel: (**a**) Prolater und (**b**) oblater symmetrischer Kreisel

Sind zwei Hauptträgheitsmomente gleich, so heißt der Körper ein ***symmetrischer Kreisel***.

Beispiel: Alle rotationssymmetrischen Körper (Kreiszylinder, lineare Moleküle), aber auch quadratische Quader.

> Jeder rotationssymmetrische Körper ist ein symmetrischer Kreisel, aber nicht jeder symmetrische Kreisel braucht von seiner geometrischen Gestalt unbedingt rotationssymmetrisch zu sein (z.B. eine quadratische Säule). Sein Trägheitsellipsoid ist dagegen *immer* rotationssymmetrisch.

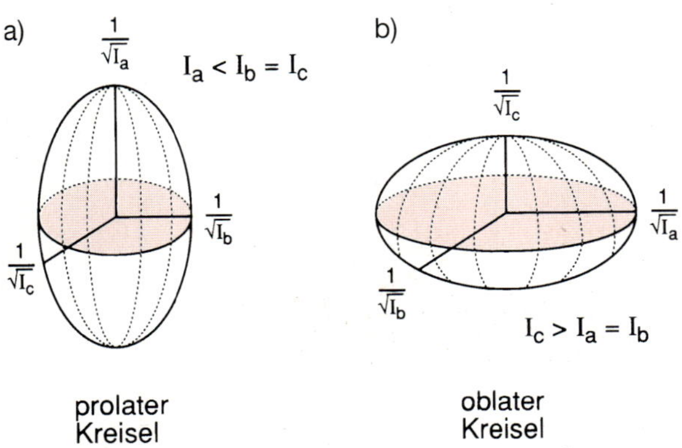

Abb. 5.27. Trägheitsellipsoide des (**a**) prolaten und (**b**) oblaten symmetrischen Kreisels

Wir unterscheiden (Abb. 5.26):

- *Prolate* symmetrische Kreisel: $I_a < I_b = I_c$
  Das Trägheitsellipsoid ist ein langgestrecktes Rotationsellipsoid, dessen Symmetrieachse z länger ist als sein Durchmesser (Abb. 5.27a).
- *Oblate* symmetrische Kreisel: $I_a = I_b < I_c$
  Das Trägheitsellipsoid ist ein gestauchtes Rotationsellipsoid (Diskus) (Abb. 5.27b).

> Nach (5.42) zeigen bei einem asymmetrischen Kreisel Drehimpuls $\boldsymbol{L}$ und Rotationsachse $\boldsymbol{\omega} = \{\omega_a, \omega_b, \omega_c\}$ im allgemeinen in verschiedene Richtungen, wenn I_a, I_b und I_c nicht alle den gleichen Wert haben oder der Körper nicht um eine seiner Hauptträgheitsachsen rotiert (Abb. 5.28).

Sind alle drei Hauptträgheitsmomente gleich, ($I_a = I_b = I_c$), so heißt der Körper sphärischer Kreisel, weil sein Trägheitsellipsoid eine Kugel ist.

Beispiel: Kugel, Würfel.

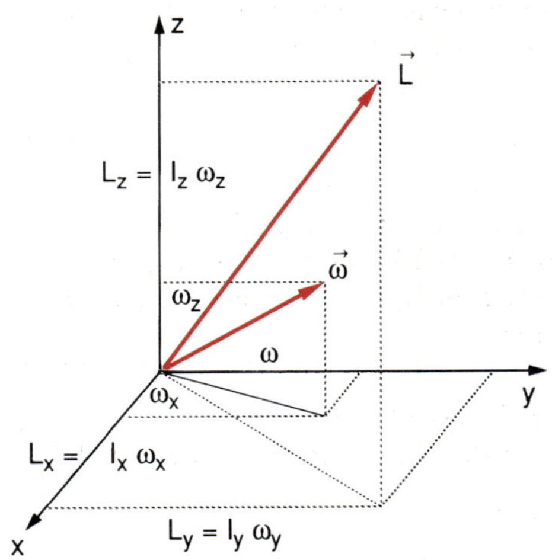

Abb. 5.28. Drehimpulsachse und Rotationsachse sind im allgemeinen nicht parallel

5.7.3 Freie Achsen

Aus (5.42) und Abb. 5.28 erkennt man folgenden wichtigen Sachverhalt: Drehimpuls $\boldsymbol{L}$ und Drehachse $\boldsymbol{\omega}$ zeigen bei der Rotation eines Körpers, dessen Drehachse nicht festgehalten wird, nur dann in die gleiche Richtung, wenn entweder gilt:

- $I_a = I_b = I_c$ (sphärischer Kreisel), oder:
- Der Körper rotiert um eine seiner Hauptträgheitsachsen, d.h. nur einer der drei Komponenten ω_a, ω_b, ω_c ist von Null verschieden.
- Bei einem *symmetrischen* Kreisel ist $\boldsymbol{L} \| \boldsymbol{\omega}$ auch dann, wenn der Körper um ein beliebige Achse durch S senkrecht zur Symmetrieachse rotiert.

Da ohne äußeres Drehmoment der Drehimpuls zeitlich konstant bleibt, hat in diesen Fällen der Körper eine *raumfeste Drehachse*, um die er mit konstanter Winkelgeschwindigkeit $\boldsymbol{\omega}$ rotiert. Seine Bewegung ist dann völlig analog zur Rotation um eine starre Achse (Abschn. 5.6).

Man nennt die Hauptachsen eines Körpers daher auch ***freie Achsen***, weil eine einfache Rotation des Körpers um diese Achsen möglich ist, auch wenn diese Achsen nicht fest gelagert sind.

Das Experiment zeigt jedoch, daß eine stabile Rotation nur um die Achse des kleinsten und des größten Trägheitsmomentes realisiert werden kann, während bei Rotation um die freie Achse des mittleren Hauptträgheitsmomentes jede kleine Störung die Bewegung instabil macht und der Körper zu torkeln beginnt.

BEISPIELE

1. Ein an einem Faden aufgehängter Quader mit $I_a < I_b < I_c$ (Abb. 5.29) kann über einen Motor zur Rotation um diesen Faden gebracht werden. Der Quader rotiert stabil, wenn die Fadenrichtung mit der Hauptachse a oder c zusammenfällt. Wird er so aufgehängt, daß die Fadenrichtung in Richtung der Achse b zeigt, springt der Quader bei schneller Rotation um in die in Abb. 5.29b gezeigte stabile Rotation um die Hauptachse c. Er rotiert dann nicht mehr um den Faden, d.h. der Faden fällt nicht mehr mit der Rotationsachse zusammen. Die Achse c ist nun eine „freie Achse".
2. Eine geschlossene Kette hängt an einem Faden und wird zur Rotation gebracht (Abb. 5.30). Durch die Zentrifugalkraft weitet sie sich zu einem Kreis auf, der sich dann horizontal stellt, weil dadurch die Rotation um die Achse des größten Trägheitsmomentes erfolgt und damit die Rotationsenergie $E_{\text{rot}} = L^2/2I$ bei vorgegebenem Drehimpuls $\boldsymbol{L}$ minimal wird. Auch hier fällt die Rotationsachse nicht mit der Fadenrichtung zusammen.

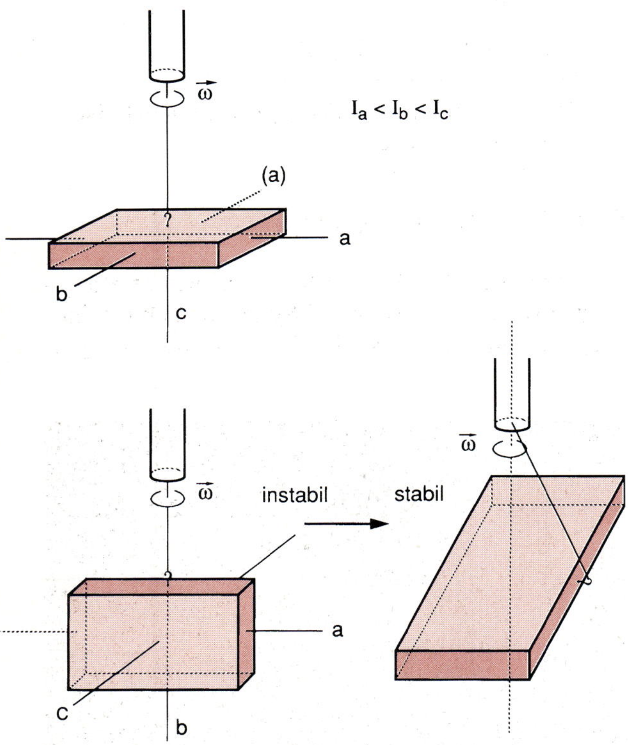

Abb. 5.29a,b. Rotation eines Quaders um freie Achsen: (**a**) stabile Rotation um die Achse des größten Trägheitsmomentes I_a; (**b**) instabile Rotation um die Achse des mittleren Trägheitsmomentes I_b, die umspringt in eine Rotation um die Achse c

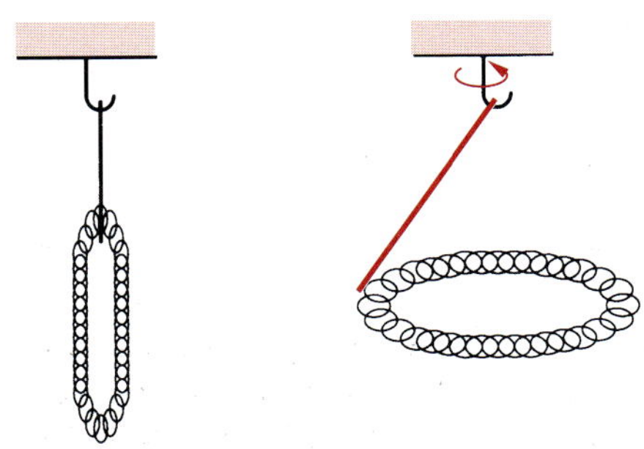

Abb. 5.30. Rotation einer Kette um die Achse des größten Trägheitsmomentes

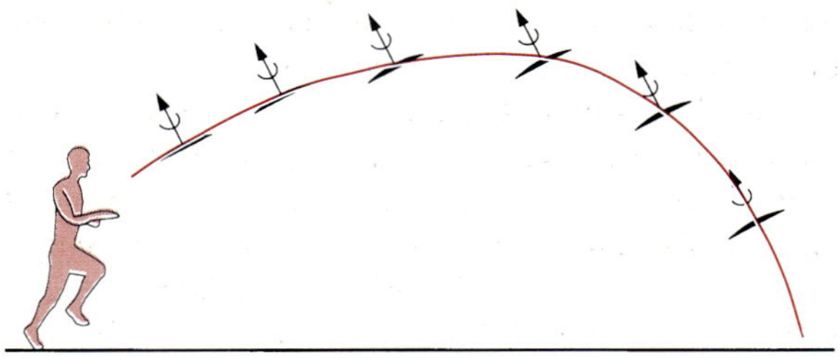

Abb. 5.31. Stabiler Flug einer Diskusscheibe

3. Eine Diskusscheibe fliegt stabil, solange die Rotation um die Symmetrieachse (größtes Trägheitsmoment) erfolgt (Abb. 5.31).

5.7.4 Die Eulerschen Gleichungen

Bei beliebiger Richtung der Drehachse $\boldsymbol{\omega}$ sind Drehimpuls $\boldsymbol{L}$ und Drehachse $\boldsymbol{\omega}$ nicht mehr parallel. Die Bewegung des Körpers wird dann komplizierter. Um sie quantitativ beschreiben zu können, müssen wir die Bewegung des Körpers im *raumfesten* Koordinatensystem R darstellen.

Die zeitliche Änderungen $\mathrm{d}\boldsymbol{L}/\mathrm{d}t$ des Drehimpulses ist im raumfesten Inertialsystem R, in dem der Beobachter der Bewegung sitzt, gleich dem äußeren Drehmoment $\boldsymbol{D}$:

$$\left(\frac{\mathrm{d}\boldsymbol{L}}{\mathrm{d}t}\right)_R = \boldsymbol{D} \,. \tag{5.44}$$

In einem Koordinatensystem K, dessen Achsen die Hauptachsen des Körpers sind, das also starr mit dem Körper verbunden ist und daher mit der Winkelgeschwindigkeit $\boldsymbol{\omega}$ gegen das raumfeste System rotiert, ist die zeitliche Ableitung des Vektors $\boldsymbol{L}$ dann (siehe Abschn. 3.3.2)

$$\left(\frac{\mathrm{d}\boldsymbol{L}}{\mathrm{d}t}\right)_K = \left(\frac{\mathrm{d}\boldsymbol{L}}{\mathrm{d}t}\right)_R - (\boldsymbol{\omega} \times \boldsymbol{L}) \,, \tag{5.45}$$

so daß wir die Vektorgleichung

$$\boldsymbol{D} = \left(\frac{\mathrm{d}\boldsymbol{L}}{\mathrm{d}t}\right)_K + (\boldsymbol{\omega} \times \boldsymbol{L}) \tag{5.46}$$

erhalten. Diese Gleichung entspricht formal (3.14). Man beachte, daß in (5.46) $\boldsymbol{L}$ im Hauptachsensystem angegeben ist, $\boldsymbol{\omega}$ jedoch im raumfesten Inertialsystem! Im allgemeinen Fall braucht $\boldsymbol{\omega}$ in keinem der beiden Systeme zeitlich konstant zu sein.

Schreibt man (5.46) für die Komponenten in Richtung der drei Hauptachsen aus, so erhält man z.B. für die Achse a:

$$\begin{aligned} \boldsymbol{D}_a &= \left(\frac{\mathrm{d}\boldsymbol{L}}{\mathrm{d}t}\right)_a + (\boldsymbol{\omega} \times \boldsymbol{L})_a \\ &= \frac{\mathrm{d}}{\mathrm{d}t}(I_a \omega_a) + (\omega_b L_c - \omega_c L_b) \\ &= I_a \frac{\mathrm{d}\omega_a}{\mathrm{d}t} + \omega_b I_c \omega_c - \omega_c I_b \omega_b \,, \end{aligned}$$

wobei $\boldsymbol{D}_a$ die Komponente des Drehmoments in Richtung der Achse a ist.

Entsprechende Gleichungen gelten für die anderen Komponenten. Insgesamt erhält man die drei ***Eulerschen Gleichungen***

$$\boxed{\begin{aligned} I_a \frac{\mathrm{d}\omega_a}{\mathrm{d}t} + (I_c - I_b)\omega_c\omega_b &= D_a \\ I_b \frac{\mathrm{d}\omega_b}{\mathrm{d}t} + (I_a - I_c)\omega_a\omega_c &= D_b \\ I_c \frac{\mathrm{d}\omega_c}{\mathrm{d}t} + (I_b - I_a)\omega_b\omega_a &= D_c \end{aligned}} \tag{5.47}$$

Diese Gleichungen sollen nun an einigen Beispielen verdeutlicht werden.

5.7.5 Der kräftefreie symmetrische Kreisel

Ein symmetrischer Kreisel hat zwei gleiche Hauptträgheitsmomente. Wenn die Symmetrieachse seines Trägheitsrotationsellipsoids die c-Achse ist, gilt:

Abb. 5.32. Fahrradkreisel

$I_a = I_b \neq I_c$. Ist der Körper selbst auch rotationssymmetrisch, so heißt die Achse auch ***Figurenachse***. Bei einem Fahrradkreisel (Abb. 5.32) ist dies die sichtbare Radachse. Wirkt kein äußeres Drehmoment ($\boldsymbol{D} \equiv \boldsymbol{0}$), so bleibt der Drehimpuls $\boldsymbol{L}$ konstant, d.h. raumfest. Ein solcher Kreisel mit $D \equiv 0$ heißt in der Literatur ***kräftefreier Kreisel***. Dreht sich der Kreisel um seine Figurenachse, so fallen die Vektoren $\boldsymbol{L}$ und $\boldsymbol{\omega}$ mit dieser Achse zusammen. Der Körper rotiert dann um eine raumfeste Achse, so als ob er fest gelagert wäre. Liegt jedoch $\boldsymbol{\omega}$ in einer beliebigen Richtung, die nicht mit der Figurenachse zusammenfällt, so wird die Bewegung kompliziert.

Um die *allgemeine* Bewegung des kräftefreien symmetrischen Kreises zu beschreiben, muß man drei verschiedene Achsen unterscheiden (Abb. 5.33a):

- Die raumfeste Drehimpulsachse $\boldsymbol{L}$
- Die momentane (nicht raumfeste) Drehachse $\boldsymbol{\omega}$
- Die Figurenachse des symmetrischen Kreisels, die nur dann raumfest ist, wenn der Drehimpuls in der Figurenachse liegt.

Wir können ein qualitatives Bild von der Bewegung der Figurenachse aus folgender Überlegung gewinnen: Ohne äußeres Drehmoment ist sowohl die Rotationsenergie E_{rot} als auch der Drehimpuls $\boldsymbol{L}$ zeitlich konstant. Wir erhalten daher mit (5.43) die beiden Gleichungen:

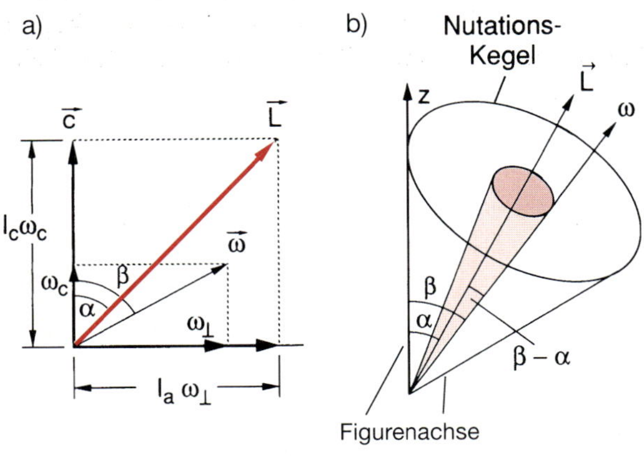

Abb. 5.33a,b. Figurenachse $\boldsymbol{c}$, Drehimpulsachse $\boldsymbol{L}$ und momentane Drehachse $\boldsymbol{\omega}$: (**a**) Zerlegung von $\boldsymbol{\omega}$ und $\boldsymbol{L}$ beim symmetrischen Kreisel in eine Komponente parallel zur Figurenachse und eine dazu senkrechte Komponente; (**b**) Nutationskegel der Figurenachse und der momentanen Drehachse $\boldsymbol{\omega}$

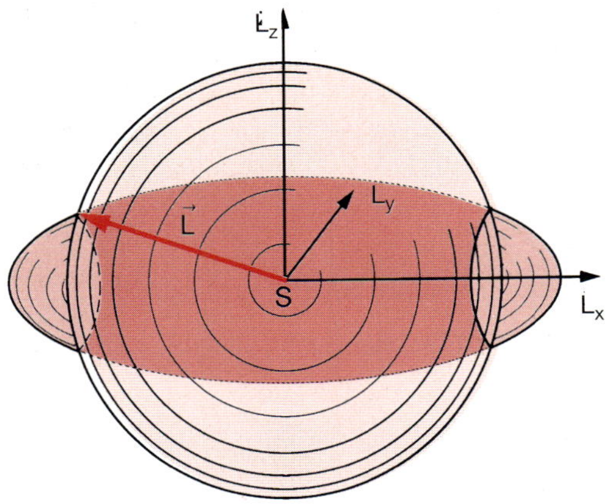

Abb. 5.34. Die Spitze des Drehimpulsvektors liegt auf der Schnittkurve von Drehimpulskugel und Energieellipsoid

$$L_x^2 + L_y^2 + L_z^2 = \text{const} = C_1 \,, \tag{5.48a}$$

$$\frac{L_a^2}{I_a} + \frac{L_b^2}{I_b} + \frac{L_c^2}{I_c} = \text{const} = C_2 \,. \tag{5.48b}$$

In einem raumfesten Koordinatensystem mit den Achsen L_x, L_y und L_z stellt (5.48a) die Gleichung einer Kugel dar. Gleichung (5.48b) ist im Hauptachsensystem angegeben und stellt dort ein Ellipsoid dar.

Da die Komponenten des raumfesten Drehimpulsvektors $\boldsymbol{L}$ beide Gleichungen a) und b) gleichzeitig erfüllen müssen, kann die Spitze von $\boldsymbol{L}$ nur auf den Schnittkurven von Kugel und Ellipsoid liegen (Abb. 5.34). Da das Ellipsoid durch das Hauptachsensystem des Kreisels festgelegt ist, also mit dem Kreisel rotiert, der Drehimpuls jedoch raumfest ist, muß der Kreisel so rotieren, daß $\boldsymbol{L}$ immer auf der Schnittkurve bleibt. Dies führt dazu, daß sowohl die momentane Drehachse als auch die Figurenachse um die raumfeste Drehimpulsachse eine ***Nutationsbewegung*** ausführen (Abb. 5.33b), wenn nicht zufällig $\boldsymbol{\omega}$ in der Figurenachse liegt, so daß in diesem Fall sowohl $\boldsymbol{\omega}$ als auch $\boldsymbol{L}$ mit der nun raumfesten Figurenachse zusammenfallen.

Während man die Figurenachse unmittelbar sieht, muß man die momentane Drehachse $\boldsymbol{\omega}$ durch einen experimentellen Trick sichtbar machen (Abb. 5.35). Dazu kann man z.B. auf der Spitze der Figurenachse des Kreisels eine Kreisscheibe befestigen, auf die rote, schwarze und weiße Kreissegmente gemalt sind. Wenn der Kreisel rotiert, verschwimmen die drei Farben zu einer olivbraunen Mischfarbe. Nur am Durchstoßpunkt der momentanen Drehachse durch ein Segment der Scheibe sieht man die Farbe des Segments, die langsam von rot über schwarz nach weiß wechselt und damit die Wanderung der momentanen Drehachse durch die einzelnen Segmente anzeigt.

Um die Bewegung der momentanen Drehachse und der Figurenachse quantitativ zu untersuchen, wenden wir nun die Eulerschen Gleichungen (5.47) auf unseren speziellen Fall $\boldsymbol{D} = \mathbf{0}$ und $I_a = I_b$ an. Die Gleichungen vereinfachen sich zu

$$\begin{aligned} \dot{\omega}_a + \Omega\omega_b &= 0 , \\ \dot{\omega}_b - \Omega\omega_a &= 0 , \\ \dot{\omega}_c &= 0 , \end{aligned} \tag{5.49}$$

mit der Abkürzung: $\Omega = ((I_c - I_a)/I_a)\omega_c$. Eine Lösung dieses Gleichungssystems ist:

$$\begin{aligned} \omega_a &= A\cos\Omega t , \quad \omega_b = A\sin\Omega t , \\ \omega_c &= \text{const} , \end{aligned} \tag{5.50}$$

wie man durch Einsetzen sofort bestätigt.

Zerlegen wir $\boldsymbol{\omega}$ in eine Komponente $\boldsymbol{\omega}_c = \text{const}$ parallel zur Figurenachse $\boldsymbol{c}$ und eine Komponente $\boldsymbol{\omega}_\perp$ mit $\omega_\perp = \sqrt{\omega_a^2 + \omega_b^2} = A$ senkrecht zu $\boldsymbol{c}$ (Abb. 5.33a), so gilt nach (5.42) für dieselbe Komponentenzerlegung von $\boldsymbol{L}$:

$$\boldsymbol{L} = I_a\boldsymbol{\omega}_\perp + I_c\boldsymbol{\omega}_c . \tag{5.51}$$

Die Figurenachse $\boldsymbol{c}$ bildet nach Abb. 5.33b und (5.50) den zeitlich konstanten Winkel α mit der raumfesten Drehimpulsachse, wobei gilt:

$$\tan\alpha = \frac{I_a\omega_\perp}{I_c\omega_c} = \frac{I_a}{I_c}\frac{\sqrt{\omega_a^2 + \omega_b^2}}{\omega_c} = \frac{I_a}{I_c}\cdot\frac{A}{\omega_c} .$$

Das heißt, die Figurenachse wandert auf einem Kegel mit dem Öffnungswinkel 2α um die raumfeste Achse $\boldsymbol{L}$ (Abb. 5.33b und 36). Dieser Kegel heißt ***Nutationskegel***.

Der Betrag der Winkelgeschwindigkeit

$$\omega = \sqrt{\omega_a^2 + \omega_b^2 + \omega_c^2} = \sqrt{A^2 + \omega_c^2}$$

ist zeitlich konstant. Der Vektor $\boldsymbol{\omega}$ bildet mit der Figurenachse den zeitlich konstanten Winkel β mit $\sin\beta = \omega_\perp/\omega = A/\omega_c$. Die momentane Drehachse läuft daher auf einem Kegel, aber mit dem Öffnungswinkel $2(\beta - \alpha)$ (***Rastpolkegel*** oder Herpolhodiekegel) um die raumfeste Drehimpulsachse $\boldsymbol{L}$. Man nennt diese gemeinsame Bewegung von Figurenachse und momentaner Drehachse ***Nutation***.

Man kann die gemeinsame Bewegung von Figurenachse und momentaner Drehachse auf zwei Kegeln mit verschiedener Öffnung um die raumfeste Drehimpulsachse mit Hilfe eines dritten Kegels (***Gangpolkegel*** oder Polhodiekegel) verdeutlichen, der starr mit der Figurenachse verbunden ist, den raumfesten Rastpolkegel entlang der momentanen Drehachse $\boldsymbol{\omega}$ berührt und auf ihm abrollt (Abb. 5.36a). Die Berührungslinie gibt dann zu jedem Zeitpunkt die Lage der momentanen Drehachse $\boldsymbol{\omega}$ an. Für einen oblaten Kreisel (5.36a) rollt der Gangpolkegel so ab, daß der Rastpolkegel immer im Inneren des Gangpolkegels bleibt, beim prolaten Kreisel bleibt er außerhalb (5.36b).

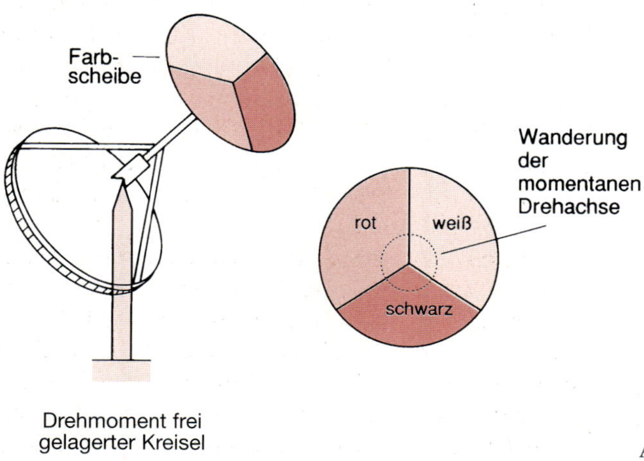

Abb. 5.35. Sichtbarmachung der momentanen Drehachse

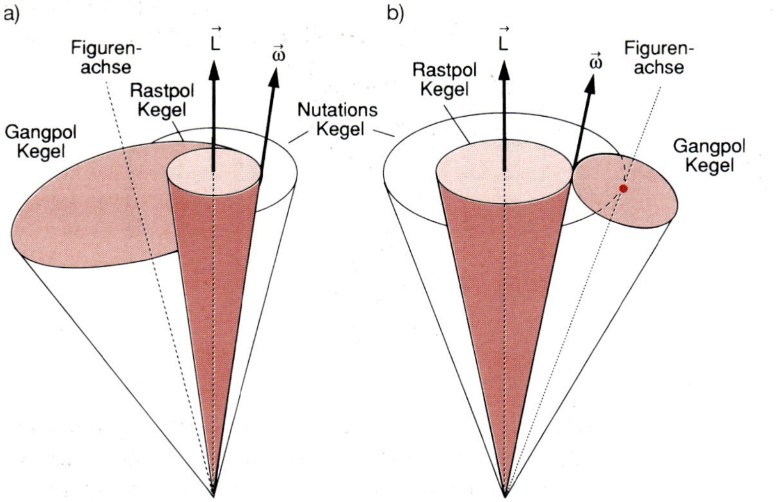

Abb. 5.36a,b. Nutationskegel, Rastpolkegel und Gangpolkegel: (**a**) oblater, (**b**) prolater Kreisel

5.7.6 Präzession des symmetrischen Kreisels

Wenn ein äußeres Drehmoment $\boldsymbol{D}$ auf den Kreisel wirkt, bleibt wegen $\boldsymbol{D} = \mathrm{d}\boldsymbol{L}/\mathrm{d}t$ der Drehimpuls nicht mehr raumfest, sondern ändert seine Richtung und, je nach der Richtung von $\boldsymbol{D}$, auch seine Größe. Wir wollen zuerst den einfachsten Fall behandeln, daß sich der Kreisel um seine Figurenachse dreht, also alle drei Achsen $\boldsymbol{L}$, $\boldsymbol{\omega}$ und $\boldsymbol{c}$ zusammenfallen; es gibt dann *keine* Nutation.

Wird der Kreisel *nicht* im Schwerpunkt unterstützt, so wirkt z.B. bereits auf Grund der Schwerkraft das Drehmoment

$$\boldsymbol{D} = \boldsymbol{r} \times m\boldsymbol{g} ,$$

wobei $\boldsymbol{r}$ der Vektor vom Unterstützungspunkt zum Schwerpunkt ist. Das Drehmoment steht senkrecht zum Drehimpuls $\boldsymbol{L}$ und bewirkt daher nur eine Änderung der Richtung, nicht der Größe von $\boldsymbol{L}$ (Abb. 5.37). Während des Zeitintervalls $\mathrm{d}t$ ändert sich die Richtung von $\boldsymbol{L}$ um den Winkel $\mathrm{d}\varphi$, und man entnimmt der Abb. 5.37, daß

$$|\mathrm{d}\boldsymbol{L}| = L\mathrm{d}\varphi \rightarrow D = \frac{\mathrm{d}L}{\mathrm{d}t} = |\boldsymbol{L}|\frac{\mathrm{d}\varphi}{\mathrm{d}t} .$$

Die Drehimpulsrichtung (und damit auch die Figurenachse des Kreises) drehen sich mit der Winkelgeschwindigkeit

$$\omega_\mathrm{p} = \frac{\mathrm{d}\varphi}{\mathrm{d}t} = \frac{D}{L} = \frac{D}{I\omega} \tag{5.52}$$

um eine Achse senkrecht zur Ebene von $\boldsymbol{D}$ und $\boldsymbol{L}$. Diese Bewegung heißt ***Präzession***.

Bildet die Kreiselachse $\boldsymbol{c}$ den Winkel α mit der Vertikalen, so ist der Betrag des Drehmomentes $D = mgr \sin\alpha$. Die Änderung $\mathrm{d}L$ des Drehimpulses ist jedoch jetzt (Abb. 5.38)

$$\mathrm{d}L = |\boldsymbol{L}| \sin\alpha\,\mathrm{d}\varphi ,$$

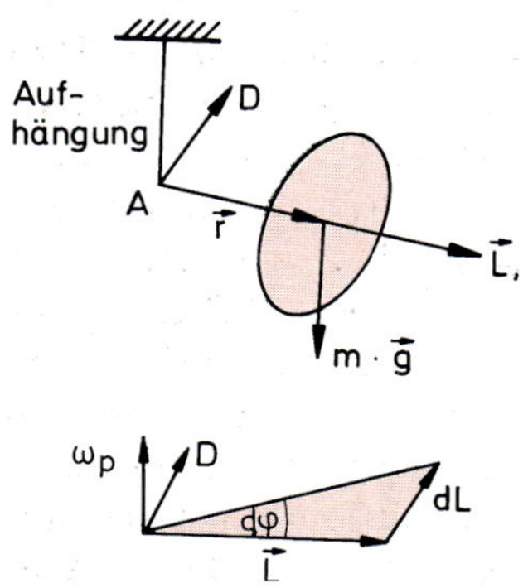

Abb. 5.37. Drehmoment durch die Gewichtskraft bei einem Kreisel, der nicht im Schwerpunkt unterstützt wird

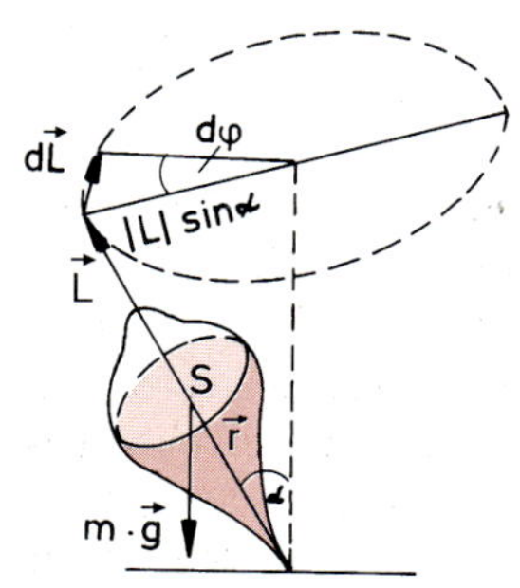

Abb. 5.38. Präzession eines Kinderkreisels

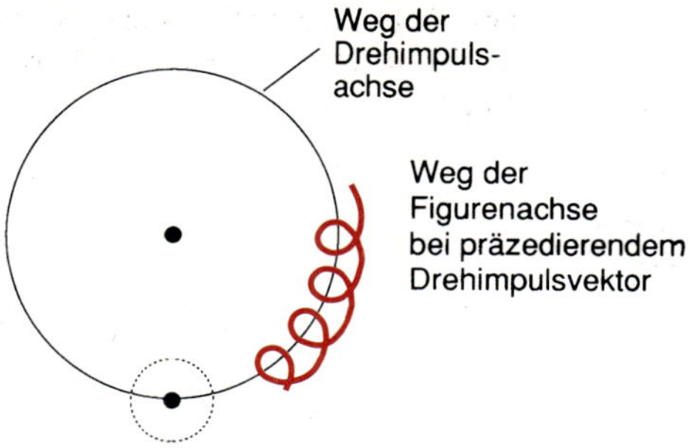

Abb. 5.39. Bahn der Figurenachse bei überlagerter Präzession und Nutation

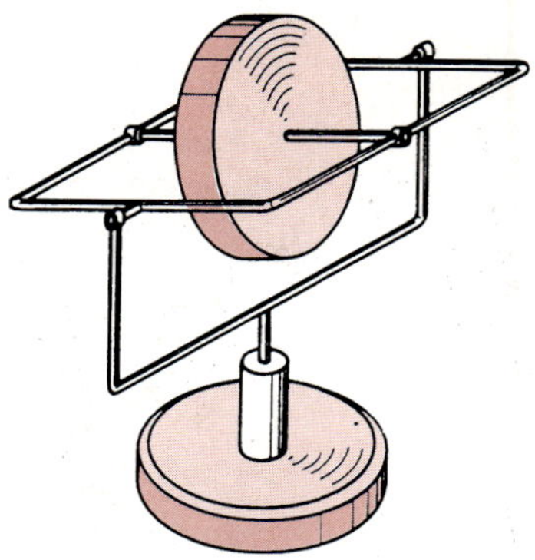

Abb. 5.40. Kardanisch aufgehängter Kreisel

so daß wieder gilt:

$$\omega_{\mathrm{P}} = \frac{mgr \sin\alpha}{I\omega \sin\alpha} = \frac{mgr}{I\omega} \qquad (5.53)$$

woraus man sieht, daß die Präzessionswinkelgeschwindigkeit ω_{P} *unabhängig* von der räumlichen Orientierung der Kreiselachse ist und nur vom Drehimpuls $\boldsymbol{L}$ und dem Drehmoment $\boldsymbol{D}$ abhängt.

Im allgemeinen Fall rotiert der Kreisel *nicht* um seine Figurenachse. Ohne äußeres Drehmoment würde die Figurenachse dann eine Nutationsbewegung um die raumfeste Drehimpulsachse machen. Unter Einwirkung des äußeren Drehmomentes präzediert die Drehimpulsachse mit der Winkelgeschwindigkeit ω_{P} um eine zur Kraftrichtung parallele Achse durch den Auflagepunkt A, während die Figurenachse eine Nutationsbewegung um die präzedierende Drehimpulsachse ausführt. Bei dieser Kombination von Präzession und Nutation durchläuft die Spitze der Figurenachse eine komplizierte Bahn (Abb. 5.39), deren genaue Form vom Verhältnis der Nutationsfrequenz Ω zur Präzessionsfreqenz ω_{P} abhängt.

Zur Demonstration von Nutation und Präzession ist eine „kardanische" Lagerung des Kreisels sehr geeignet, bei der die Figurenachse des Kreisels in beliebige Richtungen gedreht werden kann, wobei der Kreisel immer „kräftefrei" rotiert (Abb. 5.40). Dies erreicht man dadurch, daß die Kreiselachse auf Kugellagern in einem Kreisring gelagert ist. Der Kreisring selbst ist in einem zweiten Kreisring gelagert und kann um eine Achse senkrecht zur Kreiselachse gedreht werden. Der zweite Kreisring kann schließlich noch um eine vertikale Achse gedreht werden. Dreht man das System um die vertikale Achse, so weicht die Kreiselachse aus ihrer horizontalen Lage aus. Umkehrung der Drehrichtung kehrt auch die Neigung der Kreiselachse um. Gibt man dem 1. Kreisring einen kurzen Schlag senkrecht zur Kreiselachse, so zwingt man die Drehimpulsachse in eine andere Richtung als die Figurenachse, und der Kreisel beginnt zu nutieren. Hängt man an den 1. Kreisring ein Gewicht, so wirkt ein Drehmoment auf den Kreisel und er präzediert, d.h. das System dreht sich um die vertikale Achse.

Die Präzession des Kreisels durch die Schwerkraft kann bei geeigneter Aufhängung des Kreisels zu Navigationszwecken verwendet werden (***Kreiselkompaß***). Zu seinem Verständnis betrachten wir in Abb. 5.41 einen Kreisel, dessen Achse in einem Bügel B gelagert ist, der sich um eine vertikale Achse a durch den Aufhängepunkt A drehen kann. Die Kreiselachse KA selbst kann sich also nur in einer horizontalen Ebene drehen (gefesselter Kreisel). Der Schwerpunkt liegt unter dem Punkt A. Im Gegensatz zu einem freien kräftefreien Kreisel, der seine mit der Drehimpulsrichtung zusammenfallende Figurenachse zeitlich konstant halten würde, ist bei unserem gefesselten Kreisel die Aufhängeachse starr mit der Erde verbunden, sie nimmt also an der Erdrotation teil und dreht sich mit deren Winkelgeschwindigkeit $\boldsymbol{\omega}_{\mathrm{E}}$. Dadurch wirkt ein Drehmoment $\boldsymbol{D}$ senkrecht zur Zeichenebene auf den Kreisel, der sich so lange um die Achse a dreht, bis die Kreiselachse parallel zu $\boldsymbol{\omega}_{\mathrm{E}}$ steht, also in Nord-Süd-Richtung zeigt. Dann sind Drehimpulsvektor $\boldsymbol{L}$ und die Richtung der Zwangsdrehung $\boldsymbol{\omega}_{\mathrm{E}}$ parallel (Abb. 5.41b), und damit wird das Drehmoment für die mögliche Drehung der Kreiselachse Null. Man kann sich dieses Verhalten am kardanischen Kreisel klarmachen, indem man die Erdrota-

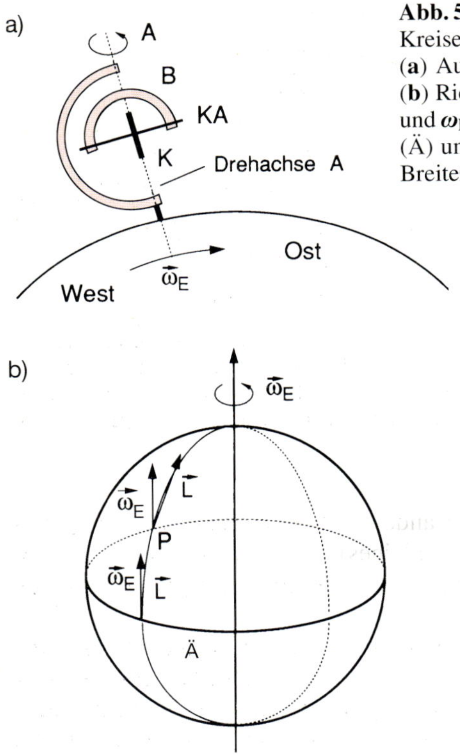

Abb. 5.41a,b. Kreiselkompaß: (**a**) Aufhängung, (**b**) Richtung von $\boldsymbol{L}$ und $\boldsymbol{\omega}_E$ am Äquator (Ä) und in höheren Breiten

tion durch eine Drehung des äußeren Ringes in Abb. 5.40 simuliert. Die Kreiselachse stellt sich dann senkrecht ein.

Am Äquator sind dann $\boldsymbol{\omega}_E$ und $\boldsymbol{L}$ völlig parallel, in einem Punkt P auf einem anderen Breitenkreis ist dies nicht mehr möglich, da $\boldsymbol{L}$ ja nur in einer horizontalen Ebene liegen kann. Jedoch stellt sich auch hier der Kreisel so ein, daß die Komponente von $\boldsymbol{L}$ in Richtung $\boldsymbol{\omega}_E$ maximal wird. Dann zeigt $\boldsymbol{L}$ in Richtung des Längenkreises, also wieder nach Norden. Nur an den beiden Polen versagt der Kreisel, da hier $\boldsymbol{L}$ immer senkrecht zu $\boldsymbol{\omega}_E$ steht [5.3].

5.8 Die Erde als symmetrischer Kreisel

Die Erde kann in guter Näherung durch ein abgeplattetes Rotationsellipsoid, also durch einen oblaten symmetrischen Kreisel mit $I_a = I_b < I_c$ beschrieben werden. Der Äquatordurchmesser ist mit 12 756 km etwa 43 km größer als der Poldurchmesser von 12 713 km. Diese Abplattung ist eine Folge der Zen-

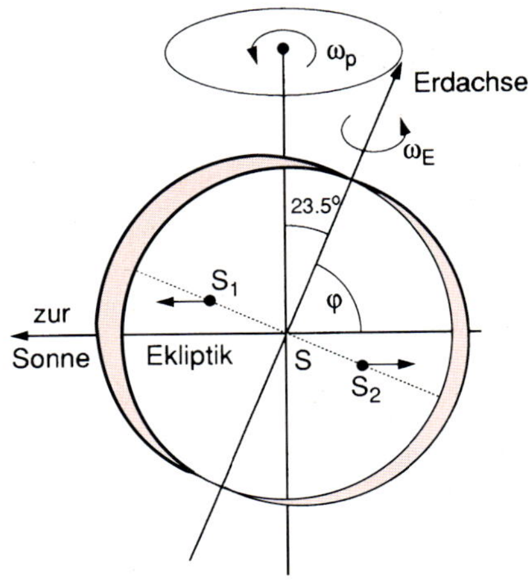

Abb. 5.42. Die Erde als symmetrischer Kreisel. Die Pfeile geben die Differenzkräfte $\boldsymbol{F}_1 - \boldsymbol{F}_2$ in den Schwerpunkten S_1 und S_2 der beiden Wülste an

trifugalkräfte bei der Rotation der Erde (siehe Abschn. 6.6). Man kann sich dieses abgeplattete Rotationsellipsoid zusammengesetzt denken aus einer Kugel und zusätzlichen „Wülsten", die am Äquator ihre größte Dicke haben (schraffierte Flächen in Abb. 5.42).

Wegen der Neigung der Erdachse ($\varphi = 90° - 23{,}5° = 66{,}5°$) gegen die Ekliptik (Bahnebene der Erde) liegen die beiden Schwerpunkte S_1 und S_2 der beiden der Sonne zugewandten bzw. abgewandten Wulsthälften auf verschiedenen Seiten der Ekliptik. Während für die im Schwerpunkt S vereinigte Masse der Kugel Zentripetalkraft $F_1 = G m_E M_S / r^2$ und Zentrifugalkraft $F_2 = m_E v^2 / r$ im System der sich um die Sonne bewegenden Erde genau gleich sind, gilt dies nicht mehr für die Schwerpunkte der beiden Wulsthälften. Weil S_1 näher zur Sonne liegt, überwiegt die Zentripetalkraft F_1, während für S_2 die Zentrifugalkraft F_2 überwiegt.

Insgesamt wirkt also ein Drehmoment auf den Erdkreisel, das eine Präzession der Erdachse bewirkt. Diese umläuft die Normale zur Ekliptik auf einem Kegel mit $2 \cdot 23{,}5°$ Öffnungswinkel pro Jahr um den Winkel $\varphi = 50{,}3878''$, d.h. in 26 000 Jahren (platonisches Jahr) um den Winkel 2π. In einem platonischen Jahr wird der Kegel also einmal voll umlaufen. Die Verlängerung der Erdachse durchläuft daher auf der Himmelsphäre einen Kreis um den ekliptischen Pol (Abb. 5.43).

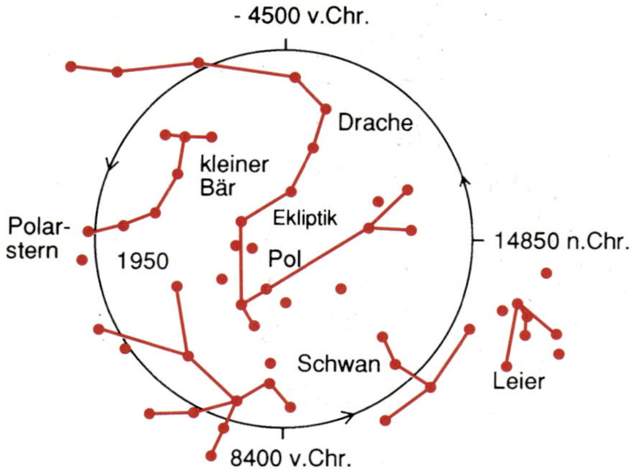

Abb. 5.43. Aufgrund der Präzession durchläuft die Verlängerung der Erdachse auf der Himmelsphäre einen Kreis um den ekliptischen Pol. Im Jahre 1950 zeigte sie fast auf den Polarstern

Anmerkung

Dies bewirkt übrigens auch, daß sich die Schnittlinie zwischen Äquatorebene und Ekliptik im Laufe von 26 000 Jahren um 360° dreht. Dies verschiebt den Frühlingspunkt entsprechend (siehe Abschn. 1.6) und hat zur Folge, daß sich die Sternbilder der Tierkreiszeichen zwischen ihrer Benennung vor 2000 Jahren und heute um etwa einen Monat verschoben haben. So deckt sich zur Zeit z.B. das Sternbild Zwillinge fast mit dem Tierkreiszeichen Krebs. Dies ist vielen Astrologen unbekannt. Sie kommen dadurch in Schwierigkeiten, wenn sie erklären sollen, ob die *wirklichen* Sterne oder nur die *Namen* der Tierkreiszeichen für die Menschenschicksale eine Rolle spielen.

Die oben beschriebene Präzession ist allerdings aus folgenden Gründen nicht gleichmäßig:

- Bei der Bewegung der Erde um die Sonne (Abb. 5.44) bleibt das von der Sonne bewirkte Drehmoment $\boldsymbol{D}$ nicht konstant. Es ist maximal am 22. Dezember und am 21. Juni und minimal am 21. März und 23. September.
- Der Mond, der sich in einer gegen die Ekliptik um etwa 5° geneigten Ebene um die Erde bewegt, bewirkt ebenfalls ein Drehmoment auf die abgeplattete Erde. Auch dieses Drehmoment ändert sich mit der Zeit, weil sich die Neigung der Mondbahnebene gegen die Äquatorebene mit einer Periode von 9,3 Jahren verändert.

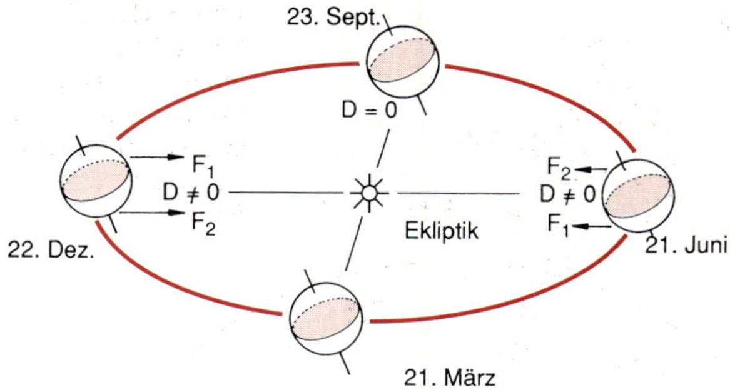

Abb. 5.44. Variation des von der Sonne auf die Erde ausgeübten Drehmomentes während des Erdumlaufes um die Sonne. Man beachte, daß die Richtung der Erdachse (abgesehen von der sehr langsamen Präzession) während des Umlaufes konstant ist

- Auch die anderen Planeten bewirken ein (allerdings sehr kleines) Drehmoment und tragen daher zur Präzession der Erdachse geringfügig bei.

In der Astronomie werden diese kurzperiodischen Schwankungen der Präzession als ***Nutation*** bezeichnet, obwohl sie im physikalischen Sinne keine „echten“ Nutationen, sondern Störungen der durch die Sonne bewirkten Präzession sind.

Dieser komplizierten Präzessionsbewegung überlagert sich noch folgende echte Nutation: Bei der Rotation der Erde fallen Figurenachse $\boldsymbol{c}$ und momentane Drehachse $\boldsymbol{\omega}$ nicht genau zusammen, so daß, auch im

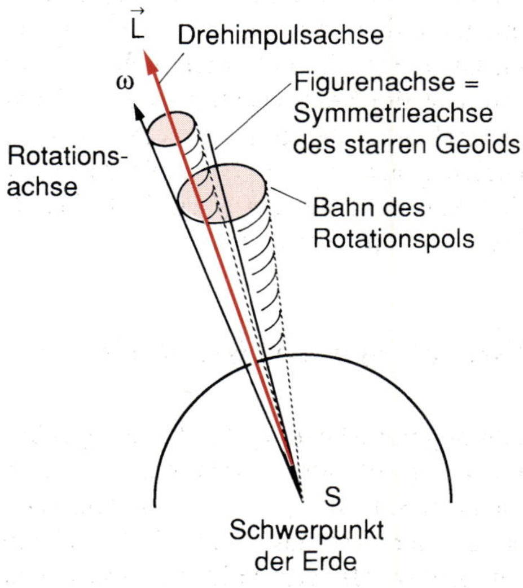

Abb. 5.45. Nutation der Erdachse

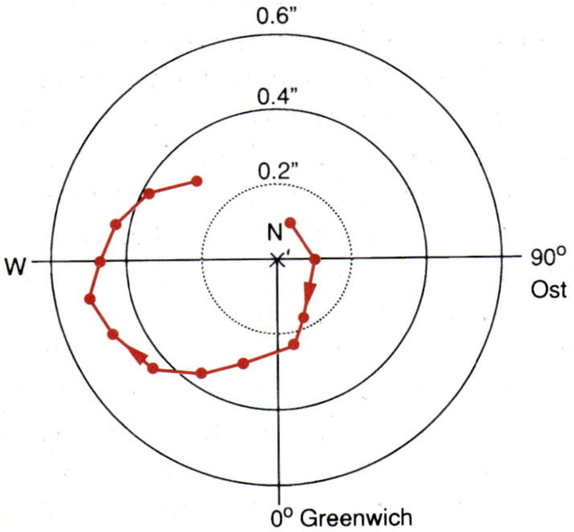

Abb. 5.46. Wanderung des Nordpols der Erdrotationsachse während des Jahres 1957 um den während der Jahre 1900–1905 bestimmten Mittelwert N. 1 Bogensekunde entspricht etwa 30 m.

physikalischen Sinne, eine echte kräftefreie Nutation auftritt (Abb. 5.45). Die Figurenachse rotiert daher (im gleichen Drehsinn wie die Rotation $\boldsymbol{\omega}$) um die präzedierende Drehimpulsachse mit einer gemessenen Periode von $T = 305$ Tagen. Andererseits folgt aus (5.49) für die Nutationsperiode:

$$T = \frac{2\pi}{\omega} \frac{I_a}{I_c - I_a} . \tag{5.54}$$

Man kann daher aus der gemessenen Nutationsperiode die Differenz $I_c - I_a$ der Trägheitsmomente bestimmen [5.4].

Da die Erde kein starrer Körper ist, können sich die Trägheitsmomente (z.B. durch Erdbeben oder durch konvektive Strömungen der flüssigen Materie im Erdinneren [5.5]) zeitlich ändern. Dies führt zu einer kleinen Änderung der Nutation. Abbildung 5.46 zeigt die Wanderung des Nordpols der Erd-Rotationsachse im Verlauf des Jahres 1957.

Man sieht aus diesem Beispiel, daß eine Beschreibung der Erdbewegung um so mehr Einflüsse berücksichtigen muß, je genauer die Meßdaten werden. Auch heute noch wird über das beste Modell diskutiert [5.6].

ÜBUNGSAUFGABEN

1. Man berechne den Schwerpunkt S eines homogenen Kugelsektors (Radius der Kugel R, halber Öffnungswinkel des Sektors sei α).
2. Wie groß sind Trägheitsmoment, Drehimpuls und Rotationsenergie der Erde,
   a) wenn ihre Dichte ϱ_0 als homogen angenommen wird?
   b) wenn bis $r \leq R/2$ die homogene Dichte ϱ_1 doppelt so hoch ist wie ϱ_2 für $r > R/2$?
   c) Wie würde sich die Winkelgeschwindigkeit der Erde ändern, wenn alle Menschen ($n = 5 \cdot 10^9$ à 70 kg) zur selben Zeit synchron am Äquator nach Osten mit der Beschleunigung $a = 2\ \mathrm{m/s^2}$ zu laufen beginnen würden?
3. Eine zylindrische Scheibe mit dem Radius R und der Masse M dreht sich mit der Winkelgeschwindigkeit $\omega_0 = 2\pi \cdot 10\ \mathrm{s^{-1}}$ um die Zylinderachse ($R = 10$ cm, $M = 0{,}1$ kg).
   a) Berechnen Sie Drehimpuls L und Rotationsenergie E_{rot}.
   b) Ein Käfer der Masse m fällt senkrecht auf den Rand der rotierenden Scheibe und hält sich dort fest. Wie groß sind nun ω, L und E_{rot}? ($m = 10$ g)
   c) Der Käfer kriecht nun langsam in radialer Richtung zum Mittelpunkt der Scheibe. Wie groß sind nun $\omega(r)$, $J(r)$ und $E_{\mathrm{rot}}(r)$ als Funktion seines Abstandes r vom Mittelpunkt?
4. Die Dichte ϱ eines Kreiszylinders (Radius R, Höhe H) nehme gemäß $\varrho(r) = \varrho_0(1 + (r/R)^2)$ mit dem Abstand r von der Figurenachse zu.
   a) Wie groß ist sein Trägheitsmoment bei Rotation um die Figurenachse, wenn $R = 10$ cm, $\varrho_0 = 2\ \mathrm{kg/dm^3}$ sind?
   b) Wie lange braucht der Zylinder, um auf einer schiefen Ebene mit dem Neigungswinkel $\alpha = 10°$ aus einer Höhe von $h = 1$ m herabzurollen?
5. Man berechne die Rotationsenergie des Na_3-Moleküls, das aus drei Na-Atomen ($m = 23$ AME) besteht, die ein gleichschenkliges Dreieck mit dem Scheitelwinkel $\alpha = 79°$ und einer

Schenkellänge $d = 0{,}32$ nm bilden, bei Rotation um jeweils eine der drei Hauptträgheitsachsen mit dem Drehimpuls $L = \sqrt{l \cdot (l+1)}\hbar$.

6. Eine anfangs ruhende hölzerne Stange der Länge $L = 0{,}4$ m und der Masse $M = 1$ kg kann sich um eine zur Stange senkrechte vertikale Achse durch den Schwerpunkt S drehen. Das Ende der Stange wird von einem Geschoß ($m = 0{,}01$ kg) mit der Geschwindigkeit $v = 200$ m/s getroffen, das sich horizontal, senkrecht zur Stange und zur Drehachse, bewegt und im Holz stekken bleibt. Wie groß sind Winkelgeschwindigkeit ω und Rotationsenergie E_{rot} der Stange nach dem Stoß? Welcher Bruchteil der kinetischen Energie des Geschosses ist in Wärme umgewandelt worden?

7. Eine homogene Scheibe mit der Masse m und dem Radius R rotiert mit konstanter Winkelgeschwindigkeit ω_0 um eine feste Achse durch S senkrecht zur Scheibenebene. Zur Zeit $t = 0$ beginnt ein Drehmoment $D = D_0 \mathrm{e}^{-at}$ zu wirken. Wie groß ist die Winkelgeschwindigkeit $\omega(t)$? Zahlenbeispiel: $\omega_0 = 10\ \mathrm{s}^{-1}$, $m = 2$ kg, $R = 10$ cm, $a = 0{,}1\ \mathrm{s}^{-1}, D_0 = 0{,}2$ Nm.

8. Ein Vollzylinder und ein dünnwandiger Hohlzylinder mit gleicher Masse und gleichen Außenradien rollen mit gleicher Anfangs-Winkelgeschwindigkeit ω_0 auf einer horizontalen Ebene und danach eine schiefe Ebene herauf. Bei welcher Höhe h kehren sie um? (Reibung vernachlässigt). Zahlenbeispiel: $R = 0{,}1$ m, $\omega_0 = 15\ \mathrm{s}^{-1}$.

6. Reale feste und flüssige Körper

In diesem Kapitel wollen wir bei der schrittweisen Erweiterung unseres „Modells der Wirklichkeit" die experimentelle Erfahrung berücksichtigen, daß reale Körper ihre Gestalt ändern können, wenn sie unter dem Einfluß äußerer Einwirkungen deformiert werden. Auch die wichtige Frage, warum Materie in den verschiedenen Aggregatzuständen: fest, flüssig oder gasförmig vorkommt und warum die Existenz dieser Zustände von der Temperatur abhängt, soll hier diskutiert werden. Wir werden sehen, daß ein atomares Modell der realen Körper, bei dem die verschiedenen Wechselwirkungen zwischen den Atomen bzw. Molekülen eines Körpers berücksichtigt werden, alle beobachteten Phänomene zumindest qualitativ befriedigend erklären kann. Für eine quantitative Beschreibung sind mehr Kenntnisse über die atomare Struktur erforderlich und der dazu notwendige Rechenaufwand übersteigt oft die Kapazität auch großer Computer.

Sind die physikalischen Eigenschaften eines Körpers (Dichte, Elastizität, Härte etc.) überall im Inneren des Körpers im makroskopischen Maßstab gleich, so heißt der Körper ***homogen***. Sind sie auch von der Richtung unabhängig, so heißt der Körper ***isotrop***. Flüssiges Metall ist ein Beispiel für ein homogenes isotropes Material, während ein Kochsalzkristall (NaCl) zwar homogen, aber nicht isotrop ist.

6.1 Atomares Modell der Aggregatzustände

Aus vielen experimentellen Ergebnissen wissen wir, daß alle Körper aus Atomen oder Molekülen aufgebaut sind (siehe Bd. 3). Zwischen zwei neutralen Atomen, von denen jedes aus einem positiv geladenen Kern und einer negativ geladenen Elektronenhülle besteht, treten anziehende und abstoßende elektrische

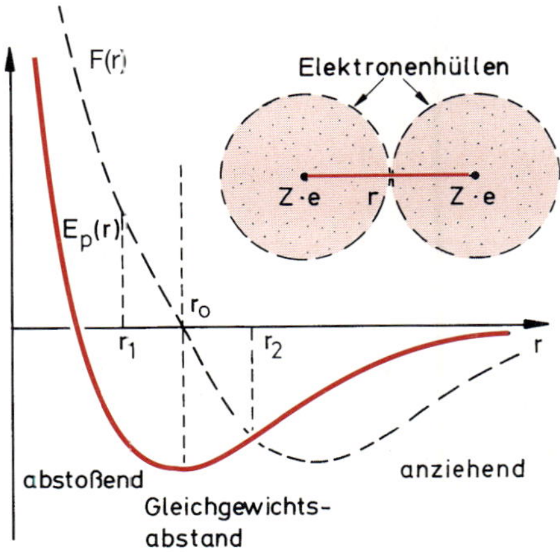

Abb. 6.1. Qualitativer Verlauf von potentieller Energie $E_p(r)$ und Kraft $\boldsymbol{F}(\boldsymbol{r})$ zwischen zwei Atomen als Funktion des Kernabstandes r

Kräfte auf, deren Überlagerung zu einer resultierenden Kraft $\boldsymbol{F}(\boldsymbol{r})$ und einer potentiellen Energie $E_{pot}(r)$ führt, die vom Abstand r zwischen den Kernen der beiden Atome abhängen wie dies in Abb. 6.1 qualitativ dargestellt ist. Beim Gleichgewichtsabstand r_0 hat $E_{pot}(r)$ ein Minimum, während sowohl bei kleineren Abständen r_1 wegen der Abstoßungskräfte als auch bei größeren Abständen r_2 wegen der Anziehungskräfte $E_{pot}(r)$ größer ist. Wird ein Atom A von vielen anderen Atomen A_i im Abstand r_i umgeben, so ist die Gesamtkraft, die auf A wirkt, die Summe aller Einzelkräfte

$$\boldsymbol{F} = \sum_i \boldsymbol{F}_i(\boldsymbol{r}_i) \; .$$

Die daraus resultierende potentielle Energie E_{pot} des Atoms A ($\boldsymbol{F} = -\mathbf{grad}\, E_{pot}$) hängt von der räumlichen Anordnung der mit A wechselwirkenden Atome A_i ab.

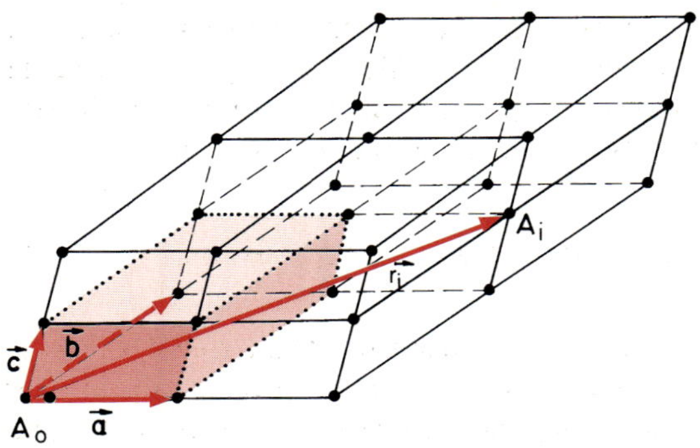

Abb. 6.2. Regelmäßiger Aufbau eines Festkörperkristalls. Die Basisvektoren $\boldsymbol{a}, \boldsymbol{b}, \boldsymbol{c}$ spannen eine Einheitszelle mit Volumen $V_E = (\boldsymbol{a} \times \boldsymbol{b}) \cdot \boldsymbol{c}$ auf. Der Ortsvektor des hier gezeigten Gitteratoms ist $\boldsymbol{r}_i = 2\boldsymbol{a} + \boldsymbol{b} + \boldsymbol{c}$

Im *festen Zustand* können die Atome in einem regelmäßigen Gitter angeordnet sein (kristalliner Festkörper, Abb. 6.2) oder bei vergleichbarer Dichte mehr oder weniger statistisch verteilt sein (amorpher Festkörper). Wenn man bei einem Festkörperkristall das Atom A_0 in den Nullpunkt eines Koordinatensystems setzt, so kann man die Ortsvektoren $\boldsymbol{r}_i$ der anderen Atome A_i schreiben als

$$\boldsymbol{r}_i = n_{1i}\boldsymbol{a} + n_{2i}\boldsymbol{b} + n_{3i}\boldsymbol{c} \tag{6.1}$$

wobei die $n_{\alpha i}$ ganze Zahlen sind und die sogenannten ***Basisvektoren*** $\boldsymbol{a}, \boldsymbol{b}, \boldsymbol{c}$ die in Abb. 6.2 rot gezeichnete Einheitszelle aufspannen. Größe und Richtung der Basisvektoren hängen von der jeweiligen Kristallstruktur des Festkörpers ab.

Man kann die Kräfte zwischen den Atomen durch das in Abb. 6.3 dargestellte Federmodell darstellen, wobei die Federkonstanten k_i in den verschiedenen Kristallrichtungen durchaus verschieden sein können.

Bei der absoluten Temperatur T schwingen die Atome auf Grund ihrer mittleren kinetischen Energie $\bar{E}_{\text{kin}} = \frac{1}{2}kT$ pro Freiheitsgrad um ihre Ruhelagen r_0 (siehe Abschn. 7.3), die jeweils dem Minimum der potentiellen Energie in Abb. 6.1 entsprechen. Bei Temperaturen weit unterhalb des Schmelzpunktes ist $\bar{E}_{\text{kin}}$ klein gegen den Betrag der negativen potentiellen Energie $E_{\text{pot}}(r_0)$, so daß die Gesamtenergie negativ ist und die Atome ihre Gitterplätze nicht verlassen können.

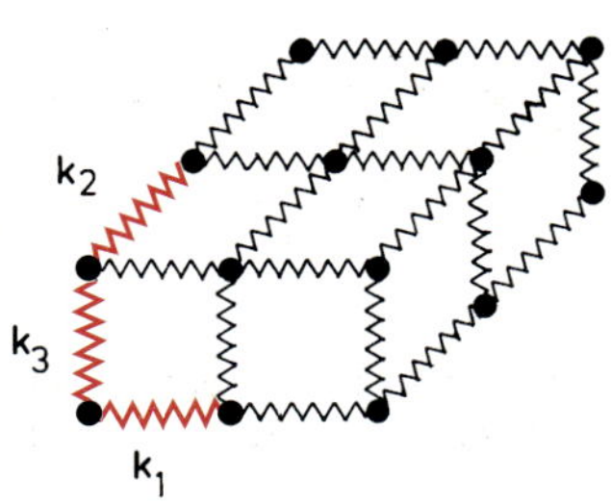

Abb. 6.3. Federmodell eines Festkörpers. Die Rückstellkonstanten k_i sind bei einem isotropen Kristall gleich, bei einem anisotropen Kristall unterschiedlich

Wird die Temperatur über die Schmelztemperatur erhöht, so wird die kinetische Energie der Atome so groß, daß die negative Bindungsenergie nicht mehr ausreicht, um die Atome auf ihren Gitterplätzen festzuhalten. Der kristalline Aufbau löst sich auf und der Festkörper geht in den flüssigen Zustand über.

Auch im flüssigen Zustand ist es energetisch günstig, wenn der mittlere Abstand zwischen zwei Atomen dem Minimumsabstand r_0 in Abb. 6.1 entspricht. Das bedeutet, daß die Dichte ϱ im flüssigen Zustand sich nicht wesentlich von der im festen Zustand unterscheidet. Ein einzelnes Atom A ist jedoch nicht mehr an einen festen Ort gebunden, sondern kann sich innerhalb der Flüssigkeit frei bewegen. Trotzdem gibt es noch eine gewisse Ordnung. Trägt man die Wahrscheinlichkeit $W(r)$ dafür auf, daß ein Flüssigkeitsmolekül einen Abstand r zu einem Nachbaratom hat (Abb. 6.4), so erhält man ein ausgeprägtes Maximum bei einem Abstand r_0, der annähernd dem Gleichgewichtsabstand im Festkörper entspricht. Man sagt: Eine Flüssigkeit (ebenso wie ein amorpher Festkörper) hat eine *Nahordnung*, während ein Kristall eine *Fernordnung* besitzt, weil man im Kristall jedem noch so entfernten Atom den Ortsvektor

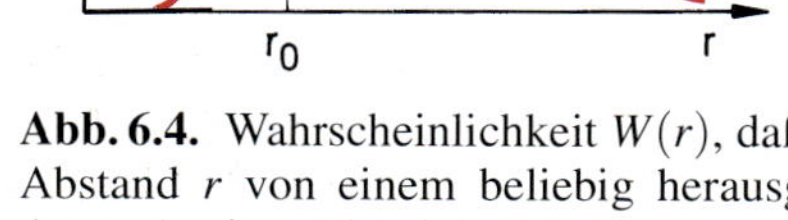

Abb. 6.4. Wahrscheinlichkeit $W(r)$, daß ein Atom A_0 einen Abstand r von einem beliebig herausgegriffenen anderen Atom A_i einer Flüssigkeit hat

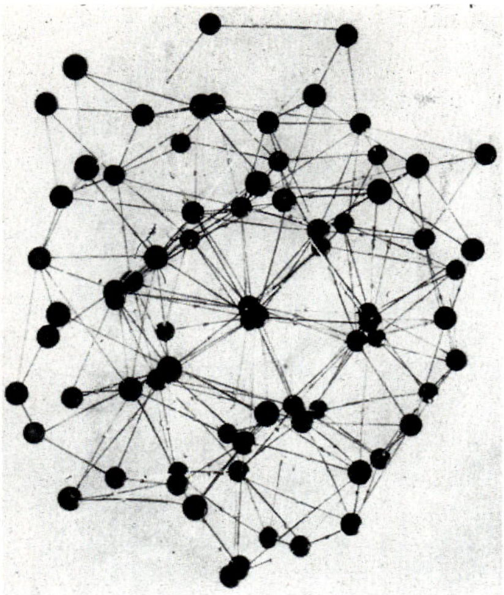

Abb. 6.5. Atomares Modell einer Flüssigkeit, bei dem Kugeln durch Fäden miteinander verbunden sind. Es verdeutlicht die freie Verschiebbarkeit der Atome bei vorgegebenem Abstand (= Länge des Fadens)

$\boldsymbol{r} = n_1\boldsymbol{a} + n_2\boldsymbol{b} + n_3\boldsymbol{c}$ mit ganzen Zahlen n_1, n_2, n_3 zuordnen kann (Abb. 6.2). Während man den kristallinen Festkörper durch das Federmodell der Abb. 6.3 annähernd beschreiben kann, lassen sich viele Eigenschaften von Flüssigkeiten durch ein Modell beschreiben, in dem die Atome bzw. Moleküle durch Fäden miteinander verbunden sind, deren Länge konstant gehalten wird, deren Richtung jedoch beliebig geändert werden kann (Abb. 6.5). Die Kugeln in diesem Modell können sich in etwa so bewegen wie die Flüssigkeitsmoleküle.

> Bei weiterer Erhöhung der Temperatur bis über den Siedepunkt wird die mittlere kinetische Energie $\bar{E}_{\text{kin}}$ der Atome bzw. Moleküle groß gegen die Bindungsenergie. Die Moleküle werden völlig frei bewegbar, sie bilden ein Gas, das jeden ihm angebotenen Raum annimmt.

Der mittlere Abstand $\bar{r}$ zwischen den Molekülen, und damit die Dichte $\varrho = M/V$ des Gases der Gesamtmasse M, hängt davon ab, welches Volumen V den $N = M/m$ Molekülen der Masse m zur Verfügung steht.

Man sieht aus diesen Überlegungen, daß der jeweilige Aggregatzustand vom Verhältnis $\bar{E}_{\text{kin}}/E_{\text{pot}}$ abhängt und damit von Temperatur und Bindungsenergie der Atome bzw. Moleküle.

Wir wollen jetzt die wichtigsten physikalischen Eigenschaften der verschiedenen Aggregatzustände phänomenologisch behandeln. Eine detaillierte atomare Beschreibung erfolgt erst in Bd. 3.

6.2 Deformierbare feste Körper

Unter dem Einfluß äußerer Kräfte kann ein fester Körper seine Gestalt ändern. Wenn nach Beendigung der Krafteinwirkung die Deformation wieder vollständig verschwindet, der Körper also seine ursprüngliche Gestalt wieder einnimmt, nennen wir den Körper ***elastisch***. Bei einem ***plastischen*** Körper bleibt eine Formänderung zurück.

6.2.1 Hookesches Gesetz

Wirkt auf einen elastischen Körper der Länge L mit dem Querschnitt q, der bei $x = 0$ festgehalten wird, eine Zugkraft $\boldsymbol{F}$ in x-Richtung (Abb. 6.6), so verlängert sich die Länge L um ΔL. Die Experimente zeigen, daß bei genügend kleinem ΔL gilt:

$$F = E \cdot q \cdot \frac{\Delta L}{L} . \qquad (6.2)$$

Die Proportionalitätskonstante E heißt ***Elastizitätsmodul*** mit der Dimension N/m^2. In der Technik wird die Dimension $\text{kN/mm}^2 = 10^9\ \text{N/m}^2$ verwendet. Tabelle 6.1 gibt Zahlenwerte für einige Materialien.

> Bei Materialien mit großem Elastizitätsmodul E braucht man eine große Kraft, um eine vorgegebene relative Längenänderung zu erreichen. Körper mit großem E zeigen also bei vorgegebener Kraft eine kleine Längenänderung!

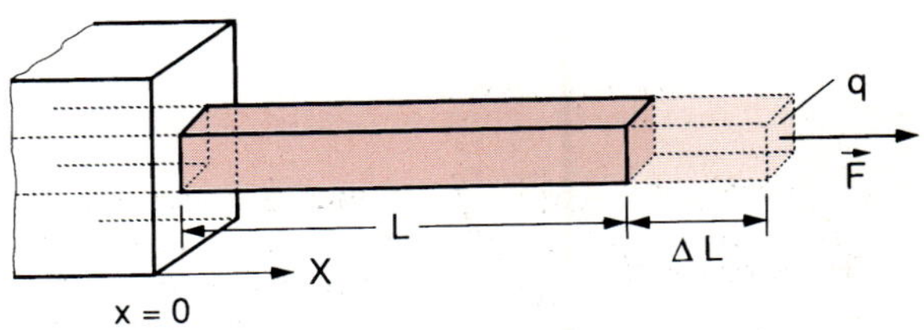

Abb. 6.6. Ein bei $x = 0$ eingespannter Stab verlängert sich bei $x = L$ unter der Einwirkung einer Kraft $\boldsymbol{F}$ um $\Delta L = L \cdot F/(E \cdot q)$

Tabelle 6.1. Elastizitätskonstanten einiger Festkörper: Elastizitätsmodul E, Schubmodul G, Kompressionsmodul K und Poissonzahl μ. Literatur [6.1]

Material	E 10^9 N/m²	G 10^9 N/m²	K 10^9 N/m²	μ
Aluminium	71	26	74	0,34
Gußeisen	64 - 181	25 - 71	48 - 137	0,28
Stahl, ferritisch	108 - 212	42 - 83	82 - 161	0,28
Kupfer	125	46	139	0,35
Wolfram	407	158	323	0,29
Blei	19	7	53	0,44
Quarzglas	75	32	38	0,17
Eis (−4 °C)	10	3,6	9	0,33

Führt man die Zugspannung (Zugkraft pro Fläche)

$$\sigma \stackrel{\text{Def}}{=} \frac{\boldsymbol{F}}{q}$$

und die relative Dehnung $\varepsilon = \Delta L/L$ ein, so erhält man aus (6.2) das Hookesche Gesetz in der übersichtlichen Form

$$\boxed{\sigma = E \cdot \varepsilon} \ . \qquad (6.2a)$$

Für genügend kleine Dehnungen ε sind relative Dehnung und Zugspannung einander proportional. In diesem Proportionalitätsbereich ändern sich die atomaren Abstände nur in einem engen Bereich um r_0 (Abb. 6.1), in dem die Kraft $\boldsymbol{F}(r)$ näherungsweise einen linearen Verlauf hat, die potentielle Energie $E_{\text{pot}}(r)$ also durch eine Parabel angenähert werden kann.

Entwickelt man $E_{\text{pot}}(r)$ in eine Taylor-Reihe um die Gleichgewichtslage r_0:

$$E_{\text{pot}}(r) = \sum_{n=0}^{\infty} \frac{(r-r_0)^n}{n!} \left(\frac{\partial^n E_{\text{pot}}}{\partial r^n}\right)_{r=r_0} \qquad (6.3a)$$

und legt den Nullpunkt von E_{pot} in das Minimum (d.h. $E_{\text{pot}}(r_0) = 0$), so verschwinden wegen $(\partial E_{\text{pot}}/\partial r)_{r=0} = 0$ die beiden ersten Glieder der Reihe und man erhält:

$$E_{\text{pot}}(r) = \frac{1}{2}(r-r_0)^2 \left(\frac{\partial^2 E_{\text{pot}}}{\partial r^2}\right)_{r=r_0} + \frac{1}{6}(r-r_0)^3 \left(\frac{\partial^3 E_{\text{pot}}}{\partial r^3}\right)_{r=r_0} + \ldots \qquad (6.3b)$$

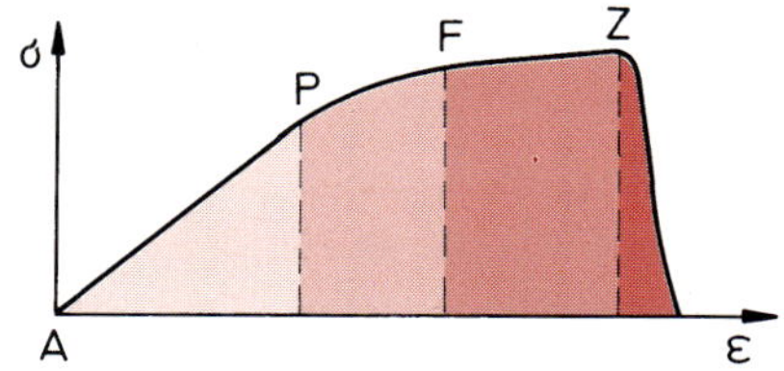

Abb. 6.7. Relative Längenänderung ε eines Körpers unter dem Einfluß einer Zugspannung σ. Im Punkt P geht die lineare Ausdehnung über in einen nichtlinearen Bereich, F markiert die Fließgrenze, Z die Zerreißgrenze

Für kleine Auslenkungen $(r - r_0)$ kann man alle höheren Terme mit Potenzen $n \geq 3$ vernachlässigen und man erhält aus (6.3b) für die Kraft $\boldsymbol{F}(\boldsymbol{r}) = -\textbf{grad}\, E_{\text{pot}}(r)$ den linearen Zusammenhang des Hookeschen Gesetzes. Für größere Auslenkungen spielen jedoch die höheren Glieder durchaus eine nicht zu vernachlässigende Rolle.

Überschreitet man den Proportionalitätsbereich P, so wächst die Dehnung stärker als die Zugspannung (Abb. 6.7). Zunächst kehrt der Körper jedoch nach Beendigung der äußeren Einwirkung fast wieder in seinen Ausgangspunkt zurück. Oberhalb der Fließgrenze F setzen innere Gefügeänderungen und Verschiebungen von Atomebenen (Netzebenen) gegeneinander ein. Der Körper wird plastisch, er beginnt zu „fließen“ und auch nach Beendigung der Zugspannung bleiben dauernde Formänderungen zurück.

Während bei der elastischen Dehnung die Abstände r zwischen allen Nachbaratomen in Zugrichtung um $\Delta r \approx (\Delta L/L) r_0$ vergrößert werden, kann man den Fließvorgang z.B. durch eine Verschiebung der Netzebenen gegeneinander erklären, wie dies in Abb. 6.8 dargestellt ist.

Dies kann man sich im atomaren Modell an Hand von Abb. 6.9 klarmachen, in der die potentielle Energie eines Atoms A einer Ebene im Kristall dargestellt ist als Funktion der Verschiebung Δs dieser Ebene gegenüber der Nachbarebene. Um von einem Potentialminimum in das Nachbarminimum zu gelangen, muß

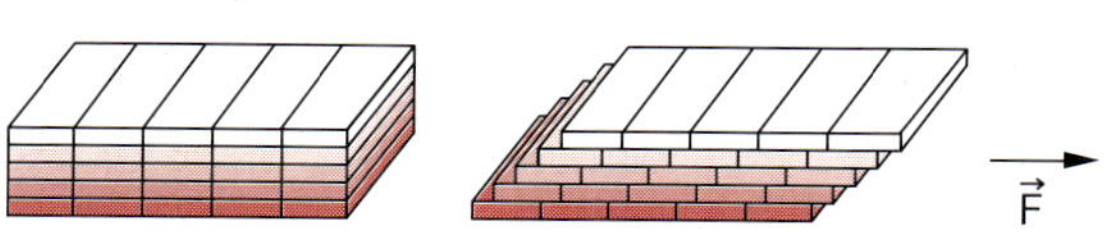

Abb. 6.8. Modell des Fließvorganges als Verschiebung von Gitterebenen

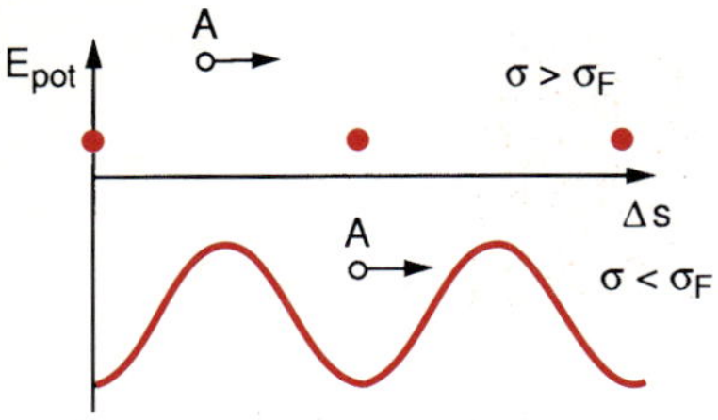

Abb. 6.9. Potentialverlauf für ein Atom A einer Gitterebene als Funktion der Verschiebung Δs dieser Ebene gegen die Nachbarebene für Zugspannungen unterhalb und oberhalb der Fließgrenze

die angreifende äußere Kraft so groß sein, daß alle Atome einer solchen Netzebene über das dazwischenliegende Maximum kommen können. Da man den Abstand zwischen den Atomen bei einer solchen Verschiebung von Netzebenen nicht sehr stark ändert, sind die Minima in Abb. 6.9 wesentlich flacher als das Potentialminimum der Abb. 6.1 bei der Bindung zweier Atome. Die Höhe der Maxima und die Modulationsperiode hängt von der Richtung im Kristall ab.

6.2.2 Querkontraktion

Bei der Dehnung eines Körpers unter dem Einfluß einer Zugspannung ändern sich auch die Querdimensionen. Für einen Stab der Länge L mit dem quadratischen Querschnitt d^2 gilt dann für die Volumenänderung ΔV bei der Längsdehnung $+\Delta L$ und Querkontraktion $-\Delta d$ (Abb. 6.10)

$$\begin{aligned}\Delta V &= (d-\Delta d)^2\cdot(L+\Delta L) - d^2L\\ &= d^2\Delta L - 2L\cdot d\Delta d\\ &\quad + (L\Delta d^2 - 2d\Delta d\Delta L + \Delta L\Delta d^2)\ .\end{aligned}$$

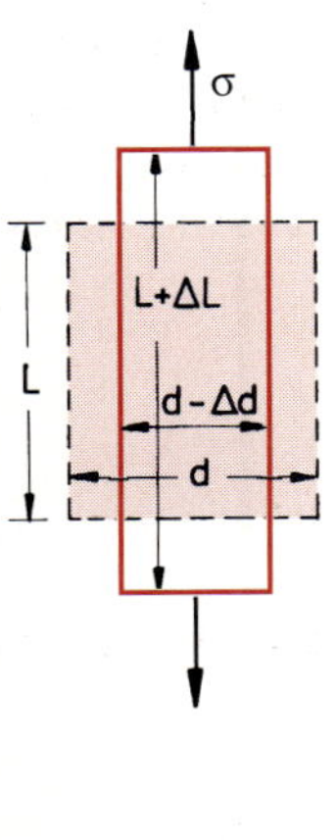

Abb. 6.10. Querkontraktion beim Wirken einer Zugspannung σ

Für kleine Verformungen ($\Delta L \ll L, \Delta d \ll d$) können die durch die Klammer zusammengefaßten Glieder, die für ΔL, $\Delta d \to 0$ quadratisch bzw. kubisch gegen Null gehen, vernachlässigt werden, und wir erhalten:

$$\boxed{\frac{\Delta V}{V} \approx \frac{\Delta L}{L} - 2\frac{\Delta d}{d}}\ . \tag{6.4}$$

Man definiert als ***Querkontraktionszahl*** oder ***Poissonzahl*** μ das Verhältnis

$$\mu \overset{\text{Def}}{=}: \left(\frac{\Delta d}{d}\right)\Big/\left(\frac{\Delta L}{L}\right) \tag{6.5}$$

von Querkontraktion zu Dehnung.

Damit wird

$$\frac{\Delta V}{V} = \frac{\Delta L}{L}\left(1 - \frac{2\Delta d/d}{\Delta L/L}\right) = \varepsilon\,(1-2\mu)\ . \tag{6.6a}$$

Da durch eine Zugspannung das Volumen größer wird (also $\Delta V > 0$), folgt für die Querkontraktionszahl $\mu < 0{,}5$. Nach dem Hookeschen Gesetz (6.2a) ist $\Delta L/L = \sigma/E$, und aus (6.6a) wird:

$$\boxed{\frac{\Delta V}{V} = \frac{\sigma}{E}(1-2\mu)}\ . \tag{6.6b}$$

Wirkt statt der Zugspannung σ der Druck $p = -\sigma$ auf die beiden gegenüberliegenden Seiten mit der Fläche d^2, so werden ΔL und ΔV negativ, Δd positiv. Man erhält dann die relative Volumenänderung aus (6.6), wenn man σ durch $-p$ ersetzt.

Steht der Körper von allen Seiten unter dem Druck $p = -\sigma$, so kann man sich die dann erfolgende Volumenverringerung ΔV folgendermaßen klarmachen: Der auf die Stirnflächen d^2 wirkende Druck verkürzt die Länge L um $\Delta L = -L\cdot p/E$, der auf ein Seitenflächenpaar $L\cdot d$ wirkende Druck verkürzt die Kantenlänge d um $\Delta d = -d\cdot p/E$. Infolge der Querbeeinflussung durch die Querkontraktion $\mu = (\Delta L/L)/(\Delta d/d)$ verlängert sich die Länge jedoch wieder um $\Delta L = +\mu Lp/E$. Insgesamt wird die Länge durch den Druck auf zwei Seitenflächenpaare und ein Stirnflächenpaar also geändert um

$$\Delta L = -(L\cdot p/E)(1-2\mu)\ . \tag{6.7}$$

Entsprechend wird die Querdimension d geändert um

$$\Delta d = -(d\cdot p/E)(1-2\mu)\ .$$

Da $\Delta L \ll L$ und $\Delta d \ll d$ gilt, kann man höhere Terme in der Querbeeinflussung vernachlässigen, so daß das Volumen V sich ändert um

$$\frac{\Delta V}{V} = \frac{\Delta L}{L} + \frac{2\Delta d}{d} = -\frac{3p}{E}(1 - 2\mu) . \tag{6.8}$$

Führt man den ***Kompressionsmodul*** K ein durch die Definition

$$p = -K \cdot \frac{\Delta V}{V} \tag{6.9}$$

und die ***Kompressibilität*** $\kappa = 1/K$, so erhält man aus (6.8) die Relation

$$\boxed{\kappa = \frac{1}{K} = \frac{3}{E}(1 - 2\mu)} \tag{6.10}$$

zwischen Kompressionsmodul K, Kompressibilität κ, Elastizitätsmodul E und Poissonzahl μ.

6.2.3 Scherung und Torsionsmodul

Als Scherungskräfte werden solche Kräfte bezeichnet, die tangential an einer Fläche angreifen (Abb. 6.11). Als Schubspannung, bzw. Scherspannung

$$\tau = \frac{\boldsymbol{F}}{d^2}$$

wird die pro Flächeneinheit wirkende tangentiale Kraft $\boldsymbol{F}$ bezeichnet.

Unter dem Einfluß der Scherspannung τ werden die Kanten L des Quaders in Abb. 6.11 um den Winkel α verkippt. Experimentell findet man, daß bei genügend kleinem Scherwinkel α der Betrag τ der Scherspannung τ und der Scherwinkel α einander proportional sind.

$$\tau = G \cdot \alpha \tag{6.11}$$

Die Konstante G heißt ***Schubmodul*** (oft auch ***Schermodul*** oder ***Torsionsmodul*** genannt).

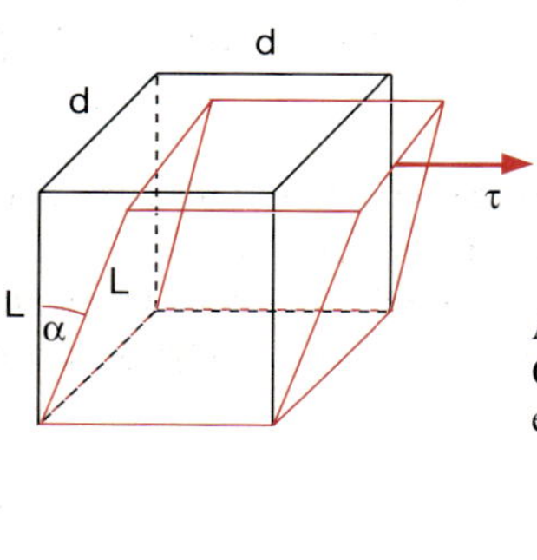

Abb. 6.11. Scherung eines Quaders unter dem Einfluß einer Schubspannung τ

Da die Rückstellkräfte bei der Scherung ebenso wie bei der Dehnung eines Körpers auf die zwischenatomaren Kräfte zurückführbar sind, müssen die elastischen Konstanten E, μ, K und G miteinander verknüpft sein. Wie in [6.2] gezeigt wird, gilt für isotrope Körper die Relation:

$$\boxed{\frac{E}{2G} = 1 + \mu} . \tag{6.12a}$$

Umschreiben von (6.10) liefert

$$\boxed{\frac{E}{3K} = 1 - 2\mu} . \tag{6.12b}$$

Division von (6.12b) durch (6.12a) ergibt

$$\boxed{\frac{2G}{3K} = \frac{1 - 2\mu}{1 + \mu}} . \tag{6.12c}$$

BEISPIEL

Torsion eines Drahtes. An einem zylindrischen Draht mit Radius R und Länge L möge am oberen Ende eine Kraft $\boldsymbol{F}$ tangential angreifen, die zu einer Torsion des Drahtes führt. Denken wir uns den Draht aufgeteilt in konzentrische Zylinderhülsen zwischen den Radien r und $r + \mathrm{d}r$ (Abb. 6.12) und in radiale Segmente mit der Winkelbreite $\mathrm{d}\varphi$. Dreht sich das obere Ende des Drahtes unter dem Einfluß der Torsionskraft $\boldsymbol{F}$ um den Winkel φ, so erfährt die in Abb. 6.12 herausgezeichnete prismatische Säule eine Scherung um den Winkel α, der für $r \cdot \varphi \ll L$ durch $\alpha = r \cdot \varphi / L$ angenähert werden kann.

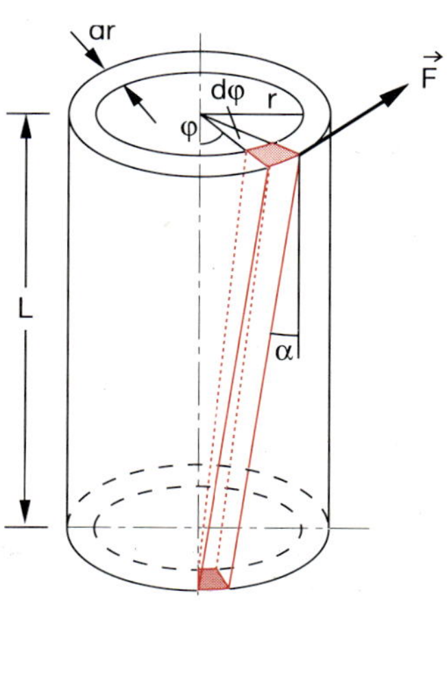

Abb. 6.12. Torsion eines Kreiszylinders

Die zur Scherung dieser Säule um den Winkel α notwendige Scherspannung ist dann nach (6.11)

$$\tau = G \cdot \frac{r \cdot \varphi}{L} .$$

Da alle Flächenelemente auf dem oberen Kreisring mit der Fläche $2\pi r\,\mathrm{d}r$ um den gleichen Winkel φ verdreht werden gegenüber ihrer Lage für $\tau = 0$, ist der Betrag F der Kraft, die zur Scherung der Zylinderhülse führt:

$$F = \tau \cdot 2\pi r\,\mathrm{d}r = \frac{G 2\pi r^2\,\mathrm{d}r \cdot \varphi}{L}$$

und der Betrag des entsprechenden Drehmomentes

$$D = r \cdot F = \frac{2\pi r^3\,\mathrm{d}r \cdot G \cdot \varphi}{L} .$$

Zur Verdrillung des gesamten massiven Zylinders vom Radius r wird daher das Drehmoment

$$D = \frac{2\pi G\varphi}{L} \cdot \int_0^R r^3\,\mathrm{d}r = \frac{\pi}{2} G \frac{R^4}{L} \cdot \varphi \qquad (6.13)$$

benötigt. Im Gleichgewicht muß das durch die elastischen Kräfte verursachte rücktreibende Drehmoment des verdrillten Drahtes entgegengesetzt gleich sein.

Man erhält daher das rücktreibende Drehmoment

$$D = -D_\mathrm{r} \cdot \varphi \quad \text{mit } D_\mathrm{r} = \frac{\pi}{2} G \frac{R^4}{L} . \qquad (6.14)$$

Die vom Schermodul G abhängige Konstante D_r heißt das ***Richtmoment*** (Drehmoment pro Winkeleinheit) des Drahtes, das proportional zur 4. Potenz des Drahtradius R anwächst!

Hängt man an das untere Ende des Drahtes einen Körper mit dem Trägheitsmoment I bezüglich der

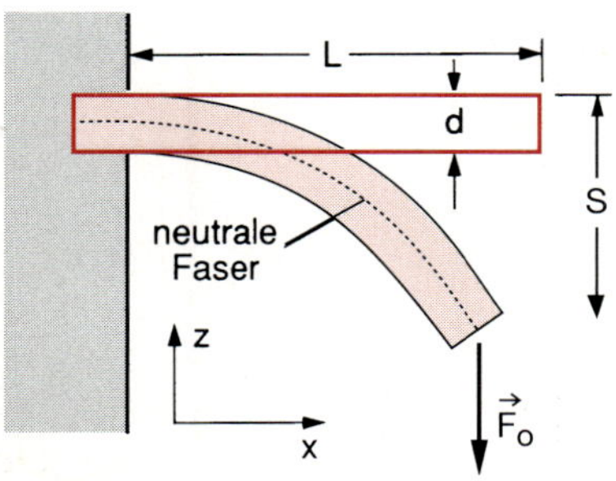

Abb. 6.13. Durchbiegung eines einseitig eingespannten Balkens unter dem Einfluß einer Kraft $\boldsymbol{F}_0$

Drahtachse, so führt dieses ***Drehpendel*** bei Verdrillung des Drahtes Drehschwingungen aus (vgl. Abschn. 5.6.2) mit der Schwingungsdauer

$$T = 2\pi \cdot \sqrt{\frac{I}{D_\mathrm{r}}} = \frac{2\pi}{R^2} \sqrt{\frac{2L \cdot I}{\pi \cdot G}} . \qquad (6.15)$$

Solche Drehpendel sind bei Verwendung sehr dünner Drähte äußerst empfindliche Geräte zur Messung kleiner Drehmomente.

Beispiele sind die Eötvössche Drehwaage zur Messung der Gravitationskonstante (siehe Abschn. 2.9.6), die Coulombsche Drehwaage zur Messung der elektrischen Kraft zwischen Ladungen (Bd. 2, Kap. 1) oder alle Arten von Galvanometern (Bd. 2, Kap. 2).

6.2.4 Biegung eines Balkens

Für technische Konstruktionen (Gebäude, Brücken) ist die Frage der Durchbiegung von Balken und Trägern unter dem Einfluß der Gewichtskraft, die auf dem Balken lastet, von größter Bedeutung. Wir wollen diese Frage hier nur kurz an einem einfachen Beispiel illustrieren: Die Berechnung solcher Biegungen von Körpern mit beliebigem Querschnitt ist kompliziert und kann oft nur numerisch durchgeführt werden.

Wir nehmen an, ein Balken mit rechteckigem Querschnitt $q = d \cdot b$ sei an einem Ende fest eingespannt und werde in der Entfernung $x = L$ von der Einspannstelle durch die Kraft F_0 belastet (Abb. 6.13). Der Balken biegt sich dadurch etwas nach unten. Wir können die Biegung beschreiben, indem wir für ein kleines Stück ℓ des Balkens die gekrümmten Kanten durch Kreisbögen annähern. Die gestrichelte Mittellinie in Abb. 6.14 möge den Krümmungsradius r haben. Die Länge der Oberkante ist dann $(r + d/2)\varphi$, die der Unterkante $(r - d/2)\varphi$.

Während sich die Länge der Mittelebene (neutrale Faser) nicht ändert, wird eine Schicht mit der Länge $\ell(z)$ an der oberen Hälfte des Balkens um den Betrag

$$\Delta\ell(z) = z \cdot \varphi = z \cdot \ell / r$$

länger. Eine entsprechende Schicht in der unteren Balkenhälfte wird um diesen Betrag kürzer.

Um eine solche Längenänderung zu erreichen, muß für jede Schicht in der oberen Hälfte nach (6.2) eine Zugspannung

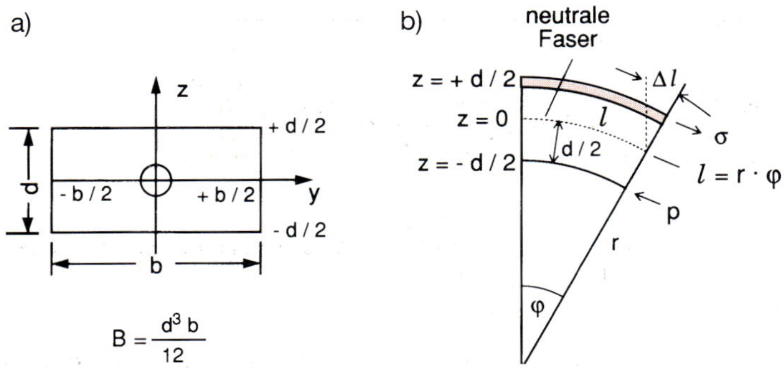

Abb. 6.14a,b. Zur Definition der neutralen Faser: (**a**) Querschnitt und Flächenträgheitsmoment des Balkens; die neutrale Faser ist die Ebene $z = 0$. (**b**) zur Herleitung von (6.17)

$$\sigma = \frac{E \cdot \Delta\ell}{\ell} = z \cdot \frac{E}{r}$$

aufgewendet werden, während für die untere Hälfte ein entsprechender Kompressionsdruck

$$p = -\sigma = -|z| \cdot E/r$$

auftritt. Auf eine rechteckige Schicht unseres Balkenstückes, welche die Breite b, die Höhe $\mathrm{d}z$ und den Abstand z von der neutralen Faser hat, wirkt eine Kraft

$$\mathrm{d}F = \sigma b \, \mathrm{d}z = \frac{bE}{r} z \, \mathrm{d}z \; . \tag{6.16a}$$

Die Kraft bewirkt ein Drehmoment

$$\mathrm{d}D_y = \frac{bE}{r} z^2 \, \mathrm{d}z \tag{6.16b}$$

in y-Richtung.

Integriert man dieses infinitesimale Drehmoment $\mathrm{d}D_y$ über die ganze Balkenhöhe, so erhält man

$$D_y = \frac{bE}{r} \int_{-d/2}^{+d/2} z^2 \, \mathrm{d}z = \frac{Ed^3 b}{12r} \; . \tag{6.17}$$

Dieses Drehmoment wird durch die Biegung bewirkt, welche durch die Kraft F_0 am Ende des Balkens verursacht wird. Diese Kraft erzeugt aber an unserer betrachteten Stelle x das Drehmoment

$$D_y = F_0(L - x) \; . \tag{6.18}$$

Der Balken biegt sich so, daß das rücktreibende Drehmoment $-D_y$ der elastischen Kräfte im Balkenmaterial, das durch (6.17) beschrieben wird, dieses äußere Drehmoment gerade kompensiert. Gleichsetzen von (6.17) und (6.18) liefert die Krümmung $1/r$ des Balkens als Funktion des Abstandes x vom Einspannpunkt $x = 0$

$$\frac{1}{r} = -\frac{12F_0}{Ed^3 b} \cdot (L - x) \; . \tag{6.19}$$

Wir wollen die neutrale Faser des *unbelasteten* Balkens durch $z(x) \equiv 0$ beschreiben. Welche Form hat sie dann bei Belastung? Wie in der Differentialgeometrie gezeigt wird [6.3], ist die Krümmung einer Kurve $z(x)$ gegeben durch

$$\frac{1}{r} = \frac{z''(x)}{[1 + z'(x)^2]^{3/2}} \; .$$

Für kleine Durchbiegungen ist $z'(x) \ll 1$, und daher wird $\frac{1}{r} \approx z''(x)$. Integration der Gleichung

$$z''(x) = a(L - x) \quad \text{mit } a = -\frac{12F_0}{Ed^3 b}$$

gibt mit den Randbedingungen $z(0) = 0$ und $z'(0) = 0$ die Kurve für die neutrale Faser des belasteten Balkens

$$z_0(x) = \frac{a}{2} L x^2 - \frac{a}{6} x^3 \quad \text{mit } a < 0 \; .$$

Das Balkenende $(x = L)$ biegt sich um

$$s = z_0(L) = -4 \frac{L^3}{E \cdot d^3 b} F_0 \tag{6.20}$$

gegenüber dem unbelasteten Balken. Man nennt die Durchbiegung des Balkenendes auch den ***Biegungspfeil*** $s = z_0(L)$.

> Die Durchbiegung s wächst mit L^3 und ist umgekehrt proportional zur dritten Potenz der Balkendicke d.

Für $x = 0$, d.h. an der Einspannstelle wird die Krümmung $1/r$ maximal (6.19). Dort ist die Zugspannung an der Oberkante des Balkens $(z = +d/2)$

$$\sigma_{\max} = \frac{E \cdot d}{2r} = \frac{12F_0 \cdot L}{2d^2 b} . \quad (6.21)$$

Sobald $\sigma_{\max}$ die Zerreißgrenze des Balkenmaterials überschreitet, beginnt der Balken sich an der Oberkante einzukerben und bricht dann ab!

Anmerkung

Man kann die Durchbiegung von Trägern mit beliebigem Querschnitt $a = \int \mathrm{d}y\,\mathrm{d}z$ analog behandeln, wenn man das ***Biegungsmoment*** B (auch ***Flächenträgheitsmoment*** genannt)

$$B := \iint z^2\,\mathrm{d}y\,\mathrm{d}z \quad (6.22a)$$

einführt, wobei z die Richtung der wirkenden Kraft ist. Für den Balken mit rechteckigem Querschnitt $d \cdot b$ (Abb. 6.14a) gilt:

$$B = \int_{z=-d/2}^{+d/2} \int_{y=-b/2}^{+b/2} z^2\,\mathrm{d}y\,\mathrm{d}z = \frac{1}{12} d^3 b . \quad (6.22b)$$

Die maximale Biegung $s = z_0(L)$ ist dann, unabhängig von der Form des Querschnittes, gegeben durch:

$$s = \frac{L^3}{3E \cdot B} F . \quad (6.23)$$

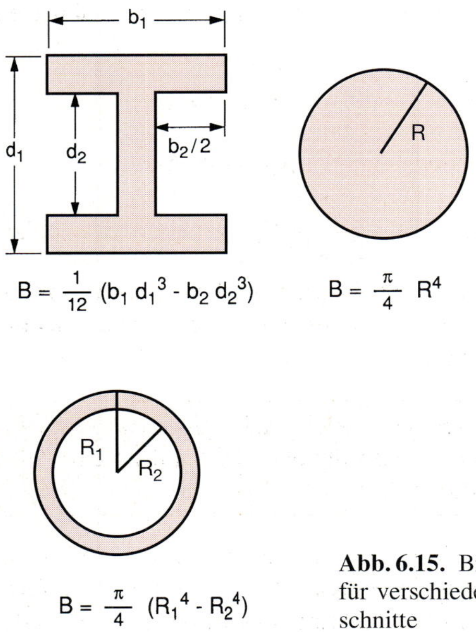

Abb. 6.15. Biegemomente für verschiedene Querschnitte

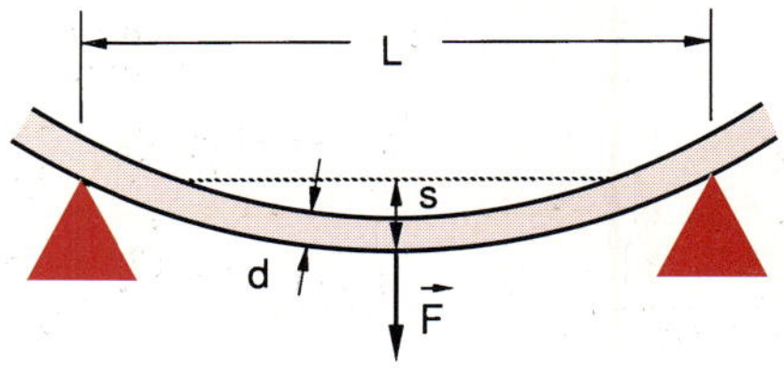

Abb. 6.16. Durchbiegung eines Balkens, der an beiden Enden gelagert ist

Für einen runden Balken mit Querschnittsradius R wird

$$B = \frac{1}{4}\pi R^4 \text{ und damit } s = \frac{4L^3}{3\pi E R^4} F , \quad (6.24)$$

während für einen Doppel-T-Träger (Abb. 6.15) gilt:

$$B = \frac{1}{12}(b_1 d_1^3 - b_2 d_2^3) . \quad (6.25)$$

Ein Balken der Länge L, der an beiden Seiten auf festen Lagern liegt, erfährt durch eine Kraft $\boldsymbol{F}$, die in der Mitte des Balkens angreift (Abb. 6.16), die maximale Durchbiegung

$$s_{\max} = \frac{1}{4} E \frac{L^3}{d^3 b} \cdot F . \quad (6.26)$$

Man beachte, daß hier die Durchbiegung um einen Faktor 16 (!) kleiner ist als bei einseitiger Einspannung. Die Kraft F verteilt sich nun je zur Hälfte auf beide Balkenhälften der Länge $L/2$.

6.2.5 Elastische Hysterese, Deformationsarbeit

Wirkt auf einen vorher noch nicht deformierten Körper eine Zugspannung σ, so folgt die Dehnung $\varepsilon = \Delta L/L$ der Kurve OA (Abb. 6.17), wobei A bereits

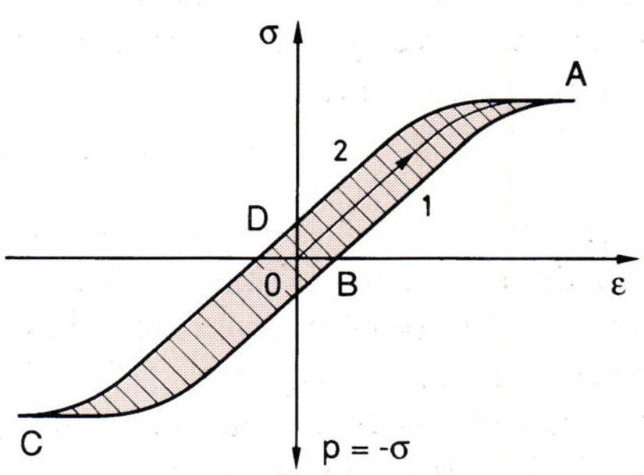

Abb. 6.17. Mechanische Hysteresekurve

im nichtlinearen Bereich liegen soll. Wird nun die Zugspannung wieder verringert, so geht die Dehnung im allgemeinen *nicht* auf derselben Kurve zurück, sondern folgt der Kurve AB. Die Gründe dafür sind plastische Verformungen des Körpers, wie z.B. Verschiebungen von Netzebenen, Änderungen von Fehlstellen im Gitter u.a.

Auch wenn die äußere Zugspannung auf Null zurückgeht, kehrt der Körper dann nicht mehr in seine ursprüngliche Gestalt zurück. Man nennt diese Erscheinung ***elastische Hysterese***, weil der elastische Zustand des Körpers von seiner Vorbehandlung abhängt. (Im Griechischen heißt *hysteresis* das Zurückbleibende.)

Übt man nun auf den im Punkte B der Kurve kräftefreien Körper einen Druck $p = -\sigma$ auf die beiden Stirnflächen aus, so gelangt man zum Punkt C in Abb. 6.17, der im atomaren Bild dem Bereich $r < r_0$ im nichtlinearen Teil des Potentials entspricht. Wieder verläuft die Stauchung (= negative Dehnung $-\varepsilon$) bei Zurücknahme des Druckes nicht auf derselben Kurve, sondern man erreicht für $\sigma = p = 0$ den Punkt D.

Insgesamt durchläuft man bei periodischer Dehnung und Stauchung eine geschlossene Kurve ABCDA, die man *elastische Hysterese-Schleife* nennt. Bei Durchlaufen eines Zyklus muß man Arbeit gegen die anziehenden bzw. abstoßenden atomaren Kräfte aufwenden. Um einen Quader mit Querschnitt q und Länge L um ΔL zu dehnen, wird die Arbeit

$$\begin{aligned} W &= \int_0^{\Delta L} F\,\mathrm{d}L = \int_0^{\Delta L} q \cdot \sigma\,\mathrm{d}L \\ &= \int_0^{\varepsilon} q \cdot \sigma \cdot L \cdot \mathrm{d}\varepsilon = V \cdot \int_0^{\varepsilon} \sigma\,\mathrm{d}\varepsilon \end{aligned} \tag{6.27}$$

aufgewendet. Das Integral $\int_0^{\varepsilon} \sigma\,\mathrm{d}\varepsilon$ gibt also die pro Volumeneinheit aufzuwendende Arbeit bei der relativen Längenänderung ε an.

Solange das Hookesche Gesetz gilt, ist $\sigma = E \cdot \varepsilon$, und man erhält für die elastische Energie eines um ΔL verlängerten Körpers:

$$W_{\text{elast}} = \tfrac{1}{2} E \cdot V \cdot \varepsilon^2 \,. \tag{6.28}$$

Bei Rückkehr in den spannungsfreien Zustand wird diese Energie wieder frei.

BEISPIEL

Ausdehnung einer elastischen Spiralfeder bei der Schwingung einer Masse, die an dieser Feder hängt. Elastische Energie wird periodisch in kinetische Energie der schwingenden Masse umgewandelt (siehe Kap. 10).

Dies gilt nicht mehr für den nichtlinearen Fall. Hier wird die Arbeit $\int_0^{\varepsilon_A} \sigma\,\mathrm{d}\varepsilon$ pro Volumenarbeit aufgewendet, um den Körper auf der Kurve OA auszudehnen (dies entspricht der Fläche unter der Kurve OA), aber man gewinnt bei Rücknahme der Zugspannung nur die Energie $\int_{\varepsilon_B}^{\varepsilon_C} \sigma\,\mathrm{d}\varepsilon$, d.h. die Fläche unter der Kurve AB in Abb. 6.17 zurück.

Insgesamt muß daher bei dem zyklischen Vorgang ABCDA von Dehnung und Stauchung die Netto-Energie $\oint \sigma\,\mathrm{d}\varepsilon$ ($\oint$ bedeutet Integration über den geschlossenen Weg ABCDA) pro Volumeneinheit aufgewendet werden, die bei der periodischen Verformung als elastische Energie verlorengeht, weil sie zur plastischen Verformung gebraucht wird und letztlich in Wärmeenergie des Körpers übergeht. Diese pro Volumeneinheit in Wärmeenergie umgewandelte Verformungsenergie ist gleich der Fläche, die von der Hysterese-Schleife in Abb. 6.17 umschlossen wird.

6.2.6 Die Härte eines Festkörpers

Die ***Härte*** eines festen Körpers ist ein Maß für den Widerstand, den der Körper dem Eindringen eines anderen Körpers entgegensetzt. Je nach dem Meßverfahren erhält man etwas unterschiedliche Härtemaße. Bei dem ***Ritzverfahren*** ist ein Körper A härter als ein anderer Körper B, wenn man mit A den Körper B ritzen kann. Hierauf beruht die Härteskala von *Mohs*, in der die Härte an Hand von 10 empirisch ausgesuchten Mineralien in 10 Härtegrade eingeteilt ist (Tabelle 6.2).

Bei dem Ritzverfahren wird eigentlich nur die Härte der Oberfläche des Körpers geprüft. Diese Oberflächenhärte ist allerdings in der Technik auch von besonderer Bedeutung, da der Verschleiß von Achsen und Lagern oder Werkzeugen von der Härte der Oberfläche abhängt. Deshalb wurden eine Reihe von Verfahren entwickelt, um die Härte der Oberflächenschichten eines Werkstückes zu erhöhen. Man erreicht dies z.B. bei Umwandlung einer dünnen Oberflächenschicht in den amorphen Zustand durch

Tabelle 6.2 Härteskala nach Mohs

a) Definitions-Mineralien		b) Beispiele	
1 Talk	6 Feldspat	Aluminium	2,3 - 2,9
2 Gips	7 Quarz	Blei	1,5
3 Kalkspat	8 Topas	Chrom	8
4 Flußspat	9 Korund	Eisen	3,5 - 4,5
5 Apatit	10 Diamant	Graphit	1
		Wolfram	7

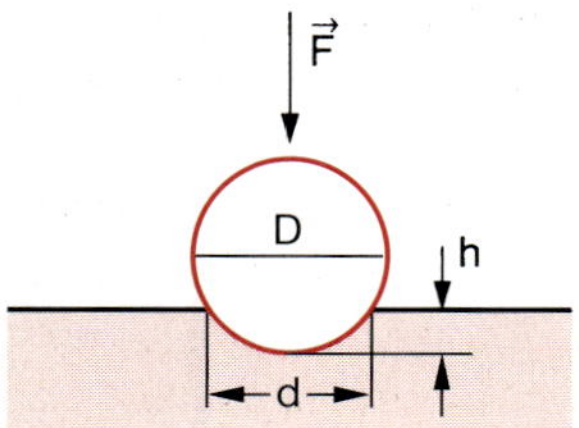

Abb. 6.18. Härteprüfung nach *Brinell*

Bestrahlung mit Lasern oder durch Aufbringen einer harten Fremdschicht (z.B. Titan oder NiC) auf die Oberfläche eines Werkzeuges (Bohrer, Schneidstähle).

Bei der technischen Härteprüfung wird oft das von *Brinell* schon 1900 angegebene Verfahren benutzt, bei dem eine gehärtete Stahlkugel mit Durchmesser D unter definierter Prüfkraft $F = a \cdot D^2$ senkrecht in die Probe gedrückt wird (Abb. 6.18). Aus dem Durchmesser d der konkaven Eindrucksfläche kann die Eindrucktiefe h bestimmt werden, die ein Maß für die *Brinell-Härte* ist.

6.3 Ruhende Flüssigkeiten, Hydrostatik

Um eine Gestaltsänderung fester Körper zu erreichen, muß man immer erhebliche Kräfte aufwenden, auch wenn das Volumen des Körpers bei der Verformung konstant bleibt (z.B. bei der Scherung oder Torsion). Die zur Verformung einer Flüssigkeit bei konstantem Volumen notwendigen Kräfte sind wesentlich kleiner als im festen Zustand und rühren von Reibungs- und Oberflächeneffekten her.

Wir wollen zuerst das vereinfachte Modell einer *idealen Flüssigkeit* behandeln, für die sowohl Reibungskräfte als auch Oberflächeneffekte vernachlässigbar sind. Im statischen Fall einer ruhenden Flüssigkeit spielt die Reibung sowieso keine Rolle. Die Oberflächeneffekte werden dann im Abschn. 6.4 behandelt, während der Einfluß der Reibungskräfte bei strömenden Flüssigkeiten erst im Kap. 8 diskutiert wird.

6.3.1 Freie Verschiebbarkeit und Oberflächen von Flüssigkeiten

Für ideale Flüssigkeiten braucht man überhaupt keine Kräfte, um die Form eines bestimmten Flüssigkeitsvolumens zu verändern. Im atomaren Modell bedeutet dies: Während bei festen Körpern die Atome an feste Ruhelagen gebunden sind, um die sie Schwingungen kleiner Amplitude machen können und die sich auch bei Anwendung äußerer Kräfte nur wenig verschieben, sind die Flüssigkeitsatome bzw. Moleküle innerhalb des Flüssigkeitsvolumens frei verschiebbar (Abb. 6.5).

Makroskopisch kann man dies dadurch ausdrükken, daß man sagt:

> Der Schubmodul G einer idealen Flüssigkeit ist Null.

Daraus folgt, daß an der Oberfläche einer idealen, ruhenden Flüssigkeit keine Tangentialkräfte auftreten können, da diese sonst die Flüssigkeit solange verschieben würden, bis diese Tangentialkräfte verschwinden. Erst dann hat die potentielle Energie ein Minimum, und der Zustand ist stabil. Die Oberfläche einer idealen Flüssigkeit steht daher immer senkrecht zu der auf die Flüssigkeit wirkenden Gesamtkraft.

BEISPIELE

1. Wirkt nur die Schwerkraft, so bildet die Oberfläche der Flüssigkeit eine horizontale Ebene (Abb. 6.19a).
2. Die Oberfläche einer Flüssigkeit in einem um die z-Achse rotierenden Zylinder (Abb. 6.19b) stellt sich so ein, daß die Resultierende aus Schwerkraft $m \cdot \boldsymbol{g}$ in z-Richtung und Zentrifugalkraft $m \cdot \omega^2 \boldsymbol{r}$ in r-Richtung senkrecht zur Oberfläche steht. Für die Steigung der Oberflächenschnittkurve $z(r)$ im Punkte $A(r, z)$ ist daher

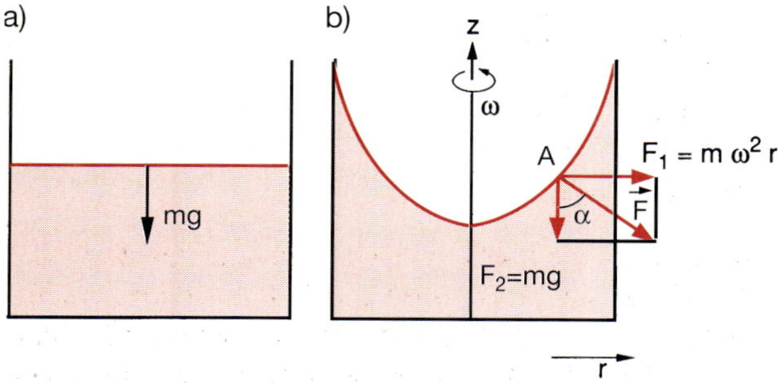

Abb. 6.19. (**a**) Horizontale Flüssigkeitsoberfläche in einem ruhenden Behälter; (**b**) Rotationsparaboloid-Oberfläche in einem rotierenden Behälter

$$\tan\alpha = \frac{m\omega^2 r}{m \cdot g} \ .$$

Andererseits ist die Steigung der Kurve $z(r)$ durch $\tan\alpha = \mathrm{d}z/\mathrm{d}r$ gegeben. Durch Integration folgt dann

$$z(r) = \frac{\omega^2}{g}\int r\,\mathrm{d}r = \frac{\omega^2}{2g}r^2 + C \ .$$

Für $z(0) = z_0$ wird $C = z_0 \Rightarrow$

$$z(r) = \frac{1}{2}\frac{\omega^2}{g}r^2 + z_0 \ . \tag{6.29}$$

Die Oberfläche ist ein Rotationsparaboloid, dessen Achse mit der Drehachse zusammenfällt.

6.3.2 Statischer Druck in einer Flüssigkeit

Da die Tangentialkomponente der Gesamtkraft an der Oberfläche einer idealen Flüssigkeit Null ist, wirkt die Kraft immer senkrecht auf die Oberfläche. Wird ein Gefäß, das eine Flüssigkeit enthält, mit einem beweglichen Kolben der Fläche A abgeschlossen, auf dem eine zur Kolbenfläche senkrechte Kraft $\boldsymbol{F}$ wirkt (Abb. 6.20), so definieren wir, analog zum Druck auf einen festen Körper, als Druck p auf die Flüssigkeit den Quotienten

$$p = \frac{F}{A} \quad \text{mit } F = |\boldsymbol{F}| \ .$$

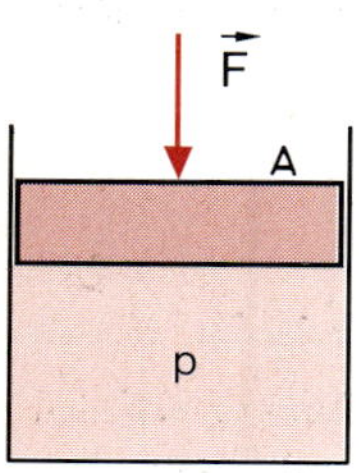

Abb. 6.20. Die Kraft $\boldsymbol{F}$, die senkrecht auf einen beweglichen Kolben der Fläche A wirkt, bewirkt in der Flüssigkeit den Druck $p = F/A$ mit $F = |\boldsymbol{F}|$

Kräfte auf ein Flüssigkeitselement

Wir betrachten jetzt ein beliebiges quaderförmiges Volumenelement $\mathrm{d}V = \mathrm{d}x \cdot \mathrm{d}y \cdot \mathrm{d}z$ innerhalb der Flüssigkeit (Abb. 6.21). Auf das linke Flächenelement $\mathrm{d}y \cdot \mathrm{d}z$ möge der Druck p einwirken. Ändert sich der Druck in x-Richtung, so wirkt auf die Gegenfläche der Druck

$$p + \frac{\partial p}{\partial x} \cdot \mathrm{d}x \ .$$

Die resultierende Kraftkomponente in x-Richtung ist dann

$$F_x = p \cdot \mathrm{d}y\,\mathrm{d}z - \left(p + \frac{\partial p}{\partial x}\mathrm{d}x\right)\mathrm{d}y\,\mathrm{d}z = -\frac{\partial p}{\partial x}\mathrm{d}V \ .$$

Analog erhalten wir für die Kraftkomponenten in y- und z-Richtung:

$$F_y = -\frac{\partial p}{\partial y}\mathrm{d}V \quad \text{und} \quad F_z = \frac{\partial p}{\partial z}\mathrm{d}V \ .$$

Die drei Komponentengleichungen können wir zusammenfassen in der Vektorgleichung

$$\boxed{\boldsymbol{F} = -\mathbf{grad}\, p \cdot \mathrm{d}V} \ . \tag{6.30}$$

Wegen der freien Beweglichkeit der Flüssigkeitsmoleküle muß die Gesamtkraft auf ein *ruhendes* Volumenelement Null sein. Wenn das Eigengewicht der Flüssigkeit vernachlässigt werden kann, bedeutet

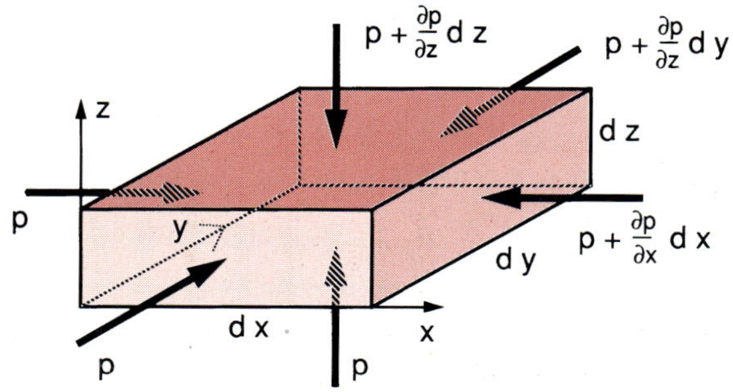

Abb. 6.21. Zusammenhang zwischen Kräften auf die Oberfläche eines Flüssigkeitselementes und dem Druck im Inneren

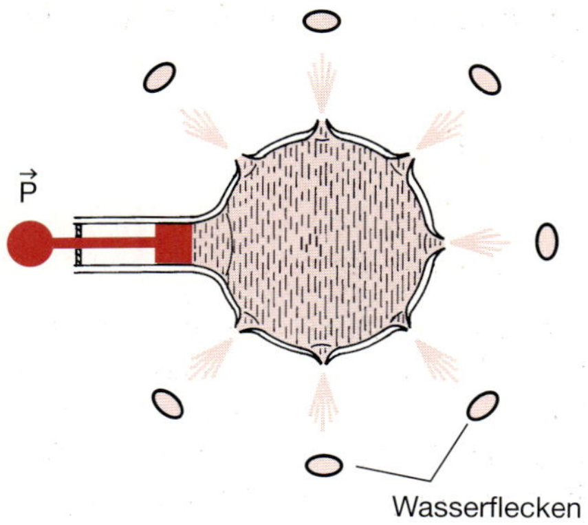

Abb. 6.22. Demonstration der isotropen Druckverteilung in einer Flüssigkeit. Auf einem ausgebreiteten hellen Papierbogen unter dem Spritzgefäß erzeugt das ausspritzende Wasser dunkle Flecken, die auf einem Kreis um das Zentrum des Gefäßes liegen

dies, daß **grad** $p = \mathbf{0}$, d.h., der *Druck im gesamten Flüssigkeitsvolumen ist konstant*. Auf jedes Flächenelement $\mathrm{d}A$ der umgebenden Wände wirkt daher in einer ruhenden Flüssigkeit derselbe Druck!

Dies läßt sich experimentell mit dem einfachen Gerät in Abb. 6.22 vorführen: Drückt man auf den beweglichen Kolben, so spritzt aus den Löchern in der wassergefüllten Kugel das Wasser nach allen Seiten gleich weit, was sich aus den Auftreffpunkten der Wasserstrahlen auf einen Karton unterhalb der Kugel messen läßt.

Anwendung: Hydraulische Presse (Abb. 6.23)

In zwei miteinander verbundenen Zylindern mit den Querschnitten A_1 und $A_2 \gg A_1$ herrscht überall der gleiche Druck p. Mit einer Kraft $F_1 = p \cdot A_1$ auf einen Stempel im schmalen Zylinder erreicht man eine wesentlich größere Kraft

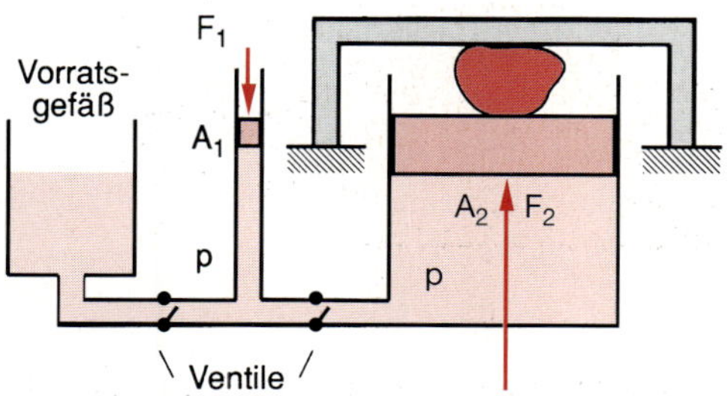

Abb. 6.23. Hydraulische Presse (Kräfte nicht maßstabsgerecht)

$$F_2 = F_1 \cdot \frac{A_2}{A_1}$$

auf das Werkstück.

Schweredruck

Berücksichtigt man, daß jedes Volumenelement $\mathrm{d}V$ der Flüssigkeit im Schwerefeld der Erde selbst ein Gewicht $\varrho \cdot g \cdot \mathrm{d}V$ hat, so wirkt auch ohne zusätzliche äußere Kraft auf den Boden des Gefäßes ein Druck auf Grund des Gewichtes der darüberstehenden Flüssigkeit.

Bei einer Flüssigkeitshöhe H ist der ***Schweredruck*** am Boden auf ein Flächenelement $\mathrm{d}A$

$$p(0) = \int_0^H \frac{\varrho \cdot g \cdot \mathrm{d}A}{\mathrm{d}A} \mathrm{d}z = \varrho \cdot g \cdot H\,, \qquad (6.31)$$

wenn wir die Dichte ϱ unabhängig vom Druck p annehmen.

Ein Maß für die Druckabhängigkeit der Dichte $\varrho = \varrho(p)$ ist die ***Kompressibilität***

$$\kappa : \stackrel{\text{Def}}{=} -\frac{1}{V}\left(\frac{\partial V}{\partial p}\right) \qquad (6.32)$$

welche die relative Volumenänderung $\Delta V/V$ bei einer Änderung Δp des äußeren Druckes p angibt.

Für Flüssigkeiten ist κ sehr klein (z.B. für Wasser ist $\kappa = 5 \cdot 10^{-10}\mathrm{m}^2/\mathrm{N}$), d.h., das Volumen und damit die Dichte einer Flüssigkeit ändern sich mit dem Druck nur sehr wenig, und in den meisten Fällen kann man ϱ als konstant annehmen.

Dann folgt aus (6.31) für den Druck in der Höhe z bei einer Flüssigkeitshöhe H (Abb. 6.24):

$$p(z) = \varrho g(H - z)\,.$$

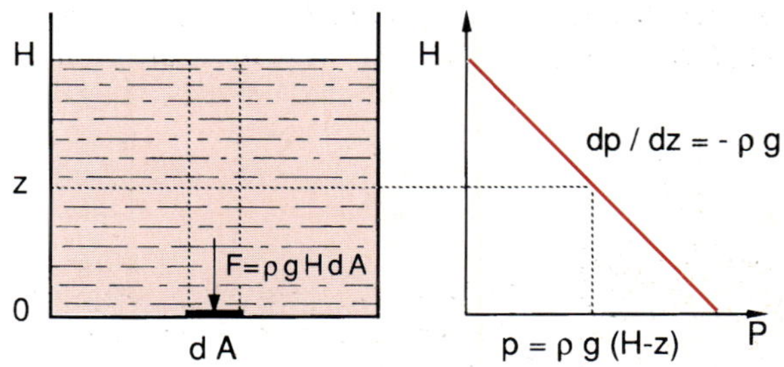

Abb. 6.24. Schweredruck $p(z)$ in einer inkompressiblen Flüssigkeit als Funktion der Höhe h über dem Boden

BEISPIELE

1. Eine Wassersäule von 10 m Höhe erzeugt einen Schweredruck $\varrho g h = 10^5$ Pascal = 1 bar = 1 Atmosphäre. In 10 000 m Meerestiefe (Philippinengraben) herrscht also ein Druck von 1000 Atm., und auf eine Taucherkugel von 3 m Durchmesser wirkt in dieser Tiefe die Gesamtkraft $F = 2{,}8 \cdot 10^9$ N.
2. Die Gesamtkraft F, die das Wasser einer Talsperre auf die Staumauer der Länge L ausübt, erhält man durch Aufsummieren aller Beiträge $F(z)\mathrm{d}z$ auf die Flächenelemente $L \cdot \mathrm{d}z$ der Staumauer (Abb. 6.25).

$$F = \int_{z=0}^{H} F(z)\mathrm{d}z = \varrho \cdot g \cdot L \cdot \int_{z=0}^{H} (H - z)\mathrm{d}z$$
$$= \frac{1}{2}\varrho \cdot g \cdot L \cdot H^2 \, .$$

Man kann die Kraft durch geeignete Wahl der Wölbung der Staumauer teilweise auf die Berghänge am Rande der Mauer ableiten (Abb. 6.25b).

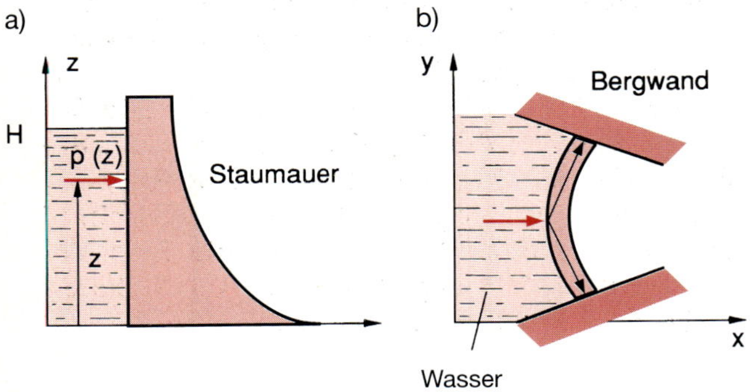

Abb. 6.25. (**a**) Wasserdruck $p(z)$ auf eine Staumauer; (**b**) Ableitung der Kräfte auf die Bergwände bei einer zum Wasser hin gewölbten Mauer

> Wegen (6.31) ist die Kraft an der Oberseite eines Flüssigkeitsquaders der Höhe Δh und der Fläche A infolge des Schweredrucks um den Betrag $F_1 = \varrho g \Delta h \cdot A = \varrho g V$ kleiner als an der Unterseite. Diese Differenz wird aber gerade durch das Gewicht $\varrho g V$ des Flüssigkeitsquaders kompensiert, so daß die Gesamtkraft auf ein beliebiges herausgegriffenes Volumenelement einer homogenen Flüssigkeit im homogenen Schwerefeld immer Null ist.

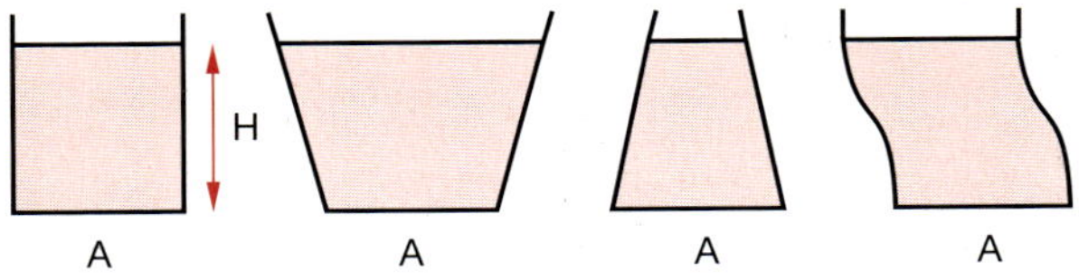

Abb. 6.26. Hydrostatisches Paradoxon: Der Druck auf die Bodenfläche eines Gefäßes ist bei gleicher Füllhöhe H für alle Gefäße gleich

Da der Schweredruck auf den Boden eines Gefäßes nur von der Höhe H der Flüssigkeit nicht aber von der Gestalt des Gefäßes abhängt, ist der Bodendruck in allen drei in Abb. 6.26 dargestellten Gefäßen bei gleicher Flüssigkeitshöhe H gleich groß, obwohl die Flüssigkeitsmenge und damit auch ihr gesamtes *Gewicht* in den einzelnen Gefäßen verschieden ist. Dieses ***hydrostatische Paradoxon*** führt zu folgender, paradox anmutenden Tatsache: Füllt man einen allseitig geschlossenen Hohlwürfel ($V = 1\ \mathrm{m}^3$) durch ein Loch in der Oberseite voll mit Wasser, so wirkt auf den Boden ein Schweredruck von 0,1 Atm. Steckt man jetzt ein dünnes Steigrohr mit 1 cm² Querschnitt in das Loch und füllt es bis 10 m Höhe mit Wasser ($\Delta V = 1$ Liter), so steigt der Druck im Würfel um 1 Atm., also um das 10fache, obwohl das Gewicht der Flüssigkeit nur um 1 ‰ zugenommen hat.

6.3.3 Auftrieb und Schwimmen

Tauchen wir einen Quader mit Grundfläche A der Dichte ϱ_K in eine Flüssigkeit der Dichte ϱ, so wird der Druckunterschied zwischen Ober- und Unterseite des Körpers

$$\Delta p = \varrho_{\mathrm{Fl}} \cdot g \cdot \Delta h \, ,$$

und die nach oben gerichtete ***Auftriebskraft*** (Abb. 6.27)

$$\boldsymbol{F}_{\mathrm{A}} = \Delta p A \hat{\boldsymbol{e}}_z = \varrho_{\mathrm{Fl}} g A \Delta h \hat{\boldsymbol{e}}_z = -\boldsymbol{G}_{\mathrm{Fl}}$$

ist entgegengesetzt gleich dem Gewicht des durch den Körper verdrängten Flüssigkeitsvolumens. Wir erhalten damit das ***Archimedische Prinzip***:

> Durch den Auftrieb verliert ein eingetauchter Körper (scheinbar) so viel an Gewicht, wie die von ihm verdrängte Flüssigkeit wiegt.

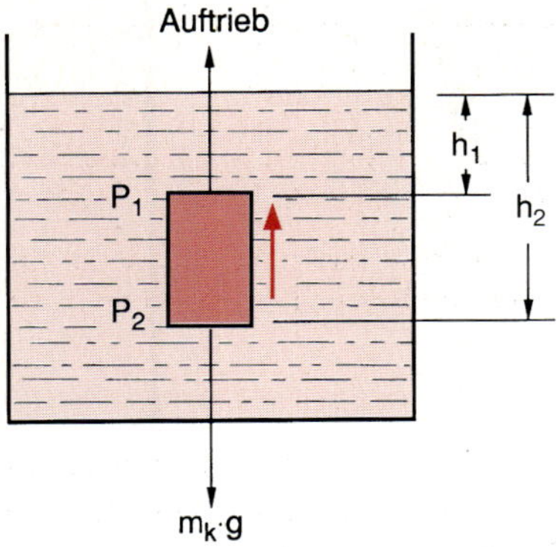

Abb. 6.27. Archimedisches Prinzip und Auftrieb

Dieses Prinzip, das am Beispiel eines Quaders deutlich gemacht wurde, gilt für beliebig geformte Körper, wie man aus folgender Überlegung sofort sieht: Auf Grund des Schweredruckes $p = \varrho_{\text{Fl}} \cdot g(H - z)$ wirkt auf ein Volumenelement $\mathrm{d}V$ nach (6.30) die Kraft:

$$\boldsymbol{F} = -\mathbf{grad}\, p \cdot \mathrm{d}V = -\frac{\partial p}{\partial z}\hat{\boldsymbol{e}}_z \mathrm{d}V$$
$$= \varrho_{\text{Fl}} \cdot g\, \mathrm{d}V\, \hat{\boldsymbol{e}}_z = -\varrho_{\text{Fl}} \cdot \boldsymbol{g}\, \mathrm{d}V\ .$$

Auf den ganzen eingetauchen Körper wirkt daher der Auftrieb

$$\boldsymbol{F}_{\text{A}} = -\boldsymbol{g} \int \varrho_{\text{Fl}} \cdot \mathrm{d}V = -\boldsymbol{G}_{\text{Fl}}\ . \tag{6.33}$$

Ist die Dichte ϱ_{K} eines Körpers kleiner als die Dichte ϱ_{Fl} der Flüssigkeit, so wird der Auftrieb F_{A} bei vollständigem Eintauchen größer als das Gewicht G_{K} des Körpers. Der Körper *schwimmt* dann ohne äußere Krafteinwirkung und taucht dabei nur so weit in die Flüssigkeit ein, daß $\boldsymbol{G}_{\text{K}} = -\boldsymbol{F}_{\text{A}}$ wird.

BEISPIEL

Die Dichte von Eis ist $\varrho_{\text{E}} = 0{,}95\ \text{kg/dm}^3$, die von Salzwasser bei 0° ist $\varrho_{\text{Fl}} = 1{,}05\ \text{kg/dm}^3$. Etwa 10 % der Masse eines schwimmenden Eisberges ragt daher über die Wasseroberfläche hinaus.

Für die Stabilität eines schwimmenden Schiffes ist es wichtig, daß auch bei einer Schräglage des Schiffes (z.B. durch Wellen bedingt) immer ein rücktreibendes Drehmoment D vorhanden ist, welches das Schiff wieder in seine Vertikallage zurückbringt. Um die Stabilitätsbedingung beim Schwimmen herzuleiten, betrachten wir das durch Schwerkraft $\boldsymbol{G}_{\text{K}}$ und Auftrieb $\boldsymbol{F}_{\text{A}}$ bewirkte Drehmoment auf einen schräg im Wasser liegenden schwimmenden Körper (Abb. 6.28).

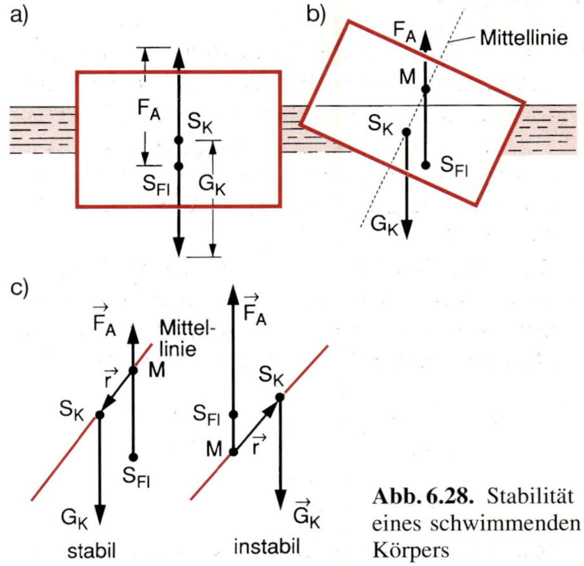

Abb. 6.28. Stabilität eines schwimmenden Körpers

Der Angriffspunkt von $\boldsymbol{G}_{\text{K}}$ ist der Schwerpunkt S_{K} des Körpers, der Angriffspunkt des Auftriebs $\boldsymbol{F}_{\text{A}} = -\boldsymbol{G}_{\text{K}}$ der Schwerpunkt S_{Fl} der verdrängten Flüssigkeit. Der Schnittpunkt der gestrichelten Symmetrieebene mit der Vertikalen durch S_{Fl} heißt ***Metazentrum*** M. Solange M oberhalb von S_{K} liegt, treibt das resultierende Drehmoment

$$\boldsymbol{D} = (\boldsymbol{r} \times \boldsymbol{G}_{\text{K}})$$

den Körper (in Abb. 6.28c im Gegenuhrsinn) wieder in die stabile Lage zurück. Wird die Schräglage so groß, daß M unterhalb von S_{K} zu liegen kommt, so wirkt $\boldsymbol{D}$ im Uhrzeigersinn und bringt das Schiff zum Umkippen. Man muß daher den Schwerpunkt S_{K} so tief wie möglich legen (z.B. durch Beschweren des Kiels).

6.4 Phänomene an Flüssigkeitsgrenzflächen

Wir wollen jetzt das Modell der idealen Flüssigkeit erweitern und Effekte betrachten, die an der Oberflä-

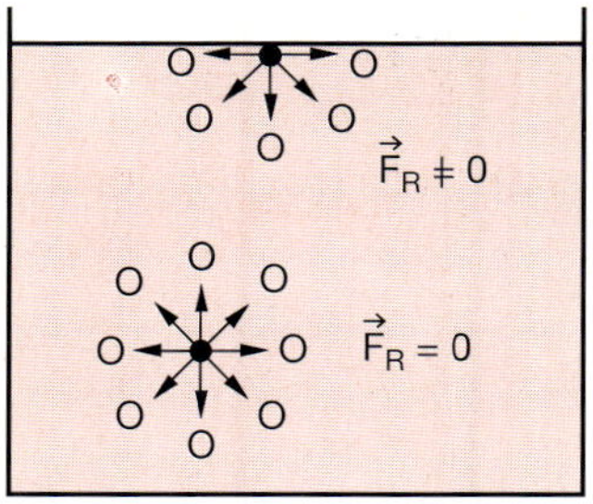

Abb. 6.29. Resultierende Anziehungskraft aller anderen Moleküle auf ein Molekül im Inneren und an der Oberfläche einer Flüssigkeit

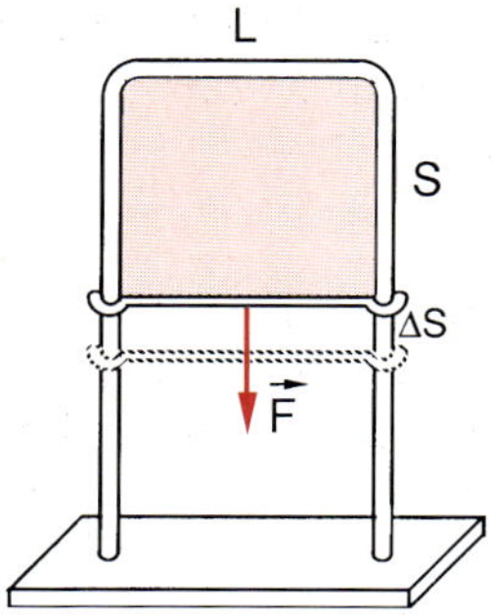

Abb. 6.30. Bestimmung der Oberflächenspannung durch Messung der Kraft auf einen Querbügel, der eine Flüssigkeitslamelle ausdehnt

che einer realen Flüssigkeit auftreten. Während im Inneren der Flüssigkeit die resultierende Kraft $\boldsymbol{F}_R$, die auf ein Molekül von allen anderen Molekülen seiner Umgebung ausgeübt wird, im zeitlichen Mittel Null ist (freie Verschiebbarkeit der Moleküle), gilt dies nicht mehr für ein Molekül an der Oberfläche (Abb. 6.29), das nur von den Nachbarmolekülen innerhalb einer Halbkugel angezogen wird. Es bleibt deshalb eine resultierende, von Null verschiedene Anziehungskraft $\boldsymbol{F}_R$ übrig, die ins Innere der Flüssigkeit zeigt.

6.4.1 Oberflächenspannung

Um ein Molekül aus dem Inneren an die Oberfläche zu bringen, muß deshalb gegen diese Kraft Arbeit geleistet werden. Ein Molekül an der Oberfläche hat eine um diesen Arbeitsbetrag höhere Energie als ein Molekül im Inneren. Zur Vergrößerung der Flüssigkeitsoberfläche um den Betrag ΔA müssen Moleküle aus dem Inneren an die Oberfläche gebracht werden, wozu eine Energie ΔW aufgewendet werden muß. Den Quotienten

$$\varepsilon = \frac{\Delta W}{\Delta A}\,; \quad [\varepsilon] = \frac{\mathrm{J}}{\mathrm{m}^2} \tag{6.34}$$

nennen wir ***spezifische Oberflächenenergie***. Der Wert von ε hängt von den Bindungskräften zwischen den Molekülen der Flüssigkeit ab.

Man kann die Oberflächenenergie einer Flüssigkeit messen mit der in Abb. 6.30 gezeigten Anordnung: Zwischen den Schenkeln eines U-förmig gebogenen Drahtes wird ein Querbügel der Länge L frei verschiebbar angebracht. Wird z.B. durch Eintauchen des Systems in eine Flüssigkeit eine Flüssigkeitslamelle mit der Oberfläche $A = 2 \cdot L \cdot s$ (2 Seiten!) erzeugt, so muß man die Kraft $\boldsymbol{F}$ aufbringen, um den Bügel um die Strecke Δs zu verschieben. Man hat dann die Arbeit

$$\Delta W = \boldsymbol{F} \cdot \Delta s = \varepsilon \cdot 2 \cdot L \cdot \Delta s = \varepsilon \cdot \Delta A \tag{6.35}$$

aufgewendet. Die dazu notwendige tangential zur Oberfläche wirkende Zugspannung $\sigma = F/2L$ mit $[\sigma] = \mathrm{N/m}$ nennen wir ***Oberflächenspannung***. Nach (6.35) gilt

$$\boxed{\sigma = \varepsilon}\,.$$

> Oberflächenspannung σ und spezifische Oberflächenenergie ε sind einander gleich!

Zur Demonstration der Oberflächenspannung wird oft ein zu einem Ring gebogener Metallstreifen, der an einer Federwaage hängt, in eine mit der zu messenden Flüssigkeit gefüllte Schale getaucht, die in ihrer Höhe verstellbar ist (Abb. 6.31). Mit Seifenwasser kann man so Zylindermantellamellen mit Höhen bis zu $H = 10$ cm erzeugen. Die Federwaage

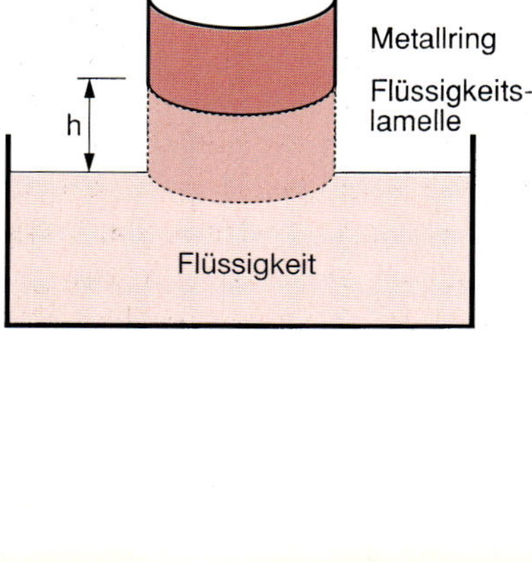

Abb. 6.31. Messung der Oberflächenspannung durch Anheben eines eingetauchten Metallringes (h stark übertrieben gezeichnet)

zeigt die Kraft $\boldsymbol{F} = 4\pi r\sigma$ an, da die Oberfläche der Lamelle zwei Seiten hat und deshalb $2 \cdot 2\pi rh$ ist.

BEISPIEL

Oberflächenspannung und Überdruck in einer *Seifenblase* (Abb. 6.32). Infolge der Oberflächenspannung versucht eine Seifenblase (die ja eine Flüssigkeitskugelschale ist) ihre Oberfläche zu verkleinern. Dadurch erhöht sich der Luftdruck im Inneren der Blase. Gleichgewicht herrscht, wenn der Energiegewinn $\varepsilon \cdot \Delta A$ bei Verkleinern der Oberfläche A durch Verminderung des Kugelradius um Δr gleich der gegen den Überdruck Δp geleisteten Arbeit $\Delta p \cdot 4\pi r^2 \Delta r$ ist.

$$\varepsilon \cdot 2 \cdot 4\pi[r^2 - (r - \Delta r)^2] = \Delta p \cdot 4\pi r^2 \Delta r \ .$$

Vernachlässigt man den Term mit $(\Delta r)^2$, so erhält man hieraus den Überdruck

$$\Delta p = \frac{4\varepsilon}{r} \ , \qquad (6.36)$$

der mit wachsendem Kugelradius sinkt.

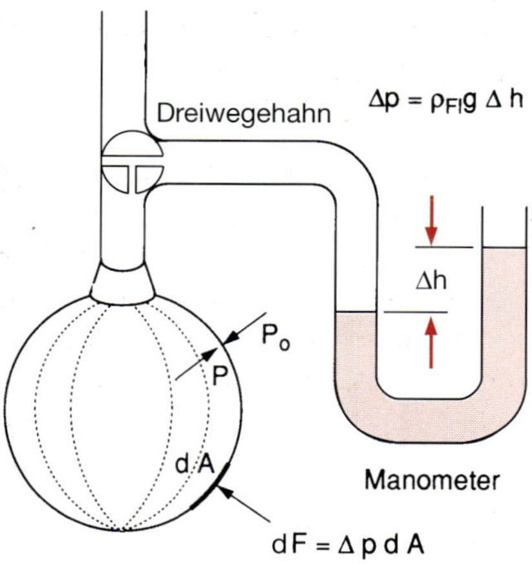

Abb. 6.32. Messung des Überdrucks Δp in einer Seifenblase auf Grund der Oberflächenspannung

Diese Relation läßt sich mit der Anordnung in Abb. 6.33 demonstrieren. Hat man bei geöffneten Ventilen 1 und 2, aber geschlossenem Ventil 3 durch Aufblasen zwei verschieden große Seifenblasen erzeugt, die durch ein Rohr verbunden sind, so wird beim Schließen von 1 und 2 und Öffnen von 3 der höhere Druck in der kleinen Blase sich mit dem geringeren Druck in der großen Blase ausgleichen. Dadurch wird die kleine Blase immer kleiner, die große immer größer, bis die kleine völlig verschwindet. Die Großen fressen die Kleinen. Es geht zu wie im realen Leben.

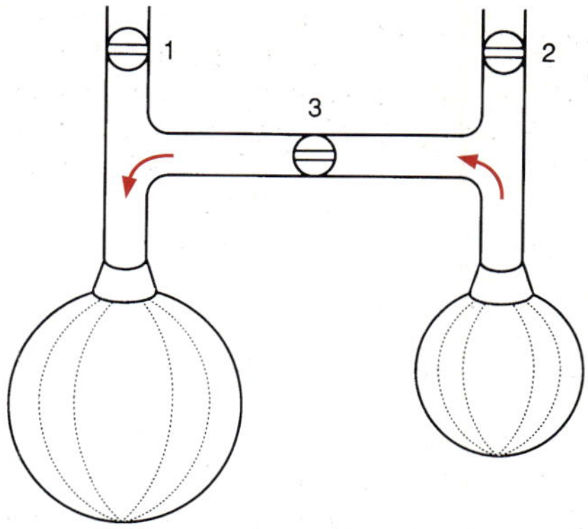

Abb. 6.33. Zur Demonstration der Abhängigkeit $\Delta p(r) \propto 1/r$ des Innendruckes vom Radius der Seifenblase

> Bei positiver Oberflächenenergie ε sucht jede Flüssigkeit bei vorgegebenem Volumen eine Form mit minimaler Oberfläche einzunehmen.

Dies läßt sich eindrucksvoll mit Quecksilber demonstrieren: Tropft man in eine Schale mit verdünnter Schwefelsäure über eine Pipette Quecksilber, so bilden sich anfangs viele kleine Quecksilbertröpfchen, die sich jedoch bald zu einer einzigen Kugel vereinigen.

6.4.2 Grenzflächen und Haftspannung

Bisher haben wir nur Flüssigkeitsoberflächen als Grenzflächen zwischen flüssiger und gasförmiger Phase betrachtet. In vielen Fällen treten aber auch Grenzflächen zwischen zwei verschiedenen Flüssigkeiten oder zwischen flüssigen und festen Körpern auf. Analog zur Oberflächenspannung definieren wir die Grenzflächenspannung σ_{ik} (identisch mit der spezifischen Grenzflächenenergie ε_{ik}) als diejenige Energie, die man aufwenden muß (bzw. gewinnt), wenn die Grenzfläche der Phase i gegen die Phase k um 1 m^2 vergrößert wird.

Über das Vorzeichen der spezifischen Grenzflächenenergie lassen sich durch einfache Überlegungen folgende Aussagen machen:

- Bei stabilen Grenzflächen Flüssigkeit–Gas muß ε_{ik} immer positiv sein, weil sonst die flüssige Phase unter Energiegewinn in die gasförmige Phase übergehen würde, d.h., die Flüssigkeit würde verdampfen.
- Auch bei stabilen Grenzflächen zwischen verschiedenen Flüssigkeiten muß $\varepsilon_{ik} > 0$ sein, da sich sonst die beiden Flüssigkeiten vermischen würden und die Grenzfläche damit nicht erhalten bliebe.
- Je nach Art der beiden Stoffe auf beiden Seiten einer Grenzfläche fest–flüssig kann hier $\varepsilon < 0$ sein (wenn die Flüssigkeitsmoleküle M_{Fl} von den Festkörpermolekülen M stärker angezogen werden als von ihren Nachbarmolekülen in der Flüssigkeit) oder $\varepsilon > 0$ (wenn die Kräfte zwischen den Molekülen M_{Fl} stärker sind als die zwischen M_{Fl} und M).

Wir wollen dies an einigen Beispielen verdeutlichen: In Abb. 6.34 ist die Oberfläche einer Flüssigkeit gegen die Gasphase in der Nähe einer festen senkrechten Wand dargestellt. Wenn wir die einzelnen Phasen mit 1 (fest), 2 (flüssig) und 3 (gasförmig) bezeichnen, so wirken die Oberflächenspannungen $\sigma_{1,2}$, $\sigma_{1,3}$ und $\sigma_{2,3}$ tangential zu den jeweiligen Grenzflächen. Die durch die Oberflächenspannung bewirkten Kräfte auf ein Linienelement $\mathrm{d}l$ (senkrecht zur Bildebene) im Berührungspunkt A sind $(\sigma_{1,2} - \sigma_{1,3})\mathrm{d}l$ parallel zur festen Oberfläche und $\sigma_{2,3}\mathrm{d}l$ parallel zur Flüssigkeitsoberfläche. Die Resultierende dieser Kräfte bewirkt eine Änderung der Flüssigkeitsoberfläche, welche unter dem alleinigen Einfluß der Schwerkraft eine horizontale Ebene wäre. Die Änderung des Schwerkrafteinflusses auf Grund der geänderten Oberfläche wollen wir hier zunächst gegenüber den größeren Oberflächenkräften vernachlässigen.

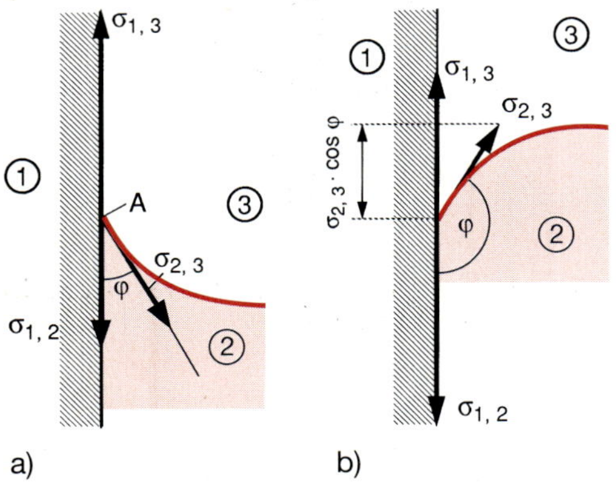

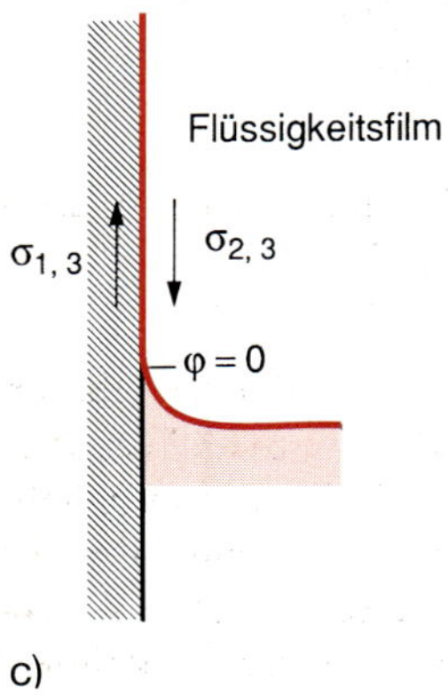

Abb. 6.34a–c. Zur Bildung eines Randwinkels der Flüssigkeitsoberfläche mit einer festen senkrechten Wand. (**a**) konkave Flüssigkeitsfläche für Wasser–Glas ($\sigma_{1,3} > \sigma_{1,2}$); (**b**) konvexe Fläche für Hg–Glas ($\sigma_{1,3} < \sigma_{1,2}$); (**c**) vollständige Benetzung bei $\sigma_{1,3} - \sigma_{1,2} > \sigma_{2,3}$

Die Berührlinie Flüssigkeit–Wand durch den Punkt A und damit der Randwinkel φ stellen sich so ein, daß die Summe aller Kräfte in A Null wird. Für die Komponenten parallel zur Wand bedeutet dies:

$$\sigma_{1,2} + \sigma_{2,3}\cos\varphi - \sigma_{1,3} = 0 \,. \tag{6.37}$$

Die horizontale Komponente $\sigma_{2,3} \cdot \sin\varphi$ führt zu einer (unmerklich kleinen) Verformung der festen Wand. Die dadurch auftretenden Verformungskräfte sind der Kraft $\sigma_{2,3}\sin\varphi\,\mathrm{d}l$ entgegengerichtet und kompensieren sie.

Der Randwinkel φ, der aus der Bedingung

$$\cos\varphi = \frac{\sigma_{1,3} - \sigma_{1,2}}{\sigma_{2,3}} \tag{6.37a}$$

bestimmt wird, hat nur für $|\sigma_{1,3} - \sigma_{1,2}| \le \sigma_{2,3}$ einen definierten Wert. Wir unterscheiden:

- $\sigma_{1,3} > \sigma_{1,2} \rightarrow \cos\varphi > 0; \ \rightarrow \varphi < 90°$.

  Die Flüssigkeit bildet in der Nähe der Wand eine konkav gekrümmte Oberfläche, die mit der Wand einen spitzen Randwinkel φ bildet (Abb. 6.34a). Es ist energetisch günstiger, wenn die Grenzfläche fest–flüssig zunimmt auf Kosten der Grenzfläche fest–gasförmig.

  Beispiel: Grenzflächen Wasser–Glas–Luft.

- $\sigma_{1,3} < \sigma_{1,2} \rightarrow \cos\varphi < 0 \rightarrow \varphi > 90°$.

  Die Flüssigkeitsoberfläche ist in der Nähe der Wand konvex gekrümmt (Abb. 6.34b).

  Beispiel: Quecksilber–Glas–Luft.

Wird $\sigma_{1,3} - \sigma_{1,2} > \sigma_{2,3}$, so kann (6.37) für keinen Winkel φ erfüllt werden. In diesem Fall bleibt eine resultierende Kraftkomponente parallel zur Festkörpergrenzfläche übrig, welche die Flüssigkeit entlang der Festkörperoberfläche nach oben zieht, so daß diese von einem dünnen Flüssigkeitsfilm vollständig benetzt wird (Abb. 6.34c). Die Grenzfläche fest–gasförmig verschwindet damit völlig.

Berücksichtigt man noch die Schwerkraft (oder andere äußere Kräfte, z.B. Trägheitskräfte in beschleunigten Systemen), so bleibt im allgemeinen eine resultierende Gesamtkraft $\neq 0$ übrig. Die Flüssigkeitsoberfläche stellt sich jedoch immer so ein, daß die Kraft senkrecht auf der Oberfläche steht, d.h., ihre Tangentialkomponente wird Null. Dies wird in Abb. 6.35 am Beispiel einer konkaven und einer konvexen Randschicht illustriert, bei der außer der Schwerkraft mg auch die Anziehungskraft zwischen den Atomen der festen Wand und der Flüssigkeit (Haftkraft $\boldsymbol{F}_4$) berücksichtigt wird. Für eine Flüssigkeit in einem Gefäß wird die Gesamtkraft $\boldsymbol{F}$ kompensiert durch Gegendruckkräfte der Gefäßwand.

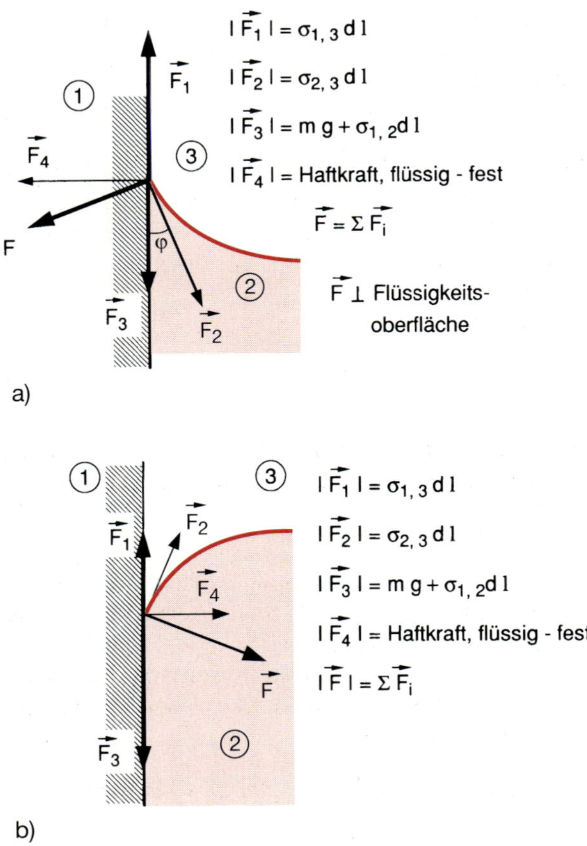

Abb. 6.35a,b. Die Vektorsumme aller an einer Flüssigkeitsgrenzfläche auftretenden Kräfte muß bei nicht vollständig benetzenden Flüssigkeiten immer senkrecht auf der Flüssigkeitsoberfläche stehen: (**a**) konkav, (**b**) konvex gekrümmte Oberfläche

Bei zwei nicht mischbaren Flüssigkeiten 1 und 2 (z.B. ein Fetttropfen auf Wasser) bilden sich die Winkel φ_1 und φ_2 an den Begrenzungslinien so aus (Abb. 6.36), daß die Gleichgewichtsbedingung

$$\sigma_{1,3} = \sigma_{2,3} \cos\varphi_2 + \sigma_{1,2} \cos\varphi_1 \tag{6.38}$$

erfüllt ist. Man sieht hieraus, daß sich ein Tropfen der Flüssigkeit 2 nur dann im Gleichgewicht befinden kann, wenn $\sigma_{1,3} < \sigma_{2,3} + \sigma_{1,2}$ gilt. Andernfalls wird der Tropfen durch $\sigma_{1,3}$ auseinandergezogen zu einer dünnen Schicht der Flüssigkeit 2, welche die Oberfläche von 1 bedeckt.

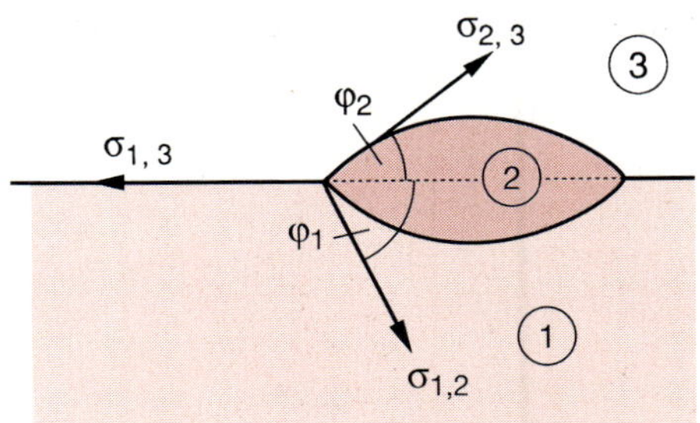

Abb. 6.36. Zur Bildung eines Flüssigkeitstropfens auf der Oberfläche einer anderen Flüssigkeit

BEISPIEL

Für die Grenzflächen Wasser–Öl–Luft gilt:

$\sigma_{1,3}$ (Wasser–Luft) = 7,25 J/m^2
$\sigma_{1,2}$ (Wasser–Öl) = 1,82 J/m^2
$\sigma_{2,3}$ (Öl–Luft) = 3,2 J/m^2

so daß $\sigma_{1,3} > \sigma_{2,3} + \sigma_{1,2}$. Öl kann daher auf einer Wasseroberfläche keine Tropfen bilden.

Bringt man einen Tropfen Öl auf eine Wasseroberfläche, so wird er zu einer dünnen Schicht auseinandergezogen, welche die ganze Wasseroberfläche bedeckt. Reicht die Ölmenge dazu nicht aus, so bildet sich eine zusammenhängende monomolekulare Ölschicht. Dies läßt sich mit dem folgenden Experiment

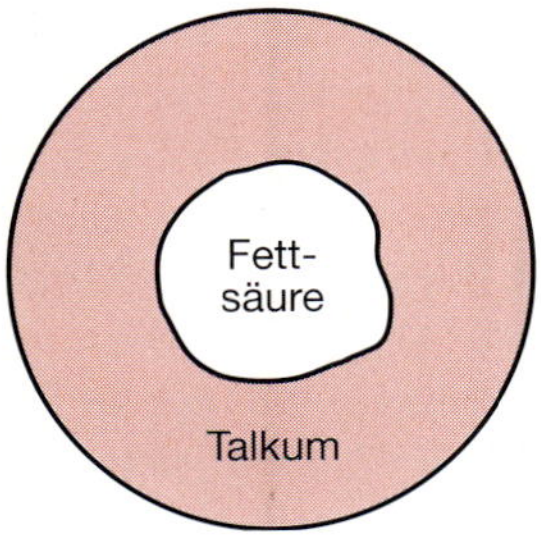

Abb. 6.37. Bildung einer monomolekularen Fettsäureschicht auf einer mit Talkum bestreuten Wasseroberfläche

demonstrieren (Abb. 6.37). Auf eine mit Talkum bestäubte Wasseroberfläche wird mit einer Pipette ein Tröpfchen Fettsäure gegeben, das sich sofort zu einer monomolekularen Schicht ausbreitet und dabei das Talkum wegdrängt.

Die Fettsäuremoleküle ordnen sich dabei so an, daß die anziehenden Kräfte zwischen ihnen und den Wassermolekülen maximal, ihre potentielle Energie also minimal wird (Abb. 6.38). Die dem Wasser zugewandten Atomgruppen COOH des Moleküls heißen *hydrophil*, die ihm abgewandten *hydrophob*. Dieser Effekt wird bewirkt durch die Wechselwirkung mit den Wassermolekülen, die zu einer Ladungsverschiebung im Fettsäuremolekül und damit zu einem induzierten Dipolmoment führt, das sich im elektrischen Feld der Wassermolekül–Dipole orientiert (siehe Bd. 2, Kap. 2).

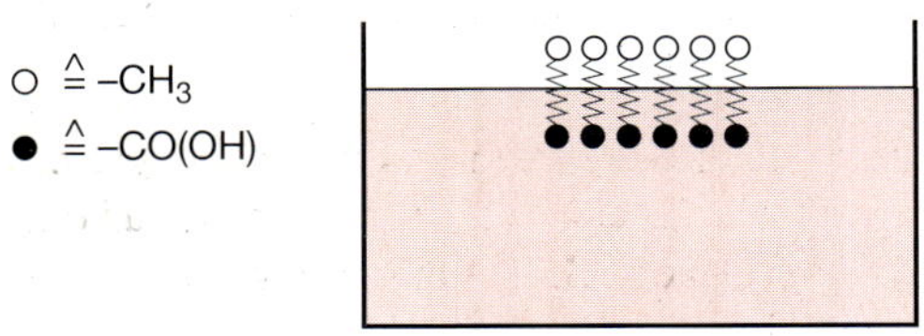

Abb. 6.38. Fettsäuremoleküle in einer monomolekularen Schicht auf der Wasseroberfläche werden infolge ihrer Wechselwirkung mit den Wasserdipolen ausgerichtet

6.4.3 Kapillarität

Taucht man ein enges Rohr in eine Flüssigkeit, so steigt bei benetzenden Flüssigkeiten $(\sigma_{1,3} > \sigma_{1,2})$ die Flüssigkeit im Inneren des Rohres um die Höhe h über die Flüssigkeitsoberfläche außerhalb des Rohres (Abb. 6.39). Man kann dieses Phänomen wie folgt verstehen: Ist der Innenradius r der Kapillare kleiner

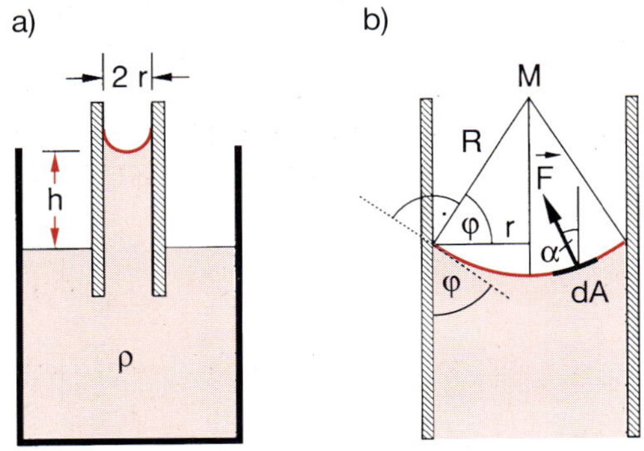

Abb. 6.39. (**a**) Steighöhe einer benetzenden Flüssigkeit in einer Kapillaren; (**b**) zur Herleitung der Steighöhe

als der konkav gekrümmte Bereich der Flüssigkeitsoberfläche, so können wir diesen als Teil einer Kugeloberfläche mit dem Krümmungsradius $R = r/\cos\varphi$ ansehen (Abb. 6.39b), wenn φ der im vorigen Abschnitt behandelte Grenzwinkel ist. Wegen der Oberflächenspannung $\sigma = \sigma_{2,3}$ der Flüssigkeit gegen Luft herrscht an der gekrümmten Flüssigkeitsoberfläche ein Druck (siehe Abschn. 6.4.1):

$$p = \frac{2\sigma}{R} = \frac{2\sigma}{r} \cdot \cos\varphi \,, \tag{6.39}$$

der halb so groß ist wie in (6.36), weil hier, im Gegensatz zur Seifenblase, nur *eine* Oberfläche vorhanden ist. Die senkrecht zur Oberfläche zum Krümmungsmittelpunkt hin gerichtete Kraft pro Flächenelement dA ist damit

$$\boldsymbol{F} = p\,\mathrm{d}\boldsymbol{A}$$

und ihre vertikale Komponente

$$F_z = p \cdot \mathrm{d}A \cdot \cos\alpha \,,$$

wobei $\mathrm{d}A \cdot \cos\alpha$ die Projektion des Flächenelementes $\mathrm{d}\boldsymbol{A}$ der gekrümmten Oberfläche auf eine horizontale Fläche ist. Integration über alle Flächenelemente ergibt die Kreisfläche $\pi \cdot r^2$. Die gesamte, vertikal nach oben wirkende Kraft ist dann:

$$F = p \cdot \pi r^2 = 2\sigma\pi r \cdot \cos\varphi \,.$$

Sie muß im Gleichgewicht sein mit der Gewichtskraft $F_G = m \cdot g = \varrho \cdot \pi r^2 gh$ der Flüssigkeitssäule der Höhe h. Daraus folgt für die Steighöhe

$$\boxed{h = \frac{2\sigma \cdot \cos\varphi}{r \cdot g \cdot \varrho}} \,, \tag{6.40}$$

wobei der Randwinkel φ durch (6.37) bestimmt ist. Bei vollständig benetzenden Flüssigkeiten ($\sigma_{1,3} > \sigma_{1,2} + \sigma_{2,3}$) wird $\varphi = 0$, die gesamte Innenwand der Kapillare wird von einem Flüssigkeitsfilm bedeckt und die Steighöhe h der Flüssigkeitssäule wird nach (6.40)

$$h = \frac{2\sigma}{r \cdot g \cdot \varrho} \,. \tag{6.40a}$$

Dieses Ergebnis läßt sich auch direkt aus dem Energiesatz herleiten: Soll die Flüssigkeitssäule der Höhe h um $\mathrm{d}h$ weiter angehoben werden, so braucht man die Energie $m \cdot g \cdot \mathrm{d}h$. Da die Flüssigkeitsoberfläche des innen benetzenden Films um $\mathrm{d}A = 2\pi r \mathrm{d}h$ kleiner wird, gewinnt man die Energie $2\pi r\sigma \cdot \mathrm{d}h$ ($\sigma = \sigma_{23}$ flüssig–Luft). Die Höhe h stellt sich so ein, daß $E(h)$ ein Minimum wird, d.h. $\mathrm{d}E/\mathrm{d}h = 0$. Daraus folgt: $m \cdot g = 2\pi r \cdot \sigma$ und damit (6.40a).

Für nicht benetzende Flüssigkeiten ($\sigma_{1,3} < \sigma_{1,2}$) ist die Flüssigkeitsoberfläche konvex gekrümmt. Die auf Grund der Krümmung wirkende Druckkraft ist jetzt nach unten gerichtet und es tritt eine *Kapillardepression* auf (Abb. 6.40). Die Erniedrigung der Flüssigkeitshöhe in der Kapillare gegenüber der Oberfläche außerhalb wird wieder durch (6.40) gegeben, wobei $\cos\varphi = (\sigma_{1,3} - \sigma_{1,2})/\sigma_{2,3} < 0$ wird.

Die Steighöhe von Flüssigkeiten in Kapillaren bietet eine experimentelle Methode zur Messung von Oberflächenspannungen. Statt der Kapillaren mit Innenradius r kann man zwei planparallele Platten mit dem Abstand d verwenden, zwischen denen die Flüssigkeit die Steighöhe

$$h = \frac{2\sigma}{\varrho \cdot d \cdot g} \tag{6.41}$$

hat. Die Abhängigkeit $h \propto 1/d$ läßt sich gut mit gegeneinander leicht verkippten Platten demonstrieren, bei denen der Abstand $d(x) = 2x \cdot \tan\alpha$ linear mit x zunimmt und die Flüssigkeitshöhe $h(x)$ eine Hyperbel $h(x) \propto 1/x$ bildet (Abb. 6.41).

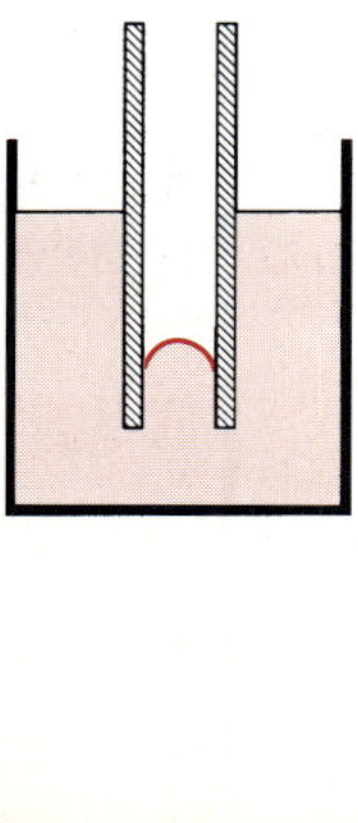

Abb. 6.40. Kapillardepression

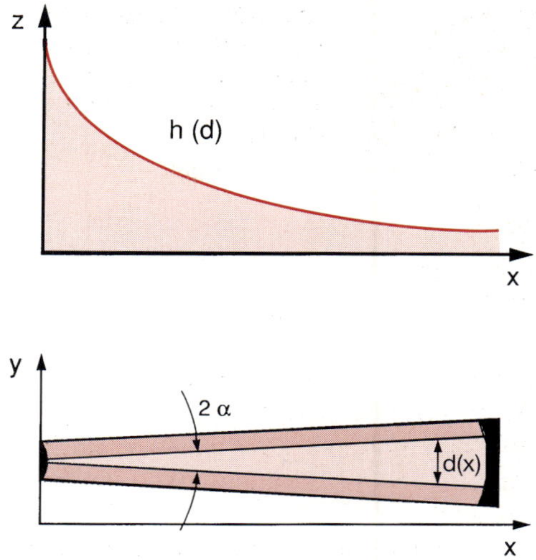

Abb. 6.41. Demonstration der Steighöhe $h(d) \propto 1/d$ bei einer gefärbten Flüssigkeit zwischen zwei in x-Richtung keilförmig gegeneinander verkippten Glasplatten mit Keilwinkel 2α

6.4.4 Zusammenfassung

Die vielfältigen Phänomene an Grenzflächen von Flüssigkeiten lassen sich alle durch die Größen der verschiedenen Grenzflächenenergien oder Oberflächenspannungen erklären:

- An jedem Punkt einer stabilen Flüssigkeitsgrenzfläche muß die Gesamtkraft $\boldsymbol{F}$ senkrecht auf der Grenzfläche stehen, ihre Tangentialkomponente also Null sein (Abb. 6.35).
- Die Grenzflächen stellen sich immer so ein, daß bei gegebenem Volumen der Flüssigkeit (bzw. verschiedener Flüssigkeitskomponenten) die Gesamtenergie minimal wird.

6.5 Reibung zwischen festen Körpern

Bei der Bewegung ausgedehnter Körper treten zusätzliche Kräfte auf, wenn sich zwei Körper mit räumlich ausgedehnten Oberflächen berühren und relativ zueinander bewegen, z.B. wenn ein Metallklotz auf einer festen Unterlage gleitet oder ein Rad sich um eine feste Achse dreht. Diese Kräfte rühren her von der Wechselwirkung zwischen vielen Atomen in den obersten Atomlagen der beiden sich berührenden Oberflächen. Sie werden durch Unebenheiten der Oberflächen und Deformation bei der Berührung verstärkt. Bei der Bewegung von Massenpunkten (mit der Oberfläche Null) kann man diese sogenannten Reibungskräfte völlig vernachlässigen. Im täglichen Leben und in der Technik spielen sie jedoch eine überragende Rolle. Ohne ***Reibung*** könnten wir nicht gehen, kein Auto könnte fahren, und die meisten Prozesse zur Materialbearbeitung (z.B. Feilen, Bohren, Fräsen) wären nicht möglich.

Wir wollen uns deshalb kurz mit den verschiedenen Reibungskräften befassen.

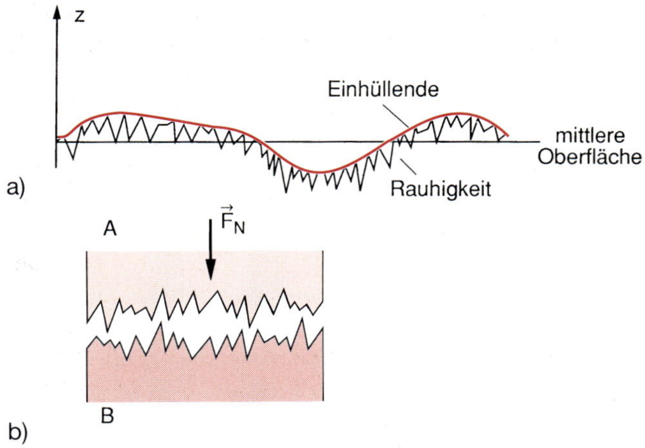

Abb. 6.43a,b. Schematisches Modell der Oberflächenrauhigkeit als Ursache für die Reibung. (**a**) Mikrorauhigkeit (übertrieben gezeichnet) und makroskopische Unebenheiten als Einhüllende der Spitzen; (**b**) Haftreibung durch Verzahnung der Gebirge

6.5.1 Haftreibung

Ein Körper mit einer ebenen Grundfläche (z.B. ein Quader) liege auf einer horizontalen ebenen Platte (Abb. 6.42a). Um ihn in horizontaler Richtung zu bewegen, lassen wir eine Kraft $\boldsymbol{F}$ an ihm angreifen, die mit einer Federwaage gemessen wird. Das Experiment zeigt, daß trotz der auf ihn wirkenden Kraft $\boldsymbol{F}$ der Körper der Masse m in Ruhe bleibt, solange $\boldsymbol{F}$ nicht einen Grenzwert $\boldsymbol{F}_{\mathrm{H}}$ überschreitet, d.h. solange $F \le F_{\mathrm{H}}$ mit $F = |\boldsymbol{F}|$. Wird der Quader umgedreht (Abb. 6.42b), so ändert sich die Größe von F_{H} nicht, obwohl sich die Auflagefläche ändert. Drückt man dagegen den Körper mit einer zusätzlichen Kraft auf seine Unterlage, so wird F_{H} größer. Die Experimente ergeben, daß F_{H} proportional zur gesamten Normalkraft $\boldsymbol{F}_{\mathrm{N}}$ ist, mit der der Körper auf seine Unterlage drückt, aber nicht von der Größe der Oberfläche abhängt. Für den Betrag der Haftreibungskraft gilt:

$$\boxed{F_{\mathrm{H}} = \mu_{\mathrm{H}} \cdot F_{\mathrm{N}}}\ . \tag{6.42}$$

Der ***Haftreibungskoeffizient*** μ_{H} hängt vom Material der sich berührenden Körper und von der Beschaffenheit ihrer Oberflächen ab.

Die Haftreibung läßt sich in einem einfachen Modell (Abb. 6.43) durch die Rauhigkeit der sich berührenden Oberflächen erklären. Auch ein polierte ebene Fläche ist keine ideale Ebene. Sie hat kleine mikroskopische Abweichungen von dieser idealen Ebene, die durch Gitterfehler, Stufenversetzungen und andere Defekte verursacht werden. Die Einhüllende dieser Mikrorauhigkeit gibt die makroskopischen Abweichungen von der Soll-Ebene an, welche durch (oft unvermeidliche) Polierungenauigkeiten beim Schleif- oder Poliervorgang bewirkt werden. Als Maß für die Rauhigkeit kann man die mittlere quadratische Abweichung $\langle z^2(x,y)\rangle$ aller Punkte der Oberfläche von der Soll-Ebene $z = 0$ verwenden. Da man im allgemeinen nicht einzelne Punkte, sondern immer Flächenelemente $\mathrm{d}x\,\mathrm{d}y$ mißt, mittelt man über die Funktion $z(x,y)$, und der erhaltene Mittelwert hängt von der räumlichen Auflösung des Meßinstrumentes ab. Mit modernen Tunnelmikroskopen (siehe Bd. 3) kann man die durch die atomare Struktur der Oberfläche bedingte Rauhigkeit räumlich auflösen.

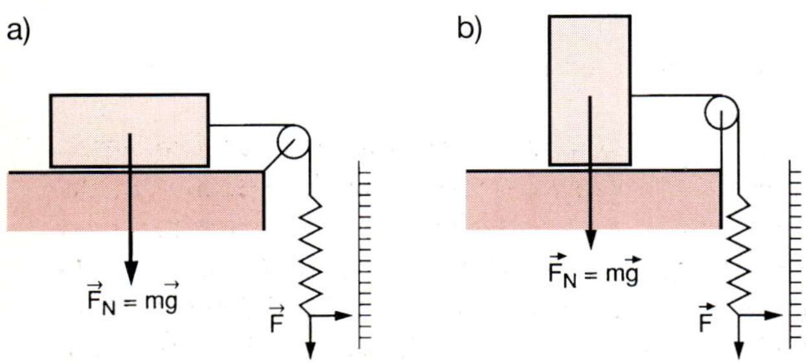

Abb. 6.42. Messung der Haftreibung mit einer Federwaage

Die beiden Oberflächen der aneinander haftenden Körper „verzahnen“ sich ineinander auf Grund der sie aneinander drückenden Kraft $\boldsymbol{F}_N$ (Abb. 6.43b), und man muß eine Kraft $\boldsymbol{F}_H$ aufwenden, um die „Verzahnung“ zu lösen. Dies kann dadurch geschehen, daß einige der „im Wege stehenden“ Rauhigkeitsberge abgebrochen werden, oder daß der Körper A über diese Berge angehoben wird.

Um den Haftreibungskoeffizienten in einem Demonstrationsexperiment zu bestimmen, eignet sich eine schiefe Ebene mit einem verstellbaren Neigungswinkel α (Abb. 6.44). Man vergrößert den Winkel α so lange, bis der Körper bei $\alpha = \alpha_{max}$ zu gleiten beginnt. Bei einem Gewicht $G = mg$ des Körpers ist die zur schiefen Ebene parallele Kraft F_H

$$F_H = m \cdot g \cdot \sin\alpha = F_N \cdot \tan\alpha \,,$$

und damit erhält man aus (6.42) den Haftreibungskoeffizienten

$$\boxed{\mu_H = \frac{F_H(\alpha_{max})}{F_N(\alpha_{max})} = \tan\alpha_{max}} \,. \qquad (6.43)$$

Wird der Winkel α über α_{max} hinaus vergrößert, so erfolgt eine beschleunigte Gleitbewegung des Körpers. Dies zeigt bereits, daß bei der Gleitbewegung die Reibungskraft kleiner ist als im Ruhezustand.

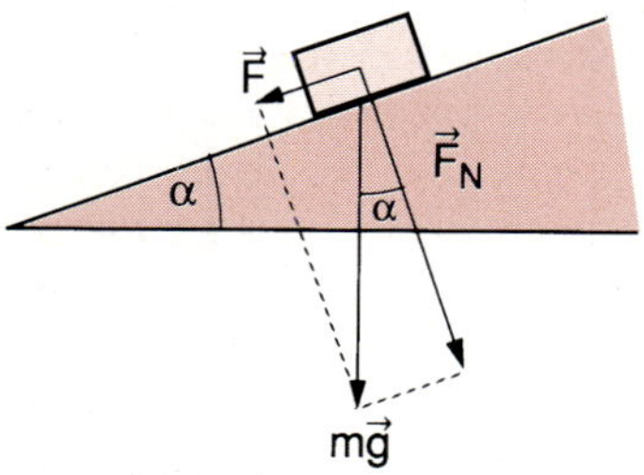

Abb. 6.44. Messung von Haftreibungskoeffizienten mit der schiefen Ebene

6.5.2 Gleitreibung

Hat man den Körper in Abb. 6.42 durch eine Kraft $|\boldsymbol{F}| > |\boldsymbol{F}_H|$ in eine gleitende Bewegung versetzt, so erfolgt diese Bewegung beschleunigt. Um eine gleichförmige Bewegung zu erreichen, bei der die Gesamtkraft Null ist, braucht man deshalb nur eine kleinere Kraft $|\boldsymbol{F}_G| < |\boldsymbol{F}_H|$, die auch wieder proportional zur Normalkraft F_N ist, welche den Körper auf seine Unterlage drückt.

$$\boxed{F_G = \mu_G \cdot F_N} \,. \qquad (6.44)$$

Der ***Gleitreibungskoeffizient*** μ_G hängt wieder vom Material beider sich berührender Körper, von der Beschaffenheit ihrer Berührungsfläche und von der Relativgeschwindigkeit der beiden Körper ab, ist aber immer kleiner als der Haftreibungskoeffizient μ_H. Dies läßt sich durch das vereinfachende Modell der Abb. 6.43b erklären, in dem die Rauhigkeit der Oberfläche übertrieben dargestellt ist. Wenn beide Körper relativ zueinander ruhen, verzahnen sich die Spitzen und Täler der Oberflächen unter dem Einfluß der Normalkraft F_N so ineinander, daß bei der gegebenen relativen Lage ein relatives Minimum des mittleren Abstands beider Grenzflächen auftritt, weil dies einem relativen Minimum der Energie entspricht. Bei der Gleitbewegung gleiten die Flächen so aneinander vorbei, daß dieses Minimum nicht eingenommen wird.

Beim Gleitvorgang wird, vor allem von den Spitzen des „Rauhigkeitsgebirges“, Material abgetragen. Dies führt zu einem Verschleiß der Oberfläche. Hierfür muß gegen die anziehenden atomaren Kräfte Arbeit geleistet werden, die von der den Gleitvorgang antreibenden Kraft $\boldsymbol{F} = \boldsymbol{F}_G$ aufgebracht werden muß. Bei einer horizontalen Verschiebung Δx wird bei gleichförmiger Bewegung die Arbeit $\Delta W = F_G \cdot \Delta x$ geleistet. Sie wird in Wärme umgewandelt.

Die im Experiment gemessene Kraft $\boldsymbol{F}_G$ nimmt in vielen Fällen, abhängig von der Art der Oberflächen, zu mit wachsender Geschwindigkeit des Gleitvorganges. Der Grund dafür ist, daß bei größerer Geschwindigkeit pro Wegeinheit mehr Material abgetragen wird, so daß die aufzuwendende Leistung stärker als v anwächst.

6.5.3 Rollreibung

Auch wenn ein runder Körper auf einer ebenen Unterlage rollt, treten Reibungskräfte F_R auf, die auf die Anziehungskräfte zwischen den Atomen entlang der Berührungslinie zwischen rollendem Körper und Unterlage und die Deformation der Oberflächen zurückzuführen sind (Abb. 6.45). Für das Abrollen eines runden Körpers mit konstanter Winkelgeschwindigkeit

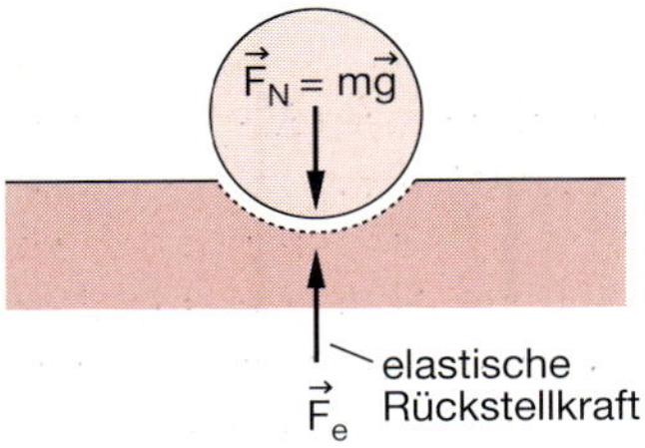

Abb. 6.45. Deformation der Oberfläche um die Berührungslinie

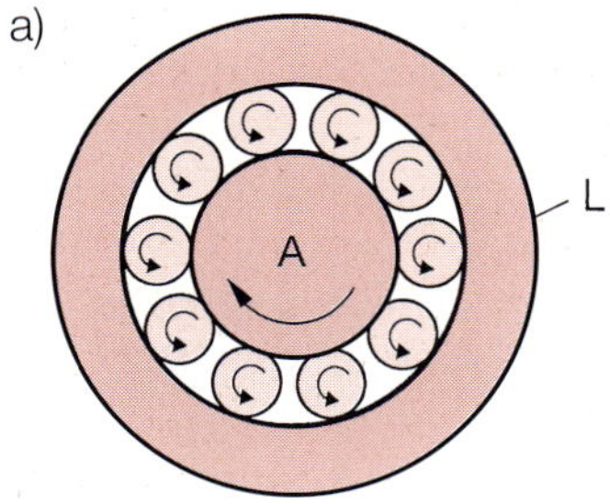

Abb. 6.47a–c. Kugellager. (**a**) Schema eines Radialrillenkugellagers; (**b**) Ausführung; (**c**) Axialrillenkugellager

braucht man ein Drehmoment um die Berührungslinie, welche das entgegengesetzte Drehmoment der Rollreibung gerade kompensiert. Wieder findet man experimentell, daß der Betrag dieses Drehmomentes D proportional ist zur Normalkraft F_N

$$\boxed{D_R = \mu_R \cdot F_N}\;, \tag{6.45}$$

wobei der ***Rollreibungskoeffizient*** μ_R die Dimension einer Länge hat, im Gegensatz zu den dimensionslosen Koeffizienten μ_H und μ_G.

Man kann, wie bei den Gleitreibungskräften, den Rollreibungskoeffizienten μ_R mit Hilfe einer schiefen Ebene bestimmen (Abb. 6.46). Ein Kreiszylinder rollt *nicht* die schiefe Ebene herunter, solange der Neigungswinkel α kleiner ist als der Grenzwinkel α_R, welcher jedoch kleiner ist als α_G in Abb. 6.44. Bei diesem Grenzwinkel α_R sind das durch die Schwerkraft mg bewirkte Drehmoment $m \cdot g \cdot r \cdot \sin\alpha$ um die Berührungslinie B, das im Gegenuhrzeigersinn wirkt, und das im Uhrzeigersinn wirkende Drehmoment $\mu_R \cdot F_N = \mu_R \cdot mg \cdot \cos\alpha$ dem Betrage nach gleich. Dies ergibt den Rollreibungskoeffizienten

$$\boxed{\mu_R = r \cdot \tan\alpha_R}\;, \tag{6.46}$$

der also proportional zum Radius des Kreiszylinders ist.

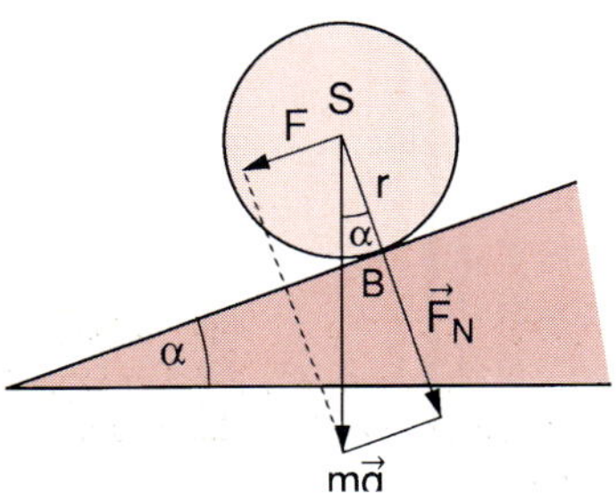

Abb. 6.46. Zur Messung der Rollreibung auf der schiefen Ebene

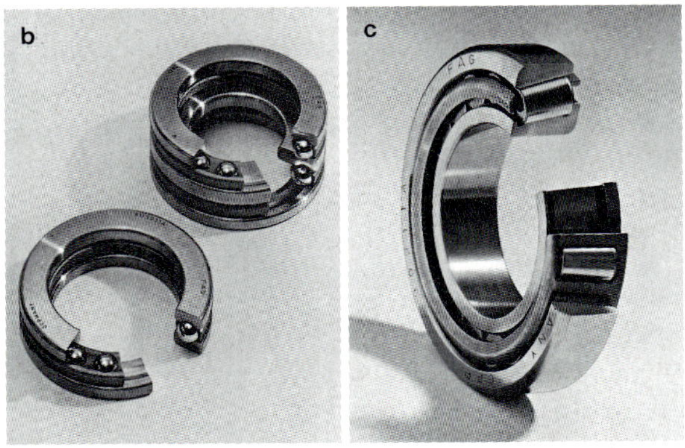

Die Rollreibung ist wesentlich kleiner als die Gleitreibung, weil beim Abrollen die Unebenheiten in Abb. 6.43 teilweise „übersprungen" werden.

Will man die Kräfte vergleichen, die für eine gleichförmige Bewegung beim Rollen oder Gleiten eines Körpers gleicher Masse notwendig sind, so erhält man aus (6.44) und (6.45) das Verhältnis

$$\frac{F_G}{F_R} = \frac{F_G}{D_R/r} = \frac{\mu_R}{r \cdot \mu_G}\;, \tag{6.47}$$

wobei r der Radius der Räder ist.

Die gegenüber der Gleitreibung wesentlich geringere Rollreibung wird technisch in Kugellagern ausgenutzt, mit denen eine rotierende Achse in einer festen Halterung reibungsarm gelagert wird (Abb. 6.47). In Tabelle 6.3 sind die Reibungskoeffizienten für einige Materialkombinationen aufgelistet.

Anmerkung

Beim Schlittenfahren bzw. Schlittschuhlaufen schmilzt der Schnee unter den Kufen auf Grund des großen Druckes (siehe Abschn. 11.3). Dadurch bildet sich eine Flüssigkeitsschicht zwischen Kufen und fester Eisunterlage, durch welche die Gleitreibung erheb-

Tabelle 6.3 Haft-, Gleit- und Roll-Reibungs-Koeffizienten einiger sich berührender Materialien. (Die Werte hängen stark von der Beschaffenheit der Oberfläche ab und schwanken daher bei den verschiedenen Autoren).

Materialien	μ_H	μ_G	μ_R/r
Stahl–Stahl	0,5–0,8	0,4	0,05
Stahl mit Ölfilm	0,08	0,06	0,03–0,1
Al–Al	1,1	0,8–1,0	
Stahl–Holz	0,5	0,2–0,5	
Holz–Holz	0,6	0,3	0,5
Diamant–Diamant	0,1	0,08	
Glas–Glas	0,9–1,0	0,4	
Gummi–Asphalt			
– trocken	1,2	1,05	0,3
– naß ohne Wasserfilm	0,6	0,4	0,2–0,4

lich reduziert wird. Diese wesentlich geringere Gleitreibung zwischen Festkörperoberfläche und Flüssigkeit wird beim *Schmieren* ausgenutzt, bei der ein Ölfilm die Gleitreibung zwischen zwei festen Körpern um mehrere Größenordnungen reduzieren kann.

6.5.4 Bedeutung der Reibung in der Technik

Die Reibung spielt in der Technik eine überragende Rolle. Für viele Fälle soll sie möglichst groß sein (z.B. bei Kupplungen). Für Autoreifen soll die Rollreibung klein, Haftreibung und Gleitreibung jedoch groß sein.

Für viele gleitende oder sich drehende Teile einer Maschine ist die Reibung schädlich. Sie führt zu erhöhtem Energieverbrauch durch die infolge der Reibung auftretenden Wärmeverluste, und sie bewirkt außerdem eine Zerstörung der gegeneinander bewegten Oberflächen (Verschleiß). Man muß daher die Reibung für solche Fälle minimieren. Dies geschieht entweder durch Verringerung der Gleitreibung mit Hilfe von Flüssigkeitsfilmen oder Luftpolstern, oder durch Verwendung von Kugellagern. Inzwischen befaßt sich ein ganzes Wissenschaftsgebiet, die *Tribologie*, mit den Problemen der Reibung [6.4].

BEISPIEL

In Abb. 6.48a ist eine sich mit der Winkelgeschwindigkeit ω drehende Achse gezeigt, die auf einer Kreisringfläche $A = \pi(r_1^2 - r_2^2)$ auf einer feststehenden Platte aufliegt und durch eine Kraft F_N mit dem Druck $p = F_N/A$ angepreßt wird. Durch die Gleitreibung wird ein Drehmoment D auf die rotierende Achse bewirkt, das bei gleichförmiger Rotation durch ein äußeres Drehmoment kompensiert werden muß. Auf den in Abb. 6.48 schraffierten Kreisring wirkt die Kraft $\mathrm{d}F_N = 2\pi r\,\mathrm{d}r \cdot p$, die ein Drehmoment $\mathrm{d}D = r \cdot \mathrm{d}F_G = \mu_G \cdot p \cdot 2\pi r^2\,\mathrm{d}r$ bewirkt. Das gesamte Drehmoment ist daher:

$$D = \int_{r_1}^{r_2} \mathrm{d}D = \frac{2\pi}{3}\mu_G \cdot p \cdot (r_2^3 - r_1^3)\,. \tag{6.48}$$

Die wegen der Reibung aufzubringende Leistung, $P = D \cdot \omega$, die in Wärme verwandelt wird, ist daher proportional zum Gleitreibungskoeffizienten μ_G, zum Andruck p und zur Winkelgeschwindigkeit ω.

Lagert man die Kreisringfläche A in einem Kugellager (Abb. 6.48b), so wird das Reibungsdrehmoment wesentlich kleiner. Eine andere Lösung verwendet einen dünnen Flüssigkeitsfilm zwischen A und der Unterlage B oder ein durch Preßluft erzeugtes Luftpolster.

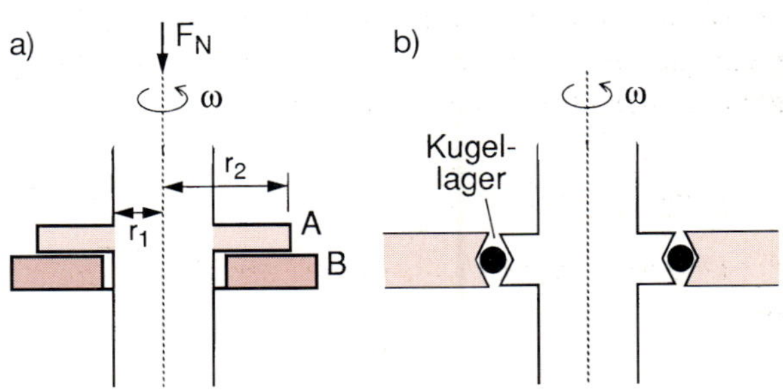

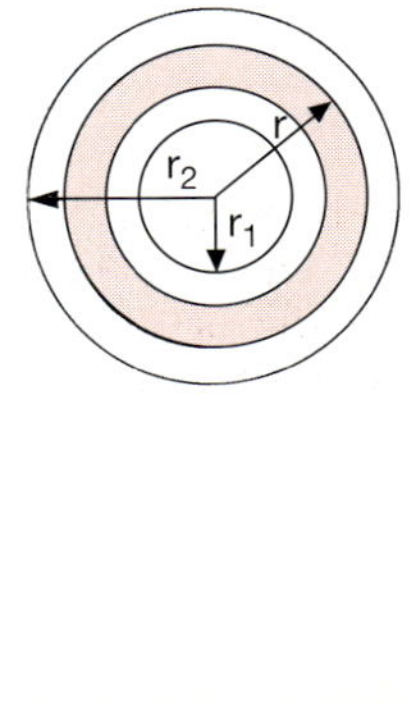

Abb. 6.48. Rotierende Achse, (**a**) auf gleitendem Flächenlager, (**b**) durch ein Kugellager gehalten

6.6 Die Erde als deformierbarer Körper

Wir wollen zum Schluß dieses Kapitels die hier gewonnenen Erkenntnisse auf ein besonders interessantes Beispiel anwenden, nämlich die Deformation unserer ***Erde*** unter dem Einfluß der verschiedenen, auf sie wirkenden Gravitationskräfte. Da die Erde sowohl flüssige als auch feste Bestandteile hat, ist sie ein gutes Lehrbeispiel für einen realen deformierbaren Körper.

Unsere Erde ist keine starre homogene Massenkugel. Sie hat ein inhomogenes radiales Dichteprofil $\varrho(r)$ (Abb. 6.49), das zum einen durch das Druckprofil $p(r)$ bestimmt wird und zum anderen durch die inhomogene chemische Zusammensetzung und die festen und flüssigen Aggregatzustände im Inneren der Erde. Der zentrale Bereich ($r < 1000$ km) wird durch einen festen Kern aus schweren Elementen (*Eisen-Nickel-Kern*) gebildet, über dem sich flüssige Materie befindet, auf der wiederum eine relativ dünne feste Schicht, die *Erdkruste* in Form großer Schollen schwimmt (Abb. 6.49). Die Erde ist deshalb kein starrer Körper, sondern unter dem Einfluß von Kräften verformbar. Diese Verformungen können teilweise elastisch sein (Gezeiten der Erdkruste) oder plastisch verlaufen, d.h., nach Beendigung der Krafteinwirkung bleibt eine dauernde Verformung zurück (z.B. die Verschiebung von Schollen der Erdkruste, Erdbeben). Wir wollen in diesem Abschnitt die wichtigsten Krafteinwirkungen und die aus ihnen resultierenden Verformungen kurz besprechen.

6.6.1 Polabplattung der rotierenden Erde

Die Rotation der Erde mit der Winkelgeschwindigkeit $\omega = 2\pi/\text{Tag} = 7{,}3 \cdot 10^{-5}\ \text{s}^{-1}$ bewirkt auf ein Massenelement Δm im Abstand a von der Rotationsachse die Zentrifugalkraft $\boldsymbol{F}_Z$ mit

$$\boldsymbol{F}_Z = \Delta m \cdot a \cdot \omega^2 \hat{\boldsymbol{e}}_d\,, \tag{6.49a}$$

die zusätzlich zur Gravitationskraft $\boldsymbol{F}_G$ mit

$$\boldsymbol{F}_G = -G \cdot \frac{\Delta m \cdot M(r)}{r^2}\hat{\boldsymbol{r}} \tag{6.49b}$$

wirkt, wobei $M(r)$ die gesamte Masse innerhalb der Kugel mit Radius r ist. Wegen der plastischen Verformbarkeit der Erde verschiebt sich das Massenelement so lange, bis die Gesamtkraft

$$\boldsymbol{F} = \boldsymbol{F}_G + \boldsymbol{F}_Z + \boldsymbol{F}_R$$

aus Gravitationskraft $\boldsymbol{F}_G$, Zentrifugalkraft $\boldsymbol{F}_Z$ und rücktreibender Verformungskraft $\boldsymbol{F}_R$ Null wird (Abb. 6.50). Bei homogener Massenverteilung würde dadurch ein Rotationsellipsoid entstehen, dessen großer Durchmesser in der Äquatorebene

$$2a = 12\,756{,}3\ \text{km}$$

und dessen kleiner Durchmesser in Richtung der Rotationsachse

$$2b = 12\,713{,}5\ \text{km}$$

beträgt. Die Exzentrizität $\varepsilon = (a-b)/a$ des Rotationsellipsoids ist deshalb $\varepsilon = 3{,}353 \cdot 10^{-3}$. Wegen der inhomogenen Massenverteilung weicht die Gestalt der

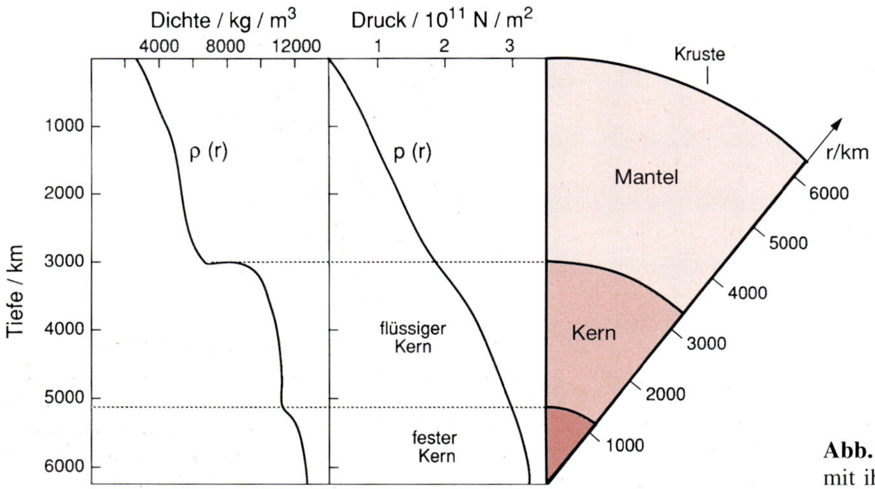

Abb. 6.49. Querschnitt durch die Erde mit ihrem radialen Dichteprofil

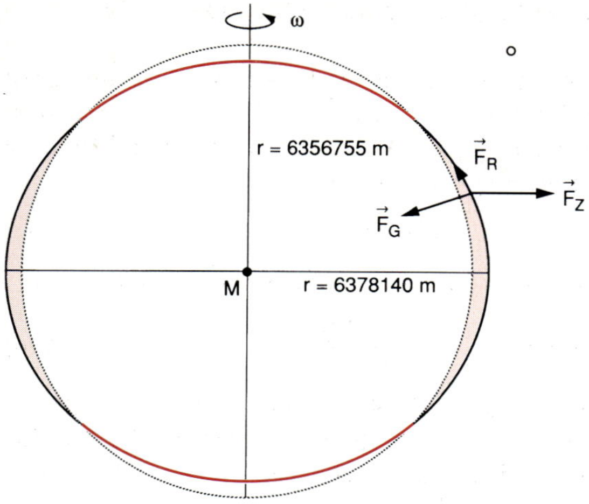

Abb. 6.50. Polabplattung der rotierenden Erde (stark übertrieben dargestellt

Erde etwas von dieser Ellipsoidform ab und bildet einen fast birnenförmigen Körper, der ***Geoid*** genannt wird (Abb. 2.57). Die Oberfläche dieses Geoids wird als *Normalnull* gewählt, von der aus alle Höhen auf der Erde gemessen werden [6.5].

6.6.2 Gezeitenverformung

Durch die zusätzlichen Gravitationskräfte, die Mond und Sonne auf die Erde ausüben, verformt sich die Erdoberfläche in charakteristischer, zeitabhängiger Weise. Diese Verformung ist am deutlichsten auf den Weltmeeren ausgeprägt (Ebbe und Flut), da bei Flüssigkeiten die rücktreibende elastische Verformungskraft fehlt, sie tritt aber auch in der festen Erdkruste mit kleinerer Auslenkung auf. Um diese um die Erde wandernde Gezeitenverformung genauer zu verstehen, behandeln wir zuerst den vereinfachten Spezialfall, in dem die Eigenrotation der Erde und der Gravitationseinfluß der Sonne *nicht* berücksichtigt werden.

Unter dem Einfluß der gegenseitigen Gravitationskraft

$$\boldsymbol{F}_{\mathrm{G}} = -G \cdot \frac{M_{\mathrm{E}} \cdot M_{\mathrm{Mo}}}{r_0^2}\,\hat{\boldsymbol{r}}_0 \tag{6.50}$$

bewegen sich Erde und Mond mit der Winkelgeschwindigkeit Ω um ihren gemeinsamen Schwerpunkt S, der noch im Inneren der Erde liegt (etwa 0,75 Erdradien vom Erdmittelpunkt). Dann durchlaufen während eines Mondumlaufes alle Punkte P der Erde Kreise mit dem gleichen Radius $\overline{\mathrm{MS}} = 0{,}75$ R aber *mit verschiedenen* Mittelpunkten 0 (Abb. 6.51). Nur der Erdmittelpunkt M läuft auf einem Kreis um den raumfesten Schwerpunkt S.

Die Bewegung der Erde als Ganzes um S entspricht daher nicht einer Rotation um eine Achse, sondern vielmehr einer Verschiebung, da der raumfeste Punkt S, der immer auf der Verbindungslinie Erde–Mond liegt, innerhalb der Erde nicht konstant bleibt, sondern sich selbst im Koordinatensystem der nichtrotierenden Erde auf einem Kreis mit Radius 0,75 R um den Erdmittelpunkt bewegt. Die durch die mit der Winkelgeschwindigkeit Ω erfolgende Erde–Mond-Rotation um S bewirkt deshalb (ohne Eigenrotation der Erde) für alle Massenpunkte m der Erde *die gleiche Zentrifugalkraft*

$$F_{\mathrm{Z}} = m \cdot \Omega^2 \cdot R_{\mathrm{S}} = m\Omega^2 \cdot 0{,}75\ R\,. \tag{6.51}$$

Andererseits ist die durch den Mond bewirkte Gravitationskraft für die verschiedenen Punkte der Erde *verschieden*. Für eine Masse m im Erdmittelpunkt M gilt:

$$\boldsymbol{F}_{\mathrm{G}} = -G\frac{m \cdot M_{\mathrm{Mo}}}{r^2}\,\hat{\boldsymbol{r}}_0 \text{ mit } r = r_0\,. \tag{6.52}$$

Hier heben sich Gravitationskraft $\boldsymbol{F}_{\mathrm{G}}$ und Zentrifugalkraft $\boldsymbol{F}_{\mathrm{Z}} = M_{\mathrm{E}}\Omega^2 0{,}75\ R\hat{\boldsymbol{r}}_0 = -\boldsymbol{F}_{\mathrm{G}}(r_0)$ gerade auf, so

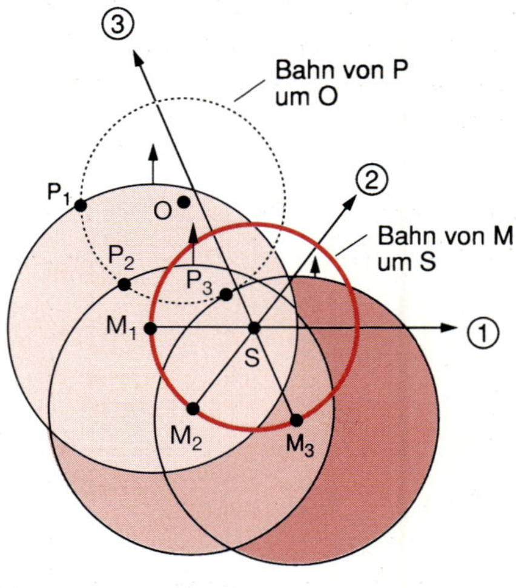

Abb. 6.51. Bei der Rotation von Erde und Mond um den gemeinsamen Schwerpunkt S durchlaufen die verschiedenen Punkte der Erde ohne die Eigenrotation der Erde Kreise mit gleichen Radien, aber verschiedenen Mittelpunkten. Gezeigt sind die Lagen M_i des Erdmittelpunktes für die verschiedenen Stellungen *1*), *2*) und *3*) des Mondes

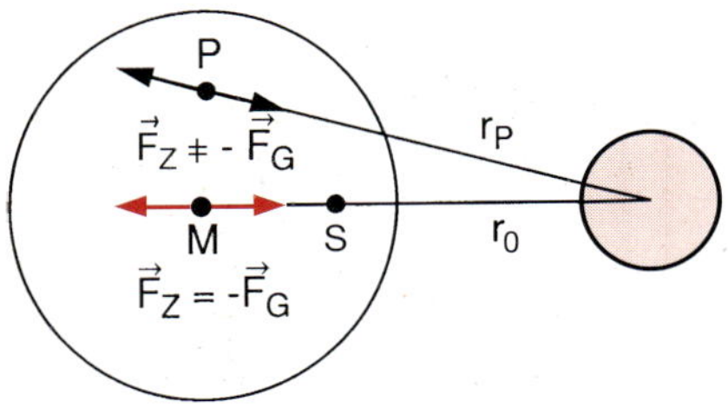

Abb. 6.52. Nur für den Erdmittelpunkt M sind Gravitationskraft $\boldsymbol{F}_G$ der Mondanziehung und Zentrifugalkraft $\boldsymbol{F}_Z$ der Mond–Erde-Rotation um S entgegengesetzt gleich

daß auf einen Beobachter im Erdmittelpunkt die Gesamtkraft $\boldsymbol{F} = \boldsymbol{0}$ wirkt (Abb. 6.52).

Dies gilt jedoch nicht mehr für andere Punkte der Erde, weil der Abstand r in (6.52) für die verschiedenen Erdpunkte unterschiedlich ist. So gilt für die durch den Mond bewirkte Gravitationskraft auf eine Masse m in den Punkten A und B in Abb. 6.53:

$$\begin{aligned} \boldsymbol{F}_G(r_A) &= -G\frac{m \cdot M_{Mo}}{(r_0 + R)^2}\,\hat{\boldsymbol{r}}_0\,, \\ \boldsymbol{F}_G(r_B) &= -G\frac{m \cdot M_{Mo}}{(r_0 - R)^2}\,\hat{\boldsymbol{r}}_0\,, \end{aligned} \tag{6.53a}$$

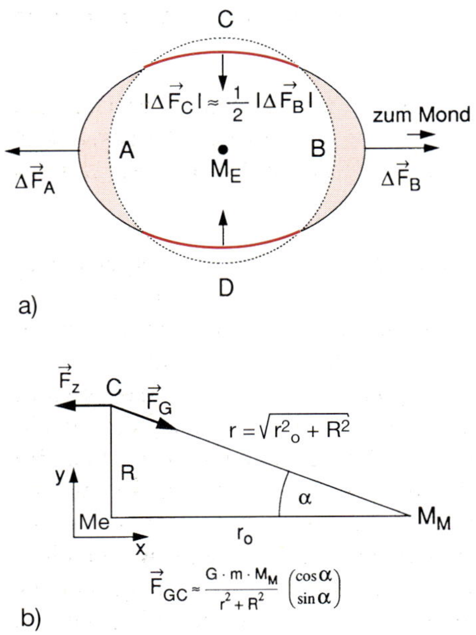

Abb. 6.53. Verformung der Erde durch die Gezeiten (stark übertrieben dargestellt). Die Pfeile geben Größe und Richtung der Gezeitenkräfte an

so daß eine resultierende Kraft $\boldsymbol{\Delta F} = \boldsymbol{F}_G + \boldsymbol{F}_Z = \boldsymbol{F}_G - \boldsymbol{F}_G(r = r_0)$ übrig bleibt, die in Richtung der Verbindungslinie Erde–Mond zeigt und deren Größe sich aus (6.53a) wegen $r_0 \gg R$ und $(1 + R/r_0)^{-2} \approx 1 - 2R/r_0$ ergibt zu:

$$\begin{aligned} \Delta F(r_A) = -\Delta F(r_B) &= -G \cdot \frac{m \cdot M_{Mo}}{r_0^2} \\ &\quad \cdot \left(\frac{1}{(1 + R/r_0)^2} - 1\right)\hat{\boldsymbol{r}}_0 \\ &\approx G \cdot \frac{2m \cdot M_{Mo}}{r_0^3} R \cdot \hat{\boldsymbol{r}}_0 \\ &= 2F_G(r_0) \cdot \frac{R}{r_0}\,. \end{aligned} \tag{6.54a}$$

> Sowohl $\Delta F(r_A)$ als auch $\Delta F(r_B)$ sind radial vom Mittelpunkt der Erde nach außen gerichtet, führen also zu einer konvex gekrümmten Verformung der Erdoberfläche, wie dies in Abb. 6.53 übertrieben dargestellt ist.

Für eine Masse m im Punkt C oder D zeigt die durch den Mond bewirkte Gravitationskraft $\boldsymbol{F}_G = \{F_x, F_y\}$

$$\begin{aligned} \boldsymbol{F}_G(r_C) &= -\,G\frac{m \cdot M_{Mo}}{r_0^2 + R^2}\,\hat{\boldsymbol{r}} = \\ &F_G(r_C)\frac{r_0^2}{r_0^2 + R^2}\begin{Bmatrix}\cos\alpha \\ \sin\alpha\end{Bmatrix} \end{aligned} \tag{6.53b}$$

in Richtung des Einheitsvektors $\hat{\boldsymbol{r}}$ von C bzw. D zum Mondmittelpunkt (Abb. 6.53b), die Zentrifugalkraft aber, wie für alle Erdpunkte, in Richtung von $\boldsymbol{r}_0$, so daß eine resultierende Kraft

$$\begin{aligned} \boldsymbol{\Delta F}(r_C) = \boldsymbol{F}_Z + \boldsymbol{F}_G = F_G(r_0) &\begin{pmatrix} \dfrac{r_0^3}{(r_0^2 + R^2)^{3/2}} - 1 \\ \dfrac{r_0^2 R}{(r_0^2 + R^2)^{3/2}} \end{pmatrix} \\ &\approx F_G(r_0)\frac{R}{r_0}\begin{pmatrix} -\frac{3}{2}(R/r_0) \\ 1 \end{pmatrix} \end{aligned}$$

übrig bleibt, die wegen $R \ll r_0$ im wesentlichen radial nach innen zeigt, also die Erdoberfläche *konkav* krümmt (Abb. 6.53b). Ihr Betrag

$$\Delta F(r_C) = |\boldsymbol{F}_G(r_C) - \boldsymbol{F}(r_0)| \approx G\frac{m \cdot M_{Mo}}{r_0^3}R$$
$$= \frac{1}{2}\Delta F(r_A) \qquad (6.54b)$$

ist um den Faktor $\frac{1}{2}$ kleiner als in den Punkten A und B. Für alle anderen Punkte auf der Erdoberfläche haben die resultierenden Kräfte ΔF sowohl eine radiale als auch eine tangentiale Komponente. Die tangentiale Komponente führt z.B. zur Beschleunigung des Meerwassers von C und D nach A und B.

Man sieht aus (6.54b), daß die maximale Gezeitenkraft vom Verhältnis M/r^3 abhängt. Setzt man für den Mond die entsprechenden Daten ein, so erhält man mit $M_{Mo}/r_{Mo}^3 = 1{,}34 \cdot 10^{-3}$ kg/m^3 eine Gezeitenbeschleunigung

$$a_1 = \frac{\Delta F}{m} = 1{,}1 \cdot 10^{-6}\ \frac{\text{m}}{\text{s}^2}\ .$$

Dies führt zu einer Verformung der Erdkruste um bis zu 0,5 m. Für die Gezeitenwirkung der Sonne ergibt sich ein etwa halb so großer Wert

$$M_{So}/r_{So}^3 \approx 6{,}6 \cdot 10^{-4}\ \text{kg/m}^3$$
$$\Rightarrow a_2 = 5{,}6 \cdot 10^{-7}\ \text{m/s}^2\ .$$

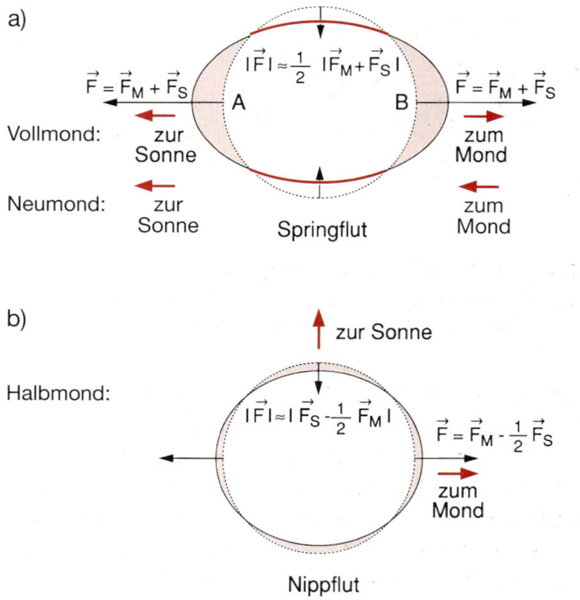

Abb. 6.54. (**a**) Springflut (Springtide) und Nippflut (Nipptide) als additive bzw. (**b**) substraktive (bei Halbmond) Überlagerung von Mond- und Sonnengravitation. Die Verformung ist stark übertrieben gezeichnet

Befinden sich sowohl Sonne und Mond auf einer Geraden durch den Erdmittelpunkt (dies ist der Fall bei Vollmond und bei Neumond), so addieren sich ihre Wirkungen (Springflut), stehen sie in Quadratur, so daß die Geraden Mond–M und Sonne–M in M einen rechten Winkel bilden (Abb. 6.54), so subtrahieren sich die Effekte (Nippflut).

Bisher haben wir die Eigenrotation der Erde nicht berücksichtigt. Sie bewirkt zweierlei:

- Eine Zentrifugalkraft, welche die Erdkugel in ein abgeplattetes Rotationsellipsoid verformt (siehe Abschn. 6.6.1). Die Verformung am Äquator ist dabei mit etwa 21 km viel größer als diejenige durch die Mondanziehung, aber sie ist für alle Punkte auf dem gleichen Breitengrad gleich!
- Bei feststehendem Mond würden durch die Erdrotation beide Verformungsberge in A und B und die Täler bei C und D in 24 h einmal um die Erde laufen (Ebbe und Flut). Die Verformung der festen Erdkruste beträgt dabei etwa 0,5 m, die der Wasseroberfläche etwa 1 m. Die an Küsten und vor allem in Meeresbuchten beobachteten Tidenhöhen von bis zu 15 m kommen durch nichtlineare Effekte bei der Ausbreitung der Flutwellen und durch Resonanzphänomene zustande [6.6].

Für eine genauere Beschreibung der Gezeiten muß die Bewegung des Mondes berücksichtigt werden. Sie bewirkt folgende Korrekturen unseres einfachen Modells:

- Da der Mond den Erde–Mond-Schwerpunkt S in 27,5 Tagen im gleichen Drehsinn wie die Eigenrotation der Erde umläuft, ist die Umlaufzeit der Flutberge in A und B 24,87 h anstatt 24 h.
- Durch die Neigung der Bahnebene des Mondes gegen die Äquatorebene (Abb. 6.55) erfährt ein Beobachter im Punkte A durch den Mond im Punkte A eine größere Gezeitenwirkung als 12,4 h später im Punkte B. Die Gezeitenamplituden erfahren daher eine halbtägige Amplitudenmodulation, deren Größe von der geographischen Breite und von der jeweiligen Lage des Mondes abhängt.
- Durch die Bewegung des Mondes ändert sich die relative Lage von Sonne–Mond–Erde, so daß die

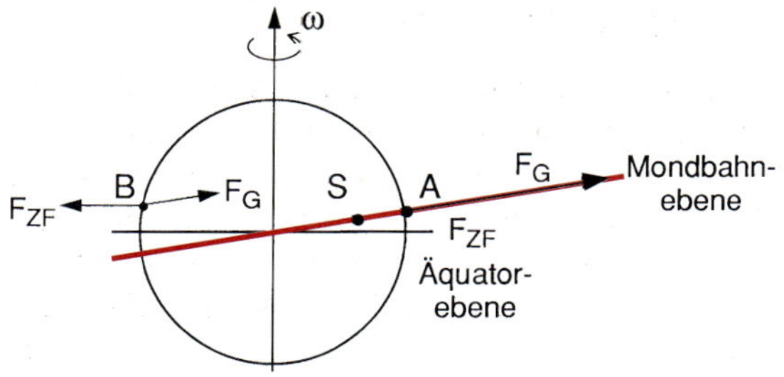

Abb. 6.55. Einfluß der Neigung der Mondbahnebene auf die periodische Schwankung der Gezeitenhöhe

Vektorsumme der Gezeitenkräfte durch Mond und Sonne ebenfalls eine periodische Modulation erfährt.

Insgesamt wird die Gezeitenamplitude durch die Überlagerung vieler Effekte eine komplizierte Funktion der Zeit. Man kann sie indirekt messen, indem man die durch die Gezeiten bewirkte zeitlich periodische Änderung der Gravitationskraft an einem Ort ausnutzt, die zu einer entsprechenden Variation der Erdbeschleunigung führt (Abb. 6.56).

6.6.3 Wirkungen der Gezeiten

Sowohl bei Ebbe und Flut als auch bei der Gezeitendeformation der Erdkruste tritt Reibung auf, so daß dauernd ein Teil der kinetischen Energie in Wärme umgewandelt wird. Diese Energie geht der Rotationsenergie der Erde verloren, so daß die Rotationsperiode jeden Tag um etwa 90 ns länger wird. In 10^6 Jahren bewirkt dies eine Tagesverlängerung um 0,5 min (siehe Aufgabe 1.4).

Die Gravitationskraft Erde–Mond bewirkt natürlich auch auf dem Mond Verformungen. Man nimmt heute an, daß die wohl ursprünglich vorhandene Eigenrotation des Mondes durch diese Gezeitenreibung im Laufe von Jahrmillionen völlig abgebremst wurde, so daß der Mond uns heute immer die gleiche Seite zukehrt, d.h., die Flutberge und Täler sind auf dem Mond inzwischen ortsfest und bewirken daher auch keine Reibung mehr. Genaue Messungen haben in der Tat gezeigt, daß der Mond ein Ellipsoid bildet, dessen große Achse immer zur Erde zeigt.

Die Gezeitenreibung auf der Erde hat außerdem folgenden interessanten Effekt: Da der Drehimpuls des Systems Erde–Mond zeitlich konstant sein muß, weil außer vernachlässigbaren Wechselwirkungen mit anderen Planeten nur die Zentralkraft durch die Gravitationsanziehung der Sonne wirkt, muß bei abnehmender Rotationswinkelgeschwindigkeit ω und damit abnehmendem Eigendrehimpuls $I \cdot \omega$ der Erde der Bahndrehimpuls des Erde–Mond-Systems zunehmen. Der Mond wird durch den schnellen umlaufenden Flutberg auf der Erde etwas beschleunigt. Dies geschieht folgendermaßen (Abb. 6.57): Die mit der Winkelgeschwindigkeit $\omega \gg \Omega$ rotierende Erde beschleunigt die Flutberge durch die Reibungskraft F_{R_1} ein wenig. Dadurch wird sie selbst durch die entgegengesetzte gleiche Reibungskraft $F_{R_2} = -F_{R_1}$ abgebremst, d.h., ω wird kleiner. Die Flutberge eilen deshalb der Verbindungslinie M–Mond etwas voraus. Infolge der Gravitation üben sie auf den Mond eine beschleunigende Kraft mit der (sehr kleinen) Tangentialkomponente $\boldsymbol{F}_t$ aus. Seine Geschwindigkeit nimmt daher zu und damit auch sein Abstand von der Erde. Früher muß der Mond demnach näher an der Erde gewesen sein. [6.7]

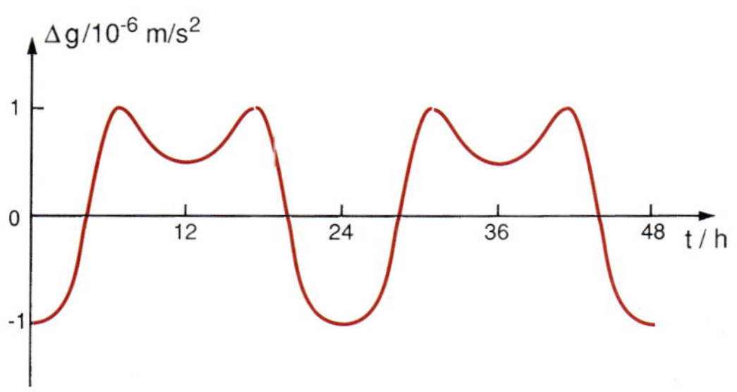

Abb. 6.56. Zeitlicher Verlauf der Gezeitenamplitude an einem festen Ort der Erdoberfläche, gemessen durch die entsprechende Änderung Δg der Erdbeschleunigung g

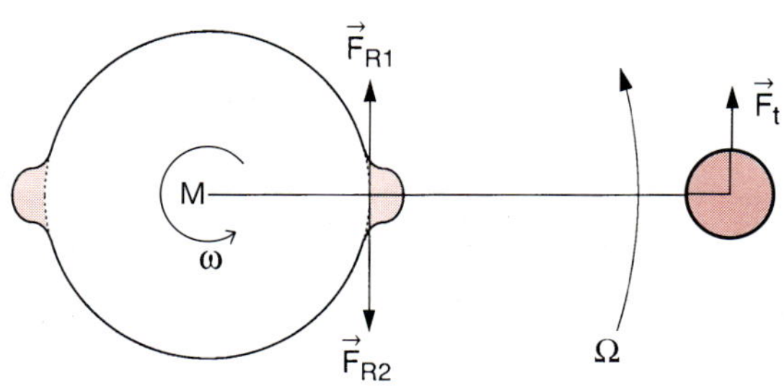

Abb. 6.57. Abbremsung der Erdrotation und Beschleunigung der Umlaufgeschwindigkeit des Mondes durch Gezeitenreibung

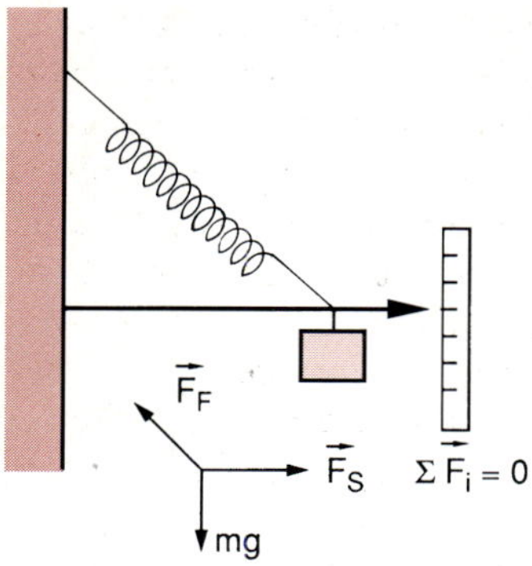

Abb. 6.58. Gravitationsfedermeßgerät

6.6.4 Messung der Erdverformung

Die Erdverformung kann mit verschiedenen Verfahren gemessen werden. Wir wollen dies an drei Meßgeräten illustrieren.

a) Messung der Gravitationsänderung

Gemäß (6.54a) ist die zusätzliche durch den Mond auf eine Masse m bewirkte Gravitationsanziehung in den Punkten A und B in der Bahnebene des Mondes

$$\Delta F_G \approx \frac{2mM_{Mo}}{r_{Mo}^3} R \,.$$

Ein Gravimeter (Abb. 6.58), bei dem eine Masse m so an einer schrägen Feder aufgehängt ist, daß eine kleine Änderung der Schwerkraft eine möglichst große Auslenkung hervorruft (siehe Abschn. 2.9), mißt daher eine periodische Änderung der Gravitationskraft mit einer Periode von 24,87 h (Abb. 6.56), die wegen der verschiedenen oben diskutierten Effekte einen komplizierten Verlauf hat [6.8].

b) Messung der Erddeformation

Hier wird die Änderung der Länge einer mit der Erdoberfläche verbundenen Meßbasis zwischen den Punkten A_1 und A_2 gemessen. Das Meßprinzip ist in Abb. 6.59 illustriert. Die beiden Spiegel eines Laserresonators werden auf Fundamenten in den Punkten A_1 und A_2 montiert. Die optische Frequenz $\nu_L = m \cdot c/2L$ der Laserwellenlänge ist durch die Länge L des Spiegelabstandes, die Lichtgeschwindigkeit c und die ganze Zahl $m \gg 1$ bestimmt. Ändert sich die Länge L durch Deformation der Erdkruste, so ändert sich die Laserfrequenz ν_L entsprechend. Dies läßt sich empfindlich messen, wenn man den Ausgangsstrahl des Lasers mit dem Strahl eines Referenzlasers mit fester Frequenz ν_R auf einen Detektor überlagert und die Differenzfrequenz $\nu_R - \nu_L$ bestimmt. In der Praxis werden heute Laserinterferometer mit Längen zwischen 100 m bis zu mehreren km verwendet, bei denen eine Längenänderung von 10^{-9} m noch nachweisbar ist (siehe Bd. 2, Kap. 10). Bei dieser Empfindlichkeit lassen sich die Deformationen der Erdkruste in den Rocky Mountains noch nachweisen, die durch die Brandungswellen des Pazifik verursacht werden [6.9].

c) Messung der Änderung der Erdbeschleunigung

Im Prinzip wird hier die Richtungsabweichung der auf einen Körper wirkenden Erdbeschleunigung von der Richtung zum Erdmittelpunkt hin gemessen, die durch die Mondanziehung verursacht wird.

Da die Winkelabweichung von der Vertikalen, die von der geographischen Breite abhängt, maximal etwa $2{,}1 \cdot 10^{-6}$ rad ($\hat{=}\ 0{,}4''$) beträgt, muß die Meßapparatur entsprechend genau sein. Man kann z.B. ein Pendel verwenden, das mit einer erschütterungsfreien Auf-

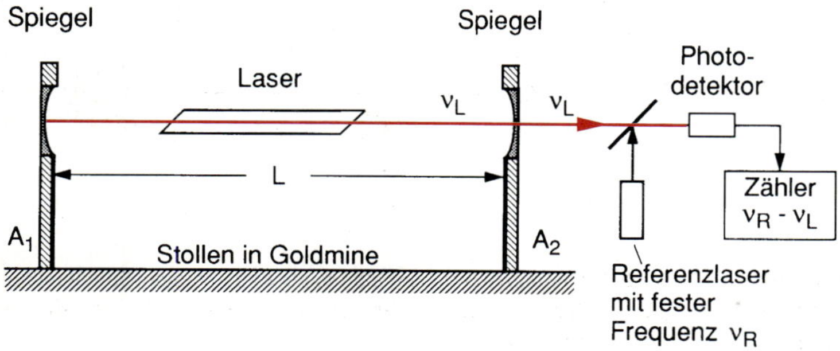

Abb. 6.59. Laserinterferometer zur Messung der Deformation der Erdkruste

hängung in einer temperaturstabilen Umgebung verwendet wird (Abb. 6.60). Die Verkippung wird entweder auf einer mechanischen Skala abgelesen oder genauer durch die Kapazitätsänderung eines Kondensators gemessen [6.9].

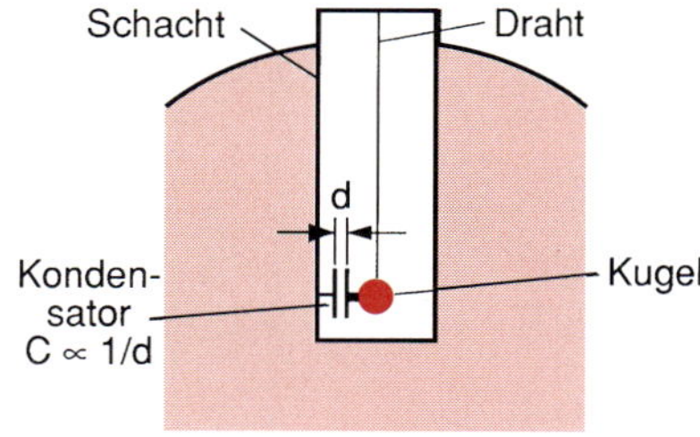

Abb. 6.60. Messung der Richtungsabweichung der Erdbeschleunigung g von der Vertikalen

ÜBUNGSAUFGABEN

1. Welche Längenänderung erfährt ein Stahlseil der Länge $L = 9$ km, wenn es
   a) in einem senkrechten Schacht hängt?
   b) im Meer abgesenkt wird?
   Elastizitätsmodul $E = 2 \cdot 10^{11}$ N/m², Dichten $\varrho_{St} = 7{,}7 \cdot 10^3$ kg/m³, $\varrho_W = 1{,}03 \cdot 10^3$ kg/m³
   c) Wie lang darf das Seil im Schacht sein, damit es nicht reißt?
2. Ein Stahlträger wird an einem Ende fest eingespannt und am anderen Ende im Abstand $L = 10$ m durch die Kraft $\boldsymbol{F}$ in z-Richtung belastet. Wie groß ist die Durchbiegung des freien Endes (Biegepfeil) für $F = 10^3$ N?
   a) bei rechteckigem Querschnitt $\Delta z = d = 0{,}1$ m, $\Delta y = b = d/2$?
   b) bei einem Doppel-T-Profil nach Abb. 6.15 mit $b_1 = d_1 = 0{,}1$ m, $b_2 = d_2 = 0{,}05$ m?
3. Der Tiefseetaucher *Picard* tauchte im Phillipinen-Graben in einer Stahlkugel von 3 m Außendurchmesser auf eine Meerestiefe von 10 000 m ab. Wie groß sind Druck und Gesamtkraft auf die Kugel? Um welchen Bruchteil ihres Volumens wird eine Stahlkugel aufgrund der Kompression kleiner, a) für eine Vollkugel, b) für eine Hohlkugel mit der Wandstärke 0,2 m?
4. Eine Turbine treibt über eine Stahlwelle mit Durchmesser D und Länge L einen Generator an. Um welchen Winkel φ verdrehen sich die Endflächen gegeneinander, wenn bei der Drehfrequenz $\omega = 2\pi \cdot 25\ \mathrm{s}^{-1}$ eine Leistung $P = 300$ kW übertragen werden soll?
   a) Stahlwelle als Vollzylinder mit $D = 10$ cm, $L = 20$ m
   b) als Hohlzylinder mit $D_i = 5$ cm, $D_a = 10$ cm.
5. Wie groß ist die Dichte des Wassers in Aufgabe 3, wenn die Kompressibilität von Wasser $\kappa = 4{,}8 \cdot 10^{-10}$ m²/N beträgt?
6. Ein oben offener Hohlwürfel aus Stahl ($\varrho_{St} = 7{,}8 \cdot 10^3$ kg/m³) mit Kantenlänge 1 m und Wandstärke $d = 2$ cm schwimmt im Wasser.
   a) Wie tief taucht er ein? b) Wo liegen Schwerpunkt und Metazentrum? c) Bis zu welchem Winkel gegen die Horizontale kann man ihn verkippen, bis er instabil wird?
7. Wie groß ist die Arbeit, die man aufwenden muß, um einen Vollwürfel aus Stahl mit der Kantenlänge $a = 0{,}4$ m vom Boden eines Schwimmbades mit der Wassertiefe von 4 m anzuheben bis in eine Höhe, bei der die Unterseite gerade an der Wasseroberfläche ist?
8. Welche Kraft war bei dem Schauversuch von *Guericke* in Magdeburg notwendig, um die beiden Halbkugeln zu trennen, wenn ihr Durchmesser 60 cm war und die Druckdifferenz zwischen außen und innen $\Delta p = 90$ kPa?
   Guericke hatte dazu 16 Pferde eingesetzt. Wie hätte man vorgehen müssen, um auch mit 8 Pferden auszukommen?
9. Um festzustellen, ob ein Goldbarren wirklich aus reinem Gold ist ($\varrho_G = 19{,}3$ kg/dm³), mißt ein Goldschmied sein Gewicht in Luft und beim völligen Eintauchen in Wasser. Welches Verhältnis der beiden Meßwerte muß sich ergeben
   a) bei reinem Gold?
   b) bei einer 20 %igen Beimischung von Kupfer ($\varrho_{Cu} = 8{,}9$ kg/dm³)?
   c) Wie groß muß die Meßgenauigkeit sein, um noch eine Beimischung von 1 % zu bestimmen?
10. Ein runder Stab aus Holz ($L = 1$ m, $d = 0{,}2$ m, $\varrho = 525$ kg/m³) schwimmt in Wasser. Wie tief taucht er ein
    a) bei horizontaler Schwimmlage?
    b) wenn an einem Ende des Stabes eine Stahlkugel mit $m = 1$ kg befestigt wird, so daß er vertikal steht?

7. Gase

Anders als bei festen oder flüssigen Körpern, die unter Einwirkung äußerer Kräfte ihr Volumen nur wenig ändern, lassen sich Gase beliebig expandieren (sie nehmen jeden ihnen angebotenen Raum ein) und bei Einwirken eines äußeren Druckes bis zu einer gewissen Grenze auch beliebig komprimieren. Dies liegt daran, daß ihre Dichte bei Atmosphärendruck etwa um drei Größenordnungen kleiner ist als die der festen oder flüssigen Phase. Der mittlere Abstand der Atome bzw. Moleküle ist deshalb etwa zehnmal größer, und ihre mittlere kinetische Energie ist größer als die potentielle Energie ihrer gegenseitigen Wechselwirkung (Anziehung bzw. Abstoßung).

Wir wollen in diesem Kapitel nach einer kurzen Darstellung der makroskopischen Größen ruhender Gase (Druck, Dichte) etwas ausführlicher die atomare Begründung der beobachteten makroskopischen Phänomene behandeln, die schon im vorigen Jahrhundert durch die kinetische Gastheorie erfolgte.

7.1 Makroskopische Betrachtung

Durch einen beweglichen Kolben läßt sich das Volumen einer abgeschlossenen Gasmenge variieren (Abb. 7.1).

Experimentell findet man für den Zusammenhang zwischen Druck p und Volumen V bei konstanter Temperatur T:

$$p \cdot V = \text{const} \tag{7.1}$$

(Boyle–Mariottesches Gesetz) ,

wobei der Zahlenwert der Konstanten von der Temperatur abhängt.

Aus $V = \text{const}/p$ folgt durch Differenzieren nach der Variablen p:

$$\frac{\mathrm{d}V}{\mathrm{d}p} = -\frac{\text{const}}{p^2} = -\frac{V}{p} \,. \tag{7.2}$$

Als Maß für die Komprimierbarkeit eines Gases definieren wir analog zu (6.32) die ***Kompressibilität***

$$\boxed{\kappa = -\frac{1}{V}\frac{\mathrm{d}V}{\mathrm{d}p} = \frac{1}{p}} \,, \quad [\kappa] = \frac{\mathrm{m}^2}{\mathrm{N}} \,. \tag{7.3}$$

Ein Gas läßt sich also desto leichter komprimieren, je kleiner sein Druck ist.

Bei einer Gesamtmasse M eines Gases im Volumen V ist seine Dichte $\varrho = M/V$.

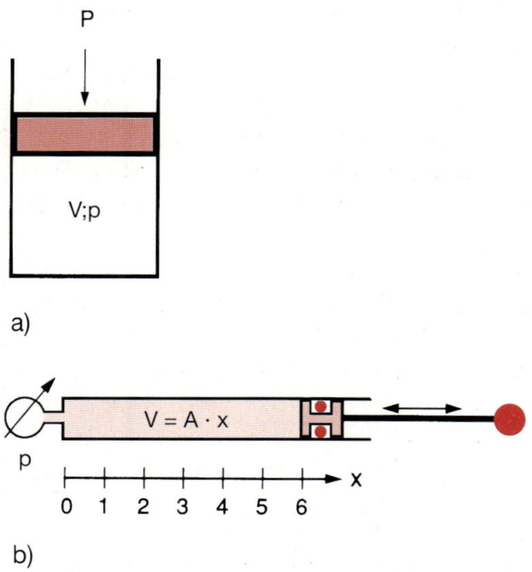

Abb. 7.1a,b. Durch einen beweglichen Kolben können Volumen V und Druck p eines Gases variiert werden; (**a**) Prinzip, (**b**) Demonstration des Boyle-Mariotteschen Gesetzes

Bei einem abgeschlossenen Gas ist seine Gesamtmasse M konstant, so daß seine Dichte ϱ dann umgekehrt proportional zu seinem Volumen ist. Setzt man $V = M/\varrho$ in (7.1) ein, so ergibt dies:

$$p = \frac{\text{const}}{M} \cdot \varrho \quad \text{d.h. } p \propto \varrho \,. \tag{7.4}$$

Bei konstanter Temperatur ist die Dichte ϱ eines Gases proportional zum Druck p.

Der Druck p eines Gases mit der Einheit

$$[p] = \frac{\mathrm{N}}{\mathrm{m}^2} = \text{Pascal}$$

kann auf vielerlei Weise gemessen werden (siehe Abschn. 9.3). Eine einfache Möglichkeit benutzt ein Quecksilbermanometer (Abb. 7.2). Herrscht im Gefäß mit dem Volumen V der Druck p und im geschlossenen Bügel des U-Rohres der Dampfdruck p_0, so steht im linken Bügel des Quecksilbermanometers der Hg-Spiegel um eine solche Höhe h höher als im rechten, daß der Schweredruck der Flüssigkeit mit der Dichte ϱ_{Fl} den Überdruck $p - p_0$ gerade kompensiert. Es gilt daher:

$$\varrho \cdot g \cdot h = p - p_0 \,.$$

Historisch nennt man die Druckdifferenz $p - p_0$, die einer Quecksilbersäule von 1 mm Höhe das Gleichgewicht hält, nach dem italienischen Physiker *Torricelli*

$$1 \text{ Torr} \stackrel{\text{Def}}{=} \text{Druck von 1 mm Hg-Säule} \,.$$

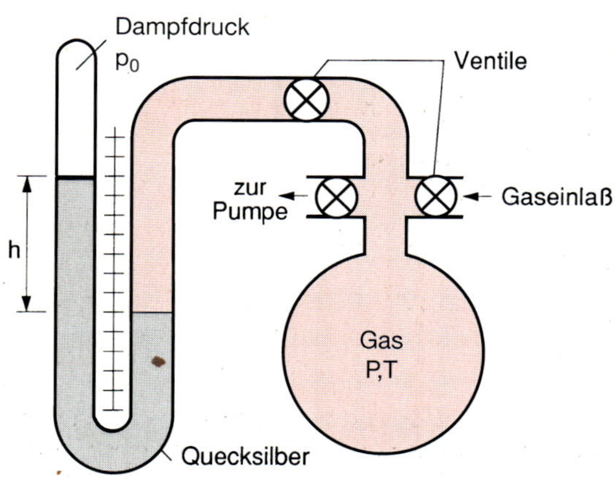

Abb. 7.2. Messung des Gasdruckes p mit Hilfe eines Quecksilbermanometers

1 Torr ist der 760ste Teil der physikalischen Atmosphäre. Die heute im SI-System verwendete Druckeinheit ist 1 Pascal. Es gilt:

$$1 \text{ Pa} \stackrel{\text{Def}}{=} 1 \text{ N/m}^2$$

$$1 \text{ phys. Atm.} \stackrel{\text{Def}}{=} 101325 \text{ Pa}$$

$$1 \text{ Torr} = \frac{1}{760} \text{ phys. Atm.} = 133{,}3 \text{ Pa} \,.$$

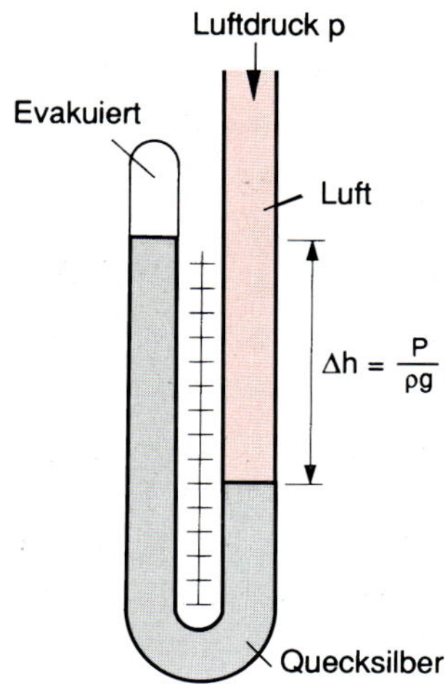

Abb. 7.3. Torricellische Röhre zur Messung des Luftdrucks

7.2 Luftdruck und barometrische Höhenformel

Genau wie bei Flüssigkeiten besteht auch in einem Gas infolge seines Gewichtes ein Schweredruck, der mit der Torricellischen Röhre gemessen werden kann (Abb. 7.3). Diese besteht aus einem U-Rohr, das auf einer Seite abgeschlossen und auf der anderen Seite offen ist. Über der Quecksilberoberfläche in der abgeschlossenen Hälfte ist keine Luft, und der Luftdruck ist dort Null. Die Höhendifferenz h gibt daher den Luftdruck p über der offenen rechten Seite des U-Rohrs an (wobei der Dampfdruck des Hg, $p_0 \approx 0{,}1$ Pa, auf der linken Seite vernachlässigbar ist).

Man bezeichnet den Druck von 760 torr, den die Lufthülle bei normalen Wetterbedingungen in Meereshöhe auf die Erdoberfläche ausübt, als ***Normaldruck*** und nennt ihn 1 physikalische Atmosphäre.

In SI-Einheiten ausgedrückt, gilt: 1 physikalische Atmosphäre $\overset{\text{Def}}{=}$ 1,01325 $\cdot 10^5$ Pa $\overset{\text{Def}}{=}$ 1013,25 mbar (millibar) $\overset{\text{Def}}{=}$ 760 Torr. In der Meteorologie ist auch das hPa (hektopascal) üblich. In Tabelle 7.1 sind die Umrechnungen zwischen den verschiedenen Einheiten zusammengestellt [7.1].

Tabelle 7.1. Druckeinheiten

Einheit	Abkürzung	Definition	Umrechnung
1 Pascal	1 Pa	1 N/m^2	–
1 Hektopascal	1 hPa	10^2 N/m^2	10^2 Pa
1 Bar	1 bar	10 N/cm^2	10^5 Pa
1 Millibar	1 mbar	10^{-3} bar	10^2 Pa
1 Torr	1 Torr	$\hat{=}$ 1 mm Hg	133,3 Pa
1 phys. Atmosphäre	1 atm	760 torr	101 325 Pa
1 techn. Atmosphäre	1 at	1 kp/cm^2	$9{,}81 \cdot 10^4$ Pa

Das Gewicht der auf eine Fläche A in der Höhe h lastenden Luftsäule nimmt mit zunehmender Höhe ab. Beim Anstieg von h auf $h + dh$ nimmt daher der Druck p um den Schweredruck der Luftsäule zwischen h und $h + dh$ ab (Abb. 7.4)

$$dp = -\varrho \cdot g\, dh\,, \tag{7.5}$$

Bei einer Flüssigkeit konnten wir wegen der kleinen Kompressibilität die Dichte ϱ als unabhängig von der Höhe h annehmen. Damit ergab (7.5) eine lineare Abnahme des Druckes mit der Höhe (6.31). Bei Gasen hingegen folgt aus (7.4) bei *konstanter* Temperatur T:

$$\frac{p}{\varrho} = \frac{p_0}{\varrho_0} = \text{const} \Rightarrow \varrho = \frac{\varrho_0}{p_0} \cdot p\,.$$

Setzt man dies in (7.5) ein, so ergibt sich:

$$dp = -\frac{\varrho_0}{p_0} g \cdot p\, dh\,. \tag{7.5a}$$

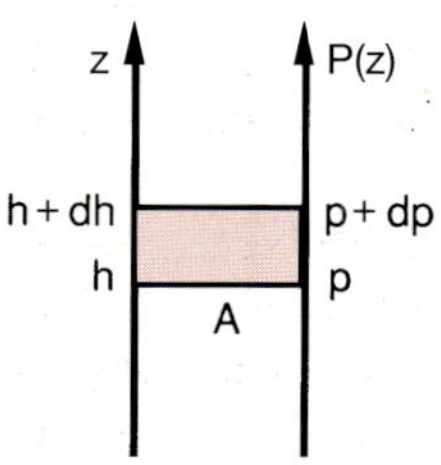

Abb. 7.4. Zur Herleitung der barometrischen Höhenformel

Integration liefert:

$$\ln p = -\frac{\varrho_0}{p_0} g \cdot h + C\,.$$

Mit $p(h = 0) = p_0$ wird die Integrationskonstante $C = \ln p_0$, und durch Delogarithmieren erhalten wir die ***barometrische Höhenformel***

$$\boxed{p = p_0 \cdot e^{-\varrho_0 g \cdot h / p_0}}\,. \tag{7.6a}$$

Dabei ist das Verhältnis ϱ_0/p_0 temperaturabhängig.

Der Luftdruck einer ***isothermen Atmosphäre*** (d.h. bei konstanter Temperatur) nimmt also exponentiell mit der Höhe h ab (Abb. 7.5).

Wegen $\varrho/\varrho_0 = p/p_0$ erhalten wir für die Dichte $\varrho(h)$ eine völlig analoge Gleichung

$$\varrho = \varrho_0 e^{-\varrho_0 g h / p_0}\,. \tag{7.6b}$$

Einsetzen der Zahlenwerte für Luft ($\varrho_0 = 1{,}24\ kg/m^3$, $p_0 = 101{,}3$ kPa) ergibt:

$$p = p_0 \cdot e^{-h/8{,}33\ \text{km}}\,, \tag{7.6c}$$

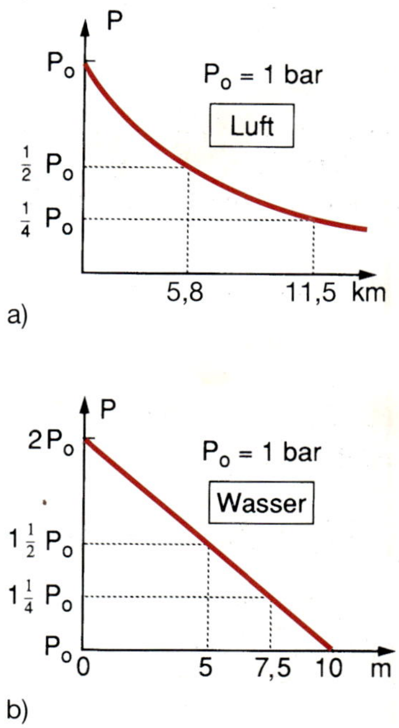

Abb. 7.5. (**a**) Vergleich des Druckverlaufs $p(z)$ mit steigender Höhe z in der Erdatmosphäre und (**b**) in einer Wassersäule mit 10 m Höhe. Zum reinen Wasserdruck addiert sich noch der Luftdruck $p_0 = 1$ bar an der Wasseroberfläche $z = 10$ m

d.h., für $h = 8{,}33$ km sinkt p auf p_0/e. Für $p(h_i) = 0{,}5p_0 \Rightarrow h = 8{,}33 \cdot \ln 2$ km $= 5{,}77$ km. Beim Anstieg auf 5,77 km sinkt der Luftdruck auf die Hälfte des Wertes p_0 am Erdboden.

Die Druckabnahme der *isothermen Lufthülle* folgt also einem *Exponentialgesetz* im Gegensatz zum *linearen* Druckabnahme in einer *Flüssigkeit*. Die Lufthülle der Erde hat also keine scharfe Grenze!

Man beachte:

In der realen Erdatmosphäre ändert sich die Temperatur mit der Höhe (siehe Abschn. 7.7), der Druckverlauf ist deshalb etwas verschieden von der Formel (7.6a), die aber trotzdem für die untere Atmosphäre eine brauchbare Näherung darstellt.

7.3 Kinetische Gastheorie

Die von *Boltzmann*, *Clausius*, *Maxwell* u.a. in der zweiten Hälfte des 19. Jahrhunderts entwickelte kinetische Gastheorie, die alle Eigenschaften eines Gases auf die Bewegung der Gasatome und deren Wechselwirkung bei Stößen zurückführt, hat wesentlich zur Akzeptanz der Atomhypothese beigetragen (siehe Bd. 3, Kap. 2). Die genaue theoretische Behandlung verlangt einen erheblichen mathematischen Aufwand. Wir wollen deshalb hier nur ein vereinfachtes Modell vorstellen, das aber die Grundidee und den wesentlichen physikalischen Sachverhalt richtig beschreibt.

7.3.1 Das Modell des idealen Gases

Das einfachste Gasmodell geht von folgenden Annahmen aus: Ein Gas besteht aus Atomen oder Molekülen, die sich mit statistisch verteilten Geschwindigkeiten bewegen und die sich wie kleine starre Kugeln mit Radius r_0 verhalten. Bei Stößen untereinander und mit der Wand gelten Energie- und Impulssatz. Die Stöße sind vollkommen elastisch. Eine Wechselwirkung zwischen den Teilchen tritt nur bei Stößen auf (direkte Berührung der starren Kugeln). Bei Abständen $d > 2r_0$ beeinflussen sich die Gasatome überhaupt nicht. Das Wechselwirkungspotential für dieses Modell der starren Kugeln ist deshalb (Abb. 7.6):

$$V(r) \equiv 0 \text{ für } |r| > 2r_0$$
$$V(r) = \infty \text{ für } \leq 2r_0 \,.$$

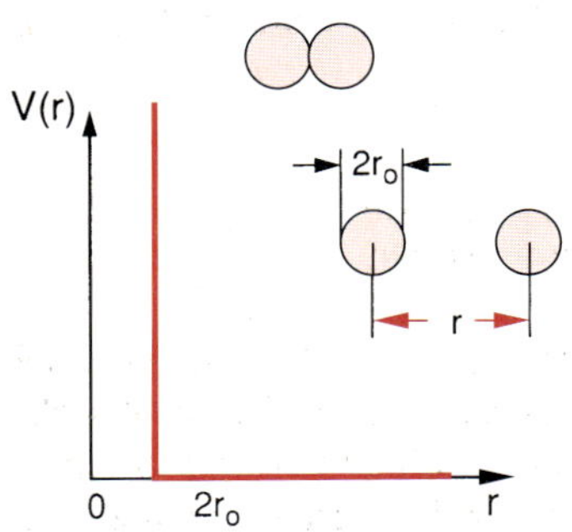

Abb. 7.6. Wechselwirkungspotential zweier starrer Kugeln mit Radius r_0

Man nennt ein solches Modellgas ein ***ideales Gas***, wenn r_0 klein ist gegen den mittleren Abstand $\langle r \rangle$ zwischen den Gasatomen, so daß man das Eigenvolumen der Atome gegenüber dem Volumen V, das den Atomen zur Verfügung steht, vernachlässigen kann. In diesem Modell des idealen Gases werden die Atome wie Massenpunkte behandelt.

BEISPIEL

Bei einem Druck von 1 bar und Raumtemperatur enthält 1 cm^3 eines Gases etwa $3 \cdot 10^{19}$ Moleküle. Ihr mittlerer Abstand ist dann $\langle r \rangle \approx 3$ nm. Für Heliumatome ist $r_0 \approx$ 0,05 nm. Es gilt daher: $r_0/\langle r \rangle \approx 0{,}017 \ll 1$. Man kann daher Helium bei 1 bar als ideales Gas ansehen.

Der Druck, den das Gas auf die Wand ausübt, wird durch den Impulsübertrag der Atome bei Stößen mit der Wand bewirkt. Da die auf ein Flächenelement dA der Wand ausgeübte Kraft F gleich dem pro Zeitintervall auf dA übertragenen Impuls ist, wird der Druck $p = \mathrm{d}F/\mathrm{d}A$ gemäß (2.20)

$$p = \frac{d}{\mathrm{d}t}\left(\frac{\text{auf d}A\text{ übertragener Impuls}}{\text{Fläche d}A}\right) . \quad (7.7)$$

Treffen z.B. pro Sekunde N Atome der Masse m mit der Geschwindigkeit $\boldsymbol{v}$ senkrecht auf die Wandfläche A, so ist bei vollkommen elastischen Stößen der Impulsübertrag pro Sekunde $2N \cdot m \cdot v$ und der Druck auf die Wand deshalb $p = 2N \cdot m \cdot v/A$.

7.3.2 Grundgleichungen der kinetischen Gastheorie

Es ist zu beachten, daß wir zunächst die Moleküle als Massenpunkte ansehen und nur ihre Translation berücksichtigen. Die Betrachtung rotierender oder schwingender Moleküle wird einen etwas anderen Ansatz erfordern (siehe Abschn. 11.2).

Befinden sich in einem Gasvolumen V insgesamt N Moleküle mit gleichen Massen m, so ist die Molekülzahldichte (Zahl der Moleküle pro Volumeneinheit) $n = N/V$.

Wir betrachten zuerst nur den Teil n_x aller Moleküle in einem würfelförmigen Volumen V, die sich mit der Geschwindigkeit v_x in die x-Richtung bewegen (Abb. 7.7). Von ihnen treffen in der Zeit $\mathrm{d}t$

$$Z = n_x \cdot v_x \cdot \mathrm{d}A \cdot \mathrm{d}t$$

Moleküle auf das Wandelement $\mathrm{d}A$. Dies sind gerade die Moleküle in dem in Abb. 7.7 gezeichneten Quader mit der Querschnittsfläche $\mathrm{d}A$ und der Länge $v_x \cdot \mathrm{d}t$. Jedes Molekül überträgt den Impuls $\Delta p_x = 2mv_x$. Also wirkt auf $\mathrm{d}A$ die Kraft $F = (d/\mathrm{d}t)Z \cdot 2mv_x$, und der Druck auf die Wand ist

$$p = 2m \cdot n_x v_x^2 \,. \tag{7.8}$$

Hat ein Molekül die Geschwindigkeit $\boldsymbol{v} = \{v_x, v_y, v_z\}$, so wird von ihm beim elastischen Stoß auf die ebene Wand in der y-z-Ebene in Abb. 7.7 wiederum der Impuls $2mv_x$ übertragen (Abb. 7.8).

Nun haben nicht alle Moleküle die gleiche Geschwindigkeit. Im Gleichgewichtszustand eines insgesamt ruhenden Gases sind die Geschwindigkeiten isotrop verteilt, d.h., jede Richtung ist gleich wahrscheinlich. Da der Druck des Gases isotrop ist, muß der mittlere Impulsübertrag in alle Richtungen gleich groß sein, d.h., es gilt für die Mittelwerte der Quadrate:

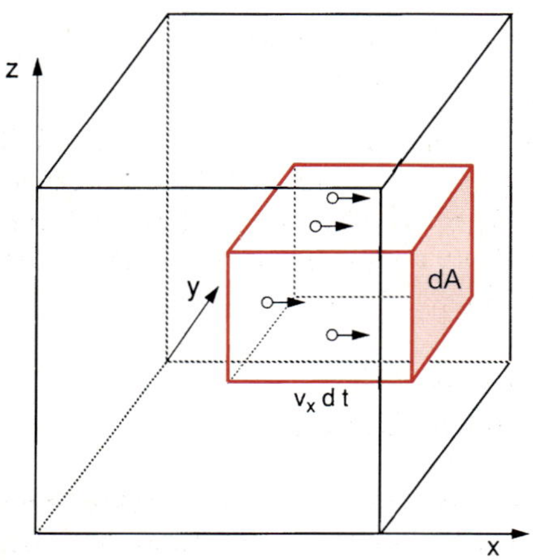

Abb. 7.7. Zur Herleitung von (7.8)

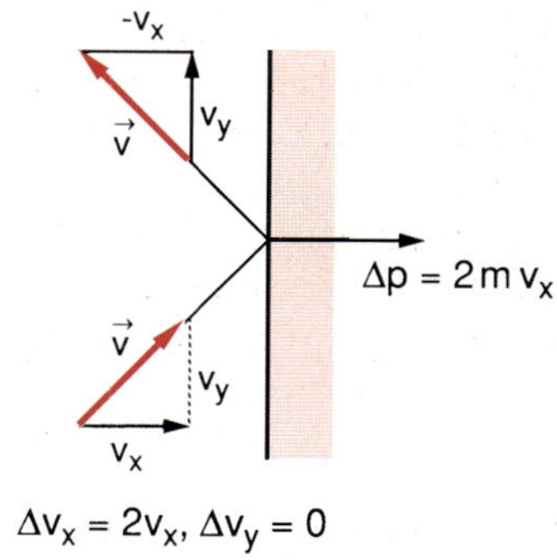

Abb. 7.8. Impulsübertrag beim elastischen Stoß auf eine Wand

$$\overline{v_x^2} = \frac{1}{N}\int N(v_x)\, v_x^2\, \mathrm{d}v_x = \overline{v_y^2} = \overline{v_z^2} \,, \tag{7.9}$$

wenn $N(v_x)\mathrm{d}v_x$ die Zahl der Moleküle mit der Geschwindigkeitskomponente in x-Richtung innerhalb des Intervalls v_x bis $v_x + \mathrm{d}v_x$ ist. Da sich im Mittel gleich viele Moleküle in die $+x$-Richtung bewegen wie in die $-x$-Richtung, ist der Druck, den *alle* Moleküle bei einer Moleküldichte n insgesamt in $+x$-Richtung auf die Wand in der y-z-Ebene ausüben, analog zu (7.8)

$$p = \tfrac{1}{2}n \cdot 2m\overline{v_x^2} = n \cdot m \cdot \overline{v_x^2} \,. \tag{7.10}$$

Aus $v^2 = v_x^2 + v_y^2 + v_z^2$ folgt dann mit (7.9)

$$\overline{v_x^2} = \overline{v_y^2} = \overline{v_z^2} = \tfrac{1}{3}\overline{v^2} \,, \tag{7.11}$$

und damit erhalten wir aus (7.10)

$$p = \frac{1}{3}m \cdot n\overline{v^2} = \frac{2}{3}n \cdot \frac{m}{2}\overline{v^2} = \frac{2}{3}n \cdot \overline{E_{\mathrm{kin}}} \,, \tag{7.12a}$$

wobei $\overline{E_{\mathrm{kin}}} = (m/2)\overline{v^2}$ die ***mittlere kinetische Energie*** eines Moleküls ist.

Mit $n = N/V$ können wir dies auch schreiben als:

$$\boxed{p \cdot V = \tfrac{2}{3}N \cdot \tfrac{1}{2}m\overline{v^2}} \,, \tag{7.12b}$$

wobei N die Gesamtzahl aller Moleküle im Volumen V ist.

7.3.3 Mittlere kinetische Energie und absolute Temperatur

Die Experimente ergeben, daß das Produkt $p \cdot V$ bei konstanter Molekülzahl N nur von der Temperatur abhängt. Dies bedeutet, daß die mittlere kinetische Energie $\overline{E_{\mathrm{kin}}} = (m/2)\overline{v^2}$ von der Temperatur abhängt. Es hat sich als zweckmäßig erwiesen, eine Temperaturskala T einzuführen, bei der T *proportional zu* $\overline{E_{\text{kin}}}$ ist.

> Man *definiert* die ***absolute Temperatur*** T (gemessen in der Einheit Kelvin) durch:
>
> $$\frac{m}{2}\overline{v^2} = \frac{3}{2}kT \,, \tag{7.13}$$
>
> wobei $k = 1{,}38054 \cdot 10^{-23}$ J/K ***Boltzmann-Konstante*** heißt.
> Mit dieser Definition geht (7.12) über in die allgemeine Gasgleichung
>
> $$p \cdot V = N \cdot k \cdot T \,, \tag{7.14}$$
>
> die eine Verallgemeinerung des Boyle-Mariotteschen Gesetzes (7.1) darstellt, da sie für $T = \text{const}$ wieder in (7.1) übergeht.

Jedes Molekül kann sich im dreidimensionalen Raum in drei Raumrichtungen x, y, z bewegen. Man sagt: Es hat drei ***Freiheitsgrade*** der Translation. Durch Stöße mit anderen Atomen ändern sich dauernd Richtungen und Beträge seiner Geschwindigkeit, so daß im zeitlichen Mittel alle Geschwindigkeitsrichtungen gleich wahrscheinlich sind. Dann gilt auch für die zeitlichen Mittelwerte analog zu (7.11) die Beziehung

$$\langle v_x^2 \rangle_t = \langle v_y^2 \rangle_t = \langle v_z^2 \rangle_t = \frac{1}{3}\langle v^2 \rangle_t = \frac{1}{3}\overline{v^2} \,,$$

und deshalb ist die mittlere kinetische Energie eines Atoms bei der Temperatur T

$$\overline{E_{\text{kin}}} = \tfrac{1}{2}kT \text{ pro Freiheitsgrad} .$$

Anmerkung

Wie in der statistischen Physik gezeigt wird [7.2], gilt ganz allgemein, daß in einem abgeschlossenen System vieler miteinander wechselwirkender Teilchen im thermodynamischen Gleichgewicht der zeitliche Mittelwert $\langle A \rangle_t$ einer physikalischen Größe A eines einzelnen Teilchens (z.B. seiner Energie oder seines Impulses) gleich ist dem *Ensemble-Mittelwert*

$$\bar{A} = \frac{1}{N}\sum_{i=1}^{N} A_i \,,$$

gemittelt über alle Teilchen des Ensembles zu einem festen Zeitpunkt t_0 (***Ergoden-Theorem***).

Bei realen Molekülen können zusätzlich zur Translation auch Rotation und Schwingung zur Energie beitragen, so daß die Zahl der Freiheitsgrade hier größer wird. So können z.B. bei zweiatomigen Molekülen Rotationen um zwei zueinander senkrechte Achsen senkrecht zur Molekülachse angeregt werden. Dies führt bei einem Trägheitsmoment I zu einer zusätzlichen Energie $L^2/2I$ pro Rotationsfreiheitsgrad (siehe Abschn. 5.5). Auch die Schwingung von Molekülen kann bei genügend hoher Temperatur angeregt werden (siehe Abschn. 11.3).

> **Gleichverteilungssatz**
>
> Bei einem Gas, das genügend lange bei einer konstanten Temperatur T gehalten wird, verteilt sich die Energie der einzelnen Atome oder Moleküle durch Stöße gleichmäßig auf alle Freiheitsgrade, so daß im Mittel jedes Teilchen die Energie $\overline{E_{\text{kin}}} = f \cdot \frac{1}{2}kT$ hat, wenn f die Zahl der ihm zur Verfügung stehenden Freiheitsgrade ist.

7.3.4 Verteilungsfunktion

Nachdem im vorigen Abschnitt eine anschauliche „Herleitung" für den Zusammenhang zwischen mittlerer kinetischer Energie der Atome und ihrem Druck auf die Wand für den Spezialfall eines quaderförmigen Behälters vorgestellt wurde, wollen wir uns jetzt diese Zusammenhänge für den allgemeinen Fall eines beliebig geformten Volumens etwas genauer ansehen. Dazu müssen wir die Geschwindigkeitsverteilung der Moleküle mathematisch definieren: Wir tun dies mit Hilfe der Verteilungsfunktion $f(u)$ (siehe Abschn. 1.8), welche angibt, wie sich die Größe u auf die verschiedenen Moleküle verteilt. Wenn wir z.B. für u die Geschwindigkeitskomponente v_x einsetzen, so gibt

$$f(v_x)\mathrm{d}v_x = \frac{N(v_x)\mathrm{d}v_x}{N} \quad \text{mit} \qquad N = \int_{-\infty}^{+\infty} N(v_x)\mathrm{d}v_x \tag{7.15}$$

den Bruchteil aller Teilchen an, deren Geschwindigkeitskomponente v_x im Intervall zwischen v_x und $v_x + \mathrm{d}v_x$ liegt. Die Zahl der Teilchen im Intervall zwischen v_x und $v_x + \mathrm{d}v_x$ ist dann

$$N(v_x)\mathrm{d}v_x = N \cdot f(v_x)\mathrm{d}v_x \tag{7.15a}$$

und die Zahl aller Teilchen mit $v_x \geq u$ ist

$$N_{v_x>u} = N \int_{v_x=u}^{\infty} f(v_x)\mathrm{d}v_x \,. \tag{7.15b}$$

Aus (7.15) folgt sofort die Normierungsbedingung

$$\int_{-\infty}^{+\infty} f(v_x)\mathrm{d}v_x = \frac{1}{N}\int_{-\infty}^{+\infty} N(v_x)\mathrm{d}v_x = 1 \,. \tag{7.16}$$

Ist $u = |\boldsymbol{v}| = v$, so ergibt $f(v)\mathrm{d}v$ den Bruchteil aller Teilchen mit Geschwindigkeitsbeträgen zwischen v und $v + \mathrm{d}v$. Die Normierung ist jetzt:

$$\int_0^{\infty} f(v)\mathrm{d}v = 1 \,.$$

Wir betrachten nun ein Flächenelement $\mathrm{d}A$, auf das von allen Seiten des oberen Halbraumes Moleküle prallen (Abb. 7.9).

Im Zeitintervall Δt treffen aus dem Raumwinkelbereich $\mathrm{d}\Omega$ um den Winkel α gegen die Flächennormale $\boldsymbol{F}$ im Mittel

$$Z = n \cdot f(v)\mathrm{d}v \cdot \mathrm{d}A \cdot \cos\alpha \cdot v \cdot \Delta t \cdot \frac{\mathrm{d}\Omega}{4\pi} \tag{7.17}$$

Moleküle mit Geschwindigkeitsbeträgen im Intervall v bis $v + \mathrm{d}v$ auf $\mathrm{d}A$. Die Impulsänderung $|\Delta\boldsymbol{p}|$ eines Teilchens beim elastischen Aufprall ist

$$|\Delta\boldsymbol{p}| = 2mv \cdot \cos\alpha \,.$$

Der Impulsübertrag, der pro Zeiteinheit durch Z Teilchen bewirkt wird, ist deshalb $Z \cdot \Delta\boldsymbol{p}/\Delta t$.

Durch Integration über alle Geschwindigkeitsbeträge v und über alle möglichen Auftreffwinkel α erhalten wir den gesamten Impulsübertrag pro Zeiteinheit und damit den Druck p auf die Fläche $\mathrm{d}A$.
Mit

$$\mathrm{d}\Omega = \frac{r \cdot \mathrm{d}\alpha \cdot r \cdot \sin\alpha \cdot \mathrm{d}\varphi}{r^2} = \mathrm{d}\alpha \cdot \sin\alpha \cdot \mathrm{d}\varphi \tag{7.18}$$

ergibt sich

$$p = \frac{\Delta p_{\text{total}}}{\mathrm{d}A \cdot \Delta t} = \frac{2n \cdot m}{4\pi}\int_{v=0}^{\infty} v^2 f(v)\mathrm{d}v \cdot \int_{\varphi=0}^{2\pi}\int_{\alpha=0}^{\pi/2} \cos^2\alpha \cdot \sin\alpha\,\mathrm{d}\alpha\,\mathrm{d}\varphi \tag{7.19}$$

Das erste Integral ergibt den Mittelwert $\overline{v^2}$. Das zweite Doppelintegral ist elementar lösbar und hat den Wert $2\pi/3$.

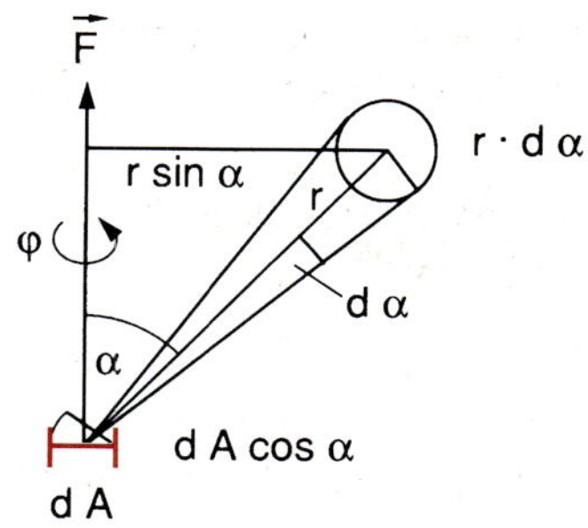

Abb. 7.9. Illustration von (7.17)

Damit wird der Druck p auf die Fläche $\mathrm{d}A$ in Übereinstimmung mit (7.12a)

$$p = \tfrac{1}{3} nm\overline{v^2} \,.$$

Um den Zahlenwert von $\overline{v^2}$ aus

$$\overline{v^2} = \int_0^{\infty} v^2 f(v)\mathrm{d}v \,,$$

zu berechnen, müssen wir die Verteilungsfunktion $f(v)$ bestimmen. Dieser Aufgabe wollen wir uns jetzt zuwenden.

7.3.5 Maxwell-Boltzmannsche Geschwindigkeitsverteilung

Die im vorigen Abschnitt hergeleitete Dichteabnahme der Erdatmosphäre mit zunehmender Höhe (barometrische Höhenformel) läßt sich vom Standpunkt der kinetischen Gastheorie erklären durch die Geschwindigkeitsverteilung $f(v)$ der Luftmoleküle.

Erweitern wir den Exponenten in (7.6b) mit dem Volumen V_0 einer Gasmenge mit der Masse $M = \varrho_0 V_0$ und setzen für $p_0 V_0$ die allgemeine Gasgleichung (7.14) ein, so ergibt sich für die Dichte:

$$\varrho = \varrho_0 \cdot \mathrm{e}^{-(Mgh)/(NkT)} \,. \tag{7.20a}$$

Für die Teilchenzahldichte $n = \varrho/m$ von Teilchen der Masse m erhalten wir dann wegen $m = M/N$:

$$n(h) = n_0 \cdot \mathrm{e}^{-(mgh)/(kT)} = n_0 \cdot \mathrm{e}^{-E_{\text{pot}}/kT} \,. \tag{7.20b}$$

Im Exponenten von (7.20b) steht das Verhältnis von potentieller Energie $E_{\text{pot}} = mgh$ eines Teilchens in der Höhe h über der Erdoberfläche zu seiner doppelten mittleren kinetischen Energie $\overline{E_{\text{kin}}} = \frac{1}{2}kT$ pro Freiheitsgrad auf Grund seiner thermischen Bewegung bei der Temperatur T.

Die barometrische Höhenformel gibt also das Verhältnis der Teilchendichten in verschiedenen Höhen h an. Wenn die Teilchen keine kinetische Energie hätten, würden sie im Gravitationsfeld der Erde alle auf die Erdoberfläche fallen, d.h., die Erdatmosphäre würde verschwinden.

Wir stellen uns jetzt den Aufbau der Atmosphäre so vor, daß die Teilchen von der Erdoberfläche aus mit verschiedenen Geschwindigkeiten v_z nach oben starten und dabei Höhen h erreichen, die durch

$$\frac{m}{2}v_z^2 = mgh$$

bedingt sind. (In der Tat hat sich die Ur-Erdatmosphäre durch Ausgasen der Erdoberfläche durch Vulkane gebildet.)

Moleküle, die mit einer Geschwindigkeit $v_z = u$ starten, erreichen ohne Berücksichtigung von Stößen eine Höhe $h = u^2/2g$ und kehren dann im Schwerefeld der Erde wieder um (Abb. 7.10).

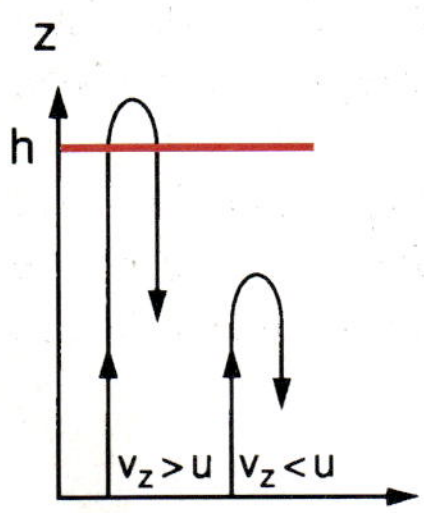

Abb. 7.10. Nur Moleküle mit Anfangsgeschwindigkeiten $v_z(h=0) > u$ erreichen die Höhe $z = h$

Die Zahl $N_{>u}(z=0)$ der Moleküle, die von $z = 0$ aus mit Geschwindigkeitskomponenten $v_z > u$ starten, ist daher gleich der Zahl $N_{>0}(z=h)$, die durch die Fläche $z = h$ mit Geschwindigkeiten $v_z > 0$ fliegen.

$$N_{>u}(z=0) = N_{>0}(z=h) \; . \tag{7.20c}$$

Die Zahl $N(v_z)$ der Moleküle mit einer Geschwindigkeit v_z, die pro s durch die Flächeneinheit fliegen (Flußdichte), ist durch das Produkt

$$N(v_z) = n(v_z) \cdot v_z$$

aus Dichte $n(v_z)$ und Geschwindigkeit v_z gegeben (Abb. 7.11).

Nun haben wir eine konstante Temperatur T für alle Höhen $z = h$ angenommen (isotherme Atmosphäre). Deshalb müssen mittlere Geschwindigkeitsquadrate $\overline{v^2}$ und Geschwindigkeitsverteilungsfunktion $f(v_z)$ unabhängig von der Höhe h sein, da sie nur von der Temperatur T abhängen!

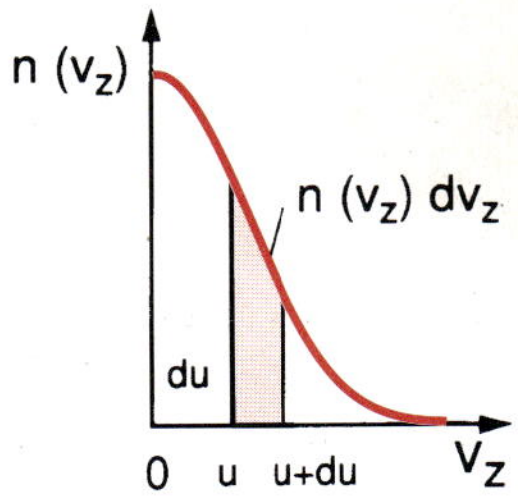

Abb. 7.11. Anzahl der Teilchen pro Volumeneinheit $n(v_z)\mathrm{d}v_z$ im Intervall $\mathrm{d}v_z$ der Geschwindigkeitskomponente v_z

Für die Flußdichte $N_{>0}(z=h)$ erhalten wir daher

$$N_{>0}(z=h) = n(h) \cdot \int_{v_z \geq 0}^{\infty} v_z f(v_z)\mathrm{d}v_z \; . \tag{7.21a}$$

Sie ist kleiner als

$$N_{>0}(z=0) = n(0) \int_0^{\infty} v_z f(v_z)\mathrm{d}v_z \; . \tag{7.21b}$$

Da die beiden Integrale gleich sind, folgt mit (7.20c)

$$\frac{N_{v_z>u}(0)}{N_{v_z>0}(0)} = \frac{N_{v_z>0}(z=h)}{N_{v_z>0}(0)} = \frac{n(h)}{n(0)} \; . \tag{7.21c}$$

Aus der Definition der Verteilungsfunktion $f(v_z)$ (7.15) und aus (7.15b) folgt mit der Teilchendichte $n_0 = n(z=0)$ für die Flußdichten N:

$$N_{v_z \geq 0}(z=0) = n_0 \int_{v_z=0}^{\infty} v_z f(v_z)\mathrm{d}v_z \tag{7.22}$$

$$N_{v_z \geq u}(z=0) = n_0 \int_{v_z=u}^{\infty} v_z f(v_z)\mathrm{d}v_z \; ,$$

so daß wir aus (7.20b) mit $mgh = (m/2)u^2$ erhalten:

$$\int_u^{\infty} v_z f(v_z)\mathrm{d}v_z = C_1 \cdot \mathrm{e}^{-\frac{m}{2}u^2/kT} \; , \tag{7.23}$$

wobei C_1 eine von T abhängige Konstante ist.

Differenzieren nach u liefert:

$$-\,u \cdot f(u) = -\frac{m \cdot u}{kT} \cdot C_1 \cdot \mathrm{e}^{-\frac{m}{2}u^2/kT}$$

$$\Rightarrow f(u) = C_2 \cdot \mathrm{e}^{-\frac{m}{2}u^2/kT}$$

$$\text{mit } C_2 = C_1 \cdot \frac{m}{kT} = \text{const} \; .$$

Die Konstante C_2 läßt sich aus der Normierungsbedingung

$$\int_{-\infty}^{+\infty} f(u)\mathrm{d}u = 1$$

und der Integration $\int_{-\infty}^{+\infty} \mathrm{e}^{-x^2}\mathrm{d}x = \sqrt{\pi}$ bestimmen zu: $C_2 = (m/2\pi kT)^{1/2}$.

Setzen wir für $u = v_z$ wieder die Geschwindigkeitskomponente v_z ein, so erhalten wir schließlich für die Verteilungsfunktion das Ergebnis

$$f(v_z) = \sqrt{\frac{m}{2\pi kT}} \cdot \mathrm{e}^{-\frac{m}{2}v_z^2/kT} \,. \tag{7.24}$$

Dies ist eine symmetrische *Gaußverteilung*, die in Abb. 7.12 dargestellt ist.

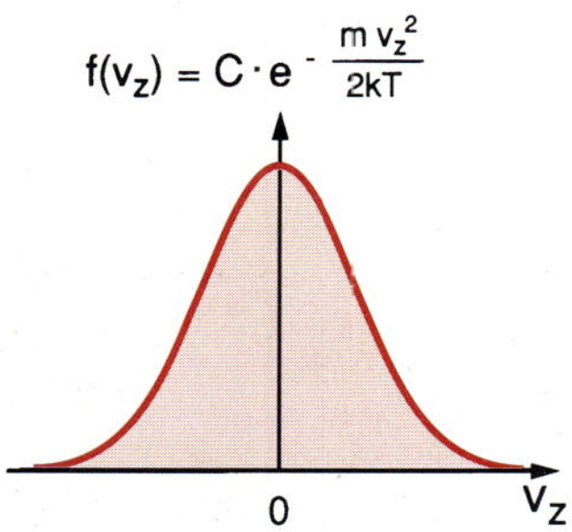

Abb. 7.12. Verteilungsfunktion $f(v_z)$ für die Geschwindigkeitskomponente v_z

Wenn wir ein Gas in einem abgeschlossenen Volumen V betrachten, bei dem die mittlere kinetische Energie $\frac{m}{2}\overline{v^2} = \frac{3}{2}kT$ sehr groß ist gegen die Differenz der potentiellen Energie innerhalb des Volumens V, so ist, wie im Abschn. 7.3.2 diskutiert wurde, keine Richtung ausgezeichnet. Die Geschwindigkeitsverteilungen sind dann für alle drei Komponenten v_x, v_y und v_z gleich, und man erhält völlig äquivalente Ergebnisse wie (7.24) für alle drei Komponenten. Da die Wahrscheinlichkeit, ein Molekül mit der Geschwindigkeit $\boldsymbol{v} = \{v_x, v_y, v_z\}$ zu finden, gleich dem Produkt der Einzelwahrscheinlichkeiten für v_x, v_y und v_z ist, gilt für die Verteilungsfunktion:

$$f(v_x, v_y, v_z) = \left(\frac{m}{2\pi kT}\right)^{3/2} \mathrm{e}^{-(mv^2)/(2kT)} \,. \tag{7.25}$$

In vielen Fällen ist nur der Betrag $v = |\boldsymbol{v}|$ von Interesse, wobei die Richtung von $\boldsymbol{v}$ beliebig sein kann. Die Spitzen aller Geschwindigkeitsvektoren $\boldsymbol{v}$ mit einer Länge zwischen v und $v + \mathrm{d}v$ füllen eine Kugelschale mit dem Volumen $4\pi v^2 \mathrm{d}v$ aus. Deshalb gibt die Integration

$$\int\limits_{v_x, v_y, v_z} f(v_x, v_y, v_z)\, \mathrm{d}v_x\, \mathrm{d}v_y\, \mathrm{d}v_z$$

über alle Werte von $\boldsymbol{v} = \{v_x, v_y, v_z\}$ innerhalb dieser Kugelschale, d.h. mit der Nebenbedingung $v_x^2 + v_y^2 + v_z^2 = v^2 = \text{const.}$ den Faktor $4\pi v^2 \mathrm{d}v$, und die Zahl $n(v)\mathrm{d}v$ aller Moleküle pro Volumeneinheit mit Geschwindigkeitsbeträgen zwischen v und $v + \mathrm{d}v$ wird

$$n(v)\mathrm{d}v = n \cdot \left(\frac{m}{2\pi kT}\right)^{3/2} \cdot 4\pi v^2 \cdot \mathrm{e}^{-mv^2/2kT}\mathrm{d}v \,. \tag{7.26}$$

Dies ist die ***Maxwell-Boltzmannsche Geschwindigkeitsverteilung*** (Abb. 7.13). Es gilt $f(v) = n(v)/n$.

Im Gegensatz zur Verteilung für die Geschwindigkeitskomponente erstreckt sich diese Verteilung für die Beträge nur über den positiven Bereich. Sie ist daher nicht symmetrisch zu $v = 0$. Wegen des Faktors v^2 ist $n(v)\mathrm{d}v$ auch nicht symmetrisch um einen Mittelwert $\overline{v}$ verteilt.

Das Maximum der Verteilung liegt bei der *wahrscheinlichsten Geschwindigkeit* v_w, für die man aus (7.26) mit der Bedingung $\mathrm{d}n/\mathrm{d}v = 0$ den Wert

$$v_\mathrm{w} = \sqrt{\frac{2kT}{m}} \tag{7.27}$$

erhält. Die *mittlere Geschwindigkeit* $\overline{v}$ ergibt sich aus

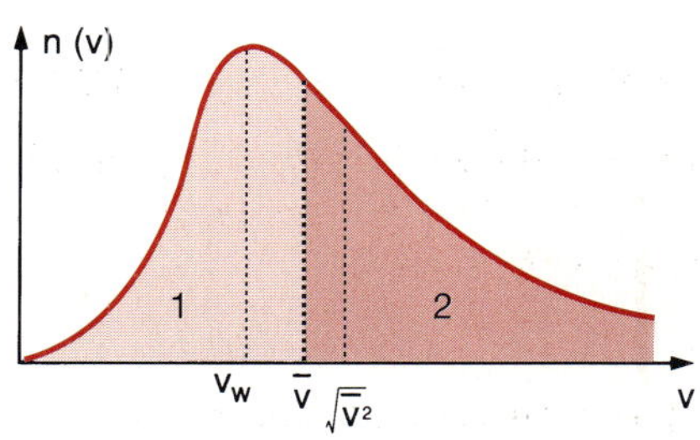

Abb. 7.13. Maxwell-Boltzmannsche Geschwindigkeitsverteilung mit wahrscheinlichster Geschwindigkeit v_w, mittlerer Geschwindigkeit $\overline{v}$ (welche die Fläche unter der Kurve $n(v)$ in zwei gleiche Hälften 1 und 2 teilt) und der Wurzel aus dem mittleren Geschwindigkeitsquadrat $\sqrt{\overline{v^2}}$

$$\overline{v} = \int_0^\infty v \cdot f(v)\mathrm{d}v$$
$$= 4\pi \cdot \left(\frac{m}{2\pi kT}\right)^{3/2} \int_0^\infty v^3 \cdot \mathrm{e}^{-(mv^2)/(2kT)}\mathrm{d}v$$

durch partielle Integration zu

$$\overline{v} = \sqrt{\frac{8kT}{\pi \cdot m}} = \frac{2v_\mathrm{w}}{\sqrt{\pi}} \; . \tag{7.28}$$

Schließlich erhalten wir für das mittlere Geschwindigkeitsquadrat

$$\overline{v^2} = \int_0^\infty v^2 f(v)\mathrm{d}v = \frac{3kT}{m} \; , \tag{7.29}$$

so daß, wie bereits im Abschn. 7.3.2 benutzt wurde, für die mittlere Energie eines Teilchens mit drei Translationsfreiheitsgraden folgt:

$$\frac{m}{2}\overline{v^2} = \frac{3}{2}kT = f \cdot \frac{1}{2}kT \; .$$

Es gilt: $v_\mathrm{w} < \overline{v} < \left(\overline{v^2}\right)^{1/2}$ (Abb. 7.13).

Mit Hilfe von (7.27) läßt sich (7.26) schreiben als

$$n(v)\mathrm{d}v = n \cdot \frac{4v^2}{v_\mathrm{w}^3\sqrt{\pi}}\mathrm{e}^{-mv^2/2kT}\mathrm{d}v$$
$$= n \cdot \frac{4v^2}{v_\mathrm{w}^3 \cdot \sqrt{\pi}}\mathrm{e}^{-v^2/v_\mathrm{w}^2}\mathrm{d}v \; . \tag{7.30}$$

Die Geschwindigkeitsverteilung hängt stark von der Temperatur ab. In Abb. 7.14 sind zwei Verteilungen bei zwei verschiedenen Temperaturen T_1 und T_2 gezeigt, die sich wie $T_1 : T_2 = 1 : 4$ verhalten. Die entsprechenden Werte von v_w, $\overline{v}$ und $\left(\overline{v^2}\right)^{1/2}$ verhalten sich dann wie 1 : 2 (siehe auch Tabelle 7.2).

Tabelle 7.2. Mittelwerte der thermischen Geschwindigkeiten

Größe	Symbol	Ausdruck
wahrscheinlichste Geschwindigkeit	v_w	$\sqrt{\frac{2kT}{m}}$
mittlere Geschwindigkeit	$\overline{v}$	$\sqrt{\frac{8kT}{\pi m}} = \frac{2}{\sqrt{\pi}}v_\mathrm{w}$
Wurzel aus mittlerem Geschwindigkeitsquadrat	$\sqrt{\overline{v^2}}$	$\sqrt{\frac{3kT}{m}} = \sqrt{\frac{3}{2}}v_\mathrm{w}$

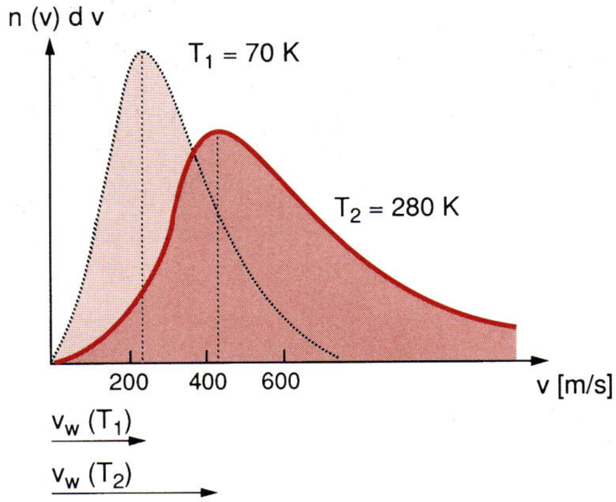

Abb. 7.14. Geschwindigkeitsverteilung von N_2-Molekülen bei zwei verschiedenen Temperaturen. Die Flächen unter beiden Kurven geben die gesamte Teilchenzahl pro Volumeneinheit an und sind deshalb bei einer abgeschlossenen Gasmenge gleich

BEISPIEL

Die Dichte von Stickstoffgas bei Zimmertemperatur ($T \approx 300$ K) ist bei einem Druck von 1 bar:

$$\varrho_{\mathrm{N}_2} \approx 1{,}12\ \mathrm{kg/m^3}; \quad m_{\mathrm{N}_2} = 4{,}67 \cdot 10^{-26}\ \mathrm{kg}\,;$$
$$\text{also } n = 2{,}4 \cdot 10^{19}\ \mathrm{N_2\text{-}Moleküle/cm^3}\,.$$

Die Werte für die Geschwindigkeiten ergeben sich damit aus (7.27) und (7.29) zu:

$$v_\mathrm{w} = 422\ \mathrm{m/s}; \; \overline{v} = 476\ \mathrm{m/s}; \; \sqrt{\overline{v^2}} = 517\ \mathrm{m/s}\,.$$

Die mittlere kinetische Energie eines Moleküls ist $\overline{E_\mathrm{kin}} = \frac{3}{2}kT = 6{,}21 \cdot 10^{-21}$ J, die aller Moleküle in 1 cm^3 ist $n \cdot \frac{3}{2}kT = 0{,}15$ J.

7.3.6 Stoßquerschnitt und mittlere freie Weglänge

Im Modell des idealen Gases, bei dem die Atome als kleine starre Kugeln angenommen werden, deren Radius r klein ist gegen den mittleren Abstand zwischen zwei Kugeln, findet immer dann ein Stoß statt, wenn sich die Kugeln so nahe kommen, daß sie sich berühren. Man bezeichnet als ***Stoßparameter*** b für den Stoß zwischen zwei Teilchen A und B den Abstand zwischen der Fluggeraden des Teilchens A vor dem Stoß und der parallelen Geraden durch den Mittelpunkt von B (Abb. 7.15) (siehe auch Abschn. 4.5).

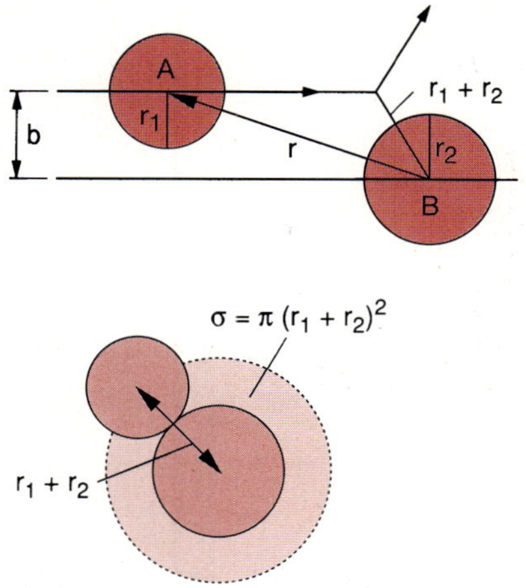

Abb. 7.15. Stoßparameter b und Stoßquerschnitt σ bei Stößen zwischen harten Kugeln mit Radien r_1 und r_2

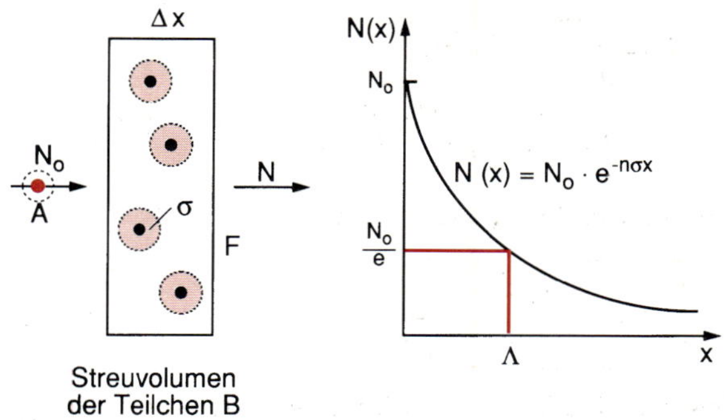

Abb. 7.16. Zur Definition der mittleren freien Weglänge Λ

Ein Stoß findet bei diesem Modell also statt, wenn $b < r_1 + r_2$ ist. Beim Stoß ist der Abstand der beiden Teilchen $r = r_1 + r_2$.

Alle Teilchen A, deren Mittelpunkt durch eine Fläche

$$\sigma = \pi(r_1 + r_2)^2$$

um den Mittelpunkt von B laufen, werden durch den Stoß mit B aus ihrer geraden Bahn abgelenkt. Diese Fläche σ heißt ***Stoßquerschnitt*** (siehe Abschn. 4.3).

Läuft ein Teilchen A durch ein Gas mit n Teilchen B pro cm^3, so ist bei genügend kleiner Dichte (d.h. der mittlere Abstand d zwischen zwei Teilchen B ist groß gegen $(r_1 + r_2)$) die Wahrscheinlichkeit, daß ein Teilchen A pro Weglänge Δx einen Stoß erleidet, durch den Quotienten

$$\frac{\sum \sigma}{A} = \frac{n \cdot \sigma \cdot \Delta x \cdot A}{A} = n \cdot \sigma \cdot \Delta x \tag{7.31}$$

bestimmt, der das Verhältnis von Summe der Stoßquerschnitte σ aller im Volumen $A \cdot \Delta x$ vorhandenen Teilchen B zur gesamten Fläche A angibt.

Treffen N Teilchen A pro s in x-Richtung auf die Fläche F (Abb. 7.16), so erleiden im Mittel

$$\Delta N = N \cdot n \cdot \sigma \cdot \Delta x \tag{7.32a}$$

Teilchen einen Stoß, wenn sie die Schichtdicke Δx durchlaufen. Oder differentiell (und auf beiden Seiten durch N geteilt):

$$\frac{\mathrm{d}N}{N} = -n \cdot \sigma \cdot \mathrm{d}x\,. \tag{7.32b}$$

Das negative Vorzeichen kommt daher, daß ja Teilchen durch Stöße aus ihrer ursprünglichen Richtung abgelenkt werden, N sich also vermindert. Die Zahl der unabgelenkten Teilchen als Funktion der Laufstrecke x durch die Schicht von n Teilchen B pro cm^3 ergibt sich dann durch Integration von (7.32b) zu

$$N(x) = N_0 \cdot \mathrm{e}^{-n\sigma x}\,. \tag{7.33}$$

Die Strecke, die ein Teilchen A im Mittel ohne Ablenkung durchläuft, ist daher

$$\begin{aligned} \Lambda &= \frac{1}{N_0} \int_0^\infty x \left| \frac{\mathrm{d}N(x)}{\mathrm{d}x} \right| \mathrm{d}x \\ &= n \cdot \sigma \int_0^\infty x \cdot \mathrm{e}^{-n\sigma x} \mathrm{d}x = \frac{1}{n\sigma}\,, \end{aligned} \tag{7.34a}$$

wobei $|\mathrm{d}N(x)/\mathrm{d}x|\mathrm{d}x$ die Zahl der Stöße im Weginterval $\mathrm{d}x$ ist. Die Wahrscheinlichkeit eines Stoßes im Intervall $\mathrm{d}x$ ist dann $|\mathrm{d}N(x)|/N_0$. $\Lambda = 1/(n\sigma)$ heißt die ***mittlere freie Weglänge***.

Die mittlere Zeit zwischen zwei Stößen läßt sich dann definieren als

$$\tau = \frac{\Lambda}{\overline{v}} = \frac{1}{n\sigma\overline{v}}\,. \tag{7.34b}$$

BEISPIELE

1. Bei Atmosphärendruck $p = 10^5$ Pa ist die Dichte $n \approx 3 \cdot 10^{19}/\mathrm{cm}^3$. Die mittlere freie Weglänge eines Stickstoffmoleküls ist dann bei einem elastischen Stoßquerschnitt $\sigma = 45 \cdot 10^{-16}\ \mathrm{cm}^2$:

$$\Lambda = \frac{1}{n \cdot \sigma} \approx 7 \cdot 10^{-6}\ \mathrm{cm} = 70\ \mathrm{nm}\,.$$

Bei einer mittleren Geschwindigkeit von $\overline{v} = 475$ m/s bei $T = 300\,\text{K}$ wird die mittlere Flugzeit τ zwischen zwei Stößen

$$\tau = \frac{\Lambda}{\overline{v}} = \frac{1}{n \cdot \overline{v} \cdot \sigma} \approx 1{,}5 \cdot 10^{-10}\ \text{s}\,,$$

d.h. Stickstoffmoleküle in einem Gas bei Normalbedingungen ($p = 10^5\,\text{Pa}$, $T = 300\,\text{K}$) machen etwa $7 \cdot 10^9$ Stöße pro Sekunde!

2. In einem evakuierten Gefäß bei einem Restdruck von $p = 10^{-4}\,\text{Pa}$ wird $n = 3 \cdot 10^{10}/\text{cm}^3$. Jetzt ist die mittlere freie Weglänge $\Lambda = 70\,\text{m}$ und damit groß gegen die Gefäßdimensionen. Stöße der Moleküle untereinander sind daher sehr selten und die Moleküle fliegen praktisch geradeaus bis an die Wand des Vakuumbehälters.

7.4 Experimentelle Prüfung der kinetischen Gastheorie

Es gibt eine große Zahl experimenteller Verfahren, welche die Aussagen der kinetischen Gastheorie nachprüfen können und wichtige Größen wie Geschwindigkeitsverteilung, Stoßquerschnitte, mittlere freie Weglänge etc. zu messen gestatten. Wir wollen hier nur einige dieser Methoden vorstellen, die auf Untersuchungen von Molekularstrahlen oder von Transportphänomenen wie Diffusion, Reibung und Wärmeleitung basieren.

7.4.1 Molekularstrahlen

Läßt man Atome oder Moleküle aus einem Reservoir R (Druck p_0, Volumen V_0, Temperatur T_0) durch ein enges Loch A ins Vakuum strömen, so fliegen die Moleküle von A aus auf geraden Bahnen, wenn ihre freie Weglänge Λ genügend groß ist. Bei nicht zu hohem Druck p_0 im Reservoir entsteht ein „thermischer" Molekularstrahl, bei dem die Richtungsverteilung $N(\vartheta)$ der ausströmenden Teilchen gegen die Strahlachse einem Cosinusgesetz folgt, d.h. $N(\vartheta) \propto \cos\vartheta$ (Abb. 7.17) und die Geschwindigkeitsverteilung folgt einer Maxwell-Boltzmann-Verteilung.

Durch eine Blende B mit dem Durchmesser b im Abstand d von A wird ein Winkelbereich $|\vartheta| > \varepsilon$ mit $\tan\varepsilon = b/2d$ ausgeblendet und man erhält hinter der

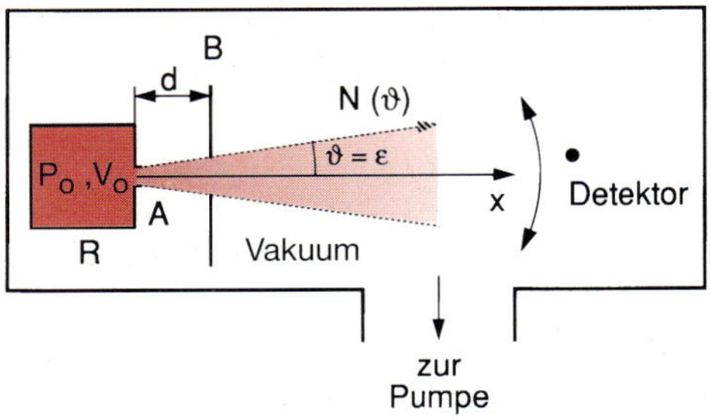

Abb. 7.17. Vereinfachte schematische Darstellung einer Molekularstrahlapparatur

Blende einen kollimierten Molekülstrahl, d.h. alle Moleküle fliegen innerhalb des Winkelbereichs $\vartheta = 0 \pm \varepsilon$ um die Strahlachse, die wir als x-Achse wählen. Ihre Winkelverteilung $N(\vartheta)$ kann mit einem Detektor D gemessen werden, der im Winkelbereich ϑ geschwenkt werden kann. Die gesamte Apparatur muß so weit evakuiert werden, daß die freie Weglänge Λ groß ist gegen die Entfernung von A bis zum Detektor. Dies kann mit *Diffusionspumpen* erreicht werden (siehe Kap. 9).

Ein Geschwindigkeitsselektor im Molekularstrahl (Abb. 7.18) läßt nur Moleküle in einem definiert wählbaren Intervall v bis $v + \Delta v$ durch. Ein solcher Selektor besteht im Prinzip aus zwei Kreisscheiben mit je einem Schlitz der Breite s, die im Abstand a voneinander auf einer Achse montiert sind und sich mit der Winkelgeschwindigkeit ω drehen. Ist der Schlitzversatz $\Delta S = R \cdot \varphi$, so werden nur solche Teilchen durch beide Schlitze durchgelassen, deren Flugzeit $T = a/v$ gleich der Zeit $R \cdot \varphi/(R\omega) = \varphi/\omega$ ist, deren Geschwindigkeiten daher

$$v = \frac{\omega \cdot a}{\varphi} \tag{7.35}$$

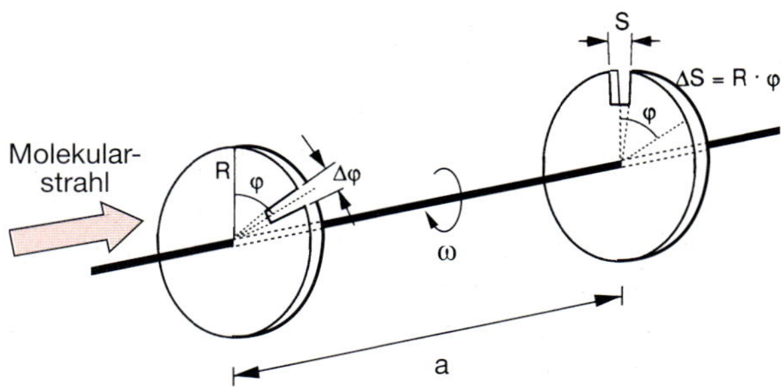

Abb. 7.18. Prinzip des mechanischen Geschwindigkeitsselektors

ist. Bei einer Schlitzbreite $s = R \cdot \Delta\varphi \ll R \cdot \varphi$ ist das durchgelassene Geschwindigkeitsintervall

$$\Delta v = v \cdot \frac{\Delta\varphi}{\varphi} \,. \tag{7.36}$$

Durch Variation der Winkelgeschwindigkeit ω des Selektors kann man die Zahl $N(v)$ der vom Selektor durchgelassenen Teilchen messen und damit die Geschwindigkeitsverteilung bestimmen.

Wenn die Dichte $n(v)$ der Maxwell-Boltzmann-Verteilung (7.30) folgt, erhält man für die Flußdichte $N(v) = n \cdot v$ im Molekularstrahl:

$$N(v) = n(v) \cdot v = n \cdot \frac{4v^3}{v_w\sqrt{\pi}} \cdot e^{-mv^2/2kT} \,. \tag{7.37}$$

Die Zahl der Teilchen im Geschwindigkeitsintervall dv, die pro Sekunde durch die Flächeneinheit fliegen, ist dann $N(v) \cdot dv$.

BEISPIEL

$\varphi = 20° \mathrel{\hat=} 0{,}35$ rad, $a = 10$ cm. Um Teilchen mit $v = 400$ m/s durchzulassen, muß $\omega = 1{,}4 \cdot 10^3/\mathrm{s}^{-1}$ sein. Dies entspricht 13 300 Umdrehungen/min.

Anmerkung

Bei dem obigen Beispiel würden auch Teilchen mit $v = 21$ m/s bei $\varphi = 360° + 20°$, d.h. bei der nächsten Umdrehung der zweiten Scheibe durchgelassen. Um dies zu verhindern, muß man mindestens noch eine dritte Scheibe mit einem um $\varphi/2$ versetzten Schlitz in die Mitte zwischen S_1 und S_2 anbringen. Meistens verwendet man viele Scheiben mit vielen Schlitzen pro Scheibe, um pro Sekunde mehr Teilchen durchzulassen. Ein solcher moderner Geschwindigkeitsselektor ist in Abb. 7.19 gezeigt.

Zum Nachweis der Atome bzw. Moleküle im Molekularstrahl können verschiedene Prinzipien benutzt werden:

- ***Bolometer*** (Abb. 7.20). Dies ist ein auf tiefe Temperaturen abgekühlter elektrischer Leiter mit kleiner Wärmekapazität C und kleiner Wärmeleitung G zu einem Kühlsystem. Die auf ihn treffenden N Teilchen pro Sekunde geben beim Aufprall ihre kinetische Energie $E_{kin} = mv^2/2$ ab, was zu einer Temperaturerhöhung $\Delta T = N \cdot E_{kin}/G$ führt, wobei G ein Maß für die Wärmeleitung des Bolometers an die Umgebung ist (siehe Kap. 11). Die Temperaturerhöhung ΔT führt zu einer Änderung $\Delta R = (\partial R/\partial T) \cdot \Delta T$ des elektrischen Widerstandes R, die über den Strom $I = U_0/(R_0 + R)$ oder durch die Spannung $U = I \cdot R$ gemessen wird (siehe Bd. 2).
- ***Ionisationsdetektor*** (Abb. 7.21). Die neutralen Teilchen werden durch Beschuß mit Elektronen ionisiert (siehe Bd. 3) und die Ionen mit der Ladung $q = +e$ auf einer Sammelelektrode gesammelt, wo sie bei einem Teilchenfluß von N Teilchen pro Sekunde zu einem elektrischen Strom

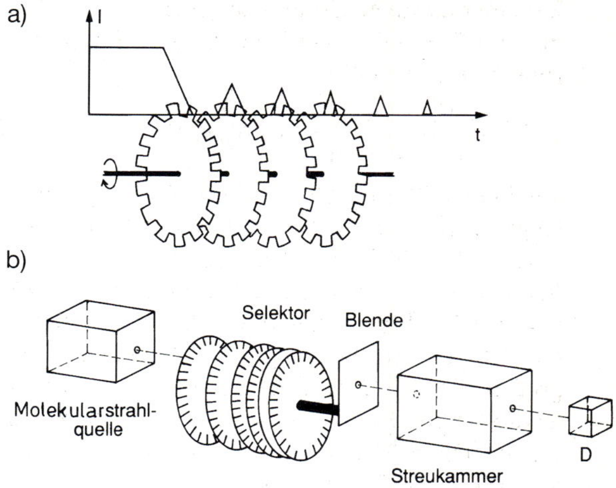

Abb. 7.19a,b. Geschwindigkeitsselektor mit 6 Scheiben: (**a**) Prinzip der Selektion einer Geschwindigkeitsklasse aus einem Teilchenfluß $N(v)$; (**b**) Einsatz zur Bestimmung von Wirkungsquerschnitten $\sigma(v)$ durch Messung der auf den Detektor D fallenden Teilchenzahl $N(v) = N_0 e^{-n\sigma(v) \cdot L}$

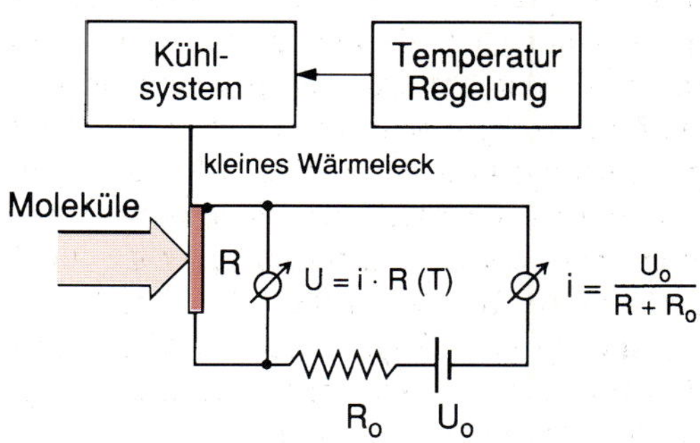

Abb. 7.20. Schematischer Aufbau eines Bolometers zur Messung der Flußdichte $N(v)$ neutraler Atome oder Moleküle in einem Molekularstrahl

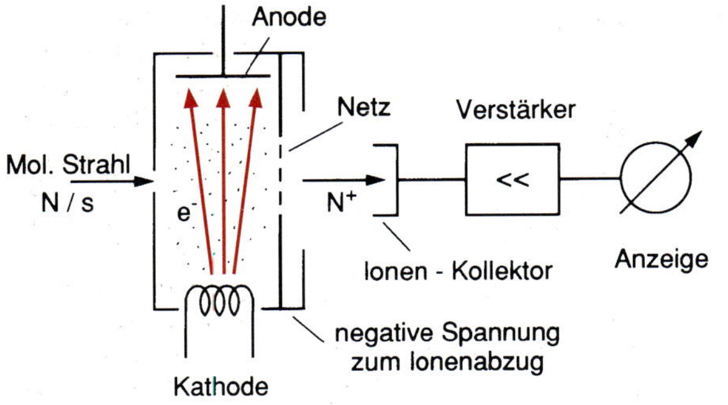

Abb. 7.21. Prinzip des Ionisationsdetektors

$I = \eta \cdot N \cdot e$ führen, wobei $\eta \ll 1$ die Ionisierungswahrscheinlichkeit ist.

- ***Langmuir-Taylor-Detektor***. Dies ist ein geheizter Draht, an dem die neutralen Teilchen ionisiert und als Ionen von einem elektrischen Feld abgezogen werden können, wenn die Ionisierungsenergie der Teilchen kleiner ist als die Austrittsarbeit der Elektronen aus dem Draht. In diesem Fall wird nämlich Energie gewonnen, wenn das Elektron vom Atom auf der Oberfläche des Drahtes in das Innere wandert.

Moderne Methoden zur Messung der Geschwindigkeitsverteilung von Molekülen in definierten Energiezuständen und zum Nachweis der Moleküle basieren auf laserspektroskopischen Verfahren (siehe Bd. 3).

Erhöht man den Druck p_0 im Reservoir, so wird die freie Weglänge der Teilchen in der Öffnung A kleiner als die Dimension der Öffnung, und die Teilchen erleiden noch während der Expansion Stöße. Weil die schnelleren Teilchen die vor ihnen fliegenden stoßen, geben sie einen Teil ihrer kinetischen Energie an diese ab. Dadurch wird die Geschwindigkeit der langsamen Teilchen größer, die der schnellen kleiner. Die Geschwindigkeitsverteilung wird eingeengt (Abb. 7.22), die mittlere Geschwindigkeit übersteigt die lokale Schallgeschwindigkeit in der Öffnung (siehe Abschn. 10.10) und man erhält einen „Überschallstrahl", dessen Geschwindigkeitsverteilung um die Strömungsgeschwindigkeit u durch

$$N(v) = Cv^3 \cdot \mathrm{e}^{-m(u-v)^2/2kT_\mathrm{t}} \tag{7.38}$$

beschrieben werden kann, wobei die ***Translationstemperatur*** T_t ein Maß für die Breite der Geschwindigkeitsverteilung um den Wert $v = u$ der Strömungsgeschwindigkeit u ist und Werte $T_\mathrm{t} < 1\,\mathrm{K}$ annehmen kann, d.h. alle Teilchen haben fast gleiche Geschwindigkeiten.

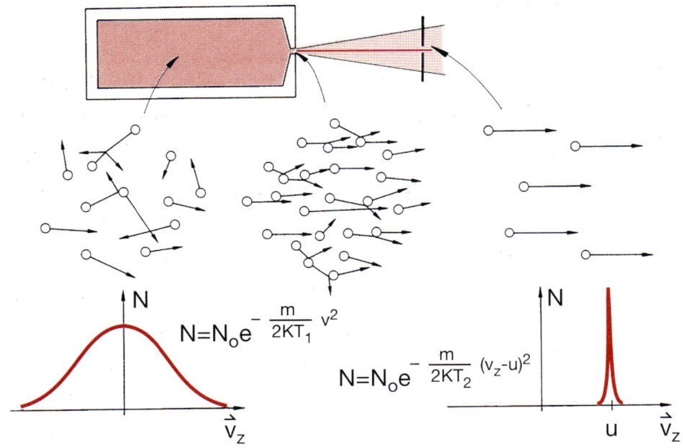

Abb. 7.22. Einengung der Geschwindigkeitsverteilung $N(v)$ in einem Überschallstrahl

7.5 Transportprozesse in Gasen

Durch die freie Beweglichkeit der Moleküle eines Gases und die bei der Molekülbewegung auftretenden Stoßprozesse bedingt, können Masse, Impuls und Energie der Teilchen innerhalb des Gasvolumens transportiert werden. Bei solchem Massentransport werden entweder makroskopische Gasvolumina als Ganzes transportiert (*Gasströmung*), oder es können durch die statistische Bewegung einzelner Moleküle A in einem anderen Gas von Molekülen B sich ursprünglich ungleichmäßig verteilte Moleküle A gleichmäßig über das zugängliche Volumen verteilen (*Diffusion*). Solche statistischen Transportvorgänge sind außer der Diffusion (Massentransport) die *Wärmeleitung*, bei der Energie transportiert wird, ohne daß die Moleküle selbst am Transport teilnehmen müssen, und der Impulstransport infolge der *Viskosität*. Sie treten immer dann auf, wenn räumliche Unterschiede der Dichte, der Temperatur oder Strömungsgeschwindigkeit vorhanden sind. Alle diese Transportphänomene können durch die kinetische Gastheorie erklärt werden. Ihre experimentelle Untersuchung gibt Hinweise auf die Größe der Gasmoleküle und ihre gegenseitigen Wechselwirkungen (siehe Bd. 3).

7.5.1 Diffusion

Öffnet man eine Flasche mit einer intensiv riechenden Substanz (z.B. Parfüm oder H_2S), so kann man den Geruch bald im ganzen Zimmer wahrnehmen. Die aus der Flasche entweichenden Moleküle müssen also durch die Luft bei Atmosphärendruck trotz der kleinen freien Weglänge Λ von 10–100 nm in kurzer Zeit Wege von mehreren Metern zurückgelegt haben! Diese Wanderung von Molekülen einer Sorte A durch ein Gas der Sorte B, die zu einer gleichmäßigen räumlichen Verteilung der Konzentration von A führt, heißt ***Diffusion***.

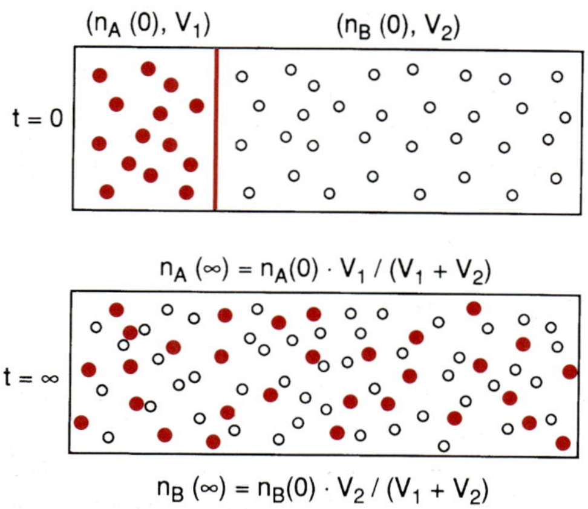

Abb. 7.23. Diffusion zweier verschiedener Gase aus Teilchen A und B nach Entfernen der Trennwand zur Zeit $t = 0$

Man kann die Diffusion besonders deutlich illustrieren am Beispiel des in Abb. 7.23 gezeigten Behälters, der durch eine Wand in zwei Hälften getrennt ist, welche jeweils nur Gasteilchen der Sorte A bzw. B enthalten. Nach Entfernung der Trennwand werden sich die beiden Komponenten A und B durchmischen und schließlich das ganze Volumen mit räumlich konstanter Konzentration einnehmen.

> Diffusion ist also ein Nettotransport von Teilchen aus einem Raumgebiet höherer Konzentration in ein Gebiet niedrigerer Konzentration.

Die obigen Beispiele zeigen, daß Diffusion einer Molekülsorte A immer dann stattfindet, wenn Gradienten der Dichte n_A vorhanden sind. Die Diffusion

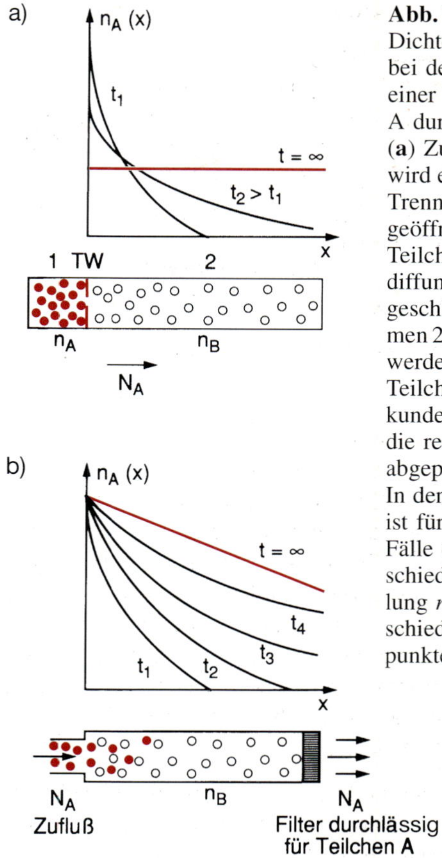

Abb. 7.24a,b. Dichtegradienten bei der Diffusion einer Teilchensorte A durch ein Gas B. (**a**) Zur Zeit $t = 0$ wird ein Loch in der Trennwand TW geöffnet und die Teilchen A diffundieren in das geschlossene Volumen 2. (**b**) Links werden dauernd N_A Teilchen A pro Sekunde eingelassen, die rechts wieder abgepumt werden. In den Diagrammen ist für die beiden Fälle die unterschiedliche Verteilung $n_a(x)$ für verschiedene Zeitpunkte t_i gezeigt

sorgt für einen Ausgleich der Dichteunterschiede und dauert so lange an, bis diese Unterschiede ausgeglichen sind, d.h. der Gradient Null wird (Abb. 7.24a), wenn nicht durch äußere Bedingungen ein stationäres Dichtegefälle aufrechterhalten wird, wie dies z.B. durch dauernde Zufuhr von Teilchen A auf einer Seite des Behälters und entsprechende Entnahme auf der anderen Seite realisiert werden kann (Abb. 7.24b).

Wir wollen die Diffusion jetzt quantitativ beschreiben. Dazu nehmen wir eine Dichteverteilung $n_A(x)$ der Teilchen A an, die in y, z-Richtung konstant ist, aber in x-Richtung variiert (Abb. 7.25). Die mittlere freie Weglänge in der Nähe einer Fläche $x = x_0$ sei Λ. Die thermischen Geschwindigkeiten v aller Teilchen A sind isotrop verteilt, so daß die Wahrscheinlichkeit W, daß ein Teilchen nach seinem letzten Stoß bei $x_- = x_0 - \Lambda \cdot \cos\vartheta$ mit einer Geschwindigkeit v unter einem Winkel ϑ gegen die x-Richtung die Fläche $x = x_0$ von links nach rechts durchquert,

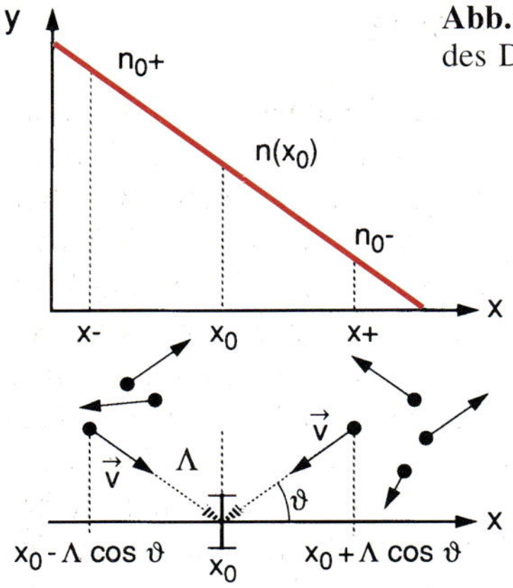

Abb. 7.25. Zur Herleitung des Diffusionskoeffizienten

genauso groß ist wie die entsprechende Wahrscheinlichkeit W_+, daß ein Teilchen von $x_+ = x_0 + \Lambda \cdot \cos\vartheta$ nach seinem letzten Stoß die Fläche von rechts nach links durchläuft.

Wir müssen beachten, daß die Geschwindigkeitsbeträge v nicht für alle Teilchen gleich sind, sondern einer Maxwell-Verteilung mit der Verteilungsfunktion $f(v)$ folgen (siehe Abschn. 7.3.5). Ihre Geschwindigkeitsrichtungen sind statistisch über alle Raumrichtungen verteilt. Wenn n_+ die Teilchenzahldichte *links* von der Fläche $x = x_0$ ist, erhalten wir für die Zahl $\mathrm{d}N_+$ der Teilchen, die im Zeitintervall $\mathrm{d}t$ die Fläche $\mathrm{d}F$ aus dem Raumwinkel $\mathrm{d}\Omega$ kommend mit der Geschwindigkeit v unter dem Winkel ϑ gegen die x-Richtung durchqueren:

$$\mathrm{d}N_+(v) = n_+ f(v)\mathrm{d}v\, v\,\mathrm{d}t \cdot \mathrm{d}F \cdot \cos\vartheta \cdot \mathrm{d}\Omega/4\pi\,, \quad (7.39)$$

weil das Volumen, aus dem sie kommen, $\mathrm{d}V = \mathrm{d}A \cdot \cos\vartheta \cdot v\,\mathrm{d}t$ ist (Abb. 7.26).

Eine entsprechende Gleichung erhalten wir für $\mathrm{d}N_-(v)$.

Welche Dichten n_+ bzw. n_- müssen wir nun einsetzen?

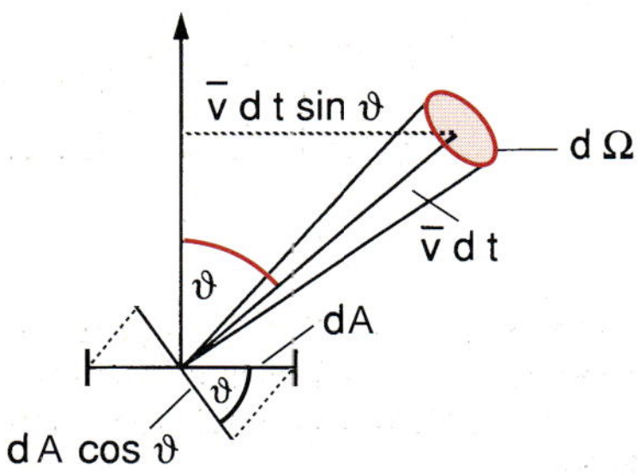

Abb. 7.26. Im Zeitintervall $\mathrm{d}t$ durchqueren $n \cdot f(v) \cdot v\mathrm{d}t \cdot \mathrm{d}A \cdot \cos\vartheta$ Teilchen das Flächenelement $\mathrm{d}A$ der Fläche $x = x_0$

Die Teilchen starten vom Ort $x = x_0 \pm \Delta x$ (mit $\Delta x \leq \Lambda \cdot \cos\vartheta$) ihres letzten Zusammenstoßes. Dort sind die Dichten

$$n_+ = n_0 + \Delta x \frac{\mathrm{d}n}{\mathrm{d}x}\,; \quad n_- = n_0 - \Delta x \frac{\mathrm{d}n}{\mathrm{d}x}\,. \quad (7.40)$$

Im Mittel ist $\overline{\Delta x} = \Lambda \cos\vartheta$. Für den Betrag der Nettostromdichte

$$\mathrm{d}j(v) = \frac{1}{\mathrm{d}F}\left(\frac{\mathrm{d}N_+}{\mathrm{d}t} - \frac{\mathrm{d}N_-}{\mathrm{d}t}\right) \quad (7.41)$$

von Teilchen mit der Geschwindigkeit v erhalten wir daher mit $\mathrm{d}\Omega = \mathrm{d}\vartheta \sin\vartheta\,\mathrm{d}\varphi$

$$\mathrm{d}j_x(v) = -2\Lambda f(v) v\,\mathrm{d}v \frac{\cos^3\vartheta\,\mathrm{d}\vartheta\,\mathrm{d}\varphi}{4\pi}\frac{\mathrm{d}n}{\mathrm{d}x}\,. \quad (7.41a)$$

Integration über φ gibt den Faktor 2π, über ϑ $(0 \leq \vartheta \leq \pi/2)$ den Faktor 1/3 und die Integration über alle Geschwindigkeitsbeträge v die mittlere Geschwindigkeit

$$\bar{v} = \int v \cdot f(v)\mathrm{d}v\,. \quad (7.42)$$

Insgesamt erhält man damit für die mittlere Teilchenstromdichte in x-Richtung

Ficksches Gesetz

$$j_x = -\frac{\Lambda \cdot \bar{v}}{3} \cdot \frac{\mathrm{d}n}{\mathrm{d}x} = -D \cdot \frac{\mathrm{d}n}{\mathrm{d}x} \quad (7.43)$$

Für den allgemeinen Fall eines beliebigen Dichtegradienten läßt sich (7.43) vektoriell schreiben als:

$$\boldsymbol{j} = -D \cdot \mathbf{grad}\, n\,,$$

d.h. die Teilchenstromdichte auf Grund der Diffusion ist gleich dem Produkt aus Diffusionskoeffizient D und dem Gradienten der Teilchendichte.

Der Vorfaktor

$$D = \frac{\Lambda \cdot \bar{v}}{3} \quad (7.44)$$

heißt ***Diffusionskonstante***. Diese hängt ab von der mittleren freien Weglänge Λ und der mittleren Geschwindigkeit $\bar{v}$. Mit Hilfe von (7.34) und (7.28) läßt sich der Diffusionskoeffizient

$$D = \frac{\Lambda \cdot \bar{v}}{3} = \frac{1}{n \cdot \sigma}\sqrt{\frac{8kT}{9\pi m}} \quad (7.45)$$

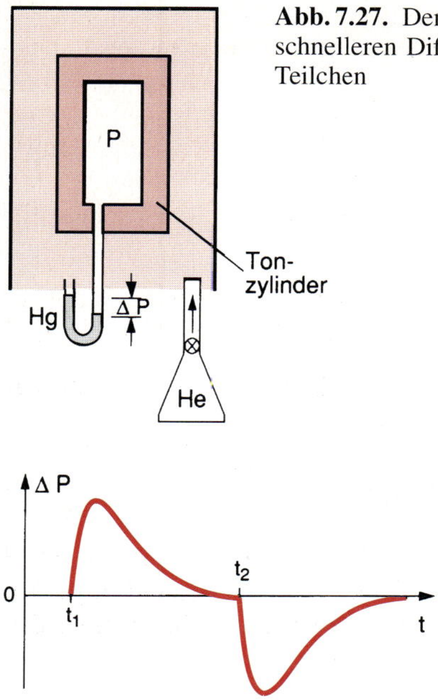

Abb. 7.27. Demonstration der schnelleren Diffusion leichterer Teilchen

für die Diffusion von Teilchen der Sorte A durch ein Gas von Teilchen B mit der Dichte n durch Stoßquerschnitt σ und Masse m der diffundierenden Teilchen A ausdrücken. Schwere Teilchen diffundieren langsamer!

Dies läßt sich an dem in Abb. 7.27 gezeigten Experiment demonstrieren: Ein poröser Tonzylinder in Luft, dessen Innenraum mit einem Druckmanometer verbunden ist, zeigt innen den gleichen Druck p an wie die umgebende Luft. Stülpt man jetzt zur Zeit t_1 ein Becherglas über den Zylinder, in das man Helium einleitet, so zeigt das Manometer anfangs einen großen Überdruck an, der dann nach einiger Zeit wieder auf Null abgebaut wird. Entfernt man jetzt zur Zeit t_2 das Becherglas, so wird anfangs ein Unterdruck angezeigt, der dann auch bald wieder abgebaut wird.

Die Erklärung liegt in der größeren mittleren Geschwindigkeit der He-Atome, die deshalb im ersten Teil des Experiments schneller von außen in das Innere des Tonzylinders diffundieren, als die Luftmoleküle herausdiffundieren. Die Nettodiffusion wird Null, wenn außen und innen gleiche Partialdrucke von Helium und Luft herrschen. Nach Entfernen des Becherglases ist außen kein Helium mehr, und der He-Diffusionsstrom nach außen ist wiederum größer als der von Luft nach innen.

7.5.2 Brownsche Bewegung

Die Bahn eines einzelnen Teilchens A unter dem Einfluß der Stöße mit Molekülen B läßt sich unter dem Mikroskop verfolgen, wenn man Teilchen wählt, deren Masse sehr groß ist gegen die Masse der Moleküle B. Durch geeignete Beleuchtung kann man auf Grund der Lichtstreuung ein solches Teilchen noch „sehen“, auch wenn sein Durchmesser d klein gegen die Wellenlänge des beleuchteten Lichtes ist (siehe Bd. 2). Ein Beispiel dafür sind Zigarettenrauchteilchen mit $d \approx 0{,}1\ \mu\text{m}$, die sich in Luft bei Atmosphärendruck bewegen. Man beobachtet für ein solches Mikroteilchen, das immer noch mehr als 10^6 Atome enthält, eine statistische Bewegung, deren Bahn zwischen zwei Stößen aus lauter kurzen geraden Stücken mit einer Längenverteilung um die mittlere freie Weglänge Λ besteht, deren Richtungen bei homogener Dichte n_B statistisch verteilt sind (Abb. 7.28a). Eine solche Bahn läßt sich mathematisch simulieren, wenn man die Längen der geraden Stücke und die Richtungswinkel durch einen Zufallsgenerator erzeugt. Abb. 7.28b zeigt ein Histogramm für die Längen L_i der geraden Stücke der Bahn. Jedes Kästchen gibt an, wie oft eine Länge L mit $L_{i-1} \leq L < L_i$ gefunden wurde. Die analytische Kurve, welche dieses Histogramm annähert, gibt die Wahrscheinlichkeit $W(L)$ an, mit der die Länge L vorkommt. Sie hat die Form

$$W(L) = a \cdot \mathrm{e}^{-L/\Lambda}\ . \tag{7.46}$$

Diese statistische Bewegung mikroskopisch kleiner Teilchen (Brownsche Bewegung), wurde zuerst

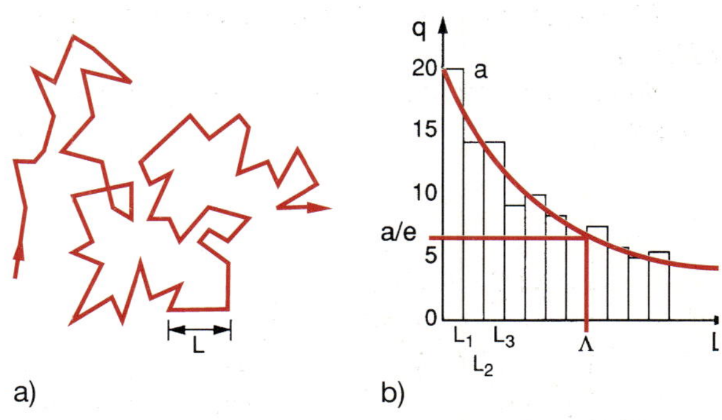

Abb. 7.28. (**a**) Statistische Bahn eines Teilchens (Brownsche Bewegung) unter dem Einfluß von Stößen mit Luftmolekülen; (**b**) Histogramm für die Messung der Längenverteilung zwischen zwei Stößen

von dem Botaniker *Robert Brown* 1827 in flüssigen Lösungen entdeckt und von ihm anfangs als Bewegung kleiner Mikrolebewesen gedeutet, bis er erkannte, daß es sich um eine völlig ziellose statistische Bewegung unbelebter Teilchen handelt. Sie bietet für den Beobachter einen faszinierenden Anblick und gibt einen indirekten Hinweis auf die Bewegung der stoßenden Moleküle und damit einen Einblick in die Molekularstruktur der Materie. Ihre mathematische Behandlung wird in Bd. 3, Kap. 2 vorgestellt.

Man kann die Brownsche Bewegung für Demonstrationszwecke sehr schön mit einem Luftkissentisch vorführen, auf dem eine größere Zahl kleiner Scheiben durch vibrierende Drähte am Tischrand in dauernder „thermischer Bewegung" gehalten werden. Bringt man jetzt eine größere Scheibe auf den Tisch, so läßt sich ihre Bewegung unter dem Einfluß der Stöße mit vielen anderen statistisch sich bewegenden kleineren Scheiben fotografieren, wenn man auf der Scheibe ein Glühbirnchen befestigt. Die Bahn der Glühbirne entspricht der Kurve in Abb. 7.28a.

7.5.3 Wärmeleitung in Gasen

Auch die Wärmeleitung in Gasen basiert auf der Bewegung der Moleküle, welche bei thermischen Zusammenstößen einen Teil ihrer kinetischen Energie auf den Stoßpartner übertragen und dadurch Energie von einem Ort höherer Temperatur (d.h. größerer mittlerer Energie) zu Orten tieferer Temperatur transportieren. Der Mechanismus der Wärmeleitung ist für Gase, Flüssigkeiten und Festkörper verschieden (siehe Abschn. 11.2), weil z.B. in einem Festkörper die Atome an feste Gleichgewichtslagen gebunden sind, während sie in Gasen frei beweglich sind.

Zum Verständnis der Wärmeleitung in Gasen betrachten wir ein Gas zwischen zwei Platten an den Orten x_1 und x_2, die auf unterschiedlichen Temperaturen T_1 bzw. T_2 gehalten werden (Abb. 7.29). Der Transport von Wärmeenergie von der heißeren zur kälteren Platte durch die Gasmoleküle hängt vom Verhältnis von Plattenabstand d zur freien Weglänge Λ ab.

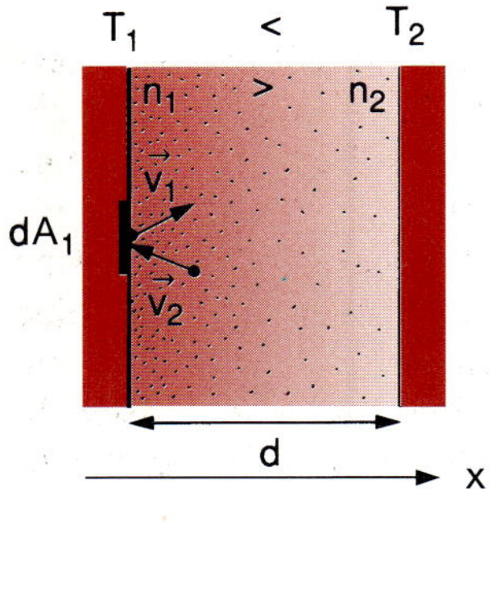

Abb. 7.29. Zur Wärmeleitung in Gasen. Der Abstand d soll klein sein gegen die Ausdehnung der Platten.

Wir betrachten zuerst den Fall, daß $\Lambda > d$ ist, der für genügend niedrigen Gasdruck immer realisiert werden kann. Die Moleküle können dann zwischen den Platten hin- und herfliegen, ohne Stöße im Gas zu erleiden. Die Moleküle, welche die Platte 1 verlassen, haben eine mittlere kinetische Energie

$$E_{k_1} = \frac{m}{2}\overline{v_1^2} = \frac{3}{2}kT_1 \,.$$

Bei isotroper Verteilung der Geschwindigkeitsrichtungen der Moleküle und bei einer Teilchenzahldichte n treffen aus dem Raumwinkel $\mathrm{d}\Omega = \sin\vartheta\,\mathrm{d}\vartheta\,\mathrm{d}\varphi$ um die Richtung ϑ gegen die Flächennormale kommend

$$\frac{d}{\mathrm{d}t}(N(v,\vartheta) = n\cos\vartheta\;\mathrm{d}A\left(\int vf(v)\mathrm{d}v\right)\cdot \mathrm{d}\Omega/4\pi$$

Teilchen pro Zeiteinheit auf das Flächenelement dA auf (Abb. 7.26). Integration über v ergibt die mittlere Geschwindigkeit $\overline{v}$. Über alle Winkel integriert ergibt sich:

$$\begin{aligned}\frac{\mathrm{d}N}{dt} &= \frac{n\,\overline{v}\mathrm{d}A}{4\pi}\int_0^{\pi/2}\sin\vartheta\,\cos\vartheta\;\mathrm{d}\vartheta\int_{\varphi=0}^{\pi}\mathrm{d}\varphi\\ &= \frac{n}{4}\,\overline{v}\mathrm{d}F \text{ mit } \overline{v} = |\overline{\boldsymbol{v}}| \,.\end{aligned} \tag{7.47}$$

Wir nehmen an, daß jedes auf dA treffende Teilchen eine kurze Zeit auf der Fläche bleibt, deren Temperatur annimmt und dann wieder abdampft.

Das Flächenelement dA verliert pro Zeiteinheit durch die wegfliegenden Moleküle die Energie

$$\frac{\mathrm{d}W_1}{\mathrm{d}t} = \frac{\mathrm{d}N_1}{\mathrm{d}t}\cdot U_1 \,, \tag{7.48a}$$

wobei $U_1 = (f/2)kT_1$ die Energie eines Moleküls mit f Freiheitsgraden (kinetische + Schwingungs- + Rotationsenergie) ist (siehe Abschn. 11.3). Andererseits gewinnt das Flächenelement die Energie pro Zeiteinheit

$$\frac{\mathrm{d}W_2}{\mathrm{d}t} = \frac{\mathrm{d}N_2}{\mathrm{d}t}\cdot U_2 \text{ mit } U_2 = \frac{1}{2}\,f\,kT_2 \tag{7.48b}$$

durch die auftreffenden Moleküle.

Im stationären Fall ist $\mathrm{d}N_1/\mathrm{d}t = \mathrm{d}N_2/\mathrm{d}t$.

Insgesamt wird daher auf die Fläche A_1 mit der Temperatur $T_1 < T_2$ die Wärmeleistung (Energiefluß pro Zeiteinheit)

$$\frac{\mathrm{d}W}{\mathrm{d}t} = \kappa \cdot A(T_2 - T_1) \qquad \text{mit } \kappa = \frac{n \cdot \overline{v} k \cdot f}{8} \tag{7.49a}$$

übertragen. Die Konstante κ heißt ***Wärmeübergangszahl*** des Gases. Ihre Dimension ist $[\kappa] = \mathrm{Nm}/(m^2 s \cdot K)$. Die Wärmeleitung (Energieflußdichte pro Zeiteinheit $j_\mathrm{W} = \frac{1}{F}\mathrm{d}W/\mathrm{d}t$ in Gasen bei geringen Dichten ($\Lambda \gg d$) ist proportional zur Temperaturdifferenz zwischen den Wänden und zur Dichte der Gasmoleküle und wegen $\overline{v} \propto m^{-1/2}$ umgekehrt proportional zur Wurzel aus der Molekülmasse. Moleküle leiten wegen ihrer größeren Energieaufnahmefähigkeit (Zahl f von Freiheitsgraden) (siehe Abschn. 11.1.8) die Wärmeenergie besser als Atome gleicher Masse. Da im ganzen Raum zwischen den Platten der gleiche Druck herrscht, folgt aus $p = nkT$ (7.14) für die Dichten n_1, n_2 vor den Platten:

$$\frac{n_1}{n_2} = \frac{T_2}{T_2} \; . \tag{7.49b}$$

Die Gasdichte ist daher am Ort höherer Temperatur kleiner als am Ort tieferer Temperatur.
Führt man die mittlere Moleküldichte $n = (n_1 + n_2)/2$ ein, so ergibt sich mit (7.47) und (7.28) $n = \frac{1}{2}(1 + \sqrt{T_1/T_2})n_1$ und

$$\kappa = \frac{n \cdot (f/2)k}{\sqrt{T_1} + \sqrt{T_2}} \cdot \sqrt{\frac{2kT_1T_2}{\pi \cdot m}} \; . \tag{7.49c}$$

Wenn die mittlere freie Weglänge Λ klein wird gegen den Abstand der Platten d ($\Lambda \ll d$), so stoßen die Moleküle zwischen den Platten häufig. Die Wärmeenergie der heißeren Platte wird nicht mehr im freien Flug der Moleküle auf die kältere Platte übertragen, sondern von den von der Platte wegfliegenden Molekülen nach einer Strecke $\Delta x \approx \Lambda$ auf andere Moleküle übertragen. Deshalb tritt ein Temperaturgradient $\mathrm{d}T/\mathrm{d}x$ auf und der Energiefluß pro Zeiteinheit durch eine Fläche $x = x_0$ zwischen den Platten ist analog zu den Überlegungen im Abschn. 7.5.1:

$$\begin{aligned}\frac{\mathrm{d}W}{\mathrm{d}t} &= \frac{1}{3}\Lambda \cdot \frac{\mathrm{d}}{\mathrm{d}x}(\overline{v} \cdot n \cdot U) \\ &= \frac{1}{3}\Lambda \cdot n \cdot \frac{f}{2}kT \cdot \frac{\mathrm{d}\overline{v}}{\mathrm{d}x}\end{aligned} \tag{7.50a}$$

weil nach (7.49b) $n \cdot U = n \cdot \frac{1}{2} fkT = \text{const.}$ gilt.
Mit $\mathrm{d}\overline{v}/\mathrm{d}x = \sqrt{8k/\pi m}\frac{1}{\sqrt{T}}\frac{\mathrm{d}T}{\mathrm{d}x}$ wird

$$\frac{\mathrm{d}W}{\mathrm{d}t} = \lambda \cdot \frac{\mathrm{d}T}{\mathrm{d}x} \; . \tag{7.50b}$$

Die Größe

$$\lambda = \frac{1}{12} f \cdot n \cdot k\overline{v}\Lambda$$

heißt ***Wärmeleitfähigkeit***.
Sie hat die Dimension

$$[\lambda] = \mathrm{N}/(\mathrm{s} \cdot \mathrm{K}) = J\, s^{-1} m^{-1} \cdot K^{-1} .$$

Die Wärmeleitfähigkeit λ wird in diesem Druckbereich ($\Lambda \ll d$) unabhängig vom Druck, da nach (7.34) $\Lambda = 1/(n\sigma)$ und deshalb

$$\lambda = \frac{1}{12}\frac{f \cdot k \cdot \overline{v}}{\sigma} \; . \tag{7.50c}$$

7.5.4 Viskosität von Gasen

Wie in den vorhergehenden Abschnitten gezeigt wurde, können Diffusion und Wärmeleitung in Gasen als Massen- bzw. Energietransport erklärt werden, der durch die thermische Bewegung der Moleküle bei lokalen Änderungen von Dichte bzw. Temperatur bewirkt wird. Diffusion und Wärmeleitung laufen auch ab, wenn das Gasvolumen als Ganzes ruht, d.h. wenn der makroskopische Impuls $\boldsymbol{P} = \sum \boldsymbol{p}_i = 0$ ist.

Liegt zusätzlich zur thermischen Bewegung der einzelnen Moleküle noch eine makroskopische Bewegung des ganzen Volumens vor (Strömung), so treten weitere Phänomene auf, wie z.B. die innere Reibung (Viskosität), wenn die Strömungsgeschwindigkeit von Ort zu Ort variiert (Abschn. 8.3). Auch die Viskosität hängt mit der thermischen Bewegung der Moleküle zusammen, wie wir uns an folgendem Beispiel klarmachen können:

Wir betrachten ein Gas, das in y-Richtung strömt und dessen Strömungsgeschwindigkeit $u(x)$ in x-Richtung variiert (Abb. 7.30a). Ein Beispiel wäre eine Luftströmung über einer ebenen Wasserfläche, wo die Luftschichten direkt oberhalb der Wasserfläche wegen der Reibung mit dem ruhenden Wasser eine kleinere Strömungsgeschwindigkeit haben als höhere Luftschichten. Wir greifen eine bestimmte Luftschicht $x = x_0 \pm \Delta x/2$ heraus (Abb. 7.30b). Die Geschwin-

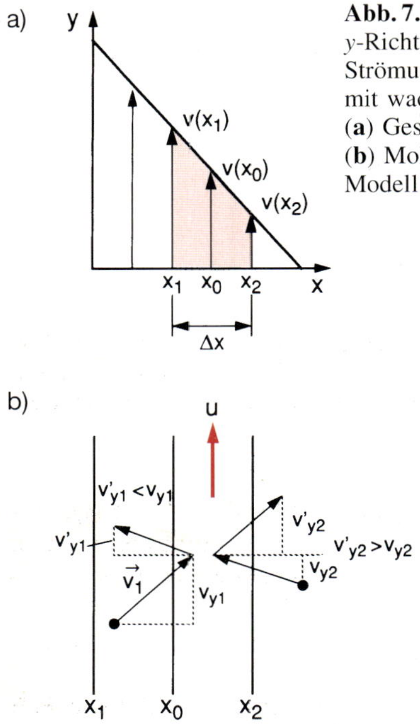

Abb. 7.30. Gasstrom in y-Richtung, dessen Strömungsgeschwindigkeit mit wachsendem x abfällt. (**a**) Geschwindigkeitsfeld, (**b**) Molekularkinetisches Modell der Viskosität

digkeit der Luftmoleküle ist eine Überlagerung der statistischen isotropen thermischen Bewegung und der Strömungsgeschwindigkeit $u(x)$. Auf Grund ihrer thermischen Geschwindigkeit treten die Moleküle aus der Schicht $x = x_0 \pm \Delta x/2$ in Nachbarschichten ein und stoßen dort mit den Molekülen dieser Schichten zusammen. Da die y-Komponente ihres Impulses im Mittel größer ist als die der Moleküle in der Schicht mit $x > x_0$, werden sie bei diesen Stößen einen Teil der Impulskomponente übertragen und daher die mittlere y-Komponente der Geschwindigkeit dieser Moleküle erhöhen. Die Größe der dabei übertragenen Impulskomponente hängt von der Geschwindigkeitsdifferenz benachbarter Schichten ab, d.h. vom Geschwindigkeitsgefälle $\mathrm{d}u/\mathrm{d}x$.

Der Impulstransport erfolgt in der Richtung, in der die Strömungsgeschwindigkeit abnimmt. Führen wir eine ***Impulsstromdichte*** j_p ein, die definiert ist als der pro Sekunde durch eine Flächeneinheit der Fläche $x = x_0$ übertragene Strömungsimpuls (der in Strömungsrichtung zeigt), so läßt sich das Viskositätsgesetz schreiben als

$$j_p = \eta \cdot \frac{\mathrm{d}u}{\mathrm{d}x} . \tag{7.51}$$

Der Vorfaktor η heißt Koeffizient der inneren Reibung, oder auch ***Viskositätskoeffizient***. Durch eine Überlegung, analog zur Herleitung des Diffusionskoeffizienten (siehe Abschn. 7.5.1), erhält man:

$$\eta = \tfrac{1}{3} n \cdot m \cdot \overline{v} \cdot \Lambda . \tag{7.52}$$

Der übertragene Strömungsimpuls in strömenden Gasen mit Strömungsgradient $\mathrm{d}u/\mathrm{d}x$ steigt daher proportional zur freien Weglänge Λ und zur mittleren thermischen Geschwindigkeit $\overline{v} = (8kT/\pi \cdot m)^{1/2}$.

7.5.5 Zusammenfassung

Diffusion, Wärmeleitung und innere Reibung in Gasen lassen sich mit Hilfe der kinetischen Gastheorie zurückführen auf die thermische Bewegung der Moleküle und dem bei Stößen erfolgenden Austausch von Energie und Impuls. Deshalb geben die makroskopischen Messungen von Diffusionskoeffizient D, Wärmeleitvermögen κ und Viskositätskoeffizient η Informationen über die mikroskopischen Größen: mittlere freie Weglänge Λ, Stoßquerschnitt $\sigma = 1/(n \cdot \Lambda)$ und mittlere Geschwindigkeit $\overline{v}$ der Moleküle.

Um die Zusammenhänge zwischen den drei Transportkoeffizienten nochmal vor Augen zu führen, sind die entsprechenden Relationen hier zusammengestellt:

- *bei höherem Druck* $(\Lambda \ll d)$

Diffusionskoeffizient:

$$D = \tfrac{1}{3}\overline{v} \cdot \Lambda = \tfrac{1}{3}\overline{v}/(n \cdot \sigma) . \tag{7.53a}$$

Wärmeleitvermögen in Gasen zwischen zwei Platten mit Abstand d:

$$\kappa = \frac{n\overline{v}fk}{6}\,\frac{\Lambda}{d} = D \cdot n \cdot \frac{fk}{2d} = \frac{1}{6}\,\frac{\overline{v}fk}{d \cdot \sigma} \tag{7.53b}$$

κ wird unabhängig vom Druck.

Viskositätskoeffizient:

$$\eta = \tfrac{1}{3} nm\overline{v} \cdot \Lambda = n \cdot m \cdot D \tag{7.53c}$$

($m =$ Molekülmasse).

- *bei tiefen Drucken* $(\Lambda \gg d)$

$$\kappa = \frac{nfk/4}{\sqrt{T_1} + \sqrt{T_2}}\,\overline{v}\sqrt{T} \quad \text{mit } T = \sqrt{T_1 T_2} \; ; \tag{7.53d}$$

κ ist proportional zur Gasdichte.

In Tabelle 7.3 sind die Transportkoeffizienten für einige Gase aufgeführt.

Tabelle 7.3. Selbst-Diffusionskoeffizienten D, Wärmeleitfähigkeit λ und Viskositätskoeffizient η einiger Gase bei 10^5 Pa Druck

Gas	D (m²/s)	$\lambda/(\mathrm{Jm^{-1}s^{-1}K^{-1}})$	$\eta/(\mathrm{Pa \cdot s})$
He	$1{,}0 \cdot 10^{-4}$	$1{,}5 \cdot 10^{-2}$	$1{,}5 \cdot 10^{-5}$
Ne	$4{,}5 \cdot 10^{-5}$	$4{,}6 \cdot 10^{-2}$	$3{,}0 \cdot 10^{-5}$
Ar	$1{,}6 \cdot 10^{-5}$	$1{,}7 \cdot 10^{-2}$	$2{,}0 \cdot 10^{-5}$
Xe	$6{,}0 \cdot 10^{-6}$	$0{,}5 \cdot 10^{-2}$	$2{,}1 \cdot 10^{-5}$
H_2	$1{,}3 \cdot 10^{-4}$	$1{,}7 \cdot 10^{-1}$	$8{,}0 \cdot 10^{-6}$
N_2	$2{,}0 \cdot 10^{-5}$	$2{,}6 \cdot 10^{-2}$	$1{,}7 \cdot 10^{-5}$
O_2	$1{,}81 \cdot 10^{-5}$	$2{,}4 \cdot 10^{-2}$	$2{,}0 \cdot 10^{-5}$

7.6 Die Erdatmosphäre

Unsere Atmosphäre besteht aus einer Mischung molekularer und atomarer Gase, deren Zusammensetzung in Tabelle 7.4 angegeben ist.

In der Erdatmosphäre wirkt der Diffusion, welche zum Ausgleich des Dichtegradienten $\mathrm{d}n/\mathrm{d}z$ führen würde, eine entgegengerichtete Kraft, nämlich die Schwerkraft, entgegen. Stationäres Gleichgewicht besteht dann, wenn in jeder Höhe z der nach oben gerichtete Diffusionsstrom j_D gerade kompensiert wird durch den nach unten gerichteten Strom j_g von Teilchen im Schwerefeld der Erde.

Tabelle 7.4. Gaszusammensetzung der Erdatmosphäre

Bestandteil	Volumen %
Stickstoff N_2	78,084
Sauerstoff O_2	20,947
Argon Ar	0,934
Kohlendioxyd CO_2	0,032
Neon Ne	0,0018
Helium He	$5{,}2 \cdot 10^{-4}$%
Methan CH_4	$2 \cdot 10^{-4}$%
Krypton Kr	$1{,}1 \cdot 10^{-4}$%
Wasserstoff H_2	$5 \cdot 10^{-5}$%
Spurengase z.B. (SO_2, O_3, N_2O)	$<5 \cdot 10^{-4}$%

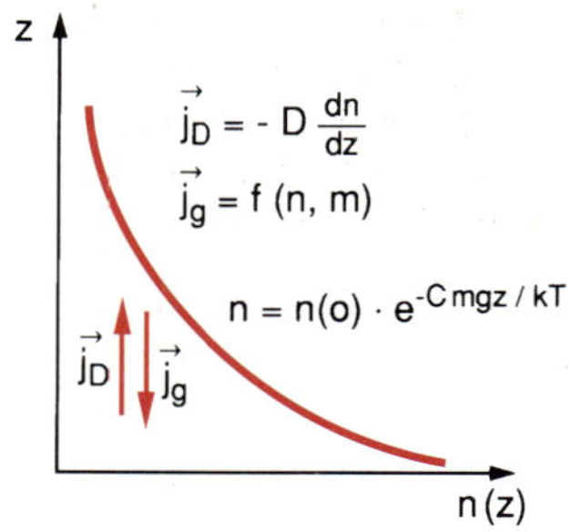

Abb. 7.31. Stationäre Dichteverteilung $n(z)$ in der isothermen Atmosphäre als Gleichgewicht zwischen Diffusionsstrom nach oben und nach unten gerichtetem Teilchenstrom im Schwerefeld der Erde

$$\boldsymbol{j}_\mathrm{D}(z) + \boldsymbol{j}_g(z) = \boldsymbol{0}\,. \qquad (7.54)$$

Der Schwerkraft wirkt die Reibungskraft beim Fall der Moleküle entgegen, so daß sich eine konstante Sinkgeschwindigkeit und damit ein konstanter Strom

$$j_g = n \cdot v_g = n \cdot C_1 mg \qquad (7.55)$$

einstellt, wobei die Konstante $C_1 = a/\eta$ von der Viskosität η der Luft abhängt. Aus (7.43–46) erhalten wir:

$$-D \frac{\mathrm{d}n}{\mathrm{d}z} = nC_1 mg\,, \qquad (7.56)$$

woraus durch Integration wieder die bereits durch die barometrische Höhenformel beschriebene exponentielle Abhängigkeit

$$n = n_0 \cdot \mathrm{e}^{-C_2 \cdot z} \quad \text{mit } C_2 = mg \cdot C_1/D \qquad (7.57)$$

folgt. Die Dichteverteilung der isothermen Atmosphäre kommt also durch die Kompensation von Diffusion auf Grund des Konzentrationsgradienten und Sinkgeschwindigkeit der Moleküle auf Grund der Schwerkraft zustande (Abb. 7.31).

Setzt man die Ausdrücke (7.45) für den Diffusionskoeffizienten D und (7.52) für die Viskosität η ein, so ergibt sich:

$$n = n_0 \cdot \mathrm{e}^{-C_3 mgz/kT}\,, \qquad (7.58)$$

wobei die Konstante C_3 vom Wirkungsquerschnitt σ abhängt. Die Konzentrationsverteilung in der isother-

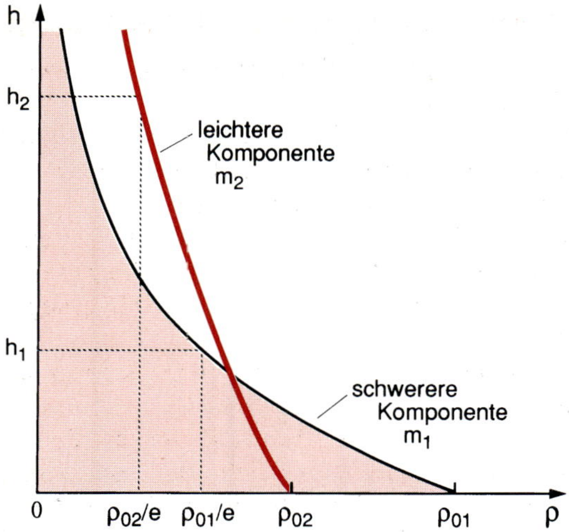

Abb. 7.32. Dichteverteilung für zwei Teilchensorten mit verschiedenen Massen m_i in einer durch Diffusion bedingten Atmosphäre im Schwerefeld der Erde

men stationären Atmosphäre hängt daher von der Masse m der Moleküle ab.

Für die verschiedenen Komponenten der isothermen Atmosphäre stellt sich eine unterschiedlich schnelle Dichteabnahme mit zunehmender Höhe ein (Abb. 7.32). Das Konzentrationsverhältnis n_2/n_1 zweier Komponenten mit $m_1 > m_2$ steigt mit der Höhe h über dem Erdboden an.

Wie dies in Abb. 7.32 für zwei verschiedene Massen m_1 und m_2 gezeigt ist, sollte sich nach unserer obigen Überlegung die leichtere Masse m_2 in den oberen Schichten anreichern, die schwerere m_1 in den unteren Bereichen der Atmosphäre.

Die Messungen zeigen jedoch eindeutig, daß die Zusammensetzung der Atmosphäre bis in Höhen von 100 km konstant, also unabhängig von der Höhe ist.

Das liegt daran, daß die Temperatur $T(h)$ nicht, wie im Abschn. 7.2 angenommen wurde, unabhängig von der Höhe ist, sondern den in Abb. 7.33 gezeigten Verlauf hat. Dadurch entstehen vertikale Strömungen in der Atmosphäre (siehe Kap. 8), die zu einer intensiven Durchmischung führen und dadurch die Zusammensetzung konstant halten.

Der Temperaturverlauf der Atmosphäre ist bedingt durch lokal veränderliche Energiezufuhr. Die Lufttemperatur sinkt von einem Wert T_0 am Erdboden bei $h = 0$, der in etwa der Temperatur der Erdoberfläche entspricht, bis auf etwa $-50\,°C$ in 12 km Höhe. Dies liegt an der Wärmezufuhr von der Erdoberfläche aus, die durch Wärmeleitung, Konvektion (Luftströmung) und thermische Strahlung der Erdoberfläche in die Atmosphäre erfolgt und welche mit zunehmender Entfernung einer Luftschicht vom Boden immer geringer wird.

Der Anstieg der Lufttemperatur oberhalb 15 km bis auf etwa 0 °C bei 50 km wird hauptsächlich durch die Absorption der Sonnenstrahlung durch die Ozonschicht im Höhenbereich 15–50 km bewirkt. Oberhalb der Ozonschicht führt die ultraviolette Strahlung der Sonne zur Dissoziation und zur Ionisation der Luftbestandteile, so daß in diesem Bereich der Ionosphäre ein Teil der Atmosphärengase in Form von Ionen und freien Elektronen vorliegt (siehe Bd. 3).

Für die Vorgänge in der Atmosphäre (Temperaturverlust, Transportvorgänge etc.) spielen die Verdunstung und Kondensation von Wasser sowie die Spurengase insbesondere OH, CO, CO_2 u.a. und ihre chemischen Reaktionen eine erhebliche Rolle. Die gesamte Atmosphärenchemie ist Gegenstand intensiver Forschung, und bisher sind noch viele Detailfragen nicht völlig geklärt (siehe Literaturangaben [7.3, 4]).

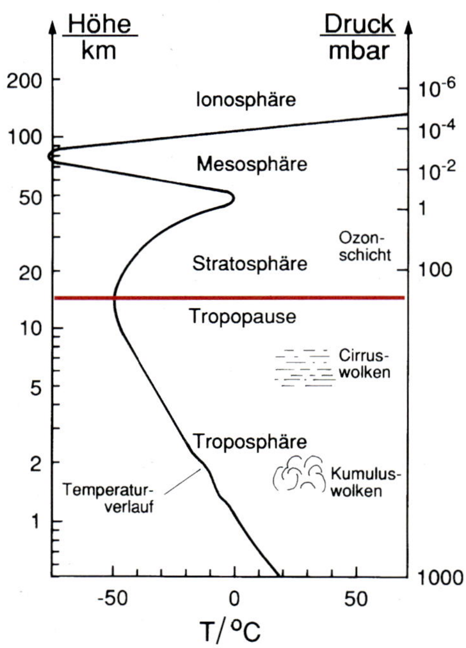

Abb. 7.33. Temperaturverlauf in der Erdatmosphäre

ÜBUNGSAUFGABEN

1. Wie sähe die Druckverteilung aus, wenn die Abnahme der Erdanziehung mit h berücksichtigt wird?
2. In welcher Höhe herrscht nach (7.6) ein Druck von 1 mbar?
3. Man berechne aus (7.6) den Druck in 100 km Höhe und daraus bei $T = 250$ K die Dichte ϱ.
4. Ein Ballon ($V = 3000\ \text{m}^3$) fliegt bei einer Temperatur $T = 20\ °\text{C}$ in einer Höhe von 1000 m. Wie schwer dürfen Ballon und Last (ohne Gewicht des Füllgases) sein, wenn der Druck des Füllgases gleich dem Außendruck ist und als Füllgas a) Helium, b) Wasserstoff (H_2) verwendet wird? (Luftdichte $\varrho_0 = 1{,}293\ \text{kg/m}^3$ bei $T = 20\ °\text{C}$ und $p_0 = 10^5$ Pa)
5. Eine Firma für Tauchgeräte bietet einen Glaszylinder mit beweglichem Kolben, der auf ein Luftvolumen $V = A \cdot x$ drückt, als Tiefenmeßgerät an. Bis zu welcher Tiefe hat dieses Gerät eine Genauigkeit von ± 1 m, wenn die Ablesegenauigkeit der Kolbenkante $\Delta x = \pm 1$ mm beträgt und $x(Po) = 0{,}2$ m ist?
6. Welcher Bruchteil aller Gasmoleküle hat eine freie Weglänge, die größer ist als
   a) die mittlere freie Weglänge Λ, b) die doppelte mittlere freie Weglänge 2Λ?
7. Geben Sie die Wahrscheinlichkeit dafür an, daß Stickstoffmoleküle in einem Gas bei $T = 300$ K Geschwindigkeiten im Intervall $900\ \text{m/s} \leq v \leq 1000\ \text{m/s}$ haben. Wie groß ist die Zahl $N(v)\text{d}v$ dieser Moleküle in einem Volumen von 1 m^3 bei $T = 300$ K, $p_0 = 10^5$ Pa?
8. Wie groß ist die Dicke einer isothermen Atmosphärenschicht bei $T = 280$ K zwischen den Höhen h_1 und h_2 mit $p(h_1) = 1000$ hPa und $p(h_2) = 900$ hPa?
9. Wie groß ist die mittlere Relativgeschwindigkeit zwischen zwei Gasmolekülen der Masse m
   a) bei einer Maxwell-Verteilung,
   b) wenn alle Moleküle den gleichen Geschwindigkeitsbetrag v haben und die Richtungen von $\boldsymbol{v}$ gleichmäßig verteilt sind?
10. Die mittlere freie Weglänge Λ in einem Gas bei $p = 1 \cdot 10^5$ Pa und $T = 20\ °\text{C}$ ist für Argon-Atome $\Lambda_{\text{Ar}} = 1 \cdot 10^{-7}$ m und für Stickstoff $\Lambda_{\text{N}_2} = 2{,}7 \cdot 10^{-7}$ m.
    a) Wie groß sind die Stoßquerschnitte σ_{Ar} und σ_{N_2}? b) Wie groß sind die mittleren Zeiten zwischen zwei Stößen?
11. In einem Behälter befinde sich 0,1 kg Heliumgas bei einem Druck von $p = 10^5$ Pa und der Temperatur $T = 300$ K. Man berechne:
    a) die Zahl der He-Atome; b) die mittlere freie Weglänge Λ; c) die Summe $\sum$ aller Wegstrecken S_i, die von allen Atomen in 1 s zurückgelegt wird.
    Geben Sie diese Summe in m und in Lichtjahren an.
12. Eine rotierende Scheibe mit einem Spalt (Strahlunterbrecher) läßt für die Zeitdauer $\Delta t = 10^{-3}$ s N_2-Moleküle eines thermischen Molekularstrahles mit einer Maxwell-Verteilung bei $T = 500$ K passieren. Wie groß ist die Halbwertsbreite der Ankunftszeiten der Moleküle am Detektor, wenn dieser 1 m entfernt vom Strahlunterbrecher steht?
13. Welche Geschwindigkeit müßte ein He-Atom haben, um aus 100 km Höhe über dem Erdboden die Erdatmosphäre zu verlassen? Bei welcher Temperatur würde die Hälfte aller N_2-Moleküle oberhalb $h = 100$ km den Anziehungsbereich der Erde verlassen?
14. Die Abgase aus dem 50 m hohen Schornstein eines Kraftwerkes haben die Dichte $\varrho = 0{,}85\ \text{kg/m}^3$. Wie groß ist der Druckunterschied zur umgebenden Luft ($\varrho_{\text{L}} = 1{,}29\ \text{kg/m}^3$ $T = 300\ K$) am Fuße des Schornsteins?
15. Auf welches Volumen V muß man einen Ballon ($m = 10$ g) bei $p = 1{,}5$ bar mit Helium aufblasen, damit er in Luft ($\varrho = 1{,}29\ \text{kg/m}^3$) gerade schwebt?
16. Im Inneren der Sonne wird die Teilchendichte der Protonen und der Elektronen auf $5 \cdot 10^{29}\ \text{m}^{-3}$ geschätzt bei einer Temperatur von $1{,}5 \cdot 10^7$ K.
    a) Welche mittlere Energie haben die Protonen und die Elektronen? Vergleichen Sie diesen Wert mit der Ionisierungsenergie $E_{\text{H}} = 13{,}5$ eV des H-Atoms. b) Wie groß sind ihre mittleren Geschwindigkeiten? c) Wie groß ist der Druck p?
17. Bestimmen Sie aus dem Luftdruck $p = 1$ Atom (1013 hPa) die Gesamtmasse der Erdatmosphäre.

8. Strömende Flüssigkeiten und Gase

Bisher haben wir nur Flüssigkeiten und Gase behandelt, die als Ganzes ruhen, deren makroskopischer Impuls $\boldsymbol{p} = \sum \boldsymbol{p}_i$ also Null ist, obwohl sich die einzelnen Moleküle auf Grund ihrer thermischen Bewegung durchaus mit Impulsen $\boldsymbol{p}_i \neq 0$ bewegen können. In diesem Kapitel wollen wir uns mit Phänomenen befassen, die bei *strömenden* Flüssigkeiten und Gasen auftreten. Ihre detaillierte Untersuchung hat zu eigenen Teilgebieten der Physik, der *Hydrodynamik* bzw. *Aerodynamik* geführt, die in vielen Lehrbüchern behandelt werden [8.1–3]. Man kann bei einer solchen makroskopischen Behandlung im allgemeinen von der thermischen Bewegung der einzelnen Moleküle absehen und nur die mittlere Bewegung eines Volumenelementes betrachten, das selbst bei Dimensionen im Submillimeterbereich immer noch sehr viele ($\approx 10^{15}$) Moleküle enthält. Die Hauptunterschiede zwischen Strömungen von Flüssigkeiten und von Gasen sind durch die um etwa drei Größenordnungen höhere Dichte ϱ der Flüssigkeiten und durch ihre Inkompressibilität bedingt. Für strömende Flüssigkeiten ist ϱ zeitlich und räumlich konstant, was für strömende Gase nicht allgemein gilt.

Eine vollständige Behandlung der makroskopischen Bewegung von Flüssigkeiten und Gasen erfordert die Kenntnis aller Kräfte, die auf ein Volumenelement ΔV mit der Masse $\Delta m = \varrho \cdot \Delta V$ wirken. Diese können verschiedene Ursachen haben:

- Druckdifferenzen zwischen verschiedenen Orten führen zu Druckkräften $\boldsymbol{F}_p = -\mathbf{grad}\, p \cdot \Delta V$ auf ein Volumenelement ΔV (siehe Abschn. 6.3).
- Die Schwerkraft $\boldsymbol{F}_g = \Delta m \cdot \boldsymbol{g} = \varrho \cdot \boldsymbol{g} \cdot \Delta V$ führt bei Strömungen, die eine vertikale Geschwindigkeitskomponente u_z haben, zur Beschleunigung des Volumenelementes ΔV.
- Wenn die Strömungsgeschwindigkeit $\boldsymbol{u}$ nicht räumlich konstant ist, treten Reibungskräfte $\boldsymbol{F}_\mathrm{R}$ auf zwischen Schichten des strömenden Mediums mit unterschiedlichen Werten von $\boldsymbol{u}$.
- Auf strömende geladene Teilchen wirken in äußeren elektrischen und magnetischen Feldern zusätzliche Kräfte (Lorentz-Kraft, siehe Bd. 2, Kap. 3). Solche Kräfte spielen in Sternen und in Laborplasmen eine entscheidende Rolle, und werden deshalb in der Plasmaphysik ausführlich diskutiert. Wir wollen sie hier jedoch nicht berücksichtigen, da ihre genauere Behandlung im Rahmen der Magnetohydrodynamik [8.4] den Rahmen dieser Einführung sprengen würde.

Die Newtonsche Bewegungsgleichung für ein Massenelement $\Delta m = \varrho \cdot \Delta V$ eines strömenden Mediums heißt dann:

$$\boldsymbol{F} = \boldsymbol{F}_p + \boldsymbol{F}_g + \boldsymbol{F}_R = \Delta m \ddot{\boldsymbol{r}} = \varrho \cdot \Delta V \cdot \frac{\mathrm{d}\boldsymbol{u}}{\mathrm{d}t} \;, \quad (8.1)$$

wobei $\boldsymbol{u} = \mathrm{d}\boldsymbol{r}/\mathrm{d}t$ die Strömungsgeschwindigkeit des Volumenelementes $\mathrm{d}V$ ist.

Bevor wir die Lösung dieser Gleichung angehen, sollen zuvor noch wichtige Grundbegriffe und Definitionen erläutert werden.

8.1 Grundbegriffe und Strömungstypen

Die Bewegung der gesamten Flüssigkeit ist bekannt, wenn man zu jedem Zeitpunkt t und für jeden Ort $\boldsymbol{r}$ innerhalb des strömenden Mediums die dort vorliegende Strömungsgeschwindigkeit $\boldsymbol{u}(\boldsymbol{r}, t)$ angeben kann (Abb. 8.1a). Alle Werte $\boldsymbol{u}(\boldsymbol{r}, t)$ für festes t bilden ein Vektorfeld, das Geschwindigkeitsfeld (auch Strömungsfeld genannt), das sich mit der Zeit t ändern kann. Hängt $\boldsymbol{u}(\boldsymbol{r})$ nicht von t ab, so heißt die Strömung *stationär*.

> Bei einer ***stationären Strömung*** ist die Geschwindigkeit ***u*** an jedem Ort zeitlich konstant, sie kann jedoch an verschiedenen Orten durchaus verschieden sein (Abb. 8.1b).

Die Ortskurve $\boldsymbol{r}(t)$, die ein Flüssigkeitselement ΔV (gekennzeichnet z.B. durch ein Korkstückchen) im Laufe der Zeit t durchläuft, nennt man eine ***Stromlinie*** oder auch Stromfaden (Abb. 8.1). Die Stromliniendichte ist ein Maß für die Flußdichte, d.h. die Menge des strömenden Mediums, die pro Zeiteinheit durch die Flächeneinheit fließt. Alle durch eine Querschnittsfläche S gehenden Stromlinien bilden eine ***Stromröhre***. Da sich die Flüssigkeit stets in Richtung der Stromlinien bewegt, treten aus der Wandung einer Stromröhre keine Teilchen aus oder ein.

Bei einer stationären Strömung fallen die Stromlinien mit den Linien des Strömungsfeldes zusammen, d.h. die Bahn $\boldsymbol{r}(t)$ des Teilchens folgt der Kurve $\boldsymbol{u}(\boldsymbol{r})$.

Bei nichtstationären Strömungen ist dies im allgemeinen nicht der Fall, wie Abb. 8.2 zeigt, wo die Linie $\boldsymbol{u}(\boldsymbol{r}, t_1)$ des Geschwindigkeitsfeldes zur Zeit t_1 von P_1 über P_2 nach P_3 läuft. Wenn das Teilchen zur Zeit $t_1 + \Delta t$ in P_2 angekommen ist, hat sich das Geschwindigkeitsfeld inzwischen geändert, und die Linie $\boldsymbol{u}(\boldsymbol{r}, t_1 + \Delta t)$, der das Teilchen nun folgt, verläuft von P_2 nach P_4.

Da die verschiedenen Kräfte in (8.1) im allgemeinen verschiedene Richtungen haben und die Reibungskraft außerdem von dem Geschwindigkeitsgradienten abhängt, wird das Strömungsverhalten des strömenden Mediums vom relativen Anteil der einzelnen Kräfte abhängen. Flüssigkeiten, bei denen die Reibungskraft $\boldsymbol{F}_R$ vernachlässigbar klein gegenüber den anderen Kräften sind, heißen ***ideale Flüssigkeiten***. Sind hingegen die Reibungskräfte groß gegenüber den anderen Kräften, so haben wir den Grenzfall der stark viskosen oder ***zähen Flüssigkeiten***. Beispiele für den ersten Fall sind die Strömung von Luft entlang glatter Tragflächen oder die Strömung von flüssigem Helium durch Röhren. Beispiele für den zweiten Fall sind die Strömung von Honig oder Sirup aus einem gekippten Glas in den Kuchenteig oder die genügend langsame Strömung von Wasser durch Rohre. Die realen Flüssigkeiten oder Gase liegen zwischen diesen beiden Grenzfällen.

Strömungen, bei denen die Stromfäden sich nebeneinander bewegen, ohne sich zu durchmischen, heißen ***laminare Strömungen*** (Abb. 8.3). Laminare Strömungen liegen immer vor, wenn die Reibungskräfte groß sind gegenüber den beschleunigenden

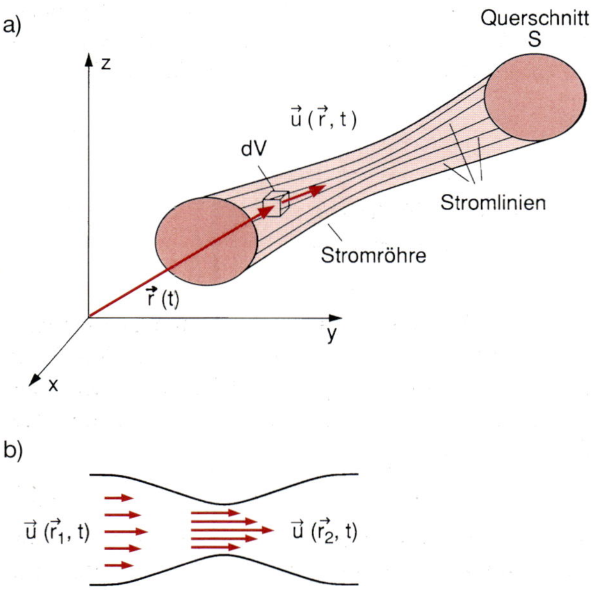

Abb. 8.1. (**a**) Stromlinien, Stromröhre und Strömungsgeschwindigkeit $\boldsymbol{u}(\boldsymbol{r}, t)$; (**b**) Momentanaufnahme eines Strömungsfeldes (Geschwindigkeitsfeld)

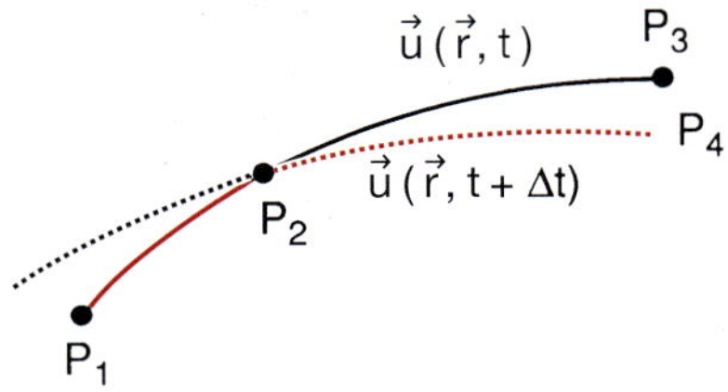

Abb. 8.2. Bei nichtstationären Strömungen braucht die Teilchenbahn $\boldsymbol{r}(t)$ nicht unbedingt einer Linie $\boldsymbol{u}(\boldsymbol{r}, t)$ des Strömungsfeldes zu folgen

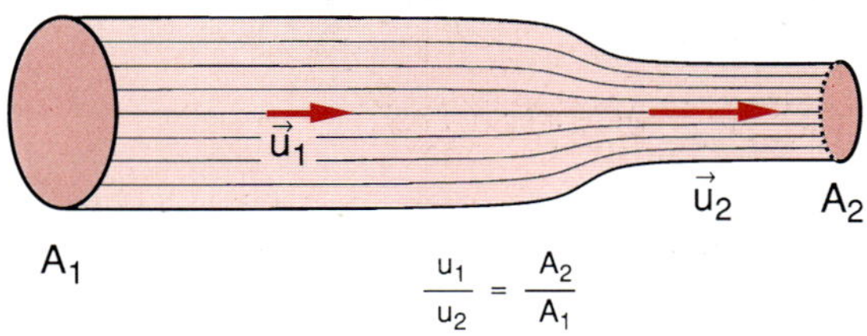

Abb. 8.3. Beispiel einer laminaren Strömung

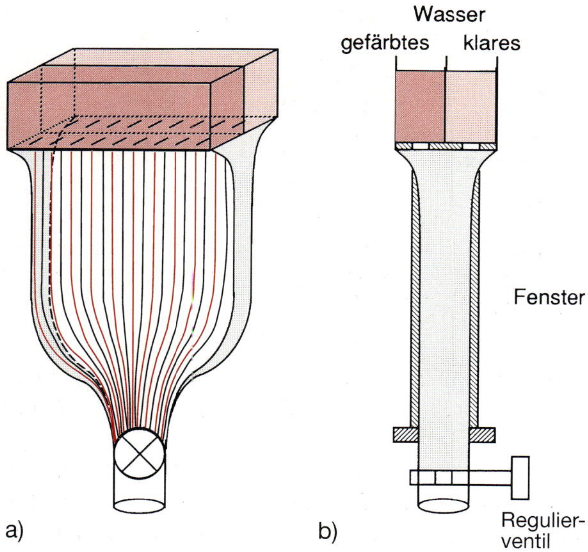

Abb. 8.4a,b. Stromfädenapparat. (**a**) Aufsicht, (**b**) Seitenansicht

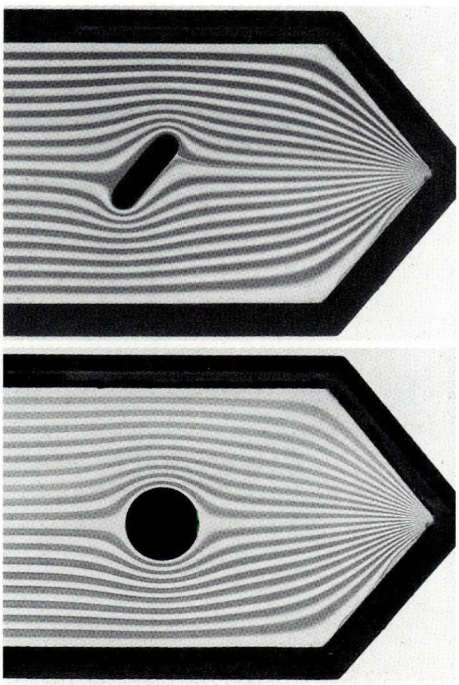

Abb. 8.5. Laminare Strömung um verschiedene Hindernisse, aufgenommen mit dem Stromfädenapparat der Abb. 8.4

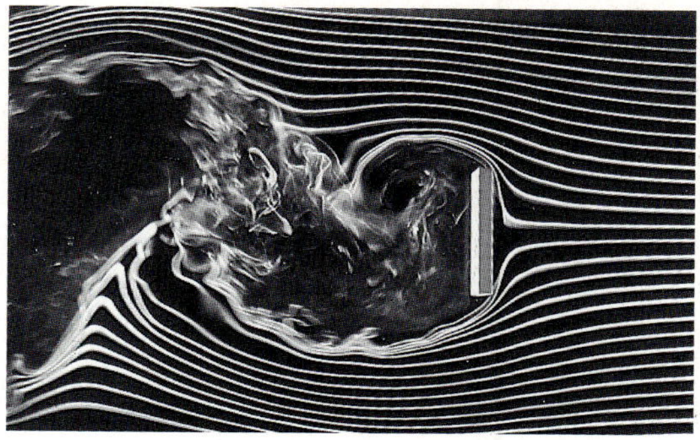

Abb. 8.6. Turbulente Strömung

Kräften. Man kann sie zur Demonstration sehr schön sichtbar machen mit dem in Abb. 8.4 gezeigten „Stromfädenapparat", bei dem gefärbtes und ungefärbtes Wasser so aus zwei getrennten Kammern durch auf Lücke gesetzte kleine Löcher in einen Raum zwischen zwei parallelen Glasplatten strömen kann, daß jeder zweite Stromfaden gefärbt ist. Hiermit lassen sich die Strömungsverhältnisse beim laminaren Umströmen verschieden geformter Körper deutlich machen (Abb. 8.5).

Turbulente Strömungen entstehen durch Reibung zwischen den Randschichten einer Flüssigkeit und den Wänden, wenn die Reibung innerhalb der Flüssigkeit klein ist gegen die beschleunigenden Kräfte. Es bilden sich Wirbel aus, welche die Stromlinien völlig durchmischen können (Abb. 8.6).

8.2 Euler-Gleichung für ideale Flüssigkeiten

Ein Flüssigkeitsteilchen mit der Strömungsgeschwindigkeit $\boldsymbol{u}(\boldsymbol{r},t)$ legt im Zeitintervall $\mathrm{d}t$ den Weg $\mathrm{d}\boldsymbol{r} = \boldsymbol{u}\,\mathrm{d}t$ zurück und gelangt dabei vom Ort $\boldsymbol{r}$ an den Ort $\boldsymbol{r} + \boldsymbol{u}\,\mathrm{d}t$. Im Zeitpunkt $t + \mathrm{d}t$ hat es dort die Geschwindigkeit

$$\boldsymbol{u} + \mathrm{d}\boldsymbol{u} = \boldsymbol{u}(\boldsymbol{r} + \boldsymbol{u}\,\mathrm{d}t, t + \mathrm{d}t) . \tag{8.2}$$

Selbst bei einer stationären Strömung kann sich die Geschwindigkeit $\boldsymbol{u}$ von Ort zu Ort ändern. So wird z.B. die Geschwindigkeit einer Flüssigkeit, die durch eine Röhre strömt, bei Verengung der Röhre größer (Abb. 8.7). Die Stromlinien werden dort dichter. Bei

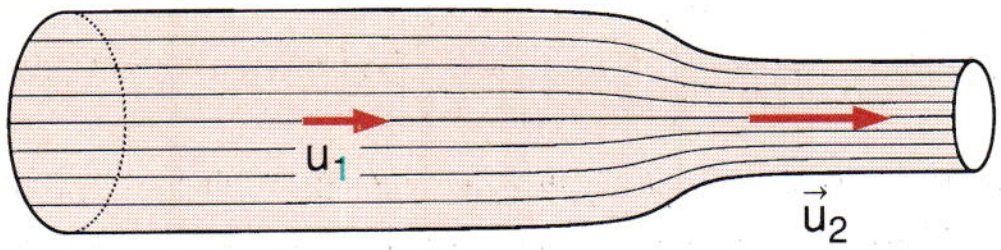

8.7. Erhöhung der Strömungsgeschwindigkeit $\boldsymbol{u}$ bei Verengung des Querschnitts

nichtstationären Strömungen ändert sich die Geschwindigkeit zusätzlich, weil $\partial \boldsymbol{u}/\partial t \neq \boldsymbol{0}$.

Wir definieren als ***substantielle Beschleunigung*** eines Flüssigkeitsteilchens die totale Änderung der Geschwindigkeit $\boldsymbol{u} = \{u_x, u_y, u_z\}$ des Teilchens, das im Zeitintervall dt vom Ort $\boldsymbol{r}$ an den Ort $\boldsymbol{r} + d\boldsymbol{r}$ gelangt. In Komponentenschreibung ergibt dies:

$$\frac{du_x}{dt} = \frac{\partial u_x}{\partial t} + \frac{\partial u_x}{\partial x}\frac{dx}{dt} + \frac{\partial u_x}{\partial y}\frac{dy}{dt} + \frac{\partial u_x}{\partial z}\frac{dz}{dt} \tag{8.3a}$$

mit entsprechenden Gleichungen für u_y, u_z. In vektorieller Schreibweise wird daraus wegen $u_x = dx/dt$, $u_y = dy/dt$ und $u_z = dz/dt$:

$$\boxed{\frac{d\boldsymbol{u}}{dt} = \frac{\partial \boldsymbol{u}}{\partial t} + (\boldsymbol{u} \cdot \nabla)\boldsymbol{u}} \ . \tag{8.3b}$$

Die substantielle Beschleunigung setzt sich zusammen aus der zeitlichen Änderung $\partial \boldsymbol{u}/\partial t$ der Geschwindigkeit am gleichen Ort und der ***Konvektionsbeschleunigung*** $(\boldsymbol{u} \cdot \nabla)\boldsymbol{u}$. Der erste Anteil tritt nur bei nichtstationären Strömungen auf, der zweite Anteil nur, wenn die Geschwindigkeit $\boldsymbol{u}$ vom Ort abhängt. Die Bewegungsgleichung für eine ideale Flüssigkeit ($\boldsymbol{F}_R = \boldsymbol{0}$), die als beschleunigende Kräfte die Schwerkraft $m \cdot g = \varrho \cdot g \, dV$ und ein Druckgefälle **grad** p erfährt, heißt dann gemäß (8.1) und (8.3) wegen $\boldsymbol{F}_p = -\textbf{grad}\, p \cdot dV$ (siehe Abschn. 6.3):

Euler-Gleichung

$$\frac{d\boldsymbol{u}}{dt} = \frac{\partial \boldsymbol{u}}{\partial t} + (\boldsymbol{u} \cdot \nabla)\boldsymbol{u} = \boldsymbol{g} - \frac{1}{\varrho}\textbf{grad}\, p \tag{8.4}$$

Diese Gleichung, die bereits von L. Euler 1755 aufgestellt wurde, bildet die Grundlage der Hydrodynamik idealer Flüssigkeiten.

8.3 Kontinuitätsgleichung

Wir betrachten eine Flüssigkeit, die in x-Richtung durch eine Röhre mit örtlich veränderlichem Querschnitt A fließt (Abb. 8.8a). Ein Flüssigkeitsvolumen $dV = A \cdot dx$ hat die Masse $dM = \varrho \cdot dV = \varrho A \, dx$. Durch den Querschnitt A_1 strömt pro Zeiteinheit die Masse

$$\frac{dM}{dt} = \varrho \cdot A_1 \cdot \frac{dx}{dt} = \varrho \cdot A_1 \cdot u_{x_1} \ . \tag{8.5}$$

Bei $x = x_0$ möge sich das Rohr auf den Querschnitt A_2 verengen.

Bei inkompressiblen Flüssigkeiten bleibt ϱ konstant. Da die Flüssigkeit nirgendwo seitlich aus der Röhre austreten kann, muß pro Sekunde durch A_2 dieselbe Flüssigkeitsmenge fließen wie durch A_1. Wir erhalten daher die Gleichung:

$$\varrho A_1 u_{x_1} = \varrho A_2 u_{x_2} \Rightarrow \frac{u_{x_1}}{u_{x_2}} = \frac{A_2}{A_1} \ . \tag{8.6}$$

Im engen Teil eines Rohres fließt die Flüssigkeit schneller als im weiten Teil!

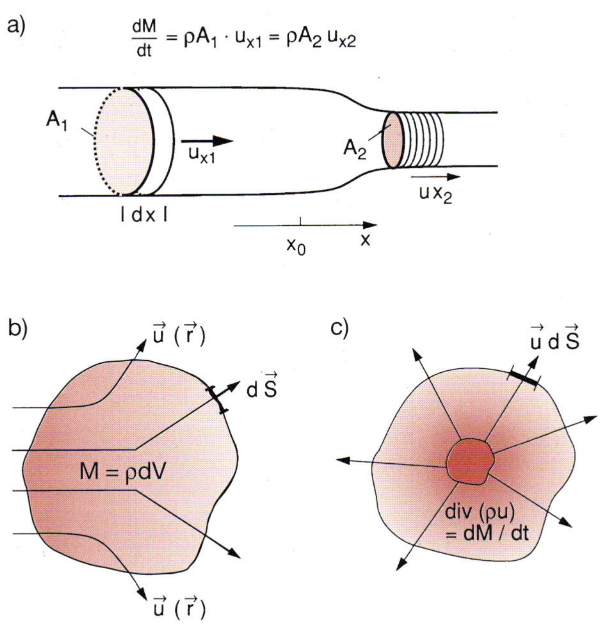

Abb. 8.8a–c. Zur Kontinuitätsgleichung. (**a**) In einer Röhre mit variablem Querschnitt; (**b**) in einem von einer Flüssigkeit durchströmten Volumen V mit der Oberfläche S; (**c**) mit einer Quelle der Quellstärke div $\varrho u = dM/dt$

Das Produkt

$$j = \varrho \cdot \boldsymbol{u} \tag{8.7}$$

heißt ***Stromdichte*** oder ***Flußdichte***; die Größe $I = \boldsymbol{j} \cdot \boldsymbol{A} = \mathrm{d}M/\mathrm{d}t$, die den gesamten Massentransport pro Zeiteinheit durch die Fläche A angibt, heißt Massenstromstärke oder Massenfluß.

Man kann (8.6) daher auch schreiben als: $I = \text{const}$. Der gesamte Massenfluß durch eine Röhre ist überall gleich.

Wir können diesen Satz von der Erhaltung der strömenden Masse folgendermaßen ganz allgemein formulieren (Abb. 8.8b):

Ein Volumen V enthalte zur Zeit t die Masse

$$M = \int_V \varrho \, \mathrm{d}V \, . \tag{8.8}$$

Sie kann sich zeitlich ändern, wenn Masse aus dem Volumen abfließt oder in das Volumen hineinströmt.

Pro Zeiteinheit strömt aus seiner Oberfläche S die Masse

$$-\frac{\partial M}{\partial t} = \int_S \varrho \cdot \boldsymbol{u} \, \mathrm{d}\boldsymbol{S} = \int \boldsymbol{j} \, \mathrm{d}\boldsymbol{S} \, , \tag{8.9}$$

wobei der Flächennormalenvektor d$\boldsymbol{S}$ senkrecht auf dem Oberflächenelement dS steht.

Nach dem Gaußschen Satz (siehe Lehrbücher über Vektoranalysis) läßt sich das Oberflächenintegral über die Oberfläche S in ein Volumenintegral über das von S umschlossene Volumen V umwandeln:

$$\int_S \varrho \boldsymbol{u} \cdot \mathrm{d}\boldsymbol{S} = \int_V \operatorname{div}(\varrho \cdot \boldsymbol{u}) \mathrm{d}V \, , \tag{8.10}$$

und wir erhalten aus (8.8–10) bei zeitlich konstantem Volumen V:

$$-\frac{\partial}{\partial t} \int_V \varrho \, \mathrm{d}V = -\int \frac{\partial \varrho}{\partial t} \mathrm{d}V = \int \operatorname{div}(\varrho \boldsymbol{u}) \mathrm{d}V . \tag{8.11}$$

Da dies für beliebige Volumina gelten muß, folgt daraus die ***Kontinuitätsgleichung***

$$\boxed{\frac{\partial \varrho}{\partial t} + \operatorname{div}(\varrho \boldsymbol{u}) = 0} \, , \tag{8.12}$$

welche aussagt, daß bei der Strömung durch die Volumeneinheit die gesamte Masse erhalten bleibt. Für ein zeitlich konstantes Volumenelement dV heißt (8.12):

$$\operatorname{div}(\varrho \boldsymbol{u}) \mathrm{d}V = -\frac{\partial \varrho}{\partial t} \mathrm{d}V = -\frac{\partial}{\partial t} (\mathrm{d}M) \, , \tag{8.12a}$$

so daß der Ausdruck div $(\varrho \boldsymbol{u})$dV die pro Zeiteinheit aus dem Volumenelement dV ausströmende Masse angibt. Man nennt deshalb div $(\varrho \boldsymbol{u})$dV auch die *Quellenstärke* pro Volumeneinheit. Hat man nämlich eine Quelle, die pro Zeiteinheit die Wassermenge dM liefert, so muß aus der die Quelle umgebenden Fläche die Menge div $(\varrho \boldsymbol{u})$ in der gleichen Zeit austreten (Abb. 8.8c).

Gleichung (8.12) gilt sowohl für Flüssigkeiten als auch für Gase. Für inkompressible Flüssigkeiten ist $\partial \varrho / \partial t = 0$ und ϱ ist auch räumlich konstant. Die Kontinuitätsgleichung vereinfacht sich dann zu

Kontinuitätsgleichung für inkompressible Flüssigkeiten

$$\operatorname{div}(\boldsymbol{u}) = 0 \tag{8.13a}$$

In Komponentenschreibweise wird dies

$$\frac{\partial u_x}{\partial x} + \frac{\partial u_y}{\partial y} + \frac{\partial u_z}{\partial t} = 0 \, . \tag{8.13b}$$

In Röhren mit konstantem Querschnitt fließt die Flüssigkeit nur in Richtung der Röhrenachse, die wir als x-Richtung wählen. Dann ist $u_y = y_z \equiv 0$ und (8.13a) wird: $\partial u_x / \partial x = 0 \Rightarrow u_x = \text{const}$.

8.4 Bernoulli-Gleichung

Strömt eine Flüssigkeit oder ein Gas horizontal in x-Richtung durch ein Rohr mit veränderlichem Querschnitt, so muß die Strömungsgeschwindigkeit an den engen Stellen größer werden (Kontinuitätsgleichung). Die Teilchen müssen dort also beschleunigt werden und erhalten eine größere kinetische Energie. Dies führt zu einer Druckabnahme, wie man folgendermaßen sieht:

Um das Flüssigkeitsvolumen $\Delta V_1 = A_1 \cdot \Delta x_1$ im weiten Teil der Röhre durch die Fläche A_1 zu befördern, muß man es um Δx verschieben (Abb. 8.9) und daher gegen den Druck p_1 die Arbeit

$$\Delta W_1 = F_1 \cdot \Delta x_1 = p_1 \cdot A_1 \cdot \Delta x_1 = p_1 \cdot \Delta V_1 \tag{8.14a}$$

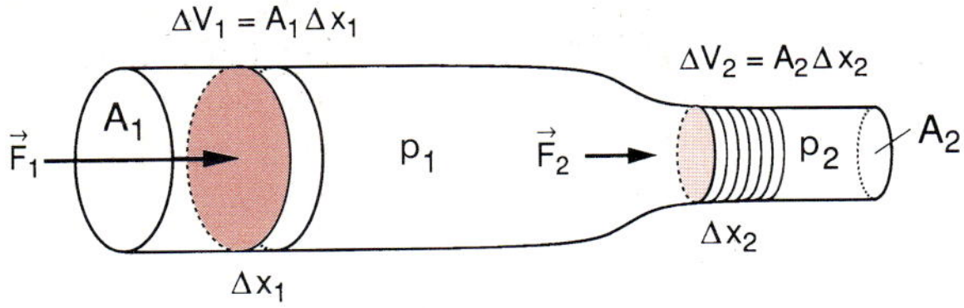

Abb. 8.9. Zur Herleitung der Bernoulli-Gleichung

aufbringen. Im engen Teil der Röhre ist $\Delta V_2 = A_2 \cdot \Delta x_2$ und die Arbeit, die nötig ist, um ΔV_2 um Δx_2 gegen den Druck p_2 zu verschieben, ist

$$\Delta W_2 = p_2 \cdot A_2 \cdot \Delta x_2 = p_2 \cdot \Delta V_2 \,. \qquad (8.14\text{b})$$

Durch diese Arbeit wird die potentielle Energie geändert. Die kinetische Energie des Volumenelementes ΔV ist

$$E_{\text{kin}} = \tfrac{1}{2}\Delta m \cdot u^2 = \tfrac{1}{2}\varrho \cdot u^2 \Delta V \,.$$

Für ideale (= reibungsfreie) Flüssigkeiten muß die Summe aus potentieller und kinetischer Energie konstant bleiben, d.h.

$$p_1 \Delta V_1 + \tfrac{1}{2}\varrho u_1^2 \Delta V_1 = p_2 \Delta V_2 + \tfrac{1}{2}\varrho u_2^2 \Delta V_2 \,. \quad (8.15)$$

Bei inkompressiblen Flüssigkeiten ist $\varrho = \text{const}$ und daher $\Delta V_1 = \Delta V_2 = \Delta V$. Damit folgt aus (8.15)

$$p_1 + \tfrac{1}{2}\varrho u_1^2 = p_2 + \tfrac{1}{2}\varrho u_2^2 \,. \qquad (8.16)$$

Für eine reibungsfreie, inkompressible Flüssigkeit, die in einem waagerechten Rohr mit veränderlichem Querschnitt fließt (Abb. 8.10), gilt (8.16):

Bernoulli-Gleichung

$$p + \tfrac{1}{2}\varrho u^2 = p_0 = \text{const} \,. \qquad (8.17)$$

Die Konstante p_0 ist der *Gesamtdruck*, der an Stellen mit $u = 0$ erreicht wird. Die Größe $p_S = (\varrho/2)u^2 = p_0 - p$ heißt ***Staudruck***, während $p = p_0 - p_S$ der ***statische Druck*** der strömenden Flüssigkeit ist.

Zur Demonstration der Bernoulli-Gleichung dient die in Abb. 8.10 gezeigte Anordnung, bei der gefärbtes Wasser durch ein Glasrohr mit veränderlichem Querschnitt strömt. In seitlich angebrachten vertikalen Rohren läßt sich der statische Druck $p = \varrho g h$ aus der Steighöhe h ablesen. An der verengten Stelle des Rohres ist die Strömungsgeschwindigkeit u größer und damit der Druck p kleiner. In Abb. 8.10a ist der (8.17) entsprechende Fall der idealen Flüssigkeit ohne Reibung dargestellt, in Abb. 8.10b der im Experiment beobachtete Fall einer realen Flüssigkeit mit Reibung, bei dem in Rohren mit konstantem Querschnitt auf Grund der Reibung eine lineare Druckabnahme auftritt.

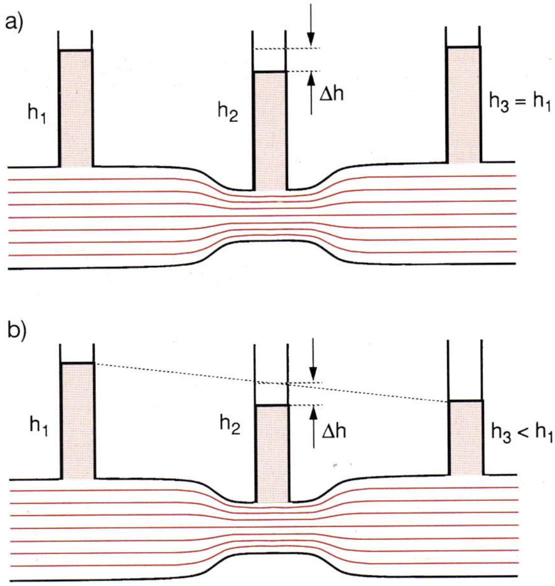

Abb. 8.10a,b. Demonstration der Bernoulli-Gleichung durch Messung des Drucks mit Steigrohren. Die Druckdifferenz ist $\Delta p = \varrho \cdot \Delta h$. (**a**) Für ideale Flüssigkeiten ohne Reibung; (**b**) für reale Flüssigkeiten mit Reibung. Strömung von links nach rechts

Man kann die drei Größen p, p_S und p_0 an beliebigen Stellen einer Strömung mit den in Abb. 8.11a–d gezeigten Meßgeräten ermitteln: Mit einer Drucksonde (Abb. 8.11a), welche seitliche Öffnungen enthält, an denen die Strömungslinien vorbeilaufen, wird der statische Druck p in der Flüssigkeit an der Stelle der Öffnungen durch die Rohrleitung an das Druckmanometer weitergeleitet und dort gemessen. Bei dem Pitotrohr (Abb. 8.11b und c) befindet sich die Öffnung des Druckmeßrohres am Kopf. Wird das Rohr parallel zu den Stromlinien in die Strömung gebracht, so gilt für die Strömungsgeschwindigkeit an der Öffnung am Kopf der Sonde: $u = 0$, d.h. der gemessene Druck ist der Gesamtdruck p_0. Man kann ihn entweder mit einem Manometer (Abb. 8.11b) oder mit einem Steigrohr (Abb. 8.11c) messen.

Mit einer Kombination von Drucksonde und Pitotrohr (Abb. 8.11d) wird am Kopf p_0 gemessen,

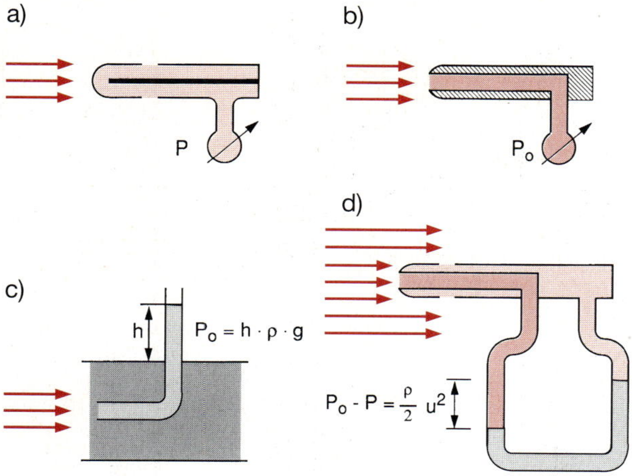

Abb. 8.11a–d. Messung der Druckverhältnisse in einer Strömung. (**a**) Messung des Druckes p mit einer Drucksonde; (**b**) Messung des Gesamtdruckes p_0 mit dem Pitot-Rohr und Druckmanometer; (**c**) Messung von p_0 mit einem Steigrohr; (**d**) Messung des Staudruckes $p_S = p_0 - p$ als Differenz zwischen Totaldruck p_0 und statischem Druck p

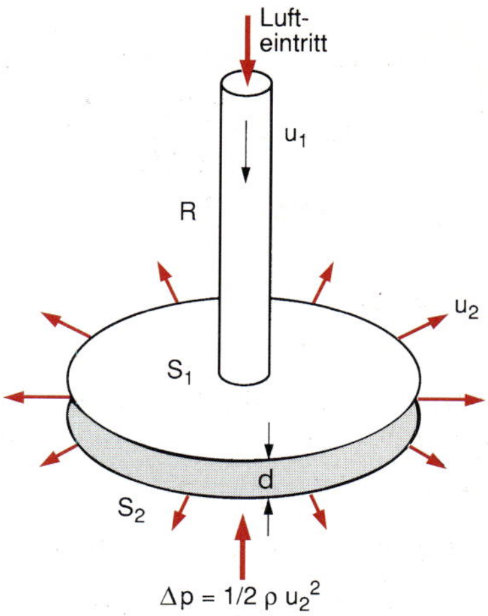

Abb. 8.13. Hydrodynamisches Paradoxon

an den seitlichen Öffnungen p, so daß der Differenzdruck am Manometer gerade den Staudruck $p_S = p_0 - p$ angibt.

Bei der Strömung in schrägen Rohren muß noch die Änderung der potentiellen Energie $\Delta m \cdot g \cdot h = \varrho \cdot g \cdot h \cdot \Delta V$ pro Volumenelement ΔV mit der Höhe berücksichtigt werden. Verläuft die Strömung z.B. in der x-z-Ebene (Abb. 8.12), so ist die Höhe $h = z(x)$ und wir erhalten aus (8.17) die allgemeinere Gleichung

$$p + \varrho g z(x) + \tfrac{1}{2}\varrho u^2(x) = \text{const} . \qquad (8.18)$$

Man beachte:

Obwohl die Bernoulli-Gleichung (8.17) für inkompressible Flüssigkeiten hergeleitet wurde, kann man

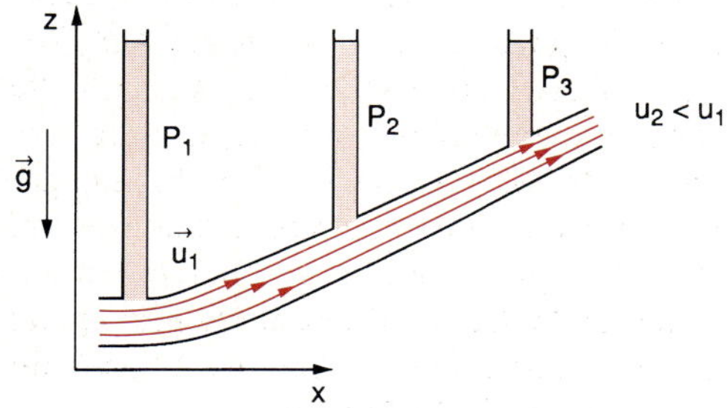

Abb. 8.12. Strömung einer idealen Flüssigkeit durch ein schräges Rohr

aus ihr auch die Kompression von Gasen bei nicht zu hohen Geschwindigkeiten erhalten. Setzt man z.B. in die Gleichung $p_0 - p = \frac{1}{2}\varrho u^2$ für strömende Luft die Werte $u = 100$ m/s und die Dichte ruhender Luft $\varrho = 1{,}293$ kg/m^3 ein, so ergibt sich $p = 0{,}935 p_0$, also eine Druckverminderung um 6,5 % und damit auch eine entsprechend kleine Verringerung der Dichte. Erst wenn u in die Größenordnung der Schallgeschwindigkeit ($c = 340$ m/s) kommt, wird die Dichteänderung so groß, daß die Voraussetzung der Inkompressibilität auch nur näherungsweise nicht erfüllt ist.

Man kann die Bernoulli-Gleichung an vielen Beispielen verdeutlichen. Besonders verblüffend ist der in Abb. 8.13 gezeigte einfache Demonstrationsversuch (***hydrodynamisches Paradoxon***). Bläst man Luft durch ein vertikales Rohr R, an dessen unterem Ende eine durchbohrte Scheibe S_1 befestigt ist, so wird eine zweite, auf dem Tisch liegende Scheibe S_2 der Masse M und Fläche A nach oben *angezogen*, wenn man S_1 bis auf einen Abstand d nähert, bei dem die Strömungsgeschwindigkeit u_2 der austretenden Luft so groß wird, daß die durch den Unterdruck $(p_0 - p)$ bewirkte Kraft auf die Scheibe S_2 größer wird als ihr Gewicht, d.h. wenn gilt: $\frac{1}{2}\varrho_L u_2^2 \cdot A > m \cdot g$.

Praktische Anwendungen findet die Bernoulli-Gleichung bei Zerstäubern (Abb. 8.14) oder bei Wasserstrahlpumpen (Abb. 8.15). Hier strömt das Wasser mit großer Geschwindigkeit durch eine Düse und erzeugt dadurch einen Unterdruck. Die Luft aus dem zu evakuierenden Behälter strömt auf Grund des Druckunterschiedes in das Unterdruckvolumen, diffundiert

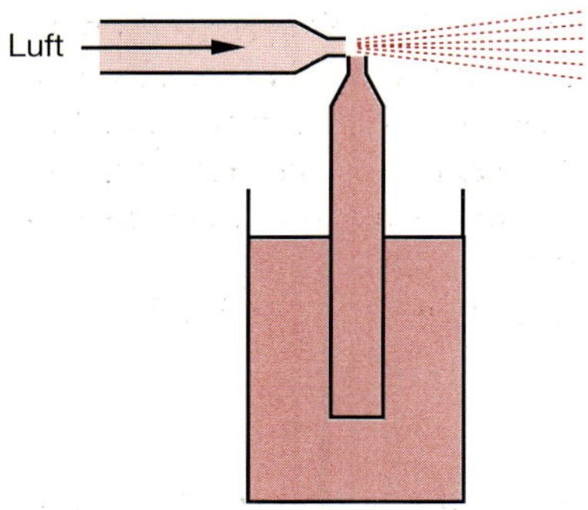

Abb. 8.14. Zerstäuber

in den Wasserstrahl und wird von diesem in den Außenraum A transportiert. Man erreicht Vakua bis etwa 30 mbar (siehe Abschn. 9.2).

Unerwünschte Wirkungen zeigt der durch die Bernoulli-Gleichung beschriebene Effekt beim Abdecken von Dächern bei Sturm (Abb. 8.16). Über

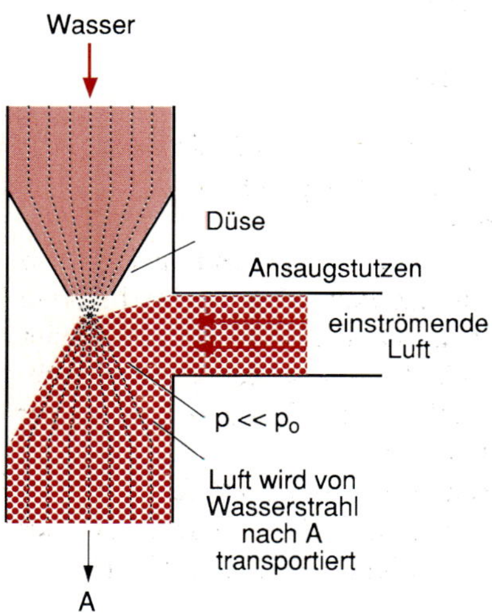

Abb. 8.15. Wasserstrahlpumpe

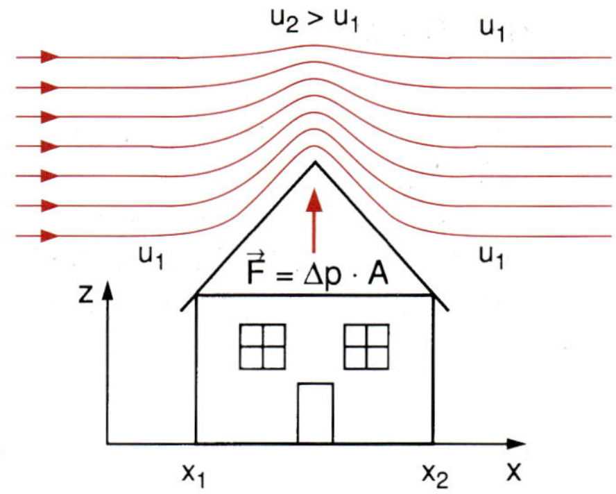

Abb. 8.16. Abdecken eines Hausdaches durch starken Wind infolge des Unterdruckes über dem Dach

dem Dach entsteht auf Grund der Strömungsgeschwindigkeit $u(x)$ ein Druckunterschied $\Delta p = p_0 - p$, der zu einer nach oben gerichteten Kraft

$$F = L_y \cdot \int_{x_1}^{x_2} \Delta p(x) \cdot \mathrm{d}x = L_y \int_{x_1}^{x_2} \frac{\varrho}{2} v^2(x) \mathrm{d}x$$

auf das Dach führt, wobei L_y die Dachlänge in y-Richtung ist. Der Druckunterschied $\Delta p(x)$ hängt vom Druck p_0 unterhalb des Daches und von der Geschwindigkeit $u(x)$ oberhalb des Daches ab.

Die Bernoulli-Gleichung bildet die Grundlage des aerodynamischen Auftriebes und damit der gesamten Fliegerei. In Abb. 8.17 ist ein Tragflächenprofil gezeichnet, das von Luft umströmt wird. Bei unsymmetrischer Profilform strömt die Luft oben schneller um die Tragfläche als unten, so daß bei einer Gesamtfläche A gemäß (8.17) eine Auftriebskraft

$$F \approx \tfrac{1}{2} \varrho_{\mathrm{L}} \cdot (u_1^2 - u_2^2) \cdot A$$

nach oben auf die Fläche wirkt (siehe Abschn. 8.7).

Anmerkung

Da Luft keine inkompressible ideale Flüssigkeit ist, sind die Verhältnisse beim Flugzeug komplizierter. Außer Reibungskräften spielen Wirbelbildung und Dichteänderung eine Rolle (siehe Abschn. 8.6).

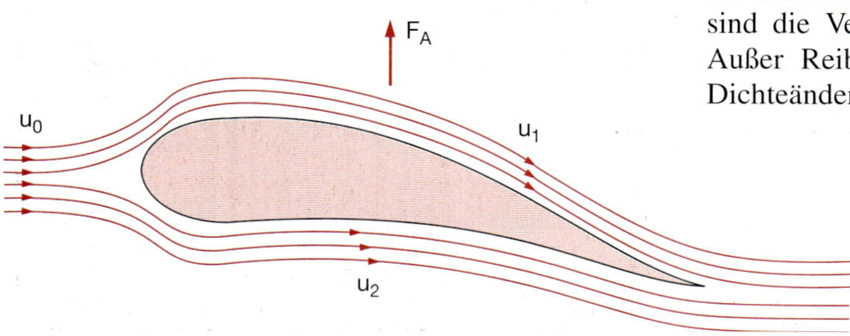

Abb. 8.17. Aerodynamischer Auftrieb an einer umströmten Tragfläche, weil $u_1 > u_2$ (siehe auch Abb. 8.41 und 8.42)

8.5 Laminare Strömungen

Laminare Strömungen (Abb. 8.3) liegen immer vor, wenn die Reibungskräfte $\boldsymbol{F}_{\mathrm{R}}$ groß sind gegen die beschleunigenden Kräfte. Wir wollen uns deshalb zuerst mit der *inneren Reibung* in Flüssigkeiten befassen und dann die Bedeutung laminarer Strömungen an einigen Beispielen illustrieren.

8.5.1 Innere Reibung

Bewegt man eine ebene Platte der Fläche A in der y-z-Ebene $x = x_0$ mit der Geschwindigkeit u_0 in z-Richtung durch eine Flüssigkeit, so werden die der Platte direkt benachbarten Flüssigkeitsschichten $x = x_0 \pm \mathrm{d}x$ wegen der Haftreibung zwischen Flüssigkeit und Plattenoberfläche von der Platte mitgenommen. Diese Flüssigkeitsschichten übertragen einen Teil ihres Impulses $\varrho \cdot u_z$ auf die Nachbarschichten. Dies läßt sich schön an dem in Abb. 8.18a gezeigten Versuch demonstrieren: In einem Glasbehälter befindet sich eine zähe Flüssigkeit, z.B. Glyzerin, deren unterer Teil gefärbt ist. Wird eine eingetauchte Glasplatte langsam herausgezogen, so erkennt man, daß die der Platte benachbarten Flüssigkeitsschichten an der Platte haften, und daß ein Geschwindigkeitsgefälle in der Richtung senkrecht zur Plattenbewegung auftritt. Dies geschieht, wie im Abschn. 7.5 dargelegt, weil auf Grund ihrer thermischen Bewegung die Flüssigkeits-Moleküle etwa eine freie Weglänge Λ tief in die Nachbarschicht eintreten und dabei durch Stöße ihre z-Komponente des Impulses teilweise übertragen können. Dadurch bildet sich ein Geschwindigkeitsgradient $\mathrm{d}u/\mathrm{d}x$ (senkrecht zur Plattenbewegung) aus (Abb. 8.18b).

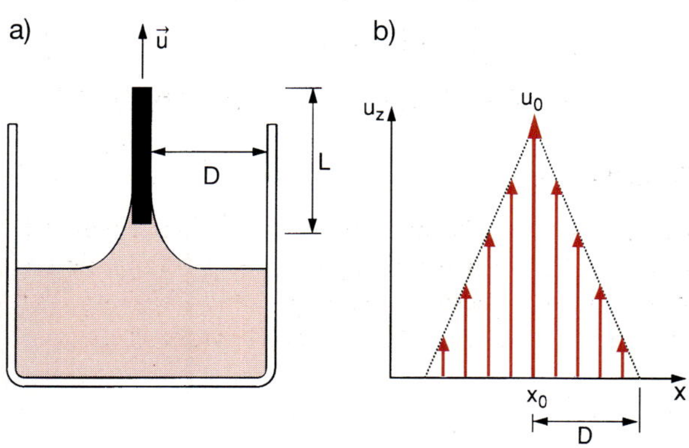

Abb. 8.18a,b. Zur inneren Reibung von Flüssigkeiten. (**a**) Von einer in Glyzerin eingetauchten Platte werden beim Herausziehen Randschichten der Flüssigkeit mitgenommen; (**b**) Geschwindigkeitsprofil und Dicke D der Randschicht

Experimentell findet man, daß eine Kraft

$$F = \eta \cdot A \cdot \left|\frac{\mathrm{d}u}{dx}\right|$$

in z-Richtung nötig ist, um eine konstante Geschwindigkeit u_0 der Platte zu erreichen, wobei A die Gesamtfläche (beide Seiten) der völlig eingetauchten Platte ist. Diese Kraft muß gerade die Reibungskraft kompensieren, so daß die Reibungskraft entgegengesetzt zur Bewegungsrichtung

$$F_{\mathrm{R}} = -\eta A \cdot \left|\frac{\mathrm{d}u}{\mathrm{d}x}\right| \tag{8.19}$$

wird. Der Vorfaktor η heißt ***Zähigkeit*** oder ***Viskosität*** und hat die Dimension

$$[\eta] = \frac{\mathrm{N} \cdot \mathrm{s}}{\mathrm{m}^2} = \mathrm{Pascal} \cdot \mathrm{s}\,.$$

In der älteren Literatur findet man oft die Dimension poise $= \mathrm{g} \cdot \mathrm{cm}^{-1}\mathrm{s}^{-1}$. Es gilt: 1 poise = 0,1 Pascal · s, 1 mPa · s = 1 c poise.

Tabelle 8.1 gibt eine Zusammenstellung der Werte von η für einige Flüssigkeiten. Man vergleiche diese mit den Werten für Gase in Tabelle 7.3. Außer von der Art der Flüssigkeit hängt η sehr stark von der Temperatur ab, wie in Tabelle 8.2 am Beispiel von Wasser und Glyzerin deutlich wird.

Für flüssiges Helium existiert bei tiefen Temperaturen $T < 2{,}17$ K eine superfluide Phase, bei der $\eta \equiv 0$ Pa · s wird (supraflüssiges Helium [8.5]).

Tabelle 8.1. Zähigkeiten einiger Flüssigkeiten bei der Temperatur T = 20 °C

Stoff	$\eta/(\mathrm{mPa} \cdot \mathrm{s})$
Wasser	1,002
Benzol	0,65
Ethanol	1,20
Glyzerin	1480,0
Quecksilber	1,55

Tabelle 8.2. Temperaturabhängigkeit der Zähigkeit $\eta(T)$ für Wasser und Glyzerin [8.6]

$T/\,°\mathrm{C}$	Zähigkeit $\eta(T)/(\mathrm{mPa\cdot s})$	
	Wasser	Glyzerin
0	1,792	12 100
+20	1,002	1 480
+40	0,653	238
+60	0,466	81
+80	0,355	31,8
+100	0,282	14,8

Die Schichtdichte D, innerhalb der die Flüssigkeit noch durch die Bewegung der Platte mitgenommen wird, heißt Grenzschicht. Ihre Dicke kann aus folgender Überlegung gewonnen werden: Um die Platte um ihre eigene Länge L zu verschieben, muß gegen die Reibungskraft $\boldsymbol{F}_\mathrm{R}$ die Arbeit

$$W_\mathrm{R} = -F_\mathrm{R}\cdot L = \eta\cdot A\cdot L\cdot\left|\frac{\mathrm{d}u}{\mathrm{d}x}\right| = \eta\cdot A\cdot L\cdot\frac{u_0}{D} \tag{8.20}$$

aufgewandt werden, weil bei linearem Geschwindigkeitsgefälle gilt: $\mathrm{d}u/\mathrm{d}x = u_0/D$ (Abb. 8.18b). Durch die Mitbewegung einer Flüssigkeitsschicht der Masse $\mathrm{d}m = \varrho\cdot A\,\mathrm{d}x$ erhält diese die kinetische Energie $\mathrm{d}m\cdot u^2/2$, wobei die Geschwindigkeit u der Schicht durch $u = u_0\cdot x/D$ gegeben ist. Insgesamt wird daher die kinetische Energie der auf beiden Seiten der Platte mitgenommenen Flüssigkeitsschichten:

$$E_\mathrm{kin} = \frac{1}{2}\int u^2\mathrm{d}m = \frac{\varrho}{2}\int_0^D 2\left(\frac{x}{D}u_0\right)^2\cdot A\,\mathrm{d}x = \frac{1}{3}A\cdot\varrho\cdot D\cdot u_0^2\,. \tag{8.21}$$

Da ein Teil der aufgewandten Arbeit W_R wegen der Reibung in Wärme umgewandelt wird, muß gelten: $E_\mathrm{kin} < W_\mathrm{R}$, woraus mit (8.20) folgt:

$$D < \left(\frac{3\eta\cdot L}{\varrho\cdot u_0}\right)^{1/2}. \tag{8.22}$$

Die Grenzschichtdicke hat also die Größenordnung

$$D \approx \sqrt{\frac{\eta\cdot L}{\varrho\cdot u_0}}\,. \tag{8.23}$$

Die Grenzschicht kann sich nur dann voll ausbilden, wenn der Abstand d zwischen bewegter Platte und Wand des Gefäßes größer ist als D. Ist $d < D$, so erzwingt die Haftreibung der Flüssigkeit an der ruhenden Gefäßwand die Geschwindigkeit $u(d) = 0$, so daß das Geschwindigkeitsgefälle größer und damit die Grenzschicht dünner wird.

Zur allgemeinen Herleitung der Reibungskraft auf ein Volumenelement $\mathrm{d}V = \mathrm{d}x\,\mathrm{d}y\,\mathrm{d}z$ bei einer Strömung in z-Richtung mit beliebigem Geschwindigkeitsgradienten

$$\mathbf{grad}\; u_z = \left\{\frac{\partial u_z}{\partial x}, \frac{\partial u_z}{\partial y}, \frac{\partial u_z}{\partial z}\right\}$$

betrachten wir in Abb. 8.19 zunächst einmal eine Strömung, die nur ein Geschwindigkeitsgefälle $\partial u_z/\partial x$ in x-Richtung hat, d.h. $\partial u_z/\partial y = \partial u_z/\partial z = 0$.

Wir entwickeln die Geschwindigkeit $u_z(x)$ in eine Taylor-Reihe

$$u_z(x_0 + \mathrm{d}x) = u_z(x_0) + \frac{\partial u_z}{\partial x}\mathrm{d}x + \ldots\,, \tag{8.24}$$

die wir nach dem linearen Glied abbrechen.

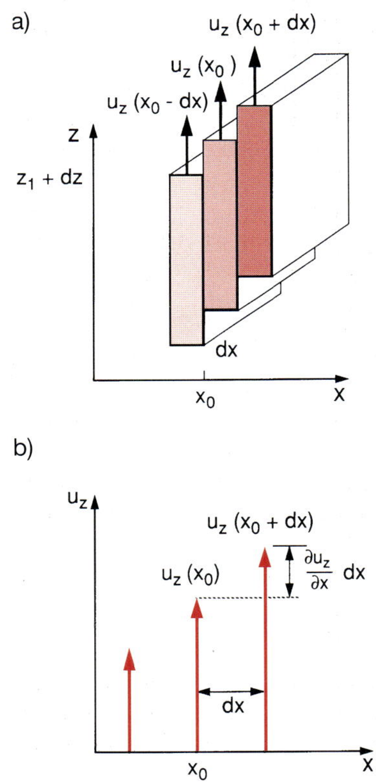

Abb. 8.19. Zur Herleitung der Reibungskraft auf ein Volumenelement $\mathrm{d}x\,\mathrm{d}y\,\mathrm{d}z$ in einer Strömung mit inhomogenem Geschwindigkeitsprofil

Die Flüssigkeitsschicht zwischen $x = x_0$ und $x = x_0 + \mathrm{d}x$ erfährt infolge der Reibung mit den Nachbarschichten eine Kraft $\mathrm{d}\boldsymbol{F}_\mathrm{R}$ pro Flächenelement $\mathrm{d}A = \mathrm{d}y\,\mathrm{d}z$, die z.B. für $\partial u_z/\partial x > 0$ für die Fläche $x = x_0$ bremsend wirkt (dort grenzt sie an langsamere Schichten) und für die Fläche $x = x_0 + \mathrm{d}x$ beschleunigend (Abb. 8.19b).

Die Netto-Tangentialkraft auf die beiden Flächen ist dann gemäß (8.19) pro Flächenelement $\mathrm{d}A$:

$$\begin{aligned}\delta F_\mathrm{R} &= \mathrm{d}F_\mathrm{R}(x_0 + \mathrm{d}x) - \mathrm{d}F_\mathrm{R}(x_0) \\ &= \eta \cdot \mathrm{d}y \cdot \mathrm{d}z \left[\left(\frac{\partial u_z}{\partial x}\right)_{x=x_0+\mathrm{d}x} - \left(\frac{\partial u_z}{\partial x}\right)_{x=x_0} \right].\end{aligned}$$

Einsetzen der Ableitungen in (8.24) ergibt für die Klammer den Ausdruck $(\partial^2 u/\partial x^2) \cdot \mathrm{d}x$ und somit für die Nettokraft auf unser Volumenelement $\mathrm{d}V$ auf Grund des Geschwindigkeitsgradienten $\partial u_z/\partial x$:

$$\delta F_\mathrm{R} = \eta \cdot \mathrm{d}x\,\mathrm{d}y\,\mathrm{d}z \cdot \frac{\partial^2 u_z}{\partial x^2} = \eta \cdot \mathrm{d}V \cdot \frac{\partial^2 u_z}{\partial x^2}. \quad (8.25)$$

Für ein Geschwindigkeitsgefälle in y-Richtung gilt eine völlig analoge Überlegung. Bei kompressiblen Medien (z.B. strömenden Gasen) kann auch bei einer Strömung in z-Richtung ein Geschwindigkeitsgradient in z-Richtung auftreten. Bei inkompressiblen Flüssigkeiten ist $\partial u_z/\partial z$ nur dann von Null verschieden, wenn sich die Geschwindigkeitskomponenten u_x bzw. u_y ändern.

Insgesamt erhält man damit für die gesamte Reibungskraft auf das Volumenelement $\mathrm{d}V$ bei einer laminaren Strömung mit der Geschwindigkeit u_z

$$(\mathrm{d}\boldsymbol{F}_\mathrm{R}) = \eta\,\mathrm{d}V \left(\frac{\partial^2 u_z}{\partial x^2} + \frac{\partial^2 u_z}{\partial y^2} + \frac{\partial^2 u_z}{\partial z^2} \right). \quad (8.25a)$$

Die beiden ersten Terme bewirken Tangentialkräfte (Schubkräfte, siehe Abschn. 6.2.3), der letzte Term, der nur bei kompressiblen Medien $\neq 0$ ist, bewirkt eine Normalkraft auf die Fläche $\mathrm{d}x\,\mathrm{d}y$. Mit Hilfe des Laplace-Operators

$$\Delta = \frac{\partial^2}{\partial x^2} + \frac{\partial^2}{\partial y^2} + \frac{\partial^2}{\partial z^2}$$

(siehe Anhang A.1.6) läßt sich die gesamte Reibungskraft auf eine Volumeneinheit $\mathrm{d}V$, die sich mit der Geschwindigkeit $u = u_z(x, y, z, t)$ in z-Richtung bewegt, schreiben als

$$\boxed{(\mathrm{d}\boldsymbol{F}_\mathrm{R})_z = \eta \cdot \Delta u_z \mathrm{d}V}\ . \quad (8.25b)$$

Für beliebige Strömungsgeschwindigkeiten $\boldsymbol{u} = \{u_x, u_y, u_z\}$ wird aus (8.25b) für ein endliches Volumenelement V die Vektorgleichung

$$\boldsymbol{F}_\mathrm{R} = \eta \cdot \int_V \Delta \boldsymbol{u}\,\mathrm{d}V\ , \quad (8.25c)$$

was äquivalent zu den drei Komponentengleichungen $(\boldsymbol{F}_\mathrm{R})_i = \eta \cdot \int_V \Delta u_i \mathrm{d}V$ $(i = x, y, z)$ ist.

8.5.2 Laminare Strömung zwischen zwei parallelen Wänden

Um eine stationäre Flüssigkeitsströmung in z-Richtung zwischen zwei parallelen Wänden $x = -d$ und $x = +d$ zu erzeugen, muß man eine der Reibung entgegengesetzte gleiche Kraft aufwenden, um eine Strömung mit konstanter Geschwindigkeit aufrechtzuerhalten. Diese Kraft kann z.B. durch eine Druckdifferenz zwischen den Ebenen $z = -z_0$ und $z = +z_0$ bewirkt werden. Wir nehmen an, daß der Druck $p(z)$ innerhalb einer Ebene $z = \mathrm{const}$ konstant ist, also nicht von x oder y abhängt.

Betrachten wir in Abb. 8.20 ein Flüssigkeitsvolumen $\mathrm{d}V = \mathrm{d}x\,\mathrm{d}y\,\mathrm{d}z$ mit der Breite $\mathrm{d}y = b$ in y-Richtung und der Höhe $\mathrm{d}z$. An seinen Stirnflächen $z = z_1$ und $z = z_1 + \mathrm{d}z$ greifen die Druckkräfte

$$\mathrm{d}F_1 = \mathrm{d}x \cdot b \cdot p(z_1) \quad \text{und } \mathrm{d}F_2 = \mathrm{d}x \cdot b \cdot p(z_1 + \mathrm{d}z)$$

an, die zu einer resultierenden Kraft

$$\mathrm{d}F_z = -b\,\mathrm{d}x \cdot \frac{\mathrm{d}p}{\mathrm{d}z} \cdot \mathrm{d}z \quad (8.26)$$

auf das Volumenelement $\mathrm{d}V$ führen.

Damit diese Druckkraft die Reibungskraft

$$\mathrm{d}F_\mathrm{R} = \eta\,\mathrm{d}V \Delta u = \eta\,\mathrm{d}y\,\mathrm{d}x\,\mathrm{d}z \frac{\mathrm{d}^2 u}{\mathrm{d}x^2}$$

gerade kompensiert, muß gelten:

$$\frac{\mathrm{d}^2 u}{\mathrm{d}x^2} = -\frac{1}{\eta}\frac{\mathrm{d}p}{\mathrm{d}z} \Rightarrow \frac{\mathrm{d}u}{\mathrm{d}x} = -\frac{x}{\eta} \cdot \frac{\mathrm{d}p}{\mathrm{d}z} + C_1\ ,$$

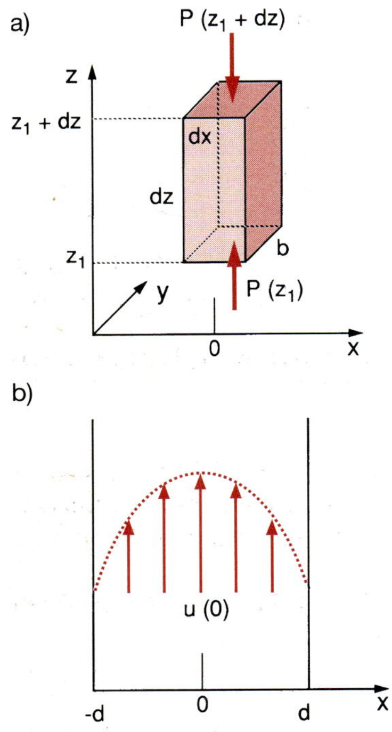

Abb. 8.20. Laminare Strömung zwischen zwei parallelen ebenen Wänden

wobei die Integrationskonstante $C_1 = (\mathrm{d}u/\mathrm{d}x)_{x=0}$ die Steigung des Geschwindigkeitsprofils für $x = 0$ angibt.

Durch Integration über x folgt

$$u = -\frac{x^2}{2\eta}\frac{\mathrm{d}p}{\mathrm{d}z} + C_1 x + C_2 , \tag{8.27}$$

weil p nicht von x abhängt.

Strömt die Flüssigkeit zwischen zwei parallelen Wänden bei $x = -d$ und $x = +d$, so wird aus Symmetriegründen $(\mathrm{d}u/\mathrm{d}x)_{x=0} = 0 \Rightarrow C_1 = 0$, und mit den Randbedingungen $u(x = d) = u(x = -d) = 0$ (Haftung der Flüssigkeit an den Wänden), folgt für die Integrationskonstante:

$$C_2 = \frac{d^2}{2\eta}\frac{\mathrm{d}p}{\mathrm{d}z} .$$

Damit erhalten wir für das Geschwindigkeitsfeld der Strömung das Parabelprofil

$$u(x) = \frac{1}{2\eta}\frac{\mathrm{d}p}{\mathrm{d}z}(d^2 - x^2) , \tag{8.28}$$

dessen Scheitel $x = 0$ in der Mitte zwischen den parallelen Wänden liegt (Abb. 8.20b).

8.5.3 Laminare Strömungen durch Rohre

Die Strömung von Flüssigkeiten durch zylindrische Rohre spielt eine große Rolle in vielen Bereichen der Technik (Wasserleitungen, Ölpipelines) und der Medizin (Bluttransport durch Adern). Es lohnt sich deshalb, dieses Problem etwas genauer zu studieren.

Wir nehmen wie im vorigen Abschnitt an, daß durch eine Druckdifferenz $(p_1 - p_2)$ zwischen den Ebenen $z = 0$ und $z = L$ eines Kreiszylinders mit Radius R (Abb. 8.21) eine stationäre Strömung aufrechterhalten wird. Aus Symmetriegründen kann die Strömungsgeschwindigkeit u nur von der Entfernung r von der Zylinderachse abhängen. Für einen koaxialen Teilzylinder mit Radius r gilt, analog zu der Betrachtung im vorigen Abschnitt bei Gleichsetzung von Reibungskraft auf die Zylinderoberfläche und Nettodruckkraft auf die Stirnflächen:

$$-\eta \cdot 2r\pi \cdot L\frac{\mathrm{d}u}{\mathrm{d}r} = r^2\pi \cdot (p_1 - p_2) .$$

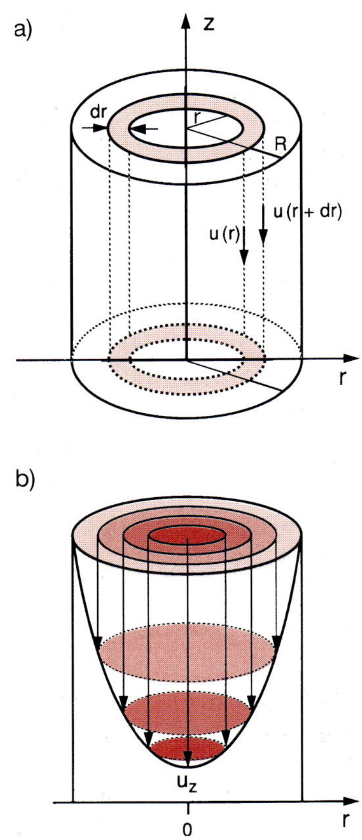

Abb. 8.21. (**a**) Zur Herleitung des Hagen-Poiseuilleschen Gesetzes und (**b**) Geschwindigkeitsprofil einer laminaren Strömung in einem zylindrischen Rohr

Die Integration über r ergibt mit der Randbedingung $u(R) = 0$ für das Geschwindigkeitsfeld

$$u(r) = \int \frac{p_1 - p_2}{2\eta L} r \, \mathrm{d}r + C$$
$$= \frac{p_1 - p_2}{4\eta L} \cdot (R^2 - r^2) \,. \qquad (8.29)$$

Dies ist ein Rotationsparaboloid, das sich bei der Strömung von gefärbtem Glyzerin durch ein vertikales Rohr gut demonstrieren läßt (Abb. 8.21b).

Die gesamte Flüssigkeitsmenge, die pro Zeiteinheit durch eine Fläche $z = \text{const}$ des in Abb. 8.21 gezeigten Hohlzylinders mit Radien zwischen r und $r + \mathrm{d}r$ fließt, ist dann gemäß (8.29):

$$\frac{\mathrm{d}V}{\mathrm{d}t} = 2\pi r \, \mathrm{d}r \cdot u = \frac{2\pi r \, \mathrm{d}r \cdot (R^2 - r^2)}{4\eta L} (p_1 - p_2) \,.$$

Durch den gesamten Rohrquerschnitt fließt dann während der Zeit t das Flüssigkeitsvolumen

$$V = t \cdot \int_{r=0}^{R} 2\pi r \cdot u \, \mathrm{d}r$$
$$= \frac{\pi \cdot R^4 \cdot (p_1 - p_2)}{8\eta L} \cdot t \,. \qquad (8.30)$$

Der Quotient $(p_1 - p_2)/L = \partial p/\partial z = \nabla p$ gibt das (lineare) Druckgefälle entlang des Rohres an. Für die pro Sekunde durch das Rohr mit Radius R strömende Flüssigkeitsmenge (Stromstärke $I = V/t$) erhält man dann:

Hagen-Poiseuille-Gesetz

$$I = \frac{\pi R^4}{8\eta} \, \mathbf{grad} \, p \qquad (8.31)$$

Man beachte die Abhängigkeit von R^4! Unser Körper benutzt diese starke Abhängigkeit des Gesamtstroms $I(R)$, um durch Variation des Aderdurchmessers die Blutzirkulation zu regulieren.

8.5.4 Kugelfall-Viskosimeter, Stokessches Gesetz

Läßt man eine Kugel mit dem Radius r von der Oberfläche aus mit der Anfangsgeschwindigkeit $u = 0$ in eine Flüssigkeit fallen (Abb. 8.22), so beobachtet man eine durch die Schwerkraft bewirkte Beschleunigung, die aber mit zunehmender Geschwindigkeit u der Kugel kleiner wird, bis der Fall der Kugel in eine gleichförmige Bewegung mit konstanter Sinkgeschwindigkeit u_0 übergeht, die Beschleunigung also Null wird.

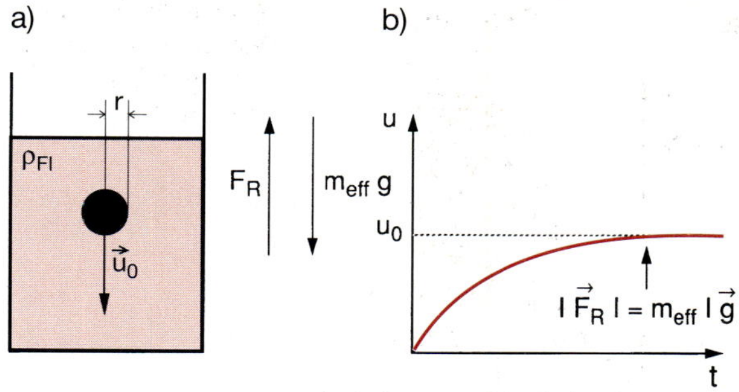

Abb. 8.22. Gleichmäßige Sinkgeschwindigkeit u_0 einer Kugel in einer viskosen Flüssigkeit

In diesem Zustand wird die durch den Auftrieb verminderte Schwerkraft

$$F_g = m_{\mathrm{eff}} \cdot g = (\varrho_{\mathrm{k}} - \varrho_{\mathrm{Fl}}) \tfrac{4}{3} \pi r^3 \cdot g \qquad (8.32)$$

genau durch die entgegengesetzte Reibungskraft F_{R} kompensiert.

Durch Versuche mit Kugeln verschiedener Radien r findet man, daß die Reibungskraft proportional ist zur Zähigkeit η, zum Kugelradius r und zur Geschwindigkeit u_0. Für nicht zu große Kugelradien zeigen die Experimente:

Stokessches Gesetz

$$\boldsymbol{F}_{\mathrm{R}} = -6\pi\eta r \cdot \boldsymbol{u}_0 \,. \qquad (8.33)$$

Für die stationäre Endgeschwindigkeit u_0 ergibt sich aus $\boldsymbol{F}_g + \boldsymbol{F}_{\mathrm{R}} = \boldsymbol{0}$:

$$u_0 = \frac{2}{9} g \frac{r^2}{\eta} (\varrho_{\mathrm{K}} - \varrho_{\mathrm{Fl}}) \,. \qquad (8.34)$$

Aus der Messung von u_0 läßt sich daher bei bekannten Dichten ϱ_{K}, ϱ_{Fl} von Kugel und Flüssigkeit und aus gemessenem Kugelradius r die Zähigkeit η der Flüssigkeit bestimmen (Kugelfall-Viskosimeter, Abb. 8.23). Nach (8.34) müßte das Verhältnis u_0/r^2 unabhängig vom Kugelradius r sein. Dies ist für kleine Werte von r noch gut erfüllt.

Man kann das Stokessche Gesetz (8.33) auch theoretisch herleiten. Eine detaillierte Rechnung

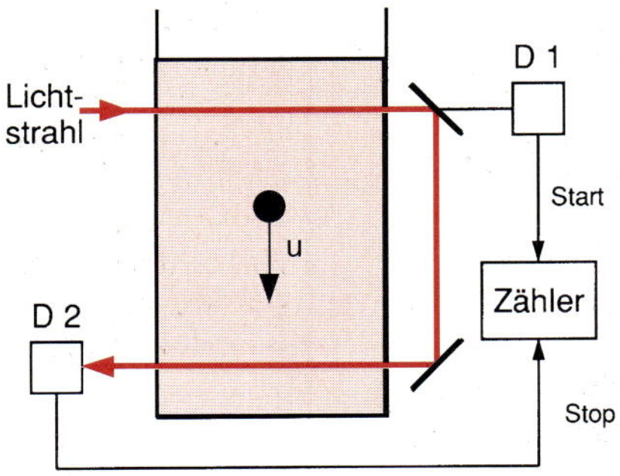

Abb. 8.23. Kugelfallviskosimeter mit Lichtschranken als Zeitmarkengeber

[8.1, 7] zeigt, daß (8.33) nur eine Näherung ist und der genaue Ausdruck für die Reibungskraft, der von Oseen hergeleitet wurde, lautet:

$$F_R = -6\pi\eta r \cdot u_0 \left(1 + \frac{3\varrho_{Fl} \cdot r \cdot u_0}{8\eta}\right). \qquad (8.33a)$$

Der zweite Term in der Klammer ist jedoch für genügend kleine Kugelradien r klein gegen 1 und kann dann vernachlässigt werden.

BEISPIEL

Mit $\eta = 1{,}48$ Pascal · s (Glyzerin) folgt für Stahlkugeln ($\varrho_K = 7{,}8\ \mathrm{kg/dm^3}$) mit $r = 1\,\mathrm{mm}$ aus (8.34): $u_0 = 1\,\mathrm{cm/s}$. Damit wird der zweite Term in (8.33a): $2{,}5 \cdot 10^{-3} \ll 1$. Bei Kugeln mit $r = 1\,\mathrm{cm}$ wird allerdings $u_0 = 1\,\mathrm{m/s}$ und damit wird der Korrekturterm bereits 2,5, also größer 1. Das Stokessche Gesetz (8.33) gilt daher nur für genügend kleine Produkte $r \cdot u_0$ aus Kugelradius r und Geschwindigkeit u_0.

8.6 Navier-Stokes-Gleichung

Nachdem wir in den vorigen Abschnitten die verschiedenen auf ein Flüssigkeitselement $\mathrm{d}V$ wirkenden Kräfte diskutiert haben, können wir jetzt die allgemeine Bewegungsgleichung (8.1) für ein Volumenelement $\mathrm{d}V$ einer realen viskosen strömenden Flüssigkeit angeben:

Mit den Beiträgen

$$\mathrm{d}\boldsymbol{F}_R = \eta \Delta \boldsymbol{u}\,\mathrm{d}V \qquad \text{(Reibungskraft)}$$
$$\mathrm{d}\boldsymbol{F}_p = -\mathbf{grad}\,p \cdot \mathrm{d}V \qquad \text{(Druckkraft)}$$
$$\mathrm{d}\boldsymbol{F}_g = \varrho \boldsymbol{g}\,\mathrm{d}V \qquad \text{(Schwerkraft)}$$

der einzelnen Kräfte und der substantiellen Beschleunigung (8.3)

$$\frac{\mathrm{d}\boldsymbol{u}}{\mathrm{d}t} = \frac{\partial \boldsymbol{u}}{\partial t} + (\boldsymbol{u} \cdot \nabla)\boldsymbol{u}$$

erhalten wir aus (8.1) die

Navier-Stokes-Gleichung

$$\varrho\left(\frac{\partial}{\partial t} + (\boldsymbol{u} \cdot \nabla)\right)\boldsymbol{u} = -\mathbf{grad}\,p + \varrho \cdot \boldsymbol{g} + \eta \Delta \boldsymbol{u}\,. \qquad (8.35)$$

Für idelae Flüssigkeiten ($\eta = 0$) wird aus (8.35) die Euler-Gleichung (8.4). Der Reibungsterm $\eta\Delta\boldsymbol{u}$ macht aus der Euler-Gleichung (Differentialgleichung 1. Ordnung) eine Gleichung 2. Ordnung und erschwert damit ihre Lösung.

Auf der rechten Seite von (8.35) stehen die Kräfte und auf der linken Seite die von ihnen bewirkte Bewegung, die wir uns jetzt etwas näher ansehen wollen. Der erste Term $\partial u/\partial t$ gibt die zeitliche Änderung von $\boldsymbol{u}$ am festen Ort $\boldsymbol{r}$ an. Der zweite Term die räumliche Änderung von u, die ein Teilchen der Flüssigkeit erfährt, wenn es vom Ort $\boldsymbol{r}$ an den Ort $\boldsymbol{r} + \mathrm{d}\boldsymbol{r}$ gelangt.

Mit Hilfe der Vektorrelation

$$(\boldsymbol{u} \cdot \nabla)\boldsymbol{u} = \tfrac{1}{2}\mathbf{grad}\,u^2 - (\boldsymbol{u} \times \mathbf{rot}\,\boldsymbol{u})\,, \qquad (8.35a)$$

die in der Vektoranalysis hergeleitet wird (siehe [8.8] und Anhang 1.6), sehen wir, daß diese räumliche Änderung in zwei Anteile zerlegt werden kann: Der erste Term gibt die Änderung des Betrages der Geschwindigkeit $\boldsymbol{u}$ an, der zweite die Änderung der Richtung. Diese Richtungsänderung führt zu Wirbeln in der Flüssigkeit, die wir jetzt genauer betrachten wollen.

8.6.1 Wirbel und Zirkulation

Läßt man eine Flüssigkeit um ein kreisförmiges Hindernis strömen, so erhält man bei kleiner Strömungsgeschwindigkeit die in Abb. 8.5 gezeigte laminare Strömung mit wohldefinierten Stromlinien. Wird die Strömungsgeschwindigkeit erhöht, so treten oberhalb einer Grenzgeschwindigkeit u_g, die von der Viskosität η der Flüssigkeit und der Geometrie der Strö-

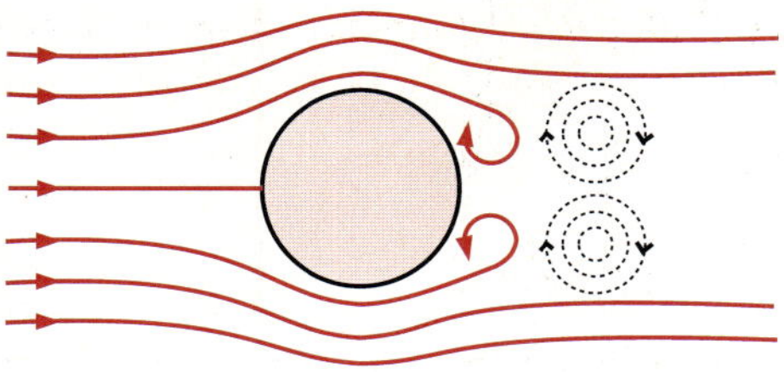

Abb. 8.24. Wirbelbildung bei turbulenter Strömung um ein kreisförmiges Hindernis

mung abhängt, hinter dem Hindernis Wirbel auf (Abb. 8.24).

Man kann solche Wirbel z.B. durch Korkstückchen sichtbar machen, die auf der Flüssigkeit schwimmen und sich mit ihr bewegen. Dabei stellt man fest, daß es ein Gebiet um das Zentrum des Wirbels gibt, bei dem sich die Flüssigkeit wie ein starrer Körper dreht, d.h. die Rotationsgeschwindigkeit $u = \omega \cdot r$ der Flüssigkeitsteilchen wächst linear mit dem Abstand r vom Zentrum; alle Teilchen haben die gleiche Winkelgeschwindigkeit $\boldsymbol{\omega}$. Man nennt dieses Gebiet den ***Wirbelkern*** (Abb. 8.25). Setzt man auf die Korkstückchen Richtungspfeile, so sieht man, daß sie sich bei einem Umlauf um das Zentrum auch einmal um ihre eigene Achse drehen (Abb. 8.26) wie man dies bei einer starren Rotation ja auch erwartet.

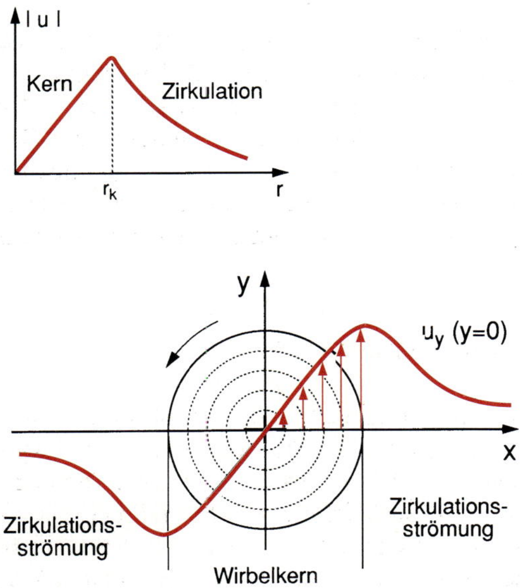

Abb. 8.25. Wirbelkern und Zirkulationsgebiet

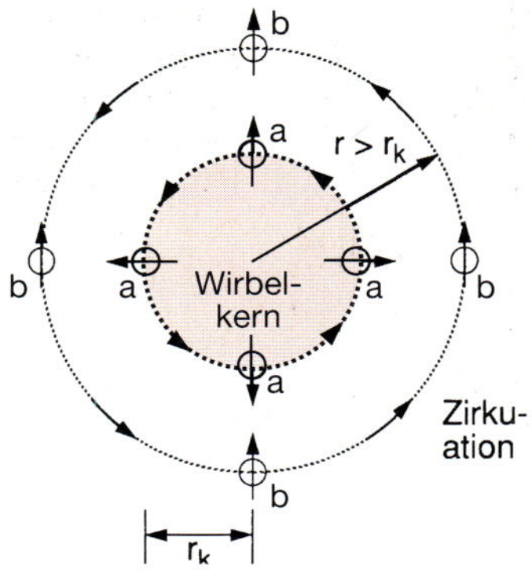

Abb. 8.26. Orientierung von Korkstückchen: (**a**) im Wirbelkern (drehende Kreisbewegung), (**b**) im Zirkulationsgebiet (nichtdrehende Kreisbewegung)

Außerhalb des Wirbelkerns ($r > r_K$) nimmt die Rotationsgeschwindigkeit der Teilchen mit zunehmender Entfernung r vom Zentrum ab! Die Teilchen drehen sich nicht mehr um ihre Achse, sondern behalten ihre Orientierung im Raum während eines Umlaufs bei (Abb. 8.26). Dieses Gebiet des Wirbels heißt Zirkulation. Hier tritt bei der Drehung eine Verformung der Volumenelemente auf (Abb. 8.27).

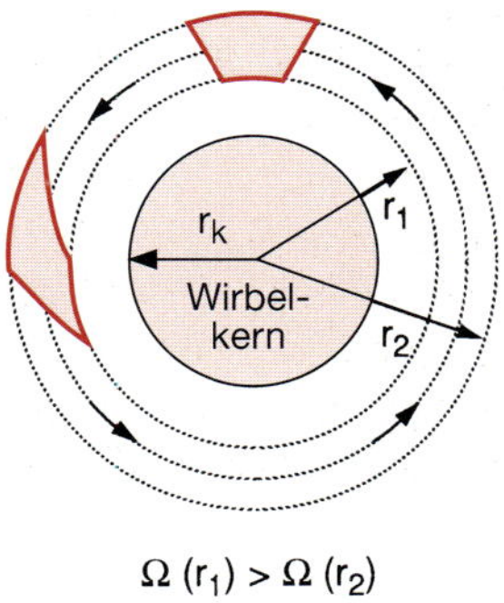

Abb. 8.27. Verformung eines Flächenelementes im Zirkulationsgebiet

Wir wollen einen Wirbel durch den *Wirbelvektor*

$$\boldsymbol{\Omega} = \frac{1}{2} \operatorname{\mathbf{rot}} \boldsymbol{u} \tag{8.36}$$

beschreiben, dessen Betrag Ω die Winkelgeschwindigkeit im Wirbelkern angibt. Größe und Richtung von $\boldsymbol{\Omega}$ sind im allgemeinen für einen Wirbel nicht zeitlich konstant, sondern ändern sich, einmal weil der Wirbel nicht ortsfest zu sein braucht, sondern von der strömenden Flüssigkeit an andere Orte mitgenommen werden kann, und zum anderen weil wegen der Reibungsverluste die Wirbelenergie und damit auch $\boldsymbol{\Omega}$ sich ändert.

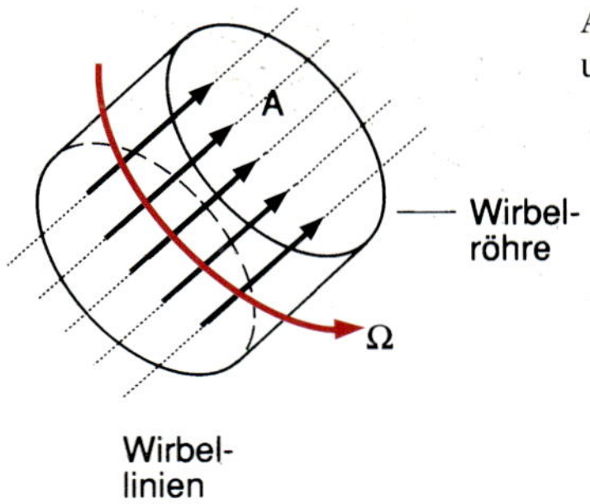

Abb. 8.28. Wirbellinien und Wirbelröhre

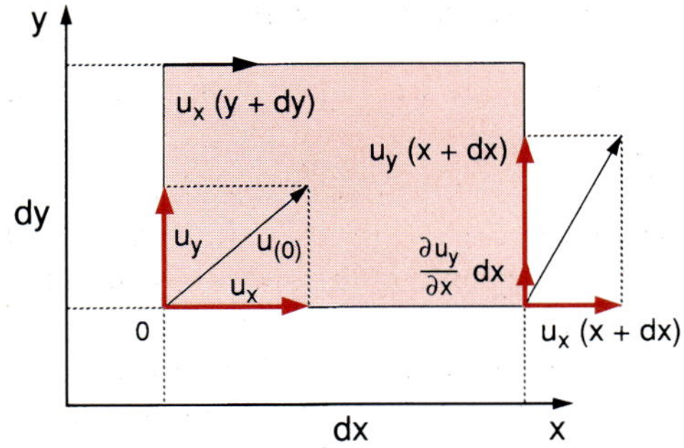

Abb. 8.29. Zur Erklärung der Zirkulation und ihres Zusammenhanges mit **rot** $\boldsymbol{u}$

Kurven, deren Tangente an jeder Stelle mit der Richtung von $\boldsymbol{\Omega}$ übereinstimmt, heißen ***Wirbellinien***. Bewegen sich z.B. die Flüssigkeitsteilchen auf Kreisen in der x-y-Ebene, so zeigt $\boldsymbol{\Omega}$ in die z-Richtung und alle senkrechten Geraden parallel zur z-Achse durch das Wirbelgebiet $x^2 + y^2 \leq r_K^2$ sind Wirbellinien (Abb. 8.28). Als ***Wirbelröhre*** bezeichnet man das Raumgebiet, das alle Wirbellinien durch die Wirbelfläche A umschließt.

Zur quantitativen Beschreibung von Wirbeln mit Hilfe der Navier-Stokes-Gleichung (8.35) müssen wir den Rotationsanteil ($\boldsymbol{u} \times \mathbf{rot}\,\boldsymbol{u}$) in (8.35a), der die Wirbelbewegung beschreibt, näher anschauen. Zuerst wollen wir uns klarmachen, daß der Term $\mathbf{rot}\,\boldsymbol{u}$ eine Rotation von Flüssigkeitsteilchen beschreibt. Dazu betrachten wir in Abb. 8.29 die tangentialen Geschwindigkeitskomponenten entlang der Berandung eines Flächenelementes $dx \cdot dy$ in der x-y-Ebene. Als Maß für die ***Wirbelstärke*** einer Strömung durch eine Fläche A wird die sogenannte ***Zirkulation***

$$Z = \oint \boldsymbol{u}\, d\boldsymbol{s} \tag{8.37a}$$

um die Berandung der Fläche verwendet. Unser Flächenelement $dx \cdot dy$ gibt dann den Anteil

$$\begin{aligned} dZ &= u_x\, dx + \left(u_y + \frac{\partial u_y}{\partial x} dx\right) dy \\ &\quad - \left(u_x + \frac{\partial u_x}{\partial y} dy\right) dx - u_y\, dy \\ &= \left(\frac{\partial u_y}{\partial x} - \frac{\partial u_x}{\partial y}\right) dx\, dy \\ &= (\mathbf{rot}\,\boldsymbol{u})_z\, dx\, dy\ , \end{aligned} \tag{8.37b}$$

weil die z-Komponente des Vektors $\mathbf{rot}\,\boldsymbol{u} = \nabla \times \boldsymbol{u}$ definiert ist als

$$(\nabla \times \boldsymbol{u})_z = \left(\frac{\partial u_y}{\partial x} - \frac{\partial u_x}{\partial y}\right) .$$

Analoge Gleichungen erhält man für die x- und y-Komponenten von $\mathrm{rot}\,\boldsymbol{u}$. Insgesamt folgt aus diesen Relationen durch Integration der Stokessche Satz [8.9]

$$\oint \boldsymbol{u}\, d\boldsymbol{s} = \int_A \mathbf{rot}\,\boldsymbol{u}\, d\boldsymbol{A}\ , \tag{8.37c}$$

der in Worten heißt: Das Flächenintegral über $\mathrm{rot}\,\boldsymbol{u}$ ist gleich dem Linienintegral $\int \boldsymbol{u}\, d\boldsymbol{s}$ über die Umrandung der Fläche A.

Bei einer kreisförmigen Strömung einer Flüssigkeit um ein Zentrum ist die Zirkulation im Abstand r um das Zentrum

$$Z = \oint \boldsymbol{u}\, d\boldsymbol{s} = 2\pi r u(r)\ .$$

Für den Mittelwert Ω des Betrages des Wirbelvektors $\boldsymbol{\Omega} = \frac{1}{2}\mathbf{rot}\,\boldsymbol{u}$ ergibt sich durch Anwenden des Stokesschen Satzes, da $\mathbf{rot}\,\boldsymbol{u} || \boldsymbol{A}$ [8.8]:

$$\overline{\Omega} = \frac{1}{2A}\int |\,\mathrm{rot}\,\boldsymbol{u}\,|\, dA = \frac{1}{2\pi r^2}\oint \boldsymbol{u} d\boldsymbol{s} = \frac{2\pi r u}{2\pi r^2} = \frac{u}{r}\ ,$$

wobei A die Fläche des Wirbelkerns ist.

Da der Wirbelkern wie ein starrer Körper rotiert, muß Ω unabhängig von r sein. Daraus folgt (Abb. 8.25), daß die Geschwindigkeit der Flüssigkeitsteilchen proportional zum Abstand r vom Wirbelzentrum sein muß.

Der Mittelwert $\overline{\Omega} = Z/A$ des Betrags des Wirbelvektors ist also ein Maß für die Zirkulation pro Flächeneinheit, und damit für die Wirbelstärke pro Flächeneinheit. Er gibt die pro Flächeneinheit vorhandene Zirkulation der Flüssigkeit an.

8.6.2 Helmholtzsche Wirbelsätze

Für eine ideale Flüssigkeit ($\eta = 0$) läßt sich die Navier-Stokes-Gleichung (8.34) ohne äußere Felder (d.h. Schwerkraft kann vernachlässigt werden $\Rightarrow g = 0$) umformen in eine Gleichung, aus der bestimmte Erhaltungssätze deutlich werden, die zuerst von Helmholtz aufgestellt wurden.

Dazu wenden wir auf beide Seiten von (8.35) den Differentialoperator **rot** an, teilen durch ϱ und erhalten mit (8.35a) und (8.36) wegen $\mathbf{rot\,grad}\, p = \nabla \times \nabla p \equiv 0$ die Gleichung

$$\frac{\partial \boldsymbol{\Omega}}{\partial t} + \nabla \times (\boldsymbol{\Omega} \times \boldsymbol{u}) = \mathbf{0} \,. \tag{8.38}$$

Zusammen mit der Kontinuitätsgleichung (8.13) $\operatorname{div} \boldsymbol{u} = 0$ für inkompressible Flüssigkeiten bestimmt sie das Geschwindigkeitsfeld einer idealen Flüssigkeit vollständig und für alle Zeiten, d.h. hat man zu einer gegebenen Zeit $\boldsymbol{\Omega}$ und $\boldsymbol{u}$ vorgegeben, so folgt aus (8.38) die weitere zeitliche Entwicklung von $\boldsymbol{\Omega}$ und $\boldsymbol{u}$. Man erkennt daraus auch folgende wichtige Tatsache: Ist zu einem Zeitpunkt t_0 überall in der Flüssigkeit $\boldsymbol{\Omega} = \mathbf{0}$, so folgt aus (8.38): $\partial \boldsymbol{\Omega}/\partial t = \mathbf{0}$, d.h., wird eine ideale Flüssigkeit ohne Wirbel in Bewegung gesetzt, so bleibt sie für immer wirbelfrei.

Bestehen Wirbel in einer Flüssigkeit, so folgt aus:

$$\boldsymbol{\Omega} = \mathbf{rot}\,\boldsymbol{u} \Rightarrow \operatorname{div} \Omega = \nabla \cdot (\nabla \times \boldsymbol{u}) \equiv 0 \,, \tag{8.39}$$

d.h. es gibt für die Wirbellinien innerhalb einer idealen Flüssigkeit keine Quellen oder Senken. Sie sind entweder geschlossene Linien oder führen bis an die Flüssigkeitsoberfläche, z.B. an die begrenzende Wand.

> In einer reibungsfreien Flüssigkeit ist die Wirbelstärke $Z = \Omega \cdot A$ zeitlich konstant. Wirbel können hier weder entstehen noch vergehen.

Die Konstanz von $Z = \Omega \cdot A$ in einer reibungsfreien Flüssigkeit ist äquivalent zur Erhaltung des Drehimpulses der in einem Wirbel rotierenden Masse. Da auf einen solchen Wirbel wegen $\eta = 0$ keine Tangentialkräfte wirken, und die Druckkräfte nur radiale Nettokomponenten haben, kann sich der Drehimpuls nicht ändern.

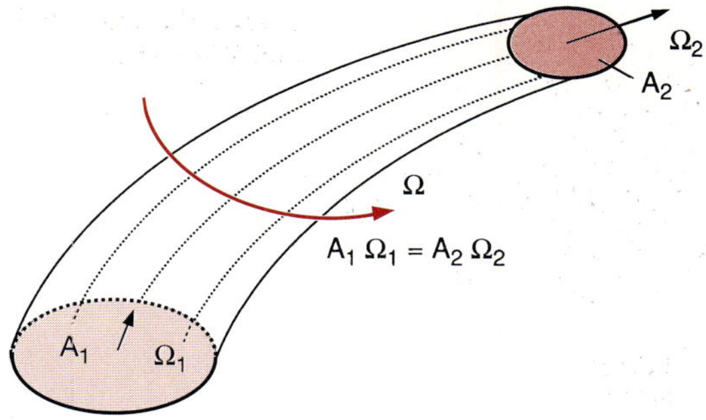

Abb. 8.30. Zeitliche Veränderung eines kreisförmigen Wirbels bei Erhaltung von Gesamtmasse und Drehimpuls

Man kann diese Erhaltungssätze in folgendem Modell zusammenfassen: Wirbel bewegen sich wie feste aber stark deformierbare Körper durch eine Flüssigkeit oder ein Gas. Ihre Gesamtmasse und ihr Drehimpuls bleiben dabei ohne Reibung erhalten, obwohl sich Winkelgeschwindigkeit $\boldsymbol{\omega}$ und Radius des Wirbelkerns durchaus ändern können. Dies wird in Abb. 8.30 am Beispiel eines zylindrischen Wirbels illustriert. Aus der Erhaltung des Drehimpulses $\boldsymbol{L} = I \cdot \boldsymbol{\omega}$ (siehe Abschn. 5.5) folgt mit dem Trägheitsmoment $I = \frac{1}{2}Mr^2$ der rotierenden Masse im Wirbel mit dem Radius r:

$$M_1 r_1^2 \overline{\Omega}_1 = M_2 r_2^2 \overline{\Omega}_2 \,.$$

Da $M_1 = M_2$ ist und die Wirbelfläche $A = \pi r^2$ ist, folgt daraus:

$$A_1 \overline{\Omega}_1 = A_2 \overline{\Omega}_2 \,,$$

d.h. die Wirbelstärke bleibt erhalten.

8.6.3 Die Entstehung von Wirbeln

Im vorigen Abschnitt haben wir bereits gesehen, daß die Reibung maßgeblich an der Entstehung von Wirbeln beteiligt sein muß. Auf der anderen Seite wurde im Abschn. 8.5 gezeigt, daß Flüssigkeiten mit großer Reibung laminare Strömungen aufweisen, bei der keine Wirbel auftreten. Die Bildung von Wirbeln muß daher in Flüssigkeiten mit kleiner Reibung an den Stellen geschehen, wo die Reibungskräfte besonders groß sind, nämlich an den Wänden von Rohren oder Hindernissen, wo auf Grund der Haftreibung große Geschwindigkeitsgradienten auftreten und damit

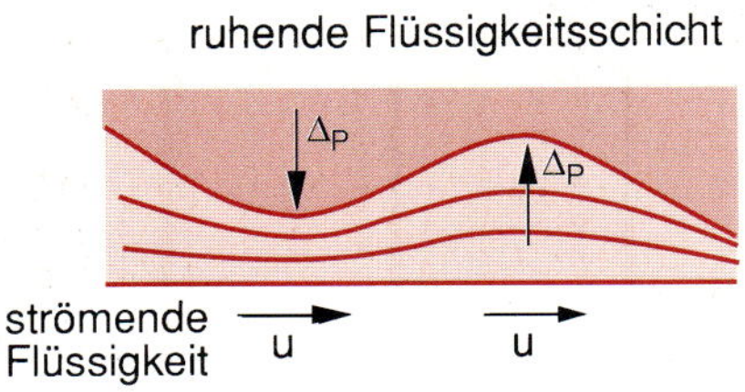

Abb. 8.31. Entstehung von Wirbeln aus Instabilitäten an Grenzschichten zwischen zwei Flüssigkeitsschichten mit unterschiedlichen Geschwindigkeiten

starke Tangentialkräfte (Scherkräfte) zwischen benachbarten Flüssigkeitsschichten.

Wenn eine solche Grenzschicht kleine Unebenheiten aufweist, wie sie in Abb. 8.31 übertrieben dargestellt sind, verformen sich die Stromlinien der strömenden Flüssigkeit: An den engen Stellen werden sie zusammengepreßt. Dadurch wird ihre Strömungsgeschwindigkeit $\boldsymbol{u}$ größer und, gemäß der Bernoulli-Gleichung (8.17), entsteht ein Druckgefälle Δp wodurch der Querschnitt der strömenden Flüssigkeit kleiner wird. Dies vergrößert die Ausbuchtungen in der Grenzschicht, so daß ein instabiler Zustand entsteht, der zur Wirbelbildung führen kann.

Wir wollen uns die Wirbelentstehung am Beispiel der Strömung um einen Kreiszylinder anschauen (Abb. 8.32). Bei genügend kleiner Strömungsgeschwindigkeit u kann der Einfluß der Reibung vernachlässigt werden und es bildet sich die laminare Strömung der Abb. 8.5 aus. Im Staupunkt S_1 auf der Vorderseite ist die Strömungsgeschwindigkeit Null und der Druck nach (8.17) gleich dem Gesamtdruck p_0. Von S_1 bewegen sich die Flüssigkeitsteilchen beschleunigt entlang der Zylinderoberfläche zum Punkt P, wo die Geschwindigkeit maximal und der Druck daher minimal wird, wobei die Beschleunigung durch die Druckdifferenz $p_0(S) - p(P)$ bewirkt wird.

Auch an der Rückseite des Zylinders wird die Geschwindigkeit im Staupunkt S_2 Null. Die um den Zylinder strömenden Teilchen verlieren auf Grund der Druckdifferenz $p(P) - p_0(S_2)$, ihre kinetische Energie wieder, die sie auf dem Wege S_1–P gewonnen hatten.

Bei Erhöhung der Strömungsgeschwindigkeit u kann die Reibung in den Randschichten, die proportional zum Geschwindigkeitsgradienten ansteigt, nicht mehr vernachlässigt werden. Die Teilchen erreichen wegen der Reibungsverluste nicht mehr ihre volle Geschwindigkeit im Punkte P und kommen daher auf der Rückseite des Zylinders bereits im Punkte W zur Ruhe. Nun wirkt jedoch auf sie eine Druckkraft auf Grund des Druckgefälles vom Staupunkt S_2 nach W, welche die abgebremsten Teilchen in entgegengesetzter Richtung entgegen der Strömung der randferneren Schichten antreibt.

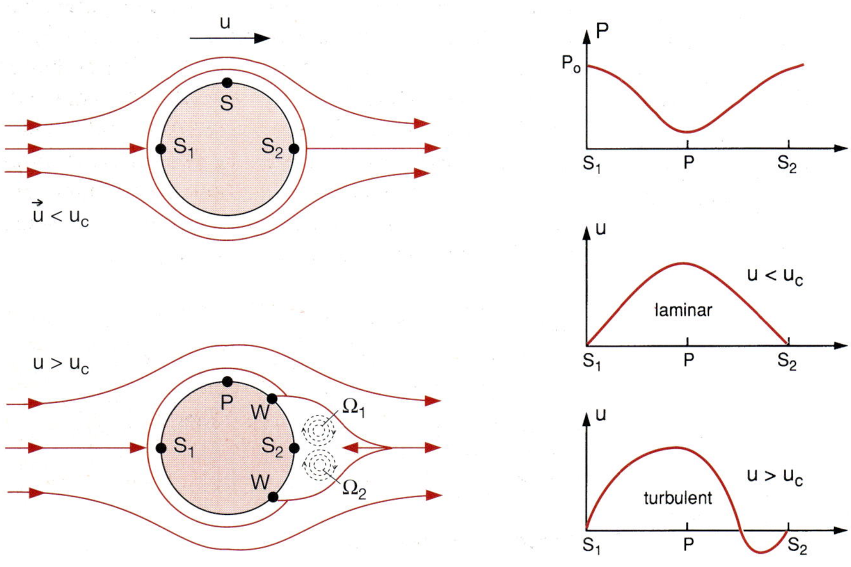

Abb. 8.32. Wirbelentstehung hinter einem kreisförmigen umströmten Zylinder

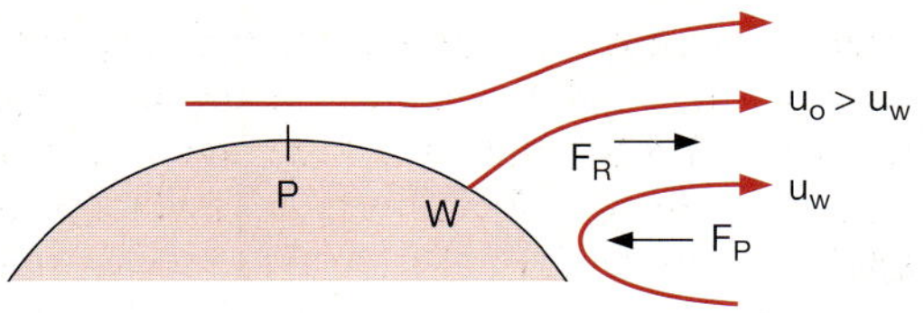

Abb. 8.33. Illustration des für die Wirbelentstehung notwendigen Drehmomentes

Auf die randnahen Flüssigkeitsschichten wirken zwei entgegengerichtete Kräfte: Die rücktreibende Druckkraft und die Reibungskraft an der Grenzfläche zu den in der ursprünglichen Richtung weiterfließenden randferneren Schichten. Dadurch entsteht ein Drehmoment, das die Flüssigkeitsteilchen in Rotation versetzt. Auf jeder Seite des Zylinders entsteht ein Wirbel. Die beiden Wirbel haben entgegengesetzten Drehsinn, d.h. der Wirbelvektor Ω_1 zeigt in die Bildebene, während Ω_2 aus der Bildebene herauszeigt (Abb. 8.32 und 33).

Man kann solche Wirbel durch gefärbte Flüssigkeitsstromfäden sichtbar machen (Abb. 8.6). Auch am Ausgang eines durchströmten Rohres können sich Wirbel bilden (Abb. 8.34). Ein schönes Demonstrationsexperiment ist die Erzeugung von Ringwirbeln in Luft mit Hilfe der in Abb. 8.35 gezeigten Anordnung: In einer Kiste, die vorne ein Loch von etwa 20–30 cm Durchmesser hat und deren Rückwand eine Gummimembran ist, wird Rauch erzeugt (z.B. Zigarettenrauch oder Salmiaknebel). Schlägt man mit der flachen Hand gegen die Membran, so werden Luft und Rauch aus der Kiste herausgetrieben und müssen durch das Loch entweichen. Am Lochrand entstehen große Reibungskräfte, die zur Rotation der Randschicht der Luft führen und damit zur Ausbildung eines Wirbelringes (Abb. 8.35b), der sich in z-Richtung bewegt. Man kann z.B. mit einem solchen Wirbelring eine Kerze in einer Entfernung von einigen Metern ausblasen, d.h. der Wirbelring bewegt sich fast wie ein fester Körper durch die Luft.

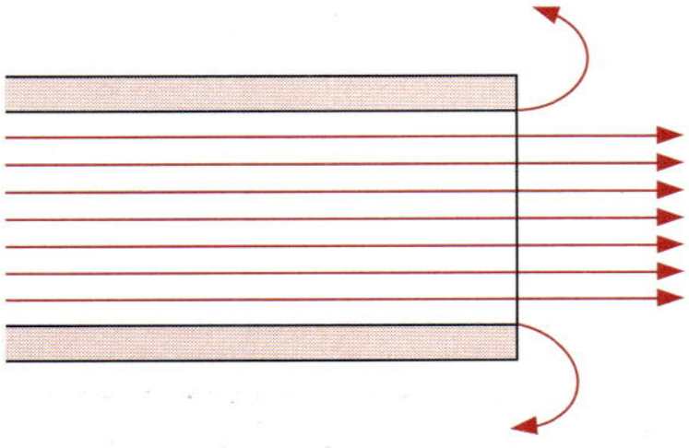

Abb. 8.34. Wirbelentstehung an den Endkanten eines durchströmten Rohres

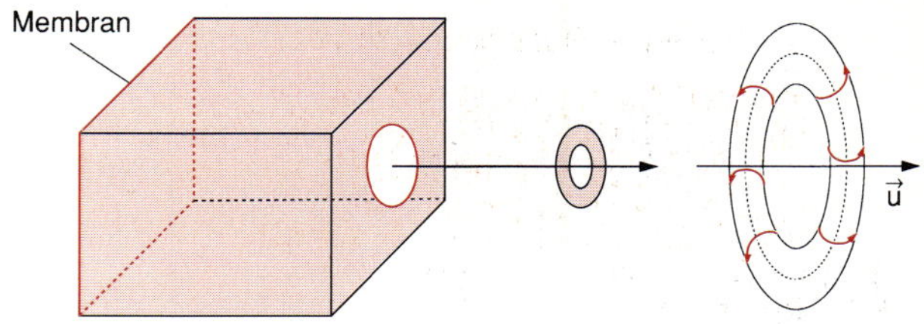

Abb. 8.35. Erzeugung von Rauchwirbeln durch einen Schlag auf die Membranrückwand eines rauchgefüllten Kastens

8.6.4 Turbulente Strömungen. Strömungswiderstand

Die in Abb. 8.32 gezeigten Wirbel hinter einem umströmten Körper bleiben nicht ortsfest an ihrem Entstehungsort, sondern werden infolge der inneren Reibung von der strömenden Flüssigkeit mitgenommen. An ihrem ursprünglichen Entstehungsort können nun neue Wirbel entstehen, die sich wieder von der Körperwand ablösen und weiterwandern. Insgesamt entsteht bei einer solchen turbulenten Strömung hinter einem Hindernis eine Wirbelstraße (Abb. 8.36). Es zeigt sich, daß sich die beiden Wirbel eines gerade entstandenen Wirbelpaares nicht gleichzeitig, sondern abwechselnd oben und unten ablösen. In der Wirbelstraße sind daher die Wirbel mit entgegengesetztem Drehimpuls gegeneinander versetzt. Man kann eine solche Wirbelstraße z.B. als Autofahrer hinter einem schnell fahrenden Lastwagen direkt an den entsprechenden wechselnden Quergeschwindigkeiten der Luft spüren. Hinter einem startenden Düsenflugzeug ist die Wirbelstraße bis zu mehreren Kilometern lang, so daß allein schon deshalb ein Mindestabstand für nachfolgende Flugzeuge notwendig ist.

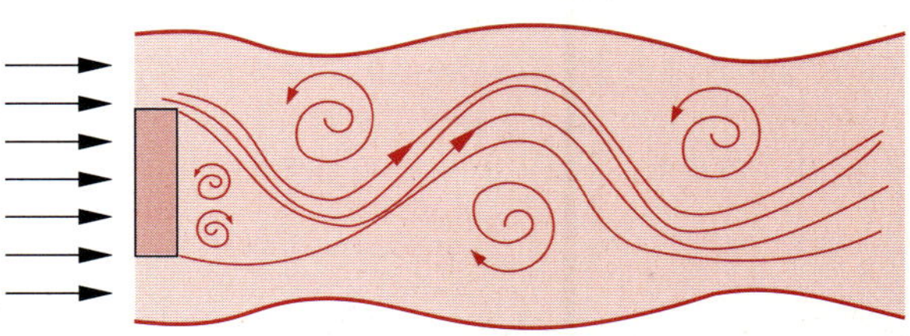

Abb. 8.36. Wirbelstraße

Die zur Erzeugung solcher Wirbel notwendige Rotationsenergie $E_{\text{rot}} = (I/2)\Omega^2$ ($I =$ Trägheitsmoment der rotierenden Masse im Wirbel) muß aus der kinetischen Energie des strömenden Mediums stammen. Die Strömungsgeschwindigkeit muß deshalb kleiner werden.

Im Fall der laminaren reibungsfreien Strömung wäre die Geschwindigkeit $\boldsymbol{u}$ im Punkte S_2 in Abb. 8.32 Null und dort würde, genau wie im Punkt S_1, der Staudruck p_0 herrschen. Infolge der Wirbelbildung bewegt sich die Flüssigkeit hinter dem umströmten Körper. Dies bewirkt nach der Bernoulli-Gleichung (8.17) eine Druckverminderung auf einen Druck $p_1 < p_0$ und verursacht eine Druckdifferenz zwischen dem Strömungsgebiet vor und hinter dem umströmten Körper. Die dieser Druckdifferenz entsprechende Kraft auf einen Körper mit der Querschnittsfläche A wirkt in Richtung der Strömung. Um den Körper trotz der Strömung am gleichen Ort zu halten, muß man eine entsprechende Gegenkraft aufwenden. Gemäß der Bernoulli-Gleichung ist die Druckdifferenz Δp proportional zu $(\varrho/2)u^2$. Deshalb kann die Druckwiderstandskraft geschrieben werden als

$$F_{\text{D}} = c_{\text{D}} \cdot \frac{\varrho}{2} u^2 \cdot A \,, \tag{8.40a}$$

wobei die dimensionslose Konstante c_{D} *Druckwiderstandsbeiwert* heißt und von der Form des umströmenden Körpers abhängt. Diese Kraft addiert sich zur Reibungskraft F_{R}, die auch bei laminarer Strömung auftritt. Gemäß der Hagen-Poiseuille-Gleichung (8.30) verursacht die Reibung einen Druckverlust Δp_{R} (siehe Abb. 8.10b). Die Bernoulli-Gleichung (8.17) muß daher für viskose Flüssigkeiten, die durch ein waagerechtes Rohr fließen, erweitert werden auf:

$$p_1 + \tfrac{1}{2}\varrho u_1^2 = p_2 - \Delta p_{\text{R}} + \tfrac{1}{2}\varrho u_2^2 \,.$$

Für $u_1 = 0$, d.h. $p_1 = p_0$ wird

$$\Delta p_{\text{R}} = (p_2 - p_0) + \tfrac{1}{2}\varrho u_2^2$$

und hängt daher quadratisch von der Geschwindigkeit u ab. Wir können deshalb die gesamte Widerstandskraft des umströmten Körpers in der Form

$$\boldsymbol{F}_{\text{W}} = \boldsymbol{F}_{\text{R}} + \boldsymbol{F}_{\text{D}} = c_{\text{W}} \frac{\varrho}{2} u^2 A \tag{8.40b}$$

schreiben. Der Proportionalitätsfaktor $c_{\text{W}} > c_{\text{D}}$ heißt ***Widerstandsbeiwert*** oder auch ***c_{W}-Wert***. Er hängt wie c_{D} vom Profil des umströmten Körpers ab. In Abb. 8.37 sind für einige Profile die Werte von c_{W} für strömende Luft bei Atmosphärendruck angegeben. Man sieht daraus, daß z.B. ein *Stromlinienprofil* den kleinsten c_{W}-Wert hat und daß Körper mit Kanten an der Anströmseite höhere Beiwerte haben als runde Profile.

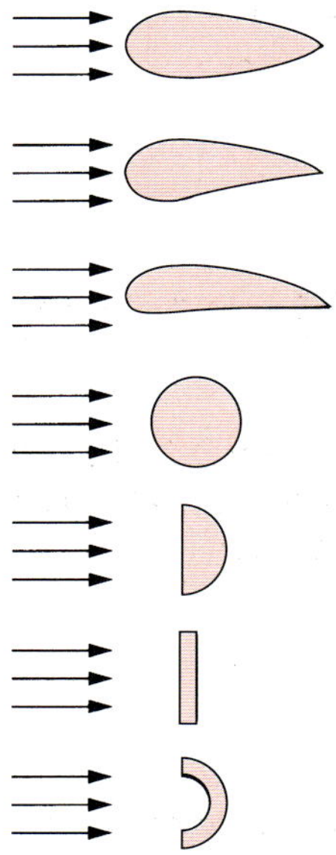

Profil	c_W - Wert
Stromlinienprofil	0,06
Tragfläche mit gewölbter Unterseite	0,1
Tragfläche mit geradflacher Unterseite	0,2
Kugel	0,4
Halbkugel	0,8
Scheibe	1,2
hohle Halbkugel	1,4

Abb. 8.37. Widerstandsbeiwerte für verschiedene umströmte Profile

Mit Hilfe des Staudrucks $p_{\text{S}} = (\varrho/2)u^2$ läßt sich (8.40b) auch schreiben als

$$F_{\text{W}} = c_{\text{W}} p_{\text{S}} \cdot A \,. \tag{8.40c}$$

Experimentell läßt sich c_{W} mit der Anordnung in Abb. 8.38 bestimmen. Der zu messende Körper wird an einer horizontalen Achse drehbar aufgehängt, so daß sein Schwerpunkt S unter dem Drehpunkt D liegt. Wird nun ein horizontaler Luftstrom erzeugt, so bewirkt die Widerstandskraft (8.40b)

$$F_{\text{W}} = c_{\text{W}} \frac{\varrho}{2} u^2 \cdot A$$

am Hebelarm der Länge a ein Drehmoment $D_{\text{W}} = F_{\text{W}} \cdot a$, was durch ein entgegengesetzt gerichtetes Drehmoment $D_1 = F_{\text{F}} \cdot b = -D_{\text{W}}$ kompensiert wird.

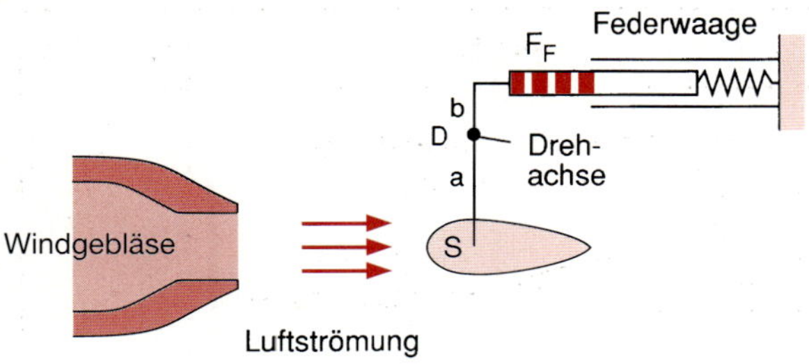

Abb. 8.38. Anordnung zur Messung des Strömungswiderstandes

Die mit der Federwaage gemessene Kraft F_F ist also ein Maß für den Strömungswiderstand F_W und erlaubt die Bestimmung des Widerstandsbeiwertes c_W.

8.7 Aerodynamik

Für die Luftfahrt, aber auch für den Autobau ist die genaue Kenntnis der verschiedenen Kräfte, die beim Umströmen von Luft um verschieden geformte Körper auftreten, von entscheidender Bedeutung. Hier soll aus dem in der Fachliteratur ausführlich behandelten Gebiet [8.10] nur ein Aspekt diskutiert werden: der aerodynamische Auftrieb und sein Zusammenhang mit dem Strömungswiderstand.

8.7.1 Der dynamische Auftrieb

Außer der Widerstandskraft, die in Stromrichtung zeigt, kann auf feste Körper in strömenden Flüssigkeiten oder Gasen auch eine Kraft wirken, die *quer* zur Strömungsrichtung zeigt. Wir wollen sie an zwei Beispielen erläutern.

Betrachten wir in Abb. 8.39a einen Kreiszylinder, der symmetrisch von einer laminaren Strömung umflossen wird. Wie aus der Symmetrie sofort ersichtlich, kann hier nur eine Kraft in Stromrichtung wirken, die durch die Reibung zwischen Strömung und Zylinderoberfläche bewirkt wird. Drehen wir jetzt den Zylinder im Uhrzeigersinn, so wird infolge der Reibung eine Randschicht der Strömung in eine Zirkulationsbewegung gebracht, die sich teilweise auf die Nachbarschichten überträgt. Dies ist für den rotierenden Zylinder in ruhender Luft in Abb. 8.39b gezeigt. Die Überlagerung des Strömungsfeldes von

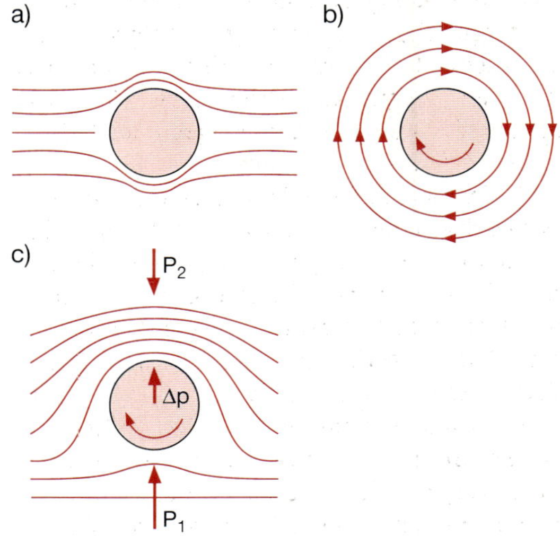

Abb. 8.39a–c. Magnus-Effekt: (**a**) Laminare Strömung um einen Kreiszylinder, (**b**) Zirkulation um einen rotierenden Zylinder in einer ruhenden Flüssigkeit, (**c**) für einen rotierenden Zylinder in einer strömenden Flüssigkeit ist das Stromlinienbild die Überlagerung von (**a**) und (**b**)

Abb. 8.39a und b führt zu einer Erhöhung der Strömungsgeschwindigkeit oberhalb und zu einer Erniedrigung unterhalb des rotierenden Zylinders (Abb. 8.39c). Deshalb wirkt auf Grund der Bernoulli-Gleichung (8.17) eine Nettokraft nach oben. Dieser Effekt wurde von *Magnus* entdeckt und auch zum Antrieb von Schiffen, die quer zum Wind fuhren, ausgenutzt (***Magnus-Effekt***). Man kann den Effekt in der Vorlesung demonstrieren, indem man einen Pappzylinder auf einem Tisch mit Hilfe eines dünnen Bandes, das man schnell abzieht, in Rotation versetzt (Abb. 8.40). Der Zylinder läuft dann entgegen der Zugrichtung und steigt dabei wegen des Magnus-Effektes hoch, bis er dann durch die Reibung gebremst wird und langsam wieder absinkt.

Beim Anströmen eines *unsymmetrischen* Profils entsteht auch ohne Rotation des Körpers eine Quer-

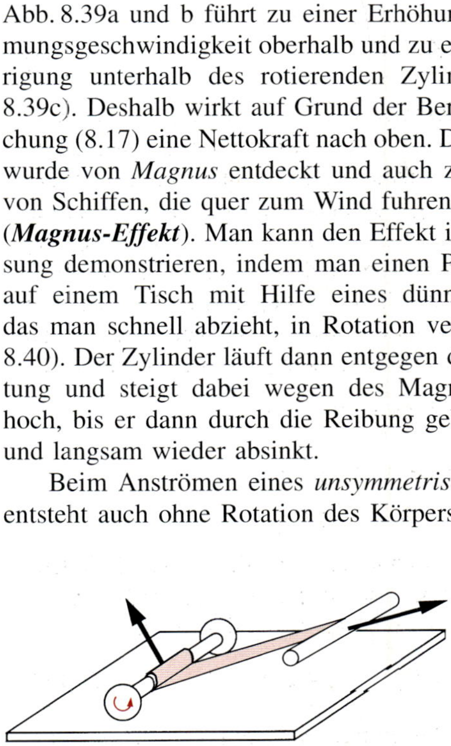

Abb. 8.40. Zur Demonstration des Magnus-Effektes in Luft

kraft, die ***dynamischer Auftrieb*** heißt. Auch sie wird durch eine Zirkulationsströmung bewirkt, die hier aber nicht durch die Rotation des Körpers erzeugt wird, sondern durch Wirbelbildung. Wir wollen sie am Beispiel des Tragflächenprofils erläutern (Abb. 8.41).

Bei einer laminaren Strömung um das unsymmetrische Profil werden die Schichten in der Nähe des umströmten Körpers durch die Reibung mit der Oberfläche abgebremst. Da der Weg der grenznahen Schichten auf der oberen Seite des Tragflächenprofils länger ist als auf der unteren Seite, wird sie stärker abgebremst und kommt daher im Punkte P_1 in Abb. 8.41a langsamer an als die Strömung entlang der Unterseite im Punkte P_2.

Hinter dem Profil entsteht also ein abruptes Geschwindigkeitsgefälle **grad** $\boldsymbol{u}$ zwischen benachbarten Luftschichten. Übersteigt dieses Gefälle einen bestimmten Grenzwert, der von der Geschwindigkeit u der Strömung und der Zähigkeit η abhängt, entsteht ein Wirbel hinter dem Tragflügel. Bewegt man das Profil mit steigender Geschwindigkeit durch eine ruhende Flüssigkeit (bzw. durch Luft), so wird oberhalb einer kritischen Geschwindigkeit dieser Wirbel entstehen („Anfahrwirbel"). Da der Gesamtdrehimpuls der umströmenden Luft erhalten bleiben muß, bildet sich eine Zirkulationsströmung um das gesamte Profil aus mit entgegengesetztem Drehimpuls (Abb. 8.41b). Ihre Überlagerung mit der laminaren

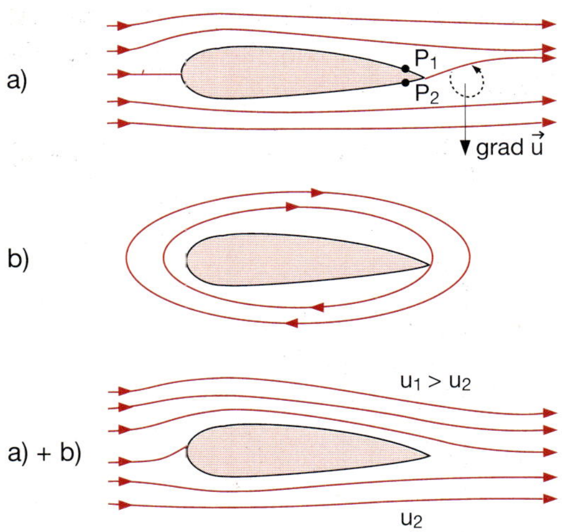

Abb. 8.41. Zur Entstehung des dynamischen Auftriebs an einem Tragflächenprofil

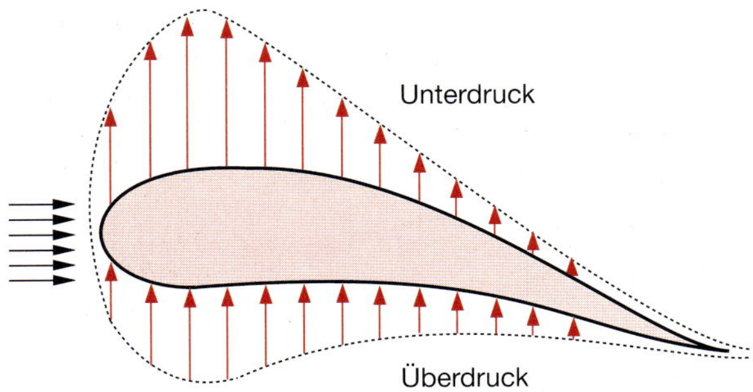

Abb. 8.42. Verteilung der Auftriebskraft entlang Unter- und Oberseite eines Tragflächenprofils

Strömung (Abb. 8.41a) führt, völlig analog zu Abb. 8.40 zu einer Erhöhung der Strömungsgeschwindigkeit oberhalb und zu einer Erniedrigung unterhalb des Profils (Abb. 8.41c). Dies erzeugt nach der Bernoulli-Gleichung (8.17) eine Auftriebskraft mit dem Betrag

$$F_A = \Delta p \cdot A = c_A \cdot \frac{\varrho}{2} \cdot (u_1^2 - u_2^2) A \,, \qquad (8.41)$$

welche ***aerodynamischer Auftrieb*** heißt, wobei der Auftriebsbeiwert c_A wieder von der Form des Profils abhängt.

Mit Hilfe von Drucksonden an Unter- und Oberseite eines Tragflügelprofils kann die Druckverteilung genauer gemessen werden. Eine solche typische Verteilung ist in Abb. 8.42 angegeben, wo die Größe der Druckdifferenz zur umgebenden Luft und die daraus resultierende Auftriebskraft für verschiedene Stellen des Profils durch die Länge der Pfeile verdeutlicht wird [8.11].

8.7.2 Zusammenhang zwischen dynamischem Auftrieb und Strömungswiderstand

Wie die Gleichungen (8.40–41) zeigen, sind sowohl Strömungswiderstand F_W als auch Auftrieb F_A proportional zur kinetischen Energie pro Volumeneinheit des umströmenden Mediums, wobei die Proportionalitätskonstanten c_W und c_A beide vom Profil des umströmten Körpers abhängen.

In Abb. 8.43 ist eine Anordnung gezeigt (Zweikomponentenwaage), mit der gleichzeitig der Auftrieb $\boldsymbol{F}_A$ und der Strömungswiderstand $\boldsymbol{F}_W$ von Modellprofilen bestimmt werden können.

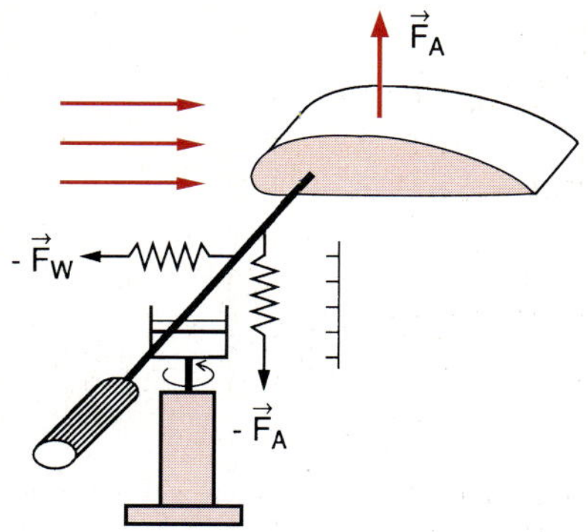

Abb. 8.43. Anordnung zur gleichzeitigen Messung der Widerstandskraft $\boldsymbol{F}_W$ und des Auftriebs $\boldsymbol{F}_A$ (Zweikomponentenwaage)

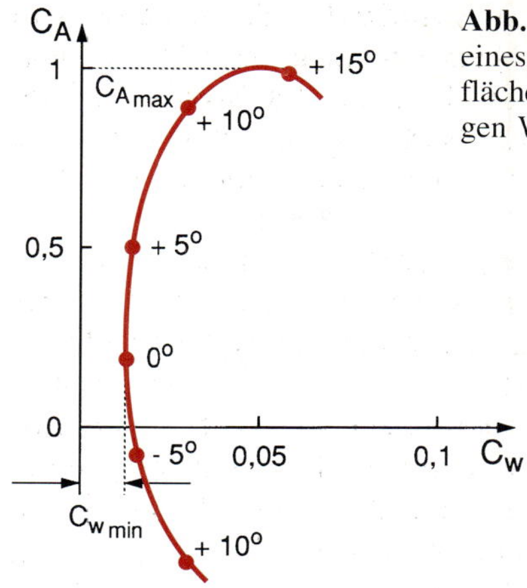

Abb. 8.45. Profilpolare eines modernen Tragflächenprofils mit geringen Widerstandswerten

Es zeigt sich, daß sowohl Widerstandskraft $\boldsymbol{F}_W$ als auch Auftriebskraft $\boldsymbol{F}_A$ vom Anstellwinkel α des Profils abhängen (Abb. 8.44).

Selbst mit einem flachen Brett läßt sich bei geeignetem Anstellwinkel α ein Auftrieb feststellen, der allerdings kleiner ist als beim Tragflächenprofil. Die beiden Kurven $c_W(\alpha)$ und $c_A(\alpha)$ können in einem Polardiagramm, der sogenannten Profilpolare eines Tragflächenprofils zusammengefaßt werden (Abb. 8.45), welches besser den optimalen Anstellwinkel erkennen läßt. Dieser muß so gewählt werden, daß der Widerstandsbeiwert möglichst klein, der Auftrieb aber noch genügend groß ist. Bei zu großem Anstellwinkel entstehen an der Oberseite des Tragflächenprofils Wirbel, welche die Strömungsgeschwindigkeit drastisch reduzieren und dadurch den Auftrieb stark vermindern oder sogar negativ werden lassen.

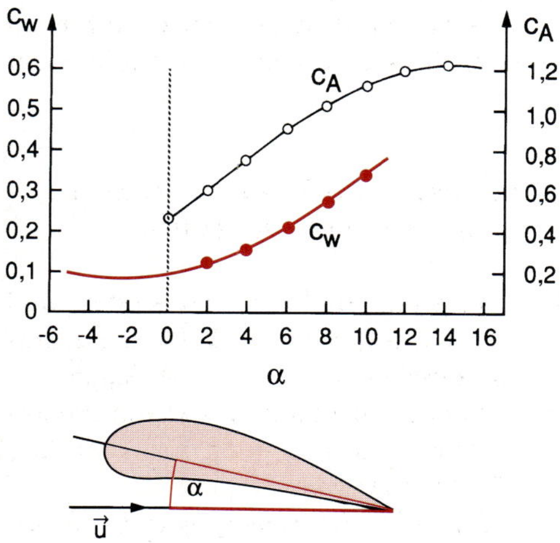

Abb. 8.44. Abhängigkeit des Widerstandsbeiwerts c_W und Auftriebsbeiwerts $\boldsymbol{F}_A$ vom Anstellwinkel α eines Tragflächenprofils

8.7.3 Kräfte beim Fliegen

Wir wollen zuerst den motorlosen Flug betrachten. Beim stationären Flug eines Segelflugzeugs mit konstanter Geschwindigkeit $\boldsymbol{v}$ muß die Gesamtkraft $\boldsymbol{F}$ auf das Flugzeug gerade sein Gewicht $m \cdot \boldsymbol{g}$ kompensieren. $\boldsymbol{F}$ setzt sich zusammen aus dem Auftrieb $\boldsymbol{F}_A$ und dem Strömungswiderstand $\boldsymbol{F}_W$ (Abb. 8.46), die beide von der Strömungsgeschwindigkeit $\boldsymbol{u} = -\boldsymbol{v}$ der umströmenden Luft abhängen. Gleichgewicht kann nur erfüllt sein, wenn das Flugzeug auf einer abwärts gerichteten Flugbahn mit dem Gleitwinkel γ fliegt. Aus der Bedingung $\boldsymbol{F} = -m \cdot \boldsymbol{g}$ folgt für den Gleitwinkel

$$\tan\gamma = -\frac{\boldsymbol{F}_W}{\boldsymbol{F}_A} \text{und } \sin\gamma = -\frac{F_W}{mg} \,. \qquad (8.42a)$$

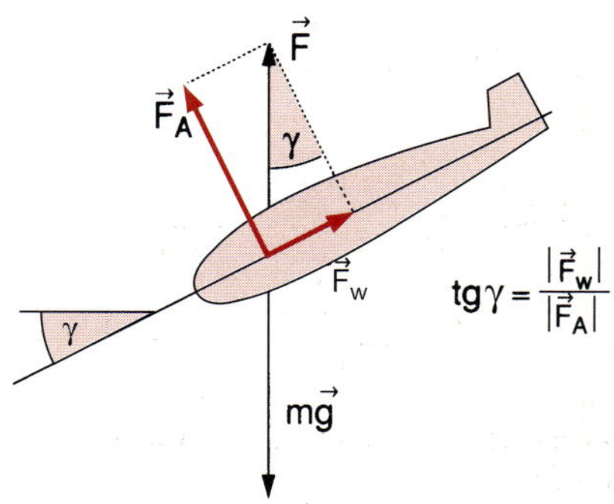

Abb. 8.46. Kräfte beim Gleitflug

Dieses Verhältnis F_W/F_A heißt die Gleitzahl: Um einen kleinen Gleitwinkel zu erhalten, muß daher der Auftrieb F_A so groß wie möglich gemacht werden. Aus Abb. 8.45 wird jedoch deutlich, daß dieses Verhältnis F_W/F_A nicht beliebig klein gemacht werden kann.

Moderne Segelflugzeuge erreichen Gleitzahlen von 1/50. Dies bedeutet, daß ein solches Flugzeug aus 2 km Anfangshöhe auch ohne Thermik 100 km fliegen kann. Wird der Gleitwinkel durch Betätigen des Höhenruders größer gemacht, so nimmt die Geschwindigkeit v zu; wird er kleiner gemacht, nimmt v und damit der Auftrieb ab: Die Fluglage wird instabil.

Wenn sich die Luft lokal erwärmt (z.B. über lokal heißerem Boden oder über Kraftwerkschornsteinen), wird ihre Dichte geringer als in ihrer Umgebung, und sie steigt auf Grund ihres Auftriebes (Abschn. 6.3) nach oben (***Thermik***). Dadurch erhält die Strömungsgeschwindigkeit $\boldsymbol{u}$ eine zusätzliche vertikale Komponente und der Gleitwinkel kann negative Werte annehmen, d.h. das Segelflugzeug kann steigen.

Beim Motorflug (Abb. 8.47) wirkt eine zusätzliche Zugkraft durch den Propeller (bzw. eine Schubkraft bei Düsenflugzeugen). Man sieht, daß ein Steigflug nur möglich ist, wenn der Betrag F_Z der Zugkraft $\boldsymbol{F}_Z$ größer wird als der Betrag F_W der entgegengerichteten Widerstandskraft. Beim ebenen Flug in konstanter Höhe kann die Motorleistung soweit gedrosselt werden, daß $F_Z = F_W$ wird.

Der Steigwinkel γ ist durch

$$\tan\gamma = \frac{F_Z - F_W}{F_A} \qquad (8.42b)$$

gegeben. Für $F_Z - F_W < 0$ wird γ negativ. Das Flugzeug kann bei konstanter Geschwindigkeit v nur auf einer Sinkbahn stabil fliegen.

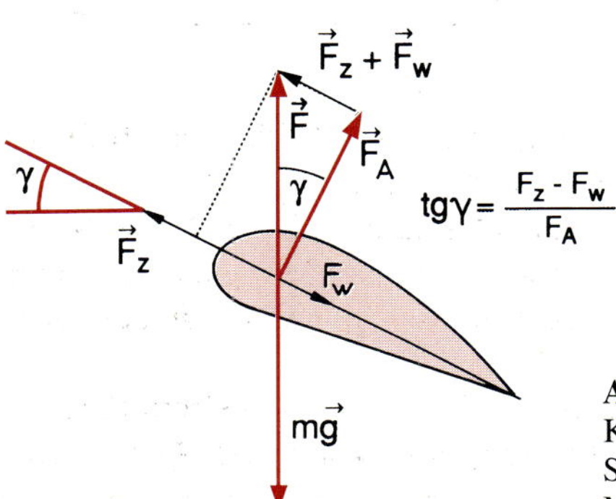

Abb. 8.47. Kräfte beim Steigflug eines Motorflugzeuges

8.8 Ähnlichkeitsgesetze, Reynoldssche Zahl

Im vorigen Abschnitt wurde gezeigt, daß Wirbel ihre Entstehung der Reibung in randnahen Schichten der strömenden Flüssigkeit verdanken. Auch wenn die Reibung im überwiegenden Gebiet im Inneren der Flüssigkeit vernachlässigbar klein ist, beeinflußt sie doch die Strömung ganz entscheidend durch die Wirbel, die sie am Rande erzeugt. Die Reibung spielt also eine um so größere Rolle, je enger der Strömungskanal ist.

Solche Randbedingungen sind in der Navier-Stokes-Gleichung (8.35) nicht enthalten, da diese die Bewegungsgleichung eines infinitesimal kleinen Volumenelementes darstellt und die Geometrie des von der Flüssigkeit durchströmten Raumes in ihr nicht vorkommt. Diese Geometrie spielt aber für die Art der Strömung eine große Rolle. Sie kann bei der Lösung von (8.35) zwar als entsprechende Randbedingungen vorgegeben werden, aber eine genaue numerische Lösung verlangt dann auch eine genaue Kenntnis aller Randbedingungen, die nicht immer vorliegt. Deshalb wählt man oft experimentelle Lösungen in der folgenden Weise:

In der Hydro- und Aerodynamik möchte man die an großen Objekten (Schiffen, Flugzeugen) auftretenden Strömungsverhältnisse an verkleinerten Modellen untersuchen, um so z.B. die optimale Form einer Tragfläche oder eines Schiffsrumpfes experimentell zu finden. Dazu müssen nicht nur den Objekten geometrisch ähnliche Modelle verwendet werden, sondern auch die Strömungsverhältnisse und die Dimension der Strömung müssen dazu richtig angepaßt werden. Wie dies geschieht, soll hier kurz erläutert werden: Wir normieren alle Längendimensionen auf eine Einheit L, alle Zeiten auf die Einheit T und drücken alle Geschwindigkeiten $\boldsymbol{u}$ in der Einheit L/T aus, setzen also

$$t = t' \cdot T\,, \quad \boldsymbol{u} = \boldsymbol{u}' \cdot \frac{L}{T}\,,$$
$$\nabla = \frac{\nabla'}{L}\,, \quad p = p'\left(\frac{L}{T}\right)^2 \cdot \varrho\,, \qquad (8.43)$$

wobei t', $\boldsymbol{u}'$, ∇', p' dimensionslose Größen sind.

Die Navier-Stokes-Gleichung (8.35) geht dadurch (ohne Schwerkraftanteil) nach Division durch ϱ über in:

$$\frac{\partial \boldsymbol{u}'}{\partial t'} + (\boldsymbol{u}'\nabla')\boldsymbol{u}' = -\nabla' p' + \frac{1}{\mathrm{Re}} \Delta' \boldsymbol{u}' \tag{8.44}$$

mit der dimensionslosen Reynolds-Zahl

$$\mathrm{Re} = \frac{\varrho \cdot L^2}{\eta \cdot T} = \frac{\varrho \cdot U \cdot L}{\eta}, \quad \text{mit } U = \frac{L}{T}. \tag{8.45}$$

Für ideale Flüssigkeiten ist $\eta = 0$, also $\mathrm{Re} = \infty$. Für sie folgt damit aus (8.44):

> Strömungen idealer Flüssigkeiten werden in geometrisch ähnlichen Gefäßen, für die (8.43) gilt, durch dieselbe Gleichung (8.44) mit den gleichen Randbedingungen beschrieben.

Dies bedeutet: An entsprechenden Orten und zu entsprechenden Zeiten erhält man die gleichen dimensionslosen Größen p' und $\boldsymbol{u}'$ (8.43) für Druck und Geschwindigkeit. Selbst nichtstationäre Strömungen machen den gleichen Verlauf durch in Zeitintervallen, die proportional zu den Gefäßdimensionen und umgekehrt proportional zu den Strömungsgeschwindigkeiten $\boldsymbol{u}$ sind.

Für viskose Flüssigkeiten mit $\eta \neq 0$ gilt dies nur, wenn die Reynolds-Zahl Re denselben Wert hat. Zähe Flüssigkeitsströmungen sind also nur dann ähnlich, wenn sie in Gefäßen mit ähnlichen Dimensionsverhältnissen ablaufen und außerdem dieselbe Reynolds-Zahl Re haben.

Wir wollen uns noch die physikalische Bedeutung der Reynolds-Zahl klarmachen: Erweitern wir (8.45) mit $L^2 \cdot U$, so ergibt sich

$$\mathrm{Re} = \frac{\varrho \cdot L^3 \cdot U^2}{\eta L^2 \cdot U} = \frac{2E_{\mathrm{kin}}}{W_{\mathrm{Reibung}}}. \tag{8.46}$$

Der Zähler gibt die doppelte kinetische Energie eines Volumens L^3 an, das sich mit der Geschwindigkeit U bewegt, während der Nenner die Reibungsenergie ist, die verbraucht wird, wenn das Volumenelement (Durchmesser L) mit der Geschwindigkeit U um die Strecke L verschoben wird. Bei kleinen Reynolds-Zahlen ist $E_{\mathrm{kin}} < W_{\mathrm{R}}$, d.h. die Flüssigkeit strömt laminar. Turbulente Strömung tritt oberhalb eines kritischen Wertes $\mathrm{Re_c}$ der Reynolds-Zahl auf. Experimentell findet man für (Wasser-)Rohre mit kreisförmigem Querschnitt mit Radius r

$$\mathrm{Re_c} = \frac{\varrho u_c r}{\eta} = 2300\,,$$

Will man eine laminare Strömung garantieren, so muß man die Leitungen so dimensionieren, daß auch an den engsten Stellen überall $u < u_c$ bleibt.

ÜBUNGSAUFGABEN

1. Schätzen Sie die Kraft ab, die bei horizontaler Windgeschwindigkeit von 100 km/h
   a) auf eine senkrechte Wandfläche von 100 m^2 als Druckkraft wirkt;
   b) auf ein Giebeldach mit 100 m^2 Dachfläche, dessen Querschnitt ein gleichschenkliches Dreieck mit $\alpha = 150°$ und Kantenlänge $L = 6$ m ist, als Zugkraft wirkt.
2. Warum kann ein Flugzeug bei Flugvorführungen „auf dem Kopf" fliegen, obwohl es dabei nach Abb. 8.42 einen negativen Auftrieb erfahren müßte?
3. Warum durchmischen sich bei einer laminaren Flüssigkeitsströmung die Stromfäden nicht, obwohl die Moleküle einer Schicht auf Grund ihrer thermischen Bewegung etwa eine freie Weglänge Λ in die Nachbarschicht eindringen? Schätzen Sie Λ für Flüssigkeiten ab.

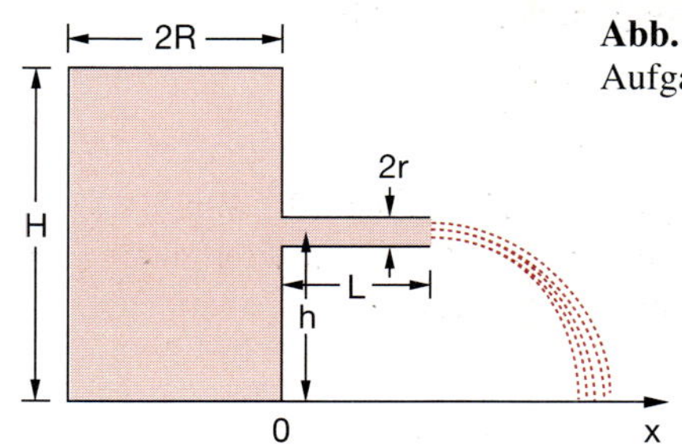

Abb. 8.48. Zur Aufgabe 8.5

4. Man beweise die Relation (8.35a) mit Hilfe der Komponentendarstellung.
5. Aus einem mit Flüssigkeit bis zur Höhe H gefülltem Zylinder kann die Flüssigkeit aus einer seitlichen Öffnung in der Höhe h austreten (Abb. 8.48).
   a) Man berechne für eine reibungsfreie Flüssigkeit den Auftreffpunkt x und die Auftreffge-

schwindigkeit $v_x(H)$ und $v_z(H)$ für $z = 0$. Vergleiche mit der Fallgeschwindigkeit, die ein aus der Höhe $z = H$ frei fallender Körper hat.

b) Wie ist die Zeitfunktion des Flüssigkeitsspiegels im Zylinder mit Radius R bei einer Flüssigkeit mit der Zähigkeit η, die in der Höhe $h = 0$ ausfließt durch eine Röhre der Länge L, mit Radius $r \ll R$?

6. Eine Drucksonde (Steigrohr) wird wie in Abb. 8.11c in strömendes Wasser gehalten. Dabei steigt das Wasser im Rohr um 15 cm.
Eine Messung nach Abb. 8.11a zeigt einen Druck $p = 10$ mbar. Wie groß ist die Strömungsgeschwindigkeit?

7. Aus einem bis zur Höhe H mit Wasser gefüllten Trichter mit dem vollen Öffnungswinkel $\alpha = 60°$ strömt Wasser durch ein waagerechtes Rohr mit Innendurchmesser d und Länge L in ein Vorratsgefäß.
a) Wie sieht die Höhe $H(t)$ des Wasserspiegels im Trichter als Funktion der Zeit aus?
b) Wie ist die Wasserdurchflußmenge $M(t)$?
c) Nach welcher Zeit T ist alles Wasser ausgeflossen, wenn $H = 30\,\mathrm{cm}$, $d = 0{,}5\,\mathrm{cm}$ und $L = 20$ cm ist? Die Zähigkeit η für $T = 20\,°\mathrm{C}$ kann aus Tabelle 8.2 entnommen werden.
d) Wie ändert sich die Füllzeit für ein 4-Liter-Gefäß, wenn man den Trichter mit $V = 4\,l$ durch Nachgießen immer voll hält?

8. Ein Wasserbecken hat in der Höhe Δh unterhalb der Wasseroberfläche ein Abflußrohr mit Innendurchmesser $d = 0{,}5\,\mathrm{cm}$ und Länge $L = 1$ m, das um den Winkel α gegen die Horizontale nach unten geneigt ist.
a) Welche Wassermenge tritt pro Sekunde bei laminarer Strömung durch das Rohr, wenn die Zähigkeit $\eta = 10^{-3}$ Pa · s ist und $\Delta h = 0{,}1$ m?
b) Bei welchem Winkel α wird die Strömung turbulent, wenn die kritische Reynolds-Zahl 2300 ist?

9. Wie groß muß der Durchmesser eines Wasserrohres von 100 m Länge sein, damit bei laminarer Strömung pro Sekunde 1 l Wasser ($\eta = 10^{-3}$ Pa · s) aus einem 20 m höheren Reservoir in ein Auffangbecken fließen kann?

10. Wie sieht die Fallstrecke $z(t)$ einer Stahlkugel mit Radius r in einem mit Glyzerin gefüllten Behälter aus, wenn sie zur Zeit $t_0 = 0$ bei $z = 0$ mit der Geschwindigkeit $v_0 = 2\,\mathrm{m/s}$ in das Glyzerin eintaucht?
a) $r = 2$ mm;
b) $r = 10$ mm.

9. Vakuum-Physik

Die Bedeutung der Vakuum-Physik für die Entwicklung der modernen Physik und Technologie läßt sich kaum überschätzen. Erst nachdem man genügend gute Vakua erzeugen konnte, wurden viele Experimente der Atom- und Kernphysik möglich, die ganz wesentlich zum Verständnis des Aufbaus der Materie aus Elektronen und Kernen und der Struktur von Atomen und Kernen beigetragen haben und die dann zur Entwicklung der Quantentheorie führten (siehe Bd. 3). Ohne Vakuum-Technologie wäre die Herstellung von Halbleiter-Bauelementen und von integrierten Schaltungen nicht möglich, d.h. auch die Computer verdanken ihre Entwicklung unter anderem den Fortschritten in der Vakuum-Technologie.

Außer in der Grundlagenforschung werden Vakuum-Physik und Technologie heute in vielen Bereichen der Technik als selbstverständliches Hilfsmittel verwendet, angefangen vom Vakuumschmelzen spezieller Metallegierungen über die Herstellung optischer Schichten bis hin zur Gefriertrocknung von Lebensmitteln. Es ist deshalb für jeden Physikstudenten unerläßlich, sich wenigstens einige Grundkenntnisse der Vakuum-Physik anzueignen.

In diesem Kapitel sollen nach einer Zusammenfassung der wichtigsten Grundbegriffe die Erzeugung und die Messung von Vakua behandelt werden. Ausführliche Darstellungen findet man in [9.1–3].

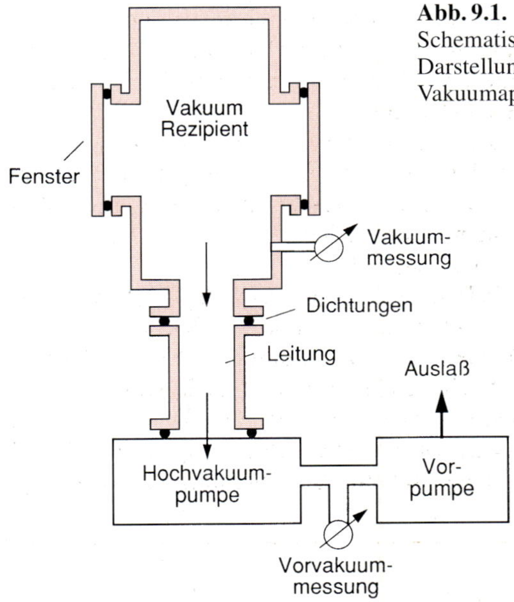

Abb. 9.1. Schematische Darstellung einer Vakuumapparatur

9.1 Grundlagen und Grundbegriffe

Man spricht von ***Vakuum*** in einem Volumen V, wenn der überwiegende Teil der dort vorhandenen Gase oder Dämpfe entfernt wurde, so daß der Druck p im Volumen V klein gegen den Atmosphärendruck $p_0 \approx 1$ bar ist. Apparate, welche eine solche Druckreduktion bewirken können, heißen ***Vakuumpumpen***, weil sie einen Teil der Gase oder Dämpfe aus dem Volumen V in einen anderen Raum pumpen (Abb. 9.1). Die erreichbaren Drücke, die in der Einheit millibar (mbar) oder Pascal ($1\,\text{Pa} = 1\,\text{N/m}^2 = 10^{-2}$ mbar) angegeben werden, hängen ganz wesentlich von der Art solcher Vakuumpumpen ab. Bei tiefen Drücken ($p < 10^{-4}$ mbar) spielen auch die Wände des Vakuumbehälters und die auf ihnen sitzenden Gasmoleküle eine entscheidende Rolle.

9.1.1 Die verschiedenen Vakuumbereiche

Je nach dem erreichten Enddruck in einem Behälter unterscheidet man verschiedene Vakuumbereiche:

Grobvakuum	(1 mbar $\lesssim p \lesssim$ 1000 mbar)
Feinvakuum	(10^{-3} mbar $\lesssim p \lesssim$ 1 mbar)
Hochvakuum	(10^{-7} mbar $\lesssim p \lesssim 10^{-3}$ mbar)
Ultrahochvakuum	($p \lesssim 10^{-7}$ mbar)

Tabelle 9.1. Dichte n der Luftmoleküle, mittlere freie Weglänge Λ und Teilchenflußdichte ϕ auf die Oberfläche bei verschiedenen Drücken in einem Vakuumgefäß bei Zimmertemperatur.

p	n/m^{-3}	Λ/m	$\phi/\mathrm{m}^{-2}\,\mathrm{s}^{-1}$
1 bar	$2{,}5 \cdot 10^{25}$	$6 \cdot 10^{-8}$	$3 \cdot 10^{27}$
1 mbar	$2{,}5 \cdot 10^{22}$	$6 \cdot 10^{-5}$	$3 \cdot 10^{24}$
10^{-3} mbar	$2{,}5 \cdot 10^{19}$	$6 \cdot 10^{-2}$	$3 \cdot 10^{21}$
10^{-6} mbar	$2{,}5 \cdot 10^{16}$	60	$3 \cdot 10^{18}$
10^{-9} mbar	$2{,}5 \cdot 10^{13}$	$6 \cdot 10^{4}$	$3 \cdot 10^{15}$

Die besten heute erzeugbaren Vakua liegen etwa bei 10^{-13} mbar.

Um eine Vorstellung zu vermitteln, wie „leer" eigentlich ein evakuiertes Volumen wirklich ist, wird in Tabelle 9.1 die Zahl der Luftmoleküle pro m^3 bei verschiedenen Drücken p angegeben. Man vergleiche diese Zahlen mit der Besetzungsdichte n_W der Moleküle, die in einer monomolekularen Schicht auf den das Vakuum begrenzenden Wänden sitzen. Bei einem mittleren Molekülabstand von 0,3 nm wird $n_\mathrm{W} = 10^{19}\,\mathrm{m}^{-2}$.

BEISPIELE

1. In einem kubischen Vakuumbehälter mit 1 m Kantenlänge befinden sich bei Zimmertemperaturen und einem Druck von $2 \cdot 10^{-3}$ mbar im evakuierten Volumen etwa genau soviele Moleküle $n_\mathrm{V} \approx 5 \cdot 10^{19}$ wie in einer monomolekularen Schicht auf der $6\,\mathrm{m}^2$ großen Wand des Behälters.
2. Würden alle Moleküle von der Wand abdampfen, so stiege der Druck im Vakuumbehälter des Beispiels 1 um $2 \cdot 10^{-3}$ mbar an.
3. Selbst bei einem Druck von 10^{-9} mbar (Ultrahochvakuum) sind immer noch $2{,}5 \cdot 10^{13}$ (!) Moleküle pro m^3 vorhanden. Ein evakuiertes Volumen ist daher keineswegs völlig leer!

Da im Vakuumbehälter im allgemeinen verschiedene Gase (z.B. N_2, O_2, He, Ar) mit Partialdrücken p_i und Dämpfe (z.B. bei Anwesenheit von Flüssigkeiten wie Wasser, Öl oder anderen flüssigen Substanzen) mit Sättigungsdampfdrücken $p_{\mathrm{s}i}$ vorhanden sind, ist der ***Totaldruck***

$$p = \sum_i (p_i + p_{\mathrm{s}i}) \tag{9.1}$$

die Summe aller dieser Drücke. Bei Dämpfen hängt der sich im thermischen Gleichgewicht zwischen Flüssigkeit und Dampfphase einstellende Sättigungsdampfdruck p_s vom jeweiligen Stoff und von der Temperatur ab (siehe Abschn. 11.4.2).

Von besonderer Bedeutung für die Planung eines Experimentes im Vakuum ist die ***mittlere freie Weglänge*** Λ der Moleküle und damit die Stoßwahrscheinlichkeit der Moleküle untereinander (siehe Abschn. 7.3). Man sieht aus Tabelle 9.1, daß im Feinvakuumbereich die freie Weglänge Λ klein gegen die Gefäßdimensionen üblicher Vakuumapparaturen ist, d.h. Stöße der Moleküle untereinander sind im allgemeinen nicht zu vernachlässigen. Im Hochvakuumbereich hingegen bei 10^{-4} mbar liegt Λ in der Größenordnung 0,5–1 m, und bei 10^{-6} mbar ist Λ groß gegen die Dimensionen des Vakuumbehälters, d.h. die Moleküle fliegen praktisch ohne Stöße im Vakuum geradeaus, bis sie auf die Wand treffen.

9.1.2 Einfluß der Wandbelegung

Die Zahl der pro Sekunde auf $1\,\mathrm{m}^2$ Wandoberfläche treffenden Moleküle (***Teilchenflußdichte*** ϕ in der letzten Spalte von Tabelle 9.1) hängt von der Teilchendichte n im evakuierten Volumen V und der mittleren thermischen Geschwindigkeit $\overline{v}$ der Moleküle ab (siehe Abschn. 7.3). Ein Teilchen im Abstand z von der Oberfläche mit der Geschwindigkeit $\boldsymbol{v} = \{v_x, v_y, v_z\}$ kann die Oberfläche A innerhalb des Zeitintervalls Δt erreichen, wenn $z \leq v_z \cdot \Delta t$ gilt, solange $z \leq \Lambda$ (Abb. 9.2). Bei einer mittleren Teilchendichte n stoßen

$$Z = \frac{n \cdot A \cdot \overline{v}}{4\pi} \int_0^{\pi/2} \sin\vartheta \, \cos\vartheta \, \mathrm{d}\vartheta \int_0^{\pi} \mathrm{d}\varphi \tag{9.2a}$$

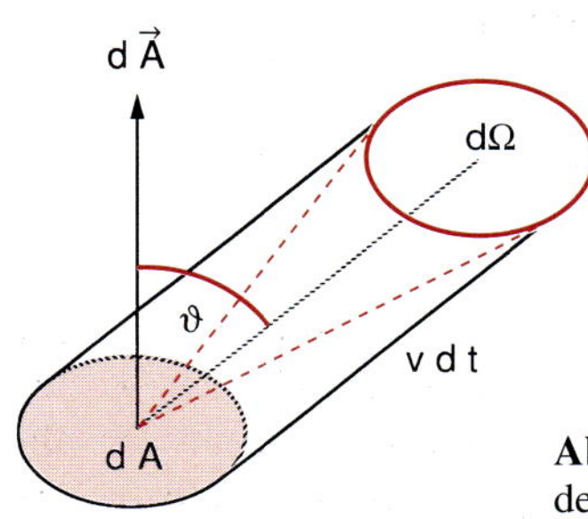

Abb. 9.2. Zur Herleitung der Stoßrate auf eine Wand

Teilchen pro Sekunde aus dem oberen Halbraum auf die Fläche A (siehe Abschn. 7.5.3). Das erste Integral hat den Wert 1, das zweite gibt gerade π. Die Teilchenflußdichte $\phi = Z/A$ auf die Flächeneinheit der Vakuumbehälterwand ist daher für $\Lambda > d$ (d = Abstand der Wände des Vakuumgefäßes)

$$\phi = \tfrac{1}{4} n\overline{v} \,. \tag{9.2b}$$

Man sieht aus den angegebenen Zahlenwerten der Tabelle 9.1, daß bei einem Druck $p = 3 \cdot 10^{-6}$ mbar und $\overline{v} = 500\,\mathrm{m/s}$ so viele Moleküle pro Sekunde auf die Wand treffen, wie in einer monomolekularen Schicht enthalten sind. Würden alle auftreffenden Moleküle an der Wand haften bleiben, so würde also bei $p = 10^{-6}$ mbar in 3 Sekunden die Wand von einer monomolekularen Schicht von Restgasmolekülen bedeckt werden. Dies zeigt deutlich, daß man reine unbedeckte Festkörperoberflächen nur bei sehr niedrigen Drücken (Ultrahochvakuum) erhalten kann und wenn man (z.B. durch Ausheizen der Oberfläche) dafür sorgt, daß die trotz des tiefen Druckes noch auftreffenden Moleküle gleich wieder von der Oberfläche abdampfen.

Mit sinkender Temperatur der Wand wird die Abdampfrate von der Oberfläche immer kleiner, und die Innenwand eines Vakuumgefäßes ist deshalb ohne Ausheizen praktisch immer von einer Schicht von Restgasmolekülen bedeckt. Es stellt sich ein Gleichgewicht ein zwischen auftreffenden und abdampfenden Molekülen, das vom Druck p, der Molekülart und der Wandtemperatur abhängt.

Unser obiges Beispiel hat gezeigt, daß bei Drükken $p \lesssim 10^{-3}$ mbar die Zahl der Moleküle auf der Wand größer wird als die im evakuierten Volumen. Wird eine Apparatur ausgepumpt, so wird unterhalb $p = 10^{-3}$ mbar der Druck im Vakuumgefäß anfangs ganz wesentlich durch die von den Wänden abdampfenden Moleküle bestimmt, solange, bis die Abdampfrate kleiner wird als die Pumprate, mit der die Moleküle aus dem Volumen entfernt werden.

9.1.3 Saugvermögen und Saugleistung von Pumpen

Wird ein Behälter evakuiert, so muß das in ihm enthaltene Gas durch eine Öffnung und durch Rohrleitungen zur Pumpe gelangen. Wir bezeichnen als ***Volumendurchfluß*** (oft angegeben in l/s oder $\mathrm{m^3/h}$) durch die Leitungen das Gasvolumen, das bei dem jeweils herrschenden Druck p und der Temperatur T pro Zeiteinheit durch die Querschnittsfläche eines Leitungselementes strömt. Man beachte, daß wegen

$$p \cdot V = N \cdot k \cdot T \longrightarrow N = \frac{p \cdot V}{k \cdot T} \tag{9.3}$$

die Moleküldichte $n = N/V$ mit abnehmendem Druck p abnimmt, d.h. bei gleichem Volumendurchfluß $\mathrm{d}V/\mathrm{d}t$ hängt die Zahl N der pro Zeiteinheit durch die Leitung strömenden Moleküle vom Druck p und der Temperatur T ab.

Das ***Saugvermögen***

$$S_\mathrm{V} = \frac{\mathrm{d}V}{\mathrm{d}t} \quad \text{(angegeben in l/s oder in m}^3\text{/h)} \tag{9.4}$$

einer Vakuumpumpe ist definiert als der Volumendurchfluß $\mathrm{d}V/\mathrm{d}t$ durch die Ansaugöffnung der Pumpe.

Der gesamte Massenfluß von Molekülen der Masse m

$$\frac{\mathrm{d}M}{\mathrm{d}t} = \varrho \cdot \frac{\mathrm{d}V}{\mathrm{d}t} = \frac{m}{kT} p \cdot \frac{\mathrm{d}V}{\mathrm{d}t} \,, \tag{9.5}$$

der pro Zeiteinheit aus dem Volumen V entfernt wird, heißt Massen-Saugleistung. Er hängt ab vom Druck p und dem Volumendurchfluß $\mathrm{d}V/\mathrm{d}t$ durch Leitungen und Pumpen. Häufig findet man in Katalogen und Broschüren der Pumpenhersteller die ***Saugleistung***

$$S_\mathrm{L} = p \cdot \frac{\mathrm{d}V}{\mathrm{d}t} \,, \qquad [S_\mathrm{L}] = \mathrm{mbar \cdot l/s} \tag{9.6}$$

als Produkt aus Druck und Volumen-Saugvermögen angegeben.

BEISPIEL

Beim Evakuieren eines Behälters möge das Saugvermögen $S_\mathrm{V} = 500\,\mathrm{l/s}$ sein. Dann werden bei Zimmertemperatur und bei einem Behälterdruck von $p = 1$ mbar etwa 10^{22} Moleküle pro Sekunde abgesaugt, bei $p = 10^{-6}$ mbar nur noch 10^{16} Moleküle/s.
Die Saugleistung ist im 1. Fall $S_\mathrm{L} = 500\,\mathrm{mbar \cdot l/s} = 50$ W, im 2. Fall nur $S_\mathrm{L} = 5 \cdot 10^{-4}\,\mathrm{mbar \cdot l/s}$.

9.1.4 Strömungsleitwerte von Vakuumleitungen

Die Leitungen spielen für die gesamte Saugleistung einer Vakuumanlage eine entscheidende Rolle. Die durch die Leitung pro Zeiteinheit strömende Gasmasse

$$\frac{\mathrm{d}M}{\mathrm{d}t} = L_m \cdot (p_2 - p_1) \tag{9.7a}$$

ist proportional zur Druckdifferenz $(p_2 - p_1)$ zwischen Eingang und Ausgang des Leitungselementes. Der Proportionalitätsfaktor L_m heißt Massenstrom-Leitwert der Leitung. Meistens verwendet man die strömende Gasmenge

$$p \cdot \frac{\mathrm{d}V}{\mathrm{d}t} = L_\mathrm{S} \cdot (p_2 - p_1) , \tag{9.7b}$$

so daß der Strömungs-Leitwert (wegen $p \cdot V = N \cdot kT \Rightarrow p = (\varrho/m)kT$ mit $m = M/N =$ Masse eines Moleküls)

$$L_\mathrm{S} = \frac{kT}{m} \cdot L_m \tag{9.7c}$$

die Dimension $[L_\mathrm{S}] = 1/\mathrm{s}$ erhält. Der Leitwert L_S hängt ab von der Masse m der Gasmoleküle, von der freien Weglänge Λ und von der Geometrie des Leitungselementes. Er kann für einfache Geometrien berechnet werden. Für kompliziertere Formen der Leitungen sind die Leitwerte tabelliert [9.1].

Die Strömung eines Gases durch Öffnungen oder Rohre hängt stark vom Druckbereich ab. Man charakterisiert die verschiedenen Druckbereiche durch die ***Knudsenzahl***

$$\mathrm{Kn} = \frac{\Lambda}{d} , \tag{9.8}$$

welche das Verhältnis von mittlerer freier Weglänge Λ zum Durchmesser d der Öffnung bzw. des Rohres angibt. Entsprechend der Größe von Kn unterscheiden wir drei Bereiche:

- Bereich der ***laminaren Gasströmung*** (für $\mathrm{Re} < 2200$) der für $\mathrm{Kn} \ll 1$ vorliegt. Hier ist $\Lambda \ll d$.
- Bereich der ***Knudsenströmung*** (auch Übergangsbereich genannt) mit $\mathrm{Kn} \approx 1$.
- Bereich der ***Molekularströmung***, wenn $\Lambda \gg d$, d.h. $\mathrm{Kn} \gg 1$ ist.

Im Bereich $\mathrm{Kn} \ll 1$ wird die Strömung wesentlich durch Stöße zwischen den Gasmolekülen bestimmt (d.h. die Zähigkeit η spielt eine Rolle) und kann mit Hilfe hydrodynamischer Modelle beschrieben werden (siehe Kap. 8). Je nach Größe der Reynolds-Zahl Re (siehe Abschn. 8.8) und der Zähigkeit η ist die Strömung laminar ($\mathrm{Re} < 2200$) oder turbulent ($\mathrm{Re} > 2200$). Für die in der Vakuumtechnik relevanten Bedingungen gilt jedoch meistens $\mathrm{Re} < 2200$, so daß turbulente Strömung im allgemeinen nicht auftritt.

Für den Bereich der Molekularströmung ($\mathrm{Kn} \gg 1$) spielen Stöße der Moleküle untereinander keine Rolle mehr, d.h. die Zähigkeit η geht nicht mehr in den Gasvolumendurchfluß $\mathrm{d}V/\mathrm{d}t$ ein. Molekül-Wandstöße bestimmen das Saugvermögen, und der Leitwert wird unabhängig vom Druck.

Wir wollen uns dies an einigen Beispielen verdeutlichen:

BEISPIELE

1. Leitwert einer kreisförmigen Öffnung mit Durchmesser d bei molekularer Strömung: Für $\Lambda \gg d$ gilt nach (9.2) für die Zahl der Moleküle, die pro Zeiteinheit durch die Öffnung $A = \pi d^2/4$ fliegen:

   $$Z = \tfrac{1}{4} A n \overline{v} .$$

   Aus $p \cdot V = NkT$ und $Z = \mathrm{d}N/\mathrm{d}t$ ergibt sich das pro Zeiteinheit durch die Öffnung fließende Gasvolumen zu:

   $$\frac{\mathrm{d}V}{\mathrm{d}t} = \frac{1}{4} A \cdot \frac{n}{p} kT\overline{v} = \frac{1}{4} A \cdot \overline{v} , \quad \text{da } n = \frac{N}{V} = \frac{p}{kT} .$$

   Da $n \propto p$ ist, wird $\mathrm{d}V/\mathrm{d}t$ unabhängig von p. Einsetzen des Zahlenwertes von $\overline{v}$ für Luft bei $T = 300$ K gibt:

   $$\frac{\mathrm{d}V}{\mathrm{d}t} = 11{,}6 \cdot A \text{ in } 1/\mathrm{s} ,$$

   wenn A in cm^2 angegeben wird.
   Eine kreisförmige Öffnung mit $d = 10$ cm hat daher bei niedrigen Drücken ($\Lambda \gg d$) den Strömungsleitwert $L_\mathrm{S} \approx 900$ 1/s.
2. Strömung durch ein Rohr (Länge L und Durchmesser d) im laminaren Strömungsbereich ($\Lambda \ll d$). Die Drücke an den beiden Rohrenden seien p_1, bzw. p_2.
   Es gilt das Hagen-Poiseuillesche Gesetz (8.31):

   $$p \cdot \frac{\mathrm{d}V}{\mathrm{d}t} = \frac{\pi \cdot d^4}{128\,\eta L} \cdot \frac{p_1 + p_2}{2} (p_1 - p_2) . \tag{9.9}$$

Für $d = 5$ cm, $L = 1$ m, $p_1 = 2$ mbar $= 2 \cdot 10^2$ Pa, $p_2 \approx 0$, $\eta_{\text{Luft}} = 0{,}018$ mbar · s erhalten wir den Zahlenwert: $p \cdot (\mathrm{d}V/\mathrm{d}t) \approx 170$ Pa · m³/s, so daß sich nach (9.7b) ein Strömungsleitwert von $L_\mathrm{S} \approx 0{,}85$ m³/s ergibt.

Bei einem tieferen Druck von 10^{-1} mbar, bei dem nach Tabelle 9.1 $\Lambda \approx 0{,}06$ cm ist und damit immer noch $\Lambda < d$ gilt, wird der Strömungsleitwert nach (9.9) und (9.7b) nur noch $L_\mathrm{S} \approx 42$ l/s. Gleichung (9.9) ist hier jedoch nur noch näherungsweise gültig und der genauere Wert für L_s beträgt $L_\mathrm{s} \approx 80$ l/s.

Im Molekularstrahlbereich bei $\Lambda > d$ strebt L_S mit abnehmendem Druck gegen den Wert $L_\mathrm{S}(\Lambda \gg d) = 16$ l/s.

Der reziproke Leitwert

$$R_\mathrm{S} = \frac{1}{L_\mathrm{S}}\,, \quad [R_\mathrm{S}] = \mathrm{s/l} \tag{9.10}$$

heißt Strömungswiderstand des Leitungselementes. In völliger Analogie zum Ohmschen Gesetz in der Elektrizitätslehre (siehe Bd. 2, Abschn. 2.2) addieren sich die Strömungswiderstände hintereinander angeordneter Leitungen, während sich für parallele Leitungen die Leitwerte addieren, wie sich unmittelbar aus (9.7) ergibt.

9.1.5 Erreichbarer Enddruck

Weil jede Vakuum-Apparatur Öffnungen haben muß, die durch Flanschverbindungen abgedichtet werden, können an verschiedenen Stellen Lecks auftreten, durch die Luftmoleküle von außen in die Apparatur eindringen können. Als ***Leckrate*** definieren wir gemäß (9.6) die Gasmenge $\mathrm{d}G_\mathrm{L}/\mathrm{d}t = p_0 \cdot \mathrm{d}V_\mathrm{L}/\mathrm{d}t$ (p_0 = Atmosphärendruck), die pro Zeiteinheit durch alle Lecks in das evakuierte Volumen eindringen kann. Sie hat, wie die in (9.6) definierte Saugleistung die Dimension mbar · l/s.

Wie wir oben diskutiert haben, können auch von den Wänden des Vakuumbehälters Moleküle in das Volumen V abgegeben werden. Dies führt ohne Pumpe zu einer Druckerhöhung Δp im Volumen V. Ist $\mathrm{d}N_\mathrm{a}/\mathrm{d}t$ die Zahl der pro Zeiteinheit von den Wänden abdampfenden Gasmoleküle, so folgt aus $p \cdot V = NkT$ für die Druckerhöhung

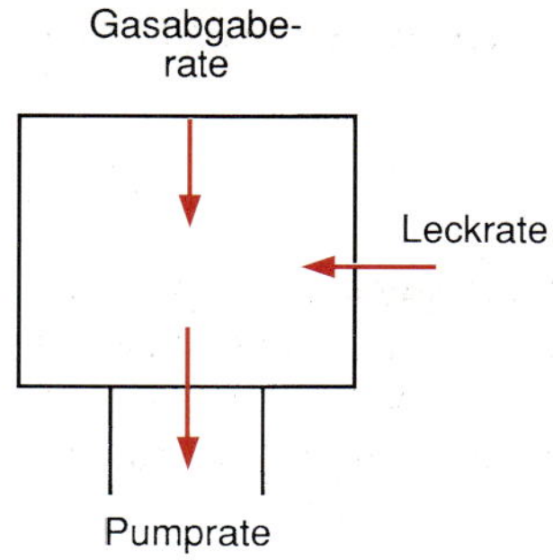

Abb. 9.3. Der erreichbare Enddruck ist dadurch bestimmt, daß die effektive Pumprate die Leckrate plus Gasabgaberate von den Wänden gerade kompensiert

$$\frac{\mathrm{d}p}{\mathrm{d}t} = \frac{kT}{V}\frac{\mathrm{d}N_\mathrm{a}}{\mathrm{d}t}\,. \tag{9.11}$$

Als Gasabgaberate definieren wir das Produkt

$$\frac{\mathrm{d}G_\mathrm{a}}{\mathrm{d}t} = V \cdot \frac{\mathrm{d}p}{\mathrm{d}t} = kT\frac{\mathrm{d}N_\mathrm{a}}{\mathrm{d}t}\,. \tag{9.12}$$

Der im Vakuumgefäß erreichbare Enddruck ist durch die effektive Saugleistung der Pumpe, die Leckrate und die Gasabgaberate bestimmt (Abb. 9.3). Beim erreichten Enddruck ist die durch die Pumpe aus dem Volumen pro Zeiteinheit entfernte Gasmenge gleich der durch Lecks und Gasabgabe von den Wänden in das Volumen hineingebrachten Gasmenge. Dies ergibt die Gleichung:

$$S_\mathrm{L}^\mathrm{eff}(p) = \frac{\mathrm{d}G_\mathrm{L}}{\mathrm{d}t} + \frac{\mathrm{d}G_\mathrm{a}}{\mathrm{d}t}\,, \tag{9.13}$$

wobei $S_\mathrm{L}^\mathrm{eff}$ die effektive, an der Ansaugöffnung des Vakuumbehälters zur Verfügung stehende Saugleistung ist. Sie ist gleich der Saugleistung der Pumpe, vermindert um den Leitwert der Vakuumleitung zwischen Rezipient und Pumpe. Der erreichbare Enddruck p_e ergibt sich dann aus (9.13) mit (9.6) und (9.12) zu

$$p_\mathrm{e} = \frac{\mathrm{d}G_\mathrm{a}/\mathrm{d}t + \mathrm{d}G_\mathrm{L}/\mathrm{d}t}{S_\mathrm{V}}\,, \tag{9.14}$$

wobei $S_\mathrm{V} = \mathrm{d}V_p/\mathrm{d}t$ das effektive Saugvermögen am Ausgang des Vakuumbehälters ist.

BEISPIEL

Bei einem Saugvermögen von 10^3 l/s, einer Leckrate von 10^{-4} mbar · l/s und einer Gasabgaberate von 10^{-3} mbar · l/s erreicht man anfangs einen Enddruck von $1{,}1 \cdot 10^{-6}$ mbar. Nach Ausheizen der Wände wird $\mathrm{d}G_\mathrm{a}/\mathrm{d}t$ kleiner als die Leckrate und der Enddruck sinkt auf 10^{-7} mbar.

9.2 Vakuum-Erzeugung

Zur Entfernung von Gasteilchen aus dem zu evakuierenden Volumen werden Vakuumpumpen benutzt. Man kann die verschiedenen Pumpentypen in drei Klassen einteilen (Tabelle 9.2):

- Mechanische Pumpen
- Treibmittelpumpen (Diffusionspumpen)
- Kryopumpen und Sorptionspumpen.

Wir wollen diese drei Klassen kurz behandeln: In Abb. 9.4 sind die Druckbereiche dargestellt, in denen die verschiedenen Pumpentypen verwendet werden.

Tabelle 9.2. Grobeinteilung der verschiedenen Pumpentypen

Mechanische Pumpen	Treibmittelpumpen	Kondensations- und Sorptions-Pumpen
Hubkolbenpumpen	Flüssigkeitsstrahlpumpen	Kühlfallen
Drehschieber-Pumpen	Dampfstrahlpumpen (Booster)	Kryopumpen
Wälzkolben-Pumpen (Roots-Pumpen)	Diffusionspumpen	Sorptionspumpen
Turbopumpen		Getter-Pumpen

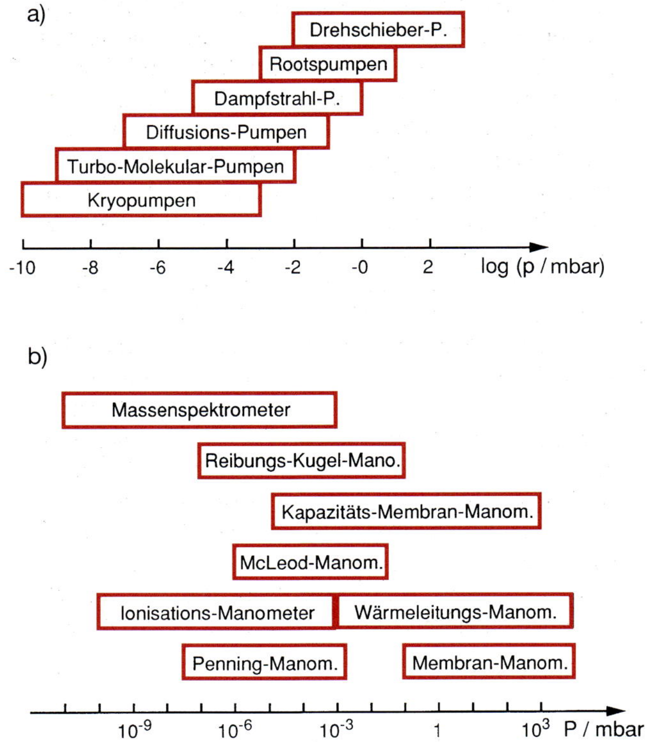

Abb. 9.4. (**a**) Druckbereiche der verschiedenen Pumpentypen; (**b**) Einsatzbereiche der verschiedenen Vakuummeßgeräte (vgl. Abschn. 9.3)

9.2.1 Mechanische Pumpen

Galileo Galilei hat bereits um 1600 mit Hilfe eines beweglichen Kolbens in einem Behälter einen Unterdruck erzeugt. Ausführliche Versuche zur Erzeugung und Messung von Vakua wurden dann 1643 von Galileos Nachfolger in Florenz, *Evangelista Torricelli* (nach dem die Druckeinheit Torr benannt ist), und vor allem von dem Magdeburger Bürgermeister *Otto von Guericke* ab 1645 durchgeführt. Berühmt wurden seine Versuche mit den Magdeburger Halbkugeln im Jahre 1657, bei denen 16 Pferde die evakuierten und mit Leder gedichteten Halbkugeln nicht auseinanderziehen konnten [9.4]. Das Auspumpen mit Kolbenpumpen (Abb. 9.5) war damals noch sehr mühsam und langwierig.

Heute werden als mechanische Pumpen hauptsächlich Drehschieberpumpen, Rootspumpen und Turbomolekularpumpen verwendet, die alle durch Elektromotoren angetrieben werden.

a) Drehschieberpumpen

Das Prinzip der ***Drehschieberpumpe*** ist in Abb. 9.6 schematisch dargestellt. In einer zylindrischen Bohrung rotiert ein exzentrisch gelagerter Rotor R_1 mit einem Schlitz, in dem zwei durch eine Feder auseinandergedrückte Schieber gleiten können und dadurch immer die Innenwand der zylindrischen Bohrung berühren. Wenn der Rotor R_1 in Pfeilrichtung rotiert, gleiten die Schieber an der Gehäusewand entlang und schieben die durch die Saugöffnung S_1 in den Spalt zwischen Gehäuse und Rotor eingedrungene Luft vor sich her. Dabei wird die Luft komprimiert und in den Auslaßkanal A_1 gedrückt.

Bei einstufigen Drehschieberpumpen ist A_1 mit der Außenluft (bzw. einer Abluftleitung) verbunden, so daß in A_1 Atmosphärendruck herrscht. Auf Grund des Druckgefälles zwischen A_1 und S_1 kann immer etwas Luft durch den nicht völlig dicht schließenden oberen Teil des Spaltes als unvermeidliche Leckrate zurück nach S_1 gelangen. Dadurch wird das erreichbare Endvakuum begrenzt. Um diese Leckrate möglichst klein zu halten, wird die Pumpe teilweise mit Öl gefüllt, das einen Dichtfilm zwischen Schieber und Gehäusewand bildet und außerdem zur Schmierung dient. Man erreicht mit solchen einstufigen Pumpen Endtotaldrücke von 10^{-1}–10^{-3} mbar.

Um den Enddruck zu verbessern, kann man den Auslaßkanal A_1 durch eine zweite Pumpenstufe II weiter auspumpen (Abb. 9.7), so daß man in A_1 einen Enddruck von 10^{-1} mbar und in S_1 bereits einen Partialdruck der permanenten Gase von 10^{-3}–10^{-4} mbar erreichen kann. Allerdings begrenzt hier der Sättigungsdampfdruck des Öls in der Pumpe ($p_s \approx 10^{-3}$ mbar) bei $T \approx 350$ K den erreichbaren Endtotaldruck. Bei Verwendung einer Kühlfalle zwischen S_1 und dem Vakuumbehälter läßt sich der Dampfdruck p_s herabdrücken und man erreicht dann wirklich Endtotaldrücke bis etwa 10^{-4} mbar.

Typische Saugleistungen liegen zwischen 1 m^3/h bei kleinen und 60 m^3/h bei großen Drehschieberpumpen.

Damit bei Pumpenstillstand (z.B. Stromausfall) nicht die Atmosphärenluft von A_2 nach S_1 gelangt, ist am Ausgang A_2 ein Absperrventil V (Rückschlagventil) angebracht. Will man aus dem Rezipienten auch kondensierbare Dämpfe (z.B. Wasserdampf) absaugen, so würde dieser im Zwischenraum kondensieren, sobald der Partialdruck p des komprimierten Dampfes größer als der Sättigungsdampfdruck p_s wird (siehe Abschn. 11.4.2). Dies führt zu einer Korrosion der Zylinderwände und sollte deshalb vermieden werden. Das läßt sich erreichen, indem man in den Zwischenraum der Stufe II zusätzlich Luft über ein *Gasballastventil* V_G einläßt (Abb. 9.8). Dadurch sinkt der relative Anteil des Dampfes am Gas–Dampfge-

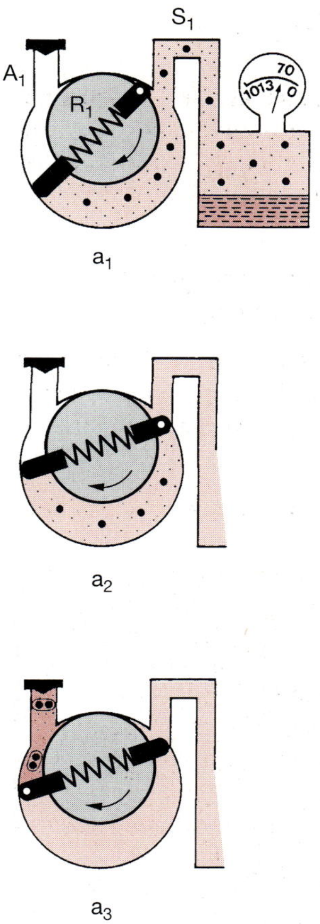

Abb. 9.6. Prinzip einer Drehschieberpumpe [9.1]. Mit freundlicher Genehmigung der Leybold GmbH

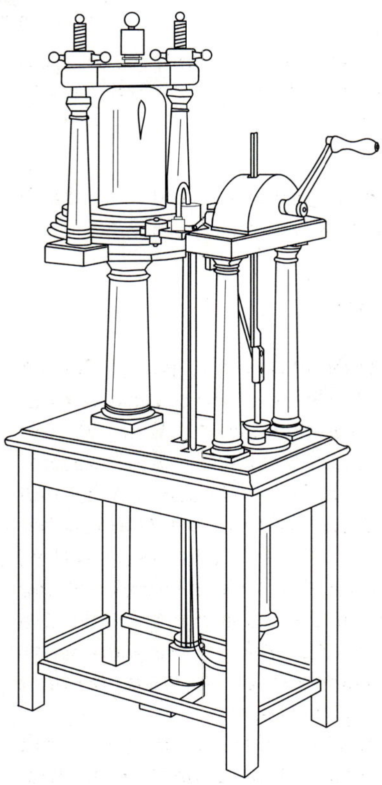

Abb. 9.5. Alte Kolbenpumpe

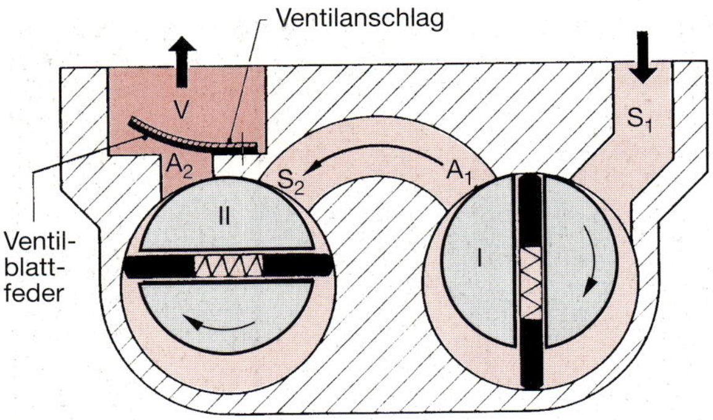

Abb. 9.7. Zweistufige Drehschieberpumpe [9.1]. Mit freundlicher Genehmigung der Leybold GmbH

misch und erreicht bei der Kompression nicht mehr den kritischen Wert p_s. Allerdings erreicht man bei Betrieb mit Gasballast nur etwas schlechtere Endvakua, weil wegen des höheren Totaldruckes im Schöpfvolumen die Rückstromrate in den evakuierten Teil größer wird.

b) Wälzkolbenpumpen

Das Prinzip einer Wälzkolbenpumpe (= Rootspumpe) ist in Abb. 9.9 gezeigt. Zwei symmetrisch gestaltete Rotoren R_1 und R_2 drehen sich mit entgegengesetztem Drehsinn um zwei Achsen. Sie sind so angeordnet, daß sich ihre Oberflächen bei der Drehung fast aufeinander abwälzen. Die Spaltbreite zwischen Kolben und Gehäusewand und zwischen beiden Kolben beträgt nur wenige Zehntel Millimeter. Die bei der für den linken Kolben R_2 gezeigten Stellung im Volumen V_1 eingeschlossene Luft wird bei weiterer Drehung komprimiert und aus dem Auslaßstutzen A herausgedrängt. Eine viertel Umdrehung später hat R_1 die analoge Stellung erreicht und pumpt dann das Volumen auf der rechten Seite von S nach A. Da sich die Kolben nicht berühren, gibt es kaum einen mechanischen Verschleiß (außer der Lagerbeanspruchung), und Rootspumpen können daher mit hohen Drehzahlen laufen.

Der Nachteil der Spalte ist die unvermeidliche Rückströmung des Gases vom komprimierten in den zu evakuierenden Teil. Mit abnehmendem Druck wird jedoch der Strömungswiderstand der Spalte größer ($\Lambda \gg d$) und damit die Rückströmung kleiner. Wegen dieser Rückströmung kann man Rootspumpen nicht gegen Atmosphärendruck arbeiten lassen, sondern braucht als Vorpumpe z.B. eine Drehschieberpumpe. Große Rootspumpen erreichen Saugleistungen von bis zu 10^5 m^3/h.

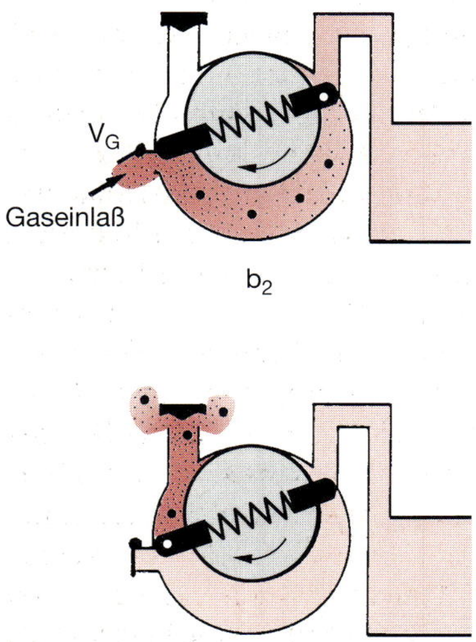

Abb. 9.8. Pumpen mit Gasballast [9.1]

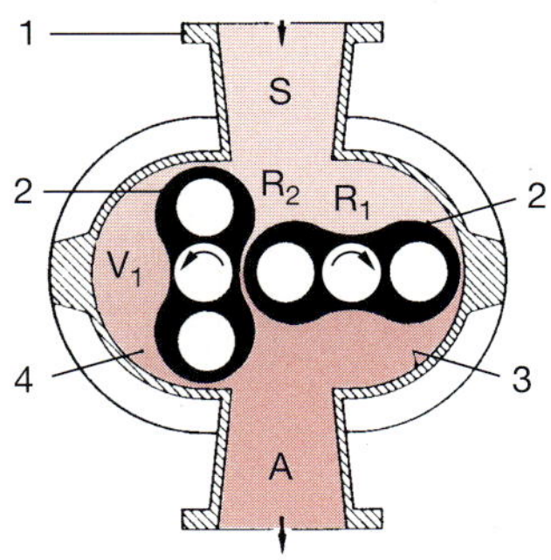

Abb. 9.9. Prinzip der Rootspumpe [9.1]. Mit freundlicher Genehmigung der Leybold GmbH

c) Turbomolekularpumpen

Die 1958 von Becker [9.5] entwickelte Turbomolekularpumpe beruht auf dem bereits 1913 erkannten Prinzip, daß Moleküle bei Zusammenstößen mit schnell bewegten Flächen eines Rotors einen Zusatzimpuls in Richtung der Bewegungsrichtung erhalten (Abb. 9.10). Angenommen, ein Molekül M fliegt mit der thermischen Geschwindigkeit $\boldsymbol{v}$ auf ein Blatt des Rotors, das dieselbe Temperatur T haben soll wie das Gas. Bei feststehendem Rotor würde dann M nach einer kurzen Verweilzeit auf der Fläche wieder mit der Geschwindigkeit $\boldsymbol{v}'$ desorbieren, wobei $|\boldsymbol{v}'| \approx \overline{v} \approx |\boldsymbol{v}|$

gilt und die Abdampfrichtungen um die Flächennormale verteilt sind. Bewegt sich jedoch das Rotorblatt R mit der Geschwindigkeit $\boldsymbol{u}$, so addieren sich $\boldsymbol{v}'$ und $\boldsymbol{u}$ vektoriell zu $\boldsymbol{v}^*$. Das nun schnellere, von R abdampfende Molekül trifft auf die feststehende Statorfläche, von wo es wieder mit der thermischen Geschwindigkeit $v \approx \overline{v} < v^*$ desorbiert wird. Die Zahl der auf die Rotorfläche aus dem Halbraum I pro Zeiteinheit auftreffenden Moleküle ist wegen der schnellen Bewegung des Rotors nach links größer als die aus dem rechten Halbraum II. Durch die Neigung α von Rotor- und Statorblatt zeigen die Geschwindigkeitsvektoren $\boldsymbol{v}^*$ bevorzugt nach unten, d.h. Moleküle werden von oben nach unten gepumpt.

Man kann sich das auch an Abb. 9.10b klarmachen: Wenn sich das Rotorblatt mit der Geschwindigkeit $|\boldsymbol{u}| \approx \overline{v}$ nach links bewegt, können Moleküle mit Geschwindigkeiten $v \leq \bar{u}$ aus dem Raum (1) das Blatt

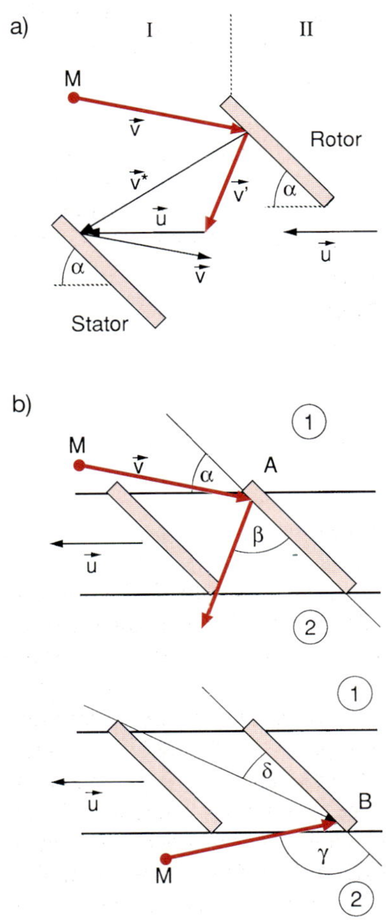

Abb. 9.10a,b. Impulsgewinn bei der Reflexion von Molekülen (**a**) an schnell bewegten Flächen und (**b**) Grundprinzip der Turbopumpe

Abb. 9.11. Rotor einer Turbomolekularpumpe. Mit freundlicher Genehmigung der CJT Vacuum Technik

nur auf der linken Seite treffen. Damit ein Molekül aus dem oberen Raum (1) die Rotorfläche von links trifft (z.B. im Punkt A), muß es aus dem Winkelbereich α kommen. Es erreicht den unteren Raum (2), wenn es von der Rotorfläche in den Winkelbereich β desorbiert wird. Umgekehrt kann ein Molekül M aus dem unteren Bereich (2) das Rotorblatt (z.B. im Punkt B) treffen, wenn seine Geschwindigkeit im Winkelbereich γ liegt, es kann den oberen Raum (1) aber nur erreichen, wenn es in den Winkelbereich δ desorbiert wird. Das Verhältnis β/α ist proportional zur Wahrscheinlichkeit, daß ein Molekül von (1) nach (2) transportiert wird, während δ/γ proportional zur Wahrscheinlichkeit für den Transport in die umgekehrte Richtung (2) $\rightarrow$ (1) ist. Wenn $\beta/\alpha > \delta/\gamma$ ist, werden mehr Moleküle von (1) nach (2) transportiert als von (2) nach (1), d.h., insgesamt werden Moleküle von (1) nach (2) gepumpt. Dies geschieht so lange, bis sich auf Grund des entstehenden Dichteunterschieds ein Gleichgewicht einstellt.

Die Pumpe besitzt einen Rotor, der aus vielen Turbinenschaufeln, angeordnet in mehreren Ebenen, besteht (Abb. 9.11), zwischen denen feststehende Statorflächen angebracht sind. Der Rotor dreht sich mit 25 000–60 000 Umdrehungen pro Minute, und seine Achse muß deshalb sehr stabil, aber reibungsarm gelagert werden. Die Umlaufgeschwindigkeit an den Schaufelenden des Rotors beträgt bei einer Drehfrequenz $\omega = 2\pi 10^3\ \mathrm{s}^{-1}$ und einem Radius $r = 10$ cm $v = \omega \cdot r = 630$ m/s und erreicht damit die Größenordnung der thermischen Geschwindigkeit der Moleküle. Die Zentrifugalbeschleunigung der Rotorblätter wird $a_z = \omega^2 \cdot r \approx 4 \cdot 10^6\ \mathrm{m/s^2} \approx 4 \cdot 10^5\ g$. Man muß deshalb sehr leichte, aber stabile und zerreißfeste Materialien für die Rotorblätter verwenden (z.B. Titan-Aluminium-Legierungen).

Der große Vorteil der Turbomolekularpumpen liegt in ihrer Möglichkeit, auch ohne Kühlfallen ein ölfreies Ultrahochvakuum ($p \leq 10^{-8}$–10^{-9} mbar) zu erreichen. Ihr Nachteil ist der gegenüber Diffusionspumpen gleicher Saugleistung höhere Preis.

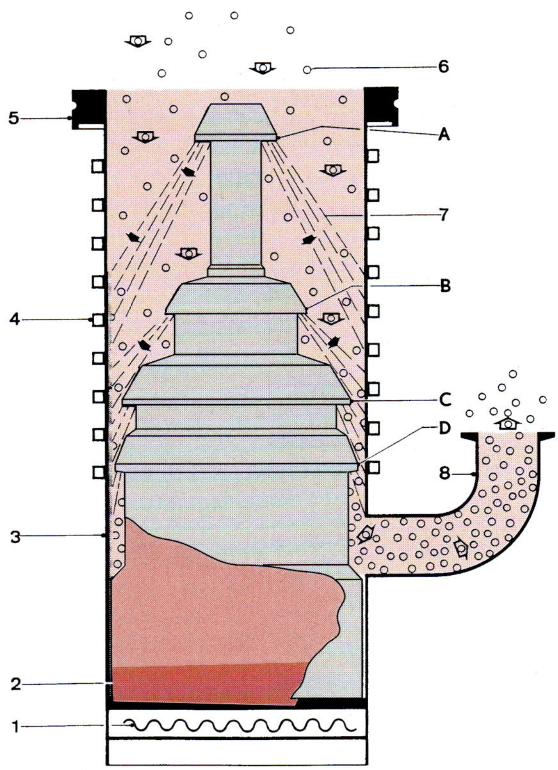

Abb. 9.12. Arbeitsweise einer Diffusionspumpe. *1* = Heizung, *2* = Siederaum, *3* = Pumpenkörper, *4* = Wasserkühlung, *5* = Hochvakuumflansch, *6* = Gasteilchen, *7* = Dampfstrahl, *8* = Vorvakuumstutzen, *A–D* = Düsen für Dampfstrahl. Mit freundlicher Genehmigung der Leybold GmbH [9.1]

9.2.2 Diffusionspumpen

Diffusionspumpen werden zur Erzeugung von Hoch- und Ultrahochvakuum verwendet. Ihr Prinzip wird in Abb. 9.12 dargestellt. Ein flüssiges Treibmittel (2) (Öl oder Hg) wird durch eine Heizung (1) am Pumpenboden verdampft. Der Dampf steigt im Inneren des Pumpenkörpers hoch und tritt dann seitlich mit Überschallgeschwindigkeit aus Düsen aus, so daß schnell strömende Dampfstrahlen (7) entstehen, die schräg nach unten gerichtet sind. In diese Dampfstrahlen diffundieren die Moleküle aus dem Vakuumbehälter ein und werden von der Treibmittelströmung mitgenommen. Der Dampfstrahl ist anfangs praktisch gasfrei, so daß der Partialdruck der abzupumpenden Gase *im* Dampfstrahl kleiner ist als außerhalb. Dadurch entsteht ein Nettodiffusionsstrom in den Dampfstrahl hinein (siehe Abschn. 7.5.1).

Im Dampfstrahl erhalten die Gasmoleküle einen zusätzlichen Impuls in Strahlrichtung, fliegen daher weiter nach unten, wo sie in weitere Dampfstrahlen gelangen und sich schließlich in einem Gebiet höheren Druckes p_1 im unteren Teil der Pumpe anreichern, von wo sie mit Hilfe einer mechanischen Pumpe (Vorpumpe) weiter abgesaugt werden. Man erreicht ein Kompressionsverhältnis p_1/p_2 von Vorvakuumdruck p_1 zu Hochvakuumdruck p_2 bis zu 10^7. Wenn im Vorvakuumteil durch die Vorpumpe ein Druck von 10^{-2} mbar aufrechterhalten wird, kann man auf der Hochvakuumseite einen Druck von 10^{-9} mbar erreichen.

Die Dampfstrahlen treffen auf die gekühlte Wand der Pumpe (3), wo sie kondensieren und als flüssiger Film auf Grund der Schwerkraft zurück in das geheizte Treibmittelbad (2) fließen. Damit sich die Dampfstrahlen überhaupt ausbilden können, muß die freie Weglänge Λ genügend groß, d.h. der Druck genügend niedrig sein. Diffusionspumpen beginnen daher erst bei Drücken unterhalb 10^{-2}–10^{-3} mbar

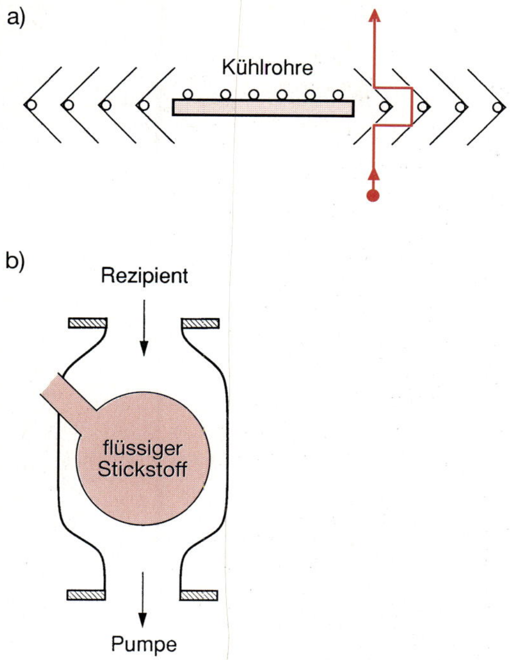

Abb. 9.13. (**a**) Gekühltes Baffle zur Reduktion der Ölrückströmung und (**b**) Flüssigstickstoffkühlfalle

zu pumpen und brauchen daher eine Vorpumpe, die vor Einschalten der Treibmittelheizung das notwendige Vorvakuum erzeugt.

Der Totaldruck auf der Hochvakuumseite ist durch die Summe der Partialdrücke aller Komponenten bedingt, zu der auch der Sättigungsdampfdruck des Treibmittels beiträgt. Verwendet man Quecksilber als Treibmittel, so ist der Dampfdruck bei Zimmertemperatur etwa 10^{-3} mbar, so daß man über der Pumpe eine mit flüssigem Stickstoff gekühlte „Kühlfalle" anbringen muß, um Totaldrücke im Rezipienten unter 10^{-6} mbar zu erhalten. Deshalb werden bereits überwiegend Öldiffusionspumpen verwendet, die mit speziell destillierten Ölen mit Dampfdrücken unter 10^{-7} mbar als Treibmittel arbeiten.

Um zu verhindern, daß zu viele Ölmoleküle in den Vakuumrezipienten diffundieren (was vor allem während der Anheizphase geschieht, während der sich noch kein richtiger Überschalldampfstrahl ausgebildet hat), wird häufig über der Pumpe eine gekühlte Dampfsperre (Abb. 9.13a) (Baffle) oder eine Kühlfalle (Abb. 9.13b) angebracht, auf deren kalten Flächen die Ölmoleküle kondensieren. Sie sind so konstruiert, daß ein Ölmolekül auf dem Wege zum Rezipienten mehrmals auf eine gekühlte Fläche trifft, so daß die Wahrscheinlichkeit, daß es auf einer kalten Wand „kleben" bleibt, sehr groß ist.

Die Saugleistung moderner Diffusionspumpen reicht von 60 l/s (kleine, etwa 20 cm hohe Pumpe) bis 50 000 l/s (etwa 4–5 m hoch). Diffusionspumpen sind der am häufigsten verwendete Pumpentyp im Hochvakuum (Abb. 9.14).

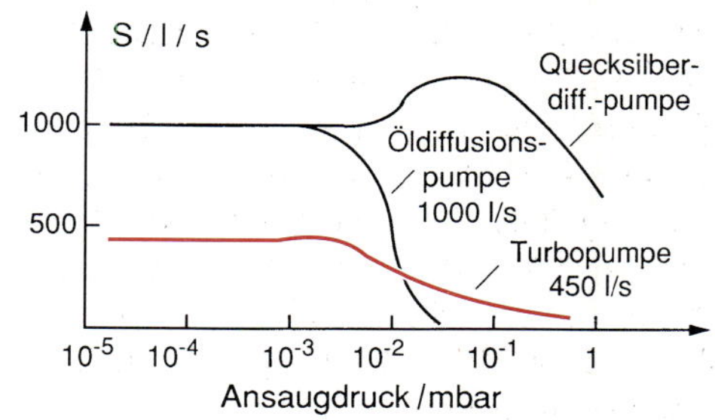

Abb. 9.14. Saugleistungskurven $S(p)$ verschiedener Pumpentypen [9.1]

Zu jeder Diffusionspumpe gehört die richtige Wahl der Vorpumpengröße. Dies soll an einem Beispiel erläutert werden.

BEISPIEL

Eine Diffusionspumpe mit einem Saugvermögen von 2000 l/s möge einen Vakuumdruck von 10^{-5} mbar im Rezipienten, in den kontinuierlich Gas strömt, aufrechterhalten. Wenn der Vorvakuumdruck auf 10^{-2} mbar gehalten werden soll, entspricht die Gasmenge von 2000 l/s, die bei 10^{-5} mbar von der Diffusionspumpe abgepumpt wird, nur einer Gasmenge von 2 l/s bei 10^{-2} mbar auf der Hochdruckseite der Diffusionspumpe. Die Vorpumpe muß also mindestens eine Saugleistung von $2\ \mathrm{l/s} \mathrel{\hat{=}} 7{,}2\ \mathrm{m^3/h}$ haben. Da die Vakuumleitung zwischen Vorpumpe und Diffusionspumpe die Saugleistung verringert, sollte man eine Pumpe mit $S_V = 12\ \mathrm{m^3/h}$ verwenden.

9.2.3 Kryo- und Sorptionspumpen

Eine Kryopumpe besteht im wesentlichen aus einer oder mehreren gekühlten Flächen innerhalb des Vakuumbehälters, an denen gasförmige Substanzen kondensieren. Eine mit flüssigem Stickstoff gefüllte

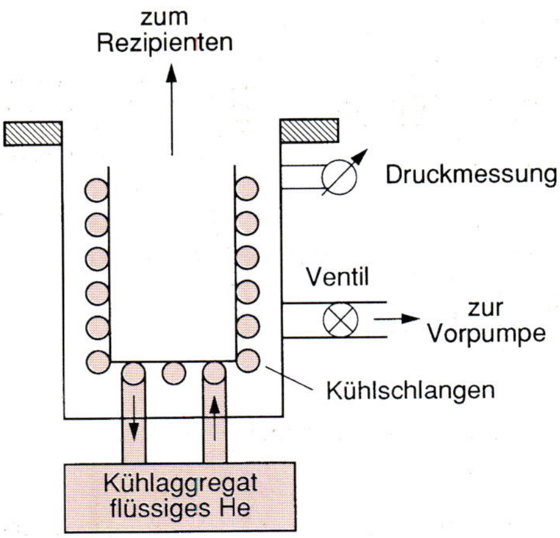

Abb. 9.15. Prinzip der Kryopumpe mit geschlossenem Kühlkreislauf

Kühlfalle (Abb. 9.13b) wirkt daher als Pumpe für alle Stoffe, deren Kondensationstemperatur oberhalb von 78 K liegt. Gase, wie O_2, N_2, H_2, lassen sich auf Flächen kondensieren, welche mit flüssigem Helium gekühlt werden und Temperaturen von $T \approx 10$ K erreichen (Abb. 9.15). Die kondensierten Stoffe bilden auf der Kühlfläche eine feste Schicht, solange die Oberflächentemperatur tiefer ist als die Schmelztemperatur der kondensierten Stoffe.

Um solche Kühlfallen als effektive Pumpen verwenden zu können, muß der Sättigungsdampfdruck p_s (siehe Abschn. 11.5) der zu kondensierenden Gase bei der Temperatur T der Kühlfläche kleiner sein als der gewünschte Enddruck p_e. Der erreichbare Enddruck $p_e(i)$ der Komponente i ist bestimmt durch das Gleichgewicht auftreffender Moleküle und der von dort wieder abdampfenden Moleküle. Die auftreffenden Moleküle haben eine mittlere Geschwindigkeit $\overline{v} \propto \sqrt{T_W}$, die durch die Temperatur T_W der Wand des Vakuumgefäßes gegeben ist, die abdampfenden Moleküle jedoch die Geschwindigkeit $\overline{v} \propto \sqrt{T_K}$ von der Temperatur T_K der Kühlfläche abhängt. Im stationären Gleichgewicht, das beim Enddruck p_e erreicht wird, ist die Zahl

$$Z_{\text{auf}} = \frac{n}{4} \overline{v}_W \cdot A$$

der auf die Fläche A pro Sekunde treffenden Moleküle gleich der Abdampfungsrate z_{ab}, welche den Dampfdruck p_s bewirkt. Mit $p = nkT$ und $\overline{v} \propto \sqrt{T}$ erhält man dann für den Partialenddruck $p_e(i)$ der i-ten Komponente:

$$p_e(i) = p_s(i) \cdot \sqrt{T_W / T_K} \,. \tag{9.15}$$

Der erreichbare Endtotaldruck ist damit

$$p_e = \sum_i p_e(i) = \sum_i p_s(i) \cdot (T_W/T_K)^{1/2} \,. \tag{9.16}$$

Kryopumpen brauchen eine Vorpumpe, die den Behälter bereits auf $p < 10^{-3}$ mbar evakuiert, weil für $p > 10^{-3}$ mbar die freie Weglänge Λ klein und die Wärmeleitung vom Kühlblech auf die Wände zu groß wird (siehe Abschn. 7.5). Außerdem würde sich bei hohen Drücken eine zu dicke Kondensationsschicht auf der kalten Fläche bilden, welche die Wärmeleitung von der Oberfläche durch diese Schicht zum Kühlkörper verringern und damit die Temperatur der Oberfläche erhöhen würde.

Die Saugleistung einer kalten Fläche A_K bei einem Druck p im Vakuumbehälter ist nach (9.2) und (9.15) gegeben durch die Differenz der auftreffenden minus der abdampfenden Moleküle pro Zeiteinheit:

$$\begin{aligned} S_K &= A_K \cdot \frac{\overline{v}}{4} \cdot \alpha \cdot \left(1 - \frac{p_s}{p}\sqrt{\frac{T_W}{T_K}}\right) \\ &= A_K \cdot \frac{\overline{v}}{4} \cdot \alpha(1 - p_e/p) \,, \end{aligned} \tag{9.17}$$

wobei $\alpha \leq 1$ die Haftwahrscheinlichkeit für ein auftreffendes Teilchen und $p_s = \sum p_{si}$ der totale Sättigungsdampfdruck bei der Temperatur T_K der kalten Fläche ist.

BEISPIEL

$\overline{v} = 400$ m/s, $\alpha = 1$, $p_e \ll p$, $A = 1$ cm^2, $\Rightarrow S_K = 10$ l/s, d.h., diese kalte Fläche hat eine maximale Saugleistung von 10 l/s pro cm^2 Oberfläche.

Die Wachstumsgeschwindigkeit $\mathrm{d}\Delta/\mathrm{d}t$ der adsorbierten Schicht der Dicke $\Delta(t)$ von Molekülen der Masse m auf der kalten Fläche hängt ab von der Gasdichte $n = N/V$ und der mittleren Geschwindigkeit $\overline{v} = (8kT/m\pi)^{1/2}$ der Gasmoleküle bei der Gastemperatur T_G. Mit der Relation $p = nkT_G$ und (9.1), bei der Masse $m = \varrho \cdot \Delta \cdot F$ des Kondensats der Dichte ϱ auf der kalten Fläche F erhält man, wenn ein Molekül im Mittel das Volumen V_M einnimmt:

$$\frac{\mathrm{d}\Delta}{\mathrm{d}t} = \frac{1}{4} n V_M \overline{v} = \frac{n}{\varrho_k}\sqrt{\frac{m}{2\pi k T_G}} \,. \tag{9.18}$$

ZAHLENBEISPIEL

Für Stickstoffmoleküle bei einem Druck von 10^{-5} mbar ist die Wachstumsgeschwindigkeit 5 μm/h.

Die Schicht darf nicht zu dick sein, weil sie sonst eine schlechte Wärmeleitung hat und daher die Temperatur der Schichtoberfläche mit zunehmender Dicke Δ zunimmt. Dadurch steigt der Dampfdruck der kondensierten Gase und damit auch die Abdampfrate.

Die adsorbierende Oberfläche läßt sich stark vergrößern durch Verwendung von Molekularsieben. Dies sind Stoffe (z.B. Zeolith = Alkali-Aluminium-Silikat), die aus kleinen Kugeln mit vielen feinen Poren bestehen, wodurch das Material eine außerordentlich große Oberfläche (etwa 10^3 m^2 pro Gramm Zeolith) besitzt. Der Porendurchmesser von Zeolith beträgt 1,3 nm, so daß Gasmoleküle und Öldämpfe in die Poren eindringen und dort adsorbiert werden können. Nimmt man eine mittlere Molekülgröße von 0,5 nm an, so vermag 1 g Zeolith auf seiner Oberfläche in einer Monoschicht etwa $2{,}5 \cdot 10^{21}$ Moleküle zu binden, was bei 1 mbar einem Gasvolumen von 100 l entspricht!

Die Adsorption ist stark von der Temperatur abhängig. Man kann deshalb die Molekularsiebe bei tiefen Temperaturen (z.B. N_2-Temperatur oder sogar Zimmertemperatur) als Pumpe verwenden und sie dann später bei hohen Temperaturen durch Ausheizen wieder ausgasen. Eine solche Adsorptionspumpe ist schematisch in Abb. 9.16 gezeigt.

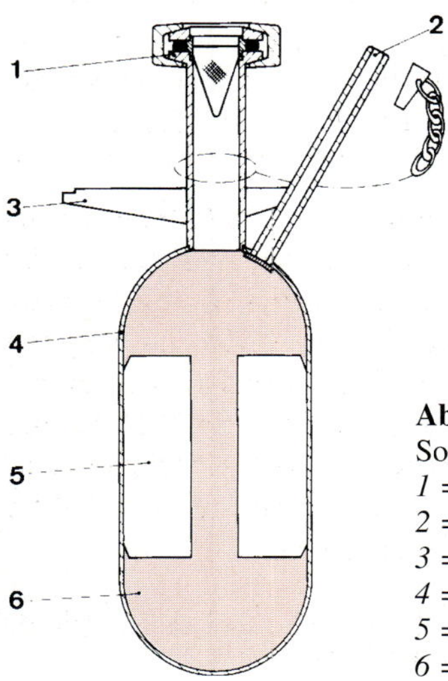

Abb. 9.16. Aufbau einer Sorptionspumpe. *1* = Ansaugstutzen, *2* = Entgasungsstutzen, *3* = Haltestreben, *4* = Pumpenkörper, *5* = Wärmeleitbleche, *6* = Adsorptionsmittel [9.1]

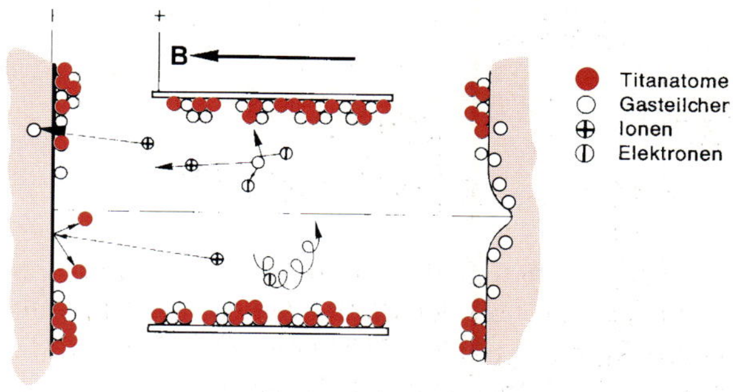

Abb. 9.17. Prinzip der Ionengetterpumpe [9.1]

Wenn man durch eine Gasentladung Ionen erzeugt und auf eine Kathode aufprallen läßt, so zerstäuben sie Kathodenmaterial (z.B. Titan), das sich an anderen Stellen auf der Vakuumbehälterwand niederschlägt. Die dort adsorbierten Gasmoleküle sind unter einer neuen Metallschicht „begraben", und dadurch wird eine neue, reine Oberfläche erzeugt, auf der erneut Gasmoleküle adsorbiert werden können. Solche Ionengetterpumpen (Abb. 9.17) werden bei tiefen Drücken ($p < 10^{-5}$ mbar) zur Erzeugung ölfreier Vakua verwendet.

9.3 Messung kleiner Drücke

Für die Messung der in Vakuumanlagen erreichten Drücke sind eine Reihe verschiedener Meßverfahren und Meßinstrumente entwickelt worden, von denen

Tabelle 9.3. Anwendungsbereiche verschiedener Druckmeßgeräte.

Meßgerät	Druckbereich/mbar
Feder-Vakuummeter	$1 - 10^3$
Membranmanometer	$1 - 10^3$
Kapazitätsmanometer	$10^{-4} - 10^3$
Wärmeleitungsmanometer	$10^{-3} - 1$
mit Regelung	$10^{-3} - 100$
McLeod	$10^{-6} - 10^{-1}$
Penning-Ionis. Man.	$10^{-7} - 10^{-3}$
Ionisationsmanometer	$10^{-12} - 10^{-3}$
Reibungsmanometer	$10^{-7} - 10^{-1}$

eine Auswahl vorgestellt werden soll. Tabelle 9.3 gibt einen Überblick über die in den verschiedenen Druckbereichen verwendbaren Vakuummeßgeräte.

9.3.1 Flüssigkeitsdruckmeßgeräte

Einfache Geräte zur Druckmessung, die bereits von *Torricelli* 1643 verwendet wurden, sind die Flüssigkeitsmanometer (Abb. 7.3), bei denen die Höhendifferenz Δh der Flüssigkeit mit Dichte ϱ die Druckdifferenz

$$\Delta p = \varrho \cdot g \cdot \Delta h \tag{9.19}$$

zwischen den beiden Enden des U-Rohrs angibt.

BEISPIEL

Mit Öl ($\varrho = 900\ \mathrm{kg/m^3}$) ergibt eine Druckdifferenz von 10^2 Pa (1 mbar) eine Höhendifferenz von 11,3 mm. Mit Quecksilber ($\varrho = 13\,546\ \mathrm{kg/m^3}$) erhält man für $\Delta h = 1$ mm: $\Delta p = 1{,}33$ mbar $= 1$ Torr.

Wird der eine Schenkel verschlossen und evakuiert (Abb. 7.2), so daß über ihm nur der Dampfdruck p_s der Flüssigkeit herrscht, so gibt die Höhendifferenz

$$\Delta h = \frac{1}{\varrho \cdot g}(p - p_s) \approx \frac{1}{\varrho g} p \quad \text{für } p_s \ll p \tag{9.19a}$$

direkt den Druck auf der rechten Seite des U-Rohrs an.

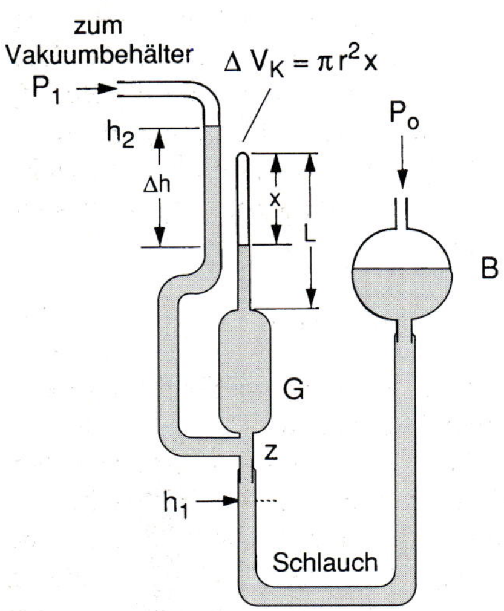

Abb. 9.18. Prinzip des McLeod-Vakuummeters

Die Meßgenauigkeit der Flüssigkeitsmanometer kann wesentlich gesteigert werden durch eine Anordnung von *McLeod* (Abb. 9.18), die auf dem Boyle-Mariotteschen Gesetz beruht (siehe Abschn. 7.1). Zu Beginn der Druckmessung wird der Behälter B des mit Quecksilber gefüllten U-Rohres soweit abgesenkt, daß die Quecksilbersäule im linken Schenkel bis zu Höhe h_1 steht. Der Druck p_1 oberhalb von h_1 entspricht dem zu messenden Druck im Vakuumbehälter. Jetzt hebt man B soweit an, daß die Quecksilbersäule links über den Verzweigungspunkt z ansteigt, so daß das Volumen $V_0 + V_K$ des Gefäßes G und der darüber liegenden, oben abgeschmolzenen Kapillare vom Vakuumgefäß abgeschlossen wird. Hebt man den Quecksilberspiegel in der Leitung zum Vakuumbehälter bis auf die Höhe h_2 an, so wird das Volumen $V_0 + V_K$ auf das wesentlich kleinere Volumen $\Delta V_K = \pi r^2 \cdot x$ (r = Radius der Kapillare) verringert. Dadurch wird der Druck von p_1 auf den entsprechend größeren Wert p_2 erhöht. Nach Boyle-Mariotte gilt:

$$p_1 \cdot (V_0 + V_K) = p_2 \cdot \Delta V_K \quad \text{mit } \Delta V_K = \pi r^2 x\,.$$

Die zu messende Höhendifferenz zwischen den Hg-Spiegeln im linken Rohr und in der Kapillare

$$\Delta h = \frac{p_2 - p_1}{\varrho \cdot g} = \frac{p_1}{\varrho \cdot g}\left(\frac{V_0}{\pi r^2 x} + \frac{L}{x} - 1\right) \tag{9.20}$$

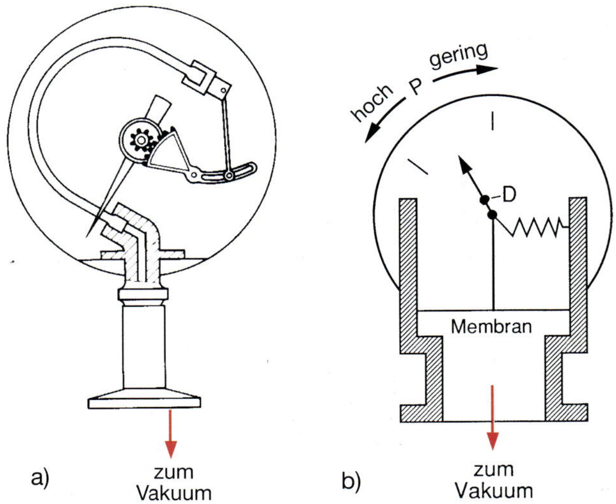

Abb. 9.19 Zwei Ausführungen kompakter und robuster Druckmeßgeräte im Grobvakuum (**a**) Membranmanometer [9.1] (**b**) Federvakuummeter

erlaubt die Bestimmung von p_1, wenn die Volumina V_0, V_K und die Länge x der Gaszone in der Kapillare gemessen werden. Man muß die Kapillardepression des Quecksilbers als Korrektur berücksichtigen (siehe Abschn. 6.4).

9.3.2 Membranmanometer

Für den Grobvakuumbereich stehen robuste und einfache Membranmanometer zur Verfügung, deren Prinzip in Abb. 9.19 dargestellt ist. Das obere Gehäuse, in dem Zeiger und Skala angebracht sind, wird vakuumdicht verschlossen durch eine elastische kreisförmige Metallmembran, an der ein Hebelmechanismus befestigt ist, welcher bei durch den Druckunterschied verursachter Durchbiegung der Membran den Zeiger bewegt. Die üblichen Ausführungen können im Bereich 1000–10 mbar eingesetzt werden. Empfindlichere Geräte mit dünnerer Membran und besserer Ausführung der Hebelübertragung auf den Zeiger zeigen noch Drücke von 0,1 mbar an.

Für tiefere Drücke im Feinvakuumgebiet bis ins Hochvakuumgebiet ($p < 10^{-5}$ mbar) gibt es Kapazitätsmembranmanometer, bei denen die Membran die eine Seite eines elektrischen Kondensators bildet. Bereits sehr kleine Durchbiegungen der Membran führen zu Änderungen der Kapazität, die elektrisch mit großer Empfindlichkeit gemessen werden können (Abb. 9.20). Man benützt dazu eine Brückenschaltung. Bei Durchbiegung von M nach rechts wird die linke Kapazität C_1 kleiner, die rechte C_2 größer.

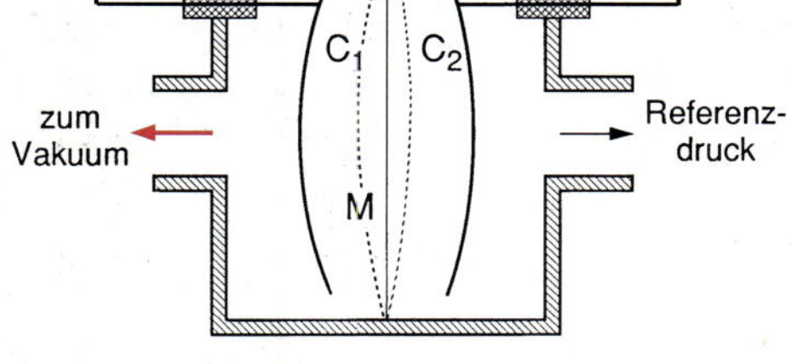

Abb. 9.20. Membran-Kapazitäts-Vakuummeßgerät: Eine dünne Membran M bildet mit zwei festen gekrümmten Platten zwei Kondensatoren, C_1 und C_2, die in einer Brückenschaltung (siehe Bd. 2, Kap. 2) angeordnet sind und von zwei identischen Wechselspannungsquellen gespeist werden

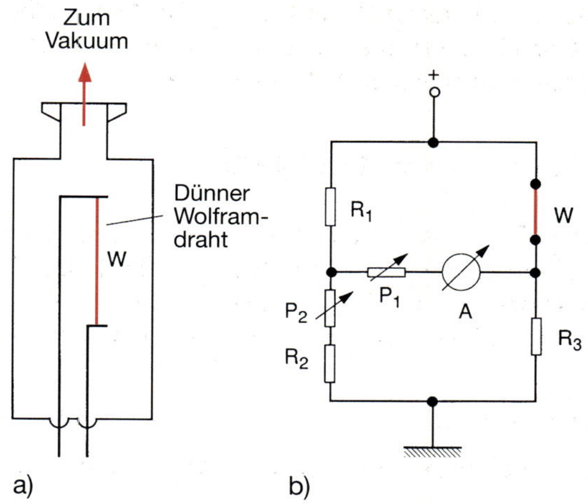

Abb. 9.21. Wärmeleitungsmanometer (Pirani-Typ) (**a**) mechanischer Aufbau (**b**) elektrischer Schaltkreis

9.3.3 Wärmeleitungsmanometer

Wie im Abschn. 7.5 gezeigt wurde, ist die Wärmeleitung der Gase innerhalb des Druckbereiches, in dem die freie Weglänge Λ größer als die Gefäßdimensionen ist, proportional zum Druck p. Dies wird im Wärmeleitungsmanometer (Abb. 9.21) zur Druckmessung ausgenutzt. Hier wird ein dünner Heizdraht der Länge L, der zwischen zwei Bügeln in der Achse eines kleinen zylindrischen Gefäßes gespannt ist, durch einen elektrischen Strom I geheizt. Seine Temperatur T_d wird bestimmt durch die zugeführte Heizleistung $I^2 \cdot R$ und die infolge der Wärmeleitung vom Heizdraht durch das Restgas auf die kältere Zylinderwand abgegebene Leistung

$$\frac{dW}{dt} = 2\pi r \cdot L \cdot \kappa \cdot (T_d - T_W) , \qquad (9.21)$$

die nach Abschn. 7.5.3 durch die Oberfläche des Heizdrahtes, das Wärmeleitvermögen $\kappa \propto p$ des Restgases beim Druck p und die Temperaturdifferenz zwischen Draht und Wand gegeben ist. Da der elektrische Widerstand R mit der Temperatur T_d ansteigt, kann die Widerstandsänderung in einer Brückenschaltung (siehe Bd. 2) empfindlich gemessen werden (Abb. 9.21b).

Weil die Wärmeleitung im Grobvakuumbereich ($\Lambda \ll d$) praktisch unabhängig vom Druck ist (siehe Tabelle 9.1) können Wärmeleitungsmanometer für eine genauere Anzeige nur im Feinvakuumbereich (1–10^{-3} mbar) (z.B. zwischen Diffusions- und Vorpumpe) eingesetzt werden. Neuere, elektronisch geregelte Wärmeleitungsmanometer können auch die geringe Zunahme der Wärmeleitung mit dem Druck im Grobvakuumbereich noch nachweisen und sind (wenn auch mit geringerer Genauigkeit als Membranmanometer) bis Atmosphärendruck verwendbar.

Bei Drücken unterhalb 10^{-3} mbar wird die Wärmeleitung durch das Gas kleiner als andere Wärmelecks (z.B. durch die Halterungen des Drahtes), so daß die Genauigkeit der Druckmessung für $p < 10^{-3}$ mbar stark abnimmt.

9.3.4 Ionisations- und Penning-Vakuummeter

Die am häufigsten im Hochvakuum benutzten Druckmeßgeräte sind Ionisationsmanometer (Abb. 9.22). Sie bestehen aus einer geheizten Glühkathode K, aus der Elektronen austreten, die auf eine Anode A hin beschleunigt werden. Auf ihrem Weg von K nach A können sie mit Restgasmolekülen zusammenstoßen und diese ionisieren (siehe Bd. 3). Wenn die freie Weglänge der Elektronen groß ist gegen die Strecke A–D, dann ist die Zahl der gebildeten Ionen proportional zur Dichte n der im Manometer vorhandenen Restgasmoleküle und damit zum Restgasdruck. Genauer gilt:

$$N_{\text{ion}} = N_{\text{el}} \cdot \sum_i n_i \cdot \alpha_i(E_{\text{el}}) \ , \qquad (9.22)$$

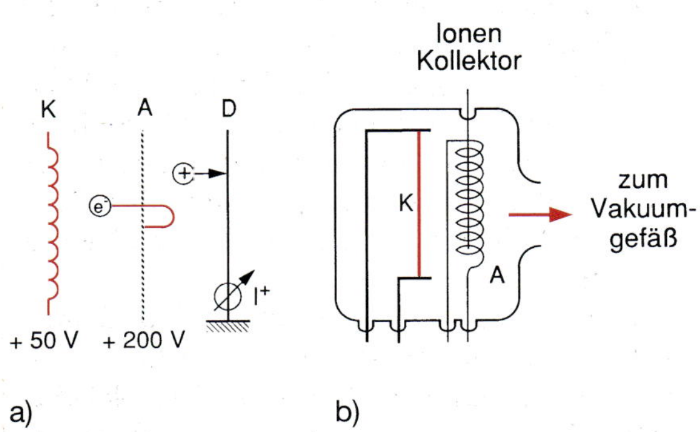

Abb. 9.22. Ionisationsmanometer (**a**) Schematisches Prinzip (**b**) Ausführung der Bayard-Alpert-Röhre

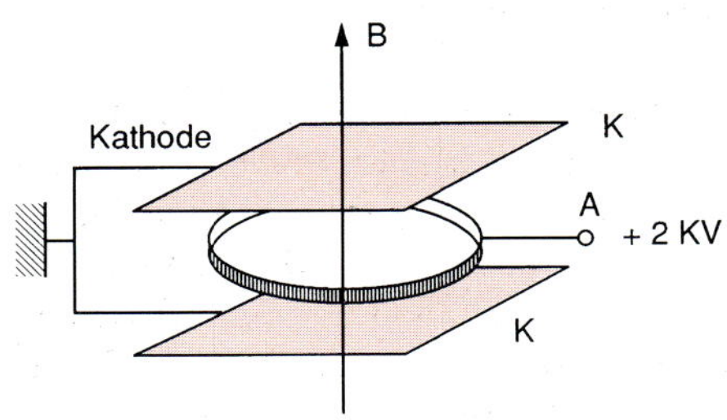

Abb. 9.23. Penning-Vakuummeter

wobei n_i die Partialdichte von Molekülen der Sorte i und $\alpha_i(E_{\text{el}})$ die Ionisierungswahrscheinlichkeit dieser Moleküle ist, die von der Art der Moleküle und von der Energie der Elektronen abhängt. Die positiven Ionen werden auf einem dünnen Draht D, der auf negativem Potential gegenüber der Anode liegt, gesammelt.

Der kleinste noch nachweisbare Druck ist durch mehrere Faktoren begrenzt. Zum einen wird der Ionenstrom mit sinkendem Druck immer kleiner, so daß gute Stromverstärker notwendig werden. Zum anderen erzeugen die auf die Anode treffenden Elektronen dort Röntgenstrahlung (siehe Bd. 3), welche aus dem Ionenkollektor D Elektronen freimachen kann, deren Zahl unabhängig vom Druck ist und die einen Untergrundstrom darstellen, der sich dem Meßstrom überlagert. Typische Druckbereiche der Ionisationsmanometer reichen von 10^{-3}–10^{-12} mbar, wobei im unteren Druckbereich spezielle Konstruktionen notwendig sind, welche den durch die Röntgenstrahlung erzeugten Untergrundstrom minimieren (Bayer-Alpert-Röhren, Abb. 9.22b).

Anstelle der Glühemission von Elektronen kann man bei höherer Spannung (≈ 1 kV) zwischen zwei Metallplatten auch eine kalte Elektronenemission erreichen. Da die Ionisierungswahrscheinlichkeit bei dieser großen Elektronenenergie klein ist, muß der Ionisierungsweg länger gemacht werden. Dies wird mit Hilfe eines Permanentmagneten erreicht, dessen Magnetfeld $\boldsymbol{B}$ die Elektronen auf eine Spiralbahn zwingt, bis sie die Anode erreicht haben (Abb. 9.23).

Solche Penning-Vakuummeter sind robust, aber nicht so genau wie die Ionisationsröhren. Sie sind im Druckbereich von 10^{-3} bis 10^{-7} mbar zu gebrauchen.

9.3.5 Reibungsvakuummeter

Beim Reibungsvakuummeter wird die Abbremsung einer rotierenden Kugel durch die Reibung mit dem Restgas zur Druckmessung ausgenutzt. Eine kleine Hohlkugel wird in einem Magnetfeld berührungslos gelagert (Abb. 9.24). Durch ein in den Antriebsspulen erzeugtes Drehfeld wird die Stahlkugel auf eine Rotationsfrequenz $\nu \approx 400$ Hz gebracht. Nach Abschalten des Drehfeldes rotiert die Kugel frei und wird lediglich durch die Reibung mit dem Restgas abgebremst. Die Abbremsung ist proportional zur Zahl der Stöße pro Zeiteinheit, welche die Restgasmoleküle mit der rotierenden Kugel machen, und daher proportional zum Druck.

Der Drehimpuls L der mit der Winkelgeschwindigkeit ω rotierenden Kugel ist gemäß (5.17) und (5.23)

$$L = I \cdot \omega = \tfrac{2}{5} M \cdot R^2 \cdot \omega = \tfrac{8}{15} \pi \varrho R^5 \omega \,. \qquad (9.23)$$

Die bremsenden Stöße der Moleküle an der Oberfläche der Kugel führen zu einem mittleren Drehmoment

$$\overline{D} = \frac{\mathrm{d}L}{\mathrm{d}t} = I \cdot \dot{\omega} \,, \qquad (9.24)$$

das proportional zum Druck ist. Die Abnahme der Rotationsfrequenz ω ist dann

$$\frac{\mathrm{d}\omega}{\mathrm{d}t} = \frac{D}{I} = a \cdot \omega \cdot p \,, \qquad (9.25)$$

wobei der Proportionalitätsfaktor a vom Radius R der Kugel, ihrer Dichte ϱ und von der mittleren thermischen Molekulargeschwindigkeit $\overline{v}$ abhängt. Durch einmalige Eichung des Systems kann a bestimmt werden, so daß dann der Druck p aus der gemessenen relativen Abnahme $\dot{\omega}/\omega$ erhalten wird. Die Meßgenauigkeit beträgt etwa $\Delta p/p \approx 3\,\%$, so daß das Reibungsvakuummeter zu den genauesten Druckmeßgeräten im Fein- und Hochvakuumbereich $0{,}1$–10^{-7} mbar gehört.

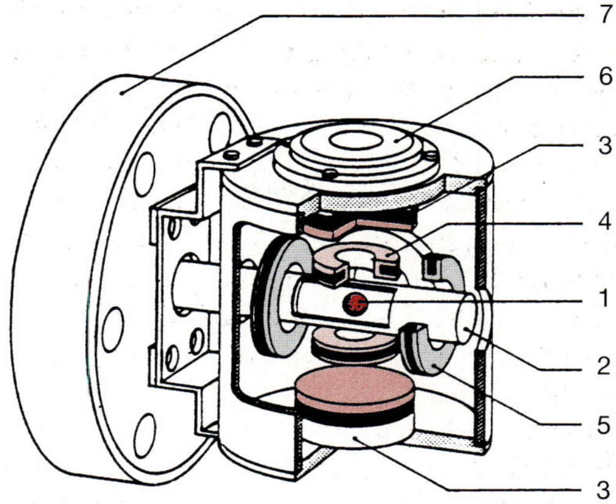

Abb. 9.24. Schnitt durch den Meßkopf eines Reibungsvakuummeters [9.1]. *1* = Stahlkugel, *2* = Einseitig offenes Meßrohr, das an den Flansch *7* angeschweißt ist, *3* = Permanentmagnete, *4* = Stabilisierungsspulen, *5* = Vier Antriebsspulen, *6* = Libelle. Mit freundlicher Genehmigung der Leybold GmbH

ÜBUNGSAUFGABEN

1. Eine Vakuumapparatur ist durch eine 10 cm lange Kapillare mit 0,5 mm Innendurchmesser mit den äußeren Atmosphärenluft verbunden. Wie groß muß die effektive Saugleistung der Vakuumpumpe sein, damit ein Vakuum von 10^{-3} mbar aufrechterhalten werden kann?
2. Welche Kraft war erforderlich, um die Magdeburger Halbkugeln ($d \approx 60$ cm) zu trennen, wenn innen ein Druck von 100 mbar, außen von 10^3 mbar herrschte?
3. In einem kubischen Vakuumbehälter mit $V = 0{,}4\ \mathrm{m}^3$ werde der Druck $p = 10^{-5}$ mbar bei einer Temperatur von 300 K aufrechterhalten. Wie groß sind Teilchenzahldichte, mittlere freie Weglänge und mittlere Zeit τ zwischen zwei Gasstößen? Wie groß ist das Verhältnis der Stoßrate Z_1 der Teilchen untereinander zur Stoßrate Z_2 der Teilchen an der Wand? Wie groß ist die Summe aller Wegstrecken, die von allen Teilchen im Volumen V pro Sekunde zurückgelegt werden?
4. Die Vakuumapparatur von Aufgabe 3 wird unter Ultrahochvakuumbedingungen betrieben, so daß die Innenwände frei von Gasmolekülen sind. Zur Zeit $t = 0$ wird Sauerstoff eingelassen, so daß ein Druck von 10^{-7} mbar

▶

herrscht. Wie lange dauert es, bis sich die Wände mit einer monomolekularen Schicht bedeckt haben, wenn jedes Sauerstoffmolekül, das auf die Wand trifft (0,15 nm · 0,2 nm Bedeckungsfläche), dort auch haften bleibt?

5. Mit einer Diffusionspumpe (effektives Saugvermögen 3000 l/s) soll ein Vakuum von 1×10^{-6} mbar aufrechterhalten werden. Wie groß muß das effektive Saugvermögen der Vorpumpe sein, wenn der Vorvakuumdruck 0,1 mbar nicht überschreiten soll?
6. Der Ionisierungsquerschnitt von N_2-Molekülen bei Elektronenstoß mit Elektronen, die durch 100 V beschleunigt wurden, sei $\sigma = 1 \cdot 10^{-18}\,\mathrm{cm}^2$? Wie groß ist bei einem Elektronenstrom $I = 10\,\mathrm{mA}$ der Ionenstrom bei einem Druck von 10^{-7} mbar in einer Ionisationsmanometerröhre, wenn der Ionisierungsweg der Elektronen 2 cm beträgt?
7. Der Heizdraht eines Wärmeleitungsmanometers wird bei konstanter Spannung U von einem Strom $I = U\,R(T)$ durchflossen. Im Vakuum ist die Heizleistung dann $P_{\mathrm{el}} = U^2/R_0$. Wie groß ist die durch Wärmeleitung im Gas verursachte Verlustleistung bei einem Druck $p = 10^{-2}$ mbar, wenn der Heizfaden die Temperatur $T_1 = 450\,\mathrm{K}$ und die Wand der zylindrischen Röhre $T_2 = 300\,\mathrm{K}$ hat? (Länge des Fadens 5 cm, Durchmesser 0,5 mm, Abstand Draht–Wand = 1 cm.) Wieviel Prozent der elektrischen Leistung $P_{\mathrm{el}} = U \cdot I$ ist das, wenn $U = 0,5\,\mathrm{V}$ und $I = 2\,\mathrm{A}$ ist?
8. Der gesamte Drehimpulsübertrag auf eine ruhende Kugel in einem Gas bei thermischem Gleichgewicht ist Null. Warum wird dann die Kugel im Reibungsvakuummeter abgebremst? Schätzen Sie das Drehmoment ab, das die Luftmoleküle bei $T = 300\,\mathrm{K}$ und $p = 10^{-3}$ mbar auf eine Kugel von 1 cm Radius übertragen, wenn diese mit der Winkelgeschwindigkeit $\omega = 2\pi \cdot 400\,\mathrm{s}^{-1}$ rotiert. Wie lange dauert es, bis ω um 1 % gesunken ist?

10. Mechanische Schwingungen und Wellen

Mechanische Schwingungen spielen sowohl in der Grundlagenforschung als auch in der Technik eine große Rolle. Ihre Bedeutung als Schallquelle in der Akustik und Musik, als Sensor beim Hören, und auch ihr unerwünschter Einfluß bei Resonanzen von Maschinen, Gebäuden und Brücken rechtfertigt eine eingehende Beschäftigung mit ihren physikalischen Grundlagen. Ihre mathematische Behandlung ist in vielen Punkten analog zu derjenigen elektrischer oder magnetischer Schwingungen (siehe Bd. 2, Kap. 6). Die Untersuchung von Gemeinsamkeiten und Unterschieden zwischen mechanischen und elektromagnetischen Schwingungen fördert nicht nur das Verständnis makroskopischer Schwingungsphänomene, sondern ist auch für die Erkenntnisgewinnung über die Struktur der Materie (atomare Schwingungen in der Molekül- und Festkörperphysik) von großem didaktischen Nutzen.

Auch die Erforschung der Ausbreitung von Schwingungen im Raum in Form von Wellen gibt sehr wichtige Informationen über die Mechanismen, die zum räumlichen Transport von Schwingungsenergie infolge der Kopplung zwischen benachbarten Atomen und Molekülen führen.

In diesem Kapitel sollen mechanische Schwingungen, bei denen Materie bewegt wird, und die verschiedenen Formen von Wellen behandelt werden. Als reizvolles Anwendungsgebiet wird zum Schluß ein kurzer Abriß über die Schwingungsphysik der Musikinstrumente gegeben.

10.1 Der freie ungedämpfte Oszillator

Im Kap. 2 haben wir die grundlegenden Bewegungsgleichungen der Mechanik am einfachsten Modell des Massenpunktes behandelt. Genau so lassen sich die physikalischen Grundlagen der mechanischen Schwingungen am besten klarmachen für den idealisierten Fall punktförmiger Massen, bevor wir zu Schwingungen ausgedehnter Körper vorstoßen.

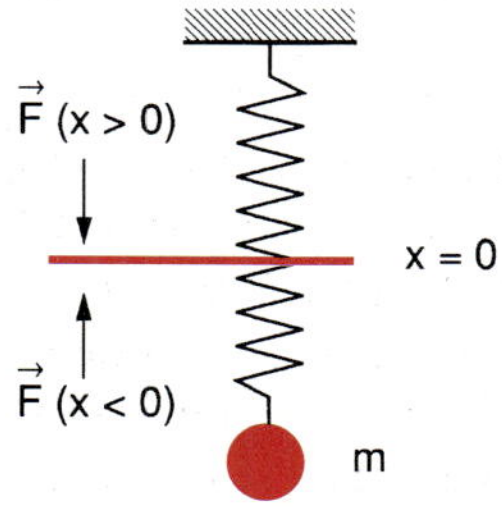

Abb. 10.1. Ungedämpfter harmonischer Oszillator

Wird ein Massenpunkt m, der an einer Feder hängt, aus der Ruhelage bei $x = 0$ ausgelenkt (Abb. 10.1), so tritt nach dem Hookeschen Gesetz (siehe Abschn. 6.2) eine rücktreibende Kraft

$$\boldsymbol{F} = -D \cdot x \cdot \hat{\boldsymbol{e}}_x$$

auf, die den Massenpunkt wieder zurück in die Ruhelage zu bringen versucht, wobei D die Rückstellkonstante der Feder ist, die vom Torsionsmodul des Federmaterials und der Dicke der Feder abhängt. Seine Bewegungsgleichung heißt daher:

$$-D \cdot x = m \cdot \frac{\mathrm{d}^2 x}{\mathrm{d}t^2} \; . \qquad (10.1a)$$

Mit der Abkürzung $\omega_0^2 = D/m$ geht dies über in

$$\boxed{\frac{\mathrm{d}^2 x}{\mathrm{d}t^2} + \omega_0^2 x = 0} \; . \qquad (10.1b)$$

Dies ist die Schwingungsgleichung des ***harmonischen Oszillators*** (der „harmonisch“ heißt, weil ein solcher Oszillator in der Akustik einen „reinen“ Ton erzeugt. Die Überlagerung reiner Töne mit Frequenzen $n \cdot \omega_0$ (n = kleine ganze Zahl) wird als harmonisch empfunden).

Im Abschn. 2.9.7 hatten wir bereits für das Fadenpendel bei kleinen Auslenkungen eine analoge Schwingungsgleichung (2.85b) für die Winkelauslenkung φ gefunden.

Diese Gleichung hat als Lösung die Funktion

$$x = c \cdot e^{\lambda t} \,, \tag{10.2}$$

wobei c eine beliebige Konstante ist. Setzt man (10.2) in (10.1) ein, so ergibt sich die Bestimmungsgleichung $\lambda^2 + \omega_0^2 = 0$ für den Parameter λ, aus der die beiden Werte

$$\lambda_1 = +\mathrm{i} \cdot \omega_0 \quad \text{und} \quad \lambda_2 = -\mathrm{i} \cdot \omega_0$$

für λ folgen. Wir erhalten daher die beiden Lösungen

$$x_1(t) = c_1 \cdot e^{i\omega_0 t} \quad \text{und} \quad x_2(t) = c_2 \cdot e^{-i\omega_0 t} \,,$$

die für $\omega_0 \neq 0$ linear unabhängig sind. Die allgemeine Lösung der linearen homogenen Differentialgleichung (10.1) ist dann eine Linearkombination beider Lösungen und daher:

$$x(t) = c_1 e^{\mathrm{i}\omega_0 t} + c_2 e^{-\mathrm{i}\omega_0 t} \,. \tag{10.3}$$

Da $x(t)$ eine reelle Funktion sein muß, folgt für die komplexen Konstanten $c_1 = c_2^* = c$, so daß unsere Lösungsfunktion für die Schwingungsamplitude

$$x(t) = c \cdot e^{\mathrm{i}\omega_0 t} + c^* \cdot e^{-\mathrm{i}\omega_0 t} \quad \text{mit } c = a + ib \tag{10.4a}$$

wird. Die reellen Konstanten a und b müssen aus den Randbedingungen des spezifischen Schwingungsproblems bestimmt werden.

BEISPIEL

Wenn die Masse m in Abb. 10.1 zur Zeit $t = 0$ durch $x = 0$ läuft mit einer Geschwindigkeit $v(0) = \dot{x}(0) = v_0$, dann ergibt sich: $c + c^* = 0 \Rightarrow a = 0$ und $v_0 = \mathrm{i}\omega_0(c - c^*) = \mathrm{i}\omega_0 \cdot 2ib \Rightarrow b = -v_0/2\omega_0$. Also wird:

$$x(t) = \frac{v_0}{\omega_0} \sin \omega_0 t \,.$$

10.2 Darstellung von Schwingungen

Setzen wir für die komplexen Amplituden c und c^* in (10.4a) ihre Polardarstellung

$$c = |c| \cdot e^{\mathrm{i}\varphi}, \quad c^* = |c| \cdot e^{-\mathrm{i}\varphi}$$

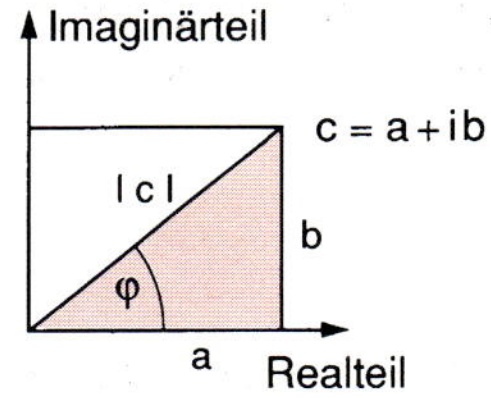

Abb. 10.2. Zur Relation zwischen den äquivalenten Darstellungen einer harmonischen Schwingung

ein, so ergibt sich die zu (10.4a) äquivalente Darstellung

$$x(t) = |c| \cdot \left[e^{\mathrm{i}(\omega_0 t + \varphi)} + e^{-\mathrm{i}(\omega_0 t + \varphi)}\right] \,. \tag{10.4b}$$

Nach der Eulerschen Formel für komplexe Zahlen

$$e^{\mathrm{i}x} = \cos x + \mathrm{i} \sin x$$

können wir (10.4a) auch in der Form schreiben:

$$x(t) = C_1 \cos \omega_0 t + C_2 \sin \omega_0 t$$
$$\text{mit} \left\{ \begin{array}{l} C_1 = c + c^* \\ C_2 = \mathrm{i}(c - c^*) \end{array} \right\} . \tag{10.4c}$$

Eine vierte äquivalente Schreibweise ist

$$x(t) = A \cdot \cos(\omega_0 t + \varphi) \,. \tag{10.4d}$$

Ein Vergleich mit (10.4c) liefert:

$$C_1 = A \cdot \cos \varphi \,,$$

$$C_2 = -A \cdot \sin \varphi \Rightarrow \tan \varphi = -\frac{C_2}{C_1} \quad \text{und}$$

$$A = \sqrt{C_1^2 + C_2^2} \,.$$

Alle vier Schreibweisen (10.4a–d) für die Lösung von (10.1) sind äquivalent (Abb. 10.2). Sie stellen eine *harmonische* Schwingung dar mit der Frequenz ω_0 und der ***Amplitude*** $A = 2|c|$ (Abb. 10.3).

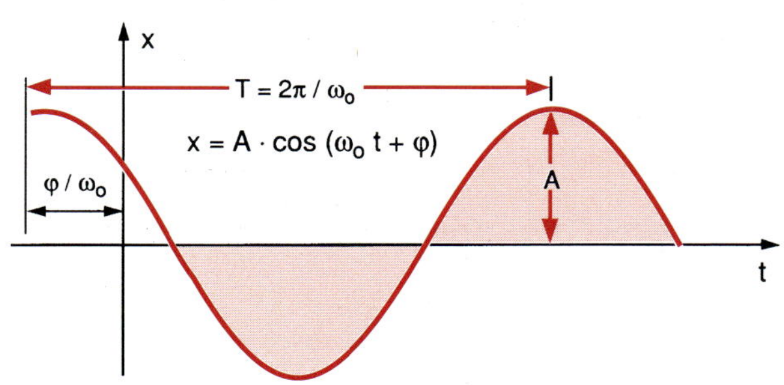

Abb. 10.3. Schwingungsdauer T, Amplitude A und Phase φ einer harmonischen Schwingung

Für unser obiges Beispiel mit den Randbedingungen $x(0) = 0$ und $\dot{x}(0) = v_0$ ergeben alle Darstellungen (10.4a–d):

$$x(t) = \frac{v_0}{\omega_0} \sin \omega_0 t \ ,$$

wie man sofort durch Einsetzen in (10.4a–d) nachprüfen kann.

Das Argument $(\omega_0 t + \varphi)$ der Kosinusfunktion in (10.4d), welches den momentanen Wert der Auslenkung $x(t)$ bestimmt, heißt ***Phase*** der Schwingung. Man kann den Zeitnullpunkt so wählen, daß $\varphi = 0$ wird, so daß wir statt (10.4d) erhalten:

$$x(t) = A \cdot \cos \omega_0 t \ . \qquad (10.4e)$$

Jedesmal nach der Zeit $t = 2\pi/\omega_0 = T$ wird derselbe Wert von $x(t)$ erreicht, d.h.

$$x(t + T) = x(t) \ .$$

Die Zeitspanne T heißt ***Schwingungsdauer*** oder Schwingungsperiode; $\nu = 1/T$ ist die ***Schwingungsfrequenz*** und $\omega = 2\pi\nu$ die ***Kreisfrequenz*** (siehe Abschn. 2.4). Der harmonisch schwingende Massenpunkt heißt ***harmonischer Oszillator***.

In Abb. 10.4 sind Auslenkung $x(t) = A \cdot \cos \omega t$, Geschwindigkeit $v(t) = -A \cdot \omega \cdot \sin \omega t$ und Beschleunigung $a(t) = \ddot{x}(t) = -A\omega^2 \cos \omega t$ aufgezeichnet. Man sieht, daß die Beschleunigung immer gegenphasig zur Auslenkung ist (d.h. $x(t)$ ist um π gegen $a(t)$ phasenverschoben).

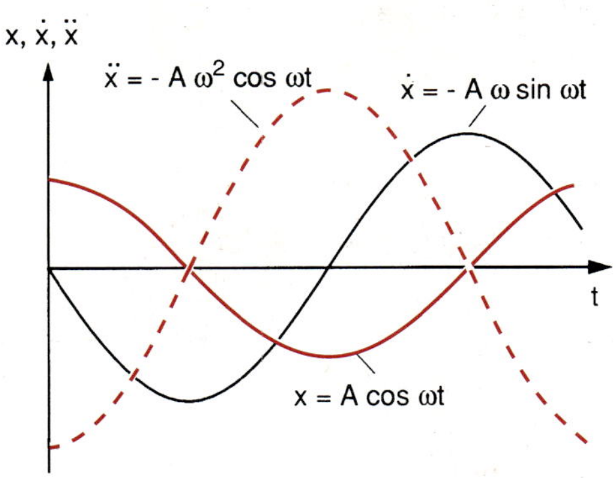

Abb. 10.4. Auslenkung $x(t)$, Geschwindigkeit $\dot{x}(t)$ und Beschleunigung $\ddot{x}(t)$ einer harmonischen Schwingung

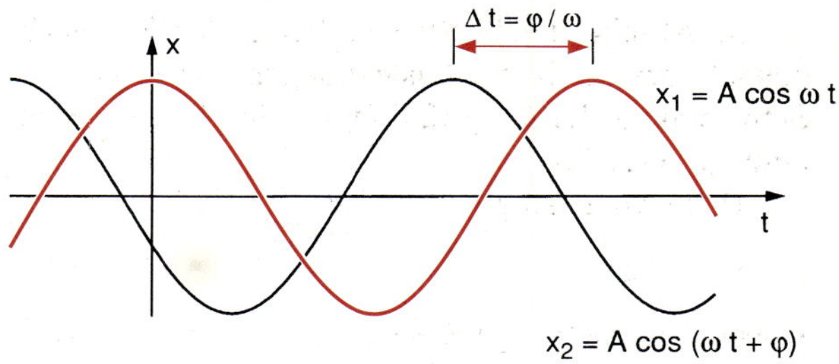

Abb. 10.5. Zwei harmonische Schwingungen gleicher Frequenz ω mit einer relativen Phasenverschiebung φ

BEISPIEL

$x_1(t) = A \cdot \cos \omega_0 t$ und $x_2(t) = A \cdot \cos(\omega_0 t + \varphi)$ stellen zwei harmonische Schwingungen dar mit gleicher Frequenz ω_0 und gleicher Amplitude A, die jedoch um den Phasenwinkel φ gegeneinander verschoben sind. Die Maxima von $x_1(t)$ sind um das Zeitintervall $\Delta t = \varphi/\omega_0$ gegen die von $x_2(t)$ verschoben (Abb. 10.5).

10.3 Überlagerung von Schwingungen

In der Natur treten selten reine harmonische Schwingungen auf, sondern meistens mehr oder weniger komplizierte Schwingungsformen. Es zeigt sich jedoch, daß man auch komplizierte nichtharmonische Schwingungen oft darstellen kann als Überlagerungen von harmonischen Schwingungen mit unterschiedlichen Frequenzen, Amplituden oder Phasen. Wir wollen uns in diesem Abschnitt mit solchen Überlegungen von Schwingungen befassen.

Sind die Schwingungsrichtungen aller überlagerten Schwingungen gleich (z.B. wenn alle Auslenkungen in der x-Richtung liegen), so sprechen wir von *eindimensionalen* Überlagerungen. Im allgemeinen Fall der zwei- oder dreidimensionalen Überlagerung können die Auslenkungen der einzelnen überlagerten Schwingungen beliebige Richtungen haben.

10.3.1 Eindimensionale Überlagerungen

Die Summe der einzelnen Schwingungen

$$x(t) = \sum_n x_n(t) = \sum_n a_n \cos(\omega_n t + \varphi_n) \qquad (10.5)$$

hängt von den Amplituden a_n, den Frequenzen ω_n und den Phasen φ_n der Summanden ab.

a) Zwei Schwingungen gleicher Frequenz

Überlagert man die beiden Schwingungen

$$x_1(t) = a \cdot \cos(\omega t + \varphi_1)$$
$$x_2(t) = b \cdot \cos(\omega t + \varphi_2)$$

gleicher Frequenz ω, aber mit unterschiedlichen Amplituden a bzw. b und Phasen φ_1, φ_2, so ergibt sich nach dem Additionstheorem der Winkelfunktionen

$$x(t) = x_1(t) + x_2(t) = A \cdot \cos \omega t + B \cdot \sin \omega t = C \cdot \cos(\omega t + \varphi) \qquad (10.6)$$

mit den Relationen $A = a \cdot \cos \varphi_1 + b \cdot \cos \varphi_2$, $B = -a \cdot \sin \varphi_1 - b \cdot \sin \varphi_2$, $C = \sqrt{A^2 + B^2}$ und $\tan \varphi = -B/A$.

Man erhält als Überlagerung (10.6) also wieder eine harmonische Schwingung gleicher Frequenz, aber mit anderer Amplitude und Phase als die Teilwellen (Abb. 10.6).

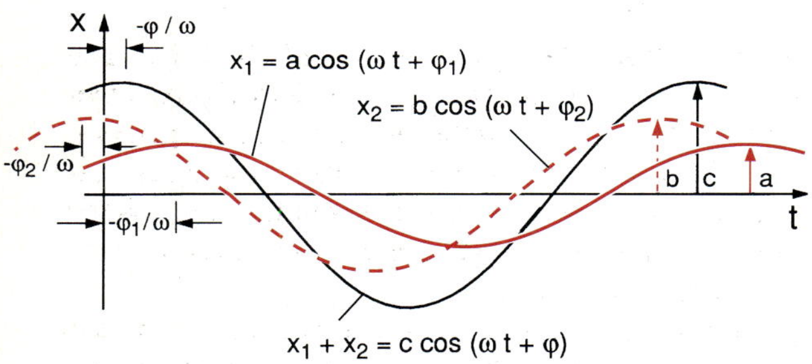

Abb. 10.6. Eindimensionale Überlagerung zweier Schwingungen gleicher Frequenz ω aber verschiedener Phasen φ_1 und φ_2

Nur für $\varphi_1 = \varphi_2 = \varphi$ bleibt die Phase erhalten.

b) Verschiedene Frequenzen, Schwebungen

Anders sieht es aus, wenn zwei Schwingungen verschiedener Frequenz überlagert werden (Abb. 10.7). Aus:

$$x_1 = a \cdot \cos \omega_1 t; \quad x_2 = a \cdot \cos \omega_2 t$$

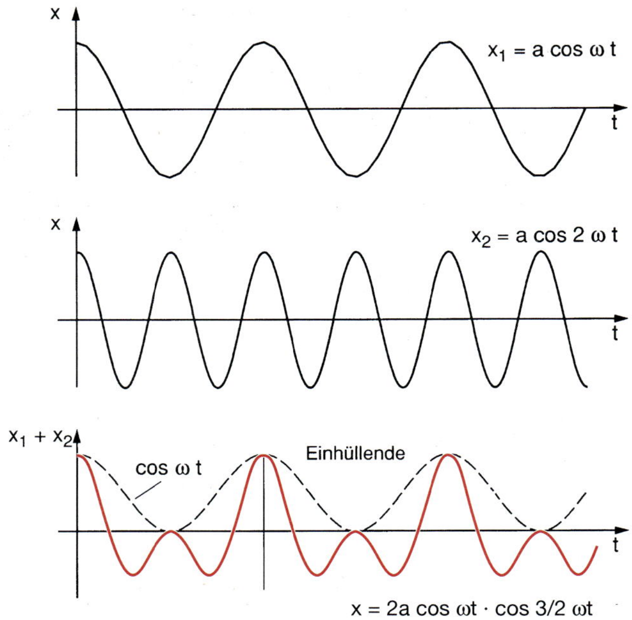

Abb. 10.7. Eindimensionale Überlagerung zweier Schwingungen unterschiedlicher Frequenz

erhält man wegen $\cos \alpha + \cos \beta = 2 \cos \frac{\alpha - \beta}{2} \cdot \cos \frac{\alpha + \beta}{2}$ die Überlagerungsschwingung:

$$x = 2a \cdot \cos\left(\frac{\omega_1 - \omega_2}{2} t\right) \cdot \cos\left(\frac{\omega_1 + \omega_2}{2} t\right). \quad (10.7)$$

Wenn die beiden Frequenzen sich nicht sehr unterscheiden, d.h. wenn $\omega_1 - \omega_2 \ll \overline{\omega} = \frac{1}{2}(\omega_1 + \omega_2)$ gilt, kann man (10.7) auffassen als Schwingung mit der Mittenfrequenz $\overline{\omega} = (\omega_1 + \omega_2)/2$, deren Amplitude $A(t) = 2a \cdot \cos[(\omega_1 - \omega_2) \cdot t/2]$ eine (gegen $T = 2\pi/\overline{\omega}$) langsam veränderliche Funktion ist (Abb. 10.8). Man nennt einen solchen Vorgang eine ***Schwebung***.

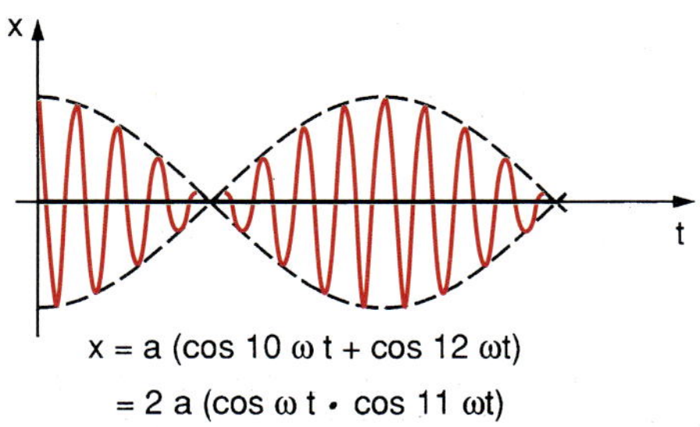

Abb. 10.8. Schwebung bei der Überlagerung zweier Schwingungen mit $\Delta\omega \ll \omega$

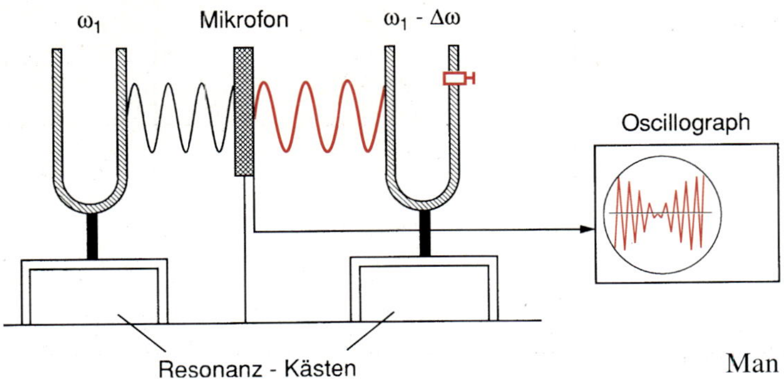

Abb. 10.9. Experimenteller Aufbau zur Demonstration von Schwebungen

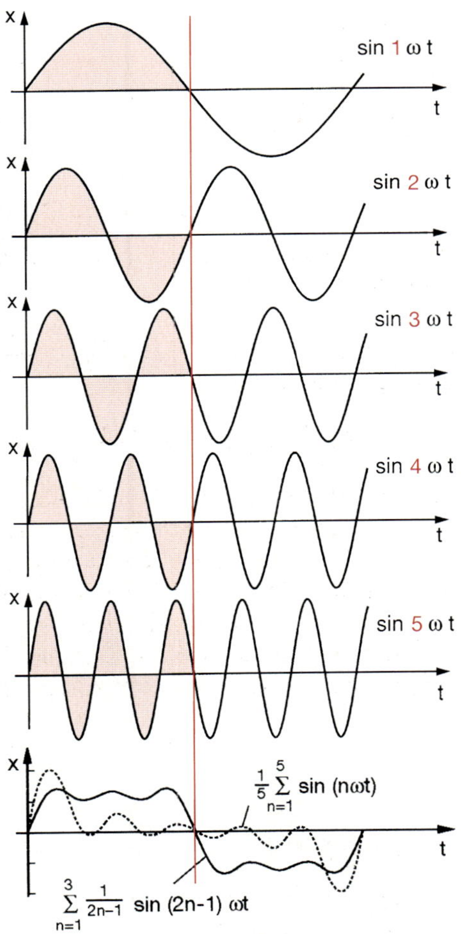

Abb. 10.10. Überlagerung von fünf Schwingungen $x_n = a \cdot \sin n\omega t$ gleicher Amplitude mit Frequenzen $n\omega$ ($n = 1 \ldots 5$). Die Amplitude der Überlagerungsschwingung ist um den Normierungsfaktor $N \approx 3,66$ verkleinert

Man kann Schwebungen im akustischen Bereich durch zwei Stimmgabeln, die etwas gegeneinander verstimmt sind, hörbar und über ein Mikrophon auch auf einem Oszillographen sichtbar machen (Abb. 10.9; siehe auch Abschn. 10.10).

c) Überlagerung mehrerer Schwingungen; Fourier-Analyse

Überlagert man N Schwingungen mit unterschiedlichen Frequenzen ω_n, so sieht die Überlagerungsschwingung

$$x(t) = \sum_{n=1}^{N} a_n \cos(\omega_n t + \varphi_n) \tag{10.8}$$

im allgemeinen komplizierter aus (Abb. 10.10). Die Funktion $x(t)$ ist jedoch immer periodisch mit einer Periode $T = 2\pi/\omega_g$, wobei ω_g der „größte gemeinsame Teiler" aller beteiligten Frequenzen ω_n ist (rationale Frequenzverhältnisse vorausgesetzt). Wenn gilt: $\omega_n = n \cdot \omega_1$ (n = ganzzahlig), so ist die Periode von $x(t)$: $T = 2\pi/\omega_1$.

Umgekehrt läßt sich jede periodische Funktion $f(t)$ mit $f(t) = f(t+T)$ immer in eine Summe von Sinus- oder Kosinusfunktionen zerlegen, deren Frequenzen $\omega_n = n \cdot \omega_1$ ganzzahlige Vielfache einer Grundfrequenz ω_1 sind [10.1], d.h. es gilt:

$$f(t) = \alpha_o + \sum_{n=1}^{\infty} a_n \cos(n \cdot \omega_1 \cdot t + \varphi_n)\,. \tag{10.9}$$

Die Schwingung $a_1 \cos \omega_1 t$ heißt ***Grundschwingung*** oder Fundamentalschwingung, die höherfrequenten Anteile heißen ***Oberschwingungen***. In der Akustik spricht man auch vom *Grundton* und den *Obertönen*.

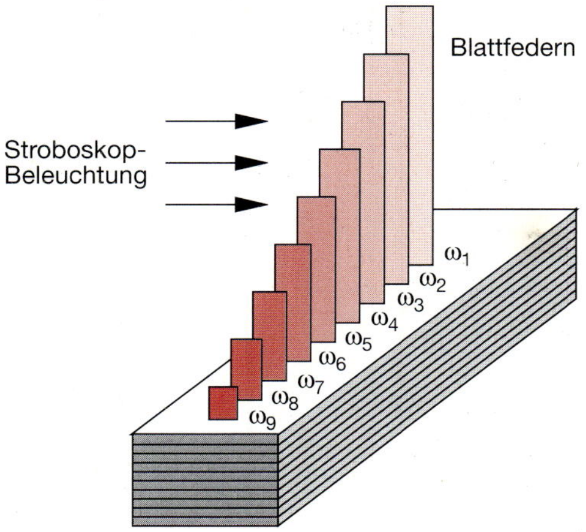

Abb. 10.11. Zungenfrequenzmesser

Die Zerlegung einer periodischen Funktion $f(t)$ in ihre harmonischen Schwingungsanteile heißt ***Fourier-Zerlegung*** oder auch ***Fourier-Analyse***.

Die experimentelle Fourier-Analyse mechanischer Schwingungen läßt sich mit dem in Abb. 10.11 gezeigten Zungenfrequenzmesser durchführen. Er besteht aus einer Reihe von Blattfedern, deren Resonanzfrequenzen auf $n \cdot \omega_1$ $(n = 1, 2, 3, \ldots)$ abgestimmt sind. Werden sie durch eine mechanische Schwingung angeregt, so wird die Schwingungsamplitude der n-ten Blattfeder mit der Resonanzfrequenz $n \cdot \omega_1$ proportinal zur Amplitude der n-ten Oberschwingung der in $f(t)$ enthaltenen harmonischen Oberschwingungen sein. Unser Ohr ist mit einem solchen sehr feinen Zungenfrequenzmesser ausgestattet, mit dessen Hilfe wir Tonhöhen feststellen und Klänge analysieren können (siehe Absch. 10.5 und 10.14).

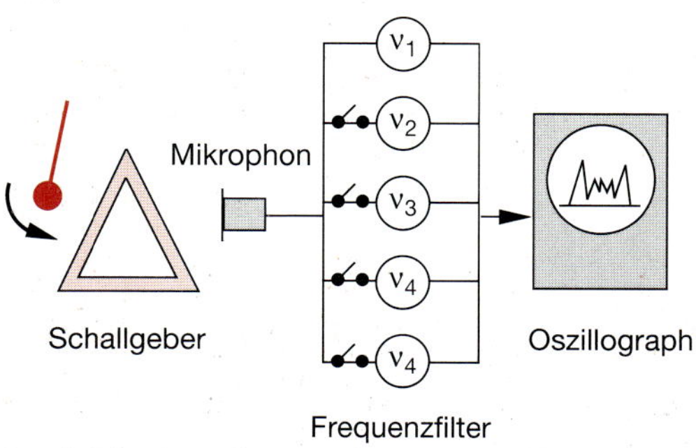

Abb. 10.12. Elektrischer Nachweis mechanischer Schwingungen und Fourier-Zerlegung mit Hilfe von Frequenzfiltern

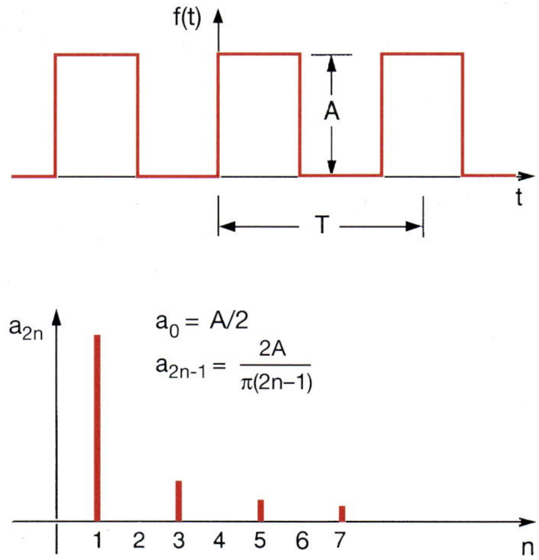

Abb. 10.13. Fourier-Zerlegung einer Rechteck-Mäanderfunktion

Eleganter lassen sich mechanische Schwingungen nachweisen, indem man sie durch ein Mikrophon in elektrische Spannungssignale $U(t)$ umwandelt, die dann mit Hilfe parallel geschalteter elektrischer Filter, welche auf die Frequenzen $n \cdot \omega_1$ abgestimmt sind (siehe Bd. 2, Abschn. 6.4), in ihre Fourier-Anteile zerlegt und auf einem Oszillographen sichtbar gemacht werden können (Abb. 10.12).

In Abb. 10.13 ist die Fourier-Zerlegung (10.9) der Rechteckfunktion

$$f(t) = \begin{Bmatrix} A \text{ für } 0 < +T/2 \\ 0 \text{ für } T/2 \le t \le T \end{Bmatrix}$$

$$\text{und } f(t+T) = f(t)$$

$$a_0 + \sum_{n=1}^{\infty} a_n \sin(n\omega t); \omega = \frac{2\pi}{T}$$

$$a_0 = \frac{\Delta}{2}; a_{2n-1} = \frac{2A}{(2n-1)\pi}; a_{2n} = 0$$

gezeigt mit der entsprechenden Größenverteilung der Koeffizienten a_n (siehe auch Abb. 10.10).

10.3.2 Zweidimensionale Überlagerung, Lissajous-Figuren

Überlagert man zwei lineare zueinander senkrechte Schwingungen gleicher Frequenz ω

$$x = a \cdot \sin(\omega t)$$
$$y = b \cdot \sin(\omega t - \varphi)\,, \tag{10.10}$$

deren relative Phasenverschiebung φ ist, so erhält man:

$$\frac{x}{a} = \sin \omega t\,; \quad \frac{y}{b} = \sin \omega t \cos \varphi - \cos \omega t \sin \varphi$$
$$= \frac{x}{a}\cos \varphi - \cos \omega t \sin \varphi\,.$$

Umordnen ergibt:

$$\cos \omega t \sin \varphi = \frac{x}{a}\cos \varphi - \frac{y}{b}$$
$$\sin \omega t \sin \varphi = \frac{x}{a}\sin \varphi\,.$$

Elimination der Zeit durch Quadrieren und Addieren liefert:

$$\sin^2 \varphi = \frac{x^2}{a^2} + \frac{y^2}{b^2} - \frac{2xy}{ab}\cos \varphi\,.$$

Dies kann umgeformt werden in die Ellipsengleichung für die Bahnkurve des schwingenden Massenpunktes in der x-y-Ebene

$$\frac{x^2}{a^{*2}} + \frac{y^2}{b^{*2}} - \frac{2xy\cos\varphi}{a^* b^*} = 1\,, \tag{10.11}$$

deren Achsen schräg zur x- bzw. y-Achse liegen und deren Achsenabschnitte $a^* = a \cdot \sin \varphi$ und $b^* = b \cdot \sin \varphi$ von den Amplituden a und b sowie von der Phasenverschiebung φ zwischen den Teilschwingungen abhängen (Abb. 10.14).

Für den Spezialfall $\varphi = 0$ entartet die Ellipse in die Gerade $y = (b/a)x$. Für $\varphi = \pi/2$ ergibt sich eine Ellipse, deren Achsen $a^* = a$ und $b^* = b$ in der x- bzw. y-Richtung liegen. Ist $\varphi = \pi/2$ und außerdem $a = b$, so wird die Bahnkurve ein Kreis.

Man kann solche überlagerten Schwingungen mit einem Fadenpendel vorführen, dessen Masse aus einer Hohlkugel aus magnetischem Material besteht, wenn durch äußere Elektromagnete die Schwingungen (10.10) in x- und y-Richtungen angeregt werden. Wird der Pendelkörper mit weißem Sand gefüllt, der aus einer engen Öffnung fließen kann, so sieht man die Bahnkurve auf einer unter dem Pendel ausgelegten Fläche aus schwarzem Samt. Einfacher und variabler lassen sich überlagerte Schwingungen mit einem Oszillographen vorführen. Die Abb. 10.14b zeigt einige Beispiele von (10.10) für $a = b$ und $a \neq b$ bei verschiedenen Werten von φ.

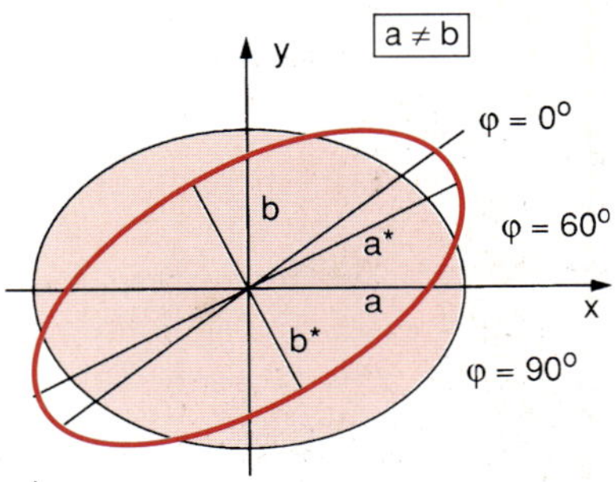

a)

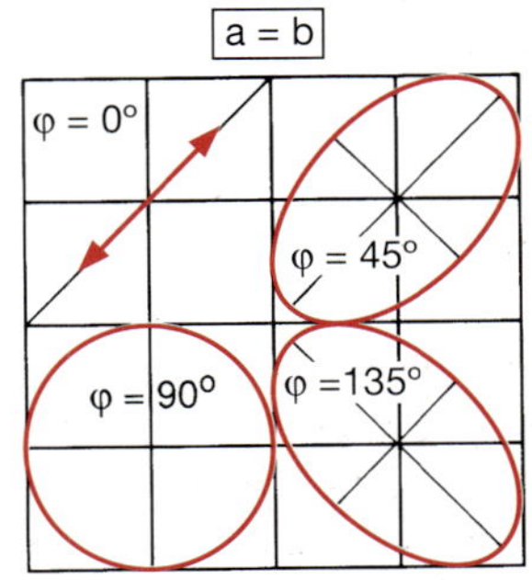

b)

Abb. 10.14a,b. Bahnkurven der Gleichung (10.10) für $\varphi = 0°$, $\varphi = 60°$ und $\varphi = 90°$: (**a**) für $a \neq b$ und (**b**) für $a = b$

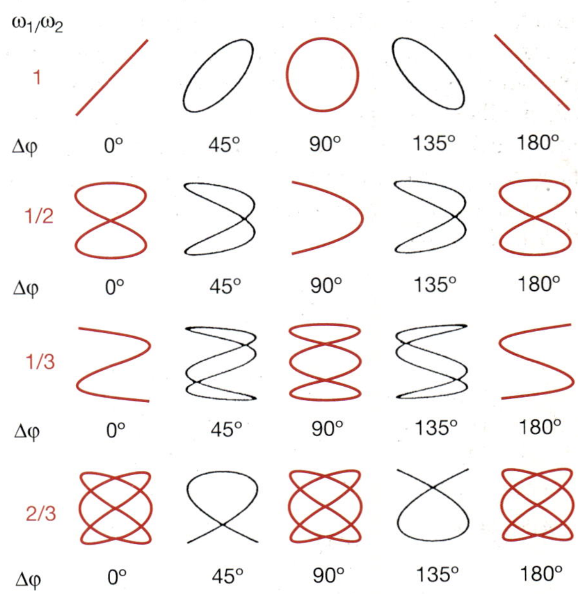

Abb. 10.15. Lissajous-Figuren $y = f(x)$ der Schwingungen (10.12) für verschiedene Werte des Frequenzverhältnisses ω_1/ω_2 und der Phasendifferenz $\Delta\varphi = \varphi_1 - \varphi_2$

Überlagert man zwei zueinander senkrechte Schwingungen unterschiedlicher Frequenzen

$$x = a \cdot \cos(\omega_1 t + \varphi_1)$$
$$y = b \cdot \cos(\omega_2 t + \varphi_2)\ , \qquad (10.12)$$

so beschreibt die Bahnkurve im allgemeinen eine komplizierte Bahn, die nur dann eine geschlossene Kurve darstellt, wenn ω_1/ω_2 eine rationale Zahl ist (***Lissajous-Figur***). Bei irrationalem Verhältnis ω_1/ω_2 füllt die Bahnkurve im Laufe der Zeit die gesamte Fläche des Rechtecks

$$-a \leq x \leq +a; \quad -b \leq y \leq +b$$

aus [10.2]. In Abb. 10.15 sind für einige Werte von ω_1/ω_2 und $\Delta\varphi = \varphi_1 - \varphi_2$ die entsprechenden Lissajous-Figuren illustriert.

10.4 Der freie gedämpfte Oszillator

Läßt man die Masse des freien Oszillators in Abb. 10.1 in einer Flüssigkeit schwingen (Abb. 10.16), so kann man die Reibung nicht mehr vernachlässigen und zur rücktreibenden Federkraft $\boldsymbol{F} = -D \cdot \boldsymbol{x}$ kommt noch die Stokessche Reibungskraft

$$\boldsymbol{F}_{\mathrm{r}} = -6\pi\eta r \cdot \boldsymbol{v} \qquad (10.13)$$

für eine mit der Geschwindigkeit $v = \dot{x}$ bewegte Kugel hinzu (siehe Abschn. 8.5).

Ganz allgemein können wir Schwingungen, bei denen die Reibungskraft $\boldsymbol{F}_{\mathrm{r}} = -b \cdot \dot{x}\hat{\boldsymbol{e}}_x$ entgegengerichtet zum Geschwindigkeitsvektor und proportional zum Geschwindigkeitsbetrag $|\boldsymbol{v}|$ ist, durch die Differentialgleichung

$$m \cdot \ddot{x} = -D \cdot x - b \cdot \dot{x} \qquad (10.14)$$

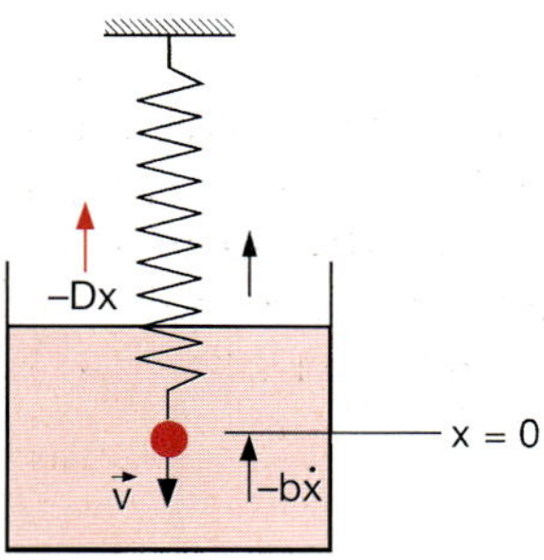

Abb. 10.16. Gedämpfter Oszillator

beschreiben. Mit den Abkürzungen

$$\omega_0^2 = \frac{D}{m}, \quad 2\gamma = \frac{b}{m}$$

erhalten wir aus (10.14) die allgemeine Bewegungsgleichung

$$\boxed{\ddot{x} + 2\gamma\dot{x} + \omega_0^2 x = 0} \qquad (10.15)$$

der gedämpften Schwingung mit der Dämpfungskonstanten γ. Wir machen wie in Abschn. 10.1.1 den Lösungsansatz

$$x(t) = c \cdot \mathrm{e}^{\lambda t}$$

und erhalten durch Einsetzen in (10.15) für die Größe λ die Bestimmungsgleichung:

$$\lambda^2 + 2\gamma\lambda + \omega_0^2 = 0$$

mit den Lösungen

$$\lambda_{1,2} = -\gamma \pm \sqrt{\gamma^2 - \omega_0^2}\ , \qquad (10.16)$$

so daß analog zu (10.4a) die allgemeine Lösung von (10.15) lautet:

$$x(t) = \mathrm{e}^{-\gamma t}\left[c \cdot \mathrm{e}^{\sqrt{\gamma^2-\omega_0^2}\cdot t} + c^* \cdot \mathrm{e}^{-\sqrt{\gamma^2-\omega_0^2}\cdot t}\right]. \qquad (10.17\mathrm{a})$$

Das zeitliche Verhalten von $x(t)$ hängt nun ganz entscheidend ab vom Verhältnis

$$\frac{\text{mittlere Rückstellkraft}}{\text{mittlere Reibungskraft}} = \frac{\langle|D \cdot x|\rangle}{\langle|b \cdot \dot{x}|\rangle} = \frac{m\omega_0^2\sqrt{\overline{x^2}}}{2\gamma m\sqrt{\overline{\dot{x}^2}}} = \frac{\omega_0}{2\gamma}\ ,$$

d.h. von der relativen Größe von ω_0 und γ.

Wir unterscheiden die folgenden drei Fälle:

a) $\gamma < \omega_0$, d.h. schwache Dämpfung

Mit der Abkürzung $\omega^2 = \omega_0^2 - \gamma^2$ wird

$$\lambda_{1,2} = -\gamma \pm \sqrt{-\omega^2} = -\gamma \pm \mathrm{i}\omega\ ,$$

und die allgemeine Lösung (10.17a) ergibt sich zu

$$x(t) = \mathrm{e}^{-\gamma t}(c \cdot \mathrm{e}^{\mathrm{i}\omega t} + c^*\mathrm{e}^{-\mathrm{i}\omega t})$$
$$= A \cdot \mathrm{e}^{-\gamma t}\cos(\omega t + \varphi)\ , \qquad (10.17\mathrm{b})$$

wobei wie im vorigen Abschnitt gilt:

$$A = 2|c| \quad \text{und} \quad \tan\varphi = -\frac{\mathrm{i}(c - c^*)}{c + c^*} = \frac{\mathrm{Im}\{c\}}{\mathrm{Re}\{c\}} .$$

Gleichung (10.17) stellt eine gedämpfte Schwingung dar, deren Amplitude $A \cdot \exp(-\gamma t)$ exponentiell abklingt. Sie ist in Abb. 10.17 für die Randbedingungen $x(0) = A$ und $\dot{x}(0) = v_0$ dargestellt, für die sich aus (10.17b) die Weg-Zeit-Funktion

$$x(t) = A \cdot \mathrm{e}^{-\gamma t} \cos\omega t \tag{10.17c}$$

und mit $v_0 = -A \cdot \gamma$ die Geschwindigkeits-Zeit-Funktion

$$v(t) = v_0 \mathrm{e}^{-\gamma t} \left[\cos\omega t + \frac{\omega}{\gamma} \sin\omega t\right] \tag{10.17d}$$

ergibt.

Zwei aufeinanderfolgende Maxima der gedämpften Schwingung haben das Amplitudenverhältnis

$$\frac{x(t+T)}{x(t)} = \mathrm{e}^{-\gamma T} \quad \text{mit } T = \frac{2\pi}{\omega} . \tag{10.18}$$

Der natürliche Logarithmus des inversen Verhältnisses

$$\ln\left[\frac{x(t)}{x(t+T)}\right] = \gamma \cdot T = \delta$$

heißt ***logarithmisches Dekrement*** δ.

Nach der Zeit $\tau = 1/\gamma$ ist die Einhüllende $f(t) = A \cdot \mathrm{e}^{-\gamma t}$ der gedämpften Schwingung auf $1/\mathrm{e}$ des Anfangswertes abgesunken.

> Die Kreisfrequenz $\omega = \sqrt{\omega_0^2 - \gamma^2}$ der gedämpften Schwingung bei gleicher Rückstellkraft ist *kleiner* als die der ungedämpften Schwingung. Die Frequenzverschiebung wächst mit steigender Dämpfung.

BEISPIELE

1. $\gamma/\omega_0 = 0{,}01 \Rightarrow (\omega_0 - \omega) = 5 \cdot 10^{-5} \cdot \omega_0$; $\delta = 0{,}06$, d.h. nach etwa 16 Schwingungsperioden fällt die Amplitude auf $1/\mathrm{e}$ ab, d.h. $\tau = 16T$.
2. $\gamma/\omega_0 = 0{,}1 \Rightarrow (\omega_0 - \omega) \approx 5 \cdot 10^{-3} \cdot \omega_0$; $\delta = 0{,}6$, d.h. $\tau = 1{,}6T$.

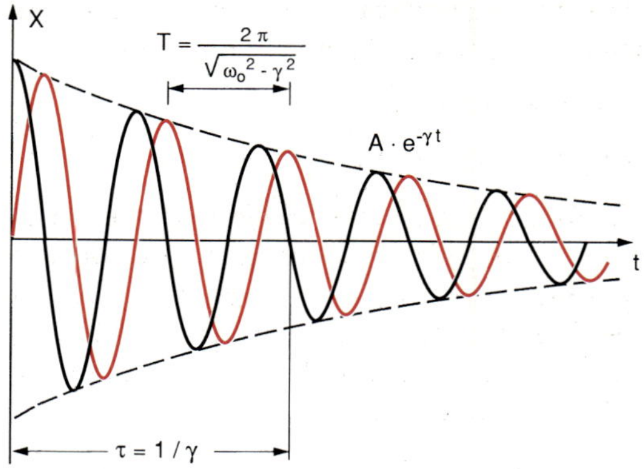

Abb. 10.17. Gedämpfte Schwingung mit Dämpfungskonstante γ und Schwingungsdauer T für die Anfangsbedingungen $x(0) = A$ (*schwarz*) und $x(0) = 0$ (*rot*)

b) $\gamma > \omega_0$, d.h. starke Dämpfung

Die Koeffizienten (10.16)

$$\lambda_{1,2} = -\gamma \pm \sqrt{\gamma^2 - \omega_0^2} = -\gamma \pm \alpha$$
$$\text{mit } \alpha = \sqrt{\gamma^2 - \omega_0^2}$$

sind jetzt reell. Die allgemeine Lösung (10.17a) wird daher:

$$x(t) = \mathrm{e}^{-\gamma t}[c \cdot \mathrm{e}^{\alpha t} + c^* \mathrm{e}^{-\alpha t}] . \tag{10.19a}$$

Mit den Anfangsbedingungen $x(0) = 0$, $\dot{x}(0) = v_0$ ergibt sich: $c + c^* = 0$, und $c - c^* = v_0/\alpha$, so daß man die spezielle Lösung

$$x(t) = \frac{v_0}{2\alpha} \mathrm{e}^{-\gamma t}[\mathrm{e}^{\alpha t} - \mathrm{e}^{-\alpha t}] \tag{10.19b}$$

erhält. Dies läßt sich mit Hilfe der hyperbolischen Sinusfunktion $\sinh(\alpha t) = \frac{1}{2}(\mathrm{e}^{\alpha t} - \mathrm{e}^{-\alpha t})$ schreiben als

$$x(t) = \frac{v_0}{\alpha} \mathrm{e}^{-\gamma t} \sinh(\alpha \cdot t) . \tag{10.19c}$$

> Die „Schwingung“ in (10.19c) besteht aus einer einzigen Auslenkung, die für $t \to \infty$ langsam gegen Null geht (Abb. 10.18a). Man nennt diesen Fall b) auch *Kriechfall*, weil die Amplitude nach Erreichen ihres Maximums nur sehr langsam gegen Null „kriecht“.

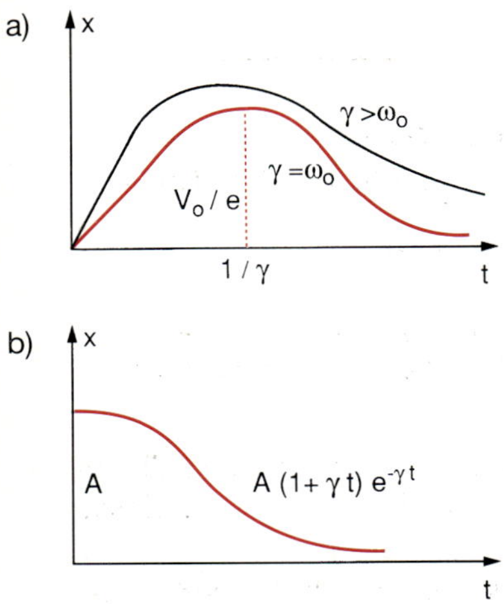

Abb. 10.18. (**a**) Auslenkung $x(t)$ des gedämpften Oszillators für kritische (rote Kurve, aperiodischer Grenzfall) und überkritische Dämpfung (schwarze Kurve, Kriechfall) (**b**) Anfangsbedingungen $x(0) = A, \dot{x}(0) = 0$.

c) $\gamma = \omega_0$ (aperiodischer Grenzfall)

Unsere beiden Lösungsparameter (10.16) sind jetzt entartet, d.h. es gilt:

$$\lambda_1 = \lambda_2 = \lambda = -\gamma \, .$$

Die allgemeine Lösung (10.17a) der Differentialgleichung (10.15) muß aber zwei freie Integrationskonstanten enthalten. Deshalb wird der Ansatz

$$x(t) = C(t) \cdot e^{\lambda t} \qquad (10.20)$$

mit dem zeitabhängigen Vorfaktor $C(t)$ gemacht. Geht man damit in (10.15) ein, so erhält man für die Funktion $C(t)$ die Differentialgleichung:

$$\ddot{C} + (2\lambda + 2\gamma)\dot{C} + (\lambda^2 + 2\gamma\lambda + \omega_0^2)C = 0 \, .$$

Für die Lösung $\lambda = -\gamma = -\omega_0$ werden die Vorfaktoren von $\dot{C}$ und C Null, so daß aus

$$\ddot{C} = 0 \text{ folgt}: \; C = c_1 t + c_2 \, .$$

Unsere allgemeine Lösung wird daher:

$$x(t) = (c_1 + c_2 t)e^{-\gamma t} \, . \qquad (10.21)$$

Sie ist für die Anfangsbedingungen $x(0) = 0, \dot{x}(0) = v_0$

$$\Rightarrow x(t) = v_0 t \cdot e^{-\gamma t} \qquad (10.21a)$$

in Abb. 10.18a dargestellt.

Die Schwingung ist wie im Kriechfall b) zu nur einer Auslenkung entartet, die jedoch in Abb. 10.18a mit linearer Steigung beginnt und dem Nullpunkt nach Erreichen des Maximums schneller zustrebt als im Fall $\gamma > \omega_0$. Das Maximum liegt bei $t(x_{max}) = 1/\gamma$. Für $t = 5/\gamma$ ist bereits die Amplitude auf $x(t) \approx 0{,}1 x_{max}$ abgeklungen.

Für die Anfangsbedingungen $x(0) = A$, $\dot{x}(0) = 0$ ergibt sich aus (10.21) die Lösungsfunktion

$$x(t) = A(1 + \gamma t)e^{-\gamma t} \, , \qquad (10.21b)$$

die bei $x(0) = A$ beginnt und mit der Anfangsgeschwindigkeit $v(0) = 0$ (d.h. mit waagerechter Tangente in Abb. 10.18b) startet und dann gegen Null geht.

10.5 Erzwungene Schwingungen

Wird das obere Ende der Feder in Abb. 10.16 nicht fest montiert, sondern durch eine periodisch wirkende Kraft $F_a = F_0 \cdot \cos \omega t$ auf- und abbewegt (Abb. 10.19), so wirkt auf die Masse m (durch die Feder übertragen) eine zusätzliche Kraft. Die Bewegungsgleichung heißt daher

$$m \cdot \ddot{x} = -Dx - b\dot{x} + F_0 \cdot \cos \omega t \, , \qquad (10.22a)$$

welche mit den Abkürzungen

$$\omega_0^2 = \frac{D}{m} \, ; \quad \gamma = \frac{b}{2m} \, , \quad K = \frac{F_0}{m}$$

in die *inhomogene* Differentialgleichung

$$\ddot{x} + 2\gamma\dot{x} + \omega_0^2 x = K \cdot \cos \omega t \qquad (10.22b)$$

übergeht, die sich von der *homogenen* Gleichung (10.15) der freien gedämpften Schwingung durch das x-freie Glied $K \cdot \cos \omega t$ der äußeren Kraft unterscheidet.

Die allgemeine Lösung einer solchen inhomogenen linearen Differentialgleichung setzt sich zusammen aus der allgemeinen Lösung (10.17) der homogenen Gleichung (10.15) plus einer speziellen Lösung

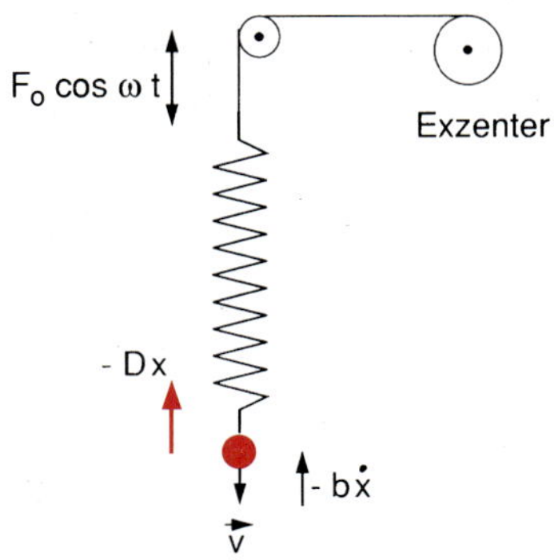

Abb. 10.19. Erzwungene Schwingung

der inhomogenen Gleichung [10.3]. Sie muß daher die Form haben

$$x(t) = A_1 \cdot e^{-\gamma t} \cdot \cos(\omega_1 t + \varphi_1) + A_2 \cdot \cos(\omega t + \varphi), \qquad (10.23a)$$

wobei $\omega_1 = \sqrt{\omega_0^2 - \gamma^2}$ die Frequenz der freien gedämpften Schwingung (10.15) ist (schwache Dämpfung).

Für genügend lange Zeiten $t \gg 1/\gamma$ wird die Amplitude $A_1 \cdot \exp(-\gamma t)$ des ersten Terms so klein, daß wir sie gegenüber dem zweiten Term vernachlässigen können. Dieser zweite Term hängt von der Frequenz ω der äußeren Kraft ab, die ihre Schwingungsfrequenz dem System aufzwingt (erzwungene Schwingung).

Der zweite Term gibt daher den durch die äußere periodische Kraft bewirkten *stationären* Schwingungszustand an, während die Überlagerung (10.23a) für Zeiten $t \lesssim 1/\gamma$ den *Einschwingvorgang* beschreibt.

a) Stationärer Zustand

Wir wollen zuerst diesen stationären Zustand der erzwungenen Schwingung behandeln, bei dem die gedämpfte Eigenschwingung des Systems bereits abgeklungen ist. Wir machen deshalb den Ansatz

$$x = A_2 \cdot \cos(\omega t + \varphi) , \qquad (10.23b)$$

der als zwei frei zu bestimmende Parameter die Amplitude A_2 und die Phase φ der erzwungenen Schwingung enthält. Geht man mit (10.23b) in (10.22b) ein, so ergibt sich durch Anwenden des Additionstheorems für Winkelfunktionen nach Ordnen der Glieder:

$$\left[(\omega_0^2 - \omega^2)A_2 \cos\varphi - 2\gamma A_2 \omega \sin\varphi - K\right]\cos\omega t - \left[(\omega_0^2 - \omega^2)A_2 \sin\varphi + 2\gamma A_2 \omega \cos\varphi\right]\sin\omega t = 0.$$

Da diese Gleichung für beliebige Zeiten t gelten soll, müssen die beiden Vorfaktoren in eckigen Klammern identisch Null sein. Daraus erhalten wir die beiden Gleichungen:

$$(\omega_0^2 - \omega^2)\sin\varphi + 2\gamma\omega\cos\varphi = 0 \qquad (10.24a)$$

$$A_2(\omega_0^2 - \omega^2)\cos\varphi - 2A_2\gamma\omega\sin\varphi - K = 0 . \qquad (10.24b)$$

Aus (10.24a) ergibt sich:

$$\tan\varphi = -\frac{2\gamma\omega}{\omega_0^2 - \omega^2} . \qquad (10.25)$$

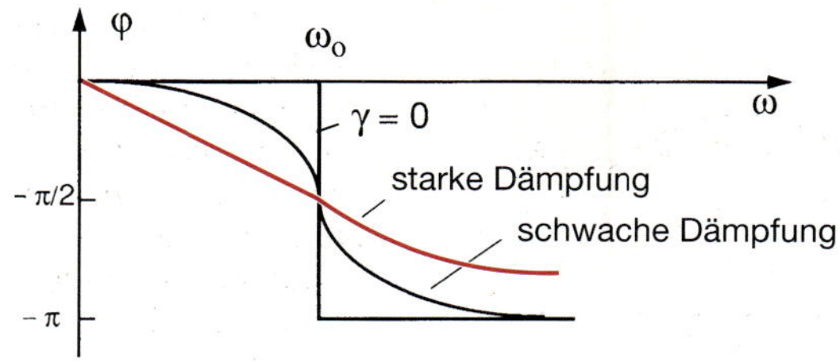

Abb. 10.20. Phasenverschiebung φ zwischen erzwungener und Erregerschwingung für verschiedene Dämpfungen

Die Phasenverschiebung φ ist negativ, d.h. die erzwungene Schwingung „hinkt" der Erregerschwingung nach!

Die Phasenverschiebung φ zwischen erzwungener Schwingung und Erregerschwingung hängt von der Dämpfung γ, der Erregerfrequenz ω und ihrer Lage zur Eigenfrequenz ω_0 ab (Abb. 10.20). Für $\omega = 0$ ist $\varphi = 0$, für wachsende Werte von ω wird die Verzögerung ($\varphi < 0$) der erzwungenen Schwingung immer größer, erreicht bei $\omega = \omega_0$ den Wert $\varphi = -\pi/2$ und für $\omega \to \infty$ den maximalen Wert $\varphi = -\pi$.

Lösen wir Gleichung (10.24b) nach $A_2 \cdot \sin\varphi$ bzw. $A_2 \cdot \cos\varphi$ auf, erhalten wir bei Verwendung von (10.24a):

$$A_2 \cdot \sin\varphi = -\frac{2\gamma\omega \cdot K}{(\omega_0^2 - \omega^2)^2 + (2\gamma\omega)^2}$$

$$A_2 \cdot \cos\varphi = \frac{(\omega_0^2 - \omega^2) \cdot K}{(\omega_0^2 - \omega^2)^2 + (2\gamma\omega)^2} .$$

Quadrieren und Addieren beider Gleichungen liefert mit $K = F_0/m$

$$\boxed{A_2(\omega) = \frac{F_0/m}{\sqrt{(\omega_0^2 - \omega^2)^2 + (2\gamma\omega)^2}}} . \qquad (10.26)$$

Anmerkung

Mit einem komplexen Ansatz

$$\ddot{z} + 2\gamma\dot{z} + \omega_0^2 z = K \cdot e^{i\omega t} \quad \text{mit } z = x + iy \qquad (10.27)$$

anstelle der reellen Gleichung (10.22b) kommt man schneller und eleganter zu den Ergebnissen (10.24–26). Man erhält durch Einsetzen des Lösungsansatzes $z = A \cdot e^{i\omega t}$ in (10.27) sofort die komplexe Amplitude

$$A = \frac{K \cdot (\omega_0^2 - \omega^2 - 2\mathrm{i}\gamma\omega)}{(\omega_0^2 - \omega^2)^2 + (2\gamma\omega)^2}$$
$$= a + \mathrm{i}b = |A| \cdot \mathrm{e}^{\mathrm{i}\varphi} \qquad (10.27a)$$

mit dem Realteil

$$a = \frac{K(\omega_0^2 - \omega^2)}{(\omega_0^2 - \omega^2)^2 + (2\gamma\omega)^2} \qquad (10.27b)$$

und dem Imaginärteil

$$b = -\frac{2K\gamma\omega}{(\omega_0^2 - \omega^2)^2 + (2\gamma\omega)^2} \qquad (10.27c)$$

und daraus die Phase $\tan\varphi = b/a$ und die reelle Amplitude $|A| = \sqrt{a^2 + b^2}$ (Abb. 10.21). Man nutzt bei dieser Vorgehensweise aus, daß bei linearen Gleichungen komplexer Größen sowohl Real- als auch Imaginärteil der komplexen Lösung beide für sich auch Lösungen der Gleichung sind.

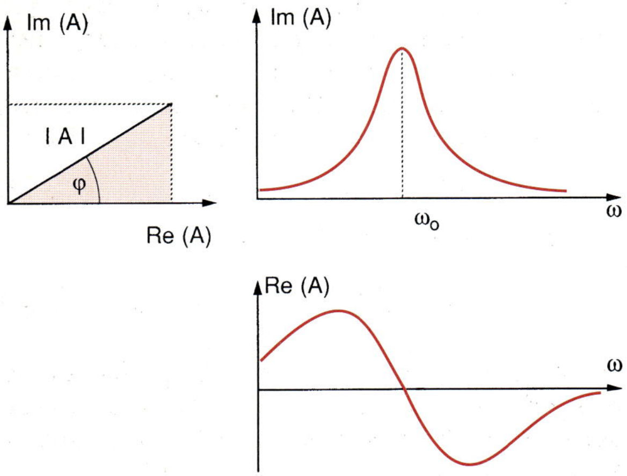

Abb. 10.21. Komplexe Darstellung der erzwungenen Schwingung mit Re(A) und Im(A)

> Die Amplitude der erzwungenen Schwingung hängt ab
>
> - von der Beschleunigungsamplitude $K = F_0/m$ der äußeren Kraft,
> - von der Dämpfung γ,
> - von der Frequenz ω der Erregerschwingung und der Eigenfrequenz ω_0 des erregten Systems.

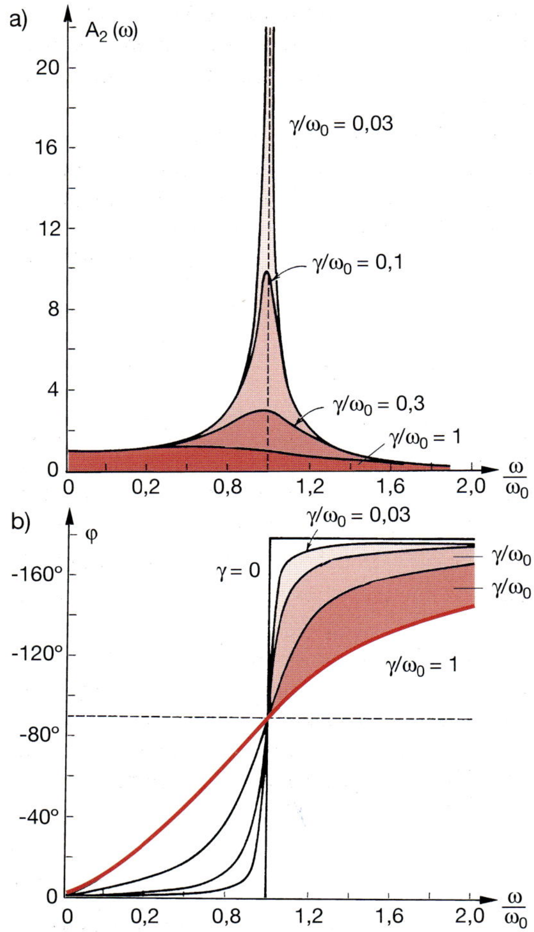

Abb. 10.22. (**a**) Resonanzkurve der erzwungenen Schwingung für verschiedene Dämpfungen. Man beachte die Verschiebung des Maximums mit zunehmender Dämpfung. (**b**) Quantitativer Verlauf der Phasenverschiebung

Differenziert man den Radikanden in (10.26) nach ω und setzt die Ableitung Null, so erhält man das Minimum des Nenners, also das Maximum der Amplitude A_2 für

$$\omega_{\mathrm{R}} = \sqrt{\omega_0^2 - 2\gamma^2}\,. \qquad (10.27d)$$

Dies entspricht *nicht genau* der Resonanzfrequenz $\omega_1 = \sqrt{\omega_0^2 - \gamma^2}$ des freien gedämpften Oszillators, weicht aber für $\gamma \ll \omega_0$ nicht stark von ω_1 ab.

Die Resonanzkurve $A_2(\omega)$ der erzwungenen Schwingung ist in Abb. 10.22 für verschiedene Werte des Verhältnisses γ/ω_0 aufgetragen. Man beachte, daß die Kurven nicht genau symmetrisch um ω_0 und auch nicht um ω_R liegen. Die Unsymmetrie wird mit wachsendem γ/ω_0 größer.

Für $\gamma = 0$ wird $A_2 = \infty$ für $\omega = \omega_0$ (Resonanzkatastrophe). Die Dämpfung begrenzt die Amplitude A_2 auf einen solchen Wert, bei dem die Reibungsenergie pro Zeiteinheit die durch die äußere Kraft zugeführte Leistung gerade kompensiert (siehe Abschn. 10.15).

b) Einschwingvorgang

In der stationären Phase der erzwungenen Schwingung taucht die Eigenfrequenz des freien gedämpften Oszillators nur noch indirekt auf: Das System schwingt mit der Erregerfrequenz ω, und die Eigenfrequenz $\omega_1 = \sqrt{\omega_0^2 - \gamma^2}$ bestimmt nur Amplitude und Phase, aber nicht mehr die Frequenz der Schwingung.

Dies ist anders während der Einschwingphase, in der die Eigenschwingung noch nicht abgeklungen ist. Die charakteristischen Klangfarben der verschiedenen Musikinstrumente werden z.B. im wesentlichen während der Einschwingphase erzeugt (siehe Abschn. 10.15).

10.6 Energiebilanz bei der Schwingung eines Massenpunktes

Die kinetische Energie des harmonischen Oszillators ist gemäß (10.4d):

$$E_{\text{kin}} = \tfrac{1}{2} m\dot{x}^2 = \tfrac{1}{2} m\omega_0^2 A^2 \sin^2 \omega_0 t\,. \qquad (10.28\text{a})$$

Ihr Mittelwert über eine Schwingungsperiode T ist

$$\overline{E_{\text{kin}}} = \frac{1}{T}\int_0^T \frac{1}{2} m\dot{x}^2\,\mathrm{d}t = \frac{1}{4} mA^2\omega_0^2\,. \qquad (10.28\text{b})$$

Für die potentielle Energie erhalten wir

$$\begin{aligned} E_{\text{pot}} &= \int_0^x F\,\mathrm{d}x = \frac{1}{2}Dx^2 = \frac{1}{2}D\cdot A^2\cdot\cos^2\omega_0 t \\ &= \frac{1}{2}m\omega_0^2 A^2\cos^2\omega_0 t \qquad (10.29\text{a}) \end{aligned}$$

mit dem Mittelwert

$$\overline{E_{\text{pot}}} = \frac{1}{T}\int_0^T \frac{1}{2}Dx^2\,\mathrm{d}t = \frac{1}{4}mA^2\omega_0^2\,. \qquad (10.29\text{b})$$

Die Summe von kinetischer und potentieller Energie

$$\begin{aligned} E_{\text{kin}}(t) + E_{\text{pot}}(t) &= \tfrac{1}{2}m\omega_0^2 A^2(\cos^2\omega_0 t + \sin^2\omega_0 t) \\ &= \tfrac{1}{2}m\omega_0^2 A^2 = E = \text{const} \qquad (10.29\text{c}) \end{aligned}$$

ist zu jedem Zeitpunkt gleich der konstanten Gesamtenergie (Energiesatz!).

Die Mittelwerte $\overline{E_{\text{kin}}}$ und $\overline{E_{\text{pot}}}$ sind bei der harmonischen Schwingung gleich. Sie sind proportional zum Quadrat von Schwingungsamplitude A und Frequenz ω_0.

BEISPIEL

Eine Masse $m = 1$ g, die mit der Frequenz $\omega_0 = 2\pi \cdot 10^3\ \text{s}^{-1}$ und der Amplitude $A = 1$ cm schwingt, hat eine Energie $E = (m/2)\omega_0^2 A^2 \approx 2$ Joule.

Bei der gedämpften Schwingung wird pro Schwingungsperiode T ein Teil der Schwingungsenergie $E = E_{\text{kin}} + E_{\text{pot}}$ wegen der Reibung in Wärmeenergie umgewandelt. Dies läßt sich erkennen, wenn man (10.14) mit $\dot{x}$ multipliziert. Man erhält:

$$m\cdot\ddot{x}\cdot\dot{x} + D\cdot x\cdot\dot{x} = -b\cdot\dot{x}^2\,. \qquad (10.30)$$

Dies ist äquivalent zu:

$$\frac{\mathrm{d}}{\mathrm{d}t}\left(\frac{m}{2}\dot{x}^2 + \frac{1}{2}Dx^2\right) = -b\dot{x}^2 = -2\gamma m\dot{x}^2\,. \qquad (10.31)$$

Der Ausdruck in der Klammer ist die Summe aus kinetischer und potentieller Energie. Die pro Schwingungsperiode T in Wärmeenergie W umgewandelte Schwingungsenergie ist dann mit (10.17c):

$$\begin{aligned} W &= -2\gamma m\int_0^T \dot{x}^2\,\mathrm{d}t \\ &= -2\gamma m\int_0^T A^2\mathrm{e}^{-2\gamma t}(\gamma\cos\omega t + \omega\sin\omega t)^2\,\mathrm{d}t \\ &= \frac{m}{2}A^2(\omega_0^2 + \gamma^2)(\mathrm{e}^{-2\gamma T} - 1)\,, \qquad (10.32) \end{aligned}$$

wobei A die Amplitude beim ersten Maximum zur Zeit $t = 0$ ist. Für schwache Dämpfung ($\gamma \ll \omega_0$) ist $\gamma\cdot T \ll 1$, und (10.32) ergibt wegen $\mathrm{e}^{-x} \approx 1 - x$ die Näherung:

$$W \approx -mA^2(\omega_0^2 + \gamma^2)\cdot\gamma\cdot T\,. \qquad (10.33)$$

Die Reibungsverluste steigen also für $\gamma \ll \omega_0$ proportional zum Reibungskoeffizienten γ an, für $\gamma \gtrsim \omega_0$ sogar stärker als linear.

Die Energiebilanz der *erzwungenen* Schwingung erkennt man am besten, wenn man (10.22a) mit $\dot{x}$ multipliziert. Dies ergibt analog zu (10.31)

$$m\ddot{x}\dot{x} + D \cdot x\dot{x} = -b\dot{x}^2 + F(t)\dot{x}$$
$$\Rightarrow \frac{\mathrm{d}}{\mathrm{d}t}\left(\frac{m}{2}\dot{x}^2\right) + \frac{\mathrm{d}}{\mathrm{d}t}\left(\frac{D}{2}x^2\right) = -b \cdot \dot{x}^2 + F(t) \cdot \dot{x} \,. \quad (10.34)$$

Die linke Seite beschreibt die zeitliche Änderung von kinetischer plus potentieller Energie des Systems, die durch die Reibungsenergie $-b\dot{x}^2$ vermindert und durch die in das System gesteckte Energie $F(t) \cdot \dot{x}$ vergrößert wird. Im stationären Zustand ist die Gesamtenergie $E = E_{\text{kin}} + E_{\text{pot}} = \text{const}$. Die von außen zugeführte Energie wird dann vollständig in Reibungswärme umgewandelt.

Für die vom System pro Schwingungsperiode T aufgenommene Energie gilt:

$$W = \int_t^{t+T} b \cdot \dot{x}^2 \,\mathrm{d}t = b \cdot \omega^2 A_2^2 \int_t^{t+T} \sin^2(\omega t + \varphi)\mathrm{d}t = \frac{b}{2}\omega^2 \cdot A_2^2 \cdot T \,. \quad (10.35)$$

Die aufgenommene Leistung ist daher mit $b = 2\gamma m$:

$$P = \frac{W}{T} = m \cdot \gamma \cdot \omega^2 \cdot A_2^2 \,. \quad (10.36)$$

Sie ist proportional zum Dämpfungsfaktor γ und zum Quadrat von Frequenz ω und Schwingungsamplitude A_2.

Setzt man für A_2 den Ausdruck (10.26) ein, so sieht man, daß $\mathrm{d}P/\mathrm{d}\omega = 0$ wird für $\omega = \omega_0$, d.h. im Resonanzfall erreicht die in das System hineingesteckte Energie ein Maximum

$$P_{\max}(\omega_0) = \frac{F_0^2}{4m \cdot \gamma} \,. \quad (10.37)$$

Die Kurve der aufgenommenen Leistung $P(\omega)$ hat also, anders als die Schwingungsamplitude, immer ein Maximum bei $\omega = \omega_0$ (Abb. 10.23).

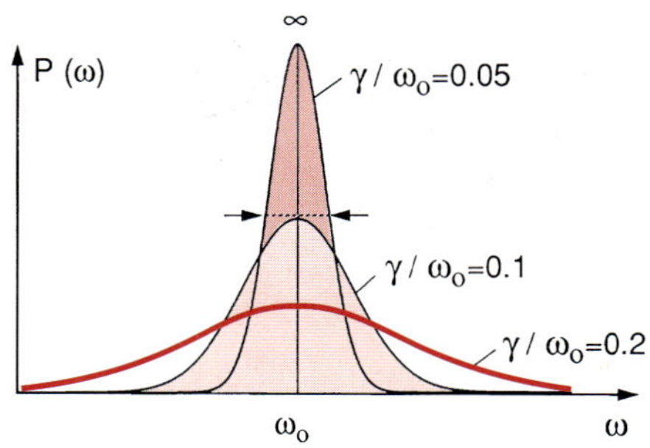

Abb. 10.23. Aufgenommene Leistung $P(\omega)$ der gedämpften erzwungenen Schwingung

Die Resonanz von erzwungenen Schwingungen spielt eine große Rolle bei Maschinen, Autos und allen anderen technischen Apparaten, auf die eine periodische Kraft wirkt. Man versucht, die Eigenfrequenzen der Systeme so zu wählen, daß sie möglichst weit entfernt sind von der Frequenz ω der erregenden Kraft.

10.7 Parametrischer Oszillator

In der Schwingungsgleichung (10.1b)

$$\frac{\mathrm{d}^2x}{\mathrm{d}t^2} + \omega_0^2 x = 0$$

des freien Oszillators können wir die Eigenfrequenz ω_0 als einen Parameter auffassen, dessen Wert durch die Eigenschaften des Systems (hier die Federkonstante $D = m \cdot \omega_0^2$ und die Masse m) bestimmt sind.

Wenn jetzt der Parameter ω_0 nicht zeitlich konstant ist, sondern im Laufe der Zeit eine periodische Änderung erfährt, müssen sich die Eigenschaften des Oszillators, wie Amplitude, Frequenz und Phase ändern. Ein solches schwingendes System, dessen Schwingungsparameter sich zeitlich ändern, heißt ***parametrischer Oszillator***. Seine Bewegungsgleichung heißt dann:

$$\ddot{x} + \omega^2(t)x = 0 \,. \quad (10.38)$$

Ein einfaches Beispiel ist ein Fadenpendel, dessen Fadenlänge eine periodische Variation (z.B. durch einen rotierenden Exzenter) erfährt (Abb. 10.24). Wenn Frequenz f und Phase φ dieser Variation richtig gewählt werden, kann sich ein Aufschaukeln der Schwingungsamplitude ergeben. Wenn z.B. für $\varphi = 0$ die Fadenlänge um ΔL verkürzt wird, gewinnt das System die potentielle Energie $mg\Delta L$. Wird L an den Umkehrpunkten $(\varphi = \varphi_0)$ wieder um ΔL verlän-

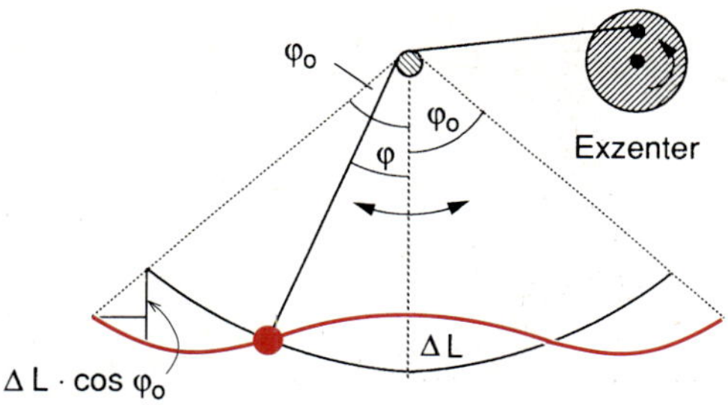

Abb. 10.24. Parametrischer Oszillator als Fadenpendel mit periodisch variierter Fadenlänge

gert, so verringert sich E_{pot} nur um $mg\Delta L \cos\varphi_0$. Insgesamt wird also Energie in das System „hineingepumpt". Ein uns allen bekanntes Beispiel ist ein schaukelndes Kind, das beim Schaukeln durch Strekken der Beine und Neigen des Körpers in der richtigen Phase der Schaukelperiode seinen Schwerpunkt so verlagert, daß dadurch die Schwingungsamplitude wächst. In Abb. 10.24 ist die optimale Phasenlage der Schwerpunktverlagerung eingezeichnet, die dazu führt, daß Energie in das System hineingepumpt wird.

Durch die Verlängerung der Fadenlänge L (Abstand Aufhängepunkt A–Schwerpunkt S) wird die Frequenz $\omega = \sqrt{g/L}$ des Pendels (siehe Abschn. 2.9) verändert. Wir wollen hier eine periodische Änderung der Frequenz

$$\omega^2(t) = \omega_0^2(1 + h \cdot \cos \Omega t) \tag{10.39}$$

betrachten, wobei der maximale relative Frequenzhub $h = 2(\omega - \omega_0)/\omega_0 \ll 1$ sein soll. Die Bewegungsgleichung (10.38) wird damit

$$\ddot{x} + \omega_0^2[1 + h \cdot \cos \Omega t] \cdot x = 0 \,. \tag{10.40}$$

Dies ist eine Mathieusche Differentialgleichung [10.4]. Am Beispiel der Schaukel (Abb. 10.24) sieht man, daß die optimale Energiezufuhr in das schwingende System geschieht, wenn die Änderung der effektiven Fadenlänge (Aufhängepunkt–Schwerpunkt) etwa mit der doppelten Eigenfrequenz ω des schwingenden Systems erfolgt, d.h. unsere Erregerfrequenz sollte durch

$$\Omega = 2\omega_0 + \varepsilon \quad \text{mit } |\varepsilon| \ll \omega_0 \tag{10.41}$$

beschrieben werden. Das System führt dann eine erzwungene Schwingung mit der Frequenz $\Omega/2$ aus. Wir machen deshalb für die Lösung von (10.40) analog zu (10.4c) den Ansatz:

$$x = c_1(t) \cos\left(\frac{\Omega}{2} t\right) + c_2(t) \sin\left(\frac{\Omega}{2} t\right) , \tag{10.42}$$

wobei jetzt aber die Koeffizienten (im Vergleich zu $1/\Omega$) langsam veränderliche Funktionen der Zeit sind, d.h. $\ddot{c}_1$ und $\ddot{c}_2$ können vernachlässigt werden.

Geht man mit (10.42) in (10.40) ein, so erhält man bei Verwendung der Relation $\cos\alpha \cdot \cos 2\alpha = (\cos\alpha + \cos 3\alpha)/2$ und Vernachlässigung derjenigen Terme, die $\cos(3\Omega/2)t$ oder ε/ω_0 enthalten, die Gleichung

$$\begin{aligned} &- \left[2\dot{c}_1 + \left(\varepsilon + \frac{h \cdot \omega_0}{2}\right) c_2\right] \sin\left(\frac{\Omega}{2} t\right) \\ &+ \left[2\dot{c}_2 - \left(\varepsilon - \frac{h \cdot \omega_0}{2}\right) c_1\right] \cos\left(\frac{\Omega}{2} t\right) = 0 \,. \end{aligned}$$

Da diese Gleichung für alle Zeiten t erfüllt sein soll, müssen die eckigen Klammern Null werden (siehe die analoge Argumentation bei (10.24)), d.h. wir erhalten:

$$\begin{aligned} \dot{c}_1 &= -\frac{1}{2}\left(\varepsilon + \frac{h \cdot \omega_0}{2}\right) c_2 \\ \dot{c}_2 &= +\frac{1}{2}\left(\varepsilon - \frac{h \cdot \omega_0}{2}\right) c_1 \,. \end{aligned}$$

Differenziert man die erste Gleichung nach t und setzt für $\dot{c}_2$ die zweite Gleichung ein, so ergibt sich

$$\ddot{c}_1 = -\frac{1}{4}\left[\varepsilon^2 - \left(\frac{h \cdot \omega_0}{2}\right)^2\right] c_1 = -\beta^2 c_1 \,,$$

deren Lösung

$$c_1(t) = A \cdot \mathrm{e}^{\mathrm{i}\beta t} \quad \text{mit } \beta = \frac{1}{2}\sqrt{\varepsilon^2 - \left(\frac{h\omega_0}{2}\right)^2}$$

ist. Für $\beta^2 < 0$, d.h. für $\varepsilon^2 < (h \cdot \omega_0/2)^2$ wird

$$c_1(t) = A \cdot \exp\left\{\frac{1}{2}\left[\left(\frac{h\omega_0}{2}\right)^2 - \varepsilon^2\right]^{1/2} t\right\} \tag{10.43}$$

eine exponentiell ansteigende Funktion, d.h. nur im Frequenzbereich $\Omega = 2\omega_0 + \varepsilon$ mit

$$-\frac{h\omega_0}{2} < \varepsilon < \frac{h\omega_0}{2}$$

wird die Amplitude der Schwingung ohne Dämpfung unendlich, in den Nachbarbereichen bleibt sie endlich.

Für ein gedämpftes System mit der Dämpfungskonstante γ (siehe (10.15)) wird der Frequenzbereich, in dem die Schwingungsamplitude anwächst, eingeengt auf

$$-\sqrt{\left(\frac{h\omega_0}{2}\right)^2-\gamma^2} < \varepsilon < +\sqrt{\left(\frac{h\omega_0}{2}\right)^2-\gamma^2} \,. \tag{10.44}$$

Außerdem tritt eine Amplitudenerhöhung nur auf für $h \geq 2\gamma/\omega_0$, d.h. der Frequenzhub h muß eine Mindestgröße besitzen, um die Dämpfungsverluste durch die zugeführte Energie zu überwinden.

Parametrische Oszillationen spielen nicht nur bei mechanischen Schwingungsproblemen eine Rolle, sondern auch beim Quadrupol-Massenspektrometer und bei optischen parametrischen Oszillatoren (siehe Bd. 3), welche als kohärente, in weiten Grenzen durchstimmbare intensive Lichtquellen eine große Bedeutung für die Spektroskopie haben.

10.8 Gekoppelte Oszillatoren

Gekoppelte, schwingende Systeme spielen in der Physik und Technik eine große Rolle. Die Kopplung bewirkt, daß Schwingungsenergie zwischen den schwingenden Systemen übertragen werden kann. Sind viele räumlich getrennte Oszillatoren miteinander gekoppelt, so kann sich die Schwingung, die an einem Oszillator angefacht wird, in Form von Wellen ausbreiten. Ohne eine Kopplung zwischen Oszillatoren gäbe es daher keine (mechanischen) Wellen.

Wir wollen zuerst den einfachsten Fall schwingender Massenpunkte behandeln, die miteinander gekoppelt sind.

10.8.1 Gekoppelte Federpendel

Sind zwei Massenpunkte m_1 bzw. m_2 durch Federn mit den Rückstellkonstanten D_1 bzw. D_2 an ihre Ruhelagen $x_1 = 0$ bzw. $x_2 = 0$ gebunden und außerdem durch eine Feder mit der Federkonstanten D_{12} miteinander verbunden (Abb. 10.25), so wird die Ausdehnung der mittleren Feder von den jeweiligen Positionen x_i beider Massen abhängen. Deshalb hängt auch die Kraft auf jede Masse nicht nur von ihrer eigenen Position, sondern auch von der der anderen Masse ab.

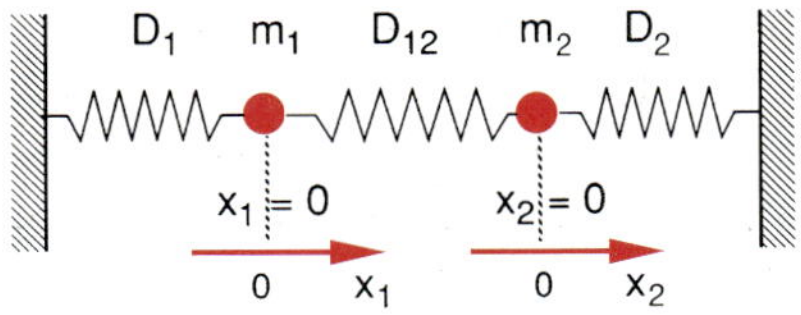

Abb. 10.25. Zwei gekoppelte Federpendel

Die beiden schwingenden Systeme sind miteinander gekoppelt.

Die Bewegungsgleichungen lauten:

$$m_1\ddot{x}_1 = -D_1x_1 - D_{12}(x_1 - x_2) \tag{10.45a}$$

$$m_2\ddot{x}_2 = -D_2x_2 - D_{12}(x_2 - x_1)\,, \tag{10.45b}$$

wobei x_1 und x_2 die Auslenkungen aus den jeweiligen Ruhelagen bedeuten. Die Gleichungen (10.45) stellen ein ***gekoppeltes Differentialgleichungssystem*** dar, weil jede der beiden Gleichungen beide Variablen x_1 und x_2 enthält.

Durch eine geeignete Variablensubstitution gelingt es oft, gekoppelte Gleichungen zu entkoppeln. So liefert z.B für gleiche Massen $m_1 = m_2 = m$ und gleiche Federkonstanten $D_1 = D_2 = D$ die Addition bzw. Subtraktion von (10.45a) (und (10.45b)) die entkoppelten Gleichungen

$$m(\ddot{x}_1 + \ddot{x}_2) = -D(x_1 + x_2)$$
$$m(\ddot{x}_1 - \ddot{x}_2) = -D(x_1 - x_2) - 2D_{12}(x_1 - x_2)\,.$$

In den neuen Koordinaten

$$\xi^+ = \tfrac{1}{2}(x_1 + x_2); \quad \xi^- = \tfrac{1}{2}(x_1 - x_2)$$

ergibt dies die einfachen Gleichungen

$$\begin{aligned} m\cdot\ddot{\xi}^+ &= -D\cdot\xi^+ \\ m\cdot\ddot{\xi}^- &= -(D + 2D_{12})\cdot\xi^-\,, \end{aligned} \tag{10.46}$$

deren allgemeine Lösung durch die harmonischen Schwingungen

$$\xi^+(t) = A_1\cdot\cos(\omega_1 t + \varphi_1)$$
$$\text{mit } \omega_1^2 = D/m \tag{10.47a}$$
$$\xi^-(t) = A_2\cdot\cos(\omega_2 t + \varphi_2)$$
$$\text{mit } \omega_2^2 = (D + 2D_{12})/m \tag{10.47a}$$

gegeben sind. Man nennt diese harmonischen Schwingungen des gekoppelten Systems auch ***Normalschwingungen*** und die Koordinaten ξ die *Normalkoordinaten*. In diesem einfachen Beispiel geben die Normalkoordinaten den Mittelwert $\xi^+ = (x_1 + x_2)/2$ der beiden Koordinaten bzw. den halben Relativabstand $(x_1 - x_2)/2$ an. Die Transformation auf die Normalschwingungskoordinaten ξ erlaubt also die Darstellung der gekoppelten Schwingung als Überlagerung von zwei harmonischen Schwingungen mit den Frequenzen ω_1 und ω_2.

Für gleiche Amplituden $A_1 = A_2 = A$ lassen sich durch Rücktransformation auf die x-Koordinaten x_1, x_2 die Schwingungen der Massenpunkte im x-Raum darstellen als:

$$\begin{aligned} x_1 &= (\xi^+ + \xi^-) = A[\cos(\omega_1 t + \varphi_1) + \cos(\omega_2 t + \varphi_2)] \\ &= 2A \cdot \cos\left(\frac{\omega_1 - \omega_2}{2} t + \frac{\varphi_1 - \varphi_2}{2}\right) \\ &\quad \cdot \cos\left(\frac{\omega_1 + \omega_2}{2} t + \frac{\varphi_1 + \varphi_2}{2}\right) \end{aligned} \tag{10.48a}$$

$$\begin{aligned} x_2 &= (\xi^+ - \xi^-) = A[\cos(\omega_1 t + \varphi_1) - \cos(\omega_1 t + \varphi_2)] \\ &= -2A \cdot \sin\left(\frac{\omega_1 - \omega_2}{2} t + \frac{\varphi_1 - \varphi_2}{2}\right) \\ &\quad \cdot \sin\left(\frac{\omega_1 + \omega_2}{2} t + \frac{\varphi_1 + \varphi_2}{2}\right) . \end{aligned} \tag{10.48b}$$

Dies sind die in Abb. 10.26 gezeigten Schwebungen, deren Maxima für die beiden Massenpunkte gegeneinander versetzt sind, wobei die Versetzung von den Phasen φ_1, φ_2 abhängt.

Die halbe Schwebungsperiode

$$\begin{aligned} \tau &= \frac{T}{2} = \frac{2\pi}{\omega_2 - \omega_1} \\ &= 2\pi \Bigg/ \left(\sqrt{\frac{D + 2D_{12}}{m}} - \sqrt{\frac{D}{m}}\right) \end{aligned} \tag{10.49a}$$

gibt die Zeit an, in der die Schwingungsenergie vom ersten auf das zweite Pendel und wieder zurück übertragen wird. Die halbe Schwebungsperiode ist also die Zeit zwischen zwei Stillständen eines Pendels. Für $D_{12} \ll D$ ergibt (10.49a) bei Entwicklung der ersten Wurzel:

$$\tau = 2\pi \sqrt{m \cdot \frac{D}{D_{12}^2}} . \tag{10.49b}$$

Für $D_{12} = 0{,}1D$ wird die halbe Schwebungsperiode also 10mal so lang wie die Schwingungsperiode des ungekoppelten Pendels, d.h. nach 5 Schwingungen ist die Energie völlig auf das andere Pendel übertragen.

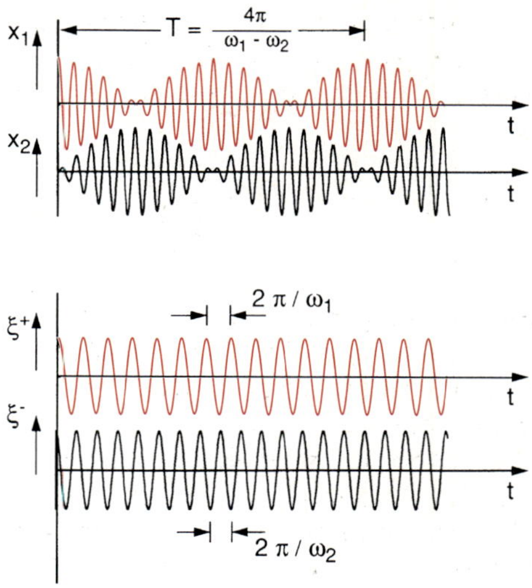

Abb. 10.26. Schwingungsamplituden $x_1(t)$ und $x_2(t)$ gekoppelter Oszillatoren mit der Schwebungsperiode T und die beiden Normalschwingungen $\xi^+(t)$ und $\xi^-(t)$

Bei speziellen Anfangsbedingungen (Abb. 10.27) lassen sich die Normalschwingungen direkt anregen, so daß man in diesen Fällen rein harmonische Schwingungen erhält. Um ξ^+ anzuregen, müssen beide Pendel genau in Phase schwingen ($x_1(t) = x_2(t)$), so daß die Kopplung nicht beansprucht wird. Dann wird

$$\xi^- = 0, \quad \varphi_1 = \varphi_2 = \varphi \quad \text{und} \quad A_1 = A_2 \Rightarrow$$

$$x_1 = x_2 = \xi^+ = A_1 \cos(\omega_1 t + \varphi) . \tag{10.50a}$$

Schwingen beide Pendel genau gegenphasig, d.h. $x_1 = -x_2$, so wird

$$\xi^+ = 0, \quad \varphi_1 = \varphi_2 = \varphi \quad \text{und} \quad A_1 = -A_2 \Rightarrow$$

$$\begin{aligned} x_1(t) &= -x_2(t) = \xi^-(t) \\ &= A_2 \cos(\omega_2 t + \varphi) . \end{aligned} \tag{10.50b}$$

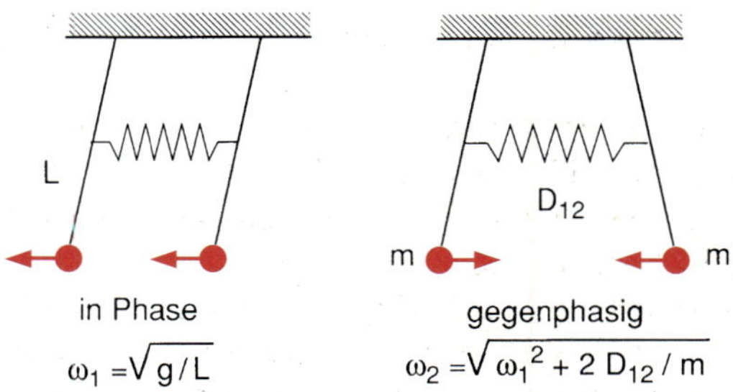

Abb. 10.27. Anfangsbedingungen für die Anregung der beiden Normalschwingungen $\xi^+(t)$ und $\xi^-(t)$

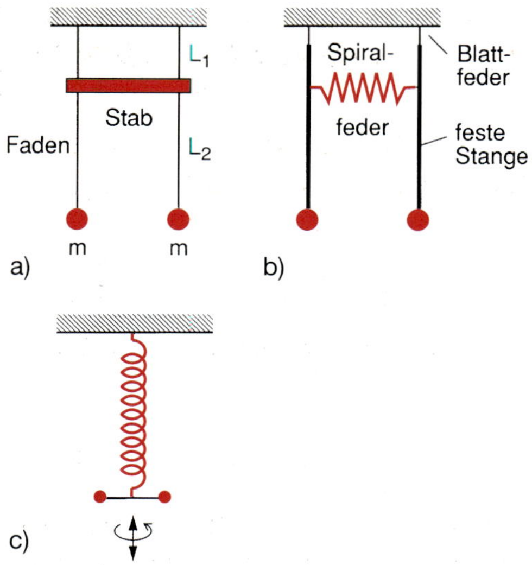

Abb. 10.28a–c. Verschiedene experimentelle Anordnungen gekoppelter Oszillatoren. In (**a**) bestimmt das Verhältnis von L_1/L_2 den Grad der Kopplung; in (**b**) die Stärke der koppelnden Feder; in (**c**) werden Drehschwingungen und lineare Schwingungen durch die Feder gekoppelt

Gekoppelte Oszillatoren lassen sich mit vielfältigen Anordnungen demonstrieren. In Abb. 10.28 sind einige Beispiele gezeigt.

10.8.2 Erzwungene Schwingungen zweier gekoppelter Pendel

Wir betrachten die in Abb. 10.28 gezeigten gekoppelten Oszillatoren, die jetzt aber durch eine an m_1 angreifende periodische Kraft $F = F_0 \cdot \cos\omega t$ zu Schwingungen angeregt werden (Abb. 10.29). Die Bewegungsgleichungen (10.45) werden dann bei zusätzlicher Berücksichtigung der Dämpfung (siehe Abschn. 10.4):

$$m\ddot{x}_1 = -D_1x_1 - D_{12}(x_1 - x_2) - 2m\gamma\dot{x}_1 + F_0 \cdot \cos\omega t \qquad (10.51\text{a})$$

$$m\ddot{x}_2 = -D_2x_2 + D_{12}(x_1 - x_2) - 2m\gamma\dot{x}_2\,, \qquad (10.51\text{b})$$

wobei $\gamma = b/2m$ die Dämpfungskonstante ist.

Für $\gamma = 0$ und $F_0 = 0$ erhalten wir die Gleichung (10.45) der gekoppelten ungedämpften Pendel des vorigen Abschnittes. Führen wir wie dort wieder die Normalkoordinaten

$$\xi^+ = \tfrac{1}{2}(x_1 + x_2) \quad \text{und} \quad \xi^- = \tfrac{1}{2}(x_1 - x_2)$$

ein, so ergeben sich durch Addition bzw. Subtraktion von (10.51a, b) für $D_1 = D_2 = D$ die entkoppelten Gleichungen

$$m\ddot{\xi}^+ = -D\xi^+ - 2m\gamma\dot{\xi}^+ + \tfrac{1}{2}F_0\cos\omega t\,, \qquad (10.52\text{a})$$

$$m\ddot{\xi}^- = -(D + 2D_{12})\xi^- - 2m\gamma\dot{\xi}^- + \tfrac{1}{2}F_0\cos\omega t\,. \qquad (10.52\text{b})$$

Jede dieser Gleichungen entspricht formal der Gleichung einer erzwungenen gedämpften Schwingung, d.h. die beiden Normalschwingungen können als erzwungene Schwingungen von Systemen mit den Eigenfrequenzen $\omega_1 = \sqrt{(D/m) - \gamma^2}$ bzw. $\omega_2 = \sqrt{(D + 2D_{12})/m - \gamma^2}$ und der Dämpfungskonstanten γ angesehen werden.

Bei Variation der Erregerfrequenz ω wird man daher Resonanzen bei den Frequenzen $\omega_1^* = \sqrt{D/m - 2\gamma^2}$ und $\omega_2^* = \sqrt{(D + 2D_{12})/m - 2\gamma^2}$ erwarten (siehe (10.27d)). Für die Bewegung der beiden Pendel 1 und 2 ergibt sich wegen

$$x_1 = \xi^+ + \xi^-, \quad x_2 = \xi^+ - \xi^-$$

die in Abb. 10.30 gezeigten Amplituden $A = x_1(\omega)$, $B = x_2(\omega)$: Bei ω_1^* trägt nur ξ^+ wesentlich bei, bei ω_2^* nur ξ^-. Die Phasenverschiebungen $\varphi_1(\omega)$ und $\varphi_2(\omega)$ zwischen $x_1(t)$ bzw. $x_2(t)$ und der erregenden

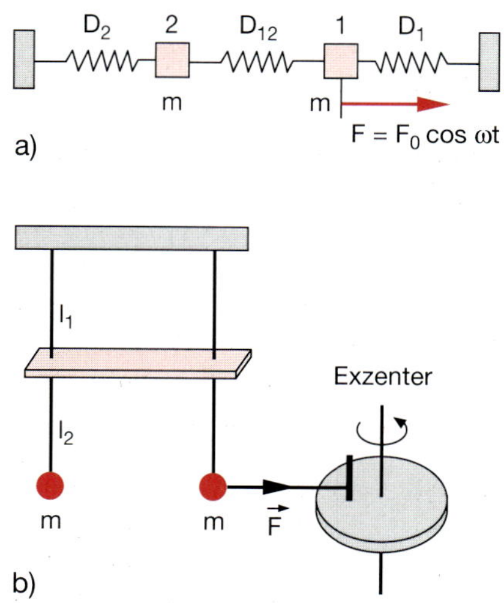

Abb. 10.29. Erzwungene Schwingungen gekoppelter Oszillatoren

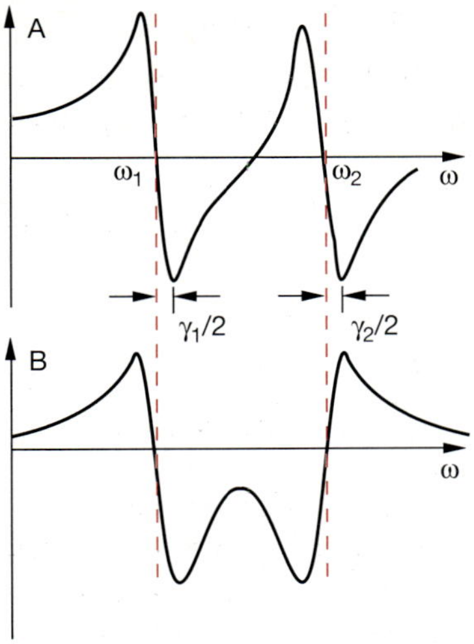

Abb. 10.30. Frequenzabhängigkeit der Amplituden $A(\omega)$ und $B(\omega)$ zweier gekoppelter Oszillatoren, bei denen an m_1 die Kraft $F = F_0 \cos \omega t$ angreift. Negative Werte von A und B bedeuten eine Phasenverschiebung $\Delta\varphi > \pi/2$ gegenüber der Erregerschwingung

Schwingung (siehe (10.24)) sind gestrichelt eingezeichnet.

Man kann solche erzwungenen Schwingungen gekoppelter Oszillatoren auf verschiedene Weise demonstrieren. Ein Beispiel ist in Abb. 10.29b gezeigt, wo zwei gekoppelte Pendel durch eine periodische Kraft angetrieben werden. Die Kopplungsstärke kann durch Wahl der Höhe des Kopplungsstabes variiert werden.

10.8.3 Normalschwingungen

In der Natur findet man viele Beispiele für gekoppelte Schwingungen. Die Zahl N der miteinander gekoppelten Oszillatoren ist dabei nicht auf 2 beschränkt, sondern kann sehr große Werte annehmen. So sind z.B. in einem Festkörperkristall im Prinzip alle N Atome durch ihre elektrischen Anziehungskräfte miteinander gekoppelt. Würde 1 Atom zu Schwingungen angeregt, so könnte sich die Schwingungsenergie auf sehr viele Atome verteilen. Bei einem Kristallvolumen von 1 cm^3 wird $N \approx 10^{23}$!

Wir wollen uns zuerst die möglichen Schwingungen von N Atomen anschauen, die alle auf einer Geraden liegen und durch gleich starke Kopplungsfedern miteinander verbunden sind (lineare Kette, Abb. 10.31). Die verschiedenen möglichen longitudinalen

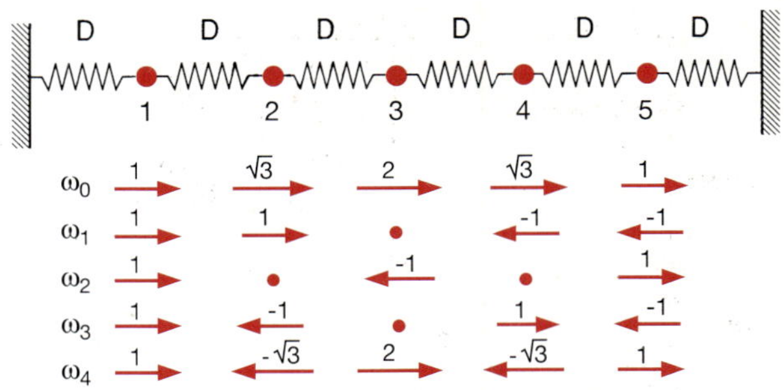

Abb. 10.31. Longitudinale Schwingungen einer linearen Kette aus fünf gleichen Massen

Normalschwingungen sind in Abb. 10.31 für den Fall $N = 5$ dargestellt.

Analog zur Bewegungsgleichung (10.45) erhält man ein gekoppeltes System von 5 Gleichungen für die Abweichungen x_i der gleichen Massen m_i

$$\begin{pmatrix} \ddot{x}_1 \\ \ddot{x}_2 \\ \ddot{x}_3 \\ \ddot{x}_4 \\ \ddot{x}_5 \end{pmatrix} = \begin{pmatrix} -2D & D & 0 & 0 & 0 \\ D & -2D & D & 0 & 0 \\ 0 & D & -2D & D & 0 \\ 0 & 0 & 0 & D & -2D \end{pmatrix} \begin{pmatrix} x_1 \\ x_2 \\ x_3 \\ x_4 \\ x_5 \end{pmatrix} \tag{10.53a}$$

deren Lösungen die Frequenzen $\omega_\kappa (\kappa = 0. \ldots 4)$ der Normalschwingungen ergeben:

$$\begin{aligned} \omega_0 &= \sqrt{(2-\sqrt{3})D/m}; \quad & \omega_1 &= \sqrt{D/m} \\ \omega_2 &= \sqrt{2D/m}; & \omega_3 &= \sqrt{3D/m} \\ \omega_4 &= \sqrt{(2+\sqrt{3})D/m} \end{aligned} \tag{10.53b}$$

Bei diesen Normalschwingungen führen alle Massen harmonische Schwingungen mit derselben Frequenz ω aus. Jede mögliche Schwingung aller Massen kann immer als Linearkombination dieser Normalschwingungen beschrieben werden.

Ein einfaches Beispiel für gekoppelte Schwingungen eines Systems, bei dem die Massen nicht nur entlang einer Geraden schwingen, bieten die Schwingungen mehratomiger Moleküle (Bd. 3), die ebenfalls als Linearkombination weniger Normalschwingungen des Kerngerüstes dargestellt werden können. Diese Normalschwingungen kann man durch folgende Überlegungen erhalten:

Jedes der N Atome eines Moleküls hat drei Freiheitsgrade der Bewegung. Das N-atomige Molekül

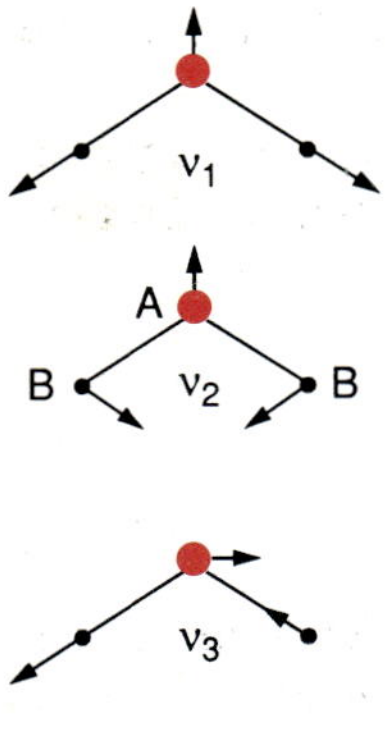

Abb. 10.32. Die drei Normalschwingungen eines nichtlinearen dreiatomigen Moleküls AB_2

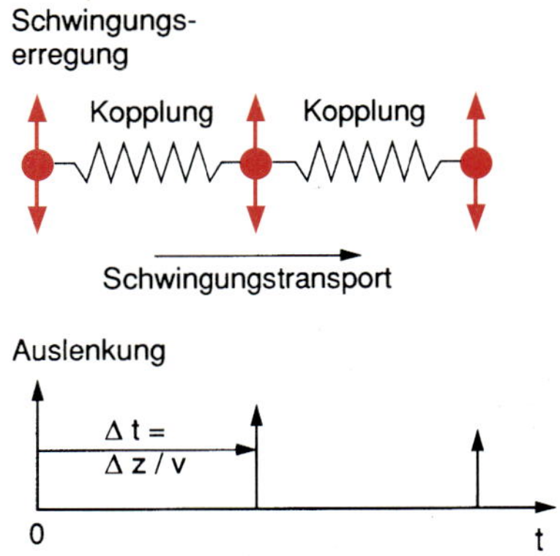

Abb. 10.33. Ausbreitung einer mechanischen Welle als räumlicher Transport von Schwingungsenergie infolge der Kopplung zwischen benachbarten Schwingern

hat daher insgesamt $3N$ Freiheitsgrade für alle möglichen Bewegungen. Würde das Molekül ein starrer Körper sein (d.h. *nicht* schwingen), so könnte seine Bewegung dargestellt werden (siehe Abschn. 5.1) als Translation seines Schwerpunktes (3 Freiheitsgrade) und als Rotation um den Schwerpunkt (3 Freiheitsgrade), so daß für nichtlineare Moleküle $3N - 6$ Freiheitsgrade für alle möglichen Schwingungen übrig bleiben. Jedem dieser Schwingungs-Freiheitsgrade entspricht eine Normalschwingung, so daß ein nichtlineares Molekül $3N - 6$ Normalschwingungen hat. Dies sind alle Bewegungen des Kerngerüstes, bei dem sich der Gesamtimpuls und der Gesamtdrehimpuls des Moleküls nicht ändern.

In Abb. 10.32 sind die drei Normalschwingungen eines dreiatomigen nichtlinearen Moleküls gezeigt. Bei linearen Molekülen gibt es nur zwei Freiheitsgrade der Rotation, weil die Rotationsenergie E_{rot} bei vorgegebenem Drehimpuls $L = I \cdot \omega$ durch

$$E_{\text{rot}} = \frac{1}{2} I \omega^2 = \frac{L^2}{2I} \qquad (10.54)$$

gegeben ist. Die Rotation um die Molekülachse kann wegen des extrem kleinen Trägheitsmomentes I bei vorgegebenem Rotationsdrehimpulses L nicht angeregt werden. Deshalb haben lineare Moleküle $3N - 5$ Normalschwingungen.

10.9 Mechanische Wellen

Wenn ein schwingender Massenpunkt m_1 mit anderen, räumlich benachbarten Massenpunkten m_k gekoppelt ist, kann sich die Schwingung infolge dieser Kopplung im Raum ausbreiten, soweit es angekoppelte Massenpunkte gibt (Abb. 10.33). Dabei wird die Schwingungsenergie räumlich transportiert. Eine solche räumliche Ausbreitung von Schwingungen nennen wir eine ***Welle***. Beispiele für mechanische Wellen sind Wasserwellen, Schallwellen oder beliebige Druckwellen in festen, flüssigen oder gasförmigen Medien.

> Eine Welle ist also ein Vorgang, bei dem sich eine Schwingung vom Ort ihrer Erregung infolge von Kopplungen an benachbarte, schwingungsfähige Systeme im Raum ausbreitet. Die Ausbreitungsgeschwindigkeit hängt ab von der Stärke der Kopplung und von der Masse der schwingenden Systeme.

Wir wollen uns in diesem Abschnitt zuerst mit Wellen befassen, die sich nur in einer Richtung ausbreiten, bevor wir zum allgemeineren Fall beliebiger räumlicher Wellen übergehen.

10.9.1 Verschiedene Darstellungen harmonischer ebener Wellen

Zieht man unter einem in x-Richtung schwingenden Sandpendel mit der Geschwindigkeit $-v$ in z-Richtung eine mit schwarzem Samt bedeckte Platte hinweg, so „schreibt" das Sandpendel eine „Sinuswelle" auf die Platte (Abb. 10.34). Die lineare Schwingung $x = A \cdot \sin \omega t$ hat sich für einen mit der Platte

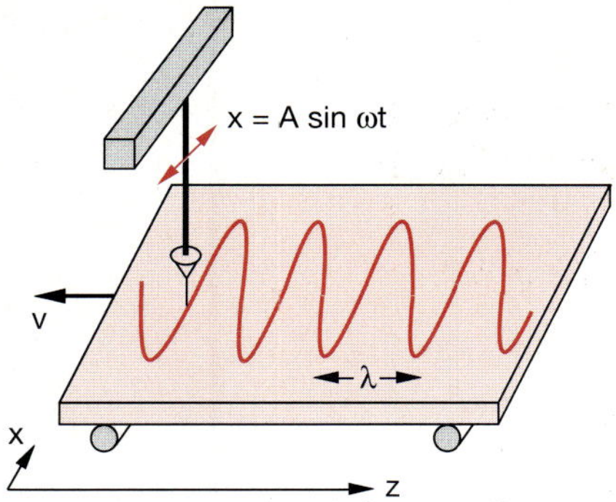

Abb. 10.34. Demonstration des Zusammenhanges zwischen Schwingung und Welle mit Hilfe eines Sandpendels

bewegten Beobachter auf der Platte mit der Geschwindigkeit $+v$ in die $+z$-Richtung ausgebreitet. Für ihn wird die Auslenkung $x(t,z)$ eine Funktion von t und z:

$$x(t,z) = A \cdot \sin[\omega(t - z/v)] \,. \qquad (10.55)$$

Wir nennen alle Wellen, welche die Ausbreitung harmonischer Schwingungen im Raum beschreiben, *harmonische Wellen*.

Als ***Wellenlänge*** λ bezeichnen wir den Abstand Δz zwischen zwei äquivalenten Punkten z_1 und z_2, für die sich das Argument der Sinusfunktion um 2π unterscheidet, für die die Auslenkungen $x(z_1,t) = x(z_2,t)$ zur gleichen Zeit also gleich sind (Abb. 10.35). Es gilt daher:

$$\frac{\omega z_1}{v} + 2\pi = \frac{\omega z_2}{v} \Rightarrow$$
$$\lambda = z_2 - z_1 = 2\pi \cdot v/\omega = v/\nu \,. \qquad (10.56)$$

Die Wellenlänge $\lambda = v/\nu = v \cdot T$ ist die Strecke, welche die Welle während einer Schwingungsperiode T durchläuft.

Für die *Wellengeschwindigkeit* v erhalten wir daher die wichtige Relation

$$\boxed{v = \lambda \cdot \nu} \,. \qquad (10.57a)$$

Mit Hilfe der ***Wellenzahl*** $k = 2\pi/\lambda$ läßt sich (10.55) in der einfacheren Form

$$x(t,z) = A \cdot \sin(\omega t - kz) \qquad (10.57b)$$

schreiben. Zum gleichen Zeitpunkt $t = t_0$ ist die Phase $\omega t_0 - kz$ für alle Punkte der Ebene $z = \text{const}$ gleich. Die Ebenen $z = \text{const}$ heißen Phasenflächen und die Welle (10.57b) heißt ***ebene Welle***.

Wir haben also die äquivalenten Darstellungen für ebene Wellen, die sich in die $+z$-Richtung ausbreiten:

$$\begin{aligned} x(z,t) &= A \cdot \sin(\omega t - kz) \\ &= A \cdot \sin\left[\frac{2\pi}{\lambda}(vt - z)\right] \\ &= A \cdot \sin[2\pi(\nu t - z/\lambda)] \,. \end{aligned} \qquad (10.57c)$$

Für einen Beobachter, der sich mit der Welle so bewegt, daß er z.B. immer auf einem Wellenmaximum sitzt, muß die Phase $(\omega t - kz)$ konstant sein.

Für ihn muß daher gelten:

$$\frac{\mathrm{d}}{\mathrm{d}t}[\omega t - kz] = 0 \Rightarrow \omega - k \cdot \frac{\mathrm{d}z}{\mathrm{d}t} = 0 \Rightarrow \frac{\mathrm{d}z}{\mathrm{d}t} = \frac{\omega}{k} \,.$$

Die Geschwindigkeit (10.57a)

$$\boxed{v_{\mathrm{Ph}} = \frac{\omega}{k} = \nu \cdot \lambda} \qquad (10.57d)$$

heißt ***Phasengeschwindigkeit*** der Welle. Sie ist gleich dem Verhältnis ω/k von Kreisfrequenz ω und Wellenzahl k der Welle und hängt ab von der Stärke der Kopplung und von Masse und Dichte der gekoppelten Teilchen des Mediums, in dem sich die Welle ausbreitet.

Im Abschn. 10.1 hatten wir gesehen, daß Schwingungen auch durch komplexe Funktionen beschrieben werden können. Dies bedeutet, daß sowohl Realteil als auch Imaginärteil der komplexen Funktion

$$\mathrm{e}^{\mathrm{i}\omega t} = \cos\omega t + \mathrm{i}\sin\omega t$$

Lösungen der Schwingungsgleichung sind.

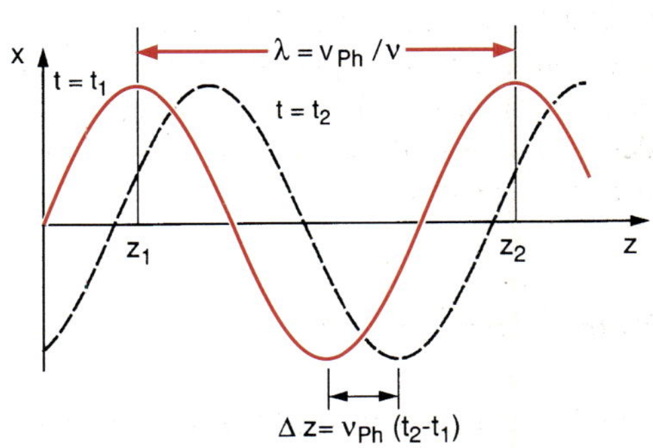

Abb. 10.35. Zusammenhang zwischen Wellenlänge λ, Schwingungsperiode $T = 1/\nu$ und Phasengeschwindigkeit v_{Ph}

Genauso lassen sich harmonische Wellen in komplexer Form als

$$x(z,t) = C \cdot e^{i(\omega t - kz)} + C^* \cdot e^{-i(\omega t - kz)} \quad (10.58a)$$

darstellen, was äquivalent ist zu

$$x(z,t) = A \cdot \cos(\omega t - kz) + B \cdot \sin(\omega t - kz)$$
$$\text{mit } A = C + C^* \text{ und } B = i(C - C^*) \,. \quad (10.58b)$$

Häufig schreibt man verkürzt einfach die komplexe Amplitude

$$x(z,t) = C \cdot e^{i(\omega t - kz)} \,, \quad (10.58c)$$

deren Real- und Imaginärteil dann Darstellungen der reellen Welle sind.

10.9.2 Zusammenfassung

Jede der Darstellungen (10.57c, 58) einer harmonischen Welle beschreibt

- am festen Ort $z = z_0$ eine zeitlich periodische harmonische Schwingung

  $$x = A \cdot \sin(\omega t - kz_0) = A \cdot \sin(\omega t - \varphi) \quad (10.59a)$$

  mit der Periode $T = 2\pi/\omega$ und der Phase $\varphi = kz_0$ (Abb. 10.36a).

- zum festen Zeitpunkt $t = t_0$ eine räumlich periodische Funktion

  $$x = A \cdot \cos(\omega t_0 - kz) \quad (10.59b)$$

  mit der Wellenlänge $\lambda = 2\pi/k$ und der Anfangsphase $\varphi = \omega \cdot t_0$ für $z = 0$ (Abb. 10.36b).

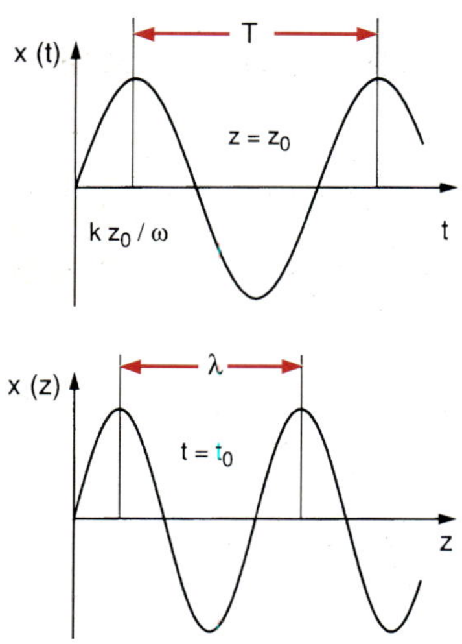

Abb. 10.36a,b. Darstellung einer harmonischen Welle. (**a**) als ortsfeste Schwingung $x(z_0, t)$ für $z_0 = 0$. (**b**) als räumliche periodische Funktion $x(z, t_0)$ zum festen Zeitpunkt $t_0 = 0$

10.9.3 Allgemeine Darstellung beliebiger Wellen. Wellengleichung

Das hier beschriebene Beispiel einer Sinuswelle ist nur ein Spezialfall einer großen Zahl verschiedener Wellentypen. Wir wollen deshalb zu einer allgemeineren Darstellung beliebiger sich in z-Richtung ausbreitender Wellen kommen. Dazu machen wir die folgende Überlegung:

Eine physikalische Größe (z.B. Druck, Temperatur, mechanische Auslenkung, elektrische Feldstärke etc.) möge am Ort z zur Zeit t eine Störung ξ (= Abweichung vom Gleichgewichtszustand) erleiden. Infolge der Kopplung mit den Nachbargebieten wird sich diese Störung im Laufe der Zeit im Raum ausbreiten. Wir nennen diesen Ausbreitungsvorgang eine Welle und wollen ihn am Beispiel der eindimensionalen Ausbreitung in z-Richtung näher studieren. Ein einfaches Beispiel wäre die x-Auslenkung eines in z-Richtung gespannten Seiles zur Zeit $t = 0$ (Abb. 10.37), die sich dann für $t > 0$ in z-Richtung ausbreitet (Abb. 10.37b).

Wenn die Störung ξ zur Zeit $t = 0$ an der Stelle $z = z_0$ auftritt, wird sie bei einer Ausbreitungsge-

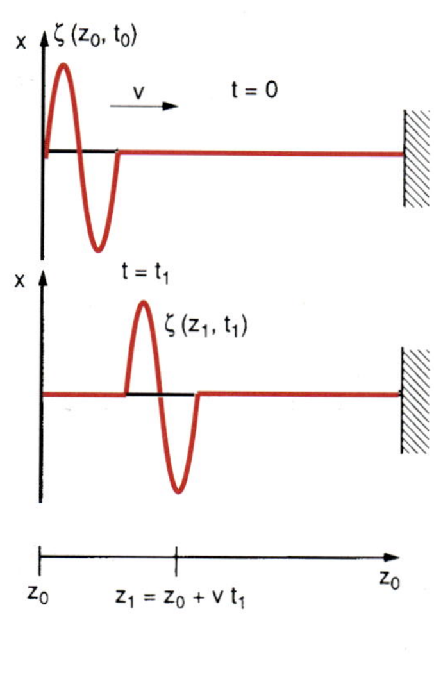

Abb. 10.37. Ausbreitung einer Seilwelle

chwindigkeit v zu einem späteren Zeitpunkt t_1 an der Stelle $z_1 = z_0 + v \cdot t_1$ sein. Wenn wir annehmen, daß sich die Form der Auslenkung $\xi(z)$ bei der Ausbreitung in z-Richtung nicht ändert, erhalten wir die Gleichung

$$\xi(z_1, t_1) = \xi(z_1 - vt_1, 0) = \xi(z_0, 0) . \qquad (10.60)$$

Man sieht daraus, daß die Funktion $\xi(z, t)$, für einen konstanten Wert $z - vt = z_0$, d.h. für alle Werte $z = v \cdot t + z_0$ konstant bleibt. Wir können die Wellenfunktionen $\xi(z, t)$ daher als Funktion des Argumentes $z - vt$ ansehen und sie in allgemeiner Form schreiben als:

$$\xi(z, t) = f(z - vt) . \qquad (10.61)$$

Hängt $f(z - vt)$ nicht von x oder y ab, so ist die Größe ξ für alle Punkte einer Ebene $z =$ const zu einem gegebenen Zeitpunkt $t = t_0$ gleich groß. Man nennt eine solche Welle eine ***ebene Welle***, die sich in $+z$-Richtung mit der Phasengeschwindigkeit $v = v_{\mathrm{Ph}}$ ausbreitet. Die Ebenen $z =$ const, auf denen das Argument $(z - vt)$ der Wellenfunktion für alle Punkte der Ebene gleich ist, heißen die ***Phasenflächen*** der ebenen Welle.

Eine ebene Welle, die sich in die $-z$-Richtung ausbreitet, wird demnach ganz allgemein durch eine Funktion $f(z + vt)$ beschrieben, die von den beiden Variablen z und t abhängt.

Differenziert man (10.61) zweimal partiell nach t bzw. nach z, so ergibt sich mit der Abkürzung $u = z - vt$ und $\xi(z, t) = f(u)$; $f'(u) = \mathrm{d}f/\mathrm{d}u$:

$$\frac{\partial \xi}{\partial z} = \frac{\mathrm{d}f}{\mathrm{d}u} \cdot \frac{\mathrm{d}u}{\mathrm{d}z} = f'(u) \cdot 1$$

$$\frac{\partial^2 \xi}{\partial z^2} = \frac{\mathrm{d}^2 f}{\mathrm{d}u^2} = f''(u) \qquad (10.62a)$$

$$\frac{\partial \xi}{\partial t} = \frac{\mathrm{d}f}{\mathrm{d}u} \cdot \frac{\partial u}{\partial t} = -v \cdot f'(u)$$

$$\frac{\partial^2 \xi}{\partial t^2} = \frac{\mathrm{d}^2 f}{\mathrm{d}u^2} \cdot v^2 = f''(u) \cdot v^2 . \qquad (10.62b)$$

Der Vergleich von (10.62a, b) ergibt die Wellengleichung

$$\boxed{\frac{\partial^2 \xi}{\partial z^2} = \frac{1}{v^2} \frac{\partial^2 \xi}{\partial t^2}} \qquad (10.63)$$

einer sich in z-Richtung mit der Phasengeschwindigkeit v ausbreitenden Welle $\xi(z, t)$. Alle Lösungen dieser Gleichung ergeben mögliche Wellen. Durch spezielle Randbedingungen werden aus den unendlich vielen Lösungen spezielle Wellen selektiert.

Die Lösungen von (10.63) brauchen nicht unbedingt harmonische Wellen zu sein oder überhaupt periodische Wellen. Auch einmalige Störungen $\xi(z, t)$ können sich als kurze Pulse, wie in Abb. 10.37 dargestellt, ausbreiten. Sie sind ebenfalls Lösungen der Wellengleichung und werden deshalb auch als Wellen bezeichnet.

Die Größe ξ kann auch eine elektrische oder magnetische Feldstärke sein, so daß (10.63) nicht nur mechanische Wellen, sondern auch elektromagnetische Wellen beschreibt. Die Phasengeschwindigkeit v_{Ph} ist dann gleich der Lichtgeschwindigkeit c (siehe Bd. 2).

10.9.4 Verschiedene Wellentypen

Die verschiedenen Wellentypen hängen davon ab, welche physikalische Größe durch das Symbol ξ in der Wellengleichung (10.63) beschrieben wird und welchen zeitlichen Verlauf die Erregerschwingung $\xi(t, z_0)$ am Erzeugungsort z_0 der Welle hat.

a) Ebene Wellen in z-Richtung

Ist $\xi = A \cdot \cos(\omega t - kz)$ eine harmonische Welle, so folgt wegen

$$\frac{\partial^2 \xi}{\partial z^2} = -k^2 \xi \quad \text{und} \quad \frac{\partial^2 \xi}{\partial t^2} = -\omega^2 \cdot \xi \qquad (10.64)$$

für die Phasengeschwindigkeit $v_{\mathrm{Ph}} = \omega/k = v \cdot \lambda$ die bereits bekannte Relation (10.57a).

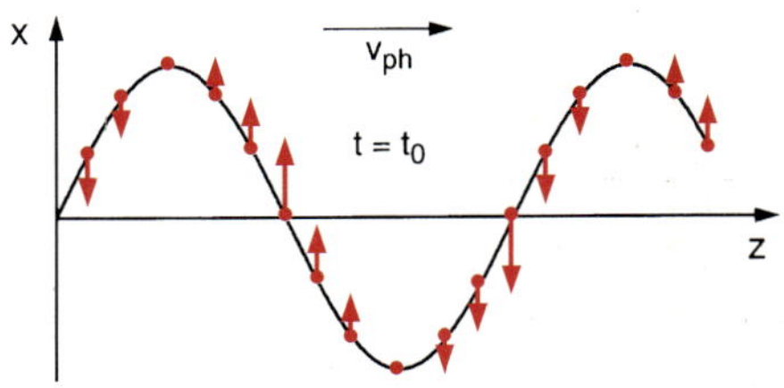

Abb. 10.38. Momentanbild einer transversalen Welle zur Zeit $t = t_0$; die Pfeile geben die Geschwindigkeit $\dot{x}(t_0)$ der Auslenkung $x(t)$ an

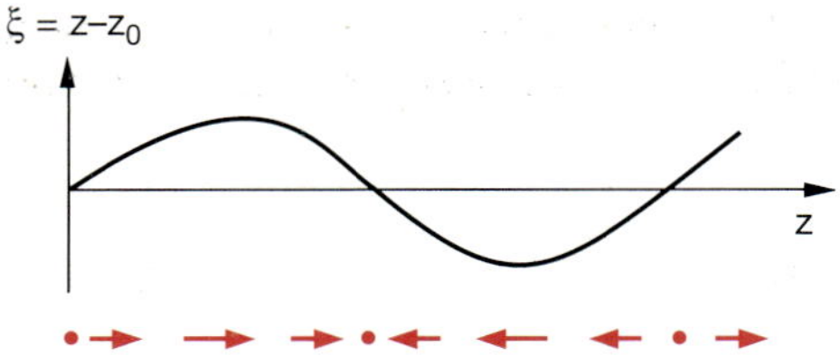

Abb. 10.39. Longitudinale Welle

Bedeutet die Größe ξ eine mechanische Auslenkung von Teilchen eines Mediums aus ihrer Gleichgewichtslage, so kann diese Auslenkung entweder *senkrecht* zur Ausbreitungsrichtung der Welle (= z-Richtung) erfolgen, d.h. in x- oder y-Richtung, oder *in* Ausbreitungsrichtung. Im ersten Fall heißt die Welle ***transversal***, im zweiten Fall ***longitudinal***.

Die Abb. 10.38 und 10.39 geben Beispiele für eine transversale ebene Welle

$$\Delta \boldsymbol{x}(z,t) = A\hat{\boldsymbol{x}}\sin(\omega t - kz)\ , \tag{10.65a}$$

deren Auslenkung $\Delta x = x - x_0$ in x-Richtung geschieht ($\hat{\boldsymbol{x}}$ = Einheitsvektor in x-Richtung) und für eine longitudinale Welle

$$\Delta z(z,t) = B\hat{z}\sin(\omega t - kz)\ , \tag{10.65b}$$

bei der die Auslenkung der schwingenden Teilchen in Ausbreitungsrichtung erfolgen.

Wir werden weiter unten sehen, daß die Ausbreitungsgeschwindigkeit der verschiedenen Wellentypen im allgemeinen unterschiedlich ist, weil das Verhältnis ω/k von Art und Form der Welle abhängt und natürlich auch vom Medium (das die Kopplung bewirkt), in dem die Welle sich ausbreitet.

Erfolgt die Auslenkung $\Delta \boldsymbol{x}$ einer transversalen Welle in einer festen Ebene, so heißt die Welle linear polarisiert. Die Welle (10.65a) ist z.B. für $A = \text{const}$ eine in x-Richtung linear polarisierte Welle, die sich in z-Richtung ausbreitet.

Wie im Abschn. 10.3 gezeigt wurde, lassen sich zwei Schwingungen

$$x = A\sin(\omega t + \varphi_2)$$
$$y = B\sin(\omega t + \varphi_2)$$

in x- bzw. y-Richtung überlagern, so daß eine elliptische Schwingung in der x-y-Ebene entsteht. Wenn sich eine solche Schwingung in z-Richtung ausbreitet, erhalten wir eine elliptisch polarisierte Welle (Abb. 10.40), die für $A = B$ und $\varphi_2 = \varphi_1 \pm \pi/2$ in den

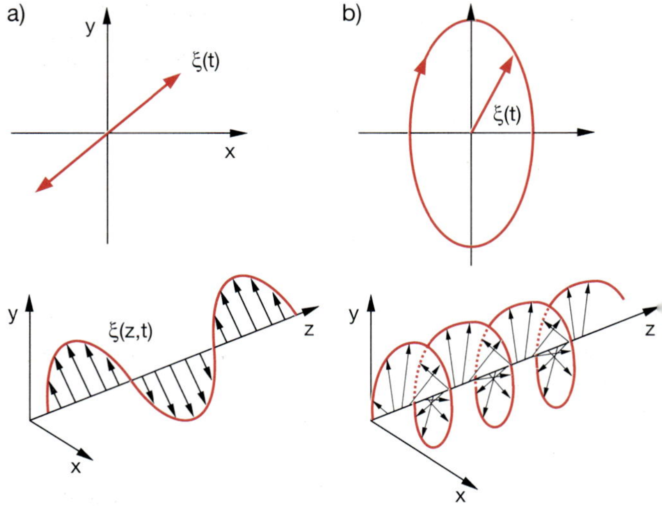

Abb. 10.40. (**a**) Linear polarisierte Welle, (**b**) elliptisch polarisierte Welle

Grenzfall einer zirkular polarisierten Welle übergeht. Eine elliptisch polarisierte Welle läßt sich also immer darstellen als Überlagerung zweier linear polarisierter Wellen. Die komplexe Darstellung einer elliptisch polarisierten Welle ergibt bei gleicher Ausbreitungsgeschwindigkeit v für die beiden linear polarisierten Wellen den Ausdruck

$$\boldsymbol{\xi} = \boldsymbol{\xi}_1 + \boldsymbol{\xi}_2 = (A\hat{\boldsymbol{x}} + B\hat{\boldsymbol{y}}e^{i\Delta\varphi})e^{i(\omega t - kz)}\ , \tag{10.66}$$

dessen Realteil die Auslenkung $\boldsymbol{\xi}$ der Welle angibt. Die Spitze des Amplitudenvektors $\boldsymbol{\xi}$ beschreibt eine elliptische Schraubenlinie um die z-Achse (Abb. 10.40).

b) Ebene Wellen mit beliebiger Ausbreitungsrichtung

Breitet sich eine ebene Welle in beliebiger Richtung aus, so beschreiben wir diese Ausbreitungsrichtung durch den Wellenvektor

$$\boldsymbol{k} = \{k_x, k_y, k_z\}\ , \tag{10.67}$$

dessen Betrag die bereits oben eingeführte Wellenzahl $k = 2\pi/\lambda$ ist (Abb. 10.41). Da die Phasenflächen einer ebenen Welle Ebenen senkrecht zur Ausbreitungsrichtung sind, muß für den Ortsvektor $\boldsymbol{r}$ eines Punktes in einer solchen Ebene immer gelten: $\boldsymbol{k}\cdot\boldsymbol{r} = \text{const}$, weil für zwei beliebige Punkte in der Ebene mit den Orts-

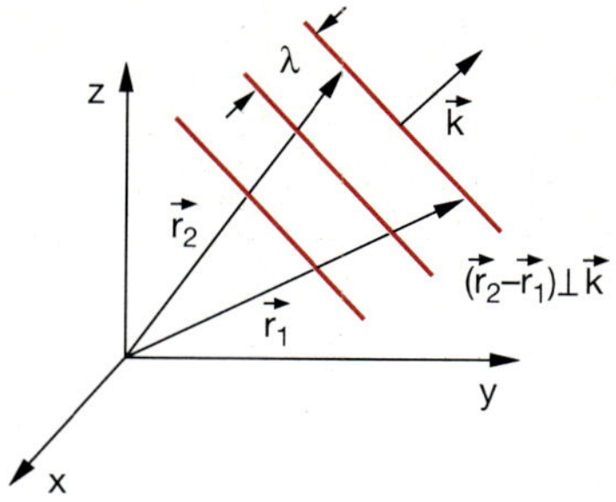

Abb. 10.41. Ebene Welle mit beliebiger Ausbreitungsrichtung $\boldsymbol{k}$

vektoren $\boldsymbol{r}_1, \boldsymbol{r}_2$ der Vektor $\boldsymbol{r}_1 - \boldsymbol{r}_2$ in der Ebene liegt und deshalb $\boldsymbol{k} \cdot (\boldsymbol{r}_1 - \boldsymbol{r}_2) = 0$ gelten muß.

Die Darstellung unserer ebenen harmonischen Welle ist dann:

$$\xi = \boldsymbol{A} \sin(\omega t - \boldsymbol{k} \cdot \boldsymbol{r}) \; , \tag{10.68a}$$

weil dann zu einem festen Zeitpunkt t_0 die Phase der Welle für alle Punkte auf der Phasenfläche $\boldsymbol{k} \cdot \boldsymbol{r} =$ const denselben Wert hat. Die abgekürzte komplexe Schreibweise der ebenen Welle ist:

$$\xi = \boldsymbol{A} \mathrm{e}^{\mathrm{i}(\omega t - \boldsymbol{k} \cdot \boldsymbol{r})} \quad \text{mit } \boldsymbol{A} = \boldsymbol{a} + \mathrm{i}\boldsymbol{b} \; , \tag{10.68b}$$

wobei die Amplitude der Welle durch $|\boldsymbol{A}|$ gegeben ist.

Die allgemeine Darstellung einer beliebigen Welle, die sich in beliebiger Richtung ausbreitet, wird durch die Funktion

$$\xi = \boldsymbol{A} f(\boldsymbol{k} \cdot \boldsymbol{r} - \omega t)$$

gegeben. Bildet man wieder die partiellen Ableitungen

$$\frac{\partial^2 \xi}{\partial x^2} = \boldsymbol{A} k_x^2 \frac{\mathrm{d}^2 f}{\mathrm{d}u^2} \; ,$$

$$\frac{\partial^2 \xi}{\partial y^2} = \boldsymbol{A} k_y^2 \frac{\mathrm{d}^2 f}{\mathrm{d}u^2} \; ,$$

$$\frac{\partial^2 \xi}{\partial t^2} = \boldsymbol{A} \omega^2 \frac{\mathrm{d}^2 f}{\mathrm{d}u^2} \; ,$$

mit $u = \boldsymbol{k} \cdot \boldsymbol{r} - \omega t$, so erhält man durch Addition der drei Ableitungen wegen $v = \omega / k$ und $k^2 = k_x^2 + k_y^2 + k_z^2$ die allgemeine Wellengleichung

$$\boxed{\Delta \xi = \frac{1}{v^2} \frac{\partial^2 \xi}{\partial t^2}} \tag{10.69}$$

mit dem Laplace-Operator $\Delta = \partial^2/(\partial x^2) + \partial^2/(\partial y^2) + \partial^2/(\partial z^2)$. Man beachte, daß v die Phasengeschwindigkeit (10.57d) darstellt.

Man prüft leicht nach, daß die speziellen Wellen (10.68a und b) der Wellengleichung (10.69) genügen.

c) Kugelwellen

Breitet sich eine Störung von einem punktförmigen Erregerzentrum gleichmäßig in alle Richtungen aus, so müssen die Phasenflächen der entstehenden Welle Kugelflächen sein, die senkrecht auf den radialen Ausbreitungsrichtungen stehen (Abb. 10.42). Die Darstellung einer solchen ***Kugelwelle*** ist daher:

$$\xi(r, t) = f(r) \sin(\omega t - kr) \; , \tag{10.70}$$

wobei $f(r)$ eine kugelsymmetrische Funktion ist. Wir hatten in (10.29) gesehen, daß die Energie von Schwingungen proportional zum Quadrat der Schwingungsamplitude ist. Da sich die im Erregerzentrum erzeugte Energie gleichmäßig mit der Geschwindigkeit v radial in alle Richtungen ausbreitet, muß durch jede Kugelfläche $4\pi r^2$ unabhängig von r die gleiche Leistung transportiert werden.

Im Abschn. 10.9.6 wird gezeigt, daß das Produkt $v\xi^2$ aus Phasengeschwindigkeit v und dem Quadrat der Wellenamplitude proportional zur Energieflußdichte der Welle (Energie, die pro Sekunde durch 1 m^2 Fläche transportiert wird) ist. Deshalb muß für die Amplitude der Kugelwelle (10.70) gelten:

$$v f(r)^2 4\pi r^2 = \text{const}$$

$$\Rightarrow f(r) = \frac{A}{r} \; .$$

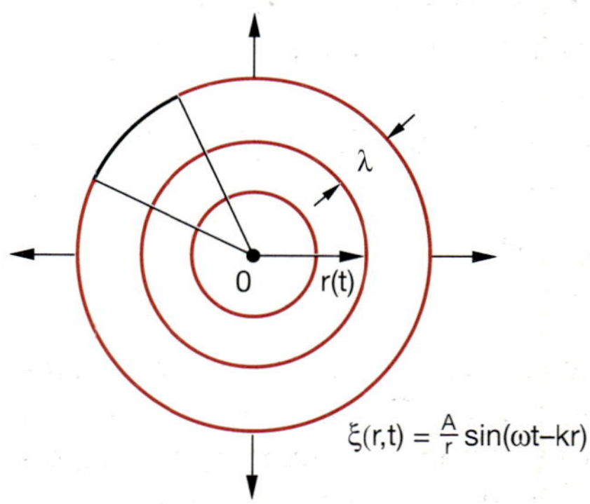

Abb. 10.42. Kugelwelle

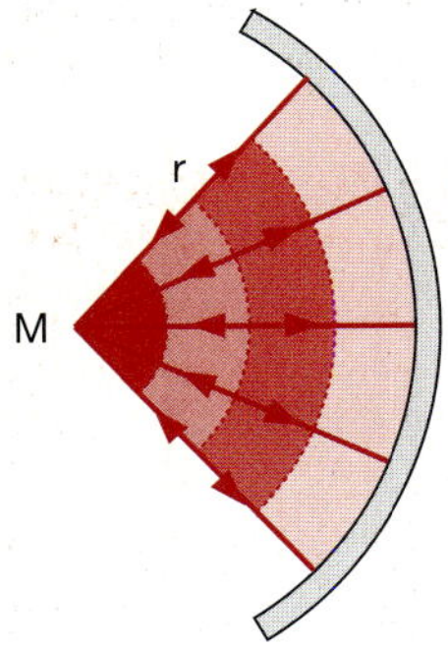

Abb. 10.43. Reflexion einer Kugelwelle in sich selbst durch einen Hohlspiegel (*M*: Mittelpunkt, *r*: Radius)

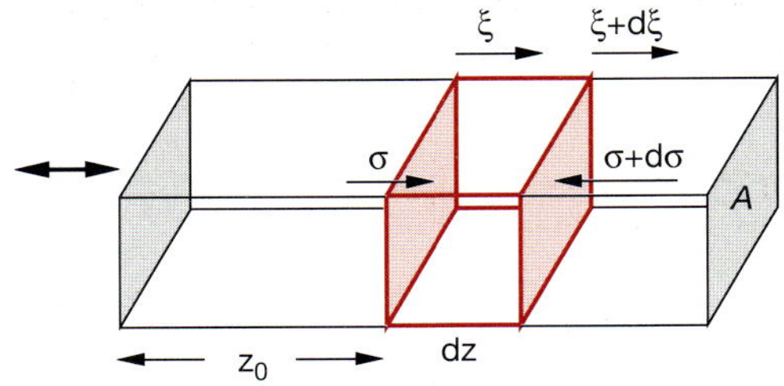

Abb. 10.44. Zur Herleitung der Wellengleichung (10.74)

Die Darstellung einer harmonischen Kugelwelle, die im Zentrum bei $r = 0$ erregt wird, ist daher für $r > 0$:

$$\xi(r,t) = \frac{A}{r}\sin(\omega t - kr) \tag{10.71a}$$

bzw. in komplexer Schreibweise:

$$\xi(r,t) = \frac{A}{r}\mathrm{e}^{\mathrm{i}(\omega t - kr)} \, . \tag{10.71b}$$

Sie unterscheidet sich außer in der mit $1/r$ abfallenden Amplitude auch in der Phase, da hier kr anstelle des Skalarproduktes $\boldsymbol{k} \cdot \boldsymbol{r} = kr\cos\vartheta$ tritt. Man kann eine durch die Quelle Q erzeugte auslaufende Kugelwelle durch Reflexionen an einem sphärischen Hohlspiegel wieder in den Ursprungsort Q zurücklaufen lassen (Abb. 10.43). Die reflektierte Welle entspricht dann einer einlaufenden Kugelwelle

$$\xi(r,t) = \frac{A}{r}\mathrm{e}^{\mathrm{i}(\omega t + kr)} \, , \tag{10.71c}$$

die sich in umgekehrter Richtung wie die auslaufende Kugelwelle ausbreitet.

10.9.5 Ausbreitung von Wellen in verschiedenen Medien

Die mathematische Darstellung von Wellen in den vorigen Abschnitten gilt ganz allgemein für Wellen aller Art, also auch für elektromagnetische Wellen wie z.B. Lichtwellen, deren Phasengeschwindigkeit $v_{\mathrm{Ph}} = c$ um etwa 5–6 Größenordnungen höher ist als die mechanischer Wellen.

In diesem Abschnitt wollen wir zeigen, wie die Phasengeschwindigkeit v_{Ph} mechanischer Wellen von den Eigenschaften des Mediums abhängt. Dazu soll die Ausbreitung von Wellen in festen, gasförmigen und flüssigen Körpern diskutiert werden.

a) Elastische Longitudinalwellen in festen Körpern

Als Beispiel für eine Longitudinalwelle betrachten wir in Abb. 10.44 eine Verdichtungswelle, die durch einen langen Stab mit Querschnitt A läuft, wenn an einem Ende periodische Druckwellen (z.B. durch einen Lautsprecher) erzeugt werden. Das Stabmaterial habe die Dichte ϱ und den Elastizitätsmodul E.

Die Teilchen in einer Fläche $z = \mathrm{const}$ mögen die Schwingungsamplitude ξ haben. Teilchen einer um $\mathrm{d}z$ entfernten Fläche $z + \mathrm{d}z = \mathrm{const}$ haben dann die Schwingungsamplitude:

$$\xi + \mathrm{d}\xi = \xi + \frac{\partial \xi}{\partial z}\mathrm{d}z \, .$$

Durch die Schwingung ändert sich die Dicke $\mathrm{d}z$ eines Volumenelementes $\mathrm{d}V = A \cdot \mathrm{d}z$ daher um $(\partial\xi/\partial z)\mathrm{d}z$. Infolge der dabei nach dem Hookeschen Gesetz auftretenden elastischen Spannungen treten rücktreibende Kräfte $F = \sigma \cdot A$ auf.

Die mechanische Spannung $\sigma = F/A$, die bei der Längenänderung $(\partial\xi/\partial z)\mathrm{d}z$ einer Länge $\mathrm{d}z$ erzeugt wird, ist nach dem Hookeschen Gesetz (Abschn. 6.2.1):

$$\sigma = E \cdot \frac{\partial \xi}{\partial z} \, . \tag{10.72}$$

Am rechten Ende des Volumenelementes bei $z + \mathrm{d}z$ tritt die mechanische Spannung

$$\sigma + \mathrm{d}\sigma = \sigma + \frac{\partial \sigma}{\partial z}\mathrm{d}z$$

auf, so daß auf unser Volumenelement die Nettokraft

$$\begin{aligned} \Delta F &= A \cdot (\sigma + \mathrm{d}\sigma - \sigma) = A \cdot \mathrm{d}\sigma \\ &= A \cdot \frac{\partial \sigma}{\partial z}\mathrm{d}z = A \cdot E \cdot \frac{\partial^2 \xi}{\partial z^2}\,\mathrm{d}z \end{aligned} \tag{10.73a}$$

wirkt. Diese führt zu einer Beschleunigung $\partial^2\xi/\partial t^2$, welche sich aus der Newtonschen Bewegungsgleichung

$$\begin{aligned}\Delta F &= \Delta m \cdot \frac{\partial^2\xi}{\partial t^2} = \varrho \cdot \frac{\partial^2\xi}{\partial t^2}\Delta V \\ &= \varrho \cdot A\,\mathrm{d}z\frac{\partial^2\xi}{\partial t^2} \qquad (10.73\mathrm{b})\end{aligned}$$

ergibt. Einsetzen von (10.73a) liefert die Wellengleichung

$$\boxed{\frac{\partial^2\xi}{\partial t^2} = \frac{E}{\varrho}\frac{\partial^2\xi}{\partial z^2}} \qquad (10.74)$$

und durch Vergleich mit (10.63) die Geschwindigkeit der longitudinalen Schallwelle in einem festen isotropen Medium mit Elastizitätsmodul E und Dichte ϱ

$$\boxed{v_{\mathrm{Ph}} = \sqrt{E/\varrho}}\ . \qquad (10.75\mathrm{a})$$

Aus der Messung der Schallgeschwindigkeit läßt sich daher der Elastizitätsmodul E bestimmen. Wird auch die bei longitudinalen Verzerrungen auftretende Querkontraktion berücksichtigt (Abschn. 6.2.2), so ergibt sich statt (10.75a):

$$v_{\mathrm{Ph}} = \sqrt{\frac{E(1-\mu)}{\varrho(1+\mu)(1-2\mu)}}\ . \qquad (10.75\mathrm{b})$$

b) Transversale Wellen in festen Körpern

Bei einer Transversalwelle werden benachbarte Schichten des Mediums gegeneinander senkrecht zur Ausbreitungsrichtung verschoben. Die Kopplung benachbarter schwingender Schichten erfolgt daher durch die Scherkraft. Die Wellengeschwindigkeit muß deshalb vom Schermodul G (Torsionsmodul) abhängen (Abschn. 6.2.3).

Die Herleitung der Wellengleichung ist völlig analog zu der für Longitudinalwellen und wir erhalten für die Phasengeschwindigkeit einer Transversalwelle in einem isotropen Medium für kleine Auslenkungen

$$\boxed{v_{\mathrm{Ph}} = \sqrt{G/\varrho}}\ . \qquad (10.76)$$

In Tabelle 10.1 sind für einige isotrope Festkörper die Phasengeschwindigkeiten für Longitudinal- und Transversalwellen angegeben.

Tabelle 10.1. Schallgeschwindigkeiten von Longitudinal- und Transversalwellen in einigen isotropen unendlich ausgedehnten festen Körpern bei 20 °C

Material	$v_{\mathrm{long}}/\mathrm{m\,s^{-1}}$	$v_{\mathrm{trans}}/\mathrm{m\,s^{-1}}$
Aluminium	6420	3040
Titan	6070	3125
Eisen	5950	3240
Blei	1960	690
Pyrexglas	5640	3280
Flintglas	3980	2380
Nylon	2620	1070

c) Schallwellen in anisotropen Festkörpern

Wenn der Festkörper nicht isotrop ist (z.B. ein Einkristall), so hängen die Rückstellkräfte von der Richtung ab (der Elastizitätsmodul E wird ein Tensor). Dann hängt v_{Ph} von der Ausbreitungsrichtung der Welle ab und ist nicht nur verschieden für Transversal- und Longitudinalwellen, sondern auch für die verschiedenen Auslenkungsrichtungen bei einer Transversalwelle.

Die Messung der Schallgeschwindigkeit in anisotropen Kristallen erlaubt die Bestimmung der richtungsabhängigen Rückstellkräfte, d.h. der Komponenten E_{ik} des Elastizitätstensors $\boldsymbol{E}$ [10.5, 6].

Bezeichnen wir mit F_{xy} die Kraftkomponente in x-Richtung, die auf eine Fläche mit der Flächennormale in y-Richtung wirkt (Scherkraft), so läßt sich ein verallgemeinertes Hookesches Gesetz (6.2) für den Zusammenhang zwischen den Zugkräften (F_{xx}, F_{yy}, F_{zz}) bzw. den Scherkräften ($F_{xy}, F_{xz}, F_{yz}\ldots$) und den Verformungen eines anisotropen elastischen Körpers formulieren. Die Verzerrungen werden dabei wie folgt definiert: Hat man im Punkte P ein Kartesisches Dreibein mit den Einheitsvektoren $\hat{\boldsymbol{x}}, \hat{\boldsymbol{y}}, \hat{\boldsymbol{z}}$ festgelegt, so gehen diese Einheitsvektoren durch die Verformung über in neue Vektoren

$$\begin{aligned}\boldsymbol{x}' &= (1+e_{xx})\hat{\boldsymbol{x}} + e_{xy}\hat{\boldsymbol{y}} + e_{xz}\hat{\boldsymbol{z}}\\ \boldsymbol{y}' &= e_{yx}\hat{\boldsymbol{x}} + (1+e_{yy})\hat{\boldsymbol{y}} + e_{yz}\hat{\boldsymbol{z}}\\ \boldsymbol{z}' &= e_{zx}\hat{\boldsymbol{x}} + e_{zy}\hat{\boldsymbol{y}} + (1+e_{zz})\hat{\boldsymbol{z}}\ ,\end{aligned}$$

die sich als Linearkombinationen der alten Vektoren schreiben lassen. Die Größen e_{xx}, e_{yy}, e_{zz} geben dabei

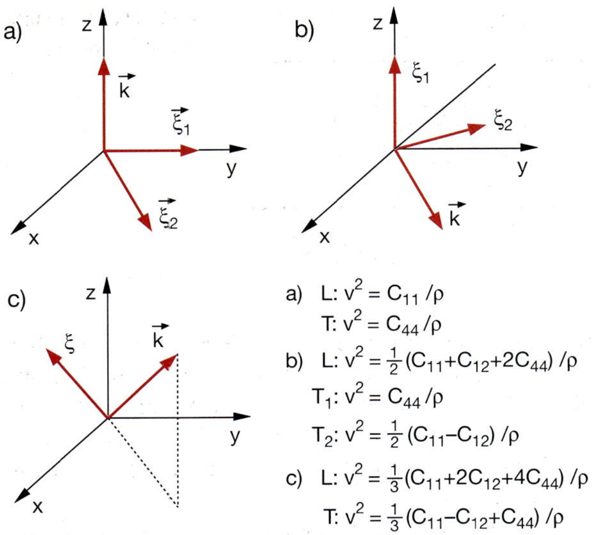

Abb. 10.45. Mögliche verschiedene Transversalwellen in einem kubischen anisotropen Kristall, mit Ausbreitungsgeschwindigkeiten in Richtung (**a**) der Würfelkante, (**b**) der Flächendiagonale und (**c**) der Raumdiagonalen

die relativen Dehnungen an, die Nichtdiagonalglieder $e_{xy}, e_{xz}, \ldots$ die Scherungen.

Mit den Abkürzungen $1 = xx$, $2 = yy$, $3 = zz$, $4 = yz$, $5 = zx$, $6 = xy$ für die Doppelindizes kann dann der Zusammenhang zwischen den Komponenten der Zug- und Scherkräfte F_K und den Verformungen e_i geschrieben werden als

$$F_\mathrm{K} = \sum_{i=1}^{6} C_{\mathrm{K}i} \cdot e_i \qquad (\mathrm{K} = 1, 2, \ldots 6) .$$

Die $C_{\mathrm{K}i}$ bilden die Komponenten des Elastizitätstensors. Sie können bestimmt werden durch Messung der Schallgeschwindigkeiten von Longitudinalwellen und von Transversalwellen mit geeignet gewählten Richtungen der Auslenkungen ξ und des Wellenvektors $\boldsymbol{k}$.

In Abb. 10.45 sind für drei Ausbreitungsrichtungen in einem kubischen Kristall die Longitudinal- und Transversalwellen mit ihren Phasengeschwindigkeiten dargestellt. In Abb. 10.45a liegt $\boldsymbol{v}_\mathrm{Ph}$ parallel zu einer Würfelkante. Hier ergeben die beiden Polarisationsrichtungen der Transversalwellen T_1 und T_2 dieselbe Phasengeschwindigkeit, die aber unterschiedlich ist von der der Longitudinalwelle. In Abb. 10.45b liegt $\boldsymbol{v}_\mathrm{Ph}$ in Richtung der Flächendiagonale. Hier haben T_1 und T_2 unterschiedliche Werte von v_Ph. In Abb. 10.45c zeigt $\boldsymbol{v}_\mathrm{Ph}$ in Richtung der Raumdiagonale.

Tabelle 10.2 gibt einige Zahlenwerte für die Komponenten $C_{\mathrm{K}i}$ des Elastizitätstensors.

Tabelle 10.2. Elastische Konstanten $C_{\mathrm{K}i}$ in der Einheit 10^{10} N/m^2 für einige kubische Einkristalle

Material	C_{11}	C_{12}	C_{44}
Aluminium	10,82	6,1	2,8
Eisen	23,7	14,1	11,6
NaCl	4,9	1,24	1,26

d) Transversale Wellen entlang einer gespannten Saite

Wird eine in z-Richtung gespannte Saite in x-Richtung aus ihrer Ruhelage ausgelenkt, so wirkt auf ein infinitesimal kleines Längenelement $\mathrm{d}s$ die rücktreibende Kraft in x-Richtung (Abb. 10.46)

$$\begin{aligned}\mathrm{d}F_x &= (F \cdot \sin\vartheta)_{z+\mathrm{d}z} - (F \cdot \sin\vartheta)_z \\ &= (F \cdot \sin\vartheta)_z + \frac{\partial}{\partial z}(F \cdot \sin\vartheta)\mathrm{d}z - (F \cdot \sin\vartheta)_z \\ &= \frac{\partial}{\partial z}(F \cdot \sin\vartheta)\mathrm{d}z .\end{aligned}$$

Für kleine Auslenkungen $\mathrm{d}x$ ist $\vartheta \ll 1$ und $\sin\vartheta \approx \tan\vartheta = \partial x/\partial z$, so daß die rücktreibende Kraft auf $\mathrm{d}s$

$$\mathrm{d}F_x = F \cdot \frac{\partial^2 x}{\partial z^2}\mathrm{d}z$$

wird. Ist μ die Masse der Saite pro Längeneinheit, so erhalten wir für $\mathrm{d}s \approx \mathrm{d}z$ die Newtonsche Gleichung

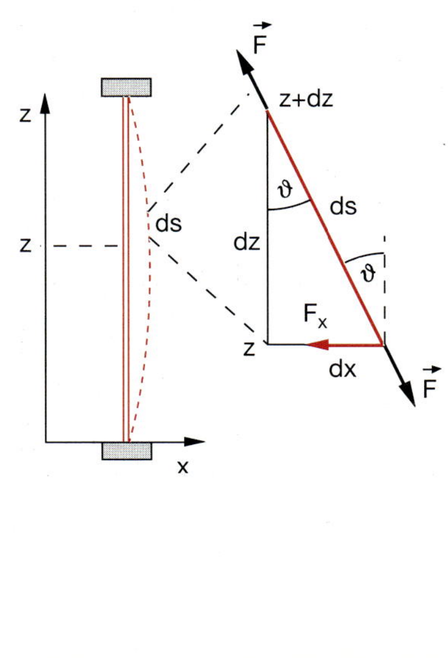

Abb. 10.46. Zur Berechnung der Ausbreitung einer Transversalwelle entlang einer gespannten Saite

$$\mu \cdot dz \cdot \frac{\partial^2 x}{\partial t^2} = F \cdot \frac{\partial^2 x}{\partial z^2} dz \qquad (10.77)$$

als Wellengleichung: Daraus ergibt sich die Geschwindigkeit der transversalen Welle entlang der Saite:

$$\boxed{v_{Ph} = \sqrt{F/\mu}}\ . \qquad (10.78)$$

Die Geschwindigkeit der Transversalwelle hängt also ab von der Kraft F, mit der die Saite gespannt ist und von deren linearer Massendichte μ (= Masse pro Längeneinheit), aber nicht vom Elastizitätsmodul E, wie bei der Longitudinalwelle, oder vom Torsionsmodul G, wie bei einer Transversalwelle in ausgedehnten Körpern.

d) Schallwellen in Gasen (Tabelle 10.3)

Während in festen Körpern sowohl longitudinale Wellen (wo der Elastizitätsmodul die Stärke der Kopplung beschreibt) als auch transversale Wellen (wo der Schermodul die Kopplung zwischen benachbarten transversal ausgelenkten Schichten angibt) möglich sind, gibt es in Gasen nur longitudinale mechanische Wellen, weil in Gasen der Schermodul Null ist. Gase haben zwar eine Viskosität (siehe Abschn. 8.5), welche eine Kopplung zwischen benachbarten mit unterschiedlichen Geschwindigkeiten

Tabelle 10.3. Schallgeschwindigkeiten in Gasen und Flüssigkeiten (p = 1 bar, T_c = 0 °C und 100 °C)

Medium	$v_{Ph}/\mathrm{m\,s^{-1}}$ bei 0 °C	$v_{Ph}/\mathrm{m\,s^{-1}}$ bei 100 °C
Luft	331,5	387,5
Wasserstoff	1284	1500
Sauerstoff	316	369
Helium	965	1127,1
Argon	319	372,6
CO_2-Gas	259	313
Wasser	1402	1543
Methanol	1189	
Pentan	951	
Quecksilber	1450	

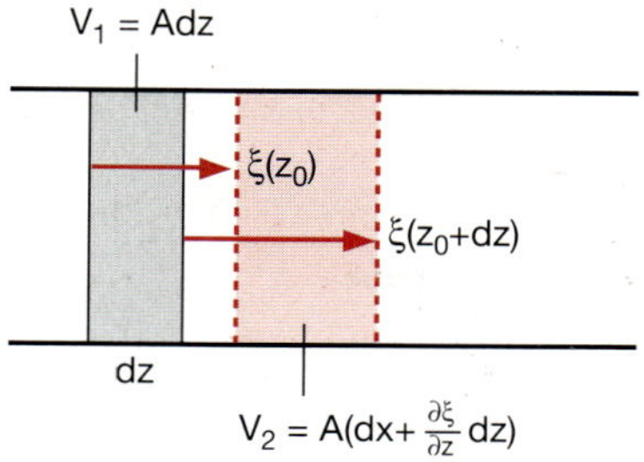

Abb. 10.47. Schallwelle in Gasen

bewegten Schichten bewirkt. Diese Kopplung hat jedoch nur dämpfenden Charakter, sie führt nicht zu einer rücktreibenden Kraft (da sie bei einer Geschwindigkeit u der ausgelenkten Gasmoleküle proportional zu ∇u ist (siehe Abschn. 8.5.1) und nicht zu du/dt.

Bei Longitudinalwellen wirkt die lokale Kompression bzw. Druckerniedrigung in den Druckmaxima bzw. -minima als Kopplungsmechanismus. Wir betrachten analog zu 10.9.5a) in Abb. 10.47 ein Volumen $V = A \cdot dz$, durch das eine ebene Longitudinalwelle in z-Richtung läuft. Die Schwingungsamplitude der Teilchen in der Schicht $z = z_0$ sei ξ, die der Schicht $z = z_0 + dz$ ist dann

$$\xi(z_0 + dz) = \xi(z_0) + \frac{\partial \xi}{\partial z} dz\ . \qquad (10.79a)$$

Unser Volumen V ändert sich dadurch um

$$dV = A \cdot \frac{\partial \xi}{\partial z} dz\ . \qquad (10.79b)$$

Dadurch wird gemäß (7.1) eine Druckänderung

$$dp = -p\frac{dV}{V} = -p\frac{\partial \xi}{\partial z} \qquad (10.80a)$$

erzeugt, die wegen $\boldsymbol{F} = \mathbf{grad}\, p\, dV$ zu einer Nettokraft (Kraft in Richtung des Druck*gefälles*)

$$dF = -A \cdot dz \cdot \frac{\partial}{\partial z}(dp) = pA \cdot \frac{\partial^2 \xi}{\partial z^2} dz \qquad (10.80b)$$

auf die Masse $dm = \varrho \cdot V = \varrho \cdot A \cdot dz$ führt. Die Newtonsche Bewegungsgleichung heißt dann:

$$pA \cdot \frac{\partial^2 \xi}{\partial z^2} = \varrho \cdot A \cdot \frac{\partial^2 \xi}{\partial t^2}$$

$$\Rightarrow \boxed{\frac{\partial^2 \xi}{\partial t^2} = \frac{p}{\varrho}\frac{\partial^2 \xi}{\partial z^2}}\ . \qquad (10.81)$$

Dies ist die Wellengleichung für die Auslenkungen ξ der Gasschichten in einem Gas der Dichte ϱ und dem Druck p. Durch Vergleich mit (10.63) ergibt sich die Wellengeschwindigkeit

$$v_{\mathrm{Ph}} = \sqrt{\frac{p}{\varrho}} = \sqrt{\frac{K}{\varrho}}\,, \tag{10.82a}$$

wobei K der Kompressionsmodul ist.

Anmerkung

Bei der Herleitung wurde angenommen, daß die Temperatur des Gases konstant bleibt. Dies ist aber bereits bei Schallfrequenzen von 1 kHz nicht mehr der Fall. Durch die periodische Kompression und Expansion des Gases wird die Temperatur an den Orten hohen Drucks größer als an denen tiefen Drucks. Wenn der Temperaturausgleich langsamer ist als die Schwingungsperiode T der Welle, ändert sich die Schallgeschwindigkeit zu:

$$v_{\mathrm{Ph}} = \sqrt{\frac{p}{\varrho}\cdot\kappa} = \sqrt{\frac{1{,}4\,p}{\varrho}}\,, \tag{10.82b}$$

wobei der „Adiabatenindex" $\kappa = C_p/C_V$ das Verhältnis der spezifischen Wärmen bei konstantem Druck bzw. konstantem Volumen angibt, das für Luft etwa $\kappa \approx 1{,}4$ ist (siehe Abschn. 11.1).

Die Schallgeschwindigkeit hängt von der Temperatur des Gases ab. Bei konstantem Druck p ergibt sich wegen $\varrho = \mathrm{const}/T$:

$$v_{\mathrm{Ph}}(T) = v_{\mathrm{Ph}}(T_0)\sqrt{\frac{T}{T_0}}\,. \tag{10.82c}$$

e) Wellen in Flüssigkeiten (Tabelle 10.3)

Im Inneren von Flüssigkeiten können sich wie in Gasen nur Longitudinalwellen ausbreiten, weil der Schermodul von Flüssigkeiten (die ja frei verschiebbar sind) Null ist (siehe Abschn. 6.3.1).

Für die Wellengleichung erhält man ein völlig analoges Ergebnis wie bei Gasen. Wegen des wesentlich größeren Kompressionsmoduls K ist die Schallgeschwindigkeit

$$c = \sqrt{\frac{K}{\varrho}} \tag{10.82d}$$

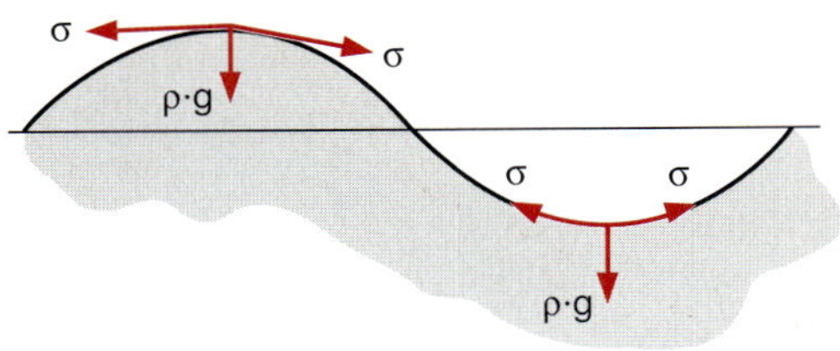

Abb. 10.48. Oberflächenwellen in Flüssigkeiten

trotz der größeren Dichte ϱ größer als in Gasen (siehe Tabelle 10.3).

An der *Oberfläche* von Flüssigkeiten können Oberflächenspannung und Schwerkraft als rücktreibende Querkräfte wirken, welche die Rolle des Schubmoduls übernehmen. Deshalb gibt es transversale Oberflächenwellen (Abb. 10.48).

Die genaue Beschreibung der Ausbreitung von Oberflächenwellen in Flüssigkeiten ist ziemlich kompliziert. Es zeigt sich, daß jedes Volumenelement $\mathrm{d}V$ an der Wasseroberfläche eine Kurve durchläuft, die durch einen Kreis um ein feststehendes Zentrum auf der Mittelebene angenähert werden kann (Abb. 10.49). Die Flüssigkeitsteilchen selbst werden also nicht mit der Welle transportiert, sondern bleiben im wesentlichen ortsfest außer ihrer Bewegung (auf diesem Kreis mit einem Radius, der etwa der halben Wellenlänge entspricht).

Die Wellengeschwindigkeit hängt von der Oberflächenspannung σ, von der Dichte ϱ und vom Ver-

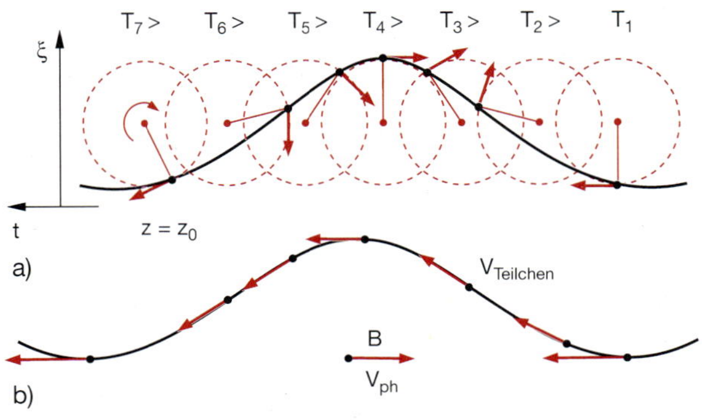

Abb. 10.49. Bewegung der Flüssigkeitsteilchen während einer Schwingungsperiode der Welle (**a**) zu verschiedenen Zeiten t am festen Ort z_0. (**b**) Geschwindigkeit der Flüssigkeitsteilchen, beobachtet von einem Beobachter, der sich mit der Phasengeschwindigkeit der Welle bewegt, also immer auf einem Wellenberg sitzt

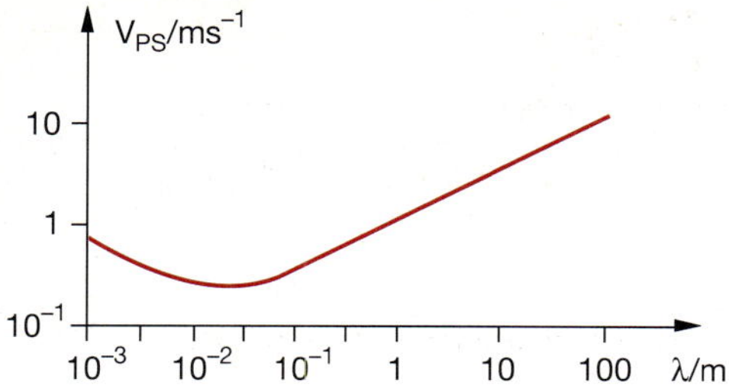

Abb. 10.50. Dispersion von Wasserwellen

hältnis h/λ von Flüssigkeitshöhe h zu Wellenlänge λ ab. Eine genauere Berechnung ergibt [10.9]:

$$v_{\mathrm{Ph}} = \sqrt{\left(\frac{g \cdot \lambda}{2\pi} + \frac{2\pi\sigma}{\varrho \cdot \lambda}\right) \cdot \tanh\left(\frac{2\pi h}{\lambda}\right)} \,. \quad (10.83)$$

Wasserwellen zeigen also eine ***Dispersion***, d.h. ihre Geschwindigkeit hängt von der Wellenlänge λ ab (Abb. 10.50). Für *Schwerewellen* $(\lambda > 2\pi\sqrt{\sigma/(\varrho g)})$ ist $\mathrm{d}v_{\mathrm{Ph}}/\mathrm{d}\lambda > 0$, während für *Kapillarwellen* $(\lambda < 2\pi\sqrt{\sigma/(\varrho g)} \approx 5\,\mathrm{cm})$ $\mathrm{d}v_{\mathrm{Ph}}/\mathrm{d}\lambda < 0$ wird.

10.9.6 Energiedichte und Energietransport in einer Welle

Da bei einer mechanischen Welle Massenelemente $\Delta m = \varrho \Delta V$ Schwingungen ausführen, welche sich durch die Kopplung zwischen benachbarten Elementen im Raum ausbreiten, müssen kinetische und potentielle Energie der Schwingung mit der Wellengeschwindigkeit transportiert werden, obwohl keine Masse transportiert wird!

Die kinetische Energie, die ein Massenelement Δm in der ebenen Welle

$$\xi = A \cdot \cos(\omega t - kz)$$

hat, ist

$$\begin{aligned} E_{\mathrm{kin}} &= \tfrac{1}{2}\Delta m \cdot \dot{\xi}^2 \\ &= \tfrac{1}{2}\varrho \cdot \Delta V \cdot A^2\omega^2 \sin^2(\omega t - kz) \,, \end{aligned}$$

so daß die über eine Schwingungsperiode gemittelte kinetische Energiedichte

$$\overline{(E_{\mathrm{kin}}/\Delta V)} = \tfrac{1}{4}\varrho A^2\omega^2 \quad (10.84)$$

wird.

Für die potentielle Energie eines Massenelementes Δm, das in der Welle mit der Amplitude ξ gegen die Rückstellkraft $F = -D \cdot \xi$ schwingt, ergibt sich:

$$\begin{aligned} E_{\mathrm{pot}} &= -\int_0^{\xi} F(x)\mathrm{d}x = \frac{1}{2}D\xi^2 \\ &= \tfrac{1}{2}DA^2\cos^2(\omega t - kz) \,. \end{aligned} \quad (10.85)$$

Im zeitlichen Mittel ergibt sich daher wegen $D = \omega^2 \cdot \Delta m$ die mittlere potentielle Energie pro Volumeneinheit

$$\overline{E_{\mathrm{pot}}/\Delta V} = \tfrac{1}{4}\varrho A^2\omega^2 = \overline{E_{\mathrm{kin}}/\Delta V} \,, \quad (10.86)$$

so daß die Gesamtenergiedichte der Welle mit $W = E_{\mathrm{pot}} + E_{\mathrm{kin}}$

$$\varrho_{\mathrm{e}} = \frac{W}{\Delta V} = \frac{1}{2}\varrho A^2\omega^2 \quad (10.87)$$

wird.

> Als ***Intensität*** oder ***Energieflußdichte*** einer Welle bezeichnet man die Energie, die pro Zeiteinheit durch eine zur Ausbreitungsrichtung der Welle senkrechte Flächeneinheit transportiert wird.

Da der Energietransport mit der Wellengeschwindigkeit v_{Ph} erfolgt, gilt:

$$\boxed{I = v_{\mathrm{Ph}} \cdot \varrho_{\mathrm{e}} = \tfrac{1}{2}v_{\mathrm{Ph}} \cdot \varrho A^2\omega^2} \,. \quad (10.88)$$

> Die Intensität I einer Welle ist also proportional zum Quadrat von Amplitude A und Frequenz ω der Welle.

10.9.7 Dispersion, Phasen- und Gruppengeschwindigkeit

Im vorigen Abschnitt wurde gezeigt, daß bei manchen Wellentypen die Phasengeschwindigkeit der Welle von der Wellenlänge λ abhängt (z.B. (10.83)). Dieses Phänomen heißt ***Dispersion*** und der Zusammenhang zwischen v_{Ph} und λ bzw. v_{Ph} und ω

$$v_{\mathrm{Ph}} = \frac{\omega}{k} \quad (10.89\mathrm{a})$$

heißt Dispersionsrelation.

Das bekannteste Beispiel für Dispersion bieten Lichtwellen in Glas, wo die Dispersionsrelation

$$v_{\text{Ph}} = c = \frac{\omega}{k} = \frac{\omega}{k_0 n(\omega)} \quad (10.89b)$$

durch den Brechungsindex beschrieben wird, während $c_0 = \omega/k_0$ die Lichtgeschwindigkeit im Vakuum angibt (siehe Bd. 2). Durchläuft ein paralleles *weißes* Lichtbündel ein Glasprisma, so wird es durch verschiedene Brechung der verschiedenen in ihm enthaltenen Wellenlängen in seine Spektralfarbe zerlegt, die räumlich voneinander getrennt (dispergiert) werden.

Bei *monochromatischen* harmonischen Wellen beeinflußt die Dispersion lediglich die Phasengeschwindigkeit $v_{\text{Ph}} = \omega/k$.

Anders sieht es aus, wenn die Welle mehrere Frequenzanteile ω_i enthält oder sogar ein endliches Frequenzintervall $\Delta\omega$ mit unendlich vielen Frequenzanteilen $\omega = \omega_{\text{m}} \pm \Delta\omega/2$ enthält, wie dies z.B. bei Pulsen auftritt, die sich im Raum ausbreiten. Beim Auftreten von Dispersion (d.h. $v_{\text{Ph}} = v_{\text{Ph}}(\omega)$) breiten sich dann die verschiedenen Frequenzanteile mit unterschiedlichen Geschwindigkeiten aus, und die Form des Pulses kann sich im Laufe der Ausbreitung ändern, weil sich die relativen Phasen der den Puls bildenden Teilwellen ändern.

Wir betrachten in Abb. 10.51a eine beliebige Störung $\xi(t)$, die sich in z-Richtung ausbreiten möge. Nach dem Fourier-Theorem läßt sich die Funktion ξ darstellen als Superposition von unendlich vielen harmonischen Wellen

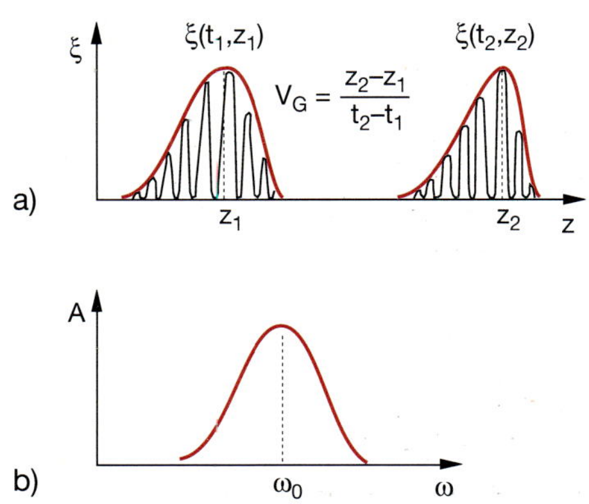

Abb. 10.51a,b. Phasen- und Gruppengeschwindigkeit. (**a**) Ausbreitung einer Störung $\xi(t)$ in z-Richtung; (**b**) Fourier-Darstellung der Amplituden $A(\omega)$

$$\xi(t,z) = \int_0^{\infty} A(\omega) \cdot \mathrm{e}^{\mathrm{i}(\omega t - kz)} \mathrm{d}\omega \quad (10.90a)$$

mit Amplituden $A(\omega)$, welche der in Abb. 10.51b gezeigten Verteilung folgen, die durch die inverse Fourier-Transformation

$$A(\omega) = \frac{1}{\pi} \int_{-\infty}^{+\infty} \xi(t,z) \mathrm{e}^{\mathrm{i}(\omega t - kz)} \mathrm{d}t \quad (10.90b)$$

bestimmt wird. Diese Überlagerung führt nur in einem Intervall $\Delta z \propto 1/\Delta\omega$ zu einer merklichen Gesamtamplitude $\xi(t, z \pm \Delta z)$. An allen anderen Raumpunkten mitteln sich die Teilamplituden durch destruktive Interferenz praktisch zu Null aus (Abb. 10.51a).

Man nennt eine solche Superposition unendlich vieler harmonischer Wellen mit Frequenzen ω im Intervall $\omega_{\text{m}} \pm \Delta\omega/2$ eine ***Wellengruppe*** oder auch ein ***Wellenpaket***. Die Wellengruppe wird charakterisiert durch ihre Amplitudenverteilung $A(\omega)$, insbesondere durch ihre Mittelfrequenz ω_{m} und ihre Frequenzbreite $\Delta\omega$, durch die auch die räumliche Ausdehnung $\Delta z \propto 1/\Delta\omega$ festgelegt ist.

Während die Phasengeschwindigkeiten $v_{\text{Ph}} = \omega/k$ der einzelnen Frequenzkomponenten verschieden sein können, ist die ***Gruppengeschwindigkeit*** v_{G} der Wellengruppe, welche die Geschwindigkeit angibt, mit der sich das Maximum der Wellengruppe in z-Richtung bewegt, und welche durch

$$v_{\text{G}} = \frac{\mathrm{d}\omega}{\mathrm{d}k}$$

definiert wird, eindeutig festgelegt. Wir wollen dies an einem einfachen Beispiel illustrieren:

Greifen wir aus der Wellengruppe zwei Partialwellen mit den Frequenzen ω_1 und ω_2 und gleichen Amplituden $A_1 = A_2 = A$ heraus:

$$\xi_1 = A \cdot \cos(\omega_1 t - k_1 z)$$
$$\xi_2 = A \cdot \cos(\omega_2 t - k_2 z) \, .$$

Ihre Überlagerung

$$\xi = \xi_1 + \xi_2 = 2A \cdot \cos\left(\frac{\Delta\omega}{2} t - \frac{\Delta k}{2} z\right) \cdot \cos(\omega_{\text{m}} t - k_{\text{m}} z) \quad (10.91)$$

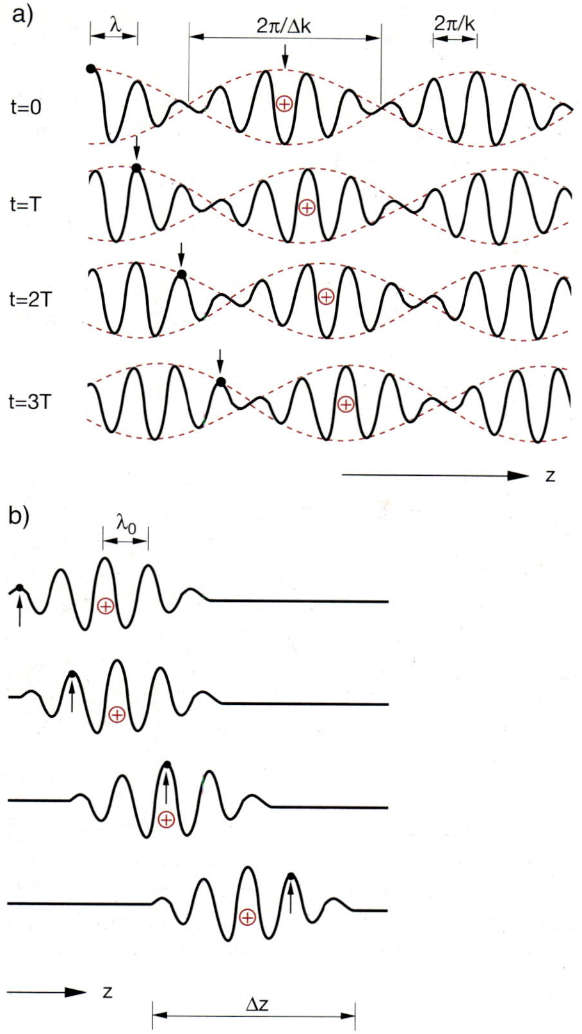

Abb. 10.52. (**a**) Schwebungswelle bei der Überlagerung zweier monochromatischer Wellen. Der schwarze Punkt gibt den Ort gleicher Phase beim Fortschreiten der Welle an, das Zeichen $\oplus$ das Maximum der Einhüllkurve. (**b**) Bewegung des Maximums der Einhüllenden eines Wellenpaketes mit der Gruppengeschwindigkeit v_G im Vergleich zur Phasengeschwindigkeit v_{Ph}

ergibt eine ***Schwebungswelle*** (Abb. 10.52a), die eine Welle mit der Mittenfrequenz $\omega_m = (\omega_1 + \omega_2)/2$ und der Wellenzahl $k_m = (k_1 + k_2)/2$ darstellt, und deren Einhüllende sich wie eine Welle mit der Frequenz $\Delta\omega/2 = (\omega_1 - \omega_2)/2$ und der Wellenzahl $\Delta k/2 = (k_1 - k_2)/2$ verhält. Während sich ein herausgegriffenes Maximum der Welle $\cos(\omega_m t - k_m z)$ (in Abb. 10.52 durch einen schwarzen Punkt gekennzeichnet) mit der Phasengeschwindigkeit

$$v_{Ph} = \frac{\omega_m}{k}$$

ausbreitet, bewegt sich das Maximum der Einhüllenden (in Abb. 10.52 durch das Zeichen $\oplus$ gekennzeichnet) mit der Gruppengeschwindigkeit

$$v_G = \frac{\Delta\omega}{\Delta k} . \tag{10.92}$$

Der Zusammenhang zwischen Phasen- und Gruppengeschwindigkeit läßt sich folgendermaßen herleiten:

$$\begin{aligned} v_G &= \frac{d\omega}{dk} = \frac{d}{dk}(v_{Ph} \cdot k) \\ &= v_{Ph} \cdot \frac{dk}{dk} + k \cdot \frac{dv_{Ph}}{dk} \\ &= v_{Ph} + k \cdot \frac{dv_{Ph}}{dk} . \end{aligned} \tag{10.93a}$$

Wegen $k = 2\pi/\lambda$ läßt sich dies auch schreiben als:

$$\boxed{v_G = v_{Ph} - \lambda \cdot \frac{dv_{Ph}}{d\lambda}} . \tag{10.93b}$$

Liegt keine Dispersion vor ($dv_{Ph}/d\lambda = 0$), so sind Phasen- und Gruppengeschwindigkeit gleich! Das Wellenpaket behält dann seine Form während der Ausbreitung bei. Graphisch läßt sich der Zusammenhang von v_G und v_{Ph} anhand der Dispersionskurve $k(\omega)$ klarmachen (Abb. 10.53).

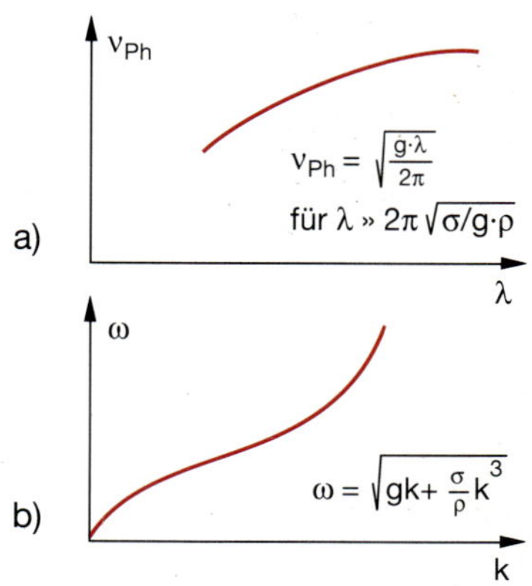

Abb. 10.53. Dispersionskurven $k(\omega)$ und $v_{Ph}(\lambda)$ für Wasserwellen bei großen Wellenlängen

10.10 Überlagerung von Wellen

Aus der Linearität der Wellengleichung (10.69) folgt: Sind $\xi_1(\boldsymbol{r},t)$ und $\xi_2(\boldsymbol{r},t)$ Lösungen von (10.69), so muß auch jede Linearkombination von ξ_1 und ξ_2, also insbesondere die Summe $\xi_1 + \xi_2$, eine Lösung sein. Dies bedeutet: Verschiedene Wellen überlagern sich, indem sich am gleichen Ort und zur gleichen Zeit die Amplituden der Einzelwellen addieren. Eine solche Überlagerung heißt ***Interferenz***.

10.10.1 Kohärenz und Interferenz

Eine Überlagerung verschiedener Wellen führt jedoch nur dann wieder zu einem stationären Wellenfeld im Überlagerungsgebiet und damit zu sichtbaren Interferenzerscheinungen, wenn einige wichtige Bedingungen erfüllt sind. Zuerst einmal müssen alle Teilwellen gleiche Frequenz ω haben, weil sich sonst Schwebungen ergeben würden, die zu einer zeitlich variablen Gesamtamplitude führen und damit zu einem „Auswaschen" der Interferenzstruktur bei einer zeitlichen Mittelung.

Außerdem muß an jedem Ort $\boldsymbol{r}$ des Überlagerungsgebietes die Phasendifferenz $\Delta\varphi(\boldsymbol{r})$ zwischen den Teilwellen *zeitlich konstant* sein. Sie kann natürlich für verschiedene Orte verschieden groß sein. Man nennt solche Wellen *räumlich kohärent*. Die Überlagerung kohärenter stationärer Teilwellen erzeugt ein im allgemeinen vom Ort abhängiges stationäres Wellenfeld. Stationäre Interferenzstrukturen können nur bei der Überlagerung *kohärenter* Wellen beobachtet werden.

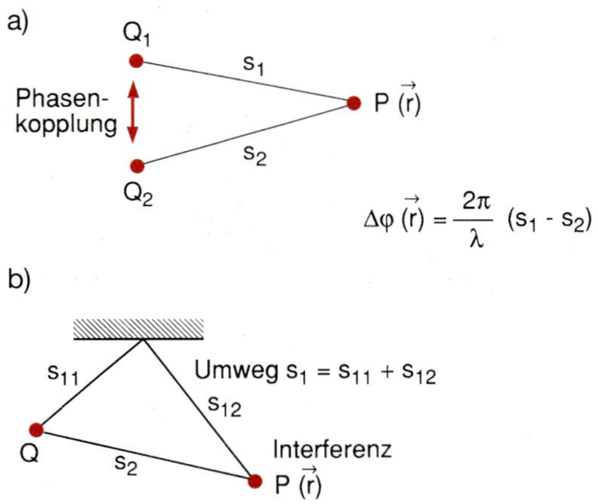

Abb. 10.54a,b. Zwei Möglichkeiten zur Überlagerung kohärenter Wellen: (**a**) phasenstarre Kopplung zweier Wellen; (**b**) Aufspaltung der Welle einer Quelle in zwei Teilbündel mit einstellbarer Wegdifferenz Δs

Es gibt zwei Möglichkeiten, kohärente Teilwellen zu erzeugen, welche durch Überlagerung eine stationäre Gesamtwelle erzeugen:

a) Man koppelt zwei Schwingungserreger gleicher Frequenz ω phasenstarr miteinander, so daß zwischen den Wellen, die von Q_1 und Q_2 ausgehen, immer eine zeitliche konstante Phasendifferenz besteht (Abb. 10.54a).
b) Man erzeugt durch Reflexion oder Brechung einer von nur einer Quelle ausgehenden Welle kohärente Teilwellen (Abb. 10.54b), die sich dann nach Durchlaufen verschieden langer Wege wieder überlagern. Sie haben deshalb natürlich an jedem Ort $\boldsymbol{r}$ eine zeitlich konstante Phasendifferenz $\Delta\varphi = (2\pi/\lambda)\Delta s$, die durch ihren vom Ort $\boldsymbol{r}$ abhängigen Wegunterschied $\Delta s(\boldsymbol{r})$ bestimmt ist.

Fall a) kann für akustische Wellen realisiert werden durch phasenstarre Kopplung der Lautsprecher. Für optische Wellen gelingt dies nur mit Hilfe von Lasern, die man genügend gut phasenstarr koppeln kann (siehe Bd. 3). In klassischen Lichtquellen (wie z.B. Glühlampen oder Gasentladungslampen) sind die Lichtquellen angeregte Atome, die Lichtwellen aussenden, deren Phasen statistisch schwanken. Solche Lichtquellen sind daher inkohärent, und man kann Interferenzerscheinungen nur mit Hilfe der Methode b) beobachten.

10.10.2 Überlagerung zweier harmonischer Wellen

Bei der Überlagerung zweier harmonischer ebener Wellen erhält man für die Gesamtamplitude an einem festen Ort $\boldsymbol{r}_0$ eine Schwingungsamplitude

$$\begin{aligned}\xi &= \xi_1 + \xi_2\\ &= A_1\cos(\omega t - \boldsymbol{k}_1\cdot\boldsymbol{r}_0) + A_2\cos(\omega t - \boldsymbol{k}_2\cdot\boldsymbol{r}_0)\\ &= A_1\cos(\omega t - \varphi_1) + A_2\cos(\omega t - \varphi_2)\\ &= C\cos(\omega t - \varphi)\,, \qquad (10.94)\end{aligned}$$

mit $\varphi_i = \boldsymbol{k}_i\cdot\boldsymbol{r}_0$ und $\Delta\varphi = \varphi_1 - \varphi_2$,

$$C = [A_1^2 + A_2^2 + 2A_1A_2\cos\Delta\varphi]^{1/2}$$

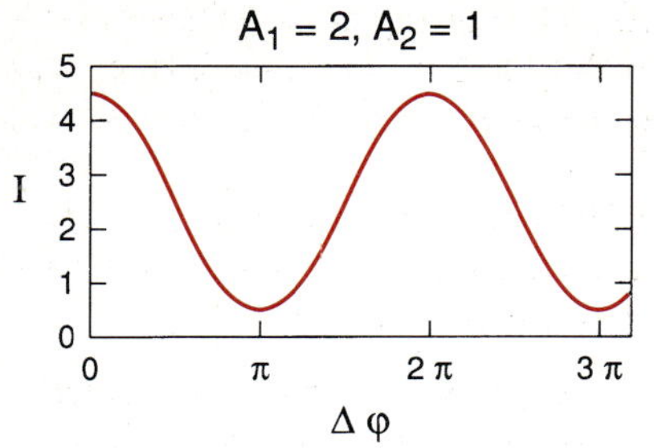

Abb. 10.55. Zur Illustration von (10.96) für $A_1 = 2, A_2 = 1$

und

$$\tan\varphi = -\frac{A_1 \sin\varphi_1 + A_2 \sin\varphi_2}{A_1 \cos\varphi_1 + A_2 \cos\varphi_2} .$$

Die Gesamtamplitude wird $A_1 + A_2$ für eine Phasendifferenz $\Delta\varphi = 2m \cdot \pi$ (konstruktive Interferenz), sie wird $A_1 - A_2$ für $\Delta\varphi = (2m+1) \cdot \pi$ $(m = 0, 1, 2 \ldots)$ (destruktive Interferenz).

Da die Intensität I der Welle proportional zum Quadrat der Amplitude ist, gilt:

$$\begin{aligned} I \propto (\xi_1 + \xi_2)^2 &= \xi_1^2 + \xi_2^2 + 2\xi_1\xi_2 \qquad (10.95)\\ &= A_1^2 \cos^2(\omega t + \varphi_1) + A_2^2 \cos^2(\omega t + \varphi_2)\\ &\quad + 2A_1A_2 \cos(\omega t + \varphi_1) \cdot \cos(\omega t + \varphi_2). \end{aligned}$$

Ist die Periodendauer $T = 2\pi/\omega$ der Welle kurz gegen die Meßzeit, so mißt das Meßgerät den zeitlichen Mittelwert, der sich wegen $\overline{\cos^2 x} = 1/2$ und $\cos x \cdot \cos y = [\cos(x+y) + \cos(x-y)]/2$ ergibt zu

$$\bar{I} = \tfrac{1}{2}(A_1^2 + A_2^2) + A_1A_2 \cos\Delta\varphi . \qquad (10.96)$$

Bei kohärenten Wellen hat $\Delta\varphi = (\boldsymbol{k}_1 - \boldsymbol{k}_2) \cdot \boldsymbol{r}_0$ für jeden Raumpunkt $\boldsymbol{r}_0$ einen zeitlich konstanten Wert. Die Intensität variiert dann bei räumlich variablen $\Delta\varphi(\boldsymbol{r})$ von $\bar{I} = (A_1 - A_2)^2/2$ für $\Delta\varphi = (2m+1)\pi$ (Interferenzminima) bis $\bar{I} = (A_1 + A_2)^2/2$ für $\Delta\varphi = 2m\pi$ (Interferenzmaxima) (Abb. 10.55).

Für inkohärente Wellen ist $\Delta\varphi(t)$ eine zeitlich sich regellos ändernde Funktion. Für den zeitlichen Mittelwert gilt für alle Orte $\boldsymbol{r}$: $\overline{\cos\Delta\varphi} = 0$, so daß keine stationären Interferenzmuster auftreten und die mittlere Intensität $\bar{I} = (A_1^2 + A_2^2)/2$ der Überlagerungswelle gleich der Summe der mittleren Intensitäten der Teilwellen ist.

Die mittlere Gesamtenergie des Wellenfeldes $\xi(\boldsymbol{r}, t)$ muß natürlich in beiden Fällen gleich sein. Im Fall der Interferenz kohärenter Wellen wird die Energie nur räumlich umverteilt. In den Interferenzmaxima erhält man eine größere Energiedichte als im inkohärenten Fall. Dafür wird sie in den Minima kleiner.

BEISPIELE

1. *Überlagerung ebener Wellen gleicher Richtung.* Wir betrachten als Beispiel die Überlagerung zweier ebener Wellen

$$\xi_1 = A \cdot \cos(\omega t - kz);$$
$$\xi_2 = A \cdot \cos(\omega t - kz + \varphi) ,$$

die sich beide in z-Richtung ausbreiten, beide gleiche Frequenz und gleiche Amplitude, aber unterschiedliche Phasen haben. Ihre Summe ergibt:

$$\begin{aligned} \xi = \xi_1 + \xi_2 &= 2A \cdot \cos(\varphi/2) \cdot \cos(\omega t - kx + \varphi/2)\\ &= B(\varphi) \cdot \cos(\omega t - kx + \varphi/2) . \qquad (10.97) \end{aligned}$$

Die Überlagerung ergibt also wieder eine ebene Welle in z-Richtung mit einer Phase, die gleich dem Mittelwert der Phasen der beiden Teilwellen ist. Der wichtigste Punkt ist, daß die Amplitude $B(\varphi) = 2A\cos(\varphi/2)$ der Summenwelle ganz wesentlich von der Phasenverschiebung zwischen den Teilwellen abhängt.

Für $\varphi = m\pi$ wird ξ überall im Überlagerungsgebiet Null. Man mache sich klar, daß in diesem Fall die Quelle keine Energie abgeben kann.

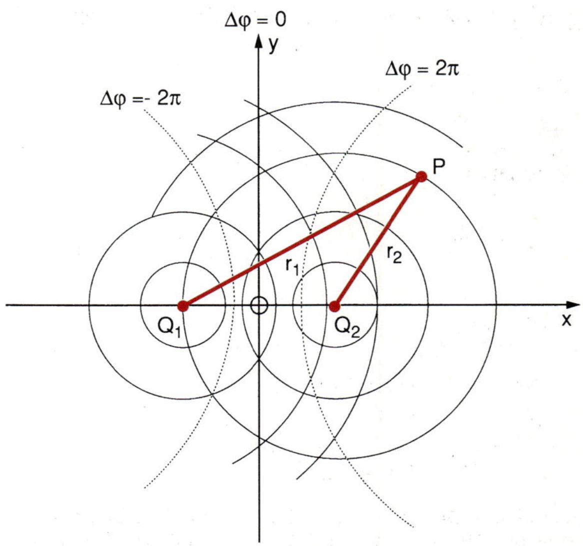

Abb. 10.56. Überlagerung zweier von phasenstarr gekoppelten Quellen Q_1 und Q_2 ausgehender Kugelwellen

2. *Überlagerung zweier Kugelwellen, die von den Quellen $Q_1(\boldsymbol{r}_1)$ und $Q_2(\boldsymbol{r}_2)$ ausgehen* (Abb. 10.56). Im Punkte P ist die Phasendifferenz

$$\Delta\varphi = k(r_1 - r_2) \ .$$

Die Interferenzmaxima liegen auf den Kurven $y(x)$, für die $k(r_1 - r_2) = 2m\pi$ gilt. Dies sind Hyperbeln (in Abb. 10.56 gestrichelt) mit den Quellen Q_1 und Q_2 als Brennpunkten.

> Bei der Überlagerung zweier Kugelwellen gleicher Frequenz, die von zwei phasenstarr gekoppelten Quellen Q_1, Q_2 ausgehen, sieht man Interferenzhyperbeln. Die Form der Hyperbeln hängt vom Abstand d der Quellen ab.

10.11 Beugung, Reflexion und Brechung von Wellen

Die Ausbreitungsrichtung einer Welle und ihre räumliche Amplitudenverteilung kann durch Reflexion an Flächen, durch Brechung in Medien, in denen die Welle eine andere Phasengeschwindigkeit hat, oder durch Beugung an Hindernissen oder Öffnungen verändert werden. Man kann alle diese Prozesse mit Hilfe des grundlegenden ***Huygensschen Prinzips*** verstehen, das von dem holländischen Forscher *Christian Huygens* um 1680 aufgestellt wurde.

10.11.1 Huygenssches Prinzip

Die Ausbreitung von Wellen im Raum läßt sich dadurch beschreiben, daß man jeden Punkt P auf einer Phasenfläche der Welle als Ausgangspunkt einer neuen Kugelwelle (Sekundärwelle oder auch Elementarwelle genannt) ansieht. Diese Elementarwellen breiten sich als Kugelwellen in alle Richtungen aus und überlagern sich (Abb. 10.57). Angenommen, alle von einer Phasenfläche $\phi(r_0, t_0)$ ausgehenden Kugelwellen werden zur Zeit t_0 erzeugt. Dann legen sie während der Zeit Δt den Weg $r = v_{\mathrm{Ph}}\Delta t$ zurück. Die Tangentenfläche an die Kugelwellenfronten zum Zeitpunkt $t = t_0 + \Delta t$ bildet dann wieder eine Phasenfläche der Primärwelle, die gegenüber der ersten Fläche im Raum um $r = v_{\mathrm{Ph}} \cdot \Delta t$ vorgerückt ist.

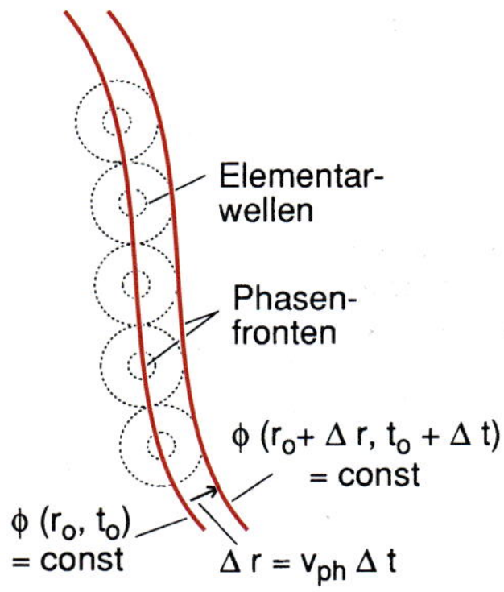

Abb. 10.57. Zum Huygensschen Prinzip

Dieses 300 Jahre alte Hugenssche Prinzip läßt sich präzisieren nach modernen atomphysikalischen Vorstellungen. Bei Schallwellen werden alle Atome auf der Phasenfläche zu Schwingungen angeregt und geben ihre Schwingungsenergie infolge der Kopplung an die Nachbaratome weiter. Die schwingenden Atome sind dann die Quellen der Elementarwellen. In isotropen Medien ist die Kopplung richtungsunabhängig, d.h. die Sekundärwellen sind wirklich Kugelwellen. Im allgemeinen Fall nichtisotroper Medien bilden die Sekundärwellen elliptische Wellenfronten. Im Vakuum sind keine Atome vorhanden, und es gibt daher keine sekundären Schallwellen, d.h. im Vakuum können sich Schallwellen nicht ausbreiten. Dies läßt sich demonstrieren, wenn man eine elektrische Klingel an einen Gummifaden (zur Vermeidung der Schalleitung durch die Aufhängung) in einem evakuierbaren Gefäß aufhängt. Sobald der Druck genügend niedrig wird, hört man die Klingel nicht mehr.

Bei elektromagnetischen Wellen, die sich auch im Vakuum ausbreiten, sind die Schwingungen des elektrischen und magnetischen Feldes auf der Phasenfläche der Primärwelle als Erregerzentren anzusehen (siehe Bd. 2).

Da die Ausgangspunkte der Elementarwellen alle auf derselben Phasenfläche liegen, sind ihre Quellen phasenstarr gekoppelt und die Phasendifferenz zwischen den Kugelwellen hängt ab von der Richtung α gegen die Ausbreitungsrichtung der Primärwelle, d.h. gegen die Normale $\boldsymbol{k}$ zur Phasenfläche.

Als Beispiel betrachten wir in Abb. 10.58 die Phasenebene $z = z_0$ einer ebenen Welle, die sich in z-Richtung ausbreitet. Die Elementarwellen von N Quellpunkten $Q_1, Q_2 \ldots Q_N$ im Abstand δ voneinan-

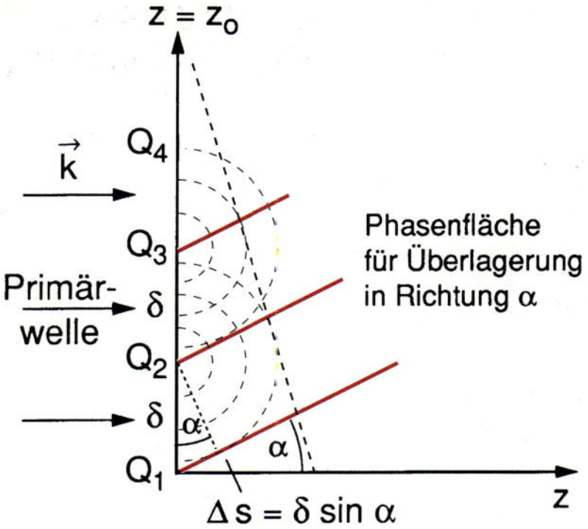

Abb. 10.58. Überlagerung der Kugelwellen von N Quellen auf einer Ebene

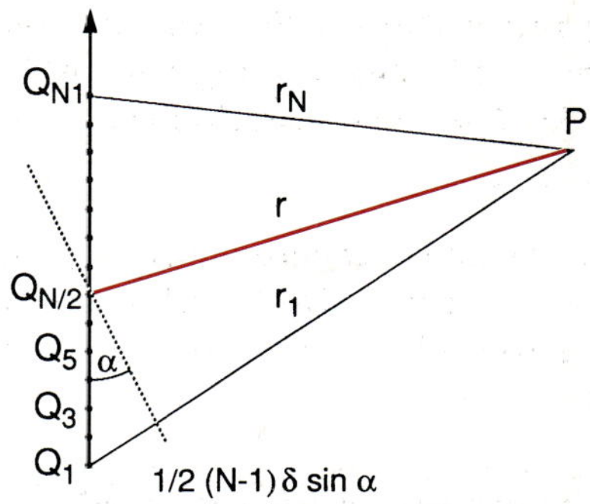

Abb. 10.59. Zur Berechnung der Interferenzintensität im Punkte P

der sind kohärent, und wir erwarten Interferenzeffekte bei ihrer Überlagerung. In der Richtung α gegen die Normale $\boldsymbol{k}$ ist die Wegdifferenz zwischen benachbarten Elementarwellen $\Delta s = \delta \cdot \sin\alpha$, und die entsprechende Phasendifferenz ist

$$\Delta\varphi = \frac{2\pi}{\lambda}\Delta s = k \cdot \delta \sin\alpha\,. \tag{10.98}$$

Wir beobachten die Überlagerung aller Kugelwellen, die von den Quellen Q_n auf einer Strecke $d = N \cdot \delta$ ausgesandt werden, im Punkt P, der den Abstand $r \gg d$ vom Mittelpunkt der linearen Quellenanordnung hat (Abb. 10.59). Wenn alle Amplituden a_n der Kugelwellen gleich sind ($a_n = a$), dann erhalten wir für die Gesamtamplitude der im Winkelbereich $\alpha \pm \Delta\alpha/2$ ($\Delta\alpha = d/r \ll 1$) ausgesandten Überlagerungswelle:

$$\xi(\alpha) = \sum_{n=1}^{N} a \cdot \mathrm{e}^{\mathrm{i}(kr_n - \omega t)}\,. \tag{10.99}$$

Setzen wir $r_n = r + (\frac{N+1}{2} - n)\delta \cdot \sin\alpha$ (Abb. 10.59) und $\Delta\varphi = k \cdot \delta \sin\alpha$ ein, so ergibt (10.99a)

$$\begin{aligned}\xi(\alpha) &= a \cdot \mathrm{e}^{\mathrm{i}\frac{(N+1)}{2}\Delta\varphi} \cdot \sum_{n=1}^{N} \mathrm{e}^{-\mathrm{i}n\Delta\varphi} \cdot \mathrm{e}^{\mathrm{i}(kr-\omega t)} \\ &= A \cdot \mathrm{e}^{\mathrm{i}(kr-\omega t)}\,.\end{aligned} \tag{10.100}$$

Die Ausrechnung der geometrischen Reihe ergibt

$$\begin{aligned}\sum_{n=1}^{N} e^{-\mathrm{i}n\Delta\varphi} &= e^{-\mathrm{i}\Delta\varphi}\frac{\mathrm{e}^{-\mathrm{i}N\Delta\varphi} - 1}{\mathrm{e}^{-\mathrm{i}\Delta\varphi} - 1} \\ &= \mathrm{e}^{-\mathrm{i}\frac{(N-1)}{2}\Delta\varphi} \cdot \frac{\mathrm{e}^{\mathrm{i}\frac{N}{2}\Delta\varphi} - \mathrm{e}^{-\mathrm{i}\frac{N}{2}\Delta\varphi}}{\mathrm{e}^{\mathrm{i}\Delta\varphi/2} - \mathrm{e}^{-\mathrm{i}\Delta\varphi/2}}\,.\end{aligned}$$

Da der letzte Faktor den Ausdruck $\sin\left(\frac{N}{2}\Delta\varphi\right)/\sin\left(\frac{1}{2}\Delta\varphi\right)$ ergibt, erhalten wir schließlich für die Amplitude A:

$$\begin{aligned}A(\alpha) &= a \cdot \frac{\sin\left(\frac{N}{2}\Delta\varphi\right)}{\sin\left(\frac{1}{2}\Delta\varphi\right)} \\ &= a \cdot \frac{\sin\left(\frac{1}{2}N\,k\delta\sin\alpha\right)}{\sin\left(\frac{1}{2}k\delta\sin\alpha\right)}\,.\end{aligned} \tag{10.101}$$

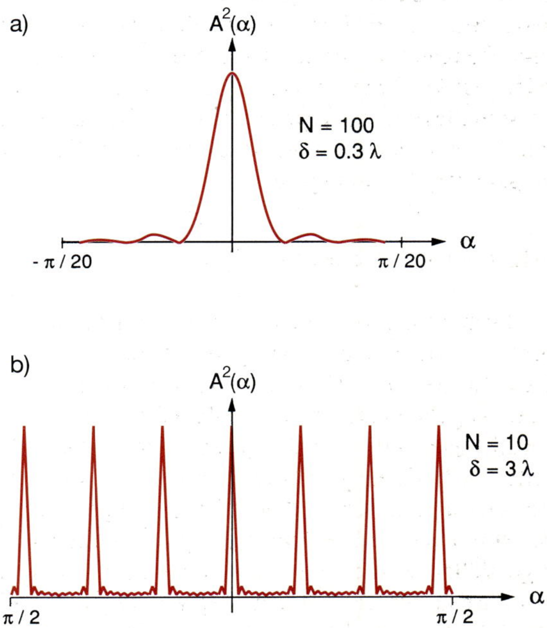

Abb. 10.60a,b. Intensität im Punkte P als Funktion des Winkels α: (**a**) für $\delta < \lambda$, (**b**) für $\delta > \lambda$. Die Gesamtbreite $d = N \cdot \delta$ ist in beiden Fällen gleich. Man beachte den unterschiedlichen Abszissenmaßstab in (**a**) und (**b**)

Die Intensität der Welle $I(\alpha) \propto |A(\alpha)|^2$ wird damit

$$I(\alpha) \propto a^2 \cdot \frac{\sin^2\left(\frac{N}{2}\Delta\varphi\right)}{\sin^2\left(\frac{1}{2}\Delta\varphi\right)} \,. \qquad (10.102)$$

Sie ist in Abb. 10.60 für $N \gg 1$ für die beiden Fälle $\delta < \lambda \ll d$ und $\lambda < \delta \ll d$ dargestellt. Man erkennt, daß für $\delta < \lambda$, wo die Wellenlänge größer ist als der Abstand δ der Quellen $I(\alpha)$ nur ein einziges scharfes Maximum hat für $\alpha = 0$, d.h. merkliche Intensität wird nur in einen schmalen Winkelbereich $\Delta\alpha \propto 1/N$ um die Vorwärtsrichtung $\alpha = 0$ ausgesandt, wobei die Breite $\Delta\alpha$ der Verteilung umgekehrt proportional zur Zahl N der Quellen ist. Für den zweiten Fall $\lambda < \delta$ treten p Maxima auf für alle Winkel α_n, für die gilt:

$$\sin\alpha_n = n \cdot \frac{\lambda}{\delta} \quad (n = 0, 1, 2 \ldots p < \delta/\lambda) \,. \qquad (10.103)$$

10.11.2 Beugung an Begrenzungen

Wir wollen jetzt in (10.102) bei konstanter Gesamtbreite $d = N \cdot \delta$ unserer Quellenanordnung die Zahl N der Quellen gegen unendlich gehen lassen, d.h. $\delta \to 0$. Physikalisch läßt sich dies realisieren, wenn wir die primäre ebene Welle auf einen Spalt der Breite d fallenlassen und die Intensität $I(\alpha)$ der durchgelassenen Welle betrachten. Schreiben wir (10.102) als

$$I(\alpha) \propto a^2 \frac{\sin^2\left(\frac{1}{2}kd\sin\alpha\right)}{\sin^2\left(\frac{kd}{2N}\sin\alpha\right)} \,,$$

so kann der Sinus im Nenner für große N durch das Argument ersetzt werden, und wir erhalten mit $\Delta\phi = k \cdot d \cdot \sin\alpha = (2\pi d \cdot \sin\alpha)/\lambda$

$$\boxed{I(\alpha) \propto N^2 a^2 \cdot \frac{\sin^2(\Delta\phi/2)}{(\Delta\phi/2)^2}} \,. \qquad (10.104)$$

Die Funktion $\sin^2 x/x^2$ ist in Abb. 10.61a aufgetragen. Sie hat den Wert 1 für $x = 0$ und wird Null für $x = \pm\pi$, d.h. $\sin\alpha = \lambda/d$. Die beiden Maxima für $x = \pm 3\pi/2$ haben nur noch die Höhe $4/(9\pi^2) \approx 4{,}5\,\%$ des zentralen Maximums.

Die Winkelabhängigkeit $I(\alpha)$ hängt vom Verhältnis d/λ von Breite d des Spaltes zur Wellenlänge λ

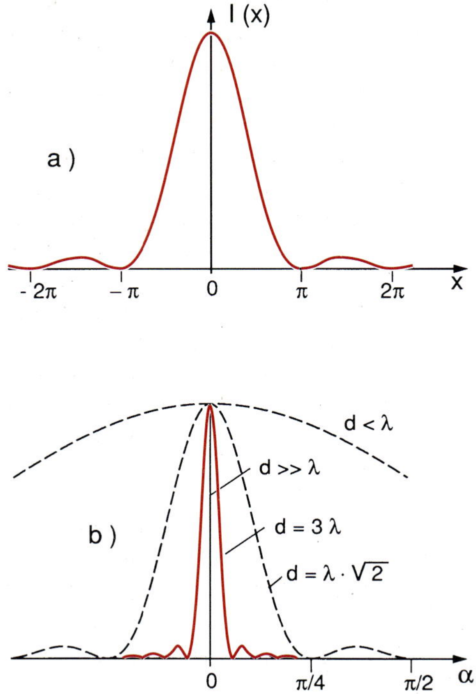

Abb. 10.61. (**a**) Die Funktion $\sin^2 x/x^2$. (**b**) Intensitätsverteilung hinter einem Spalt der Breite d für verschiedene Werte von λ/d als Funktion des Winkels α

ab (Abb. 10.61). Die Fußpunkt-Winkelbreite des zentralen Maximums ist für $\lambda/d \ll 1$:

$$\Delta\alpha_0 = 2 \cdot \frac{\lambda}{d} \,.$$

Für $d \to \infty$ geht (10.104) in eine Deltafunktion über, die nur für $\alpha = 0$ ungleich Null ist (Abb. 10.61b). Das heißt:

> Obwohl die einzelnen elementaren Kugelwellen sich in alle Richtungen ausbreiten, führt ihre Überlagerung nur in der ursprünglichen Richtung $\alpha = 0$ zu konstruktiver Interferenz. In allen anderen Richtungen löschen sich für $d \to \infty$ die Teilwellen durch destruktive Interferenz völlig aus.

Man kann sich dies anschaulich so vorstellen: Zu jeder beliebigen Teilwelle n gibt es immer eine andere Teilwelle m mit der Phasendifferenz π, so daß sich beide Wellen gegenseitig auslöschen.

Dies gilt nicht mehr für $d/\lambda \approx 1$, d.h., wenn die Welle durch eine Öffnung begrenzt wird, deren Breite d in der Größenordnung der Wellenlänge λ liegt. In Abb. 10.61 ist die Intensitätsverteilung $A(\alpha)$ für verschiedene Werte d/λ dargestellt.

Die Ablenkung eines Teils der Welle in andere Ausbreitungsrichtungen $\alpha \neq 0$ beim Durchgang durch räumliche Begrenzungen, wie Spalte, Löcher oder Blenden beliebiger Form, nennt man ***Beugung*** der Welle. Sie kommt zustande durch „unvollständige Interferenz". Dadurch, daß nur ein Teil der Primärwelle durch die begrenzte Öffnung durchgelassen wird, findet nicht jede durchgelassene Teilwelle eine um $\lambda/2$ verschobene Partner-Teilwelle, mit der sie destruktiv überlagern könnte. Auch für $\alpha \neq 0$ bleibt eine Restamplitude, die für wachsende Werte von d/λ immer kleiner wird.

Bezeichnen wir mit P_0 die gesamte vom Spalt durchgelassene Leistung der Welle, so geht in die zentrale Beugungsordnung der Bruchteil $\eta = P_s/P_0$ mit

$$\eta = \frac{\int_{-\lambda d}^{+\lambda d} I(\alpha)\mathrm{d}\alpha}{\int_{-\pi/2}^{+\pi/2} I(\alpha)\mathrm{d}\alpha} = \frac{1}{P_0}\int_{-\lambda/d}^{+\lambda d} I(\alpha)\mathrm{d}\alpha \approx 0{,}95 \ ,$$

d.h. 95 % der durchgelassenen Leistung liegt zwischen den Beugungswinkeln $\alpha = \pm\lambda/d$.

10.11.3 Zusammenfassung

- Ohne Begrenzungen breiten sich Wellen in isotropen Medien gradlinig aus. Ihre Fortpflanzung kann durch das Huygenssche Prinzip beschrieben werden, nach dem die Welle als Überlagerung sehr vieler Elementarwellen angegeben werden kann.
- Räumliche Begrenzungen der Wellenfront führen zu Beugungserscheinungen. Die Intensitätsverteilung $I(\alpha)$ als Funktion des Winkels α gegen die ursprüngliche Ausbreitungsrichtung hängt ab vom Verhältnis d/λ von Breite d der Öffnung zur Wellenlänge λ.

10.11.4 Reflexion und Brechung von Wellen

Trifft eine Welle auf eine Fläche F, die zwei Medien voneinander trennt, in denen die Welle eine unterschiedliche Phasengeschwindigkeit hat, so wird ein Teil der Welle an dieser Fläche reflektiert, und ein Teil tritt unter Änderung der Ausbreitungsrichtung in das andere Medium ein (Brechung). Auch diese beiden Vorgänge lassen sich mit Hilfe des Huygensschen Prinzips quantitativ erklären.

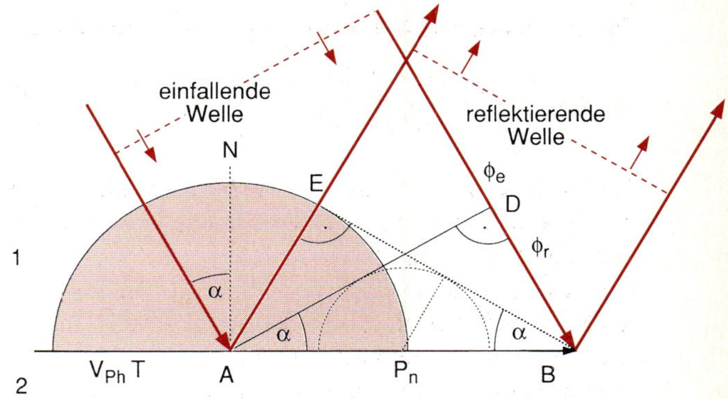

Abb. 10.62. Zur Erklärung des Reflexionsgesetzes mit Hilfe des Huygensschen Prinzips

Wir wollen dies zuerst am Beispiel der Reflexion einer ebenen Welle an einer reflektierenden Ebene erläutern (Abb. 10.62).

Wenn die Phasenebene ϕ_e der einfallenden Welle den Punkt A auf der reflektierenden Ebene zur Zeit $t = 0$ erreicht hat, wird in A eine Elementarkugelwelle mit Zentrum auf ϕ_e erregt, die sich in alle Richtungen des oberen Halbraums ausbreitet. Wenn dieselbe Phasenfront ϕ_e den Punkt B um die Zeit $t_0 = \overline{DB}/v_\mathrm{Ph}$ später erreicht, wird dort eine Elementarwelle erregt. Inzwischen hat sich die erste Elementarwelle von A aus bereits um die Strecke $r = v_\mathrm{Ph} \cdot t_0$ ausgebreitet.

Alle Elementarwellen W_n, die von Punkten P_n zwischen A und B bei der Ankunft der Phasenebene ϕ_e starten, haben dann die Strecken $r_n = v_\mathrm{Ph} \cdot t_n$ mit $t_n = t_0 \cdot P_nB/(AB)$ zurückgelegt. Die Tangentenebene $\overline{BE}$ an diese elementaren Kugelwellen ist eine Phasenebene ϕ_r der reflektierten Welle. Aus Abb. 10.62 liest man ab:

$$\overline{AE} = \overline{DB} \Rightarrow \sphericalangle\,(ABE) = \sphericalangle\,(BAD) = \alpha \ .$$

Bezeichnen wir den Winkel α zwischen Wellennormale $\boldsymbol{k}_e$ der einfallenden Welle und Normale $\boldsymbol{N}$ zur Grenzebene als Einfallswinkel, den Winkel zwischen $\boldsymbol{k}_r$ und $\boldsymbol{N}$ als Reflexionswinkel, so gilt das

Reflexionsgesetz:

Bei den Reflexionen einer ebenen Welle an einer ebenen Grenzfläche ist der Reflexionswinkel gleich dem Einfallswinkel α.

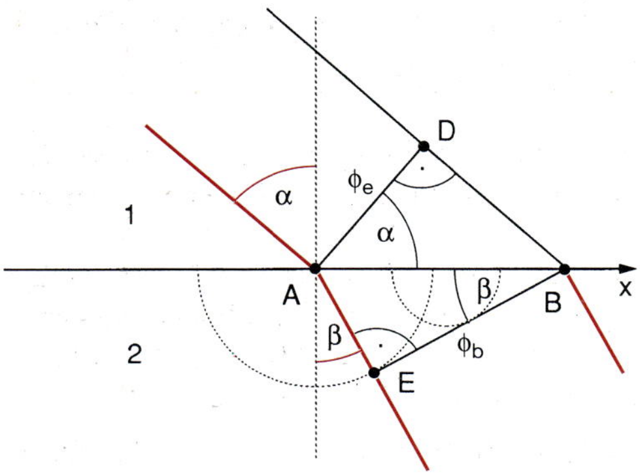

Abb. 10.63. Zur Herleitung des Brechungsgesetzes aus dem Huygensschen Prinzip

Für den in das Medium 2 eindringenden Teil der Welle ist die Geschwindigkeit $v = v_2$ der Elementarwellen verschieden von v_1 (Abb. 10.63). Während der Zeit $T = \overline{DB}/v_1$, die zwischen dem Eintreffen der Phasenebene ϕ_e in A bzw. in B vergeht, hat die von A startende Elementarwelle im Medium 2 die Strecke $AE = v_2 T = \overline{DB} \cdot v_2/v_1$ zurückgelegt. Es gilt daher $\overline{AE}/\overline{DB} = v_2/v_1$. Aus den Dreiecken ABD und AEB mit gleicher Basislänge AB folgt dann:

$$\frac{\sin\alpha}{\sin\beta} = \frac{v_1}{v_2} . \tag{10.105}$$

Gleichung (10.105) wird auch ***Snelliussches Brechungsgesetz*** genannt und gilt für beliebige Wellen, also auch für Lichtwellen (siehe Bd. 2).

Man kann Reflexion und Brechung auf ein ganz allgemeines Minimalprinzip, das ***Fermatsche Prinzip*** zurückführen. Ein Welle läuft bei Reflexion oder Brechung immer denjenigen Weg, bei der die Laufzeit einer Phasenfläche zwischen zwei Punkten $P_1(x_1, y_1)$ und $P_2(x_2, y_2)$ minimal wird. Dies wird in Abb. 10.64 am Beispiel der Brechung illustriert. Die Zeit, die eine Phasenfläche ϕ_e, auf der P_1 liegt, braucht, um über $P(x, 0)$ nach P_2 zu gelangen, ist:

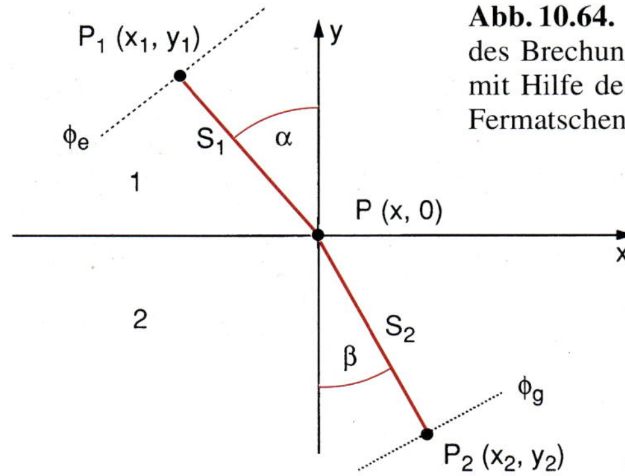

Abb. 10.64. Erklärung des Brechungsgesetzes mit Hilfe des Fermatschen Prinzips

$$T = \frac{s_1}{v_1} + \frac{s_2}{v_2} = \frac{1}{v_1}\sqrt{(x-x_1)^2 + y_1^2} + \frac{1}{v_2}\sqrt{(x_2-x)^2 + y_2^2} . \tag{10.106}$$

Wenn wir jetzt den Punkt P auf der Grenzfläche $y = 0$ verschieben, so ändert sich die Laufzeit T um

$$\frac{\mathrm{d}T}{\mathrm{d}x} = \frac{(x-x_1)/v_1}{\sqrt{(x-x_1)^2 + y_1^2}} + \frac{(x_2-x)/v_2}{\sqrt{(x_2-x)^2 + y_2^2}} .$$

Wenn T minimal sein soll, muß $\mathrm{d}T/\mathrm{d}x = 0$ gelten. Daraus folgt wegen $\sin\alpha = (x-x_1)/s_1$ und $\sin\beta = (x_2 - x)/s_2$

$$\frac{\sin\alpha}{v_1} = \frac{\sin\beta}{v_2} , \tag{10.107}$$

was identisch ist mit (10.105).

10.12 Stehende Wellen

Durch geeignete Überlagerung laufender Wellen kann ein räumlich stationäres Schwingungsmuster entstehen, bei dem bestimmte Punkte, Linien oder Flächen im Raum immer in Ruhe bleiben (also nicht ausgelenkt werden (Schwingungsknoten)). Das entstehende Muster hängt ab von der Frequenz ω der Wellen und von Randbedingungen. Wir wollen uns dies an einigen Beispielen verdeutlichen.

10.12.1 Eindimensionale stehende Wellen

Lassen wir eine ebene Welle $\xi_1 = A \cdot \cos(\omega t + kz)$, die sich in $-z$-Richtung ausbreitet, senkrecht auf eine

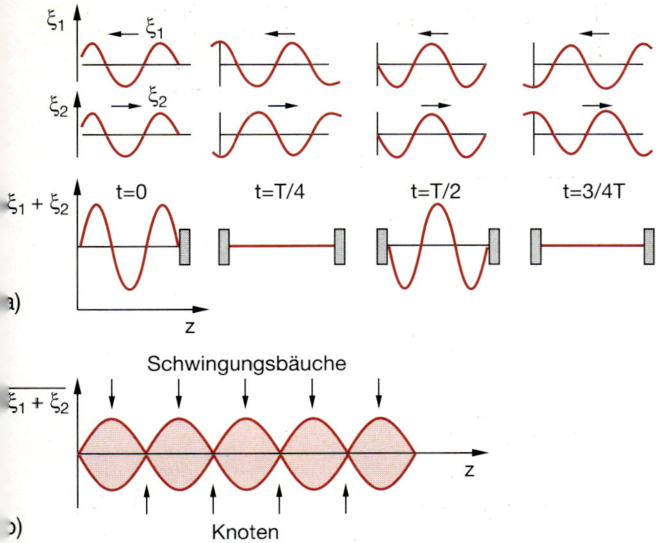

Abb. 10.65. Stehende Welle als Überlagerung einer in $-z$-Richtung laufenden ebenen Welle mit der in $+z$-Richtung laufenden reflektierten Welle

reflektierende Ebene $z = 0$ fallen (Abb. 10.65), so wird die Welle reflektiert und breitet sich als $\xi_2 = A \cdot \cos(\omega t - kz + \varphi)$ in $+z$-Richtung aus. Im Raum $z > 0$ finden wir daher eine Überlagerung der beiden Wellen

$$\begin{aligned}\xi &= \xi_1 + \xi_2 \\ &= A[\cos(\omega t + kz) + \cos(\omega t - kz + \varphi)] \,, \qquad (10.108)\end{aligned}$$

wobei ein möglicher ***Phasensprung*** φ bei der Reflexion berücksichtigt wurde. Nach dem Additionstheorem der Cosinusfunktion ergibt (10.108):

$$\xi = 2A \cdot \cos\left(kz - \frac{\varphi}{2}\right) \cdot \cos\left(\omega t + \frac{\varphi}{2}\right) . \qquad (10.109)$$

Wir erhalten also eine Schwingung $\cos(\omega t + \varphi/2)$, deren Amplitude $2A\cos(kz - \varphi/2)$ periodisch vom Ort z abhängt. Man nennt diese durch (10.109) beschriebene räumliche periodische Verteilung der Schwingungsamplitude eine ***stehende Welle***.

An den Stellen $z = \lambda/4\pi\ [(2n+1)\ \pi + \varphi]$ bleibt die Amplitude immer Null. Man nennt diese Nullstellen die *Schwingungsknoten* der stehenden Welle.

Für $z = (2n\pi + \varphi)/(2k)$ wird die Amplitude ξ maximal; sie ändert sich über eine Schwingungsperiode $T = 2\pi/\omega$ von $-2A$ bis $+2A$. An diesen Stellen liegen die *Schwingungsbäuche* der stehenden Welle.

> Man beachte den Unterschied zur laufenden Welle $\xi = A \cdot \cos(\omega t - kz)$! Während hier die Maxima und Minima der Welle sich mit der Geschwindigkeit $v_{\text{Ph}} = \omega/k$ in $+z$-Richtung ausbreiten, bleiben sie bei der stehenden Welle *ortsfest*.

Die Amplitudenverteilung der stehenden Welle, wie z.B. die Lage der Bäuche und Knoten, hängt ab vom Phasensprung φ bei der Reflexion.

- *Reflexion am freien Ende* (z.B. bei einer Seilwelle, wo das Seilende an einem Faden hängend frei beweglich ist (Abb. 10.66b). Randbedingungen: $\xi(z = 0) = \xi_0 = 2A \Rightarrow \varphi = 0$

  $$\xi(z, t) = 2A\cos(\omega t)\cos(kz) \,, \qquad (10.109a)$$

  d.h., bei der Reflexion am freien Ende tritt kein Phasensprung φ auf. In der Optik entspricht dies der Reflexion einer Lichtwelle an der Grenzfläche zum optisch dünneren Medium (siehe Bd. 2).
- *Reflexion am festen Ende* (z.B. Welle in einem Stab, der bei $z = 0$ fest eingespannt ist (Abb. 10.66a)

  $$\xi(z = 0) = 0 \Rightarrow \varphi = \pi \,.$$

  Bei der Reflexion am festen Ende tritt ein Phasensprung von π auf, und die Welle

  $$\xi(z, t) = -2A \cdot \sin(\omega t)\sin(kz) \qquad (10.109b)$$

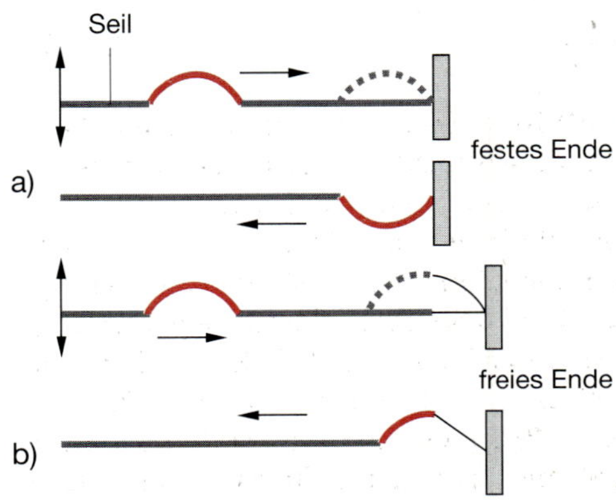

Abb. 10.66a,b. Reflexion einer Seilwelle: (**a**) am festen Ende, (**b**) am freien Ende

ist um 90 °C zeitlich phasenverschoben und um $\lambda/4$ räumlich versetzt gegen (10.109a).

Die hier behandelten eindimensionalen stehenden Wellen sind, genau wie die laufenden Wellen, Lösungen der Wellengleichung (10.63), wobei die speziellen Lösungen durch die gegebenen Randbedingungen ausgewählt werden.

Man kann stehende Wellen als Eigenschwingungen eines eindimensionalen Mediums ansehen, die man sich z.B. an den transversalen Eigenschwingungen einer gespannten Saite verdeutlichen kann (siehe Abschn. 10.9.5 d).

Bei einer Saitenlänge L und einer Spannkraft F sind alle Frequenzen ν_n möglich, für die

$$\lambda_n = v_{\text{Ph}}/\nu_n = 2 \cdot L/n \tag{10.110a}$$

ist. Nach (10.78) sind die Grundschwingung

$$\nu_1 = v_{\text{Ph}}/2L = \frac{1}{2L} \cdot \sqrt{F/\mu} \tag{10.110b}$$

und alle Obertöne $\nu_n = n \cdot \nu_1$ Eigenschwingungen der Saite. Ihre Frequenz hängt ab von der Saitenlänge, der Spannkraft F und der Masse μ pro Längeneinheit.

10.12.2 Experimentelle Demonstration stehender Wellen

Man kann eindimensionale stehende Wellen auf vielfältige Weise sichtbar machen. Ein Beispiel sind die ***Kundtschen Staubfiguren*** zur Demonstration stehender Wellen in einem Gas (Abb. 10.67). Hier wird in einem Glasrohr eine gleichmäßige Schicht von Korkpulver auf dem Boden des Rohres verteilt. Ein in der Mitte eingespannter Metallstab wird durch Reiben zu Eigenschwingungen angeregt. Die Grundschwingung mit der größtmöglichen Wellenlänge ist in Abb. 10.67 gezeigt. Das freie Ende des Stabes ist mit einer frei schwingenden Platte verbunden, welche die Schwingungen auf das Gas in der Röhre überträgt und dort stehende Wellen anregt, wenn der Abstand d den richtigen Wert hat. In den Schwingungsbäuchen wird der Korkstaub weggeschleudert, während er in den Knoten liegenbleibt. Aus dem gemessenen Knotenabstand läßt sich die Wellenlänge λ bestimmen und damit die Schallgeschwindigkeit $v_{\text{Ph}} = \nu \cdot \lambda$ im Gas. Die Frequenz ν läßt sich z.B. mit Mikrophon und Oszillograph ermitteln. Das Verhältnis der Wellenlängen

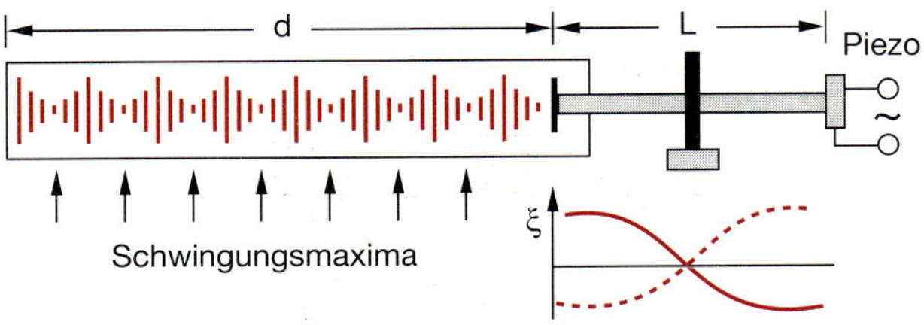

Abb. 10.67. Erzeugung der Kundtschen Staubfiguren

$$\frac{\lambda_{\text{gas}}}{\lambda_{\text{fest}}} = \frac{v_{\text{Ph}}^{\text{gas}}}{v_{\text{Ph}}^{\text{fest}}} = \frac{\sqrt{p \cdot \kappa/\varrho_{\text{gas}}}}{\sqrt{E/\varrho_{\text{fest}}}} = \frac{\sqrt{K\kappa/\varrho_{\text{gas}}}}{\sqrt{E/\varrho_{\text{fest}}}} \tag{10.111}$$

ergibt dann das Verhältnis der Schallgeschwindigkeiten im Gas bzw. im Metallstab, woraus sich nach (10.75a) und (10.82b) bei Kenntnis der Dichten das Verhältnis von Kompressionsmodul K des Gases zum Elastizitätsmodul E des Stabes ergibt.

Eine eindrucksvolle Demonstration stehender Druckwellen in einem Gas läßt sich mit dem ***Rubensschen Flammenrohr*** in der Vorlesung vorführen (Abb. 10.68). Hier wird ein zylindrisches geschlossenes Rohr, das an seiner Oberseite viele kleine Löcher hat, über ein Ventil an eine Propangasflasche angeschlossen. An der Innenseite einer Stirnfläche ist ein Lautsprecher angebracht, der mit einem Sinusgenerator variabler Frequenz angesteuert wird. Zündet man das aus den kleinen Löchern ausströmende Gas an, so sieht man ohne Aktivierung des Lautsprechers eine Flammenreihe mit gleicher Höhe aller Flammen. Werden nun durch den Lautsprecher stehende Wellen im Rohr angeregt, so wird an den Druckmaxima mehr Gas durch die Löcher strömen als an den Druckknoten, so daß die Flammen an den Druckmaxima eine maximale Höhe haben.

Da auf beiden Seiten eines Schwingungsknotens in einer stehenden Welle im Gas die Gasteilchen immer in entgegengesetzten Richtungen schwingen (Phasendifferenz π), liegen hier die Orte größter

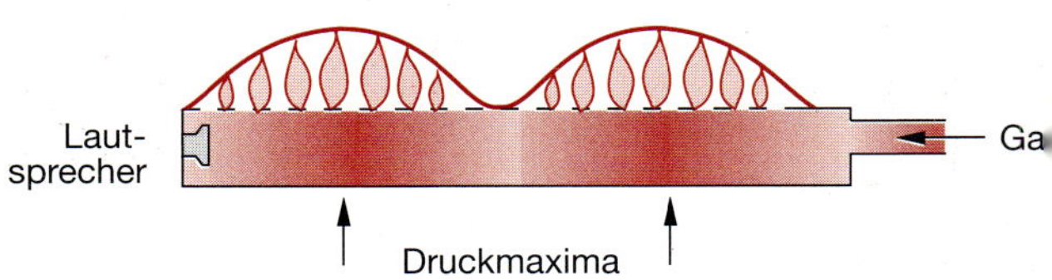

Abb. 10.68. Rubenssches Flammenrohr

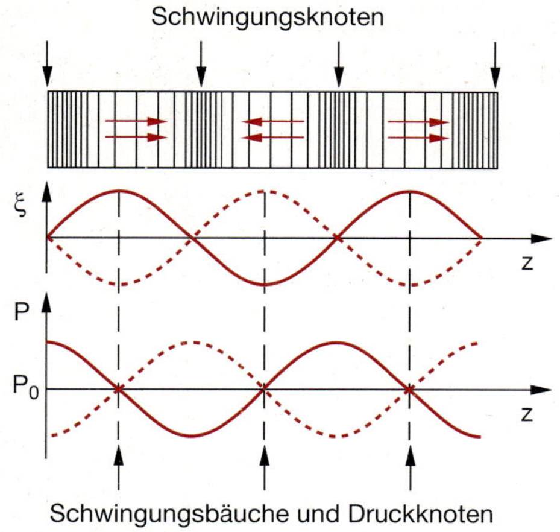

Abb. 10.69. Schwingungsamplituden- und Druckverteilung einer stehenden Welle in einem Gas

Druckänderung. Die stehende Druckwelle ist daher um $\lambda/2$ gegen die stehende Schwingungsamplitudenwelle versetzt (Abb. 10.69).

Eine ganz einfache Vorführung stehender Schallwellen in Luftröhren ist mit dem ***Quinckeschen Resonanzrohr*** möglich (Abb. 10.70), bei dem auch der Einfluß der Randbedingungen deutlich wird. Dem oberen Ende des Rohres wird ein kleiner Lautsprecher genähert. Durch Eintauchen des Rohres in Wasser kann die Länge L der Luftsäule im Rohr kontinuierlich variiert werden.

Ist das Rohr offen, so treten Resonanzen als deutlich hörbare Lautstärkenmaxima auf, wenn die Länge $L = (2n+1) \cdot \lambda/4$ wird (Abb. 10.70b). Da an der Wassergrenze ein Schwingungsknoten der Schallwelle in Luft auftreten muß, am oberen Ende jedoch ein Schwingungsbauch und ein Druckknoten (da dort der konstante Luftdruck p_0 herrscht), paßt, je nach der

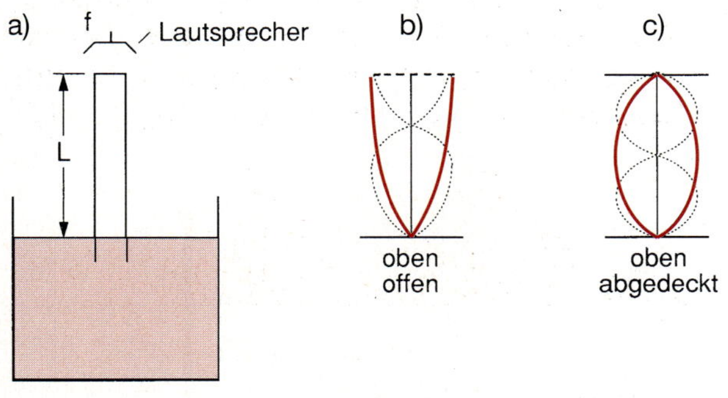

Abb. 10.70. Quincksches Resonanzrohr

Länge L der Luftsäule $1/4,\ 3/4, \ldots\ (2n+1)/4$ der Wellenlänge im Resonanzfall der stehenden Welle in das Rohr. Die Schwingungsfrequenzen des offenen Rohres sind daher

$$\nu_n = (2n+1)\frac{v_{\mathrm{Ph}}}{4L} \ .$$

Schließt man das obere Ende des Rohres durch einen festen Deckel ab, so treten auch dort Schwingungsknoten auf, d.h. für die Resonanzbedingung gilt jetzt: $L = (n+1)\lambda/2$ (Abb. 10.70). Die Schwingungsfrequenzen der abgedeckten Röhre sind dann

$$\nu_n = (n+1)\frac{v_{\mathrm{Ph}}}{2L} \ .$$

Beidseitig geschlossene und genauso beidseitig offene Röhren haben also eine doppelt so hohe Grundschwingungsfrequenz $\nu_0 = +v_{\mathrm{Ph}}/(2L)$ wie einseitig geschlossene Röhren. Dies wird z.B. für Orgelpfeifen ausgenutzt.

10.12.3 Zweidimensionale Eigenschwingungen von Membranen

Um stehende Wellen zweidimensionaler Flächen zu untersuchen, müssen wir die Lösungen der zweidimensionalen Wellengleichung (10.69)

$$\frac{\partial^2 \xi}{\partial x^2} + \frac{\partial^2 \xi}{\partial y^2} = \frac{1}{v_{\mathrm{Ph}}^2}\,\frac{\partial^2 \xi}{\partial t^2} \tag{10.112}$$

finden unter den vorgegebenen Randbedingungen. Beispiele für solche zweidimensionalen stehenden Wellen sind die Eigenschwingungen dünner Platten, von eingespannten Seifenlamellen oder von Trommelmembranen.

Die Lösungen von (10.112) lassen sich in der Form

$$\xi(x,y,t) = A(x,y) \cdot \cos \omega t \tag{10.113a}$$

schreiben, wobei die Amplitudenfunktion $A(x,y)$ von den Randbedingungen abhängt. Für eine dünne, rechteckige Membran, die entlang der Begrenzungsgeraden $x=0$, $x=a$, $y=0$, $y=b$ eingespannt ist, sind die möglichen Eigenschwingungen

$$\xi_{m,n}(x,y) = A \cdot \sin\frac{(m+1)\pi x}{a} \cdot \sin\frac{(n+1)\pi y}{b} \cdot \cos(\omega_{mn} t)\ , \tag{10.113b}$$

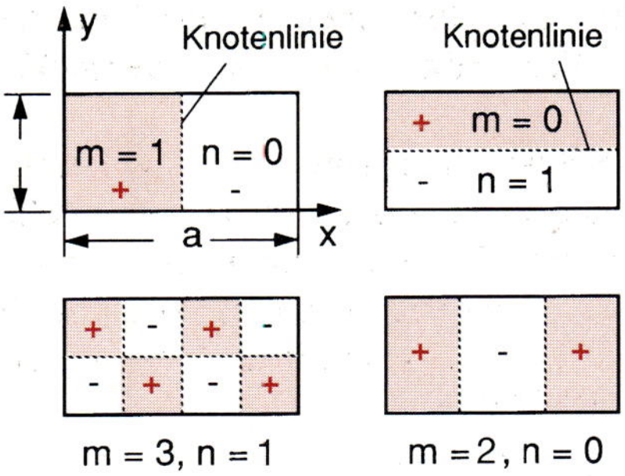

Abb. 10.71. Zweidimensionale Schwingungsmoden bei rechteckiger Einspannung

wie man durch Einsetzen in die Wellengleichung (10.112) mit den Randbedingungen $\xi = 0$ für $x = 0, a; y = 0, b$ sieht. Die ganze Zahl m gibt die Zahl der Knotenlinien $x = x_m$ senkrecht zur x-Richtung an und n gibt entsprechend die Zahl der y-Knotenlinien an (Abb. 10.71).

Man kann eine solche Eigenschwingung als Überlagerung $\xi = \xi_1 + \xi_2$ zweier Wellen mit den Wellenvektoren $\boldsymbol{k}_1 = \{k_x, k_y\}$ und $\boldsymbol{k}_2 = -\boldsymbol{k}_1$ ansehen, die sich (analog zum eindimensionalen Fall) so überlagern, daß die Randbedingung

$$\xi(x = 0, a; y = 0, b) = 0$$

erfüllt ist.

Aus der Beziehung

$$k^2 = k_x^2 + k_y^2 = 4\pi^2 \left(\frac{1}{\lambda_x^2} + \frac{1}{\lambda_y^2}\right) \tag{10.114}$$

zwischen Wellenzahl und Wellenlänge folgt für die Frequenzen $\omega = 2\pi v_{\text{Ph}}/\lambda$ die Beziehung:

$$\omega_{m,n} = \pi \sqrt{\frac{\sigma}{\varrho}\left[\left(\frac{m+1}{a}\right)^2 + \left(\frac{n+1}{b}\right)^2\right]}, \tag{10.115}$$

wobei angenommen wurde, daß die Membran so dünn ist, daß sie einer Torsion oder Verbiegung keinen Widerstand entgegensetzt. Die auftretenden rücktreibenden Kräfte werden dann nur durch die Zugspannung σ bewirkt, die wegen der Längenänderung der Membran in x- und y-Richtung bei der Auslenkung auftritt.

Bei kreisförmiger Einspannung hat man kreissymmetrische Randbedingungen. Deshalb verwendet man zur Lösung der Wellengleichung (10.112) zweckmäßig ebene Polarkoordinaten r und φ. In diesen Koordinaten heißt (10.112)

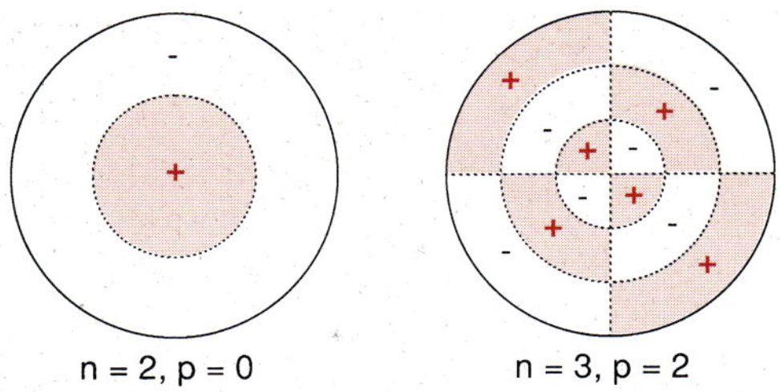

Abb. 10.72. Schwingungsmoden einer kreisförmig eingespannten Membran

$$\frac{1}{r}\frac{1}{\partial r}\left(r\frac{\partial \xi}{\partial r}\right) + \frac{1}{r^2}\frac{\partial^2 \xi}{\partial \varphi^2} = \frac{1}{v_{\text{Ph}}^2}\frac{\partial^2 \xi}{\partial t^2} . \tag{10.116}$$

Die Lösungen

$$\xi(r, \varphi, t) = \chi(r) \cdot \phi(\varphi) \cdot \cos \omega t$$

lassen sich analog zu (10.113) als Produkte eindimensionaler Funktionen schreiben. Bei einem Radius R der Membran erhält man [10.10]:

$$\xi_{n,p}(r, \varphi, t) = J_p\left(r \cdot \frac{r_{np}}{R}\right) \cdot [A_1 \cos(p\varphi) + A_2 \sin(p\varphi)] \cdot \cos(\omega_{np} t) , \tag{10.117}$$

wobei p und n ganze Zahlen sind, J_p ist die Besselfunktion p-ter Ordnung und

$$\omega_{np} = \frac{r_{n,p}}{R}\sqrt{\frac{\sigma}{\varrho}} \tag{10.118}$$

ist die Frequenz der Eigenschwingung mit n Radialknoten (Kreise) und p Azimutalknoten (Radien,) einer Membran mit der Dichte $\varrho = \text{const}$ (Masse pro Flächeneinheit) und der Zugspannung σ (Abb. 10.72). Die dimensionslose Zahl r_{np} ist die n-te Nullstelle der Besselfunktion J_p.

Zur Demonstration solcher zweidimensionaler Eigenschwingungen eignen sich die beiden folgenden Verfahren besonders schön:

- ***Chladnysche Klangfiguren.*** Eine dünne, in der Mitte eingespannte rechteckige oder runde dunkle Metallplatte wird mit weißem Kolophoniumpulver bestreut und dann an einer Außenkante mit dem Geigenbogen angestrichen. An den Stellen der Schwingungsknoten bleibt das Pulver liegen, an allen anderen Stellen wird es fortgeschleudert. Die Knotenlinien erscheinen dann als helle Linien auf dunklem Untergrund. Je nach Stärke des Bogenstrichs kann man verschiedene Oberschwingungen anregen (Abb. 10.73).

Abb. 10.73. Chladnysche Klangfiguren einer quadratischen, in der Mitte eingespannten Platte

- ***Schwingungen von Seifenhautlamellen.*** Wenn man einen rechteckigen Drahtrahmen mit Handgriff in eine Wanne mit Seifenwasser taucht, läßt sich die ganze Rahmenfläche mit einer dünnen Seifenwasserhaut bespannen, die man durch entsprechende Beleuchtung sichtbar machen kann. Durch geschicktes Bewegen des Rahmens lassen sich die verschiedenen Eigenschwingungen (10.113) anregen, wobei bei einer Rahmenfläche von 40 × 100 cm Schwingungsamplituden von bis zu 20 cm möglich sind (siehe Demonstrationsfilm: *Stehende Wellen*, Ealing Corp.)

10.13 Wellen bei bewegten Quellen

Bisher haben wir Wellen betrachtet, die von ruhenden Quellen ausgesandt wurden. Bei bewegten Quellen oder bewegten Beobachtern tritt eine Reihe neuer Phänomene auf, die wir hier kurz erläutern wollen.

10.13.1 Doppler-Effekt

Wenn eine schallerzeugende Quelle sich relativ zum Medium, in dem sich die Schallwelle ausbreitet, bewegt, so ändert sich für einen Beobachter die Schallfrequenz. Dies läßt sich folgendermaßen einsehen:

Während der Schwingungsdauer $T = 1/\nu_0$ durchläuft die ausgesandte Welle in z-Richtung die Strecke $\Delta z = \lambda_0 = v_{\text{Ph}} \cdot T$. Hat die Quelle die Geschwindigkeit $u_{\text{Q}} = u_z$ in Beobachtungsrichtung, so ist nach der Zeit T der Abstand zwischen den Flächen gleicher Phase (Abb. 10.74a)

$$\lambda = \lambda_0 - u_{\text{Q}} \cdot T = \frac{v_{\text{Ph}} - u_{\text{Q}}}{\nu_0} \,.$$

Dieser Abstand ist aber als die Wellenlänge λ der Welle definiert. Die vom ruhenden Beobachter gemessene Frequenz der Welle

$$\nu = \frac{v_{\text{Ph}}}{\lambda} = \nu_0 \cdot \frac{v_{\text{Ph}}}{v_{\text{Ph}} - u_{\text{Q}}} = \nu_0 \frac{1}{1 - u_{\text{Q}}/v_{\text{Ph}}} \tag{10.119a}$$

ist also höher als bei ruhender Quelle.

Läuft die Quelle mit der Geschwindigkeit $u_{\text{Q}} = -u_z$ vom Beobachter fort, so wird die vom Beobachter gemessene Frequenz

$$\nu = \nu_0 \frac{1}{1 + u_{\text{Q}}/v_{\text{Ph}}} \tag{10.119b}$$

kleiner. Diese als ***Doppler-Effekt*** bekannte Erscheinung ist jedem Verkehrsteilnehmer schon aufgefallen, wenn ein Rettungswagen mit Martinshorn an

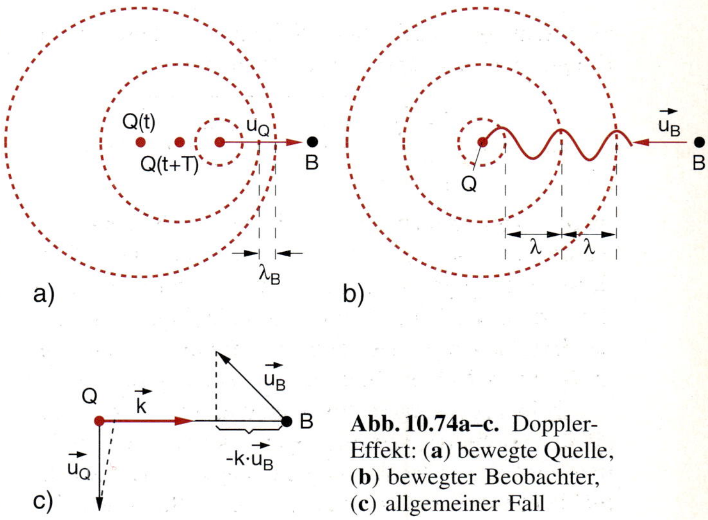

Abb. 10.74a–c. Doppler-Effekt: (**a**) bewegte Quelle, (**b**) bewegter Beobachter, (**c**) allgemeiner Fall

ihm vorbeifährt. Beim Vorbeifahren sackt die Tonfrequenz plötzlich ab.

Auch wenn der Beobachter B sich mit der Geschwindigkeit u_B gegen eine Schallwelle, die von einer ruhenden Quelle mit der Frequenz ν_0 ausgesandt wird, bewegt, ändert sich die von ihm gemessene Frequenz ν. Während der Schwingungsdauer $T = 1/\nu_0$ überstreicht der Beobachter die Strecke $\Delta z = u_B \cdot T$ und mißt deshalb $\Delta n = \Delta z/\lambda_0$ zusätzliche Schwingungen. Die von ihm gemessene Schwingungsfrequenz erhöht sich also um $\Delta\nu = \Delta n/T$ und ergibt sich zu

$$\begin{aligned}\nu &= \nu_0 + \frac{u_B}{\lambda_0} = \nu_0 + \frac{u_B}{v_{Ph}} \cdot \nu_0 \\ &= \nu_0\left(1 + \frac{u_B}{v_{Ph}}\right) , \end{aligned} \qquad (10.120a)$$

wenn er sich auf die Quelle zu bewegt, und

$$\nu = \nu_0\left(1 - \frac{u_B}{v_{Ph}}\right) , \qquad (10.120b)$$

wenn er sich von ihr fortbewegt.

Man kann die Gleichungen (10.119–120) auf den allgemeinen Fall erweitern, daß sich sowohl Quelle als auch Beobachter bewegen. Man erhält dann:

$$\nu = \nu_0 \frac{(1 \pm u_B/v_{Ph})}{(1 \mp u_Q/v_{Ph})} , \qquad (10.121)$$

wobei das obere Vorzeichen gilt, wenn sich Q und B aufeinander zubewegen, während das untere Vorzeichen gilt, wenn sie sich voneinander fortbewegen. Die Frequenzverschiebung $\Delta\nu = \nu - \nu_0$ heißt *Doppler-Verschiebung*.

Bei ganz allgemeinen Richtungen der Geschwindigkeiten $\boldsymbol{u}_Q$ und $\boldsymbol{u}_B$ läßt sich (10.121) mit $\omega = 2\pi\nu$ vektoriell schreiben als:

$$\boxed{\omega = \omega_0 \frac{\omega_0 - \boldsymbol{k} \cdot \boldsymbol{u}_B}{\omega_0 + \boldsymbol{k} \cdot \boldsymbol{u}_Q}} , \qquad (10.121a)$$

wobei $\boldsymbol{k}$ der Wellenvektor ist (Abb. 10.74c).

Man sieht dies einfach aus der Wellendarstellung

$$\xi = A \cdot \cos(\omega_0 t - \boldsymbol{k} \cdot \boldsymbol{r}) ,$$

wobei $\boldsymbol{r}$ der Ortsvektor vom Nullpunkt des Koordinatensystems ist. Die Bewegungsgleichung des bewegten Beobachters lautet:

$$\boldsymbol{r} = \boldsymbol{u}_B t + \boldsymbol{r}_0$$

und die Wellendarstellung wird

$$\begin{aligned}\xi &= A \cdot \cos[\omega_0 t - \boldsymbol{k} \cdot (\boldsymbol{u}_B t + \boldsymbol{r}_0)] \\ &= A \cdot \cos(\omega t - \boldsymbol{k} \cdot \boldsymbol{r}_0) \\ &\quad \text{mit } \omega = \omega_0 - \boldsymbol{k} \cdot \boldsymbol{u}_B .\end{aligned}$$

Analoges gilt für die Bewegung der Quelle.

> Bei Lichtwellen ist die Doppler-Verschiebung nur von der Relativgeschwindigkeit zwischen Quelle und Beobachter abhängig. Dies ist anders bei Schallwellen, wo sich für die Bewegung von Q eine *andere* Verschiebung ergibt als für B. Dies liegt daran, daß die Ausbreitung von Schallwellen an ein Medium geknüpft ist und daher die Bewegung von Q bzw. B gegen dieses Medium die Frequenz in verschiedener Weise verändert. Nur für $u \ll v_{Ph}$ gehen die beiden Gleichungen (10.119) und (10.120) wegen $1/(1-x) \approx 1 + x$ ineinander über.

Man kann den Doppler-Effekt bereits bei kleinen Geschwindigkeiten experimentell vorführen, wenn man eine Schallquelle auf den Schlitten einer Luftkissenfahrbahn setzt und ihre Schallwellen mit denen einer zweiten ruhenden Schallquelle gleicher Frequenz überlagert. Die Differenzfrequenz $\nu - \nu_0 \approx \nu_0 u/v_{Ph}$ liegt dann für $\nu_0 = 5\,\text{kHz}$, $u = 0{,}3$ m/s, $v_{Ph} = 300$ m/s bei 5 Hz und ist als Schwebung gut hörbar.

Bei einer zweiten Variante des Versuchs wird die bewegte Schallquelle an ein Pendel mit großer Fadenlänge (z.B. 10 m) gehängt. Die Schwingungsdauer ist dann etwa 6 s und man hört die Variation der Schwebungsfrequenz während einer Schwingungsdauer.

10.13.2 Wellenfronten bei bewegten Quellen

Wir betrachten eine punktförmige Schallquelle, die sich mit der Geschwindigkeit u in z-Richtung bewegt und dabei dauernd Kugelwellen der Frequenz ν_0 aussendet, die sich überlagern (Abb. 10.75). Nach den Überlegungen im vorigen Abschnitt ist der Abstand zweier sich um 2π unterscheidender Phasenflächen

$$\lambda(\alpha) = \frac{1}{\nu_0}(v_{Ph} - u \cdot \cos\alpha) \qquad (10.122)$$

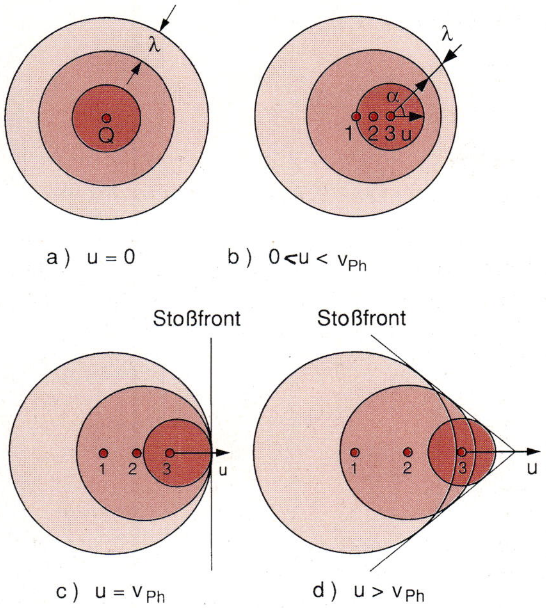

Abb. 10.75. Zur Entstehung einer Stoßfront, wenn die Geschwindigkeit der Schallquelle die Schallgeschwindigkeit erreicht

vom Winkel α gegen die Bewegungsrichtung $\boldsymbol{u}$ der Quelle abhängig. Erreicht die Geschwindigkeit u der Quelle die Schallgeschwindigkeit v_{Ph}, so wird $\lambda(\alpha = 0) = 0$ (Abb. 10.75c). Die Amplituden der zu verschiedenen Zeiten ausgesandten Schallwellen überlagern sich für $\alpha = 0$ alle in Phase, und es entsteht hier eine Welle mit sehr großer Amplitude, die nicht mehr harmonisch ist (***Kopfwelle***).

Für $u > v_{\text{Ph}}$ wird $\lambda(\alpha) = 0$ für $\alpha = \arccos(v_{\text{Ph}}/u)$. Die Amplituden der zu verschiedenen Zeiten ausgesandten Kugelwellen sind in Phase auf Kegeln mit dem Öffnungswinkel $\beta = 90° - \alpha$, für die gemäß (10.122) und Abb. 10.76 gilt:

$$\sin\beta = \frac{v_{\text{Ph}}}{u} \,. \qquad (10.123)$$

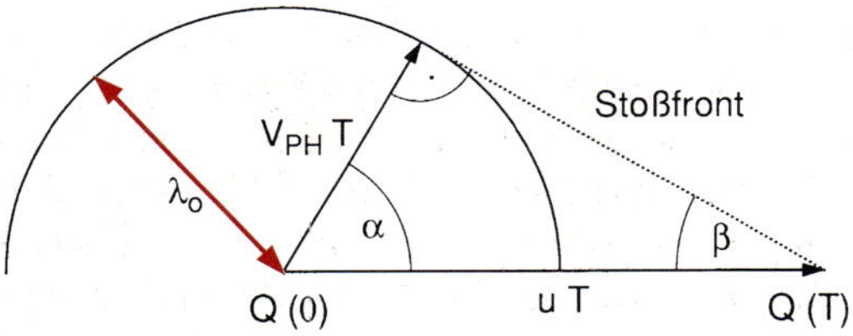

Abb. 10.76. Zur Berechnung des Öffnungswinkels des Machkegels

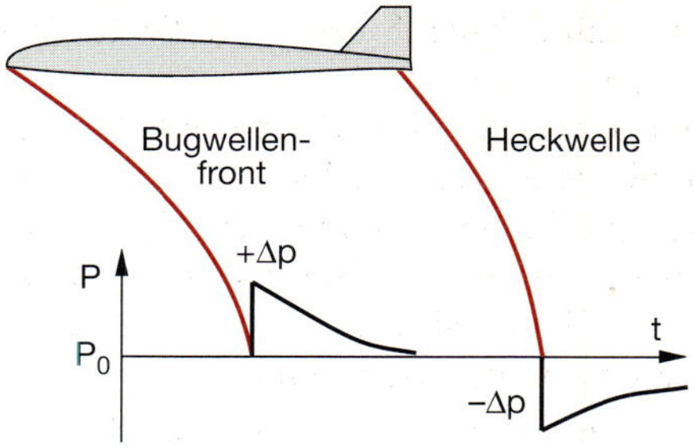

Abb. 10.77. Knallwellen eines mit Überschallgeschwindigkeit fliegenden Flugzeugs

Der Kopfwellenkegel heißt ***Machscher Kegel***, und das Verhältnis

$$\mathrm{M} = \frac{u}{v_{\text{Ph}}} \qquad (10.124)$$

von Quellengeschwindigkeit u zu Schallgeschwindigkeit v_{Ph} heißt *Machzahl* M.

Man kann solche Kopfwellenkegel als Bugwellenfronten bei Schiffsfahrten auf einem See gut beobachten, wenn die Schiffsgeschwindigkeit u größer wird als die Phasengeschwindigkeit v_{Ph} der Oberflächenwellen des Wassers.

Als unangenehmen Knall erfahren wir die Kopfwellen (oft auch Stoßwellen genannt), wenn ein Flugzeug in niedriger Höhe mit Überschallgeschwindigkeit fliegt. Man hört zwei Knallwellen, die von Bug- und Heckwelle des Flugzeugs erzeugt werden (Abb. 10.77).

10.13.3 Stoßwellen

Die Überhöhung der Wellenamplitude, die auftritt, wenn sich die Schallquelle mit Schallgeschwindigkeit bewegt, ist nicht der einzige Fall, bei dem Stoßwellen auftreten. Ein besonders eindrucksvolles Beispiel für die Überhöhung der Wellenamplitude findet man bei Wasserwellen, wenn die Phasengeschwindigkeit der Welle in Ausbreitungsrichtung kleiner wird, so daß nachfolgende Wellenberge die voranlaufenden einholen können. Dies ist z.B. der Fall bei Brandungswellen, wenn Meereswellen vom tiefen Wasser her zur Küste laufen. Nach (10.83) nimmt die Phasengeschwindigkeit v_{Ph} mit abnehmender Wassertiefe h ab, sobald h in die Größenordnung der Wellenlänge λ kommt. Dadurch daß nachfolgende Wellenberge die vorhergehenden einholen, wird die Wellenampli-

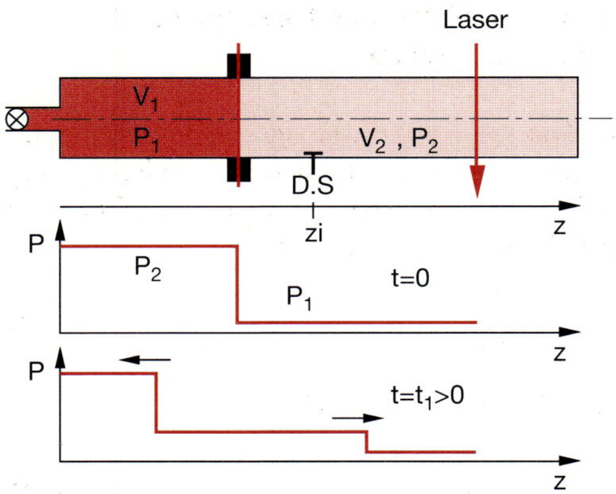

Abb. 10.78. Stoßwellenrohr

tude überhöht. Wird sie größer als die Wassertiefe, beginnt sich die Welle zu überschlagen, weil die Maxima weiterlaufen, die Minima aber wegen der Bodenberührung abgebremst werden (Brecher). Man kann dieses Phänomen in einer Wellenwanne mit schrägem Boden sehr eindrücklich demonstrieren.

Ein anderes extremes Beispiel sind Stoßwellen, die bei der Explosion eines Sternes entstehen. Die dabei radial ausgeschleuderte Materie führt über Stoßprozesse mit den Molekülen und Staubteilchen des interstellaren Gases zu einer Verdichtungswelle mit sehr hohen Temperaturen, so daß diese Kugelwelle als leuchtender Ringnebel zu sehen ist. Ein berühmtes Beispiel ist der Ringnebel im Sternbild Leier.

Die Untersuchung von Stoßwellen in Gasen geschieht mit Hilfe eines Stoßrohres (Abb. 10.78), in dem eine Membran M das Volumen V_1 mit hohem Gasdruck p_1 vom Volumen V_2 mit niedrigem Gasdruck p_2 trennt. Zur Zeit $t = 0$ wird die Membran gesprengt, so daß sich eine Druckfrontwelle in das Volumen V_2 ausbreitet. Mit Drucksonden an verschiedenen Stellen z_i kann der Druckverlauf zeitaufgelöst gemessen werden. Mit spektroskopischen Techniken können Temperaturverlauf und Dichte $\varrho(z,t)$ bestimmt werden.

Wenn die Phasengeschwindigkeit einer Welle von der Wellenamplitude abhängt, entstehen bei Vorliegen bestimmter Bedingungen spezielle Stoßwellen, die man *Solitonen* nennt [10.11]. Sie können nicht mehr durch die lineare Wellengleichung (10.63) beschrieben werden, sondern sind nichtlineare Phänomene mit sehr interessanten Eigenschaften.

10.14 Akustik

Die Akustik behandelt die Entstehung, die Ausbreitung und die Messung von mechanischen Schwingungen und Schallwellen Sie ist deshalb ein Anwendungsgebiet der im vorigen Abschnitt diskutierten Grundlagen mechanischer Schwingungen und Wellen. Als Schall werden vom menschlichen Ohr Druckänderungen in Luft wahrgenommen, die Schwingungen unseres Trommelfells verursachen. Die Frequenzskala von Schallwellen geht jedoch weit über den vom menschlischen Ohr wahrgenommenen Frequenzbereich zwischen 16 Hz und 16 kHz hinaus.

10.14.1 Definitionen

Man kann eine grobe Einteilung vornehmen in die Bereiche

Infraschall	$\nu <$ 16 Hz
hörbarer Schall	16 Hz $< \nu <$ 16 kHz
Ultraschall	$\nu >$ 16 kHz
Hyperschall	$\nu >$ 10 MHz

Da das menschliche Ohr für den Nachweis von Schall immer noch eine dominante Rolle spielt, klassifiziert man die von ihm wahrgenommenen Schallwellen nach ihrem Frequenzspektrum und dem zeitlichen Verlauf ihrer Amplituden. Man bezeichnet als

- ***Ton:*** eine reine harmonische Schwingung, deren Amplitude konstant ist oder sich zumindest nur langsam gegen die Schwingungsdauer T ändert. Die *Tonhöhe* wird durch die Frequenz ν, die Tonstärke durch das Quadrat der Schwingungsamplitude A^2 bestimmt.
- ***Klang:*** eine periodische, aber nicht rein sinusförmige Schwingung, deren Fourier-Zerlegung eine Summe von Sinus- bzw. Kosinusschwingungen ergibt. Ein Klang ist also eine Überlagerung verschiedener Töne.
- ***Geräusch:*** ein vollkommen unperiodischer Schwingungsvorgang, bei dem die Frequenzen und Amplituden seiner Fourier-Komponenten zeitlich statistisch schwanken.
- ***Knall:*** ein Schallimpuls, der Schwingungen eines weiten Frequenzbereiches enthält, deren Amplituden zeitlich schnell abklingen.

Die Empfindlichkeit des menschlichen Ohres ist frequenzabhängig. Sie hat bei etwa 1 kHz ihr Maximum. Die vom Gehirn empfundene Lautstärke ist proportional zum Logarithmus der Schallintensität. Die geringste Schallintensität, die bei $\nu = 1$ kHz von einem gesunden Ohr noch gerade wahrgenommen werden kann (***Hörschwelle***) beträgt

$$I_{\min}(\nu = 1\,\text{kHz}) = 10^{-12}\ \text{W/m}^2 .$$

Da die Fläche der Ohrmuschel etwa 10^{-3} m^2 beträgt, können wir eine Schalleistung von nur 10^{-15} W noch hören!

Als subjektiv empfundene ***Lautstärke*** einer Schallwelle mit der Intensität wird die Zahl

$$\text{Lst} = 10 \cdot \log_{10} \frac{I(\nu)}{I_{\min}(\nu)} \tag{10.125}$$

definiert, die in der Einheit „Phon" angegeben wird (obwohl sie eine dimensionslose Zahl ist). Die Schmerzgrenze des Ohres liegt bei 130 Phon, also bei einer 10^{13}fachen (!) Intensität der Hörschwelle. Wenn die Phonzahl sich um zehn erhöht, steigt die Schallintensität um das Zehnfache an (Tabelle 10.4).

Tabelle 10.4. Beispiele für Phonzahlen einiger Schallerzeuger

Leises Flüstern	10 Phon
deutliche Sprache	50 Phon
Düsenflugzeug in 100 m Entfernung	≈120 Phon
Diskothek	100–130 Phon
Preßlufthammer in 1 m Entfernung	130 Phon

In einer harmonischen akustischen Welle

$$\xi = A \cdot \cos(\omega t - kz)$$

ist die Geschwindigkeit der Teilchenbewegung

$$u = \frac{\partial \xi}{\partial t} = -\omega \cdot A \cdot \sin(\omega t - kz) .$$

Ihr Maximalwert

$$u_0 = \omega \cdot A \tag{10.126}$$

heißt Geschwindigkeitsamplitude oder auch ***Schallschnelle***.

10.14.2 Druckamplitude und Energiedichte von Schallwellen

Aus den Gleichungen (10.80a) und (10.81) im Abschn. 10.9.5 erhalten wir für den Zusammenhang zwischen Druck p einer ebenen Schallwelle in Gasen und der Auslenkung ξ die Gleichung:

$$\frac{\partial p}{\partial z} = -\varrho \cdot \frac{\partial^2 \xi}{\partial t^2} . \tag{10.127}$$

Mit $\xi = \xi_0 \cdot \cos(\omega t - kz)$ folgt:

$$\frac{\partial p}{\partial z} = \boxed{\varrho \cdot \omega^2 \xi_0 \cos(\omega t - kz)} . \tag{10.128}$$

Integration über z liefert mit $k = 2\pi/\lambda$

$$p = \varrho \cdot \omega^2 \cdot \frac{\lambda}{2\pi} \xi_0 \cdot \sin(\omega t - kz) + C .$$

Die Integrationskonstante C ergibt sich aus der Bedingung, daß ohne Schallwelle ($\xi_0 = 0$) ein konstanter Druck $p = p_0$ herrschen muß. Daraus erhalten wir für die Druckwelle:

$$p = p_0 + \Delta p_0 \cdot \sin(\omega t - kz) \tag{10.129}$$

mit der Druckamplitude:

$$\boxed{\Delta p_0 = v_{\text{Ph}} \cdot \varrho \cdot \omega \xi_0 = v_{\text{Ph}} \cdot \varrho \cdot u_0} . \tag{10.130}$$

Für die mittlere Energiedichte der Welle ergibt sich aus (10.87)

$$\frac{\mathrm{d}W}{\mathrm{d}V} = \frac{1}{2} \varrho \omega^2 \xi_0^2 = \frac{1}{2} \frac{\Delta p_0^2}{\varrho \cdot v_{\text{Ph}}^2} . \tag{10.131}$$

Die Energieflußdichte oder Intensität der Schallwelle ist dann

$$I = v_{\text{Ph}} \cdot \frac{\mathrm{d}W}{\mathrm{d}V} = \frac{1}{2} \frac{\Delta p_0^2}{\varrho \cdot v_{\text{Ph}}} . \tag{10.132}$$

Als ***Schalldruckpegel*** *Lp* wird der Ausdruck

$$Lp = 10 \log \frac{\Delta p^2}{p_\text{s}^2} = 20 \log \frac{\Delta p}{p_\text{s}} \tag{10.132a}$$

definiert (angegeben in dB), wobei $p_\text{s} = 2 \cdot 10^{-4}$ µbar der Schalldruck an der Hörschwelle ist. Da die Empfindlichkeit des Ohres frequenzabhängig ist, geben die Kurven gleicher Phonzahl frequenzabhängige Werte von *Lp* (Abb. 10.79).

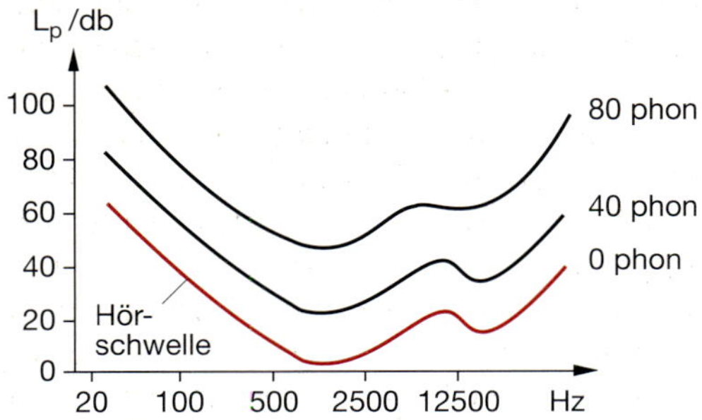

Abb. 10.79. Schalldruckkurven $Lp(\nu)$ für konstante Phonzahlen

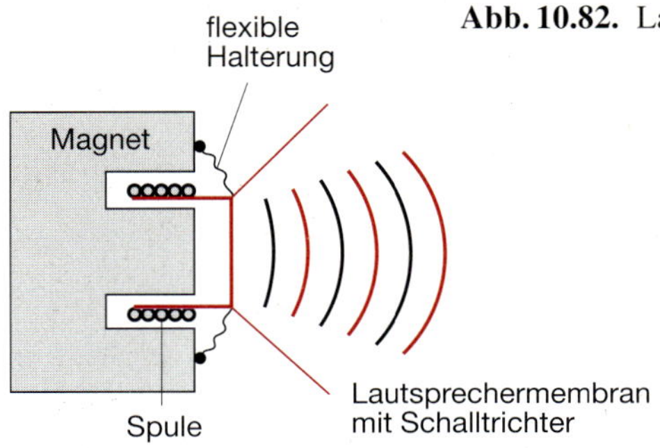

Abb. 10.82. Lautsprecher

10.14.3 Erzeugung von Schallwellen

Schallwellen können durch freie oder erzwungene Schwingungen fester Körper erzeugt werden, die ihre Schwingungsenergie an ihre Umgebung abgeben. Beispiele sind Lautsprecher, schwingende Saiten, Stimmgabeln, schwingende Membranen (Abb. 10.80). Für die Untersuchung von Schallwellen in festen Körpern haben sich Piezo-Schallgeber bewährt. Diese bestehen aus Materialien, die sich bei Anlegen einer elektrischen Spannung je nach Polarität zusammenziehen oder ausdehnen. Klebt man eine Scheibe aus piezoelektrischem Material auf die Endfläche eines Stabes (Abb. 10.81), so kann man durch eine elektrische Wechselspannung zwischen den Elektroden der Piezo-Scheibe mechanische Schwingungen erzeugen, die sich als Schallwellen im Stab ausbreiten.

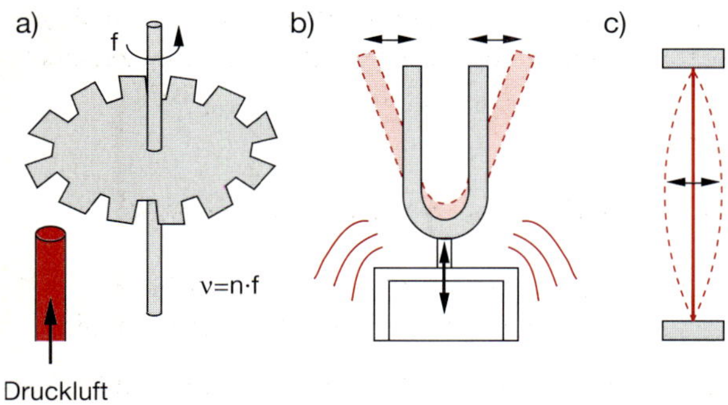

Abb. 10.80a–c. Verschiedene Schallquellen: (**a**) Sirene (**b**) Stimmgabel (**c**) schwingende Saite

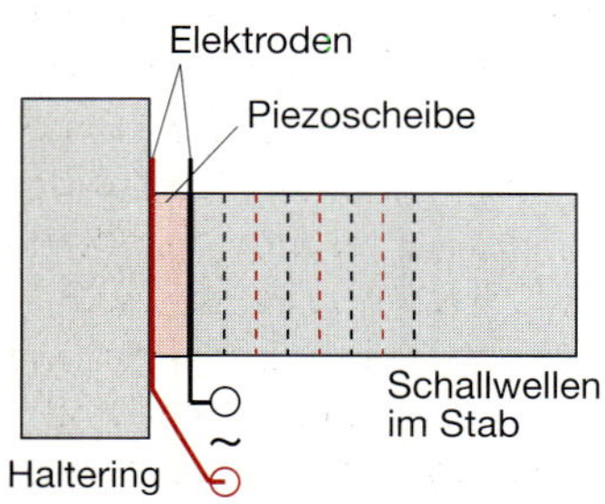

Abb. 10.81. Piezo-Scheibe als Schallquelle am Ende eines Festkörperstabes

Die am häufigsten verwendete Schallquelle ist der Lautsprecher (Abb. 10.82), bei dem eine Membran auf einer Spule befestigt ist, die in einen Permanentmagnet eintaucht. Fließt durch die Spule ein Wechselstrom, so wird sie je nach Polarität vom Magneten angezogen oder abgestoßen. Die Membran führt entsprechende Schwingungen aus, die zu Druckvariationen der umgebenden Luft führen, welche sich als Schallwellen ausbreiten.

10.14.4 Schalldetektoren

Als Schalldetektoren können außer dem menschlichen Ohr alle Geräte benutzt werden, welche die Druckschwankungen oder die mechanischen Schwingungen des Schallmediums nachweisen können. Demonstrationsbeispiele sind das Rubenssche Flammenrohr (Abb. 10.68) oder die Kundtschen Staubfiguren (Abb. 10.67). In der Praxis werden wegen ihrer Empfindlichkeit und einfachen Anwendung im Frequenzbereich von 15 Hz–100 kHz überwiegend Mikrophone als Schalldetektoren benutzt, welche mechanische Schwingungen in eine elektrische Wechselspannung umwandeln, und damit gerade invers zum Lautsprecher arbeiten.

Bei höheren Frequenzen kann der inverse Piezoelektrische Effekt ausgenutzt werden, bei dem durch Druckvariationen in geeigneten Medien (z.B.

$BaTiO_3$) elektrische Spannungen zwischen den Endflächen induziert werden. Solche Piezo-Druckdetektoren werden vor allem im Ultra- und Hyperschallbereich verwendet.

In zunehmendem Maße werden optische Detektoren zum Nachweis von Schwingungen und akustischen Wellen eingesetzt. So läßt sich z.B. die Schwingung einer Membran dadurch „sichtbar" machen, daß man sie mit kurzen Lichtpulsen bestrahlt und die Pulsfrequenz f variiert. Ist die Differenz $f - \nu$ im Verhältnis zur Schwingungsfrequenz ν der Membran klein, so sieht man die Membran so, als schwinge sie mit der kleinen Differenzfrequenz $f - \nu$, die das Auge auflösen kann (Stroboskop).

Eine weitere optische Methode beruht auf dem optischen Doppler-Effekt (siehe Bd. 2). Wird eine schwingende Fläche $z = z_0 + a \cdot \cos \Omega t$ mit Licht (z.B. einem Laserstrahl) der Frequenz $\omega_0 \gg \Omega$ bestrahlt, so ist die Frequenz des reflektierten Lichtes auf Grund des Doppler-Effekts

$$\omega' = \omega_0 \left(1 + \frac{2a}{c} \Omega \sin \Omega t \right) \tag{10.133}$$

frequenzmoduliert. Die Überlagerung des einfallenden mit dem reflektierten Licht ergibt als Schwebungsfrequenz die akustische Schwingungsfrequenz Ω.

Eine stehende akustische Welle führt zu einer räumlich periodischen Variation des Druckes und damit zu einer entsprechenden Variation des optischen Brechungsindex (siehe Bd. 2). Läßt man Licht durch eine solche stehende Schallwelle senkrecht zum Wellenvektor der Schallwelle laufen, so wirkt die Schallwelle als optisches „Phasengitter", und es treten optische Beugungserscheinungen auf, die zur Messung der akustischen Wellenlänge benutzt werden können.

10.15 Physik der Musikinstrumente

Die physikalischen Grundlagen der Musikinstrumente haben bereits im vorigen Jahrhundert viele Wissenschaftler beschäftig [10.12]. Dies hat sich jedoch kaum auf Bau und Optimierung dieser Instrumente ausgewirkt, die immer noch auf alten überlieferten handwerklichen Verfahren basierten, bei denen die Geschicklichkeit und das „musikalische Gehör" des Erbauers die wesentlichen Grundlagen bilden.

In den letzten Jahren hat die wissenschaftlich orientierte Untersuchung von Musikinstrumenten sowohl von Seiten der Physiker als auch der Instrumentenbauer wieder verstärktes Interesse gefunden und hat zu einer intensiveren Kooperation geführt. Dies liegt vor allem daran, daß mit den heute zur Verfügung stehenden Meßtechniken (Mikrophone, Speicheroszillographen, Fourier-Analysatoren und Computersimulation) die Klangcharakteristik eines Musikinstrumentes und ihre Abhängigkeit von Form und Material wesentlich detaillierter gemessen und in Form eines Fourier-Diagrammes „objektiv" (d.h. unabhängig von Klangempfindungen des Hörers) dargestellt werden kann.

Das Ziel solcher Untersuchungen ist es, physikalische Erklärungen für den Klangcharakter eines Instruments zu geben und für die materiellen Parameter, die diesen Klangcharakter bestimmen. Man möchte also die Frage beantworten: Worin liegt der besondere Klang einer Stradivari-Geige begründet? Was unterscheidet einen Bechstein-Flügel physikalisch von einem Allerweltsklavier?

Die Hoffnung bei solchen Untersuchungen ist, daß man nach einem detaillierten Verständnis der physikalischen Grundlagen wissenschaftlich begründete Anleitungen zum Bau optimaler Instrumente geben kann, d.h. man könnte dann z.B. „Stradivari-Geigen" am Fließband herstellen, falls das geeignete Material zur Verfügung steht.

10.15.1 Einteilung der Musikinstrumente

Die Musikinstrumente lassen sich nach ihren schallerzeugenden Elementen in fünf Gruppen einteilen:

- *Saiteninstrumente*, bei denen eine gespannte Saite durch Zupfen (Harfe, Gitarre, Cembalo), durch Streichen (Geige, Cello, Kontrabaß) oder durch Anschlagen (Klavier) zu Schwingungen angeregt wird. Die unterschiedliche Klangfarbe der verschiedenen Saiteninstrumente wird verursacht durch das Material der Saite, durch die Saitenspannung, durch die Form und das Material des Resonanzkörpers und in besonderer Weise durch das Zeitverhalten der Schwingungsanregung.
- *Blasinstrumente*, welche die Schwingungen von Luftsäulen in zylindrischen, konischen oder auch gebogenen Rohren zur Schallerzeugung aus-

nutzen. Hierzu gehören die Holzblasinstrumente (Blockflöte, Oboe, Fagott), die Blechblasinstrumente (Trompete, Posaune, Tuba, Waldhorn) und die Orgel mit ihren verschiedenen Pfeifentypen.

- *Schlaginstrumente*, bei denen durch Anschlagen von Membranen (Trommel, Pauke) oder schwingungsfähigen, speziell geformten festen Körpern (Zimbal, Xylophon, Gong, Glockenspiel) Schwingungen angeregt werden.
- *Elektronische Musikinstrumente*, bei denen elektromagnetische Schwingungen erzeugt und über einen Lautsprecher in akustische Schwingungen umgewandelt werden. Hier läßt sich das Frequenzspektrum der elektromagnetischen Schwingungen und seine zeitliche Veränderung mechanisch oder über Computerprogramme steuern, so daß man bereits die Klangfarben aller Instrumente imitieren kann.
- Natürlich ist auch die *menschliche Stimme* ein Musikinstrument. Wegen ihrer breiten Klangvariation und Modulationsfähigkeit wird sie oft als „Königin der Instrumente" bezeichnet. (Orgelliebhaber benutzen diesen Namen allerdings auch für die Orgel.)
  Physikalisch müßte die Stimme zu den „Blasinstrumenten" gerechnet werden.

10.15.2 Akkorde, Tonleitern und Stimmungen

Ein „Ton" eines Musikinstrumentes ist im allgemeinen keine reine Sinusschwingung, sondern enthält außer der Grundschwingung mit der Frequenz ν_0 ein mehr oder weniger reichhaltiges Spektrum von Obertönen mit Frequenzen $n\nu_0$. Wir empfinden den Zusammenklang (d.h. die Überlagerung) zweier oder meherer Töne als „harmonisch", wenn diese Töne möglichst viele gemeinsame Obertöne haben. Eine Überlagerung von mehr als zwei solcher Töne heißt ein ***Akkord***.

Die meisten gemeinsamen Obertöne haben zwei Grundtöne, deren Frequenzverhältnis $\nu_1 : \nu_2 = 2 : 1$ ist. Das Tonintervall zwischen diesen beiden Grundtönen heißt ***Oktave***. Die in der europäischen Musik innerhalb einer Oktave verwendeten Tonintervalle basieren auf rationalen Verhältnissen kleiner ganzer Zahlen, aus denen besonders viele harmonische Akkorde gebildet werden können und auf denen unsere „mehrstimmige" Musik basiert. Sie sind in Tabelle 10.5 aufgeführt.

Tabelle 10.5. Tonintervalle innerhalb einer Oktave

Intervall	Frequenzverhältnis $\nu_2 : \nu_1$
Oktave	2 : 1
Quinte	3 : 2
Quarte	4 : 3
große Terz	5 : 4
kleine Terz	6 : 5
große Sext	5 : 3
kleine Sext	8 : 5
kleine Septime	9 : 5
große Septime	15 : 8
große Sekunde	9 : 8
kleine Sekunde	10 : 9

Eine Folge von Tönen, die nach steigender Frequenz innerhalb einer Oktave angeordnet sind und deren Intervalle denen der Tabelle 10.5 entsprechen, bilden eine Tonleiter. In Tabelle 10.6 ist als Beispiel die C-Dur-Tonleiter angegeben.

Man sieht, daß die Frequenzverhältnisse der meisten Intervalle (Terz, Quart, Quint, Sext) Brüche mit kleinen ganzen Zahlen bilden, also viele gemeinsame Obertöne haben. Ein Instrument (z.B. Klavier), das so gestimmt ist, daß diese Frequenzverhältnisse

Tabelle 10.6. C-Dur Tonleiter

Ton	Relative Frequenz	Frequenzverhältnis	temperierte Stimmung		Intervall
c	1		1		
		9 : 8		$\sqrt[6]{2}$	
d	9/8		$2^{1/6}$		gr. Sekunde
		10 : 9		$\sqrt[6]{2}$	
e	5/4		$2^{1/3}$		gr. Terz
		16 : 15		$\sqrt[12]{2}$	
f	4/3		$2^{5/12}$		Quarte
		9 : 8		$\sqrt[6]{2}$	
g	3/2		$2^{7/12}$		Quinte
		10 : 9		$\sqrt[6]{2}$	
a	5/3		$2^{9/12}$		gr. Sext
		9 : 8		$\sqrt[6]{2}$	
h	15/8		$2^{11/12}$		gr. Septime
		16 : 15		$\sqrt[12]{2}$	
c	2		2		Oktave

	c	d	e	f	g	a	h	c
ν_{phys}	2^8=256	288	320	341,3	384	426,7	480	512=2^9
ν_{intern}	261,5	293,5	329,5	349,1	392,0	440	493,7	523
Tonbezeichnung	c	d	e	f	g	a	h	c
ν_x/ν_c	1	9/8	5/4	4/3	3/2	5/3	15/8	2
ν_x/ν_{x-1}		9/8	10/9	16/15	9/8	10/9	9/8	16/15
Intervall ν_x/ν_c	Prim	Sekunde	Terz	Quart	Quinte	Sexte	Septime	Oktave

Abb. 10.83. Reine Stimmung ν_{Phys}, temperierte Stimmung ν_{int} und Frequenzverhältnisse der Töne der C-Dur-Tonleiter

vorliegen, hat eine *reine Stimmung*, weil es für diese Tonart besonders rein und harmonisch klingt.

Man erkennt jedoch aus Tabelle 10.6, daß die Frequenzverhältnisse zweier aufeinanderfolgender Töne der Tonleiter nicht gleich sind, sondern die drei Werte 9/8, 10/9 und 16/15 annehmen. Dies hat zur Folge, daß das für die C-Dur-Tonleiter „rein" gestimmte Klavier für eine andere Tonart „unrein" klingt. So hat z.B. die Quint C–G in Tabelle 10.6 das Frequenzverhältnis 3 : 2, die Quint D–A für die D-Dur-Tonleiter jedoch 40 : 27. Instrumente, bei denen die Tonhöhe variiert werden kann (z.B. die Geige), können dies berücksichtigen. Dem Ton a wird dann z.B. vom Musiker in der C-Dur-Tonleiter eine etwas andere Frequenz gegeben als dem Ton a in der D-Dur-Tonleiter. Damit man Instrumente mit fester Stimmung (wie Klavier oder Orgel) für alle Tonarten benutzen kann, ohne jedesmal die Stimmung zu verändern, hat man sich zu einem Kompromiß der gleichmäßig temperierten Stimmung entschlossen, bei der das Frequenzverhältnis zweier aufeinander folgender Halbtöne gleichmäßig $\sqrt[12]{2} =$ 1,05946 ist. Das einzige völlig reine Intervall ist nun die Oktave mit einem Frequenzverhältnis 2 : 1 (vgl. Abb. 10.83).

Da fast alle Instrumente mehrere Oktaven umfassen, muß man die Töne in verschiedenen Oktaven verschieden kennzeichnen. Dies geschieht durch die Festlegung der Absolutfrequenz eines Tons. Man wählt den ***Kammerton*** a, der nach internationaler Vereinbarung die Frequenz $\nu_a = 440$ Hz haben soll. Alle Töne der Oktave vom nächsten Ton c unterhalb des Kammertons a bis zum ersten h oberhalb von a werden durch eine hochgestellte 1 oder einen Strich gekennzeichnet, die nächsthöhere Oktave durch zwei Striche usw. Die Oktaven unterhalb der eingestrichenen werden als kleine, große und Contra-Oktave bezeichnet.

Konsonante Akkorde sind Überlagerungen von Obertonschwingungen eines gemeinsamen Grundtones. In Abb. 10.84 sind als Beispiele einige Dreiklänge als Obertonüberlagerungen dargestellt. Dreiklänge mit kleiner Terz heißen Moll-Dreiklänge, solche mit großer Terz Dur-Dreiklänge.

10.15.3 Physik der Geige

Bei der Geige ist der primäre Schallgeber eine gespannte Saite, die von einem Bogen angestrichen wird. Die Schwingung der Saite wird über einen

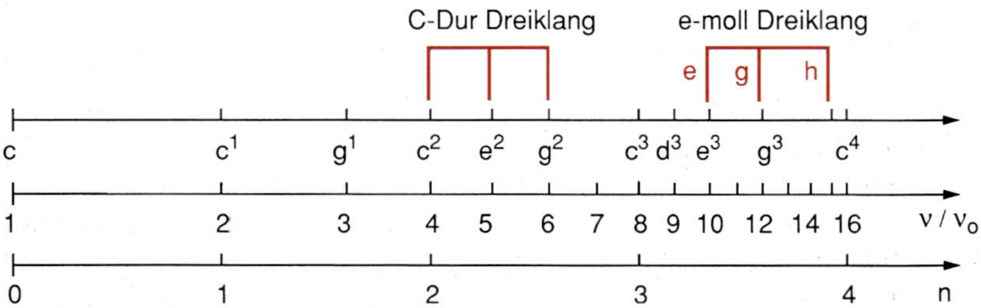

Abb. 10.84. Dreiklänge und ihre Frequenzverhältnisse

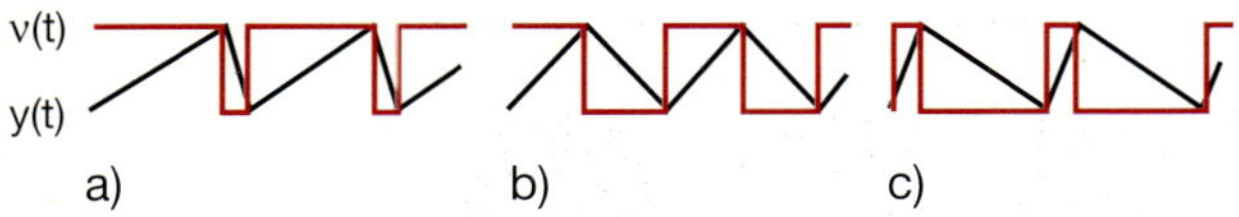

Abb. 10.85. Auslenkung $y(t)$ und Geschwindigkeit $v(t) = \dot{y}(t)$ der Saite an der Anstrichstelle bei gleichmäßigem Bogenstrich [10.13]

Steg und durch Luftschall auf den Resonanzkörper der Geige übertragen, dessen speziell geformte Wände aus besonders ausgesuchtem Holz die Schallenergie abstrahlen.

Wird der Bogen gleichmäßig über die Saite gestrichen, so wird diese am Berührungspunkt infolge der Haftreibung mit den Kollophonium-beschichteten Haaren des Bogens so lange vom Bogen mitgenommen, bis die durch die Querverformung entstehende elastische Rückstellkraft der gespannten Saite größer wird als die Haftreibung. Dann springt sie plötzlich zurück, weil die Gleitreibung kleiner als die Haftreibung ist (siehe Abschn. 6.5.2). Die Bewegung der Saite hängt ab von der Andruckkraft des Bogens und von der Lage der Anstrichstelle relativ zu den Einspannpunkten (Abb. 10.85).

Die Schwingung der Saite ist also keinesfalls sinusförmig und hat deshalb ein reiches Obertonspektrum (siehe Abschn. 10.3.1). Der Grundton ist durch die Länge L der Saite, ihre Masse μ pro Längeneinheit und die Spannkraft F bestimmt.

Aus (10.78) und Abb. (10.8c) erhalten wir

$$v_{\mathrm{Ph}} = \sqrt{\frac{F}{\mu}} = v \cdot \lambda = 2v_0 \cdot L$$

$$\Rightarrow v_0 = \frac{1}{2L}\sqrt{\frac{F}{\mu}} . \qquad (10.134)$$

Die knickförmige Querauslenkung der Saite an der Anstrichstelle wandert, wie in Abb. 10.86 gezeigt wird, im Laufe einer Schwingungsperiode über die ganze Saite. Der Knick durchläuft dabei die gestrichelte Kurve, welche ein Momentanbild einer stehenden Sinuswelle mit $\lambda = 2L$ zum Zeitpunkt der maximalen Auslenkung darstellt.

Die zeitabhängige Auslenkung der Saite kann beschrieben werden durch

$$\xi(x,t) = \sum_n a_n(t) \cdot \sin\frac{n\pi x}{L} \sin(n\omega t) . \qquad (10.135)$$

Die Amplituden $a_n(t)$ der einzelnen Oberschwingungen sind selbst bei gleichmäßigem Bogenstrich nicht konstant, sondern zeigen z.B. das in Abb. 10.87 dargestellte Verhalten.

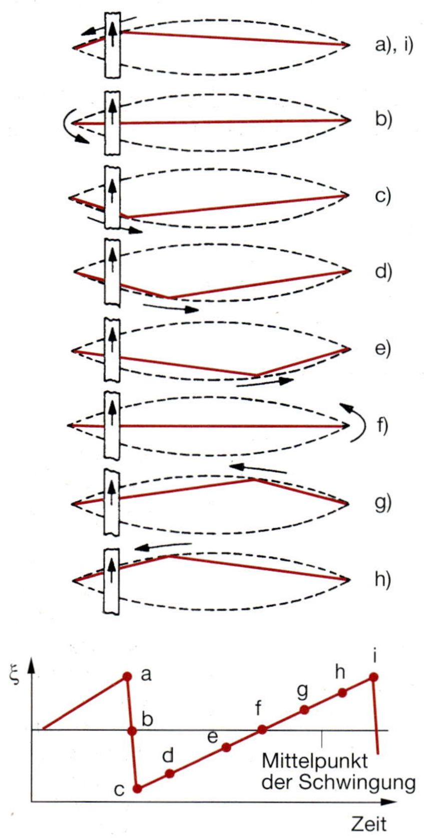

Abb. 10.86. Wanderung des Auslenkungsknicks der Violinsaite über die ganze Saite während einer Schwingungsperiode [10.13]

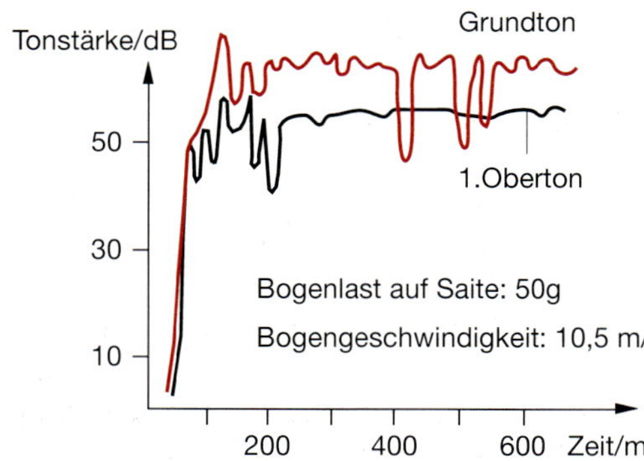

Abb. 10.87. Amplituden $a_n(t)$ von Grundton und 1. Oberschwingung bei gleichmäßigem Bogenstrich [10.13]

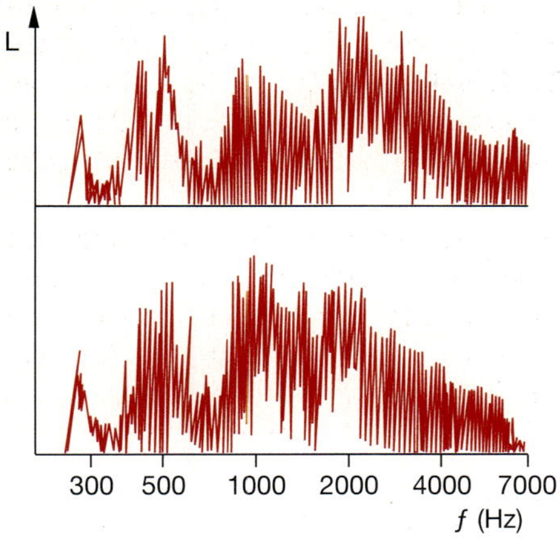

Abb. 10.88. Vergleich des Frequenzspektrums (oben) alter italienischer Geigen und (unten) billiger Fabrikgeigen [10.13]

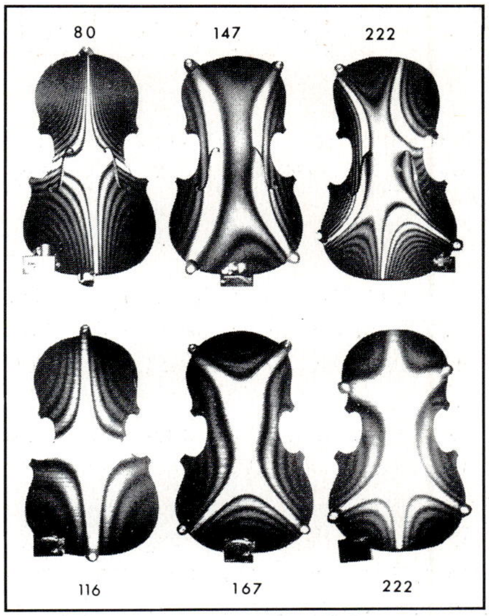

Abb. 10.89. Holographische Interferogramme des Geigendeckels und Geigenbodens für verschiedene Frequenzen in Hz. Die Muster geben gemittelte Auslenkungen der Oberfläche an, die sich zwischen zwei „Höhenlinien" um λ ($\approx$ 0,6 μm) unterscheiden [10.13]

Von besonderer Bedeutung für den Klang einer Geige ist der Resonanzkörper. Er sollte ein möglichst breites Resonanzverhalten über einen großen Frequenzbereich um das Maximum der Ohrenempfindlichkeit haben. Je höher dieser Resonanzfrequenzbereich reicht, desto brillanter klingt die Geige. Als Vergleich zeigt Abb. 10.88 die Mittelwerte der Resonanzkurven von zehn alten italienischen Geigen (oben) und von „Fabrikgeigen" (unten). Man sieht, daß vor allem im Bereich von 1–4 kHz signifikante Unterschiede auftreten.

Mit stroposkopischen und mit holographischen Methoden (siehe Bd. 2) kann man die Auslenkungen $\Delta z(x, y, z)$ von Geigendeckel und Boden als Funktion der Tonfrequenz ν sichtbar machen (Abb. 10.89) und so ermitteln, welche Teile des Resonanzkörpers bevorzugt den Schall abstrahlen.

10.15.4 Physik beim Klavierspiel

Beim Klavier wird ein Ton erzeugt, indem durch das Niederdrücken einer Taste ein Hammer aus Filz eine gespannte Saite anschlägt. Für den Klangcharakter dieses Tons sind Dauer und Stärke des Anschlags, Material des Hammers, die Eigenschaften der Saite (Material, Dicke und Spannkraft) sowie die Ansprechfunktion des Resonanzkörpers maßgeblich.

In Abb. 10.90 sind die Transversalauslenkungen $\xi(t)$ dreier Saiten mit verschiedenen Grundtönen gezeigt. Man sieht, daß bei einer Baßsaite ($\nu_0 = 65$ Hz) die Anschlagdauer t_a des Hammers kurz ist gegen die

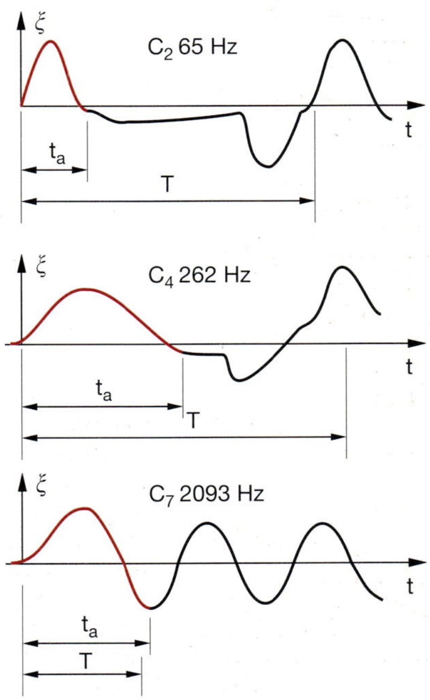

Abb. 10.90. Transversalauslenkungen $\xi(t)$ dreier Klaviersaiten für verschiedene Tonhöhen und Vergleich zwischen Anschlagzeit t_a des Hammers und Schwingungsdauer $T = 1/\nu$ [10.13]

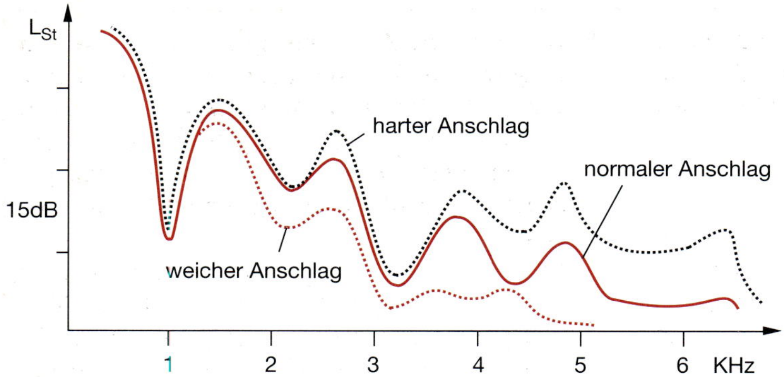

Abb. 10.91. Frequenzspektrum der C_4-Saite des Klaviers bei weichem, normalen und hartem Anschlag

Schwingungsdauer $T = 1/\nu_0$, und daß die Schwingung durchaus nicht sinusförmig ist. Für Saiten mit höheren Grundfrequenzen übersteigt die Anschlagdauer die Schwingungsdauer. Das Obertonspektrum einer C_4-Saite ($\nu_1 = 262$ Hz), das in Abb. 10.91 gezeigt ist, illustriert, daß bei hartem Hammermaterial höhere Obertöne entstehen als bei weichem. Die Frequenzen der Obertöne ν_n liegen nicht genau bei $n\nu_1$. Die Anharmonizität (Abb. 10.92) wird durch die frequenzabhängige Steifigkeit der Saite verursacht, welche bewirkt, daß die Rückstellkraft frequenzabhängig wird. Diese Anharmonizität trägt wesentlich zum Klangcharakter des Klaviertones bei.

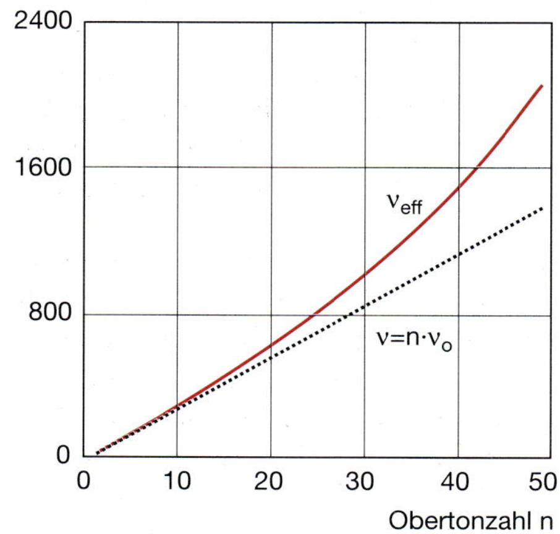

Abb. 10.92. Anharmonizität der Obertöne $n \cdot \nu_0$ der tiefsten Klaviersaite A. Die effektive Obertonfrequenz ν_{eff} ist höher als $n \cdot \nu_0$ [10.14]

ÜBUNGSAUFGABEN

1. Eine Feder wird durch die Kraft 1 N um 5 cm ausgedehnt. Wie groß ist die Schwingungsperiode, wenn an der Feder eine Masse von 1 kg hängt? Die Federmasse sei vernachlässigbar.
2. Eine homogener Stahldraht der Länge L und der Masse M wird senkrecht aufgehängt. An seinem unteren Ende ist eine Masse m befestigt. Jetzt wird die obere Aufhängung kurzzeitig horizontal ausgelenkt, so daß ein Transversalwellenimpuls nach unten läuft. Gleichzeitig wird vom Aufhängepunkt eine Kugel fallengelassen (Luftreibung wird vernachlässigt). Wo holt die Kugel die Welle ein? Wie groß muß m/M mindestens sein, damit kein Überholen möglich ist?
3. Eine Seifenblase mit Radius R, Dicke d und Dichte ϱ kann aufgrund der durch die Oberflächenspannung ε bewirkten rücktreibenden Kräfte radiale Schwingungen ausführen. Berechnen Sie die Schwingungsperiode als Funktion von R, ϱ und ε.
4. Durch einen Stahlstab (Elastizitätsmodul $E = 22 \cdot 10^{10}$ N/m^2, Dichte $\varrho = 8 \cdot 10^3$ kg/m^3) läuft eine ebene Longitudinalwelle mit der Frequenz $\nu = 10$ KHz und der Schwingungsamplitude $A = 10^{-4}$ m.
   Wie groß sind die maximal auftretenden mechanischen Spannungen σ, und wie groß ist die Phasengeschwindigkeit der Welle?

▶

5. Wie groß ist die Schwingungsamplitude einer Schallwelle in Luft und die maximale Geschwindigkeit der schwingenden Luftteilchen mit $\nu = 1\,\text{KHz}$
a) bei der Hörschwelle (0 dB)?
b) bei der Schmerzgrenze (130 dB)?
Man vergleiche die Ergebnisse mit der mittleren freien Weglänge Λ und der thermischen Geschwindigkeit der Moleküle bei $T = 300\,\text{K}$.
6. In einem U-Rohr mit senkrechten Schenkeln von 2 cm Innendurchmesser steht eine Wassersäule der Masse 0,5 kg. Drückt man das Wasser in einem Schenkel um $\Delta z = 10$ cm kurzzeitig herab, so beginnt die Säule zu schwingen. Wie groß ist die Schwingungsdauer? Wie groß sind maximale Geschwindigkeit und Beschleunigung? Wie groß ist die Dämpfung, wenn man für die Zähigkeit η den Wert aus Kap. 8 verwendet?
7. Schall mit der Frequenz $\nu = 2$ KHz trifft senkrecht auf eine Schalldämmwand, die jedoch einen senkrechten Spalt der Breite 0,5 m hat. Ein Fußgänger wandert auf auf der anderen Seite der Wand parallel zu ihr im Abstand von 20 m. Über welche Wegstrecke kann er noch mindestens 50 % (bzw. 5 %) der maximalen Schallintensität wahrnehmen?
8. Eine ebene Schallwelle in Luft trifft senkrecht auf eine ebene Wasserfläche. Die Schallgeschwindigkeiten sind $v(\text{Luft}) = 334$ m/s, $v(\text{Wasser}) = 1480$ m/s. Welcher Prozentsatz der einfallenden Schallenergie tritt ins Wasser ein, welcher wird reflektiert? Man vergleiche auch die Intensitäten (Energie pro Flächeneinheit und Zeiteinheit) der eindringenden und reflektierten Wellen.
9. Zwei ebene Schallwellen $\xi_1 = A \cdot \cos(800t - 2z)$ und $\xi_2 = A \cdot \cos(630t - 1,5z)$ werden überlagert. Wie sieht die Überlagerung aus und wie groß ist ihre Gruppengeschwindigkeit im Vergleich zu den Phasengeschwindigkeiten der beiden Einzelwellen?
10. Wie groß ist die Phasengeschwindigkeit von Meereswellen mit $\lambda = 500\,\text{m}$ bei großer Wassertiefe? Man vergleiche dies mit kleinen Wellen ($\lambda = 0{,}5\,\text{m}$), die in einem See entstehen, wenn man einen Stein hineinwirft.
11. Ein durch die Zugspannung σ an beiden Seiten eingespannte Saite der Länge L mit Dichte $\varrho = 7,8 \cdot 10^3\,\text{kg/m}^3$ und Masse $m = \mu \cdot L$ wird in der Mitte um $\Delta x \ll L$ ausgelenkt, so daß ein Dreieck entsteht. Wie groß sind Schwingungsdauer und Oszillationsfrequenz nach dem Loslassen?
12. Wenn man an ein dünnes vertikales Stahlseil der Länge $L = 2\,\text{m}$ eine Masse $m = 2000$ kg hängt, so dehnt es sich um die Strecke $\Delta L = 2$ mm. Wie groß ist die Schwingungsdauer T_1 vertikaler Schwingungen der Masse m? Man vergleiche sie mit der Pendelschwingungsdauer T_2 bei einer Seillänge $L = 2\,\text{m}$.
13. Auf das Ende einer dünnen 10 cm langen Blattfeder eines Zungenfrequenzmessers mit der Eigenfrequenz $\omega_0 = 2\pi \cdot 100\,\text{s}^{-1}$ wird eine Masse m gesetzt. Um wieviel verschiebt sich die Resonanzfrequenz?
14. Eine Boje, die aus einem zylindrischen Rohr der Länge L besteht, schwimmt senkrecht im Wasser, wobei der Teil $a \cdot L$ ($a < 1$) ins Wasser taucht, wenn keine Wellen da sind. Wie groß ist die Amplitude der Vertikalschwingung der Boje(gemessen gegen die glatte Wasseroberfläche), wenn sinusförmige Wellen der Gesamthöhe 2 h (vom Wellenberg zum Wellental) mit der Schwingungsperiode T auftreten? *Zahlenbeispiel*: $a \cdot L = 30\,\text{m}$, $h = 2\,\text{m}$, $T = 5\,\text{s}$. Wie groß muß L sein, damit die Wellenberge gerade die Spitze der Boje erreichen?
15. Zeigen Sie, daß die Kugelwelle $\xi = A e^{ikr}/r$ eine Lösung der Wellengleichung $\Delta\xi = \partial^2\xi/(c^2\partial t^2)$ ist.
16. Der erste Ton des Martinshorns eines Polizeiwagens hat die Frequenz $\nu_1 = 390\,\text{Hz}$, der zweite $\nu_2 = 520\,\text{Hz}$ (Tonverhältnis ist eine Quarte).
a) Mit welchem Tempo muß der Polizeiwagen auf Sie zufahren, damit Sie die beiden Töne jeweils um einen Ganzton höher hören, d.h. bei den Frequenzen $1,12246 \cdot \nu_1$, $1,12246 \cdot \nu_2$?
b) Mit welcher Geschwindigkeit müßten Sie sich dem stehenden Polizeiauto nähern, um die gleiche Tonverschiebung zu hören?
17. Ein Klotz der Masse 2 kg befindet sich zwischen zwei Federn mit einer Federkonstante von je $D_0 = 100$ N/m. Er kann auf seiner Unterlage ▶

hin- und hergleiten (Abb. 10.93). Die Reibungskraft ist $|F_R| = f \cdot$ Normalkraft. Der Koeffizient der gleitenden Reibung (Reibungszahl) sei $f_1 = 0{,}3$, der Haftreibungskoeffizient $f_0 = 0{,}9$.

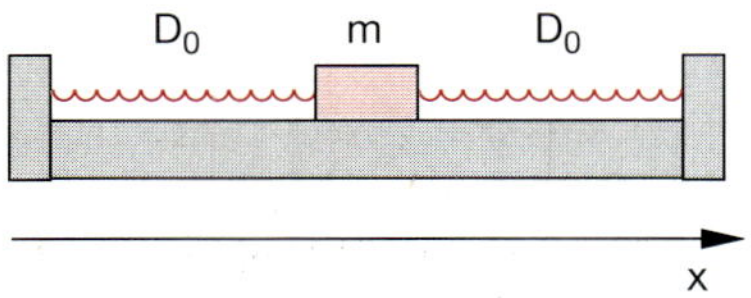

Abb. 10.93 Zu Aufgabe 17

a) Nach welcher Gesetzmäßigkeit nehmen die Amplituden ab? (Hinweis: Betrachten Sie die Energieverhältnisse an aufeinanderfolgenden Umkehrpunkten x_n und x_{n+1} auf entgegengesetzten Seiten der Nullage.)
b) An welcher Stelle kommt der Klotz zur Ruhe, wenn er bei einer Auslenkung von 22 cm freigegeben wird?
c) Wie groß ist die Zeitdauer zwischen zwei aufeinanderfolgenden Umkehrpunkten x_n und x_{n+1}?
d) Wie hängt die Zeitdauer aus c) von der Nummer n der betrachteten Umkehrpunkte ab?

11. Wärmelehre

Die uns heute fast selbstverständlich erscheinende Erkenntnis, daß Wärme eine Form mechanisch erklärbarer Energie darstellt und daß mechanische Energie in Wärmeenergie umgewandelt werden kann, ist erst etwa 150 Jahre alt. Der Arzt *Julius Robert Mayer* (1814–1878) formulierte 1842 seine Vorstellungen über die Energieerhaltung bei der Umwandlung von mechanischer in Wärmeenergie, und er konnte auch bereits einen Wert für das mechanische Wärmeäquivalent (Abschn. 11.1.5) angeben.

Erst die Entwicklung der kinetischen Gastheorie (siehe Abschn. 7.3) brachte dann die mikroskopische Deutung der Wärmemenge eines Körpers als gesamte Energie (kinetische plus potentielle) seiner Moleküle. Wie im Abschn. 7.3 erläutert wurde, kann als Maß für die mittlere kinetische Energie freier Gasatome der Masse m mit drei Freiheitsgraden der Bewegung die Größe

$$T = \frac{1}{k} \cdot \frac{2}{3} \cdot \frac{m}{2} \cdot \overline{v^2} \tag{11.1}$$

verwendet werden, welche ***absolute Temperatur*** heißt. Durch diese Definition der Temperatur lassen sich alle makroskopischen Beobachtungen und die daraus gewonnenen Gesetzmäßigkeiten (Boyle-Mariottesches Gesetz, allgemeine Gasgleichung etc.) durch mikroskopische Modelle, d.h. durch den Aufbau der Materie aus Atomen und Molekülen erklären.

In diesem Kapitel wollen wir uns etwas näher befassen mit der Messung von Temperaturen, der Definition von Temperaturskalen, mit experimentellen Befunden über Phänomene, die von der Temperatur abhängen (Wärmeausdehnung, Phasenumwandlungen), mit Energietransport und Energieumwandlung sowie den daraus gewonnenen Erkenntnissen über allgemeine Gesetzmäßigkeiten, die zur Formulierung von „Hauptsätzen der Thermodynamik" geführt haben. Dabei sollen die makroskopischen Phänomene, soweit wie möglich, auf ihre molekularen Ursachen zurückgeführt und „erklärt" werden. Zum Schluß wird noch ein kurzer Exkurs in das interessante Gebiet der Thermodynamik realer Gase und Flüssigkeiten gegeben, das zur Erklärung vieler in der Natur beobachtbaren Phänomene dienen kann.

11.1 Temperatur und Wärmemenge

Die in der kinetischen Gastheorie gegebene Definition (11.1) der absoluten Temperatur ist in den meisten Fällen wenig hilfreich für die praktische Durchführung von Temperaturmessungen. Hierzu muß man Meßverfahren benutzen, die einfach handhabbar, zuverlässig und auch genau genug sind.

Qualitative Temperaturangaben werden uns bereits durch unser Wärmeempfinden übermittelt. Unsere Haut besitzt Sensoren, die uns anzeigen, ob ein Körper „warm" oder „kalt" ist. Diese Anzeige ist jedoch nicht sehr genau und hängt außerdem von der Vorgeschichte des Meßvorganges ab, wie uns folgendes einfache Experiment demonstriert:

Nebeneinander stehen drei Gefäße mit (1) heißem, (2) lauwarmem und (3) kaltem Wasser. Faßt man zuerst in (3) und dann in (2), so scheint (2) warm zu sein. Faßt man jedoch zuerst in (1) und dann in (2), so empfindet man (2) als kalt, obwohl sich an dem objektiven Zustand von (2) nichts geändert hat.

Dies zeigt, daß die menschlichen Sinnesorgane ohne weitere Hilfsmittel für quantitative Messungen nicht geeignet sind. Um Temperaturen und Wärmeenergien zu messen, müssen deshalb Meßinstrumente und Meßverfahren entwickelt werden, die in der Praxis genügend leicht realisierbar sind und die genügend genaue und reproduzierbare Ergebnisse liefern.

11.1.1 Temperaturmessung, Thermometer und Temperaturskala

Zur Messung von Temperaturen kann man im Prinzip alle physikalischen Größen verwenden, die sich mit der Temperatur ändern. Dies sind z.B.

- Die geometrischen Abmessungen von Körpern. Bei steigenden Temperaturen dehnen sich die meisten Körper aus, d.h. Metalldrähte werden länger, Flüssigkeits- oder Gasvolumina werden (bei konstantem Druck) größer.
- Der elektrische Widerstand eines Körpers ändert sich mit der Temperatur: Für Metalle wird er mit steigender Temperatur größer, für Halbleiter kleiner (siehe Bd. 2, Kap. 2 und Bd. 3, Kap. 10).
- Die elektrische *Kontaktspannung* zwischen zwei verschiedenen Metallen, die sich berühren, ändert sich mit der Temperatur des Kontaktes (Thermospannung, siehe Bd. 2, Abschn. 2.9).
- Die Strahlungsleistung, die ein heißer Körper emittiert, steigt stark mit der Temperatur an und kann zur Messung hoher Temperaturen verwendet werden (Strahlungspyrometer, siehe Bd. 2, Kap. 12).

Geräte zur Temperaturmessung heißen ***Thermometer*** (Tabelle 11.1). In der täglichen Praxis benutzt man überwiegend die Volumenänderung von Flüssigkeiten (Flüssigkeitsthermometer, Abb. 11.1a) oder die Änderung der Kontaktspannung zwischen zwei verschiedenen Metallen (Thermoelemente, Abb. 11.1b).

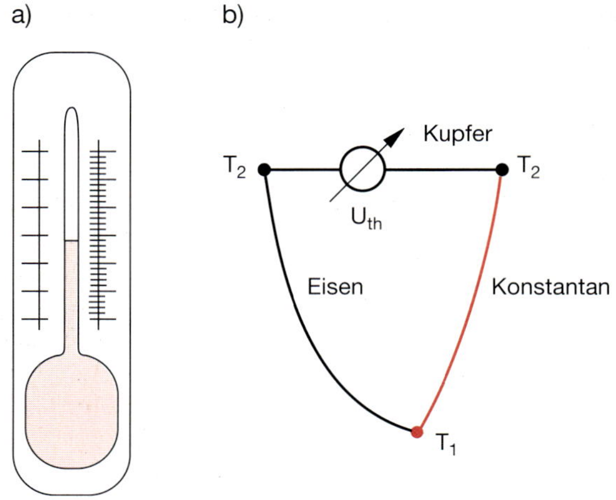

Abb. 11.1. (**a**) Flüssigkeitsthermometer; (**b**) Thermoelement

Zur quantitativen Angabe einer Temperatur muß man Zahlenwerte für bestimmte Temperaturen festlegen, die bei leicht einzustellenden äußeren Bedingungen gut reproduzierbar sind (Temperaturfixpunkte). Außerdem muß eine Temperaturskala definiert wer-

Tabelle 11.1. Die gebräuchlichsten Thermometer

Thermometertyp	Temperaturbereich / °C	Meßprinzip	Fehlergrenzen
Flüssigkeitsthermometer:			
Quecksilber	– 38 bis + 800	Thermische Ausdehnung	je nach Skaleneinteilung
Alkohol	– 110 bis + 210	der Flüssigkeit in einer	0.1° – 1°C
Pentangemisch	– 200 bis ≈ + 30	Glas-Kapillare	
Festkörperthermometer:			
Metallstab	– 150 bis + 1000	Thermische Ausdehnung	1 – 2% des
	vom Metall abhängig	von Metallen	Skalenbereiches
Bimetall	– 150 bis + 500	Längendifferenz	
	von Metallen abhängig		
Widerstandsthermometer:			
Metalldraht	– 250 bis + 1000	Temperaturabhänigkeit des	0.1° – 1°C
Halbleiter	– 273 bis + 400	elektrischen Widerstandes	
Thermoelement:			
Fe-CrNi	– 270 bis + 1000	Temperaturabhänigkeit der	
Ni-CrNi	– 200 bis + 1200	Thermospannung	
Pt-PtRh	– 200 bis + 1500		
W-WMo	– 200 bis + 3000		
Pyrometer	+ 800 bis + 3000	Wärmestrahlung	2° – 10°C

den. Dies ist historisch auf verschiedene Weise erfolgt:

a) Die Celsiusskala

Der Astronom *Anders Celsius* (1701-1744) schlug 1742 vor, die Temperatur mit Hilfe der Ausdehnung einer Quecksilbersäule zu messen (Hg-Thermometer), wobei zwei Fixpunkte definiert wurden: Der Schmelzpunkt von Eis ($T = 0$ °C) und der Siedepunkt von Wasser bei Normaldruck ($T = 100$ °C). Der dazwischen liegende Bereich wird durch 100 gleich große Skalenteile auf der Ausdehnungssäule des Hg-Thermometers eingeteilt, wobei jedem Skalenteil eine Temperaturdifferenz von 1 °C entspricht. Heute wird statt des Schmelzpunktes von Eis der Tripelpunkt von Wasser bei $T = 0{,}01$ °C als Fixpunkt T_p verwendet. Dabei ist T_p die Temperatur, bei der die feste, flüssige und gasförmige Phase des Wassers miteinander im Gleichgewicht sind (siehe Abschn. 11.4).

b) Die Fahrenheitskala

Bei dieser auch heute noch in den USA verwendeten Temperaturskala (nach *Daniel Gabriel Fahrenheit*, 1686-1736) wird der Bereich zwischen $T_F = 0$ °F (Schmelzpunkt einer definierten Eis–Wasser–Ammoniumchlorid-Kältemischung bei $T_C = -17{,}8$ °C) und der normalen Körpertemperatur $T_F = 100$ °F ($T_C = 37{,}7$ °C) in 100 Skalenteile eingeteilt, so daß 0 °C = 32 °F und 100 °C = 212 °F entspricht. Die Umrechung zwischen beiden Skalen (Abb. 11.2) erfolgt gemäß:

$$\begin{aligned} T_C &= \tfrac{5}{9}(T_F/°\mathrm{F} - 32)\ °\mathrm{C} \\ T_F &= (\tfrac{9}{5}\,T_C/°\mathrm{C} + 32)\ °\mathrm{F}\,. \end{aligned} \tag{11.2}$$

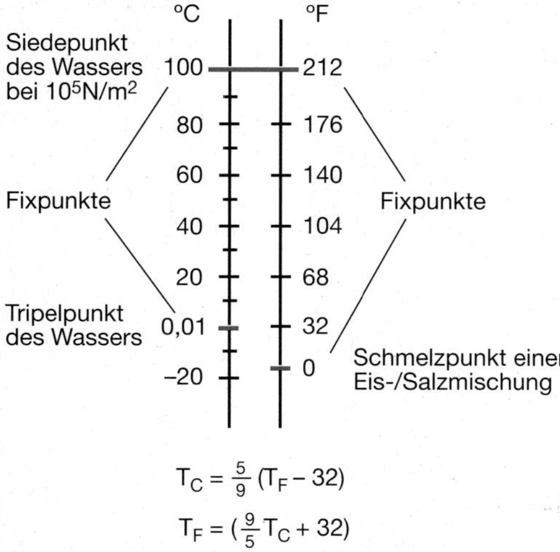

Abb. 11.2. Vergleich zwischen Celcius- und Fahrenheitskala

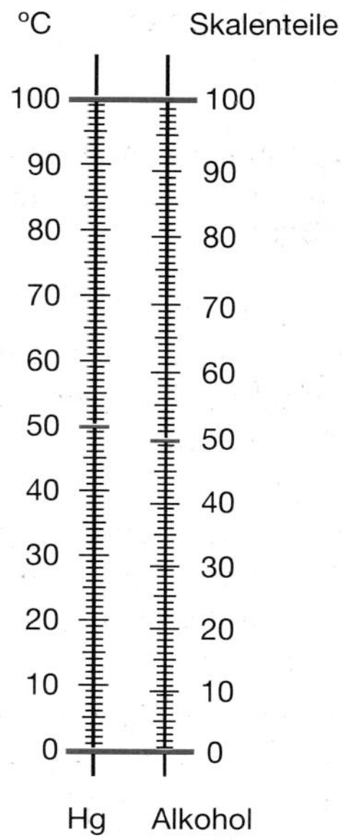

Abb. 11.3. Demonstration der ungleichmäßigen Ausdehnung von Flüssigkeiten durch Vergleich zwischen Quecksilber und Alkoholthermometer

Die Temperaturskala von Flüssigkeitsthermometern hängt ab von der Wahl der Flüssigkeit und von der verwendeten Glasart der Thermometerhülle (da sich das Glas ja auch ausdehnt!). Die thermische Ausdehnung (siehe nächster Abschnitt) ist im allgemeinen nicht über den gesamten Temperaturbereich konstant und braucht auch nicht linear zu sein, wie der in Abb. 11.3 gezeigte Vergleich zwischen Hg-Thermometer und Alkoholthermometer illustriert. Wird die Skala des Alkoholthermometers mit Hilfe der per Definition gleichmäßigen Hg-Skala geeicht, so sind seine Skalenstriche nicht äquidistant.

Mit zunehmender Meßgenauigkeit müssen daher genauere Thermometer mit einer gleichmäßigeren Temperaturskala gesucht werden. Hier bieten sich die Volumenausdehnung von Gasen bei konstantem Druck bzw. die Druckänderung bei konstantem Volumen an, die im Gasthermometer ausgenutzt wird (siehe Abschn. 11.1.3).

11.1.2 Thermische Ausdehnung fester und flüssiger Körper

Die Länge eines Stabes ändert sich mit der Temperatur T_C (wir wollen Temperaturen in der Celsiusskala mit T_C bezeichnen, um sie von der Kelvinskala (T) zu unterscheiden). Experimentell findet man, daß die relative Längenänderung in einem beschränkten Temperaturbereich in erster Näherung proportional zur Temperaturänderung ist, d.h. es gilt:

$$L(T_C) = L(0)(1 + \alpha \cdot T_C) . \qquad (11.3)$$

Dabei gibt der *lineare Ausdehnungskoeffizient*

$$\alpha = \frac{L(T_C) - L(0)}{L(0) \cdot T_C} = \frac{\Delta L}{L \cdot T_C} \qquad (11.4)$$

die relative Längenänderung pro Grad Temperaturänderung an. In Tabelle 11.2 sind für einige Stoffe die thermischen Ausdehnungskoeffizienten zusammengestellt (Temperaturenänderungen werden im allgemeinen in Kelvin angegeben, siehe Abschn. 11.1.4). Man sieht, daß für die meisten Stoffe α positiv ist, d.h. fast alle Stoffe dehnen sich mit steigender Temperatur aus. Man kann die thermischen Ausdehnungskoeffizienten fester Stoffe messen mit der in Abb. 11.4 gezeigten Apparatur. Ein Hohlrohr ist an einer Seite im Punkt A fest eingeklemmt, kann aber in seiner zweiten Halterung B frei gleiten. Dieses freie Ende ist im Punkte C mit einem Zeiger verbunden, der um den Punkt D drehbar gelagert ist und der bei Zimmertemperatur $T = 20\,°\mathrm{C}$ auf Null eingestellt wird. Die Rohrlänge vom Einspannpunkt A bis zum Punkt C sei L. Schickt man jetzt Wasser bekannter Temperatur T hindurch, so dehnt das Rohr sich auf die Länge $L(T)$ aus, was durch den Zeiger auf der Skala angezeigt wird. Bei vorheriger Eichung läßt sich die Längenänderung $\Delta L(T)$ bestimmen. Bei metallischen Rohren kann die Heizung auch durch einen elektrischen Strom erfolgen, der durch das Rohr geschickt wird, wobei die Rohrtemperatur durch ein geeichtes Thermometer gemessen werden kann.

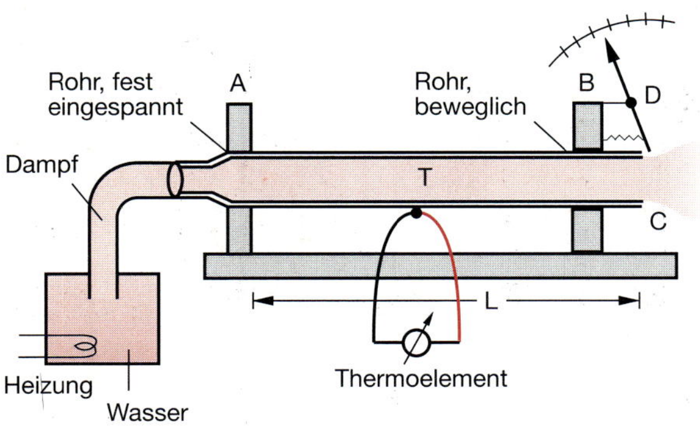

Abb. 11.4. Demonstrationsversuch zur thermischen Ausdehnung von Metallrohren

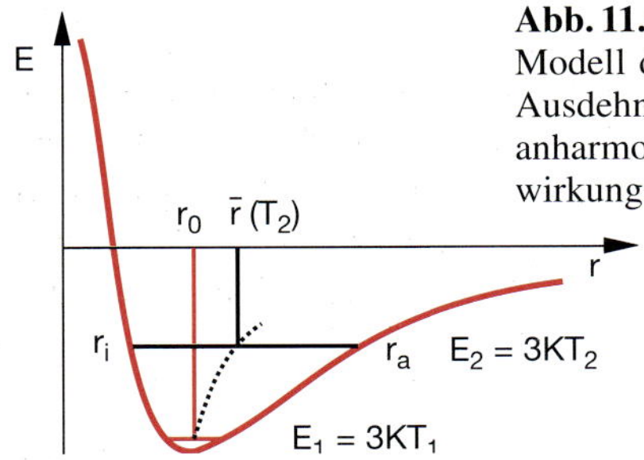

Abb. 11.5. Atomares Modell der thermischen Ausdehnung infolge des anharmonischen Wechselwirkungspotentials

Die Wärmeausdehnung kommt zustande durch das unsymmetrische Wechselwirkungspotential zwischen den Atomen des Festkörpers. Die Atome schwingen um ihre Ruhelagen r_0, die dem Minimum des Potentials in Abb. 11.5 entsprechen. Führt man dem Festkörper Wärmeenergie zu, so nehmen die Atome diese Energie als Schwingungsenergie auf, d.h. ihre kinetische und potentielle Energie steigt. Im Potentialdiagramm der Abb. 11.5 bedeutet dies, daß die Schwingung auf einer höheren Gerade $E = 3kT$ abläuft und deshalb die Schwingungsamplitude zwischen den Umkehrpunkten r_i und r_a größer wird. Da das Potential außen flacher verläuft als innen, wird der Mittelwert $\bar{r}$ des atomaren Abstandes mit zunehmender Schwingungsenergie größer.

Genauere Messungen zeigen, daß der Ausdehnungskoeffizient α in (11.3) nicht exakt konstant ist, sondern schwach von der Temperatur abhängt, d.h., die Ausdehnung ist nicht streng linear mit der Temperatur. Man findet: $\alpha(T_C) = \alpha(0°\mathrm{C}) + \beta T_C = \alpha_0 + \beta T_C$, so daß man statt (11.3) genauer schreiben muß:

$$L(T_C) = L_0(1 + \alpha_0 T_C + \beta T_C^2) , \qquad (11.5)$$

wobei jedoch im Temperaturbereich ΔT zwischen $0\,°\mathrm{C}$ und $100\,°\mathrm{C}$ gilt: $\beta T_C \ll \alpha_0$. Für nicht zu große Temperaturintervalle ΔT kann man $L(T_C)$ durch eine Gerade annähern, deren Steigung $\bar{\alpha} = \alpha_0 + \beta T_C$ jedoch dann von der Temperatur T_C abhängt (vgl. Tabelle 11.3).

BEISPIEL

Bei Zimmertemperatur gilt für Aluminium $\alpha(T_C = 0) = 23{,}8 \cdot 10^{-6}/°C$; $\beta = 1{,}8 \cdot 10^{-8}/(°C)^2$. Der relative Anteil der nichtlinearen Ausdehnung ist also $\beta \cdot T_C/\alpha = 7{,}5 \cdot 10^{-4} \cdot T_C$, d.h. über einen Temperaturbereich von $\Delta T_C = 100$ °C ändert sich der lineare Ausdehnungskoeffizient α um 7,5 %.

Bei bestimmten Legierungen ist der Ausdehnungskoeffizient besonders klein. Beispiele sind Invar (64 % Eisen, 36 % Nickel) und die Glaskeramik Cerodur (siehe Tabellen 11.2 und 11.3) [11.1].

Da sich alle Längsdimensionen fester Körper mit der Temperatur ändern, muß sich auch das Volumen V ändern. Für homogene und isotrope Körper gilt:

$$\begin{aligned} V(T_C) &= V_0(1 + \alpha T_C)^3 \\ &\approx V_0(1 + 3\alpha T_C) \quad \text{für } \alpha T_C \ll 1 \\ &= V_0(1 + \gamma T_C) \quad \text{mit } \gamma = 3\alpha\,, \end{aligned} \tag{11.6}$$

wobei V_0 das Volumen für $T_C = 0$ °C ist.

Für nichtisotrope Körper kann die Ausdehnung in den drei Raumrichtungen verschieden groß sein, und man muß statt (11.6) die Gleichung

$$\begin{aligned} V(T_C) &= V_0(1 + \alpha_1 T_C) \cdot (1 + \alpha_2 T_C) \cdot (1 + \alpha_3 T_C) \\ &\approx V_0[1 + (\alpha_1 + \alpha_2 + \alpha_3) T_C] \\ &= V_0(1 + 3\bar{\alpha} T_C) \;\; \text{mit } \bar{\alpha} = \tfrac{1}{3}(\alpha_1 + \alpha_2 + \alpha_3) \end{aligned}$$

verwenden.

Tabelle 11.2. Wärmeausdehnung fester und flüssiger Stoffe bei $T_C = 20$ °C

Feste Stoffe	Linearer Ausdehnungskoeffizient $\alpha/(10^{-6}K^{-1})$	Flüssige Stoffe	Räumlicher Ausdehnungskoeffizient $\gamma/(1/K)$
Aluminium	23,8	Wasser	$2{,}07 \cdot 10^{-4}$
Eisen	12	Äthylalkohol	$1{,}1 \cdot 10^{-3}$
Kupfer	16,8	Benzol	$1{,}06 \cdot 10^{-3}$
Natrium	71	Quecksilber	$1{,}8 \cdot 10^{-4}$
Wolfram	4,3	Glyzerin	$5 \cdot 10^{-4}$
Invar	1,5	n-Pentan	$1{,}5 \cdot 10^{-3}$
Cerodur	< 0.1	Wasser ($T_C = 0°$)	$-0{,}7 \cdot 10^{-4}$
Hartgummi	75 – 100		

Tabelle 11.3. Abhängigkeit des mittleren Ausdehnungskoeffizienten $\alpha/10^{-6}K^{-1}$ von der Temperatur (in K)

T/K	Al	Cu	Fe	Al_2O_3	SiO_2
50	3,5	3,8	1,3	0,0	– 0,86
100	12,0	10,5	5,7	0,2	– 0,80
150	17,1	13,6	8,4	1,0	– 0,45
200	20,2	15,2	10,1	2,8	– 0,1
250	22,4	16,1	11,1	4,0	+ 0,2
300	23,8	16,8	12,0	5,0	+ 0,4
350	24,1	17,3	12,6	6,0	+ 0,5
400	24,9	17,6	13,2	6,4	+ 0,55
500	26,5	18,3	14,3	7,2	+ 0,58

Die unterschiedliche thermische Ausdehnung verschiedener Metalle kann zum Bau von Bimetallthermometern ausgenutzt werden (Abb. 11.6). Werden zwei Metallstreifen aus verschiedenen Materialien miteinander verbunden (z.B. durch Verlöten oder Verschweißen, so wird sich der Doppelstreifen bei einer Temperaturänderung verbiegen. Durch eine geeignete Zeigeranordnung (Abb. 11.6b) läßt sich die zu ΔT proportionale Verbiegung auf einer geeichten Skala anzeigen.

Wenn man die thermische Ausdehnung durch Anwendung von äußerem Druck bzw. die thermische Kontraktion beim Abkühlen durch mechanische Zugspannung verhindern will, so muß man sehr große Kräfte aufwenden, wie das Demonstrationsexperiment mit dem Bolzensprenger in Abb. 11.7 eindrucksvoll zeigt: Ein Stab S aus Schmiedeeisen wird zwischen zwei stabile Lagerhalterungen L_1 und L_2 einge-

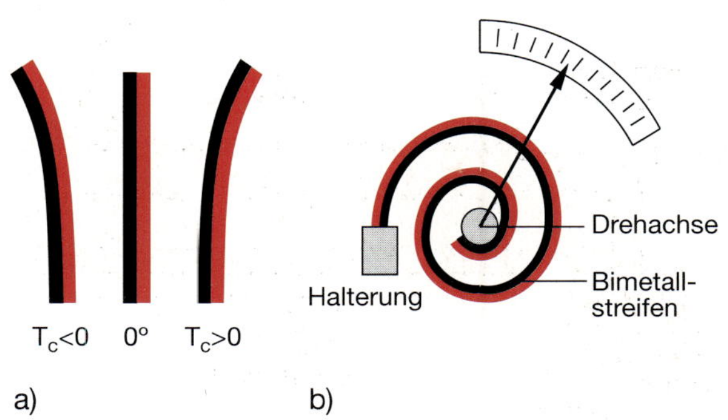

Abb. 11.6a,b. Bimetallthermometer: (**a**) Prinzip, (**b**) technische Ausführung

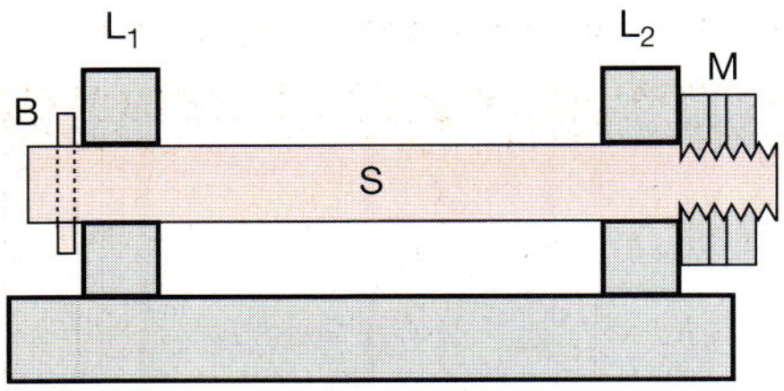

Abb. 11.7. Bolzensprenger: Schauversuch zur Demonstration der großen bei thermischer Ausdehnung auftretenden Kräfte (B Bolzen, S heißer Stab, $L_{1,2}$ Lagerhalterungen, M Mutter)

spannt, wobei auf einer Seite ein Bolzen B mit etwa 5 mm Durchmesser zur Befestigung dient, auf der anderen Seite ein stabiles Gewinde mit Mutter M. Nun wird der Stab mit einem Brenner auf Rotglut erhitzt und die Mutter im heißen Zustand fest angezogen. Beim Abkühlen zieht sich der Stab zusammen und zerreißt dabei den Bolzen B.

Quantitativ kann man sich die notwendigen Kräfte zur Kompensation der thermischen Ausdehnung folgendermaßen überlegen: Die bei einer Abkühlung ΔT für einen Stab mit dem Querschnitt $q \ll L$ aus einem Material mit dem Elastizitätsmodul E auftretende Kraft F läßt sich aus (6.2) und (11.4) sofort bestimmen zu

$$F = E \cdot q \cdot \alpha \cdot \Delta T \ . \tag{11.7}$$

Will man die thermische Längenausdehnung durch Anwendung von äußerem Druck verhindern, so folgt aus (6.8) und (11.7) für den dazu notwendigen Druck p:

$$p = \frac{\alpha \cdot E}{1 - 2\mu} \cdot \Delta T \ , \tag{11.8}$$

wobei μ die Querkontraktionszahl ist.

BEISPIELE

1. Auf einen Stab aus Stahl ($E = 120\ \mathrm{GN/m^2}$, $\alpha = 16 \cdot 10^{-6}/°\mathrm{C}$) mit dem Querschnitt $q = 100\ \mathrm{cm^2}$ muß bei einer Temperaturänderung von 30 °C eine Kraft $F = 5{,}76 \cdot 10^5$ N wirken, damit er sich nicht ausdehnt.
2. Eine Eisenbahnschiene aus Stahl mit $L = 20$ m würde sich bei einer Temperaturänderung von $\Delta T = 40$ °C um $\Delta L = 1{,}3$ cm ausdehnen. Sind die Schienen bei $T = 20$ °C ohne Abstand miteinander verschweißt und an den Schweißnähten fest gehaltert, so würde sich jede Schiene ohne zusätzliche Halterung zwischen den Schweißstellen bei einer Temperaturerhöhung so verbiegen, daß die Länge zwischen den Haltepunkten um $\Delta L(\Delta T)$ zunimmt. Dies ergibt bei 60 °C eine maximale Verbiegung von etwa 15 cm. Soll diese Verbiegung durch Halterungen im Abstand von 1 m verhindert werden, so wirkt auf jede Halterung gemäß (6.25) bei rechteckigem Querschnitt $d = 10$ cm, $b = 20$ cm der Schiene eine Querkraft $F \approx 2000$ N. Die Kraft auf die Schweißflächen wird dann bei Verhinderung der Durchbiegung gemäß (11.7)

$$F = 1{,}5 \cdot 10^6\ \mathrm{N} \ .$$

Kühlt sich die Schiene auf $T = -20$ °C ab, so wirkt auf die Schweißstellen gemäß (11.7) eine Zugkraft gleicher Größe. Dies entspricht einer Zugspannung von $8 \cdot 10^7\ \mathrm{N/m^2}$, was noch genügend weit unter der Zerreißspannung von $7 \cdot 10^8\ \mathrm{N/m^2}$ liegt.

Bei der thermischen Ausdehnung von Flüssigkeiten läßt sich sinnvollerweise nur die Volumenausdehnung angeben. Für ihre Messung muß man beachten, daß sich die Flüssigkeit in einem Gefäß befindet, das sich ebenfalls ausdehnt. Man kann z.B. eine von *Dulong* und *Petit* angegebene Anordnung benutzen, die in Abb. 11.8 dargestellt ist: Die Flüssigkeit befindet sich in einem U-Rohr, dessen eine Seite durch einen Mantel aus schmelzendem Eis auf 0 °C ge-

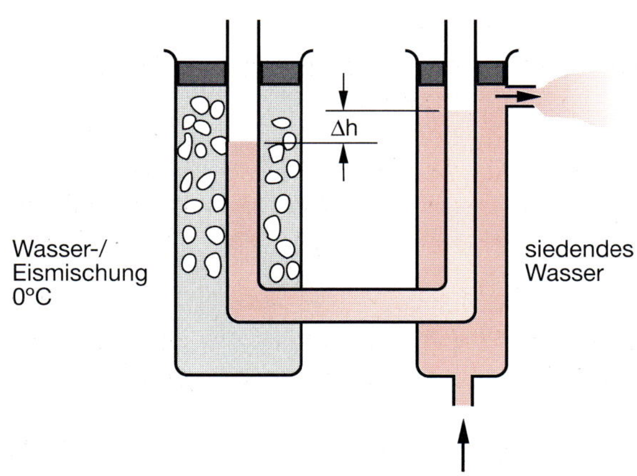

Abb. 11.8. Anordnung von Dulong-Petit zur Messung der thermischen Ausdehnung von Flüssigkeiten

halten wird, während die andere Seite durch umströmenden Wasserdampf auf 100 °C erhitzt wird. Natürlich darf hierbei die zu untersuchende Flüssigkeit noch nicht sieden, genauso wie sie im anderen Schenkel noch nicht gefrieren darf. Da für die Flüssigkeit die Masse $M = \varrho \cdot V$ konstant, d.h. unabhängig von der Temperatur ist, wird die Dichte

$$\varrho(T_C) = \frac{\varrho_0}{1 + \gamma T_C}$$

wegen der Volumenausdehnung im warmen Teil kleiner als im kalten Teil.

Durch Umformen erhält man:

$$\gamma = \frac{1}{T_C}\left(\frac{\varrho_0}{\varrho(T_C)} - 1\right) = \frac{1}{T_C} \cdot \frac{\Delta\varrho}{\varrho(T_C)} \ ,$$

und aus der Gleichgewichtsbedingung

$$\varrho_0 h_0 g = \varrho(T_C) h(T_C) g$$

folgt:

$$\varrho_0/\varrho = h/h_0 \ ,$$

so daß sich γ ausdrücken läßt durch:

$$\gamma = \frac{1}{T_C} \cdot \frac{\Delta h}{h_0} \ . \qquad (11.9)$$

Tabelle 11.2 gibt für einige Flüssigkeiten ihre Ausdehnungskoeffizienten an. Man beachte, daß sie wesentlich größer sind als die Volumenausdehnungskoeffizienten 3α der festen Körper. Das legitimiert also die obige Vernachlässigung der Querschnittsänderung.

11.1.3 Thermische Ausdehnung von Gasen, Gasthermometer

Man stellt experimentell fest, daß sich das Volumen idealer Gase (siehe Abschn. 7.3) proportional zur Temperatur vergrößert. Es gilt:

$$V(T_C) = V_0(1 + \gamma_V \cdot T_C) \ , \qquad (11.10)$$

wobei die Temperatur in °C gemessen wird und $V_0 = V(T_C = 0)$ ist. Der Ausdehnungskoeffizient

$$\gamma_V = \frac{V(T_C) - V_0}{V_0 \cdot T_C} \qquad (11.11)$$

gibt die relative Volumenänderung $\Delta V/V_0$ pro 1 °C an. Man findet experimentell die in Tabelle 11.4 aufgeführten Werte. Für Helium, das einem idealen Gas am nächsten kommt, gilt:

Tabelle 11.4. Ausdehnungskoeffizienten einiger Gase

Gas	$\gamma/(10^{-3}/\mathrm{K})$
ideales Gas	3,661
He	3,660
Ar	3,671
O_2	3,674
CO_2	3,726

$$\gamma_V = \frac{1}{273{,}15}\ {}^\circ\mathrm{C}^{-1} = 3{,}661 \cdot 10^{-3}\ {}^\circ\mathrm{C}^{-1} \ .$$

Analog dazu ergeben genaue Experimente, daß bei konstantem Volumen V_0 für den Gasdruck gilt:

$$p = p_0(1 + \gamma_p \cdot T_C)$$
$$\text{mit } \gamma_p = \gamma_V = \gamma = \frac{1}{273{,}15}\ {}^\circ\mathrm{C}^{-1} \ . \qquad (11.12)$$

Dies ist das ***Gay-Lussac-Gesetz***.

Im Gasthermometer (Abb. 11.9) wird diese Druckerhöhung bei konstantem Volumen zur Temperaturmessung ausgenutzt. Dazu wird das Volumen V durch ein mit Quecksilber gefülltes U-Rohr abgeschlossen. Der Hg-Spiegel auf der linken Seite des U-Rohres wird durch Heben oder Senken des Vorratsgefäßes (rechter Schenkel) immer konstant gehalten, wenn der Druck p im Volumen V sich ändert. Dieser Druck p wird durch die Differenz Δh der beiden Flüssigkeitsspiegel angezeigt. Die Celsiustemperatur

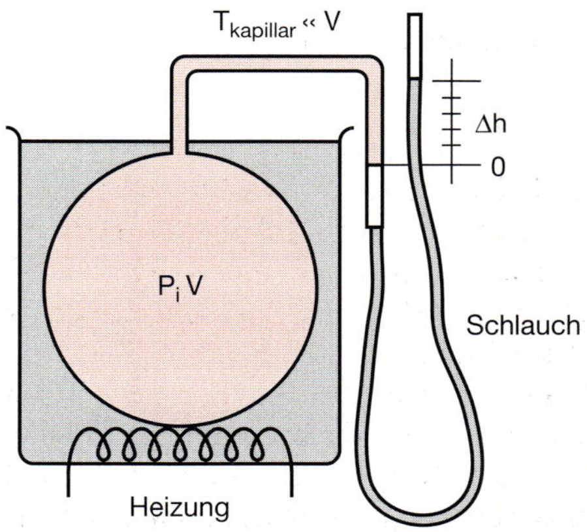

Abb. 11.9. Gasthermometer

$$T_C = \frac{1}{\gamma} \cdot \frac{p - p_0}{p_0} = 273{,}15 \frac{\Delta p}{p_0} \,°\mathrm{C} \qquad (11.13)$$

wird beim Gasthermometer also durch eine Druckmessung bestimmt. Bei der Temperatur $T_C = 0$ °C, bei der die Gaskugel in schmelzendes Eiswasser getaucht ist, wird die Höhendifferenz der Flüssigkeitsspiegel auf $\Delta h = 0$ eingestellt. Der dann in V herrschende Druck ist p_0.

11.1.4 Absolute Temperaturskala

Wir wollen jetzt den Zusammenhang aufzeigen zwischen der Celsiusskala in °C und der absoluten Temperaturskala, die auch oft nach *Lord Kelvin* als Kelvinskala in K bezeichnet wird. Im Abschn. 7.3 wurde die absolute Temperatur T in der allgemeinen Gasgleichung

$$p \cdot V = N \cdot k \cdot T \qquad (11.14)$$

zwischen Druck p, Teilchenzahl N im Volumen V und Temperatur T mit Hilfe der kinetischen Gastheorie über (11.1) eingeführt. Die Gasgleichung (11.14) sagt aus, daß bei konstantem Druck und konstanter Temperatur das Volumen V einen bestimmten Wert annimmt, der für ideale Gase unabhängig von der Gasart ist.

Bei einer Temperatur T_0, die auf der Celsiusskala 0 °C entspricht, und einem Druck $p_0 = 1$ bar $= 10^5$ Pa (sogenannte ***Normalbedingungen***) lautet (11.14):

$$p_0 \cdot V_0 = N \cdot k \cdot T_0 \,. \qquad (11.14a)$$

Aus (11.14) und (11.14a) ergibt sich:

$$p = p_0 \cdot \frac{V_0}{V} \cdot \frac{T}{T_0} \,. \qquad (11.14b)$$

Im Gasthermometer wird das Volumen konstant gehalten, d.h. $V = V_0$. Beim Vergleich von (11.14b) und (11.12) erhalten wir dann

$$p = p_0 \cdot \frac{T}{T_0} = p_0(1 + \gamma \cdot T_C) \,. \qquad (11.15)$$

Daraus ergibt sich die Beziehung

$$\boxed{T = T_0 \cdot (1 + \gamma T_C) = T_0 + \frac{T_0}{273{,}15} \cdot T_C} \qquad (11.16)$$

zwischen absoluter Temperatur T und Celsiusskala T_C.

Um einen einfacheren Vergleich zwischen den beiden Skalen zu ermöglichen, wählt man für beide gleiche Skalengrößen, d.h., einer Temperaturänderung $\Delta T = 1$ K soll auch auf der Celsiusskala $\Delta T_C = 1$ Grad entsprechen. Dann ergibt sich aus (11.16) der gesuchte Zusammenhang zwischen Kelvin- und Celsiusskala: $T_0 = 273{,}15$ °C, und damit:

$$\boxed{\begin{aligned} T/\mathrm{K} &= 273{,}15 + T_C/°\mathrm{C} \\ T_C/°\mathrm{C} &= T/\mathrm{K} - 273{,}15 \end{aligned}} \,. \qquad (11.17)$$

Da die absolute Temperatur gemäß (11.1) durch den Mittelwert des Geschwindigkeitsquadrats definiert ist, gibt es keine negativen absoluten Temperaturen. Wie später gezeigt wird, stellt $T = 0$ den (prinzipiell nie erreichbaren) unteren Grenzwert der Kelvinskala dar, d.h. es gilt immer $T > 0$ K!

11.1.5 Wärmemenge und spezifische Wärme

Führt man einem Körper eine definierte Energie ΔW zu, so stellt man fest, daß seine Temperatur um einen Betrag ΔT steigt, der proportional zu ΔW ist. Experimentell läßt sich dies z.B. mit einem elektrischen Tauchsieder vorführen, der in ein thermisch isoliertes Wassergefäß eingetaucht ist. Die zugeführte Energie ist in diesem Fall bei einer elektrischen Stromstärke I und einer Spannung U durch $\Delta W = I \cdot U \cdot t$ gegeben (siehe Bd. 2, Kap. 2).

Der Temperaturanstieg ΔT hängt vom erwärmten Material und von seiner Masse M ab. Man nennt die in den Körper hineingesteckte Energie, die zur Temperaturerhöhung ΔT führt, die Änderung ΔQ seiner ***Wärmemenge*** Q. Es gilt:

$$\Delta W = \Delta Q = c \cdot M \cdot \Delta T \,. \qquad (11.18)$$

Der Proportionalitätsfaktor c heißt ***spezifische Wärme***. Er gibt diejenige Wärmemenge an, die gebraucht wird, um 1 kg Wasser von 14,5 °C auf 15,5 °C zu erhöhen. Früher wurde diese Wärmemenge als 1 große Kalorie (1 kcal) definiert. Heute wird als Energieeinheit 1 J = 1 Ws = 1 Nm verwendet. Durch Messung der elektrischen Energie $U \cdot I \cdot t$ und der entsprechenden Erwärmung ΔT bei dem Tauchsiederversuch in

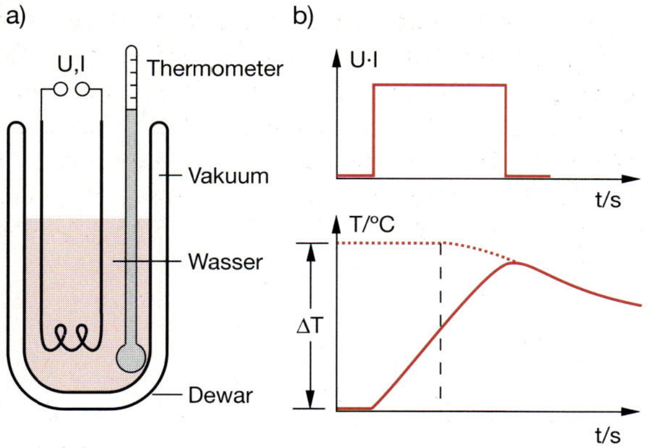

Abb. 11.10a,b. Messung des elektrischen Wärmeäquivalentes mit Tauchsieder und Dewar-Gefäß. (**a**) Experimentelle Anordnung; (**b**) Zeitverlauf der zugeführten elektrischen Leistung und der gemessenen Temperatur

Abb. 11.10 läßt sich das elektrische Wärmeäquivalent zu

$$\text{WÄ}_{\text{el}} = \frac{\Delta Q/\text{kcal}}{\Delta W_{\text{el}}/\text{kWs}} = 4{,}186 \qquad (11.19)$$

bestimmen, d.h. 1 große Kalorie entspricht 4,186 kWs.

Analog dazu kann man durch mechanische Arbeit gegen eine Reibungskraft Wärme erzeugen. Dazu wird die Anordnung in Abb. 11.11 verwendet, bei der um einen mit Wasser gefüllten Hohlzylinder aus Kupfer mit Außenradius r ein Metallband gewickelt ist, an dem ein Gewicht G hängt. Wird der Zylinder während einer Zeit Δt mit einer solchen Frequenz f um seine Längsachse gedreht, daß das Gewicht G durch die dabei auftretende Reibungskraft gerade immer in gleicher Höhe gehalten wird, so ist die dabei aufgewendete und in Reibungswärme umgesetzte Arbeit

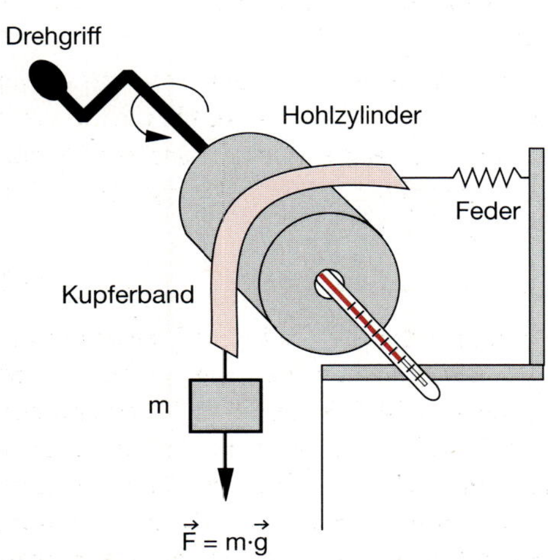

Abb. 11.11. Messung des mechanischen Wärmeäquivalents

$$\begin{aligned} \Delta W &= m \cdot g \cdot 2\pi \cdot r \cdot n \\ &= (c_{\text{W}} \cdot M_{\text{W}} + c_{\text{Cu}} \cdot M_{\text{Cu}})\Delta T_1 \,, \end{aligned}$$

wobei $n = f \cdot \Delta t$ die Zahl der Umdrehungen, M_{W}, M_{Cu} die Massen von Wasser bzw. Kupferzylinder und ΔT_1 die gemessene Temperaturerhöhung ist. Macht man jetzt das gleiche Experiment ohne Wasserfüllung, so erhält man eine größere Temperaturdifferenz ΔT_2. Aus beiden Messungen ergibt sich wegen $(c_{\text{W}} M_{\text{W}} + c_{\text{Cu}} M_{\text{Cu}})\Delta T_1 = c_{\text{Cu}} M_{\text{Cu}} \Delta T_2 = \Delta W$

$$\Delta Q = c_{\text{W}} M_{\text{W}} \Delta T_1 = \Delta W \left(1 - \frac{\Delta T_1}{\Delta T_2}\right) \Delta W_{\text{mech}} \,. \qquad (11.20)$$

Das auf diese Weise ermittelte mechanische Wärmeäquivalent

$$\text{WÄ}_{\text{mech}} = \frac{\Delta Q/\text{kcal}}{\Delta W_{\text{mech}}/\text{Nm}} = 4{,}186$$

muß natürlich denselben Zahlenwert haben wie das elektrische Wärmeäquivalent, da im hier verwendeten SI-System 1 N · m = 1 W · s gilt.

Die spezifische Wärme c_{K} eines Körpers kann mit Hilfe des Mischungskalorimeters gemessen werden

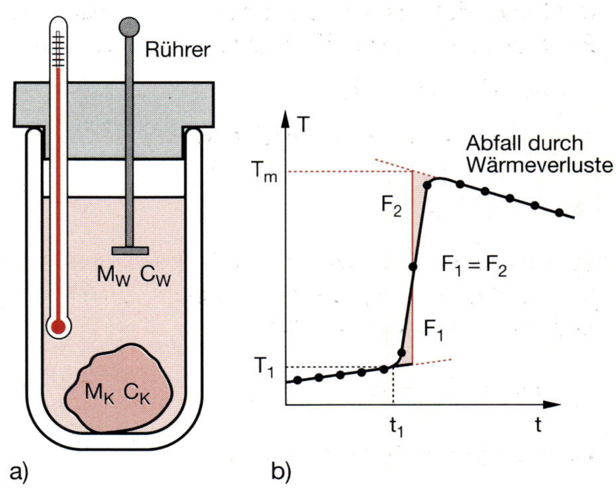

Abb. 11.12a,b. Messung der spezifischen Wärme c_{K} eines Körpers mit dem Mischungskalorimeter. (**a**) Versuchsaufbau; (**b**) Messung der Temperatur in Abhängigkeit von der Zeit (t_1 Zeitpunkt der Zugabe des Körpers, T_1 Anfangstemperatur, T_{m} Mischungstemperatur)

(Abb. 11.12). Im Inneren eines gut wärmeisolierenden Dewar-Gefäßes (dies ist ein doppelwandiges Glasgefäß mit verspiegelter Innenwand und evakuiertem Zwischenraum) befindet sich Wasser der Masse m_W der Temperatur T_1. Nun wird ein Körper mit bekannter Masse m_K und vorher bestimmter Temperatur $T_2 > T_1$ in das Wasser gebracht und der Temperaturverlauf $T(t)$ als Funktion der Zeit gemessen.

Da die vom eingebrachten Körper abgegebene Wärmemenge gleich der vom System (Wasser plus Dewar-Gefäß) aufgenommenen Wärmemenge ist, folgt für die unbekannte spezifische Wärme des Körpers:

$$c_K = \frac{(m_W c_W + C_D)(T_M - T_1)}{m_K(T_2 - T_M)} \qquad (11.21)$$

$$(T_M = \text{Temperatur der „Mischung“}) \; .$$

Die Wärmekapazität C_D des Dewar-Gefäßes kann man in einem Vorversuch bestimmen, indem man zwei Mengen Wasser (m_1 bei T_1 und m_2 bei T_2) mischt und T_M bestimmt [11.1].

11.1.6 Molvolumen und Avogadro-Konstante

Als Mol wird diejenige Menge eines Stoffes definiert, deren Masse in Gramm gleich der Molekül- oder Atommassenzahl (= Molekül- oder Atommasse dividiert durch 1/12 der Masse des ^{12}C Isotops) ist (siehe Bd. 3, Kap. 2). Das Molvolumen V_M eines Gases ist dasjenige Volumen, das ein Mol dieses Gases enthält.

BEISPIELE

1 mol Heliumgas He enthält 4 g Helium,
1 mol Wasserstoffgas H_2 sind 2 g Wasserstoff,
1 mol Stickstoff N_2 enthält 28 g Stickstoff.

Die Zahl der Atome oder Moleküle in 1 mol heißt ***Avogadro-Konstante*** N_A (oft auch ***Loschmidt-Konstante*** genannt). Diese Zahl ist gemäß der Definition des Mol unabhängig von der Molekül- oder Atomart! Sie kann mit verschiedenen Methoden bestimmt werden (siehe Bd. 3, Kap. 2). Die Messungen ergeben den Wert

$$N_A = 6{,}022 \cdot 10^{23}\ \text{mol}^{-1} \; .$$

Die Moleküle oder Atome des Gases nehmen, unabhängig von der Gasart, bei gleichen äußeren Bedingungen immer den gleichen Raum ein (solange die Gase als ideale Gase angesehen werden können). Man findet experimentell für das Molvolumen bei Normalbedingungen:

$$V_M(p = 1\ \text{bar},\ T = 0\ °\text{C}) = 22{,}4\ \text{dm}^3 \; .$$

Mit $N = N_A$ lautet die allgemeine Gasgleichung (11.14):

$$p \cdot V_M = N_A \cdot kT = R \cdot T \; , \qquad (11.22)$$

wobei die allgemeine Gaskonstante

$$R = N_A \cdot k = 8{,}31\ \text{J}/(\text{K} \cdot \text{Mol}) \qquad (11.23)$$

das Produkt aus Avogadro-Konstante N_A und Boltzmann-Konstante k ist. Gase, die dieser Gleichung folgen, heißen ***ideale Gase***.

Für ein allgemeines Volumen $V = \nu \cdot V_M$ kann (11.14) geschrieben werden als

$$\boxed{p \cdot V = \nu \cdot R \cdot T} \; , \qquad (11.22a)$$

wobei $\nu = V/V_M$ die Zahl der Mole im Volumen V ist.

11.1.7 Innere Energie und spezifische Molwärme idealer Gase

Die einem Mol der Masse M_M zugeführte Wärmemenge sei

$$\Delta Q = c \cdot M_M \cdot \Delta T = C \Delta T \; .$$

Das Produkt $C = c \cdot M_M$, das man als Quotient $\Delta Q / \Delta T$ messen kann, heißt ***spezifische Molwärme***. Sie ist diejenige Wärmemenge, die man einem Mol zuführen muß, um seine Temperatur um $\Delta T = 1\ \text{K}$ zu erhöhen.

Die spezifische Molwärme eines Gases hängt davon ab, ob das Gas bei konstantem Volumen oder bei konstantem Druck erwärmt wird. Wir wollen zuerst den Fall des konstanten Volumens behandeln.

Als innere Energie U eines Gases im Volumen V wollen wir die gesamte Energie seiner Moleküle bezeichnen. Diese setzt sich zusammen aus ihrer Translationsenergie und eventuell vorhandener Rotations- und Schwingungsenergie sowie ihrer potentiellen Energie. Die innere Energie des Gases hängt ab von der Zahl f der Freiheitsgrade seiner Moleküle. In (7.2) wurde gezeigt, daß die mittlere Energie eines Moleküls gleich $f \cdot \frac{1}{2} \cdot kT$ ist. Die innere Energie eines Mols ist dann

$$U = \frac{1}{2} f N_A kT = \frac{1}{2} fRT \,. \tag{11.24}$$

Sie verteilt sich im thermischen Gleichgewicht gleichmäßig auf alle Freiheitsgrade. Diese Gleichverteilung wird durch Stöße zwischen den Molekülen bewirkt (siehe Abschn. 4.2 und Bd. 3, Kap. 8). Wird jetzt die Wärmeenergie ΔQ zugeführt, so muß sich die innere Energie U um den Betrag $\Delta U = \Delta Q$ erhöhen, wenn das Volumen V des Gases konstant bleibt. Wir erhalten damit die Gleichung:

$$\Delta Q = \Delta U = C_V \cdot \Delta T \tag{11.25}$$

und wegen $\Delta U = \frac{1}{2} fR \cdot \Delta T$ die

Spezifische Molwärme bei konstantem Volumen

$$C_V = \frac{1}{2} f \cdot R \tag{11.26}$$

11.1.8 Molekulare Deutung der spezifischen Wärme

Da sich Atome oder Moleküle in drei Raumrichtungen bewegen können, haben sie drei Freiheitsgrade der Translation. Ihre mittlere Translationsenergie ist deshalb nach Abschn. 7.3

$$\bar{E}_{\text{trans}} = \frac{3}{2} \cdot kT \,,$$

und die spezifische Molwärme einatomiger Gase ist daher

$$C_V = \frac{3}{2} R \,.$$

Für Moleküle kann die zugeführte Energie auch in Rotations- und Schwingungsenergie umgewandelt werden. Die Zahl der Rotationsfreiheitsgrade f_R ist für nichtlineare Moleküle $f_R = 3$, da solche Moleküle um drei Raumrichtungen rotieren können. Bei linearen Molekülen ist $f_R = 2$. Dies hat folgenden Grund: Die Rotationsenergie

$$E_{\text{rot}} = \frac{L^2}{2I}$$

ist durch den Drehimpuls $\boldsymbol{L}$ und das Trägheitsmoment I um die Rotationsachse festgelegt (siehe Abschn. 5.5). Bei Rotation um die Molekülachse ist das Trägheitsmoment I sehr klein, da die Kerne auf der Rotationsachse liegen (Abb. 5.15). Der Drehimpuls $\boldsymbol{L}$ kann jedoch, wie in der Quantentheorie gezeigt wird (siehe Bd. 3, Kap. 4), nur diskrete Werte annehmen, für die $L^2 = l \cdot (l+1)\hbar^2$ gilt, wobei l eine beliebige natürliche Zahl und $\hbar$ das durch 2π geteilte Plancksche Wirkungsquantum ist. Der minimale Wert nach $L^2 = 0$ (keine Rotation) ist dann $L^2 = 2\hbar^2$. Deshalb ist die Rotationsenergie der Rotation um die Molekülachse bei den meisten Molekülen bei üblichen Labortemperaturen T groß gegen $k \cdot T$, so daß der mögliche Energieübertrag bei Stößen mit Molekülen (Abb. 11.13a) nicht ausreicht, um die minimale Rotationsenergie bei Rotation um die Molekülachse anzuregen.

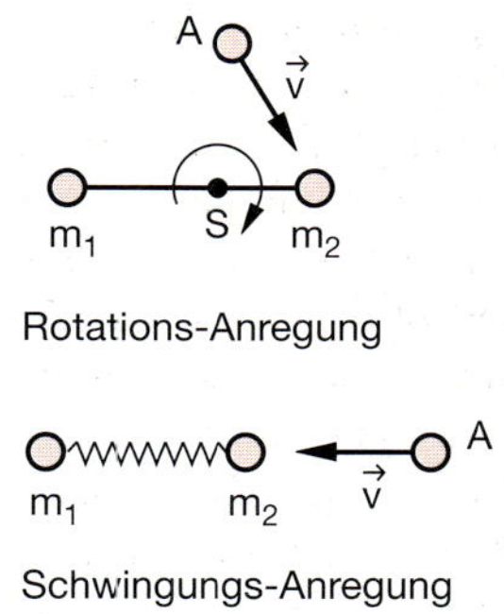

Abb. 11.13. (**a**) Anregung von Rotationsfreiheitsgraden eines zweiatomigen Moleküls durch Stöße. Der hier angedeutete Stoß mit einem Atom A bewirkt eine Rotation des Moleküls um eine zu $m_1 - m_2$ senkrechte Achse durch den Schwerpunkt S. (**b**) Anregung von Schwingungsfreiheitsgraden

Die Schwingung zweiatomiger Moleküle hat nur einen Freiheitsgrad, da sie nur entlang der Molekülachse erfolgen kann. Bei der Schwingung tritt jedoch neben der kinetischen Energie auch potentielle Energie auf, deren Mittelwert pro Schwingungsperiode genau so groß ist wie der der kinetischen Energie (siehe Abschn. 10.6). Hier ist deshalb die mittlere Energie pro Freiheitsgrad $\bar{E}_{\text{vib}} = 2 \cdot \frac{1}{2} \cdot kT = kT$. Um viele Gleichungen einfacher und allgemeiner schreiben zu können, ordnet man jeder Molekülschwingung zwei Freiheitsgrade zu, von denen jeder die mittlere Energie $\frac{1}{2} \cdot kT$ hat, so daß die gesamte Energie pro Schwingung wieder kT wird. Bei mehratomigen Molekülen mit j Atomen hat jedes der Atome drei Freiheitsgrade, das Molekül muß daher insgesamt $3j$ Freiheitsgrade haben. Nach Abzug der drei Translationsfreiheitsgrade und der drei (bzw. zwei bei linearen Molekülen) Rotationsfreiheitsgrade bleiben also für die Schwingungen $2 \cdot (3j - 6)$, (bzw. $2 \cdot (3j - 5)$ für lineare Moleküle) übrig.

Die gesamte innere Energie eines Mols ist dann bei f Freiheitsgraden der Moleküle gemäß (11.24):

$$U = \frac{1}{2} \cdot f \cdot N_A \cdot kT \quad \text{mit} \quad f = f_{\text{trans}} + f_{\text{rot}} + f_{\text{vib}} \,. \tag{11.27}$$

Einz›Da durch Stöße nur Freiheitsgrade für solche Bewegungen angeregt werden können, deren Energiequanten nicht groß gegen die mittlere Energie $\frac{1}{2}kT$ sind, werden bei sehr tiefen Temperaturen nur die Translationsfreiheitsgrade zur inneren Energie beitragen, d.h. $f_{\text{eff}} = 3$. Bei höheren Temperaturen können bei zweiatomigen Molekülen auch die beiden Rotationsfreiheitsgrade angeregt werden, d.h. $f_{\text{eff}} \to 5$. Bei noch höheren Temperaturen, bei denen $kT \approx E_{\text{vib}}$ wird, geht dann $f_{\text{eff}} \to 7$ (Abb. 11.13b). Die spezifische Molwärme $C_V = (\Delta U/\Delta T)$ bei konstantem Volumen V kann man als Grenzwert für $\Delta T \to 0$ schreiben als

$$C_V = \left(\frac{\partial U}{\partial T}\right)_V = \frac{1}{2} f_{\text{eff}} \cdot R \quad . \qquad (11.28)$$

Hier steht die partielle Ableitung, weil U ja allgemein eine Funktion mehrerer Variablen sein kann. Der Index V besagt, daß die Energiezufuhr bei konstantem Volumen erfolgen soll.

BEISPIELE

1. Für Helium als atomares Gas ist $f = 3$, so daß $C_V = 3R/2$ wird. Da die Translationsenergie nicht gequantelt ist, sind auch bei tiefen Temperaturen alle drei Freiheitsgrade anregbar, so daß die spezifische Wärme für Heliumgas unabhängig von der Temperatur ist (Abb. 11.14).
2. Für Stickstoffgas mit zweiatomigen N_2-Molekülen ist bei sehr tiefen Temperaturen kT kleiner als E_{rot} (siehe Aufgabe 11.2), so daß die Rotationen noch nicht angeregt sind und daher $f = 3$ ist. Mit zunehmender Temperatur wird $kT \approx E_{\text{rot}}$, und die Rotationen um die beiden Achsen senkrecht zur Molekülachse können durch Stöße angeregt werden (Abb. 11.14), d.h. die Zahl der anregbaren Freiheitsgrade steigt auf $f = 5$. Bei noch höherer Temperatur T, bei der $kT \approx E_{\text{vib}}$ wird, kann auch die Schwingung, die bei einer Schwingungsfrequenz ν ebenfalls nur diskrete Energiewerte $h \cdot \nu$ annehmen kann, angeregt werden, so daß dann $f = 7$ wird. Die spezifische Wärme eines molekularen Gases ist daher im allgemeinen von der Temperatur abhängig und erreicht ihren maximalen Wert erst bei Temperaturen, bei denen alle Freiheitsgrade angeregt werden können.
3. Mehratomiges Gas, z.B. NO_2 bei $T > 200$ K. Bei diesen Temperaturen sind bereits alle drei Freiheitsgrade der drei möglichen Rotationen angeregt, so daß $f = f_{\text{trans}} + f_{\text{rot}} = 6$ gilt. Bei Temperaturen oberhalb $T = 300$ K wird auch die Biegeschwingung mit der kleinsten Frequenz angeregt, so daß $f = 8$ wird. Erst oberhalb $T = 800$ K werden auch die beiden anderen Schwingungen, die eine höhere Schwingungsenergie haben, angeregt, so daß dann das NO_2-Gas seine maximale spezifische Molwärme von $C_V = 6R$ erreicht.

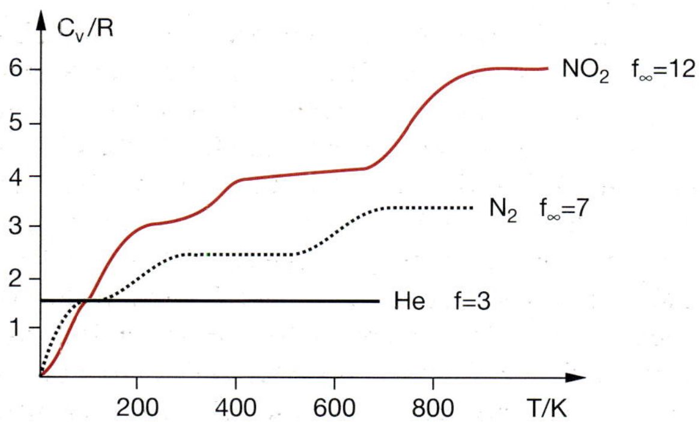

Abb. 11.14. Temperaturverlauf der spezifischen Wärme von Helium, Stickstoff N_2 und Stickstoffdioxid NO_2

11.1.9 Spezifische Wärme eines Gases bei konstantem Druck

Erwärmt man ein Gas bei konstantem Volumen, so steigt nach der allgemeinen Gasgleichung (11.14) der Druck p an. Um eine Erwärmung bei konstantem Druck zu erreichen, muß man deshalb das Gas sich ausdehnen lassen (Abb. 11.15b). Eine solche Ausdehnung des Gases in einem Kolben mit dem Volumen V

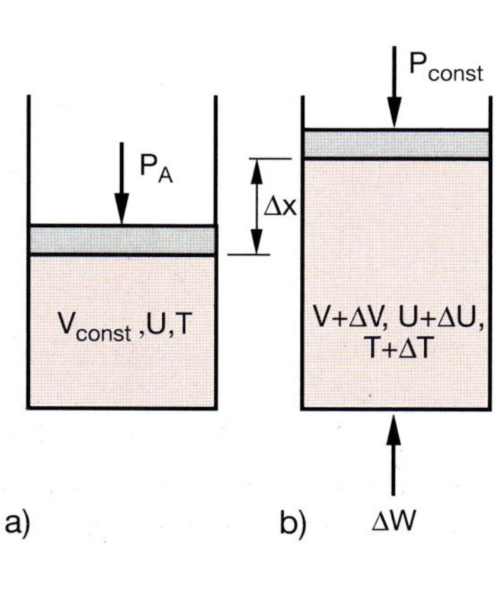

Abb. 11.15. Zur Bestimmung von C_p. Erwärmung eines Gases (**a**) bei konstantem Volumen und (**b**) bei konstantem Druck

kann man erreichen, wenn der Stempel mit der Fläche A, auf dem der Druck p lastet, um die Strecke Δx gegen die Kraft $F = p \cdot A$ verschoben wird. Die dabei geleistete Arbeit ist

$$F \cdot \Delta x = p \cdot A \cdot \Delta x = p \cdot \Delta V \,. \tag{11.29}$$

Diese Energie muß man dem Gas zusätzlich zuführen. Wir erhalten daher für die in Form von Wärme zugeführte Energie die Gleichung

$$\Delta Q = C_V \cdot \Delta T + p \cdot \Delta V \,. \tag{11.30}$$

Die allgemeine Gasgleichung für ein Mol des Gases heißt für die beiden Zustände vor und nach der Expansion bei gleichem Druck

$$p \cdot V = R \cdot T$$
$$p \cdot (V + \Delta V) = R(T + \Delta T) \,,$$

woraus durch Subtraktion folgt:

$$p \cdot \Delta V = R \cdot \Delta T \,.$$

Einsetzen in (11.30) ergibt:

$$\Delta Q = (C_V + R)\Delta T = C_p \cdot \Delta T \,. \tag{11.31}$$

Die Größe C_p heißt

Spezifische Molwärme bei konstantem Druck

$$C_p = C_V + R \tag{11.32a}$$

Aus

$$C_V = \tfrac{1}{2} \cdot f \cdot R \quad \text{folgt} : C_p = \tfrac{1}{2} \cdot (f + 2)R \,. \tag{11.32b}$$

Der Quotient C_p/C_V heißt

Adiabatenindex

$$\kappa = \frac{C_p}{C_V} = \frac{f+2}{f} \tag{11.32c}$$

11.1.10 Spezifische Wärme fester Körper

Mit sinkender Temperatur werden alle Gase flüssig und gehen (außer Helium) schließlich in den festen Zustand über. Will man den Verlauf der spezifischen Wärme bei tiefen Temperaturen verfolgen, so muß man sich Gedanken machen über die möglichen Freiheitsgrade der Atome oder Moleküle in einem festen Körper. Da die Atome in einem festen Körper nur um feste Ruhelagen schwingen können, aber keine Translationen und auch keine Rotationen ausführen, ist die Zahl der Freiheitsgrade $f = 2 \cdot 3 = 6$. Es zeigt sich jedoch (siehe Bd. 3, Kap. 12), daß die möglichen Schwingungsfrequenzen und damit auch die Schwingungsenergien der Atome im Festkörper nicht alle gleich sind, sondern über einen weiten Bereich verteilt sind. Um davon eine Vorstellung zu erhalten, betrachten wir einen idealen Kristall, in dem die Atome regelmäßig im Abstand d angeordnet sind (Abb. 11.16a).

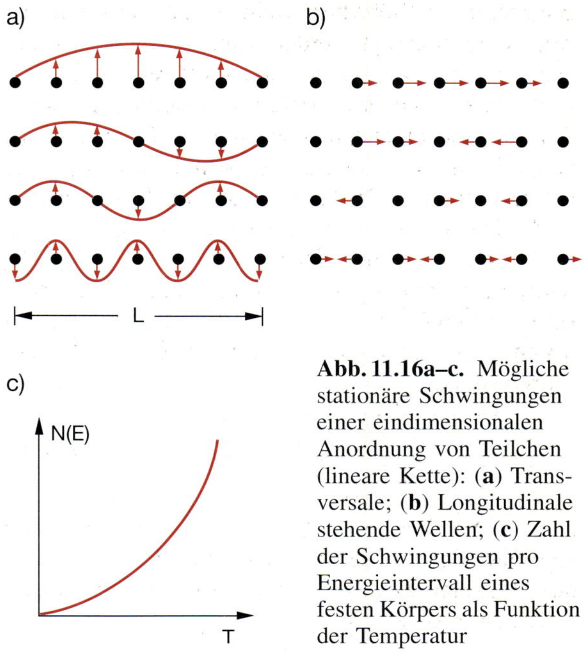

Abb. 11.16a–c. Mögliche stationäre Schwingungen einer eindimensionalen Anordnung von Teilchen (lineare Kette): (**a**) Transversale; (**b**) Longitudinale stehende Wellen; (**c**) Zahl der Schwingungen pro Energieintervall eines festen Körpers als Funktion der Temperatur

Wenn die Atome Schwingungen um ihre Ruhelagen ausführen, können sich diese infolge der Kopplungen zwischen benachbarten Atomen als Wellen im Kristall ausbreiten (siehe Abschn. 10.8), die an den Endflächen des Kristalls reflektiert werden und zu überlagerten Schwingungen führen. Stationäre Schwingungen entsprechen stehenden Wellen im Kristall. Es können dadurch sowohl longitudinale als auch transversale stehende Wellen entstehen, je nachdem, ob die Auslenkung in Richtung des Wellenvektors $\boldsymbol{k}$ oder senkrecht dazu geschieht. Die stehende Welle mit der kürzesten Wellenlänge λ (d.h. der höchsten Frequenz $\nu = v/\lambda$) ist die, bei der benachbarte

Tabelle 11.5. Spezifische Wärme bei 20 °C und 1013,25 Pa, spezifische Schmelzwärme und spezifische Verdampfungswärme einiger Stoffe

Stoff	C_p/kJ kg^{-1}K^{-1}	λ_S/kJ kg^{-1}	λ_V/kJ kg^{-1}
Wasser	4,182	–	2256
Äthylalkohol	2,43	–	840
Quecksilber	0,14	–	285
Aluminium	0,896	397	10900
Eisen	0,45	277	6340
Gold	0,13	65	1650
Kupfer	0,383	205	4790
Eis (0 °C)	2,1	332,8	–

Atome gegeneinander schwingen, bei der also $\lambda = 2d$ ist. Die Schwingung mit der kleinsten Schwingungsenergie $h \cdot \nu$ hat die größte Wellenlänge $\lambda = 2L$ (Abb. 11.16a,b). Bei tiefen Temperaturen können nur die Schwingungen mit den kleinsten Energien angeregt werden. Mit steigender Temperatur wird die Zahl der anregbaren Schwingungen immer größer (Abb. 11.16c), bis bei genügend hohen Temperaturen $kT \approx E_{\text{vib}}^{\text{max}}$ wird und alle Schwingungen angeregt sind. Die molare spezifische Wärme eines atomaren Festkörpers (z.B. Kupfer) steigt deshalb wegen der großen Zahl $Z \approx N^3$ aller möglichen Schwingungen praktisch kontinuierlich mit der Temperatur an (Abb. 11.17) (bei tiefen Temperaturen gilt: $C_V \propto T^3$), bis sie den maximalen Wert erreicht:

Dulong-Petitsches Gesetz

$$C_V = 6 \cdot \tfrac{1}{2} \cdot N_A \cdot kT = 3R \qquad (11.33)$$

Die Messung der Temperaturabhängigkeit von C_V eines festen Körpers (Abb. 11.17) gibt Informationen über die Frequenzverteilung seiner Gitterschwingungen und damit über die Kopplungskräfte zwischen seinen Atomen bzw. Molekülen und hat sich als wesentliche experimentelle Bestätigung der Quantentheorie der Festkörper erwiesen (siehe Bd. 3).

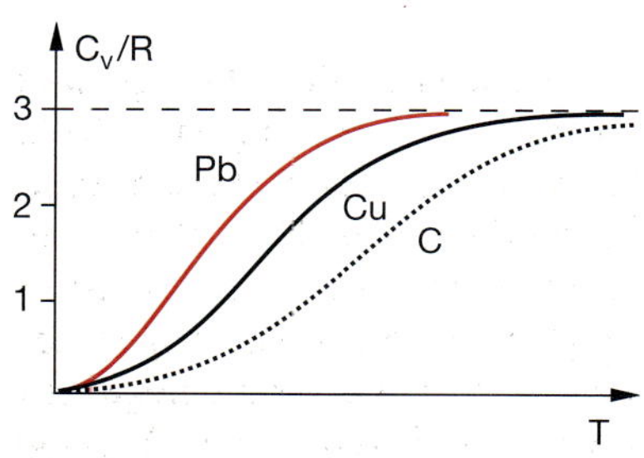

Abb. 11.17. Qualitativer Verlauf der Temperaturabhängigkeit der molaren spezifischen Wärme verschiedener Festkörper

Tabelle 11.5 gibt einige Zahlenwerte für spezifische Wärmen einiger Stoffe bei 20 °C.

11.1.11 Schmelzwärme und Verdampfungswärme

Führt man einem Behälter mit 1 kg Eis bei $T_C = -20$ °C kontinuierlich eine konstante Wärmeleistung $\mathrm{d}Q/\mathrm{d}t$ zu und mißt in regelmäßigen Zeitabschnitten die Temperatur, so stellt man fest, daß der Temperaturverlauf bis $T = 0$ °C einer Geraden

$$T(t) = -20^\circ + a \cdot t \quad \text{mit } a = (\mathrm{d}Q/\mathrm{d}t)/c_E \qquad (11.34)$$

entspricht mit der Steigung a, die gleich dem Quotienten aus zugeführter Wärmeleistung und spezifischer Wärme c_E des Eises ist (Abb. 11.18). Bei $T = 0$ °C bleibt die Temperatur trotz dauernder Wärmezufuhr so lange konstant, bis alles Eis geschmolzen ist, um dann wieder mit einer anderen Steigung $b = (\mathrm{d}Q/\mathrm{d}t)/c_W$ weiter anzusteigen. Bei $T = 100$ °C bleibt die Temperatur (bei einem Druck von ≈ 1 bar) wieder konstant, so lange, bis alles Wasser verdampft ist.

Die während des Schmelzvorganges im Zeitinterval t_1 bis t_2 in das System gesteckte Energie $W_S = (\mathrm{d}Q/\mathrm{d}t) \cdot (t_2 - t_1)$ heißt ***Schmelzwärme***, die während der Verdampfungszeit von t_3 bis t_4 dem

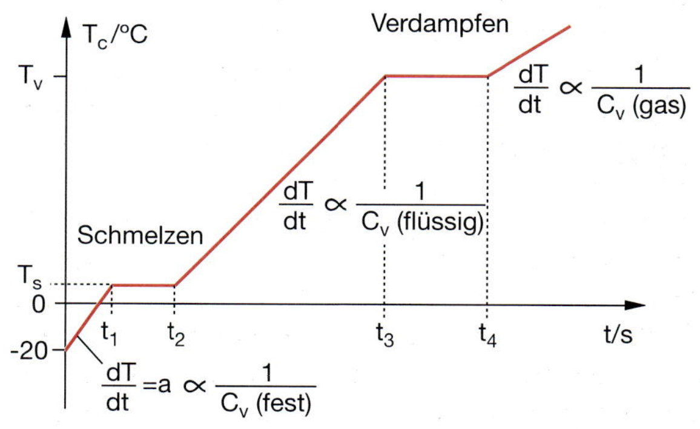

Abb. 11.18. Temperaturverlauf eines Stoffes bei konstanter Energiezufuhr vom Bereich unterhalb der Schmelztemperatur T_S bis oberhalb der Verdampfungstemperatur T_V

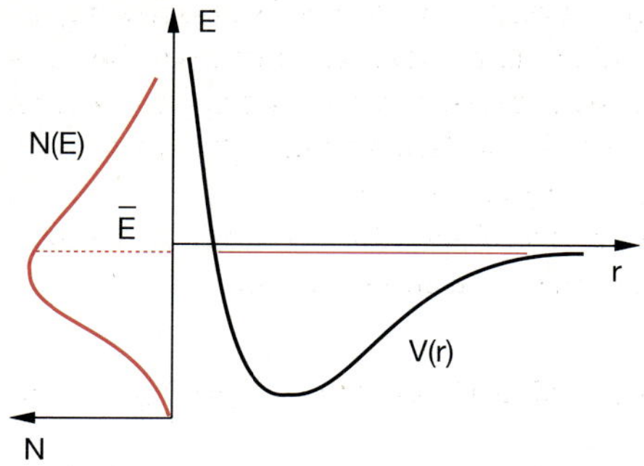

Abb. 11.19. Mittlere Gesamtenergie E eines Moleküls bei der Schmelztemperatur T_S im Potentialmodell

System zugeführte Energie $W_V = (dQ/dt) \cdot (t_4 - t_3)$ heißt ***Verdampfungswärme***.

Die pro kg eines Stoffes zum Schmelzen nötige Energie heißt spezifische Schmelzwärme $\lambda_S = W_S/m$, $[\lambda_S] = \mathrm{J\,kg^{-1}}$, während man die molare Schmelzwärme mit Λ_S bezeichnet ($[\Lambda_S] = \mathrm{J\,mol^{-1}}$). Analoge Bezeichnungen λ_V bzw. Λ_V führt man auch für die spezifische Verdampfungswärme ein.

Da sich die Temperatur während des Schmelzens oder Verdampfens nicht geändert hat, kann sich die kinetische Energie des Systems nicht erhöht haben. Die zugeführte Wärmeenergie muß deshalb zur Erhöhung der potentiellen Energie der Atome bzw. Moleküle verwendet worden sein.

Dies läßt sich im molekularen Modell folgendermaßen verstehen:

Die Moleküle im festen Körper sind durch gegenseitig anziehende Kräfte an ihre Ruhelagen gebunden, d.h. jedes Molekül bewegt sich in einem anziehenden Potential $V(r)$, das durch die Vektorsumme der Kräfte durch alle Nachbarmoleküle gemäß $\sum_i \boldsymbol{F}_i = -\nabla V(r)$ gebildet wird. Bei der Schmelztemperatur T_s wird seine mittlere Gesamtenergie $E = E_{kin} + E_{pot}$ im Potentialdiagramm der Abb. 11.19 durch eine Gerade nahe der Dissoziationsgrenze des anziehenden Wechselwirkungspotential dargestellt. Die Verteilung $N(E)$ der einzelnen Moleküle folgt genau wie in Abschn. 7.3 einer Boltzmann-Verteilung, wobei die Moleküle mit einer Energie oberhalb der Dissoziationsgrenze ihren festen Platz verlassen können. Dadurch steigt ihre mittlere potentielle Energie. Bei konstanter Gesamtenergie würde ihre kinetische Energie dann abnehmen. Die während des Schmelzens zugeführte Wärmemenge dient dazu, die mittlere kinetische Energie konstant zu halten, die Gesamtenergie also zu erhöhen.

Ein analoger Vorgang geschieht beim Verdampfen. Hier werden die Moleküle aus dem höherenergetischen Teil der Boltzmann-Verteilung als erste die Flüssigkeit verlassen und in die Dampfphase übergehen. Da die Dichte des Dampfes bei Atmosphärendruck um etwa drei Größenordnungen kleiner ist als in der Flüssigkeit, ist der mittlere Abstand zwischen den Molekülen etwa zehnmal größer, und die negative potentielle Energie der gegenseitigen Anziehung kann völlig vernachlässigt werden gegenüber ihrer kinetischen Energie. Auch hier wird also durch die zugeführte Verdampfungswärme die in der flüssigen Phase noch vorhandene negative mittlere potentielle Energie (Austrittsarbeit) kompensiert.

Die Beträge von Schmelzwärme und Verdampfungswärme hängen von der potentiellen Energie und damit von der Stoffart ab. In Tabelle 11.5 sind Zahlenwerte für einige Stoffe aufgeführt.

11.2 Wärmetransport

Immer wenn Temperaturdifferenzen zwischen verschiedenen Orten auftreten, findet ein Transport von Wärmeenergie vom wärmeren in das kältere Gebiet statt. Ein solcher Energietransport ist für technische Anwendungen und auch für viele Meßprobleme von großer Bedeutung. In vielen Fällen möchte man ihn maximieren (z.B. bei der Kühlung von Wärme produzierenden Elementen) während man ihn bei der Wärmeisolierung minimieren muß. Es gibt im wesentlichen drei verschiedene Mechanismen des Wärmetransportes: Die ***Konvektion***, die ***Wärmeleitung*** und die ***Wärmestrahlung***.

11.2.1 Konvektion

Erwärmt man den Boden eines Flüssigkeitsgefäßes (Abb. 11.20), so wird die tiefste Flüssigkeitsschicht zuerst erwärmt und erreicht deshalb eine höhere Temperatur als die darüberliegenden Schichten. Ihre Dichte wird dadurch geringer (außer bei Wasser unter 4 °C), und die Flüssigkeitsschicht steigt wegen des Auftriebes nach oben, während die darüberliegenden kälteren Schichten nach unten sinken. Dieser Vorgang,

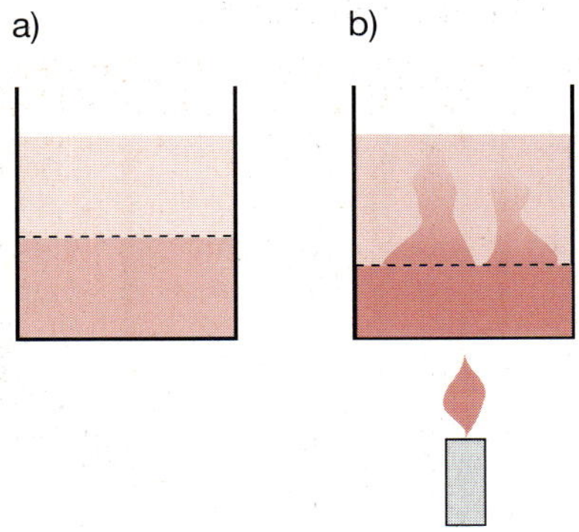

Abb. 11.20a,b. Erzeugung von Konvektion in einer Flüssigkeit: (**a**) Schichtung von gefärbtem und ungefärbtem Wasser bei gleicher Temperatur; (**b**) Durchmischung durch Konvektion bei Erwärmung

den man ***Konvektion*** nennt, führt zu einem Wärmetransport vom wärmeren in das kältere Raumgebiet. Man kann die Flüssigkeitskonvektion sehr schön mit gefärbtem Wasser demonstrieren.

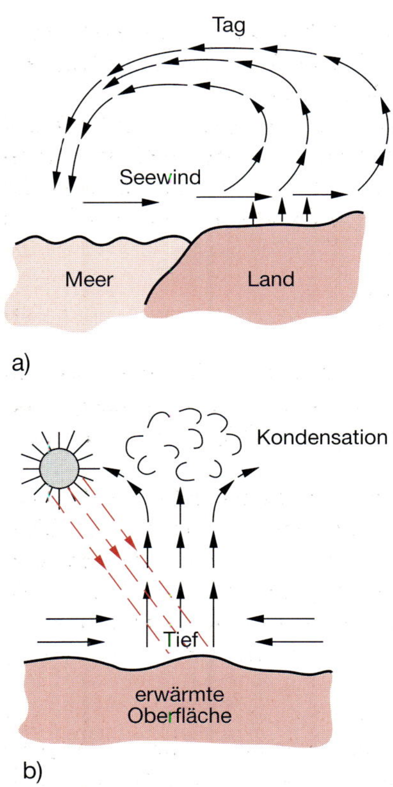

Abb. 11.21a,b. Konvektion in der Erdatmosphäre: (**a**) Seewind während des Tages, wenn die Meeresoberfläche kälter ist als die Landoberfläche; (**b**) Windströmung in ein Tief, das durch senkrecht aufsteigende Luft (Thermik) entsteht

Die Konvektion tritt auch bei Gasen auf. Sie spielt in unserer Erdatmosphäre eine wesentliche Rolle für den Wärmetransport und ist verantwortlich für das Entstehen und den Ausgleich von Luftdruckunterschieden (Abb. 11.21). Erwärmte Bodenluft steigt auf und führt zu einer lokalen Luftdruckverminderung. In dieses Niedrigdruckgebiet (Tief) strömt Luft aus den Gebieten mit höherem Luftdruck (Hoch). Die dabei entstehenden Winde transportieren nicht nur Masse, sondern auch Wärmeenergie (siehe z.B. [11.2]). Die transportierte Wärmemenge hängt ab von der Konvektionsgeschwindigkeit und dem Temperaturunterschied zwischen sich vermischenden Nachbarschichten. Die Konvektionsströmung kann, je nach den Randbedingungen, laminar oder turbulent sein.

Obwohl unsere Erde den überwiegenden Teil ihrer „Primärenergie" durch Wärmestrahlung von der Sonne erhält, spielt die Konvektion in der Atmosphäre und in den Weltmeeren eine entscheidende Rolle für die globale Umverteilung dieser Energie. Dies wird sofort deutlich, wenn man an die plötzlichen Temperaturschwankungen denkt, die bei Änderung der Windströmungen auftreten, obwohl sich die Sonneneinstrahlung dabei nicht zu ändern braucht.

Wenn der Temperaturgradient einer Flüssigkeit, die von unten erhitzt wird, einen bestimmten kritischen Wert übersteigt, der von der Viskosität der Flüssigkeit abhängt, können bei geeigneten Randbedingungen auch geordnete makroskopische Bewegungen der Flüssigkeit einsetzen. Es bilden sich Strömungsrollen, bei denen die Flüssigkeitsteilchen zylindrische Bahnen durchlaufen (Abb. 11.22). Dieses plötzliche Einsetzen einer „Selbstorganisation" der Flüssigkeit heißt ***Bénard-Instabilität***. Wird die Flüssigkeit weiter erhitzt, so beginnen die Flüssigkeits-

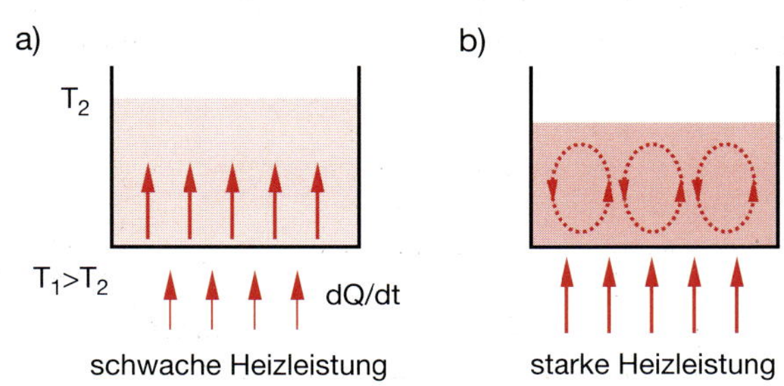

Abb. 11.22. (**a**) Linearer Temperaturgradient (**b**) Bénard-Instabilität

rollen eine wellenartige Bewegung entlang der Zylinderachse. Solche sich aus statistischen Zuständen entwickelnden geordneten Bewegungen spielen für den Aufbau geordneter Strukturen aus ungeordneten Systemen eine große Rolle. Sie werden in der *Synergetik*, einem neuen, sich rasch entwickelnden Grenzgebiet zwischen Physik, Informatik, Chemie und Biologie untersucht [11.3].

11.2.2 Wärmeleitung

Im Gegensatz zur Konvektion findet bei der Wärmeleitung nur ein Energietransport, jedoch im allgemeinen kein Massentransport statt, obwohl die Wärmeleitung an Materie gebunden ist, also nicht wie die Wärmestrahlung auch im Vakuum auftreten kann. Wir wollen uns zuerst die Wärmeleitung in festen Stoffen ansehen, bei denen die Atome an feste Ruhelagen gebunden sind und deshalb keine Konvektion vorhanden ist.

a) Wärmeleitung in festen Körpern

Ein Stab der Länge L mit dem Querschnitt q werde an seinen beiden Enden durch Wärmekontakt mit zwei Wärmereservoirs ständig auf den Temperaturen T_1 bzw. T_2 gehalten (Abb. 11.23), wobei gelten soll: $T_1 > T_2$. Nach hinreichend langer Zeit stellt sich ein stationärer Zustand ein, bei dem im Stab ein Temperaturgefälle $\mathrm{d}T/\mathrm{d}x$ vorliegt, das von der Temperaturdifferenz $\Delta T = T_1 - T_2$ und der Länge L abhängt. Wenn wir den Wärmeverlust durch die Seitenwände des Stabes vernachlässigen können, fließt pro Zeiteinheit eine konstante Wärmemenge

$$\frac{\mathrm{d}Q}{\mathrm{d}t} = -\lambda \cdot q \cdot \frac{\mathrm{d}T}{\mathrm{d}x} \tag{11.35}$$

durch die Querschnittsfläche q. Die Proportionalitätskonstante λ ($[\lambda] = \mathrm{W\,m^{-1}K^{-1}}$), die vom Material des

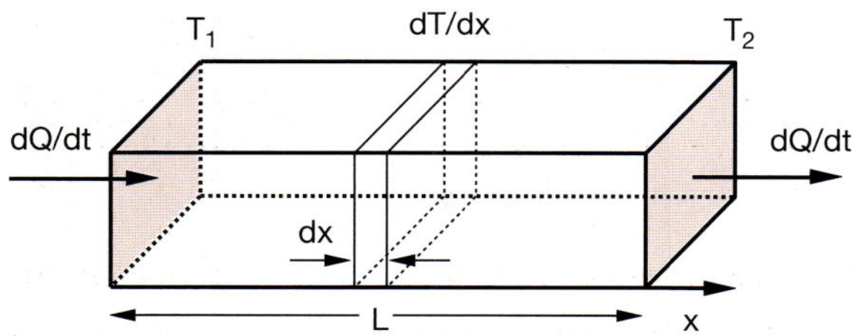

Abb. 11.23. Wärmeleitung in einem Stab

Tabelle 11.6. Wärmeleitzahlen einiger Stoffe

	$\mathrm{W\,m^{-1}K^{-1}}$
Aluminium	221
Eisen	67
Gold	314
Kupfer	393
Normalbeton	2,1
Gasbeton	0,22
Glas	0,8
Holz	0,13
Eis	2,2
Wasser	0,6
Luft	0,026
CO_2	0,015

Stabes abhängt, heißt ***Wärmeleitvermögen*** oder auch ***Wärmeleitzahl***. In Tabelle 11.6 sind die Wärmeleitzahlen für einige Stoffe aufgeführt.

Bei einem Stab mit homogenem Material und konstantem Querschnitt q ist der stationäre Temperaturverlauf entlang des Stabes linear, denn die Integration von (11.35) liefert bei konstanten Werten von q und $\mathrm{d}Q/\mathrm{d}t$:

$$T(x) = -\frac{\mathrm{d}Q/\mathrm{d}t}{\lambda \cdot q} x + C\,. \tag{11.35a}$$

Die Integrationskonstante C ergibt sich aus den Randbedingungen $T(0) = T_1$ zu $C = T_1$ und die notwendige Wärmezufuhr aus $T(L) = T_2$ zu $\mathrm{d}Q/\mathrm{d}t = (T_1 - T_2)\lambda q/L$.

Im allgemeinen nichtstationären Fall der Wärmeleitung durch nichthomogene Körper mit variablem Querschnitt ist der zeitliche und räumliche Temperaturverlauf $T(x,t)$ im allgemeinen komplizierter. Zu seiner Herleitung betrachten wir ein Volumenelement zwischen den Ebenen $x = x_1$ und $x = x_2$ (Abb. 11.24).

Für den eindimensionalen Fall (Temperaturgefälle nur in x-Richtung) gilt für die durch den Querschnitt q an der Stelle $x = x_1$ strömende Wärmeleistung

$$\frac{\mathrm{d}Q_1}{\mathrm{d}t} = -\lambda \cdot q \cdot \frac{\partial T}{\partial x}\,. \tag{11.36}$$

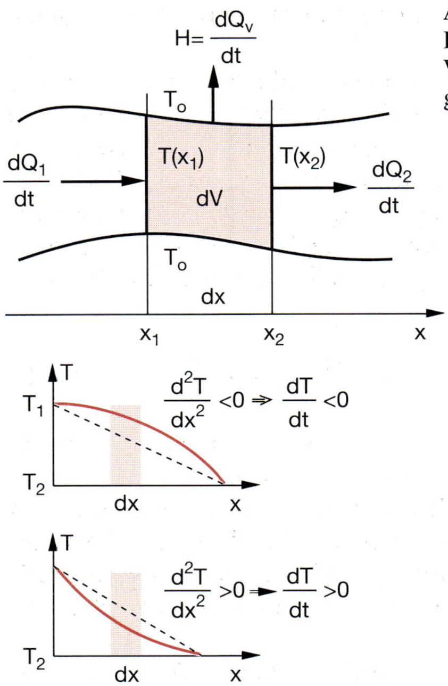

Abb. 11.24. Zur Herleitung der Wärmeleitungsgleichung

Die partielle Ableitung tritt hier auf, weil die Temperatur $T(x,t)$ von zwei Variablen abhängt. An der Ebene $x_2 = x_1 + \mathrm{d}x$ ist die Temperatur

$$T(x_2) = T(x_1) + \frac{\partial T}{\partial x} \cdot \mathrm{d}x$$

und die dort pro Sekunde strömende Wärmemenge

$$\frac{\mathrm{d}Q_2}{\mathrm{d}t} = -\lambda \cdot q \cdot \frac{\partial}{\partial x}\left(T + \frac{\partial T}{\partial x} \cdot \mathrm{d}x\right) . \qquad (11.37)$$

Wenn die Temperatur in x_1 höher ist als in x_2, strömt in das Volumen $\mathrm{d}V = q \cdot \mathrm{d}x$ die Wärmemenge $\mathrm{d}Q_1/\mathrm{d}t$ pro Sekunde hinein und $\mathrm{d}Q_2/\mathrm{d}t$ wieder hinaus. Die Zunahme des Wärmeinhaltes von $\mathrm{d}V$ pro Sekunde ist daher

$$\frac{\mathrm{d}Q}{\mathrm{d}t} = \frac{\mathrm{d}Q_1}{\mathrm{d}t} - \frac{\mathrm{d}Q_2}{\mathrm{d}t} = \lambda \cdot \frac{\partial^2 T}{\partial x^2} \cdot q \cdot \mathrm{d}x$$
$$= \lambda \cdot \frac{\partial^2 T}{\partial x^2} \cdot \mathrm{d}V . \qquad (11.38)$$

Diese Nettozufuhr von Wärmeenergie bewirkt eine Zunahme der Temperatur T des Volumenelementes $\mathrm{d}V$ die sich wegen $\Delta Q = c \cdot m \cdot \Delta T$ (11.18) und $m = \varrho \cdot \mathrm{d}V$ aus (11.38) ergibt zu

$$\boxed{\frac{\partial T}{\partial t} = \frac{\lambda}{\varrho \cdot c} \cdot \frac{\partial^2 T}{\partial x^2}} . \qquad (11.39)$$

Hat der Stab Wärmeverluste $H = \mathrm{d}Q_V/\mathrm{d}t$ durch die Zylinderwand (z.B. Kühlung durch die Umgebungsluft), so tritt zusätzlich zu (11.39) noch ein Verlustterm $h \cdot (T - T_0)$ auf, der als proportional zur Temperaturdifferenz $T - T_0$ zwischen dem Stab an der Stelle x und der Umgebungstemperatur T_0 angenommen wird. Aus (11.39) wird dann:

$$\frac{\partial T}{\partial t} = \frac{\lambda}{\varrho \cdot c} \cdot \frac{\partial^2 T}{\partial x^2} - h \cdot (T - T_0) . \qquad (11.39a)$$

Hängt T auch noch von y oder z ab, so tragen zum Temperaturanstieg im Volumenelement $\mathrm{d}V$ alle Nettowärmemengen bei, die aus allen Richtungen in $\mathrm{d}V$ hinein- bzw. hinausströmen. Durch Addition aller Beiträge erhält man analog zu (11.38) die allgemeine Wärmeleitungsgleichung

$$\frac{\partial T}{\partial t} = \frac{\lambda}{c \cdot \varrho}\left(\frac{\partial^2 T}{\partial x^2} + \frac{\partial^2 T}{\partial y^2} + \frac{\partial^2 T}{\partial z^2}\right)$$
$$= \frac{\lambda}{c \cdot \varrho} \cdot \Delta T \qquad (11.40)$$

mit dem Laplace-Operator Δ. Man nennt den Vorfaktor $\lambda_\mathrm{T} = (\lambda / c\varrho)$ die ***Temperaturleitzahl***.
Die Wärmeleitung in festen Stoffen beruht auf der Kopplung zwischen benachbarten Atomen, durch welche die Schwingungsenergie der Atome an der Stelle x zur Stelle $x + \mathrm{d}x$ übertragen werden kann, ohne daß die Atome selbst nach $x + \mathrm{d}x$ wandern.

In Metallen sind frei bewegliche Elektronen vorhanden (siehe Bd. 3), die durch Stöße untereinander und mit den ortsfesten Atomen wesentlich zum Energietransport beitragen können. Wegen ihrer kleineren Masse m haben sie eine größere thermische Geschwindigkeit (abgesehen von ihrer nur quantenmechanisch erklärbaren Fermi-Energie) und können deshalb ihre kinetische Energie $(m/2)v^2$ schneller durch Stöße übertragen. Die Wärmeleitfähigkeit von Metallen wird deshalb überwiegend durch die Elektronen bewirkt. Die Experimente zeigen in der Tat, daß die Wärmeleitzahl λ proportional zur elektrischen Leitfähigkeit σ ist

Wiedemann-Franz-Gesetz

$$\frac{\lambda}{\sigma} = a(T) \qquad (11.41)$$

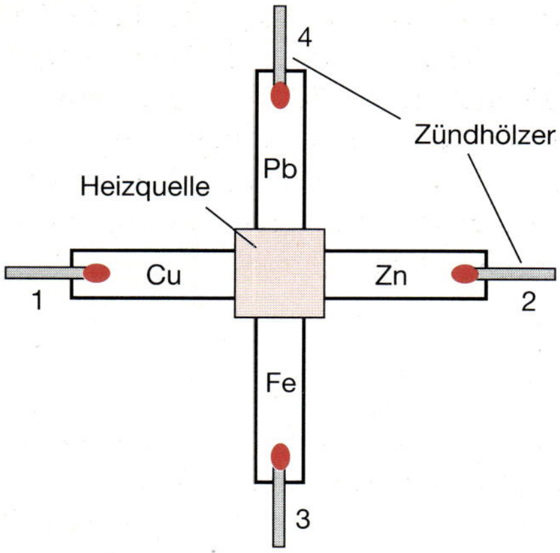

Abb. 11.25. Demonstrationsexperiment zum unterschiedlichen Wärmeleitungsvermögen verschiedener Metalle

wobei die Proportionalitätskonstante a noch von der Temperatur abhängt und in den meisten Fällen mit steigender Temperatur größer wird.

Dies kann durch ein einfaches Experiment demonstriert werden: In Abb. 11.25 ist ein Kreuz mit vier Armen aus verschiedenen Metallen gezeigt, an deren Enden die Köpfe von Zündhölzern liegen. Wird die zentrale rote Platte durch eine kleine Flamme aufgeheizt, so dauert es gewisse Zeitspannen ΔT_i, bis die Temperatur an den Enden die Zündtemperatur der Zündhölzer erreicht. Die Zündhölzer flammen auf in der zeitlichen Reihenfolge 1–2–3–4.

In festen Köpern ist das Wärmeleitvermögen λ wegen der größeren Dichte und der dadurch bedingten schnelleren Kopplung zwischen den Nachbaratomen wesentlich größer als in Gasen (siehe Tabelle 11.6). Die Temperaturleitzahl $\lambda/(c\varrho)$, welche gemäß (11.40) die Zeitkonstante des Temperaturausgleichs angibt, ist jedoch für Festkörper und Gase etwa gleich groß, weil die Dichte ϱ von Gasen viel kleiner ist.

> In Gasen gleichen sich Temperaturunterschiede in vergleichbaren Zeiten aus wie in Festkörpern.

Dies liegt daran, daß dieselbe Wärmemenge die Temperatur eines Gasvolumens mehr erhöht als die eines gleich großen Festkörpervolumens, weil sich die Energie auf weniger Moleküle verteilt.

Zur Messung der Wärmeleitfähigkeit λ sind *stationäre* Methoden und *zeitauflösende* Verfahren bei zeitabhängigen Bedingungen entwickelt worden [11.5].

Bei den stationären Methoden wird der Probe (z.B. einem zylindrischen Stab) am warmen Ende eine bekannte, zeitlich konstante Wärmeleistung $\mathrm{d}Q/\mathrm{d}t$ zugeführt, die ihr am anderen, kalten Ende wieder durch Kühlung entzogen wird. Gemäß (11.36) tritt unter diesen stationären Bedingungen bei einem Stab mit konstantem Querschnitt q ein lineares Temperaturgefälle

$$\frac{\partial T}{\partial x} = \text{const} = \frac{T_1 - T_2}{L} = \frac{1}{\lambda \cdot q} \cdot \frac{\mathrm{d}Q}{\mathrm{d}t} \qquad (11.42)$$

auf, das durch Messung der Temperaturen T_1 und T_2 im Abstand L bestimmt werden kann.

Bei den nichtstationären dynamischen Methoden zur Messung der Wärmeleitfähigkeit wird die zugeführte Wärmeleistung zeitlich variiert, entweder periodisch moduliert oder in Form von kurzen Pulsen zugeführt.

Ist z.B. die zugeführte Wärmeleistung am Ort $x = 0$ $\mathrm{d}Q/\mathrm{d}t = Q_0 + a \cdot \cos \omega t$, so wird die Temperatur für $x = 0$:

$$T(0, t) = T_1 + \Delta T \cos(\omega t) \,,$$

und man erhält als Lösung der Wärmeleitungsgleichung (11.39a) für einen dünnen zylindrischen Stab in x-Richtung mit Wärmeverlusten $h(T(x) - T_0)$ durch die Seitenwände (Abb. 11.26)

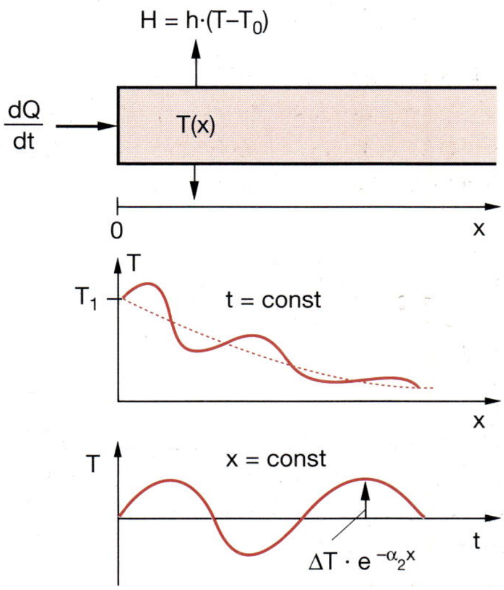

Abb. 11.26. Gedämpfte Temperaturwellen in einem Stab bei periodischer Wärmezufuhr

$$T(x,t) = T_0 + (T_1 - T_0)e^{-\alpha_1 x} + \Delta T e^{-\alpha_2 x} \cdot \cos(\omega t - kx) , \qquad (11.43)$$

wobei sich durch Einsetzen in (11.39a) für die Koeffizienten ergibt:

$$\alpha_1 = \sqrt{\frac{h}{\lambda_T}}, \quad \alpha_2 = \left[\frac{(h^2+\omega^2)^{1/2}+h}{2\lambda_T}\right]^{1/2};$$

$$k = \left[\frac{(h^2+\omega^2)^{1/2}-h}{2\lambda_T}\right]^{1/2}.$$

Der Temperaturverlauf entlang des Stabes entspricht der Überlagerung eines zeitlich konstanten Anteils, der wegen der Wärmeverluste $h \cdot (T - T_0)$ exponentiell entlang des Stabes sinkt, und einer gedämpften Welle, deren Amplitude exponentiell entlang x abnimmt und deren Phase durch h, ω und λ_T bestimmt ist. Die Phasengeschwindigkeit dieser Wärmewelle

$$v_W = \frac{\omega}{k} = \left[\frac{2\omega^2 \cdot \lambda_T}{(\omega^2+h^2)^{1/2}+h}\right]^{1/2} \qquad (11.43a)$$

ist von der Frequenz ω abhängig. Wärmewellen zeigen also Dispersion!

Mißt man den zeitlichen Temperaturverlauf an ausgewählten Stellen x und für verschiedene Frequenzen ω, so lassen sich aus Amplituden und Phasenmessung die Größen h und $\lambda_T = \lambda/\varrho c$ bestimmen. Ohne Wärmeverluste ($h = 0$) geht (11.43) über in

$$T(x,t) = T_1 + \Delta T e^{-\alpha x}\cos(\omega t - kx) \qquad (11.43b)$$
$$\text{mit } \alpha = k = (\omega/2\lambda_T)^{1/2} .$$

b) Wärmeleitung in Flüssigkeiten

In Flüssigkeiten gibt es keine Scherkräfte (siehe Abschn. 6.2). Deshalb ist die Kopplung zwischen benachbarten Molekülen wesentlich schwächer als in Festkörpern und der durch diese Kopplung bewirkte Energietransport entsprechend langsamer. Die Wärmeleitung von elektrisch nicht leitenden Flüssigkeiten ist darum im allgemeinen kleiner als die von Festkörpern (siehe Tabelle 11.6). Allerdings können die in einer Flüssigkeit frei beweglichen Moleküle Energie durch Stöße übertragen. Die Effektivität des Energietransportes hängt dabei ab von der mittleren Geschwindigkeit $\bar{v}$, der Zeit zwischen zwei Stößen und dem Wirkungsquerschnitt für den energieübertragenden Stoß.

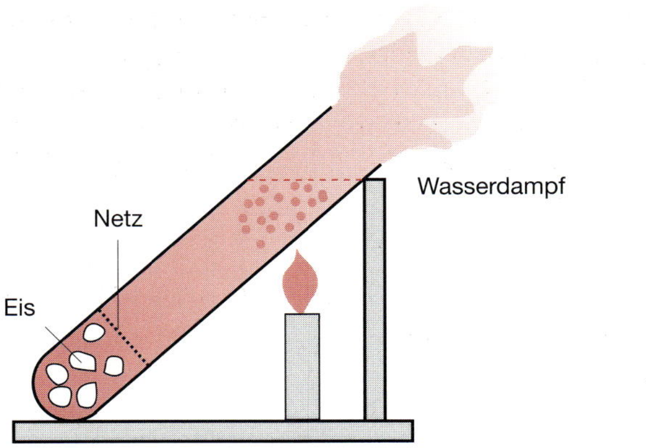

Abb. 11.27. Demonstration der geringen Wärmeleitung von Wasser

Bei elektrisch leitenden Flüssigkeiten (z.B. Quecksilber oder geschmolzene Metalle) tragen, genau wie in leitenden Festkörpern, die frei beweglichen Elektronen den überwiegenden Anteil zur Wärmeleitung bei, die deshalb auch wesentlich größer ist als bei nichtleitenden Flüssigkeiten. Die Ionen sind wegen ihrer großen Masse zu langsam, und ihr Beitrag zur Wärmeleitung ist daher klein.

Wegen der freien Beweglichkeit der Flüssigkeitsmoleküle tritt bei Temperaturunterschieden innerhalb der Flüssigkeit neben der Wärmeleitung meistens auch Konvektion auf. Man kann diese verhindern, wenn die Flüssigkeit von oben erwärmt wird, so daß die wärmere Flüssigkeit mit der geringeren Dichte nicht nach unten sinkt.

Die geringe Wärmeleitfähigkeit von Wasser läßt sich schön demonstrieren mit dem in Abb. 11.27 gezeigten Versuch: Auf dem Boden eines mit Wasser gefüllten Glasrohres liegen Eisstücke, die durch ein Netz am Aufsteigen gehindert werden. Man kann das Wasser im oberen Teil des Rohres so erhitzen, daß es siedet, ohne daß das Eis schmilzt, d.h., trotz der Temperaturdifferenz von $\Delta T = 100\,K$ ist der Energieaustausch klein wegen der geringen Wärmeleitung von Glas und von Wasser und wegen der fehlenden Konvektion.

c) Wärmeleitung in Gasen

Im Abschn. 7.5 hatten wir gesehen, daß die Wärmeleitung in Gasen durch die Energieübertragung bei Stößen zwischen den Molekülen des Gases bewirkt wird, die sich mit thermischen Geschwindigkeiten bewegen. Nach (7.49) ist die durch Wärmeleitung eines Gases zwischen zwei parallelen Wänden mit den Temperaturen T_1 und T_2 pro m^2 Fläche übertragene Wärmeleistung

$$J_W = \kappa \cdot (T_1 - T_2)$$

durch die Temperaturdifferenz ΔT und die ***Wärmeleitfähigkeit*** κ gegeben.

Anmerkung

Leider hat sich für die Wärmeübertragungszahl κ von Gasen und den Adiabatenindex $\kappa = C_p/C_V$ dasselbe Symbol eingebürgert.

Nach (7.50) ist die Wärmeleitfähigkeit eines Gases

$$\kappa \propto \frac{n \cdot C_V}{\sqrt{m}} \cdot \frac{\sqrt{T_1 \cdot T_2}}{\sqrt{T_1} + \sqrt{T_2}}$$

wegen der im Vergleich zu Festkörpern oder Flüssigkeiten wesentlich kleineren Moleküldichte n erheblich kleiner (Tabelle 11.6). Sie ist am größten für Wasserstoff und sinkt mit zunehmender Molekülmasse m wie $1/\sqrt{m}$. Wenn die freie Weglänge Λ klein ist gegen die Dimension des Gasbehälters, wird die Wärmeleitung praktisch unabhängig vom Druck (siehe Abschn. 7.5).

Die Abhängigkeit der Wärmeleitung von der Molekülmasse läßt sich mit der in Abb. 11.28 gezeigten Anordnung demonstrieren: Durch zwei gleichlange evakuierte Glasrohre läuft axial ein Wolframdraht, der durch einen elektrischen Strom I geheizt wird, so daß beide Drähte gleich hell leuchten. Füllt man nun die eine Röhre mit Wasserstoffgas H_2 ($m = 2$ AME), die andere mit Stickstoff N_2 ($m = 28$ AME) beim gleichen Druck von 1 bar, so

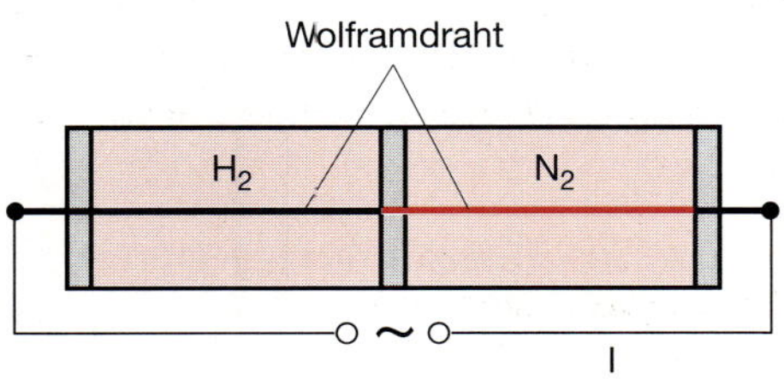

Abb. 11.28. Demonstration der Wärmeleitung in Gasen und ihrer Abhängigkeit von Molekülmasse

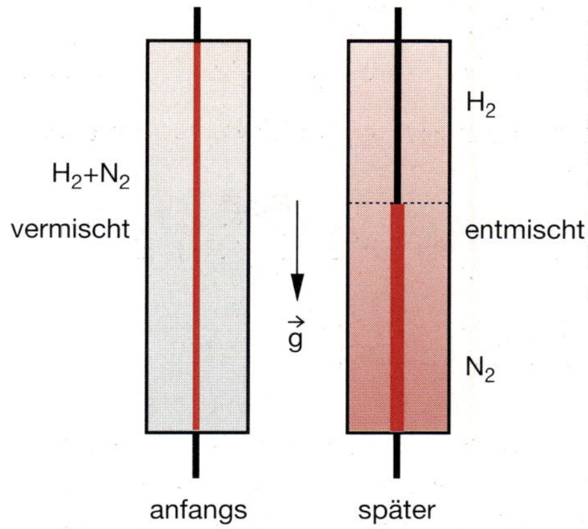

Abb. 11.29. Entmischung eines Gasgemisches durch Konvektion und Diffusion im Schwerefeld der Erde

wird der Draht im H_2-Rohr wegen der größeren Wärmeleitung fast ganz dunkel, während er im N_2-Rohr noch rotglühend bleibt. Der Effekt ist deshalb so deutlich zu sehen, weil

- der elektrische Widerstand von Wolfram mit sinkender Temperatur T sinkt und daher die elektrische Leistung $\mathrm{d}W/\mathrm{d}t = I^2 R$ sinkt, was die Temperaturerniedrigung weiter verstärkt,
- die sichtbare Strahlungsleistung mit sinkender Temperatur T stärker als $\propto T^4$ abnimmt.

Eine Abänderung des Versuches benutzt nur *ein* Rohr, das senkrecht steht und mit einem H_2/N_2-Gemisch gefüllt ist. Anfangs leuchtet der Heizdraht überall gleichmäßig. Nach einigen Minuten Brenndauer diffundiert der leichte Wasserstoff nach oben (Diffusion im Gravitationsfeld, siehe Abschn. 7.6), der Stickstoff nach unten. Diese Trennung wird noch verstärkt durch die Konvektion, durch die das heiße Gas in der Nähe des Drahtes nach oben, das kalte an der Innenwand des Glasrohres nach unten sinkt (Abb. 11.29).

In den meisten Fällen liefert in Gasen bei Atmosphärendruck die Konvektion einen größeren Beitrag zum Wärmetransport als die Wärmeleitung.

11.2.3 Das Wärmerohr (heatpipe)

Oft hat man das Problem, aus einem Volumen, in dem Wärme erzeugt wird, möglichst viel Wärmeleistung abzuführen, um eine genügend große Kühlleistung zu erreichen. Hierzu ist ein Verfahren entwickelt worden, das auf einer Kombination von Wärmeaufnahme

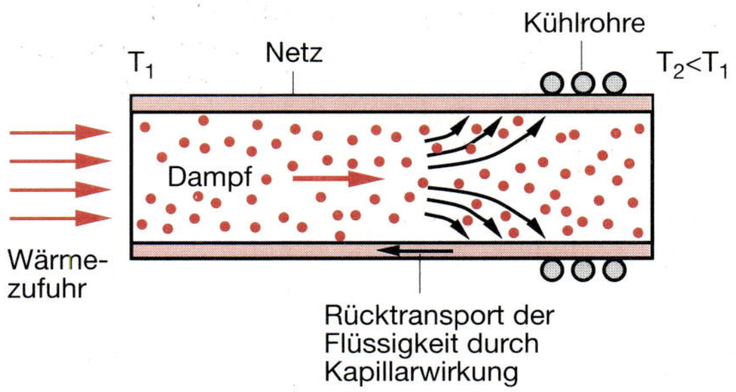

Abb. 11.30. Wärmerohr

durch Verdampfung eines Kühlmittels und Wärmetransport durch Konvektion beruht. Es ermöglicht einen um bis zu zwei Größenordnungen höheren Wärmetransport durch die Flächeneinheit, als dies durch Wärmeleitung in Metallen erreichbar ist. Das Prinzip eines solchen Wärmerohres ist in Abb. 11.30 dargestellt:

Ein Rohr aus Metall oder aus einem isolierenden Festkörper ist links mit der zu kühlenden Quelle der Temperatur T_1 in Kontakt, auf der anderen Seite mit einem Kühlbad der tieferen Temperatur T_2. In das evakuierte Rohr wird als Kühlmittel ein Stoff gebracht, dessen Siedetemperatur bei dem gewünschten Betriebsdruck unter T_1 und dessen Schmelztemperatur unter T_2 liegt. Wird Wasser als Kühlmittel verwendet, so muß $T_1 > 100\,°\mathrm{C}$ und $T_2 > 0\,°\mathrm{C}$ sein.

An der Hochtemperaturseite mit $T = T_1$ verdampft die Kühlflüssigkeit und entzieht dadurch der Umgebung die Verdampfungswärme. Der Dampf strömt zum gekühlten Ende, wo er kondensiert und dabei seine Kondensationswärme an das Kältebad abgibt. Im Inneren des Rohres entsteht daher ein Gradient der Dampfdichte und ein entgegengerichteter Gradient der Flüssigkeitskonzentration. Ein wesentliches Element des Wärmerohres ist ein feines Drahtmaschennetz, das dicht an die Innenwand des Rohres angelegt ist. Wenn die Materialien von Rohr und Netz richtig ausgewählt werden, so daß die Kühlflüssigkeit Netz und Rohrwand vollständig benetzt, so fließt auf Grund der Kapillarwirkung die kondensierte Flüssigkeit in dem engen Kanal zwischen Rohrwand und Netz wieder zurück zur Verdampfungszone, kann dort erneut verdampfen und damit wieder Wärme entziehen. Bei Kühlmitteln mit großer Verdampfungswärme (wie z.B. Wasser) läßt sich wegen des schnellen Wärmetransports infolge der möglichen großen Konvektionsgeschwindigkeit ein sehr großes Wärmeleitvermögen erreichen. Nähere Einzelheiten über Konstruktion und Anwendungen solcher *heatpipes* findet man in [11.6].

11.2.4. Wärmestrahlung

Die Oberfläche S eines Körpers mit der absoluten Temperatur T strahlt eine Wärmeleistung $\mathrm{d}W/\mathrm{d}t$ ab, die durch das ***Stefan-Boltzmannsche Strahlungsgesetz*** (siehe Bd. 2, Kap. 12)

$$\frac{\mathrm{d}W}{\mathrm{d}t} = \sigma \cdot S \cdot T^4 \tag{11.44}$$

gegeben ist. Die Stefan-Boltzmann-Konstante σ hängt vom Material und der Beschaffenheit der Oberfläche ab und erreicht ihren maximalen Wert $\sigma = 5{,}77 \cdot 10^{-8}\ \mathrm{W/(m^2 \cdot K^4)}$ für eine vollständig absorbierende Oberfläche (schwarzer Körper). Das Stefan-Boltzmann-Gesetz läßt sich aus dem Planckschen Strahlungsgesetz herleiten, welches den Beginn der Quantentheorie bildete (siehe Bd. 3, Kap. 2).

Man beachte:

- Die abgestrahlte Leistung ist proportional zu vierten Potenz der Oberflächentemperatur und spielt daher mit zunehmender Temperatur eine immer wichtigere Rolle.
- Die Wärmestrahlung ist eine elektromagnetische Strahlung und breitet sich deshalb auch im Vakuum aus. Der Energietransport ist in diesem Fall also nicht an Materie gebunden. Wir verdanken der Wärmestrahlung unsere Existenz, weil sie der einzige Transportmechanismus ist, der die Sonnenenergie zur Erde bringt.
  Eine detaillierte und quantitative Behandlung der Wärmestrahlung kann erst in Bd. 2 erfolgen.

11.2.5 Methoden der Wärmeisolierung

Während im Abschn. 11.2.3 die Realisierung eines möglichst großen Wärmetransportes diskutiert wurde, möchte man für Wärmeisolierungen die aus einem Volumen abfließende Wärmeleistung so klein wie möglich machen. Dazu muß man die Beiträge aller drei Wärmetransportmechanismen zum gesamten Wärmetransport ermitteln und minimieren. Wir wollen dies an der Wärmeisolierung eines Wohnhauses illustrieren.

Der Wärmetransport zwischen Innen- und Außenbereich geschieht überwiegend über die Wärmeleitung durch Fenster und Wände, zu einem geringeren Teil über Konvektion durch undichte Fugen oder beim Lüften, und je nach Größe und Beschaffenheit der Fenster kann auch die Wärmestrahlung eine Rolle spielen.

Die Wärmeleitung durch die Fläche F von Fenstern und Wänden mit der Dicke d wird gemäß (11.35) bei einer Außentemperatur T_a und einer Innentemperatur T_i bestimmt durch

$$\frac{dQ}{dt} = F \cdot \frac{\lambda}{d}(T_i - T_a) = k \cdot F \cdot \Delta T , \qquad (11.45)$$

wobei λ das Wärmeleitvermögen ist.

Die Konstante $k = \lambda/d$ gibt die bei einer Temperaturdifferenz $\Delta T = 1$ K pro Flächeneinheit transportierte Wärmeleistung an. Der sogenannte k-Wert in $W/(m^2 \cdot K)$ als Maß für die Wärmeisolation muß also so klein wie möglich gemacht werden. In Abb. 11.31 sind Temperaturverlauf und k-Werte für

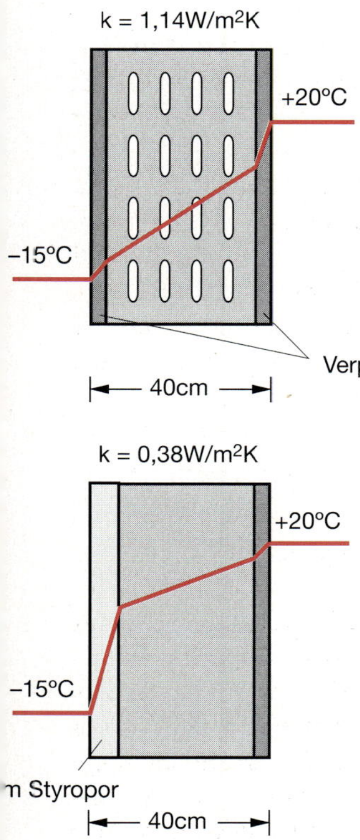

Abb. 11.31a–c. Wärmeisolierung. (**a**) Temperaturverlauf innerhalb der verputzten Ziegelhohlsteinwand eines Hauses; (**b**) verputzte Wand mit Bimsbeton; (**c**) Bimsbetonwand mit Wärmedämmung durch Styropor [11.7]

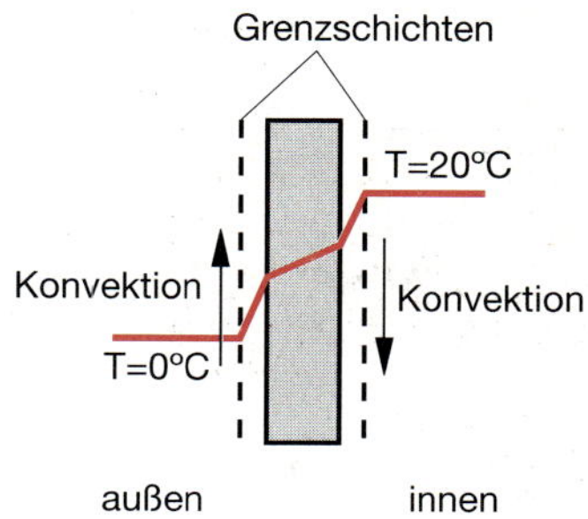

Abb. 11.32. Wärmetransport beim Einfachfenster

verschiedene Wandausführungen dargestellt. Man sieht daraus, daß mit einer relativ dünnen Wärmedämmung aus Styropor, die außen unter Putz auf die Wand aufgebracht wird, die Wärmeisolierung bei gleicher Wanddicke um den Faktor 1,5 verbessert werden kann.

Die größten Wärmeverluste haben die Fenster. Hier ist der Wärmetransport komplizierter: Wir betrachten zuerst eine Einfachscheibe (Abb. 11.32). Trotz des geringen Wärmeleitvermögens von Glas ($\lambda = 0{,}9$ Watt$/m^2 \cdot K$) ist der k-Wert wegen der geringen Dicke $d = 4$ mm mit $k = 200$ $W/(m^2 \cdot K)$ sehr viel höher als für die dicken Wände.

Wegen der Temperaturgradienten in den Luftgrenzschichten auf beiden Seiten der Fensterfläche bildet sich eine Konvektionsströmung aus, die für $T_a < T_i$ innen nach unten und außen nach oben gerichtet ist. Durch die Reibung bedingt, haftet eine Grenzschicht der Dicke d_g (siehe Abschn. 8.4) an beiden Fensterflächen, durch welche die Wärme mittels Wärmeleitung zu den konvektiven Luftschichten transportiert wird. Da die Wärmeleitung in Gasen geringer ist als in Festkörpern, ist der Wärmewiderstand dieser Grenzschichten größer als der der Scheibe.

Aus (8.23) erhält man eine Grenzschichtdicke $d_g \approx 5$mm, deren Wärmeleitung $k_g = 3{,}4$ $W/(m^2K)$ ist. Außerdem geht Wärme durch Infrarotstrahlung von innen nach außen verloren. Der für die hier angenommenen Verhältnisse einzusetzende Wärmeverlust ist etwa 4,6 $W/(m^2K)$, so daß insgesamt die innere Grenzschicht einen k-Wert von $k_i = 8$ $W/(m^2K)$ hat. Für die äußere Grenzschicht ist der k-Wert ein anderer, weil die Konvektionsströmung hier nach oben, also gegen die Schwerkraft verläuft. Man erhält einschließlich der Strahlungsverluste einen k-Wert von $k_a = 20$ $W/(m^2K)$. Da sich für hintereinanderliegende Schichten die reziproken k-Werte addieren, erhalten wir aus

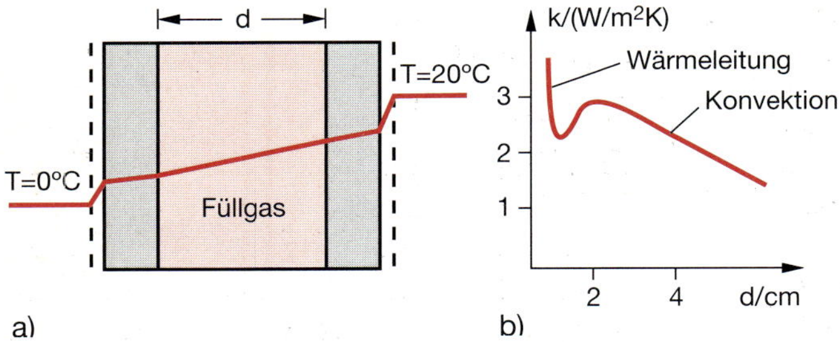

Abb. 11.33a,b. Doppelglasscheibenfenster: (**a**) Aufbau und Temperaturverlauf; (**b**) k-Werte als Funktion der Dicke des Scheibenzwischenraums

$$\frac{1}{k} = \frac{1}{k_\mathrm{i}} + \frac{1}{k_\mathrm{g}} + \frac{1}{k_\mathrm{a}} \tag{11.46}$$

insgesamt einen k-Wert $k = 5{,}5\ \mathrm{W/(m^2K)}$ für die Einfachscheibe.

Eine erheblich bessere Wärmedämmung ergibt sich für ein Fenster aus zwei Glasscheiben (Abb. 11.33). Hier hat man eine Gasschicht (N_2, CO_2 oder Ar) luftdicht eingeschlossen zwischen zwei Glasscheiben. Der k-Wert der Luftschicht hängt von ihrer Dicke d ab. Bei kleiner Dicke ($d < 1$ cm) ist die Wärmeleitung dominant. Bei größeren Dicken wird die Konvektion den größten Teil des Wärmetransports übernehmen. Nach Abb. 11.33b ist eine Luftschichtdicke von etwa 1 cm optimal, weil dann die Grenzschichten im Zwischenraum eine Konvektion behindern.

Für eine solche Doppelscheibe wird der k-Wert, der durch Wärmeleitung bedingt ist, wesentlich herabgesetzt. Um auch noch die Strahlungsverluste klein zu halten, muß man die Glasscheiben mit einer Infrarot-reflektierenden Schicht versehen, welche die vom Zimmer nach außen gehende Infrarotstrahlung reflektiert [11.8]. Man kann dann ohne Antireflexbeschichtung Gesamt-k-Werte von $k \leq 3\ \mathrm{W/(m^2K)}$ erreichen, also eine fast doppelt so gute Wärmedämmung wie bei der Einfachscheibe. Eine gute Antireflexschicht drückt den k-Wert auf $k < 0{,}6\ \mathrm{W/(m^2K)}$, so daß dann die Wärmeverluste der Fenster vergleichbar werden mit denen der Wände.

Man sieht aus diesen Überlegungen, daß man für eine gute Wärmeisolierung alle drei Wärmetransportmechanismen: Wärmeleitung, Konvektion und Strahlung berücksichtigen und minimieren muß.

Eine quantitative Darstellung findet man in [11.7] und den dort angegebenen Referenzen sowie in vielen Büchern über Energiespar-Häuser.

11.3 Die Hauptsätze der Thermodynamik

Als ein *thermodynamisches System* wollen wir hier ein System von Atomen oder Molekülen verstehen, dessen Wechselwirkung mit der *Umgebung* im Austausch von Energie in Form von Wärme oder mechanischer Arbeit besteht. Das System kann durch physikalische Größen wie Temperatur, Druck, Volumen, Teilchendichte etc. beschrieben werden. Wir wollen in diesem Abschnitt untersuchen, wie sich der Zustand eines solchen Systems durch Energieaustausch mit der Umgebung ändert. Das Ergebnis dieser Untersuchungen läßt sich in drei *Hauptsätzen* der Thermodynamik ausdrükken, die für die Physik eine mit den Erhaltungssätzen der Mechanik (Energie, Impuls, Drehimpuls) vergleichbare Bedeutung haben und genau wie jene reine Erfahrungstatsachen wiedergeben. Man kann die Hauptsätze also nicht mathematisch beweisen, wie oft fälschlich angenommen wird.

Um den Zustand eines thermodynamischen Systems zu beschreiben, müssen wir uns zuerst klarmachen, durch welche Größen der Zustand des Systems beschrieben wird.

11.3.1 Zustandsgrößen

Unter dem Zustand eines Systems verstehen wir die Gesamtheit seiner Eigenschaften, die durch die äußeren Bedingungen festgelegt sind. Ändern sich diese Eigenschaften nicht mit der Zeit, so liegt ein *Gleichgewichtszustand* vor, und das System heißt stationär. Die meisten thermodynamischen Betrachtungen beziehen sich auf Gleichgewichtszustände. Oft ändert sich ein System so langsam, daß man es durch eine Folge von Gleichgewichtszuständen beschreiben kann.

Systeme fern vom thermodynamischen Gleichgewicht spielen bei chemischen Reaktionen und auch für grundlegende Überlegungen in der modernen Physik eine große Rolle. Sie werden deshalb am Ende dieses Kapitels kurz diskutiert. Wir wollen uns in diesem Abschnitt auf Systeme idealer Gase beschränken und reale Körper erst später behandeln.

Ein Gleichgewichtszustand eines Systems ist eindeutig bestimmt, wenn die drei Größen Volumen V, Druck p und Temperatur T festgelegt sind. Man nennt sie deshalb ***Zustandsgrößen***. In der allgemeinen Zustandsgleichung eines *idealen* Gases mit N Molekülen im Volumen V,

$$p \cdot V = \nu \cdot R \cdot T , \tag{11.47}$$

in der $\nu = N/N_a$ die Zahl der Mole angibt, werden die drei Zustandsgrößen miteinander verknüpft. Auch für *reale* Gase besteht eine analoge Zustandsgleichung (siehe Abschn. 11.4). Bei vorgegebenem Druck p und Volumen V gibt die Temperatur T die innere Energie

$$U = \tfrac{1}{2} \cdot \nu \cdot f \cdot R \cdot T \tag{11.48}$$

des Systems an, dessen Atome oder Moleküle f Freiheitsgrade der Energieaufnahme haben. Für ideale Gase ist $f = 3$.

Verringert man das Volumen V des Systems bei einem Druck p um einen infinitesimalen Anteil (d.h., $\mathrm{d}V < 0$), so wird dem System die Energie

$$\mathrm{d}W = -p \cdot \mathrm{d}V \tag{11.49}$$

zugeführt.

> Wir wollen das Vorzeichen immer so wählen, daß die dem System zugeführte Energie positiv gerechnet wird, weil die Energie des Systems dadurch größer wird, während die vom System nach außen abgegebene Energie ein negatives Vorzeichen erhält, weil die Energie des Systems dadurch abnimmt.

Wird ein Gas bei konstantem Druck erwärmt, so dehnt sich sein Volumen V aus (Abb. 11.34a). Die Größe

$$\gamma_V = \frac{1}{V} \cdot \left(\frac{\partial V}{\partial T}\right)_{p=\text{const}} = \frac{1}{V} \cdot \left(\frac{\partial V}{\partial T}\right)_p , \tag{11.50}$$

welche die relative Volumenausdehnung pro Kelvin Temperaturerhöhung angibt, heißt isobarer Ausdehnungskoeffizient.

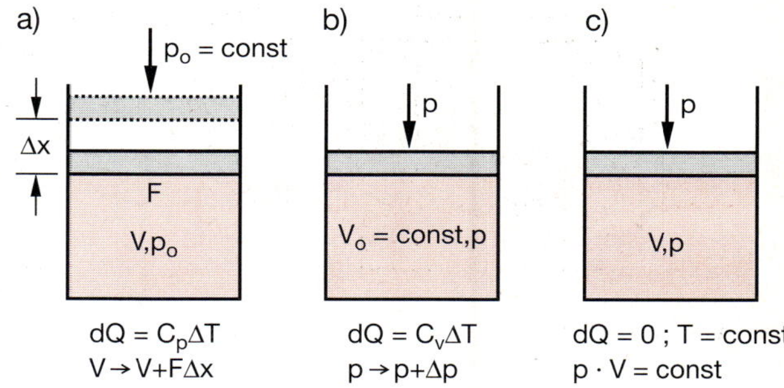

Abb. 11.34. (**a**) Erwärmung bei konstantem Druck (isobar); (**b**) Erwärmung bei konstantem Volumen (isochor); (**c**) keine Wärmezufuhr

Analog definiert man bei einer Erwärmung bei konstantem Volumen (Abb. 11.34b), bei der sich der Druck vergrößert, den isochoren Spannungskoeffizienten

$$\gamma_p = \frac{1}{p} \cdot \left(\frac{\partial p}{\partial T}\right)_{V=\text{const}} = \frac{1}{p} \cdot \left(\frac{\partial p}{\partial T}\right)_V \tag{11.51}$$

als die relative Druckerhöhung bei $\Delta T = 1\,\mathrm{K}$ (siehe Abschn. 11.1.3).

Die isotherme Kompressibilität

$$\kappa = -\frac{1}{V} \cdot \left(\frac{\partial V}{\partial p}\right)_{T=\text{const}} = -\frac{1}{V} \cdot \left(\frac{\partial V}{\partial p}\right)_T \tag{11.52}$$

gibt die relative Volumenänderung pro $\Delta p = 1\,\mathrm{Pa}$ bei konstanter Temperatur an.

Man merke sich:

isotherm:	$T = \text{const}$
isobar:	$p = \text{const}$
isochor:	$V = \text{const}$

Die totale Änderung $\mathrm{d}V$ des Volumens $V(p, T)$ ist bei Änderung von T und p:

$$\begin{aligned}\mathrm{d}V &= \left(\frac{\partial V}{\partial p}\right)_T \mathrm{d}p + \left(\frac{\partial V}{\partial T}\right)_p \mathrm{d}T \\ &= -\kappa \cdot V \cdot \mathrm{d}p + \gamma_V \cdot V \cdot \mathrm{d}T .\end{aligned} \tag{11.53}$$

Bei isochoren Prozessen bleibt das Volumen konstant, d.h. $\mathrm{d}V = 0$. Damit erhält man aus (11.53)

$$\begin{aligned}0 &= -\kappa \cdot V \cdot (\mathrm{d}p)_V + \gamma_V \cdot V \cdot (\mathrm{d}T)_V \\ &\Rightarrow \kappa \cdot \mathrm{d}p = \gamma_V \cdot \mathrm{d}T .\end{aligned} \tag{11.54}$$

Division durch dT liefert wegen $(dp)_V/(dT)_V = (\partial p/\partial T)_V = \gamma_p \cdot p$ die Relation

$$\boxed{\gamma_V = \kappa \cdot \gamma_p \cdot p} \tag{11.55}$$

zwischen isobarem Ausdehnungskoeffizienten γ_V, isothermer Kompressibilität κ, isochorem Spannungskoeffizienten γ_p und Druck p.

11.3.2 Der erste Hauptsatz der Thermodynamik

Die einem System von außen zugeführte Wärmemenge ΔQ kann zum einen die innere Energie U und damit die Temperatur T des Systems erhöhen und zum anderen zur Expansion des Volumens V gegen den Druck p führen, wobei vom System die Arbeit ΔW geleistet wird. Wir erhalten damit die Gleichung des ersten Hauptsatzes

$$\Delta Q = \Delta U - \Delta W \ , \tag{11.56}$$

wobei, wie vereinbart, $\Delta W < 0$ gilt, wenn vom System Arbeit geleistet wird. Der erste Hauptsatz (11.56) ist also ein ***Energieerhaltungssatz***. Man kann ihn in der Form

$$\boxed{\Delta U = \Delta Q + \Delta W}$$

auch so formulieren:

> Die Summe der einem System von außen zugeführten Wärme und der zugeführten Arbeit ist gleich der Zunahme seiner inneren Energie.

Viele „Erfinder“ haben versucht, Maschinen zu konstruieren, die mehr Energie liefern, als man ihnen zuführt. Bei einer solchen Maschine könnte man einen Teil der von ihr gelieferten Energie für ihren eigenen Betrieb verwenden, so daß sie fortwährend laufen könnte und dabei ohne äußere Energiezufuhr Energie abgeben würde (ein Wunschtraum der Menschheit!). Deshalb wird diese hypothetische Maschine auch *Perpetuum mobile* genannt. Da sie dem ersten Hauptsatz widerspricht, heißt sie ***Perpetuum mobile erster Art***. Man kann damit den ersten Hauptsatz auch etwas salopp formulieren als:

> Es gibt kein perputuum mobile erster Art!

> Diese Aussage ist nicht beweisbar. Sie ist, wie der Energiesatz, eine reine Erfahrungstatsache.

Für ideale Gase ist die Arbeit, die das System bei infinitesimaler Expansion um dV gegen den äußeren Druck p leistet, durch

$$dW = -p \cdot dV$$

gegeben. Daraus folgt:

> **Erster Hauptsatz für ein ideales Gas**
>
> $$dU = dQ - p \cdot dV \ . \tag{11.57}$$

Man kann aus (11.57) den Zusammenhang zwischen den Zustandsgrößen p, V, T für spezielle Prozesse entnehmen, bei denen jeweils eine der Größen Q, p, V oder T konstant bleibt. *Man beachte, daß die Größe Q selbst keine Zustandsgröße ist*, weil sich der Zustand eines Systems bei Zufuhr von Wärme zwar ändert, er sich jedoch nicht mit Hilfe von Q eindeutig definieren läßt, da sich entweder U oder V oder beide ändern können. Mathematisch gesprochen heißt das: dQ ist kein *vollständiges Differential*.

11.3.3 Spezielle Prozesse als Beispiele für den ersten Hauptsatz

Wir wollen die folgenden Prozesse alle für ein Mol eines Gases diskutieren, so daß immer $\nu = V/V_M = 1$ gilt.

a) Isochore Prozesse (V = const)

Mit $dV = 0$ folgt aus (11.57):

$$dQ = dU = C_V \cdot dT \ . \tag{11.58}$$

Die von außen zugeführte Wärmemenge dQ wird vollständig zur Erhöhung der inneren Energie $dU = C_V \cdot dT$ verwendet.

Man kann daher die spezifische Wärme bei konstantem Volumen auch definieren als:

$$\boxed{C_V = \left(\frac{\partial U}{\partial T}\right)_V} \ . \tag{11.59}$$

b) Isobare Prozesse ($p = \text{const}$)

Der erste Hauptsatz lautet:

$$dQ = dU + p \cdot dV = C_p \cdot dT \,. \qquad (11.60)$$

Führt man als neue Zustandsgröße die Enthalpie

$$H = U + p \cdot V \qquad (11.61)$$

ein, so läßt sich wegen

$$dH = dU + p \cdot dV + V \cdot dp = dQ + V \cdot dp \qquad (11.62)$$

der erste Hauptsatz bei isobaren Prozessen mit $dp = 0$ in der zu (11.60) analogen Form

$$dH = dU + p \cdot dV = dQ \qquad (11.63)$$

schreiben.

> Bei isobaren Prozessen ist die Enthalpiezunahme dH gleich der zugeführten Wärmemenge dQ.

Für die spezifische Molwärme bei konstantem Druck gilt:

$$\boxed{C_p = \left(\frac{\partial H}{\partial T}\right)_p} \,. \qquad (11.64)$$

Die Zustandsgröße H wird oft verwendet bei Phasenumwandlungen, chemischen Reaktionen oder anderen Prozessen, die bei konstantem Druck ablaufen, bei denen sich jedoch das Volumen ändern kann. Ein weiteres Beispiel ist die Expansion eines Gases aus einem Behälter mit konstantem Druck ins Vakuum, in dem der Druck $p = 0$ aufrechterhalten wird (Überschallstrahl).

c) Isotherme Prozesse ($T = \text{const}$)

Da die innere Energie U eines Mols eines idealen Gases nur von der Temperatur T, nicht aber vom Druck p oder Volumen V abhängt, bleibt bei isothermen Prozessen U konstant, d.h. $dU \equiv 0$!

Aus (11.57) folgt dann:

$$dQ = p \cdot dV \,. \qquad (11.65)$$

Die dem System zugeführte Wärme wird völlig in Arbeit $p \cdot dV$ umgewandelt, die das System nach außen abgibt. Die Zustandsgleichung $p \cdot V = R \cdot T$ wird zum ***Boyle-Mariotteschen Gesetz***

$$p \cdot V = \text{const} \,. \qquad (11.66)$$

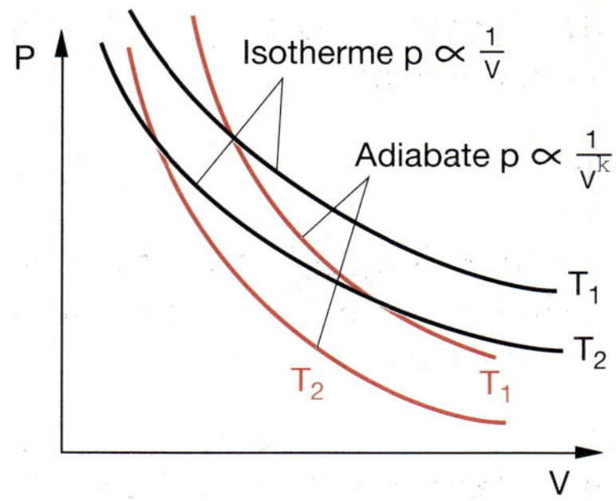

Abb. 11.35. Isothermen und Adiabaten in einem p-V-Diagramm

Man kann den Zustand des Systems graphisch in einem p-V-Diagramm für verschiedene Temperaturen T auftragen und erhält die in Abb. 11.35 gezeigten Hyperbeln

$$V = \frac{R \cdot T}{p} = \frac{\text{const}}{p} \,,$$

welche ***Isothermen*** genannt werden.

Wir wollen uns noch überlegen, wie groß die Arbeitsleistung eines Systems bei isothermer Ausdehnung vom Volumen V_1 auf $V_2 > V_1$ ist. Es gilt:

$$W = -\int_{V_1}^{V_2} p \cdot dV = -R \cdot T \cdot \int_{V_1}^{V_2} \frac{dV}{V}$$
$$= -R \cdot T \cdot \ln \frac{V_2}{V_1} = R \cdot T \cdot \ln \frac{V_1}{V_2} \,. \qquad (11.67)$$

d) Adiabatische Prozesse ($dQ = 0$)

Adiabatische Prozesse liegen vor, wenn das System keine Wärme mit seiner Umgebung austauscht. Sie treten in der Natur häufig auf, wenn Volumen- oder Druckänderungen innerhalb eines begrenzten Volumens so schnell vor sich gehen, daß der während dieser kurzen Zeit stattfindende Wärmeaustausch mit der Umgebung vernachlässigt werden kann. Ein Beispiel ist die Ausbreitung von Schallwellen genügend hoher Frequenz ν durch ein Medium (siehe Abschn. 10.9). Während einer Schwingungsdauer $T = 1/\nu$ findet praktisch kein Wärmeaustausch zwischen Druckmaxima und -minima statt.

Der erste Hauptsatz (11.57) lautet mit (11.59) für adiabatische Vorgänge:

$$\mathrm{d}U = C_V \cdot \mathrm{d}T = -p \cdot \mathrm{d}V \,. \qquad (11.68)$$

Aus der Zustandsgleichung (11.22a) $p \cdot V = R \cdot T$ folgt $p = R \cdot T/V$. Setzt man dies in (11.68) ein, so ergibt sich:

$$C_V \cdot \frac{\mathrm{d}T}{T} = -R \cdot \frac{\mathrm{d}V}{V} \,.$$

Integration liefert:

$$C_V \cdot \ln T = -R \cdot \ln V + \text{const}$$
$$\Rightarrow \ln(T^{C_V} \cdot V^R) = \text{const} \,.$$

Mit $R = C_p - C_V$ und dem Adiabatenindex $\kappa = C_p/C_V$ (vgl. (11.32)) folgt daraus

$$T^{C_V} \cdot V^{(C_p - C_V)} = \text{const} \,. \qquad (11.69\text{a})$$

Zieht man auf beiden Seiten die C_V-te Wurzel, so erhält man diese Gleichung in der Form:

$$\boxed{T \cdot V^{\kappa-1} = \text{const}} \,. \qquad (11.69\text{b})$$

Wegen $T = p \cdot V/R$ läßt sich dies auch schreiben als

$$\boxed{p \cdot V^{\kappa} = \text{const}} \,. \qquad (11.69\text{c})$$

Die Gleichungen (11.69a–c), welche den Zusammenhang zwischen den Zustandsgrößen T, p und V bei adiabatischen Prozessen beschreiben, heißen ***Poissonsche Gleichungen*** oder auch ***Adiabatengleichungen***.

In einem p-V-Diagramm (Abb. 11.35) verlaufen die Adiabatenkurven $p(V) \propto 1/V^{\kappa}$ steiler als die Isothermen $p(V) \propto 1/V$, weil $\kappa = C_p/C_V > 1$ gilt.

Für ein ideales Gas ist $f = 3$ und $\kappa = (f+2)/f = 5/3$; für molekularen Stickstoff ist $f = 5 \Rightarrow \kappa = 7/5$.

BEISPIEL

Beim pneumatischen Feuerzeug wird ein Volumen V, das mit einem Luft-Benzindampf-Gemisch gefüllt ist, durch schnelle Kompression auf $0{,}1 \cdot V$ verkleinert. Dabei steigt gemäß (11.69b) die Temperatur von Zimmertemperatur ($T_1 = 293$ K) auf $T_2 = T_1 \cdot (V_1/V_2)^{\kappa-1} = 10^{\kappa-1} \cdot T$ an. Für Luft ist $\kappa \approx 7/5$, so daß $T_2 = 736\text{K} = 463\ °\text{C}$ wird. Dies liegt oberhalb der Endzündungstemperatur des Luft-Benzin-Gemisches.

11.3.4 Der zweite Hauptsatz der Thermodynamik

Während der erste Hauptsatz als Energieerhaltungssatz aussagt, daß bei Umwandlungen von Wärmeenergie in mechanische Energie oder umgekehrt die Gesamtenergie eines thermodynamischen Systems immer konstant bleibt, wollen wir jetzt die Frage behandeln, welcher Bruchteil der Wärmeenergie eines Systems wirklich in mechanische Energie umgewandelt werden kann. Dies hängt, wie wir sehen werden, mit der Frage zusammen, in welche Richtung ein solcher Umwandlungsprozess von alleine, d.h. ohne äußeres Zutun, abläuft. Alle bisherige Erfahrung hat gezeigt, daß Wärme von selbst immer nur vom wärmeren zum kälteren Körper fließt, nie in umgekehrter Richtung. Ebenso stellt man fest, daß zwar mechanische Arbeit vollständig in Wärme umgewandelt werden kann (z.B. in Reibungswärme), daß aber beim umgekehrten Prozeß nur ein Teil der Wärme in Arbeit umgeformt wird. Dieser durch Erfahrung gewonnene Sachverhalt wird als zweiter Hauptsatz der Thermodynamik bezeichnet. Seine anschauliche Formulierung lautet:

> Wärme fließt von selbst immer nur vom wärmeren zum kälteren Körper, nie umgekehrt.

Wir wollen jetzt die Umwandlung von Wärme in mechanische Arbeit quantitativ untersuchen. Dies soll mit Hilfe thermodynamischer Kreisprozesse geschehen. Dabei werden wir zu einer quantitativen Formulierung des zweiten Hauptsatzes gelangen.

11.3.5 Der Carnotsche Kreisprozeß

Wir bezeichnen Prozesse, bei denen ein thermodynamisches System verschiedene Zustände durchläuft, aber dann wieder zu seinem Ausgangszustand zurückgeführt wird, als ***Kreisprozesse***. Nach Durchlaufen eines Kreisprozesses hat das System also wieder dieselben Zustandsgrößen, obwohl es während des Prozesses durchaus andere Zustände angenommen haben kann. Ein Beispiel wäre die Erwärmung eines Körpers mit nachfolgender Abkühlung auf die Ausgangstemperatur. Kann der Kreisprozeß in beiden Richtungen verlaufen, so nennen wir ihn *reversibel* (Abb. 11.36). Obwohl solche

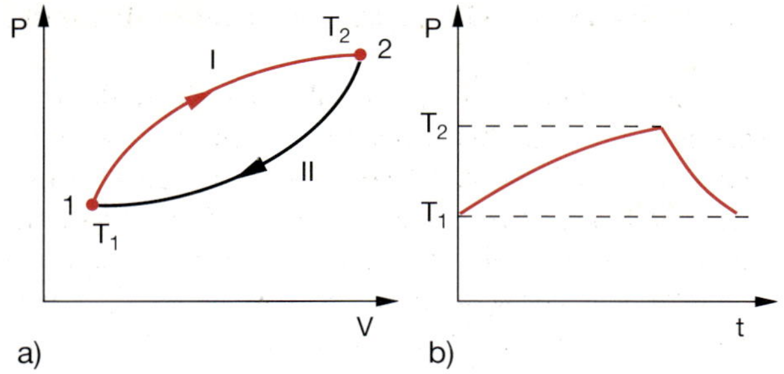

Abb. 11.36a,b. Kreisprozeß eines Systems vom Zustand 1 (T_1, p_1, V_1) über den Zustand 2 (T_2, p_2, V_2) zurück zu 1. (**a**) Dargestellt im p-V-Diagramm; (**b**) Im Temperatur-Zeit-Diagramm

reversiblen Prozesse in der Mikrophysik durchaus vorkommen können (siehe Abschn. 11.3.8), stellen sie in der Makrophysik bei Vielteilchensystemen „Gedankenexperimente" dar, welche als idealisierte Grenzfälle der wirklichen, immer irreversibel verlaufenden Prozesse angesehen werden können.

Das berühmteste Beispiel für einen solchen reversiblen Kreisprozeß wurde 1824 von *Carnot* angegeben. Wir wollen es hier zur Illustration genauer behandeln, weil mit Hilfe des Carnotschen Kreisprozesses eine quantitative Aussage darüber gemacht werden kann, welcher Bruchteil der Wärmeenergie eines Systems maximal in mechanische Arbeit umgewandelt werden kann. Außerdem kann man an diesem Beispiel sehr schön den Unterschied zwischen reversiblen und irreversiblen Prozessen illustrieren.

Der Carnotsche Kreisprozeß ist ein Gedankenexperiment, bei dem man ein thermodynamisches System eines idealen Gases durch Expansion und nachfolgende Kompression zwei isotherme und zwei adiabatische Prozesse durchlaufen läßt, bis es wieder in den Ausgangszustand zurückgebracht wird (Abb. 11.37).

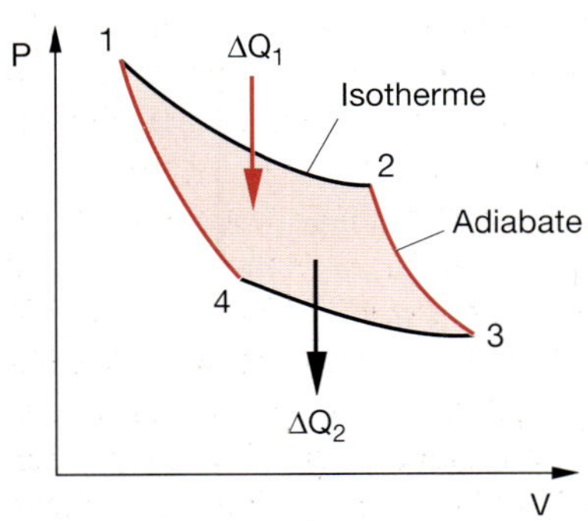

Abb. 11.37. Carnotscher Kreisprozeß

Der Zustand des Systems beim Startpunkt 1 wird durch die Zustandsgrößen (V_1, p_1, T_1) beschrieben. Durch eine isotherme Expansion wird das System in den neuen Zustand (V_2, p_2, T_1) gebracht und gelangt zum Punkt 2 im p-V-Diagramm. Bei dieser Expansion muß dem System eine Wärmemenge ΔQ_1 aus einem Wärmereservoir zugeführt werden, damit seine Temperatur konstant bleibt. Danach erfolgt eine adiabatische Expansion in den Zustand $3 = (V_3, p_3, T_2 < T_1)$. Vom Zustand 3 aus wird das System isotherm komprimiert und gelangt zum Zustand $4 = (V_4, p_4, T_2)$, wobei ihm während der isothermen Kompression eine Wärmemenge ΔQ_2 entzogen werden muß, damit seine Temperatur konstant bleibt. Schließlich wird das System durch eine adiabatische Kompression wieder in den Ausgangszustand $1 = (V_1, p_1, T_1)$ zurückgebracht. Eine solche gedachte, idealisierte Maschine, die einen Carnot-Prozeß durchläuft, heißt *Carnot-Maschine*.

Wir wollen nun die beim Carnot-Prozeß aufgenommenen oder abgegebenen Wärmemengen und mechanischen Energien berechnen.

1. Schritt: Isotherme Expansion vom Zustand 1 zum Zustand 2. Nach dem ersten Hauptsatz gilt wegen $T = \text{const}$:

$$\mathrm{d}Q = p \cdot \mathrm{d}V \ ,$$

d.h., die in das System hineingesteckte Wärmemenge ΔQ_1 ist gleich der Arbeit, die das System bei der Expansion nach außen abgibt. Wegen (11.67) gilt:

$$\begin{aligned} \Delta Q_1 = -\Delta W_{12} &= \int_{V_1}^{V_2} p \, \mathrm{d}V \\ &= R \cdot T_1 \cdot \ln(V_2/V_1) \ . \end{aligned} \tag{11.70a}$$

2. Schritt: Adiabatische Expansion vom Zustand 2 zum Zustand 3. Hier gilt:

$$\mathrm{d}Q = 0 \Rightarrow \mathrm{d}U = -p \, \mathrm{d}V = \Delta W_{23} \ . \tag{11.70b}$$

Die nach außen abgegebene und daher negative Ausdehnungsarbeit ΔW_{23} ist gleich der Abnahme $\Delta U = U(T_2) - U(T_1)$ der inneren Energie.

3. Schritt: Isotherme Kompression vom Zustand 3 zum Zustand 4. Analog zum 1. Schritt ist hier die bei der tieferen Temperatur T_2 abgegebene Wärmemenge ΔQ_2 gleich der am System geleisteten Arbeit:

$$\Delta W_{34} = R \cdot T_2 \cdot \ln(V_3/V_4) = -\Delta Q_2 > 0. \tag{11.70c}$$

4. Schritt: Adiabatische Kompression vom Zustand 4 in den Ausgangszustand 1. Die bei der Kompression in das System gesteckte Arbeit ΔW_{41} ist gleich der Zunahme seiner inneren Energie:

$$\Delta U = U(T_1) - U(T_2) = -p \cdot (V_1 - V_2). \quad (11.70d)$$

Gesamtbilanz. Da die beim 2. Schritt vom System geleistete Arbeit gleich der beim 4. Schritt in das System hineingesteckten Arbeit ist, wird beim Kreisprozeß nur durch die isothermen Schritte ein Nettoarbeitsbetrag vom System abgegeben. Für diese Arbeit erhalten wir:

$$\begin{aligned}\Delta W &= \Delta W_{12} + \Delta W_{34} \\ &= R \cdot T_1 \cdot \ln(V_1/V_2) + R \cdot T_2 \cdot \ln(V_3/V_4)\,.\end{aligned}$$

Da für die adiabatischen Prozesse $2 \to 3$ und $4 \to 1$ gilt:

$$T_1 \cdot V_2^{\kappa-1} = T_2 \cdot V_3^{\kappa-1} \quad \text{und}$$
$$T_1 \cdot V_1^{\kappa-1} = T_2 \cdot V_4^{\kappa-1}\,,$$

folgt durch Division beider Gleichungen:

$$\frac{V_2}{V_1} = \frac{V_3}{V_4} \Rightarrow \ln(V_3/V_4) = -\ln(V_1/V_2)\,.$$

Dies ergibt dann für die Nettoarbeit:

$$\Delta W = R \cdot (T_1 - T_2) \cdot \ln(V_1/V_2)\,. \quad (11.71)$$

Die Maschine hat also die Wärmemenge ΔQ_1 aufgenommen und die Arbeit $\Delta W < 0$ nach außen abgegeben.

Eine solche Maschine, welche Wärmeenergie in mechanische Arbeit umwandelt, heißt ***Wärme-Kraft-Maschine***.

Die Carnot-Maschine hat die Wärmemenge ΔQ_1 dem Reservoir entnommen. Die abgegebene Wärmemenge geht im allgemeinen verloren. Deshalb definiert man als Wirkungsgrad der Maschine die von ihr geleistete Arbeit dividiert durch die von ihr bei der Temperatur T_1 aufgenommene Wärmeenergie ΔQ_1. Dann wird der Wirkungsgrad der Carnot-Maschine

$$\begin{aligned}\eta = \frac{\Delta W}{\Delta Q_1} &= \frac{R(T_1 - T_2) \cdot \ln(V_2/V_1)}{R \cdot T_1 \cdot \ln(V_2/V_1)} \\ &= \frac{T_1 - T_2}{T_1}\end{aligned} \quad (11.72)$$

$$\boxed{\eta = \frac{T_1 - T_2}{T_1}}\,.$$

Dies ist ein bemerkenswertes Ergebnis:

Bei dem Kreisprozeß kann also nicht die gesamte aufgenommene Wärmemenge, sondern nur der Bruchteil $\eta = (T_1 - T_2)/T_1 < 1$ der aufgenommenen Wärmeenergie in Arbeit umgewandelt werden. Der Rest der aufgenommenen Wärmeenergie wird wieder als Wärme ΔQ_2 bei einer tieferen Temperatur T_2 an ein Kühlreservoir abgegeben.

> Der Wirkungsgrad η steigt mit steigenden Temperaturdifferenzen $T_1 - T_2$. Es ist also praktisch günstig, T_1 so groß wie möglich, T_2 so klein wie möglich zu machen.
>
> Wir werden jedoch im Abschn. 11.3.10 sehen, daß es nicht möglich ist, $T_2 = 0$ zu erreichen, d.h. η ist prinzipiell < 1!

Läßt man die Carnot-Maschine in umgekehrter Richtung den Kreisprozeß durchlaufen, so transportiert sie Wärme vom kälteren Reservoir T_2 zum wärmeren, wozu sie die ihr zugeführte Arbeit $\Delta W = R \cdot (T_2 - T_1) \cdot \ln(V_1/V_2)$ braucht. Dies wäre der idealisierte Grenzfall einer Wärmepumpe, die auch als Kältemaschine eingesetzt wird (siehe Abschn. 11.3.11).

Der „Arbeitsstoff" unserer Carnot-Maschine ist ein ideales Gas und bei diesem reversiblen Kreisprozeß wurden alle Energieverluste vernachlässigt. Reale Maschinen haben unvermeidliche Verluste, die durch Reibung der Kolben, innere Reibung des nichtidealen Gases, Wärmeleitung etc. entstehen. Dies wird den Wirkungsgrad der Maschine verringern. Wir wollen jetzt beweisen, daß in der Tat gilt:

> Es gibt keine periodisch arbeitende Maschine, deren Wirkungsgrad höher ist als der der Carnot-Maschine.

BEWEIS

Wir nehmen an, es gäbe eine Wundermaschine WM, die einen höheren Wirkungsgrad als die Carnot-Maschine hat. Wir schalten dann gemäß Abb. 11.38 diese Maschine zusammen mit einer in umgekehrter Richtung laufenden Carnot-Maschine und dimensionieren sie so, daß sie gerade die Arbeitsleistung ΔW liefert, welche die Carnot-Maschine für ihren Be-

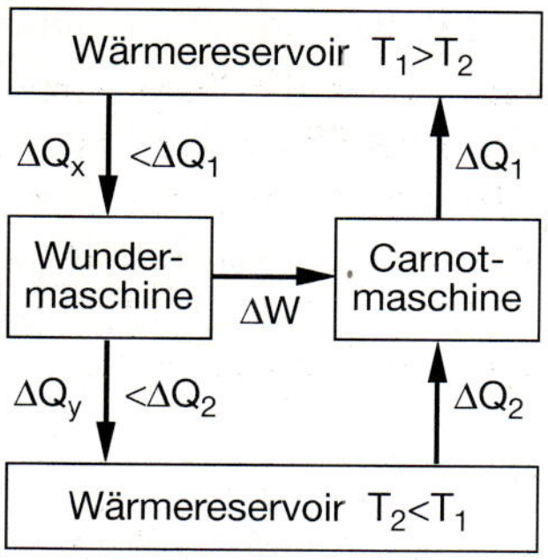

Abb. 11.38. Zum Beweis der Unmöglichkeit eines Perpetuum mobiles zweiter Art

trieb als Wärmepumpe braucht. Die Carnot-Maschine transportiert dann die Wärmemenge

$$|\Delta Q_1| = |\Delta Q_2| + |\Delta W|$$

vom kälteren in das wärmere Reservoir. Da wir angenommen hatten, daß die als Wärme-Kraft-Maschine arbeitende Maschine WM einen höheren Wirkungsgrad haben sollte als die Carnot-Maschine, braucht sie eine geringere Wärmemenge ΔQ aus dem Wärmereservoir bei der höheren Temperatur T_1 als die Carnot-Maschine in dieses Reservoir pumpt. Das kombinierte System transportiert also ohne äußere Energiezufuhr Wärme vom kälteren zum heißeren Körper. Dies widerspricht dem durch alle bisherigen Erfahrungen gestützten zweiten Hauptsatz. Deshalb muß unsere Annahme falsch sein, d.h. es gibt keine Wärmekraftmaschine mit einem höheren Wirkungsgrad als dem der Carnot-Maschine.

11.3.6 Äquivalente Formulierungen des zweiten Hauptsatzes

Wir können aus dieser Überlegung die folgenden Schlüsse ziehen:

- Der Wirkungsgrad $\eta = \Delta W / \Delta Q_1$ jeder Wärmekraftmaschine ist immer kleiner als 1, d.h. Wärme kann nicht vollständig in mechanische Arbeit umgewandelt werden.
- Bei der Carnot-Maschine, die den maximal möglichen Wirkungsgrad

  $$\eta = \frac{T_1 - T_2}{T_1}$$

  hat, wäre $\eta = 1$ nur möglich, wenn $T_2 = 0$ würde. Wir werden aber sehen, daß dies durch den dritten Hauptsatz ausgeschlossen wird.

Der zweite Hauptsatz, der ebenso wie der erste Hauptsatz eine Erfahrungstatsache beschreibt und nicht ohne zusätzliche Annahmen bewiesen werden kann, läßt sich nun durch die folgenden äquivalenten Aussagen formulieren:

- Wärme fließt *von selbst* immer nur vom heißeren zum kälteren Körper, nie in umgekehrter Richtung.
- Es gibt keine periodisch wirkende Maschine, die ohne äußere Energiezufuhr ein Wärmereservoir abkühlt und die dabei gewonnene Wärmeenergie vollständig in mechanische Energie umwandelt. Eine solche Maschine heißt ***Perpetuum mobile zweiter Art***. Man kann damit den zweiten Hauptsatz in Analogie zum ersten Hauptsatz auch so formulieren:
- Es gibt kein Perpetuum mobile zweiter Art.

BEISPIEL

Ein Perpetuum mobile zweiter Art wäre z.B. ein Schiff, dessen Maschinen ihre Energie aus dem Wärmeinhalt des Meeres entnehmen würden und damit ohne zusätzliche Energiezufuhr das Schiff antreiben könnten.

> Nach dem ersten Hauptsatz wäre ein Perpetuum mobile zweiter Art nicht ausgeschlossen, da es nicht dem Energiesatz widerspricht. Deshalb gibt es auch immer noch zahlreiche „Erfinder", welche (manchmal recht geistreiche) Vorschläge zur Konstruktion einer solchen Maschine machen. Das Patentamt lehnt sie allerdings allesamt ab!

Mit Hilfe des Carnot-Prozesses läßt sich ein Meßverfahren für die thermodynamische Temperatur T (Kelvin-Temperatur) angeben, das z.B. bei sehr tiefen Temperaturen, bei denen Gasthermometer nicht mehr verwendbar sind (weil alle Gase kondensiert sind) eine wichtige Methode darstellt. Aus (11.70) folgt für die beim Carnot-Prozeß aufgenommenen bzw. abgegebenen Wärmemengen ΔQ_1 bzw. ΔQ_2:

$$\frac{\Delta Q_1}{|\Delta Q_2|} = \frac{T_1}{T_2} \; .$$

Die Temperaturen zweier Wärmereservoire lassen sich daher vergleichen, wenn man die beim Carnot-

Prozeß übertragenen Wärmemengen mißt. Wird z.B. eins der Wärmebäder bei der Temperatur $T_1 = 273{,}16\,\mathrm{K}$ des Tripelpunktes von Wasser gehalten, so folgt für T_2:

$$T_2 = 273{,}16 \cdot \frac{|\Delta Q_2|}{\Delta Q_1} = 273{,}16 \cdot (1 - \eta)\ .$$

Wird z.B. das bei der Temperatur T_1 konstant gehaltene Wärmebad elektrisch geheizt, so läßt sich ΔQ_1 bestimmen. Der Wirkungsgrad η läßt sich als Verhältnis von geleisteter Arbeit ΔW zur elektrisch gemessenen Wärmemenge ΔQ_1 messen.

11.3.7 Die Entropie

Man kann dem zweiten Hauptsatz durch Einführung einer neuen Zustandsgröße, der Entropie, eine elegante mathematische Formulierung geben. Führt man einem System bei einem infinitesimal kleinen Abschnitt eines reversiblen Prozesses bei der Temperatur T die Wärmemenge $\mathrm{d}Q$ zu, so nennen wir den Quotienten $\mathrm{d}Q/T$ die ***reduzierte Wärmemenge***. Beim Carnotschen Kreisprozeß können wir das System auf zwei verschiedenen Wegen vom Punkt 1 zum Punkt 3 im p-V-Diagramm bringen, nämlich über den Punkt 2 bzw. über 4 (Abb. 11.37). Nur bei den isothermen Teilstücken wird Wärme vom System aufgenommen. Die beiden reduzierten Wärmemengen $\Delta Q_1/T_1 = \Delta Q_2/T_2$ sind auf beiden Wegen gleich, wie man aus (11.70a,c) sofort sieht. Die beim gesamten Kreisprozeß $1 \to 2 \to 3 \to 4 \to 1$ aufgenommenen reduzierten Wärmemengen hängen nicht vom Weg ab, sondern nur vom Anfangs- und Endpunkt im p-V-Zustandsdiagramm. Dies gilt nicht nur für den speziellen Fall des Carnotschen Kreisprozeß. Man definiert die auf einem Teilstück eines (reversiblen) Kreisprozesses aufgenommene bzw. abgegebene reduzierte Wärmemenge

$$\mathrm{d}S = \frac{\mathrm{d}Q_{\mathrm{rev}}}{T} \tag{11.73}$$

als Änderung $\mathrm{d}S$ einer Größe S, die wir ***Entropie*** des Systems nennen. Da $\mathrm{d}S$ unabhängig vom Wege im Zustandsdiagramm ist und nur vom Anfangs- und Endpunkt abhängt, ist die Entropie S eine Zustandsgröße, die, zusammen mit Temperatur T, Druck p und Volumen V, den Zustand eines Systems beschreibt.

Beim Carnotschen Kreisprozeß ändern sich die reduzierten Wärmemengen nur bei den isothermen Teilstücken, für die gemäß (11.70a) die Entropieänderung

$$\Delta S = \frac{\Delta Q}{T} = \pm R \cdot \ln \frac{V_2}{V_1} \tag{11.74}$$

ist. Für den gesamten reversiblen Kreisprozeß ist

$$\frac{\Delta Q_1}{T_1} = -\frac{\Delta Q_2}{T_2}$$

und daher

$$\Delta S = 0\ .$$

> Bei einem reversiblen Kreisprozeß bleibt die Entropie konstant.

Mit Hilfe des ersten Hauptsatzes (11.57) läßt sich die Entropieänderung bei reversiblen Zustandsänderungen eines idealen Gases berechnen. Aus (11.57) folgt:

$$\mathrm{d}S = \frac{\mathrm{d}Q_{\mathrm{rev}}}{T} = \frac{\mathrm{d}U + p\,\mathrm{d}V}{T}\ . \tag{11.75}$$

Für 1 mol des Gases ist $\mathrm{d}U = C_V \mathrm{d}T$ und $p \cdot V = R \cdot T$. Deshalb wird aus (11.75)

$$\mathrm{d}S = C_V \frac{\mathrm{d}T}{T} + R \cdot \frac{\mathrm{d}V}{V}\ . \tag{11.76}$$

Integriert man über einen Temperaturbereich, in dem die molare Wärmekapazität C_V als konstant angesehen werden kann, so erhält man für die Entropieänderung eines Moles bei Temperatur- und Volumenänderung (isobare Prozesse):

$$\Delta S_{\mathrm{isobar}} = C_V \ln \frac{T_2}{T_1} + R \cdot \ln \frac{V_2}{V_1}\ . \tag{11.77}$$

Ebenso erhält man bei Druckänderungen für isochore Prozesse ($\Delta V = 0$) mit $C_V = C_p - R$ und $p_1/T_1 = p_2/T_2$:

$$\Delta S_{\mathrm{isochor}} = C_p \ln \frac{T_2}{T_1} - R \cdot \ln \frac{p_2}{p_1}\ . \tag{11.78}$$

Wir wollen nun anhand von zwei Beispielen zeigen, daß bei irreversiblen Prozessen in abgeschlossenen Systemen die Entropie zunimmt: $\Delta S_{\mathrm{irrev.}} > 0$.

Als erstes Beispiel betrachten wir in Abb. 11.39 zwei ansonsten gleiche Körper, die durch Wärme-

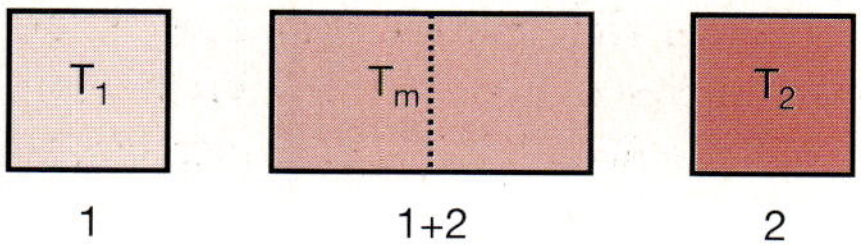

Abb. 11.39. Zunahme der Entropie beim Temperaturausgleich zwischen zwei gleichen Körpern, die ursprünglich auf verschiedenen Temperaturen T_1, T_2 waren

zufuhr auf unterschiedliche Temperaturen T_1 und $T_2 < T_1$ gebracht wurden. Ihre Wärmeenergie ist dann $Q_1 = mcT_1$ bzw. $Q_2 = mcT_2$. Werden sie in thermischen Kontakt gebracht, so fließt Wärmeenergie von 1 nach 2 so lange, bis sich die Temperaturen ausgeglichen haben und die Mischtemperatur T_m erreicht ist. Wenn sonst keine Wärmeenergie verloren geht, ist T_m wegen $\Delta Q_1 = mc(T_\mathrm{m} - T_1) = -\Delta Q_2 = mc(T_2 - T_\mathrm{m})$:

$$T_\mathrm{m} = \frac{T_1 + T_2}{2} \,. \tag{11.79}$$

Die Änderung der Entropie S_1 des Körpers 1 ist

$$\begin{aligned} \Delta S_1 &= \int_{T_1}^{T_\mathrm{m}} \frac{\mathrm{d}Q}{T} = mc \int_{T_1}^{T_\mathrm{m}} \frac{\mathrm{d}T}{T} \\ &= mc \ln(T_\mathrm{m}/T_1) \,. \end{aligned}$$

Da $T_\mathrm{m} < T_1$ ist, folgt: $\Delta S_1 < 0$.

Die Änderung von S_2 ist entsprechend:

$$\Delta S_2 = mc \ln(T_\mathrm{m}/T_2) \,,$$

wobei $\Delta S_2 > 0$ ist, so daß die gesamte Änderung der Entropie des Systems

$$\Delta S = \Delta S_1 + \Delta S_2 = mc \ln \frac{T_\mathrm{m}^2}{T_1 \cdot T_2} \,. \tag{11.80}$$

Da $T_\mathrm{m} = (T_1 + T_2)/2$ ist, wird $T_\mathrm{m}^2/(T_1 T_2) > 1$ und damit $\Delta S > 0$.

Die Entropie des Systems nimmt also bei diesem irreversiblen Vorgang zu. Der Vorgang ist irreversibel, weil nach dem zweiten Hauptsatz vom Mischzustand aus der Körper 1 nicht wieder erwärmt werden kann auf Kosten der Abkühlung von 2, ohne daß dies von außen erzwungen würde.

Unser zweites Beispiel, das uns auch eine physikalische Interpretation der Entropie gibt, betrifft die Diffusion eines idealen Gases aus einem kleinen Volumen V_1 durch ein Loch in das größere Volumen V_2 (Abb. 11.40). Das Gas sei anfangs

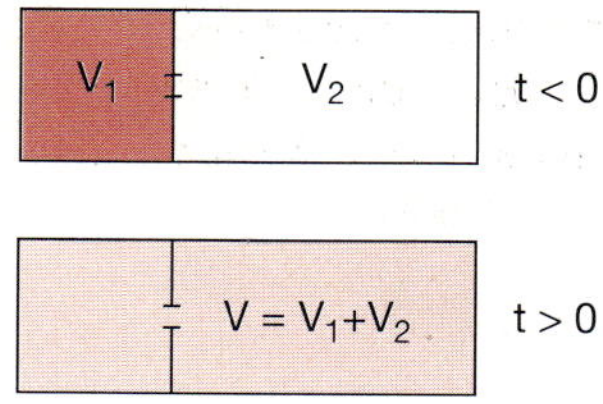

Abb. 11.40. Diffusion von Molekülen aus einem Teilvolumen V_1 nach Öffnen des Loches L in einer Trennwand zur Zeit $t = 0$. Nach genügend langer Zeit $t > 0$ füllen die Moleküle das ganze Volumen V aus

($t < 0$) im Volumen V_1 eingegrenzt. Zur Zeit $t = 0$ wird ein Loch in der Trennwand geöffnet, so daß die Moleküle nach einer gewissen Zeit $t > 0$ das ganze Volumen $V = V_1 + V_2 \gg V_1$ gleichmäßig ausfüllen.

Das Gas behält dabei seine anfängliche Temperatur (*Gay-Lussac-Versuch*), d.h., die Diffusion ist ein isothermer Vorgang.

Er ist nicht reversibel, weil es sehr unwahrscheinlich ist (siehe unten), daß alle Moleküle wieder durch die enge Öffnung in das Volumen V_1 zurückkehren. Man kann jedoch die Entropieänderung mit Hilfe eines reversiblen Ersatzprozesses berechnen, nämlich der isothermen Expansion mit gleichem Anfangs- und Endzustand wie bei dem Diffusionsvorgang. Da die reduzierten Wärmemengen $\Delta Q/T$ nicht vom Wege abhängen, sondern nur vom Anfangs- und Endzustand, muß die Entropieänderung, die nach (11.74) für die isotherme Expansion

$$\Delta S = R \cdot \ln(V/V_1) \tag{11.81}$$

ist, auch für die isotherme Diffusion gleich sein. Man kann dies auch daran sehen, daß man die Diffusion in Gedanken in zwei Teilschritte zerlegen kann (Abb. 11.41): Das Gas treibt wie beim Carnot-Prozeß

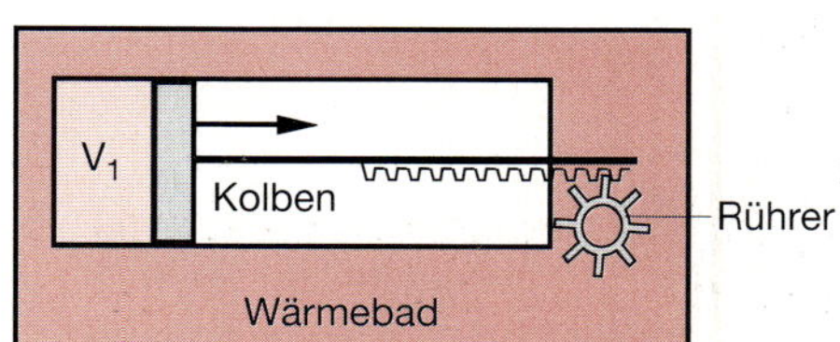

Abb. 11.41. Zerlegung des Diffusionsprozesses in Abb. 11.40 in zwei Teilschritte: Isotherme Expansion und Umwandlung der dabei geleisteten Arbeit in Wärme des Wärmebades

bei der isothermen Expansion einen Kolben an und entzieht einem Wärmereservoir dabei die Wärmemenge ΔQ_1. Die bei der Expansion geleistete Arbeit $\Delta W = \Delta Q_1$ wird benutzt, um ein Rührwerk anzutreiben, welches dem Wärmebad durch Reibung die Wärmemenge ΔQ_1 wieder zuführt.

Da in (11.81) $V > V_1$, muß $\Delta S > 0$ sein.

Mit Hilfe dieses Diffusionsexperimentes kann eine statistische Deutung der Entropie gegeben werden.

Wir betrachten dazu 1 Molekül im Volumen V_1. Bevor das Loch in der Trennwand geöffnet wird, ist die Wahrscheinlichkeit, dieses Molekül im Volumen V_1 zu finden, $W = 1$, weil es ja mit Sicherheit in V_1 sein muß.

Nach Öffnen des Lochs ist die Wahrscheinlichkeit, das Molekül in V_1 zu finden, auf $W_1 = V_1/(V_1 + V_2)$ gesunken. Bei zwei Molekülen ist die Wahrscheinlichkeit, beide Moleküle in V_1 zu finden, das Produkt der Einzelwahrscheinlichkeiten, so daß wir für N Moleküle erhalten:

$$W_N = \left(\frac{V_1}{V}\right)^N \quad \text{mit } V = V_1 + V_2 \,. \tag{11.82}$$

Für 1 mol ist $N = N_a = R/k$, wobei R die Gaskonstante und k die Boltzmann-Konstante ist. Für das Verhältnis der Wahrscheinlichkeiten, N_a Moleküle alle im Teilvolumen V_1 bzw. im gesamten Volumen V zu finden, ergibt sich damit

$$W_{N_a} = \left(\frac{V_1}{V}\right)^{R/k} \,. \tag{11.83}$$

BEISPIEL

Sei $V_1 = \frac{1}{2}V$, $N_a = 6 \cdot 10^{23}\,\text{mol}^{-1}$. Dann ist die Wahrscheinlichkeit dafür, daß alle Moleküle eines Mols gleichzeitig in einer Hälfte des Volumens sind:

$$W = 2^{-6\cdot 10^{23}} \approx 10^{-1{,}8\cdot 10^{23}} \,,$$

also praktisch gleich Null (Abb. 11.42)!

Wegen der großen Exponenten ist es günstiger, den Logarithmus der Wahrscheinlichkeit anzugeben.

Aus (11.83) folgt:

$$k \cdot \ln W = R \cdot \ln\left(\frac{V_1}{V}\right) \,. \tag{11.84}$$

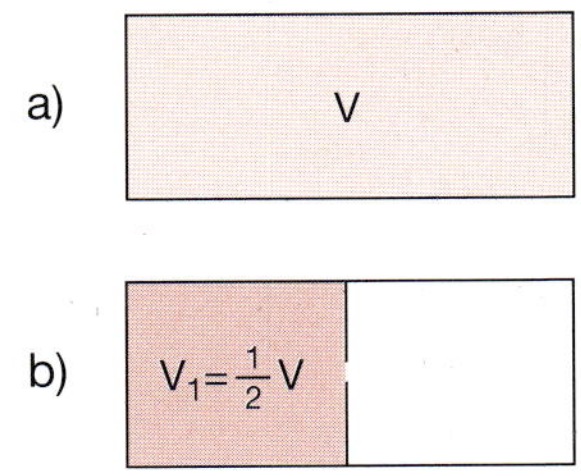

Abb. 11.42. Die Wahrscheinlichkeit, daß alle N Moleküle gleichzeitig im Volumen $V_1 = \frac{1}{2}V$ sind, ist $W = (\frac{1}{2})^N$

Nun ist aber gemäß (11.81) die rechte Seite von (11.84) gleich der Änderung der Entropie S. Wir erhalten deshalb das Ergebnis:

$$\begin{aligned} \Delta S &= k \cdot \ln W = k \cdot (\ln W(V_1) - \ln W(V)) \\ &= S(V_1) - S(V) \end{aligned} \tag{11.85}$$

und sehen daraus, daß die Entropiedifferenz

$$\Delta S = k \cdot [\ln(W_{\text{nachher}}) - \ln(W_{\text{vorher}})] \tag{11.85a}$$

ein Maß für die Wahrscheinlichkeit ist, mit der ein thermodynamischer Zustand in einen anderen übergeht.

Man kann dies auch so ausdrücken:

> Die Entropie ist proportional zur Zahl der Realisierungsmöglichkeiten eines thermodynamischen Zustandes.

Als drittes Beispiel wollen wir die Entropiezunahme bei der Mischung zweier verschiedener Molekülsorten X und Y untersuchen: Zu Anfang sollen alle N_x-Moleküle im Volumen V_1 und alle N_y-Moleküle in V_2 sein. In beiden Volumina sollen gleicher Druck p und gleiche Temperatur T vorliegen, so daß $N_x/V_1 = N_y/V_2$ gilt. Lassen wir jetzt die Moleküle durch ein Loch in der Trennwand diffundieren, so ist dies ein irreversibler Vorgang und die Entropie steigt an, weil sich sowohl die N_x- als auch die N_y-Moleküle auf das größere Volumen $V = V_1 + V_2$ verteilen können, d.h. die Zahl der Realisierungsmöglichkeiten dieses Zustandes ist größer als im getrennten Anfangszustand. Die Änderung der Entropie für die N_x-Teilchen ist:

$$\begin{aligned} \Delta S_x &= k \cdot \ln\left(\frac{V}{V_1}\right)^{N_x} = k \cdot N_x \ln\frac{V}{V_1} \\ &= k \cdot N_x \ln\frac{N_x + N_y}{N_x} \end{aligned}$$

und für die N_y-Teilchen der Sorte y:

$$\Delta S_y = k \cdot N_y \ln \frac{N_x + N_y}{N_y} \ ,$$

so daß für die gesamte Entropiezunahme, die auch Mischungsentropie ΔS_m heißt, gilt:

$$\begin{aligned} \Delta S_m &= \Delta S_x + \Delta S_y \\ &= k \left[N_x \ln \frac{N_x + N_y}{N_x} + N_y \ln \frac{N_x + N_y}{N_y} \right] . \end{aligned} \quad (11.86)$$

Man sieht aus diesen Beispielen, daß immer nur Entropiedifferenzen definiert werden. Die Entropie $S(T, p, V)$ eines thermodynamischen Zustandes ist bisher nur bis auf eine additive Konstante S_0 festgelegt

$$S = S_0 + \Delta S \ . \quad (11.87)$$

Wir wollen den Wert von S_0 im Abschnitt 11.3.10 diskutieren.

11.3.8 Reversible und irreversible Prozesse

Bei einem vollkommen elastischen Stoß zwischen zwei Teilchen sind Energie und Impuls des Systems vor und nach dem Stoß gleich (siehe Abschn. 4.2). Würde man einen solchen Stoßvorgang filmen, so könnte man den Film rückwärts laufen lassen (d.h. die Zeitrichtung umkehren), ohne daß dies dem Zuschauer auffallen würde (Abb. 11.43). Der inverse Stoßvorgang in

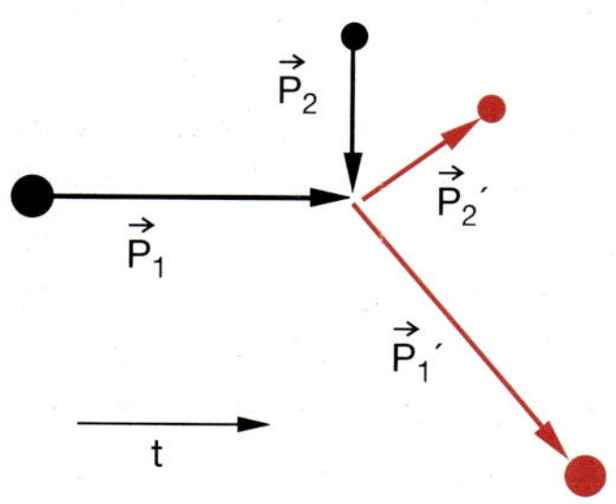

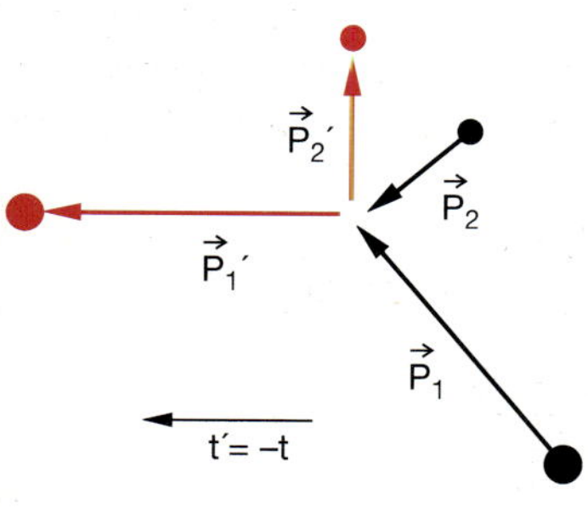

Abb. 11.43. Reversibler Stoßprozeß. Bei Zeitumkehr des Stoßvorganges kehren sich alle Impulsvektorpfeile um

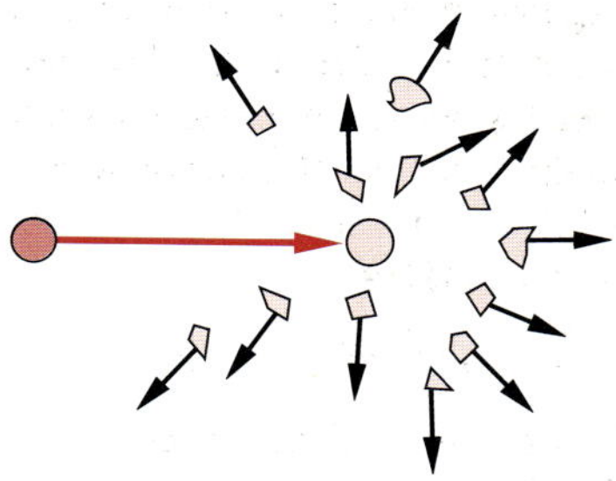

Abb. 11.44. Stoß einer Stahlkugel mit einer Hohlkugel aus Glas, die in viele Bruchstücke zerplatzt, als Beispiel für einen irreversiblen Prozeß

Abb. 11.43b hat die gleiche Wahrscheinlichkeit wie der ursprüngliche Vorgang, d.h., der Stoßprozeß ist vollkommen reversibel. Man sagt auch: Er ist zeitinvariant, d.h., man kann t durch $-t$ ersetzen, ohne physikalische Gesetze zu verletzen.

Im Gegensatz dazu ist der Stoßprozeß in Abb. 11.44, bei dem ein Geschoß auf eine Glaskugel trifft, die dann in viele Einzelbruchstücke zerplatzt, ein irreversibler Vorgang. Es ist sehr unwahrscheinlich, daß der Umkehrprozeß (bei dem alle Splitter wieder zusammentreffen und daraus die Glaskugel bilden, welche dann das Geschoß aussendet), wirklich eintritt. Auch bei diesem Prozeß kann man natürlich argumentieren, daß Geschoß und Glaskugel aus Atomen bestehen, von denen jedes Atom an einem Stoßprozeß teilnimmt, der reversibel ist. Warum ist dann der makroskopische Prozeß irreversibel?

Diese Frage hängt wieder mit der Zahl der Realisierungsmöglichkeiten vor und nach dem Stoß zusammen, und damit mit der Entropie. Während vor dem Stoß die Glaskugel in Ruhe war und das Geschoß einen wohldefinierten Impuls hatte, gibt es für die Glassplitter sehr viele Möglichkeiten der Verteilung ihrer Impulse, die alle Energie- und Impulssatz erfüllen. Die bei einem Versuch beobachtete Verteilung ist nur *eine* von sehr vielen möglichen Verteilungen. Beim nächsten Versuch unter gleichen Anfangsbedingungen wird wahrscheinlich eine andere Verteilung auftreten. Die Entropie nimmt bei einem solchen Prozeß zu. Dies ist die Signatur eines irreversiblen Prozesses.

Wir können daher einen irreversiblen Vorgang folgendermaßen definieren:

- Eine Zustandsänderung eines abgeschlossenen Systems ist irreversibel, wenn ihre Umkehr zum Ausgangszustand nicht von alleine, sondern nur unter äußerer Einwirkung möglich ist.

- Eine Zustandsänderung heißt irreversibel, wenn sich die Entropie des abgeschlossenen Systems dabei vergrößert.

Man beachte, daß diese Aussagen nur für *geschlossene Systeme* gelten, die keinerlei Wechselwirkungen mit ihrer Umgebung haben.

Für ein makroskopisches Teilsystem kann die Entropie durchaus abnehmen auf Kosten der Entropiezunahme der anderen Teilsysteme.

Beispiele sind

- die Kristallbildung aus der Schmelze, wo aus einem ungeordneten Zustand (der Flüssigkeit) ein geordneter Zustand (der Einkristall) entsteht, oder
- alle Lebewesen, die geordnete Zellstrukturen aufbauen auf Kosten der Entropiezunahme ihrer Umgebung.

In all diesen Fällen nimmt die Entropie des Gesamtsystems immer zu.

Geordnete Strukturen können sich also „von selbst" nur bilden in *offenen Systemen*, fern vom thermodynamischen Gleichgewicht. Dieses Ungleichgewicht zwischen dem offenen System und seiner Umgebung ermöglicht die Aufnahme von Energie und die Erniedrigung der Entropie des offenen Systems [11.3].

Bei allen makroskopischen *abgeschlossenen* Systemen kommen streng genommen keine reversiblen Zustandsänderungen vor, weil immer ein (wenn auch kleiner) Teil der Bewegungsenergie durch unvermeidliche Reibung in Wärme umgewandelt wird. Ein Beispiel ist ein schwingendes Pendel. Auf Grund der Reibung wird die Amplitude der Pendelschwingung abnehmen, d.h. eine Schwingung nach rechts wird nicht exakt umgekehrt in die Schwingung nach links.

Es ist interessant, daß die Richtung der Zeit mit der Entropiezunahme $\mathrm{d}S/\mathrm{d}t$ verknüpft ist, durch die ein Zeitpfeil vorgegeben ist und uns ermöglicht, zwischen Vergangenheit und Zukunft zu unterscheiden [11.10]. Bei völlig reversiblen Prozessen würde eine Zeitumkehr nichts an physikalischen Phänomenen ändern.

11.3.9 Thermodynamische Potentiale

Die Hauptsätze enthalten die wesentlichen Aussagen der Thermodynamik. Um sie auf spezielle Probleme anzuwenden, ist es zweckmäßig, eine neue Zustandsgröße, die ***freie Energie*** F einzuführen:

$$F \stackrel{\text{Def}}{=} U - T \cdot S\,. \tag{11.88}$$

Mit Hilfe der Entropie S können wir den ersten Hauptsatz (11.56)

$$\mathrm{d}U = \mathrm{d}Q_{\text{irr!}} + \mathrm{d}W$$

umformen. Setzt man $\mathrm{d}Q_{\text{rev}} = T\,\mathrm{d}S$, $\mathrm{d}Q_{\text{irr}} < T\,\mathrm{d}S$ und $\mathrm{d}F = \mathrm{d}U - T\,\mathrm{d}S - S\,\mathrm{d}T$ in (11.56) ein, so erhält man:

$$\mathrm{d}F \leqq \mathrm{d}W - S\,\mathrm{d}T\,, \tag{11.89}$$

wobei das Gleichheitszeichen für reversible, das $<$-Zeichen für irreversible Prozesse gilt.

Für isotherme Prozesse ist $\mathrm{d}T = 0$, so daß sich dann (11.89) reduziert zu

$$\boxed{\mathrm{d}F \le \mathrm{d}W \Rightarrow -\mathrm{d}W \le -\mathrm{d}F}\,. \tag{11.90}$$

Das bedeutet:

- Die Zunahme der freien Energie eines isothermen Systems ist höchstens gleich der in das System hineingesteckten Arbeit.
- Die maximale Arbeitsenergie, die ein isothermes System nach außen abgeben kann, ist gleich der Abnahme seiner freien Energie.

Die Differenz

$$U - F = TS$$

heißt auch gebundene Energie. Aus

$$\mathrm{d}U = \mathrm{d}Q + \mathrm{d}W$$
$$\mathrm{d}F \le \mathrm{d}W$$

folgt durch Subtraktion:

$$\mathrm{d}(U - F) \ge \mathrm{d}Q\,.$$

Bei reversiblen isothermen Prozessen wird die *gebundene Energie* $U - F$ in Wärme umgewandelt.

Der zweite Hauptsatz heißt dann:

> Die Änderung der gebundenen Energie $U - F$ bei isothermen Prozessen ist mindestens gleich der zugeführten Wärmemenge, die Zunahme der freien Energie höchstens gleich der am System geleisteten Arbeit.

Geht der isotherme Prozeß ohne Volumenänderung, d.h. ohne Arbeitsleistung vor sich, so folgt aus

$$dF \leq dW = 0 , \tag{11.90a}$$

daß die freie Energie abnimmt.

> Ein von selbst eintretender isothermer Vorgang ohne Arbeitsleistung erfolgt immer in der Richtung, daß die freie Energie abnimmt. Die Entropie nimmt dann wegen $T \cdot S = U - F$ und $U = \text{const}$ zu!

Da die meisten in der Natur vorkommenden Prozesse irreversibel verlaufen, nimmt die freie Energie des Weltalls und damit seine Fähigkeit, Arbeit zu verrichten, dauernd ab. Man kann auch sagen, daß alle irreversiblen Vorgänge stets in Richtung auf einen Ausgleich bestehender Temperaturdifferenzen ablaufen, da dann die Entropie zunimmt (siehe Beispiel im vorigen Abschnitt). Pessimisten sagen: Die Welt strebt ihrem Wärmetod entgegen, d.h. einem Zustand, bei dem in der ganzen Welt überall gleiche Temperaturen, Dichten und gleiche Zusammensetzung der Materie herrscht. Ist dieser Zustand erreicht, so kann keine Entwicklung mehr stattfinden und kein Leben existieren, da z.B. alle Organismen ihre für die Lebensvorgänge notwendigen Energien aus den Temperaturdifferenzen der Umwelt bestreiten. Bis dahin wird es aber noch eine Weile dauern. Allerdings ist umstritten, ob man das Weltall überhaupt als abgeschlossenes System auffassen kann.

Als letzte Größe wollen wir noch die freie Enthalpie G (auch ***Gibbssches Potential*** genannt) einführen durch die Definition:

$$G = U + pV - TS = H - TS . \tag{11.91}$$

Für das totale Differential von G gilt dann:

$$dG = dU + p\,dV + V\,dp - T\,dS - S\,dT , \tag{11.92a}$$

Aus dem ersten Hauptsatz

$$dU + p\,dV = T\,dS$$

folgt dann:

$$dG = V\,dp - S\,dT . \tag{11.92b}$$

Thermodynamische Prozesse verlaufen von selbst nur in derjenigen Richtung, in der die thermodynamischen Potentiale minimal werden: Die Unterschiede der Potentiale am Anfang und Ende eines Prozesses stellen die „Kraft“ dar, welche den Prozeß antreibt:

- Für isochor-isotherme Prozesse ($V = \text{const}, T = \text{const}$) wird die freie Energie F ein Minimum.
- Für isobar-isotherme Prozesse ($p = \text{const}, T = \text{const}$) wird die freie Enthalpie G minimal.
- Unter adiabatisch-isobaren Bedingungen ($P = \text{const}, dQ = 0$) wird die Enthalpie H minimal.

Das Gibbssche Potential G spielt eine große Rolle bei chemischen Reaktionen, die ja meistens bei konstantem Druck, konstantem Volumen und konstanter Temperatur ablaufen. Es heißt deshalb auch ***chemisches Potential***. Das chemische Potential von 1 mol einer Substanz wird mit μ bezeichnet. Bei chemischen Reaktionen liegen im allgemeinen mehrere Komponenten vor, die miteinander reagieren. Sind von der i-ten Komponente ν_i Mole vorhanden, so ist die gesamte freie Enthalpie aller Komponenten vor der Reaktion: $G = \sum \nu_i \mu_i$, wenn μ_i das Gibbsche Potential für 1 mol der Komponente i ist.

Durch die Mischung der Komponenten erhöht sich jedoch die Entropie des Systems um die Mischungsentropie (siehe (11.86))

$$\Delta S_\mathrm{m} = -R \cdot \sum_i \nu_i \ln x_i , \tag{11.93}$$

wobei $x_i = \nu_i / \sum \nu_i$ der Molenbruchteil der i-ten Komponente ist.

$$-T\Delta S_\mathrm{m} = RT \sum_i \nu_i \ln x_i .$$

Ändert sich bei der Reaktion die Molzahl ν_i der i-ten Komponente um $\Delta\nu_i$, so ändert sich die freie Enthalpie nach (11.92b) mit $dp = dT = 0$ um

$$\begin{aligned} \Delta G &= \sum \Delta\nu_i \mu_i + T \cdot \Delta S_\mathrm{m} \\ &= \sum \Delta\nu_i \mu_i \\ &\quad + RT \cdot \sum (\nu_i + \Delta\nu_i) \ln x_\mathrm{i}' , \end{aligned} \tag{11.94a}$$

mit $x_i' = (\nu_i + \Delta\nu_i) / \sum(\nu_i + \Delta\nu_i)$.

Gleichgewicht wird erreicht, wenn G minimal wird, also ΔG den größten negativen Wert annimmt.

Ändert sich die Gesamtzahl der Mole bei der Reaktion, bei der der Bruchteil ξ_i der Substanz i reagiert, nicht, so kann man mit der chemischen ***Gleichgewichtskonstanten***

$$K = \exp\left[\sum \nu_i \cdot \mu_i / RT\right]$$

die Änderung der freien Enthalpie schreiben als

$$\Delta G = RT\left[\ln K + \sum \xi_i \ln \nu_i\right] . \qquad (11.94b)$$

Wenn alle Komponenten in der Menge von 1 Mol vorliegen, so vereinfacht sich (11.94b) zu

$$\Delta G(1\text{mol}) = RT \ln K . \qquad (11.94c)$$

Die Gleichgewichtskonstante K einer chemischen Reaktion ist also direkt mit der Änderung ΔG des Gibbschen Potentials verknüpft.

Der Vorteil der Einführung thermodynamischer Potentiale besteht darin, daß man alle Zustandsgrößen als partielle Ableitungen der Potentiale schreiben kann. So folgt aus (11.92b) und $F = -p\,\mathrm{d}V - S\,\mathrm{d}T$:

Thermodynamische Potentiale

$$S = -\left(\frac{\partial G}{\partial T}\right)_p = -\left(\frac{\partial F}{\partial T}\right)_V \qquad (11.95a)$$

und für den Druck

$$p = -\left(\frac{\partial F}{\partial V}\right)_T = -\left(\frac{\partial U}{\partial V}\right)_S , \qquad (11.95b)$$

während sich für das Volumen ergibt:

$$V = \left(\frac{\partial G}{\partial p}\right)_T = \left(\frac{\partial H}{\partial p}\right)_S . \qquad (11.95c)$$

Die thermodynamischen Potentiale spielen in der Thermodynamik eine analoge Rolle wie das mechanische Potential E_{pot}, aus dem sich die Kräfte, welche die Bewegungsänderungen der Teilchen bewirken, als Gradienten von E_{pot} ergeben. Auch hier sind es die Gradienten der thermodynamischen Potentiale, welche Prozesse in Gang halten, bis die Minima der Potentiale erreicht sind.

11.3.10 Der dritte Hauptsatz (Nernstsches Theorem)

Wir hatten in Abschn. 11.3.7 gesehen, daß die Entropie nur bis auf eine willkürliche additive Konstante S_0 festgelegt war. Wir wollen nun zeigen, daß gilt:

$$\lim_{T\to 0} S(T) = 0 ,$$

so daß $S_0 = 0$ wird.

Wir gehen aus von der freien Energie $F = U - T \cdot S$, die man wegen (11.95a) auch schreiben kann als

$$F = U + T\left(\frac{\partial F}{\partial T}\right)_V . \qquad (11.96a)$$

Betrachten wir eine isotherme chemische Reaktion, bei der das System im Anfangszustand die freie Energie F_1 und im Endzustand F_2 hat. Die Änderung $\Delta F = F_1 - F_2$ wird dann:

$$\Delta F = \Delta U + T\left(\frac{\partial}{\partial T}\Delta F\right)_V . \qquad (11.96b)$$

Für $T > 0$ sind die Änderungen ΔF und ΔU unterschiedlich. Für $T \to 0$ gilt bei endlichem Wert von $\partial(\Delta F)/\partial T$

$$\lim_{T\to 0}(\Delta F - \Delta U) = 0 . \qquad (11.96c)$$

Nernst machte nun die Beobachtung, daß mit sinkender Temperatur die Änderung ΔF der freien Energie bei chemischen Raktionen immer weniger temperaturabhängig wird, d.h. die Kurven $\Delta F(T)$ und $\Delta U(T)$ nähern sich $T = 0$ mit waagerechter Steigung (Abb. 11.45). Nernst forderte daher ganz allgemein:

$$\lim_{T\to 0}\left(\frac{\partial \Delta F}{\partial T}\right)_V = 0 \quad \text{und}$$
$$\lim_{T\to 0}\left(\frac{\partial \Delta U}{\partial T}\right)_V = 0 . \qquad (11.97a)$$

Damit wird wegen (11.96a) auch

$$\lim_{T\to 0}\left(\frac{\partial U}{\partial T} - \frac{\partial F}{\partial T}\right) = 0 . \qquad (11.97b)$$

Wegen

$$\left(\frac{\partial}{\partial T}\Delta F\right)_V = -\Delta S \Rightarrow \lim_{T\to 0} \Delta S(T) = 0 .$$

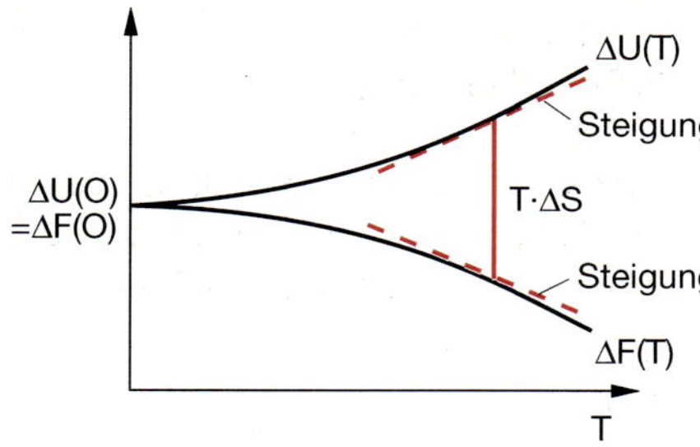

Abb. 11.45. Zum Nernstschen Theorem: Verlauf von $\Delta U(T)$ und $\Delta F(T)$ in der Nähe des absoluten Nullpunkts

Daraus folgt, daß bei hinreichend tiefen Temperaturen Reaktionen in reinen kondensierten Stoffen ohne Entropieänderung, d.h. reversibel ablaufen. Untersucht man den Verlauf der Entropie $S(T)$ von kondensierten Systemen (verflüssigten bzw. festen Gasen) bei sehr tiefen Temperaturen, so findet man in der Tat, daß die Entropie nicht von der Kristallmodifikation oder der Stoffart abhängt, solange es sich um reine Stoffe, also nicht gemischte, handelt. Deshalb kommt man zu dem Schluß, daß die Entropie aller reinen kondensierten Stoffe für $T \to 0$ demselben Grenzwert zustrebt. Die quantentheoretische Behandlung zeigt (siehe Bd. 3), daß dieser Grenzwert der Entropie reiner Stoffe am absoluten Temperaturnullpunkt immer den Wert Null hat.

$$\lim_{T\to 0} S(T) = 0 \qquad (11.98)$$

Man bezeichnet die Relationen (11.97, 98) als ***dritter Hauptsatz der Thermodynamik*** oder auch als ***Nernstsches Theorem***.

Im Hinblick auf die statistische Deutung der Entropie als $S = k \cdot \ln W$ kann man den dritten Hauptsatz auch so formulieren:

> Der thermodynamische Gleichgewichtszustand am absoluten Nullpunkt ist ein Zustand maximaler Ordnung, der nur eine Realisierungsmöglichkeit mit $W = 1$ hat.

Die Aussage $S(T = 0) = 0$ gilt nur für reine Stoffe, Mischkristalle z.B. haben auch für $T = 0$ eine endliche Entropie $S > 0$, nämlich die Mischungsentropie S_m (siehe Abschn. 11.3.7). Die Festlegung $S(T = 0) = 0$ des Entropienullpunkts erlaubt die Bestimmung des absoluten Wertes der Entropie eines Systems bei der Temperatur $T > 0$; der sich für ein Mol ergibt zu:

$$S(T) = \int_0^T \frac{\mathrm{d}Q_{\mathrm{rev}}}{T'} = \int_0^T \frac{C(T')}{T'}\mathrm{d}T' \,. \qquad (11.99)$$

Damit $\lim_{T\to 0} S = 0$ wird, muß die spezifische Molwärme $C(T)$ für $T \to 0$ schnell genug gegen Null gehen. Dies wird experimentell auch beobachtet (siehe Abschn. 11.1.10). Genaue Messungen zeigen, daß für Festkörper bei tiefen Temperaturen gilt: $C(T) \propto T^3$ (siehe Bd. 3). Die Entropie geht dann gemäß (11.99) wie $S(T) \propto T^3$ gegen Null für $T \to 0$.

Der erste und zweite Hauptsatz konnten als eine Unmöglichkeitsaussage formuliert werden: Es ist unmöglich, ein Perpetuum mobile erster bzw. zweiter Art zu bauen. Man kann auch aus dem dritten Hauptsatz eine analoge Aussage gewinnen. Sie lautet:

> Es ist prinzipiell unmöglich, den absoluten Temperaturnullpunkt zu erreichen.

Dies läßt sich folgendermaßen einsehen:

Will man experimentell den absoluten Temperaturnullpunkt $T = 0$ erreichen, so müßte dies durch einen adiabatischen Prozeß geschehen, weil bei allen anderen Prozessen mit Wärmeaustausch bereits ein anderes kälteres System vorhanden sein müßte, um eine Abkühlung zu erreichen.

Bei einem adiabatischen Prozeß findet keine Entropieänderung statt (weil $\mathrm{d}Q = 0$ ist). Es gilt daher für einen isobaren adiabatischen Prozeß:

$$\mathrm{d}S = \frac{\partial S}{\partial V}\mathrm{d}V + \frac{\partial S}{\partial T}\mathrm{d}T = 0 \,.$$

Daraus folgt:

$$\mathrm{d}T = -\frac{(\partial S/\partial V)_T}{(\partial S/\partial T)_p}\mathrm{d}V \,. \qquad (11.100)$$

Nun gilt für die partielle Ableitung

$$\frac{\partial S}{\partial T} = \lim_{\Delta T\to 0}\left(\frac{\Delta S}{\Delta T}\right)_p = \lim_{\Delta T\to 0}\left(\frac{1}{T}\frac{\Delta Q}{\Delta T}\right)_p = \frac{C_p}{T}$$

sowie nach (11.95a) und (11.96a)

$$\left(\frac{\partial S}{\partial V}\right)_T = -\frac{\partial}{\partial V}\left(\frac{\partial F}{\partial T}\right).$$

Für $T \to 0$ geht wegen (11.97b)

$$\frac{\partial F}{\partial T} \to \frac{\partial U}{\partial T} = C_V$$

und wir erhalten aus (11.100)

$$\mathrm{d}T = -T \cdot \frac{C_V}{C_p} = -T \frac{C_V}{C_V + R} , \qquad (11.100a)$$

so daß mit $T \to 0$ auch die Temperaturerniedrigung $\mathrm{d}T$ gegen Null geht. Der absolute Temperaturnullpunkt ist also nie zu erreichen.

11.3.11 Thermodynamische Maschinen

Durchläuft man den Carnotschen Kreisprozeß in Abb. 11.37 in umgekehrter Richtung, also im Gegenuhrzeigersinn, so benutzt die entsprechende Maschine Arbeit, die in sie hineingesteckt wird, zum Transport von Wärme vom kälteren zum wärmeren Reservoir (Abb. 11.46). Dies wird technisch z.B. ausgenutzt in Kältemaschinen und bei Wärmepumpen.

a) Kältemaschine

Bei der Kältemaschine wird dem zu kühlenden Raum die Wärmemenge Q_2 bei der Temperatur T_2 entzogen und an einen wärmeren Raum mit $T_1 > T_2$ die größere Wärmemenge $Q_1 = Q_2 + W$ abgegeben, wobei W die in das System hineingesteckte Arbeit ist und wir hier alle sonstigen Verluste der Maschine vernachlässigt haben. Man bezeichnet das Verhältnis

$$\varepsilon_K = \frac{Q_2}{W} = \frac{\mathrm{d}Q_2/\mathrm{d}t}{\mathrm{d}W/\mathrm{d}t} \qquad (11.101a)$$

der pro Zeiteinheit dem Kühlraum entzogenen Wärmemenge $\mathrm{d}Q_2/\mathrm{d}t$ zur hineingesteckten (elektrischen) Leistung $\mathrm{d}W/\mathrm{d}T$ als Leistungszahl der Kältemaschine. Aus der Herleitung des Wirkungsgrades $\eta = (T_1 - T_2)/T_1$ der Carnot-Maschine erhält man beim inversen Carnot-Prozeß die maximal mögliche Leistungszahl

$$\varepsilon_K = \frac{T_2}{T_1 - T_2} . \qquad (11.101b)$$

Man sieht daraus, daß eine Kältemaschine um so wirtschaftlicher arbeitet, je kleiner die Temperaturdifferenz $\Delta T = T_1 - T_2$ zwischen gekühltem Raum und Umgebung ist.

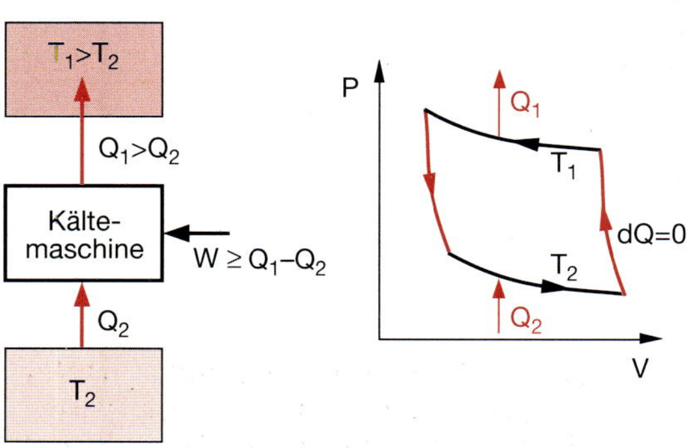

Abb. 11.46. Prinzip einer Kältemaschine und Wärmepumpe als inverser Carnot-Prozeß

b) Wärmepumpe

Die Wärmepumpe nutzt die Wärme der Umgebung (Luft, Wasser, Bodenwärme), um damit z.B. Wasser für die Raumheizung oder ein Warmfreibad aufzuheizen. Ihr Prinzip entspricht dem der Kältemaschine: Sie transportiert Wärme vom kälteren zum wärmeren Körper. Dazu muß ihr die mechanische Energie W von außen zugeführt werden. Nutzbar ist jetzt die dem wärmeren Reservoir zugeführte Wärmemenge Q_1. Deshalb wird die Leistungszahl der Wärmepumpe hier, abweichend von (11.101a) definiert als

$$\varepsilon_{WP} = \frac{Q_1}{W} = \frac{\mathrm{d}Q_1/\mathrm{d}t}{\mathrm{d}W/\mathrm{d}t} = \frac{T_1}{T_1 - T_2} . \qquad (11.102)$$

Im Gegensatz zum Wirkungsgrad $\eta = (T_1 - T_2)/T_1 < 1$ der Carnot-Maschine ist die Leistungszahl der Wärmepumpe $\varepsilon_{WP} = 1/\eta > 1$! Sie ist um so größer, je kleiner die Temperaturdifferenz $\Delta T = T_1 - T_2$ ist.

BEISPIEL

Zur Heizung eines Schwimmbades nimmt die Wärmepumpe Wärme aus dem Flußwasser bei $T_{C_2} = +10\,°C$ ($\hat{=}\ T_2 = 283\,K$) auf und heizt das Schwimmbadwasser auf $T_{C_1} = 27\,°C$ ($\hat{=}\ T_1 = 300\,K$). Ihre maximale Leistungszahl ist dann

$$\varepsilon_{WP} = \tfrac{300}{17} = 17{,}6 .$$

Selbst wenn bei realen Maschinen wegen der unvermeidlichen Verluste die effektive Leistungszahl kleiner ist, spart man doch erheblich an zu bezahlender Energie, verglichen mit der direkten Heizung.

In der Praxis werden Kältemaschinen und Wärmepumpen meistens mit speziellen Kältemitteln

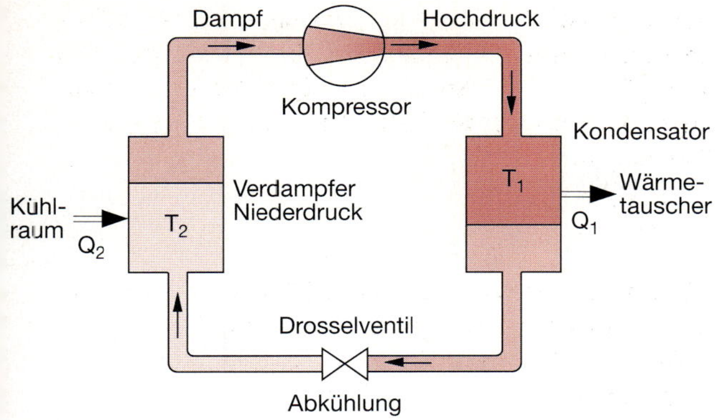

Abb. 11.47. Technische Realisierung einer Kältemaschine

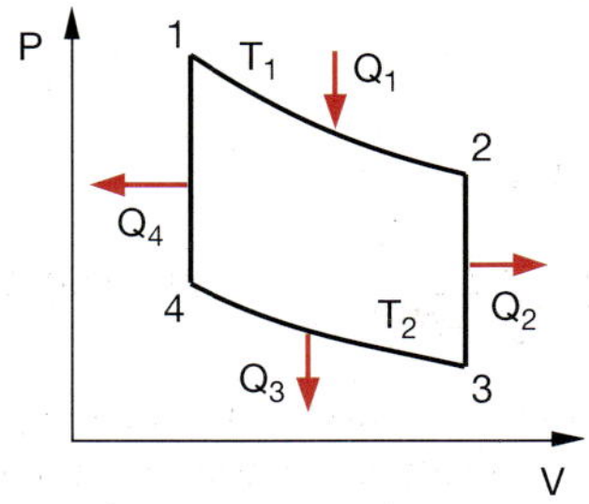

Abb. 11.48. Kreisprozeß beim Stirling-Motor

betrieben, die während des Kreisprozesses nicht gasförmig bleiben, sondern Phasenänderungen durchlaufen. Dies ist schematisch in Abb. 11.47 illustriert: Dem flüssigen Kühlmittel im Verdampfer wird bei der Temperatur T_2 und bei niedrigem Druck die Wärmemenge Q_2 zugeführt. Dies führt zur Verdampfung der Flüssigkeit. Der Dampf wird in einem Kompressor verdichtet, wodurch er sich erwärmt. Im Kondensator wird dem Dampf bei hohem Druck durch einen Wärmetauscher die Wärmemenge Q_1 entzogen, so daß er kondensiert. Die unter hohem Druck stehende Flüssigkeit wird durch ein Drosselventil entspannt, wobei sie sich abkühlt und wieder im Verdampfer zum Wärmeentzug zur Verfügung steht.

c) Stirling-Maschine (Heißluftmotor)

Die Stirling-Maschine benutzt als Arbeitsmedium ein Gas, z.B. Luft, das in einem Kreisprozeß aus zwei Isothermen und zwei Isochoren periodisch expandiert und komprimiert wird (Abb. 11.48).

Bei der isothermen Expansion $1 \to 2$ wird die Wärmemenge Q_1 bei der Temperatur T_1 zugeführt, bei der isochoren Abkühlung $2 \to 3$ wird Q_2 abgegeben, die Temperatur sinkt dabei auf $T_2 < T_1$. Nun wird von $3 \to 4$ isotherm komprimiert, wobei die Wärmemenge Q_3 abgegeben wird und schließlich wird isochor erwärmt, wobei Q_4 zugeführt wird, um die Temperatur wieder von T_2 auf T_1 zu erhöhen. Da bei dem isochoren Schritten keine Arbeit geleistet wird, ist

$$Q_2 = -Q_4 = C_V \Delta T .$$

Wenn man die abgegebene Wärme Q_2 zwischenspeichern kann und beim Schritt $4 \to 1$ dem System wieder zuführt, geht dem System bei den isochoren

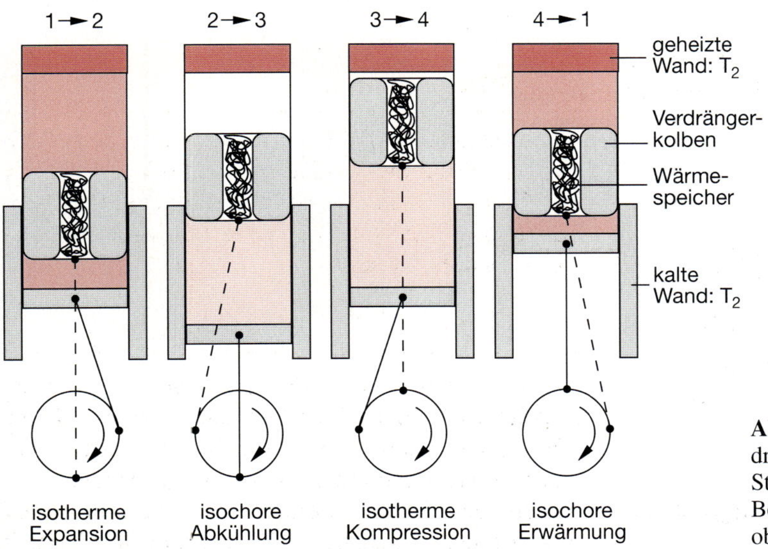

Abb. 11.49. Stellung von Arbeits- und Verdrängerkolben bei den vier Abschnitten des Stirlingschen Kreisprozesses. Die Energie zum Betrieb der Maschine wird durch Heizung der oberen Wand aufgebracht

Schritten insgesamt keine Wärme verloren und der Wirkungsgrad des Stirlingschen Kreisprozeßes wäre dann genau so hoch wie beim Carnot-Prozeß. Dies gelingt technisch wenigstens annähernd durch die Verwendung von zwei Kolben, dem Arbeitskolben und dem Verdrängerkolben, die um 90° phasenverschoben eine Kurbelwelle antreiben. Der Verdrängerkolben K_V schiebt die Luft im Zylinder abwechselnd zum oberen heißen Teil (Abb. 11.49) und wieder zum kalten unteren Teil. Dabei strömt sie durch eine Bohrung im Kolben, die mit Metallspänen gefüllt ist, welche sich beim Durchströmen der heißen Luft (Takt 2 → 3) erwärmen und diese Wärmemenge dann beim Durchströmen der kalten Luft (Takt 4 → 1) wieder an die Luft abgeben.

11.4 Thermodynamik realer Gase und Flüssigkeiten

Bisher haben wir die Thermodynamik idealer Gase behandelt, wo die Wechselwirkung zwischen den Gasmolekülen und das endliche Volumen der Moleküle vernachlässigt wurden.

Wir wollen nun sehen, welche Gesetze erweitert werden müssen und welche immer noch gültig bleiben, wenn wir reale Gase betrachten, bei denen sowohl das Molekülvolumen als auch die Anziehungs- bzw. Abstoßungskräfte zwischen den Gasmolekülen berücksichtigt werden.

Während ein ideales Gas bei jeder Temperatur gasförmig bleibt, können reale Gase, je nach Temperatur und äußerem Druck, in den verschiedenen Phasen gasförmig, flüssig oder fest vorkommen. Wir wollen in diesem Abschnitt untersuchen, unter welchen Bedingungen Übergänge zwischen den verschiedenen Phasen auftreten und wie Gleichgewichtszustände der einzelnen Phasen aussehen.

11.4.1 Van-der-Waalssche Zustandsgleichung

Bei sehr hohen Drücken werden die Gasdichten so groß, daß das Eigenvolumen der Gasmoleküle nicht mehr vernachlässigbar ist gegenüber dem Volumen V, das dem Gas zur Verfügung steht.

Wenn wir die Gasatome durch starre Kugeln mit dem Radius r beschreiben, so können sich zwei Atome

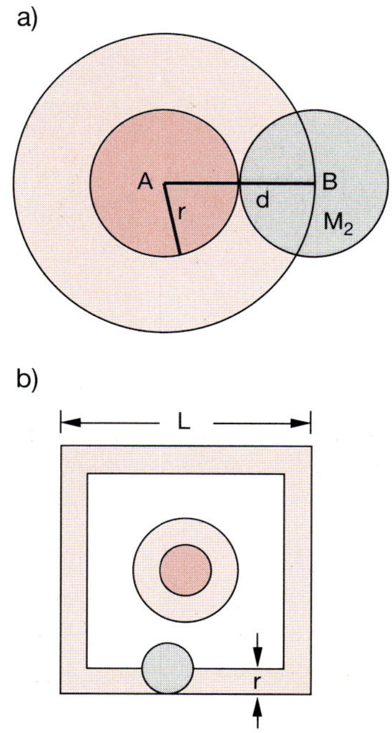

Abb. 11.50a,b. Illustration des Kovolumens. (**a**) In das um das Atom A hellrot gezeichnete Volumen kann der Mittelpunkt von B nicht eindringen; (**b**) Verbotenes Volumen für Atom B (hellrot) im Volumen L^3, in dem bereits ein anderes Atom anwesend ist

nie näher kommen als der Mindestabstand $d = 2r$ ihrer Mittelpunkte. Wenn sich ein Atom im Volumen V befindet, so können die anderen Atome nicht in das Volumen $V_{\text{verboten}} = \frac{4}{3}\pi d^3 = 8V_a$ eindringen, wobei V_a das Volumen eines Atoms im Modell der starren Kugel ist (Abb. 11.50a). Außerdem müssen die Mittelpunkte aller Kugeln den Mindestabstand r von der Wand haben. Wenn wir also nur zwei Atome im Volumen hätten, so stünde dem zweiten Atom in einem Kasten mit Volumen $V = L^3$ nur ein freies Volumen

$$V_2 = (L - r)^3 - 8V_a$$

zur Verfügung (Abb. 11.50b), einem dritten Atom

$$V_3 = (L - r)^3 - 2 \cdot 8V_a$$

und dem n-ten Atom

$$V_n = (L - r)^3 - (n - 1)8V_a \,.$$

Allerdings sieht man, daß z.B. für 1-dm³-Volumen ($L = 0{,}1$ m, $r \approx 10^{-10}$ m) „das verbotene" Randvolumen völlig vernachlässigbar ist gegenüber $N \cdot V_a$. Die Summation über alle N Atome im Volumen $V = L^3$ gibt damit für $r \ll L$ das freie Volumen

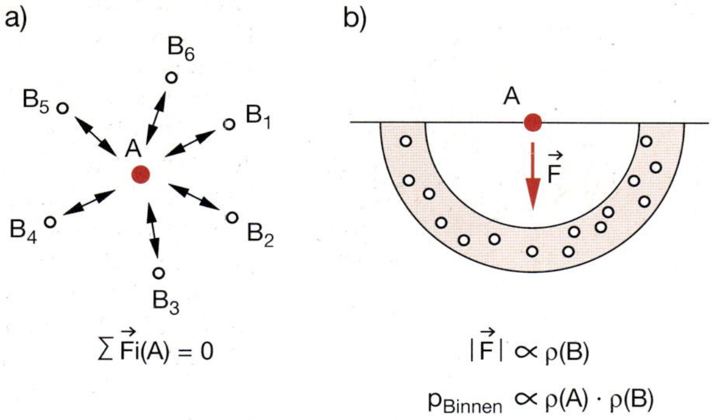

Abb. 11.51a,b. Zur Erläuterung des Binnendrucks. Kräfte auf ein Atom A (**a**) im Inneren des Gases, (**b**) an der begrenzenden Wand

$$V_N = \frac{1}{N}\sum_{n=1}^{N} V_n = \frac{(L-r)^3}{N} - \frac{N}{2} 8V_\mathrm{a} \approx L^3 - 4NV_\mathrm{a} \,. \tag{11.103}$$

Wir müssen also in der allgemeinen Gasgleichung (11.22) von Volumen $V = L^3$, das einem idealen Gas (punktförmige Gasteilchen) zur Verfügung stünde, das vierfache Eigenvolumen $b = 4NV_\mathrm{a}$ der Atome abziehen.

Welche Korrekturen müssen wir am Druck p auf Grund der Wechselwirkung zwischen realen Gasatomen anbringen?

Bei tiefen Temperaturen oder bei großen Dichten ist die potentielle Energie der Atome auf Grund ihrer gegenseitigen Anziehung *nicht* mehr vernachlässigbar gegenüber ihrer kinetischen Energie. Die aus dieser Wechselwirkung resultierende Kraft auf ein beliebig herausgegriffenes Atom A hebt sich zwar im Inneren des Gases im Mittel auf (vergleiche die analoge Diskussion bei der Oberflächenspannung in Kap. 6). An den Grenzflächen Gas–Flüssigkeit oder Gas–feste Wand wirkt jedoch eine resultierende Kraft $\boldsymbol{F}_A$, weil die Verteilung der umgebenden anderen Atome nicht mehr kugelsymmetrisch ist (Abb. 11.51). Diese Kraft ist proportional zur Zahl der anziehenden Atome im Volumen der Halbkugel in Abb. 11.51b, d.h. proportional zur Dichte $\varrho = M/V$, wobei M die Gesamtmasse des Gases im Volumen V ist.

Die Gesamtkraft $F = |\boldsymbol{F}|$ auf alle Atome A in der Volumeneinheit ist dann $F \propto n_\mathrm{a} \cdot F_A$, also proportional zum Quadrat der Dichte ϱ. Hierbei ist n_a die Teilchenzahldichte im Volumen um das Atom A. Sie ist von der Grenzfläche nach innen gerichtet und bewirkt auf sie einen ***Binnendruck***

$$p_\mathrm{B} = \frac{a}{V^2} \,,$$

der zusätzlich zum äußeren Druck p auf das Gas wirkt. Die Konstante a hängt von der Art und Stärke der anziehenden Wechselwirkung zwischen den Atomen bzw. Molekülen des realen Gases ab. Sie ist also eine Stoffkonstante.

Wenn wir diesen Binnendruck und das Eigenvolumen der Moleküle berücksichtigen, müssen wir die allgemeine Gasgleichung

$$p \cdot V = R \cdot T$$

für 1 mol eines idealen Gases modifizieren in die van-der-Waals-Gleichung eines realen Gases

$$\boxed{\left(p + \frac{a}{V^2}\right) \cdot (V - b) = R \cdot T} \,, \tag{11.104}$$

wobei die Konstante $b = 4 \cdot N_\mathrm{A} \cdot V_\mathrm{a}$ das vierfache Eigenvolumen der N_A Moleküle im Mol darstellt.

Der Verlauf der Isothermen $p(V)$ für $T = \text{const}$ eines realen Gases, das durch (11.104) beschrieben wird, hängt vom Wert der Konstanten a und b und damit von der Gasart ab. In Abb. 11.52 sind solche Isothermen für CO_2 bei verschiedenen Temperaturen angegeben. Man sieht daraus, daß sie für hohe Temperaturen denen eines idealen Gases ähnlich sehen

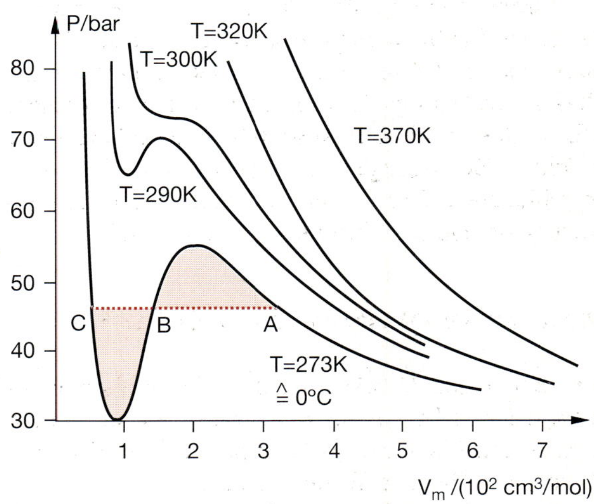

Abb. 11.52. van-der-Waals-Isothermen von CO_2 für verschiedene Temperaturen

($E_{kin} \gg -E_{pot}$), für tiefe Temperaturen (direkt über der Kondensationstemperatur) stark davon abweichen.

Löst man (11.104) nach p auf, so erhält man für eine konstante Temperatur T die Funktion $p(V)$ als Polynom dritter Ordnung, welche für genügend große Korrekturterme a/V^2 und b in (11.104), d.h. für genügend tiefe Temperaturen $T < T_k(a,b)$ sowohl ein Maximum als auch ein Minimum aufweist (Abb. 11.52). Wie sieht die Realität, d.h. der Vergleich mit dem Experiment aus?

Komprimiert man z.B. bei $T = 0$ °C 1 mol CO_2-Gas kontinuierlich von kleinen Dichten kommend, so folgt die gemessene Kurve $p(V)$ in der Tat der durch (11.104) beschriebenen Kurve in Abb. 11.52 bis zum Punkte A. Dann jedoch bleibt p konstant bis zum Punkte C. Danach steigt der Druck bei weiterer Kompression sehr steil an und folgt dabei der van-der-Waals-Kurve einigermaßen.

Der Grund für dieses von (11.104) abweichende Verhalten ist die im Punkte A beginnende Verflüssigung des CO_2-Dampfes. Entlang der Geraden ABC steigt der Anteil der Flüssigkeit ständig an, bis im Punkte C das ganze Gas verflüssigt ist. Der steile Anstieg von $p(V)$ nach Erreichen des Punktes C liegt an der im Vergleich mit Gasen sehr kleinen Kompressibilität von Flüssigkeiten (siehe Kap. 6 und 7).

Um diesen Vorgang der Verflüssigung quantitativ zu beschreiben, müssen wir uns deshalb zuerst mit den verschiedenen Aggregatzuständen (Phasen) realer Stoffe und ihren Phasenübergängen befassen.

11.4.2 Stoffe in verschiedenen Aggregatzuständen

Die verschiedenen ***Aggregatzustände*** (fest, flüssig, gasförmig) eines Stoffes nennt man seine ***Phasen***. Wir wollen in diesem Abschnitt untersuchen, unter welchen Bedingungen ein Phasenübergang flüssig $\leftrightarrow$ gasförmig, fest $\leftrightarrow$ flüssig oder fest $\leftrightarrow$ gasförmig auftreten kann und wann ein Stoff gleichzeitig in zwei oder drei Phasen im Gleichgewicht existieren kann.

a) Dampfdruck und Flüssig-$\leftrightarrow$Gas-Gleichgewicht

Bringt man eine Flüssigkeit in ein abgeschlossenes Gefäß, das sie nur teilweise ausfüllt, so stellt man fest, daß ein Teil der Flüssigkeit verdampft und sich im Volumen oberhalb der Flüssigkeit eine Dampfphase bildet, die einen Druck $p_S(T)$ auf die Wände und die Flüssigkeitsoberfläche ausübt, dessen Größe von der Temperatur T abhängt.

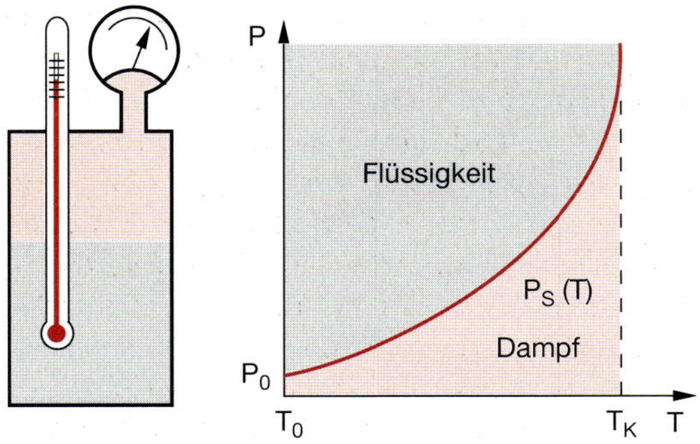

Abb. 11.53. Messung der Dampfdruckkurve $p_S(T)$

Die Abhängigkeit $p_S(T)$ läßt sich mit dem in Abb. 11.53 gezeigten heizbaren Druckbehälter und einem Druckmanometer messen.

Bei fester Temperatur T stellt sich ein konstanter Sättigungsdampfdruck $p_S(T)$ ein, bei dem die flüssige und die gasförmige Phase gleichzeitig stabil existieren können.

Die molekülphysikalische Erklärung basiert auf der kinetischen Gastheorie (Kap. 7). Genau wie in einem Gas haben auch in einer Flüssigkeit die Moleküle Geschwindigkeiten und kinetische Energien, die einer Maxwell-Boltzmann-Verteilung folgen. Die schnellsten Moleküle (aus dem „Boltzmann-Schwanz") können die Flüssigkeit verlassen, wenn ihre Energie größer ist als die Oberflächenenergie (siehe Abschn. 6.4). Treffen sie wieder auf die Flüssigkeitsoberfläche, so können sie wieder in die Flüssigkeit eintreten.

Beim Sättigungsdampfdruck $p_S(T)$ befinden sich Flüssigkeit und Dampf im Gleichgewicht, d.h., pro Zeiteinheit verdampfen genauso viele Flüssigkeitsmoleküle, wie Dampfmoleküle wieder kondensieren.

Je höher die Temperatur ist, desto mehr Moleküle erlangen die notwendige Mindestenergie, um die Flüssigkeit zu verlassen, d.h., der Dampfdruck steigt mit der Temperatur (Abb. 11.53b).

Der quantitative Verlauf der Dampfdruckkurve $p_S(T)$ kann folgendermaßen berechnet werden: Wir betrachten in Abb. 11.54 für 1 mol der verdampfenden Flüssigkeit einen Carnotschen Kreisprozeß im p_S, V-Diagramm. Im Zustand $A(T + dT, p_S + dp_S)$ sei aller Dampf kondensiert. Er nimmt das Volumen V_{Fl} ein. Jetzt wird bei konstanter Temperatur $(T + dT)$ und konstantem Druck $(p_S + dp_S)$ isotherm expandiert. Dabei muß dem System die Wärmemenge $dQ_1 = \Lambda$ zugeführt werden, die zur Verdampfung der Flüssigkeit benutzt wird. Im Punkt B möge die gesamte Flüssigkeit verdampft sein. Nun werden Druck und Temperatur um infinitesimal kleine Beträge adiabatisch erniedrigt. Das System bleibt in der Dampfphase und gelangt zum Punkt C (p_S, T_S). Von hier aus wird isotherm komprimiert bei konstantem Druck bis zum Punkt D. Dabei wird der Dampf kondensiert. Die dabei freiwerdende Wärmemenge dQ_2 wird abgeführt. Der Schritt $C \to D$ entspricht der Kurve ABC in Abb. 11.52. Die in D vorhandene Flüssigkeit wird durch eine infinitesimale Erhöhung von Druck und Temperatur wieder in den Ausgangszustand A überführt.

Die Temperatur ändert sich nur auf den kurzen adiabatischen Teilstücken $\overline{BC}$ und $\overline{DA}$. Bei der isothermen Expansion $\overline{AB}$ wird die Arbeit $\Delta W_2 = (p_S + dp_S)(V_{Fl} - V_D)$ vom System geleistet, bei der Kompression $C \to D$ die Arbeit $\Delta W_2 = p_S (V_D - V_{Fl})$ vom System aufgenommen. Die Nettoarbeitsleistung ist daher $\Delta W = \Delta W_1 + \Delta W_2 = (V_{Fl} - V_D) dp_S$.

Nach (11.72) ist der Wirkungsgrad beim Carnot-Prozeß:

$$\eta = \frac{|\Delta W|}{\Delta Q_r} = \frac{(V_D - V_{Fl}) dp_S}{\Lambda} = \frac{T + dT - T}{T + dT} = \frac{dT}{T} \,.$$

Daraus folgt für die Verdampfungswärme Λ pro Mol verdampfter Flüssigkeit die

Clausius-Clapeyron-Gleichung

$$\Lambda = T \frac{dp_S}{dT} (V_D - V_{Fl}) \,. \qquad (11.105)$$

Die Verdampfungswärme ist also proportional zur Differenz der Molvolumina in der Dampfphase bzw. der flüssigen Phase und zur Steigung der Dampfdruckkurve $p_S(T)$.

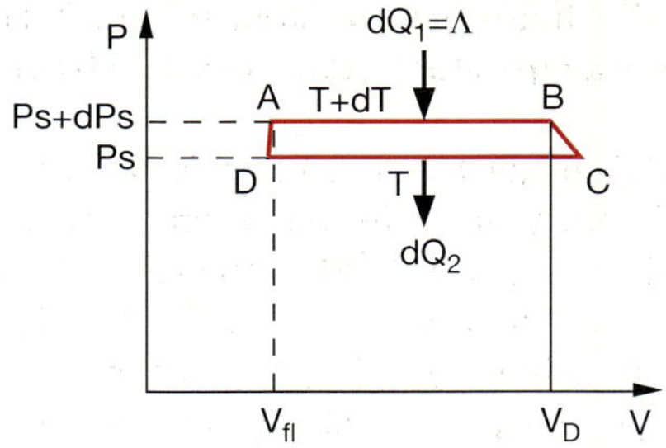

Abb. 11.54. Carnot-Prozeß zur Herleitung der Clausius-Clapeyron-Gleichung

Anmerkung

Oft wird statt der molaren Verdampfungswärme Λ/kJ mol^{-1} die spezifische Verdampfungswärme λ verwendet. Die Umrechnung ist

$$1 \text{ kJ/mol} \mathrel{\hat{=}} 1000/M \text{ kJ/kg} \,,$$

wenn M die Molmasse in g, mol^{-1} der Substanz ist. Die molekulare Verdampfungsenergie (pro Molekül) ist $w = \Lambda / N_a$, wobei N_a die Avogadro-Konstante ist.

Die Verdampfungswärme Λ hat zwei physikalische Ursachen: Die erste kommt von der Energie, die notwendig ist, um das Volumen von V_{Fl} auf V_D zu vergrößern gegen den äußeren Druck p. Die zweite ist die Arbeit, die man bei Vergrößerung des mittleren Molekülabstandes gegen die Anziehungskräfte der Moleküle leisten muß. Der zweite Anteil ist viel größer als der erste.

BEISPIEL

1 kg Wasser dehnt sich von $V_{Fl} = 1$ dm^3 auf $V_D = 1700$ dm^3 bei 100 °C aus (V_{Fl} und V_D sind hier nicht die Molvolumina). Gegen den äußeren Druck von 1 bar wird die dazu notwendige Arbeit $p \cdot \Delta V = 10^5$ N/m$^2 \cdot 1{,}7$ m$^3 = 170$ kJ. Die gemessene spezifische Verdampfungswärme λ ist aber 2080 kJ/kg. Deshalb macht der erste Anteil nur etwa 8 % aus.

Dieses Beispiel hat auch illustriert, daß im allgemeinen $V_D \gg V_{Fl}$, so daß wir in (11.105) V_{Fl} vernachlässigen können.

Bei genügend hoher Temperatur kann man dann näherungsweise die Gasgleichung

$$p_S V_D = RT$$

ansetzen, und wir erhalten aus (11.105)

$$\frac{1}{p_S}\frac{\mathrm{d}p_S}{\mathrm{d}T} = \frac{\Lambda}{RT^2} \; .$$

Integration mit der Randbedingung $p(T_0) = p_0$ ergibt:

$$p_S = p_0 \mathrm{e}^{\Lambda/R(1/T_0 - 1/T)}$$
$$= p_0 \cdot A \cdot \mathrm{e}^{-\Lambda/(RT)} \text{ mit } A = e^{-\frac{\Lambda}{RT_0}} \; . \qquad (11.106)$$

Diese ***van't-Hoffsche-Gleichung*** zeigt, daß der Dampfdruck mit $\exp(-1/T)$ anwächst.

Entlang der Dampfdruckkurve $p_S(T)$ sind gasförmige und flüssige Phase miteinander im Gleichgewicht, d.h. zu jeder Temperatur T gibt es einen bestimmten Dampfdruck $p_S(T)$, bei dem beide Phasen stabil sind.

Die Dampfdruckkurve $p_S(T)$ teilt die Ebene im p, T-Diagramm in zwei Bereiche (Abb. 11.55). Für $p(T) < p_S(T)$ gibt es im stationären Gleichgewicht nur die Gasphase, für $p(T) > p_S(T)$ nur die flüssige Phase. Oberhalb einer ***kritischen Temperatur*** T_k kann überhaupt keine flüssige Phase stationär existieren. Der dazugehörige Dampfdruck $p_S(T_k) = p_k$ heißt ***kritischer Druck***. Die Dampfdruckkurve $p_S(T)$ hört im Punkte (p_k, T_k) auf. Sie hat dort eine Steigung

$$\left(\frac{\mathrm{d}p_S}{\mathrm{d}T}\right)_{T_k} = \frac{p_k \cdot \Lambda}{RT_k^2} \; . \qquad (11.107)$$

Die kritische Temperatur T_k eines Gases muß mit dem Wechselwirkungspotential der Gasmoleküle zusammenhängen. Oberhalb T_k ist die mittlere kinetische Energie aller Moleküle größer als die negative mittlere potentielle Energie. Im p-V-Diagramm der ***van-der-Waals-Isothermen*** (Abb. 11.56) hat die Kurve $p(V)$ kein Minimum mehr, d.h., der kritische Punkt (p_k, T_k) muß Wendepunkt der Kurve $p(V)$ sein. Die Tangente an die Kurve $p(V)$ ist im Punkte (p_k, V_k) waagerecht. Mit den Bedingungen

$$\left(\frac{\partial p}{\partial V}\right)_{T_k, V_k} = 0 \quad \text{und} \quad \left(\frac{\partial^2 p}{\partial V^2}\right)_{T_k, V_k} = 0$$

erhält man aus (11.104) die ***van-der-Waals-Konstanten*** a und b zu

$$\boxed{a = 3p_k V_k^2; \qquad b = \tfrac{1}{3} V_k} \; . \qquad (11.108)$$

Man kann also aus der Messung des kritischen Punktes (p_k, V_k) Informationen über die anziehende Wechselwirkung (a) und das Eigenvolumen der Moleküle $(b/4)$ erhalten.

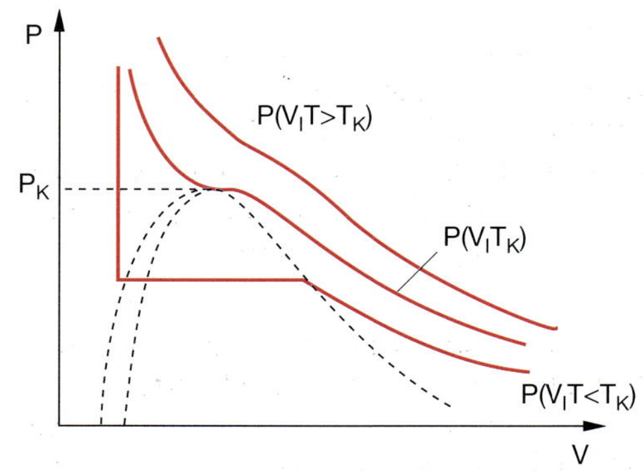

Abb. 11.56. Verlauf der van-der-Waals-Isothermen $p(V)$ in der Umgebung des kritischen Punktes (p_k, T_k)

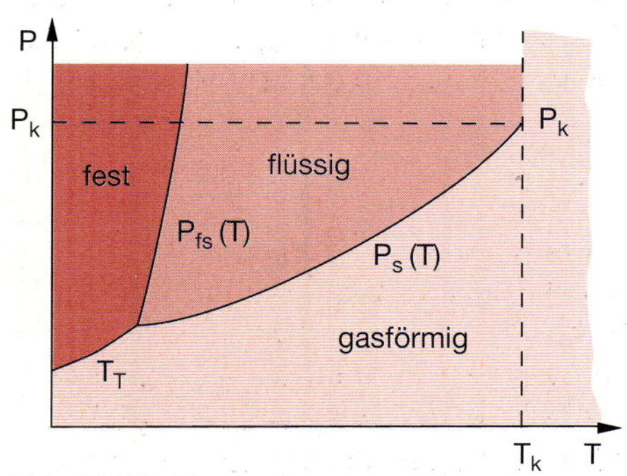

Abb. 11.55. Phasendiagramm mit Dampfdruckkurve $p_S(T)$ als Trennlinie zwischen flüssiger und gasförmiger Phase vom Tripelpunkt T_T bis zum kritischen Punkt T_k und Schmelzkurve $p_{fs}(T)$ als Trennlinie zwischen fester und flüssiger Phase

b) Sieden und Kondensation

Wenn der Dampfdruck p_S größer wird als der äußere, auf der Flüssigkeitsoberfläche lastende Druck, können sich auch im Inneren der Flüssigkeit Dampfblasen bilden. Diese steigen auf Grund des Auftriebes nach oben. Man sagt: Die Flüssigkeit siedet. Die Siedetemperatur T_S hängt daher vom äußeren Druck p ab. Aus (11.106) erhält man:

$$T_S(p) = T_S(p_0) \cdot \frac{1}{1 - \frac{RT_S(p_0)}{\Lambda}\ln(p/p_0)} \; . \qquad (11.109)$$

BEISPIEL

Wasser siedet für $p = 1$ bar bei $T = 373$ K $\hat{=}$ 100 °C. Bei $p = 400$ mbar wird $T_S = 77$ °C. Da die Garzeit gekochter Speisen stark von der Temperatur abhängt, verwendet man Dampfdrucktöpfe, bei denen z.B. bei $p_S = 2$ bar $T_S = 120$ °C wird.

Wird der Dampfdruck p_S kleiner als der äußere Druck, so beginnt der Dampf zu kondensieren.

Die Luft unserer Erdatmosphäre erreicht im allgemeinen keinen Gleichgewichtszustand, bei der sich der Sättigungsdampfdruck von Wasser einstellen würde, weil sich die Bedingungen (p, T) schneller ändern als die Zeit, die zum Erreichen des Gleichgewichts notwendig ist. Der Wasserdampfgehalt ist deshalb im allgemeinen niedriger, als es dem Sättigungsdampfdruck entspricht.

Die Konzentration des Wasserdampfes, gemessen in g/m^3 heißt *absolute Feuchte* φ_a. Die maximal mögliche Konzentration im Sättigungsgleichgewicht, wo der Partialdruck des Wasserdampfes gleich dem Sättigungsdampfdruck p_S ist, heißt *Sättigungsfeuchte* φ_S:

Die ***relative Luftfeuchtigkeit*** ist der Quotient

$$\varphi_{rel} = \frac{\varphi_a}{\varphi_S} = \frac{p_W}{p_S} \qquad (11.110)$$

aus absoluter Feuchte und Sättigungsfeuchte φ_S. Es herrscht also z.B. eine relative Luftfeuchtigkeit von 40 %, wenn der Partialdampfdruck des Wassers $p_W = 0{,}4 p_S(H_2O)$ ist.

Bei einer vorgegebenen absoluten Feuchte steigt die relative Luftfeuchtigkeit mit sinkender Temperatur, weil $p_S(T)$ mit T sinkt (Abb. 11.57). Wird $\varphi_{rel} = 1$, so beginnt es zu regnen. Die Temperatur T_t, bei der $\varphi_{rel} = 1$ wird, heißt *Taupunkt* oder auch Kondensationspunkt.

Dies muß bei der Installation von Klimaanlagen berücksichtigt werden, da hier im Sommer warme Luft angesaugt wird, die dann unter Umständen unter den Taupunkt abgekühlt wird. Deshalb muß die Luft vorgetrocknet werden.

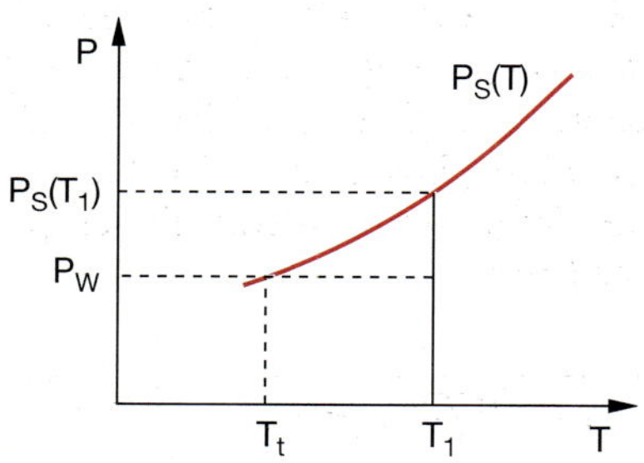

Abb. 11.57. Zur Definition der relativen und absoluten Luftfeuchte und des Taupunktes T_t

c) Verflüssigung von Gasen, Joule-Thomson-Effekt

Um Gase bei einem Druck p verflüssigen zu können, muß man ihre Temperatur T unter die druckabhängige Siedetemperatur $T_S(p)$ absenken. Dazu gibt es mehrere Möglichkeiten:

- *Die adiabatische Abkühlung bei Arbeitsleistung.* Hier wird die innere Energie des Gases erniedrigt, indem ohne Wärmeaustausch ($\mathrm{d}Q = 0$) Arbeit bei Expansion des Volumens V gegen einen äußeren Druck p_a geleistet wird, d.h. Energie nach außen abgegeben wird. Aus dem ersten Hauptsatz (11.75) folgt für 1 Mol:

  $$\mathrm{d}U = C_V \mathrm{d}T = -p_a \mathrm{d}V \ .$$

  Daraus erhält man die Temperaturerniedrigung:

  $$\mathrm{d}T = -\frac{p_a}{C_V}\mathrm{d}V \ .$$

BEISPIEL

10 mol eines Gases bei Zimmertemperatur werden gegen einen äußeren Druck von 10 bar $\cong 10^6$ Pa um $\Delta V = 10^{-2}$ m^3 (entspricht ≈ 5 Molvolumina) vergrößert. Mit $C_V = 20{,}7$ J/(mol · K) erhalten wir: $\Delta T = -4{,}8$ K.

Diese adiabatische Abkühlung kann sowohl für ideale als auch für reale Gase erreicht werden. Sie beruht einfach auf der Umwandlung eines Teils der inneren Energie in nach außen geleistete Arbeit.

Joule-Thomson-Effekt

Bei realen Gasen kann eine Abkühlung auch durch eine adiabatische Abkühlung ohne äußere Arbeitsleistung erreicht werden. Hier wird bei Vergrößerung des Volumens der mittlere Abstand zwischen den Gasmolekülen größer. Dabei muß Arbeit gegen die anziehenden zwischenmolekularen Kräfte geleistet werden; d.h., die potentielle Energie des Systems steigt auf Kosten der kinetischen Energie der Gasmoleküle.

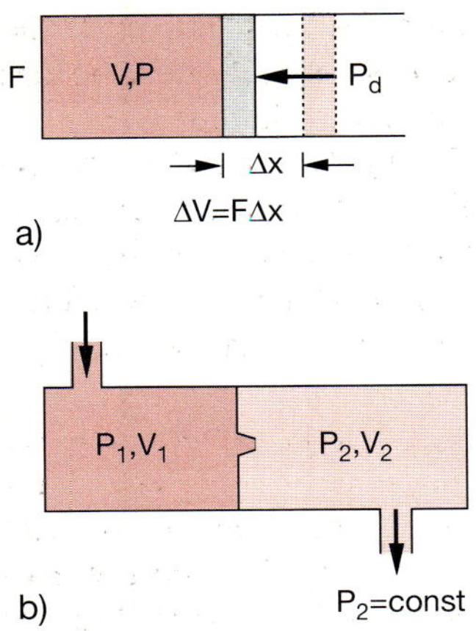

Abb. 11.58a,b. Zum Joule-Thomson-Effekt: (**a**) adiabatische Expansion mit Arbeitsleistung $\Delta W = p_a \Delta V$; (**b**) adiabatische Expansion durch ein Drosselventil *ohne* äußere Arbeitsleistung

Lassen wir ein reales Gas vom Volumen V_1 bei einem konstanten Druck p_1 adiabatisch durch ein Drosselventil in ein Volumen V_2 expandieren (Abb. 11.58), in dem der kleinere, konstant gehaltene Druck $p_2 < p_1$ herrscht, so bleibt, wie bei jeder adiabatischen Expansion $(\mathrm{d}Q = 0)$ die Enthalpie $H = U + pV$ konstant (siehe (11.63)).

Die innere Energie U des realen Gases enthält außer der kinetischen Energie $E_{\text{kin}} = (f/2)R \cdot T$ noch einen Anteil

$$E_{\text{pot}} = \int_{\infty}^{V_1} \frac{a}{V^2}\,\mathrm{d}V = -\frac{a}{V_1}$$

der potentiellen Energie, der durch den Binnendruck a/V^2 bewirkt wird und bei idealen Gasen Null ist.

Lösen wir die van-der-Waals-Gleichung (11.104) nach p auf, so erhalten wir

$$p = \frac{R \cdot T}{V - b} - \frac{a}{V^2}\,.$$

Die Enthalpie H wird daher

$$\begin{aligned} H = U + p \cdot V &= \frac{f}{2}RT - \frac{a}{V} + \left(\frac{RT}{V-b} - \frac{a}{V^2}\right) \cdot V \\ &= RT\left(\frac{f}{2} + \frac{V}{V-b}\right) - \frac{2a}{V}\,. \end{aligned} \qquad (11.111)$$

Da die Enthalpie $H(V, T)$ bei unserem Prozeß konstant bleibt, gilt:

$$\mathrm{d}H = \frac{\partial H}{\partial V}\mathrm{d}V + \frac{\partial H}{\partial T}\mathrm{d}T = 0$$

$$\begin{aligned} \Rightarrow \mathrm{d}T = -\frac{\frac{\partial H}{\partial V}\mathrm{d}V}{\frac{\partial H}{\partial T}} &= \frac{\frac{bT}{(V-b)^2} - \frac{2a}{RV^2}}{\frac{f}{2} + \frac{V}{V-b}}\mathrm{d}V \\ &\approx \frac{bRT - 2a}{(\frac{1}{2}f + 1)RV^2}\mathrm{d}V\,. \end{aligned} \qquad (11.112)$$

Für Temperaturen unterhalb der ***Inversionstemperatur***

$$T_{\text{I}} = \frac{2a}{bR} \qquad (11.113)$$

wird $\mathrm{d}T < 0$, d.h. es tritt eine Abkühlung bei der adiabatischen Expansion auf, obwohl keine Energie

Tabelle 11.7. Kritische Temperaturen T_{K}, kritischer Druck p_{K}, van der Waals-Konstanten a, b, Inversionstemperatur T_{I} und Siedetemperatur T_{S} für einige Gase

Gas	T_{K}/K	p_{K}/bar	a Nm^4mol	b $10^6\text{m}^3/\text{mol}$	T_{I}/K	T_{S}/K bei $p_0 = 1{,}013$ bar
Helium	5,19	2,26	0,0033	24	–	4,2
Wasserstoff	33,2	13	0,025	27	–	20,4
Stickstoff	126	35	0,136	38,5	620,6	77,4
Sauerstoff	154,6	50,8	0,137	31,6	764,4	90,2
Luft	132,5	37,2	–	–	658,8	80,2
CO_2	304,2	72,9	0,365	42,5	–	194,7
NH_3	405,5	108,9	0,424	37,2	–	
Wasserdampf	647,15	217,0	–	–	–	373,2

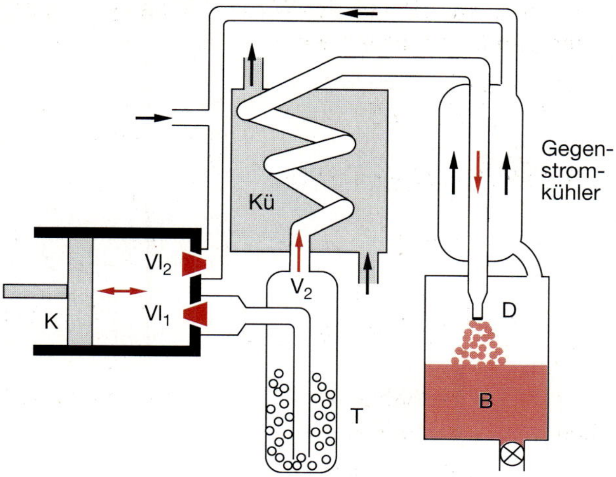

Abb. 11.59. Schematische Darstellung des Linde-Verfahrens zur Luftverflüssigung

nach außen abgegeben wurde. Für ideale Gase $(a = b = 0)$ ist $dT = 0$. Für reale Gase folgt aus (11.112) $dT > 0$ für $T > T_I$, d.h. reale Gase werden bei diesem adiabatischen Prozeß oberhalb der Inversionstemperatur erwärmt. Um den Joule-Thomson-Effekt zur Abkühlung auszunutzen, muß man reale Gase deshalb erst unter T_I vorkühlen.

In Tabelle 11.7 sind für einige Gase die Werte von T_I angegeben.

Man sieht, daß z.B. für Luft die Zimmertemperatur bereits unterhalb der Inversionstemperatur liegt und man daher Luft mit Hilfe des Joule-Thomson-Effektes soweit abkühlen kann, daß T unter die Siedetemperatur von N_2 oder O_2 gebracht werden kann. Dies geschieht in der ***Lindeschen Gasverflüssigungsanlage*** mit Hilfe der Vorkühlung nach dem Gegenstromprinzip (Abb. 11.59).

Das Gas wird durch einen Kolben K komprimiert und durch das Ventil Vl_1 in das Volumen V_2 bei einem Druck p_2 eingelassen. Dann wird es im Trockner T getrocknet und im Kühler Kü vorgekühlt. Das so präparierte Gas wird dann durch ein Drosselventil D entspannt. Dabei kühlt es sich auf Grund des Joule-Thomson-Effektes ab. Die Abkühlung beträgt bei Luft $\Delta T/\Delta p = 0{,}25$ K/bar, d.h. bei einem Druckunterschied von 100 bar erreicht man pro Schritt $\Delta T \approx 25$ K.

Die abgekühlte Luft umströmt im Gegenstromprinzip die neu zugeführte komprimierte Luft, kühlt diese vor und gelangt durch das Ventil Vl_2 während der Expansionsphase des Kolbens K wieder in das Volumen V_1 und wird dann erneut komprimiert.

Durch die Gegenkühlung gelangt nun bereits vorgekühlte Luft zur Drossel D, so daß nach der Entspannung eine tiefere Temperatur erreicht wird. Nach einigen Zyklen sinkt die Temperatur unter die Siedetemperatur, so daß im Behälter B das verflüssigte Gas gesammelt werden kann.

Bei der Luftverflüssigung (Gasgemisch aus O_2 und N_2) wird zuerst die höhere Siedetemperatur von O_2 erreicht, erst danach die von N_2, so daß man beide Gase trennen kann. Als vielseitig eingesetztes Kühlmittel wird heute ausschließlich flüssiger Stickstoff verwendet, nicht ein N_2/O_2-Gemisch wegen der Explosionsgefahr von flüssigem Sauerstoff, der z.T. auch Ozon O_3 enthält.

Will man Gase wie H_2, He oder Neon verflüssigen, so muß man sie mit flüssigem Stickstoff unter die Inversionstemperatur T_i vorkühlen, ehe man den Joule-Thomson-Effekt zur weiteren Kühlung verwenden kann.

d) Gleichgewicht von fester und flüssiger Phase, Schmelzkurve

Erhöht man die Temperatur eines festen Stoffes, so beginnt bei einer für jeden Stoff charakteristischen Temperatur T_{Schm}, der Schmelztemperatur, die feste in die flüssige Phase überzugehen. Nur bei der Schmelztemperatur T_{Schm} können beide Phasen im Gleichgewicht gleichzeitig existieren. Die Schmelz-

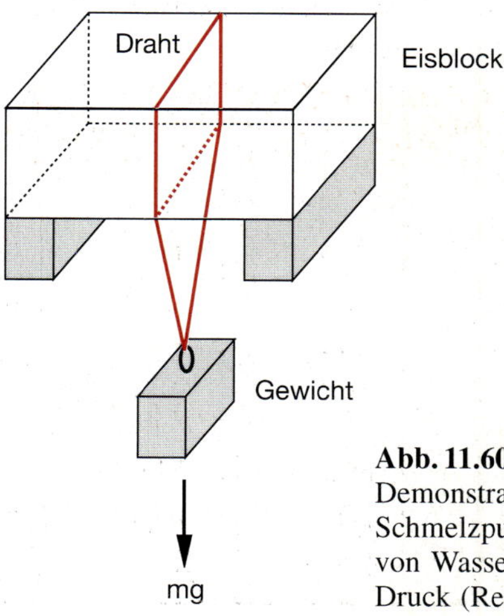

Abb. 11.60. Demonstrationsversuch zur Schmelzpunkterniedrigung von Wasser durch äußeren Druck (Relegation des Eises)

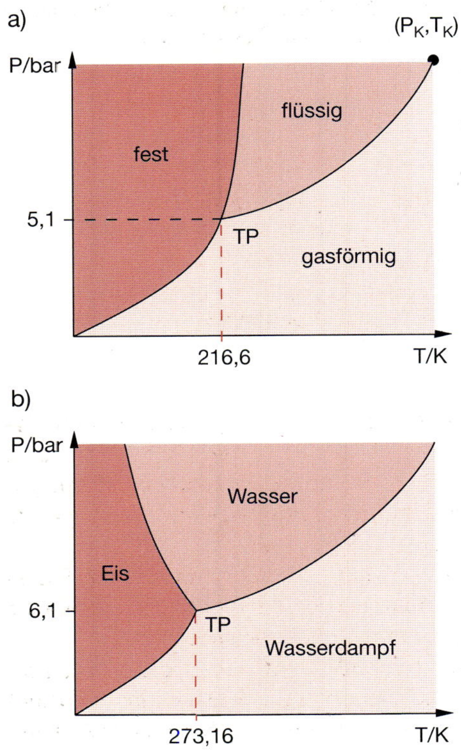

Abb. 11.61. Schmelzkurve, Dampfdruckkurve und Tripelpunkt für (**a**) positive und (**b**) negative Steigung der Schmelzkurve. (**a**) entspricht dem Phasendiagramm von CO_2, (**b**) dem von Wasser

temperatur hängt wesentlich schwächer vom äußeren Druck p ab als der Dampfdruck, d.h. die Schmelzdruckkurve $p(T)$ verläuft im (p, T)-Temperatur wesentlich steiler (Abb. 11.55). Dies liegt daran, daß die Volumenänderung beim Schmelzen viel geringer ist als beim Sieden.

Durch eine analoge Überlegung wie unter b) mit Hilfe eines Carnot-Prozesses erhält man die (11.105) entsprechende molare Schmelzwärme

$$\Lambda_{\text{Schm}} = T \cdot \frac{\mathrm{d}p}{\mathrm{d}T}(V_{\text{Fl}} - V_{\text{fest}}) \,. \tag{11.114}$$

Bei den meisten Stoffen sinkt die Dichte beim Schmelzen, d.h. $V_{\text{Fl}} > V_{\text{fest}}$. Daraus folgt, daß $\mathrm{d}p/\mathrm{d}T > 0$, weil die Schmelzwärme Λ_{schm} eine positive Zahl ist. Es gibt eine Reihe von Substanzen (z.B. Wasser), bei denen $V_{\text{Fl}} < V_{\text{fest}}$ (Abb. 11.61b) für die damit $\mathrm{d}p/\mathrm{d}T < 0$ ist, d.h. die Schmelzkurve hat in diesen Fällen eine negative Steigung.

Durch Anwenden von äußeren Druck kann man daher Eis bei nicht zu tiefen Temperaturen schmelzen. Dies wird beim Schlittschuhlaufen ausgenutzt, wo sich unter der Kufe ein Wasserfilm bildet, der die geringe Reibung beim Gleiten bewirkt. Die ***Schmelzpunkterniedrigung*** $\Delta T_{\text{Schm}}(p)$ kann, wie in Abb. 11.60 gezeigt, vorgeführt werden, indem eine mit einem Gewicht beschwerte Drahtschleife durch einen Eisblock gezogen wird, der dann oberhalb des Drahtes wieder gefriert, also nach Durchwandern der Drahtschleife nicht auseinanderbricht.

e) Koexistenz dreier Phasen, Tripelpunkt

Da die Schmelzdruckkurve im (p, T)-Diagramm eine größere Steigung hat als die Dampfdruckkurve, müssen sich beide Kurven in einem Punkte (P_T, T_T), dem ***Tripelpunkt***, schneiden. In diesem Punkt können alle drei Phasen fest, flüssig und gasförmig gleichzeitig existieren (Abb. 11.61).

Für $T < T_T$ gibt es eine Grenzlinie fest–gasförmig (Sublimationskurve), die im (p, T)-Diagramm meist eine positive Steigung hat. Feste Stoffe können also auch direkt in die Gasphase übergehen. Dieser Vorgang heißt Sublimation. Wegen des geringen Dampfdruckes der festen Phase verläuft er allerdings sehr langsam.

Hat man in einem Gefäß gleichzeitig mehr als eine Phase eines Stoffes, so sind Druck und Temperatur als Zustandsvariable nicht mehr unabhängig voneinander. So ist z.B. die Koexistenz von flüssiger und gasförmiger Phase nur auf der Dampfdruckkurve $p_S(T)$ möglich, d.h., Druck p und Temperatur T sind nach (11.106) durch die Verdampfungswärme Λ miteinander verknüpft. Wir können zwar T ändern, legen damit aber $p_S(T)$ fest. Am Tripelpunkt sind p und T durch zwei Bedingungen miteinander verknüpft, nämlich die Dampfdruckkurve $p_S(T)$ und die Schmelzdruckkurve $p_{\text{Schm}}(T)$, d.h. man hat keine Möglichkeit, die Bedingungen zu verändern, ohne sich vom Tripelpunkt zu entfernen.

Dies läßt sich ganz allgemein durch die ***Gibbssche Phasenregel*** ausdrücken, welche die Zahl f der Freiheitsgrade in der Wahl der Zustandsvariablen p und T mit der Zahl q der gleichzeitig existierenden Phasen durch

$$f = 3 - q \tag{11.115}$$

verknüpft.

Am Tripelpunkt ist $q = 3$, also $f = 0$. Man hat keinen Freiheitsgrad der Wahl von T und p mehr. Ist nur eine Phase vorhanden, so ist $q = 1 \Rightarrow f = 2$. Sowohl p als auch T können (innerhalb gewisser Grenzen) beliebig gewählt werden. Entlang der Dampfdruckkurve ist $q = 2 \Rightarrow f = 1$.

Oft hat man ein Gemisch von mehreren chemischen Komponenten vorliegen, die dann wegen ihrer unterschiedlichen Dampfdrucke und Schmelztemperaturen bei einer vorgegebenen Temperatur in verschiedenen Phasen vorliegen können. Für k Komponenten gilt die erweiterte Gibbssche Phasenregel:

$$\boxed{f = k + 2 - q} \quad . \tag{11.116}$$

11.4.3 Lösungen und Mischzustände

Wir haben bisher *reine* Stoffe behandelt, die nur eine Stoffkomponente enthalten, welche in den verschiedenen Phasen fest, flüssig oder gasförmig vorkommen können. In der Natur gibt es häufig Mischstoffe, bei denen Moleküle mehrerer verschiedener Arten durchmischt sind. Beispiele sind NaCl-Moleküle oder Zuckermoleküle, die in Wasser gelöst sind, oder auch Legierungen.

Zur Charakterisierung einer solchen Mischung oder Lösung müssen nicht nur Druck und Temperatur angegeben werden, sondern auch die Konzentrationen der einzelnen Bestandteile.

Die Konzentration einer in einer Flüssigkeit gelösten Substanz wird entweder in g/Liter oder in mol/Liter angegeben. Oft löst sich nicht die gesamte Substanzmenge auf, sondern es bleibt ein Rest als fester Bestandteil übrig, der sich als Bodensatz bildet (wenn $\varrho_{\text{fest}} > \varrho_{\text{Fl}}$) oder an der Flüssigkeitsoberfläche schwimmt ($\varrho_{\text{fest}} < \varrho_{\text{Fl}}$).

Die Auflösung von Substanzen in einem Lösungsmittel kann die thermodynamischen Eigenschaften des Lösungsmittels erheblich verändern. Wir wollen in diesem Abschnitt die wichtigsten Erkenntnisse über Lösungen und deren Eigenschaften kurz behandeln.

a) Osmose und osmotischer Druck

Taucht man ein Gefäß, das eine Lösung enthält mit einer Konzentration c_i des gelösten Stoffes und das durch eine dünne Membran verschlossen ist, in ein Gefäß, das nur das reine Lösungsmittel enthält

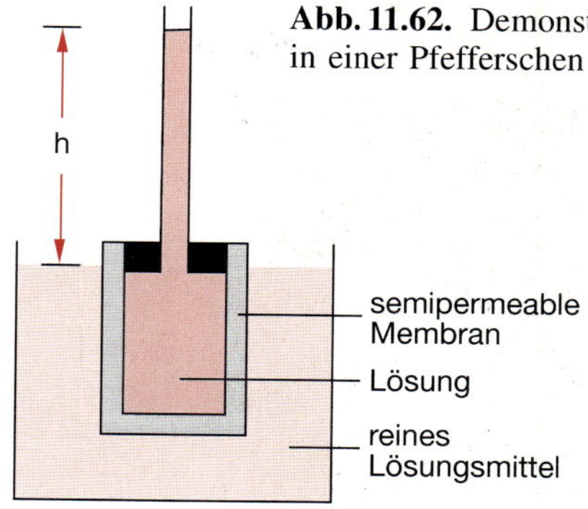

Abb. 11.62. Demonstration der Osmose in einer Pfefferschen Zelle

(Abb. 11.62), so steigt die Flüssigkeitssäule im Steigrohr des Innengefäßes über den Flüssigkeitsspiegel des Außengefäßes, wenn die Moleküle des Lösungsmittels durch die Membran diffundieren können, die des gelösten Stoffes jedoch nicht.

Solche Membranen mit stoffspezifischer Transmission nennt man *semipermeable Wände*. Beispiele sind die Zellmembranen biologischer Zellen.

Im Beispiel der Abb. 11.62 führt der Konzentrationsunterschied des gelösten Stoffes innerhalb und außerhalb der Zelle zu einer Diffusion der Lösungsmittelmoleküle, die so lange andauert, bis der dadurch entstehende Überdruck

$$\Delta p = \varrho \cdot g \cdot h$$

in der Zelle die Nettodiffusion auf Null bringt, d.h. dann wandern im Gleichgewichtszustand im Mittel genauso viele Moleküle des Lösungsmittels von außen nach innen wie in umgekehrter Richtung.

Die durch den Konzentrationsgradienten bedingte Nettodiffusion heißt ***Osmose*** und der dadurch entstehende Druckunterschied Δp heißt osmotischer Druck.

Der osmotische Druck einer Lösung ist proportional zur Konzentration der gelösten Teilchen und zur Temperatur. Experimentell findet man das zur allgemeinen Gasgleichung analoge ***van't Hoffsche Gesetz:***

$$\boxed{p_{\text{osm}} \cdot V = \nu \cdot R \cdot T} \quad , \tag{11.117}$$

wobei ν die Zahl der Mole der gelösten Substanz im Volumen V des Lösungsmittels ist. Der osmotische Druck einer Lösung ist genauso groß wie der Gasdruck, den die gelösten Moleküle in der Gasphase bei der Temperatur T auf die Behälterwand ausüben würden.

b) Dampfdruckerniedrigung

Durch die zusätzlichen Anziehungskräfte zwischen den Molekülen des Lösungsmittels und der gelösten Substanz wird die Austrittsarbeit der Lösungsmittelmoleküle erhöht. Dies bedeutet, daß bei einer Lösung weniger Moleküle des Lösungsmittels von der flüssigen in die gasförmige Phase übergehen als beim reinen Lösungsmittel bei gleicher Temperatur. Der Dampfdruck p_S der Lösung wird daher abgesenkt.

Diese ***Dampfdruckerniedrigung*** Δp ist proportional zur Konzentration des gelösten Stoffes (wenn dessen Dampfdruck vernachlässigbar klein ist gegen den des Lösungsmittels).

Es gilt das von *Raoult* gefundene Gesetz:

$$\frac{\Delta p_S}{p_{S0}} = -\frac{\nu_1}{\nu_0 + \nu_1} , \qquad (11.118a)$$

wobei p_{S0} der Dampfdruck des reinen Lösungsmittels ist, ν_0 die Zahl der Mole des Lösungsmittels und ν_1 die des gelösten Stoffes. Bei verdünnten Lösungen ist $\nu_1 \ll \nu_0$ und die Dampfdruckerniedrigung ist dann

$$\Delta p_S = -p_{S0} \cdot \frac{\nu_1}{\nu_0} . \qquad (11.118b)$$

Die Dampfdruckerniedrigung bewirkt eine Erhöhung der Siedetemperatur T_S, wie in Abb. 11.63a illustriert wird. Man muß nämlich den Dampfdruck um Δp_S erhöhen, damit er beim Siedepunkt wieder gleich dem äußeren Druck p wird. Aus der Dampfdruckkurve (11.106) läßt sich der Zusammenhang zwischen Δp_S und ΔT herleiten.

Differentiation von (11.106) nach T liefert

$$\frac{\mathrm{d}p_S}{\mathrm{d}T} = \frac{\Lambda}{RT^2} p_S \Rightarrow \Delta T = \frac{RT^2}{\Lambda} \frac{\Delta p_S}{p} , \qquad (11.119)$$

Mit (11.118b) und $\Delta p_S(\nu_1 / = -\Delta p_S(\Delta T)$ ergibt dies das Raoultsche Gesetz:

$$\Delta T = \frac{RT^2}{\Lambda} \frac{\nu_1}{\nu_0} . \qquad (11.120a)$$

Sind mehrere Stoffe mit den molaren Konzentrationen ν_i gelöst, so wird

$$\Delta T = \frac{RT^2}{\Lambda \nu_0} \sum_i \nu_i . \qquad (11.120b)$$

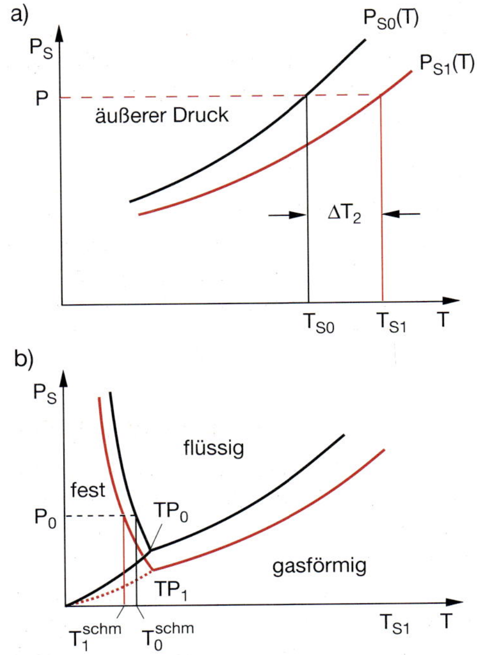

Abb. 11.63. (**a**) Dampfdruckerniedrigung und Siedepunkterhöhung ΔT_S; (**b**) Gefrierpunkterniedrigung ΔT_{Schm}

Über die molare Verdampfungswärme Λ des Lösungsmittels hängt der Wert ΔT der Siedetemperaturerhöhung auch vom spezifischen Lösungsmittel ab.

Bei gelösten Stoffen, deren Moleküle teilweise in der Lösung dissoziieren (z.B. dissoziiert NaCl in $Na^+ + Cl^-$), läuft die Summe in (11.120b) über die molaren Konzentrationen der dissoziierten und der nichtdissoziierten Bestandteile.

Die Dampfdruckerniedrigung führt auch zu einer Erniedrigung des Schmelzpunktes einer Lösung (Abb. 11.63b). Analog zu (11.120a) gilt:

$$\Delta T_{Schm} = -\frac{RT^2}{\Lambda_{Schm}} \frac{\nu_1}{\nu_0} , \qquad (11.121)$$

wobei Λ_{Schm} die molare Schmelzwärme des Lösungsmittels ist.

BEISPIEL

Für Wasser ergibt sich bei einer Konzentration von ν_1 Molen des gelösten Stoffes in 1 l Wasser eine Schmelzpunkterniedrigung von

$$\Delta T_{\text{Schm}} = -1{,}85 \text{ K} \cdot \nu_1 \; .$$

Löst man 50 g NaCl ($M(\text{NaCl}) = 58 \text{ g} \cdot \text{mol}^1$) in 1 l Wasser, so wird bei vollständiger Dissoziation in $Na^+ + Cl^-$ die Schmelzpunkterniedrigung mit $\sum \nu_i = 2 \cdot 50/58 \approx 1{,}72$ mol etwa $\Delta T = -3{,}2$ K.

Meerwasser hat deshalb eine Schmelztemperatur, die, je nach Salzkonzentration, um einige K unter 0 °C liegt. Man nutzt diese Erniedrigung der Schmelztemperatur aus, um durch Salzstreuung Eis aufzutauen. Aus (11.2) läßt sich der Nullpunkt der Fahrenheitskala zu $\approx -17{,}8$ K berechnen. Zu seiner Realisierung benutzte man ebenfalls die Schmelzpunkterniedrigung durch Salz.

Lösungen haben also insgesamt einen größeren Temperaturbereich der flüssigen Phase gegenüber dem reinen Lösungsmittel.

ÜBUNGSAUFGABEN

1. Geben Sie eine physikalisch einleuchtende Erklärung dafür, daß die thermischen Ausdehnungskoeffizienten von Flüssigkeiten größer sind als die fester Körper.
2. Ein Behälter mit 1 mol Helium und ein gleich großer Behälter mit 1 mol Stickstoff werden beide mit der gleichen Heizleistung $W = 10$ W erwärmt. Berechnen Sie, wie lange es dauert, bis die Behälter von $T_1 = 20$ °C auf $T_2 = 100$ °C erwärmt sind, wenn die Wärmekapazität der Behälterwand 10 Ws/K ist. Wie lange dauert es bis zur Erwärmung auf 1000 °C, wenn angenommen wird, daß ab 500 °C die Schwingungsfreiheitsgrade von N_2 angeregt werden können? Wärmeverluste sollen vernachlässigt werden.
3. Begründen Sie anschaulich und mathematisch den Temperaturverlauf beim Mischexperiment in Abb. 11.12.
4. Wie groß ist die Wahrscheinlichkeit dafür, daß ein Behälter (m = 0, 1 kg) mit 1 mol Luft auf Grund der thermischen Gas-Energie spontan 10 cm hoch springt und sich dabei abkühlt? Wie groß wäre die dabei erfolgende Abkühlung, wenn die spezifische Wärme des Behälters 1 kJ/(kg · K) und die des Gases $\frac{5}{2}R$ ist?
5. 1 dm^3 Helium bei Normalbedingungen $p_0 = 1$ bar, $T_0 = 0$ °C) wird auf die Temperatur $T = 500$ K erwärmt. Wie groß ist die Entropiezunahme bei isochorer und bei isobarer Erwärmung?
6. Für CO_2 ($M = 44 \text{ g mol}^{-1}$) ist die kritische Temperatur $T_k = 304{,}2$ K und der kritische Druck $p_k = 7{,}6 \cdot 10^6$ Pa, seine Dichte am kritischen Punkt $\varrho_k = 46 \text{ kg/m}^3$. Wie groß sind die van-der-Waals-Konstanten a und b?
7. Wie groß ist die Entropiezunahme ΔS_1, wenn man 1 kg Wasser von 0 °C auf 50 °C erhitzt? Vergleichen Sie ΔS_1 mit der Entropiezunahme ΔS_2, wenn man 0,5 kg Wasser von 0 °C mischt mit 0,5 kg Wasser von 100 °C.
8. Ein Kraftwerk benutzt Wasserdampf als Arbeitsmedium, welches von 600 °C auf 100 °C abgekühlt wird zur Arbeitsleistung W_1. Wieviel Energie (in % der hereingesteckten Wärmeenergie) gewinnt man, wenn die Abwärme bei 100 °C als Fernwärme abgegeben und dabei auf 30 °C abgekühlt wird.
9. Ein fester Körper ($m = 1$ kg, $c = 470$ J/(kg K)) bei 300 °C wird in 10 kg Wasser von 20 °C getaucht.
   a) Wie groß ist die Endtemperatur?
   b) Wie groß ist die Entropieänderung?

12. Nichtlineare Dynamik und Chaos

Im 2. Kapitel wurden die Bewegungsgleichungen für die Bewegung eines Massenpunktes unter dem Einfluß von Kräften diskutiert. Diese Gleichungen sind *lineare* Differentialgleichungen. Wenn die Anfangsbedingungen vollständig vorgegeben sind (z.B. Ort und Geschwindigkeit zur Zeit $t = 0$), dann kann aus der Lösung der Differentialgleichung die zukünftige Bewegung des Massenpunktes exakt vorhergesagt werden, sofern die Kräfte bekannt sind. In Fällen, in denen die Bewegungsgleichung keine analytischen Lösungen besitzt, so daß nur numerisch integriert werden kann, ist die Genauigkeit der Vorhersage lediglich durch die numerischen Fehler begrenzt, welche prinzipiell beliebig klein gemacht werden können.

In solchen Fällen der Vorhersagbarkeit nennt man die Bewegung eines Körpers oder die zeitliche Entwicklung eines mechanischen Systems *streng deterministisch*. Zu exakt vorgegebenen Anfangsbedingungen gibt es exakte Vorhersagen für die zukünftige Entwicklung des betrachteten Systems.

> Wenn kleine Abweichungen von den Anfangsbedingungen auch nur kleine Änderungen in der zukünftigen Entwicklung des Systems verursachen, nennen wir die Lösungen der Bewegungsgleichungen *stabil*.

Beispiele für solche stabilen Lösungen der Bewegungsgleichung eines Körpers sind die Bewegungen des Mondes um die Erde, oder die der Erde um die Sonne. Kleine Störungen des zentralsymmetrischen Gravitationsfeldes durch die anderen Planeten führen zu sehr kleinen Bahnkorrekturen, die im Rahmen einer *Störungsrechnung* bestimmt werden können. Wenn die Lösungen der Differentialgleichungen stabil sind, beeinflussen solche kleinen Störungen nicht die Vorhersagbarkeit zukünftiger Positionen.

Es gibt genügend viele Beispiele für instabile Lösungen, bei denen winzige Änderungen der Anfangsbedingungen eine völlig unterschiedliche Entwicklung der Bewegung bewirken, die dann zu ganz anderen Endzuständen führt.

Ein einfaches Beispiel ist eine Kugel, die vom Punkte $(x = 0, z = h)$ hinunterfällt und dabei auf eine beidseitig geneigte Fläche mit einer scharfen Kante bei $x = 0$ trifft (Abb. 12.1). Verschiebt sich der Anfangspunkt um den winzigen Betrag ε $(x = 0 + \varepsilon, z = h)$ so trifft die Kugel rechts von der Kante auf und wird in die $+x$-Richtung reflektiert, für $A = (x = 0 - \varepsilon,\ z = h)$ wird sie in $-x$-Richtung abgelenkt.

Ein zweites Beispiel ist der parametrische Oszillator (Abschn. 10.7) als ein schwingendes System, das durch eine äußere periodische Kraft angetrieben wird. Dies kann z.B. realisiert werden durch eine periodische Variation der Fadenlänge $L = L_0(1 + \Delta L_0 \cdot \cos(\omega t + \alpha))$ eines Fadenpendels (Kinderschaukel) mit großer Schwingungsampli-

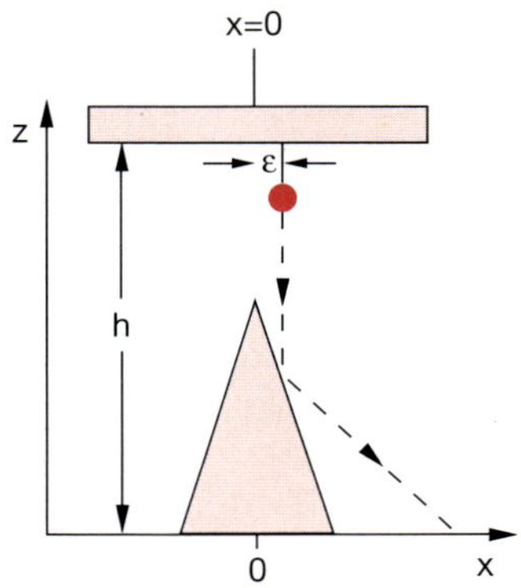

Abb. 12.1. Der Endzustand der aus der Höhe b fallenden Kugel hängt in der Umgebung von $x = 0$ empfindlich von winzigen Änderungen der Anfangsbedingung ab

tude, bei dem dann $\sin\varphi$ nicht mehr durch φ angenähert werden kann (Abschn. 2.9, (2.85)). Die Bewegungsgleichung dieses angetriebenen Fadenpendels

$$L_0(1 + \Delta L_0 \cos(\omega t + \alpha))\ddot{\varphi} + \gamma\dot{\varphi} + g \cdot \sin\varphi = 0 \tag{12.1}$$

ist nichtlinear. Für bestimmte Wertebereiche der Parameter ΔL_0, ω und α (Amplitude, Frequenz und Phase der Antriebskraft) wird die Schwingung instabil, ihre Amplitude wächst, bis der Winkel φ den Wert π überschreitet und aus der periodischen Pendelschwingung eine ungleichförmige Drehbewegung wird, für welche die Funktion $\varphi(t)$ ein chaotisches Verhalten zeigt (Abb. 12.2).

Ein etwas diffizileres Beispiel ist die Bewegung eines Körpers um den Saturn mit Radien im Gebiet der Saturnringe. Hier gibt es, bedingt durch die überlagerte Gravitationsanziehung durch den Saturn und durch seine inneren Monde, Bereiche ($r_n < r < r_{n+1}$) ($n = 1, 2 \ldots$), die instabil sind, weil die Umlaufzeit auf diesen Bahnen in einem Verhältnis zur Umlaufzeit eines der Monde steht, das einem Verhältnis p/q kleiner ganzer Zahlen p, q „ausreichend" nahe kommt. Dadurch wirkt eine periodische Störung auf den Körper, die im Laufe der Zeit zu großen Bahnabweichungen und instabilen Bahnen führt. Eine winzige Änderung im Bahnradius r kann eine stabile in eine instabile Bahn verwandeln. Alle Lücken im Ringsystem des Saturn (z.B. die Cassinische Teilung) entsprechen solchen instabilen Bereichen, in denen stabile Bahnen von Körpern nicht möglich sind. Ein analoges Phänomen tritt im Asteroidengürtel zwischen Mars- und Jupiterbahn auf, wo die Anziehung zwischen Asteroid und Jupiter bei bestimmten Radien der Asteroidenbahn zu periodischen Störungen und instabilen Bahnen führt.

Alle diese Beispiele entsprechen Bewegungsgleichungen, die mindestens einen nichtlinearen Term enthalten, der für die Instabilität verantwortlich ist. Im Beispiel des periodisch angetriebenen parametrischen Oszillators sind es die nichtlineare Antriebskraft und die nichtlineare Rückstellkraft, die für bestimmte Bereiche der Parameter a und b (a = Verhältnis der Eigenfrequenz ω_0 zur erregenden Frequenz ω und b = Verhältnis der Größen von Rückstellkraft zur Antriebskraft) zu instabilen Bewegungen führt.

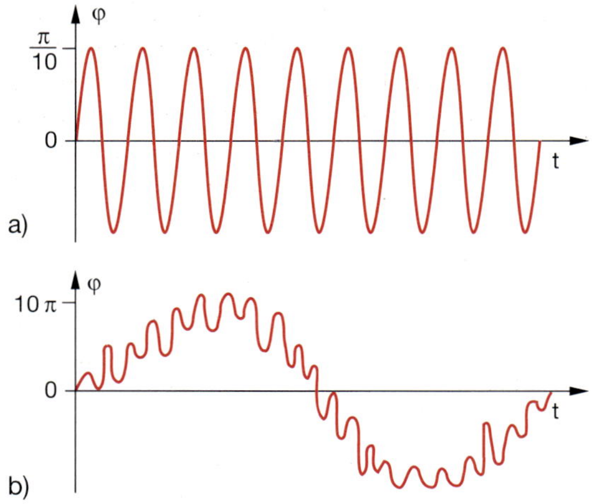

Abb. 12.2. Durch eine äußere periodische Kraft angetriebenes Pendel (**a**) mit kleiner Amplitude im stabilen linearen Bereich, (**b**) im instabilen Bereich mit großer Amplitude. Der Ordinatenmaßstab in (**b**) ist 100mal größer als in (**a**)

Die Lösungen homogener linearer Differentialgleichungen haben eine weitere bemerkenswerte Eigenschaft. Sie gehorchen dem Superpositionsprinzip, das in Kap. 10 am Beispiel linearer Schwingungen erläutert wurde. Sind zwei Funktionen $x_1(t)$ und $x_2(t)$ Lösungen der linearen Differentialgleichung $f(\ddot{x}, \dot{x}, x, t) = 0$, so ist auch ihre Überlagerung, d.h. jede Linearkombination $a \cdot x_1(t) + b \cdot x_2(t)$ eine mögliche Lösung.

Wir wollen in diesem Kapitel an mehreren Beispielen illustrieren, daß bei nichtlinearen Gleichungen das Superpositionsprinzip nicht mehr gilt und an seine Stelle ein anderes Prinzip, nämlich das der ***Skaleninvarianz*** oder ***Selbstähnlichkeit*** tritt.

Wie die obigen Beispiele gezeigt haben, geht für viele Bereiche nichtlinearer Bewegungsgleichungen auch die Stabilität der Lösungen verloren, d.h. bereits sehr kleine Änderungen der Anfangsbedingungen können zu völlig andersartigen Endzuständen führen. Da im allgemeinen die Anfangsbedingungen schon wegen der endlichen Meßgenauigkeit nicht exakt bekannt sind, wird für solche Fälle die Vorhersagbarkeit von Ereignissen stark eingeschränkt.

Die meisten Naturvorgänge lassen sich nur näherungsweise durch lineare Gleichungen beschreiben, welche zwar oft recht gute Näherungen darstellen (wie man z.B. aus der präzisen Vorhersagbarkeit von Mondfinsternissen erkennen kann), aber bei genauerer Beschreibung immer nichtlineare Terme enthalten. Wenn solche Terme zu instabilen Entwicklungen des Systems führen, sprechen wir von chaotischem Verhalten. Viele Beispiele solchen chaotischen Verhaltens kann man in der Meteorologie finden, so daß die Unmöglichkeit präziser Wettervorhersage nicht an der Unfähigkeit der Meteorologen liegt, sondern an der chaotischen zeitlichen Entwicklung der atmosphärischen Bedingungen.

Trotzdem lassen sich eine ganze Reihe oft überraschender Aussagen über nichtlineare Systeme unter solchen „chaotischen Bedingungen" machen. Dies ist das Thema der Chaosforschung, das hier nur kurz behandelt werden kann. Für ausführliche Darstellungen sei auf die zahlreiche Literatur über nichtlineare Dynamik und Chaos verwiesen [12.1–6].

12.1 Stabilität dynamischer Systeme

Ein dynamisches System ändert sich im Laufe der Zeit, im Gegensatz zu einem stationären System, das einen Gleichgewichtszustand erreicht hat und zeitlich konstant bleibt.

Das dynamische System kann durch zeitabhängige Größen $\xi_i(t)$ $(i = 1, 2, \cdots, N)$ beschrieben werden. Die $\xi_i(t)$ können z.B. die Koordinaten $x_i(t)$ und die Geschwindigkeiten $v_i(t)$ eines Massenpunktes auf seiner Bahn oder eines Systems von vielen Massenpunkten sein, sie können die Zahl der Individuen in einer sich ändernden Population darstellen, oder sie können Druck und Temperatur eines zeitlich veränderlichen thermodynamischen Systems angeben.

Wenn der Zustand eines dynamischen Systems zum Zeitpunkt t_2 eindeutig durch seinen Zustand zu einem früheren Zeitpunkt $t_1 < t_2$ bestimmt ist, nennt man die Dynamik *deterministisch* im Gegensatz zur stochastischen oder Zufallsdynamik, wo man für die Entwicklung des Systems nur Wahrscheinlichkeiten angeben kann (z.B. für Vielteilchensysteme, siehe Kap. 11).

Wird der Zustand eines dynamischen Systems zur Zeit t durch die N Größen

$$\boldsymbol{X}(t) = \{\xi_1(t), \xi_2(t), \cdots, \xi_N(t)\} \tag{12.2}$$

beschrieben, die wir in dem Vektor $\boldsymbol{X}(t)$ zusammenfassen, so wird die zeitliche Änderung des Zustandes durch

$$\dot{\boldsymbol{X}}(t) = \left\{ \frac{\mathrm{d}\xi_1(t)}{\mathrm{d}t}, \frac{\mathrm{d}\xi_2(t)}{\mathrm{d}t}, \cdots, \frac{\mathrm{d}\xi_N(t)}{\mathrm{d}t} \right\} \tag{12.3}$$

angegeben.

Strebt das System gegen einen stationären, d.h. zeitlich konstanten Zustand, so muß dort

$$\dot{\boldsymbol{X}}(t) = \boldsymbol{0}$$

gelten. Solche Zustände können in endlicher Zeit erreicht werden (Beispiel: $X = X_0 + at^2$ für $t = \leq 0$, $X = X_0$ für $t > 0 \Rightarrow \dot{\boldsymbol{X}}(t) = \boldsymbol{a} \cdot t$ für $t \leq 0$ und $\dot{\boldsymbol{X}}(t) = \boldsymbol{0}$ für $t > 0$. Häufig strebt das System allerdings nur asymptotisch (für $t \to \infty$) gegen den stationären Zustand.

Oft liegt der Fall vor, daß sich der Zustand eines Systems nicht kontinuierlich, sondern in diskreten Schritten ändert. Ein Beispiel ist die Zahl der Lebewesen einer biologischen Population, in der die Geburten immer in bestimmten Zeitabschnitten stattfinden (z.B. im Frühling). Diese diskrete Dynamik kann durch Differenzengleichungen beschrieben werden im Gegensatz zu den Differentialgleichungen, welche eine kontinuierliche Dynamik darstellen. So wird z.B. die Zahl N_{n+1} der Individuen in der $(n+1)$-ten Generation einer Population durch die Zahl N_n in der n-ten Generation und die Geburten- und Sterberate beschrieben:

$$N_{n+1} = N_n + G_n - S_n\ , \tag{12.4}$$

wobei die Differenz $N_{n+1} - N_n$, also der Zuwachs der Bevölkerung, keine kontinuierliche, sondern eine diskrete Funktion der Zeit ist (siehe Abschn. 12.2).

Wir nennen den N-dimensionalen Raum, dessen Koordinaten $\{\xi_1, \xi_2, \cdots, \xi_n\}$ die Zustandsgrößen des Systems sind, den ***Phasenraum*** des Systems. In diesem Phasenraum wird der Zustand des Systems zum Zeitpunkt t_0 durch einen Punkt $\boldsymbol{X}(t_0)$ beschrieben. Die zeitliche Entwicklung des Systems entspricht dann der Kurve $\boldsymbol{X}(t)$ im Phasenraum, die man die ***Trajektorie*** des Systems nennt. Die Darstellung des dynamischen Systems im Phasenraum heißt *Abbildung* des Systems. Der Vektor $\dot{\boldsymbol{X}}(t)$ gibt dann die Geschwindigkeit des Punktes $\boldsymbol{X}(t)$ im Phasenraum an. Den stationären Zuständen des Systems mit $\dot{\boldsymbol{X}}(t) = 0$ entsprechen zeitlich konstante Punkte im Phasenraum, die ***Fixpunkte*** heißen. Ist das System deterministisch bestimmt, so kann bei stetigen Bewegungen durch jeden Punkt im Phasenraum, der nicht Fixpunkt ist, nur eine Trajektorie gehen. Nur im Fixpunkt können mehr als eine

Trajektorie (im allgemeinen sogar unendlich viele) zusammenlaufen. Deshalb heißt ein solcher Fixpunkt auch ***Attraktor***. Der Bereich aller $\boldsymbol{X}$-Werte, die gegen den Fixpunkt $\boldsymbol{X}_\mathrm{f}$ streben, heißt der ***Einzugsbereich des Attraktors***.

In nichtlinearen Systemen können auch Kurven oder sogar Flächen im Phasenraum als Attraktoren vorkommen, die dann aber wohlgemerkt keine Fixpunkte sind (siehe Beispiel 4).

BEISPIELE

1. Der ungedämpfte harmonische Oszillator mit linearer Rückstellkraft $F = -Dx$ hat die Energie (siehe Abschn. (10.6)

   $$E = \frac{m}{2}\dot{x}^2 + \frac{1}{2}Dx^2$$

   und die Schwingungsfrequenz $\omega_0 = \sqrt{D/m}$. Im Phasenraum mit den Achsen x und $\dot{x}/\omega_0$ wird die Bewegung ein Kreis um den Nullpunkt mit dem Radius $R = \sqrt{2E/D}$ (Abb. 12.3a). Zu jedem Wert von E (Anfangsbedingung) durchläuft das System mit konstanter Frequenz einen wohldefinierten Kreis. Die Bewegung ist stabil.
2. Beim gedämpften Oszillator nimmt die Schwingungsenergie exponentiell ab (Abschn. 10.6). Die entsprechende Trajektorie im Phasenraum ist eine Spirale, die gegen den Nullpunkt als stabilen Attraktor strebt (Abb. 12.3b).
3. Beim angetriebenen Oszillator mit der Bewegungsgleichung (12.1) im chaotischen Bereich ist die der Bewegung in Abb. 12.2b entsprechende Trajektorie im Phasenraum eine irreguläre, nichtgeschlossene Kurve, die schematisch in Abb. 12.3c gezeigt ist.
4. In ein rotierendes Gefäß, dessen Wand ein Rotationsparaboloid $z(r) = ar^2 = a(x^2 + y^2)$ bildet, werden Kugeln eingebracht, die an der Rotation des Gefäßes teilnehmen. Auf die Kugeln wirken Schwerkraft $m \cdot \boldsymbol{g}$, Zentrifugalkraft $m\omega^2 r \cdot \hat{\boldsymbol{r}}_0$ und außerdem eine Reibungskraft $\propto v_\parallel$ parallel zur Wand. Eine stabile Bahn der Kugeln ergibt sich für die Höhe $z = z_f = \frac{1}{2}(\omega^2/g)r^2$, bei der die Vektorsumme der beiden Kräfte senkrecht auf der Gefäßwand steht (Abb. 6.19b). Kugeln, die bei $z > z_f$ rotieren, erfahren eine größere Komponente der Schwerkraft parallel zur Wand, die sie nach unten treibt, soche bei $z < z_f$ werden nach oben getrieben. Für festes ω ist die Bahnkurve $z_f = ar_f^2$ als stabile Bahn ein Attraktor für alle instabilen Kreisbahnen $z(r) \gtrless z_f$.

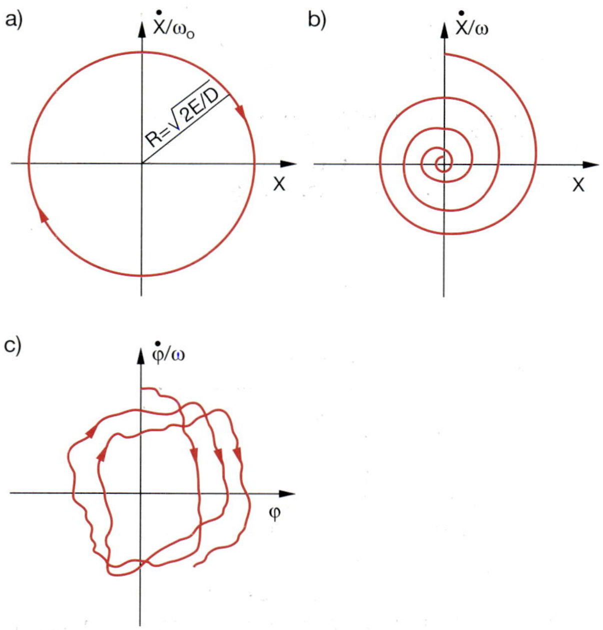

Abb. 12.3. Phasenraumtrajektorien des ungedämpften (**a**) und des gedämpften (**b**) harmonischen Oszillators. In (**c**) ist die Trajektorie der chaotischen Bewegung im instabilen Bereich des nichtlinearen fremderregten Oszillators mit großer Schwingungsamplitude schematisch dargestellt

Wir wollen nun den wichtigen Begriff der Stabilität der Fixpunkte eines dynamischen Systems genauer definieren. Dazu betrachten wir zuerst ein nichtlineares System, das nur von einer Variablen x abhängt und das zu diskreten Zeitpunkten t_n die Werte x_n durchläuft. Der Wert x_{n+1}, den das System zur Zeit t_{n+1} erreicht, hängt vom vorhergehenden Wert x_n ab.

$$x_{n+1} = f(x_n) \ , \tag{12.5}$$

wobei die Funktion $f(x)$ die Entwicklung des Systems beschreibt. Nur wenn ein Fixpunkt x_f erreicht ist, bleibt die Entwicklung stationär, d.h. es gilt

$$x_\mathrm{f} = f(x_\mathrm{f}) \ . \tag{12.6}$$

Wenn die Entwicklung des Systems gegen den Fixpunkt konvergieren soll, d.h. wenn gelten soll: $x_\mathrm{f} = \lim_{n\to\infty} x_n$, dann muß die Abweichung

$$\delta_n = x_n - x_\mathrm{f}$$

mit wachsendem n gegen Null gehen.

Es gilt:

$$\begin{aligned}\delta_{n+1} &= x_{n+1} - x_\mathrm{f} = f(x_n) - x_\mathrm{f} \\ &= f(x_\mathrm{f} + \delta_n) - x_\mathrm{f}\ . \end{aligned} \tag{12.7}$$

Entwickelt man $f(x_\mathrm{f} + \delta_n)$ in eine Taylor-Reihe um x_f

$$f(x_\mathrm{f} + \delta_n) = f(x_\mathrm{f}) + \left(\frac{d}{\mathrm{d}x} f(x)\right)_{x_\mathrm{f}} \cdot \delta_n + \ldots\ ,$$

in der man für genügend kleine δ_n die höheren Glieder vernachlässigen kann, so ergibt (12.7)

$$\delta_{n+1} = \left(\frac{\mathrm{d}f(x)}{\mathrm{d}x}\right)_{x_\mathrm{f}} \cdot \delta_n\ . \tag{12.8}$$

Damit die Abweichungen δ_n für $n \to \infty$ gegen Null streben, muß daher gelten:

$$\left|\frac{\mathrm{d}f(x)}{\mathrm{d}x}\right|_{x_\mathrm{f}} < 1\ . \tag{12.9}$$

Ein System, das bei zwei etwas verschiedenen Anfangswerten x_0 und $x_0 + \varepsilon_0$ startet, erreicht nur dann denselben stationären Endwert (Fixpunkt) x_f, wenn Bedingung (12.9) erfüllt ist. Wegen (12.5) gilt für die Abweichung beim ersten Schritt

$$x_1 + \varepsilon_1 = f(x_0 + \varepsilon_0) \Rightarrow \varepsilon_1 = f(x_0 + \varepsilon_0) - f(x_0)\ ,$$

beim zweiten Schritt

$$x_2 + \varepsilon_2 = f(x_1 + \varepsilon_1) = f(f(x_0 + \varepsilon_0) = f^2(x_0 + \varepsilon_0)$$

und daher beim n-ten Schritt

$$\varepsilon_n = f^n(x_0 + \varepsilon_0) - f^n(x_0)\ .$$

Man definiert als Maß für die Stabilität den ***Ljapunov-Exponenten*** λ durch

$$\begin{aligned}\lambda(x_0) &= \lim_{n\to\infty} \lim_{\varepsilon_0\to\infty} \frac{1}{n} \log \left|\frac{f^n(x_0 + \varepsilon_0) - f^n(x_0)}{\delta_0}\right| \\ &= \lim_{n\to\infty} \frac{1}{n} \log \left|\frac{\mathrm{d}f^n(x)}{\mathrm{d}x}\right|_{x_0}\ . \end{aligned} \tag{12.10}$$

Die Bedingung (12.8) kann dann für große n geschrieben werden als

$$\delta_{n+1} = \delta_n \cdot \mathrm{e}^{\lambda}\ .$$

Für $\lambda < 0$ strebt das System gegen einen stabilen Fixpunkt. Für $\lambda > 0$ werden die Abweichungen immer größer, es gibt keinen stabilen Fixpunkt (Abb. 12.4).

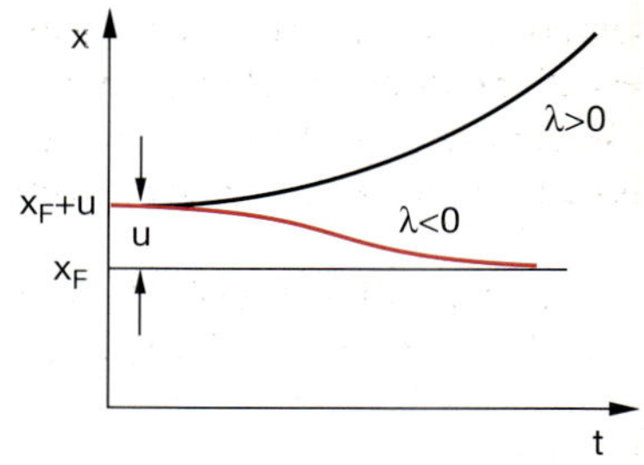

Abb. 12.4. Zeitliche Entwicklung einer kleinen Abweichung u vom Fixpunkt x_f für $\lambda > 0$ und $\lambda < 0$

Der Fall $\lambda = 0$, bei dem die Anfangsabweichung konstant bleibt, wird weiter unten behandelt.

Man kann sich die Stabilität von Fixpunkten graphisch anhand von Abb. 12.5a klarmachen, wo die schematisch dargetellte Trajektorie im Phasenraum $(x, \dot{x})$ die Abbildung einer eindimensionalen Bewe-

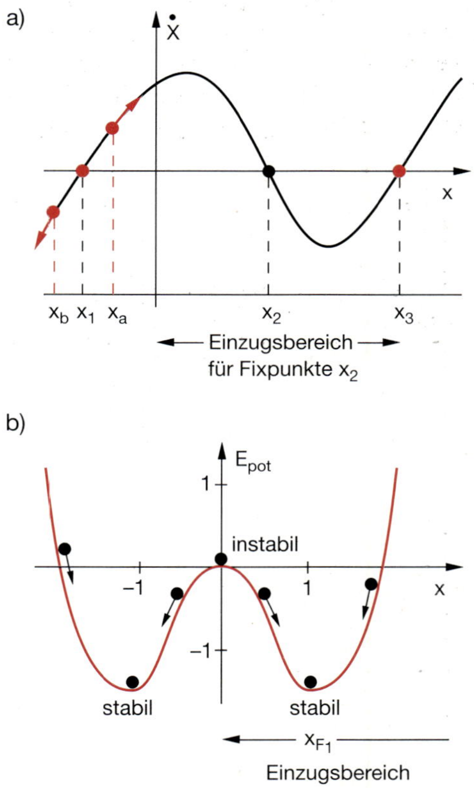

Abb. 12.5. (**a**) Trajektorie im Phasenraum mit instabilen Fixpunkten x_1, x_3 und einem Attraktor bei x_2, mit Einzugsbereich von x_1 bis x_3. (**b**) Teilchen im Potential $E_\mathrm{pot} = -ax^2 + bx^4$ (für $a = 2$, $b = 0{,}5$), das im Maximum bei $x = 0$ eine instabile, in den Minima eine stabile Lage einnehmen kann, wenn $\dot{x} \to 0$ strebt

gungsgleichung bedeutet. Die Schnittpunkte x_K der Kurve mit der horizontalen Geraden $\dot{x} = 0$ sind die Fixpunkte. Dabei sieht man, daß x_1 und x_3 instabile Fixpunkte sind, weil kleine Abweichungen von ihnen im Laufe der Systementwicklung immer größer werden. So strebt z.B. der Zustand x_a in Abb. 12.5a wegen $\dot{x} > 0$ zu größeren x-Werten, also weg von x_1 und ebenso der Zustand x_b wegen $\dot{x} < 0$ zu kleineren Werten von x, also wieder fort von x_1. Der Fixpunkt x_2 ist stabil. Er wirkt als Attraktor mit dem Einzugsgebiet $x_1 < x < x_3$, weil alle Zustände x des Systems innerhalb dieses Bereiches gegen x_2 streben.

Ein Analogiebeispiel wäre ein Teilchen der Masse m in einem eindimensionalen Potential mit der potentiellen Energie

$$E_{\text{pot}}(x) = -ax^2 + bx^4 , \tag{12.11}$$

auf das daher die nichtlineare Kraft

$$F_x(x) = -\frac{\mathrm{d}E_{\text{pot}}}{\mathrm{d}x} = 2ax - 4bx^3 \tag{12.12}$$

wirkt (Abb. 12.5b). Seine Bewegungsgleichung ist dann

$$m\ddot{x} - 2ax + 4bx^3 = 0 . \tag{12.13}$$

Aus dem Energiesatz $\sqrt{m/2}\,\dot{x}^2 + E_{\text{pot}}(x) = E$ erhalten wir den Betrag der Geschwindigkeit

$$v = \dot{x} = \sqrt{\frac{2}{m}(E - E_{\text{pot}})} . \tag{12.14}$$

Für $E = 0$ wird $\dot{x} = 0$ an der Stelle $x = 0$, weil dort $E_{\text{pot}}(0) = 0$ ist. Dies ist jedoch kein stabiler Fixpunkt, weil das Teilchen bei geringer Änderung der Anfangsbedingungen zu den Minima des Potentials strebt, in denen es dann stabil bleibt, wenn seine kinetische Energie (z.B. durch Reibung) gegen Null geht. Die Minima des Potentials bei $x = \pm\sqrt{a/2b}$ entsprechen daher den Attraktoren. Ihr Einzugsgebiet sind für $x_1 = +\sqrt{a/2b}$ alle Werte $x > 0$, für x_2 alle negativen x-Werte.

12.2 Logistisches Wachstumsgesetz und Feigenbaum-Diagramm

Als ein sehr instruktives Beispiel eines nichtlinearen Systems betrachten wir eine biologische Population, deren Zahl N_{n+1} in der $(n+1)$-ten Generation ohne

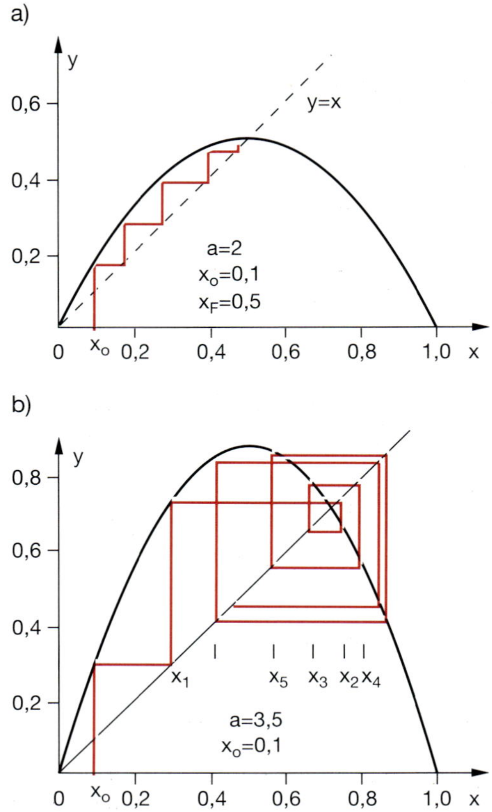

Abb. 12.6a,b. Logistische Abbildung: (**a**) im stabilen Bereich $a = 2$ mit stabilem Fixpunkt $x_f = 0{,}5$; (**b**) im oszillierenden Bereich mit $a = 3{,}5$

sonstige Einschränkungen proportional zur Zahl N_n in der n-ten Generation wäre:

$$N_{n+1} = a \cdot N_n , \tag{12.15}$$

wobei a der Vermehrungsfaktor ist. Durch Futtermangel in der n-ten Generation möge der Vermehrungsfaktor a reduziert werden auf $a(1 - bN_n)$, da ja die Futterreduktion proportional zur Zahl N_n der Futterverbraucher ist. Wir erhalten damit

$$N_{n+1} = a \cdot N_n(1 - bN_n) . \tag{12.16}$$

Ein stationärer Zustand (Fixpunkt) der Bevölkerung wird erreicht für

$$N_{n+1} = N_n = N_{\text{st}} \Rightarrow b = \frac{a-1}{a \cdot N_{\text{st}}} . \tag{12.17}$$

Für $a < 1$ wird $N_{n+1} < N_n$, d.h. die Bevölkerung stirbt aus, selbst für $b = 0$, d.h. wenn kein Futtermangel

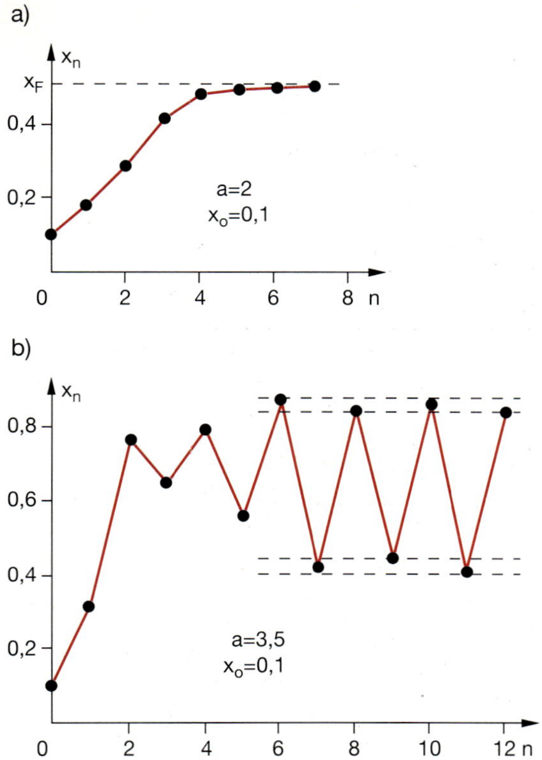

Abb. 12.7a,b. Die ersten Glieder der Reihe x_n: (**a**) schnelle Konvergenz für $a = 2$; (**b**) oszillierendes Verhalten für $a = 3{,}5$

auftritt, während für $a > 1$ und $b = 0$ die Bevölkerung wächst.

Durch die Normierung $x = b \cdot N \leq 1$, geht (12.16) über in die ***Verhulst-Gleichung***:

$$x_{n+1} = ax_n(1 - x_n) = ax_n - ax_n^2 \,. \qquad (12.18)$$

Die Lösungen dieser Gleichung für die verschiedenen Generationen n und ihre Abhängigkeit von dem „Kontrollparameter" a kann man sich gut graphisch verdeutlichen. Dazu zeichnet man die Parabel $y = ax - ax^2$ und die Gerade $y = x$ in ein (y, x)-Diagramm (Abb. 12.6).

Zu jedem Wert $x_n < 1$ findet man dann den durch (12.18) bestimmten Wert x_{n+1} als Ordinatenwert auf der Parabel. Gehen wir von diesem Punkt $(x_n, y_n = x_{n+1})$ in waagerechter Richtung bis zur Geraden $y = x$, so gibt uns der Schnittpunkt den neuen Startwert x_{n+1}, von dem aus durch eine Senkrechte der Schnittpunkt $(x_{n+1}, y_{n+1} = x_{n+2})$ bestimmt wird usw.

Auf diese Weise erhält man die Folge x_n $(n = 0, 1 \ldots)$ als Stufenlinie, startend von einem beliebig gewählten Anfangspunkt x_0. Dies ist in Abb. 12.6a und 12.7a für $x_0 = 0{,}1$ und $a = 2$ illustriert. Man sieht, daß die Folge x_n relativ schnell gegen den Fixpunkt $x_\mathrm{f} = 0{,}5$ konvergiert.

Ganz anders ist die Situation für denselben Startwert $x_0 = 0{,}1$, aber einen anderen Wert $a = 3{,}5$ (Abb. 12.6b, 12.7b). Hier oszilliert die Folge x_n zwischen vier Grenzwerten von Teilfolgen.

Es stellt sich heraus, daß das Verhalten der Folge ganz wesentlich vom Kontrollparameter a abhängt, während der Wert der Glieder x_n für große n nicht vom gewählten Anfangswert x_1 abhängt, solange $a < 3{,}57$ ist. Trägt man die Grenzwerte $\lim_{n\to\infty} x_n$ der logistischen Gleichung (12.18) als Funktion des Parameters a auf, so erhält man das in Abb. 12.8 gezeigte ***Feigenbaum-Diagramm***, das erstmals 1978 von *S. Großmann* aufgestellt und von *M. Feigenbaum* analysiert wurde. Man erkennt aus ihm die folgenden überraschenden Eigenschaften der logistischen Abbildung:

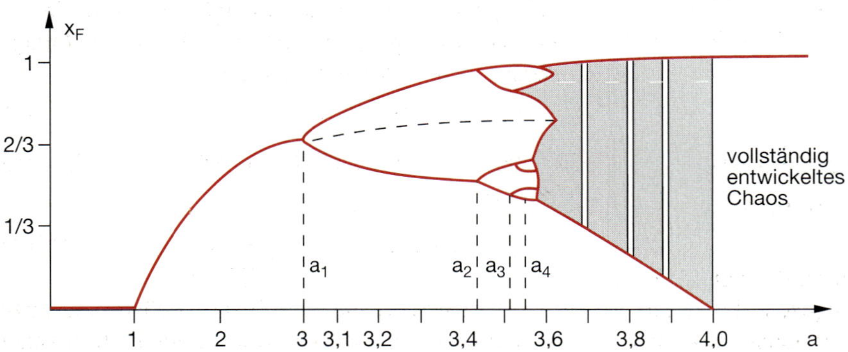

Abb. 12.8. Feigenbaum-Diagramm: Wert des Fixpunktes x_f als Funktion des Kontrollparameters a. Die a_k geben die Bifurkationspunkte an: $a_1 = 3{,}0$ $a_2 = 3{,}449\ldots$; $a_3 = 3{,}544\ldots$; $a_4 = 3{,}564\ldots$

- Für $a \leq 1$ konvergiert die Folge x_n gegen Null, wobei die Konvergenz um so langsamer erfolgt, je näher der Wert von a gegen 1 strebt. Der stabile Fixpunkt des Systems ist daher $x_f = 0$.
- Für $1 < a < 3$ ergibt sich ein stabiler Konvergenzpunkt (Fixpunkt) $\lim_{n\to\infty} x_n = x_F \neq 0$.
- Für $3 < a < a_\infty$ oszillieren die Werte x_n zwischen 2^k-Werten hin und her. Der Exponent k hat den Wert $k = 1$ für $3 < a < 3{,}449\ldots$ (Zweier-Zyklus), er ist $k = 2$ für $3{,}449\ldots < a < 3{,}544\ldots$ (Vierer- Zyklus). Die Punkte (a, x) im Feigenbaum- Diagramm, bei denen k um 1 erhöht wird, heißen ***Bifurkationspunkte***. Am ersten Bifurkationspunkt in Abb. 12.8 spaltet die Kurve $x_f = 1 - 1/a$, welche die stabilen Fixpunkte x_f als Funktion von a bis $a = 3$ angibt, in zwei Kurven auf, welche die Grenzwerte $x_f(a)$ angeben, zwischen denen die Werte x_n oszillieren. Diese beiden Kurven spalten sich dann im zweiten Bifurkationspunkt jeweils wieder auf in je zwei Kurven usw.

  Das System hat also für die Werte $a_k \leq a \leq a_{k+1}$ zwischen den Bifurkationspunkten a_k und a_{k+1} 2^k Attraktoren $x_{fi} = \lim_{n\to\infty} x_{q\cdot n+i}$ (mit $q = 2^k$ und $i = 0, \ldots, 2^k - 1$).

  Mit wachsendem Wert von a wird das Intervall zwischen zwei aufeinanderfolgenden Bifurkationen immer kleiner. Die Werte a_k für die Bifurkationspunkte k-ter Ordnung folgen einer geometrischen Reihe

  $$a_k = a_\infty - c \cdot \delta^{-k} \quad \text{für } k \gg 1 . \qquad (12.19)$$

  Für den Abstand $\Delta_k = a_k - a_{k-1}$ ergibt sich dann:

  $$\Delta_k = c \cdot \delta^{-k}(\delta - 1) . \qquad (12.20)$$

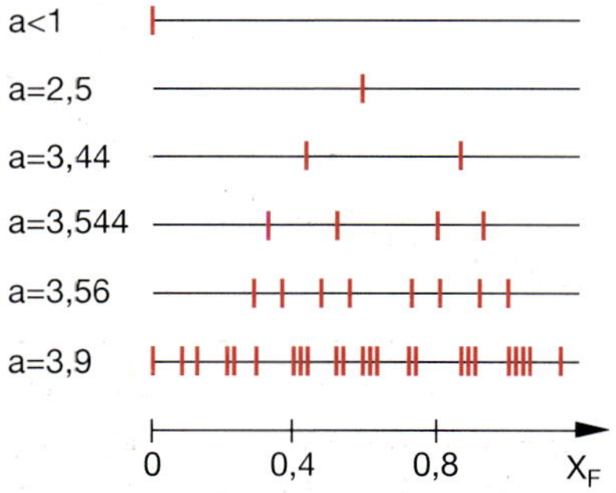

Abb. 12.9. Die Fixpunkte der logistischen Abbildung für verschiedene Werte des Parameters a zur Illustration der Bifurkationen. Für $a \geq 4$ ist die Verteilung chaotisch

  Die ***Feigenbaum-Konstante*** δ wird damit $\delta = \lim_{k\to\infty} \Delta_k/\Delta_{k+1}$. Sie ergibt sich numerisch zu:

  $$\delta \approx 4{,}669201660910\ldots .$$

  Die Folge der Bifurkationspunkte a_k konvergiert gegen einen Grenzwert $a_\infty = \lim_{k\to\infty} a_k = 3{,}5699456\ldots$

  Der Ljapunov-Exponent λ ist im Bereich $3 < a < a_\infty$ immer negativ, außer an den Bifurkationspunkten, an denen $\lambda = 0$ wird.
- Im Wertebereich $a_\infty < a < 4$ treten „chaotische" Bereiche auf, in denen die Werte der Fixpunkte x_f statistisch streuen und der Wert des Ljapunov-Exponenten $\lambda > 0$ ist (Abb. 12.9). Zwischen diesen Bereichen liegen jedoch periodische „Fenster", in denen stabile Fixpunkte auftreten, zwischen denen die Folge x_n oszilliert. Der Ljapunov-Exponent ist in diesen Fenstern negativ. Der chaotische Bereich verdrängt mit steigendem Wert von a immer mehr diese Fenster.
- Für $a = 4$ tritt voll entwickeltes Chaos auf, der Ljapunov-Exponent ist immer positiv. Die Grenzwerte der Folge x_n streuen statistisch zwischen 0 und 1 und hängen empfindlich vom Startwert x_0 ab. In den chaotischen Bereichen liefern rationale Startwerte Fixpunkte, irrationale Startwerte ergeben keine Konvergenz.

An der Grenze zum vollständig chaotischen Bereich bei $a = 4$ läßt sich die logistische Gleichung

$$x_{n+1} = 4x_n(1 - x_n) \qquad (12.21)$$

exakt lösen durch die Funktion

$$x_n = \sin^2(2^n \pi x_0) , \qquad (12.22)$$

wobei x_0 der Startwert ist.

12.3 Bevölkerungsexplosion

Das Wachstum der Erdbevölkerung soll durch ein einfaches Modell beschrieben werden, das trotz seiner vereinfachenden Annahmen eine gute Einsicht in das Problem ermöglicht [12.3].

Sei $z_w(t)$ die weibliche und $z_m(t)$ die männliche Bevölkerung zur Zeit t. Die Sterberate der Frauen möge $a_w \cdot z_w$ und die der Männer $a_m \cdot z_m$ sein. Die Geburtenrate ist proportional zu $z_w \cdot z_m$. Für die zeitliche Veränderung der Population erhalten wir dann:

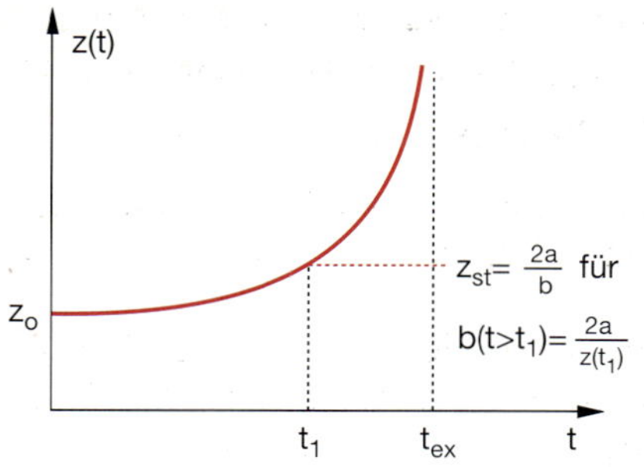

Abb. 12.10. Bevölkerungsexplosion für feste Werte von a und b (*rote Kurve*). Wird zum Zeitpunkt t_1 der Geburtenterm b plötzlich auf $b_{St} = 2a/z(t_1)$ abgesenkt, so stagniert die Bevölkerung bei $z = z(t_1)$

$$\dot{z}_m = -a_m z_m + b_m z_m z_w \,, \tag{12.23a}$$

$$\dot{z}_w = -a_w z_w + b_w z_w z_m \,. \tag{12.23b}$$

Die „Symbioseterme" $b_m z_m z_w$ und $b_w z_w z_m$ machen die Gleichungen nichtlinear und koppeln sie miteinander. Es zeigt sich, daß die Geburts- und Sterberaten für männliche und weibliche Personen sich nicht wesentlich unterscheiden; d.h. wir können näherungsweise setzen: $a_m = a_w = a$ und $b_m = b_w = b$. Außerdem zeigt die Bevölkerungsstatistik, daß die Zahl der männlichen Personen fast gleich der der weiblichen Personen ist, d.h. $z_w \approx z_m$.

Unter diesen Annahmen erhalten wir für die Gesamtzahl $z = z_m + z_w$ der Bevölkerung durch Addition der beiden Gleichungen (12.23a,b) die nichtlineare Gleichung:

$$\dot{z} = -a \cdot z + \frac{b}{2} z^2 \,. \tag{12.24}$$

Für $b = 0$ (keine Geburten) ergibt ihre Lösung

$$z(t) = z_0 e^{-at}$$

eine exponentielle Abnahme der Bevölkerung. Für $a = 0$ und $b \neq 0$ (keine Sterbefälle) erhält man ein unbeschränktes Wachstum

$$z(t) = z_0 \frac{2}{2 - bz_0} \,, \tag{12.25}$$

wie man durch Einsetzen in (12.24) sofort verifiziert.

Nach einer Zeit

$$t_{ex} = \frac{2}{bz_0 t} \,, \tag{12.26}$$

die von der Geburtenrate und der Bevölkerung $z_0 = z(0)$ zu Beginn unserer Zeitskala abhängt, wird $z(t_{ex}) = \infty$.

Für $a \neq 0$ und $b \neq 0$ erhält man als Lösung von (12.24)

$$z(t) = z_0 \frac{2a}{bz_0 - 2 \cdot (bz_0/2 - a)e^{+at}} \,. \tag{12.27}$$

Für $a = bz_0/2$ kompensieren sich Geburten- und Sterberate, die Bevölkerungszahl bleibt stabil ($\dot{z} = 0$), s. Abb. 12.10 bei einem Wert

$$z_{St} = \frac{2a}{b} \,. \tag{12.28}$$

Für $bz_0 > 2a$ wird $\dot{z} > 0$, und die Bevölkerungszahl $z(t)$ „explodiert" zum Zeitpunkt

$$t = t_{exp} = -\frac{1}{a} \ln\left(1 - \frac{2a}{bz_0}\right) \,. \tag{12.29}$$

Natürlich würde sich vor diesem Zeitpunkt infolge Nahrungsmangels und daraus resultierender Kriege die Sterberate erhöhen und die Geburtenrate erniedrigen. Um solche Katastrophen zu vermeiden, muß die Bedingung $a = bz_{St}/2$ möglichst früh erreicht werden. Da infolge besserer medizinischer Versorgung die Sterberate az abnimmt, muß die Geburtenrate $bz^2/2$ drastisch gesenkt werden.

Vergleicht man in Abb. 12.11 die Wachstumsfunktion (12.27) mit Statistiken der Weltbevölkerung, die von der UNO ermittelt wurden, so erkennt

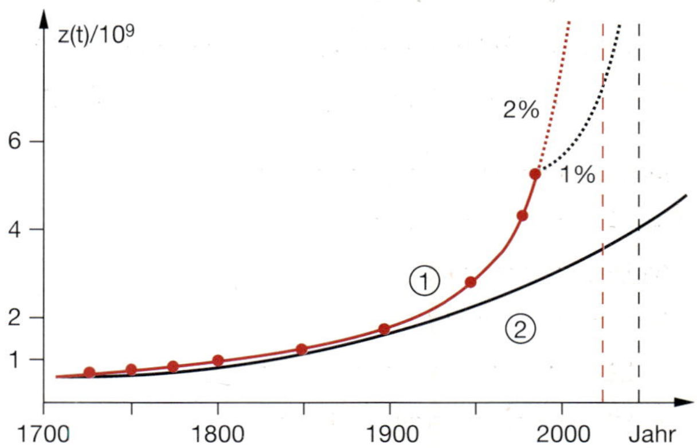

Abb. 12.11. Vergleich der empirischen von der UNO ermittelten Bevölkerungsentwicklung (Kurve *1*) mit dem Modell der Gleichung (12.18) für die Werte $bz_0/2 - a \approx 0{,}003$ von 1750 (Kurve 2). Die gestrichelte rote Extrapolation gilt für 2 % Nettowachstum pro Jahr, die schwarz gestrichelte für 1 %

man, daß das Bevölkerungswachstum auf der Erde mit zeitlich zunehmendem Vermehrungsfaktor $(bz_0/2 - a)$ geschieht. Während im Zeitraum von 1750 bis 1880 die Verdopplungszeit etwa 130 Jahre betrug, sank sie von 1950 bis 1985 auf 35 Jahre. Deshalb steigt die aktuelle Kurve $N(t)$ steiler an als die Wachstumsfunktion (12.27), was das Problem nur noch verschärft.

BEISPIEL

Für das Jahr 1992 wurde die Weltbevölkerung auf etwa $z_0 = 6 \cdot 10^9$ geschätzt. Bei einer mittleren Lebenserwartung von $\tau = 50$ Jahren wird $a = 1/\tau = 0{,}02$/Jahr und die Sterberate $az_0 = 120$ Millionen/Jahr. Bei einer mittleren Geburtenrate von 240 Millionen/Jahr steigt die Weltbevölkerung um 2 % pro Jahr, d.h. der Faktor $bz_0/2 - a$ wird $+0{,}02$.

Einsetzen in (12.2) ergibt

$$t_{ex} = -50 \cdot \ln \frac{0{,}02}{0{,}04} = 50 \ln 2 \approx 35 \text{ Jahre} ,$$

d.h. ohne Änderung der jetzigen Bedingungen würde die Katastrophe nach 35 Jahren, also im Jahre 2027 eintreten.

Verringert man die Geburtenrate, so daß der Nettozuwachs der Bevölkerung auf 1 % gedrückt wird, so verlängert sich die Zeitspanne von heute ($t = 0$) bis zur Explosionszeit auf

$$t_{ex} = 50 \cdot \ln 3 \approx 55 \text{ Jahre} .$$

Man sieht daraus die empfindliche Abhängigkeit des „Explosionszeitpunktes“ von der Nettozuwachsrate.

12.4 Selbstähnlichkeit

Die lineare Differentialgleichung

$$\dot{x} = -ax(t) \tag{12.30a}$$

hat die Lösung

$$x(t) = x_0 \cdot \mathrm{e}^{-at} . \tag{12.30b}$$

Der Anfangswert x_0, der beliebig wählbar ist, und die Konstante a bestimmen das Zeitverhalten von $x(t)$. Wählen wir zwei Lösungen $x_1(t)$ und $x_2(t)$ mit verschiedenen Anfangsbedingungen, d.h. verschiedenen Werten x_{01} und x_{02}, so ist jede Linearkombination $c_1x_1(t) + c_2x_2(t)$ wieder eine Lösung von (12.30a) und ergibt wieder eine Exponentialfunktion.

Bei einer nichtlinearen Differentialgleichung ist dies nicht möglich, wie man sich z.B. an der Gleichung

$$\dot{x} = -ax^2 \tag{12.31a}$$

klarmachen kann. Ihre Lösung ist

$$x(t) = \frac{x_0}{1 + ax_0t} . \tag{12.31b}$$

Für zwei verschiedene Lösungen

$$x_1(t) = \frac{x_{01}}{1 + ax_{01}t} \quad \text{und} \quad x_2(t) = \frac{x_{02}}{1 + ax_{02}t}$$

ist $x_1(t) + x_2(t)$ keine Lösung von (12.31a).

Für große Zeiten t, für die $ax_0t \gg 1$ wird, kann $x(t)$ angenähert werden durch

$$x(t) \approx \frac{1}{at} . \tag{12.31c}$$

Die Lösung hängt dann nicht mehr vom Anfangswert x_0 ab!

Mißt man die Zeit t in einem anderen Maßstab (z.B. in Stunden statt in Sekunden), d.h. ersetzt man t durch λt, so wird aus (12.31c)

$$x(\lambda t) = \frac{1}{\lambda at} = \frac{x(t)}{\lambda} . \tag{12.32}$$

Die Lösungen sind also in ihrem Zeitverhalten auch bei unterschiedlichen Zeitskalen einander ähnlich! Ist z.B. $\lambda = 10$, so erhält man den gleichen Zeitverlauf für $x(\lambda t)$ wie für $x(t)$, wenn man eine 10fach gestreckte x-Skala verwendet.

Diese Skalenähnlichkeit läßt sich in allgemeiner Form darstellen als

$$x(\lambda t) = \lambda^{\kappa} \cdot x(t) . \tag{12.33a}$$

Die Zahl κ heißt Skalenexponent oder auch Ähnlichkeitsexponent. Für die nichtlineare Gleichung (12.31a) wird z.B. $\kappa = -1$.

Aus (12.33a) folgt für die Zeitabhängigkeit der Lösung $x(t)$

$$x(t) \propto t^{\kappa} , \tag{12.33b}$$

weil dann $x(\lambda t) \propto \lambda^{\kappa} t^{\kappa} = \lambda^{\kappa} x(t)$ gilt.

Man sollte sich nochmals ausdrücklich klarmachen, daß für lineare Bewegungsgleichungen ein solches Skalenverhalten nicht gilt. Ersetzt man nämlich in (12.30b) t durch $t' = \lambda t$, so ergibt sich ein anderer exponentieller Abfall

$$x(t') = x_0 \cdot \mathrm{e}^{-a\lambda t} = \frac{(x(t))^{\lambda}}{x_0^{\lambda-1}} \ . \qquad (12.34)$$

Man kann nur dann wieder das gleiche Zeitverhalten errreichen, wenn man die Relaxationskonstante a in a/λ ändert.

Dies bedeutet: Die Konstante a setzt für die Lösung der linearen Gleichung (12.30a) einen Zeitmaßstab fest. Nach $t = 1/a$ ist $x(t)$ auf 1/e seines Anfangswertes x_0 gesunken. Die „mittlere Lebensdauer" $\tau = 1/a$ ergibt daher einen natürlichen Zeitmaßstab für die Lösung (12.30b).

Im Gegensatz dazu wird durch den Parameter a in der nichtlinearen Gleichung (12.31a) kein solcher Zeitmaßstab gesetzt. Man kann eine beliebige Zeitstreckung durch eine entsprechende Änderung der x-Skala wieder kompensieren.

Bei selbstähnlichen Lösungen nichtlinearer Gleichungen fehlt ein natürlicher Maßstab.

Dies gilt nicht nur für zeitabhängige Probleme, sondern für eine ganze Reihe anderer interessanter Phänomene, von denen wir im nächsten Abschnitt nur wenige vorstellen können. Für weitere Beispiele wird auf den ausgezeichneten Artikel von S. Großmann [12.4], an den sich die hier gegebene Darstellung anlehnt, und auf die Literatur [12.1–3] verwiesen.

12.5 Fraktale

Die gemessene Länge einer zerklüfteten Küstenlinie hängt davon ab, wie fein der verwendete Maßstab ist. Dies kann man sich an dem berühmten Beispiel der ***Kochschen Kurve*** klarmachen, die folgendermaßen konstruiert wird:

Teilt man eine gerade Strecke der Länge L_0 auf in drei Teilabschnitte und ersetzt den mittleren durch zwei Schenkel eines gleichseitigen Dreiecks (Abb. 12.12), so hat jedes gerade Teilstück die Länge $L_0/3$, die gesamte Länge ist also $L_1 = 4L_0/3 = 1{,}33L_0$. Teilt man jetzt wieder jede der vier Teil-

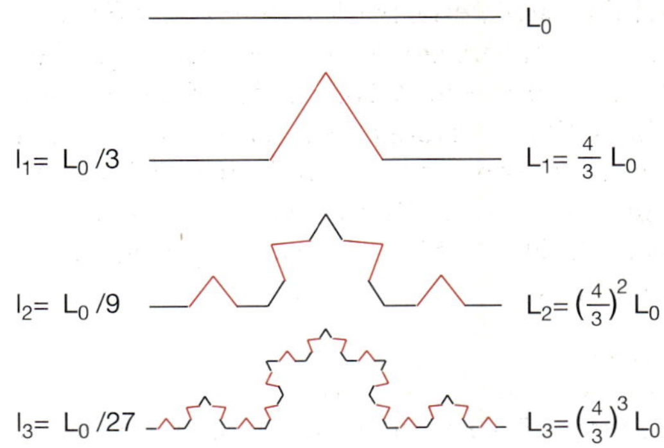

Abb. 12.12. Konstruktion der Kochschen Kurve

strecken in je drei Unterabschnitte und ersetzt den mittleren durch die Dreiecksschenkel, so wird die gesamte Länge

$$L_2 = \tfrac{16}{9} L_0 = \left(\tfrac{4}{3}\right)^2 L_0 = 1{,}78 L_0 \ .$$

Nach n Schritten erhält man dann

$$L_n = \left(\tfrac{4}{3}\right)^n L_0 \ . \qquad (12.35)$$

Wie man aus (12.35) sieht, strebt die Länge der Kurve mit zunehmender Verfeinerung der Unterteilung gegen Unendlich

$$\lim_{n\to\infty} L_n = \infty \ .$$

Die ***Koch-Kurve*** zeigt selbstähnliches Verhalten. Bei der n-ten Iteration ist die Maßstabslänge (d.h. die Länge jeder Einzelstrecke) $l_n = L_0/3^n$. Die Gesamtzahl der Einzelstrecken ist $N_n = 4^n$. Deshalb gilt:

$$N(l/3) = 4N(l) \ , \qquad (12.36)$$

weil bei jeder Iteration die Maßstabslänge um den Faktor 3 verkleinert und die Zahl der Einzelstrecken um den Faktor 4 vergrößert wird. Ein Vergleich mit dem Skalengesetz (12.33b), das hier als

$$N(\lambda \cdot l) = \lambda^{\kappa} \cdot N(l) \qquad (12.37)$$

geschrieben werden kann, liefert $\lambda = 1/3$ und $\lambda^{\kappa} = 4$, so daß der Skalenparameter

$$\kappa = -\frac{\ln 4}{\ln 3} = -1{,}2618$$

wird. Man kann das Skalengesetz (12.37) auch schreiben als

$$N(l) \propto l^{\kappa} \ .$$

Die Länge der Kochkurve ist dann bei einer Maßstabsgröße l:

$$L(l) = l \cdot N(l) \propto l^{\kappa+1} \ .$$

Man sieht hier erneut, daß $\lim_{l\to 0} L(l) = \infty$, obwohl der direkte Abstand $\Delta L = x_1 - x_2 = L_0$ zwischen Anfangs- und Endpunkt der Kurve einen endlichen Wert hat. Die unendliche Kurvenlänge kommt von der immer feiner werdenden *Noppenstruktur* der Kurve.

Überdeckt man die Kurve durch $N(l)$ aneinandergereihte kleine Quadrate der Kantenlänge l, so wird deren Gesamtfläche

$$F(l) = l^2 \cdot N(l) \propto l^2 \cdot l^\kappa = l^{0{,}7382} \ .$$

Der Grenzwert dieser Fläche ist

$$\lim_{l\to 0} F(l) = 0 \ .$$

Die Koch-Kurve ist also *mehr* als eine Linie (weil ihre Länge unendlich ist) aber *weniger* als eine Fläche, weil ihr Flächeninhalt bei einer Dicke $l \to 0$ gegen Null geht. Ihre Dimension d sollte daher zwischen 1 und 2 liegen.

Bildet man ganz allgemein das d-dimensionale Volumen, wobei d irgendeine, nicht notwendig ganze Zahl sein soll,

$$V_d(l) \propto l^d \cdot N(l) \propto l^{d+\kappa} \ , \quad (12.38)$$

so springt der Grenzwert $\lim_{l\to 0} V_d(l)$ bei $d = -\kappa$ von unendlich auf Null.

Man definiert nun den Wert

$$d = d_\mathrm{f} = -\kappa \quad (12.39)$$

als die ***fraktale Dimension*** der Kurve, weil $d = 1{,}2618\ldots$ einen gebrochenen (d.h. nicht ganzzahligen) Wert hat. Für diesen Wert d_f hat das d_f-dimensionale Volumen V_{d_f} einen endlichen Wert, der maßstabsunabhängig ist. Aus (12.38) folgt nämlich für $d = -\kappa$:

$$V_{d_\mathrm{f}}(\lambda l) \propto (\lambda l)^{d_\mathrm{f}+\kappa} = (\lambda l)^0 = 1 \ .$$

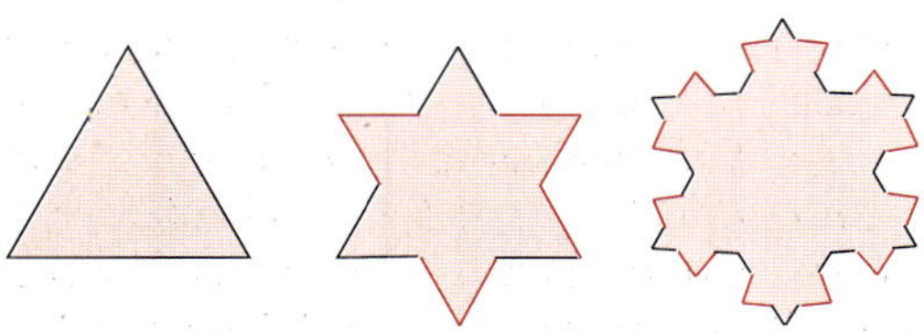

Abb. 12.13. Kochsche Kurve in geschlossener Form

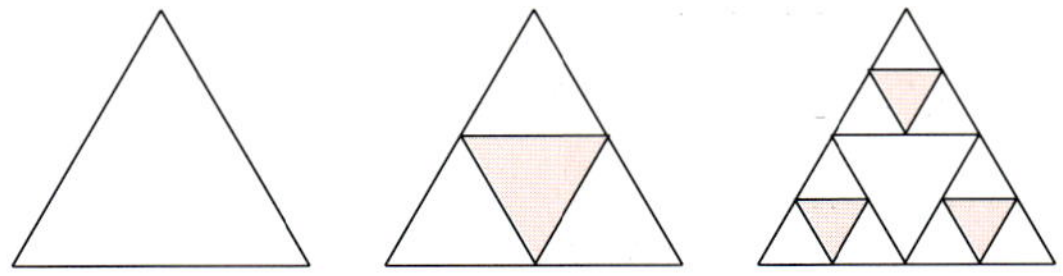

Abb. 12.14. Konstruktion des Sierpinksi-Gitters

Zeichnet man die Koch-Kurve in geschlossener Form, wie in Abb. 12.13, so sieht man, daß sie eine endliche Fläche umschließt, die für $l \to 0$ endlich bleibt, obwohl die Länge der Randkurve gegen unendlich geht.

Die gebrochenen Dimensionen wurden in allgemeiner Form bereits von *Felix Hausdorff* (1868–1942) eingeführt. Die fraktale Dimension d_f, bei welcher der Grenzwert des Volumens V_d einer Menge von ∞ auf 0 springt, heißt daher auch ***Hausdorff-Dimension***.

Es gibt viele weitere Beispiele für Gebilde mit fraktaler Dimension. In Abb. 12.14 ist das ebene ***Sierpinski-Gitter*** gezeigt, dessen fraktale Dimension

$$d = \frac{\ln 3}{\ln 2} \approx 1{,}5849\ldots$$

ist.

12.6 Mandelbrot-Mengen

Im Abschn. 12.2 hatten wir am Beispiel der Verhulst-Dynamik den Weg vom stabilen Verhalten eines Systems über die Bifurkationspunkte ins chaotische Gebiet illustriert. Einen noch allgemeineren Weg ins Chaos hat *B. Mandelbrot* 1980 angegeben, der zu ästhetisch ungemein reizvoller Computergraphik führt.

Die Grundidee basiert auf einem nichtlinearen Rückkopplungsschema für komplexe Zahlen. Statt der eindimensionalen Iterationsgleichung (12.18) der logistischen Abbildung werden hier Punkte der komplexen Zahlenebene iteriert nach der Iterationsgleichung:

$$z_{n+1} = z_n^2 + c \ , \quad (12.40)$$

wobei c eine komplexe Zahl ist, die das entstehende Muster von Punkten z_n bestimmt. Die Folge z_n kann bei vorgegebenem Startwert z_0 nach dem Schema der Abb. 12.15 vom Computer berechnet und in der x-y-

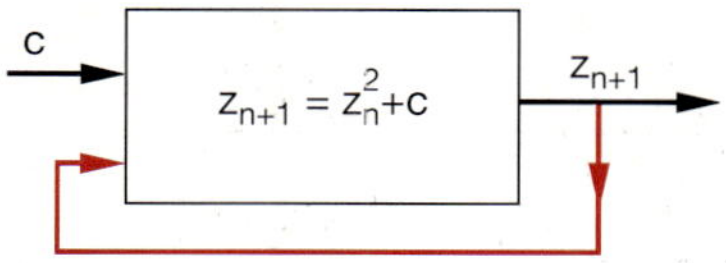

Abb. 12.15. Rückkoppelschleife zur Berechnung der kompexen Zahlenfolgen einer Mandelbrot-Menge

Ebene dargestellt werden. Wir wollen uns dies an einigen Beispielen ansehen:

- $c = 0$, Startwert $|z_0| < 1$. Mit steigendem n werden die z_n immer kleiner und spiralen für $n \to \infty$ gegen den Nullpunkt, der daher Attraktor ist für alle Werte z mit $|z| < 1$, d.h. für alle Punkte der xy-Ebene innerhalb des Kreises mit dem Radius $r = 1$ (Abb. 12.16).
  Für einen Startwert z_0 mit $|z_0| > 1$ divergiert die Zahlenfolge z_n. Man kann daher formal $z = \infty$ als den Attraktor mit dem Einzugsgebiet $|z| > 1$ betrachten.
  Für Anfangswerte z_0 mit $|z_0| = 1$ bleiben alle Punkte zu der Zahlenfolge auf diesem Kreis, weil gilt:
  $$|z_1| = |z_0^2| = 1 \, .$$
  Der Kreis bildet also eine Grenzlinie zwischen den Einzugsgebieten der beiden Attraktoren $z_{A1} = 0$ und $z_{A2} = \infty$.

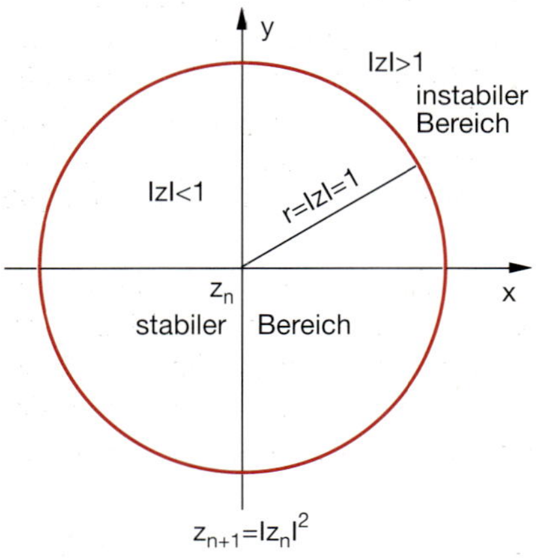

Abb. 12.16. Stabiler Bereich der Folge $z_{n+1} = z_n^2$ ist die Fläche innerhalb des Kreises $|z| = 1$. Alle Startwerte mit $|z_0| < 1$ konvergieren gegen $z_\infty = 0$, mit $|z_0| = 1$ führen sie zu Folgen, die immer auf dem Kreis bleiben, für $|z_0| > 1$ divergieren die Folgen

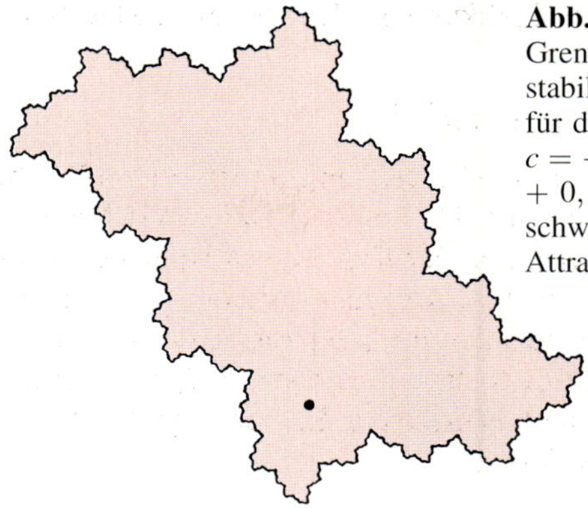

Abb. 12.17. Grenzkurve des stabilen Bereichs für die Parameter $c = -0,12375 + 0,56508i$. Der schwarze Punkt ist Attraktor [12.4]

- Wählen wir nun $c \neq 0$, so ergeben sich überraschende Zahlenfolgen. Startet man z.B. mit $z_0 = 0$, so lautet die Folge (12.40):
  $$z_1 = c; \quad z_2 = c^2 + c; \quad z_3 = (c^2 + c)^2 + c; \quad \ldots \, .$$

Für $c = 1 + \mathrm{i}$ ergibt dies z.B.

$$z_1 = 1 + \mathrm{i}; \quad z_2 = 1 + 3\mathrm{i}; \quad z_3 = -7 + 7\mathrm{i};$$
$$z_4 = 1 - 97\mathrm{i}; \quad z_5 = -9407 - 193\mathrm{i}; \ \ldots \, .$$

Man sieht, daß die Punkte z_n in der komplexen Zahlenebene von einer auf die nächste Iteration große Sprünge machen und daß die Zahlenfolge unseres Beispiels divergiert.

Man erhält wieder einen Bereich in der komplexen Zahlenebene, für den die Folge konvergiert. Der Attraktor ist nun aber im allgemeinen nicht Null, und die Begrenzungskurve zwischen stabilem und instabilem Bereich ist auch kein Kreis mehr sondern eine komplizierte Kurve (Abb. 12.17). Ähnlich wie die Koch-Kurve zeigt diese Grenzkurve Selbstähnlichkeit, d.h. sie hat eine fraktale Struktur. Wenn man sie vergrößert, hat jeder vergrößerte Teilabschnitt eine ähnliche Struktur wie der nichtvergrößerte längere Abschnitt. Man nennt solche Grenzkurven auch ***Julia-Mengen***.

Die ***Mandelbrot-Menge*** besteht nun gerade aus allen Zahlen c, für welche die Folge z_n für einen vorgegebenen Startwert $z_0 = 0$ nicht divergiert. Für die Iteration (12.40) sind das z.B. Werte $c = a + ib$ mit $-2 < a < 1$ und $-1{,}5 < b < +1{,}5$. Man muß nun ein Computerprogramm entwerfen, das für solche Zahlen c die Grenzkurven des stabilen Bereiches errechnet.

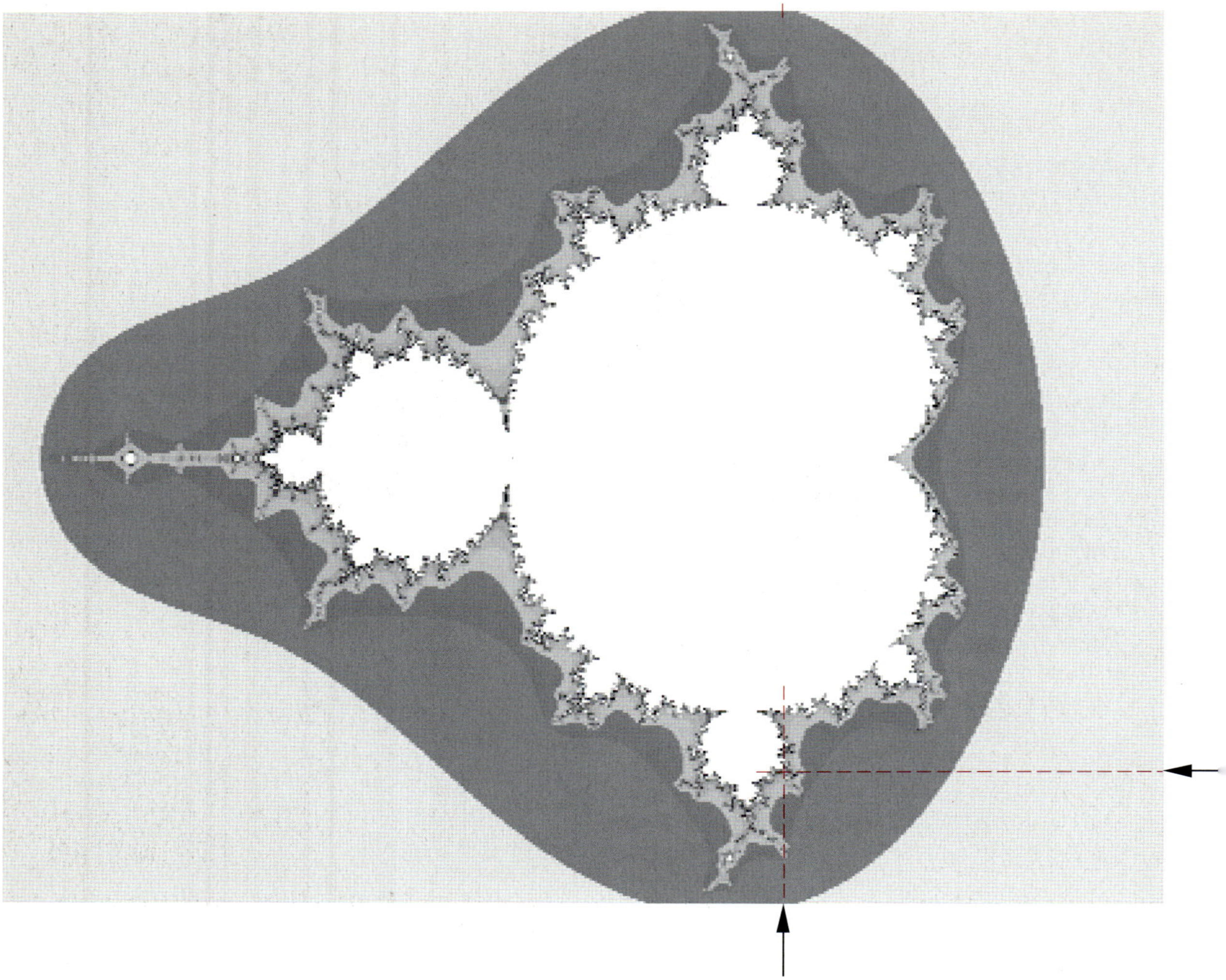

Abb. 12.18. Mandelbrot-Menge der c-Werte, für die (12.40) mit $z_0 = 0$ konvergiert (*weiße Fläche*). Alle getönten Flächen geben c-Werte an, die zu divergenten Folgen führen. Die Tönung richtet sich nach dem Wert von n, bei dem z_n zum ersten Mal außerhalb der Rechteckfläche liegt (mit freundlicher Genehmigung von Prof. Korsch [12.11])

Wählt man z.B. als Ausschnitt ein Rechteck $-A \leq x \leq +A$, $-B \leq y \leq +B$ in der komplexen Zahlenebene, so kann man für jeden Wert $c = x + \mathrm{i}y$ in diesem Ausschnitt untersuchen, ob die Folge (12.40) konvergiert oder ob sie divergiert. Man ordnet dann jeden Punkt c eine Farbe zu, die davon abhängt, nach wievielen Iterationsschritten die Folge (12.40) die Ausschnittsfläche verläßt. In Abb. 12.18 ist dies durch verschiedene Grautönung illustriert. Die weißen Flächen sind die eigentliche Mandelbrot-Menge der c-Werte, die zu konvergenten Folgen führen. Die getönten Bereiche gehören zu c-Werten mit divergenten Folgen.

Die Mandelbrot-Mengen sind selbstähnlich. Vergrößert man den winzigen Bereich in Abb. 12.18, der im Schnittpunkt der beiden Pfeile liegt, so ergibt sich Abb. 12.19.

Die ästhetische Schönheit solcher Mandelbrot-Mengen wird erst richtig durch farbige Computergraphik sichtbar (siehe [12.5]) und Farbtafel 9.

Abb. 12.19. Stark vergrößerter Ausschnitt einer Fläche von etwa 1 mm^2 um den Schnittpunkt der beiden Pfeile in Abb. 12.18. (Mit freundlicher Genehmigung von Prof. Korsch [12.11])

12.7 Folgerungen für unser Weltverständnis

Bis zum Ende des vorigen Jahrhunderts war die überwiegende Mehrzahl der Physiker davon überzeugt, daß alle Naturvorgänge streng deterministisch ablaufen und daß es, zumindest im Prinzip, möglich ist, die Anfangsbedingungen eines Systems so genau zu bestimmen, daß man seine zukünftige Entwicklung exakt vorhersagen könnte. Dies wird durch die berühmte Aussage von *Laplace* illustriert, der 1776 schrieb [12.10]:

„Der momentane Zustand des Systems Natur ist offensichtlich eine Folge dessen, was er im vorherigen Moment war, und wenn wir uns eine Intelligenz vorstellen, die zu einem Zeitpunkt alle Beziehungen zwischen den Teilen des Universums verarbeiten kann, so könnte sie Orte, Bewegungen und allgemeine Beziehungen zwischen diesen Teilen für alle Zeitpunkte in Vergangenheit und Zukunft vorhersagen."

Dieser ***Laplacesche Dämon*** wäre dann in der Lage, unser aller Schicksal genau vorherzusagen. Dieses streng *deterministische Weltbild* hat dann die Frage aufgeworfen: Was kann der freie Wille des Menschen überhaupt noch bewirken, wenn seine zukünftige Entwicklung bereits durch die von ihm nicht beeinflußbaren Anfangsbedingungen festgelegt ist?

Bereits *Poincaré*, der sehr viel Vorarbeit in der nichtlinearen Dynamik geleistet hat, schrieb 1903:

„Eine sehr kleine Ursache, die wir nicht bemerken, bewirkt einen künstlichen Effekt, den wir nicht übersehen können, und dann sagen wir, der Effekt sei zufällig."

Wir sehen daraus, daß keineswegs der deterministische Charakter der Natur in Frage gestellt wird, d.h. das Kausalitätsprinzip wird akzeptiert, aber die Voraussetzung der genügend genauen Kenntnis der Anfangsbedingungen ist für instabile Systeme, bei denen bereits infinitesimale Änderungen dieser Bedingungen zu völlig anderen Entwicklungen führen können, nicht mehr gegeben.

Als dann die Quantentheorie ab 1905 entwickelt wurde, konnte diese These der exakten Kenntnis der Anfangsbedingungen fundiert widerlegt werden. Wie in Bd. 3 gezeigt wird, ist es nicht möglich, gleichzeitig Ort und Impuls eines Teilchens exakt zu bestimmen, d.h. sein Anfangszustand kann nicht nur wegen unvermeidbarer Meßfehler, sondern auch prinzipiell nicht exakt angegeben werden.

Für stabile Systeme hat diese geringe „Unbestimmtheit" keinen merklichen Einfluß. Für chaotische Systeme kann sie jedoch gravierende Folgen für die Vorhersagbarkeit haben.

Man sieht, daß das Studium nichtlinearer Phänomene und die Chaosforschung, die beide noch am Anfang ihrer Entwicklung stehen, viele neue Möglichkeiten eröffnen für ein tieferes Verständnis unserer komplexen Welt.

ÜBUNGSAUFGABEN

1. Eine Masse m wird von 4 gleichen Federn der Rückstellkonstante k und der Länge L, die in $\pm x$-Richtung und $\pm y$-Richtung gespannt sind, im Nullpunkt der $(x-y)$-Ebene im Gleichgewicht gehalten.
   a) Wie heißt die Bewegungsgleichung, wenn m in x-Richtung ausgelenkt wird?
   b) Wie läßt sich diese Gleichung für $x \ll L$ in die Form $\ddot{x} + ax + bx^3 = 0$ bringen, und wie groß sind a und b?
   c) Wie groß ist die Schwingungsfrequenz für $bx^2 \ll a$ (lineare Näherung), und wie ändert sie sich in der nichtlinearen Näherung b)?
2. Zeigen Sie, daß die nichtlineare Schwingungsgleichung
   $$\ddot{x} + ax + bx^3 = 0, \quad a, b > 0$$
   mit den Anfangsbedingungen $x(0) = x_0$, $\dot{x}(0) = 0$ periodische Lösungen besitzt.
3. Zeigen Sie, daß sich die nichtlineare Schwingungsgleichung
   $$m\ddot{x} = -k_1 x - k_2 x^2$$
   mit den Anfangsbedingungen $x(0) = x_0$; $\dot{x}(0) = 0$ durch die Substitution $\omega_0^2 = k_1/m$, $y = x/x_0$; $t^* = \omega_0 t$ in die dimensionslose Form
   $$\frac{\mathrm{d}^2 y}{\mathrm{d}t^{*2}} + y - \varepsilon y^2 = 0$$
   mit $\varepsilon = x_0 \cdot k_2/k_1$ bringen läßt. Bestimmen Sie für $\varepsilon = 0{,}1$ die Frequenzverschiebung gegen ω_0.
4. Bestimmen Sie die Fixpunkte für das Differentialgleichungssystem
   $$\dot{x}_1 = \lambda_1 x_1 - \lambda_2 x_1 x_2$$
   $$\dot{x}_2 = \lambda_2 x_1 x_2 - \lambda_3 x_2 \ .$$
   Für welche Werte der λ_i sind die Fixpunkte stabil, metastabil oder instabil?
5. Die Bewegungsgleichung der gedämpften Pendelschwingung ist:
   $$\ddot{\varphi} + \gamma\dot{\varphi} + \omega_0^2 \sin\varphi = 0 \text{ mit } \omega_0^2 = g/L \ .$$
   Geben Sie die Schwingungsdauer $T(\varphi)$ an, und bestimmen Sie die Verhältnisse $T(\varphi)/T_0$ für
   $$\varphi = \pi/4,\ \pi/2,\ 3\pi/4 \text{ und } \pi \ .$$
6. Wie heißt die Lösung der logistischen Wachstumsfunktion $\dot{z}(t) = az - bz^2$? Nach welcher Zeit hat sich z für den Fall $b = a$ verdoppelt? Gegen welchen Grenzwert strebt $z(t \to \infty)$?
7. Bestimmen Sie die Fixpunkte x_{F} und den Ljapunov Exponenten λ der logistischen Gleichung $x_{n+1} = a \cdot x_n(1 - x_n)$ für $a = 3{,}1$ und $a = 3{,}3$.
8. Zeigen Sie, daß die fraktale Dimension des Sierpinski-Gitters $d_{\mathrm{f}} = 1{,}5849$ ist.

▶

9. Man bestimme Fixpunkt bzw. Attraktor für die in Polarkoordinaten gegebene Differentialgleichung:

$$\dot{r} = -r(-a + r^2) \text{ für a} < 0, \ \text{a} = 0 \text{ und a} > 0.$$
$$\dot{\varphi} = \omega_0 = \text{const} .$$

10. Ein Teilchen der Masse m bewegt sich in einem Potential $V = V(x_0) + a \cdot (x - x_0)^2 + b \cdot (x - x_0)^3$. Wie heißt die (nichtlineare) Bewegungsgleichung?
Bis zu welcher Amplitude x_{max} erhält man eine periodische Bewegung?

Anhang

A.1 Vektorrechnung

1.1 Definition des Vektors

Eine gerichtete Strecke nennen wir einen ***Vektor***. Ihre Länge heißt ***Betrag des Vektors***.

Zwei Vektoren sind gleich, wenn sie in Betrag und Richtung übereinstimmen. Der Betrag des Vektors ist eine reine Zahl (unabhängig von der Richtung). Solche Zahlen nennt man Skalare.

> Da eine Parallelverschiebung im Raum weder Länge noch Richtung von Strecken ändert, sind zwei Vektoren auch dann gleich, wenn sie nicht in derselben Geraden liegen, sondern nur parallel sind und gleiche Länge haben.

Der Anfangspunkt, von dem aus der Vektor aufgetragen ist, heißt der ***Angriffspunkt des Vektors***.

1.2 Darstellung von Vektoren

Jeder Vektor im dreidimensionalen Raum läßt sich darstellen als Linearkombination dreier linear unabhängiger Basisvektoren. Die Auswahl dieser Basisvektoren hängt von der Wahl des Koordinatensystems ab.

1.2.1 Kartesische Koordinaten

Tragen wir einen Vektor $\boldsymbol{r}$ im kartesischen Koordinatensystem x, y, z vom Nullpunkt aus ab, so definiert sein Endpunkt einen Punkt $P(x, y, z)$ mit den Koordinaten (x, y, z) (Abb. A.1). Diese Koordinaten sind die Projektionen des Vektors auf die drei Koordinatenachsen. Man nennt sie die ***Komponenten des Vektors***.

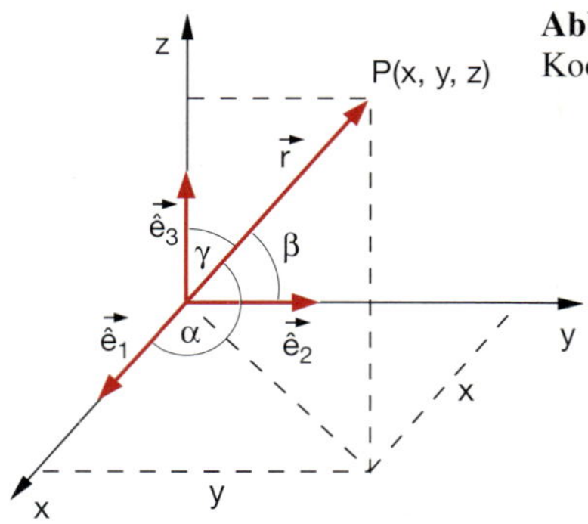

Abb. A.1. Kartesisches Koordinatensystem

Durch seine Komponenten ist ein Vektor eindeutig bestimmt. Denn seine Länge ist nach dem Satz des Pythagoras

$$|\boldsymbol{r}| = \sqrt{x^2 + y^2 + z^2} \tag{A.1}$$

(folgt aus Abbildung und Satz des Phythagoras) und seine Richtung wird durch die Winkel α, β, γ gegen die Koordinatenachsen festgelegt, wobei

$$\cos\alpha = \frac{x}{\sqrt{x^2+y^2+z^2}} \;, \quad \cos\beta = \frac{y}{\sqrt{x^2+y^2+z^2}} \;,$$
$$\cos\gamma = \frac{z}{\sqrt{x^2+y^2+z^2}}$$

gilt.

Man schreibt diese Komponentendarstellung:

$$\boldsymbol{r} = \{x, y, z\} \;.$$

Ein Vektor der Länge 1 (d.h. $\sqrt{x^2 + y^2 + z^2} = 1$) heißt ***Einheitsvektor***. Man kann ihn darstellen als $\hat{\boldsymbol{e}} = \boldsymbol{r}/|\boldsymbol{r}|$ mit $|\hat{\boldsymbol{e}}| = 1$. Spezielle Einheitsvektoren sind die drei in Richtung der drei Koordinatenachsen zeigenden Vektoren

$$\hat{\boldsymbol{e}}_1 = \{1, 0, 0\} \;;\; \hat{\boldsymbol{e}}_2 = \{0, 1, 0\} \;;\; \hat{\boldsymbol{e}}_3 = \{0, 0, 1\} \;.$$

Man kann jeden Vektor im kartesischen Koordinatensystem darstellen durch

$$\boldsymbol{r} = x\hat{\boldsymbol{e}}_1 + y\hat{\boldsymbol{e}}_2 + z\hat{\boldsymbol{e}}_3 \; . \tag{A.2}$$

1.2.2 Sphärische oder Polarkoordinaten

Ein Punkt P ist in *sphärischen Koordinaten* definiert durch die Angabe von r, ϑ und φ (Abb. A.2). Der Vektor von 0 nach P ist deshalb bestimmt durch seine Länge $r = |\boldsymbol{r}|$ und die Winkel ϑ und φ, die seine Richtung eindeutig festlegen.

Die Umrechnung in kartesische Koordinaten ist gegeben durch

$$x = r \sin\vartheta \cos\varphi$$
$$y = r \sin\vartheta \sin\varphi$$
$$z = r \cos\vartheta \; .$$

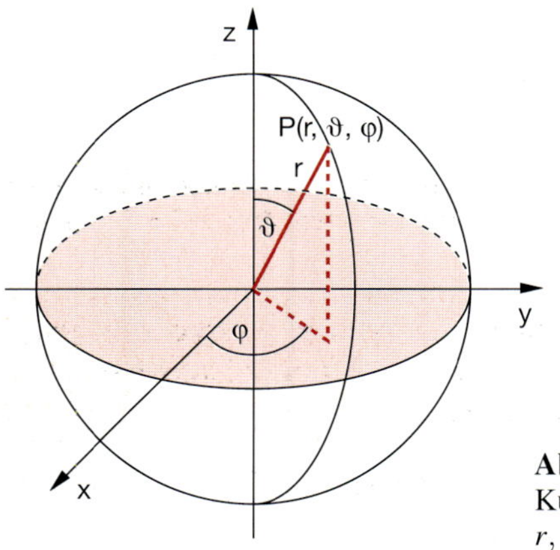

Abb. A.2. Kugelkoordinaten r, ϑ, φ

1.2.3 Zylindrische Koordinaten (Abb. A.3)

$$P = P(\varrho, \varphi, z)$$
$$x = \varrho \cos\varphi$$
$$y = \varrho \sin\varphi$$
$$z = z \; .$$

Die Länge des Vektors ist:

$$|\boldsymbol{r}| = \sqrt{\varrho^2 + z^2} \; ;$$

seine Richtung ist bestimmt durch den Winkel φ und das Verhältnis z/ϱ.

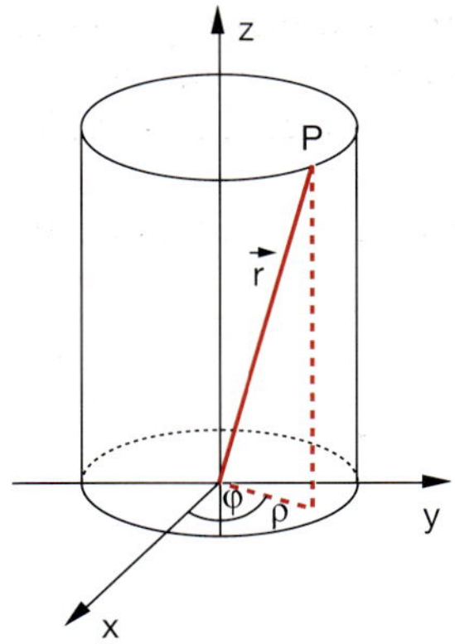

Abb. A.3. Zylinderkoordinaten ϱ, φ, z

1.3 Polare und axiale Vektoren

Die oben als gerichtete Strecken definierten Vektoren $\boldsymbol{r}$ haben die Eigenschaft, daß $\boldsymbol{r}$ in $-\boldsymbol{r}$ übergeht, wenn man eine Spiegelung des Koordinatenraumes am Nullpunkt vornimmt, also $x \to -x$; $y \to -y$; $z \to -z$ transformiert. Deshalb nennt man diese Vektoren auch ***polare Vektoren***.

Außer diesen polaren Vektoren gibt es auch solche, die neben Richtung und Länge noch einen Drehsinn bestimmen.

BEISPIEL

Man kann Größe und Richtung eines Flächenstückes A durch seine Flächennormale definieren. Diese Flächennormale ist ein Vektor $\boldsymbol{A}$, der senkrecht auf der Fläche steht und dessen Länge $|\boldsymbol{A}|$ gleich der Größe der Fläche ist. Seine Richtung ist so definiert, daß er eine Rechtsschraube bildet, wenn man den Flächenrand umläuft (wie ein Korkenzieher (Abb. A.4)).

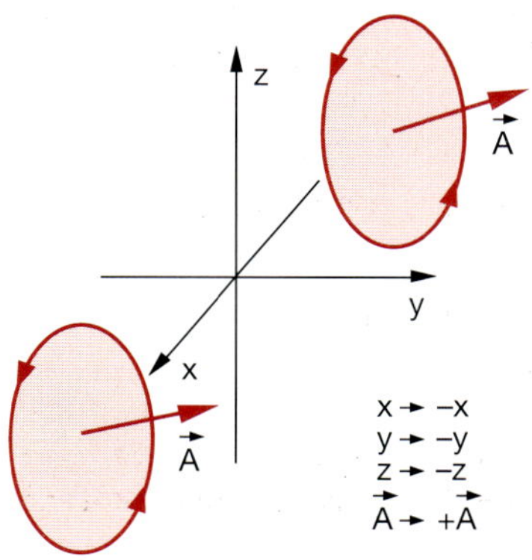

Abb. A.4. Flächennormalenvektor $\boldsymbol{A}$ als axialer Vektor, der durch den Drehsinn definiert ist. Bei der Koordinatentransformation $\boldsymbol{r} \to -\boldsymbol{r}$ bleibt $\boldsymbol{A}$ in der Richtung einer Rechtsschraube

Bei einer ***Koordinaten-Transformation*** ($x \to -x$; $y \to -y$; $z \to -z$) bleibt der Drehsinn erhalten, also geht $\boldsymbol{A}$ in $+\boldsymbol{A}$ und nicht $\boldsymbol{A} \to -\boldsymbol{A}$ über, d.h. $\boldsymbol{A}$ bildet wieder eine Rechtsschraube.

Solche Vektoren nennt man ***axiale Vektoren*** (s. auch Abschn. A. 1.5.3,4).

1.4 Addition von Vektoren

Definition

Vektoren werden addiert, indem die entsprechenden Komponenten addiert werden (Abb. A.5). Aus $\boldsymbol{a} = \{a_1, a_2, a_3\}$ und $\boldsymbol{b} = \{b_1, b_2, b_3\}$ gilt für den Summenvektor

$$\boldsymbol{c} = \boldsymbol{a} + \boldsymbol{b} \,,$$
$$\boldsymbol{c} = \{a_1 + b_1, a_2 + b_2, a_3 + b_3\} \,. \qquad \text{(A.3)}$$

Insbesondere läßt sich nach dieser Regel jeder Vektor darstellen als Summe der Komponentenvektoren

$$\boldsymbol{a} = \{a_1, a_2, a_3\} = a_1\hat{\boldsymbol{e}}_1 + a_2\hat{\boldsymbol{e}}_2 + a_3\hat{\boldsymbol{e}}_3 \,,$$

wie man leicht nachprüfen kann.

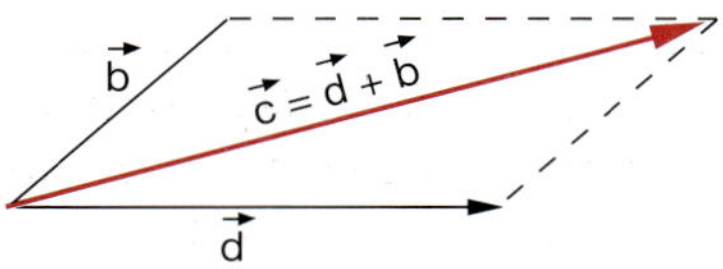

Abb. A.5. Addition von Vektoren

BEISPIEL

Zeigen Sie, daß die bekannte graphische Addition (Abb. A.5), nach der der Summenvektor $\boldsymbol{c}$ die Diagonale im Parallelprogramm der Summanden $\boldsymbol{a}$ und $\boldsymbol{b}$ ist, der obigen Additionsregel entspricht!

1.5 Multiplikation von Vektoren

1.5.1 Multiplikation eines Vektors mit einem Skalar

Ein Vektor $\boldsymbol{a} = \{a_1, a_2, a_3\}$ wird mit einem Skalar c multipliziert, indem jede Komponente mit c multipliziert wird.

$$c \cdot \boldsymbol{a} = c\{a_1, a_2, a_3\} = \{ca_1, ca_2, ca_3\}$$
$$|c\boldsymbol{a}| = |c| \cdot |\boldsymbol{a}| \,.$$

1.5.2 Das Skalarprodukt

Als ***Skalarprodukt*** zweier Vektoren

$$\boldsymbol{a} = \{a_1, a_2, a_3\} \quad \text{und} \quad \boldsymbol{b} = \{b_1, b_2, b_3\}$$

bezeichnet man den Skalar

$$c = \boldsymbol{a} \cdot \boldsymbol{b} = |\boldsymbol{a}| \cdot |\boldsymbol{b}| \cdot \cos\alpha \,. \qquad \text{(A.4)}$$

c ist die Projektion von $\boldsymbol{b}$ auf $\boldsymbol{a}$ mal $|\boldsymbol{a}|$. Das Skalarprodukt c ist Null für $\alpha = 90°$ (Abb. A.6).

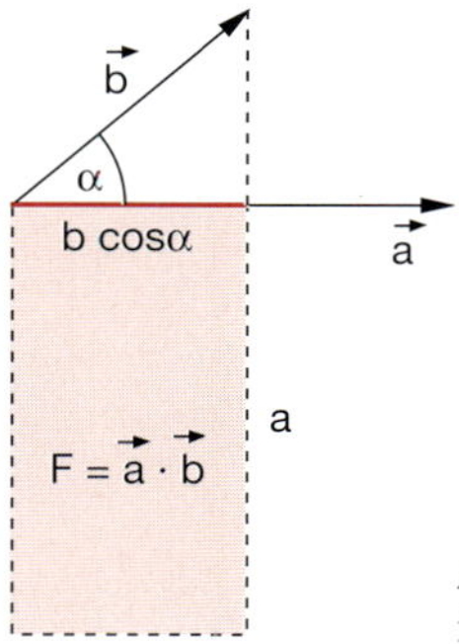

Abb. A.6. Das Skalarprodukt $\boldsymbol{a} \cdot \boldsymbol{b}$ ist gleich der Fläche $F = ab\cos\alpha$

Zwei von Null verschiedene Vektoren stehen genau dann senkrecht aufeinander, wenn ihr Skalarprodukt Null ist.

Für die drei Einheitsvektoren $\hat{\boldsymbol{e}}_1, \hat{\boldsymbol{e}}_2, \hat{\boldsymbol{e}}_3$ gilt deshalb:

$$\hat{\boldsymbol{e}}_i \cdot \hat{\boldsymbol{e}}_k = \delta_{ik} \,, \quad i, k = 1, 2, 3 \,,$$

wo δ_{ik} das Kroneckersymbol heißt, für das gilt:

$$\delta_{ik} = \begin{cases} 1 & \text{für} \quad i = k, \\ 0 & \text{für} \quad i \neq k \,. \end{cases}$$

Man kann das Skalarprodukt auch durch die Komponenten der beiden Vektoren ausdrücken:

$$\boldsymbol{a} = a_1\hat{\boldsymbol{e}}_1 + a_2\hat{\boldsymbol{e}}_2 + a_3\hat{\boldsymbol{e}}_3$$
$$\boldsymbol{b} = b_1\hat{\boldsymbol{e}}_1 + b_2\hat{\boldsymbol{e}}_2 + b_3\hat{\boldsymbol{e}}_3$$
$$(\boldsymbol{a} \cdot \boldsymbol{b}) = (a_1\hat{\boldsymbol{e}}_1 + a_2\hat{\boldsymbol{e}}_2 + a_3\hat{\boldsymbol{e}}_3) \cdot (b_1\hat{\boldsymbol{e}}_1 + b_2\hat{\boldsymbol{e}}_2 + b_3\hat{\boldsymbol{e}}_3)$$
$$= a_1b_1 + a_2b_2 + a_3b_3 \qquad \text{(A.5)}$$
$$\text{wegen } \hat{\boldsymbol{e}}_i \cdot \hat{\boldsymbol{e}}_k = \delta_{ik} \,.$$

3 Das Vektorprodukt

Definition

Das ***Vektorprodukt*** zweier Vektoren $\boldsymbol{a}$ und $\boldsymbol{b}$ ist ein Vektor $\boldsymbol{c} = (\boldsymbol{a} \times \boldsymbol{b})$

- der senkrecht auf $\boldsymbol{a}$ und $\boldsymbol{b}$ steht,
- der eine Rechtsschraube bildet, wenn $\boldsymbol{a}$ auf dem kürzesten Wege in Richtung $\boldsymbol{b}$ gedreht wird, und
- dessen Betrag $|\boldsymbol{c}| = |\boldsymbol{a}|\,|\boldsymbol{b}| \sin\alpha$ ist.

Man schreibt:

$$\boldsymbol{c} = (\boldsymbol{a} \times \boldsymbol{b}) \quad \text{oder} \quad \boldsymbol{c} = [\boldsymbol{a}, \boldsymbol{b}] \,.$$

$\boldsymbol{c}$ definiert also außer Länge und Richtung noch einen Drehsinn! d.h. das Vektorprodukt ist ein axialer Vektor.

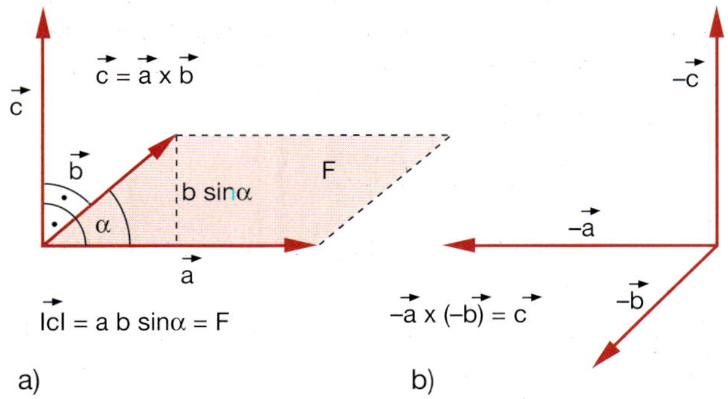

Abb. A.7. Das Vektorprodukt als Flächennormalenvektor

Man beachte deshalb:

$$(\boldsymbol{a} \times \boldsymbol{b}) = -(\boldsymbol{b} \times \boldsymbol{a}) \,.$$

$|\boldsymbol{a}|\,|\boldsymbol{b}| \sin\alpha$ ist gleich dem Flächeninhalt des von $\boldsymbol{a}$ und $\boldsymbol{b}$ aufgespannten Parallelogramms (Abb. A.7a). Das Vektorprodukt kann deshalb als Flächennormale zu dem von $\boldsymbol{a}$ und $\boldsymbol{b}$ aufgespannten Parallelogramm angesehen werden.

$\boldsymbol{c} = (\boldsymbol{a} \times \boldsymbol{b})$ ist ein axialer Vektor, da bei Spiegelung am Nullpunkt $\boldsymbol{a} \to -\boldsymbol{a}$, $\boldsymbol{b} \to -\boldsymbol{b} \Rightarrow \boldsymbol{c} \to \boldsymbol{c}$ übergeht (Abb. A.7b).

Für die Einheitsvektoren gilt:

$$\hat{\boldsymbol{e}}_1 \times \hat{\boldsymbol{e}}_2 = \hat{\boldsymbol{e}}_3 \,, \; \hat{\boldsymbol{e}}_2 \times \hat{\boldsymbol{e}}_3 = \hat{\boldsymbol{e}}_1 \,, \; \hat{\boldsymbol{e}}_3 \times \hat{\boldsymbol{e}}_1 = \hat{\boldsymbol{e}}_2 \,.$$

Daraus folgt die ***Komponentendarstellung des Vektorproduktes***:

$$\begin{aligned}\boldsymbol{c} &= (\boldsymbol{a} \times \boldsymbol{b}) \\ &= \{a_2 b_3 - a_3 b_2; a_3 b_1 - a_1 b_3; a_1 b_2 - a_2 b_1\} \,.\end{aligned} \qquad \text{(A.6)}$$

Prüfen Sie das durch Ausmultiplizieren nach!

Man kann diese Komponentenschreibweise symbolisch durch eine ***Determinantenschreibweise*** abkürzen:

$$\boldsymbol{c} = \begin{vmatrix} \hat{\boldsymbol{e}}_1 & \hat{\boldsymbol{e}}_2 & \hat{\boldsymbol{e}}_3 \\ a_1 & a_2 & a_3 \\ b_1 & b_2 & b_3 \end{vmatrix} = (a_2 b_3 - a_3 b_2)\hat{\boldsymbol{e}}_1 + (a_3 b_1 - a_1 b_3)\hat{\boldsymbol{e}}_2 + (a_1 b_2 - a_2 b_1)\hat{\boldsymbol{e}}_3 \,. \qquad \text{(A.7)}$$

1.5.4 Mehrfache Produkte

a) Skalarprodukte eines polaren und eines axialen Vektors

$d = \boldsymbol{c} \cdot (\boldsymbol{a} \times \boldsymbol{b})$ ist das Skalarprodukt der beiden Vektoren $\boldsymbol{c}$ und $(\boldsymbol{a} \times \boldsymbol{b})$. Bei einer Spiegelung am Nullpunkt geht der ***polare Vektor*** $\boldsymbol{c} \to -\boldsymbol{c}$ über, der ***axiale Vektor*** $(\boldsymbol{a} \times \boldsymbol{b})$ dagegen wechselt nicht sein Vorzeichen. Deshalb geht $d \to -d$ über. Man nennt d einen ***Pseudoskalar***.

Da $d = |\boldsymbol{c}|\,|\boldsymbol{a} \times \boldsymbol{b}| \cos\beta$, stellt $|d|$ das Volumen des Parallelepipeds (schiefwinkliger Quader) dar, das von den Vektoren $\boldsymbol{a}$, $\boldsymbol{b}$ und $\boldsymbol{c}$ aufgespannt wird (Abb. A.8).

Man kann dieses Dreifachprodukt (auch ***Spatprodukt*** genannt) darstellen durch eine Determinante

$$\boldsymbol{c} \cdot (\boldsymbol{a} \times \boldsymbol{b}) = \begin{vmatrix} a_1 & a_2 & a_3 \\ b_1 & b_2 & b_3 \\ c_1 & c_2 & c_3 \end{vmatrix} \,. \qquad \text{(A.8)}$$

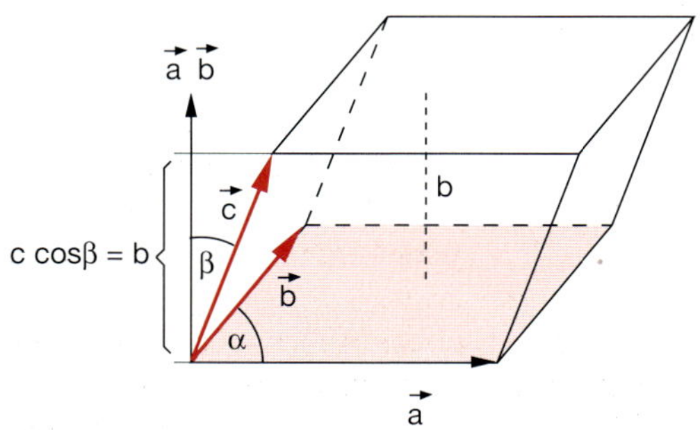

Abb. A.8. Spatprodukt $d = \boldsymbol{c} \cdot (\boldsymbol{a} \times \boldsymbol{b})$ als Volumen des von $\boldsymbol{a}$, $\boldsymbol{b}$ und $\boldsymbol{c}$ aufgespannten Parallelepipeds

b) Vektorprodukt eines polaren und eines axialen Vektors

$$\boldsymbol{d} = \boldsymbol{c} \times (\boldsymbol{a} \times \boldsymbol{b}) \ .$$

Da $\boldsymbol{a} \times \boldsymbol{b}$ senkrecht auf $\boldsymbol{a}$ und auf $\boldsymbol{b}$ steht, $\boldsymbol{d}$ aber senkrecht auf $(\boldsymbol{a} \times \boldsymbol{b})$, muß $\boldsymbol{d}$ in der Ebene von $\boldsymbol{a}$ und $\boldsymbol{b}$ liegen, also sich darstellen lassen als

$$\boldsymbol{d} = x\boldsymbol{a} + y\boldsymbol{b} \ , \quad (x, y = \text{ Zahlen}) \ .$$

Einsetzen der Komponenten für $\boldsymbol{a}$, $\boldsymbol{b}$ und $\boldsymbol{c}$ gibt unter Berücksichtigung der obigen Rechenregeln:

$$\begin{aligned} x &= c_1 b_1 + c_2 b_2 + c_3 b_3 \\ y &= -c_1 a_1 - c_2 a_2 - c_3 a_3 \Rightarrow \end{aligned} \tag{A.9}$$

$$\boldsymbol{c} \times (\boldsymbol{a} \times \boldsymbol{b}) = (\boldsymbol{c} \cdot \boldsymbol{b})\boldsymbol{a} - (\boldsymbol{c} \cdot \boldsymbol{a})\boldsymbol{b} \ .$$

Da das Vektorprodukt bei Vertauschen der Reihenfolge der Faktoren das Vorzeichen wechselt, gilt:

$$(\boldsymbol{a} \times \boldsymbol{b}) \times \boldsymbol{c} \neq \boldsymbol{c} \times (\boldsymbol{a} \times \boldsymbol{b}) \neq \boldsymbol{a} \times (\boldsymbol{b} \times \boldsymbol{c}) \ .$$

Es gilt hier weder das Kommutativgesetz noch das Assoziativgesetz.

Aus (A.9) folgt:

$$\boldsymbol{a} \times (\boldsymbol{b} \times \boldsymbol{c}) + \boldsymbol{b} \times (\boldsymbol{c} \times \boldsymbol{a}) + \boldsymbol{c} \times (\boldsymbol{a} \times \boldsymbol{b}) = \boldsymbol{0}. \tag{A.10}$$

Aus den obigen Relationen folgt ferner:

$$(\boldsymbol{a} \times \boldsymbol{b}) \cdot (\boldsymbol{c} \times \boldsymbol{d}) = (\boldsymbol{a} \cdot \boldsymbol{c})(\boldsymbol{b} \cdot \boldsymbol{d}) - (\boldsymbol{a} \cdot \boldsymbol{d})(\boldsymbol{b} \cdot \boldsymbol{c}), \tag{A.11a}$$

$$(\boldsymbol{a} \times \boldsymbol{b})^2 = a^2 b^2 - (\boldsymbol{a} \cdot \boldsymbol{b})^2 \ . \tag{A.11b}$$

1.6 Differentiation von Vektoren

1.6.1 Vektorfelder

Kann man jedem Raumpunkt $P(x, y, z)$ einen Vektor $\boldsymbol{a} = \{a_x, a_y, a_z\}$ zuordnen, so heißt $\boldsymbol{a} = \boldsymbol{a}(x, y, z)$ ein ***Vektorfeld***. Jede Komponente von $\boldsymbol{a}$ ist dann eine Funktion der Raumkoordinaten; $a_x = f_1(x, y, z)$, $a_y = f_2(x, y, z)$, $a_z = f_3(x, y, z)$, d.h. Länge und Richtung von $\boldsymbol{a}$ hängen vom jeweiligen Raumpunkt ab. Sind die Komponenten außerdem von der Zeit t abhängig, so bildet $\boldsymbol{a} = \boldsymbol{f}(x, y, z, t)$ ein zeitlich veränderliches Vektorfeld. Ist $\boldsymbol{a}$ unabhängig von t, so heißt das Vektorfeld ***stationär***.

BEISPIELE

1. Die Geschwindigkeit $\boldsymbol{v}$ der Flüssigkeitsteilchen in einer Stromröhre mit räumlich veränderlichem Querschnitt bildet ein Vektorfeld. Ist der Wasserdruck zeitlich veränderlich, so bildet $\boldsymbol{v} = \boldsymbol{f}(x, y, z, t)$ ein nichtstationäres Geschwindigkeitsfeld.
2. Die Kraft auf eine Masse im Schwerefeld der Erde ist vom Abstand zum Erdmittelpunkt abhängig. Das Kraftfeld ist stationär.

1.6.2 Differentiation eines Vektors nach einer skalaren Größe

Der Vektor $\boldsymbol{r} = (x, y, z)$ sei eine stetige Funktion einer Variablen t, z.B. der Zeit

$$\boldsymbol{r} = \boldsymbol{r}(t) \ ,$$

d.h. seine Komponenten sind stetige Funktionen der Zeit. Die Änderung von $\boldsymbol{r}$ mit t wird durch die Änderung der Komponenten mit t bestimmt (Abb. A.9).

$$\boldsymbol{r}(t) = \{x(t), y(t), z(t)\}$$

$$\frac{\Delta \boldsymbol{r}}{\Delta t} = \frac{\boldsymbol{r}(t + \Delta t) - \boldsymbol{r}(t)}{\Delta t}$$

ist dann eine Abkürzung für die drei Komponentengleichungen

$$\frac{\Delta x}{\Delta t} = \frac{x(t + \Delta t) - x(t)}{\Delta t}$$

und entsprechend für y, z.

Im Grenzwert $\Delta t \to 0$ gilt dann

$$\lim_{\Delta t \to 0} \frac{\Delta x}{\Delta t} = \frac{\mathrm{d}x}{\mathrm{d}t} \quad \text{usw.} \ ,$$

und damit wird

$$\lim_{\Delta t \to 0} \frac{\Delta \boldsymbol{r}}{\Delta t} = \frac{\mathrm{d}\boldsymbol{r}}{\mathrm{d}t} \quad \text{mit} \quad \frac{\mathrm{d}\boldsymbol{r}}{\mathrm{d}t} = \dot{\boldsymbol{r}} \overset{\text{Def}}{=} \{\dot{x}, \dot{y}, \dot{z}\} \ , \tag{A.12}$$

d.h. ein Vektor wird nach einer skalaren Größe differenziert, indem jede Komponente differenziert wird.

Entsprechend gelten für die Differentiation von Produkten die gleichen Regeln wie bei skalaren Funktionen:

$$\frac{\mathrm{d}}{\mathrm{d}t}(\boldsymbol{a} \cdot \boldsymbol{b}) = \dot{\boldsymbol{a}} \cdot \boldsymbol{b} + \boldsymbol{a} \cdot \dot{\boldsymbol{b}} \tag{A.13a}$$

$$\frac{\mathrm{d}}{\mathrm{d}t}(\boldsymbol{a} \times \boldsymbol{b}) = (\dot{\boldsymbol{a}} \times \boldsymbol{b}) + (\boldsymbol{a} \times \dot{\boldsymbol{b}}) \ . \tag{A.13b}$$

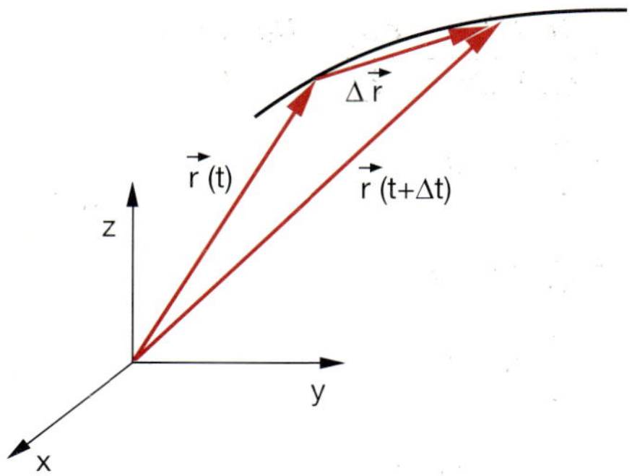

Abb. A.9. Zur Differentation eines Vektors nach der Zeit

Beim Vektorprodukt muß man auf die Reihenfolge der Faktoren achten, da $(\boldsymbol{a} \times \dot{\boldsymbol{b}}) = -(\dot{\boldsymbol{b}} \times \boldsymbol{a})$ ist!

1.6.3 Der Gradient einer skalaren Größe

Die partielle Ableitung $\partial f/\partial x$ einer skalaren Funktion $f(x, y, z)$ gibt die Änderung von f pro Längeneinheit in x-Richtung an, während y und z konstant gehalten werden. Hat man z.B. eine Fläche $z = f(x, y)$ so gibt $(\partial z/\partial x)_P$ die Steigung der Fläche in x-Richtung im Punkte P an. Entsprechendes gilt für $(\partial f/\partial y)$.

Der Vektor

$$\mathbf{grad}\ f = \nabla f = \left\{\frac{\partial f}{\partial x}, \frac{\partial f}{\partial y}, \frac{\partial f}{\partial z}\right\}, \qquad \text{(A.14)}$$

dessen Komponenten die partiellen Ableitungen von $f(x, y, z)$ bilden, heißt ***Gradient*** der Funktion f. Man benutzt zur abgekürzten Schreibweise das Symbol ***Nabla*** ∇ (nach einem altägyptischen Saiteninstrument, das unserer Harfe ähnlich ist) und definiert formal als Vektor den Differentialoperator:

$$\nabla = \left\{\frac{\partial}{\partial x}, \frac{\partial}{\partial y}, \frac{\partial}{\partial z}\right\}, \qquad \text{(A.15)}$$

der seine physikalische Bedeutung erst erhält, wenn er auf eine skalare Funktion f angewandt wird. Man kann dann den Gradienten **grad** f schreiben als Produkt des Vektors ∇ mit der skalaren Funktion f.

Will man die totale Änderung $(\mathrm{d}f)_{\boldsymbol{n}}$ der Funktion $f(x, y, z)$ bestimmen, wenn man vom Punkte $P_1(x, y, z) = P_1(\boldsymbol{r})$ in einer beliebigen Richtung $\mathrm{d}\boldsymbol{n}$ zum benachbarten Punkte $P_2(\boldsymbol{r} + \mathrm{d}\boldsymbol{n})$ geht, so ergibt dies

$$(\mathrm{d}f)_{\boldsymbol{n}} = \frac{\partial f}{\partial x}\mathrm{d}n_x + \frac{\partial f}{\partial y}\mathrm{d}n_y + \frac{\partial f}{\partial z}\mathrm{d}n_z = \mathrm{d}\boldsymbol{n} \cdot \nabla f\,. \qquad \text{(A.16)}$$

$(\mathrm{d}f)_{\boldsymbol{n}}$ wird maximal, wenn $\mathrm{d}\boldsymbol{n}$ parallel zu **grad** f ist.

Der Gradient ∇f gibt also die Richtung der größten Änderung von $f(x, y, z)$ an (Abb. A.10).

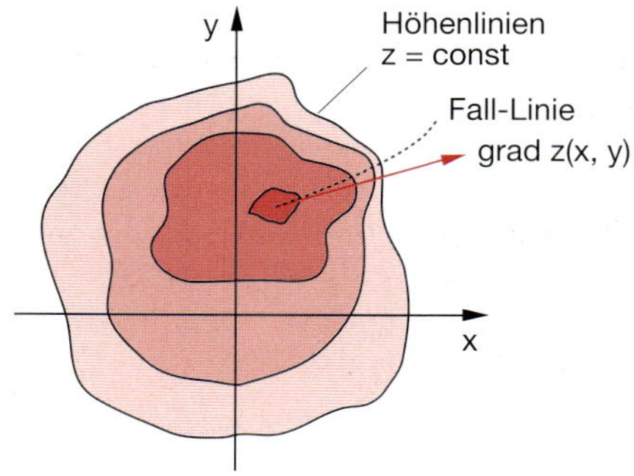

Abb. A.10. Der Gradient ∇f steht senkrecht auf den Höhenlinien $f = \text{const}$

BEISPIEL

Für die Fläche $z = f(x, y)$, welche die Höhe z als Funktion der ebenen Koordinaten x, y angibt, steht ∇z immer senkrecht auf den Höhenlinien $z = \text{const}$. Der Gradient ist also immer der Tangentenvektor an die ***Fallinien***.

1.6.4 Die Divergenz eines Vektorfeldes

Das Skalarprodukt des Vektors ∇ mit einer vektoriellen Funktion $\boldsymbol{u}(x, y, z)$ (z.B. das ortsabhängige Geschwindigkeitsfeld $u(x, y, z)$ einer Strömung) heißt die ***Divergenz des Vektorfeldes***

$$\operatorname{div} \boldsymbol{u}(x, y, z) = \nabla \cdot \boldsymbol{u}\,. \qquad \text{(A.17)}$$

Nach der Definition des Nabla-Operators in (A.15) gilt:

$$\nabla \cdot \boldsymbol{u} = \frac{\partial u_x}{\partial x} + \frac{\partial u_y}{\partial y} + \frac{\partial u_z}{\partial z}\,. \qquad \text{(A.18)}$$

Wie in Kap. 8 gezeigt wird, gibt die Divergenz

$$\operatorname{div} \boldsymbol{u} \mathrm{d}V = \boldsymbol{u} \cdot \mathrm{d}\boldsymbol{S}$$

eines Volumenelementes $\mathrm{d}V$ den aus der Umrandungsfläche $\mathrm{d}\boldsymbol{S}$ von $\mathrm{d}V$ ausströmenden Vektorfluß $\boldsymbol{u}$ an.

$\operatorname{div} \boldsymbol{u}$ heißt deshalb auch ***Quellergiebigkeit*** des Vektorfeldes $\boldsymbol{u}(x, y, z)$.

1.6.5 Die Rotation eines Vektorfeldes

Das Vektorprodukt

$$\nabla \times \boldsymbol{u} = \mathbf{rot}\, \boldsymbol{u} \tag{A.19}$$

des Vektors ∇ mit dem Vektor $\boldsymbol{u}(x, y, z)$ heißt ***Rotation des Vektorfeldes u***.

Nach den ***Rechenregeln für Vektorprodukte*** (Abschn. A. 1.5) gilt für die Komponenten:

$$\begin{aligned}
(\nabla \times \boldsymbol{u})_x &= \left(\frac{\partial u_z}{\partial y} - \frac{\partial u_y}{\partial z}\right) \\
(\nabla \times \boldsymbol{u})_y &= \left(\frac{\partial u_x}{\partial z} - \frac{\partial u_z}{\partial u_x}\right) \\
(\nabla \times \boldsymbol{u})_z &= \left(\frac{\partial u_y}{\partial x} - \frac{\partial u_x}{\partial y}\right) .
\end{aligned} \tag{A.20}$$

Wie in Kap. 8 gezeigt wird, ist **rot** $\boldsymbol{u}$ ein Maß für die Rotation von Wirbeln in einer Strömung mit dem Geschwindigkeitsfeld $\boldsymbol{u}(x, y, z)$.

1.6.6 Mehrfach-Differentiationen

Mit Hilfe des ***Nabla-Operators*** lassen sich höhere räumliche Ableitungen von skalaren Funktionen $f(x, y, z)$ oder von Vektorfeldern $\boldsymbol{u}(x, y, z)$ übersichtlich schreiben:

- $\nabla \cdot (\nabla f) = \operatorname{div} \mathbf{grad} f$

$$\begin{aligned}
&= \frac{\partial}{\partial x}\left(\frac{\partial f}{\partial x}\right) + \frac{\partial}{\partial y}\left(\frac{\partial f}{\partial y}\right) + \frac{\partial}{\partial z}\left(\frac{\partial f}{\partial z}\right) \\
&= \frac{\partial^2 f}{\partial x^2} + \frac{\partial^2 f}{\partial y^2} + \frac{\partial^2 f}{\partial z^2} = \Delta f ,
\end{aligned} \tag{A.21}$$

  wobei das Symbol Δ ***Delta-Operator*** oder ***Laplace-Operator*** heißt.

- $\nabla(\nabla \cdot \boldsymbol{u}) = \mathbf{grad} \operatorname{div} \boldsymbol{u}$

  ist ein Vektor, dessen drei Komponenten lauten:

$$\begin{aligned}
\nabla(\nabla \cdot \boldsymbol{u})_x &= \frac{\partial}{\partial x}\left(\frac{\partial u_x}{\partial x} + \frac{\partial u_y}{\partial y} + \frac{\partial u_z}{\partial z}\right) \\
&= \frac{\partial}{\partial x}(\operatorname{div} \boldsymbol{u}) \\
\nabla(\nabla \cdot \boldsymbol{u})_y &= \frac{\partial}{\partial y}(\operatorname{div} \boldsymbol{u}) \\
\nabla(\nabla \cdot \boldsymbol{u})_z &= \frac{\partial}{\partial z}(\operatorname{div} \boldsymbol{u}) .
\end{aligned} \tag{A.22}$$

- $\nabla \times (\nabla \times \boldsymbol{u}) = \mathbf{rot}\,\mathbf{rot}\, \boldsymbol{u}$.

  Nach den Ergebnissen im Abschn. A. 1.5 gilt:

$$\begin{aligned}
\nabla \times (\nabla \times \boldsymbol{u}) &= \nabla(\nabla \cdot \boldsymbol{u}) - \nabla \cdot (\nabla \boldsymbol{u}) \\
&= \mathbf{grad} \operatorname{div} \boldsymbol{u} - \operatorname{div} \mathbf{grad}\, \boldsymbol{u} .
\end{aligned} \tag{A.23}$$

  Dies ist eine Vektorgleichung, deren x-Komponente heißt:

$$(\nabla \times \nabla \times \boldsymbol{u})_x = \frac{\partial}{\partial x}\left(\frac{\partial u_x}{\partial x} + \frac{\partial u_y}{\partial y} + \frac{\partial u_z}{\partial z}\right) - \Delta u_x . \tag{A.23a}$$

  Der ***Vektorgradient*** $(\nabla \boldsymbol{u})$ ist ein ***Tensor***, der in Matrixform geschrieben werden kann als

$$\nabla \boldsymbol{u} = \begin{pmatrix} \frac{\partial u_x}{\partial x} & \frac{\partial u_x}{\partial y} & \frac{\partial u_x}{\partial z} \\ \frac{\partial u_y}{\partial x} & \frac{\partial u_y}{\partial y} & \frac{\partial u_y}{\partial z} \\ \frac{\partial u_z}{\partial x} & \frac{\partial u_z}{\partial y} & \frac{\partial u_z}{\partial z} \end{pmatrix} . \tag{A.24}$$

  Das Produkt $\nabla \cdot \nabla \boldsymbol{u}$ ergibt dann einen Vektor mit den Komponenten

$$\nabla \cdot \nabla \boldsymbol{u} = \{\Delta u_x, \Delta u_y, \Delta u_z\} , \tag{A.25}$$

  wobei Δ der ***Laplace-Operator*** ist.

- $(\nabla \times \nabla f) = \mathbf{rot}\,\mathbf{grad}\, f \equiv \mathbf{0}$, (A.26)

  Was man mit Hilfe von (A. 14) und (A. 20) für zweimal stetig differenzierbares f nachrechnet.

- $\nabla \cdot (\nabla \times \boldsymbol{u}) \equiv 0$, (A.27)

  weil $(\nabla \times \boldsymbol{u}) \perp \nabla$.

A.2 Koordinatensysteme

Man kann die mathematische Beschreibung eines physikalischen Vorgangs oft wesentlich vereinfachen durch eine geeignete Wahl des ***Koordinatensystems***.

2.1 Kartesische Koordinaten

Das Koordinatensystem besteht aus drei zueinander senkrechten Achsen (x, y, z-Achse).

Die ***Koordinatenflächen***

$x = \text{const}$

$y = \text{const}$

$z = \text{const}$

sind Ebenen senkrecht zur x-, bzw. y-, bzw. z-Achse. Die Schnittlinien je zweier Koordinatenflächen ergeben die ***Koordinatenlinien***.

Die Schnittlinie von (x, y)-Ebene ($z = \text{const}$) und (x, z)-Ebene ($y = \text{const}$) ergibt die x-Achse. Entsprechendes gilt für die y- und z-Achse.

Der Vektor $\boldsymbol{r}$ zu einem Raumpunkt P hat die Komponenten

$$\boldsymbol{r} = \{x, y, z\} .$$

Die drei orthogonalen Einheitsvektoren sind

$$\hat{\boldsymbol{e}}_x = \{1, 0, 0\};\ \hat{\boldsymbol{e}}_y = \{0, 1, 0\};\ \hat{\boldsymbol{e}}_z = \{0, 0, 1\} ,$$

so daß $\boldsymbol{r} = x\hat{\boldsymbol{e}}_x + y\hat{\boldsymbol{e}}_y + z\hat{\boldsymbol{e}}_z$ wird.

Das Bogenelement $\mathrm{d}\boldsymbol{r}$ (Kurvenstück zwischen P und P') (Abb. A.11) ist:

$$\mathrm{d}\boldsymbol{r} = \{\mathrm{d}x, \mathrm{d}y, \mathrm{d}z\} . \tag{A.28}$$

Die Geschwindigkeit ist

- $$\boldsymbol{v} = \frac{\mathrm{d}\boldsymbol{r}}{\mathrm{d}t} = \{\dot{x}, \dot{y}, \dot{z}\} . \tag{A.29}$$

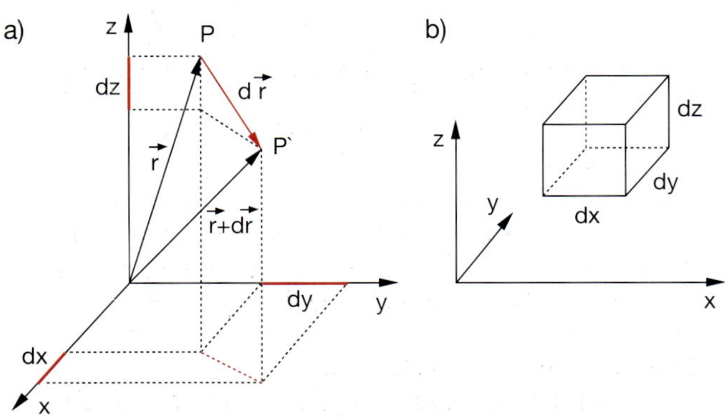

Abb. A.11. (**a**) Linienelement $\mathrm{d}\boldsymbol{r}$ und seine Komponenten $\mathrm{d}x, \mathrm{d}y, \mathrm{d}z$ in kartesischen Koordinaten. (**b**) Volumenelement $\mathrm{d}V = \mathrm{d}x\,\mathrm{d}y\,\mathrm{d}z$

Die Beschleunigung entsprechend

- $$\boldsymbol{a} = \dot{\boldsymbol{v}} = \{\ddot{x}, \ddot{y}, \ddot{z}\} . \tag{A.30}$$

Ein Volumenelement, bestehend aus den Seitenkanten $\mathrm{d}x, \mathrm{d}y, \mathrm{d}z$ hat das Volumen

- $$\mathrm{d}V = \mathrm{d}x\,\mathrm{d}y\,\mathrm{d}z . \tag{A.31}$$

2.2 Zylinderkoordinaten

Verwenden wir in der x-y-Ebene Polarkoordinaten, behalten aber die z-Koordinate bei, so erhalten wir ***Zylinderkoordinaten*** (Abb. A.12). Sie sind zweckmäßig bei der Beschreibung von rotationssymmetrischen Problemen (Rotationskörperberechnung, zweiatomiges Molekül, Strömung durch zylindrische Rohre etc.).

Ein Raumpunkt ist bestimmt durch Angabe von ϱ, φ, z. Umrechnung auf kartesische Koordinaten ergibt:

$$\left.\begin{aligned} x &= \varrho\cos\varphi \\ y &= \varrho\sin\varphi \\ z &= z \end{aligned}\right\} \Rightarrow \begin{aligned} \varrho &= \sqrt{x^2 + y^2} \\ \varphi &= \arctan(y/x) \\ z &= z , \end{aligned} \tag{A.32}$$

wobei ϱ der Abstand des Punktes von der z-Achse ist.

Die ***Koordinatenflächen*** sind:
$\varrho = \text{const} \mathrel{\hat{=}}$ Drehzylinder um die z-Achse
$\varphi = \text{const} \mathrel{\hat{=}}$ Ebenen durch die z-Achse
$z = \text{const} \mathrel{\hat{=}}$ Ebenen senkrecht zur z-Achse.

Die ***Koordinatenlinien*** sind:
ϱ-Linien ($\varphi = \text{const}$, $z = \text{const}$) sind Geraden durch die z-Achse, parallel zur x-y-Ebene;
φ-Linien ($\varrho = \text{const}$, $z = \text{const}$) sind horizontale Kreise um die z-Achse;
z-Linien ($\varphi = \text{const}$, $\varrho = \text{const}$) sind Geraden parallel zur z-Achse.

Die drei Einheitsvektoren bilden für jeden Punkt $P(\varrho, \varphi, z)$ ein orthogonales Dreibein.

$$\begin{aligned} \hat{\boldsymbol{e}}_\varrho &= \{\cos\varphi, \sin\varphi, 0\} \\ \hat{\boldsymbol{e}}_\varphi &= \{-\sin\varphi, \cos\varphi, 0\} \\ \hat{\boldsymbol{e}}_z &= \{0, 0, 1\} . \end{aligned} \tag{A.33}$$

Das Linienelement $\mathrm{d}\boldsymbol{s}$ (Abb. A.12) hat die Komponenten:

$$\mathrm{d}\boldsymbol{s} = \{\mathrm{d}\varrho, \varrho\mathrm{d}\varphi, \mathrm{d}z\} . \tag{A.34}$$

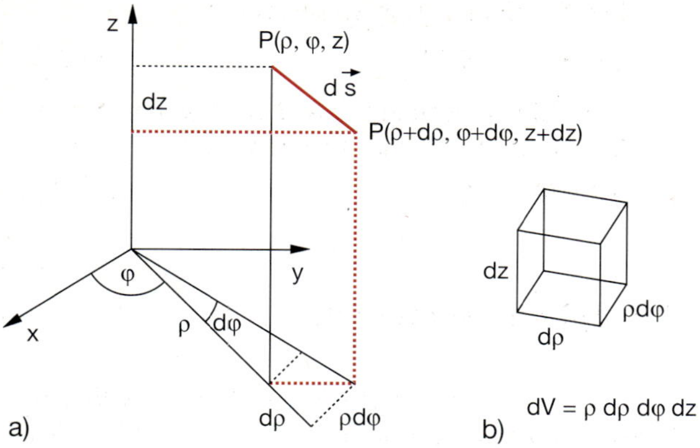

Abb. A.12. (**a**) Linienelement $\mathrm{d}\boldsymbol{s} = \{\mathrm{d}\varrho, \varrho\mathrm{d}\varphi, \mathrm{d}z\}$ in Zylinderkoordinaten. (**b**) Volumenelement $\mathrm{d}V = \varrho\,\mathrm{d}\varrho\,\mathrm{d}\varphi\,\mathrm{d}z$

Die Geschwindigkeit $\boldsymbol{v} = \mathrm{d}\boldsymbol{s}/\mathrm{d}t$ hat daher die Komponenten

$$\begin{aligned}\boldsymbol{v} &= \{\dot{\varrho}, \varrho\dot{\varphi}, \dot{z}\}\\ &= \dot{\varrho}\hat{\boldsymbol{e}}_\varrho + \varrho\dot{\varphi}\hat{\boldsymbol{e}}_\varphi + \dot{z}\hat{\boldsymbol{e}}_z\,. \end{aligned} \tag{A.35}$$

Die Beschleunigung ergibt sich dann zu:

$$\begin{aligned}\boldsymbol{a} = \frac{\mathrm{d}\boldsymbol{v}}{\mathrm{d}t} &= \ddot{\varrho}\hat{\boldsymbol{e}}_\varrho + \dot{\varrho}\frac{\mathrm{d}\hat{\boldsymbol{e}}_\varrho}{\mathrm{d}t} + \dot{\varrho}\dot{\varphi}\hat{\boldsymbol{e}}_\varphi + \varrho\ddot{\varphi}\hat{\boldsymbol{e}}_\varphi\\ &\quad + \varrho\dot{\varphi}\frac{\mathrm{d}\hat{\boldsymbol{e}}_\varphi}{\mathrm{d}t} + \ddot{z}\hat{\boldsymbol{e}}_z + \dot{z}\frac{\mathrm{d}\hat{\boldsymbol{e}}_z}{\mathrm{d}t}\,.\end{aligned} \tag{A.36}$$

Einsetzen von (A.33) ergibt:

$$\boldsymbol{a} = (\ddot{\varrho} - \varrho\dot{\varphi}^2)\hat{\boldsymbol{e}}_\varrho + (2\dot{\varrho}\dot{\varphi} + \varrho\ddot{\varphi})\hat{\boldsymbol{e}}_\varphi + \ddot{z}\hat{\boldsymbol{e}}_z \tag{A.37a}$$

Der Betrag der Beschleunigung ist dann

$$a = \sqrt{(\ddot{\varrho} - \varrho\dot{\varphi}^2)^2 + (2\dot{\varrho}\dot{\varphi} + \varrho\ddot{\varphi})^2 + \ddot{z}^2} \tag{A.37b}$$

Das Flächenelement auf der Oberfläche des Zylinders ist:

$$\mathrm{d}F = \varrho\mathrm{d}\varphi\,\mathrm{d}z \tag{A.38}$$

und das Volumenelement:

$$\mathrm{d}V = \mathrm{d}\varrho \cdot \mathrm{d}F = \varrho\,\mathrm{d}\varrho\,\mathrm{d}\varphi\,\mathrm{d}z\,. \tag{A.39}$$

2.3 Sphärische Koordinaten (Kugelkoordinaten)

Man benutzt sie sinnvoll bei allen kugelsymmetrischen Problemen, d.h. wenn die dargestellten Größen nur vom Abstand von einem Zentrum abhängen.

BEISPIEL

Bewegung von Teilchen in einem Zentralkraftfeld.

Der Ortsvektor $\boldsymbol{r}$ wird bestimmt durch seinen Betrag r und die Winkel ϑ und φ (Abb. A.13).

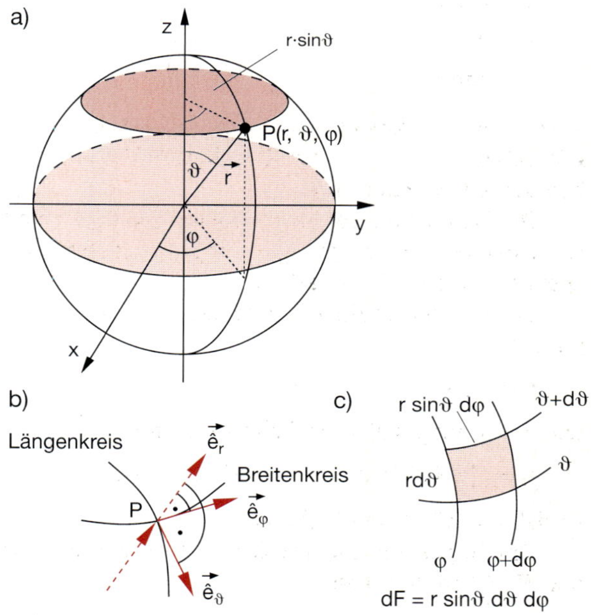

Abb. A.13. (**a**) Kugelkoordinaten, (**b**) orthogonales Dreibein der Einheitsvektoren $\hat{\boldsymbol{e}}_r, \hat{\boldsymbol{e}}_\vartheta, \hat{\boldsymbol{e}}_\varphi$ im Punkte P. (**c**) Flächenelement auf der Kugeloberfläche

Die ***Transformationsgleichungen*** zwischen Kugelkoordinaten und kartesischen Koordinaten lauten:

$$\left.\begin{aligned} x &= r\sin\vartheta\cos\varphi\\ y &= r\sin\vartheta\sin\varphi\\ z &= r\cos\vartheta \end{aligned}\right\} \qquad \begin{aligned} r &= \sqrt{x^2+y^2+z^2}\\ \vartheta &= \arccos\frac{z}{\sqrt{x^2+y^2+z^2}}\\ \varphi &= \arctan(y/x)\,. \end{aligned}$$

BEISPIEL

Die Einheitskugel hat in Kugelkoordinaten die Gleichung: $r = 1$, in kartesischen Koordinaten: $x^2 + y^2 + z^2 = 1$, in Zylinderkoordinaten: $\varrho^2 + z^2 = 1$.

Die ***Koordinatenflächen*** sind:
$r = \text{const}$: konzentrische Kugeln um den Nullpunkt;
$\vartheta = \text{const}$: Drehkegel um die z-Achse mit Scheitel im Nullpunkt;
$\varphi = \text{const}$: Ebenen durch die z-Achse.

Die ***Koordinatenlinien*** sind
r-Linien: Strahlen durch den Nullpunkt;
ϑ-Linien: Meridian-Kreise (Längenkreise);
φ-Linien: Parallelkreise (Breitenkreise).

Die Einheitsvektoren im Punkte $P(r, \vartheta, \varphi)$ sind (Abb. A.12b):

$$\begin{aligned} \hat{\boldsymbol{e}}_r &= \{\sin\vartheta\cos\varphi, \sin\vartheta\sin\varphi, \cos\vartheta\} \\ \hat{\boldsymbol{e}}_\vartheta &= \{\cos\vartheta\cos\varphi, \cos\vartheta\sin\varphi, -\sin\vartheta\} \\ \hat{\boldsymbol{e}}_\varphi &= \{-\sin\varphi, \cos\varphi, 0\} \; . \end{aligned} \tag{A.40}$$

$\hat{\boldsymbol{e}}_r$ zeigt in Radialrichtung; $\hat{\boldsymbol{e}}_\vartheta$ ist Tangente an den Längenkreis im Punke P und $\hat{\boldsymbol{e}}_\varphi$ Tangente an den Breitenkreis (Abb. A.13b).

Die Bogenelemente der Koordinatenlinien sind

$$\mathrm{d}r; \quad r\,\mathrm{d}\vartheta; \quad r\sin\vartheta\,\mathrm{d}\varphi \; . \tag{A.41a}$$

Das Bogenelement einer beliebigen Raumkurve ist deshalb:

$$\mathrm{d}\boldsymbol{s} = \{\mathrm{d}r, r\,\mathrm{d}\vartheta, r\sin\vartheta\,\mathrm{d}\varphi\} \; . \tag{A.41b}$$

Ein Flächenelement $\mathrm{d}F$ auf der Kugeloberfläche wird von zwei Längenkreisen (Radius r) und zwei Breitenkreisen (Radius $r \cdot \sin\vartheta$) umrandet, deren Längen $r \cdot \mathrm{d}\vartheta$ bzw. $r \cdot \sin\vartheta\,\mathrm{d}\varphi$ sind. Sein Flächeninhalt ist deshalb:

$$\mathrm{d}F = r^2 \sin\vartheta\,\mathrm{d}\vartheta\,\mathrm{d}\varphi \; . \tag{A.42}$$

Das Volumenelement $\mathrm{d}V$ ist gleich dem Produkt aus $\mathrm{d}F$ mal der Höhe $\mathrm{d}r$ senkrecht zur Kugelfläche:

$$\mathrm{d}V = r^2 \sin\vartheta\,\mathrm{d}r\,\mathrm{d}\vartheta\,\mathrm{d}\varphi \; . \tag{A.43}$$

Die Geschwindigkeit $\boldsymbol{v} = \mathrm{d}\boldsymbol{s}/\mathrm{d}t$ eines Massenpunktes P auf der Bahnkurve $\boldsymbol{s}(t)$ ist gemäß (A.41b):

$$\begin{aligned} \boldsymbol{v} &= \{\dot{r}, r\dot{\vartheta}, r\sin\vartheta\dot{\varphi}\} \\ &= \dot{r}\hat{\boldsymbol{e}}_r + r\dot{\vartheta}\hat{\boldsymbol{e}}_\vartheta + r\sin\vartheta\dot{\varphi}\hat{\boldsymbol{e}}_\varphi \; . \end{aligned} \tag{A.44}$$

Die Beschleunigung $\boldsymbol{a} = \mathrm{d}\boldsymbol{v}/\mathrm{d}t$ ergibt nach Differentation von (A.44) mit der Definition (A.40) der Einheitsvektoren den etwas längeren Ausdruck:

$$\begin{aligned} \boldsymbol{a} = \ddot{r}\hat{\boldsymbol{e}}_r &+ \dot{r}\frac{\mathrm{d}\hat{\boldsymbol{e}}_r}{\mathrm{d}t} + (\dot{r}\dot{\vartheta} + r\ddot{\vartheta})\hat{\boldsymbol{e}}_\vartheta + r\dot{\vartheta}\frac{\mathrm{d}\hat{\boldsymbol{e}}_\vartheta}{\mathrm{d}t} \\ &+ (\dot{r}\sin\vartheta\dot{\varphi} + r\cos\vartheta\dot{\vartheta}\dot{\varphi} + r\sin\vartheta\ddot{\varphi})\hat{\boldsymbol{e}}_\varphi \\ &+ r\sin\vartheta\dot{\varphi}\frac{\mathrm{d}\hat{\boldsymbol{e}}_\varphi}{\mathrm{d}t} \; , \end{aligned} \tag{A.45}$$

was sich gemäß (A.40) analog wie in (A.37a) wieder als Linearkombination von $\hat{\boldsymbol{e}}_r$, $\hat{\boldsymbol{e}}_\vartheta$ und $\hat{\boldsymbol{e}}_\varphi$ schreiben läßt.

A.3 Komplexe Zahlen

Bei der Lösung der Gleichung $x^2 + 1 = 0$ stößt man auf Zahlen: $x = \pm\sqrt{-1}$, die nicht zum Bereich der reellen Zahlen, für die ja das Quadrat einer Zahl > 0 sein muß, gehören. Man nennt Zahlen, deren Quadrat < 0 ist, ***imaginäre Zahlen*** und definiert als ihr Einselement die imaginäre Einheit $\mathrm{i} = +\sqrt{-1}$.

Genau wie man die reellen Zahlen eindeutig den Punkten einer Geraden, der reellen Zahlengeraden, zuordnen kann, lassen sich die imaginären Zahlen eindeutig abbilden auf die Punkte der imaginären Zahlengeraden. Man wählt gewöhnlich die x-Achse eines Koordinatensystems als reelle Achse und die y-Achse als imaginäre Achse (Abb. A.14). Die beiden Achsen spannen eine Ebene auf, und man kann nun jedem Punkt $P(x, y)$ eineindeutig ein geordnetes Zahlenpaar $z = (x, y)$ zuordnen, das man eine ***komplexe Zahl*** nennt, wobei die erste Zahl den reellen, die zweite den imaginären Anteil angibt (Abb. A.14).

Führt man die Einheitsvektoren $\hat{\boldsymbol{e}}_x$ und $\mathrm{i}\hat{\boldsymbol{e}}_y$ in der komplexen Ebene ein, so läßt sich der Ortsvektor $\boldsymbol{r}$ für den Punkt $z(x, y)$ darstellen als

$$\boldsymbol{r} = x\hat{\boldsymbol{e}}_x + \mathrm{i}y\hat{\boldsymbol{e}}_y \; . \tag{A.46}$$

Deshalb schreibt man für die komplexe Zahl (x, y) auch:

$$z = x + \mathrm{i}y \; . \tag{A.47}$$

x heißt Realteil, y heißt Imaginärteil der komplexen Zahl z.

Der Betrag

$$|z| = \sqrt{x^2 + y^2} = |\boldsymbol{r}| \tag{A.48}$$

gibt den Abstand des Punktes z vom Ursprung an.

Die Zahl

$$z^* = x - \mathrm{i}y \tag{A.49}$$

heißt konjugiert-komplex zu $z = x + \mathrm{i}y$.

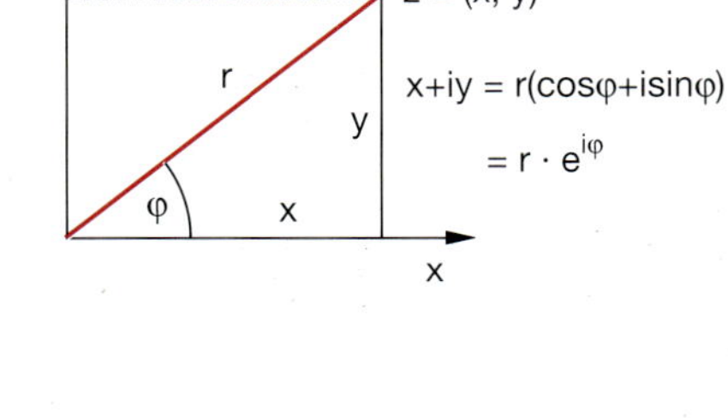

Abb. A.14. Darstellung einer komplexen Zahl z als Punkt in der komplexen Ebene $(x, \mathrm{i}y)$

3.1 Rechenregeln für komplexe Zahlen

Folgende Rechenregeln werden in Analogie zu den entsprechenden Regeln für zweidimensionale Vektoren definiert:

Addition

$$z_1+z_2 = \{x_1, y_1\} + \{x_2, y_2\} \underset{\text{Def}}{=} \{x_1+x_2, y_1+y_2\}.$$

Zwei komplexe Zahlen werden addiert, indem Real- und Imaginärteil getrennt addiert werden. Addiert man z und ihre konjugiert-komplexe Zahl z^*:

$$z + z^* = (x + \mathrm{i}y) + (x - \mathrm{i}y) = 2x = \text{reell!}$$

so erhält man den doppelten Realteil.

Multiplikation

$$z_1 z_2 = \{x_1, y_1\} \cdot \{x_2, y_2\}$$
$$\underset{\text{Def}}{=} \{x_1 x_2 - y_1 y_2, x_1 y_2 + x_2 y_1\} .$$

Diese Definition ist in Übereinstimmung mit den Multiplikationsregeln für reelle Zahlen, wie man aus

$$(x_1+\mathrm{i}y_1)(x_2+\mathrm{i}y_2) = (x_1x_2-y_1y_2)+\mathrm{i}(x_1y_2+x_2y_1)$$

unmittelbar sieht. Das Produkt

$$zz^* = (x + \mathrm{i}y)(x - \mathrm{i}y) = x^2 + y^2 = |z|^2$$

gibt das Quadrat des Abstandes von z vom Ursprung an

$|z| = \sqrt{zz^*}$ heißt Betrag von z.

Division

$$\frac{z_1}{z_2} = \frac{x_1 + \mathrm{i}y_1}{x_2 + \mathrm{i}y_2} .$$

Erweitert man den Bruch mit dem konjugiert-komplexen $z_2^* = (x_2 - \mathrm{i}y_2)$ von z_2, so ergibt sich:

$$\frac{z_1}{z_2} = \frac{(x_1x_2 + y_1y_2) + \mathrm{i}(x_2y_1 - x_1y_2)}{x_2^2 + y_2^2} = a + ib .$$

Der Realteil ist: $a = \dfrac{x_1x_2 + y_1y_2}{x_2^2 + y_2^2}$.

Der Imaginärteil ist: $b = \dfrac{x_2y_1 - x_1y_2}{x_2^2 + y_2^2}$.

3.2 Polardarstellung

Häufig ist die Darstellung einer komplexen Zahl in ebenen Polarkoordinaten (r, φ) zweckmäßiger.

Mit:

$$\left.\begin{aligned} x &= r\cos\varphi \\ y &= r\sin\varphi \end{aligned}\right\} \Rightarrow z = x + \mathrm{i}y = r(\cos\varphi + \mathrm{i}\sin\varphi) = r\mathrm{e}^{\mathrm{i}\varphi}$$

erhalten wir:

$$z^* = r(\cos\varphi - \mathrm{i}\sin\varphi) = r\mathrm{e}^{-\mathrm{i}\varphi} ,$$

$$zz^* = r^2, \quad |z| = \sqrt{zz^2} = r .$$

Aus Abb. A.14 entnimmt man:

$$\tan\varphi = \frac{\mathrm{Im}\{z\}}{\mathrm{Re}\{z\}} \Rightarrow \varphi = \arctan\frac{\mathrm{Im}\{z\}}{\mathrm{Re}\{z\}} .$$

> Man beachte, daß die ***Polardarstellung*** nicht eindeutig ist, weil alle Winkel $\varphi_n = \varphi_0 + n \cdot 2\pi$ $(n = 0, 1, 2 \ldots)$ dieselbe Zahl z darstellen. Man nennt die Darstellung mit $n = 0$ den Hauptwert.

Aus

$$z = r\mathrm{e}^{\mathrm{i}\varphi} \Rightarrow \ln z = \ln r + \mathrm{i}\varphi$$
$$\ln r + \mathrm{i}\varphi_0 + \mathrm{i}2n\pi .$$

In der Polardarstellung werden Multiplikation und Division komplexer Zahlen einfacher. Es gilt:

$$z_1 z_2 = r_1\mathrm{e}^{\mathrm{i}\varphi_1} r_2\mathrm{e}^{\mathrm{i}\varphi_2} = r_1 r_2 \mathrm{e}^{\mathrm{i}(\varphi_1+\varphi_2)}$$

$$\frac{z_1}{z_2} = \frac{r_1}{r_2}\mathrm{e}^{\mathrm{i}(\varphi_1-\varphi_2)} .$$

Für beliebige Potenzen gilt:

$$z^n = [r\mathrm{e}^{\mathrm{i}\varphi}]^n = r^n\mathrm{e}^{\mathrm{i}n\varphi} .$$

Komplexe Zahlen werden potenziert, indem ihr Betrag potenziert wird und das Argument φ mit dem Exponenten n multipliziert wird.

Ebenso sieht man:

$$\sqrt[n]{z} = z^{1/n} = \sqrt[n]{r}\,\mathrm{e}^{\mathrm{i}\varphi/n} .$$

> Es gilt allgemein (Beweis: siehe Mathematikbücher):
> Alle komplexen Zahlen $z = (x, y)$ bilden einen Zahlenkörper, der den Körper der reellen Zahlen als Untermenge $(x, 0)$ enthält.

Lösungen der Übungsaufgaben

Kapitel 1

1. 80 km/h.
2. Man kann die Längenmessung auf verschiedene Weise durchführen. So hängt z.B. die Rotationsperiode der Erde über das Trägheitsmoment quadratisch vom Erdradius ab, so daß unabhängige Längen- und Zeitmessungen die Frage entscheiden können.
3. Dies ist eine, aber nicht die einzige Anforderung an einen Längenstandard. Genau so wichtig ist die Meßgenauigkeit, mit welcher der Standard mit der zu messenden Länge verglichen werden kann.
4. Die Länge T [s] des Tages nimmt pro Jahr um $\mathrm{d}T = 10^{-4}$ s zu. Die relative Verlängerung des Tages pro Jahr ist daher

$$\mathrm{d}T/T = a \Rightarrow a = \frac{10^{-4}}{24 \cdot 3600} = 1{,}1 \times 10^{-9} \,.$$

Die Tageslänge T (in sec) wird dann $\Rightarrow T = T_0 \mathrm{e}^{at} \approx T_0(1 + at)$, wobei t in Jahren anzugeben ist. Die Gesamtzunahme der Differenz in Sekunden zwischen Atomzeit und Sonnenzeit ist dann nach x Jahren

$$\Delta T = \int_0^x (T - T_0)\,\mathrm{d}t = \frac{1}{2} T_0 a x^2 \,.$$

Die Differenz ΔT erreicht 1 s für

$$\Rightarrow x = \sqrt{\frac{2\Delta T}{aT_0}} = \sqrt{\frac{2}{aT_0}}$$

$\Rightarrow$ nach $x_1 = \sqrt{2 \times 10^4} \approx 141$ Jahren muß die erste Schaltsekunde eingelegt werden. Mit $\Delta T = 2$ s folgt $x_2 = 200$ Jahren. Nach 200 Jahren muß die zweite Schaltsekunde eingelegt werden. Der Abstand $x_{n+1} - x_n = (2/aT_0)^{1/2}\left[\sqrt{n+1} - \sqrt{n}\right]$ zwischen zwei Schaltzeilen wird immer kürzer und erreicht für $n \gg 1$ den Wert $2(2/aT_0)^{1/2}/\sqrt{n}$.

5. 1 Lichtjahr $= 9{,}46 \times 10^{15}$ m. $\Rightarrow T = 4{,}5$ Jahre. $\Rightarrow$ Entfernung: 1,39 Parsec $\Rightarrow$ Winkel: $(1{,}39)^{-1} = 0{,}7''$.
6. $L = 2 \times 10^3 \tan \alpha/2 = 17{,}45$ m für $\alpha = 1°$. Für $\alpha = 1° \pm 1' \Rightarrow L = 17{,}45 \pm 0{,}29$ m.
7. Weil die Bahngeschwindigkeit der Erde auf der Ellipsenbahn vom Abstand Erde–Sonne abhängt, variiert die Zeit zwischen zwei Kulminationen der Sonne (siehe Abb. 1.21 und 22). Weitere Gründe sind: Variationen der Massenverteilung innerhalb der Erde durch Magmaströme im Erdinnern, durch Gletscherschmelzen, durch Erdbeben.
8. Die Masse eines Wasserstoffatoms ist $m_\mathrm{H} = 1{,}673 \times 10^{-27}$ kg $\Rightarrow N = 5{,}98 \times 10^{26}$/kg.
9. Die Masse eines H_2O-Moleküls ist $m_{\mathrm{H_2O}} = 3{,}0 \times 10^{-26}$ kg $\varrho_{\mathrm{H_20}} = 1$ kg/Liter $\Rightarrow N = 3{,}3 \times 10^{+25}$/Liter.
10. Die Masse des Urankerns ist $m_\mathrm{U} = 1{,}661 \cdot 238 \times 10^{-27}$ kg. Seine Dichte ist dann $\varrho = m_\mathrm{U}/(\frac{4}{3}\pi r^3) = 1{,}4 \times 10^{17}$ kg/m^3.
11. $$\sigma_\mathrm{m} = \left[\frac{\sum(\bar{x} - x_i)^2}{n(n-1)}\right]^{1/2} = \left[\frac{40 \cdot 0{,}01}{40 \cdot 39}\right]^{1/2} = 1{,}6 \times 10^{-2}\ \mathrm{s} \Rightarrow \sigma_\mathrm{m}/\bar{x} = 0{,}78\,\% \,.$$
12. a) $x = \sqrt{2 \ln 2} \approx 1{,}177$; b) $x = \sqrt{2 \ln 10} \approx 2{,}146$.
13. $A = x - y^2 \Rightarrow \partial A/\partial x = 1$ und $\partial A/\partial y = -2y$

$$\sigma_A = [(1000 \times 10^{-3} \cdot 1)^2 + (30 \cdot 3 \times 10^{-3} \cdot 60)^2]^{1/2} = [1 + 29]^{1/2} \approx 5{,}5 \,.$$

14. Quarzuhr: $\Delta T_{\max} = 10^{-9} \cdot 3{,}16 \times 10^7$ s $\approx 0{,}03$ s $= 30$ ms.
Atomuhr: $\Delta T_{\max} = 0{,}3$ µs.

Kapitel 2

1. a) Beschleunigungszeit: $t_1 = 4{,}27$ s aus $v_1 = v_0 + at$.
   b) Gesamte Fahrstrecke vom Ausscheren bis zum Wiedereinscheren:
   $$s = v_0 t_1 + \tfrac{1}{2} a t_1^2 + v_1 t_2 = v_0(t_1 + t_2) + (40 + 25 + 40) \text{ m}$$
   $\Rightarrow t_2 = 16{,}77$ s. $\Rightarrow$ gesamte Überholzeit: $t = t_1 + t_2 \approx 21$ s.
   c) Gesamte Überholstrecke: 570,6 m. Er schafft es also nicht!
2. Fahrzeiten: $t_1 = \frac{x}{2v_1}$; $t_2 = \frac{x}{2v_2}$, Gesamtfahrzeit: $t = t_1 + t_2$.
   Mittlere Geschwindigkeit:
   $$\overline{v} = \frac{x}{t_1 + t_2} = \frac{2v_1 v_2}{v_1 + v_2} = \frac{2 \cdot 40 \cdot 80}{120} = 53{,}33 \text{ km/h}.$$
3. Aus $s = v_0 t + \frac{1}{2} a t^2$ ergibt sich $a = -1$ cm/s.
4. Aus $v = v_0 + at \Rightarrow t = (v - v_0)/a$.
   Einsetzen in: $s = v_0 t + \frac{1}{2} a t^2 = 0{,}04$ m ergibt: $v_0 = 5 \times 10^6$ m/s.
5. Aus $s = h + v_0 t - \frac{1}{2} g t^2 = 0$ folgt: $t_1(v_0 = +5 \text{ m/s}) = 2{,}3$ s; $t_2(v_0 = -5 \text{ m/s}) = 1{,}3$ s.
6. Wenn der Beschleunigungsvektor $\boldsymbol{a}$ nicht parallel zur Tangente an die Bahnkurve ist, ergibt sich keine gerade Bahn.
7. $v = gt$; $s = \frac{1}{2} g t^2 = \frac{1}{2} v^2/g = \frac{1}{2}\left(\frac{100}{3{,}6}\right)^2 \frac{1}{9{,}81}$ m $= 39{,}3$ m.
8. a) Wenn ω konstant ist, bleibt die Beschleunigung $a = \omega^2 R$ auch konstant. Damit aber ω konstant bleiben kann, muß der Körper immer eine zusätzliche Tangentialbeschleunigung erhalten, welche die Tangential-Komponente $g \cos\alpha$ der Schwerebeschleunigung in jedem Punkte seiner Bahn kompensiert, wobei α der Winkel zwischen Tangente und Vertikale ist.
   b) Geschwindigkeit im Punkte C: $v = \sqrt{2gh}$; im Punkte B: $v = \sqrt{2g(h - 2R)}$. Aus $(v^2/R) > g \Rightarrow v(R) > \sqrt{Rg} \Rightarrow h > \frac{5}{2} R$; $v_{\min}(B) = \sqrt{gR}$.
9. a) Potentielle Energie des Mondes:
   $$E_{\text{pot}} = -G \frac{m M_{\text{E}}}{r} .$$
   Kinetische Energie:
   $$E_{\text{kin}} = \tfrac{1}{2} m r^2 \omega^2 .$$
   Aus $m\omega^2 r = G m M_{\text{E}}/r^2 \Rightarrow \omega_{\text{M}} = (G M_{\text{E}}/r^3)^{1/2}$.
   Bedingung: $E_{\text{pot}} + E_{\text{kin}} = E > 0$.
   $$\Rightarrow \omega^2 > \frac{2GM_{\text{E}}}{r^3} = 2\omega_{\text{M}}^2 .$$
   Die Geschwindigkeit des Mondes müßte also um den Faktor $\sqrt{2}$ vergrößert werden.
   b) $v > (2GM_{\text{M}}/r_{\text{M}})^{1/2}$ mit $M_{\text{M}} = 7{,}36 \times 10^{22}$ kg wird dies: $v \geqq 5{,}6$ km/s.
10. Geschwindigkeit des Abschußortes am Äquator:
    $$v_0 = \pm \frac{4 \times 10^7}{24 \cdot 3600 \text{ m/s}} = 4{,}6 \times 10^2 \text{ m/s} .$$
    Raketengleichung bei Vernachlässigung der Beschleunigung senkrecht zur Erdoberfläche ($gT \ll v_0$):
    $$v = v_0 + v_{\text{e}} \ln(m_0/m) .$$
    Mit Treibstoffmenge m_x und $m_0 = m + m_x$ folgt:
    $$\ln\left(1 + \frac{m_x}{m}\right) = (7{,}9 \times 10^3 \mp 4{,}6 \times 10^2)/(4{,}5 \times 10^3)$$
    $\Rightarrow m_x = 2103$ kg bei Abschuß in Ostrichtung und
    $m_x = 2705$ kg in Westrichtung,
    wenn die Masse des Treibstofftanks vernachlässigt wird.
11. $(m v_0^2/2) > \dfrac{G m M_{\text{E}}}{R} = mgR \Rightarrow v_0 > \sqrt{2gR}.$
12. Man gewinnt die Anfangsgeschwindigkeit $v_{\text{a}} = v_{\text{E}} \cos 30° = 400$ m/s und damit die kinetische Energie $(m/2)v_{\text{a}}^2$. Bei senkrechtem Abschuß bräuchte man $v_0 = \sqrt{2gR}$ (siehe (2.29a)). Man braucht also nur die Abschußgeschwindigkeit von $(11200 - 400)$ m/s, d.h. den Bruchteil $(10800/11200)^2 = 0{,}93$ der Energie. Man spart 7 %.
13. Gesamtkraft: $\boldsymbol{F} = \boldsymbol{F}_{\text{A}} - mg = g\pi r^2 (z\varrho_{\text{w}} - h\varrho_{\text{H}})$.
    Für $z = \frac{2}{3} h$ wird $F = 0$
    $$\Rightarrow \varrho_{\text{H}} = \tfrac{2}{3} \varrho_{\text{w}} .$$
    Die Arbeit ist:
    $$W = \int_{z=2h/3}^{0} F \, \mathrm{d}z = \int_{2h/3}^{0} g\pi r^2 (z\varrho_{\text{w}} - h\varrho_{\text{H}}) \, \mathrm{d}z = \tfrac{2}{9} g\pi r^2 h^2 \varrho_{\text{w}} = 24{,}7 \text{ J} .$$
    Ohne Wasser wäre die doppelte Arbeit notwendig.
14. $W_{\text{K}}(h_1) = \frac{1}{2} m v^2(h_1) = 200$ Nm
    $mg(h_2 - h_1) = 200$ Nm $\Rightarrow h_2 = \frac{200 \text{ Nm}}{mg} + h_1 = 35{,}5$ m.

15. $F = -Dx \Rightarrow D = \frac{20\ \text{N}}{0{,}05\ \text{m}} = 400\ \text{N/m}.$

$$W = \int_0^{l_0} Dx\,\mathrm{d}x = \frac{1}{2} D l_0^2 = 128\ \text{Nm}\,.$$

16. Der neutrale Punkt zwischen Erde und Mond, bei dem sich die entgegengerichteten Gravitationskräfte gerade kompensieren liegt im Abstand r_2 von der Erde. Aus

$$\frac{GM_\text{M}}{r_1^2} = \frac{GM_\text{E}}{r_2^2} \quad \text{und} \quad r = r_1 + r_2$$

folgt:

$$r_2 = \frac{r}{1 + (M_\text{M}/M_\text{E})^{1/2}} = \frac{3{,}84 \times 10^8\ \text{m}}{1 + 0{,}11} \approx 3{,}46 \times 10^8\ \text{m}\,.$$

Um bis zu r_2 zu gelangen, muß

$$\frac{m}{2} v_0^2 \geq GM_\text{E} m \int_R^{r_2} \frac{\mathrm{d}r}{r^2} \ \text{sein}\,.$$

Wegen $M_\text{M} = 0{,}0123 M_\text{E}$ kann die Anziehung des Mondes beim Abschuß vernachlässigt werden. Es folgt:

$$v_0^2 \geq 2GM_\text{E}\left(\frac{1}{R} - \frac{1}{r_2}\right) \approx 0{,}98 v_0^2(\infty)\,.$$

Man spart also 2 % der Abschußenergie gegenüber dem Fall der 2. Fluchtgeschwindigkeit für $r_2 = \infty$.

17. a) $m\omega^2 r = mGM_\text{E}/r^2 \Rightarrow r^3 = GM_\text{E}/\omega^2$
$T = \frac{2\pi}{\omega} = 1\ \text{Tag} = 24 \cdot 3600\ \text{s} \Rightarrow \omega = 7{,}2 \times 10^{-5}$
$\Rightarrow r = 4{,}25 \times 10^7\ \text{m} = 42\,500\ \text{km}.$

b) Seine Energie gegenüber einem ruhenden Körper auf der Erdoberfläche ist:

$$E = E_\text{kin} + E_\text{pot} = \frac{mv^2}{2} + \int_{r=R}^{r_\text{S}} \frac{GmM_\text{E}}{r^2}\,\mathrm{d}r = \frac{m\omega^2 r_\text{S}}{2} + GmM_\text{E}\left(\frac{1}{R} - \frac{1}{r_\text{S}}\right)$$

mit $r_\text{S} = 42500\ \text{km}$.

Man muß ihm daher die Energie

$$E = m\left[\tfrac{1}{2} \cdot 7{,}5^2 \times 10^{-10} \cdot 4{,}25 \times 10^7 + gR(1 - R/r_\text{S})\right]$$

zuführen.

c) 0,1 km/Tag

$$\Rightarrow \frac{\Delta\omega}{\text{Tag}} = \frac{0{,}1}{42\,500} = 2{,}4 \times 10^{-6}\ \text{pro Tag}\,.$$

Die relative Stabilität muß daher mindestens $\Delta\omega/\omega = 2{,}4 \times 10^{-6}/2\pi = 3{,}8 \times 10^{-7}$ sein.
Da $\omega^2 = GM_\text{E}/r^3 \Rightarrow \Delta r/r = -\frac{2}{3}\Delta\omega/\omega$.
$\Rightarrow \Delta r = 10{,}6\ \text{m}!$

18. $E_\text{pot} = -G\dfrac{mM_\text{E}}{r} = -\dfrac{mgR^2}{r}$, R = Erdradius.

$$E_\text{kin} = +G\frac{mM_\text{E}}{2r} = -\frac{1}{2}E_\text{pot}$$

$$E = E_\text{pot} + E_\text{kin} = -G\frac{mM_\text{E}}{2r} = -E_\text{kin}.$$

19. $E_\text{pot} = mgL(1 - \cos\varphi)$
$E_\text{kin} = \dfrac{mv^2}{2} = \dfrac{m}{2}L^2\dot\varphi^2;\ E = E_\text{kin} + E_\text{pot}.$
Bewegungsgleichung: $mL\ddot\varphi = -mg\sin\varphi$.
Multiplikation mit $L\dot\varphi$ ergibt:

$$\frac{\mathrm{d}}{\mathrm{d}t}\left(\frac{m}{2}L^2\dot\varphi^2\right) = \frac{\mathrm{d}}{\mathrm{d}t}(mgL\cos\varphi)$$

$$\frac{\mathrm{d}}{\mathrm{d}t}E_\text{kin} = \frac{\mathrm{d}}{\mathrm{d}t}(E - E_\text{pot})$$

$$\Rightarrow E_\text{kin} + E_\text{pot} = E = \text{const.}$$

20. $T = 2\pi\sqrt{L/g} \Rightarrow g = 2\pi L/T^2$

$$\Delta g = \left[\left(\frac{\mathrm{d}g}{\mathrm{d}L}\Delta L\right)^2 + \left(\frac{\mathrm{d}g}{\mathrm{d}T}\Delta T\right)^2\right]^{1/2} = g\left[\left(\frac{\Delta L}{L}\right)^2 + \left(\frac{2\Delta T}{T}\right)^2\right]^{1/2}$$

$\dfrac{\Delta L}{L} = 10^{-5}$; Die Längenungenauigkeit führt zu einem relativen Zeitfehler

$$\frac{\Delta T_1}{T} = \frac{1}{2}\frac{\Delta L}{L} = 5 \times 10^{-6}\,.$$

Die Zeitungenauigkeit $\Delta T = 10^{-2}\ \text{s}$ führt mit $T = 6{,}34\ \text{s}$ zu einem relativen Zeitfehler

$$\frac{\Delta T_2}{T} = 1{,}5 \times 10^{-3}\,.$$

Damit $2(\Delta T_2/nT) = 10^{-5}$ wird, muß die Meßzeit $nT = 2\,000\ \text{s}$ sein; man muß also $n \gtrsim 316$ Perioden messen.
Dann wird $\Delta g/g = [2 \times 10^{-10}]^{1/2} \approx 1{,}4 \approx 10^{-5} \Rightarrow \Delta g = 1{,}37 \times 10^{-4}\ \text{m/s}^2$.

21. Nach Gl. (2.84) gilt: $\Delta G/G = \Delta\varphi/\varphi = 10^{-4}$ $\Rightarrow \Delta\varphi = 10^{-4} \cdot \varphi \propto \varrho \cdot R_2^3/r^2$. Da $r > R_1 + R_2$ $\approx R_2$ ist, gilt für den maximalen Auslenkwinkel: $\varphi \propto R_2$. Bei einer 10fachen Masse m_2 gewinnt man nur den Faktor $10^{1/3} \approx 2{,}1$ beim Auslenkwinkel φ. Für den Winkel φ gilt: $\varphi \leq R_2/L$ (Abb. 2.57). Bei vorgegebener Meßungenauigkeit $\Delta\varphi$, die durch Erschütterungen, Beeinflußung des Drehpendels durch Luftunruhe etc. begrenzt ist, gewinnt man nur den Faktor $10^{1/3}$ an Meßgenauigkeit.
22. Aus dem 3. Keplerschen Gesetz folgt für die große Halbachse a der Kometenbahn:

$$a = \left[\frac{T^2}{4\pi^2} GM_\odot\right]^{1/3} = 2{,}68 \times 10^{12} \text{ m}\,.$$

Aus $r_{\min} = a(1-\varepsilon) = 0{,}59$ AE $= 0{,}88 \times 10^{11}$ m $\Rightarrow \varepsilon = 1 - r/a = 0{,}967$.
23. Fluchtgeschwindigkeit: $v_0 = 23{,}6$ km/s, $g = 11{,}6\ \text{m/s}^2$

$$v_0 = \sqrt{2Rg} \Rightarrow R = v_0^2/2g = 2{,}4 \times 10^7 \text{ m}\,.$$

Zentripetalbeschleunigung: $a = \omega^2 R$ $\Rightarrow \omega = \sqrt{a/R} = 1{,}12 \times 10^{-4}\ \text{s}^{-1}$

$$\Rightarrow T = \frac{2\pi}{\omega} = 5{,}71 \times 10^4 \text{ s} \mathrel{\hat{=}} 15{,}8 \text{ h}$$

$$g = GM/R^2 \Rightarrow M = gR^2/G$$
$$= 11{,}6 \cdot 2{,}4^2 \times 10^{14}/(6{,}67 \times 10^{-11}) \text{ kg}$$
$$= 1 \times 10^{26} \text{ kg}\,.$$

Es handelt sich um Neptun.
24. Die Gravitationskraft zwischen Sonne und Erde-Mond-System bewirkt die beschleunigte Bewegung dieses Systems um die Sonne. Um den Mond von der Erde fortzuziehen, müßte die *Differenzbeschleunigung* Sonne–Mond minus Sonne–Erde größer sein als die durch die Erde auf den Mond bewirkte Beschleunigung. Dies ist jedoch nicht der Fall.
25. $T = 2\pi\sqrt{L/g_M} = 1\text{s} \cdot (g_E/g_M)^{1/2}$. Wegen $g = GM/R^2 \Rightarrow (g_E/g_M)^{1/2} = \frac{R_M}{R_E}\left(\frac{M_E}{M_M}\right)^{1/2} = 2{,}47$ $\Rightarrow T = 2{,}47$ s.
26. Aus (2.81) erhält man für die beschleunigende Kraft $F = -aR$ mit $a = GM_E m/R_0^3$.
Die Bewegung des Körpers ist deshalb eine harmonische Schwingung $R = R_0 \cos(\omega t)$ mit $\omega^2 = a/m = GM_E/R_0^3$. Die Reisezeit

$$T = \frac{\pi}{\omega} = \pi R_0 \sqrt{R_0/GM_E}$$

ist genau so lang wie die des Satelliten, der auf einer Kreisbahn mit $r = R_0$ um die halbe Erde kreist.
27. Aus $\omega^2 r = GM_E/r^2 = gR^2/r^2$

$$\Rightarrow r = \left[\frac{gR^2T^2}{4\pi^2}\right]^{1/3} = 3{,}8 \times 10^8 \text{ m}\,.$$

28. $M = \frac{4}{3}\pi R^3 \varrho \Rightarrow R = [3M/4\pi\varrho]^{1/3} = 5{,}8 \times 10^7$ m
$g = GM/R^2 = 11{,}3\ \text{m/s}^2$.
29. $$\frac{\Delta g}{g} = \frac{1/R^2 - 1/(R+h)^2}{1/R^2} = 1 - \frac{R^2}{(R+h)^2} \approx \frac{2h}{R}$$
$$= \frac{320}{6380} = 0{,}05 = 5\,\%\,.$$
30. Die Beschleunigung, die der Mond auf Grund der Gravitationsanziehung auf der Erde bewirkt, ist $g_M = GM_M/r^2 \approx 3{,}3 \times 10^{-6} g_E$. Sie bewirkt die beschleunigte Bewegung der Erde um den gemeinsamen Schwerpunkt des Erde–Mond-Systems. Für die Sonne ergibt sich $g_\odot = GM_\odot/r^2 \approx 5{,}4 \times 10^{-4} g$. Wenn man g auf der Erdoberfläche mißt, spielt jedoch nur der Unterschied dieser Beschleunigungen zwischen Erdmittelpunkt und Erdoberfläche eine Rolle, durch den z.B. die Gezeiten bewirkt werden (siehe Kap. 6).
31. Der Abstand der Kugeln ist
a) $d = 0{,}2(1 - L/R) = 0{,}2(1 - 1{,}57 \times 10^{-5})$.
b) Aufgrund der Gravitation zwischen den Kugeln ändert sich der Winkel gegenüber der Senkrechten um $\Delta\varphi = Gm/(d^2 g) \approx 3{,}4 \times 10^{-9}$. Der Abstand der Kugeln ändert sich damit um $\Delta d = L\Delta\varphi = 3{,}4 \times 10^{-7}$ m $\mathrel{\hat{=}}$ 0,34 µm.
32. $E_{\text{kin}} = E - E_{\text{pot}} = E + GM_E M_\odot/r$ mit $E = \text{const.}$ Im Perihel ist $r = r_{\min} = a(1-\varepsilon)$ mit $\varepsilon = 0{,}0167$ (Exzentrizität), im Aphel $r_{\max} = a(1+\varepsilon)$. Die potentielle Energie erfährt die relative Änderung

$$\frac{\Delta E_{\text{pot}}}{E_{\text{pot}}} = \frac{2\varepsilon}{1-\varepsilon^2} = 0{,}033 = 3{,}3\,\%$$

zwischen Perihel und Aphel. Da $E_{\text{kin}} \approx -\frac{1}{2} E_{\text{pot}} \Rightarrow \Delta E_{\text{kin}}/E_{\text{kin}} = -3{,}3\%$. Wegen $\Delta v/v = \frac{1}{2}\Delta E_{\text{kin}}/E_{\text{kin}} \Rightarrow \Delta v/v \approx 1{,}65\%$. Aus $\overline{v} = 2\pi a/T$ ≈ 30 km/s folgt: Im Perihel ist $v_{\max}$ um

0,825 % größer, also $v_{\max} = 30{,}25$ km/s, im Aphel ist $v_{\min} = 29{,}75$ km/s.

33. Energiesatz: $\frac{m}{2}v^2 = E + G\frac{mM_E}{r}$.
Mit $GM_E = gR^2 \Rightarrow$

$$\left.\begin{aligned} v_{\max}^2 &= \frac{2E}{m} + \frac{gR^2}{a(1-\varepsilon)} \\ v_{\min}^2 &= \frac{2E}{m} + \frac{gR^2}{a(1+\varepsilon)} \end{aligned}\right\} \text{Subtraktion liefert}$$

$$\bar{v}\Delta v = gR^2\frac{\varepsilon}{a(1-\varepsilon^2)}$$

Die Halbachse a enthält man aus $\bar{v}^2/a = gR^2/a^2$ zu $a = 1{,}1 \times 10^7$ m. Dann ergibt die Lösung der quadratischen Gleichung für e:

$\varepsilon = 0{,}268 \Rightarrow r_{\max} = 13950$ km; $r_{\min} = 8050$ km.

Kapitel 3

1. a) Für die Bewegung der Kugel relativ zum Aufzug gilt: $s = 2{,}50 \text{ m} = \frac{1}{2}(g-a)t^2 = \frac{1}{2}\cdot 8{,}81t^2 \Rightarrow t = \sqrt{5/8{,}81} \approx 0{,}7$ s nach dem Loslassen.
b) Ihre Fallstrecke im Aufzugschacht ist $s_2 = \left[\frac{1}{2}a(t+3)^2 + 2{,}50\right]$ m $= 9{,}35$ m.
c) Im Ruhesystem hat sie die Geschwindigkeit $v_0 + gt = (3a + 9{,}81\cdot 0{,}7)$ m/s $= 9{,}87$ m/s. weil ihre Anfangsgeschwindigkeit zur Zeit des Loslassens $v_0 = a\cdot 3$ m/s ist. Im Fahrstuhlsystem hat sie beim Aufprall die Geschwindigkeit $v_2 = (g-a)t = 6{,}17$ m/s.
2. a) Bei Abschuß in Nordrichtung ist $\boldsymbol{v}\|\omega \Rightarrow a_c \equiv 0$. Die Flugbahn verläuft entlang eines Längenkreises.
b) Wenn $\boldsymbol{v}$ in Nordostrichtung 45° gegen den Äquator zeigt, ist der Betrag $|\boldsymbol{a}_c| = 2v'\omega \sin 45° = v'\omega\sqrt{2} = 4{,}2 \times 10^{-2}$ m/s^2. Die Richtung von $\boldsymbol{a}_c$ ist radial vom Erdmittelpunkt weg gerichtet und subtrahiert sich daher von der Erdbeschleunigung. Die Kugel fliegt also auf einer schwach nach oben gekrümmten Bahn in Nordostrichtung.
c) Wenn $\boldsymbol{v}$ in Nordwestrichtung zeigt, ist $\boldsymbol{a}_c$ radial nach innen gerichtet, und addiert sich zu $\boldsymbol{g}$.
3. $\tan\alpha = \omega^2 r/g$; $r/L = \sin\alpha = \omega^2 r/\sqrt{\omega^4 r^2 + g^2} \Rightarrow r = \sqrt{L^2 - g^2/\omega^4} = 7{,}836$ m $\Rightarrow \sin\alpha = 0{,}783 \Rightarrow \alpha = 57{,}3°$; $v = \omega r = 9{,}85$ m/s.
4. Die Komponente der Erdwinkelgeschwindigkeit in der Vertikalen ist: $\omega_s = \omega\sin\varphi \approx 4{,}7 \times 10^{-5}$ s^{-1}. Die Coriolisbeschleunigung in horizontaler Richtung ist daher: $a_c = 2\omega v \sin\varphi = 9{,}4 \times 10^{-5}\cdot 33{,}3$ m/s^2. Sie bewirkt eine Krümmung der Bahn der Luftströmung, die ohne Corioliskraft auf Grund des Druckgradienten radial nach innen zum Zentrum des Tiefs verlaufen würde. Für den Krümmungsradius r gilt: $a_c = v^2/r \Rightarrow r = v^2/a_c = 3{,}5 \times 10^5$ m $= 350$ km.
5. $F_c = ma_c = 2m\omega\sin\varphi\cdot v = 1{,}8 \times 10^4$ N. Die Corioliskraft ist nach Westen gerichtet.
6. Zentrifugalkraft:

$$F_{Zf} = m\omega^2 r \Rightarrow \omega = (F/mr)^{1/2}$$

$$\omega_{\max} = (100/5)^{1/2} = 4{,}47\text{ s}^{-1} \Rightarrow \nu_{\max} = 0{,}71\text{ s}^{-1}.$$

Bei konstantem ω ist die Kraft auf den Faden konstant. Rotiert der Körper um eine horizontale Achse im Schwerefeld der Erde, so ist ω nicht konstant. Die Tangentialbeschleunigung ist

$$a_t = g\sin\varphi(t) = g\sin(\omega t),$$

wobei φ der Winkel zwischen Radiusvektor und z-Achse ist. Die Winkelgeschwindigkeit ist dann

$$\omega = \omega_0 + (g/r)\int \sin(\omega t)\,dt.$$

Die maximale radiale Beschleunigung wird am unteren Punkt erreicht. Der Unterschied zwischen der Geschwindigkeit $v_{\min}$ im oberen Punkt und $v_{\max}$ im unteren Punkt ist:

$$\frac{v_{\min}^2}{2} + 2rg = \frac{v_{\max}^2}{2} \Rightarrow \omega_{\max}^2 - \omega_{\min}^2 = \frac{4g}{r}.$$

7. Bei einer Radialgeschwindigkeit $v_r = 10$ m/s braucht die Kugel 10^{-2} s, um an den Rand der Scheibe zu gelangen. In dieser Zeit hat sich die Scheibe um den Winkel $\varphi = \omega t = 0{,}2\pi$ gedreht. Die Kugel erreicht für $v_\varphi = 0$ den Rand der Scheibe im Punkte $P(r = 0{,}2\text{ m}, \varphi = 0{,}2\pi)$. Für $v_\varphi = 5$ m/s im Punkte $(r = 0{,}1\text{ m}, \varphi = 0°)$ hat die Kugel eine zusätzliche Winkelgeschwindigkeit $\omega_K = v_\varphi/0{,}1 = 50$ s^{-1}. Da sie nach 10^{-2} s den Rand der Scheibe erreicht, hat sie den Winkel $\Delta\varphi(t) = \omega t \Rightarrow \Delta\varphi = 50 \times 10^{-2} = 0{,}5$ rad überstrichen. Sie kommt deshalb bei gleichsinniger Rotation der Scheibe bei

$\varphi = 0{,}2\pi - 0{,}5$ rad $= 7{,}4° \approx 0{,}13\,\pi$ am Rand der Scheibe an.
Die Tangentialbeschleunigung (vom Standpunkt des mit der Scheibe rotierenden Beobachters) ist:

$$a_\varphi = 2v_r\omega\,.$$

Die Bahn auf der rotierenden Scheibe ist daher eine Parabel. Die Geschwindigkeit ist: $\boldsymbol{v} = \{v_r, v_\varphi = 2v_r\omega t\}$.

8. Die Zentrifugalbeschleunigung ist:

$$a_{\text{Zf}} = \omega^2 r = \omega^2 R\cos\varphi \quad (R = \text{ Erdradius})$$
$$= 3{,}7\times 10^{-9}\cdot 6{,}37\times 10^6\ \text{m/s}^2$$
$$= 2{,}36\times 10^{-2}\ [\text{m/s}^2]\,.$$

Sie wirkt radial nach außen, senkrecht zur Nordsüdrichtung.
Die Coriolisbeschleunigung ist parallel zu $\boldsymbol{a}_{\text{Zf}}$.
Zahlenwerte: $a_{\text{Zf}} = 0{,}023\ \text{m/s}^2$; $a_\text{c} = 1{,}02\,\text{m/s}^2$.
Die Coriolisbeschleunigung ist in diesem Fall also 44 mal größer.

9. a) Nach den Galilei-Transformationen ergibt sich:

$$\boldsymbol{u}'_x = u_x - v_x = 0{,}5c - \tfrac{1}{3}c = \tfrac{1}{6}c$$
$$u'_y = u_y = 0{,}1c$$
$$u'_z = u_z = 0\,.$$

b) Aus den Lorentz-Transformationen folgt mit $\gamma = 1{,}06$ aus (3.28)

$$u'_x = \frac{1}{5}c;\quad u'_y = 0{,}113c;\quad u'_z = 0$$
$$\Rightarrow \boldsymbol{u}' = \{0{,}2,\ 0{,}113,\ 0\}c\,.$$

Die relativen Fehler sind mit $\Delta u = u_{\text{Lo}} - u_{\text{Ga}}$

$$\frac{\Delta u'_x}{u'_x} = \frac{1/5 - 1/6}{1/5} = \frac{1}{6} \approx 16{,}7\,\%$$
$$\frac{\Delta u'_y}{u'_u} = \frac{0{,}013}{0{,}113} \approx 11{,}5\,\%$$
$$\frac{\Delta u'_z}{u'_z} = 0.$$

10. $\gamma = (1 - v^2/c^2)^{-1/2} = 2{,}785 \Rightarrow L' = L/\gamma = 0{,}36L$.

11. Nächste Entfernung Erde–Neptun (siehe Tabelle 2.1):

$$L = 28{,}8\ \text{AE} = 4{,}3\times 10^{12}\ \text{m}\,.$$

Reisezeit nach Messung des Piloten:

$$T' = \frac{2L}{\gamma v} = \frac{2L}{v}\sqrt{1 - v^2/c^2} = 1\ \text{d} \mathrel{\hat=} 8{,}64\times 10^4\ \text{s}.$$

Auflösen nach v ergibt:

$$v = \frac{2L}{\left(T^2 + 4L^2/c^2\right)^{1/2}} = 0{,}94\times 10^8\ \text{m/s} = 0{,}3c$$

$\Rightarrow \gamma = 1{,}048.$
Reisezeit nach Messung des Erdbeobachters:

$$T = T'\gamma = 9{,}05\times 10^4\ \text{s}$$
$$= 1\ \text{d} + 1{,}41\times 10^4\ \text{s} = 1\ \text{d} + 1{,}15\ \text{h}\,.$$

12. a) Im ruhenden System muß O in der Mitte zwischen A und B sitzen. Dies gilt auch, wenn sich A, B und O mit der gleichen, zeitlich konstanten Geschwindigkeit v bewegen.
b) Wenn sich O' mit v_x gegen die Strecke $\overline{AB}$ bewegt, mißt er das gleichzeitige Eintreffen beider Lichtpulse im Punkte C, wenn C von A um $(L/2)(1 - v/c)$ entfernt ist, also näher an A als an B liegt.

13. $v = 0{,}8c \Rightarrow \gamma = 5/3$.
Reisezeit nach Messung von B: $T = \frac{2L}{v} = 10$ Jahre, nach Messung von A: $T' = \frac{1}{\gamma}\frac{2L}{v} = 6$ Jahre.
Zahl der von B ausgesandten Signale:

$$N = fT = 1\cdot 10 = 10\,.$$

Zahl der von A gesendeten Signale:

$$N' = fT' = 1\cdot 6 = 6\,.$$

Zahl der von A empfangenen Signale:
auf der Hinreise:

$$N'_1 = \frac{L}{v}(1 - \beta) = 5\cdot 0{,}2 = 1\ ,$$

auf der Rückreise:

$$N'_2 = \frac{L}{v}(1 + \beta) = 5\cdot 1{,}8 = 9\,.$$

Kapitel 4

1. Alle Teilchen bewegen sich in $\pm x$-Richtung, d.h. $\boldsymbol{v} = \{v_x,\ 0,\ 0\}$; $|\boldsymbol{v}| = v$.
Die Schwerpunktgeschwindigkeit ist:

$$v_\text{S} = \frac{mv - 3mv}{4m} = -\frac{1}{2}v\,.$$

Die Teilchengeschwindigkeiten im Schwerpunktsystem sind:

$$v_{1S} = v_1 - v_S = \tfrac{3}{2}v$$
$$v_{2S} = v_2 - v_S = \tfrac{1}{2}v\,.$$

a) Elastischer Stoß:

$$\left.\begin{aligned} v'_{1S} &= -v_{1S} = -\tfrac{3}{2}v \\ v'_{2S} &= -v_{2S} = +\tfrac{1}{2}v \end{aligned}\right\}$$

$$\Rightarrow \left.\begin{aligned} v'_1 &= v'_{1S} + v_S = -2v \\ v'_2 &= v'_{2S} + v_S = 0 \end{aligned}\right\}$$

$$\Rightarrow E'_{\text{kin}}(m_1) = \frac{m}{2}v_1'^2 = 2mv^2$$
$$E'_{\text{kin}}(m_2) = 0$$

Vor dem Stoß galt:

$$E_{\text{kin}}(m_1) = \frac{m}{2}v^2; \quad E_{\text{kin}}(m_2) = \frac{3}{2}mv^2$$
$$\Rightarrow \sum E_{\text{kin}} = \sum E'_{\text{kin}}.$$

b) Vollkommen unelastischer Stoß. Beide Teilchen bleiben nach dem Stoß zusammen. Die Gesamtmasse $M = 4m$ bewegt sich mit $v_S = v'_S = -\frac{1}{2}v$.

$$\Rightarrow E'_{\text{kin}} = \frac{4m}{2}v_S^2 = \frac{1}{2}mv^2\,.$$

Der Rest $\frac{3}{2}mv^2$ der Anfangsenergie $2mv^2$ wird in Wärme umgewandelt, d.h. 75 % werden umgewandelt.

2. Impuls der Kugel: $m_2 v$.
$\Rightarrow$ Geschwindigkeit von Holzklotz + Kugel nach dem Stoß:

$$v' = \frac{m_2 v}{M} \quad \text{mit } M = m_1 + m_2\,.$$

$$\Rightarrow E_{\text{kin}} = \frac{1}{2}Mv'^2 = \frac{1}{2}\frac{m_2^2}{M}v^2$$
$$= E_{\text{pot}} = MgL(1 - \cos\varphi_0)$$

$$\Rightarrow \cos\varphi_0 = 1 - \frac{1}{2}\frac{m_2^2}{M^2 gL}v^2 = 1 - 0{,}196 = 0{,}804$$

$$\Rightarrow \varphi_0 = 36{,}5°.$$

3. Das ankommende Proton möge in x-Richtung fliegen.

Der Impulssatz für x- und y-Komponente verlangt:

$$x:\ mv'_1\cos\theta_1 + 2mv'_2\cos 45° = mv_1 \qquad \text{(a)}$$
$$y:\ mv'_1\sin\theta_1 = 2mv'_2\sin 45° \qquad \text{(b)}$$

Division durch m ergibt aus (b):

$$v'_1 = 2v'_2\frac{\sin 45°}{\sin\theta_1}.$$

Einsetzen in (a) liefert:

$$v'_2 = \frac{1}{2}\frac{v_1}{\cos 45° + \sin 45°/\tan\theta_1}$$
$$= \frac{v_1}{\sqrt{2}\,(1 + \operatorname{cotan}\theta_1)}$$
$$v'_1 = \frac{v_1}{\sin\theta_1 + \cos\theta_1}$$

Aus dem Energiesatz folgt:

$$v_1^2 = v_1'^2 + 2v_2'^2$$
$$\Rightarrow 1 = \frac{1}{2(1 + \operatorname{cotan}\theta_1)^2} + \frac{1}{(\sin\theta_1 + \cos\theta_1)^2}$$
$$\Rightarrow \tan\theta_1 = 2 \Rightarrow \theta_1 = 70{,}9°.$$

4. a) Energien im Laborsystem:

$$E_{\text{kin}}(m_1) = \frac{m}{2}(v_x^2 + v_y^2 + v_z^2)$$
$$= 1\cdot(9 + 4 + 1) = 14\ \text{Nm}$$
$$E_{\text{kin}}(m_2) = 36\ \text{Nm}.$$

Geschwindigkeit des Schwerpunktes:

$$\boldsymbol{v}_S = \frac{1}{M}\sum m_i\cdot\boldsymbol{v}_i$$
$$= \{v_{xS}, v_{yS}, v_{zS}\} = \{0, 2, 2\}\ \text{m/s}.$$

Relativgeschwindigkeiten:

$$\boldsymbol{v}_{1S} = \boldsymbol{v}_1 - \boldsymbol{v}_S = \{3, 0, -3\}\ \text{m/s}$$
$$\boldsymbol{v}_{2S} = \boldsymbol{v}_2 - \boldsymbol{v}_S = \{-2, 0, 2\}\ \text{m/s}$$

$$\Rightarrow E_{\text{kin}}^{(S)}(m_1) = \frac{m_1}{2}v_{1S}^2 = 18\ \text{Nm}$$
$$E_{\text{kin}}^{(S)}(m_2) = \frac{m_2}{2}v_{2S}^2 = 12\ \text{Nm}.$$

b) Schwerpunktimpuls = Impuls des zusammengesetzten Teilchens nach dem Stoß.

$$M\boldsymbol{v}_S = M\{0, 2, 2\}\ \text{kgm/s}$$
$$E'_{\text{kin}}(M) = \frac{M}{2}v_S^2 = 20\ \text{Nm}.$$

c) Der Bruchteil der umgewandelten kinetischen Energie ist:

$$\eta = \frac{E'_{\text{kin}}(M)}{E_{\text{kin}}(m_1) + E_{\text{kin}}(m_2)} = \frac{20}{50} = 0{,}4$$

Im Schwerpunktsystem ist $E'^{(S)}_{\text{kin}} = 0$, d.h. die gesamte kinetische Energie der Relativbewegung ist in Wärme umgewandelt worden.

5. Wir legen die x-Achse in Richtung von $\boldsymbol{v}_1$.
a) Der Impulssatz für die x- und y-Komponenten liefert:

$$m_1 v_{1x} + m_2 v_{2x} = m_1 v'_{1x} + m_2 v'_{2x}$$
$$\boldsymbol{v}_1 = \{4, 0\}; \quad \boldsymbol{v}'_1 = \{2, 2\}; \quad \boldsymbol{v}'_2 = \{1, -1\}$$
$$\Rightarrow v_{2x} = 0$$
$$m_1 v_{1y} + m_2 v_{2y} = m_1 v'_{1y} + m_2 v'_{2y}$$
$$0 + 2v_{2y} = 2 + 2 \cdot 1$$
$$\Rightarrow v_{2y} = 2$$
$$\Rightarrow \boldsymbol{v}_2 = \{0, 2\}.$$

b) Der Energiesatz (4.17) ergibt:

$$\begin{aligned} Q &= E'_{\text{kin}} - E_{\text{kin}} \\ &= \tfrac{1}{2}(m_1 v'^2_1 + m_2 v'^2_2 - m_1 v_1^2 - m_2 v_2^2) \\ &= -6 \text{ Nm}. \end{aligned}$$

$E_{\text{kin}} = 12$ Nm
$\Rightarrow$ Die Hälfte der Anfangsenergie wird in Wärme umgewandelt.
Die Schwerpunktgeschwindigkeit ist

$$\begin{aligned} v_S &= \frac{1}{M}\{m_1 v_{1x} + m_2 v_{2x}; m_1 v_{1y} + m_2 v_{2y}\} \\ &= \tfrac{1}{3}\{4, 4\} \text{ m/s}. \end{aligned}$$

Die Energie der Schwerpunktbewegung:

$$E^{(S)}_{\text{kin}} = \tfrac{1}{2} M v_S^2 = 5{,}33 \text{ Nm}.$$

Bei einem vollkommen inelastischen zentralen Stoß wird gerade $Q = E_{\text{kin}} - E^{(S)}_{\text{kin}}$ in Wärme umgewandelt. Weil der Stoß in unserem Beispiel nicht zentral ist, wird $|Q|$ kleiner.
c) Geschwindigkeiten im Schwerpunktsystem:

$$\boldsymbol{v}_{1S} = \boldsymbol{v}_1 - \boldsymbol{v}_S = \{\tfrac{8}{3}, -\tfrac{4}{3}\};$$
$$\boldsymbol{v}'_{1S} = \boldsymbol{v}'_1 - \boldsymbol{v}_S = \{\tfrac{2}{3}, \tfrac{2}{3}\} \text{ m/s}$$

$$\cos\vartheta_1 = \frac{\boldsymbol{v}_{1S} \cdot \boldsymbol{v}'_{1S}}{|v_{1S}||v'_{1S}|} = \frac{8/9}{\sqrt{640/81}} = 0{,}316$$
$$\Rightarrow \vartheta_1 = 79{,}53°$$

$$\boldsymbol{v}_{2S} = \{-\tfrac{4}{3}, \tfrac{2}{3}\}; \ \boldsymbol{v}'_{2S} = \{-\tfrac{1}{3}, -\tfrac{7}{3}\}$$
$$\Rightarrow \vartheta_2 = 121{,}6°$$

6. Impulssatz:

$$m_1 \boldsymbol{v}'_1 + m_2 \boldsymbol{v}'_2 = m_2 \boldsymbol{v}_2.$$

Energiesatz:

$$m_1 v'^2_1 + m_2 v'^2_2 = m_2 v_2^2.$$

a) Nach dem Stoß muß $\boldsymbol{v}'_2 = -\boldsymbol{v}'_1$ sein.

$$\Rightarrow \boldsymbol{v}'_2\left(1 - \frac{m_1}{m_2}\right) = \boldsymbol{v}_2$$
$$v'^2_2\left(1 + \frac{m_1}{m_2}\right) = v_2^2$$
$$\Rightarrow m_1/m_2 = 3.$$

b) Die Laufzeiten für m_1, bzw. m_2 bis zur linken Barriere sind:

$$t_1 = \frac{1{,}6 \text{ m}}{v'_1} > t_2 = \frac{2{,}4}{v'_2} \Rightarrow \frac{v'_2}{v'_1} > 1{,}5.$$

Aus Energiesatz folgt mit $x = m_1/m_2$:

$$\frac{v'^2_2}{v'^2_1} = \frac{v_2^2}{v'^2_1} - x.$$

Einsetzen des Impulssatzes ergibt:

$$\frac{v'_2}{v'_1} = \frac{1}{2}(x - 1) \Rightarrow x > 4.$$

c) Die Schwerpunktgeschwindigkeit ist:

$$v_S = v'_S = \tfrac{1}{3} v_2.$$

Die Geschwindigkeiten nach dem Stoß im Laborsystem sind:

$$v'_1 = \tfrac{2}{3} v_2; \quad v'_2 = -\tfrac{1}{3} v_2.$$

Die beiden Massen treffen sich zum 1. Mal am Ort $x_0 = 1{,}6$ m zum Zeitpunkt $t_1 = 0$, beim 2. Mal zum Zeitpunkt t_2 am Ort x, wobei der linke Rand bei $x = 0$ ist.

Nach der Rechnung in a) treffen sich die Massen erst nach der Reflexion von m_1 an der linken Wand. Es gilt daher

$$t_2 = \frac{x_0 + x}{v_1'} = \frac{0{,}8 + x_0 - x}{v_2'}$$
$$\Rightarrow x = 1{,}07 \text{ m} .$$

Die beiden Massen treffen sich 1,07 m vom linken Rand, nachdem m_1 eine Reflexion an der linken Barriere, m_2 an der rechten Barriere gemacht hat.

7. Geschwindigkeit der Kugel beim Aufprall:

$$m_1 L g = \tfrac{1}{2} m_1 v_1^2 \Rightarrow v_1 = \sqrt{2gL} = 4{,}43 \text{ m/s} .$$

Auf m_2 übertragene Energie:

$$\Delta E = 4 \frac{m_1 m_2}{M^2} E_1 .$$

Die Kugel hat daher nach dem Stoß die Energie:

$$E'_{\text{kin}} = (1 - 4 \frac{m_1 m_2}{M^2}) E_1 = \frac{4}{9} E_1 .$$

Sie steigt also bis zur Höhe $H = L(1 - \cos\varphi) = \frac{4}{9}\text{L}; \Rightarrow \cos\varphi = \frac{5}{9} \Rightarrow \varphi = 56°15'$.

8. Die Entfernung zwischen Ball und Aufzug ist $\Delta s = 20$ m. Die Zeit bis zum Aufprall des Balls auf die Aufzugdecke ergibt sich aus:

$$\tfrac{1}{2} g t_1^2 + v t_1 = \Delta s = 20 \text{ m} \Rightarrow t_1 = 1{,}8 \text{ s} .$$

In dieser Zeit hat der Aufzug die Strecke $v t_1 = 3{,}6$ m zurückgelegt. Der Treffpunkt liegt also 26,4 m unterhalb von A.

b) Im Laborsystem ist die Auftreffgeschwindigkeit des Balles: $v_1 = g t_1 = 17{,}66$ m/s. Der Schwerpunkt bewegt sich wegen $M \gg m$ mit $v_S = v = 2$ m/s mit der Aufzugsdecke nach oben. Im Schwerpunktsystem hat der Ball die Geschwindigkeit $v_{1S} = v_1 + v_S = 19{,}66$ m/s nach unten. Nach der Reflexion gilt: $v'_{1S} = 19{,}66$ m/s nach oben. Im Laborsystem ist dann: $v'_1 = v'_{1S} + v_S = 21{,}66$ m/s. Der Ball hat also bei der Reflexion die doppelte Fahrstuhlgeschwindigkeit gewonnen. Er steigt dann um die Höhe $\Delta h_1 = v_1'^2/2g$ über den Auftreffpunkt. Einsetzen ergibt: $\Delta h_1 = 23{,}9$ m, d.h. er kehrt 2,5 m unterhalb von A um.

c) Er trifft die Aufzugsdecke ein zweites Mal zur Zeit t_2. In der Zeit $\Delta t = t_2 - t_1$ ist der Fahrstuhl von $\Delta h_2 = v\Delta t$ gestiegen. Der Ball braucht wegen $v(\Delta h_1) = v'_1 - g\Delta t_1$ als Steigzeit $\Delta t_1 = v'_1/g = 2{,}2$ s. Als Fallzeit $\Delta t_2 = 1{,}9$ s, was sich aus:

$$\tfrac{1}{2} g \Delta t_2^2 = \Delta h_1 - v(2{,}2 + \Delta t_2)$$

ergibt. Daraus folgt: $\Delta t = \Delta t_1 + \Delta t_2 = 4{,}1$ s. $\Rightarrow \Delta h_2 = 8{,}2$ m, d.h. der zweite Aufprall erfolgt 8,2 m oberhalb des ersten Aufpralls, also 18,2 m unterhalb von A.

9. a) Das α-Teilchen möge in x-Richtung fliegen. Für die y-Komponente der Impulse gilt dann:

$$0 = m_1 v'_1 \sin 64° - m_2 v'_2 \sin 51°$$

$$\Rightarrow \frac{v'_1}{v'_2} = 4 \cdot \frac{\sin 64°}{\sin 51} = 4{,}63 \quad \text{weil } m_2 = 4m_1 .$$

b)

$$\frac{E'_{\text{kin}}(m_1)}{E'_{\text{kin}}(m_2)} = \frac{m_1 v_1'^2}{m_2 v_2'^2} = \frac{1}{4} \cdot 4{,}63^2 = 5{,}35 .$$

10. $E = c\sqrt{m_0^2 c^2 + p^2}$.
Aus $E = 6$ GeV und $pc = 4$ GeV $\Rightarrow m_0 c^2 = \sqrt{20}$ GeV.
$\Rightarrow E' = \sqrt{20 + 25}$ GeV $= 6{,}71$ GeV.

$$\text{Aus} \left.\begin{array}{l} E = mc^2 \\ E' = m'c^2 \end{array}\right\} \Rightarrow \frac{m'}{m} = \frac{6{,}7}{6} = \frac{1}{\sqrt{1 - v^2/c^2}}$$
$$\Rightarrow \frac{v}{c} = 0{,}445$$

Die beiden Systeme bewegen sich mit $v = 0{,}445c$ gegeneinander.

Kapitel 5

1. Wir legen den Nullpunkt in die Spitze des Kugelausschnittes (= Kugelsektor), die z-Achse soll Symmetrieachse sein. Dann gilt für die Schwerpunktkoordinaten $x_S = y_S = 0$. Die z_S-Koordinate erhalten wir aus (5.9) zu

$$z_S = \frac{1}{V} \int_{r=0}^{R} \int_{\vartheta=\pi/2-\alpha}^{\pi/2} \int_{\varphi=0}^{2\pi} r^3 \cos\vartheta \sin\vartheta \, dr \, d\vartheta \, d\varphi$$
$$= \frac{1}{V} \frac{\pi}{4} R^4 \left[1 - \sin^2\left(\frac{\pi}{2} - \alpha\right)\right]$$
$$= \frac{1}{V} \frac{\pi}{4} R^4 \sin^2 \alpha .$$

Das Volumen des Kugelsektors ist $V = \frac{2}{3}\pi R^3(1-\cos\alpha)$. Damit wird

$$z_S = \frac{3}{8}R\left(\frac{\sin^2\alpha}{1-\cos\alpha}\right) = \frac{3}{8}R(1+\cos\alpha).$$

2. a) $I_S = \frac{2}{5}MR^2 = 9{,}72 \times 10^{37}$ kg m^2

$$L = I_S\omega = 7{,}07 \times 10^{33} \text{ kg m}^2\,\text{s}^{-1}$$

$$\Rightarrow E_{rot} = \tfrac{1}{2}I_S\omega^2 = \tfrac{1}{5}MR^2\omega^2 = 2{,}57 \times 10^{29}\text{ J}.$$

b) Die Masse der Erde ist in diesem Fall

$$M_E = \frac{4}{3}\pi\varrho_1\frac{R^3}{8} + \frac{4}{3}\pi\varrho_2\left(R^3 - \frac{1}{8}R^3\right) = \frac{4}{3}\pi\varrho R^3$$

mit ϱ = mittlere Dichte, $\varrho = M/V$.

$$\Rightarrow \varrho_1 + 7\varrho_2 = 8\varrho \Rightarrow \varrho_2 = \tfrac{8}{9}\varrho, \quad \varrho_1 = \tfrac{16}{9}\varrho.$$

Das Trägheitsmoment ist daher:

$$\begin{aligned} I_S &= \frac{2}{5}\cdot\frac{4}{3}\pi\varrho_1\left(\frac{R^3}{8}\right)\frac{R^2}{4} \\ &\quad + \varrho_2\cdot\int_{r=R/2}^{R}\int_{\vartheta=0}^{\pi/2}\int_{\varphi=0}^{2\pi} r^4\sin^3\vartheta\,dr\,d\vartheta\,d\varphi \\ &= \frac{1}{240}\pi\varrho_1 R^5 + \frac{31}{160}\pi\varrho_2 R^5 \\ &= \frac{1}{135}\pi\varrho R^5 + \frac{31}{180}\pi\varrho R^5 \\ &= \frac{97}{540}MR^2 \approx 0{,}18MR^2 \end{aligned}$$

Dies sollte mit $\frac{2}{5}MR^2 = 0{,}4MR^2 = 9{,}72 \times 10^{37}$ kg m^2 der homogenen Erde verglichen werden.

c) Die Menschen würden ein Drehmoment $D = nmaR = 5 \times 10^9 \cdot 70 \cdot 2 \cdot 6{,}37 \times 10^6$ Nm $= 4{,}46 \times 10^{18}$ Nm erzeugen. Diese würde zu einer relativen Abnahme $\Delta\omega/\omega = \Delta L/L$ der Erdrotationsgeschwindigkeit führen. Mit den Zahlenwerten

$L = I_S\omega = 0{,}71 \times 10^{34}$ kg m^{2}s^{-1} wird

$$\frac{\Delta\omega/\Delta t}{\omega} = \frac{1}{L}\frac{\Delta L}{\Delta t} = \frac{D}{L} = 6{,}3 \times 10^{-16}\text{ s}^{-1}.$$

Selbst wenn der beschleunigte Lauf 5 s dauert, wäre

$$\frac{\Delta\omega}{\omega} = 5\cdot 6{,}3 \times 10^{-16} = 3{,}15 \times 10^{-15}$$

unmeßbar klein.

3. a) $I_0 = \frac{1}{2}MR^2 = 5 \times 10^{-4}$ kg m^2

$$L = I_0\omega_0 = \tfrac{1}{2}MR^2\omega_0 = 3{,}14 \times 10^{-2}\text{ Nm s}$$

$$E_{rot}^0 = \tfrac{1}{2}I_0\omega_0^2 = 0{,}987\text{ Nm}.$$

b) $I = I_0 + mR^2 = (5+1) \times 10^{-4}$ kg m^2 $= 6 \times 10^{-4}$ kg m^2.

Der Drehimpuls L bleibt erhalten, weil der Käfer parallel zur Drehachse auf die Scheibe fällt.

$$\Rightarrow \omega = \frac{L_0}{I} = \frac{5}{6}\omega_0$$

$$E_{rot} = \tfrac{1}{2}I\omega^2 = \tfrac{5}{6}E_{rot}^0 = 0{,}823\text{ Nm}$$

Die Differenzmenge $\Delta E = 0{,}164$ Nm ist als Reibungsenergie verbraucht worden, die beim (hier als unendlich schnell angenommen) Angleich der Tangentialgeschwindigkeit von Scheibe und Käfer verloren geht.

c) $$\omega(r) = \frac{1}{1+mr^2/I_0}\omega_0$$

$L(r) = L_0$ unabhängig von r

$$E_{rot} = \frac{E_{rot}^0}{1+mr^2/I_0}.$$

4. a) $$\begin{aligned} I &= \int_V r^2\varrho\,dV = 2\pi H\varrho_0\int_{r=0}^{R}\left[1+\left(\frac{r}{R}\right)^2\right]r^3\,dr \\ &= 2\pi\varrho_0 H\left[\frac{1}{4}R^4 + \frac{1}{6}R^4\right] = \frac{10\pi}{12}\varrho_0 HR^4 \\ &= \frac{5}{6}\varrho_0 R^2 V. \end{aligned}$$

Die Masse ist: $M = \int_V \varrho\,dV = \frac{3}{2}\pi\varrho_0 HR^2$

$$\Rightarrow I = \frac{5}{9}MR^2.$$

Zahlenwerte: $M = 18{,}85$ kg, $I = 0{,}105$ kg m^2.

b) $$a = \frac{g\sin\alpha}{1+I_S/(MR^2)} = \frac{g\sin 10^\circ}{14/9}$$

$$h = \tfrac{1}{2}at^2 \Rightarrow t = (2h/a)^{1/2} = 1{,}35\text{ s}.$$

5. Sei h die Höhe im gleichschenkligen Dreieck mit Schenkellänge d. Der Schwerpunkt $S = (x_S y_S)$ hat die Koordinaten $(x_S = 0, y_S)$. Die Trägheitsmomente um die Hauptträgheitsachsen a, b, c sind:

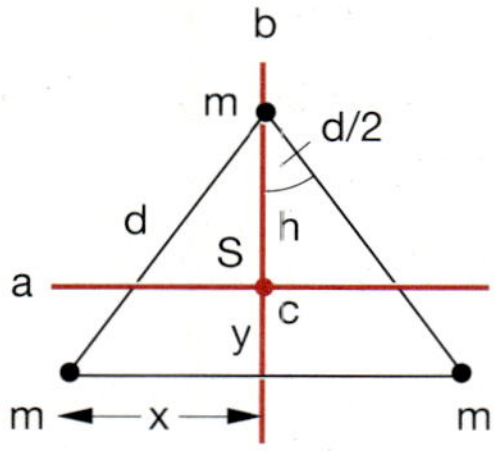

$$I_a = 2my_S^2 + m(h - y_S)^2$$
$$I_b = 2mx^2$$
$$I_c = m(h - y_S)^2 + 2m(x^2 + y_S^2) = I_a + I_b$$
$$x = d\sin(\alpha/2) = 0{,}204 \text{ nm}$$
$$h = d\cos(\alpha/2) = 0{,}247 \text{ nm}$$
$$y_S = \tfrac{1}{3}h = 0{,}082 \text{ nm}\,.$$

Für die Trägheitsmomente ergibt sich damit:

$$I_a = 0{,}93 \text{ AME nm}^2$$
$$I_b = 1{,}91 \text{ AME nm}^2$$
$$I_c = 2{,}85 \text{ AME nm}^2\,.$$

1 AME $= 1{,}67 \times 10^{-27}$ kg.
Die Rotationsenergie ist dann:

$$E_{\text{rot}} = \frac{L^2}{2I} \quad \text{mit } L^2 = l(l+1)\hbar^2\,,$$

wobei $l = 0, 1, 2, \ldots$ und $\hbar = h/2\pi = 1{,}06 \times 10^{-34} J_S$ die kleinste Einheit des Rotationsdrehimpulses (Plancksches Wirkungsquantum) ist.
Damit ergibt sich mit $1\text{eV} = 1{,}6 \cdot 10^{-19} J$

$$E_a = 2{,}2 \times 10^{-5} \text{ eV}$$
$$E_b = 1{,}1 \times 10^{-5} \text{ eV}$$
$$E_c = 0{,}73 \times 10^{-5} \text{ eV}\,.$$

6. Trägheitsmoment der Stange mit Länge L:

$$I_S = \tfrac{1}{12}ML^2 = 1{,}33 \times 10^{-2} \text{ kg m}^2$$

Drehimpuls des Geschosses, bezogen auf den Schwerpunkt der Stange:

$$L_G = |\boldsymbol{r} \times \boldsymbol{p}| = \tfrac{1}{2}Lmv = 0{,}4 \text{ Nm s}$$

Rotationsgeschwindigkeit der Stange:

$$\omega = \frac{L_G}{I} = \frac{L_G}{I_S + m(L/2)^2}$$
$$= 29{,}2 \text{ s}^{-1} \Rightarrow \nu = 4{,}65 \text{ s}^{-1}$$
$$\Rightarrow E_{\text{rot}} = \tfrac{1}{2}I\omega^2 = 5{,}67 \text{ Nm}$$
$$E_{\text{kin}} = \tfrac{1}{2}mv^2 = 200 \text{ Nm}$$
$$\Rightarrow E_{\text{rot}}/E_{\text{kin}} = 2{,}8 \times 10^{-2} = 2{,}8\,\%\,.$$

97,1 % der Geschoßenergie geht in Wärme über. Bei einem völlig inelastischen zentralen Stoß von m mit einem freien Körper der Masse M wäre

$$E'_{\text{kin}}/E_{\text{kin}} = \frac{(m+M)v_S^2}{mv^2} \quad \text{(siehe Abschn. 4.2.4).}$$

Mit $v_S = \dfrac{m}{M+m}v \Rightarrow E'_{\text{kin}}/E_{\text{kin}} \approx \dfrac{m}{M} = 0{,}01\,.$

Warum wird bei Rotationsanregung mehr *kinetische* Energie übertragen?

7. $I_S = \dfrac{1}{2}MR^2; \quad D = I_S \cdot \dfrac{d\omega}{dt}$

$$\Rightarrow \omega = \omega_0 + \frac{1}{I_S}\int_0^t D\,dt'$$
$$= \omega_0 + \frac{D_0}{I_S}\int_0^t e^{-at'}\,dt'$$
$$= \omega_0 + \frac{2D_0}{aMR^2}[1 - e^{-at}].$$

Für $t \to \infty$ wird $\omega(\infty) = \omega_0 + \frac{2D_0}{aMR^2}$.

Zahlenbeispiel: $\omega(t = 10 \text{ s}) = 136{,}4 \text{ s}^{-1}$ (weil $\omega_0 = 10 \text{ s}^{-1}$).

8. $E_{\text{kin}} = E_{\text{rot}} + E_{\text{trans}} = \tfrac{1}{2}I_S\omega_0^2 + \tfrac{1}{2}MR^2\omega_0^2$

$$E_{\text{pot}} = Mgh = E_{\text{kin}} \Rightarrow h = \frac{\omega_0^2}{2Mg}(I_S + MR^2)$$

a) Vollzylinder: $I_S = \dfrac{1}{2}MR^2 \Rightarrow h_1 = \dfrac{3}{4}\dfrac{\omega_0^2 R^2}{g}$

b) Hohlzylinder: $I_S = MR^2 \Rightarrow h_2 = \dfrac{\omega_0^2 R^2}{g}$

Zahlenbeispiel: $h_1 = 17{,}2\,cm;\ \ h_2 = 22{,}9\,cm$.

Kapitel 6

1. Zugspannung in der Höhe z über dem Seilende:

$$\sigma = \varrho g z\,.$$

Relative Dehnung in der Höhe z:

$$\varepsilon(z) = \frac{1}{E}\sigma|z|\,.$$

Gesamte Dehnung:

$$\Delta L = \int_0^L \varepsilon(z)\,\mathrm{d}z = \frac{1}{E}\int_0^L \sigma(z)\,\mathrm{d}z$$

$$\frac{\varrho g}{E}\int_0^L z\,\mathrm{d}z = \frac{\varrho g}{2E}L^2$$

a) $\varrho_{St} = 7{,}7 \times 10^3\ \mathrm{kg/m^3}$; $E = 2 \times 10^{11}\ \mathrm{N/m^2}$
$\Rightarrow \Delta L = 15{,}3\,\mathrm{m}$.
b) $\Delta\varrho = \varrho_{St} - \varrho_w = 6{,}67 \times 10^3\ \mathrm{kg/m^3}$
$\Rightarrow \Delta L = 13{,}3\,\mathrm{m}$.
c) Die maximale Zugspannung $\sigma_{max} = \varrho g L$ tritt für $z = L$ am oberen Ende auf. Sie muß kleiner sein als $\sigma_{zer} = 8 \times 10^8\ \mathrm{N/m^2}$

$$\Rightarrow L < \frac{\sigma_{zer}}{\varrho g} = 10^4\ \mathrm{m}.$$

2. Die Durchbiegung ist aus (6.23)

$$s = \frac{L^3}{3EB}F \quad \text{mit B = Biegemoment.}$$

a) $B = \frac{1}{12}d^3 b = 4{,}2 \times 10^{-6}\ \mathrm{m^4} \Rightarrow s = 0{,}4\,\mathrm{m}$.
b) $B = \frac{1}{12}(b_1 d_1^3 - b_2 d_2^3) = 7{,}8 \times 10^{-6}\ \mathrm{m^4}$
$\Rightarrow s = 0{,}22\,\mathrm{m}$.

Die beiden Querschnittsflächen sind:
a) $= 5 \times 10^{-3}\ \mathrm{m^2}$, b) $7{,}5 \times 10^{-3}\ \mathrm{m^2}$.
Obwohl die Fläche in b) nur 1,5mal größer ist als in a), erreicht man mit dem Doppel-T-Profil eine doppelt so große Stabilität in z-Richtung und eine etwa 10mal höhere Stabilität bei Verbiegung in y-Richtung.

3. $p(h = 10000\ \mathrm{m}) = 10^8\ \mathrm{Pa} \approx 10^3\ \mathrm{atm}$.
$F = 4\pi r^2 p = 2{,}8 \times 10^9\ \mathrm{N}$. Diese Kraft entspricht dem Gewicht von $2{,}8 \times 10^5$ Tonnen!
Nach (6.9) gilt: $\Delta V = -pV/K$. Nach Tabelle 6.1 ist $K = 1/\kappa = 1{,}56 \times 10^{11}\ \mathrm{N/m^2}$.
a) $\Rightarrow \frac{\Delta V}{V} = -\frac{10^8}{1{,}56\times 10^{11}} = 6{,}4 \times 10^{-4} \Rightarrow \frac{\Delta r}{r} = \frac{1}{3}\frac{\Delta V}{V}$ $\approx 2{,}1 \times 10^{-4}$. Der Radius der Vollkugel wird also um 3 mm kleiner. Man kann dies auch auf folgende Weise berechnen: Aus $\frac{\Delta V}{V} = -p\kappa$ und $\kappa = \frac{3}{E}(1-2\mu) \Rightarrow \frac{\Delta r}{r} = -\frac{p}{E}(1-2\mu)$. Setzt man die Werte für E und μ aus Tabelle 6.1 ein, so ergibt sich der gleiche Wert für $\Delta r/r$.
b) Kompression einer Hohlkugel mit Radius r und Wanddicke d.
Jetzt fehlt bei der Kompression der elastische Gegendruck für die Kompression der Kugel mit Radius $(r-d)$. Deshalb gilt für $d \ll r$:

$$p = -\frac{E}{1-2\mu}\left(\frac{\Delta r}{r} - \frac{\Delta r}{r-d}\right) \approx \frac{E}{1-2\mu}\frac{d\,\Delta r}{r^2}$$

$$\Rightarrow \frac{\Delta r}{r} \approx -\frac{p}{E}\frac{r}{d}(1-2\mu)\,,$$

d.h., für $d = 0{,}2\,\mathrm{m}$, $r = 1{,}5\ \mathrm{m} \Rightarrow r/d = 7{,}5 \Rightarrow \frac{\Delta r}{r} \approx 1{,}5 \times 10^{-3}$. Die Kompression ist um den Faktor 7,5 stärker.

4. Auf die Welle wirkt die Tangentialkraft:

$$F = \frac{\text{Leistung}}{\text{Weg/Sekunde}} = \frac{3 \times 10^5}{2\pi R \cdot 25}N = 3{,}8 \times 10^4\ \mathrm{N}\,.$$

a) Das Drehmoment auf die Achse ist dann

$$D = FR = \frac{\pi}{2}G\frac{R^4}{L}\varphi \Rightarrow \varphi = \frac{2FL}{\pi G R^3}$$

$$= \frac{1}{G}\,3{,}87 \times 10^9\ \mathrm{rad}\,.$$

Mit $G = 8 \times 10^{10}\ \mathrm{N/m^2} \Rightarrow \varphi = 4{,}8 \times 10^{-2}\ \mathrm{rad}$ $\approx 2{,}8°$.
b) Für den Hohlzylinder gilt:

$$D = FR_2 = \frac{2\pi G\varphi}{L}\int_{R_1}^{R_2} r^3\,\mathrm{d}r = \frac{\pi G\varphi}{2L}\left(R_2^4 - R_1^4\right)$$

$$\Rightarrow \varphi = 5{,}2 \times 10^{-2}\ \mathrm{rad} \approx 3°\,.$$

5. Aus $\kappa = -\frac{1}{V}\frac{\mathrm{d}V}{\mathrm{d}p}$ (6.32) $\Rightarrow \frac{\mathrm{d}V}{V} = -\kappa\,\mathrm{d}p$. Integration liefert:

$$\ln V = -\kappa p + C \quad \text{mit } C = \ln V(p=0) = \ln V_0$$

$$\Rightarrow V = V_0 \mathrm{e}^{-\kappa p} \Rightarrow \varrho = \varrho_0 \mathrm{e}^{+\kappa p}$$

$$= \varrho_0 \mathrm{e}^{0{,}048} \approx \varrho_0(1 + 0{,}048)\,.$$

Die Dichte steigt um 4,8 %.

6. $M = \varrho[1\ \mathrm{m^3} - (1-2d)^2(1\ \mathrm{m} - d)] = \varrho \cdot 0{,}0968$ $= 755\,\mathrm{kg}$.
Der Würfel taucht daher 0,755 m tief ein. Sein Schwerpunkt liegt 40,69 cm oberhalb seiner Unterkante, d.h. 34,8 cm unterhalb der Wasseroberfläche. Der Schwerpunkt S_{Fl} der verdrängten Flüssigkeit liegt 37,75 cm unterhalb der Wasseroberfläche, d.h. unterhalb von S_K.
Bei einem Kippwinkel von $\varphi = 24°$ taucht die tiefere Oberkante des oben offenen Würfels unter die Wasseroberfläche, d.h. der Würfel läuft voll. Bei diesem Winkel liegt das Metazentrum M immer noch oberhalb von S_K, d.h. die Schwimmlage ist stabil.

7. $$W = g\left[(\varrho_K - \varrho_{Fl})a^3(h-a) + \int_0^a \left[(\varrho_K - \varrho_{Fl})a^2(a-z) + \varrho_K a^2 z\right]\mathrm{d}z\right] = gha^3\left[\varrho_K - \varrho_{Fl}(1 - a/2h)\right] .$$
Mit $\varrho_K = 7{,}8 \times 10^3$ kg/m^3 $\Rightarrow W = 2{,}51 \cdot 6{,}85 \times 10^3$ Nm $= 1{,}72 \times 10^4$ Nm.
Die Anhebung in Luft würde die Arbeit $mgh = gha^3\varrho_K = 1{,}96 \times 10^4$ Nm erfordern.
8. $F = A\,\Delta p = \pi r^2\,\Delta p = \frac{1}{4}\pi d^2\,\Delta p = 2{,}5 \times 10^4$ N für jede Hälfte, d.h. jedes Pferd müßte mit $3{,}125 \times 10^3$ N $\hat{=}$ 318 kp ziehen.
Hätte man eine Kugelhälfte an einen Baum gebunden, so hätten 8 Pferde mit derselben Zugkraft von 318 kp pro Pferd genügt.
9. a) Das Verhältnis der beiden Meßwerte ist:
$$\frac{\varrho_G V}{(\varrho_G - \varrho_{Fl})V} = \frac{19{,}3}{18{,}3} = 1{,}0546$$
b) $$\frac{0{,}8\varrho_G + 0{,}2\varrho_{Cu}}{0{,}8\varrho_G + 0{,}2\varrho_{Cu} - 1} = \frac{17{,}2}{16{,}2} = 1{,}062$$
c) $$\frac{1{,}0550 - 1{,}0546}{1{,}0546} \approx 3{,}8 \times 10^{-4}$$
Seine Genauigkeit muß also mindestens 0,38 ‰ sein.
10. $M_{Holz} = L\pi r^2\varrho_H = \varrho_{Fl}V_e$; $V_e/V_{Zyl} = \frac{0{,}525}{1} = \frac{\varrho_{Holz}}{\varrho_{Fl}}$, wobei $r = d/2$ und V_e das eingetauchte Volumen ist.
$\Rightarrow M = 16{,}5$ kg $\Rightarrow V_e = 1{,}65 \times 10^{-2}$ m^3.
a) Das eingetauchte Zylindersegment hat das Volumen:
$$V_e = \tfrac{1}{2}L[r^2\alpha - (r-h)\sin(\alpha/2)r] ,$$
wobei h die Eintauchtiefe und α der Öffnungswinkel des Kreissegments ist. Mit $h = r(1 - \cos\alpha/2) \Rightarrow V_e = \frac{1}{2}Lr^2(\alpha - \frac{1}{2}\sin\alpha)$.

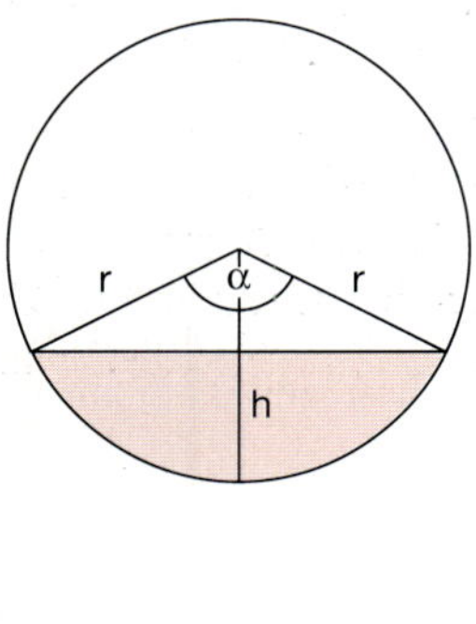

Einsetzen von $V_e = 1{,}65 \times 10^{-2}$ m^3, $r = 0{,}1$ m, ergibt: $\alpha \approx 184{,}5° \Rightarrow h = 0{,}108$ m.
Der Zylinder taucht etwas mehr als bis zur Hälfte ein.
b) Die Kugel hat das Volumen $V_K = \frac{4}{3}\pi R^3$ und die Masse $M_K = V_K\varrho_{Stahl}$. Sie erfährt einen Auftrieb $gV_K\varrho_{Fl} = gM_K\varrho_{Fl}/\varrho_{Stahl}$. Gleichgewicht herrscht bei der Eintauchtiefe H, bei der Gesamtgewicht = Auftrieb ist.
$$(M_{Zyl} + M_{Kug})g = (\pi r^2\varrho_{Fl}H + M_{Kug}\varrho_{Fl}/\varrho_{Stahl})g$$
$$\Rightarrow H = 0{,}553 \text{ m bei } \varrho_{Stahl} = 7800 \text{ kg/m}^3.$$

Kapitel 7

1. $$g(h) = G\frac{M_E}{(R+h)^2} = G\frac{M_E}{R^2(1+h/R)^2} \approx g(h=0)(1 - 2h/R)$$
Einsetzen in (7.5a) gibt:
$$\frac{\mathrm{d}p}{p} = -\frac{\varrho_0}{p_0}g \cdot (1 - 2h/R)\,\mathrm{d}h .$$
Integration:
$$\ln p = -\frac{\varrho_0}{p_0}gh + \frac{\varrho_0}{p_0 R}gh^2 + C$$
$$\Rightarrow p = p_0 \exp\left[-\frac{\varrho_0 g \cdot (h - h^2/R)}{p_0}\right] .$$
2. $p_0 = 1$ bar. Damit $p = 1$ mbar wird, muß in (7.6c) gelten:
$$\mathrm{e}^{-h/8{,}33\text{ km}} = 10^{-3}$$
$$\Rightarrow h = 8{,}33 \ln(10^3) \text{ km} = 57{,}5 \text{ km} .$$
3. $p(h = 100$ km$) \approx 6 \times 10^{-6}$ bar $= 0{,}6$ Pa. Für $T = 250$ K $\Rightarrow n = \frac{p}{kT} \Rightarrow n = 1{,}7 \times 10^{20}$/m^3 $= 1{,}7 \times 10^{14}$/cm^3. $\varrho = nm = 1{,}7 \times 10^{20} \cdot 28$ AME $= 8 \times 10^{-6}$ kg/m^3 (für N_2).
4. Auftrieb G_A = Gewicht der verdrängten Luft $\Rightarrow G_a = \varrho(h)gV = \varrho_0 g\mathrm{e}^{-1/8{,}33} \cdot 3 \times 10^3$ m^3 $= 3{,}37 \times 10^4$ N.
Die Masse von Ballon, Last + Füllgas darf daher $3{,}44 \times 10^3$ kg sein. Druck des Füllgases: $p(h) = 0{,}887p_0 = 8{,}87 \times 10^4$ Pa.
Masse des Füllgases:
a) Helium: $\varrho_0 = 0{,}1785$ kg/m^3 $\Rightarrow \varrho(h) =$

$0{,}1583\ \mathrm{kg/m^3} \Rightarrow m_{\mathrm{He}} = 475$ kg: $\Rightarrow$ Masse Ballon + Last = 2965 kg.

b) H_2: $\varrho_0 = 0{,}09\ \mathrm{kg/m^3} \Rightarrow \varrho(h) = 0{,}08\ \mathrm{kg/m^3}$ $\Rightarrow m_{\mathrm{H_2}} = 240$ kg $\Rightarrow$ Restmasse $= 3200$ kg.

5. Für $h = 0$ ist der Druck $p = p_0 = 10^5$ Pa, und $x = x_0 = 0{,}2$ m. Nach dem Boyle-Mariotteschen Gesetz gilt:

$$(p_0 + \varrho g h)Ax = p_0 A x_0$$

$$\Rightarrow h = a\frac{x_0 - x}{x} \quad \text{mit } a = \frac{p_0}{\varrho g} = 10{,}2\ \mathrm{m}$$

$$\Rightarrow \frac{\Delta h}{\Delta x} \approx -a\frac{x_0}{x^2} < 0$$

$$\Rightarrow x = \sqrt{a x_0 \left|\frac{\Delta x}{\Delta h}\right|}$$

Mit $\Delta x = 10^{-3}$ m und $\Delta h = 1$ m $\Rightarrow x = 4{,}5 \times 10^{-2}$ m $\Rightarrow h = 35$ m.
Das Gerät ist also bis zu einer Tiefe von 35 m mit einer Genauigkeit $\Delta h = 1$ m verwendbar.

6. Die Zahl der Teilchen, die mindestens die Strecke x durchlaufen, ohne zu stoßen, ist gemäß (7.33):

$$N(x) = N_0 \mathrm{e}^{-x/\Lambda}\ .$$

a) $N(x \geq \Lambda) = N_0\mathrm{e}^{-1} \Rightarrow \frac{N(\Lambda)}{N_0} = 0{,}368 \mathrel{\hat{=}} 36{,}8\,\%$.

b) $N(x \geq 2\Lambda) = N_0\mathrm{e}^{-2} \Rightarrow N(2\Lambda)/N_0 = 13{,}5\%$.

7. Die Wahrscheinlichkeit ist:

$$W = \int_{v_1}^{v_2} f(v)\,\mathrm{d}v = \frac{4}{\sqrt{\pi}v_W^3}\int_{v_1}^{v_2} v^2 \mathrm{e}^{-v^2/v_W^2}\mathrm{d}v$$

$$\approx \frac{4\overline{v}^2}{\sqrt{\pi}v_W^3}\Delta v\,\mathrm{e}^{-\overline{v}^2/v_W^2}\ ,$$

mit $\overline{v} = (v_1 + v_2)/2 = 950$ m/s und $\Delta v = v_1 - v_2 = 100$ m/s. Für N_2-Moleküle bei $T = 300$ K ist $v_W = 422$ m/s.

$$\Rightarrow W = \frac{4 \cdot 950^2 \cdot 100}{\sqrt{\pi}\cdot 422^3}\cdot \mathrm{e}^{-5{,}06} = 1{,}7 \times 10^{-2}\ .$$

8. Aus (7.6) folgt:

$$\ln\frac{p_1}{p_2} = \frac{\varrho_1}{p_1} g\,\Delta h\ .$$

Die Dichte ϱ_1 erhält man aus $\varrho_1 = \frac{mP_1}{kT}$ mit $m = (0{,}71 m_{\mathrm{N_2}} + 0{,}29 m_{\mathrm{O_2}}$ zu $\varrho_1 = 1{,}24\ \mathrm{kg/m^3}$.

$$\Rightarrow \Delta h \approx 866\ \mathrm{m}\ .$$

9. $\Delta \boldsymbol{v} = \boldsymbol{v}_1 - \boldsymbol{v}_2 \Rightarrow (\Delta \boldsymbol{v})^2 = v_1^2 + v_2^2 - 2v_1v_2\cos\alpha$.
a) Da die Richtungen der Geschwindigkeitsvektoren gleichmäßig verteilt sind, gilt für die Mittelwerte wegen $\overline{v_1^2} = \overline{v_2^2} = \overline{v^2}$ und $\overline{\cos\alpha} = 0$:

$$\overline{\Delta v^2} = 2\overline{v^2} \Rightarrow \sqrt{\overline{\Delta v^2}} = \sqrt{2}\sqrt{\overline{v^2}}\ .$$

Nach längerer Rechnung erhält man ebenfalls: $\overline{\Delta v} = \sqrt{2}\overline{v}$.
b) Hier sind alle Beträge v der Geschwindigkeiten gleich groß. $\Rightarrow \overline{\Delta v} = \sqrt{2}v$.

10. Die Moleküldichte bei 10^5 Pa und $T = 20$ °C ist $n = 2{,}5 \times 10^{19}/\mathrm{cm^3}$.

$$\Rightarrow \sigma_{\mathrm{Ar}} = \frac{1}{n\Lambda} = \frac{10^{-25} \times 10^7}{2{,}5 \cdot 1{,}5}$$
$$= 2{,}6 \times 10^{-19}\ \mathrm{m^2} = 26\ \mathrm{\AA}^2$$

Wenn sich beide Stoßpartner bewegen, ist die mittlere Zeit zwischen zwei Stößen: $\tau = \Lambda/\overline{\Delta v}$, wobei $\overline{\Delta v}$ die mittlere *Relativ*geschwindigkeit ist. Es gilt:

$$\sigma_{\mathrm{N_2}} = 31 \times 10^{-16}\ \mathrm{cm^2}$$
$$\overline{\Delta v}_{\mathrm{Ar}} = \sqrt{2}\overline{v} = 565\ \mathrm{m/s}$$
$$\Rightarrow \tau_{\mathrm{Ar}} = \frac{\Lambda}{\overline{\Delta v}} = 2{,}6 \times 10^{-10}\ \mathrm{s}$$
$$\tau_{\mathrm{N_2}} = 1{,}8 \times 10^{-10}\ \mathrm{s}\ .$$

11. Die Dichte ist, wie in (7.10): $n = 2{,}5 \times 10^{19}/\mathrm{cm^3}$.

a) $N = \frac{M}{m_{\mathrm{He}}} = \frac{0{,}1}{6{,}68 \times 10^{-27}} = 1{,}5 \times 10^{25}$,

wobei N die Gesamtzahl der He-Atome im Behälter ist.
b) $\sigma_{\text{He-He}} = 10 \times 10^{-16}\ \mathrm{cm^2} \Rightarrow \Lambda = \frac{1}{n\sigma} = 4 \cdot 10^{-7}$ m .
c) Die Summe $\sum_i S_i$ ist:

$$\sum_i S_i = \sum_i N_i v_i\,\Delta t = N\overline{v}\Delta t$$
$$= 1{,}5 \times 10^{25} \cdot 1260\ \mathrm{m} \qquad \text{für } \Delta t = 1\ \mathrm{s}$$
$$= 6{,}3 \times 10^{19}\ \text{Lichtsekunden}$$
$$= 2 \times 10^{12}\ \text{Lichtjahre}\ .$$

12. Angenommen, zwei Atome passieren zur Zeit $t = 0$ die Scheibe mit Geschwindigkeiten v_1 und v_2. Ihre Ankunftszeiten sind dann am Detektor:

$$t_1 = \frac{L}{v_1}; \quad t_2 = \frac{L}{v_2} \Rightarrow \Delta t = L\frac{\Delta v}{v_1 v_2}$$

mit $\Delta v = v_1 - v_2$.

Wenn 1 Atom am Anfang der Öffnungszeit Δt_0, das andere am Ende die Scheibe passiert, kann die Zeitdifferenz am Detektor $\Delta t \pm \Delta t_0$ betragen. Die maximale Zeitbreite ist dann:

$$\Delta t_{\max} = \Delta t + \Delta t_0 .$$

Allgemein gilt für das Zeitspektrum $N(t)$ der am Detektor ankommenden Teilchen mit der Geschwindigkeitsverteilung $N(v) = Nf(v)$. Wegen $v = L/t$ und $\mathrm{d}v = -(L/t^2)\mathrm{d}t = \frac{1}{t} v\,\mathrm{d}t$ wird

$$f(v)\,\mathrm{d}v = \frac{1}{t} vf\left(\frac{L}{t}\right)\mathrm{d}t .$$

Die Funktion $f(v) \propto v^2 \mathrm{e}^{-v^2/v_W^2}$ geht dann über in

$$f(v,t) \propto \frac{L^3}{t^4}\mathrm{e}^{-L^2/t^2 v_W^2}\mathrm{d}t .$$

Ist das Zeitprofil der Transmission des Unterbrechers $g(t)$, so wird der zeitliche Verlauf des Signals am Detektor:

$$S(t) = \int_{-\infty}^{+\infty} g(t')f(t-t')\,\mathrm{d}t' .$$

Für unser Beispiel ist die volle Halbwertsbreite Δv zwischen den Punkten, bei denen $f(v)$ auf 1/2 des maximalen Wertes $f(v_W)$ gesunken ist, ungefähr $\Delta v \approx v_W \approx 600$ m/s.
Bei unendlich kurzem Zeitfenster des Unterbrechers wäre dann

$$\Delta t = \frac{t^2}{L}\Delta v = \frac{L}{v_W^2}\Delta v = \frac{1}{600^2} = 1{,}6 \text{ ms} .$$

Berücksichtigt man das endliche Zeitfenster, so ergibt die Faltung $S(t)$ eine Zeitverteilung, deren Halbwertsbreite Δt bei rechteckigem Öffnungsprofil $g(t')$ etwa $\Delta t \approx 2{,}5$ ms wird.

13. $$\frac{m}{2}v_0^2 > G\frac{M_\mathrm{E} m}{R+h} \Rightarrow v_0 > \sqrt{\frac{2GM_\mathrm{E}}{R+h}}$$

$$\Rightarrow v_0(h) = v_0(h=0)\sqrt{\frac{1}{1+h/R}}$$

$$\approx v_0(0)\left(1 - \frac{1}{2}h/R\right) .$$

Für $h = 100$ km $\Rightarrow v_0(h) = 0{,}992 v_0(0) = 11{,}1$ km/s.
b) Die Hälfte aller Moleküle hat bei einer Maxwell-Verteilung eine Geschwindigkeit $v > \overline{v}$.

$$\Rightarrow v > \overline{v} = \sqrt{\frac{8kT}{\pi m}} = 11{,}1 \text{ km/s}$$

$$\Rightarrow T = 1{,}6 \times 10^5 \text{ K} .$$

14. Die Dichte der Außenluft in 50 m Höhe bei $T_1 = 300$ K ist:

$$\varrho = \varrho_0 \mathrm{e}^{-\varrho_0 gh/p_0} ,$$

mit $\varrho_0 = 1{,}29$ kg/m^3, $p_0 = 10^5$ N/m^2 $\Rightarrow \varrho = 1{,}28$ kg/m^3.
Die Abgase müssen deshalb eine Temperatur $T > T_0$ haben. Da der Druck am oberen Ende des Kamins für Abgase und Außenluft gleich ist $\Rightarrow \varrho_1/\varrho_2 = T_2/T_1 \Rightarrow T_2 = 452$ K, wobei angenommen wurde, daß bei gleicher Temperatur die Dichte ϱ der Abgase dieselbe ist wie die der Luft. Aus $p_1 = p_0 \mathrm{e}^{-\varrho_1 gh/p_0}$ für die Außenluft und $p_2 = p_0' \mathrm{e}^{-\varrho_2 gh/p_0'}$ innerhalb des Kamins, folgt wegen $p_1(h) = p_2(h)$ für $\mathrm{e}^x \approx 1 + x$ und $p_0' = p_\mathrm{innen}(h=0)$:

$$p_0' - \varrho_2 gh = p_0 - \varrho_1 gh$$
$$\Rightarrow \Delta p_0 = p_0 - p_0' = \Delta\varrho gh$$
$$= (1{,}28 - 0{,}85) \cdot 9{,}81 \cdot 50 \text{ Pa} = 211 \text{ Pa} .$$

15. $\varrho_0(\mathrm{He}) = 0{,}178$ kg/m^3 bei $p_0 = 1$ bar.
$\Rightarrow \varrho_\mathrm{He}(1{,}5\ ) = 0{,}267$ kg/m^3.
Aus $m_\mathrm{He} + m_\mathrm{Bal} = V\varrho_\mathrm{Luft} \Rightarrow$

$$V = \frac{m_\mathrm{Bal}}{\varrho_\mathrm{Luft} - \varrho_\mathrm{He}(1{,}5 \text{ bar})}$$
$$= \frac{0{,}01}{1{,}023} \text{ m}^3 = 9{,}8 \times 10^{-3} \text{ m}^3 .$$

16. a) $\frac{m}{2}\overline{v^2} = \frac{3}{2}kT = 3{,}1 \times 10^{-16}$ J $\hat{=}$ $1{,}9 \times 10^3$ eV. Die Ionisierungsenergie des H-Atoms ist 13,5 eV. Bei einer Dichte von 5×10^{29} m^{-3} ist der mittlere Abstand der Protonen: $= 1{,}25 \times 10^{-10}$ m. Dann ist die mittlere potentielle Energie auf Grund der Coulombabstoßung $E_\mathrm{pot} \approx 1{,}8 \times 10^{-18}$ J klein gegen E_kin, d.h. die Materie im Inneren der Sonne kann angenähert als ideales Gas betrachtet werden.

b) $\overline{v} = \sqrt{\frac{8kT}{\pi m}}$: $\overline{v}_\mathrm{p} = 5{,}6 \times 10^5$ m/s; $\overline{v}_\mathrm{el} = 2{,}4 \times 10^7$ m/s $= 0{,}08c$.

c) $p = nkT = 1 \times 10^{14}$ Pa $\hat{=}$ 10^9 atm.

17. $M_{\text{Atm}} = \dfrac{4\pi R^2 \cdot 1{,}013 \times 10^5\ \text{N}}{9{,}81\ \text{m/s}^2} = 5{,}3 \times 10^{18}$ kg.
Vergleich mit der Erdmasse $M_\text{E} = 6 \times 10^{24}$ kg zeigt, daß $M_{\text{Atm}} \approx 10^{-6}\ M_\text{E}$ gilt.

Kapitel 8

1. a) Kraft auf Fläche A (bei Reflexion der Luftmoleküle):

$$F = \frac{\mathrm{d}p}{\mathrm{d}t} = 2\varrho A v^2 .$$

Zahlenwerte: $A = 100$ m^2, $\varrho = 1{,}29$ kg/m^3, $v = 100$ km/h $= 27{,}8$ m/s.
$\Rightarrow F = 2 \times 10^5$ N.
Dies entspricht einer Gewichtskraft von 20 Tonnen!
b) Für eine einfache Abschätzung nehmen wir an, daß die Stromlinien des Windes oberhalb des Daches der Dachform folgen. Sie legen daher die Strecke $S_2 = 2 \cdot 6$ m $= 12$ m zurück in der gleichen Zeit, in der die horizontale Windströmung die Strecke $S_1 = 2 \cdot 6$ m $\cdot \sin\alpha/2 = 11{,}6$ m zurücklegt. Die Geschwindigkeit ist dann: $u_2 = 100$ km/h $\cdot \frac{12}{11{,}6} = 103{,}4$ km/h $= 28{,}7$ m/s. Nach der Bernoulli-Gleichung gilt:

$$p = p_0 - \tfrac{1}{2}\varrho \overline{u}_2^2 .$$

Wenn $p_0 = 10^5$ N der Druck unterhalb des Daches ist, wird: $p = (10^5 - 531)$ N/m^2 $\Rightarrow \Delta p = 531$ N/m^2 $\Rightarrow F = A\,\Delta p$. Mit $A = 2L_y \cdot 6$ m $\cdot \sin\alpha/2 = 96{,}7$ m^2 Flächenprojektion auf die Horizontale erhält man:

$$F = 531\ \text{Nm}^{-2} \cdot 96{,}7\ \text{m}^2 = 5{,}1 \times 10^4\ \text{N} .$$

2. Der Auftrieb hängt nicht nur vom Tragflächenprofil ab, sondern auch vom Anstellwinkel (Abb. 8.44). Beim „Auf dem Kopf"-fliegen ist der Auftrieb zwar wesentlich geringer, kann aber bei geeignet gewähltem Anstellwinkel trotzdem noch größer als Null sein.

3. Die freie Weglänge $\Lambda = (n\sigma)^{-1}$ ist für Flüssigkeiten bei typischen Werten $n = 3 \times 10^{28}/\text{m}^3$, $\sigma = 10^{-19}$ m^2 $\Rightarrow \Lambda = 3 \times 10^{-10}$ m.
Die Grenzdicke, in die Moleküle aus Nachbarschichten diffundieren, ist also sehr klein.
Die Verwirbelung der Stromlinien bei großen Geschwindigkeiten kommt durch makroskopische\break Turbulenz (Konvektion), nicht durch Diffusion zustande.

4. Es gilt: $\text{grad}\,(\boldsymbol{a} \cdot \boldsymbol{b}) = (\boldsymbol{b} \cdot \nabla)\,\boldsymbol{a} + (\boldsymbol{a} \cdot \nabla)\,\boldsymbol{b} + \boldsymbol{a} \times (\nabla \times \boldsymbol{b}) + \boldsymbol{b} \times (\nabla \times \boldsymbol{a})$

$$\Rightarrow \text{grad}\,(\boldsymbol{u} \cdot \boldsymbol{u}) = \text{grad}\,\overline{u}^2 = 2 \cdot (\boldsymbol{u} \cdot \nabla)\,\boldsymbol{u} + 2 \cdot \boldsymbol{u} \times (\nabla \times \boldsymbol{u}) .$$

Diese Gleichung läßt sich in Komponentenschreibweise sofort verifizieren. Für die x-Komponente gilt auf der linken Seite:

$$\frac{\partial}{\partial x}(u_x^2 + u_y^2 + u_z^2) = 2\dot{u}_x \frac{\partial}{\partial x} u_x + 2u_y \frac{\partial}{\partial x} u_y + 2u_z \frac{\partial}{\partial x} u_z \qquad (1)$$

Für die x-Komponente der rechten Seite gilt:

$$2\left(u_x \frac{\partial}{\partial x} + u_y \frac{\partial}{\partial y} + \dot{u}_z \frac{\partial}{\partial z}\right) u_x + 2\left[u_y (\text{rot}\,\boldsymbol{u})_z - u_z (\text{rot}\,\boldsymbol{u})_y\right] \qquad (2)$$

Die zweite Klammer [ ] der letzten Zeile (2) ist:

$$u_y\left(\frac{\partial}{\partial x} u_y - \frac{\partial}{\partial y} \dot{x}\right) - u_z\left(\frac{\partial}{\partial z} u_x - \frac{\partial}{\partial x} u_z\right) .$$

Setzt man dies in (2) ein, so ergibt sich (2) = (1). Analog kann man dies für die y- und z-Komponenten zeigen.

5. Druck in der Höhe h:

$$p(h) = \varrho g (H - h) + p_0 .$$

Am Ausflußrohr gilt die Bernoulli-Gleichung:

$$\Delta p = p(h) - p_0 = \tfrac{1}{2}\varrho u_x^2$$
$$\Rightarrow u_x^2 = 2g(H - h) .$$

Die Flüssigkeitsteilchen durchlaufen eine Wurfparabel mit der Anfangsgeschwindigkeit

$$\boldsymbol{v} = \{u_x, u_z = 0\} .$$

Die Fallzeit kann aus: $h = \frac{1}{2} g t^2$ bestimmt werden.
$\Rightarrow t = \sqrt{2h/g}$
a) Der Auftreffpunkt ist:

$$P = \{x_\text{a} = u_x t, z = 0\} = \left\{2\sqrt{h(H - h)}, 0\right\} .$$

Die Auftreffgeschwindigkeit $\boldsymbol{v}$ ist

$$\boldsymbol{v}(P) = \{u_x, u_z = gt\}$$

$$|\boldsymbol{v}| = \sqrt{u_x^2 - u_z^2} = \sqrt{2gH}\ .$$

Dies ist dieselbe Geschwindigkeit, mit der ein Körper bei senkrechtem Fall aus der Höhe H auftrifft.

b) Nach dem Hagen-Poisseuille-Gesetz gilt:

$$-\frac{dV}{dt} = -\pi R^2 \frac{dH}{dt} = \frac{\pi r^4}{8\eta L}\Delta p$$

$$\text{mit } \Delta p = \varrho g H + p_0 - p_0$$

$$\Rightarrow \frac{dH}{dt} = -\frac{r^4}{R^2}\frac{\varrho g H}{8\eta L} \Rightarrow H = H_0 e^{-at}$$

$$\text{mit } H_0 = H(t=0) \text{ und } a = \frac{r^4 \varrho g}{R^2 L 8\eta}\ .$$

6. Die Sonde in Abb. 8.11c mißt den Gesamtdruck

$$p_0 = p + \tfrac{1}{2}\varrho u^2 = \varrho g h$$
$$= 10^3 \cdot 9{,}81 \cdot 1{,}5 \times 10^{-1}\ \text{Pa} = 1470\ \text{Pa}\ .$$

Aus der Sondenmessung in Abb. 8.11a ergibt sich $p = 10$ mbar $= 10^3$ Pa $\Rightarrow \frac{1}{2}\varrho u^2 = 470$ Pa $\Rightarrow u = 0{,}97$ m/s.

7. Der Trichter sei bis zur Höhe H gefüllt, so daß der Radius R der kreisförmigen Wasseroberfläche $R = H\tan(\alpha/2)$ ist. Das Wasservolumen ist dann:

$$V = \tfrac{1}{3}\pi R^2 H = \tfrac{1}{3}\pi H^3 \tan^2(\alpha/2) = \tfrac{1}{9}\pi H^3$$
$$\text{weil } \tan^2 30° = 1/3\ .$$

a) Die Abnahme des Wasservolumens pro Zeiteinheit ist:

$$\frac{dV}{dt} = \frac{dV}{dH}\frac{dH}{dt} = \tfrac{1}{3}\pi H^2 \frac{dH}{dt}\ .$$

Andererseits gilt nach Hagen-Poisseuille:

$$\frac{dV}{dt} = -\frac{\pi r^4}{8\eta L}\Delta p \quad \text{mit } r = d/2 \quad \text{und } \Delta p = \varrho g H$$

$$\Rightarrow \frac{dH}{dt} = -\frac{3}{8}\frac{r^4 \varrho g}{\eta L H} \Rightarrow H\,dH = -a\,dt$$

$$\text{mit } a = \frac{3}{8}\frac{r^4 \varrho g}{\eta L} \approx 7{,}2 \times 10^{-4}\ \text{m}^2/\text{s}$$

Integration liefert:

$$H^2 = -2at + H_0^2 \quad \text{mit } H_0 = H(t=0)$$

$$\Rightarrow H = \sqrt{H_0^2 - -2at}\ .$$

$$\text{b)}\ \frac{dM}{dt} = \varrho\frac{dV}{dt} = -\frac{1}{3}\pi a H \varrho = -\frac{1}{3}\pi a \varrho \sqrt{H_0^2 - 2at}$$

$$\Rightarrow M(t) = \tfrac{1}{9}\pi\varrho(H_0^2 - 2at)^{3/2}\ .$$

c) Die Zeit bis alles Wasser ausgeflossen ist (d.h. $H = 0$),

$$\Rightarrow T = H_0^2/2a\ .$$

Mit $H_0 = 0{,}3$ m, $r = 2{,}5 \times 10^{-3}$ m, $L = 0{,}2$ m, $\eta = 1{,}0 \times 10^{-3}$ Pas $\Rightarrow T = 62{,}5$ s.

d) Für eine Füllmenge von $4L$ wird $H_0 = (9V/\pi)^{1/3} = 0{,}225$ m. Die Füllzeit ohne Nachfüllen des Trichters ist mit $a = 7{,}2 \times 10^{-4}$ dann $T = 35$ s.

Mit Nachfüllen gilt: $H = H_0 = \text{const.}$

Die Menge, die in der Zeit t in das 4-Liter-Gefäß fließt, ist dann

$$V = \frac{1}{3}\pi a H_0 t \Rightarrow t = \frac{3 \cdot 4 \times 10^{-3}}{\pi \cdot 7{,}2 \times 10^{-4} \cdot 0{,}225}\ \text{s}$$
$$= 23{,}6\ \text{s}\ .$$

8. $\dfrac{dV}{dt} = \dfrac{\pi R^4}{8\eta L}\Delta p$ mit $\Delta p = \varrho g(\Delta h + L\sin\alpha) = 1{,}5 \times 10^{-4}(0{,}1 + \sin\alpha)\ \text{m}^3/\text{s}$.

Die Strömungsgeschwindigkeit ist:

$$\overline{u} = \frac{1}{A}\frac{dV}{dt} = \frac{1}{\pi r^2}\frac{dV}{dt} = 7{,}6(0{,}1 + \sin\alpha)\ \text{m/s}\ .$$

Die Reynolds-Zahl ist:

$$\text{Re} = 2300 = \frac{\varrho r u_c}{\eta}\ .$$

Daraus ergibt sich die kritische Geschwindigkeit

$$\overline{u}_c = \frac{\eta \text{Re}}{\varrho r} = 0{,}92\text{m/s}\ .$$

Der Neigungswinkel α wird dann für $\overline{u} = \overline{u}_c$:

$$\sin\alpha = 0{,}021 \Rightarrow \alpha = 1{,}2°\ .$$

9. $\dfrac{dV}{dt} = \dfrac{\pi R^4}{8\eta L}\varrho g\,\Delta h = 10^{-3}\ \text{m}^3;\quad \Delta h = 20$ m

$$\Rightarrow R = \left(\frac{10^{-3} \cdot 8\eta L}{\pi \varrho g \cdot \Delta h}\right)^{1/4} = 6 \times 10^{-3}\ \text{m} = 6\ \text{mm}$$

$$\Rightarrow d = 1{,}2\ \text{cm}$$

$$\Rightarrow u = 8{,}8\ \text{m/s}\ .$$

Dies liegt allerdings bereits oberhalb der kritischen Geschwindigkeit. Dies heißt, daß d größer gewählt werden muß, da der Strömungswiderstand für $\overline{u} > u_c$ größer als der des Hagen-Poisseuille-Gesetzes ist.

10. Die Gesamtkraft F auf die Kugel ist:

$$F = am = m^* g - 6\pi\eta r v$$

$$\text{mit } m^* = (\varrho_K - \varrho_{Fl})\tfrac{4}{3}\pi r^3$$

$$\Rightarrow \frac{dv}{dt} = \frac{m^*}{m} g - \frac{6\pi\eta r v}{m}$$

$$\frac{dv}{g - \frac{6\pi\eta r v}{m^*}} = \frac{m^*}{m}\, dt\,.$$

Mit der Abkürzung

$$b = \frac{6\pi\eta r}{g m^*} \quad \text{und} \quad c = g\frac{m^*}{m} \Rightarrow \frac{dv}{1 - bv} = c\, dt\,.$$

Integration liefert:

$$-\frac{1}{b}\ln(1 - bv) = ct + C_1$$

$$\Rightarrow v = \frac{1}{b}(1 - e^{-bC_1} e^{-bct})$$

Da $v(0) = v_0 \Rightarrow e^{-bC_1} = 1 - v_0 b$

$$\Rightarrow v(t) = \frac{1}{b}(1 + (v_0 b - 1)e^{-bct})$$

$$\Rightarrow z(t) = \frac{1}{b}t - \frac{v_0 b - 1}{b^2 c} e^{-bct}\,.$$

Kapitel 9

1. Durch die Kapillare strömt pro Sekunde die Luftmenge $p\,dV/dt$, welche an der Hochdruckseite $p_1\, dV_1/dt$ und an der Vakuumseite $p_2\, dV_2/dt$ ist. Es gilt:

$$p_1 \frac{dV_1}{dt} = p_2 \frac{dV_2}{dt}\,.$$

Abgepumpt wird das Vakuum dV_2/dt beim Druck p_2.

Nach Hagen-Poisseuille (9.9) gilt:

$$p_2 \frac{dV}{dt} = \frac{\pi R^4}{8\eta L}(p_1 - p_2)\frac{p_1 + p_2}{2}$$

mit $p_1 = 10^5$ Pa, $p_2 = 10^{-1}$ Pa.

$$\Rightarrow p_2 \frac{dV}{dt} = 4{,}25 \times 10^{-3}\ \text{m}^3\text{Pa/s}\,.$$

Um einen Druck von 10^{-3} mbar $\hat{=}$ 10^{-1} Pa aufrechtzuerhalten, muß daher das Saugvermögen der Pumpe $dV/dt = 4{,}25 \times 10^{-2}\ \text{m}^3/\text{s} = 42{,}5$ l/s betragen.

2. Die Kraft, welche der Luftdruck $p_0 = 10^5$ Pa auf jede Hälfte ausübt, ist

$$F = \pi\left(\frac{d}{2}\right)^2 \Delta p = 2{,}5 \times 10^4\ \text{N}\,.$$

Man muß also von jeder Seite mit dieser Kraft ziehen, um die Kugelhälften zu trennen.

3. Bei $p = 10^{-5}$ mbar ist $n = 2{,}5 \times 10^{17}/\text{m}^3$
$\Lambda = 6$ m, $\tau = \frac{\Lambda}{\overline{v}} \approx 1{,}2 \times 10^{-2}$ s für $\overline{v} = 500$ m/s

$$Z_1 = n\sigma\overline{v}_{rel} \approx n\sigma\sqrt{2}\,\overline{v}$$

mit $\sigma = 10^{-14}\ \text{cm}^2 \Rightarrow Z_1 \approx 180\ \text{s}^{-1}$.
$Z_2 = \frac{1}{4}n\overline{v} \approx 3 \times 10^{19}\ \text{s}^{-1}$ auf 1 m² Wandfläche.
Auf die Behälterwand von $A = 3{,}26$ m² treffen $9{,}8 \times 10^{19}$ Moleküle pro Sekunde,
$\Rightarrow Z_1/Z_2 = 1{,}8 \times 10^{-18}$.
$\sum S_i = nV\overline{v} = 5 \times 10^{19}$ m.

4. Zahl der Stöße auf die Wand:
$Z_2 = \frac{1}{4}n\overline{v}$ pro m² und Sekunde. Bei 10^{-7} mbar $\Rightarrow$ $n = 2{,}5 \times 10^{15}\ \text{m}^{-3}$. Mit $\overline{v} = 500$ m/s $\Rightarrow Z_2 = 3 \times 10^{17}\ \text{m}^{-2}\text{s}^{-1}$.
Vollständige Bedeckung der Wand ist erreicht für

$$Z = \frac{1\ \text{m}^2}{\text{Fläche/Molekül}}\ \text{Stöße} = \frac{1}{0{,}15 \cdot 0{,}2 \times 10^{-18}} = 3{,}3 \times 10^{19}.$$

$\Rightarrow$ Nach etwa 100 s ist die Fläche von einer monomolekularen Schicht bedeckt.

5. Die Saugleistung der Vorpumpe beim Druck $p_1 = 0{,}1$ mbar muß gleich der Saugleistung $p_2(dV/dt)_{Diff}$ der Diffusionspumpe beim Druck $p_2 = 10^{-6}$ mbar sein:

$$p_2 \cdot 3000\ \text{l/s} = p_1 (dV/dt)_{Vorp}\,.$$

Das Saugvermögen der Vorpumpe muß daher sein:

$$\frac{dV}{dt} = \frac{p_2}{p_1} \cdot 3000\ \text{l/s} = 3 \times 10^{-2}\ \text{l/s} = 0{,}1\ \text{m}^3/\text{h}\,.$$

Für das Auspumpen des Rezipienten sollte man jedoch eine größere Vorpumpe verwenden, da bei 10^{-4} mbar die Diffusionspumpe bereits voll arbeitet und die Vorpumpe dann ein Saugvermögen von $10^{-3} \cdot 3000$ l/s $= 3$ l/s braucht, um den Vorvakuumdruck nicht über 10^{-1} mbar ansteigen zu lassen.

6. Beim Durchlaufen des Gases nimmt der Elektronenstrom I gemäß $I = I_0 \mathrm{e}^{-n\sigma x}$ ab. Die Zahl der gebildeten Ionen ist dann gleich der Differenz $(I_0 - I)/e$, wobei $e = 1{,}6 \times 10^{-19}$ C die Elementarladung eines Elektrons ist. Für $n\sigma x \ll 1$ gilt:

$$\begin{aligned}\frac{I_0 - I}{e} &= \frac{I_0}{e} n\sigma x = \frac{10^{-2}}{1{,}6 \times 10^{-19}} \\ &\quad \times 2{,}5 \times 10^{15} \cdot 10^{-18} \cdot 2 \times 10^{-2}\ \mathrm{s}^{-1} \\ &= 3 \times 10^{12}\ \text{Ionen/s}\,.\end{aligned}$$

Der Ionenstrom ist dann 0,5 μA.

7. Die freie Weglänge Λ ist bei $p = 10^{-2}$ mbar nach Tabelle 9.1: $\Lambda = 6 \times 10^{-3}$ m und daher vergleichbar mit dem Abstand $d = 1$ cm zwischen Draht und Wand. Dieser Fall liegt deshalb zwischen den Grenzfällen $\Lambda \gg d$ und $\lambda \ll d$. Für den Grenzfall $\Lambda \gg d$ ergibt (7.49a):

$$\frac{\mathrm{d}W}{\mathrm{d}t} = \kappa F \Delta T = 52\ \mathrm{mW}$$

für $\kappa = n_1 \overline{v} (f/2) k = 4{,}4\ \mathrm{Nm^{-1}K^{-1}}$, $F = 2\pi r_1 \cdot l = 7{,}8 \times 10^{-5}\ \mathrm{m}^2$ und $\Delta T = 150$ K.
Für den anderen Grenzfall $\Lambda \ll d$ ergibt sich nach (7.49b):

$$\frac{\mathrm{d}W}{\mathrm{d}t} = \lambda \cdot F \frac{\mathrm{d}T}{\mathrm{d}x} = 60\ \mathrm{mW}\,.$$

Nehmen wir für $\Lambda \approx d$ den Mittelwert dieser beiden Grenzfälle, so ergibt dies:

$$\frac{\mathrm{d}W}{\mathrm{d}t} \approx 56\ \mathrm{mW}\,.$$

Die hineingesteckte elektrische Leistung ist

$$P_\mathrm{e} = U \cdot I = 1\ \mathrm{W}\,.$$

Nur 5,6 % werden daher durch Wärmeleitung im Gas abgeführt, der überwiegende Teil (94,4 %) durch Wärmeleitung durch die Halterungen und durch Wärmestrahlung.

8. Wir nehmen an, daß jedes Molekül, das auf die Oberfläche der Kugel trifft, dort eine kurze Zeit haften bleibt und dann wieder abdampft. Bei ruhender Kugel, deren Temperatur T gleich der des Gases ist, ist die Geschwindigkeitsverteilung der abgedampften Moleküle gleich der der auftreffenden, so daß kein Netto-Drehimpuls übertragen wird. Bei der rotierenden Kugel erhalten Moleküle, die auf einen Streifen um den Breitenkreis mit Winkel ϑ fallen, die Zusatzgeschwindigkeit:

$$\overline{u} = \omega r \sin\vartheta\,.$$

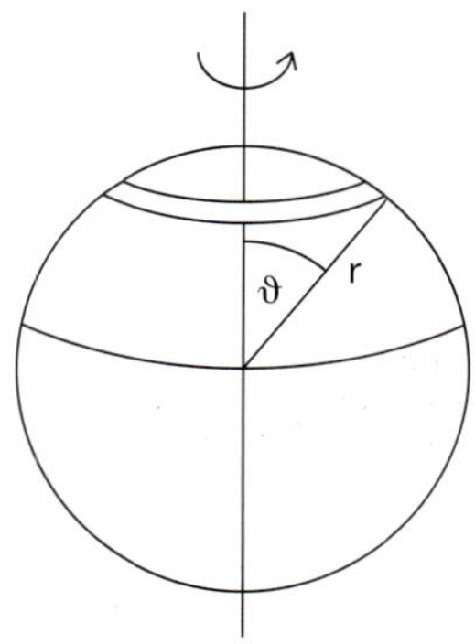

Wir legen die z-Achse in die Rotationsachse. Die Geschwindigkeit senkrecht zur Rotationsachse $v_\perp = (v_x^2 + v_y^2)^{1/2}$ wird dann nach dem Abdampfen $v'_\perp = (v_x^2 + v_y^2 + u^2)^{1/2}$.
Die Zahl der Teilchen, die pro Sekunde auf ein Flächenelement $\mathrm{d}A = 2\pi r^2 \sin\vartheta\,\mathrm{d}\vartheta$ treffen (schraffiert in oben stehender Abbildung) ist nach (7.47)

$$\frac{\mathrm{d}N}{\mathrm{d}t} = \frac{n}{4}\,\overline{v}\,\mathrm{d}A\,.$$

Jedes Teilchen erhält den Zusatzimpuls $\Delta p = m\overline{u}$ in Tangentialrichtung. Alle Teilchen daher pro Sekunde

$$\begin{aligned}\Delta p(\vartheta) &= \frac{n}{4}\overline{v} m \overline{u}\,\mathrm{d}A \\ &= \frac{n}{4}\overline{v} m \omega r \sin\vartheta \cdot 2\pi r^2 \sin\vartheta\,\mathrm{d}\vartheta\,.\end{aligned}$$

Das Drehmoment, das durch diese Teilchen auf die Kugel übertragen wird, ist damit wegen $F = \mathrm{d}p/\mathrm{d}t$

$$\mathrm{d}D(\vartheta) = \frac{n}{2}\pi \overline{v} m \omega r^4 \sin^3\vartheta\ \mathrm{d}\vartheta\,.$$

Integriert über alle ϑ ergibt dies wegen $\int_{-\pi/2}^{+\pi/2} \sin^3\vartheta\,\mathrm{d}\vartheta = \frac{4}{3}$ das Drehmoment

$$D = \tfrac{2}{3}\pi m\overline{v}\omega n r^4$$
$$= \tfrac{1}{2} V_{\text{Kugel}} m\overline{v}\omega n r \quad \text{mit } V = M/\varrho\,.$$

$$D = -\frac{\mathrm{d}}{\mathrm{d}t}L = -I\frac{\mathrm{d}\omega}{\mathrm{d}t}\,.$$

$$\Rightarrow \frac{\mathrm{d}\omega}{\mathrm{d}t} = -\frac{D}{\frac{2}{5}Mr^2} = -a\omega$$

$$\text{mit } a = \frac{5nm\overline{v}}{4r\varrho} = \frac{10}{\pi}\frac{p}{r\varrho\overline{v}} \approx 3{,}18\frac{p}{r\varrho\overline{v}}\,,$$

wobei die Relationen $p = \frac{1}{3}nm\overline{v^2}$ und $\overline{v}^2 = \frac{8}{3\pi}\overline{v^2}$ eingesetzt wurden.

$$\Rightarrow \frac{\mathrm{d}\omega}{\omega} = -a\,\mathrm{d}t \Rightarrow \omega = \omega_0 \mathrm{e}^{-at}\,.$$

Wenn $\omega = 0{,}99\omega_0$ sein soll $\Rightarrow \mathrm{e}^{-at} = 0{,}99$

$$\Rightarrow t = \frac{1}{a}\ln\frac{100}{99} = \frac{0{,}01}{a}\,.$$

Zahlenbeispiel: $r = 1\times 10^{-3}$ m, $\varrho = 5\times 10^3$ kg/m^3, $\overline{v} = 5\times 10^2$ m/s, $p = 10^{-3}$ mbar $= 10^{-1}$ Pa $\Rightarrow a = 1{,}3\times 10^{-4}\ \mathrm{s}^{-1} \Rightarrow t = 78$ s.

Kapitel 10

1. $F = D\cdot x$. Mit $F = 1$ N und $x = 0{,}05$ m
$\Rightarrow D = 20$ N/m.
$\Rightarrow T = 2\pi\sqrt{m/D} = 1{,}4$ s.

2. a) Näherung: $m \gg M = \mu L$
Geschwindigkeit der Transversalwelle:
$$v_{\text{Ph}} = \sqrt{F/\mu} = \sqrt{mg/\mu}\,.$$
Laufzeit der Welle für die Strecke z:
$$t_1 = \frac{z}{v_{\text{Ph}}} = z\sqrt{\mu/mg}\,.$$
Fallzeit der Kugel:
$$t_2 = \sqrt{2z/g}\,.$$
Für $t_1 = t_2$ holt die Kugel die Welle ein.
$$\Rightarrow z = \frac{2m}{\mu}$$
Mit $M = \mu L$ ergibt dies:
$$z = \frac{2m}{M}L\,.$$
Man sieht daraus, daß für $m > M \Rightarrow z > L$, d.h. die Kugel holt die Welle nicht ein!

b) Genaue Rechnung für beliebiges Verhältnis m/M:
In der Höhe z unter dem Aufhängepunkt wirkt die Kraft:
$$F = \mu(L-z)g + mg\,.$$
Die Phasengeschwindigkeit der Welle ist dann:
$$v_{\text{Ph}}(z) = [(L - z + m/\mu)g]^{1/2}\,.$$
Sie nimmt mit wachsendem z ab gemäß:
$$\frac{\mathrm{d}v}{\mathrm{d}z} = -\frac{g}{2v(z)}\,.$$
Wegen: $\dfrac{\mathrm{d}v}{\mathrm{d}t} = \dfrac{\mathrm{d}v}{\mathrm{d}z}\cdot\dfrac{\mathrm{d}z}{\mathrm{d}t} = -\dfrac{g}{2v}v = -\dfrac{g}{2}$
$\Rightarrow v(t) = v(z=0) - \frac{1}{2}gt\,.$

Die Strecke z, welche die Welle in der Zeit t zurücklegt, ist dann:
$$z_1(t) = v_0 t - \tfrac{1}{4}gt^2\,.$$
Die Kugel legt in dieser Zeit die Strecke $z_2(t) = \frac{1}{2}gt^2$ zurück.

Der Treffpunkt liegt bei: $z_1 = z_2$
$$\Rightarrow v_0 t_1 - \tfrac{1}{4}gt_1^2 = \tfrac{1}{2}gt_1^2$$
$$\Rightarrow t_1 = \frac{4}{3}v_0/g = \frac{4}{3}\sqrt{\frac{\mu L + m}{g\mu}}\,.$$
Daraus folgt:
$$z_{\text{treff}} = \frac{1}{2}gt_1^2 = \frac{8}{9}\left(L + \frac{m}{\mu}\right) = \frac{8}{9}L\left(1 + \frac{m}{M}\right)\,.$$

3. Der Gleichgewichtsdruck ist $p = 4\varepsilon/r$ mit $\varepsilon = \sigma$. Verändert man den Radius um $\mathrm{d}r$, so ändert sich der Druck um
$$\mathrm{d}p = \frac{\mathrm{d}p}{\mathrm{d}r}\mathrm{d}r = -\frac{4\varepsilon}{r^2}\mathrm{d}r\,.$$
Es tritt daher eine rücktreibende Kraft
$$\mathrm{d}F = 4\pi r^2\,\mathrm{d}p = -16\pi\varepsilon\,\mathrm{d}r \Rightarrow \boldsymbol{F} = -16\pi\varepsilon\boldsymbol{r}$$
auf, so daß die Rückstellkonstante $D = 16\pi\varepsilon$ zu einer Schwingungsdauer
$$T = 2\pi\sqrt{m/D} = \frac{1}{2}\sqrt{\pi m/\varepsilon} = \pi r\sqrt{\varrho d/ep}$$
führt. Dabei ist die Masse $m = 4\pi r^2\varrho d$ bei einer Dicke d der Seifenblasenhaut.

(Die geringe Änderung des Gasdruckes in der Seifenblase auf Grund der Volumenänderung ist hierbei vernachlässigt worden.)

4. Die Phasengeschwindigkeit ist:

$$v_{\mathrm{ph}} = \sqrt{E/\varrho} = 5{,}2 \times 10^3 \text{ m/s} .$$

Die Wellenlänge ist:

$$\lambda = v_{\mathrm{ph}}/v = 0{,}52 \text{ m} .$$

Die maximale Längenänderung tritt auf zwischen Maximum und Minimum der Longitudinalwelle. Deshalb ist $(\Delta L/L)_{\max} = 2A/(\lambda/2) = 4A/\lambda$.

$$\Rightarrow \Delta L/L = 7{,}7 \times 10^{-4}$$

$$\Rightarrow \sigma_{\max} = E\left(\frac{\Delta L}{L}\right)_{\max} = 1{,}7 \times 10^8 \text{ N/m}^2 .$$

Dies liegt um einen Faktor 9 unterhalb der Zugfestigkeit.

5. Die Intensität der Schallwelle ist:

$$I = \frac{1}{2}\frac{\Delta p_0^2}{\varrho v_{\mathrm{ph}}} \Rightarrow \Delta p_0 = \sqrt{2\varrho v_{\mathrm{ph}} I} .$$

Bei der Hörschwelle ist $I = 10^{-12}$ W/m^2. Mit $\varrho = 1{,}25$ kg/m^3, $v_{\mathrm{ph}} = 300$ m/s

$$\Rightarrow \Delta p_0 = 2{,}74 \times 10^{-5} \text{ N/m}^2 .$$

Aus $\Delta p_0 = v_{\mathrm{ph}}\varrho\omega\xi_0$ folgt die Schwingungsamplitude:

$$\xi_0 = 1{,}2 \times 10^{-11} \text{ m} \mathrel{\hat{=}} 0{,}12 \text{ Å}!$$

Die Amplitude ist also kleiner als ein Atomdurchmesser! Die Schallschnelle $\overline{u}_0$ ist:

$$\overline{u}_0 = \omega\xi_0 = 7 \times 10^{-8} \text{ m/s} .$$

Dies ist sehr klein gegenüber der thermischen Geschwindigkeit ($\overline{v} \approx 5 \times 10^2$ m/s) der Moleküle.

6. a) Die Oberfläche der ruhenden Flüssigkeit sei in beiden Schenkeln $z_0 = 0$. Bei einer Änderung $\Delta z = z_0 - z = -z$ in einem Schenkel steigt die Flüssigkeit im anderen Schenkel um $+z$. Die rücktreibende Kraft ist dann für eine reibungsfreie Flüssigkeit:

$$F = -2z\varrho g A = m\ddot{z}$$

$$\Rightarrow z(t) = \Delta z \sin\left(\sqrt{\frac{2\varrho g A}{m}}\, t\right) = \Delta z \sin \omega t$$

$$\Rightarrow \omega = 3{,}5 \text{ s}^{-1} \Rightarrow T = \frac{2\pi}{\omega} = 1{,}8 \text{ s} .$$

Die Geschwindigkeit v ist dann:

$$v = \dot{z} = \omega\, \Delta z \cos \omega t .$$

Mit $\Delta z = 0{,}1$ m $\Rightarrow v_{\max} = \omega\, \Delta z = 0{,}35$ m/s. Die Beschleunigung ist

$$a = \ddot{z} = -\omega^2\, \Delta z \sin \omega t \Rightarrow a_{\max} = 1{,}23 \text{ m/s}^2 .$$

b) Berücksichtigung der Reibung.
Nach Hagen-Poisseuille gilt für das Geschwindigkeitsprofil:

$$u(r) = \frac{\Delta p}{4\eta L}(R^2 - r^2) .$$

Definiert man eine über die Querschnittsfläche πR^2 gemittelte Geschwindigkeit $\overline{u}$, so ergibt sich aus (8.30) mit $F_{\mathrm{R}} = \Delta p\, \pi R^2$ für die Reibungskraft der Flüssigkeitssäule der Länge L:

$$F_{\mathrm{R}} = 8\pi\eta L\overline{u} \quad \text{mit } \overline{u} = \frac{1}{\pi R^2}\int_0^R \overline{u}(r) 2\pi r \,\mathrm{d}r .$$

In der Bewegungsgleichung

$$m\ddot{z} - b\dot{z} - 2\varrho g \pi R^2 z = 0$$

mit $\dot{z} = \overline{u}$: $b = 8\pi\eta L$ wird die Dämpfungskonstante

$$\gamma = b/(2 \text{ m}) = 4\pi\eta L/m = 4 \times 10^{-2}\text{s}^{-1} ,$$

wobei: $L = \frac{m}{\varrho\pi R^2} = 1{,}6$ m und $\eta = 10^{-3}$ Pa · s eingesetzt wurden. Nach $\tau = 25$ s ist die Schwingungsamplitude auf $1/e$ abgeklungen.

7. Die Intensitätsverteilung der am Spalt gebeugten Welle als Funktion des Beugungswinkels α ist

$$I(\alpha) = I_0 \frac{\sin^2(\pi d \sin\alpha/\lambda)}{(\pi d \sin\alpha/\lambda)^2} .$$

a) Wenn $I(\alpha)/I_0 = 0{,}5$ sein soll, folgt:

$$\frac{\sin^2 x}{x^2} = 0{,}5 \Rightarrow x \approx 1{,}4 \Rightarrow \sin\alpha = 1{,}4\lambda/(\pi d) .$$

Mit $\lambda = c/v = 330/(2 \times 10^3) = 0{,}165$ m und $d = 0{,}5$ m $\Rightarrow \sin\alpha = 0{,}147$. $\Rightarrow \alpha = 9{,}4°$

$$\Delta s = 2 \cdot 20 \cdot \tan\alpha = 6 \text{ m} .$$

b) Für $I(\alpha)/I_0 = 0{,}05 \Rightarrow x \approx 2{,}5 \Rightarrow \alpha = 17{,}0°$

$$\Rightarrow \Delta s = 10{,}9 \text{ m} .$$

8. Aus der Energieerhaltung folgt für die Intensitäten der Wellen:

$$I_e = I_r + I_d$$
$$\text{mit } I = \tfrac{1}{2}\varrho v_{\text{ph}} u_0^2 \quad (u_0 = \text{Schallschnelle}) .$$

$$\Rightarrow \tfrac{1}{2}\varrho_1 v_{\text{ph}1} u_{0e}^2 = \tfrac{1}{2}\varrho_1 v_{\text{ph}1} u_{0r}^2 + \tfrac{1}{2}\varrho_2 v_{\text{ph}2} u_{0d}^2 .$$

Dies kann mit Hilfe des Wellenwiderstandes $z = \varrho v_{\text{ph}}$ geschrieben werden als:

$$z_1(u_{0e}^2 - u_{0r}^2) = z_2 u_{0d}^2 .$$

An der Grenzfläche gilt: $u_{0e} + u_{0r} = u_{0d}$

$$\Rightarrow \overline{u}_{0r} = u_{0e}\frac{z_1 - z_2}{z_1 + z_2} \quad \text{und} \quad u_{0d} = u_{0e}\frac{2z_1}{z_1 + z_2}$$

$$\Rightarrow I_r = \frac{1}{2} z_1 u_{0r}^2 = I_e \left(\frac{z_2 - z_1}{z_2 + z_1}\right)^2$$
$$= RI_e, \quad R = \text{Reflexionsfaktor}$$
$$I_d = \frac{1}{2} z_2 u_{0d}^2 = 4I_e \frac{z_1 z_2}{(z_1 + z_2)^2}$$
$$= TI_e, \quad T = \text{Transmissionsfaktor} ,$$

mit $\varrho_{\text{Luft}} = 1{,}29\ \text{kg}\,\text{m}^{-3}$, $\varrho_{\text{Wasser}} = 10^3\ \text{kg/m}^3$ ergibt dies: $R = 99{,}88\%$, $T = 0{,}12\,\%$.

9. $$\xi = \xi_1 + \xi_2$$
$$= 2A\cos\left(\frac{\Delta\omega}{2}t - \frac{\Delta k}{2}z\right)\cos(\omega_m t - k_m z)$$
$$= 2A\cos(85t - 0{,}25z)\cos(715t - 1{,}75z) .$$

$$v_{1\text{ph}} = \frac{\omega_1}{k_1} = \frac{800}{2}\ \text{m/s} = 400\ \text{m/s}$$
$$v_{2\text{ph}} = \frac{\omega_2}{k_2} = \frac{630}{1{,}5}\ \text{m/s} = 420\ \text{m/s}$$
$$v_{\text{G}} = \frac{\Delta\omega}{\Delta k} = \frac{170}{0{,}5}\ \text{m/s} = 340\ \text{m/s} .$$

10. Für große Werte von λ kann der Term $2\pi\sigma/(\varrho\lambda)$ in (10.83) vernachlässigt werden. Man erhält dann:

$$v_{\text{ph}} = \sqrt{\frac{g\lambda}{2\pi}\tanh\frac{2\pi h}{\lambda}} .$$

Für $\lambda = 500\,\text{m}$ und $h > \lambda$ ist $\tanh(2\pi h/\lambda) \approx 1$.

$$\Rightarrow v_{\text{ph}} = 28\ \text{m/s} .$$

Für $\lambda = 0{,}5\,\text{m}$ wird $g\lambda/2\pi \approx 0{,}78\ \text{m}^2/\text{s}^2$ und mit $\sigma = 7{,}25\ \text{J/m}^2$ wird $2\pi\sigma/(\varrho\lambda) \approx 9{,}1 \times 10^{-2}\ \text{m}^2/\text{s}^2$.

$$\Rightarrow v_{\text{ph}} = 0{,}93\ \text{m/s} .$$

11. Die Frequenz der Grundschwingung ist

$$\nu_0 = \frac{1}{2L}\sqrt{F/\mu} = \frac{1}{2L}\sqrt{\sigma/\varrho} ,$$
$$\lambda_0 = 2L \Rightarrow v_{\text{ph}} = \nu_0\lambda_0 = \sqrt{\sigma/\varrho} .$$

12. Die Gewichtskraft mg wird durch die elastische Gegenkraft $F_{\text{E}} = \pi r^2 E \frac{\Delta L}{L}$ kompensiert.

$$mg = -k\,\Delta L \quad \text{mit } k = \pi r^2 E/L .$$
$$\Rightarrow k = \frac{mg}{\Delta L} .$$

Die Schwingungsdauer ist:

$$T = 2\pi\sqrt{m/k} = 2\pi\sqrt{\Delta L/g} .$$

Sie wird unabhängig von m, solange die Masse des Seiles vernachlässigbar ist.
Mit $\Delta L = 2 \times 10^{-3}\ \text{m} \Rightarrow T = 0{,}09\ \text{s}$.
Ein Pendel mit der Pendellänge L hätte die Schwindungsdauer $T = 2\pi\sqrt{L/g}$. Für Pendelschwingungen würde T in unserem Beispiel $T = 2{,}84$ s werden, also etwa 30mal so lang.

13. Wenn am Ende der Blattfeder eine Kraft $\boldsymbol{F}$ angreift, so verbiegt sich das Ende um die Strecke (siehe (6.20)):

$$\boldsymbol{\Delta s} = -\frac{4L^3}{Ed^3b}\boldsymbol{F}$$

$$\Rightarrow \boldsymbol{F} = -k\,\boldsymbol{\Delta s} \quad \text{mit } k = \frac{Ed^3b}{4L^3} .$$

Die Schwingungsdauer der Feder ohne zusätzliche Masse ist

$$\omega_0 = \sqrt{4k/m_{\text{F}}} = 2\sqrt{k/m_{\text{F}}} .$$

Hier steht die 4fache Rückstellkonstante, weil die mittlere Auslenkung der Feder

$$\boldsymbol{\Delta s} = \frac{1}{L}\int_{x=0}^{L} \boldsymbol{\Delta s}(x)\,\text{d}x = \frac{1}{4}\boldsymbol{\Delta s}(L) .$$

Mit $m_{\text{F}} = \varrho bdL$ und $k = \frac{Ed^3b}{4L^3}$ ergibt sich:

$$\omega_0 = \frac{d}{L^2}\sqrt{E/\varrho} .$$

Die Frequenz sinkt mit $1/L^2$!

Mit $\omega_0 = 2\pi \cdot 100\ \mathrm{s}^{-1}$, $L = 0{,}1$ m, $E = 2\times 10^{11}\ \mathrm{N/m^2}$ und $\varrho = 7{,}8 \times 10^3$ kg $\Rightarrow d = 0{,}63$. Bei Belastung des Federendes mit der Masse m wird die Frequenz

$$\omega = \sqrt{k/(m + m_\mathrm{F}/4)}\ .$$

$$\Rightarrow \frac{\omega_0}{\omega} = 2\sqrt{\frac{m + m_\mathrm{F}/4}{m_\mathrm{F}/4}} = 2\sqrt{1 + \frac{4m}{m_\mathrm{F}}}\ .$$

14. Ohne Wellen gilt für die Gleichgewichtslage: Auftrieb = Gewicht:

$$aqL\varrho_\mathrm{Fl} g = mg \Rightarrow m = aLq\varrho_\mathrm{Fl}\ .$$

Wird die Boje um Δz unter ihre Gleichgewichtslage $z = 0$ getaucht und dann losgelassen, so führt sie wegen der rücktreibenden Kraft $F_\mathrm{A} = -q\varrho_\mathrm{Fl} g \Delta z$ Schwingungen aus

$$z = \Delta z \sin \omega_0 t \quad \text{mit } \omega_0^2 = \frac{q\varrho_\mathrm{Fl} g}{m} = \frac{g}{aL}\ .$$

Bei Anwesenheit von Wellen wird die Wasseroberfläche am Ort der Boje

$$z_\mathrm{W} = z_0 + h \sin \omega t \quad \text{mit } \omega = \frac{2\pi}{T} \quad \text{und} \quad z_0 = 0\ .$$

Die Wellen erzeugen einen zusätzlichen periodischen Auftrieb:

$$\Delta F_\mathrm{A} = hqg\varrho_\mathrm{Fl} \sin \omega t\ ,$$

der zu erzwungenen Schwingungen

$$\Delta z = A \sin(\omega t + \varphi)$$

der Boje führt. Die Schwingungsamplitude ist dann nach (10.26) bei Vernachlässigung der Reibung

$$A(\omega) = \frac{hg/(aL)}{(\omega_0^2 - \omega^2)}\ .$$

Zahlenwerte: $aL = 30$ m, $h = 2$ m, $T = 5$ s $\Rightarrow \omega = 1{,}25\ \mathrm{s}^{-1}$, $\omega_0 = 0{,}57\ \mathrm{s}^{-1} \Rightarrow A(\omega) = 0{,}525$ m. Bei flacher Wasseroberfläche ragt $(1 - a)L$ der Boje aus dem Wasser. Beim Wellenberg nur noch $x = [(1 - a)L - (2\ \mathrm{m} - 0{,}525\ \mathrm{m})]$. Wenn $x = 0$ werden soll, muß $L - 30 - 1{,}475 = 0 \Rightarrow L = 31{,}475$ m.

15. Der Radialteil des Laplace-Operators in Kugelkoordinaten ist:

$$\Delta_\mathrm{r} = \frac{2}{r}\frac{\partial}{r} + \frac{\partial^2}{\partial r^2}$$

angewandt auf $\xi = \frac{A}{r} \mathrm{e}^{\mathrm{i}(kr - \omega t)}$

$$\Rightarrow \Delta_r \xi = \left[-\frac{2}{r^3} + \frac{\mathrm{i}k}{r^2} + \frac{2}{r^3} - \frac{2\mathrm{i}k}{r^2} - \frac{k^2}{r}\right] A\mathrm{e}^{\mathrm{i}(kr - \omega t)}$$

$$= -\frac{k^2}{r} A\mathrm{e}^{\mathrm{i}(kr - \omega t)} = -k^2 \xi$$

$$\frac{\partial^2 \xi}{\partial t^2} = -\omega^2 \xi \Rightarrow \frac{\partial^2 \xi}{\partial t^2} = \frac{\omega^2}{k^2} \Delta_r \xi \Rightarrow c = \frac{\omega}{k}\ .$$

16. a) $v = v_0 \frac{1}{1 - \overline{u}/v_\mathrm{ph}}$; Aus $v/v_0 = 1{,}12246$

$$\Rightarrow u_\mathrm{Q} = v_\mathrm{ph}\left(1 - \frac{1}{1{,}12246}\right) = 0{,}1091 v_\mathrm{ph}$$

mit $v_\mathrm{ph} = 330$ m/s

$\overline{u}_\mathrm{Q} \approx 36$ m/s $\hat{=}$ 130 km/h.
b) $v = v_0(1 + \frac{\overline{u}_\mathrm{B}}{v_\mathrm{ph}}) \Rightarrow 1 + \frac{u_\mathrm{B}}{v_\mathrm{ph}} = 1{,}12246$
$\Rightarrow \overline{u}_\mathrm{B} = 0{,}12246 v_\mathrm{ph} \approx 145$ km/h .

17. Die Ruhelage sei $x = 0$. Wird der Klotz bis zur Auslenkung $x_0 > 0$ gebracht, so ist seine potentielle Energie

$$E_{p_0} = \int_0^{x_0} 2D_0 x\, \mathrm{d}x = D_0 x_0^2\ .$$

a) Nach dem Loslassen gleitet er bis zum Umkehrpunkt x_1 und verliert dabei die Reibungsenergie

$$E_\mathrm{R} = f_1 mg(x_0 - x_1) \quad \text{mit } x_1 < 0\ .$$

$$\Rightarrow D_0 x_1^2 = D_0 x_0^2 - f_1 mg(x_0 - x_1)$$

$$\Rightarrow x_1 = \frac{f_1 mg}{D_0} - x_0 < 0\ .$$

Für die Beträge der Auslenkungen gilt:

$$|x_1| = |x_0| - f_1 mg/D_0$$

und allgemein:

$$|x_n| = |x_{n-1}| - f_1 mg/D_0 = |x_{n-1}| - 0{,}059\ \mathrm{m}$$
$$|x_n| = |x_0| - n f_1 mg/D_0 = |x_0| - n \cdot 0{,}059\ \mathrm{m}\ .$$

Die Abstände $|x_n|$ der Umkehrpunkte nehmen *linear* mit n ab! Die Bewegung des Klotzes ist eine gedämpfte, aber *nichtharmonische* Schwingung.

b) Der Klotz bleibt im n-ten Umkehrpunkt stecken, wenn dort die Rückstellkraft kleiner ist als die Haftreibungskraft.

$$\Rightarrow 2D_0|x_n| < f_0 mg$$

$$\Rightarrow n > \frac{D_0 x_0}{f_1 mg} - \frac{f_0}{2f_1} .$$

Einsetzen der Zahlenwerte liefert:

$$n > \frac{100 \cdot 0{,}22}{0{,}3 \cdot 2 \cdot 9{,}81} - \frac{0{,}9}{2 \cdot 0{,}3} = 2{,}3 ,$$

d.h. der Klotz bleibt spätestens beim dritten Umkehrpunkt stecken, wenn er ihn überhaupt erreicht.

Um dies zu prüfen, bestimmen wir seine Anfangsenergie am zweiten Umkehrpunkt:

$$E_{\text{pot}} = D_0 x_2^2 = D_0(x_0 - 2f_1 mg/D_0)^2 ,$$

die größer sein muß als die Reibungsenergie $f_1 mg|x_3 - x_2|$, wenn x_3 erreicht werden soll. Einsetzen der Zahlenwerte zeigt, daß $E_{\text{pot}}(x_1) = 1{,}05\,\text{Nm}$, $f_1 mg|x_3 - x_2| = 0{,}346\,\text{Nm}$ ist; d.h. x_3 wird erreicht, und der Klotz bleibt bei x_3 im Umkehrpunkt stecken.

Kapitel 11

1. Das Verhältnis von $E_{\text{kin}}/|E_{\text{pot}}|$ ist bei Flüssigkeiten im allgemeinen größer als bei festen Körpern. Deshalb bewegen sich die Atome im oberen Teil des zwischen Nachbaratomen wirkenden anziehenden Wechselwirkungspotential $V(r_{ik})$, in dem die Steigung im anziehenden Teil flacher ist. Deshalb nimmt der mittlere Abstand $\langle r_{ik} \rangle$ mit zunehmender Temperatur stärker zu als im unteren Teil des Potentials (Abb. 11.5).
2. Die Wärmeenergie eines Moles ist:

$$Q = \frac{f}{2} RT .$$

a) Für Helium ist $f = 3 \Rightarrow Q = \frac{3}{3} RT$.
Die Heizenergie ist dann:

$$W = 10 \cdot t \text{ Ws} = \tfrac{3}{2} R(100 - 20) \text{ K} + 10 \text{ Ws/K} \cdot 80 \text{ K} ,$$

wobei der letzte Term die Aufheizung der Behälterwand berücksichtigt. Mit $R = 8{,}31$ J(K · mol) folgt:

$$t = \frac{120 \cdot 8{,}31 + 800}{10} \text{ s} = 180 \text{ s} \mathrel{\hat{=}} 3\text{min} .$$

Für N_2-Moleküle oberhalb $T = 300$ K ist $f = 5$.

$$\Rightarrow t = \frac{200 \cdot 8{,}31 + 800}{10} \text{ s} = 246 \text{ s} \mathrel{\hat{=}} 4{,}1 \text{ min} .$$

b) Die Erwärmung auf 1000 °C dauert für Helium:

$$t = \frac{980 \cdot 3R/2 + 9800}{10} \text{ s} \approx 2200 \text{ s} \approx 37 \text{ min} ;$$

für N_2 von 20–500 °C ist $f = 5$, für $T_c > 500$ °C ist $f = 7$.

$$\Rightarrow t = \frac{480 \cdot 8{,}31 \cdot 5/2 + 500R \cdot 7/2 + 9800}{10} \text{ s}$$
$$= 3431 \text{ s} \mathrel{\hat{=}} 57{,}2 \text{ min} .$$

3. Wenn T_1 tiefer als die Umgebungstemperatur T_u ist, wird sich durch Wärmeausgleich (Wärmeleitung) die Temperatur T_1 an T_u angleichen. Nach der Mischung liegt T_m oberhalb T_u. Die Wärmeverluste sind proportional zu $(T - T_u)$, so daß die Temperaturabnahme $dT/dt = -a$ $(T - T_u)$ wird. Der zeitliche Temperaturverlauf ist daher nach der Mischung bei $t = t_1$

$$\frac{dT}{T - T_u} = -a(t - t_1) \Rightarrow T - T_u = Ce^{-a(t-t_1)} .$$

Würde der Mischungsvorgang beliebig schnell bei $t = t_1$ verlaufen, so sollte $T(t = t_1) = T_m$ sein. $\Rightarrow C = T_m - T_u \Rightarrow T(t) = T_u + (T_m - T_u)$ $e^{-a(t-t_1)}$. Wenn man den realen gemessenen Temperaturverlauf $T(t)$ durch den gestrichelten mit vertikalem Temperatursprung ersetzt, so daß die Flächen $F_1 = F_2$ werden, so erhält man die wahre Mischungstemperatur T_m, die sich für einen unendlich schnellen Mischvorgang zur Zeit $t = t_1$ (d.h. ohne Wärmeverluste) ergeben würde.
4. 1 Mol Luft (N_2/O_2-Gemisch) hat eine Masse von etwa 29 g und enthält 6×10^{23} Moleküle. Um im Schwerefeld der Erde 10 cm hoch zu fliegen, wird die Energie

$$E = mgh = 0{,}129 \text{ kg} \cdot 9{,}81 \text{ m/s}^2 \cdot 0{,}1 \text{ m}$$
$$= 0{,}13 \text{ Nm}$$

gebraucht.

Die thermische Energie des Gases bei Zimmertemperatur ist:

$$E_{\text{th}}^{\text{Gas}} = \tfrac{5}{2}RT = 6{,}2 \times 10^3 \text{ Nm}$$

und die des Behälters

$$E_{\text{th}}^{\text{Beh}} = m_{\text{B}}cT = 0{,}1 \times 10^3 \cdot 300 = 3 \times 10^4 \text{ Nm}$$

$$\Rightarrow E_{\text{tot}} = 3{,}6 \times 10^4 \text{ Nm} .$$

Die zusätzlich notwendige Energie von 0,13 Nm ist also sehr klein gegen die thermische Energie und die bei dem Sprung nach oben erfolgende Abkühlung wäre nur etwa $\Delta T \approx 1 \times 10^{-3}$ K. Trotzdem ist dieser Sprung höchst unwahrscheinlich, denn es müßte zur Zeit $t = 0$ der Impuls $p_z = mv_{0z} = m\sqrt{2gh}$ vorhanden sein, um die Höhe h zu erreichen; $\Rightarrow p_z \geq 0{,}18$ kg · m/s. Die mittlere Komponente $\langle v_z \rangle$ aller Moleküle, die im thermischen Gleichgewicht $\langle v_z \rangle = 0$ ist, müßte dann $\langle v_z \rangle > v_0 = p_z/m_{\text{Gas}} = 6{,}2$ m/s betragen. Die Wahrscheinlichkeit, daß 1 Molekül $v_z > v_0$ hat, ist:

$$W(v_z > v_0) = \int_{v_0}^{\infty} \mathrm{e}^{-v_z^2 m/2kT} \mathrm{d}v_z \Big/ \int_{-\infty}^{+\infty} \mathrm{e}^{-v_z^2 m/2kT} \mathrm{d}v_z .$$

Mit $x^2 = \frac{m}{2} v_z^2/kT$ und $x(v_0) \ll 1 \Rightarrow$

$$\int_{x_0}^{\infty} = -\int_0^{x_0} + \int_0^{\infty}$$

$$\text{mit } \int_0^{x_0} \mathrm{e}^{-x^2} \mathrm{d}x \approx \int_0^{x_0} (1 - x^2)\mathrm{d}x = x_0 - \frac{x_0^3}{3} .$$

Daraus folgt mit $v_0 = 6{,}2$ m/s: $W(v_z > v_0) \approx 0{,}49$.
Die Wahrscheinlichkeit, daß alle 6×10^{23} Moleküle gleichzeitig eine Komponente $v_z > v_0$ haben, ist dann

$$W = 0{,}49^{6 \times 10^{23}} < 10^{-10^{23}}$$

und damit praktisch gleich Null.

5. a) Die Entropieänderung bei isobarer Erwärmung von $T_0 = 273$ K auf $T_1 = 500$ K ist:

$$\Delta S_{\text{isobar}} = \nu\left(C_v \ln \frac{T_1}{T_0} + R \ln \frac{V_1}{V_0}\right) ,$$

wobei $\nu = 1/22{,}4$ der Molenbruchteil ist.

Wegen $V_1/V_0 = T_1/T_0$ für $p = \text{const}$ und mit $C_p = R + C_v$ wird:

$$\Delta S_{\text{isobar}} = \nu C_p \ln(T_1/T_0) \quad \text{mit } C_p = 21 \text{ J/K} \cdot \text{mol}$$

$$\Rightarrow \Delta S_{\text{isobar}} = \frac{21}{22{,}4} \ln \frac{500}{273} = 0{,}57 \text{ J/K} .$$

b) Isochore Erwärmung:

$$\Delta S_{\text{isochor}} = \nu C_v \ln \frac{T_1}{T_0} \quad \text{mit } C_v = 12{,}7 \text{ J/(K} \cdot \text{mol)}$$
$$= 0{,}34 \text{ J/K} .$$

6. Aus $M = \varrho V$ folgt für das kritische Molvolumen:

$$V_{\text{k}} = \frac{0{,}044 \text{ kg}}{\varrho_{\text{k}}} = \frac{0{,}044}{46}$$
$$= 9{,}56 \times 10^{-4} \text{ m}^3 = 0{,}956 \ .$$

Das Molvolumen ist also von 22,41 bei Normalbedingungen eines idealen Gases auf 0,9561 zusammengedrückt. Aus der allgemeinen Gasgleichung eines idealen Gases würde man

$$V_{\text{k}} = \frac{RT_{\text{k}}}{p_{\text{k}}} = 0{,}33 \times 10^{-3} \text{ m}^3$$

erhalten.
Man sieht daraus, daß Eigenvolumen und Binnendruck des realen Gases beim kritischen Punkt eine erhebliche Abweichung vom idealen Gas verursachen. Aus (11.108) folgt für die van-der-Waals-Konstanten:

$$b = \tfrac{1}{3} V_{\text{k}} \Rightarrow b = 0{,}32 \times 10^{-3} \text{ m}^3$$
$$a = 3p_{\text{k}} V_{\text{k}}^2 \Rightarrow a = 20{,}8 \text{ N} \cdot \text{m}^4$$

Unter Normalbedingungen ($p = 1$ bar, $T = 273$ K) beträgt der Binnendruck dann für 1 Mol:

$$\frac{a}{V^2} = 4{,}1 \times 10^4 \text{ N/m}^2$$
$$\hat{=} \ 41\% \text{ des Normaldruckes!}$$

Das Eigenvolumen der CO_2-Moleküle ist $b/4 = 8 \times 10^{-5}$ m^3 und die relative Korrektur $b/V = \frac{0{,}32 \times 10^{-3}}{22{,}4 \times 10^{-3}} = 1{,}4\,\%$.

7. $$\Delta S_1 = mc_v \ln \frac{323{,}15}{273{,}15} \text{ J/K}$$
$$= 4{,}18 \times 10^3 \ln 1{,}183 \text{ J/K}$$
$$= 689 \text{ J/K}$$

$$\Delta S_2 = mc_v \ln \frac{T_m^2}{T_1 T_2}$$
$$= 0{,}5 \cdot 4{,}18 \times 10^3 \cdot \ln \frac{323{,}15^2}{273{,}15 \cdot 373{,}15}$$
$$= 49{,}62 \text{ J/K} .$$

8. Der theoretisch maximale Wirkungsgrad für $T_1 = 600$ °C und $T_2 = 100$ °C ist:

$$\eta = \frac{T_1 - T_2}{T_1} = \frac{500 \text{ K}}{873} = 0{,}57 .$$

Die bei 100 °C abgegebene Wärme beträgt daher 43 % der bei 600 °C aufgenommenen Wärme. Bei der Kraft-Wärme-Koppelung wird diese Wärme teilweise genutzt. Der Nutzanteil ist bei Abkühlung auf 30 °C:

$$\varepsilon = \frac{100 - 30}{373} = 18{,}8\,\% .$$

Allerdings „spart" man wesentlich weniger Energie, weil ohne Kraft-Wärme-Kopplung die Wärmemenge bei Abkühlung von 100 °C auf 30 °C zum Betrieb von Gasturbinen genutzt wird und dadurch mehr Elektrizität erzeugt werden kann. Der theoretische Wirkungsgrad des Kraftwerkes wird dadurch von 0,57 auf $\eta = \frac{570}{873} = 0{,}65$ steigen.

9. a) $m_1 c_1 (T_1 - T_m) = m_2 c_2 (T_m - T_2)$

$$\Rightarrow T_m = \frac{m_1 c_1 T_1 + m_2 c_2 T_2}{m_1 c_1 + m_2 c_2}$$

Zahlenwerte: $m_1 = 1$ kg, $c_1 = 470$ J/kg K, $m_2 = 10$ kg, $c_2 = 4{,}17 \cdot 10^3$ J/kg K

$$\Rightarrow T_m = 23{,}2 \text{ °C} \mathrel{\hat{=}} 296{,}34 \text{ K} .$$

b) $$\Delta S_1 = +mc \ln \frac{T_m}{T_1} = 1 \cdot 470 \ln \frac{296{,}34}{573{,}15}$$
$$= -310 \text{ J/K}$$

$$\Delta S_2 = 10 \cdot 4{,}1 \times 10^3 \ln \frac{296{,}34}{293{,}15}$$
$$= +445 \text{ J/K}$$

$$\Delta S = \Delta S_1 + \Delta S_2 = +135 \text{ J/K} .$$

Kapitel 12

1. a) $m\ddot{x} + 2kx \left[1 + \frac{L}{(L^2 + x^2)^{1/2}} \right] = 0$

b) $m\ddot{x} + 2kx - (k/L^2)x^3 = 0$

c) $m\ddot{x} + 2kx = 0$; $\omega_0 = (2k/m)^{1/2}$.

Sei $x_0/L = \varepsilon$. Dann wird $\omega = \omega_0 K(\varepsilon) \approx \omega_0 (1 - \varepsilon^2/2)$ wobei $K(\varepsilon)$ das im Abschn. 2.9.7 behandelte elliptische Integral ist.

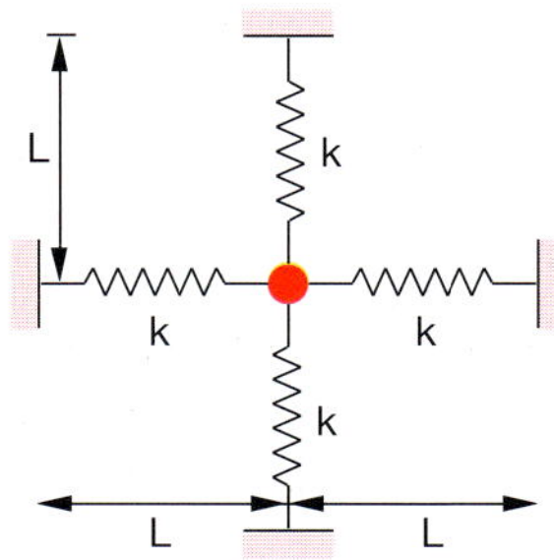

2. $\ddot{x} + ax + bx^3 = 0, \; a, b > 0$

$$v = \frac{dx}{dt} \Rightarrow \frac{d^2x}{dt^2} = \frac{dv}{dt} = \frac{dv}{dx} \cdot \frac{dx}{dt} = v \frac{dv}{dx} .$$

Einsetzen und integrieren über x liefert nach Multiplikation mit dem Faktor 2:

$$v^2 + ax^2 + \frac{b}{2}x^4 = \text{const} = ax_0^2 + \frac{b}{2}x_0^4 = A .$$

Die Kurve $v(x)$ stellt in einem x-v-Diagramm eine geschlossene Kurve dar (die Phasenraum-Trajektorie), wobei $x_0 = x(t = 0)$ und $v(t = 0) = 0$ ist.

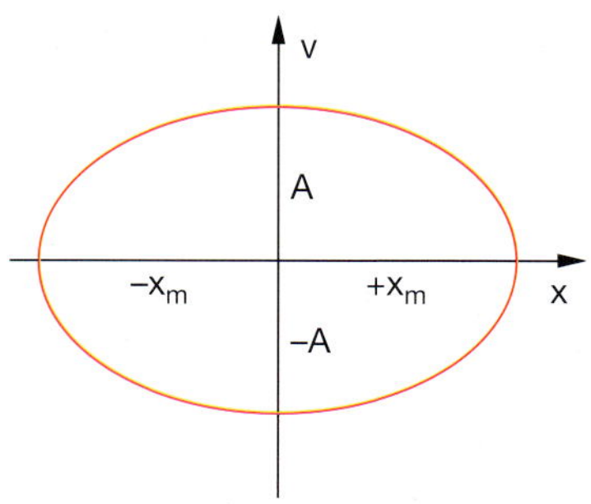

$$v(x) = \pm \left[A - ax^2 - \frac{b}{2}x^4 \right]^{1/2} ,$$

welche periodisch durchlaufen wird.

Für $v = 0$ erhalten wir

$$x_m = \pm \left[-\frac{a}{b} \pm \sqrt{\frac{a^2}{b^2} + \frac{2A}{b}} \right]^{1/2}$$

für die Schnittpunkte x_m der Kurve $v(x)$ mit der x-Achse.
Die Umlaufzeit erhalten wir aus:

$$v = \frac{\mathrm{d}x}{\mathrm{d}t} \Rightarrow \mathrm{d}t = \frac{\mathrm{d}x}{v(x)}$$

$$\Rightarrow T = 4 \int_{x=0}^{x_m} \frac{}{\left[A - ax^2 - \frac{b}{2}x^4\right]^{1/2}} \; .$$

weil der Weg von $x = 0$ bis xm in $^1/_4$ Periode durchlaufen wird. Dies ist ein elliptisches Integral, das tabelliert ist.

3. a) Mit $y = x/x_0$ und $t^* = \omega_0 t$ gilt:

$$\frac{\mathrm{d}^2 x}{\mathrm{d}t^2} = x_0 \frac{\mathrm{d}^2 y}{\mathrm{d}t^2} \quad \text{und} \quad \mathrm{d}t = \frac{1}{\omega_0}\mathrm{d}t^*$$

$$\Rightarrow \frac{\mathrm{d}^2 x}{\mathrm{d}t^2} = \omega_0^2 x_0 \frac{\mathrm{d}^2 y}{\mathrm{d}t^{*2}} \; .$$

Die Differentialgleichung geht damit über in:

$$\frac{\mathrm{d}^2 y}{\mathrm{d}t^{*2}} + \frac{k_1 x_0}{\omega_0^2 x_0 m} y + \frac{k_2 x_0^2}{\omega_0^2 x_0 m} y^2 = 0 \; ,$$

woraus mit $\omega_0^2 = k_1/m$ und $\varepsilon = \frac{k_2}{k_1} x_0$ wird:

$$\frac{\mathrm{d}^2 y}{\mathrm{d}t^{*2}} + y + \varepsilon y^2 = 0$$

mit den Anfangsbedingungen: $y(0) = 1$; $\dot{y}(0) = 0$.
b) Wir betrachten die nichtlineare Differentialgleichung

$$\frac{\mathrm{d}^2 y}{\mathrm{d}t^2} + \omega^2 y + \varepsilon y^2 = 0$$

mit $y(0) = A$ und $\dot{y}(0) = 0$.
Lösungsansatz: $y(t, \varepsilon) = y_0(t) + \varepsilon y_1(t) + \varepsilon^2 y_2(t) + \ldots$

$\omega = \omega_0 + \varepsilon\omega_1 + \varepsilon^2\omega_2 + \ldots$

Geht man damit in die Differentialgleichung ein und ordnet die dabei erhaltenen Terme nach Potenzen von ε, so müssen die einzelnen Terme vor jeder Potenz von ε einzeln Null werden, wenn die Gleichung für beliebige ε gelten soll.

Dies liefert für das ε-freie Glied:

$$\frac{\mathrm{d}^2 y_0}{\mathrm{d}t^2} + \omega_0^2 y_0 = 0 \quad \Rightarrow \; y_0 = A \cos \omega_0 t \; .$$

Geht man nun bis zum quadratischen Glied in ε, so erhält man nach einiger Rechnung:

$$\omega(\varepsilon) = \omega_0 \left(1 - \frac{5A^2}{12}\varepsilon^2 + \ldots 0(\varepsilon^3) \right) .$$

Für $\varepsilon = 0{,}1 \quad \Rightarrow \; \omega = \omega_0(1 - 4 \times 10^{-3} A^2)$

4. Die Fixpunkte sind: a) $x_{\mathrm{F1}} = x_{\mathrm{F2}} = 0$.
b) $x_{\mathrm{F1}} = \lambda_3/\lambda_2$; $x_{\mathrm{F2}} = \lambda_1/\lambda_2$.
Wir unterscheiden 4 Fälle, je nach den Vorzeichen von λ_1 und λ_3. (Das Vorzeichen von λ_2 spielt keine Rolle.

λ_1	λ_3	F (0,0)	F ($\lambda_3/\lambda_2, \lambda_1/\lambda_2$)
+	+	Sattel	Ellipsen
+	−	instabil	Sattel
−	+	stabil	Sattel
−	−	Sattel	Ellipsen

5. Im Abschn. 2.9.7 wurde gezeigt, daß die Schwingungsdauer T des ungedämpften Pendels gegeben ist durch

$$T = \frac{2}{\pi} T_0 F(\varphi_0)$$

mit

$$F(\varphi_0) = \int_0^{\pi/2} \frac{\mathrm{d}\xi}{\sqrt{1 - \sin^2(\varphi_0/2)\sin^2\xi}} \; .$$

Wie man z.B. in [2.15], wo die elliptischen Integrale tabelliert sind, nachsehen kann, wird

$$F\left(\varphi_0 = \frac{\pi}{4}\right) = 1{,}63 \; ; \quad F\left(\varphi_0 = \frac{\pi}{2}\right) = 1{,}84 \; ;$$

$$F\left(\varphi_0 = \frac{3}{4}\pi\right) = 2{,}4 \; ; \quad F\left(\varphi_0 = \frac{\pi}{2}\right) = \infty \; .$$

Die Schwingungsdauern des ungedämpften Pendels sind daher:

$T(\varphi) = aT_0$ mit $a = 1{,}038$ für $\varphi = \pi/4$

$a = 1{,}17$ für $\varphi = \pi/2$

$a = 1{,}53$ für $\varphi = \frac{3}{4}\pi$

$a = \infty$ für $\varphi = \pi$.

Für den letzten Fall erreicht das Pendel die metastabile Lage im oberen Umkehrpunkt, wo es beliebig lange bleiben kann.
Die Gleichung der gedämpften Schwingung kann nur nährerungsweise gelöst werden, indem $\sin\varphi \approx \varphi - \frac{1}{6}\varphi^3$ angenähert wird. Die Gleichung:

$$\ddot{\varphi} + \omega_0^2\varphi + \gamma\dot{\varphi} - \frac{\omega_0^2}{6}\varphi^3 = 0$$

kann für $\gamma/\omega_0 \ll 1$ durch den Ansatz: $\varphi = \varphi_0 + \varepsilon\varphi_1 + \ldots$ gelöst werden und ergibt für die Schwingungsdauer

$$T = T_0 \frac{4F(\varphi_0)}{\sqrt{1+\frac{1}{6}A^2}} \quad \text{mit } T_0 = \frac{2\pi}{\sqrt{\omega_0^2 - \gamma^2}} ,$$

wobei $F(\varphi_0)$ wieder das elliptische Integral und $A = \varphi(t=0)$ die Anfangsamplitude ist (siehe Aufgabe 12.2).

6. $z(t) = \left[b/a + \left(\frac{1}{z_0} - \frac{b}{a}\right)\mathrm{e}^{-}\mathrm{e}^{-a(t-t_0)}\right]^{-1}$
$z(t \to \infty) = a/b$.
Verdopplungszeit für $a = b$:

$$T = \frac{1}{a}\ln^2\left(\frac{2-2z_0}{1-2z_0}\right) .$$

Man sieht also, daß z sich für $0 < z_0 < 0{,}5$ in endlicher Zeit für $z_0 = 0{,}5$ erst nach unendlich langer Zeit verdoppelt. Für $z_0 < 0{,}5$ gibt es keine Verdopplung.

7. Die numerische Auswertung der Gleichung $x_{n+1} = 3{,}1x_n(1-x_n)$ ergibt für $x_0 = 1/2$

$$\lim_{n\to\infty} x_{2n} = 0{,}5580\ldots = x_{\mathrm{F}1}$$

$$\lim_{n\to\infty} x_{2n+1} = 0{,}7646\ldots = x_{\mathrm{F}2} .$$

Für $x_0 = 1/4$ vertauschen sich $x_{\mathrm{F}1}$ und $x_{\mathrm{F}2}$, ihre Werte sind jedoch unabhängig vom Startwert x_0. Für $a = 3{,}3$ ergibt sich:

$$x_{\mathrm{F}1} = 0{,}4794\ldots , \quad x_{\mathrm{F}_2} = 0{,}8236\ldots .$$

Der Ljapunov-Exponent ist:

$$\lambda = \lim_{N\to\infty}\frac{1}{N}\sum_{i=0}^{N-1}\ln|f'(x_i)| .$$

Mit $f(x_n) = ax_n(1-x_n) \Rightarrow f'(x_n) = a - 2ax_n$

$$\Rightarrow \lambda = \ln a + \tfrac{1}{2}\ln|1-2x_{\mathrm{F}1}| + \tfrac{1}{2}\ln|1-2x_{\mathrm{F}2}| .$$

Für $a = 3{,}1 \Rightarrow \lambda = -0{,}264$.
Für $a = 3{,}3 \Rightarrow \lambda = -0{,}619$.

8. Bei jeder Iteration wird die Länge einer Dreiecksseite halbiert, die Zahl der Seiten wird dreimal größer. Die Gesamtlänge wird damit:

$$L_n = (\tfrac{3}{2})^n L_0 \quad \text{und} \quad N(L/2) = 3N(L) .$$

In (12.37) wird dann $\lambda = 1/2$ und $\lambda^\kappa = 3$.

$$\Rightarrow \kappa = -\frac{\ln 3}{\ln 2} \Rightarrow d = -\kappa = 1{,}58496\ldots$$

9. Die Bedingung für die Grenzkurve ist: $\dot{r} = 0$.

$$\Rightarrow (a - r^2)r = 0 \quad \Rightarrow r_1 = 0 , \quad r_2 = \sqrt{a} .$$

Die erste Lösung $r_1 = 0$ ergibt den stabilen Fixpunkt; die zweite Lösung $r_2 = \sqrt{a}$ und $\varphi = \omega_0 t$ ergibt als Grenzkurve einen Kreis mit Radius $\sqrt{a}$ um 0, der mit konstanter Winkelgeschwindigkeit durchlaufen wird.

10. $\boldsymbol{F} = -\frac{\mathrm{d}V}{\mathrm{d}x} = -2a(x-x_0) - 3b(x-x_0)^2$.

Bewegungsgleichung: $F = m\ddot{x}$

$$\ddot{x} + \frac{2a - 6bx_0}{m}x + \frac{3b}{m}x^2 + \frac{-2ax_0 + 3bx_0^2}{m} = 0$$

$$\ddot{x} + Ax + Dx^2 + C = 0 .$$

Außer dem Minimum bei $x = x_0$ hat $V(x)$ ein Maximum:

$$\frac{\mathrm{d}V}{\mathrm{d}x} = 2a(x-x_0) + 3b(x-x_0)^2 = 0$$

$$\Rightarrow x_{\max} = x_0 - \frac{2a}{3b} .$$

Die maximale Amplitude kann daher $2a/(3b)$ sein. Für $|x - x_0| > 2a/b$ tritt keine periodische Bewegung mehr auf.

Farbtafeln

Tafel 1. Gezeitenkraftwerk St. Malo als ein Beispiel umweltfreundlicher Energiegewinnung. Luftaufnahme des Wasserkraftwerkes in der Rance-Mündung. Die Gezeitenunterschiede betragen wegen der dort auftretenden Gezeitenboren bis zu 8 m (Abschn. 6.6). Mit freundlicher Genehmigung © Foto dpa

Tafel 2. Edertalsperre. Die Krümmung der Staumauer leitet den Wasserdruck zum Teil auf die Bergwände ab (Abschn. 6.3). Mit freundlicher Genehmigung der Cramers Kunstanstalt Verlag, Dortmund)

Tafel 3. Windpark Kaiser-Wilhelm-Koog. Die Leistung eines Windenergiekonverters beträgt 25 kW, Rotordurchmesser 16 m, Einschaltwindgeschwindigkeit $V_{\min} = 3$ m/s, Abschaltwindgeschwindigkeit $V_{\max} = 20$–25 m/s. Die erzeugbare Leistung steigt mit v^3! Mit freundlicher Genehmigung der Informationszentrale der Elektrizitätswirtschaft e.V., Frankfurt am Main

Tafel 4. Windenergiepark Krummhörn. Rotorspannweite 30 m, Leistung pro Konverter: 300 kW. Mit freundlicher Genehmigung der EWE Aktiengesellschaft, Oldenburg

Tafel 5. Achterbahn, bei der die Überlagerung von Zentrifugalkraft und Schwerkraft für die Wageninsassen drastisch spürbar wird (Abschn. 3.3.3). Mit freundlicher Genehmigung © Foto dpa

Tafel 6. Sich überschlagende Brandungswelle, die entsteht, wenn die Wassertiefe kleiner wird als die Wellenamplitude (Abschn. 10.9.5). Mit freundlicher Genehmigung © Elmar Hauck, Creativ Studio, Lauda-Königshofen

Tafel 7. Kühltürme des Kohlekraftwerks Staudinger. Das Kraftwerk liefert 500 MW elektrische Leistung und maximal 300 MW Fernwärme. Es erreicht einen Wirkungsgrad von 42,5 % (siehe Abschn. 11.3.5). Mit freundlicher Genehmigung der Preußen-Elektra AG, Hannover

Tafel 8. Aufstieg der ersten bemannten Montgolfiere. Am 21. November 1783 erhob sich der Heißluftballon, der nach seinen Erfindern *Montgolfiere* benannt wurde, mit den beiden ersten Luftfahrern im Garten des Schlosses La Muette bei Paris. Er landete in ca. 10 km Entfernung nach einer Flugdauer von 25 Minuten. Der Ballon bestand aus einer mit Papier beklebten und bemalten Stoffhülle, einer Galerie aus stoffbespannten Weidenruten und einem Feuerrost im Inneren, der von der Galerie aus beheizt werden konnte (siehe Abschn. 7.2 und 7.3). Mit freundlicher Genehmigung des Deutschen Museums, München

Tafel 9. Farbige Darstellung der Iteration $x \mapsto [(x^2 + q - 1)/(2x + q - 2)]^2$ mit $\mathrm{Re}(q) = 1{,}2882\ldots 1{,}2963$ und $\mathrm{Im}(q) = 0{,}9695\ldots 0{,}9753$. Das große obere Bild ist eine vergrößerte Darstellung des unteren linken Bildes mit anderer Farbgebung. Das rechte untere Bild ist der vergrößerte im linken Bild markierte rechteckige Ausschnitt mit $\mathrm{Re}\,q = 1{,}290681\ldots 1{,}291136$ und $\mathrm{Im}\,q = 0{,}97277\ldots 0{,}973098$. Mit freundlicher Genehmigung von Prof. H.O. Peitgen und Prof. P.H. Richter, Bremen

Tafel 1

Tafel 2

Tafel 3

Tafel 4

Tafel 5

Tafel 6

Tafel 7

Tafel 8

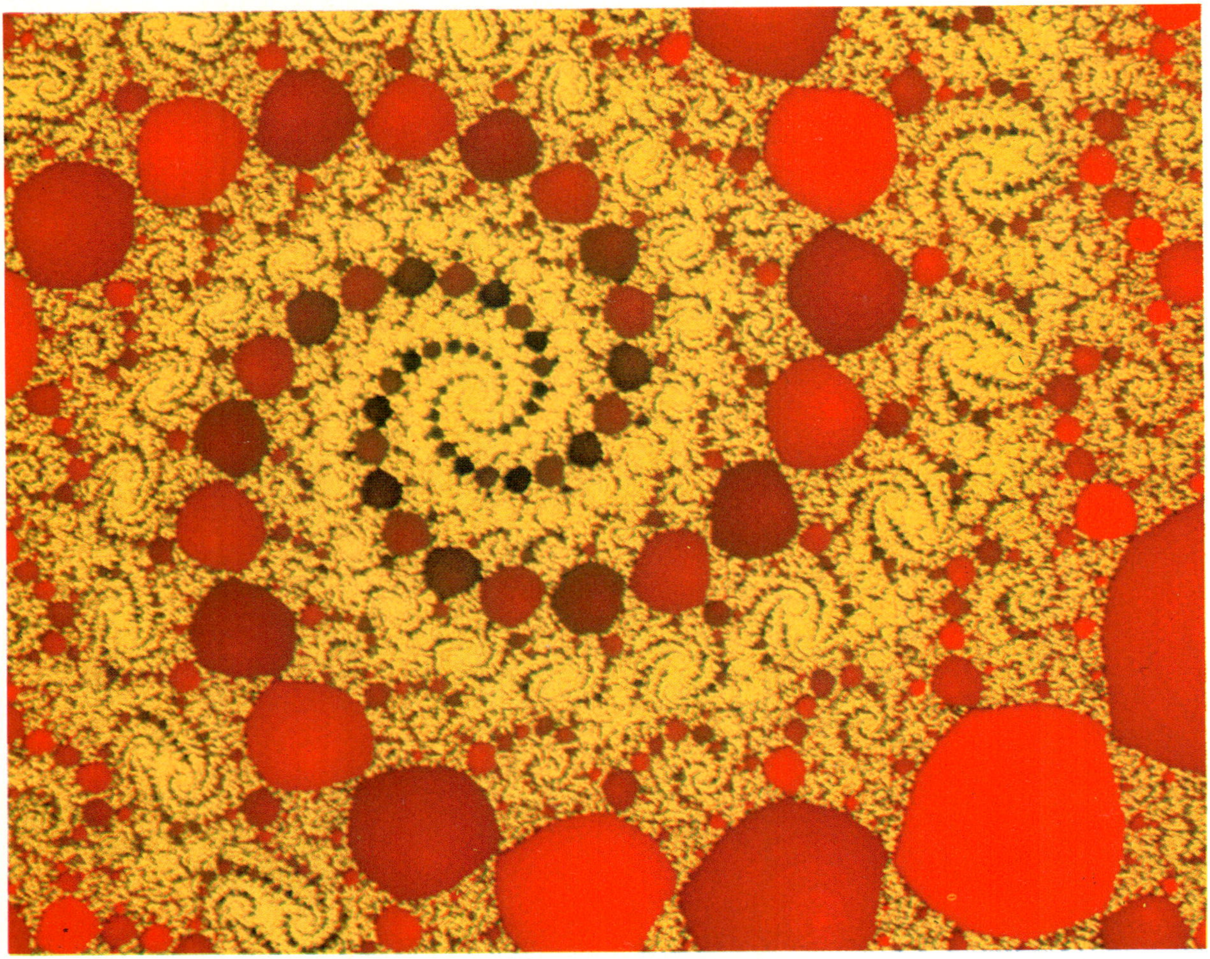

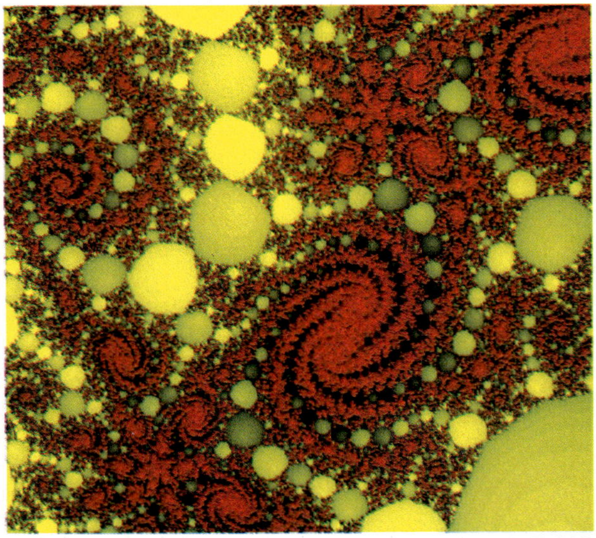

Tafel 9

Literaturverzeichnis

Kapitel 1

1.1 E. Lüscher, H.J. Jodl (Hrsg.): *Physik: Gestern, Heute, Morgen* (Heinz-Moos, München 1971) darin: G. Fritsch: *Methodik des wissenschaftlichen Denkens*, S. 21: H.J. Jodl: Stammbaum der Physik; S. 49

1.2 D. Korn: *Grenzen des Wissens anhand von Beispielen aus der Physik* (Konstanzer Universitätsreden 1973) (070-153)

1.3 W. Stegmüller: *Erfahrung, Festsetzung, Hypothese und Einfachheit in der wissenschaftlichen Begriffs- und Theorienbildung* (Springer, Berlin, Heidelberg 1970)

1.4 H.J. Jodl: *Modelle und Strukturen in der Physik*, in: Physik & Didaktik **1**, 205 (1973)

1.5 W. Heisenberg: *Wandlungen in den Grundlagen der Naturwissenschaften* (Hirzel, Stuttgart 1959) 11. Aufl. 1980

1.6 F. Fraunberger, J. Teichmann: *Das Experiment in der Physik* (Vieweg, Braunschweig 1983)

1.7 E. Segré: *I. Von den fallenden Körpern zu den elektromagnetischen Wellen. Die klassischen Physiker und ihre Entdeckungen* (Piper, München 1990)
II. Von Röntgenstrahlen zu Quarks (Piper, München 1990)

1.8 Max von Laue: *Geschichte der Physik* (Ullstein, Frankfurt 1966)

1.9 St.F. Mason: *Geschichte der Naturwissenschaften in der Entwicklung der Denkweisen* (Kröner, Stuttgart 1974) GNT, Stuttgart 1991 (Nachdr. d. 2. Aufl.)

1.10 L. Leprince-Ringuet: *Die berühmten Erfinder* (Aulis, Köln 1960)
J. Hoppe: *Johannes Kepler*, 5. Aufl. (Teubner, Stuttgart 1987)

1.11 A. Hermann: *Lexikon Geschichte der Physik* (Aulis, Köln 1986)

1.12 S. Sambunsky: *Der Weg der Physik* (Artemis, Zürich 1975)

1.13 S. Flügge: *Wege und Ziele der Physik* (Springer, Berlin, Heidelberg 1974)

1.14 St. Weinberg: *The Discovery of Subatomic Particles* (Scientific American Library, Freeman, Oxford 1984)

1.15 G. Gamov: *Mr. Tompkins' seltsame Reisen durch Kosmos und Mikrokosmos* (Vieweg, Braunschweig 1980)
Ph. and Phy. Morrison: *Zehn^{Hoch}: Dimensionen zwischen Quarks und Galaxien.* Sammelband verständliche Forschung (Spektrum, Heidelberg 1984)

1.16 H.G. Dosch: *Felder, Teilchen, Symmetrien.* Sammelband verständliche Forschung (Spektrum, Heidelberg 1988)

1.17 O. Höfling, P. Waloschek: *Die Welt der kleinsten Teilchen: Vorstoß zur Struktur der Materie* (Rowohlt, Reinbek 1988)

1.18 E. Lüscher: *Aktuelle Physik* (Karl Thiemig, München 1977) und *Moderne Physik* (Piper, München 1986)

1.19 E. Schrödinger: *Was ist Leben? Die lebende Zelle mit den Augen des Physikers betrachtet* (Piper, München 1993)

1.20 W. Hoppe, W. Lohmann, H. Markl, H. Ziegler: *Biophysik*, 2. Aufl. (Springer, Berlin, Heidelberg 1982)

1.21 J. Eichler, T. Seiler: *Lasertechnik in der Medizin* (Springer, Berlin, Heidelberg 1991)

1.22 R. Kippenhahn: *100 Milliarden Sonnen* (Piper, München 1989)
Licht vom Rande der Welt (Piper, München 1991)

1.23 A. Berckhemer: *Grundlagen der Geophysik* (Wissenschaftl. Buchgesellschaft, Darmstadt 1990)

1.24 H. Reuter: *Die Wissenschaft vom Wetter*, 2. Aufl. (Springer, Berlin, Heidelberg 1978)

1.25 W. Heisenberg: *Physik und Philosophie* (Hirzel, Stuttgart 1990)
Th. Brody: *The Philosophy behind Physics* (Springer, Berlin, Heidelberg 1993)

1.26 C.F. von Weizsäcker: *Aufbau der Physik* (Hanser, München 1985)

1.27 W. Laskowski: *Geisteswissenschaft und Naturwissenschaft* (DeGruyter, Berlin, 1970)

1.28 W. Heisenberg: *Der Teil und das Ganze* (dtv, München 1973)

1.29 D. Kamke, K. Krämer: *Physikalische Grundlagen der Maßeinheiten* (Teubner, Stuttgart 1977)

1.30 S. German, P. Draht: *Handbuch SI-Einheiten* (Vieweg, Braunschweig 1979)

1.31 B.W. Petley: *The Fundamental Physical Constants and the Frontier of Measurement* (IOP, Philadelphia 1988)

1.32 F. Bayer-Helms: Neudefinition der Basiseinheit Meter im Jahre 1983. Phys. Blätter **39**, 307 (1983)

1.33a J. Levine: Laser Distance-Measuring Techniques. Annual Rev. Earth Planet Sci. **5**, 357 (1977)

1.33b Siehe z.B. *Lexikon der Astronomie* (Herder, Freiburg 1989)

1.34 E. Wischnewski: *Astronomie für die Praxis* (Bibliographisches Institut, Mannheim 1993)

1.35 G. Becker: Die Darstellung der Sekunde und die Realisierung einer Atomzeitskala. Phys. Blätter **39**, 55 (1983)

1.36 A. De Marchi (ed.): *Frequency Standards and Metrology* (Springer, Berlin, Heidelberg 1989)

1.37 H.J. Kunze: *Physikalische Meßmethoden* (Teubner, Stuttgart 1986)

1.38 F.X. Eder: *Moderne Meßmethoden der Physik*, Bd. I–III (Verlag der Wissenschaften, Berlin 1968, 1970)

1.39 F. Kohlrausch: *Praktische Physik*, 23. Aufl. (Teubner, Stuttgart 1985)

1.40 L. Marton (Hrsg.): *Methods of Experimental Physics*; 19 Bände (Academic Press, New York 1959–1983)

1.41 J.R. Taylor: *Fehleranalyse* (Verlag Chemie, Weinheim 1988)

1.42 R.H. Leaver, T.R. Thomas: *Versuchsauswertung* (Vieweg 1977)

1.43 N.C. Barfond: *Kleine Einführung in die statistische Analyse von Meßergebnissen* (Akadem. Verlagsgesellschaft, Frankfurt 1970)

1.44 S. Brandt: *Datenanalyse mit statistischen Methoden und Computerprogrammen* (Bibliographisches Institut, Mannheim 1992)

Kapitel 2

2.1 F. Cajori (ed.): *Sir Isaac Newton's Mathematical Principals of Natural Philosophy and His System of the World (Principia)* (University of California Press, Berkeley 1962)

2.2 R.V. Eötvös, D. Pekar, E. Fekete: Beiträge zum Gesetze der Proportionalität von Trägheit und Gravität. Ann. Physik **68**, 11 (1922)

2.3 H. Melcher: *Relativitätstheorie in elementarer Darstellung* (Aulis, Deubner, Köln 1976)

2.4 A. Beer, P. Beer (eds.): *Kepler, Four Hundred Years* (Pergamon, Oxford 1975)

2.5 Siehe Mathematiklehrbücher, z.B. F. Young: *Grundlagen der Mathematik* (Verlag Chemie 1973)

2.6 H. Fahr: Die Bildung des Sonnensystems. Phys. Blätter **37**, 142 (1981)

2.7 H. Karttunen, P. Kröger, H. Oja, M. Poutanen, K.J. Donner: *Astronomie* (Springer, Berlin, Heidelberg 1990)
A. Unsöld, B. Baschek: *Der neue Kosmos*, 5. Aufl. (Springer, Berlin, Heidelberg 1991)

2.8 W.M. Kaula: *Satellite Measurements of the Earth's Gravity Field*, in: Methods of Exp. Physics, ed. by R. Celotta, J. Levine, Ch.G. Sammis, Th.L. Henyey, Vol. 24, Part B, p. 163 ff. (Academic Press, San Diego 1987)

2.9 R.H. Rapp, F. Sanso (eds.): *Determination of the Geoid* (Springer, Berlin, Heidelberg 1991)

2.10 H. Berckhemmer: *Grundlagen der Geophysik* (Wissenschaftl. Buchgesellschaft, Darmstadt 1990)
G.G. Luther, W.R. Towler, R.D. Deslattes, R. Lowry, J. Beams: *Initial Results from a New Measurement of the Newtonian Gravitational Constant*, in: *Atomic Masses and Fundamental Constants*, ed. by J.H. Sanders and A.H. Wapstra, Vol. 5 (Plenum, New York 1976) p. 592

2.11 E.R. Cohen, B.N. Taylor: The 1986 CODATA Recommended Values of the Fundamental Physical Constants. J. Phys. Chem. Ref. Data **17**, 1795 (1986)

2.12 C.C. Speake, T.M. Niebauer, et al.: Test of the Inverse-Square Law of Gravitation Using the 330 m Tower at Erie, Colorado}. Phys. Rev. Lett. **65**, 1967 (1990); siehe auch:
C.W. Misner, K.S. Thorne, and J.A. Wheeler: *Gravitation* (Freeman, San Francisco 1973)

2.13 F. Stacey, G. Tuck: Is Gravity as Simple as We Thought? Phys. World, Dez. 1988, p. 29

2.14 C.B. Braginski, V.I. Panov: Verification of the Equivalence of Inertial and Gravitational Mass. Sov. Phys. JETP **34**, 464 (1971)

2.15 I.N. Bronstein, K.A. Semendjajew: *Taschenbuch der Mathematik* (Teubner, Leipzig 1991)

2.16 R. Celotta, J. Levine, Ch.G. Sammis, Th.L. Henyey (eds.): *Methods of Experimental Physics*, Vol. 24 (Academic Press, San Diego 1987)

Kapitel 3

3.1 R.W. Pohl: Einführung in die Physik, Bd. 1: *Mechanik, Akustik und Wärmelehre* (Springer, Berlin, Heidelberg 1983)

3.2 A.A. Michelson, E.W. Morley: Am. J. Sci. **34**, 333 (1887)

3.3 A.A. Michelson: *Studies in Optics* (Chicago Press, Chicago 1927)

3.4 A. Brillet and J.L. Hall: An Improved Test of the Isotropy of Space Using Laser Techniques, in: Laser Spectroscopy IV, Proc. 4th Int. Conf., Rottach-

Egern, Germany, June 11–15, 1979. Springer Ser. Opt. Sci., Vol. 21 (Springer, Berlin, Heidelberg 1979) W. Rowley et al.: Laser Wavelength Measurements and the Speed of Light. Opt. and Quant. Elect. **8**, 1 (1976)
H. Ruder, M. Soffel: *Experimente zur Relativitätstheorie* (Vieweg, Wiesbaden 1993)

3.5 A. Einstein, H.A. Lorentz, H. Minkowski, H. Weyl: *The Principles of Relativity* (Dover, New York 1958)

3.6 A. Einstein: *Grundzüge der Relativitätstheorie* (Vieweg, Braunschweig 1990)

3.7 A.P. French: *Die spezielle Relativitätstheorie* (Vieweg, Braunschweig 1971)

3.8 D.H. Frisch, J.H. Smith: Measurement of the Relativistic Time Dilatation using μ-Mesons. Am. J. Phys. **31**, 342 (1963)

3.9 Viele Beispiele und ausführliche Literaturangaben findet man in L. Marder: *Reisen durch die Raum-Zeit* (Vieweg, Braunschweig 1982)

3.10 G. Holton (ed.): *Selected Reprints in Special Relativity Theory* (Am. Inst. Phys., New York 1963)

3.11 R. Resnick: *Einführung in die spezielle Relativitätstheorie* (Klett, Stuttgart 1976)

Kapitel 4

4.1 M. Schneider: *Himmelsmechanik*, Bde 1 + 2 (Bibliographisches Institut, Mannheim 1992 und 1993)

4.2 R.D. Levine, R.B. Bernstein: *Molecular Reaction Dynamics & Chemical Reactivity* (Oxford Univ. Press, Oxford 1987)
J.N. Munnell, S.D. Bosanac: *Introduction to the Theory of Atomic and Molecular Collisions* (Wiley, New York, NY, 1989)

4.3 R. Resnick: *Einführung in die spezielle Relativitätstheorie* (Klett, Stuttgart 1976)

4.4 V.E. Schröder: *Spezielle Relativitätstheorie* (Deutsch, Frankfurt am Main 1987)

Kapitel 5

5.1 J. Becker, H.J. Jodl: *Physikalisches Praktikum für Naturwissenschaftler und Ingenieure* (VDI-Verlag, Düsseldorf 1992) S. 19 ff.

5.2 H. Fischer, H. Kaul: *Mathematik für Physiker* (Teubner, Stuttgart 1990)

5.3 K. Magnus: *Kreisel. Theorie und Anwendungen* (Springer, Berlin, Heidelberg 1971)

5.4 K. Lambrecht: *The Earth's Variable Rotation. Geophysical Causes and Consequences* (Cambridge University Press, Cambridge 1980)

5.5 R. Jeanloz, Th. Lay: Der Grenzbereich zwischen Erdkern und Erdmantel. Spektrum d. Wiss., Juli 1993, S. 48

5.6 E.P. Fedorov (Ed.): *Nutation and the Earth's Rotation* (Reidel, Dordrecht 1980)

Kapitel 6

6.1 Hütte: *Die Grundlagen der Ingenieurwissenschaften* (Springer, Berlin, Heidelberg 1991)

6.2 Siehe z.B. W. Weizel: *Lehrbuch der theoretischen Physik*, Bd. 1 (Springer, Berlin, Heidelberg 1963) oder:
L. Bergmann, C. Schaefer: *Lehrbuch der Experimentalphysik*, Bd. 1 (de Gruyter, Berlin 1990, S. 265)

6.3 Siehe z.B. I.N. Bronstein, K.A. Semendjajew: *Taschenbuch der Mathematik* (Deutsch, Frankfurt am Main 1991, S. 648 ff.) und Lehrbücher über Differentialgeometrie, z.B. W. Blaschke, K. Leichtweiss: *Elementare Differentialgeometrie, Grundlehren*, Bd. 1 (Springer, Berlin, Heidelberg 1973)

6.4 W. Wuttke: *Tribophysik* (Hanser, München 1987)

6.5 R.H. Rapp, F. Sanso (eds.): *Determination of the Geoid* IAG Symposia Proc., Vol. 106 (Springer, Berlin, Heidelberg 1991)

6.6 D.K. Lynch: Gezeitenboren: Flutwellen gegen den Strom, Spektrum d. Wiss., Dez. 1982, S. 100 (Originalartikel: D.K. Lynch: *Tidal Bores* Sci. Am., Oct. 1982, pp. 134–143 Ed. p. 134)

6.7 G.P. Brosche: Die Abbremsung der Erdrotation. Phys. in uns. Zeit **20**, 70 (Mai 1989)

6.8 H. Berckhemer: *Grundlagen der Geophysik* (Wiss. Buchgesellschaft, Darmstadt 1990)
D. Flannagan (ed.): *The Dynamic Earth}. A Scientific Am. Book (Freeman, New York 1983)*
M.A. Zumberge, J.E. Faller, R.L. Rinker: *A New Portable Absolute Gravimeter*, in: A. Taylor (ed.): *Precision Measurement and Fundamental Constants* (Nat. Bureau of Standards, Publ. 617 (1984))

6.9 J. Levine, J.L. Hall: *Design and Operation of a Methane-Absorption Stabilized Laser-Strainmeter*, in: J. Geophys. Research **77**, 2595 (1972)
J. Berger: *Application of Laser Techniques to Geodesy and Geophysics*, in: Advances in Geophysics, Vol. 16 (Academic Press, New York 1973)

Kapitel 7

7.1 F. Kohlrausch: *Praktische Physik*, Bd. I, 23. Aufl. (Teubner, Stuttgart 1988)

7.2 R. Becker: *Theorie der Wärme*, 3. Aufl. (Springer, Berlin, Heidelberg 1985)
J. Honerkamp, H. Römer: *Klassische Theoretische Physik*, 3. Aufl. (Springer, Berlin, Heidelberg 1993)

7.3 R.P. Wayne: *Chemistry of the Atmosphere*, 2nd ed. (Oxford Science Publ., Oxford Univ, Press 1991)

7.4 V.A. Isidorov: *Organic Chemistry of the Earth's Atmosphere* (Springer, Berlin, Heidelberg 1990)

Kapitel 8

8.1 D.D. Landau, E.M. Lifschitz: *Lehrbuch der theoret. Physik*, Bd. VI: *Hydrodynamik* (H. Deutsch, Frankfurt am Main 1991)

8.2 K. Oswatitsch: *Grundlagen der Gasdynamik* (Springer, Wien 1976)

8.3 K. Gersten: *Einführung in die Strömungsmechanik* (Vieweg, Braunschweig 1991). J.F. Douglas: *Fluid Mechanics* (Longman Inc. White Plains, N.Y. 1986)

8.4 J.P. Freidberg: *Ideal Magnetohydrodynamics* (Plenum, New York 1987)

8.5 F. Pobell: *Matter and Methods at Low Temperatures* (Springer, Berlin, Heidelberg 1992)

8.6 F. Kohlrausch: *Praktische Physik*, Bd. 3 (Teubner, Stuttgart 1986)

8.7 Siehe z.B. W. Weizel: *Lehrbuch der theoretischen Physik*, Bd. 1, S. 266 ff (Springer, Berlin, Heidelberg 1949)

8.8 H.J. Kowalsky: *Vektoranalysis* (De Gruyter, Berlin 1974)

8.9 H. Teichmann: *Physikalische Anwendungen der Vektor- und Tensorrechnung* (Bibliographisches Institut, Mannheim 1968)

8.10 L.J. Clancy: *Aerodynamics* (Pitman Publ., London 1978)

8.11 W. Kassera: *Flug ohne Motor* (Motorbuch-Verlag, Stuttgart 1985)

Kapitel 9

9.1 Leybold-Heraeus: *Grundlagen der Vakuumtechnik*

9.2 M. Wutz, H. Adam, W. Walcher: *Theorie und Praxis der Vakuumtechnik* (Vieweg, Braunschweig 1988) 4. Aufl.

9.3 P.A. Readhead, J.P. Hobson, E.V. Kornelsen: *The Physical Basis of Ultrahigh Vacuum* (Chapman and Hall, London 1968)

9.4 J.F. O'Hanlon: *A USER'S Guide to Vacuum Technology* (Wiley, New York, 1980)

9.5 W. Becker: *The Turbomolecular Pump, its Design, Operation and Theory*, Vac. Technol. **7**, 149 (1958) and Vacuum **16**, 625 (1966)

Neuere Ergebnisse und spezielle Techniken der modernen Vakuumphysik findet man in Artikeln der Zeitschrift *Vacuum* (Pergamon, New York)

Kapitel 10

10.1 I. Kuščer, A. Kodre (unter Mitwirkung von H. Neunzert): *Mathematik in Physik und Technik* (Springer, Berlin, Heidelberg 1993)

10.2 S. Flügge: *Lehrbuch der theoretischen Physik*, Bd. I (Springer, Berlin, Heidelberg 1961)

10.3 V.I. Arnold: *Gewöhnliche Differentialgleichungen* (Deutscher Verlag der Wissenschaften, Berlin 1991)

10.4 E. Kamke: *Differentialgleichungen*, 9. Aufl. (Teubner, Stuttgart 1977)

10.5 Ch. Weißmantel, C. Haman: *Grundlagen der Festkörperphysik* (Springer, Berlin, Heidelberg 1979)

10.6 Ch. Kittel: *Einführung in die Festkörperphysik*, 7. Aufl. (Oldenbourg, München 1993)

10.7 *American Institute of Physics* Handbook, 3rd Ed. (McGraw Hill, New York 1972)

10.8 D. Kohlrausch: *Praktische Physik*, Bd. 3, Herausgeber: G. Lautz, R. Taubert (Teubner, Stuttgart 1968)

10.9 B. LeMehauté: *An Introduction to Hydrodynamics and Water Waves* (Springer, Berlin, Heidelberg 1976)

10.10 Siehe z.B. W. Wetzel: *Lehrbuch der theoretischen Physik*, Bd. 1, 3. Aufl. (Springer, Berlin, Heidelberg 1969)

10.11 R. Meinel, G. Neugebauer, A. Steudel: *Solitonen* (Akademie-Verlag, Berlin 1991)

10.12 J. Pierce, R. Klaus: *Musik mit den Ohren der Physik* (Spektrum, Heidelberg 1985)

10.13 N.H. Fletcher, Th.D. Rossing: *The Physics of Musical Instruments* (Springer, Berlin, Heidelberg 1991)

10.14 *Die Physik der Musikinstrumente.* Sammelband verständliche Forschung (Spektrum, Heidelberg 1988)

Kapitel 11

11.1 F. Kohlrausch (D. Hahn, Hrsg.): *Praktische Physik*, Bd. I + III, 23. Aufl. (Teubner, Stuttgart 1985, 1986)
W. Walcher: *Praktikum der Physik* (Teubner Studienbücher, Stuttgart 1979)

11.2 J. v. Tribarne, H.R. Cho: *Atmospheric Physics* (Reidel, Dordrecht 1980)

11.3 H. Haken: *Synergetics*. An Introduction, Springer Ser. Synergetics, Vol. 1, 3. Aufl. (Springer, Berlin, Heidelberg 1983)
Deutsche Ausgabe: H. Haken: Synergetik (Springer, Berlin, Heidelberg 1990)

11.4 H. Haken: *Erfolgsgeheimnisse der Natur: Synergetik, die Lehre vom Zusammenwirken* (Deutsche Verlagsanstalt, Stuttgart 1981)

11.5 J.E. Parnot, A.D. Stuckes: *Thermal Conductivity of Solids* (Pion Limited, London 1975)

11.6 P. Dunn, D.A. Reay: *Heatpipes*, 2nd ed. (Pergamon, Oxford 1978)

11.7 J. Fricke: *Von der thermischen Isolation zur Vakuumsuperisolation*. Phys. in uns. Zeit **15**, 42 (März 1984)

11.8 G. Ortmanns, J. Fricke: Moderne Fenster. Phys. in uns. Zeit **19**, 1 (Jan. 1988)

11.9 J. Fricke, W.L. Borsch: *Energie: Ein Lehrbuch der physikalischen Grundlagen* (Oldenbourg, München 1981)

11.10 S.A. Goudsmit, R. Claiborne: *Time* (Time-Life, Amsterdam 1970)

Kapitel 12

12.1 H.G. Schuster: *Deterministic Chaos*, 2nd ed. (Verlag Chemie, Weinheim 1988)

12.2 R. Mahnke, J. Schmelzer, G. Röpke: *Nichtlineare Phänomene und Selbstorganisation* (Teubner, Stuttgart 1992)

12.3 W. Seifritz: *Wachstum, Rückkopplung und Chaos* (Hanser, München 1987)

12.4 S. Großmann: Selbstähnlichkeit: Das Strukturgesetz im und vor dem Chaos. Phys. Blätter **45**, 172 (Juni 1989)

12.5 H.-O. Peitgen, P.H. Richter: *The Beauty of Fractals* (Springer, Berlin, Heidelberg 1986)

12.6 W.H. Steeb, A. Kunick: *Chaos in dynamischen Systemen*, 2. Aufl. (Bibliographisches Institut, Mannheim 1989)

12.7 B.B. Mandelbrot: *The Fractal Geometry of Nature* (Freeman, San Francisco 1982)

12.8 G. Mayer-Kress (ed.): *Dimensions and Entropies in Chaotic Systems*. Springer Ser. Synergetics, Vol. 32 (Springer, Berlin, Heidelberg 1986)

12.9 A.K. Dewdney: Computerkurzweil. Spektrum d. Wiss., Okt. 1985, S. 8

12.10 J.P. Crutchfield, J.D. Farmer, N.H. Packard, R. Shaw: Chaos. Spektrum d. Wiss., Febr. 1987, S. 78
H. Jürgens, H.O. Peitgen, D. Saupe (Hrsg.): *Chaos und Fraktale*. Sammelband verständliche Forschung (Spektrum, Heidelberg 1989)

12.11 H.J. Korsch, H.-J. Jodl: *Chaos: A Program Collection for the PC* (Springer, Berlin, Heidelberg 1994)

Sachwortverzeichnis

Springer-Verlag und Umwelt

Als internationaler wissenschaftlicher Verlag sind wir uns unserer besonderen Verpflichtung der Umwelt gegenüber bewußt und beziehen umweltorientierte Grundsätze in Unternehmensentscheidungen mit ein.

Von unseren Geschäftspartnern (Druckereien, Papierfabriken, Verpackungsherstellern usw.) verlangen wir, daß sie sowohl beim Herstellungsprozeß selbst als auch beim Einsatz der zur Verwendung kommenden Materialien ökologische Gesichtspunkte berücksichtigen.

Das für dieses Buch verwendete Papier ist aus chlorfrei bzw. chlorarm hergestelltem Zellstoff gefertigt und im pH-Wert neutral.

Demtröder:
Experimentalphysik 1

Absender: ______________________

____

____

Ich bin:

- ❑ Student im ________ -ten Fachsemester
- ❑ Grund-
- ❑ Hauptstudium
- ❑ Diplomand
- ❑ Doktorand
- ❑ ______________________

Fachrichtung

- ❑ Physik
- ❑ Chemie
- ❑ ____________

Hochschule/Universität:

____

❑ FH ❑ TH ❑ TU ❑ U

Bitte freimachen

Antwort

An den
Springer-Verlag
Planung Physik III

D-69112 Heidelberg

Werte der physikalischen Fundamentalkonstanten nach der Empfehlung von 1986*

Größe	Symbol	Wert	Einheit	Relative Unsicherheit in 10^{-6}
Lichtgeschwindigkeit	c	299 792 458	$\mathrm{m\,s^{-1}}$	exakt
Gravitationskonstante	G	$6{,}672591 \cdot 10^{-11}$	$\mathrm{m^3kg^{-1}s^{-2}}$	128
Planck-Konstante	h	$6{,}6260755 \cdot 10^{-34}$	J s	0,6
Reduzierte Planck-Konstante $h/2\pi$	$\hbar$	$1{,}0545726... \cdot 10^{-34}$	J s	0,60
Gaskonstante	R	8,314510	$\mathrm{J\,mol^{-1}\,K^{-1}}$	8,4
Avogadro-Konstante	N_A	$6{,}0221367 \cdot 10^{23}$	$\mathrm{mol^{-1}}$	0,59
Boltzmann-Konstante R/N_A	k	$1{,}380658 \cdot 10^{-23}$	$\mathrm{J\,K^{-1}}$	8,5
Molvolumen ($T = 273{,}15$ K, $p = 101\,325$ Pa)	V_M	$22{,}41410 \cdot 10^{-3}$	$\mathrm{m^3mol^{-1}}$	8,4
Elementarladung	e	$1{,}60217733 \cdot 10^{-19}$	$\mathrm{A\,s} \overset{\text{Def.}}{=} \mathrm{C}$	0,30
Elektronenmasse	m_e	$9{,}1093897 \cdot 10^{-31}$	kg	0,59
Protonenmasse	m_p	$1{,}6726231 \cdot 10^{-27}$	kg	0,59
Massenverhältnis	m_p/m_e	1836,152701	–	0,02
Ladungs-Massen-Verhältnis	$-e/m_e$	$-1{,}7588196 \cdot 10^{-11}$	$\mathrm{C\,kg^{-1}}$	0,30
Permeabilitätskonstante	μ_0	$4\pi \cdot 10^{-7} = 1{,}25663706... \cdot 10^{-6}$	$\mathrm{VsA^{-1}m^{-1}}$	exakt
Dielektrizitätskonstante $1/(\mu_0 c^2)$	ε_0	$8{,}854187817... \cdot 10^{-12}$	$\mathrm{AsV^{-1}m^{-1}}$	exakt
Feinstrukturkonstante $\mu_0 c e^2/2h$	α	$7{,}29735308 \cdot 10^{-3}$	–	0,045
Rydberg-Konstante $m_e c \alpha^2/2h$	Ry_∞	$1{,}0973731534 \cdot 10^{7}$	$\mathrm{m^{-1}}$	0,0012
Bohr-Radius $\alpha/(4\pi R_\infty)$	a_0	$5{,}2917725 \cdot 10^{-11}$	m	0,045
Atomare Masseneinheit $\frac{1}{12}m\,(^{12}\mathrm{C})$	AME	$1{,}6605402 \cdot 10^{-27}$	kg	0,59

* Nach E. R. Cohen and B. N. Taylor: The 1986 CODATA Recommended Values of the Fundamental Physical Constants, J. Phys. Chem. Ref. Data, **17**, 1795–1803 (1988)

Astronomische Konstanten

Masse der Erde	$M_E = 5{,}976 \cdot 10^{24}$ kg	
Masse des Mondes	$M_M = 7{,}35 \cdot 10^{22}$ kg	$\hat{=}\ 0{,}0123\ M_E$
Masse der Sonne	$M_\odot = 1{,}989 \cdot 10^{30}$ kg	$\hat{=}\ 3{,}33 \cdot 10^{5}\ M_E$
Radius der Sonne:	$6{,}96 \cdot 10^{8}$ m	
Standard-Erdbeschleunigung	$g = 9{,}80665\ \mathrm{m/s^2}$	
Erdradius am Äquator	$R = 6{,}378 \cdot 10^{6}$ m	
Entfernung Erde – Mond:		
Minimum (Perihel):	$3{,}564 \cdot 10^{8}$ m	
Maximum (Aphel):	$4{,}067 \cdot 10^{8}$ m	
Entfernung Erde – Sonne:	$1{,}496 \cdot 10^{11}\ \mathrm{m} \overset{\text{Def.}}{=} 1$ AE	

Beilage zu Wolfgang Demtröder: *Experimentalphysik 1. Mechanik und Wärme,* ISBN 3-540-56543-4, korr. Fassung 7/94,

Nützliche Umrechnungen

Längen			
1 Å	=	1 Ångström	$\hat{=}\ 10^{-10}$ m $\hat{=}$ 100 pm
1 f	=	1 Fermi	$\hat{=}\ 10^{-15}$ m $\hat{=}$ 1 fm
1 AE	=	1 Astronom. Einheit	$\hat{=}\ 1{,}496 \cdot 10^{11}$ m
1 LJ	=	1 Lichtjahr	$\hat{=}\ 9{,}46 \cdot 10^{15}$ m
1 pc	=	1 Parsec	$\hat{=}\ 3{,}09 \cdot 10^{16}$ m

Zeit		
1 Jahr	=	$3{,}156 \cdot 10^7$s
1 Tag	=	$8{,}64 \cdot 10^4$s

Energie		
1 eV	=	$1{,}60218 \cdot 10^{-19}$ J
1 kWh	=	$3{,}6 \cdot 10^6$ J
1 kcal	=	4,184 kJ
1 kcal/mol	=	$4{,}34 \cdot 10^{-2}$ eV pro Molekül
1 kJ/mol	=	$1{,}04 \cdot 10^{-2}$ eV pro Molekül

Aus $E = mc^2$ folgt: $1\ \text{kg} \cdot c^2 = 8{,}98755 \cdot 10^{16}$ J

Aus $k = 1{,}380658 \cdot 10^{-23}$ J K^{-1} folgt 1 eV = 11604 K $\cdot\, k$

Aus $h \cdot \nu = E$ folgt für die Frequenz ν von elektromagnetischer Strahlung
$\nu = E \cdot 2{,}418 \cdot 10^{14}$ Hz eV^{-1}

Winkel		
1 rad	=	57,2958°
1 °	=	0,0174 rad
1 ′	=	$2{,}9 \cdot 10^{-4}$ rad
1 ″	=	$4{,}8 \cdot 10^{-6}$ rad

Mathematische Konstanten	
π	= 3,141592653589...
e	= 2,718281828459...
ln 2	= 0,693147180559...
$\sqrt{2}$	= 1,414213562373...
$\sqrt{3}$	= 1,732050807568...

Näherungsformeln für $\lvert x\rvert \ll 1$:	
$(1 \pm x)^n \approx 1 \pm nx$	$\cos x \approx 1 - x^2/2$
$\sqrt{1 \pm x} \approx 1 \pm \frac{1}{2}x$	$e^x \approx 1 + x$
$\sin x \approx x$	$\ln\,(1 + x) \approx x$

Das griechische Alphabet

Buchstaben	Name	Buchstaben	Name
A, α	Alpha	N, ν	Ny
B, β	Beta	Ξ, ξ	Xi
Γ, γ	Gamma	O, o	Omikron
Δ, δ	Delta	Π, π	Pi
E, ε	Epsilon	P, ϱ	Rho
Z, ζ	Zeta	Σ, σ	Sigma
H, η	Eta	T, τ	Tau
Θ, ϑ	Theta	Y, υ	Ypsilon
I, ι	Jota	Φ, φ	Phi
K, κ	Kappa	X, χ	Chi
Λ, λ	Lambda	Ψ, ψ	Psi
M, μ	My	Ω, ω	Omega